D'Ans · Lax

Taschenbuch für Chemiker und Physiker

Vierte, neubearbeitete und revidierte Auflage

Band I

Physikalisch-chemische Daten

Herausgegeben von
M. D. Lechner

Springer-Verlag Berlin Heidelberg GmbH

Prof. Dr. M.D. Lechner

Physikalische Chemie
Universität Osnabrück
Barbarastraße 7
D-4500 Osnabrück

ISBN 978-3-642-63464-2

Die Deutsche Bibliothek—CIP-Einheitsaufnahme
Ans, Jean d':
Taschenbuch für Chemiker und Physiker/D'Ans; Lax.—
Berlin; Heidelberg; New York; London; Paris; Tokyo;
Hong Kong; Barcelona; Budapest: Springer.
NE: Lax, Ellen:
Bd. 1. Physikalisch-chemische Daten/hrsg. von M.D.
Lechner.—4., neubearb. und rev. Aufl.—1992
ISBN 978-3-642-63464-2 ISBN 978-3-642-58083-3 (eBook)
DOI 10.1007/978-3-642-58083-3
NE: Lechner, M.D. [Hrsg.]

Satz: Thomson Press, New Delhi, Indien; Druck: Mercedes-Druck, Berlin;

51/3020-6 5 4 3 2 1 0

Autoren

Prof. Dr. W. Heiland
Experimentalphysik
Universität Osnabrück
Barbarastraße 7
4500 Osnabrück

Prof. Dr. P. Hertel
Theoretische Physik
Universität Osnabrück
Barbarastraße 7
4500 Osnabrück

Prof. Dr. S. Jovanović
Fakultät für Technologie
und Metallurgie
Universität Belgrad
Karnegijeva 4/IV
Yu - 11000 Belgrad

Prof. Dr. J.V. Kratz
Institut für Kernchemie
Fritz-Strassmann-Weg 2
6500 Mainz

Prof. Dr. M.D. Lechner
Physikalische Chemie
Universität Osnabrück
Barbarastraße 7
4500 Osnabrück

Dr. B. Markert
AG Systemforschung
Universität Osnabrück
Artilleriestraße 11
4500 Osnabrück

Dr. E. Nordmeier
Physikalische Chemie
Universität Osnabrück
Barbarastraße 7
4500 Osnabrück

Dr. H. Rosemeyer
Organische Chemie
Universität Osnabrück
Barbarastraße 7
4500 Osnabrück

Dr. D. Steinmeier
Physikalische Chemie
Universität Osnabrück
Barbarastraße 7
4500 Osnabrück

Dr. O. Thiemann
Experimentalphysik
Universität Osnabrück
Barbarastraße 7
4500 Osnabrück

Prof. Dr. M. Wöhlecke
Experimentalphysik
Universität Osnabrück
Barbarastraße 7
4500 Osnabrück

Vorwort

Die 4. Auflage des Taschenbuchs für Chemiker und Physiker ist neu bearbeitet, revidiert und im ersten Band in 9 Kapitel eingeteilt. Das erste Kapitel gibt einen Überblick über Maßsysteme, meßtechnische Daten und Grundkonstanten sowohl für makroskopische Eigenschaften als auch für atomare Größen. Der Benutzer findet hier die Symbole, die in den späteren Kapiteln zur Kennzeichnung der Einheiten und der physikalisch-chemischen Meßgrößen verwendet werden. In den jeweiligen Einleitungen zu den Einzeltabellen der Kapitel 2 bis 9 ist außerdem eine Liste der benutzten Einheiten zusammengestellt. Viele Tabellen werden durch grundsätzliche Erörterungen eingeleitet, die nicht nur der Benutzung der Einzeltabellen dienen, sondern außerdem kurz an die wichtigsten theoretischen Zusammenhänge erinnern.
In allen Kapiteln wurde die Anordnung der Elemente und der anorganischen Verbindungen alphabetisch nach den chemischen Symbolen vorgenommen, während die organischen Verbindungen nach dem Hillschen System geordnet sind. Für die Atomspektren ist eine andere Anordnung gewählt, deren Zurückführung auf die normale Anordnung durch das Schema auf S. 254 erleichtert wird.
Im zweiten Kapitel werden die Kerneigenschaften von Atomen und Molekülen einschließlich der wichtigsten Meßmethoden wie Massenspektroskopie, Kernresonanz und Mößbauer-Spektroskopie behandelt. Besondere Sorgfalt ist in diesem Kapitel auf die ausführliche und auf den allerneuesten Stand (1991) gebrachte Tabelle der Kerneigenschaften von stabilen und radioaktiven Isotopen gelegt worden.
Es folgen im dritten Kapitel ausführliche Angaben über die Hülleneigenschaften von Atomen und Molekülen d.s. Atom- und Molekülspektren und Elektronenspin-Resonanz sowie die hieraus zu gewinnenden molekularen Daten. Der letzte Abschnitt dieses Kapitels enthält eine ausführliche Tabelle der Spektrallinien für analytische Zwecke.
Größe und Aufbau von Atomen, Ionen und Molekülen mit den Abschnitten über Ionisierungsenergien, Elektronenaffinitäten, Elektronegativitäten, Elektrodenpotentiale, Leitfähigkeit, Ionenradien, Atomfaktoren und Kernabstände und Valenzwinkel bilden den wesentlichen Inhalt von Kapitel 4. Im 5. Kapitel werden dann die magnetischen, elektrischen und optischen Konstanten wie Polarisierbarkeiten, Dipolmomente und verschiedene weitere Effekte behandelt.
In Kapitel 6 werden zunächst die nach den Statistiken (Boltzmann, Bose-Einstein, Fermi-Dirac) maßgebenden von der Temperatur abhängenden Zusammenhänge zwischen molekularen und direkt beobachtbaren makroskopischen Eigenschaften behandelt. Hier finden sich Tabellen über zwischenmolekulare Kräfte, Molekulargeschwindigkeiten, Stoßintegrale usw.
Verhältnismäßig breiten Raum nimmt das Kapitel 7 über die in den letzten Jahren immer bedeutsamer werdenden physikalisch-chemischen Eigenschaften von Wasser und schwerem Wasser ein. In diesem Kapitel wurde großer Wert auf nahezu vollständige Wiedergabe aller zugänglichen physikalisch-chemischen Daten in Abhängigkeit von Temperatur und Druck gelegt.
Die Grenzflächeneigenschaften wie Grenzflächenspannung, Parachore und Adsorption bilden den Inhalt von Kapitel 8. Im abschließenden Kapitel 9 werden die Transportphänomene Viskosität, Diffusion, Wärmeleitfähigkeit und die Kinetik chemischer Systeme behandelt.
Für die Manuskripterstellung und das Korrekturenlesen bedanke ich mich bei Frau Antje Lechner, Frau Elisabeth Lechner, Frau Martina Möller und Frau Luise Schlösser. Für die

ziemlich pünktliche Abgabe der Manuskripte bedanke ich mich bei den auf der zweiten Umschlagseite aufgeführten Autoren. Mein abschließender Dank gilt dem Springer-Verlag und hier insbesondere Herrn Dr. R. Stumpe und Herrn H. Schoenefeldt für das große Verständnis und für viele hilfreiche Diskussionen bei den Vorbereitungen zur Drucklegung des Werks.
Verlag und Herausgeber hoffen, daß der traditionsreiche nahezu allen Physikern und Chemikern bekannte D'Ans. Lax würdig und behutsam weitergeführt wurde und der gute Name des Werkes erhalten bleibt.

M.D. Lechner
Osnabrück, Januar 1992

Aus dem Vorwort zur dritten Auflage

Die 3. Auflage des Taschenbuchs für Chemiker und Physiker ist vollständig umgearbeitet.
Der Plan zu diesem ersten Band rührt von *Dr. Ellen Lax* her, die eine größere Zahl von Tabellen noch selbst zusammenstellte oder vorbereiten konnte. Nach ihrem altersbedingten Ausscheiden wurde der Band unter enger Beratung und Mitwirkung von Professor *Dr. Klaus Schäfer* fertiggestellt. Ihm sei an dieser Stelle für seine überaus wertvolle Hilfe herzlich gedankt.
Gegenüber der letzten Auflage des Taschenbuchs ist der in dem vorliegenden Band enthaltene Teil über die Physik und Chemie der Atome und Molekeln wesentlich erweitert und gänzlich neu geschrieben worden.
Für die neu berechneten Tabellen der Stoßintegrale und der Virialkoeffizienten als Funktionen der zwischenmolekularen Kräfte sind wir den Herren *Dr. B. Schramm* und *Dr. R. Lichtenthaler* zu Dank verpflichtet.

Inhaltsübersicht

Inhaltsverzeichnis

1 Maßsysteme und meßtechnische Daten

D.G. Steinmeier, Physikalische Chemie, Universität Osnabrück

1.1 Maßsysteme

1.1.1 Einheiten

1.1.1.1 Grundeinheiten des internationalen Einheitssystems

Die Grundgrößen des internationalen praktischen Einheitssystems sind:

1. Länge	Meter	m
2. Masse	Kilogramm	kg
3. Zeit	Sekunde	s
4. elektrische Stromstärke	Ampere	A
5. Temperatur	Kelvin	K
6. Stoffmenge	Mol	mol
7. Lichtstärke	Candela	Cd

Es gelten folgende Definitionen für die obengenannten Einheiten:

1) Das Meter wird als das 1650763,73fache der Wellenlänge der von den Atomen des Krypton-Isotops ^{86}Kr beim Übergang vom Zustand $5d_5$ zum Zustand $2p_{10}$ im Vakuum ausgesandten Spektrallinie definiert.
2) Das Kilogramm ist die Masse des Kilogramm—Prototyps aus Platin—Iridium, der in Sèvres bei Paris aufbewahrt wird.
3) Die Sekunde wird durch eine Atomuhr realisiert; es repräsentieren 9 192 631 770 Schwingungen des Hyperfeinstrukturübergangs des von äußeren Feldern ungestörten Grundzustandes $^2S_{1/2}$ von ^{133}Cs ($F=4$, $M=O \langle - \rangle F=3$, $M=O$) eine Sekunde.
4) Das Ampere ist die Stärke des elektrischen Stroms, der bei Fluß durch zwei im Vakuum parallel im Abstand von 1 m voneinander angeordnete unendlich lange Leiter mit vernachlässigbarem Querschnitt zwischen diesen je Meter Länge eine Kraft von $2 \cdot 10^{-7}$ Newton hervorruft.
   Die praktische Realisierung erfolgt durch das Normalelement, das eine definierte Spannung repräsentiert, und durch das Normalohm oder direkt durch elektrochemische Abscheidung.
5) Die Kelvin–Temperaturskala wird über den zweiten Hauptsatz der Thermodynamik und die Festsetzung des absoluten Nullpunkts zu 0 K und des Tripelpunkts des Wassers zu 273,16 K fixiert. Die praktische Realisierung erfolgt durch eine Reihe von Fixpunkten.
6) Das Mol ist die Stoffmenge eines Systems, das aus ebenso vielen unter sich gleichen Individuen (z.B. Atome, Moleküle, Ionen, Elektronen, Photonen etc.) besteht, wie Atome in 0,012 kg des Kohlenstoffnuklids ^{12}C enthalten sind.
   Im Einzelfall ist daher stets anzugeben, auf welche bestimmte Art gleicher Individuen sich die Stoffmengenangabe beziehen soll.
7) Die Lichtstärkeeinheit 1 Candela ist gegeben durch die Stärke einer Quelle, die eine monochromatische Strahlung von $540 \cdot 10^{12}$ Hertz in einer gegebenen Richtung aussendet und deren Strahlleistung 1/683 Watt pro Steradiant beträgt.

Zusätzliche Einheiten
Diese Einheiten sind dimensionslos und werden als sog. ergänzende Einheiten nicht mehr zu den Basiseinheiten gezählt.

1. ebener Winkel	Radiant	rad
2. räumlicher Winkel	Steradiant	sr

1.1.1.2 Abgeleitete Einheiten

Äquivalentdosis	Sievert	Sv	$J\,kg^{-1}$
Äquivalentdosisrate			$W\,kg^{-1}$
Äquivalentleitfähigkeit		Λ	$S\,cm^2\,mol^{-1}$
Aktivität einer radioaktiven Substanz	Becquerel, Bq	A	s^{-1}
Arbeit (mechanisch)	Joule, J	W	$m^2\,kg\,s^{-2}$
Ausdehnungskoeffizient			
Länge		α	K^{-1}
Volumen		γ	K^{-1}
Beleuchtungsstärke	Lux, lx	E	$cd\,sr\,m^{-2}$
Beschleunigung		a	$m\,s^{-2}$
Brechkraft optischer Systeme	(Dioptrie), dpt		m^{-1}
Dichte		D, ρ	$m^{-3}\,kg$
Dielektrizitätskonstante		ε	$m^{-3}\,kg^{-1}\,s^4\,A^2 = W\,s\,A^2$
Dipolmoment	(Debye), D	p	$C\,m$
Drehimpuls		P	$N\,m\,s\,rad$
Drehmoment		M	$N\,m = m^2\,kg\,s^{-2}$
Druck	Pascal, Pa	p	$m^{-1}\,kg\,s^{-2} = N\,m^{-2}$
Elektrische			
Spannung	Volt, V	U	$m^2\,kg\,s^{-3}\,A^{-1} = J\,C^{-1}$
Stromdichte		G, i	$A\,m^{-2}$
Feldstärke		E	$kg\,m\,s^{-3}\,A^{-1} = V\,m^{-1}$
Ladung	Coulomb, C	Q	$A\,s$
Verschiebung		D	$A\,s\,m^{-2}$
Raumladungsdichte		η	$A\,s\,m^{-3}$
Polarisation		P	$A\,s\,m^{-2}$
Leitfähigkeit		σ	$kg^{-1}\,m^{-3}\,s^3\,A^2 = \Omega^{-1}\,m^{-1}$
Elektrischer			
Leitwert	Siemens, S	G	$kg^{-1}\,m^{-2}\,s^3\,A^2 = \Omega^{-1}$
Widerstand	Ohm, Ω	R	$kg\,m^2\,s^{-3}\,A^{-2} = V\,A^{-1}$
spezifischer Widerstand		ρ	$kg\,m^3\,s^{-3}\,A^{-2} = \Omega m$
Elektrischer Verschiebungsfluß		Ψ	$A\,s$
Elektrisches Moment		p	$A\,s\,m$
Energie	Joule, J	E	$kg\,m^2\,s^{-2} = N\,m$
Enthalpie		H	$kg\,m^2\,s^{-2} = J$
Entropie		S	$kg\,m^2\,s^{-2}\,K^{-1} = J\,K^{-1}$
Fläche		A	m^2
Frequenz	Hertz, Hz	ν	s^{-1}
Geschwindigkeit		v	$m\,s^{-1}$
Impuls		p	$kg\,m\,s^{-1} = N\,s$
Induktivität	Henry, H	L	$m^2\,kg\,s^{-2}\,A^{-2} = V\,s\,A^{-1}$
Ionendosis		J	$C\,kg^{-1}$
Kapazität	Farad, F	C	$kg^{-1}\,m^{-2}\,s^4\,A^2 = C\,V^{-1}$
Kompressibilität		χ	Pa^{-1}
Kraft	Newton, N	F	$kg\,m\,s^{-2}$
Leistung	Watt, W	N	$kg\,m^2\,s^{-3} = V\,A = J \cdot s^{-1}$
Leuchtdichte		L_v	$cd\,m^{-2}$
Lichtstrom	Lumen, lm	Φ	$cd\,sr$
Magnetische			
Feldstärke		H	$A\,m^{-1}$
Flußdichte (Induktion)	Tesla, T	B	$kg\,s^{-2}\,A^{-1} = V\,s\,m^{-2}$
Magnetischer Fluß	Weber, Wb	Φ	$kg\,m^2\,s^{-2}\,A^{-1} = V\,s$
Oberflächenspannung		γ, σ	$N\,m^{-1} = kg \cdot s^{-2}$
Osmotischer Druck		π	$kg\,m^{-1}\,s^{-1} = Pa$

1.1.1.2 Abgeleitete Einheiten (*Fortsetzung*)

Periodendauer		s
Trägheitsmoment		$kg\,m^2$
Viskosität		
dynamisch	η	$kg\,m^{-1}s^{-1} = Pa\,s$
kinematisch	ν	$m^2s^{-1} = Pa\,s/D$
Volumen	V	m^3
Wärmekapazität	C	$kg\,m^2s^{-2}K^{-1} = J\,K^{-1}$
Wärmeleitfähigkeit	λ	$kg\,m\,s^{-3}K^{-1} = W\,K^{-1}m^{-1}$
Wärmemenge	Q	$kg\,m^2s^{-2} = J$
Wärmestrom	Φ	$kg\,m^2s^{-3} = J\,s^{-1}$
Wärmeübergangskoeffizient	α	$kg\,s^{-3}K^{-1} = W\,K^{-1}m^{-2}$
Wellenlänge	λ	m
Wellenzahl	ν	m^{-1}
Winkel-		
geschwindigkeit	ω	$rad\,s^{-1}$
beschleunigung		$rad\,s^{-2}$

1.1.2 Kurzzeichen von Vorsätzen

Zeichen	Vorsatz	Zehnerpotenz	Zeichen	Vorsatz	Zehnerpotenz
da	Deka	10^1	d	Dezi	10^{-1}
h	Hekto	10^2	c	Zenti	10^{-2}
k	Kilo	10^3	m	Milli	10^{-3}
M	Mega	10^6	μ	Mikro	10^{-6}
G	Giga	10^9	n	Nano	10^{-9}
T	Tera	10^{12}	p	Piko	10^{-12}
P	Peta	10^{15}	f	Femto	10^{-15}
E	Exa	10^{18}	a	Atto	10^{-18}

1.1.3 Umrechnungstabellen für Einheiten

1.1.3.1 Umrechnung in SI-Einheiten

In der letzten Spalte der nachfolgenden Aufstellung ist jeweils der Faktor für die Umrechnung einer gegebenen in die entsprechende SI-Einheit gegeben.

Länge

Einheit	Kurzzeichen	Umrechnung in m
Internationale Einheiten		
Meter (SI-Einheit)	m	1
Angström	Å	10^{-10}
Micron	μ	10^{-6}
Millimicron	$m\mu$	10^{-9}
x Einheit	X	$1{,}002 \cdot 10^{-13}$
Fermi	f	10^{-15}
Astronomische Einheit	AU	$1{,}496 \cdot 10^{11}$
Astron		$1{,}496 \cdot 10^{17}$
Parsec	pc	$3{,}08568 \cdot 10^{16}$
Lichtjahr		$9{,}46053 \cdot 10^{15}$
Siriometer		$1{,}495042 \cdot 10^{17}$

Länge (*Fortsetzung*)

Einheit	Kurzzeichen	Umrechnung in m
	Britische und USA-Einheiten	
inch	in	$2{,}54 \cdot 10^{-2}$
foot	ft	0,3048
yard	yd	0,9144
fathom		1,8288
mile (statute)	mi	1609,344
mile (naut. intern.)		1852
rod	rd	5,029210
chain		20,1168
furlong		201,168

Fläche

Einheit	Kurzzeichen	Umrechnung in m^2
Internationale Einheiten		
Quadratmeter (SI–Einheit)	m^2	1
Barn	b	10^{-28}
Ar	a	10^2
Hektar	ha	10^4
Britische und USA-Einheiten		
acre		4046,856
square yard	yd^2	$836{,}127 \cdot 10^{-3}$
square foot	ft^2	$92{,}903 \cdot 10^{-3}$
square inch	in^2	$645{,}16 \cdot 10^{-6}$

Volumen

Einheit	Kurzzeichen	Umrechnung in m^3
Internationale Einheiten		
Liter	l	$1000{,}028 \cdot 10^{-3}$
Kubikdezimeter	dm^3	10^{-3}
Britische und USA-Einheiten		
stere	st	1
gallon (UK)	gal	$4{,}54609 \cdot 10^{-3}$
gallon (US)	gall	$3{,}78541 \cdot 10^{-3}$
pint	pt	$5{,}68261 \cdot 10^{-3}$
barrel	bbl	$158{,}987 \cdot 10^{-3}$
cubic yard	yd^3	$764{,}555 \cdot 10^{-3}$
cubic foot	ft^3	$28{,}3169 \cdot 10^{-3}$
cubic inch	in^3	$16{,}3871 \cdot 10^{-6}$
minim	min	$5{,}9194 \cdot 10^{-8}$
drachm fluid	dr fl	$3{,}5516 \cdot 10^{-6}$
fluid ounce	oz fl	$28{,}413 \cdot 10^{-6}$
gill	gi	$142{,}02 \cdot 10^{-6}$
bushel	bu	$36{,}369 \cdot 10^{-3}$
quarter	qu	0,2909

Masse

Einheit	Kurzzeichen	Umrechnung in kg
Internationale Einheiten		
Kilogramm (SI–Einheit)	kg	1
Gramm	g	10^{-3}
Gamma	γ	10^{-9}
Tonne	t	10^{3}
Atommasseneinheit	u, Da	$1{,}66054 \cdot 10^{-27}$
Karat (metrisch)		$0{,}2 \cdot 10^{-3}$
Britische und USA-Einheiten		
pound	lb	0,45359237
grain	gr	$64{,}79891 \cdot 10^{-6}$
ounce	oz	$28{,}3495 \cdot 10^{-3}$
ouncc (troy)	oz (troy)	$31{,}1035 \cdot 10^{-3}$
ton (UK)		1016,0469
ton long (US)	tnl	1016,0470
ton short (US)	tnsh	907,1848
slug		14,5939
dram	dr	$1{,}7718 \cdot 10^{-3}$
quarter		12,7006

Temperatur

Einheit	Kurzzeichen	Umrechnung in K
Kelvin (SI–Einheit)	K	1
Grad Celsius	°C	$T/K = T/°C + 273{,}15$
Grad Fahrenheit	°F	$T/K = (T/°F) \cdot (5/9) + 255{,}3$
Grad Rankine	°R	$T/K = (T/°R) \cdot (5/9)$

Zeit

Einheit	Kurzzeichen	Umrechnung in s
Sekunde (SI–Einheit)	s	1
Minute	min	60,00
Stunde	h	$3{,}6 \cdot 10^{3}$
Tag (mittl. Sonnentag)	d	$8{,}64 \cdot 10^{4}$
Jahr	a	$3{,}155693 \cdot 10^{7}$
Svedberg	Sv	10^{-13}

Geschwindigkeit

Einheit	Kurzzeichen	Umrechnung in $m\ s^{-1}$
Internationale Einheiten		
Zentimeter/Sekunde	$cm\ s^{-1}$	10^{-2}
Kilometer/Stunde	$km\ h^{-1}$	$27{,}7 \cdot 10^{-2}$
Britische und USA-Einheiten		
foot/second	$ft\ s^{-1}$	0,3048
mile/hour	$mi\ h^{-1}$	0,44703
yard/second	$yd\ s^{-1}$	0,9144

Beschleunigung

Einheit	Kurzzeichen	Umrechnung in m s^{-2}
Gal	g	10^{-2}
Milligal	mg	10^{-5}
Zentimeter/Sekunde^2	cm s^{-2}	10^{-2}
Britische und USA-Einheiten		
inch/second^2	in s^{-2}	0,0254
yard/second^2	yd s^{-2}	0,9144

Dichte

Einheit	Kurzzeichen	Umrechnung in kg/m^3
Internationale Einheiten		
Gramm/Milliliter	g ml^{-1}	0,999972
Britische und USA-Einheiten		
pound/foot^3	lb ft^{-3}	$1,6018 \cdot 10^{-2}$
pound/gallon (Brit.)	lb gal^{-1}	$9,9777 \cdot 10^{-2}$
pound/gallon (USA)	lb gal^{-1}	$11,9826 \cdot 10^{-2}$
pound/inch^3	lb in^{-3}	27,680
slug/foot^3	slug ft^{-3}	515,379

Kraft

Einheit	Kurzzeichen	Umrechnung in N
Internationale Einheiten		
Newton (Si-Einheit)	N	1
Kilopond	kp	9,80665
Dyn	dyn	10^{-5}
	Britische und USA-Einheiten	
grain weight	gr (wt)	$0,63546 \cdot 10^{-3}$
poundal	pdl	$1,38255 \cdot 10^{-1}$
pound-force	lbf	4,44822
ton weight (2000 lb)	shtn (wt)	$0,88964 \cdot 10^{4}$
ton weight (2240 lb)	ltn (wt)	$0,99640 \cdot 10^{4}$

Druck

Einheit	Kurzzeichen	Umrechnung in Pa
Internationale Einheiten		
Pascal (SI–Einheit)	Pa	1
Bar	bar	10^5
Dyn/Zentimeter^2	dyn cm^{-2}	10^{-1}
mm H_2O–Säule	mm W.S.	9,80638
Torr (mm Hg)	Torr	133,3224
Technische Atmosphäre	at	$98,0665 \cdot 10^3$
Phys. Normalatmosphäre	atm_n	$101,3250 \cdot 10^3$

Druck (*Fortsetzung*)

Einheit	Kurzzeichen	Umrechnung in Pa
Britische and USA-Einheiten		
pound force/square foot	$lbf\,ft^{-2}$	47,8802
pound/square inch	psi	6894,757
inch of water		249,082
inch of mercury	in Hg	$3{,}38638\cdot10^3$
ton weight/square foot (2000 lb)	$sh\,tn\,(wt)\,ft^{-2}$	$95{,}760\cdot10^3$
ton weight/square foot (2240 lb)	$l\,tn\,(wt)\,ft^{-2}$	$107{,}296\cdot10^3$

Energie

Einheit	Kurzzeichen	Umrechnung in J
Internationale Einheiten		
Joule (SI-Einheit)	J	1
Temperaturgrad	K	$1{,}380658\cdot10^{-23}$
Zentimeter^{-1}	cm^{-1}	$1{,}986447\cdot10^{-23}$
Elektronenvolt	eV	$1{,}602177\cdot10^{-19}$
Rydberg	Ry	$2{,}17987\cdot10^{-18}$
Tausendstelmasseneinheit	TME	$1{,}4923\cdot10^{-13}$
Erg	erg	10^{-7}
Kalorie (Thermochemisch)	cal_{th}	4,184
Kalorie (intern. Dampftafel 1956)	cal_{IT}	4,1868
Meterkilopond	mkp	9,80665
Literatmosphäre (techn.)	lat	$0{,}980692\cdot10^2$
Literatmosphäre (physik.)	latm	$1{,}013278\cdot10^2$
Kilowattstunde	kWh	$3{,}600000\cdot10^6$
Britische and USA-Einheiten		
Thermochemical calory	$cal_{therm.\,chem.}$	4,184
foot pound force	ft lbf	0,135585
foot poundal	ft pdl	0,0421401
British thermal unit$_{60°F}$	$BTU_{60°}$	$1{,}0544\cdot10^3$
British thermal unit$_{39°}$	$BTU_{39°}$	$1{,}0593\cdot10^3$
15° Centigrade thermal unit	CTU	$1{,}8984\cdot10^3$
Intern. steam tables British thermal unit	BTU_{IT}	$1{,}05507\cdot10^3$

Wärmeleitfähigkeit

Einheit	Kurzzeichen	Umrechnung in $W\,m^{-1}\,K^{-1}$
Kilojoule/(Meter·Stunde·Kelvin)	kJ/(m h K)	$277{,}78\cdot10^{-3}$
Kilokalorie/(Meter·Stunde·Kelvin)	kcal/(m h K)	$116{,}3\cdot10^{-2}$
$\frac{\text{Intern. steam tables Brit. thermal unit}}{\text{foot hour degree Fahrenheit}}$	$\frac{BTU_{IT}}{ft\,hr\,°F}$	1,7307

Wärmeübergangszahl

Einheit	Kurzzeichen	Umrechnung in $W m^{-2} K^{-1}$
Kilokalorie/(Meter^2·Stunde·Kelvin)	kcal/(m^2 h K)	1,163
Kalorie/(Zentimeter^2·Sekunde·Kelvin)	cal/(cm^2 s K)	14868

Leistung

Einheit	Kurzzeichen	Umrechnung in 1 W
Internationale Einheiten		
Watt (SI–Einheit)	W	1
Erg/Sekunde	erg s^{-1}	10^{-7}
Meterkilopond/Sekunde	mkp s^{-1}	9,80665
Tafel-Kilokalorie/Stunde	$kcal_{IT}$ h^{-1}	1,1630
Pferdestärke	PS	735,498775
Horsepower	HP	745,7

Wirkung

Einheit	Kurzzeichen	Umrechnung in J s
Elektronenvolt·Sekunde	eV s	$1{,}602 \cdot 10^{-10}$
Erg·Sekunde	erg s	10^{-7}
Meterkilopond·Sekunde	mkp s	9,80665

Dynamische Viskosität

Einheit	Kurzzeichen	Umrechnung in Pa s
Internationale Einheiten		
Poise	P	10^{-1}
Kilopond·Sekunde/Meter^2	kps m^{-2}	9,80665
Kilopond·Stunde/Meter^2	kph m^{-2}	$35{,}3039 \cdot 10^3$
Britische und USA—Einheiten		
Liber (mass)/foot second	lb ft s^{-1}	1,48816

Kinematische Viskosität

Einheit	Kurzzeichen	Umrechnung in $m^2 s^{-1}$
Internationale Einheiten		
Stokes	St	$1 \cdot 10^{-4}$
Meter^2/Stunde	$m^2 h^{-1}$	$2{,}778 \cdot 10^{-4}$
Britische und USA-Einheiten		
foot^2/second	$ft^2 s^{-1}$	$929{,}03 \cdot 10^{-4}$

Oberflächenspannung

Einheit	Kurzzeichen	Umrechnung in N/m
Dyn/Zentimeter	$dyn\,cm^{-1}$	10^{-3}
Erg/Millimeter^2	$erg\,mm^{-2}$	0,1
Millipond/Millimeter	$mp\,mm^{-1}$	$9{,}80665 \cdot 10^{-3}$

Radioaktivität

Einheit	Kurzzeichen	ist gleich oder entspricht
Becquerel (SI-Einheit)	Bq	s^{-1}
Curie	ci	$3{,}7 \cdot 10^{10}$ Bq
Gray (SI-Einheit)	Gy	$J\,kg^{-1}$
Rad	rd	0,01 Gy
Sievert (SI-Einheit)	Sv	$J\,kg^{-1}$
Rem	rem	0,01 Sv

Elektrische Größen

Einheit	Kurzzeichen	ist gleich oder entspricht
Biot	Bi	10 A
Franklin	Fr	$3{,}33564 \cdot 10^{-10}$ C
Franklin/cm^3	$Fr\,cm^{-3}$	$3{,}33564 \cdot 10^{-4}\,C\,m^{-3}$
Abcoulomb		10 C
Debye	D	$3{,}33564 \cdot 10^{-30}$ C m

Magnetismus

Einheit	Kurzzeichen	ist gleich oder entspricht
Tesla (SI-Einheit)	T	$J\,A^{-1}\,m^{-2}$
Gauss	G	10^{-4} T
Gamma	γ	10^{-9} T
Weber (SI-Einheit)	Wb	$J\,A^{-1}$
Maxwell	Mx	10^{-8} Wb
Oersted	Oe	$10^3\,A\,m^{-1}$

Licht

Einheit	Kurzzeichen	ist gleich oder entspricht
Stilb	sb	$10^4\,cd\,m^{-2}$
Phot	ph	10^4 lx
Hefnerkerze	HK	0.903 cd

1.1.3.2 Umrechnungstabellen und -tafeln

1.1.3.2.1 Umrechnungstafel für die Dezimaleinheiten des Stunden- und Winkelmaßes auf Minuten und Sekunden

Zehntel-stunden	Hundertstelstunden									
	0,00	0,01	0,02	0,03	0,04	0,05	0,06	0,07	0,08	0,09
0,0	0′00″	0′36″	1′12″	1′48″	2′24″	3′00″	3′36″	4′12″	4′48″	5′24″
0,1	6′00″	6′36″	7′12″	7′48″	8′24″	9′00″	9′36″	10′12″	10′48″	11′24″
0,2	12′00″	12′36″	13′12″	13′48″	14′24″	15′00″	15′36″	16′12″	16′48″	17′24″
0,3	18′00″	18′36″	19′12″	19′48″	20′24″	21′00″	21′36″	22′12″	22′48″	23′24″
0,4	24′00″	24′36″	25′12″	25′48″	26′24″	27′00″	27′36″	28′12″	28′48″	29′24″
0,5	30′00″	30′36″	31′12″	31′48″	32′24″	33′00″	33′36″	34′12″	34′48″	35′24″
0,6	36′00″	36′36″	37′12″	37′48″	38′24″	39′00″	39′36″	40′12″	40′48″	41′24″
0,7	42′00″	42′36″	43′12″	43′48″	44′24″	45′00″	45′36″	46′12″	46′48″	47′24″
0,8	48′00″	48′36″	49′12″	49′48″	50′24″	51′00″	51′36″	52′12″	52′48″	53′24″
0,9	54′00″	54′36″	55′12″	55′48″	56′24″	57′00″	57′36″	58′12″	58′48″	59′24″

Beispiel: $0{,}63^h = 37'48''$.

1.1.3.2.2 Umrechnung der 360°-Teilung in die 400^g-Teilung und umgekehrt

Die unendlichen Brüche sind so abgekürzt, daß die Periode, gekennzeichnet durch Punkte über den Zahlen, einmal voll ausgeschrieben ist, bei den Graden hat sie 1 Stelle, bei den Minuten 1 oder 3, bei den Sekunden 1 oder 9 Stellen.

^{g}(hochgestellt) = Grad der 400^g-Teilung, ^{c}(hochgestellt) = Zentigrad der 400^g-Teilung.

$10° = 11{,}\dot{1}^g$	$1° = 1{,}\dot{1}^g$	$1' = 0{,}0\dot{1}\dot{8}\dot{5}^g$	$1'' = 0{,}000\dot{3}\dot{0}\dot{8}\dot{6}\dot{4}\dot{1}\dot{9}\dot{7}\dot{5}^g$
$20° = 22{,}\dot{2}^g$	$2° = 2{,}\dot{2}^g$	$2' = 0{,}\dot{0}\dot{3}\dot{7}^g$	$2'' = 0{,}00\dot{0}\dot{6}\dot{1}\dot{7}\dot{2}\dot{8}\dot{3}\dot{9}\dot{5}^g$
$30° = 33{,}\dot{3}^g$	$3° = 3{,}\dot{3}^g$	$3' = 0{,}0\dot{5}^g$	$3'' = 0{,}000\dot{9}\dot{2}\dot{5}^g$
$40° = 44{,}\dot{4}^g$	$4° = 4{,}\dot{4}^g$	$4' = 0{,}\dot{0}\dot{7}\dot{4}^g$	$4'' = 0{,}0\dot{0}\dot{1}\dot{2}\dot{3}\dot{4}\dot{5}\dot{6}\dot{7}\dot{9}^g$
$50° = 55{,}\dot{5}^g$	$5° = 5{,}\dot{5}^g$	$5' = 0{,}0\dot{9}\dot{2}\dot{5}^g$	$5'' = 0{,}001\dot{5}\dot{4}\dot{3}\dot{2}\dot{0}\dot{9}\dot{8}\dot{7}\dot{6}^g$
$60° = 66{,}\dot{6}^g$	$6° = 6{,}\dot{6}^g$	$6' = 0{,}\dot{1}^g$	$6'' = 0{,}00\dot{1}\dot{8}\dot{5}^g$
$70° = 77{,}\dot{7}^g$	$7° = 7{,}\dot{7}^g$	$7' = 0{,}1\dot{2}\dot{9}\dot{6}^g$	$7'' = 0{,}002\dot{1}\dot{6}\dot{0}\dot{4}\dot{9}\dot{3}\dot{8}\dot{2}\dot{7}^g$
$80° = 88{,}\dot{8}^g$	$8° = 8{,}\dot{8}^g$	$8' = 0{,}\dot{1}\dot{4}\dot{8}^g$	$8'' = 0{,}0\dot{0}\dot{2}\dot{4}\dot{6}\dot{9}\dot{1}\dot{3}\dot{5}\dot{8}^g$
$90° = 100{,}\dot{0}^g$	$9° = 10{,}\dot{0}^g$	$9' = 0{,}1\dot{6}^g$	$9'' = 0{,}0027^g$

$10^g = 9°$	$1^g = 0°54'$	$0^g{,}1 = 5'24''$	$1^c = 0'32''{,}4$	$0^c{,}1 = 3''{,}24$
$20^g = 18°$	$2^g = 1°48'$	$0^g{,}2 = 10'48''$	$2^c = 1'4''{,}8$	$0^c{,}2 = 6''{,}48$
$30^g = 27°$	$3^g = 2°42'$	$0^g{,}3 = 16'12''$	$3^c = 1'37''{,}2$	$0^c{,}3 = 9''{,}72$
$40^g = 36°$	$4^g = 3°36'$	$0^g{,}4 = 21'36''$	$4^c = 2'9''{,}6$	$0^c{,}4 = 12''{,}96$
$50^g = 45°$	$5^g = 4°30'$	$0^g{,}5 = 27'00''$	$5^c = 2'42''{,}0$	$o^c{,}5 = 16''{,}20$
$60^g = 54°$	$6^g = 5°24'$	$0^g{,}6 = 32'24''$	$6^c = 3'14''{,}4$	$0^c{,}6 = 19''{,}44$
$70^g = 63°$	$7^g = 6°18'$	$0^g{,}7 = 37'48''$	$7^c = 3'46''{,}8$	$0^c{,}7 = 22''{,}68$
$80^g = 72°$	$8^g = 7°12'$	$0^g{,}8 = 43'12''$	$8^c = 4'19''{,}2$	$0^c{,}8 = 25''{,}92$
$90^g = 81°$	$9^g = 8°6'$	$0^g{,}9 = 48'36''$	$9^c = 4'51''{,}6$	$0^c{,}9 = 29''{,}16$
$100^g = 90°$				

Rechenbeispiel: 20°16′19″ in Dezimaleinheiten.

$$
\begin{aligned}
20° &= 22^g{,}22222\\
10' &= 0{,}18518\\
6' &= 0{,}11111\\
10'' &= 0{,}003086\\
9'' &= 0{,}002777\\
\hline
& \quad 22^g{,}52437
\end{aligned}
$$

1.1.3.2.3 Umrechnung von Temperaturgraden

T/K	(1/T)/K^{-1}	T/°C	T/°F	T/°R
3,15	$317{,}4603 \cdot 10^{-3}$	−270	−454,0	5,67
8,15	$122{,}6994 \cdot 10^{-3}$	−265	−445,0	14,67
13,15	$76{,}0456 \cdot 10^{-3}$	−260	−436,0	23,67
18,15	$55{,}0964 \cdot 10^{-3}$	−255	−427,0	32,67
23,15	$43{,}1965 \cdot 10^{-3}$	−250	−418,0	41,67
28,15	$35{,}5240 \cdot 10^{-3}$	−245	−409,0	50,67
33,15	$30{,}1659 \cdot 10^{-3}$	−240	−400,0	59,67
38,15	$26{,}2123 \cdot 10^{-3}$	−235	−391,0	68,67
43,15	$23{,}1750 \cdot 10^{-3}$	−230	−382,0	77,67
48,15	$20{,}7684 \cdot 10^{-3}$	−225	−373,0	86,67
53,15	$18{,}8147 \cdot 10^{-3}$	−220	−364,0	95,67
58,15	$17{,}1969 \cdot 10^{-3}$	−215	−355,0	104,67
63,15	$15{,}8353 \cdot 10^{-3}$	−210	−346,0	113,67
68,15	$14{,}6735 \cdot 10^{-3}$	−205	−337,0	122,67
73,15	$13{,}6705 \cdot 10^{-3}$	−200	−328,0	131,67
78,15	$12{,}7959 \cdot 10^{-3}$	−195	−319,0	140,67
83,15	$12{,}0265 \cdot 10^{-3}$	−190	−310,0	149,67
88,15	$11{,}3443 \cdot 10^{-3}$	−185	−301,0	158,67
93,15	$10{,}7354 \cdot 10^{-3}$	−180	−292,0	167,67
98,15	$10{,}1885 \cdot 10^{-3}$	−175	−283,0	176,67
103,15	$9{,}6946 \cdot 10^{-3}$	−170	−274,0	185,67
108,15	$9{,}2464 \cdot 10^{-3}$	−165	−265,0	194,67
113,15	$8{,}8378 \cdot 10^{-3}$	−160	−256,0	203,67
118,15	$8{,}4638 \cdot 10^{-3}$	−155	−247,0	212,67
123,15	$8{,}1202 \cdot 10^{-3}$	−150	−238,0	221,67
128,15	$7{,}8034 \cdot 10^{-3}$	−145	−229,0	230,67
133,15	$7{,}5103 \cdot 10^{-3}$	−140	−220,0	239,67
138,15	$7{,}2385 \cdot 10^{-3}$	−135	−211,0	248,67
143,15	$6{,}9857 \cdot 10^{-3}$	−130	−202,0	257,67
148,15	$6{,}7499 \cdot 10^{-3}$	−125	−193,0	266,67
153,15	$6{,}5295 \cdot 10^{-3}$	−120	−184,0	275,67
158,15	$6{,}3231 \cdot 10^{-3}$	−115	−175,0	284,67
163,15	$6{,}1293 \cdot 10^{-3}$	−110	−166,0	293,67
168,15	$5{,}9471 \cdot 10^{-3}$	−105	−157,0	302,67
173,15	$5{,}7753 \cdot 10^{-3}$	−100	−148,0	311,67
178,15	$5{,}6132 \cdot 10^{-3}$	−95	−139,0	320,67
183,15	$5{,}4600 \cdot 10^{-3}$	−90	−130,0	329,67
188,15	$5{,}3149 \cdot 10^{-3}$	−85	−121,0	338,67
193,15	$5{,}1773 \cdot 10^{-3}$	−80	−112,0	347,67
198,15	$5{,}0467 \cdot 10^{-3}$	−75	−103,0	356,67
203,15	$4{,}9225 \cdot 10^{-3}$	−70	−94,0	365,67
208,15	$4{,}8042 \cdot 10^{-3}$	−65	−85,0	374,67
213,15	$4{,}6915 \cdot 10^{-3}$	−60	−76,0	383,67
218,15	$4{,}5840 \cdot 10^{-3}$	−55	−67,0	392,67
223,15	$4{,}4813 \cdot 10^{-3}$	−50	−58,0	401,67
228,15	$4{,}3831 \cdot 10^{-3}$	−45	−49,0	410,67
233,15	$4{,}2891 \cdot 10^{-3}$	−40	−40,0	419,67
238,15	$4{,}1990 \cdot 10^{-3}$	−35	−31,0	428,67
243,15	$4{,}1127 \cdot 10^{-3}$	−30	−22,0	437,67
248,15	$4{,}0298 \cdot 10^{-3}$	−25	−13,0	446,67
253,15	$3{,}9502 \cdot 10^{-3}$	−20	−4,0	455,67
258,15	$3{,}8737 \cdot 10^{-3}$	−15	5,0	464,67
263,15	$3{,}8001 \cdot 10^{-3}$	−10	14,0	473,67
268,15	$3{,}7293 \cdot 10^{-3}$	−5	23,0	482,67
273,15	$3{,}6610 \cdot 10^{-3}$	0	32,0	491,67
274,15	$3{,}6476 \cdot 10^{-3}$	1	33,8	493,47
275,15	$3{,}6344 \cdot 10^{-3}$	2	35,6	495,27
276,15	$3{,}6212 \cdot 10^{-3}$	3	37,4	497,07

1.1.3.2.3 Umrechnung von Temperaturgraden (*Fortsetzung*)

T/K	$(1/T)/K^{-1}$	T/°C	T/°F	T/°R
277,15	$3{,}6082 \cdot 10^{-3}$	4	39,2	498,87
278,15	$3{,}5952 \cdot 10^{-3}$	5	41,0	500,67
279,15	$3{,}5823 \cdot 10^{-3}$	6	42,8	502,47
280,15	$3{,}5695 \cdot 10^{-3}$	7	44,6	504,27
281,15	$3{,}5568 \cdot 10^{-3}$	8	46,4	506,07
282,15	$3{,}5442 \cdot 10^{-3}$	9	48,2	507,87
283,15	$3{,}5317 \cdot 10^{-3}$	10	50,0	509,67
284,15	$3{,}5193 \cdot 10^{-3}$	11	51,8	511,47
285,15	$3{,}5069 \cdot 10^{-3}$	12	53,6	513,27
286,15	$3{,}4947 \cdot 10^{-3}$	13	55,4	515,07
287,15	$3{,}4825 \cdot 10^{-3}$	14	57,2	516,87
288,15	$3{,}4704 \cdot 10^{-3}$	15	59,0	518,67
289,15	$3{,}4584 \cdot 10^{-3}$	16	60,8	520,47
290,15	$3{,}4465 \cdot 10^{-3}$	17	62,6	522,27
291,15	$3{,}4347 \cdot 10^{-3}$	18	64,4	524,07
292,15	$3{,}4229 \cdot 10^{-3}$	19	66,2	525,87
293,15	$3{,}4112 \cdot 10^{-3}$	20	68,0	527,67
294,15	$3{,}3996 \cdot 10^{-3}$	21	69,8	529,47
295,15	$3{,}3881 \cdot 10^{-3}$	22	71,6	531,27
296,15	$3{,}3767 \cdot 10^{-3}$	23	73,4	533,07
297,15	$3{,}3653 \cdot 10^{-3}$	24	75,2	534,87
298,15	$3{,}3540 \cdot 10^{-3}$	25	77,0	536,67
299,15	$3{,}3428 \cdot 10^{-3}$	26	78,8	538,47
300,15	$3{,}3317 \cdot 10^{-3}$	27	80,6	540,27
301,15	$3{,}3206 \cdot 10^{-3}$	28	82,4	542,07
302,15	$3{,}3096 \cdot 10^{-3}$	29	84,2	543,87
303,15	$3{,}2987 \cdot 10^{-3}$	30	86,0	545,67
304,15	$3{,}2879 \cdot 10^{-3}$	31	87,8	547,47
305,15	$3{,}2771 \cdot 10^{-3}$	32	89,6	549,27
306,15	$3{,}2664 \cdot 10^{-3}$	33	91,4	551,07
307,15	$3{,}2557 \cdot 10^{-3}$	34	93,2	552,87
308,15	$3{,}2452 \cdot 10^{-3}$	35	95,0	554,67
309,15	$3{,}2347 \cdot 10^{-3}$	36	96,8	556,47
310,15	$3{,}2242 \cdot 10^{-3}$	37	98,6	558,27
311,15	$3{,}2139 \cdot 10^{-3}$	38	100,4	560,07
312,15	$3{,}2036 \cdot 10^{-3}$	39	102,2	561,87
313,15	$3{,}1934 \cdot 10^{-3}$	40	104,0	563,67
314,15	$3{,}1832 \cdot 10^{-3}$	41	105,8	565,47
315,15	$3{,}1731 \cdot 10^{-3}$	42	107,6	567,27
316,15	$3{,}1631 \cdot 10^{-3}$	43	109,4	569,07
317,15	$3{,}1531 \cdot 10^{-3}$	44	111,2	570,87
318,15	$3{,}1432 \cdot 10^{-3}$	45	113,0	572,67
319,15	$3{,}1333 \cdot 10^{-3}$	46	114,8	574,47
320,15	$3{,}1235 \cdot 10^{-3}$	47	116,6	576,27
321,15	$3{,}1138 \cdot 10^{-3}$	48	118,4	578,07
322,15	$3{,}1041 \cdot 10^{-3}$	49	120,2	579,87
323,15	$3{,}0945 \cdot 10^{-3}$	50	122,0	581,67
324,15	$3{,}0850 \cdot 10^{-3}$	51	123,8	583,47
325,15	$3{,}0755 \cdot 10^{-3}$	52	125,6	585,27
326,15	$3{,}0661 \cdot 10^{-3}$	53	127,4	587,07
327,15	$3{,}0567 \cdot 10^{-3}$	54	129,2	588,87
328,15	$3{,}0474 \cdot 10^{-3}$	55	131,0	590,67
329,15	$3{,}0381 \cdot 10^{-3}$	56	132,8	592,47
330,15	$3{,}0289 \cdot 10^{-3}$	57	134,6	594,27
331,15	$3{,}0198 \cdot 10^{-3}$	58	136,4	596,07
332,15	$3{,}0107 \cdot 10^{-3}$	59	138,2	597,87
333,15	$3{,}0017 \cdot 10^{-3}$	60	140,0	599,67
334,15	$2{,}9927 \cdot 10^{-3}$	61	141,8	601,47

1.1.3.2.3 Umrechnung von Temperaturgraden (*Fortsetzung*)

T/K	(1/T)/K⁻¹	T/°C	T/°F	T/°R
335,15	$2{,}9837\cdot 10^{-3}$	62	143,6	603,27
336,15	$2{,}9749\cdot 10^{-3}$	63	145,4	605,07
337,15	$2{,}9660\cdot 10^{-3}$	64	147,2	606,87
338,15	$2{,}9573\cdot 10^{-3}$	65	149,0	608,67
339,15	$2{,}9485\cdot 10^{-3}$	66	150,8	610,47
340,15	$2{,}9399\cdot 10^{-3}$	67	152,6	612,27
341,15	$2{,}9313\cdot 10^{-3}$	68	154,4	614,07
342,15	$2{,}9227\cdot 10^{-3}$	69	156,2	615,87
343,15	$2{,}9142\cdot 10^{-3}$	70	158,0	617,67
344,15	$2{,}9057\cdot 10^{-3}$	71	159,8	619,47
345,15	$2{,}8973\cdot 10^{-3}$	72	161,6	621,27
346,15	$2{,}8889\cdot 10^{-3}$	73	163,4	623,07
347,15	$2{,}8806\cdot 10^{-3}$	74	165,2	624,87
348,15	$2{,}8723\cdot 10^{-3}$	75	167,0	626,67
349,15	$2{,}8641\cdot 10^{-3}$	76	168,8	628,47
350,15	$2{,}8559\cdot 10^{-3}$	77	170,6	630,27
351,15	$2{,}8478\cdot 10^{-3}$	78	172,4	632,07
352,15	$2{,}8397\cdot 10^{-3}$	79	174,2	633,87
353,15	$2{,}8317\cdot 10^{-3}$	80	176,0	635,67
354,15	$2{,}8237\cdot 10^{-3}$	81	177,8	637,47
355,15	$2{,}8157\cdot 10^{-3}$	82	179,6	639,27
356,15	$2{,}8078\cdot 10^{-3}$	83	181,4	641,07
357,15	$2{,}7999\cdot 10^{-3}$	84	183,2	642,87
358,15	$2{,}7921\cdot 10^{-3}$	85	185,0	644,67
359,15	$2{,}7844\cdot 10^{-3}$	86	186,8	646,47
360,15	$2{,}7766\cdot 10^{-3}$	87	188,6	648,27
361,15	$2{,}7689\cdot 10^{-3}$	88	190,4	650,07
362,15	$2{,}7613\cdot 10^{-3}$	89	192,2	651,87
363,15	$2{,}7537\cdot 10^{-3}$	90	194,0	653,67
364,15	$2{,}7461\cdot 10^{-3}$	91	195,8	655,47
365,15	$2{,}7386\cdot 10^{-3}$	92	197,6	657,27
366,15	$2{,}7311\cdot 10^{-3}$	93	199,4	659,07
367,15	$2{,}7237\cdot 10^{-3}$	94	201,2	660,87
368,15	$2{,}7163\cdot 10^{-3}$	95	203,0	662,67
369,15	$2{,}7089\cdot 10^{-3}$	96	204,8	664,47
370,15	$2{,}7016\cdot 10^{-3}$	97	206,6	666,27
371,15	$2{,}6943\cdot 10^{-3}$	98	208,4	668,07
372,15	$2{,}6871\cdot 10^{-3}$	99	210,2	669,87
373,15	$2{,}6799\cdot 10^{-3}$	100	212,0	671,67
378,15	$2{,}6445\cdot 10^{-3}$	105	221,0	680,67
383,15	$2{,}6099\cdot 10^{-3}$	110	230,0	689,67
388,15	$2{,}5763\cdot 10^{-3}$	115	239,0	698,67
393,15	$2{,}5436\cdot 10^{-3}$	120	248,0	707,67
398,15	$2{,}5116\cdot 10^{-3}$	125	257,0	716,67
403,15	$2{,}4805\cdot 10^{-3}$	130	266,0	725,67
408,15	$2{,}4501\cdot 10^{-3}$	135	275,0	734,67
413,15	$2{,}4204\cdot 10^{-3}$	140	284,0	743,67
418,15	$2{,}3915\cdot 10^{-3}$	145	293,0	752,67
423,15	$2{,}3632\cdot 10^{-3}$	150	302,0	761,67
428,15	$2{,}3356\cdot 10^{-3}$	155	311,0	770,67
433,15	$2{,}3087\cdot 10^{-3}$	160	320,0	779,67
438,15	$2{,}2823\cdot 10^{-3}$	165	329,0	788,67
443,15	$2{,}2566\cdot 10^{-3}$	170	338,0	797,67
448,15	$2{,}2314\cdot 10^{-3}$	175	347,0	806,67
453,15	$2{,}2068\cdot 10^{-3}$	180	356,0	815,67
458,15	$2{,}1827\cdot 10^{-3}$	185	365,0	824,67
463,15	$2{,}1591\cdot 10^{-3}$	190	374,0	833,67
468,15	$2{,}1361\cdot 10^{-3}$	195	383,0	842,67

1.1.3.2.3 Umrechnung von Temperaturgraden (*Fortsetzung*)

T/K	(1/T)/K⁻¹	T/°C	T/°F	T/°R
473,15	$2{,}1135\cdot10^{-3}$	200	392,0	851,67
478,15	$2{,}0914\cdot10^{-3}$	205	401,0	860,67
483,15	$2{,}0698\cdot10^{-3}$	210	410,0	869,67
488,15	$2{,}0486\cdot10^{-3}$	215	419,0	878,67
493,15	$2{,}0278\cdot10^{-3}$	220	428,0	887,67
498,15	$2{,}0074\cdot10^{-3}$	225	437,0	896,67
503,15	$1{,}9875\cdot10^{-3}$	230	446,0	905,67
508,15	$1{,}9679\cdot10^{-3}$	235	455,0	914,67
513,15	$1{,}9487\cdot10^{-3}$	240	464,0	923,67
518,15	$1{,}9299\cdot10^{-3}$	245	473,0	932,67
523,15	$1{,}9115\cdot10^{-3}$	250	482,0	941,67
528,15	$1{,}8934\cdot10^{-3}$	255	491,0	950,67
533,15	$1{,}8756\cdot10^{-3}$	260	500,0	959,67
538,15	$1{,}8582\cdot10^{-3}$	265	509,0	968,67
543,15	$1{,}8411\cdot10^{-3}$	270	518,0	977,67
548,15	$1{,}8243\cdot10^{-3}$	275	527,0	986,67
553,15	$1{,}8078\cdot10^{-3}$	280	536,0	995,67
558,15	$1{,}7916\cdot10^{-3}$	285	545,0	1004,67
563,15	$1{,}7757\cdot10^{-3}$	290	554,0	1013,67
568,15	$1{,}7601\cdot10^{-3}$	295	563,0	1022,67
573,15	$1{,}7447\cdot10^{-3}$	300	572,0	1031,67
578,15	$1{,}7297\cdot10^{-3}$	305	581,0	1040,67
583,15	$1{,}7148\cdot10^{-3}$	310	590,0	1049,67
588,15	$1{,}7002\cdot10^{-3}$	315	599,0	1058,67
593,15	$1{,}6859\cdot10^{-3}$	320	608,0	1067,67
598,15	$1{,}6718\cdot10^{-3}$	325	617,0	1076,67
603,15	$1{,}6580\cdot10^{-3}$	330	626,0	1085,67
608,15	$1{,}6443\cdot10^{-3}$	335	635,0	1094,67
613,15	$1{,}6309\cdot10^{-3}$	340	644,0	1103,67
618,15	$1{,}6177\cdot10^{-3}$	345	653,0	1112,67
623,15	$1{,}6048\cdot10^{-3}$	350	662,0	1121,67
628,15	$1{,}5920\cdot10^{-3}$	355	671,0	1130,67
633,15	$1{,}5794\cdot10^{-3}$	360	680,0	1139,67
638,15	$1{,}5670\cdot10^{-3}$	365	689,0	1148,67
643,15	$1{,}5548\cdot10^{-3}$	370	698,0	1157,67
648,15	$1{,}5429\cdot10^{-3}$	375	707,0	1166,67
653,15	$1{,}5310\cdot10^{-3}$	380	716,0	1175,67
658,15	$1{,}5194\cdot10^{-3}$	385	725,0	1184,67
663,15	$1{,}5080\cdot10^{-3}$	390	734,0	1193,67
668,15	$1{,}4967\cdot10^{-3}$	395	743,0	1202,67
673,15	$1{,}4856\cdot10^{-3}$	400	752,0	1211,67
683,15	$1{,}4638\cdot10^{-3}$	410	770,0	1229,67
693,15	$1{,}4427\cdot10^{-3}$	420	788,0	1247,67
703,15	$1{,}4222\cdot10^{-3}$	430	806,0	1265,67
713,15	$1{,}4022\cdot10^{-3}$	440	824,0	1283,67
723,15	$1{,}3828\cdot10^{-3}$	450	842,0	1301,67
733,15	$1{,}3640\cdot10^{-3}$	460	860,0	1319,67
743,15	$1{,}3456\cdot10^{-3}$	470	878,0	1337,67
753,15	$1{,}3278\cdot10^{-3}$	480	896,0	1355,67
763,15	$1{,}3104\cdot10^{-3}$	490	914,0	1373,67
773,15	$1{,}2934\cdot10^{-3}$	500	932,0	1391,67
783,15	$1{,}2769\cdot10^{-3}$	510	950,0	1409,67
793,15	$1{,}2608\cdot10^{-3}$	520	968,0	1427,67
803,15	$1{,}2451\cdot10^{-3}$	530	986,0	1445,67
813,15	$1{,}2298\cdot10^{-3}$	540	1004,0	1463,67
823,15	$1{,}2148\cdot10^{-3}$	550	1022,0	1481,67
833,15	$1{,}2003\cdot10^{-3}$	560	1040,0	1499,67
843,15	$1{,}1860\cdot10^{-3}$	570	1058,0	1517,67

1.1.3.2.3 Umrechnung von Temperaturgraden (*Fortsetzung*)

T/K	(1/T)/K⁻¹	T/°C	T/°F	T/°R
853,15	$1,1721 \cdot 10^{-3}$	580	1076,0	1535,67
863,15	$1,1585 \cdot 10^{-3}$	590	1094,0	1553,67
873,15	$1,1453 \cdot 10^{-3}$	600	1112,0	1571,67
883,15	$1,1323 \cdot 10^{-3}$	610	1130,0	1589,67
893,15	$1,1196 \cdot 10^{-3}$	620	1148,0	1607,67
903,15	$1,1072 \cdot 10^{-3}$	630	1166,0	1625,67
913,15	$1,0951 \cdot 10^{-3}$	640	1184,0	1643,67
923,15	$1,0832 \cdot 10^{-3}$	650	1202,0	1661,67
933,15	$1,0716 \cdot 10^{-3}$	660	1220,0	1679,67
943,15	$1,0603 \cdot 10^{-3}$	670	1238,0	1697,67
953,15	$1,0492 \cdot 10^{-3}$	680	1256,0	1715,67
963,15	$1,0383 \cdot 10^{-3}$	690	1274,0	1733,67
973,15	$1,0276 \cdot 10^{-3}$	700	1292,0	1751,67
983,15	$1,0171 \cdot 10^{-3}$	710	1310,0	1769,67
993,15	$1,0069 \cdot 10^{-3}$	720	1328,0	1787,67
1003,15	$0,9969 \cdot 10^{-3}$	730	1346,0	1805,67
1013,15	$0,9870 \cdot 10^{-3}$	740	1364,0	1823,67
1023,15	$0,9774 \cdot 10^{-3}$	750	1382,0	1841,67
1033,15	$0,9679 \cdot 10^{-3}$	760	1400,0	1859,67
1043,15	$0,9586 \cdot 10^{-3}$	770	1418,0	1877,67
1053,15	$0,9495 \cdot 10^{-3}$	780	1436,0	1895,67
1063,15	$0,9406 \cdot 10^{-3}$	790	1454,0	1913,67
1073,15	$0,9318 \cdot 10^{-3}$	800	1472,0	1931,67
1083,15	$0,9232 \cdot 10^{-3}$	810	1490,0	1949,67
1093,15	$0,9148 \cdot 10^{-3}$	820	1508,0	1967,67
1103,15	$0,9065 \cdot 10^{-3}$	830	1526,0	1985,67
1113,15	$0,8984 \cdot 10^{-3}$	840	1544,0	2003,67
1123,15	$0,8904 \cdot 10^{-3}$	850	1562,0	2021,67
1133,15	$0,8825 \cdot 10^{-3}$	860	1580,0	2039,67
1143,15	$0,8748 \cdot 10^{-3}$	870	1598,0	2057,67
1153,15	$0,8672 \cdot 10^{-3}$	880	1616,0	2075,67
1163,15	$0,8597 \cdot 10^{-3}$	890	1634,0	2093,67
1173,15	$0,8524 \cdot 10^{-3}$	900	1652,0	2111,67
1183,15	$0,8452 \cdot 10^{-3}$	910	1670,0	2129,67
1193,15	$0,8381 \cdot 10^{-3}$	920	1688,0	2147,67
1203,15	$0,8312 \cdot 10^{-3}$	930	1706,0	2165,67
1213,15	$0,8243 \cdot 10^{-3}$	940	1724,0	2183,67
1223,15	$0,8176 \cdot 10^{-3}$	950	1742,0	2201,67
1233,15	$0,8109 \cdot 10^{-3}$	960	1760,0	2219,67
1243,15	$0,8044 \cdot 10^{-3}$	970	1778,0	2237,67
1253,15	$0,7980 \cdot 10^{-3}$	980	1796,0	2255,67
1263,15	$0,7917 \cdot 10^{-3}$	990	1814,0	2273,67
1273,15	$0,7855 \cdot 10^{-3}$	1000	1832,0	2291,67
1283,15	$0,7793 \cdot 10^{-3}$	1010	1850,0	2309,67
1293,15	$0,7733 \cdot 10^{-3}$	1020	1868,0	2327,67
1303,15	$0,7674 \cdot 10^{-3}$	1030	1886,0	2345,67
1313,15	$0,7615 \cdot 10^{-3}$	1040	1904,0	2363,67
1323,15	$0,7558 \cdot 10^{-3}$	1050	1922,0	2381,67
1333,15	$0,7501 \cdot 10^{-3}$	1060	1940,0	2399,67
1343,15	$0,7445 \cdot 10^{-3}$	1070	1958,0	2417,67
1353,15	$0,7390 \cdot 10^{-3}$	1080	1976,0	2435,67
1363,15	$0,7336 \cdot 10^{-3}$	1090	1994,0	2453,67
1373,15	$0,7283 \cdot 10^{-3}$	1100	2012,0	2471,67
1383,15	$0,7230 \cdot 10^{-3}$	1110	2030,0	2489,67
1393,15	$0,7178 \cdot 10^{-3}$	1120	2048,0	2507,67
1403,15	$0,7127 \cdot 10^{-3}$	1130	2066,0	2525,67
1413,15	$0,7076 \cdot 10^{-3}$	1140	2084,0	2543,67
1423,15	$0,7027 \cdot 10^{-3}$	1150	2102,0	2561,67

1.1.3.2.3 Umrechnung von Temperaturgraden (*Fortsetzung*)

T/K	(1/T)/K^{-1}	T/°C	T/°F	T/°R
1433,15	$0,6978 \cdot 10^{-3}$	1160	2120,0	2579,67
1443,15	$0,6929 \cdot 10^{-3}$	1170	2138,0	2597,67
1453,15	$0,6882 \cdot 10^{-3}$	1180	2156,0	2615,67
1463,15	$0,6835 \cdot 10^{-3}$	1190	2174,0	2633,67
1473,15	$0,6788 \cdot 10^{-3}$	1200	2192,0	2651,67
1483,15	$0,6742 \cdot 10^{-3}$	1210	2210,0	2669,67
1493,15	$0,6697 \cdot 10^{-3}$	1220	2228,0	2687,67
1503,15	$0,6653 \cdot 10^{-3}$	1230	2246,0	2705,67
1513,15	$0,6609 \cdot 10^{-3}$	1240	2264,0	2723,67
1523,15	$0,6565 \cdot 10^{-3}$	1250	2282,0	2741,67
1533,15	$0,6523 \cdot 10^{-3}$	1260	2300,0	2759,67
1543,15	$0,6480 \cdot 10^{-3}$	1270	2318,0	2777,67
1553,15	$0,6439 \cdot 10^{-3}$	1280	2336,0	2795,67
1563,15	$0,6397 \cdot 10^{-3}$	1290	2354,0	2813,67
1573,15	$0,6357 \cdot 10^{-3}$	1300	2372,0	2831,67
1583,15	$0,6317 \cdot 10^{-3}$	1310	2390,0	2849,67
1593,15	$0,6277 \cdot 10^{-3}$	1320	2408,0	2867,67
1603,15	$0,6238 \cdot 10^{-3}$	1330	2426,0	2885,67
1613,15	$0,6199 \cdot 10^{-3}$	1340	2444,0	2903,67
1623,15	$0,6161 \cdot 10^{-3}$	1350	2462,0	2921,67
1633,15	$0,6123 \cdot 10^{-3}$	1360	2480,0	2939,67
1643,15	$0,6086 \cdot 10^{-3}$	1370	2498,0	2957,67
1653,15	$0,6049 \cdot 10^{-3}$	1380	2516,0	2975,67
1663,15	$0,6013 \cdot 10^{-3}$	1390	2534,0	2993,67
1673,15	$0,5977 \cdot 10^{-3}$	1400	2552,0	3011,67
1683,15	$0,5941 \cdot 10^{-3}$	1410	2570,0	3029,67
1693,15	$0,5906 \cdot 10^{-3}$	1420	2588,0	3047,67
1703,15	$0,5871 \cdot 10^{-3}$	1430	2606,0	3065,67
1713,15	$0,5837 \cdot 10^{-3}$	1440	2624,0	3083,67
1723,15	$0,5803 \cdot 10^{-3}$	1450	2642,0	3101,67
1733,15	$0,5770 \cdot 10^{-3}$	1460	2660,0	3119,67
1743,15	$0,5737 \cdot 10^{-3}$	1470	2678,0	3137,67
1753,15	$0,5704 \cdot 10^{-3}$	1480	2696,0	3155,67
1763,15	$0,5672 \cdot 10^{-3}$	1490	2714,0	3173,67
1773,15	$0,5640 \cdot 10^{-3}$	1500	2732,0	3191,67
1783,15	$0,5608 \cdot 10^{-3}$	1510	2750,0	3209,67
1793,15	$0,5577 \cdot 10^{-3}$	1520	2768,0	3227,67
1803,15	$0,5546 \cdot 10^{-3}$	1530	2786,0	3245,67
1813,15	$0,5515 \cdot 10^{-3}$	1540	2804,0	3263,67
1823,15	$0,5485 \cdot 10^{-3}$	1550	2822,0	3281,67
1833,15	$0,5455 \cdot 10^{-3}$	1560	2840,0	3299,67
1843,15	$0,5425 \cdot 10^{-3}$	1570	2858,0	3317,67
1853,15	$0,5396 \cdot 10^{-3}$	1580	2876,0	3335,67
1863,15	$0,5367 \cdot 10^{-3}$	1590	2894,0	3353,67
1873,15	$0,5339 \cdot 10^{-3}$	1600	2912,0	3371,67
1883,15	$0,5310 \cdot 10^{-3}$	1610	2930,0	3389,67
1893,15	$0,5282 \cdot 10^{-3}$	1620	2948,0	3407,67
1903,15	$0,5254 \cdot 10^{-3}$	1630	2966,0	3425,67
1913,15	$0,5227 \cdot 10^{-3}$	1640	2984,0	3443,67
1923,15	$0,5200 \cdot 10^{-3}$	1650	3002,0	3461,67
1933,15	$0,5173 \cdot 10^{-3}$	1660	3020,0	3479,67
1943,15	$0,5146 \cdot 10^{-3}$	1670	3038,0	3497,67
1953,15	$0,5120 \cdot 10^{-3}$	1680	3056,0	3515,67
1963,15	$0,5094 \cdot 10^{-3}$	1690	3074,0	3533,67
1973,15	$0,5068 \cdot 10^{-3}$	1700	3092,0	3551,67
1983,15	$0,5042 \cdot 10^{-3}$	1710	3110,0	3569,67
1993,15	$0,5017 \cdot 10^{-3}$	1720	3128,0	3587,67
2003,15	$0,4992 \cdot 10^{-3}$	1730	3146,0	3605,67

1.1.3.2.3 Umrechnung von Temperaturgraden (*Fortsetzung*)

T/K	$(1/T)/K^{-1}$	T/°C	T/°F	T/°R
2013,15	$0{,}4967\cdot10^{-3}$	1740	3164,0	3623,67
2023,15	$0{,}4943\cdot10^{-3}$	1750	3182,0	3641,67
2033,15	$0{,}4918\cdot10^{-3}$	1760	3200,0	3659,67
2043,15	$0{,}4894\cdot10^{-3}$	1770	3218,0	3677,67
2053,15	$0{,}4871\cdot10^{-3}$	1780	3236,0	3695,67
2063,15	$0{,}4847\cdot10^{-3}$	1790	3254,0	3713,67
2073,15	$0{,}4824\cdot10^{-3}$	1800	3272,0	3731,67
2083,15	$0{,}4800\cdot10^{-3}$	1810	3290,0	3749,67
2093,15	$0{,}4777\cdot10^{-3}$	1820	3308,0	3767,67
2103,15	$0{,}4755\cdot10^{-3}$	1830	3326,0	3785,67
2113,15	$0{,}4732\cdot10^{-3}$	1840	3344,0	3803,67
2123,15	$0{,}4710\cdot10^{-3}$	1850	3362,0	3821,67
2133,15	$0{,}4688\cdot10^{-3}$	1860	3380,0	3839,67
2143,15	$0{,}4666\cdot10^{-3}$	1870	3398,0	3857,67
2153,15	$0{,}4644\cdot10^{-3}$	1880	3416,0	3875,67
2163,15	$0{,}4623\cdot10^{-3}$	1890	3434,0	3893,67
2173,15	$0{,}4602\cdot10^{-3}$	1900	3452,0	3911,67
2183,15	$0{,}4581\cdot10^{-3}$	1910	3470,0	3929,67
2193,15	$0{,}4560\cdot10^{-3}$	1920	3488,0	3947,67
2203,15	$0{,}4539\cdot10^{-3}$	1930	3506,0	3965,67
2213,15	$0{,}4518\cdot10^{-3}$	1940	3524,0	3983,67
2223,15	$0{,}4498\cdot10^{-3}$	1950	3542,0	4001,67
2233,15	$0{,}4478\cdot10^{-3}$	1960	3560,0	4019,67
2243,15	$0{,}4458\cdot10^{-3}$	1970	3578,0	4037,67
2253,15	$0{,}4438\cdot10^{-3}$	1980	3596,0	4055,67
2263,15	$0{,}4419\cdot10^{-3}$	1990	3614,0	4073,67
2273,15	$0{,}4399\cdot10^{-3}$	2000	3632,0	4091,67
2283,15	$0{,}4380\cdot10^{-3}$	2010	3650,0	4109,67
2293,15	$0{,}4361\cdot10^{-3}$	2020	3668,0	4127,67
2303,15	$0{,}4342\cdot10^{-3}$	2030	3686,0	4145,67
2313,15	$0{,}4323\cdot10^{-3}$	2040	3704,0	4163,67
2323,15	$0{,}4305\cdot10^{-3}$	2050	3722,0	4181,67
2333,15	$0{,}4286\cdot10^{-3}$	2060	3740,0	4199,67
2343,15	$0{,}4268\cdot10^{-3}$	2070	3758,0	4217,67
2353,15	$0{,}4250\cdot10^{-3}$	2080	3776,0	4235,67
2363,15	$0{,}4232\cdot10^{-3}$	2090	3794,0	4253,67
2373,15	$0{,}4214\cdot10^{-3}$	2100	3812,0	4271,67
2383,15	$0{,}4196\cdot10^{-3}$	2110	3830,0	4289,67
2393,15	$0{,}4179\cdot10^{-3}$	2120	3848,0	4307,67
2403,15	$0{,}4161\cdot10^{-3}$	2130	3866,0	4325,67
2413,15	$0{,}4144\cdot10^{-3}$	2140	3884,0	4343,67
2423,15	$0{,}4127\cdot10^{-3}$	2150	3902,0	4361,67
2433,15	$0{,}4110\cdot10^{-3}$	2160	3920,0	4379,67
2443,15	$0{,}4093\cdot10^{-3}$	2170	3938,0	4397,67
2453,15	$0{,}4076\cdot10^{-3}$	2180	3956,0	4415,67
2463,15	$0{,}4060\cdot10^{-3}$	2190	3974,0	4433,67
2473,15	$0{,}4043\cdot10^{-3}$	2200	3992,0	4451,67
2483,15	$0{,}4027\cdot10^{-3}$	2210	4010,0	4469,67
2493,15	$0{,}4011\cdot10^{-3}$	2220	4028,0	4487,67
2503,15	$0{,}3995\cdot10^{-3}$	2230	4046,0	4505,67
2513,15	$0{,}3979\cdot10^{-3}$	2240	4064,0	4523,67
2523,15	$0{,}3963\cdot10^{-3}$	2250	4082,0	4541,67
2533,15	$0{,}3948\cdot10^{-3}$	2260	4100,0	4559,67
2543,15	$0{,}3932\cdot10^{-3}$	2270	4118,0	4577,67
2553,15	$0{,}3917\cdot10^{-3}$	2280	4136,0	4595,67
2563,15	$0{,}3901\cdot10^{-3}$	2290	4154,0	4613,67
2573,15	$0{,}3886\cdot10^{-3}$	2300	4172,0	4631,67
2583,15	$0{,}3871\cdot10^{-3}$	2310	4190,0	4649,67

1.1.3.2.3 Umrechnung von Temperaturgraden (*Fortsetzung*)

T/K	(1/T)/K^{-1}	T/°C	T/°F	T/°R
2593,15	$0,3856 \cdot 10^{-3}$	2320	4208,0	4667,67
2603,15	$0,3841 \cdot 10^{-3}$	2330	4226,0	4685,67
2613,15	$0,3827 \cdot 10^{-3}$	2340	4244,0	4703,67
2623,15	$0,3812 \cdot 10^{-3}$	2350	4262,0	4721,67
2633,15	$0,3798 \cdot 10^{-3}$	2360	4280,0	4739,67
2643,15	$0,3783 \cdot 10^{-3}$	2370	4298,0	4757,67
2653,15	$0,3769 \cdot 10^{-3}$	2380	4316,0	4775,67
2663,15	$0,3755 \cdot 10^{-3}$	2390	4334,0	4793,67
2673,15	$0,3741 \cdot 10^{-3}$	2400	4352,0	4811,67
2683,15	$0,3727 \cdot 10^{-3}$	2410	4370,0	4829,67
2693,15	$0,3713 \cdot 10^{-3}$	2420	4388,0	4847,67
2703,15	$0,3699 \cdot 10^{-3}$	2430	4406,0	4865,67
2713,15	$0,3686 \cdot 10^{-3}$	2440	4424,0	4883,67
2723,15	$0,3672 \cdot 10^{-3}$	2450	4442,0	4901,67
2733,15	$0,3659 \cdot 10^{-3}$	2460	4460,0	4919,67
2743,15	$0,3645 \cdot 10^{-3}$	2470	4478,0	4937,67
2753,15	$0,3632 \cdot 10^{-3}$	2480	4496,0	4955,67
2763,15	$0,3619 \cdot 10^{-3}$	2490	4514,0	4973,67
2773,15	$0,3606 \cdot 10^{-3}$	2500	4532,0	4991,67

1.1.3.2.4 Umrechnung von Druckeinheiten

	Pa	Torr	at	bar	atm
1 Pa =	1	$7,50062 \cdot 10^{-3}$	$1,0197 \cdot 10^{-5}$	10^{-5}	$9,86923 \cdot 10^{-6}$
1 Torr =	133,322	1	$1,3595 \cdot 10^{-3}$	$1,33322 \cdot 10^{-6}$	$1,31579 \cdot 10^{-3}$
1 at =	$9,8067 \cdot 10^{4}$	$7,3556 \cdot 10^{2}$	1	$9,8067 \cdot 10^{-1}$	$9,6784 \cdot 10^{-1}$
1 bar =	10^{5}	750,062	1,0197	1	0,986923
1 atm =	101325	760	1,0332	1,01325	1

1.1.3.2.5 Umrechnung von Energieeinheiten

	Ist gleich oder entspricht			
	J	kWh	cal_{IT}	eV
1 J	1	$2,7778 \cdot 10^{-7}$	$2,3885 \cdot 10^{-1}$	$6,241506 \cdot 10^{18}$
1 kWh	$3,600 \cdot 10^{6}$	1	$8,5986 \cdot 10^{5}$	$2,246942 \cdot 10^{25}$
1 cal_{IT}	4,1868	$1,1630 \cdot 10^{-6}$	1	$2,613194 \cdot 10^{19}$
1 eV	$1,602177 \cdot 10^{-19}$	$4,4505 \cdot 10^{-26}$	$3,8268 \cdot 10^{-20}$	1
1 cm^{-1}	$1,986447 \cdot 10^{-5}$	$5,5180 \cdot 10^{-30}$	$4,7446 \cdot 10^{-24}$	$1,239842 \cdot 10^{-4}$
1 Ry	$2,1785 \cdot 10^{-18}$	$6,0550 \cdot 10^{-25}$	$5,2065 \cdot 10^{-19}$	$1,360523 \cdot 10$
1 K	$1,380658 \cdot 10^{-5}$	$3,8352 \cdot 10^{-30}$	$3,2977 \cdot 10^{-24}$	$8,61738 \cdot 10^{5}$

	Ist gleich oder entspricht		
	cm^{-1}	Ry	K
1 J	$5,03411 \cdot 10^{22}$	$4,5903 \cdot 10^{17}$	$7,24292 \cdot 10^{22}$
1 kWh	$1,81228 \cdot 10^{29}$	$1,6525 \cdot 10^{24}$	$2,60745 \cdot 10^{29}$
1 cal_{IT}	$2,10768 \cdot 10^{23}$	$1,9219 \cdot 10^{18}$	$3,03247 \cdot 10^{23}$
1 eV	$8,06554 \cdot 10^{3}$	$7,3545 \cdot 10^{-2}$	$1,16045 \cdot 10^{4}$
1 cm^{-1}	1	$9,1184 \cdot 10^{-6}$	1,43877
1 Ry	$1,09733 \cdot 10^{5}$	1	$1,5788 \cdot 10^{5}$
1 K	$6,95039 \cdot 10^{-1}$	$6,3376 \cdot 10^{-6}$	1

1.1.4 Elektrische und magnetische Einheiten

	SI-Einheiten		Elektromagnetische Einheiten (emu)		Elektrostatische Einheiten (esu)	
	Formelzeichen	Einheit	Einheit	Multiplikationsfaktor um den Zahlenwert im SI-System zu erhalten	Einheit	Multiplikationsfaktor um den Zahlenwert im SI-System zu erhalten
Absolute Dielektrizitätskonstante	ε	$m^{-3}kg^{-1}s^4A^2 = Fm^{-1}$	—	—	—	—
Elektrische Spannung	U	$m^2kgs^{-3}A^{-1} = V$ (Volt)	$cm^{3/2}g^{1/2}s^{-2}$	10^{-3}	$cm^{1/2}g^{1/2}s^{-1}$	$c_0 \cdot 10^{-3} = 299{,}792458$
Elektrische Stromstärke	I	A (Ampère)	$cm^{1/2}g^{1/2}s^{-1}$	10	$cm^{3/2}g^{1/2}s^{-2}$	$10 \cdot c_0^{-1} = 3{,}3356409 \cdot 10^{-10}$
Elektrische Stromdichte	G	$m^{-2}A$	$cm^{-3/2}g^{1/2}s^{-1}$	10^5	$cm^{-1/2}g^{1/2}s^{-2}$	$10^5 c_0^{-1} = 3{,}3356409 \cdot 10^{-6}$
Elektrische Feldstärke	E	$mkgs^{-3}A^{-1} = Vm^{-1}$	$cm^{1/2}g^{1/2}s^{-2}$	10^{-6}	$cm^{-1/2}g^{1/2}s^{-1}$	$10^{-6}c_0 = 2{,}99792458 \cdot 10^4$
Elektrische Verschiebung	D	$m^{-2}sA = Cm^{-2}$	$cm^{-3/2}g^{1/2}$	$\frac{10^5}{4\pi} = 0{,}79577472 \cdot 10^4$	$cm^{-1/2}g^{1/2}s^{-1}$	$\frac{10^5}{c_0} = 3{,}3356409 \cdot 10^{-6}$
Elektrischer Verschiebungsfluß	Ψ	$sA = C$ (Coulomb)	$cm^{1/2}g^{1/2}$	$\frac{10}{4\pi} = 0{,}79577472$	$cm^{3/2}g^{1/2}s^{-1}$	$\frac{10}{c_0} = 3{,}3356409 \cdot 10^{-10}$
Elektrische Ladung	Q	$sA = C$ (Coulomb)	$cm^{1/2}g^{1/2}$	10	$cm^{3/2}g^{1/2}s^{-1}$	$\frac{10}{c_0} = 3{,}3356409 \cdot 10^{-10}$
Elektrische Raumladungsdichte	η	$m^{-3}sA = Cm^{-3}$	$cm^{-5/2}g^{1/2}$	10^7	$cm^{-3/2}g^{1/2}s^{-1}$	$10^7 c_0^{-1} = 3{,}3356409 \cdot 10^{-4}$
Elektrische Suszeptibilität		1	1	$4\pi = 12{,}5663706$	1	$4\pi = 12{,}5663706$

1.1.4 Elektrische und magnetische Einheiten (*Fortsetzung*)

	SI-Einheiten		Elektromagnetische Einheiten (emu)		Elektrostatische Einheiten (esu)	
	Formelzeichen	Einheit	Einheit	Multiplikationsfaktor um den Zahlenwert im SI-System zu-erhalten	Einheit	Multiplikationsfaktor um den Zahlenwert im SI-System zu erhalten
Elektrische Leitfähigkeit	σ	$m^{-2}\,kg^{-1}\,s^3\,A^2 = S =$ (Siemens-Meter)	$cm^{-1}\,s$	10^{11}	$cm^1\,s^{-1}$	$\frac{10^{11}}{c_0^2} = 1{,}1126501 \cdot 10^{-10}$
Elektrische Induktivität	e_L	$m^2\,kgs^{-2}\,A^{-2} = H =$ (Henry)	cm	10^{-9}	$cm^{-1}\,s^2$	$10^{-9} \cdot c_0^2 = 0{,}8987552 \cdot 10^{12}$
Magnetische Spannung	V	A	$cm^{1/2}\,g^{1/2}\,s^{-1} = Gb$	$\frac{10}{4\pi} = 0{,}79577472$	$cm^{3/2}\,g^{1/2}\,s^{-2}$	$\frac{10}{4\pi c_0} = 2{,}6544187 \cdot 10^{-11}$
Magnetische Feldstärke	H	$m^{-1}\,A$	$cm^{-1/2}\,g^{1/2}\,s^{-1} = Oe$	$\frac{10^3}{4\pi} = 0{,}79577472 \cdot 10^2$	$cm^{1/2}\,g^{1/2}\,s^{-2}$	$\frac{10^3}{4\pi c_0} = 2{,}6544187 \cdot 10^{-9}$
Magnetische Induktion	B	$kgs^{-2}\,A^{-1} = Wbm^{-2}$	$cm^{-1/2}\,g^{1/2}\,s^{-1} = Gs$	10^{-4}	$cm^{-3/2}\,g^{1/2}$	$10^{-4} c_0 = 2{,}9979246 \cdot 10^6$
Magnetischer Induktionsfluß	Φ	$m^2\,kgs^{-2}\,A^{-1} = Wb$ (Weber)	$cm^{3/2}\,g^{1/2}\,s^{-1} = Mx$	10^{-8}	$cm^{1/2}\,g^{1/2}$	$10^{-8} c_0 = 2{,}9979246 \cdot 10^2$
Coulombsches magnet. Moment	m_H	$m^3\,kgs^{-2}\,A^{-1} = Wb \cdot m$	$cm^{5/2}\,g^{1/2}\,s^{-1}$	$4\pi \cdot 10^{-10} = 1{,}25663706 \cdot 10^{-9}$	$cm^{3/2}\,g^{1/2}$	$4\pi \cdot 10^{-10} c_0 = 3{,}7673031 \cdot 10$
Magnetisierung	M	$m^{-1}\,A$	$cm^{-1/2}\,g^{1/2}\,s^{-1} = Oe$	10^3	$cm^{1/2}\,g^{1/2}\,s^{-2}$	$\frac{10^3}{c_0} = 3{,}3356409 \cdot 10^{-8}$
(Ampèresches) magnetisches Moment	m_B	$m^2\,A$	$cm^{5/2}\,g^{1/2}\,s^{-1}$	10^{-3}	$cm^{7/2}\,g^{1/2}\,s^{-2}$	$10^{-3} c_0^{-1} = 3{,}3356409 \cdot 10^{-14}$
(Ampèresche) magnetische Polstärke	m	mA	$cm^{3/2}\,g^{1/2}\,s^{-1}$	10^{-1}	$cm^{5/2}\,g^{1/2}\,s^{-2}$	$10^{-1} c_0^{-1} = 3{,}3356409 \cdot 10^{-12}$

Elektrische Polarisation	P	$m^{-2}\,sA = Cm^{-2}$	$cm^{-3/2}\,g^{1/2}$	10^5	$cm^{-1/2}\,g^{1/2}\,s^{-1}$	$\frac{10^5}{c_0} = 3{,}3356409 \cdot 10^{-6}$
Elektrisches Moment	p	$msA = Cm$	$cm^{3/2}\,g^{1/2}$	10^{-1}	$cm^{5/2}\,g^{1/2}\,s^{-1}$	$\frac{10^{-1}}{c_0} = 3{,}3356409 \cdot 10^{-12}$
Kapazität	C	$m^{-2}\,kg^{-1}\,s^4\,A^2 = F$ (Farad)	$cm^{-1}\,s^2$	10^9	cm	$\frac{10^9}{c_0^2} = 1{,}1126501 \cdot 10^{-12}$
Elektrischer Widerstand	R	$m^2\,kgs^{-3}\,A^{-2} = \Omega$ (Ohm)	cms^{-1}	10^{-9}	$cm^{-1}\,s$	$10^{-9} c_0^2 = 0{,}8987552 \cdot 10^{12}$
Spez. elektr. Widerstand	ϱ	$m^3\,kgs^{-3}\,A^{-2} = \Omega m$	$cm^2\,s^{-1}$	10^{-11}	s	$10^{-11} c_0^2 = 0{,}8987552 \cdot 10^{10}$
Magnetische Polarisation	I	$kgs^{-2}\,A^{-1} = Wbm^{-2}$	$cm^{-1/2}\,g^{1/2}\,s^{-1}$	$4\pi \cdot 10^{-4} = 1{,}25663706 \cdot 10^{-3}$	$cm^{-3/2}\,g^{1/2}$	$4\pi \cdot 10^{-4} c_0 = 3{,}7673031 \cdot 10^7$
Magnetischer Leitwert	Λ	$m^2\,kgs^{-2}\,A^{-2} = H$ (Henry)	cm	$4\pi \cdot 10^{-9} = 1{,}25663706 \cdot 10^{-8}$	$cm^{-1}\,s^2$	$4\pi \cdot 10^{-9} c_0^2 = 1{,}1294091 \cdot 10^{13}$
Elektromagnetische Induktivität	m_L	$m^2\,kgs^{-2}\,A^{-2} = H$ (Henry)	cm	10^{-9}	$cm^{-1}\,s^2$	$10^{-9} c_0^2 = 0{,}8987552 \cdot 10^{12}$

Gb = Gilbert. Oe = Oersted. Gs = Gauß. Mx = Maxwell

1.1.5 Physikalische und lichttechnische Strahlungsgrößen

Das menschliche Auge empfindet Strahlung im Gebiete von ≈ 380 bis ≈ 780 nm als Licht. Die Empfindlichkeit ist je nach der Größe der Leuchtdichte unterschiedlich. Im Gebiete des Tagessehens (Leuchtdichten = > ~ 30 cd/m²) sprechen nur die Zäpfchen (Tagessehen) im Gebiete $\leqq 30$ cd/m² nur die Stäbchen (Nachtsehen) an, in dem Zwischengebiet sprechen beide gemeinsam an.
Die relative Hellempindlichkeit für Tagessehen $V(\lambda)$ und die für Nachtsehen $V'(\lambda)$ sind in Tabelle 1.1.5.1) wiedergegeben. In beiden Fällen ist die maximale Empfindlichkeit gleich 1 gesetzt. Der Maximalwert des photometrischen Strahlungsäquivalentes (Km) liegt für Tagessehen zwischen den Wellenlängen 550 und 560 nm und hat für die Wellenlänge 555 nm den Wert Km = 683 lm/W.

1.1.5.1 Spektraler Hellempfindlichkeitsgrad

Wellen-länge λ in nm	des menschlichen Auges		Wellen-länge in nm	des menschlichen Auges	
	für Tagessehen $V(\lambda)$	für Nachtsehen $V'(\lambda)$		für Tagessehen $V(\lambda)$	für Nachtsehen $V'(\lambda)$
380	0,0000	$5{,}89 \cdot 10^{-4}$	580	0,870	0,1212
390	0,0001	$2{,}209 \cdot 10^{-3}$	590	0,757	$6{,}55 \cdot 10^{-2}$
400	0,0004	$9{,}29 \cdot 10^{-3}$	600	0,631	$3{,}315 \cdot 10^{-2}$
410	0,0012	$3{,}484 \cdot 10^{-2}$	610	0,503	$1{,}593 \cdot 10^{-2}$
420	0,0040	$9{,}66 \cdot 10^{-2}$	620	0,381	$7{,}37 \cdot 10^{-3}$
430	0,0116	0,1998	630	0,265	$3{,}335 \cdot 10^{-3}$
440	0,023	0,3281	640	0,175	$1{,}497 \cdot 10^{-3}$
450	0,038	0,455	650	0,107	$6{,}77 \cdot 10^{-4}$
460	0,060	0,567	660	0,061	$3{,}129 \cdot 10^{-4}$
470	0,091	0,676	670	0,032	$1{,}480 \cdot 10^{-4}$
480	0,139	0,793	680	0,017	$7{,}15 \cdot 10^{-5}$
490	0,208	0,904	690	0,0082	$3{,}533 \cdot 10^{-5}$
500	0,323	0,982	700	0,0041	$1{,}780 \cdot 10^{-5}$
510	0,503	0,997	710	0,0021	$9{,}14 \cdot 10^{-6}$
520	0,710	0,935	720	0,00105	$4{,}78 \cdot 10^{-6}$
530	0,862	0,811	730	0,00052	$2{,}546 \cdot 10^{-6}$
540	0,954	0,650	740	0,00025	$1{,}379 \cdot 10^{-6}$
550	0,995	0,481	750	0,00012	$7{,}60 \cdot 10^{-7}$
560	0,995	0,3288	760	0,00006	$4{,}25 \cdot 10^{-7}$
570	0,952	0,2076	770	0,00003	$2{,}41 \cdot 10^{-7}$
			780	0,000015	$1{,}39 \cdot 10^{-7}$

1.1.5.2 Strahlungsgrößen[a]

Physikalische Größen			Lichttechnische Größen			
Größe und Zeichen	Erklärung	Einheit	Größe und Zeichen	Beziehung	Einheit Name	Kurzzeichen
Strahlungsfluß Φ_l	Abgestrahlte Leistung	W	Lichtstrom Φ	$\Phi = K_m \int_0^\infty \Phi_{l\lambda}(\lambda) d\lambda$[b]	Lumen	lm
Strahlungsmenge Q_l	Die in Form von Strahlung auftretende Energie	Ws	Lichtmenge Q	$Q = \Phi \cdot t$	Lumen·Stunde	lmh
Strahldichte L_l; B_l	Die Strahldichte ist der Quotient aus dem durch eine Fläche in einer bestimmten Richtung durchtretenden Strahlungsfluß und dem Produkt aus dem durchstrahlten Raumwinkel und der Projektion der Fläche A auf eine Ebene senkrecht zur betrachteten Richtung	$Wm^{-2}sr^{-1}$	Leuchtdichte L	$L = \frac{\Phi}{\cos \varepsilon A \omega}$[b]	Candela/Meter^2 Stilb $= cd \cdot cm^{-2}$ Apostilb $= \frac{1}{\pi} cdm^{-2} = \frac{1}{\pi} \cdot 10^{-4}$ sb Lambert 10^4 asb	cdm^{-2} sb asb L
Strahlstärke I_l	Die Strahlstärke ist der Quotient aus dem von einer Strahlungsquelle in einer bestimmten Richtung abgestrahlten Strahlungsfluß und dem durchstrahlten Raumwinkel	Wsr^{-1}	Lichtstärke		Candela	cd

[a] Zusammengestellt unter Benutzung von DIN 5031.
[b] Km = Maximalwert des photometrischen Strahlungsäquivalents; $V(\lambda)$ = Spektraler Hellempfindlichkeitsgrad (s. Tabelle 1.1.5.1).

1.1.5.2 Strahlungsgrößen[a] (*Fortsetzung*)

Physikalische Größen			Lichttechnische Größen			
Größe und Zeichen	Erklärung	Einheit	Größe und Zeichen	Beziehung	Einheit Name	Kurzzeichen
Spezifische Ausstrahlung M_l	Die spezifische Ausstrahlung ist der Quotient aus dem von einer Fläche abgegebenen Strahlungsfluß und der strahlenden Fläche	Wm^{-2}	Spezifische Lichtausstrahlung M	$M = \frac{\Phi}{A_1}$ [c]	Lumen/m^2 [d]	lmm^{-2}
Bestrahlungsstärke E_l	Die Bestrahlungsstärke ist der Quotient aus dem auf eine Fläche auftreffenden Strahlungsfluß und der bestrahlten Fläche	Wm^{-2}	Beleuchtungsstärke	$E = \frac{\Phi}{A_2}$ [c]	Lux = Lumen/m^2	lx
Bestrahlung H_l	Die Bestrahlung ist das Produkt aus der Bestrahlungsstärke und der Dauer des Bestrahlungsvorganges	Wsm^{-2}	Belichtung H	$H = E \cdot t$	Lux·Sekunde	lx·s
Strahlungsausbeute η_l	Die Strahlungsausbeute ist der Quotient aus dem abgestrahlten Strahlungsfluß und der zu seiner Erzeugung aufgewandten Leistung	WW^{-1}	Lichtausbeute η	Φ/W [e]	Lumen/Watt	lmW^{-1}

[c] A = Fläche, A_1 = Fläche von der Strahlung ausgeht, A_2 = Fläche die Strahlung empfängt.
[d] Die Einheit $lmcm^{-2}$ wurde früher gebraucht und mit Phot (ph) bezeichnet.
[e] W = Leistung.
Zwischen der früher in Deutschland benutzten Lichtstärkeneinheit, Hefnerkerze, ist der Umrechnungsfaktor nicht konstant, sondern ändert sich mit der Temperatur des Strahlers, beim Platinschmelzpunkt ist 1 HK = 0,903 cd, bei etwa 2360° K, 1 HK = 0,877 cd und bei 2750° K, 1 HK = 0,860 cd.

1.1.5.3 Umrechnungsfaktoren für Leuchtdichteeinheiten

	ist gleich						
	$cd \cdot m^{-2}$	asb	sb	L	$cd \cdot ft^{-2}$	fL	$cd \cdot in^{-2}$
1 $cd \cdot m^{-2}$	1	π	10^{-4}	$\pi \cdot 10^{-4}$	$9{,}29 \cdot 10^{-2}$	0,2919	$6{,}45 \cdot 10^{-4}$
1 Apostilb (asb)	$\frac{1}{\pi}$	1	$\frac{1}{\pi} \cdot 10^{-4}$	10^{-4}	$2{,}957 \cdot 10^{-2}$	0,0929	$2{,}054 \cdot 10^{-4}$
1 Stilb (sb)	10^4	$\pi \cdot 10^4$	1	π	929	2919	6,452
1 Lambert (L)	$\frac{1}{\pi} \cdot 10^4$	10^4	$\frac{1}{\pi}$	1	$2{,}957 \cdot 10^2$	929	2,054
1 Candela per square foot ($cd \cdot ft^{-2}$)	10,764	33,82	$1{,}076 \cdot 10^{-3}$	$3{,}382 \cdot 10^{-3}$	1	π	$6{,}94 \cdot 10^{-3}$
1 Footlambert (fL)	3,426	10,764	$3{,}426 \cdot 10^{-4}$	$1{,}0764 \cdot 10^{-3}$	$\frac{1}{\pi}$	1	$2{,}211 \cdot 10^{-3}$
1 Canada per square inch ($cd \cdot in^{-2}$)	1550	4869	0,155	0,4869	144	452,4	1

Für die Einheit $cd \cdot m^{-2}$ ist im Ausland gelegentlich auch die BenennungNit, für die Einheit asb die Benennung Blondel im Gebrauch.

1.1.5.4 Umrechnungsfaktoren für Beleuchtungsstärkeeinheiten

	ist gleich	
	Lx	fc
1 Lux (lx)	1	0,0929
1 Footcandle (fc)	10,764	1

1.1.6 Radioaktive Meßgrößen

Die Anzahl der pro Sekunde erfolgenden Zerfälle einer radioaktiven Substanz kennzeichnet deren Aktivität A, die Einheit s^{-1} wird als Bequerel (Bq) bezeichnet. Unter 1 Curie versteht man die Aktivität von $3{,}7 \cdot 10^{10}$ Zerfällen pro Sekunde.

$$1 \text{ Curie} = 1 \text{ Ci} = 3{,}7 \cdot 10^{10} \text{ Bq}$$

Bezieht man die Aktivität auf die Masse des radioaktiven Stoffes, erhält man die spezifische Aktivität a (in $Bq \cdot kg^{-1}$)

$$a = A/m$$

Dividiert man die Aktivität durch das Volumen, erhält man die Aktivitätsdichte (in $Bq \cdot m^{-3}$).
Unter der Energiedosis versteht man die im Zellgewebe absorbierte Energie einer ionisierenden Strahlung; die Einheit ist das Gray (Gy)

$$1 \text{ Gy} = 1 \text{ J kg}^{-1} = 1 \text{ m}^2 \text{ s}^{-2}$$

Den 10^{-2} ten Teil bezeichnet man als Rad (Radiation absorbed dose); es wird mit rd abgekürzt

$$\text{rd} = 10^{-2} \text{ Gy}$$

Die entsprechenden Leistungseinheiten sind:

$$1 \text{ Rad} \cdot \text{Sekunde}^{-1} = 1 \text{ rd s}^{-1} = 10^{-2} \text{ Gy s}^{-1} = 10^{-2} \text{ W kg}^{-1}$$

Die Einheit 1 Rem für die Energiedosis entspricht energetisch $0{,}01 \text{ J kg}^{-1}$ d.h. 1 rd; diese Einheit soll aber künftig nicht mehr verwendet werden.

Die Ionendosis wird gemessen durch den Quotienten der Gesamtladung der gebildeten Ionen eines Vorzeichens (in Coulomb) dividiert durch die Masse des bestrahlten Zellgewebes (in kg); die SI-Einheit ist daher $C \cdot kg^{-1}$. Gebräuchlicher ist das Röntgen (R). Es gilt

$$1\,R = 2{,}58 \cdot 10^{-4}\,C\,kg^{-1}$$

Die zugehörigen Leistungseinheiten sind $R\,s^{-1}$ bis $R\,h^{-1}$.

1.1.7 Empfindlichkeit des menschlichen Ohres und phonometrische Einheiten

Das menschliche Ohr reagiert auf mechanische Schwingungen im Bereich von etwa 16...16000 Hz. Die Empfindlichkeit des Ohres ist von der Frequenz abhängig. Bei 1000 Hz liegt die Reizschwelle bei einer Bestrahlungsstärke (Schallstärke als Leistungsdichte definiert) von etwa $10^{-16}\,W\,cm^{-2}$, eine Schallstärke von etwa $10^{-4}\,W\,cm^{-2}$ wird als Schmerz empfunden. Der entsprechende Schallwechseldruck(Schalldruck-)bereich ist $2 \cdot 10^{-4}\,\mu bar$ bis $2 \cdot 10^{+2}\,\mu bar$.

Die Untersuchungen über den Zusammenhang zwischen Schallstärke und subjektiver Lautheitsempfindung haben ergeben, daß das Weber-Fechnersche Gesetz nur annähernd erfüllt ist.—Um ein Maß für die Lautheit eines Schalls zu haben, einigte man sich dahin, einen subjektiven Vergleich mit einer Normaltonquelle durchzuführen, den Normalschall also auf gleiche Lautheit einzustellen. Als Normalschall dient eine abene fortschreitende Schallwelle der Frequenz 1000 Hz, deren Schallstärke J oder Schalldruck p meßbar veränderlich sind.

Die beim Vergleich eingestellte Schallstärke J bzw. Schalldruck p gibt man nicht in absolutem Maße als „Lautstärke" an, sondern relativ in vielfachen einer vereinbarten Größe ($J_0 = 10^{-16}\,W\,cm^{-2}$ bzw. $p_0 = 2 \cdot 10^{-4}\,\mu bar$) deren Größe etwa der Reizschwelle entspricht. Da diese Verhältniszahlen sehr groß sind, wird der 10fache Wert bzw. 20fache Wert des dekadischen Logarithmus der Verhältniszahl als Maßzahl für die Lautstärke gewählt, also $10 \log \frac{J}{J_0}$ bzw. $20 \log \frac{p_{eff}}{p_{0eff}}$.

Dieser reinen Zahl fügt man zur Kennzeichnung das Wort „phon" hinzu. Die Abbildung gibt die Hörfläche nach Fletscher und Munson.

Die Lautstärke-Stufung muß unterschieden werden von der rein subjektiven Lautheitsstufung, die auf psychologischen Versuchen aufgebaut wird, für diese ist die Einheit sone.

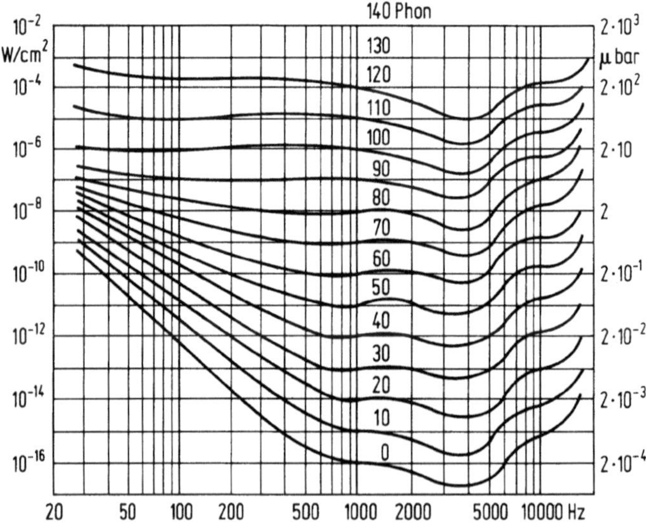

Abb. 1

1.1.8 Konzentrationen

Die Mengen-, Massen- und Volumenverhältnisse von mehrkomponentigen Systemen werden häufig in den folgenden Konzentrationsmaßen ausgedrückt:

Stoffmengenkonzentration c_i

$$c_i = n_i/V \qquad (i = 2 \cdots k)$$

Molalität b_i

$$b_i = n_i/m_1 \qquad (i = 2 \cdots k)$$

Massenbruch w_i

$$w_i = m_i \Big/ \sum_i m_i \qquad (i = 1 \cdots k)$$

Molenbruch x_i

$$x_i = n_i \Big/ \sum_i n_i \qquad (i = 1 \cdots k)$$

Volumenbruch σ_i

$$\sigma_i = V_i \Big/ \sum_i V_i \qquad (i = 1 \cdots k)$$

Massenkonzentration C_i

$$C_i = m_i/V \qquad (i = 2 \cdots k)$$

k = Anzahl der Komponenten
m_i = Masse der Komponente i
n_i = Molzahl der Komponente i
V_i = Volumen der Komponente i
V = Volumen der Lösung
ρ = Dichte der Lösung
Index 1 = Lösungsmittel
Index $2 \cdots k$ = Gelöstes

1.1.8.1 Umrechnung von Konzentrationen

In verdünnten Lösungen gilt:

$$\sum_i n_i \approx n_1; \quad \sum_i n_i M_i \approx n_1 M_1; \quad \rho \approx \rho_1$$

Daraus folgt:

$$x_i \approx M_1 b_i; \quad x_i \approx M_1 c_i/\rho_1; \quad c_i \approx \rho_1 b_i$$

Die nachfolgend aufgeführten Umrechnungstabellen vereinfachen sich für verdünnte Lösungen entsprechend.

1.1.8.1.1 Konzentrations-Umrechnungen für 2 Komponenten

	Massenbruch w_2	Molenbruch x_2	Stoffmengen-konzentration c_2	Molalität b_2
w_2	1	$\frac{M_2x_2}{M_2x_2+M_1(1-x_2)}$	$\frac{M_2c_2}{\rho}$	$\frac{M_2b_2}{1+M_2b_2}$
x_2	$\frac{M_1w_2}{M_1w_2+M_2(1-w_2)}$	1	$\frac{M_1c_2}{\rho-c_2(M_1-M_2)}$	$\frac{M_1b_2}{1+M_1b_2}$
c_2	$\frac{\rho w_2}{M_2}$	$\frac{\rho x_2}{M_1+x_2(M_2-M_1)}$	1	$\frac{\rho b_2}{1+b_2M_2}$
b_2	$\frac{w_2}{M_2(1-w_2)}$	$\frac{x_2}{M_1(1-x_2)}$	$\frac{c_2}{\rho-c_2M_2}$	1

$w_2 = m_2/(m_1+m_2)$; $x_2 = n_2/(n_1+n_2)$; $c_2 = n_2/V$; $b_2 = n_2/m_2$

1.1.8.1.2 Konzentrations-Umrechnungen für K Komponenten

	Massenbruch w_i	Stoffmengenanteil x_i	Stoffmengen-konzentration c_i	Molalität b_i
w_i	1	$\frac{x_iM_i}{\sum x_iM_i} = \frac{x_iM_i}{M}$	$\frac{c_iM_i}{\rho}$	
$x_{i(i\neq 1)}$	$\frac{w_i}{M_i\sum w_i/M_i}$	1	$\frac{M_1c_i}{\rho+\sum_2^k(M_1-M_i)c_i}$	$\frac{b_i}{1/M_1+\sum_2^k b_i}$
x_1		$x_1 = n_1/\sum n_i$	$\frac{\rho-\sum_2^k M_ic_i}{\rho+\sum_2^k(M_1-M_i)c_i}$	$\frac{1}{1+M_1\sum_2^k b_i}$
c_i	$\frac{\rho w_i}{M_i}$	$\frac{\rho x_i}{\sum_1^k x_iM_i}$	1	$\frac{\rho b_i}{1+\sum_2^k b_iM_i}$
b_i		$\frac{x_i}{M_1x_1}$	$\frac{c_i}{\rho-\sum_2^k M_ic_i}$	1

1.2 Meßtechnische Daten

1.2.1 Temperatur

1.2.1.1 Die empirische Temperaturskala

1.2.1.1.1 Festsetzungen für die Temperaturskala

Die Temperaturskala für praktische Messungen wird durch eine Reihe von Fixpunkten und Formeln für die Temperaturabhängigkeit einiger physikalischer Stoffwerte festgelegt. Die Definition der Skalierung beruht auf dem absoluten Nullpunkt der Thermodynamik mit T = 0 K und dem Tripelpunkt des Wassers mit 273,16 K. Die definierenden Fixpunkte der Skala sind folgende Gleichgewichtstemperaturen bei dem Druck 1013,25 hPa (außer bei den Tripelpunkten).

Tripelpunkt des Gleichgewichtswasserstoffs	13,81 K
Siedepunkt des Gleichgewichtswasserstoffs	17,042 K
Siedepunkt des Neons	27,102 K
Tripelpunkt des Sauerstoffs	54,361 K
Tripelpunkt des Argons	83,798 K
Taupunkt des Sauerstoffs	90,188 K
Tripelpunkt des Wassers	273,16 K
Siedepunkt des Wassers	373,15 K
Erstarrunkspunkt des Zinns	505,1181 K
Erstarrungspunkt des Zinks	692,73 K
Erstarrungspunkt des Silbers	1235,08 K
Erstarrungspunkt des Goldes	1337,58 K

Für die zweite Konstante des Planckschen Strahlungsgesetzes ist der Wert 0,014366 m K festgelegt. Temperaturwerte zwischen diesen Festpunkten werden mittels Interpolationsinstrumenten gemessen, die nach bestimmten Vorschriften an die Fixpunkte angeschlossen sind. Es sind dies:

13,81 K – 630,74 K	das Plantin-Widerstandsthermometer
630,74 K – 1337,58 K	das Plantinrhodium (10% Rhodium)/Platin-Thermopaar

Oberhalb des Goldpunktes wird eine Temperatur T_x in K für den Hohlraumstrahler nach dem Planckschen Strahlungsgesetz aus dem Verhältnis der Strahlungsdichte $B_{\lambda T_x}$ in dem Wellenlängenbereich von λ bis $\lambda + d\lambda$ (λ in cm) zu der entsprechenden Strahlungsdichte ($B_{\lambda T_{Au}}$) beim Goldpunkt bestimmt.

$$\frac{B_{\lambda T_x}}{B_{\lambda T_{Au}}} = \frac{e^{c_2/\lambda T_{Au}} - 1}{e^{c_2/\lambda T_x} - 1} \approx \frac{e^{c_2/\lambda T_{Au}}}{e^{c_2/\lambda T_x}}$$

1.2.1.1.2 Weitere thermometrische Hilfsfixpunkte

E Erstarrungspunkt; F Schmelzpunkt; Sb Sublimationspunkt beim Druck 1013,25 hPa; Tr Tripelpunkt; U Umwandlungspunkt und V Siedepunkt bei 1013,25 hPa. Die kursiv gedruckten Stoffe sind als sekundäre thermometrische Fixpunkte festgesetzt.

Stoff		T/°C	Stoff		T/°C
Helium	V	–268,93	Schwefeldioxid	V	–10,0
Wasserstoff norm.	Tr	–259,19	*Wasser*	Tr	+0,010
Wasserstoff norm.	V	–252,77	Essigsäure	Tr	16,59
Neon	V	–246,08	*Diphenyloxid*	Tr	26,877
Stickstoff	U	–237,7	*Natriumsulfat*	U	32,38
Sauerstoff	U	–229,39	Naphthalin	E	80,29
Sauerstoff	Tr	–218,82	Benzoesäure	Tr	122,36
Stickstoff	Tr	–210,01	Anilin	V	184,4
Stickstoff	V	–195,80	*Naphthalin*	V	218,0
Kohlenoxid	V	–191,47	*Zinn*	E	231,9
Argon	V	–185,90	*Benzophenon*	V	305,9
Ethylen	Tr	–169,3	*Cadmium*	E	321,0
Methan	V	–161,5	*Blei*	E	327,3
Krypton	V	–153,4	*Quecksilber*	V	356,58

1.2.1.1.2 Weitere thermometrische Hilfsfixpunkte (*Fortsetzung*)

Stoff		T/°C	Stoff		T/°C
Diethylether, β-Krist.	E	−123,3	*Zink*	E	419,5
Xenon	Tr	−111,88	*Antimon*	E	630,5
Ethylen	V	−103,7	*Aluminium*	E	660,1
Toluol	E	−95,0	*Kupfer*	E	1083
Chlorwasserstoff	V	−85,0	*Nickel*	E	1453
Kohlendioxid	Sb	−78,5	*Kobalt*	E	1492
Chloroform	E	−63,6	*Palladium*	E	1552
Chlorbenzol	E	−45,5	*Platin*	E	1769
Quecksilber	E	−38,87	*Rhodium*	E	1960
Ammoniak	V	−33,43	*Iridium*	E	2443
Chlormethan	V	−24,22	*Wolfram*	F	3380
Tetrachlorkohlenstoff	E	−22,9		F	

1.2.1.1.3 Siedetemperaturen von Sauerstoff und Schwefel in Abhängigkeit vom Druck nach den Formeln der deutschen gesetzlichen Temperaturskala von 1950

1.2.1.1.3.1 Siedetemperatur von Sauerstoff in °C[a]

p/hPa	0	2	4	6	8
879,9	−184,293	265	237	209	182
893,3	−184,154	126	099	072	044
906,6	−184,017	989[b]	962[b]	935[b]	907[b]
919,9	−183,881	854	827	800	773
933,2	−183,747	720	693	667	640
946,6	−183,614	587	561	535	508
959,9	−183,482	456	430	404	378
973,2	−183,352	326	300	275	249
986,6	−183,223	198	172	147	121
999,9	−183,096	071	045	020	995
1013,3	−182,970	945	920	895	870
1026,6	−182,845	820	796	771	746
1039,9	−182,722	697	673	648	624
1053,2	−182,599	575	551	527	502
1066,6	−182,478	454	430	406	382
1079,9	−182,358	335	311	287	263
1093,2	−182,240	216	192	169	145
1106,6	−182,122	099	075	052	028
1119,9	−182,005	982[b]	959[b]	936[b]	913[b]
1133,2	−181,890	867	844	821	798
1146,6	−181,775				

[a] Nach Landolt-Börnstein 6. Aufl. Bd. IV/4, Beitrag Otto/Thomas.
[b] Vorziffer der folgenden Zeile.

1.2.1.1.3.2 Siedetemperatur von Schwefel in °C[a]

p/hPa	0	2	4	6	8
879,9	435,000	203	406	608	809
893,3	436,010	211	411	611	810
906,6	437,009	207	495	602	799
919,9	437,996	192[b]	387[b]	582[b]	777[b]
933,2	438,971	165[b]	358[b]	551[b]	744[b]
946,6	439,936	127[b]	318[b]	509[b]	699[b]
959,9	440,889	078[b]	267[b]	456[b]	644[b]
973,2	441,832	019[b]	206[b]	393[b]	579[b]
986,6	442,765	950	135[b]	319[b]	503[b]
999,9	443,687	871	053[b]	236[b]	418[b]

1.2.1.1.3.2 Siedetemperatur von Schwefel in °C[a] (*Fortsetzung*)

p/hPa	0	2	4	6	8
1013,3	444,600	786	962	143[b]	323[b]
1026,6	445,503	683	862	041[b]	219[b]
1039,9	446,397	575	752	929	106[b]
1053,2	447,282	458	634	809	984
1066,6	448,159	333	507	680	854
1079,9	449,027	199	371	543	715
1093,2	449,886	057[b]	228[b]	398[b]	568[b]
1106,6	450,738	907	076[b]	245[b]	414[b]
1119,9	451,582	750	917	085[b]	252[b]
1133,2	452,419	585	751	917	083[b]
1146,6	453,248				

[a] Nach Landolt Börnstein, 6. Aufl. Bd. IV/4, Beitrag Otto/Thomas.
[b] Vorziffer folgender Zeile.

1.2.1.2 Dampfdruck p verflüssigter Gase für Tensionsthermometer

1.2.1.2.1 Dampfdruck p des flüssigen ^4He (Dampfdruck-Temperaturskala für 0,5 ··· 5,12 K)

	p in hPa				
T/K	0	0,1	0,2	0,3	0,4
1	0,16004	0,3896	0,8336	1,6112	2,8736
2	31,697	41,914	53,950	68,010	84,398
3	242,821	281,014	322,995	369,143	419,561
4	822,243	907,868	999,022	1096,458	1200,245
5	1971,85	2127,756	2291,57		
T/K	0,5	0,6	0,7	0,8	0,9
0	0,0000217	0,0003749	0,003038	0,015258	0,055437
1	4,798	7,585	11,4527	16,620	23,302
2	103,315	124,967	149,554	177,255	208,255
3	474,419	533,917	598,22	667,529	742,038
4	1310,647	1427,92	1552,33	1684,14	1823,68

1.2.1.2.2 Zur Messung von Temperaturen unterhalb 90 K[a]

T/K	p/hPa	T/K	p/hPa	T/K	p/hPa	T/K	p/hPa	T/K	p/hPa
H_2 Wasserstoff		N_2 Stickstoff		CO Kohlenoxid		Ar Argon		O_2 Sauerstoff	
$T_b = 20{,}38$ K		$T_b = 77{,}35$ K		$T_b = 81{,}63$ K		$T_b = 87{,}29$ K		$T_b = 90{,}18$ K	
14	74,3	61	79,1[b]	64	65,7[b]	70	76,9[b]	71	74,9
15	127,5	62	98,4[b]	65	81,7[b]	71	92,8[b]	72	88,7
16	205,7	63	121,5[b]	66	100,3[b]	72	111,3[b]	73	105,3
17	315,4	64	146,4	67	123,9[b]	73	133,1[b]	74	124,0
18	463,4	65	175,1	68	150,8[b]	74	157,7[b]	75	145,3
19	656,9	66	207,2	69	178,8	75	186,9[b]	76	169,5
20	903,3	67	243,3	70	210,5	76	220,2[b]	77	196,9
21	1209,9	68	285,2	71	246,4	77	258,2[b]	78	227,7
22	1584,4	69	333,4	72	287,0	78	301,6[b]	79	262,2
		70	385,7	73	332,8	79	350,8[b]	80	300,9
		71	447,0	74	384,1	80	406,6[b]	81	344,0
		72	513,0	75	441,6	81	469,4[b]	82	392,0
Ne Neon		73	587,3	76	505,4	82	540,2[b]	83	444,9
$T_b = 27{,}07$ K		74	671,1	77	576,5	83	619,5[b]	84	503,4
21	72,8[b]	75	762,5	78	655,0	84	708,7	85	568,0
22	127,2[b]	76	861,1	79	741,7	85	792,5	86	638,7

1.2.1.2.2 Zur Messung von Temperaturen unterhalb 90 K[a] (*Fortsetzung*)

T/K	p/hPa	T/K	p/hPa	T/K	p/hPa	T/K	p/hPa	T/K	p/hPa
23	211,8[b]	77	966,9	80	837,1	86	883,7	87	716,2
24	338,6[b]	78	1093,4	81	941,9	87	983,0	88	801,0
25	510,5	79	1223,0	82	1056,6	88	1090,8	89	893,7
26	723,4	80	1365,5	83	1181,8	89	1207,6	90	994,3
27	991,5			84	1318,3	90	1333,8	91	1103,4
28	1319,1			85	1467,2			92	1219,2
29	1708,8							93	1345,9

[a] Nach Landolt-Börnstein, 6. Aufl., Bd. IV/4, Beitrag J. Otto/Thomas.
[b] Dampfdruck über der festen Phase.

1.2.1.2.3 Zur Messung von Temperaturen von − 180 bis 0° C[a]

T/°C	p/hPa	T/°C	p/hPa	T/°C	p/hPa	T/°C	p/hPa
CH_4 Methan		−163	413,2[b]	−108	784,6	−91	889,9
T_b = −161,49° C		−162	454,8[b]	−107	835,4	−90	940,5
		−161	505,4[b]	−106	887,4	−89	993,1
−186	69,3[b]	−160	560,8[b]	−105	942,7	−88	1048,2
−184	80,7[b]	−159	622,6[b]	−104	1000,9	−87	1105,5
−185	93,7[b]	−158	690,6[b]	−103	1061,4	−86	1165,1
−183	108,5[b]	−157	758,1	−102	1124,7	−85	1227,4
−182	124,4	−156	823,4	−101	1190,8	−84	1292,0
−181	141,1	−155	893,1	−100	1260,2	−83	1359,4
−180	159,6	−154	967,1[b]				
−179	180,1	−153	1046,2	C_2H_6 Ethan		N_2O Distick-	
−178	202,6	−152	1129,8	T_b = −88,63° C		stoffmonoxid	
−177	227,4	−151	1218,3			T_b = −88,46° C	
−176	254,6	−150	1312,3	−125	82,5		
−175	284,2	−149	1412,0	−124	90,1	−115	79,3[b]
−174	316,4			−123	98,3	−114	88,9[b]
−173	351,4	C_2H_4 Ethen		−122	106,9	−113	99,6[b]
−172	389,3	T_b = −103,79° C		−121	116,3	−112	111,3[b]
−171	430,4	−137	81,6	−120	126,3	−111	124,4[b]
−170	474,6	−136	89,9	−119	136,9	−110	138,7[b]
−169	522,5	−135	98,8	−118	148,3	−109	154,4[b]
−168	573,8	−134	108,4	−117	160,4	−108	171,6[b]
−167	629,0	−133	118,9	−116	173,3	−107	190,5[b]
−166	688,5	−132	130,1	−115	187,2	−106	211,3[b]
−165	752,1	−131	142,3	−114	201,9	−105	234,1[b]
−164	820,2	−130	155,2	−113	217,4	−104	258,9[b]
−163	893,1	−129	169,2	−112	234,0	−103	286,1[b]
−162	971,1	−128	184,1	−111	251,6	−102	315,7[b]
−161	1054,2	−127	200,1	−110	270,2	−101	348,0[b]
−160	1142,7	−126	217,3	−109	289,8	−100	383,0[b]
−159	1236,3	−125	235,6	−108	310,8	−99	421,3[b]
−158	1336,7	−124	255,0	−107	332,8	−98	462,8[b]
		−123	275,8	−106	356,1	−97	507,7[b]
Kr Krypton		−122	298,0	−105	380,6	−96	556,4[b]
T_b = −153,40° C		−121	321,4	−104	406,6	−95	608,9[b]
−175	90,8[b]	−120	346,5	−103	433,8	−94	665,8[b]
−174	105,3[b]	−119	373,0	−102	462,6	−93	727,1[b]
−173	121,6[b]	−118	401,2	−101	492,9	−92	793,4[b]
−172	139,7[b]	−117	430,9	−100	524,6	−91	864,9[b]
−171	159,3[b]	−116	462,4	−99	558,1	−90	923,3
−170	180,8[b]	−115	495,6	−98	593,2	−89	981,0
−169	204,4[b]	−114	530,6	−97	629,9	−88	1041,8
−168	229,7[b]	−113	567,8	−96	668,5	−87	1105,4

1.2.1.2.3 Zur Messung von Temperaturen von − 180 bis 0° C[a] (*Fortsetzung*)

T/°C	p/hPa	T/°C	p/hPa	T/°C	p/hPa	T/°C	p/hPa
−167	258,9[b]	−112	606,8	−95	708,9	−86	1172,2
−166	291,3[b]	−111	647,9	−94	751,1	−85	1242,0
−165	326,9[b]	−110	691,3	−93	795,4	−84	1315,1
−164	366,1[b]	−109	736,9	−92	841,7	−83	1391,4
CO_2 Kohlendioxid		−90	162,8[b]	−68	126,8	SO_2 Schwefeldioxid	
T_b = −78,51° C		−89	176,3[b]	−67	136,1	T_b = −10,01° C	
−106	73,1	−88	190,7[b]	−66	146,1	−54	88,7
−105	81,7	−87	206,0[b]	−65	156,7	−53	94,8
−104	91,2	−86	222,4[b]	−64	167,9	−52	101,5
−103	101,6	−85	238,6	−63	179,7	−51	108,5
−102	113,2	−84	255,2	−62	192,3	−50	115,9
−101	125,9	−83	272,6	−61	205,6	−49	123,7
−100	139,7	−82	291,2	−60	219,6	−48	132,0
−99	154,9	−81	310,6	−59	234,5	−47	140,8
−98	171,6	−80	331,2	−58	250,1	−46	150,0
−97	189,3	−79	352,6	−57	266,6	−45	159,7
−96	209,7	−78	375,4	−56	284,1	−44	170,0
−95	231,4	−77	399,3	−55	302,5	−43	180,8
−94	255,2	−76	424,5	−54	321,8	−42	192,1
−93	280,9	−75	450,8	−53	342,1	−41	204,1
−92	309,2	−74	478,5	−52	363,6	−40	216,8
−91	339,6	−73	507,4	−51	386,1	−39	230,0
−90	372,6	−72	537,8	−50	409,7	−38	243,8
−89	408,6	−71	569,7	−49	434,5	−37	258,5
−88	447,6	−70	602,9	−48	460,6	−36	273,8
−87	489,7	−69	637,7	−47	488,0	−35	289,8
−86	535,4	−68	674,1	−46	516,6	−34	306,6
−85	584,8	−67	711,9	−45	554,6	−33	324,1
−84	638,1	−66	750,6	−44	578,1	−32	342,4
−83	695,5	−65	793,0	−43	610,9	−31	361,4
−82	757,5	−64	836,1	−42	645,3	−30	381,4
−81	824,2	−63	880,9	−41	681,3	−29	402,2
−80	896,2	−62	927,7	−40	718,9	−28	424,0
−79	973,7	−61	976,2	−39	758,3	−27	446,6
−78	1056,7	−60	1026,8	−38	799,3	−26	470,5
−77	1146,2	−59	1079,4	−37	842,1	−25	495,4
−76	1242,2	−58	1133,9	−36	886,7	−24	521,6
−75	1345,1	−57	1190,6	−35	933,4	−23	548,8
		−56	1249,2	−34	981,9	−22	576,6
H_2S Schwefel-		−55	1310,0	−33	1032,4	−21	605,7
wasserstoff		−54	1373,2	−32	1085,1	−20	636,1
T_b = −60,26° C				−31	1139,9	−19	667,9
−98	83,1[b]	NH_3 Ammoniak		−30	1197,0	−18	700,9
−97	90,7[b]	T_b = −33,38° C		−29	1256,3	−17	735,1
−96	98,9[b]	−74	81,2	−28	1317,9	−16	770,7
−95	107,9[b]	−73	87,6	−27	1381,9	−15	807,5
−94	117,3[b]	−72	94,1			−14	845,7
−93	127,6[b]	−71	101,9			−13	885,4
−92	138,5[b]	−70	109,6			−12	926,6
−91	150,3[b]	−69	117,9			−11	969,4
						−10	1013,6

[a] NachLandolt-Börnstein, 6. Aufl., IV/4, Beitrag J. Otto/Thomas.
[b] Dampfdruck über der festen Phase.

1.2.1.3 Widerstandsthermometer

1.2.1.3.1 Relativer-Widerstand w von Platin-Widerstandsthermometern in $w = \frac{\rho_T}{\rho_0}$[a]

T/°C	w	T/°C	w	T/°C	w	T/°C	w
−220	10,41	−20	92,13	180	168,48	380	240,15
−210	14,36	−10	96,07	190	172,18	390	243,61
−200	18,53	0	100,00	200	175,86	400	247,07
−190	22,78	+10	103,90	210	179,54	410	250,51
−180	27,05	20	107,80	220	183,20	420	253,95
−170	31,28	30	111,68	230	186,85	430	257,37
−160	35,48	40	115,54	240	190,49	440	260,79
−150	39,65	50	119,40	250	194,13	450	264,19
−140	43,80	60	123,24	260	197,75	460	267,57
−130	47,93	70	127,08	270	201,35	470	270,95
−120	52,04	80	130,91	280	204,94	480	274,31
−110	56,13	90	134,70	290	208,52	490	277,64
−100	60,20	100	138,50	300	212,08	500	280,94
−90	64,25	110	142,29	310	215,62	510	284,23
−80	68,28	120	146,07	320	219,16	520	287,51
−70	72,29	130	149,83	330	222,68	530	290,79
−60	76,28	140	153,59	340	226,20	540	294,06
−50	80,25	150	157,33	350	229,70	550	297,30
−40	84,21	160	161,06	360	233,19		
−30	88,17	170	164,78	370	236,67		

[a] Nach DIN 43760. (ρ_0 = spez. Widerstand bei 0° C).

1.2.1.3.2 Relativer-Widerstand von Nickel-Widerstandsthermometern $w = \frac{\rho_T}{\rho_0}$[a]

T/°C	w	T/°C	w	T/°C	w
−60	69,5	10	105,6	100	161,7
−50	74,2	20	111,3	110	168,7
−40	79,1	30	117,1	120	175,9
−30	84,1	40	123,0	130	183,3
−20	89,3	50	129,1	140	190,9
−10	94,6	60	135,3	150	198,7
0		70	141,7	160	206,7
0	100	80	148,2	170	214,9
		90	154,9	180	223,1

[a] Nach DIN 43760. (ρ_0 = spez. Widerstand bei 0° C).

1.2.1.4 Thermoelemente

Bei den Angaben der Thermospannung von den Thermoelementen bedeutet ein positives Vorzeichen, daß der Strom an der auf der Meßtemperatur befindlichen Lötstelle vom zweitgenannten Metall zum erstgenannten Metall fließt. Die Bezugstemperatur, d.h. die Temperatur der kalten Lötstelle ist meist 0° C.

1.2.1.4.1 Thermospannung des Thermopaares Platinrhodium (10% Rh)-Platin zwischen 0 und 1700° C in mV. Bezugstemperatur 0° C[a]

0	0	0,056	0,113	0,173	0,235	0,299	0,364	0,431	0,500	0,571
100	0,643	0,717	0,792	0,869	0,946	1,025	1,106	1,187	1,269	1,352
200	1,436	1,521	1,607	1,693	1,780	1,868	1,956	2,045	2,135	2,225
300	2,316	2,408	2,499	2,592	2,685	2,778	2,872	2,966	3,061	3,156
400	3,251	3,347	3,442	3,539	3,635	3,732	3,829	3,926	4,024	4,122

1.2.1.4.1 Thermospannung des Thermopaares Platinrhodium (10% Rh)-Platin zwischen 0 und 1700° C in mV. Bezugstemperatur 0° C[a] (*Fortsetzung*)

500	4,221	4,319	4,419	4,518	4,618	4,718	4,818	4,919	5,020	5,122
600	5,224	5,326	5,429	5,532	5,635	5,738	5,842	5,946	6,050	6,155
700	6,260	6,365	6,471	6,577	5,683	6,790	6,897	7,005	7,112	7,220
800	7,329	7,438	7,547	7,656	7,766	7,876	7,987	8,098	8,209	8,320
900	8,432	8,545	8,657	8,770	8,883	8,997	9,111	9,225	9,340	9,455
1000	9,570	9,686	9,802	9,918	10,035	10,152	10,269	10,387	10,505	10,623
1100	10,741	10,860	10,979	11,098	11,217	11,336	11,456	11,575	11,695	11,815
1200	11,935	12,055	12,175	12,296	12,416	12,536	12,657	12,777	12,897	13,018
1300	13,138	13,258	13,378	13,498	13,618	13,738	13,858	13,978	14,098	14,217
1400	14,337	14,457	14,576	14,696	14,815	14,935	15,054	15,173	15,292	15,411
1500	15,530	15,649	15,768	15,887	16,006	16,124	16,243	16,361	16,479	16,597
1600	16,716	16,834	16,952	17,069	17,187	17,305	17,422	17,539	17,657	17,774
1700	17,891	18,008	18,124	18,241	18,358	18,474	18,590	—	—	—

[a] Nach DIN 43710.

1.2.1.4.2 Thermospannung des Kupfer-Konstantan-Thermopaares in mV. Bezugstemperatur 0° C[a]

T/°C	0	−10	−20	−30	−40	−50	−60	−70	−80	−90
−200	−5,20									
−100	−3,40	−3,68	−3,95	−4,21	−4,46	−4,69	−4,91	−5,12	−5,32	−5,51
0	0	−0,39	−0,77	−1,14	−1,50	−1,85	−2,18	−2,50	−2,81	−3,11
T/°C	**0**	**10**	**20**	**30**	**40**	**50**	**60**	**70**	**80**	**90**
0	0	0,40	0,80	1,21	1,63	2,05	2,48	2,91	3,35	3,80
100	4,25	4,71	5,18	5,65	6,13	6,62	7,12	7,63	8,15	8,67
200	9,20	9,74	10,29	10,85	11,41	11,98	12,55	13,13	13,71	14,30
300	14,89	15,49	16,09	16,69	17,30	17,91	18,52	19,13	19,75	20,37
400	20,99	21,61	22,24	22,87	23,50	24,14	24,78	25,43	26,08	26,74
500	27,40	28,07	28,74	29,42	30,10	30,79	31,48	32,18	32,88	33,59

[a] Nach DIN 43710.

1.2.1.4.3 Thermospannung des Eisen-Konstantan-Thermopaares in mV. Bezugstemperatur 0° C[a]

T/°C	0	−10	−20	−30	−40	−50	−60	−70	−80	−90
−200	−8,15									
−100	−4,60	−5,00	−5,39	−5,77	−6,14	−6,50	−6,85	−7,19	−7,52	−7,84
0	0	−0.51	−1,01	−1,50	−1,98	−2,45	−2,90	−3,34	−3,77	−4,19
T/°C	**0**	**10**	**20**	**30**	**40**	**50**	**60**	**70**	**80**	**90**
0	0	0,52	1,05	1,58	2,11	2,65	3,19	3,73	4,27	4,82
100	5,37	5,92	6,47	7,03	7,59	8,15	8,71	9,27	9,83	10,39
200	10,95	11,51	12,07	12,63	13,19	13,75	14,31	14,87	15,43	15,99
300	16,55	17,11	17,67	18,23	18,79	19,35	19,91	20,47	21,03	21,59
400	22,15	22,71	23,28	23,85	24,42	25,99	25,56	26,13	26,70	27,27
500	27,84	28,42	29,00	29,58	30,16	30,74	31,32	31,90	32,48	33,07
600	33,66	34,25	34,84	35,43	36,03	36,63	37,24	37,85	38,47	39,09
700	39,72	40,35	40,99	41,63	42,28	42,93	43,58	44,24	44,90	45,56
800	46,23	46,90	47,58	48,26	48,95	49,64	50,33	51,03	51,73	52,44

[a] Nach DIN 43710.

1.2.1.4.4 Thermospannung der Thermopaare Chromel-Alumel[a] und Nickelchrom-Nickel zwischen 0° und 1200° C in mV. Bezugstemperatur 0° C[b]

T/°C	0	−10	−20	−30	−40	−50	−60	−70	−80	−90
−100	−3,49	−3,78	−4,06	−4,32	−4,58	−4,81	−5,03	−5,24	−5,43	−5,60
0	0	−0,39	−0,77	−1,14	−1,50	−1,86	−2,20	−2,54	−2,87	−3,19
T/°C	**0**	**10**	**20**	**30**	**40**	**50**	**60**	**70**	**80**	**90**
0	0	0,40	0,80	1,20	1,61	2,02	2,43	2,85	3,26	3,68
100	4,10	4,51	4,92	5,33	5,73	6,13	6,53	6,93	7,33	7,73
200	8,13	8,54	8,94	9,34	9,75	10,16	10,57	10,98	11,39	11,80
300	12,21	12,63	13,04	13,46	13,88	14,29	14,71	15,13	15,55	15,98
400	16,40	16,82	17,24	17,67	18,09	18,51	18,94	19,36	19,79	20,22
500	20,65	21,07	21,50	21,92	22,35	22,78	23,20	23,63	24,06	24,49
600	24,91	25,34	25,76	26,19	26,61	27,03	27,45	27,87	28,29	28,72
700	29,14	29,56	29,97	30,39	30,81	31,23	31,65	32,06	32,48	32,89
800	33,30	33,71	34,12	34,53	34,93	35,34	35,75	36,15	36,55	36,96
900	37,36	37,76	38,16	38,56	38,95	39,35	39,75	40,14	40,53	40,92
1000	41,31	41,70	42,09	42,48	42,87	43,25	43,63	44,02	44,40	44,78
1100	45,16	45,54	45,92	46,29	46,67	47,04	47,41	47,78	48,15	48,52
1200	48,89	49,25	49,62	49,98	50,34	50,69	51,05	51,41	51,76	52,11
1300	52,46	52,81	53,16	53,51	53,85	54,20	54,54	54,88		

[a] Chromel: 89% Ni + 10% Cr + 1% Fe; Alumel: 94% Ni + 2,0% Al + 1,5% Si + 2,5% Mn.
[b] Nach Landolt-Börnstein, Bd. IV/4, Beitrag Otto/Thomas.

1.2.1.4.5 Thermospannung U_T des Thermopaares Gold–Silber[a]. Bezugstemperatur 0° C

T/°C	U_T V
−258,61	−0,289
−204,68	−0,099
−153,95	−0,015
−70,5	−0,014
0	0
+56	+0,004
+100	+0,012

[a] Nach Landolt-Börnstein, Bd. IV/4, Beitrag Otto/Thomas.

1.2.1.4.6 Thermospannung U_T des Thermopaares aus Legierungen von Gold, Silber und Kobalt: Au 0,95 Co–Ag 0,91 Au. Bezugstemperatur 0° C[a]

T/°C	U_T/V
−250	−8,5
−225	−7,9
−200	−7,2
−150	−5,4
−100	−3,6
−50	−1,8
0	0

[a] Nach Landolt-Börnstein, Bd. IV/4, Beitrag Otto/Thomas.

1.2.1.4.7 Thermospannungen von Thermopaaren aus Molybdän, Wolfram oder Tantal
Thermospannungen in mV; Bezugstemperatur 20° C[a]

T/°C	Mo-Ta	W-Ta	W-Mo
800	12,20	10,65	−1,32
900	13,60	12,20	−1,15
1000	14,80	13,72	−0,80
1200	16,90	16,65	−0,20
1400	18,35	19,05	0,85
1600	19,25	20,90	2,18
1800	19,45	22,25	3,73
2000	18,85	22,90	5,30
2200	17,70		6,80
2400	15,90		7,75
2500	14,90		8,00

[a] Nach Landolt-Börnstein, Bd. IV/4, Beitrag Otto/Thomas.

1.2.1.5 Temperaturmessung mit Teilstrahlungspyrometer

Mit Teilstrahlungspyrometern wird mittels Leuchtdichtenvergleich in einem durch Filter ausgesonderten Spektralbereich festgestellt, bei welcher Temperatur der schwarze Körper dieselbe spektrale Leuchtdichte wie der Körper, dessen Temperatur gemessen werden soll, hat. Wird die Temperatur in einem Ofeninnenraum festgestellt, so ist die ermittelte Temperatur die wahre Temperatur des Körpers. Mißt man jedoch Temperaturen von Oberflächen, bei denen stets das Emissionsvermögen kleiner als das des Hohlraumstrahlers ist, so wird auf diese Weise die sogenannte schwarze Temperatur (T_s) für den bestimmten Wellenlängenbereich, bzw. für die wirksame Wellenlänge, des Filters bestimmt. Ist der Emissionsgrad des Körpers für diese Wellenlänge (ε_λ) bekannt, so läßt sich die wahre Temperatur nach der Planckschen Strahlungsgleichung berechnen:

$$\varepsilon_\lambda = \frac{e^{c_2/\lambda T_w} - 1}{e^{c_2/\lambda T_s} - 1}$$

Meist genügt die Berechnung nach der Wienschen Formel:

$$\ln \varepsilon_\lambda = \frac{c_2}{\lambda}\left(\frac{1}{T_w} - \frac{1}{T_s}\right).$$

Wird der Vergleich im roten Teil des Spektrums durchgeführt, und ein Filter mit der wirksamen Wellenlänge $\lambda = 0{,}65\,\mu m$ (z.B. das Rotfilter von Schott RG 2) verwandt, so kann bei bekanntem Emissionsvermögen des Körpers für $\lambda = 0{,}65\,\mu m$ mittels der Abbildung die wahre Temperatur ermittelt werden.

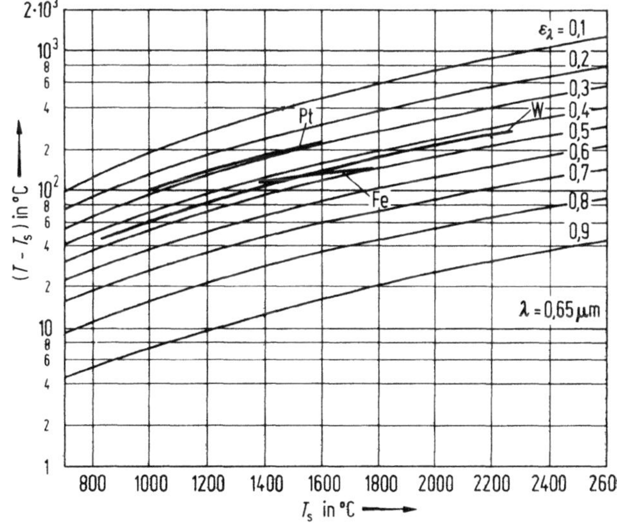

Abb. 2

1.2.1.6 Erweichungspunkte der Segerkegel in °C

Segerkegel werden vor allem in Brennöfen der keramischen Industrie verwandt. Die Erweichungstemperatur hängt auch von der Anheizgeschwindigkeit ab.

SK Nr.	Temperatur in °C	SK Nr.	Temperatur in °C	SK Nr.	Temperatur in °C	SK Nr.	Temperatur in °C
022	600	07a	960	9	1280	29	1650
021	650	06a	980	10	1300	30	1670
020	670	05a	1000	11	1320	31	1690
019	690	04a	1020	12	1350	32	1710
018	710	03a	1040	13	1380	33	1730
017	730	02a	1060	14	1410	34	1750
016	750	01a	1080	15	1435	35	1770
015a	790	1a	1100	16	1460	36	1790
014a	815	2a	1120	17	1480	37	1825
013a	835	3a	1140	18	1500	38	1850
012a	855	4a	1160	19	1520	39	1880
011a	880	5a	1180	20	1530	40	1920
010a	900	6a	1200	26	1580	41	1960
09a	920	7	1230	27	1610	42	2000
08a	940	8	1250	28	1630		

1.2.1.7 Temperatur-Meßfarben und -Meßfarbstifte

1.2.1.7.1 Einfach-Meßfarben mit einem Farbumschlag (Thermocolore)[a]

Farbe Nr.	Ausgangs-farbe	Umschlag-farbe	Umschlag-temperatur T/°C	Farbe Nr.	Ausgangs-farbe	Umschlag-farbe	Umschlag-temperatur T/°C
1	rosa	blau	40	6	grün	braun	220
2	hellgrün	blau	60	7	gelb	rotbraun	290
2a	blau	grün	80	8	weiß	braun	340
3	gelb	violett	110	9	violett	weiß	440
4	purpur	blau	140	10	rosa	weiß (üb. braun)	500
4a	blau	schwarz	165	11	blau	violett	580
5	weiß	braun	175	12	olivgrün	hellgrün	650

[a] Nach F. Lieneweg, Temperaturmessung, Leipzig 1950.

1.2.1.7.2 Mehrfach-Meßfarben (Thermocolore)[a]

Farbe Nr.	Ausgangs-farbe	1. Umschlag farbe	Umschlag-temperatur T/°C	2. Umschlag-farbe	Umschlag-temperatur T/°C
20	hellrosa	hellblau	65	hellbraun	145
21	graugrün	olivgrün	145	braun	220
22	rosa	hellbraun	145	schwarz	175
23	dunkelgelb	graugrün	175	rotbraun	290
24	gelb	violett	290	braun	340

[a] Hersteller: BASF, Ludwigshafen.

1.2.1.8 Korrektionswerte für Ablesungen an Flüssigkeitsthermometern bei herausragendem Faden

Bei der Eichung von Flüssigkeitsthermometern befindet sich das ganze Thermometer auf der Meßtemperatur. Bei Betriebsthermometern wird die Eichung auch mit herausragendem Faden vorgenommen, dann befindet sich auf der Rückseite des Thermometers eine Angabe über die Länge des herausragenden Fadens und die Temperatur desselben während der Eichung. Befindet sich ein ohne herausragenden Faden geprüftes Thermometer bei der Messung nicht vollständig in dem Raume,

dessen Temperatur bestimmt werden soll, sondern ragt der Faden um n° heraus, und beträgt die mittlere Temperatur des herausragenden Fadens T_F, dann ist eine Korrektion, die der Differenz des Ausdehnungskoeffizienten der Flüssigkeit und des Glases Rechnung trägt (scheinbarer Ausdehnungskoeffizient γ) anzubringen.
Ist die abgelesene Temperatur T_A, dann ist die wahre Temperatur

$$T_W = T_A + n \cdot \gamma (T_A - T_F)$$

Die Werte des scheinbaren Ausdehnungskoeffizienten γ für Hg in Thermometern verschiedener Gläser sind in folgender Tabelle angegeben.
Die γ-Werte für Toluol und Ethanol in Glas sind 0,0010.

Scheinbarer Ausdehnungskoeffizient γ von Hg in Gläsern

Temperaturbereich °C	Glassorte			
	Jenaer Normalglas (16^{III}) Wertheimer Normalglas	Jenaer Thermometerglas (2954)	Jenaer Supermaxglas 8400	Quarzglas
−58 bis +100	0,000158	0,000164	0,000172	0,000181
oberhalb +100 bis +200	0,000160	0,000166	0,000174	0,000184
oberhalb +200 bis +300	0,000163	0,000170	0,000179	0,000189
oberhalb +300 bis +400	0,000170	0,000178	0,000186	0,000197
oberhalb +400 bis +500		0,000189	0,000197	0,000210
oberhalb +500 bis +625			0,000212	0,000225

1.2.2 Reduktion einer Wägung in Luft auf den luftleeren Raum

Ein in Luft mit Hilfe der üblichen Gewichtsstücke gewogener Körper verliert durch Auftrieb so viel an Gewicht, wie die von ihm verdrängte Luftmenge wiegt; ebenso erleiden die Gewichtsstücke einen entsprechenden Gewichtsverlust. Das Gewicht P_v des Körpers im luftleeren Raum ergibt sich also durch eine Korrektur, welche die Dichte der abzuwägenden Substanz, die Dichte des Materials der Gewichtsstücke und die Dichte der Luft während der Wägung berücksichtigt (die Korrektur ergibt sich aus der Differenz der Auftriebe). Die Dichte der Luft ist abhängig von Temperatur, Barometerstand und Luftfeuchtigkeit; in den meisten Fällen ergibt der Wert 0,0012 kg/dm³ für die Dichte bei 20° C und 1013,25 hPa völlig ausreichende Genauigkeit. Die Tabelle liefert die Korrekturgrößen R für Körper, deren Dichte D zwischen 0,70 und 22 kg/dm³ liegt und die bei Wägung entweder mit Messing- oder mit Quarzgewichten in Luft das Gewicht P_L hatten.—Die Korrektionsfaktoren für Quarzgewichte gelten wegen der nahezu gleichen Dichte von Quarz und Al auch für Aluminiumgewichte.

Es ist $P_v = P_L\left(1 + \frac{R}{1000}\right)$ zu setzen.

Reduktion einer Wägung auf den luftleeren Raum

D kg/dm³	R Messing-Gewichte	R Quarz- oder Al-Gewichte	D kg/dm³	R Messing-Gewichte	R Quarz- oder Al-Gewichte	D kg/dm³	R Messing-Gewichte	R Quarz- oder Al-Gewichte
0,70	1,57	1,26	1,06	0,99	0,68	2,8	0,29	−0,02
0,72	1,52	1,21	1,08	0,97	0,66	3,0	0,26	−0,05
0,74	1,48	1,17	1,10	0,95	0,64	3,5	0,20	−0,11
0,76	1,44	1,13	1,15	0,90	0,59	4	0,16	−0,15
0,78	1,40	1,09	1,20	0,86	0,55	5	0,10	−0,21
0,80	1,36	1,05	1,25	0,82	0,51	6	0,06	−0,25
0,82	1,32	1,01	1,30	0,78	0,47	7	0,03	−0,28
0,84	1,29	0,98	1,35	0,75	0,44	8	0,01	−0,30
0,86	1,25	0,94	1,4	0,71	0,40	9	−0,01	−0,32
0,88	1,22	0,91	1,5	0,66	0,35	10	−0,02	−0,33
0,90	1,19	0,88	1,6	0,61	0,30	12	−0,04	−0,35

Reduktion einer Wägung auf den luftleeren Raum (*Fortsetzung*)

D kg/dm³	R Messing-Gewichte	R Quarz- oder Al-Gewichte	D kg/dm³	R Messing-Gewichte	R Quarz- oder Al-Gewichte	D kg/dm³	R Messing-Gewichte	R Quarz- oder Al-Gewichte
0,92	1,16	0,85	1,7	0,56	0,25	14	−0,06	−0,37
0,94	1,13	0,82	1,8	0,52	0,21	16	−0,07	−0,38
0,96	1,11	0,80	1,9	0,49	0,18	18	−0,08	−0,39
0,98	1,08	0,77	2,0	0,46	0,15	20	−0,08	−0,39
1,00	1,06	0,75	2,2	0,40	0,09	22	−0,09	−0,40
1,02	1,03	0,72	2,4	0,36	0,05			
1,04	1,01	0,70	2,6	0,32	0,01			

1.2.3 Druckmessung

1.2.3.1 Reduktion des am Maßstab aus Messing abgelesenen Barometerstandes auf 0° C

Ist b der abgelesene Barometerstand, T die Temperatur des Barometers, $\bar{\gamma} = 0{,}0001823 \cdot \text{grd}^{-1}$ der mittlere kubische Ausdehnungskoeffizient des Quecksilbers zwischen 0 und 35°, $\bar{\alpha} = 0{,}000018_5\,\text{grd}^{-1}$ der lineare Ausdehnungskoeffizient des Messings, so ist der auf 0° reduzierte Barometerstand:

$$b_0 = b \cdot \frac{1 + \bar{\alpha}T}{1 + \bar{\gamma}T} = b[1 - (\bar{\gamma} - \bar{\alpha})T] = b + \Delta b.$$

Bei Temperaturen oberhalb von 0° ist Δb von dem abgelesenen Barometerstand abzuziehen; liegt die Beobachtungstemperatur unterhalb von 0°, so ist die Korrektur hinzuzuzählen. Sie hat alsdann einen ein wenig größeren absoluten Wert als die bei der gleichen positiven Temperatur; doch beträgt der Unterschied bis zu Temperaturen von −10° weniger als 0,01 mm. Die Δb-Werte können aus der Tabelle auf S. 41 entnommen werden.
Erfolgt die Ablesung an einem Maßstab aus Glas, so ist $\Delta b_g = 1{,}004 \Delta b$.

1.2.3.2 Kapillardepression des Quecksilbers

Durch die Grenzflächenspannung zwischen Quecksilber und Glas gibt die Ablesung am Barometer nicht den wahren Stand an. Die anzubringende Korrektur hängt von der Rohrweite und von der Reinheit der Oberfläche ab. Für reines Quecksilber (frische Oberfläche) sind die dem abgelesenen Barometerstand hinzuzuzählenden Werte in mm in Abhängigkeit von der Rohrweite und Kuppenhöhe angegeben.

Rohrdurchmesser in mm	Kuppenhöhe in mm								
	0,2	0,4	0,6	0,8	1,0	1,2	1,4	1,6	1,8
7	0,17	0,34	0,49	0,62	0,74	0,85	0,95	1,04	1,12
8	0,13	0,27	0,39	0,49	0,59	0,68	0,76	0,82	0,87
9	0,10	0,21	0,30	0,39	0,47	0,54	0,60	0,65	0,70
10	0,08	0,16	0,23	0,30	0,36	0,42	0,48	0,52	0,57
11	0,06	0,11	0,17	0,22	0,27	0,32	0,37	0,41	0,45
12	0,04	0,08	0,12	0,15	0,19	0,23	0,27	0,31	0,34
13	0,03	0,06	0,09	0,11	0,14	0,17	0,20	0,22	0,25
14	0,02	0,05	0,07	0,09	0,11	0,14	0,16	0,18	0,21
15	0,02	0,04	0,06	0,08	0,09	0,11	0,13	0,15	0,17
16	0,02	0,03	0,05	0,06	0,07	0,09	0,10	0,12	0,14
17	0,01	0,02	0,03	0,04	0,05	0,06	0,07	0,08	0,09
18	0,01	0,01	0,02	0,03	0,04	0,04	0,05	0,06	0,07
19	0,01	0,01	0,02	0,02	0,03	0,03	0,04	0,04	0,05

Die Werte für 7···10 mm Rohrdurchmesser nach Süring[1] sind graphisch angeglichen an die für 10···19 mm Rohrdurchmesser geltenden von Cawood und Patterson[2].

---

[1] Süring: Veröff. preuß. Meteor.-Inst. 1917 Nr. 292.
[2] Cawood and Patterson: Trans. Faraday Soc. 29, 514 (1933).

1.2.3.1 Reduktion des am Maßstab aus Messing abgelesenen Barometerstandes auf 0 °C

T/°C	100	200	300	400	500	600	680	690	700	710	720	730	740	750	760	770	780
1	0,02	0,03	0,05	0,06	0,08	0,09	0,11	0,11	0,11	0,12	0,12	0,12	0,12	0,12	0,12	0,13	0,13
2	0,03	0,07	0,10	0,13	0,16	0,20	0,22	0,23	0,23	0,23	0,23	0,24	0,24	0,24	0,25	0,25	0,25
3	0,05	0,10	0,15	0,19	0,24	0,29	0,33	0,34	0,34	0,35	0,35	0,36	0,36	0,37	0,37	0,38	0,388
4	0,07	0,13	0,20	0,26	0,33	0,39	0,44	0,45	0,46	0,46	0,47	0,48	0,48	0,49	0,50	0,50	0,51
5	0,08	0,16	0,24	0,33	0,41	0,49	0,55	0,56	0,57	0,58	0,59	0,59	0,60	0,61	0,62	0,63	0,64
6	0,10	0,20	0,30	0,39	0,49	0,59	0,66	0,67	0,68	0,69	0,70	0,71	0,72	0,73	0,74	0,75	0,76
7	0,11	0,23	0,34	0,46	0,57	0,69	0,78	0,79	0,80	0,81	0,82	0,83	0,84	0,86	0,87	0,88	0,89
8	0,13	0,26	0,39	0,52	0,65	0,78	0,89	0,90	0,91	0,93	0,94	0,95	0,96	0,98	0,99	1,00	1,02
9	0,15	0,29	0,44	0,59	0,74	0,88	1,00	1,01	1,03	1,04	1,06	1,07	1,08	1,10	1,11	1,13	1,14
10	0,16	0,33	0,49	0,65	0,82	0,98	1,11	1,12	1,14	1,16	1,17	1,19	1,21	1,22	1,24	1,25	1,27
11	0,18	0,36	0,54	0,72	0,90	1,08	1,22	1,24	1,25	1,27	1,29	1,31	1,33	1,34	1,36	1,38	1,40
12	0,19	0,39	0,58	0,78	0,97	1,18	1,33	1,35	1,37	1,39	1,41	1,43	1,45	1,47	1,48	1,50	1,52
13	0,21	0,42	0,64	0,85	1,06	1,27	1,44	1,46	1,48	1,50	1,52	1,54	1,57	1,59	1,61	1,63	1,65
14	0,23	0,46	0,69	0,92	1,14	1,37	1,55	1,57	1,59	1,62	1,64	1,66	1,69	1,71	1,73	1,75	1,78
15	0,24	0,49	0,73	0,98	1,22	1,47	1,66	1,68	1,71	1,73	1,76	1,78	1,81	1,83	1,85	1,88	1,90
16	0,26	0,52	0,79	1,05	1,31	1,57	1,77	1,80	1,82	1,85	1,87	1,90	1,93	1,95	1,98	2,00	2,03
17	0,28	0,56	0,83	1,11	1,39	1,67	1,88	1,91	1,94	1,96	1,99	2,02	2,05	2,07	2,10	2,13	2,16
18	0,29	0,59	0,88	1,17	1,47	1,76	1,99	2,02	2,05	2,08	2,11	2,14	2,17	2,20	2,22	2,25	2,28
19	0,31	0,62	0,93	1,24	1,55	1,86	2,10	2,13	2,16	2,19	2,22	2,25	2,29	2,32	2,35	2,38	2,41
20	0,33	0,65	0,98	1,31	1,63	1,96	2,21	2,24	2,28	2,31	2,34	2,37	2,41	2,44	2,47	2,50	2,54
21	0,34	0,68	1,03	1,37	1,71	2,05	2,32	2,35	2,39	2,42	2,46	2,49	2,53	2,56	2,59	2,63	2,66
22	0,36	0,72	1,08	1,44	1,80	2,16	2,43	2,47	2,50	2,54	2,57	2,61	2,65	2,68	2,72	2,75	2,79
23	0,38	0,75	1,13	1,50	1,88	2,25	2,54	2,58	2,62	2,65	2,69	2,73	2,77	2,80	2,84	2,88	2,91
24	0,39	0,78	1,17	1,56	1,96	2,34	2,65	2,69	2,73	2,77	2,81	2,85	2,88	2,92	2,96	3,00	3,04
25	0,41	0,82	1,22	1,63	2,04	2,45	2,76	2,80	2,84	2,88	2,92	2,96	3,00	3,05	3,09	3,13	3,17
26	0,42	0,85	1,27	1,70	2,12	2,54	2,87	2,91	2,96	3,00	3,04	3,08	3,12	3,17	3,21	3,25	3,29
27	0,44	0,88	1,32	1,76	2,20	2,64	2,98	3,02	3,07	3,11	3,16	3,20	3,24	3,29	3,33	3,38	3,42
28	0,46	0,91	1,37	1,83	2,28	2,74	3,09	3,14	3,18	3,23	3,27	3,32	3,36	3,41	3,45	3,50	3,54
29	0,47	0,94	1,42	1,89	2,36	2,84	3,20	3,25	3,29	3,34	3,39	3,44	3,48	3,53	3,58	3,62	3,67
30	0,49	0,98	1,46	1,95	2,44	2,93	3,31	3,36	3,41	3,46	3,50	3,55	3,60	3,65	3,70	3,75	3,80
31	0,51	1,01	1,52	2,02	2,52	3,03	3,42	3,47	3,52	3,57	3,62	3,67	3,72	3,77	3,82	3,87	3,92
32	0,52	1,04	1,56	2,08	2,60	3,13	3,53	3,58	3,63	3,68	3,74	3,79	3,84	3,89	3,94	4,00	4,05
33	0,54	1,07	1,61	2,15	2,68	3,22	3,64	3,69	3,75	3,80	3,85	3,91	3,96	4,01	4,07	4,12	4,17
34	0,55	1,11	1,66	2,22	2,77	3,32	3,75	3,80	3,86	3,91	3,97	4,02	4,08	4,13	4,19	4,24	4,30
35	0,57	1,14	1,71	2,28	2,85	3,42	3,86	3,91	3,97	4,03	4,09	4,14	4,20	4,26	4,31	4,37	34,4

1.2.3.3 Korrektionswert für den Meniskus bei Wassersäulen

Durch die Grenzflächenspannung zwischen Glas und Wasser entsteht in engen Röhren eine konkave Oberfläche. In der Tabelle sind die Zahlen angegeben, um die sich die Mitte des Meniskus bei Wasser heben würde, wenn die gleiche Flüssigkeitsmenge eine ebene horizontale Fläche bildete.

Röhren-durchmesser mm	h mm	Röhren-durchmesser mm	h mm
14	1,10	18	0,87
15	1,03	19	0,84
16	0,97	20	0,82
17	0,91	21	0,80

1.2.3.4 Korrektion für die geographische Breite φ und Höhe h

Bei Druckmessungen wird auf die Normalfallbeschleunigung $g_N = 9{,}80665\,\mathrm{m\,s^{-2}}$ bezogen, für $\varphi = 45°$ und Meereshöhe 0.[1]
Die Fallbeschleunigung ändert sich mit der geographischen Breite φ und der Höhe h des Beobachtungsortes. Zur Berechnung von g auf der Breite φ wird die Formel

$$g_\varphi = 9{,}78049\,(1 + 0{,}0052884 \sin^2 \varphi - 0{,}0000059 \sin^2 2\varphi)\,\mathrm{m\,s^{-2}}$$

benutzt.
Die Werte von g in Abhängigkeit von φ sind in der Tabelle 12341 angegeben, dazu ist der Wert $\Delta\varphi = \frac{g - g_N}{g_N}$ angegeben, der über $p_N = p(1 + \Delta\varphi)$ den gemessenen Luftdruck p in der Breite φ auf Normalschwere umzurechnen gestattet.

1.2.3.4.1 Korrektion für die geographische Breite

Breite $\varphi°$	Teil-beschleunigung $g_\varphi/(\mathrm{m\,s^{-2}})$	$\Delta\varphi \cdot 10^3$	Breite $\varphi°$	Teil-beschleunigung $g_\varphi/(\mathrm{m\,s^{-2}})$	$\Delta\varphi \cdot 10^3$
0	978,049	−2,668	50	981,079	+0,4211
5	978,088	−2,628	55	981,515	+0,8658
10	978,204	−2,509	60	981,924	+1,2842
15	978,394	−2,315	65	982,294	+1,6145
20	978,652	−2,0526	70	982,614	+1,9868
25	978,969	−1,7289	75	982,873	+2,2526
30	979,338	−1,3526	80	983,065	+2,4474
35	979,746	−0,9382	85	983,182	+2,5658
40	980,181	−0,4947	90	983,221	+2,6066
45	980,629	−0,0363			

In freier Luft ändert sich g mit der Höhe: $\frac{\Delta g}{h} = -3{,}082 \cdot 10^{-6} \frac{\mathrm{m \cdot s^{-2}}}{\mathrm{m}}$. Ist anstatt Luft nur Gesteinsmasse von der Dichte ρ vorhanden, so ist $\frac{\Delta g}{h} = \left(-3{,}082 \cdot 10^{-6} + \frac{0{,}0000419}{\mathrm{kg/dm^3}}\,\rho\right) \frac{\mathrm{m \cdot s^{-2}}}{\mathrm{m}}$.
Unabhängig von der Änderung der Fallbeschleunigung mit der Höhe ist die in Tabelle 1.2.3.4.2 angegebene Druckänderung mit der Höhe, die durch die Kompressibilität der Luft bedingt ist (Gasgesetz).

[1] Dieser Wert ist international festgelegt, genaue Messungen haben jedoch ergeben, daß g($\varphi = 45°$, h = 0) $9.8062939\,\mathrm{m\,s^{-2}}$ ist.

1.2.3.4.2 Der Luftdruck p in hPa als Funktion der Höhe h

h/m	p/hPa	h/m	p/hPa	h/m	p/hPa	h/m	p/hPa
0	1013,3	1800	814,9	4000	616,2	7500	382,4
100	1001,3	2000	794,9	4500	577,2	8000	355,8
200	989,4	2400	756,2	5000	540,1	8500	330,9
500	954,6	2800	719,0	5500	504,9	9000	307,3
800	920,7	3000	701,0	6000	471,7	9500	285,0
1000	898,7	3400	666,1	6500	440,2	10000	264,2
1400	855,9	3800	632,5	7000	410,5		

1.2.3.5 Ortstabelle für die Fallbeschleunigung

λ geographische Länge östlich von Greenwich, φ geographische Breite, h Meereshöhe, g Fallbeschleunigung.

Ort	λ in °	φ in °	h in m	g in m s^{-2}
Aachen, Rathaus	6,08	50,78	179	9,81112
Amsterdam	4,91	52,37	0	9,81288
Baltimore	−76,62	39,30	30	9,80097
Basel	7,58	47,56	277	9,80778
Berlin-Charlottenburg	13,32	52,52	33	9,81288
Bern	7,45	46,94	522	9,80612
Bonn	7,10	50,73	60	9,81132
Braunschweig	10,46	52,30	74	9,81267
Bremen	8,82	53,08	0	9,81341
Brno	16,60	49,21		9,80961
Brüssel	4,36	50,80	102	9,81112
Budapest	19,06	47,48	108	9,80852
Cambridge, Engl.	0,10	52,21	25	9,81268
Cambridge, Mass.	−71,13	42,38	14	9,80398
Darmstadt	8,66	49,88	144	9,81045
Dresden	13,73	51,06	121	9,81128
Edinburgh	−3,16	55,96	104	9,81584
Erlangen	11,01	49,60	279	9,80957
Florenz	11,26	43,76	184	9,80491
Frankfurt a. M.	8,65	50,12	99	9,81066
Freiburg i. Br.	7,86	48,01	266	9,80841
Freiburg i. Sa.	13,33	50,92	432	9,81050
Gdansk	18,62	54,37	21	9,81452
Genf	6,15	46,20	402	9,80582
Gießen	8,67	50,58	159	9,81109
Glasgow	−4,23	55,86	61	9,81605
Göttingen	9,97	51,55	270	9,81157
Graz	15,45	47,08	365	9,80706
Greenwich	0,00	51,48	48	9,81188
Greifswald	13,4	54,10		9,8144
Halle	11,97	51,48	79	9,81221
Hamburg-Harburg	9,93	53,46	30	9,81379
Hannover	9,71	52,39	54	9,81277
Heidelberg	8,7	49,41	100	9,8101
Innsbruck	11,40	47,27	576	9,80570
Jena	11,58	50,93	154	9,81123
Johannisburg	28,03	−26,19	1755	9,78550
Kaliningrad	20,49	54,71	22	9,81473
Karlsruhe	8,41	49,01	115	9,80956
Kiel	10,14	54,32	2	9,81468
Köln	6,93	50,94	49	9,81154
Kopenhagen	12,50	55,74	45	9,81558
Leiden	4,48	52,16	6	9,81273

1.2.3.5 Ortstabelle für die Fallbeschleunigung (*Fortsetzung*)

Ort	λ in °	φ in °	h in m	g in m s^{-2}
Leipzig	12,39	51,34	115	9,81180
Leningrad	30,30	59,92	4	9,81931
Madrid	3,69	40,41	655	9,79981
Mailand	9,23	45,48	116	9,80564
Marburg	8,77	50,82	185	9,81124
Marseille	5,39	43,30	61	9,80485
Melbourne	144,89	−37,79	44	9,79979
Moskau	37,57	55,76	139	9,81564
München	11,50	48,17	514	9,80744
Münster	7,63	51,95	63	9,81237
New York	−73,96	40,81	38	9,80247
Oslo	10,72	59,91	28	9,81927
Oxford	−1,3	51,76	58	9,81207
Paris	2,22	48,83	66	9,80941
Potsdam	13,07	52,38	87	9,81274
Prag	14,39	50,09	297	9,81014
Quito (Ecuador)	−78,50	−0,22	2815	9,77280
Rom	12,50	41,89		9,80362
Rostock	21,1	54,09	15	9,8144
Stockholm	18,05	59,33	8	9,81846
Straßburg	7,77	48,58	137	9,80896
Stuttgart	9,17	48,78	247	9,80891
Tallin	26,72	58,38	68	9,81790
Tübingen	9,08	48,53	326	9,80845
Turin	7,70	45,07	233	9,80549
Utrecht	5,13	52,09	5	9,81263
Washington	−77,03	38,89	0	9,80119
Wien	16,36	48,21	183	9,80860
Wrozlaw	17,07	51,11	116	9,81158
Würzburg	9,93	49,79	178	9,81032
Zürich	8,55	47,38	466	9,80665

1.2.3.6 Normalatmosphäre

Für die Normalatmosphäre Ina nach DIN 5450 gelten bis 11 km Höhe folgende Beziehungen:

$$T = (15° - 0{,}0065°\,h)C \quad \text{(h in m über Meereshöhe)}$$

$$p = 1{,}01325\left(1 - \frac{0{,}0065}{288}h\right)^{5{,}255} \text{hPa}$$

Die Werte von T, p und der Dichte von Luft sind in der nachfolgenden Tabelle angegeben.

Höhe h km	Temperatur T/°C	Druck p hPa	Luftdichte ρ kg/m^3	Höhe h km	Temperatur T/°C	Druck p hPa	Luftdichte ρ kg/m^3
−0,2	16,30	1037,5	1,2492	0,5	11,75	954,6	1,1677
−0,1	15,65	1025,3	1,2373	0,6	11,10	943,2	1,1564
0	15,00	1013,3	1,2255	0,7	10,45	931,9	1,1452
0,1	14,35	1001,3	1,2138	0,8	9,80	920,7	1,1341
0,2	13,70	989,4	1,2021	0,9	9,15	909,7	1,1230
0,3	13,05	977,7	1,1906	1,0	8,50	899,8	1,1121
0,4	12,40	966,1	1,1791	1,2	7,20	877,2	1,0904

1.2.4 Umrechnung eines Gasvolumens auf den Normzustand (0° C und 1013,25 hPa)

Nach den Gasgesetzen ist die Umrechnung für ein ideales Gas, dessen Volumen V bei T° C und p hPa gemessen wurde, gegeben durch

$$V_{(0\,C,1013,25\,hPa)} = \frac{V_{T,p} \cdot p}{(1 + 0{,}00367 \cdot T/°C)1013{,}25}$$

Der Faktor $\frac{p}{1013{,}25} \cdot \frac{1}{1 + 0{,}00367\,T/°C}$ ist in Abhängigkeit von T/°C und p in folgender Tabelle gegeben.

Die Genauigkeit der Zahl ist im allgemeinen größer als die Abweichung der realen Gase vom Gasgesetz. Für genaue Umrechnungen müssen diese Abweichungen berücksichtigt werden.

Bei mit Wasserdampf gesättigten Gasen ist außerdem auf Trockenheit zu korrigieren. Der Sättigungsdruck des Wassers ist in Tabelle 7.22 zu finden.

Umrechnung eines Gasvolumens auf den Normzustand

	V (0° C, 1013,25 hPa) für T in °C						
p/hPa	−20	−10	0	+10	+20	+30	+40
10	0,0107	0,0102	0,0099	0,0095	0,0092	0,0089	0,0086
20	0,0213	0,0205	0,0197	0,0190	0,0184	0,0178	0,0172
30	0,0320	0,0307	0,0296	0,0286	0,0276	0,0267	0,0258
40	0,0426	0,0410	0,0395	0,0381	0,0368	0,0356	0,0344
50	0,0533	0,0512	0,0493	0,0476	0,0460	0,0445	0,0430
60	0,0639	0,0615	0,0592	0,0571	0,0552	0,0533	0,0516
70	0,0746	0,0717	0,0691	0,0666	0,0644	0,0622	0,0602
80	0,0852	0,0820	0,0790	0,0762	0,0736	0,0711	0,0688
90	0,0959	0,0922	0,0888	0,0857	0,0827	0,0800	0,0775
100	0,1065	0,1025	0,0987	0,0952	0,0919	0,0889	0,0861
110	0,1172	0,1127	0,1086	0,1047	0,1011	0,0978	0,0947
120	0,1278	0,1229	0,1184	0,1142	0,1103	0,1067	0,1033
130	0,1385	0,1332	0,1283	0,1238	0,1195	0,1156	0,1119
140	0,1491	0,1434	0,1382	0,1333	0,1287	0,1245	0,1205
150	0,1598	0,1537	0,1480	0,1428	0,1379	0,1334	0,1291
160	0,1704	0,1639	0,1579	0,1523	0,1471	0,1422	0,1377
170	0,1811	0,1742	0,1678	0,1618	0,1563	0,1511	0,1463
180	0,1917	0,1844	0,1776	0,1714	0,1655	0,1600	0,1549
190	0,2024	0,1947	0,1875	0,1809	0,1747	0,1689	0,1635
200	0,2130	0,2049	0,1974	0,1904	0,1839	0,1778	0,1721
210	0,2237	0,2151	0,2073	0,1999	0,1931	0,1867	0,1807
220	0,2343	0,2254	0,2171	0,2094	0,2023	0,1956	0,1893
230	0,2450	0,2356	0,2270	0,2190	0,2115	0,2045	0,1979
240	0,2556	0,2459	0,2369	0,2285	0,2207	0,2134	0,2065
250	0,2663	0,2561	0,2467	0,2380	0,2299	0,2223	0,2151
260	0,2769	0,2664	0,2566	0,2475	0,2391	0,2312	0,2238
270	0,2876	0.2766	0,2665	0,2570	0,2482	0,2400	0,2324
280	0,2982	0,2869	0,2763	0,2666	0,2574	0,2489	0,2410
290	0,3089	0,2971	0,2862	0,2761	0,2666	0,2578	0,2496
300	0,3195	0,3074	0,2961	0,2856	0,2758	0,2667	0,2582
310	0,3302	0,3176	0,3059	0,2951	0,2850	0,2756	0,2668
320	0,3408	0,3278	0,3158	0,3046	0,2942	0,2845	0,2754
330	0,3515	0,3381	0,3257	0,3142	0,3034	0,2934	0,2840
340	0,3621	0,3483	0,3356	0,3237	0,3126	0,3023	0,2926
350	0,3728	0,3586	0,3454	0,3332	0,3218	0,3112	0,3012
360	0,3834	0,3688	0,3553	0,3427	0,3310	0,3201	0,3098
370	0,3941	0,3791	0,3652	0,3522	0,3402	0,3289	0,3184
380	0,4047	0,3893	0,3750	0,3618	0.3494	0,3378	0,3270
390	0,4154	0,3996	0,3849	0,3713	0,3586	0,3467	0,3356
400	0,4260	0,4098	0,3948	0,3808	0,3678	0,3556	0,3442
410	0,4367	0,4201	0,4046	0,3903	0,3770	0,3645	0,3528

Umrechnung eines Gasvolumens auf den Normzustand (*Fortsetzung*)

	V (0° C, 1013,25 hPa) für T in °C						
p/hPa	−20	−10	0	+10	+20	+30	+40
420	0,4473	0,4303	0,4145	0,3998	0,3862	0,3734	0,3614
430	0,4580	0,4405	0,4244	0,4094	0,3954	0,3823	0,3701
440	0,4686	0,4508	0,4342	0,4189	0,4046	0,3912	0,3787
450	0,4793	0,4610	0,4441	0,4284	0,4137	0,4001	0,3873
460	0,4899	0,4713	0,4540	0,4379	0,4229	0,4090	0,3959
470	0,5006	0,4815	0,4639	0,4474	0,4321	0,4178	0,4045
480	0,5112	0,4918	0,4737	0,4570	0,4413	0,4267	0,4131
490	0,5219	0,5020	0,4836	0,4665	0,4505	0,4356	0,4217
500	0,5326	0,5123	0,4935	0,4760	0,4597	0,4445	0,4303
510	0,5432	0,5225	0,5033	0,4855	0,4689	0,4534	0,4389
520	0,5539	0,5328	0,5132	0,4950	0,4781	0,4623	0,4475
530	0,5645	0,5430	0,5231	0,5046	0,4873	0,4712	0,4561
540	0,5752	0,5532	0,5329	0,5141	0,4965	0,4801	0,4647
550	0,5858	0,5635	0,5428	0,5236	0,5057	0,4890	0,4733
560	0,5965	0,5737	0,5527	0,5331	0,5149	0,4979	0,4819
570	0,6071	0,5840	0,5625	0,5426	0,5241	0,5068	0,4905
580	0,6178	0,5942	0,5724	0,5522	0,5333	0,5156	0,4991
590	0,6284	0,6045	0,5823	0,5617	0,5425	0,5245	0,5077
600	0,6391	0,6147	0,5922	0,5712	0,5517	0,5334	0,5164
610	0,6497	0,6250	0,6020	0,5807	0,5609	0,5423	0,5250
620	0,6604	0,6352	0,6119	0,5902	0,5701	0,5512	0,5336
630	0,6710	0,6454	0,6218	0,5998	0,5792	0,5601	0,5422
640	0,6817	0,6557	0,6316	0,6093	0,5884	0,5690	0,5508
650	0,6923	0,6659	0,6415	0,6188	0,5976	0,5779	0,5594
660	0,7030	0,6762	0,6514	0,6283	0,6068	0,5868	0,5680
670	0,7136	0,6864	0,6612	0,6378	0,6160	0,5957	0,5766
680	0,7243	0,6967	0,6711	0,6473	0,6252	0,6045	0,5852
690	0,7349	0,7069	0,6810	0,6569	0,6344	0,6134	0,5938
700	0,7456	0,7172	0,6908	0,6664	0,6436	0,6223	0,6024
710	0,7562	0,7274	0,7007	0,6759	0,6528	0,6312	0,6110
720	0,7669	0,7377	0,7106	0,6854	0,6620	0,6401	0,6196
730	0,7775	0,7479	0,7205	0,6949	0,6712	0,6490	0,6282
740	0,7882	0,7581	0,7303	0,7045	0,6804	0,6579	0,6368
750	0,7988	0,7684	0,7402	0,7140	0,6896	0,6668	0,6454
760	0,8095	0,7786	0,7501	0,7235	0,6988	0,6757	0,6540
770	0,8201	0,7889	0,7599	0,7330	0,7080	0,6846	0,6627
780	0,8308	0,7991	0,7698	0,7425	0,7172	0,6935	0,6713
790	0,8414	0,8094	0,7797	0,7521	0,7264	0,7023	0,6799
800	0,8521	0,8196	0,7895	0,7616	0,7355	0,7112	0,6885
810	0,8627	0,8299	0,7994	0,7711	0,7447	0,7201	0,6971
820	0,8734	0,8401	0,8093	0,7806	0,7539	0,7290	0,7057
830	0,8840	0,8504	0,8191	0,7901	0,7631	0,7379	0,7143
840	0,8947	0,8606	0,8290	0,7997	0,7723	0,7468	0,7229
850	0,9053	0,8708	0,8389	0,8092	0,7815	0,7557	0,7315
860	0,9160	0,8811	0,8488	0,8187	0,7907	0,7646	0,7401
870	0,9266	0,8913	0,8586	0,8282	0,7999	0,7735	0,7487
880	0,9373	0,9016	0,8685	0,8377	0,8091	0,7824	0,7573
890	0,9479	0,9118	0,8784	0,8473	0,8183	0,7912	0,7659
900	0,9586	0,9221	0,8882	0,8568	0,8275	0,8001	0,7745
910	0,9692	0,9323	0,8981	0,8663	0,8367	0,8090	0,7831
920	0,9799	0,9426	0,9080	0,8758	0,8459	0,8179	0,7917
930	0,9905	0,9528	0,9178	0,8853	0,8551	0,8268	0,8003
940	1,0012	0,9631	0,9277	0,8949	0,8643	0,8357	0,8090
950	1,0118	0,9733	0,9376	0,9044	0,8735	0,8446	0,8176
960	1,0225	0,9835	0,9474	0,9139	0,8827	0,8535	0,8262

Umrechnung eines Gasvolumens auf den Normzustand (*Fortsetzung*)

	V (0° C, 1013,25 hPa) für T in °C						
p/hPa	−20	−10	0	+10	+20	+30	+40
970	1,0331	0,9938	0,9573	0,9234	0,8919	0,8624	0,8348
980	1,0438	1,0040	0,9672	0,9329	0,9010	0,8713	0,8434
990	1,0545	1,0143	0,9771	0,9425	0,9102	0,8801	0,8520
1000	1,0651	1,0245	0,9869	0,9520	0,9194	0,8890	0,8606
1010	1,0758	1,0348	0,9968	0,9615	0,9286	0,8979	0,8692
1020	1,0864	1,0450	1,0067	0,9710	0,9378	0,9068	0,8778
1030	1,0971	1,0553	1,0165	0,9805	0,9470	0,9157	0,8864
1040	1,1077	1,0655	1,0264	0,9901	0,9562	0,9246	0,8950
1050	1,1184	1,0757	1,0363	0,9996	0,9654	0,9335	0,9036
1060	1,1290	1,0860	1,0461	1,0091	0,9746	0,9424	0,9122
1070	1,1397	1,0962	1,0560	1,0186	0,9838	0,9513	0,9208
1080	1,1503	1,1065	1,0659	1,0281	0,9930	0,9602	0,9294
1090	1,1610	1,1167	1,0757	1,0377	1,0022	0,9691	0,9380
1100	1,1716	1,1270	1,0856	1,0472	1,0114	0,9779	0,9466
1110	1,1823	1,1372	1,0955	1,0567	1,0206	0,9868	0,9553
1120	1,1929	1,1475	1,1054	1,0662	1,0298	0,9957	0,9639
1130	1,2036	1,1577	1,1152	1,0757	1,0390	1,0046	0,9725
1140	1,2142	1,1680	1,1251	1,0853	1,0482	1,0135	0,9811
1150	1,2249	1,1782	1,1350	1,0948	1,0574	1,0224	0,9897
1160	1,2355	1,1884	1,1448	1,1043	1,0665	1,0313	0,9983
1170	1,2462	1,1987	1,1547	1,1138	1,0757	1,0402	1,0069
1180	1,2568	1,2089	1,1646	1,1233	1,0849	1,0491	1,0155
1190	1,2675	1,2192	1,1744	1,1329	1,0941	1,0580	1,0241
1200	1,2781	1,2294	1,1843	1,1424	1,1033	1,0668	1,0327

1.2.5 Psychrometrische Daten zur Bestimmung der Luftfeuchtigkeit

Zur Feststellung der Luftfeuchtigkeit benutzt man

1. Die Taupunktmethode.

Dazu kühlt man ein Thermometer langsam ab, bis seine Temperatur so weit gesunken ist, daß sich der in der Luft vorhandene Wasserdampf auf ihm niederschlägt. Die Temperatur, bei der sich der Niederschlag bildet, ist die Taupunkttemperatur, d.h. bei dieser würde die Luft mit dem vorhandenen Wasserdampf gesättigt sein. Für jede Temperatur zwischen −10° C und +30° C ist der zugehörige Sättigungsdruck des Wasserdampfes aus der Tabelle, Spalte 2, zu entnehmen.

2. Die psychrometrische Methode.

Dabei bestimmt man die Differenz zwischen den Temperaturangaben zweier Thermometer, des "trockenen" und des "feuchten" Thermometers. Das Gefäß des feuchten Thermometers ist mit einem dauernd feuchtgehaltenen Lappen umgeben, der durch einen Luftstrom angeblasen wird. Je höher der Wasserdampfgehalt der Luft ist, um so weniger Wasserdampf verdampft aus der feuchten Hülle und um so geringer ist infolgedessen der Wärmeentzug. Die Temeraturdifferenz zwischen dem feuchten und dem trockenen Thermometer ist folglich ein Maß für den Feuchtigkeitsgehalt der Luft. In der Tabelle ist zunächst neben der Lufttemperatur T der Druck des gesättigten Wasserdampfes (a) angegeben. In den weiteren Spalten sind für die Temperaturdifferenzen 1°, 3°, 4°, 5°, 6°, 7°, 8°, 9°, 10° C die zugehörige relative Feuchtigkeit (r), d.h. die prozentuale Sättigung mit Wasserdampf, und die Taupunkttemperatur angegeben. Um den absoluten Wasserdampfdruck zu erhalten, multipliziert man r mit dem Wert a der gleichen Zeile der 2. Spalte und dividert durch 100. Die absolute Feuchtigkeit, d.h. das Gewicht der in 1 m^3 Luft enthaltenen Wasserdampfmenge, läßt sich aus Spalte 3 errechnen (Sättigungsdruck des Wasserdampfes s. auch Tabelle 7.22).

hrometrische Daten zur Bestimmung der Luftfeuchte

·e- ·°C	Sattigung- druck a in hPa	Dichte in $g \cdot m^{-3}$	Differenz zwischen der Temperatur des trockenen und des feuchten Thermometers																	
			1° C		3° C		4° C		5° C		6° C		7° C		8° C		9° C		10° C	
			r %	T_T	r %	T_T	r %	T_T	r %	T_T	r %	T_T	r %	T_T	r %	T_T	r %	T_T	r %	T_T
	2,60	2,14	66	−14,6	—	—	—	—	—	—	—	—	—	—	—	—	—	—	—	—
	2,84	2,33	68	−13,3	—	—	—	—	—	—	—	—	—	—	—	—	—	—	—	—
	3,09	2,54	70	−12,0	—	—	—	—	—	—	—	—	—	—	—	—	—	—	—	—
	3,37	2,76	72	−10,7	18	−25,5	—	—	—	—	—	—	—	—	—	—	—	—	—	—
	3,68	2,99	74	−9,5	23	−22,1	—	—	—	—	—	—	—	—	—	—	—	—	—	—
	4,01	3,24	75	−8,3	27	−19,4	—	—	—	—	—	—	—	—	—	—	—	—	—	—
	4,37	3,51	77	−7,1	32	−16,9	10	−28,7	—	—	—	—	—	—	—	—	—	—	—	—
	4,76	3,81	78	−5,9	35	−14,8	15	−23,8	—	—	—	—	—	—	—	—	—	—	—	—
	5,17	4,13	79	−4,8	39	−12,8	20	−20,2	—	—	—	—	—	—	—	—	—	—	—	—
	5,63	4,47	80	−3,6	42	−11,0	24	−17,2	—	—	—	—	—	—	—	—	—	—	—	—
	6,45	4,84	81	−2,5	45	−9,3	28	−14,6	11	−24,2	—	—	—	—	—	—	—	—	—	—
	6,53	5,2	83	−1,4	48	−7,7	32	−12,4	16	−19,9	—	—	—	—	—	—	—	—	—	—
	7,1	5,6	84	−0,4	51	−6,2	35	−10,4	20	−16,6	—	—	—	—	—	—	—	—	—	—
	7,6	6,0	84	0,6	54	−4,7	39	−8,5	24	−13,8	10	−23,0	—	—	—	—	—	—	—	—
	8,1	6,4	85	1,7	56	−3,5	42	−6,8	28	−11,4	14	−18,6	—	—	—	—	—	—	—	—
	8,7	6,8	86	2,8	58	−2,3	45	−5,3	32	−9,3	19	−15,2	6	−27,1	—	—	—	—	—	—
	9,3	7,3	86	3,9	60	−1,1	47	−3,9	35	−7,5	23	−12,3	10	−20,8	—	—	—	—	—	—
	10,0	7,8	87	4,9	61	0,1	49	−2,6	37	−5,9	26	−10,1	14	−16,5	—	—	—	—	—	—
	10,7	8,3	87	6,0	63	1,3	51	−1,3	40	−4,3	29	−8,1	18	−13,5	7	−22,9	—	—	—	—
	11,5	8,8	88	7,1	64	2,6	53	−0,1	42	−2,9	31	−6,3	21	−11,0	11	−18,1	—	—	—	—
	12,3	9,4	88	8,1	65	3,8	54	1,2	44	−1,5	34	−4,6	24	−8,7	14	−14,5	5	−26,0	—	—
	13,1	10,0	88	9,2	66	5,0	56	2,6	46	−0,2	36	−3,1	26	−6,7	17	−11,6	8	−19,7	—	—
	14,0	10,7	89	10,2	68	6,2	57	3,9	48	1,2	38	−1,6	29	−4,9	20	−9,1	11	−15,5	—	—
	14,9	11,4	89	11,3	69	7,4	59	5,1	49	2,7	40	−0,2	31	−3,2	23	−7,0	14	−12,2	6	−12,2
	16,0	12,1	89	12,3	70	8,5	60	6,4	51	4,0	42	1,3	34	−1,6	25	−5,0	17	−9,5	9	−16,3
	17,1	12,8	90	13,4	71	9,7	61	7,6	52	5,4	44	2,8	36	−0,1	27	−3,2	20	−7,1	12	−12,6
	18,1	13,6	90	14,4	71	10,8	62	8,8	54	6,7	46	4,3	37	1,5	30	−1,5	22	−5,0	15	−9,6
	19,3	14,5	90	15,4	72	12,0	64	10,0	55	8,0	47	5,6	39	3,1	32	0,1	24	−3,1	17	−7,1
	20,7	15,4	91	16,5	73	13,1	65	11,2	56	9,2	49	7,0	41	4,6	34	1,8	27	−1,3	20	−4,9
	22,0	16,3	91	17,5	74	14,2	65	12,4	58	10,5	50	8,3	43	6,0	35	3,4	29	0,4	22	−2,9
	23,3	17,3	91	18,5	74	15,3	66	13,5	59	11,7	51	9,6	44	7,4	37	5,0	30	2,1	24	−1,0
	24,9	18,3	91	19,5	75	16,4	67	14,7	60	12,9	52	10,9	46	8,8	39	6,4	32	3,8	26	0,8

26,4	19,4	92	20,6	76	17,5	68	15,8	61	14,1	54	12,2	47	10,1	40	7,9	34	5,4	28	2,6
28,1	20,6	92	21,6	76	18,6	69	16,9	61	15,2	55	13,4	48	11,4	42	9,3	36	6,9	30	4,3
29,9	21,8	92	22,6	77	19,6	69	18,1	62	16,4	56	14,6	49	12,7	43	10,7	37	8,4	31	5,9
31,7	23,0	92	23,6	77	20,7	70	19,2	63	17,5	57	15,8	50	14,0	44	12,0	38	9,9	33	7,5
33,6	24,4	92	24,6	78	21,8	71	20,3	64	18,7	58	17,0	51	15,2	46	13,3	40	11,3	34	9,0
35,6	25,8	92	25,7	78	22,8	71	21,4	65	19,8	59	18,2	52	16,5	47	14,6	41	12,7	36	10,5
37,7	27,2	93	26,7	78	23,9	72	22,4	65	20,9	59	19,3	53	17,7	48	15,9	42	14,0	37	11,9
40,0	28,7	93	27,7	79	25,0	72	23,5	66	22;0	60	20,5	54	18,9	49	17,1	44	15,3	38	13,3
42,4	30,3	93	28,7	79	26,0	73	24,6	67	23,2	61	21,6	55	20,0	50	18,4	44	46,6	39	14,7

1.2.6 Härte

Unter Härte versteht man den Widerstand, den ein Werkstoff dem Eindringen eines Prüfkörpers entgegensetzt. Bei einem Härteversuch wird der zu prüfende Stoff an der Eindringstelle verfestigt. Dies geht in die Härteprüfung ein.

In der Mineralogie ist für Härteprüfung ein Ritzverfahren üblich nach der Maßgabe, daß ein härterer Kristall den weniger härteren ritzt. Das Verfahren führt zu der von Mohs aufgestellten, unten wiedergegebenen Skala.

In der Technik werden vor allem folgende Härteprüfungen verwandt:

1. Das Kugeldruckverfahren nach Brinell (DIN 50351), bei dem gehärtete Stahlkugeln durch statischen Druck in das zu prüfende Material eingedrückt werden. Als Härte HB wird das Verhältnis der Last in kp zu der Fläche der Eindruckskalotte in mm^2 angegeben (kp/mm^2).
2. Die Härteprüfung nach Vickers (DIN 50135), bei der als Prüfkörper eine Diamantpyramide mit einem Winkel von 136° zwischen zwei gegenüberliegenden Flächen benutzt und als Härtemaß (HV) das Verhältnis der Last zu der Oberfläche des Pyramideneindrucks verwandt wird (kp/mm^2).
3. Die Rockwellsche Härteprüfung (DIN 50103). Hier wird mit einer. Vorlast gearbeitet. Der Prüfkörper, ein Diamantkörper mit einem Winkel von 120° an der Spitze, wird zunächst mit einer Vorlast p_0 ($=10$ kp) eingedrückt und dann erst die Prüflast $p=140$ kp (Gesamtlast 150 kp) aufgebracht. Die dadurch zusätzlich entstehende Eindrucktiefe ε wird gemessen. Als Härtezahl HRc gilt folgende Angabe: man mißt die Eindrucktiefe ε in Einheiten von 2μ und zieht die sich ergebende Zahl von 100 ab. $HRc = 100 - \varepsilon$ (ε in 2μ gemessen).

Bei weichen Werkstoffen werden anstatt des Diamantkegels Stahlkugeln benutzt, Rockwell-B-Verfahren (HRb).

In der folgenden Abbildung ist ein Vergleich technischer Härteskalen mit der Härte nach Mohs gebracht.

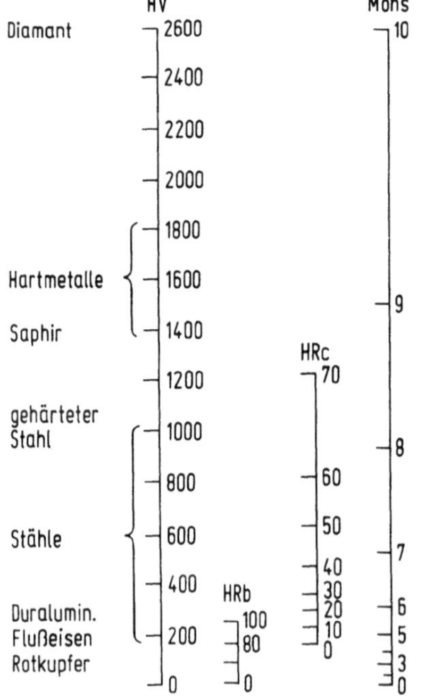

Abb. 3

Mineralogische Härteskala nach Mohs	
Talk	1
Gips oder Steinsalz	2
Kalkspat	3
Flußspat	4
Apatit	5
Feldspat (Orthoklas)	6
Quarz	7
Topas	8
Korund	9
Diamant	10

1.3 Grundkonstanten

Atommasseneinheit, relative	u	$1{,}6605402(10) \times 10^{-27}$ kg
Avogadrosche Konstante (Loschmidt—Zahl)	N_A	$6{,}0221367(36) \times 10^{23}$ mol^{-1}
α-Teilchen		
Ruhemasse	m_α	$6{,}6442 \times 10^{-27}$ kg
Ruheenergie	$m_\alpha c_0^2$	$5{,}97150 \times 10^{-10}$ J
Spezifische Ladung	$\frac{2e}{m_\alpha}$	$4{,}82282 \times 10^{7}$ C kg^{-1}
Bohrsches Magneton	$\mu_B = \frac{eh}{4\pi m_e}$	$9{,}2740154(31) \times 10^{-24}$ J T^{-1}
Bohrscher Wasserstoffradius	$a_0 = \frac{h^2}{4\pi^2 m_e e^2}$	$5{,}29177249(24) \times 10^{-11}$ m
Boltzmannsche Konstante	$k = \frac{R}{N_A}$	$1{,}380658(12) \times 10^{-23}$ J K^{-1}
Compton Wellenlänge des Elektrons	$\lambda_{ce} = \frac{h}{m_e c_0}$	$2{,}4263089(40) \times 10^{-12}$ m
des Protons	$\lambda_{cp} = \frac{h}{m_p c_0}$	$1{,}3214099(22) \times 10^{-15}$ m
des Neutrons	$\lambda_{cn} = \frac{h}{m_n c_0}$	$1.3195909(35) \times 10^{-15}$ m
Deuteron		
Ruhemasse	m_d	$3{,}3433 \times 10^{-27}$ kg
Ruheenergie	$m_d c_0^2$	$3{,}0854265 \times 10^{-10}$ J
Spezifische Ladung	$\frac{e}{m_d}$	$4{,}6670230 \times 10^{7}$ C kg^{-1}
Elektrische		
Elementarladung	e	$1{,}60217733(49) \times 10^{-19}$ C
Feldkonstante	ε_0	$8{,}854187818 \times 10^{-12}$ m^{-3}kg^{-1}s^{4}A^{2}
Elektron		
g-Faktor	$g_e = 2 \times \mu_e/\mu_B$	2,002319304386(20)
magnetisches Moment	μ_e	$9{,}2847701(31) \times 10^{-24}$ J T^{-1}
Radius klass.	r_e	$2{,}8179380(70) \times 10^{-15}$ m
Ruhemasse	m_e	$9{,}1093897(54) \times 10^{-31}$ kg
Ruheenergie	$m_e c_0^2$	$8{,}18724 \times 10^{-14}$ J
Spezifische Ladung	$\frac{e}{m_e}$	$1{,}7588047(49) \times 10^{11}$ C kg^{-1}
Thomson Querschnitt	$\sigma_e = (8/3)\pi r_e^2$	0,6652448
Energieäquivalent der Ruhemasse, m = 1 g	$E = m c^2$	$8{,}987555 \times 10^{13}$ J
Fallbeschleunigung	g_n	$9{,}80665$ m s^{-2}
Faradaysche Konstante	$F = N_A e$	$9{,}6485309(29) \times 10^{4}$ C mol^{-1}
Gaskonstante universelle	R	$8{,}314510(70)$ J K^{-1} mol^{-1}
Gravitations-konstante	G	$6{,}67259(85) \times 10^{-11}$ m^{3}kg^{-1}s^{-2}
Hartree Energie	$E_h = \frac{h^2}{m_e a_0^2}$	$4{,}3597482(26) \times 10^{-18}$ J

1.3 Grundkonstanten (*Fortsetzung*)

Josephson Verhältnis	$\frac{2e}{h}$	$4{,}835939(13) \times 10^{14}\,\mathrm{Hz\,V^{-1}}$
Kernmagneton	$\mu_N = \frac{he}{4\pi m_p}$	$5{,}0507866(17) \times 10^{-27}\,\mathrm{J\,T^{-1}}$
Kryptonlinie	$^{86}\mathrm{Kr}\ (5d_5 \rightarrow 2p_{10})$	$6057{,}8021 \times 10^{-10}\,\mathrm{m}$
Lichtgeschwindigkeit im Vakuum	c_0	$2{,}99792458 \times 10^{8}\,\mathrm{m\,s^{-1}}$
Magnetische Feldkonstante	μ_0	$12{,}5663706144 \times 10^{-7}\,\mathrm{H\,m^{-1}}$
Meson		
g-Faktor	μ_μ/μ_B	1,00116616
magnetisches Moment	μ_μ	$4{,}490474 \times 10^{-26}\,\mathrm{J\,T^{-1}}$
Ruhemasse	m_μ	$1{,}883566 \times 10^{-28}\,\mathrm{kg}$
Neutron		
Ruhemasse	m_n	$1{,}6749286(10) \times 10^{-27}\,\mathrm{kg}$
Ruheenergie	$m_n c_0^2$	$1{,}505373 \times 10^{-10}\,\mathrm{J}$
Plancksches Strahlungsgesetz		
Konstante c_1	$2\pi c_0^2 h$	$3{,}7417749(22) \times 10^{-16}\,\mathrm{W\,m^2}$
Konstante c_2	$\frac{c_0 h}{k}$	$1{,}438769(12) \times 10^{-2}\,\mathrm{m\,K}$
Plancksches Wirkungsquantum	h	$6{,}6260755(40) \times 10^{-34}\,\mathrm{J\,s}$
Proton		
magnetisches Moment	μ_ρ	$1{,}41060761(47) \times 10^{-26}\,\mathrm{J\,T^{-1}}$
Ruhemasse	m_ρ	$1{,}6726231(10) \times 10^{-27}\,\mathrm{kg}$
Ruheenergie	$m_\rho c_0^2$	$1{,}50330 \times 10^{-10}\,\mathrm{J}$
Spezifische Ladung	$\frac{e}{m_\rho}$	$9{,}57875 \times 10^{7}\,\mathrm{C\,kg^{-1}}$
Massenverhältnis Proton/Elektron	m_ρ/m_e	1836,15152
Gyromagnetisches Verhältnis	γ_ρ	$2{,}67522128(81) \times 10^{8}\,\mathrm{s^{-1}\,T^{-1}}$
Rydberg Konstante		
für Wasserstoff	R_H	$1{,}096775854 \times 10^{7}\,\mathrm{m^{-1}}$
für unendlich große Kernmasse	R_∞	$1{,}0973731534(13) \times 10^{7}\,\mathrm{m^{-1}}$
Sommerfeldsche Feinstrukturkonstante	α	$7{,}29735308(33) \times 10^{-3}$
	$1/\alpha$	137,03604
Stefan—Boltzmannsche Strahlungskonstante	σ	$5{,}67051(19) \times 10^{-8}\,\mathrm{W\,m^{-2}\,K^{-4}}$
Wasser		
Tripelpunkt		273,16 K
Wellenwiderstand des Vakuums	Γ_0	$376{,}731\,\Omega$
Wiensches Verschiebungsgesetz Konstante	$A = \frac{c_2}{4{,}96511}$	$2{,}8978 \times 10^{-3}\,\mathrm{m\,K}$
Zeeman Aufspaltungskonstante	$\frac{e}{4\pi m_e c}$	$46{,}68604\,\mathrm{m^{-1}\,T^{-1}}$

Universelle Gaskonstante

Gaskonstante	Einheiten für		
R	p V	T^{-1}	n^{-1}
8,314510(70)	J	K^{-1}	mol^{-1}
0,84781	kp m	K^{-1}	mol^{-1}
0,08314	l bar	K^{-1}	mol^{-1}
0,0820562	l atm	K^{-1}	mol^{-1}
1,98582	cal_{IT}	K^{-1}	mol^{-1}
$2{,}3095 \cdot 10^{-6}$	kWh	K^{-1}	mol^{-1}
62,58	mmHg l	K^{-1}	mol^{-1}
0,08478	$kg\,cm^{-2}\,l$	K^{-1}	mol^{-1}
$8{,}317 \cdot 10^{7}$	erg	K^{-1}	mol^{-1}

Dimensionslose Kennzahlen

Bezeichnung	Symbol	Definition	Bezug
Bodenstein—Zahl	Bo	vlD^{-1}	Diffusion u. Strömung
Damköhler—Zahl	Da_I	Ulv^{-1}	Statische Umsetzung
Euler—Zahl	Eu	$p\rho^{-1}v^{-2}$	Strömung
Fourier—Zahl			
Wärmefluß	Fo	$\alpha\Delta tl^{-2}$	Wärmefluß
Stofffluß	Fo*	$D\Delta tl^{-2}$	Stofffluß
Froude—Zahl	Fr	$vl^{-1/2}g^{-1/2}$	Strömumg
Grashof—Zahl	Gr	$l^3g\alpha\Delta\Theta\rho^2\eta^{-2}$	Konvektion
Knudsen—Zahl	Kn	λl^{-1}	Vakuumströmung
Lewis—Zahl	Le	aD^{-1}	Stoff u. Wärmefluß
Mach—Zahl	Ma	vc^{-1}	
Nusselt—Zahl			
Wärmefluß	Nu	lhk^{-1}	Wärmefluß
Stofffluß	Nu*	$lk_m\rho^{-1}D^{-1}$	Stofffluß
Peclet—Zahl			
Wärmefluß	Pe	vla^{-1}	Wärmefluß
Stofffluß	Pe*	vlD^{-1}	Stofffluß
Prandtl—Zahl	Pr	$\eta\rho^{-1}a^{-1}$	Wärmefluß
Rayleigh—Zahl	Ra	$l^3g\alpha\Delta\Theta\rho\eta^{-1}$	
Reynolds—Zahl	Re	$\rho vl\eta^{-1}$	Strömung
Schmidt—Zahl	Sc	$\eta\rho^{-1}D^{-1}$	Strömung u. Diffusion
Strouhal—Zahl	Sr	$l\nu v^{-1}$	Wirbel
Stanton—Zahl			
Wärmefluß	St	$h\rho^{-1}v^{-1}c_\rho^{-1}$	Wärmefluß
Stofffluß	St*	$k_m\rho^{-1}v^{-1}$	Stofffluß
Weber—Zahl	We	$\rho v^2l\gamma^{-1}$	Blasenbildung

Bedeutung der Faktoren

a	Temperaturleitfähigkeit	c	Schallgeschwindigkeit
c_ρ	spezifische Wärme	g	Fallbeschleunigung
h	Wärmedurchgangskoeffizient	k	Wärmeleitfähigkeit
k_m	Stoffdurchgangskoeffizient	l	Länge
p	Druck	Δt	Zeitspanne
v	lineare Geschwindigkeit	D	Diffusionskoeffizient
U	Reaktionsgeschwindigkeit	α	therm. Ausdehnungskoeffizient
γ	Oberflächenspannung	η	dynamische Viskosität
λ	mittl. freie Weglänge	ν	Frequenz
ρ	Dichte	$\Delta\Theta$	Temperaturdifferenz

2 Kerneigenschaften von Atomen und Molekülen

2.1 Elementarteilchen

P. Hertel, Theoretische Physik, Universität Osnabrück, 4500 Osnabrück

Die Zusammenstellung stützt sich auf die ausführliche Übersicht 'Review of Particle Properties', Phys. Lett. B 204, 1988.

2.1.1 Einleitung

Massen werden als mc^2 in Energieeinheiten angegeben. Der Lebensdauer τ eines Teilchens entspricht die Zerfallsrate $1/\tau$. Meist wird die entsprechende Energie $\hbar/\tau$, die Zerfallsbreite, aufgeführt. Drehimpulse sind stets in Einheiten von $\hbar$ zu verstehen.

2.1.1.1 Fundamentalteilchen

Das inzwischen breit akzeptierte Standardmodell geht von drei Generationen wirklich elementarer, fundamentaler Teilchen aus. In jeder Generation gibt es zwei Leptonen und zwei Quarks. Die Leptonen nehmen nur an der schwachen und elektromagnetischen Wechselwirkung teil, während Quarks außerdem stark wechselwirken. Sowohl Leptonen als auch Quarks haben den Spin 1/2, sind also Fermionen.

Tabelle 1 stellt diese Teilchen vor. Unter Ladung ist hier immer die elektrische Ladung in Einheiten der Elementarladung gemeint. Der Querstrich über einem Teilchensymbol bezeichnet das entsprechende Antiteilchen.

Das ungeladene Lepton heißt Neutrino. Es wird durch das zugehörige geladene Lepton indiziert. Das Elektron e wird oft auch durch e^- bezeichnet, das Positron $\bar{e}$ durch e^+. Dasselbe gilt für die geladenen Leptonen der 2. und 3. Generation. Das τ-Neutrino konnte noch nicht als von den anderen verschieden identifiziert werden. Teilchen, die ein t-Quark enthalten, wurden bisher nicht nachgewiesen.

Die e-Leptonenzahl L_e hat den Wert 1 für das Elektron e^- und sein Neutrino ν_e, -1 für e^+ und $\bar{\nu}_e$, und 0 für alle anderen Fundamentalteilchen. Ebenso sind die Leptonenzahlen L_μ und L_τ für die zweite und dritte Generation definiert. Diese additiven Quantenzahlen sind bei jeder Teilchenumwandlung erhalten.

Als freie Teilchen sind Quarks noch nicht beobachtet worden, und vermutlich können sie nur in ganzzahlig geladenen Komplexen existieren. Man ordnet den Quarks die Baryonenzahl 1/3 zu. Drei Quarks bilden ein Baryon, drei Antiquarks ein Antibaryon, und Mesonen bestehen aus einem Quark und einem Antiquark, haben also die Baryonenzahl 0. Ebenso wie die Ladung bleibt auch die additive Baryonenzahl bei jeder Teilchenreaktion erhalten.

Die verschiedenen Quarktypen—man sagt auch Flavour (Geschmack) dafür—sind d (für down), u (up), s (strange), c (charm), b (bottom oder beauty) und t (top oder truth). „Up“ und „down“ beziehen sich auf die z-Komponente des Isospins. Das Proton ist aus uud aufgebaut, das Neutron aus udd. Die „seltsamen“ Teilchen enthalten ein s und zwei Quarks der ersten Generation.

Den sechs Quarksorten entsprechen sechs additive Quantenzahlen, die in Tabelle 2 zusammengestellt sind.

Jedes Quark kann drei innere Zustände annehmen, die man symbolisch als R (rot), G (grün) und B (blau) bezeichnet. Antiquarks haben entsprechende Anti-Farben. Die verschiedenen Farben sind vollständig gleichberechtigt. Die Baryonenzustände sind unter Permutation der Quarkfarben total antisymmetrisch, das bedeutet farblos. Ebenso sind die Mesonen farblos in dem Sinne, daß sie aus einem Quark einer Farbe und einem anderen Antiquark mit entsprechender Antifarbe bestehen.

2.1.1.2 Wechselwirkungen

Man unterscheidet zwischen der starken, elektromagnetischen, schwachen und Gravitationswechselwirkung. Letztere spielt in Systemen mit nur wenig Teilchen vermutlich keine Rolle. Die anderen Wechselwirkungen kommen durch den Austausch von Vektorbosonen (Teilchen mit dem Spin 1) zustande.
Das Photon γ ist masselos und hat deswegen nur zwei Polarisationszustände. Es koppelt proportional zur Ladung an alle geladenen Fundamentalteilchen, also an die geladenen Leptonen e, μ, τ und an alle Quarks. Das Photon ist sein eigenes Antiteilchen.
Drei weitere, sehr massive Vektorbosonen vermitteln die schwache Wechselwirkung. Obgleich die Kopplungskonstanten mit der des Photons vergleichbar sind, wirkt sich aufgrund der hohen Masse diese Wechselwirkung nur schwach aus: Wirkungsquerschnitte und Zerfallsbreiten bei niedrigen Energien sind klein, wenn massive Vektorbosonen ausgetauscht werden. Das Z^0 hat die gleichen Quantenzahlen wie ein Photon. W^+ und W^- sind jeweils das Antiteilchen des anderen. Tabelle 3 enthält die Massen und Angaben über die Zerfälle dieser Austauschbosonen.
Die starke Wechselwirkung kommt durch den Austausch von Gluonen (engl. glue, Leim) zustande. Wie die Quarks sind diese Vektorbosonen (wahrscheinlich prinzipiell) nicht als freie Teilchen zu beobachten. Gluonen koppeln an die Farbquantenzahl der Quarks und ignorieren Leptonen. Im Standardmodell rechnet man mit 8 Gluonen, die jeweils eine Farbe vernichten und eine andere erzeugen, wobei sich auch die Farbe der Quarks entsprechend ändert. Insbesondere koppeln Gluonen an sich selbst, dadurch wird die Quantenchromodynamik, die Standardtheorie für die starke Wechselwirkung, sehr kompliziert.
Die in Tabelle 2 erklärten Quantenzahlen bleiben beim Austausch von Gluonen, also in der starken Wechselwirkung, erhalten. Der Quarktyp (Flavour) kann nur durch die Emission oder Absorption der geladenen Vektorbosonen W^+ und W^- geändert werden. Am wahrscheinlichsten sind die Zerfälle $b \to c \to s \to u \to d$.
Wirklich stabil, also von unendlicher Lebensdauer, sind nur wenige Teilchen: γ, ν_e, ν_μ, e und p. Photon, elektronisches und müonisches Neutrino können nicht zerfallen, weil sie keine Ruhemasse haben. Das Elektron ist das leichteste geladene Teilchen, das Proton das leichteste Baryon, und Ladung sowie Baryonenzahl sind absolut erhalten.
Stark stabile Elementarteilchen können nur durch die schwache oder elektromagnetische Wechselwirkung zerfallen. Die Bezeichnung „Elementarteilchen" ist aber auch für sehr kurzlebige angeregte mesonische oder baryonische Zustände üblich.

2.1.2 Tabellen

2.1.2.1 Fundamentalteilchen

Das Standardmodell nimmt 12 Fundamentalteilchen mit halbzahligem Spin an. Hinzu kommt dieselbe Zahl von Antiteilchen.

2.1.2.2 Quark-Quantenzahlen

Den sechs Quarks entsprechen sechs additive, die Quarks unterscheidende Quantenzahlen. Die Ladung Q ist bei jeder Teilchenumwandlung erhalten, die übrigen Quantenzahlen können sich nur bei schwachen Wechselwirkungen ändern.

2.1.2.3 Austauschbosonen

Die elektromagnetische Wechselwirkung erfolgt durch den Austausch des masselosen Photons, während die schwache Wechselwirkung durch sehr massive Vektorbosonen vermittelt wird. Masse und Breite des neutralen Z^0 (siehe Phys. Lett. B 231, Seiten 530 und 539) stimmen ausgezeichnet mit den Vorhersagen des Standardmodells mit genau drei Generationen fundamentaler Teilchen überein.

2.1.2.4 Leptonen

Für die Massen und magnetischen Momente der Neutrinos sind obere Grenzen angegeben. Es gibt keine Hinweise, daß die Werte von Null verschieden sind.

2.1.2.5 Stark stabile Mesonen

Mesonen sind gebundene Quark-Antiquarkzustände, die deswegen einen ganzzahligen Spin besitzen. Die stark stabilen Mesonen haben sämtlich Spin 0 und negative Parität. In Klammern sind die entsprechenden Antiteilchen angegeben. Die Quark-Zusammensetzung bezieht sich auf das Teilchen. Nur die symmetrische und antisymmetrische Überlagerung K_S und K_L der neutralen K-Mesonen haben eine definierte Lebensdauer. Lediglich die wichtigsten Zerfallskanäle sind angeführt. Die Mesonen mit einem c-, d- oder b-Quark zerfallen in sehr viele Kanäle.

2.1.2.6 Mesonen

Es gibt viele angeregte Zustände (Resonanzen) des Quark-Antiquark-Systems, die unter starker Wechselwirkung sehr rasch zerfallen. Typische Zerfallsbreiten übersteigen 100 MeV. Die Tabelle stellt eine Zuordnung solcher Resonanzen zu angeregten Zuständen nach dem Quark-Modell her. In der ersten Spalte ist der Bahndrehimpuls L, der Spin S und der Gesamtdrehimpuls J angegeben. Die zweite Spalte enthält die aus dem Zerfall bestimmte Quantenzahl J sowie die Paritäten P unter Rauminversion und C unter Teilchen-Antiteilchen-Konjugation (wenn zutreffend). Die beiden Quarks der ersten Generation können zu einem Isospin-Singulett (I = 0) und zu einem Triplett (I = 1) kombiniert werden. Die in Klammern angegebenen Massen (in MeV) identifizieren die Resonanz.

2.1.2.7 Stark stabile Baryonen

Baryonen sind gebundene Zustände dreier Quarks. Unter Vertauschung zweier Quarks ist der Farbanteil am Zustand total antisymmetrisch, der Spin-Raum-Flavour-Anteil damit total symmetrisch. Der Gesamtdrehimpuls J des Ω^- beträgt 3/2. Die stark stabilen Baryonen mit kleinerer Masse haben J = 1/2, auch Λ_c^+. Baryonen mit einem c-Quark zerfallen in sehr viele Kanäle. Die Einheit des magnetischen Momentes ist $\mu_p = e\hbar/2m_p$.

2.1.2.8 Baryonen

Es gibt naturgemäß noch mehr baryonische als mesonische Resonanzen. Eine Trennung der sehr breiten Überhöhungen im Wirkungsquerschnitt ist oft problematisch. Wir verzichten hier auf eine tabellarische Zusammenstellung.
Beschränkt man sich auf die u-, d and s-Quarks, dann hat man es näherungsweise mit der Symmetriegruppe SU_3 zu tun. Als Grundzustände findet man ein Oktett von J = 1/2-Teilchen und ein Dekuplett von J = 3/2-Baryonen. In beiden Fällen beträgt der Bahndrehimpuls der Quarks L = 1. Zum Grundzustandsoktett gehören das Nukleon N, Λ, Σ und Ξ. Das Dekuplett besteht aus den Resonanzen Δ(1232), Σ(1385), Ξ(1530) und dem stark stabilen Ω^-.

Tabelle 1. Fundamentalteilchen

Ladung	-1	$-\frac{2}{3}$	$-\frac{1}{3}$	0	$+\frac{1}{3}$	$+\frac{2}{3}$	$+1$
1. Generation	e	$\bar{u}$	d	$\nu_e, \bar{\nu}_e$	$\bar{d}$	u	$\bar{e}$
2. Generation	μ	$\bar{c}$	s	$\nu_\mu, \bar{\nu}_\mu$	$\bar{s}$	c	$\bar{\mu}$
3. Generation	σ	($\bar{t}$)	b	$(\nu_\tau), (\bar{\nu}_\tau)$	$\bar{b}$	(t)	$\bar{\tau}$

Tabelle 2. Quark-Quantenzahlen

Quantenzahl		d	u	s	c	b	t
Ladung	Q	$-\frac{1}{3}$	$+\frac{2}{3}$	$-\frac{1}{3}$	$+\frac{2}{3}$	$-\frac{1}{3}$	$+\frac{2}{3}$
Isospin	I_z	$-\frac{1}{2}$	$+\frac{1}{2}$	0	0	0	0
Strangeness	S	0	0	-1	0	0	0
Charm	C	0	0	0	$+1$	0	0
Bottomness	B	0	0	0	0	-1	0
Topness	T	0	0	0	0	0	$+1$

Tabelle 3. Austauschbosonen

	Masse	Breite	rein leptonische Zerfälle	Anteil (ca.)
γ	0	stabil		
W	$81{,}0 \pm 1{,}3$ GeV	$< 6{,}5$ GeV	$e\nu$	10%
			$\mu\nu$	12%
			$\tau\nu$	10%
Z^0	$91{,}0 \pm 0{,}1$ GeV	$2{,}5 \pm 0{,}1$ GeV	e^+e^-	5%
			$\mu^+\mu^-$	gesehen

Tabelle 4. Leptonen

	Masse	magnetisches Moment	Lebensdauer	Zerfälle
ν_e	< 18 eV	$< 1{,}5\cdot 10^{-10} e\hbar/2m_e$	stabil	
ν_μ	< 0,25 MeV	$< 1{,}2\cdot 10^{-9} e\hbar/2m_e$	stabil	
ν_τ	< 35 MeV			
e	0,5109991 MeV	$1{,}00115965219\, e\hbar/2m_e$	stabil	
μ	105,6584 MeV	$1{,}00116592\, e\hbar/2m_\mu$	$2{,}19703\cdot 10^{-6}$ s	$e\bar{\nu}_e\nu_\mu$
τ	1784 ± 3 MeV		$3{,}0\cdot 10^{-13}$ s	$(e,\mu)\bar{\nu}\nu\ (\pi,\rho)\nu$

Tabelle 5. Stark stabile Mesonen

	Quarks	Masse	Lebensdauer	Zerfälle
$\pi^+(\pi^-)$	$u\bar{d}$	139,567 MeV	$2{,}603\cdot 10^{-8}$ s	$\mu^+\nu$
π^0	$u\bar{u}\ d\bar{d}$	134,973 MeV	$8\cdot 10^{-17}$ s	$\gamma\gamma$
η	$u\bar{u}\ d\bar{d}\ s\bar{s}$	549 MeV	$6\cdot 10^{-19}$ s	$\gamma\gamma\ 3\pi$
$K^+(K^-)$	$u\bar{s}$	493,65 MeV	$1{,}237\cdot 10^{-8}$ s	$\mu^+\nu\ 2\pi\ 3\pi$
$K^0(\bar{K}^0)$	$d\bar{s}$	497,65 MeV		$50\%\, K_L^0\ 50\%\, K_S^0$
K_S^0			$0{,}892\cdot 10^{-10}$ s	2π
K_L^0			$5{,}18\cdot 10^{-8}$ s	$3\pi\ \pi\mu\nu\ \pi e\nu$
$D^+(D^-)$	$c\bar{d}$	1869,3 MeV	$1{,}07\cdot 10^{-12}$ s	K…
$D^0(\bar{D}^0)$	$c\bar{u}$	1864,5 MeV	$4{,}3\cdot 10^{-13}$ s	K…
$D_s^+(D_s^-)$	$c\bar{s}$	1969 MeV	$4{,}3\cdot 10^{-13}$ s	
$B^+(B^-)$	$u\bar{b}$	5278 MeV	$1\cdot 10^{-12}$ s	
$B^0(\bar{B}^0)$	$d\bar{b}$	5279 MeV	$1\cdot 10^{-12}$ s	

Tabelle 7. Stark stabile Baryonen

	Quarks	Masse	magnetisches Moment	Lebensdauer	Zerfälle
p	uud	938,2723 MeV	$2{,}7928474\,\mu_p$	stabil	
n	udd	939,5656 MeV	$-1{,}9130427\,\mu_p$	896 s	$pe^-\nu^-$
Λ	uds	1115,63 MeV	$-0{,}613\mu_p$	$2{,}631\cdot 10^{-10}$ s	$p\pi^-\ n\pi^0$
Σ^+	uus	1189,37 MeV	$2{,}42\mu_p$	$0{,}799\cdot 10^{-10}$ s	$p\pi^0\ n\pi^+$
Σ^0	uds	1192,55 MeV		$7{,}4\cdot 10^{-20}$ s	$\Lambda\gamma$
Σ^-	dds	1197,43 MeV	$-1{,}16\,\mu_p$	$1{,}48\cdot 10^{-10}$ s	$n\pi^-$
Ξ^0	uss	1314,9 MeV	$-1{,}25\,\mu_p$	$2{,}9\cdot 10^{-10}$ s	$\Lambda\pi^0$
Ξ^-	dss	1321,3 MeV	$-0{,}69\mu_p$	$1{,}64\cdot 10^{-10}$ s	$\Lambda\pi^-$
Ω^-	sss	1672,4 MeV		$0{,}82\cdot 10^{-10}$ s	$\Lambda K^-\ \Xi^0\pi^-\ \Xi^-\pi^0$
Λ_c^+	udc	2285 MeV		$1{,}8\cdot 10^{-13}$ s	$\Lambda\ldots\ \Sigma\ldots$
Σ_c^{++}	uuc	2452 MeV			$\Lambda_c^+\ldots$
Σ_c^+	udc	2453 MeV			
Σ_c^0	ddc				
Ξ_c^+	usc	2460 MeV		$4\cdot 10^{-13}$ s	

Tabelle 6. Mesonen

$^{2S+1}L_J$	J^{PC}	$I=1$ $u\bar{d}$ $u\bar{u}$ $d\bar{d}$	$I=0$ $u\bar{u}$ $d\bar{d}$ $s\bar{s}$	$I=0$ $c\bar{c}$	$I=0$ $b\bar{b}$	$I=1/2$ $u\bar{s}$ $d\bar{s}$	$I=1/2$ $c\bar{u}$ $c\bar{d}$	$I=0$ $c\bar{s}$	$I=1/2$ $u\bar{b}$ $d\bar{b}$
$^1S_0$	0^{-+}	$\pi(140)$	$\eta(549)$ $\eta'(958)$	$\eta_c(2980)$		$K(494)$	$D(1870)$	$D_s(1970)$	$B(5280)$
$^3S_1$	1^{--}	$\rho(770)$	$\omega(783)$ $\phi(1020)$	$J/\psi(3097)$	$\Upsilon(9460)$	$K^*(892)$	$D^*(2010)$		
$^1P_1$	1^{+-}	$b_1(1235)$	$h_1(1170)$			$K_1(1270)$			
$^3P_0$	0^{++}	$a_0(980)$	$f_0(975)$ $f_0(1400)$	$\chi_{c0}(3415)$	$\chi_{b0}(9860)$	$K_0^*(1430)$			
$^3P_1$	1^{++}	$a_1(1260)$	$f_1(1285)$ $f_1(1420)$	$\chi_{c1}(3510)$	$\chi_{b1}(9890)$	$K_1(1400)$			
$^3P_2$	2^{++}	$a_2(1320)$	$f'_2(1525)$ $f_2(1720)$	$\chi_{c2}(3555)$	$\chi_{b2}(9915)$	$K_2^*(1430)$			
$^1D_2$	2^{-+}	$\pi_2(1670)$							
$^3D_1$	1^{--}			$\psi(3770)$					
$^3D_2$	2^{--}					$K_2(1770)$			
$^3D_3$	3^{--}	$\rho_3(1690)$	$\omega_3(1670)$			$K_3^*(1780)$			

2.2 Stabile und radioaktive Isotope (Massenzahl, Halbwertszeit, relative Häufigkeit, Isotopenmasse, Massenüberschuß, Kernspin und Parität, Magnetisches Dipolmoment, Zerfallsart)

J.V. Kratz, Institut für Kernchemie, Universität Mainz

Spalte 1: Ordnungszahl Z

Spalte 2: Symbol. Die Symbole Rf (Rutherfordium) und Ha (Hahnium) sind international wegen widersprüchlicher Angaben bezüglich der Entdeckung der Elemente 104 und 105 nicht anerkannt.

Spalte 3: Massenzahl A. Eingeschlossen sind alle Isotope und Isomere mit einer Halbwertszeit $\geqq 1$ s und andere ausgewählte, wichtige Nuklide. Isomere Zustände sind mit dem Symbol "m" gekennzeichnet und sind in der Reihenfolge ansteigender Anregungsenergie gegeben. Die ^{235}U-Spaltprodukte mit fraktionalen Ausbeuten $> 10^{-6}$ sind kursiv gedruckt.

Spalte 4: Halbwertszeit oder relative Häufigkeit. Für sehr kurzlebige Nuklide sind Zerfallsbreiten (in eV, keV, MeV) statt Halbwertszeiten angegeben.

Spalte 5: Isotopenmasse m_a/u; sie ist in atomaren Masseneinheiten angegeben: $u = m_a(^{12}C)/12 = 1{,}66054 \cdot 10^{-27}$ kg

Spalte 6: Massenüberschuß Δ/MeV; die Isotopenmasse m_a/u ist mit dem Massenüberschuß Δ durch die Gleichung $m_a/u = A + \Delta/931{,}502$ verknüpft. Für Isomere sind die Werte durch Addition der Anregungsenergie zu den Grundzustands-Δ-Werten erhalten worden. Bei unbekannter Anregungsenergie wird der Δ-Wert des nächst niedrigeren isomeren Zustands oder des Grundzustands angegeben. Ein angehängtes "s" bedeutet, daß der Wert aus einer Systematik stammt und abgeschätzt wurde.

Spalte 7: Kernspin und Parität. Spin- und Paritäts-Zuordnungen ohne oder mit runden Klammern basieren auf starken bzw. schwachen Argumenten.

Spalte 8: Magnetisches Dipolmoment $\bar{\mu}$ in Einheiten des Kernmagnetons $\mu_N = e\hbar/(2\,m_p) = 5{,}0507866 \cdot 10^{-27}\,J\,T^{-1}$.

Spalte 9: Zerfallsart. Die Angabe der Zerfallsarten wird durch das Verzweigungsverhältnis in % ergänzt ("w" bedeutet einen schwachen Zweig). Die Zerfallsarten werden von links nach rechts mit abnehmender Stärke angegeben. In Abwesenheit einer konkurrierenden Zerfallsart wird kein Verzweigungsverhältnis angegeben. Folgende Zerfallsarten werden unterschieden:

$\beta-$	$\beta-$-Zerfall
ε	Elektroneneinfang ε oder $\varepsilon + \beta+$ oder $\beta+$-Zerfall
IT	Isomerer Übergang durch γ- oder Konversionselektronen-Zerfall
$n, p, \alpha, ..$	Neutronen-, Protonen-, Alpha-,... Zerfall
SF	Spontanspaltung
$2\beta-, 3\alpha, ...$	Doppelter β-Zerfall ($\beta - \beta -$), Zerfall durch Emission von 3α's,...
$\beta - n, \beta - p, \beta - \alpha, ..$	Beta-verzögerte Emission von n, p, α,...
$\varepsilon p, \varepsilon\alpha, \varepsilon SF$	$\varepsilon-$ oder $\beta+$-verzögerter p, α, SF-Zerfall

Literatur: J.K. Tuli, Nuclear Wallet Cards, National Nuclear Data Center. Brookhaven National Laboratory, New York 1990; K. Yoshihara, H. Kudo, T. Sekine, Periodic Table with Nuclides, Springer-Verlag, Berlin 1985; P. Armbruster, On the Production of Heavy Elements by Cold Fusion: The Elements 106 to 109, Ann. Rev. Nucl. Part. Sci. 35:135 (1985).

Z	Symbol	A	$t_{1/2}$ oder rel. Häufigkeit	Isotopenmasse m_a/u	Δ/MeV	$J\pi$	$\vec{\mu}/\mu_N$	Zerfallsart
0	n	1	10,4 m	1,008665	8,071	1/2+	−1,913042	$\beta-$
1	H	1	99,985%	1,007825	7,289	1/2+	+2,792846	
		2	0,015%	2,014102	13,136	1+	+0,857438	
		3	12,33 y	3,016049	14,950	1/2+	+2,978960	$\beta-$
		4?		4,027740	25,840	2−		
2	He	3	0,000137%	3,016029	14,931	1/2+	−2,127624	
		4	99,999863%	4,002602	2,424	0+	0	
		5	0,60 MeV	5,012228	11,390	3/2−		α, n
		6	806,7 ms	6,018886	17,592	0+		$\beta-$
		7	160 keV	7,028030	26,110	(3/2)−		n
		8	119,0 ms	8,033922	31,598	0+		$\beta-$, $\beta-$n 16%
		9	sehr kurz	9,043811	40,810			n
3	Li	4		4,026967	25,120	2−		
		5	≈1,5 MeV	5,012539	11,680	3/2−		α, p
		6	7,5%	6,015121	14,085	1+	+0,822047	
		7	92,5%	7,016005	14,907	3/2−	+3,256424	
		8	838 ms	8,022487	20,945	2+	+1,65335	$\beta-$, $\beta-2\alpha$
		9	178,3 ms	9,026789	24,954	3/2−		$\beta-$, $\beta-$n 49,5%, $\beta-$n 2α
		10	1,2 MeV	10,036328	33,840			n
		11	8.7 ms	11,043908	40,900	(1/2−)		$\beta-$, $\beta-$n 60,8%, $\beta-$t 0,01%
4	Be	6	92 keV	6,019725	18,374	0+		p, α
		7	53,29 d	7,016927	15,768	3/2−		ε
		8	6,8 eV	8,005304	4,941	0+		2α
		9	100%	9,012181	11,347	3/2−	−1,1778	
		10	$1,6 \cdot 10^6$ y	10,013534	12,607	0+		$\beta-$
		11	13,81 s	11,021657	20,174	1/2		$\beta-$, $\beta-\alpha$ 3,1%
		12	24,4 ms	12,026921	25,077	0+		$\beta-$, $\beta-$n < 1%
		13		13,037573	35,000	(1/2, 5/2)+		n
		14	4,2 ms	14,043049	40,100	0+		$\beta-$
5	B	7	1,4 MeV	7,029919	27,870	(3/2−)		p, α
		8	770 ms	8,024605	22,920	2+		ε, $\varepsilon\alpha$, $\varepsilon 2\alpha$
		9	0,54 keV	9,013328	12,415	3/2−		p, 2α

		10	19,9%	10,012938	12,050	3+	+1,80065	
		11	80,1%	11,009305	8,668	3/2−	+2,688637	
		12	20,20 ms	12,014352	13,369	1+		β−, β−3α 1,58%
		13	17,36 ms	13,017780	16,562	3/2−		β−, β−n 0,28%
		14	16,1 ms	14,025404	23,664	2−		β−
		15	8,8 ms	15,031100	28,970			β−, β−n
		16		16,039871	37,140 s	(0−)		n
		17		17,046495	43,310 s	(3/2−)		β−
		18		18,056124	52,280 s			
		19		19,063725	59,360 s			
6	C	8	230 keV	8,037676	35,094	0+		α, p
		9	126,5 ms	9,031039	28,913	(3/2−)		ε, εp, ε2α
		10	19,255 s	10,016853	15,699	0+		ε
		11	20,385 m	11,011433	10,650	3/2−		ε
		12	98,90%	12,000000 (p. Def.)		0+	0	
		13	1,10%	13,003355	3,125	1/2−	+0,702411	
		14	5730 y	14,003242	3,020	0+	0	β−
		15	2,449 s	15,010599	9,873	1/2+		β−
		16	0,747 s	16,014701	13,694	0+		β−, β−n ≧ 98.8%
		17	202 ms	17,022582	21,035			β−
		18	66 ms	18,026752	24,920	0+		β−, β−n
		19		19,035029	32,630			
		20		20,039796	37,070	0+		β−
7	N	10		10,042619	39,700 s			
		11	0,74 MeV	11,026720	24,890	1/2−		p
		12	11,000 ms	12,018613	17,338	1+		ε, ε3α3, 44%
		13	9,965 m	13,005739	5,345	1/2−	−0,32224	ε
		14	99,63%	14,003740	2,863	1+	+0,403761	
		15	0,37%	15,000109	0,101	1/2−	−0,283189	
		16	7,13 s	16,006100	5,682	2−		β−, β−α 0,0012%
		17	4,173 s	17,008450	7,871	1/2−		β−, β−n 95%
		18	624 ms	18,014082	13,117	1−		β−, β−n, β−α
		19	290 ms	19,017040	15,871			β−, β−n
		20	100 ms	20,023489	21,880			β−, β−n
		21	95 ms	21,026999	25,150			β−, β−n 84%
		22	24 ms	22,034342	31,990			β−, β−n 35%
8	O	12	400 keV	12,034418	32,060	0+		p
		13	8,90 ms	13,024813	23,113	(3/2−)		ε, εp

(*Fortsetzung*)

Z	Symbol	A	$t_{1/2}$ oder rel. Häufigkeit	Isotopenmasse m_a/u	Δ/MeV	$J\pi$	$\vec{\mu}/\mu_N$	Zerfallsart
		14	70,606 s	14,008595	8,006	0+		ε
		15	122,24 s	15,003065	2,855	1/2−		ε
		16	99,76%	15,994915	−4,737	0+	0	
		17	0,038%	16,999132	−0,809	5/2+	−1,89379	
		18	0,20%	17,999160	−0,782	0+	0	
		19	26,91 s	19,003577	3,332	5/2+		β−
		20	13,51 s	20,004075	3,796	0+		β−
		21	3,42 s	21,008659	8,066	(5/2+)		β−
		22	2,25 s	22,010134	9,440	0+		β−
		23	82 ms	23,015609	14,540			β−, β−n 31%
		24	61 ms	24,020172	18,790 s	0+		β−, β−n 58%
9	F	14		14,036082	33,610 s			p
		15	1,0 MeV	15,018003	16,770	(1/2+)		p
		16	40 keV	16,011465	10,680	(0)−		p
		17	64,49 s	17,002094	1,951	5/2+		ε
		18	109,77 m	18,000937	0,873	1+		ε
		19	100%	18,998404	−1,487	1/2+	+2,628866	
		20	11,00 s	19,999982	−0,017	2+		β−
		21	4,158 s	20,999948	−0,047	5/2+		β−
		22	4,23 s	22,002994	2,789	(3, 4)+		β−
		23	2,23 s	23,003596	3,350	(3/2, 5/2)+		β−
		24	340 ms	24,008202	7,640			β−
		25		25,012163	11,330			
		26		26,019817	18,460			
		27		27,027482	25,600			
10	Ne	16	122 keV	16,025753	23,989	0+		2p
		17	109,0 ms	17,017692	16,480	1/2−		ε, εp
		18	1,672 s	18,005710	5,319	0+		ε
		19	17,22 s	19,001880	1,751	1/2+		ε
		20	90,48%	19,992435	−7,047	0+	0	
		21	0,27%	20,993841	−5,737	3/2+	−0,661796	
		22	9,25%	21,991383	−8,027	0+	0	
		23	37,24 s	22,994465	−5,156	5/2+		β−
		24	3,38 m	23,993612	−5,950	0+		β−

		25	602 ms	24,997789	−2,060	(1/2, 3/2)+		β−
		26	230 ms	26,000472	0,440	0+		β−
		27		27,007472	6,960			
		28		28,011809	11,000	0+		
11	Na	18		18,027182	25,320 s			p
		19	0.03 s	19,013879	12,928			p
		20	447,9 ms	20,007374	6,839	2+		ε, εα 21%
		21	22,48 s	20,997650	−2,189	3/2+		ε
		22	2,6088 y	21,994434	−5,185	3+	+1,746	ε
		23	100%	22,989767	−9,532	3/2+	−2,217520	
		24	14,9590	23,990961	−8,420	4+	+1,6903	β−
		24 m	20,20 ms	23,991468	−7,948	1+		IT, β− ≈ 0,05%
		25	59,1 s	24,989952	−9,360	5/2+		β−
		26	1,072 s	25,992588	−6,904	3+		β−
		27	301 ms	26,993935	−5,650	5/2+		β−, β−n 0,13%
		28	30,5 ms	27,998776	−1,140	1+		β−, β−n 0,58%
		29	44,9 ms	29,002845	2,650	3/2+		β−, β−n 22%
		30	48 ms	30,008943	8,330	2+		β−, β−n 30%, β−2n 1,17%, β−α 0,0055%
		31	17,0 ms	31,012893	12,010	3/2		β−, β−n 37%, β−2n 0,9%
		32	13,2 ms	32,017767	16,550			β−, β−n 39%, β−2n 1,2%
		33	8,2 ms	33,023049	21,470			β−, β−n 52%, β−2n 12%
		34	5,5 ms	34,028610	26,650			β−, β−n, β−2n
		35	1,5 ms					β−, β−n
12	Mg	20	0,1 s	20,018862	17,570	0+		ε, εp
		21	122 ms	21,011715	10,913	(3/2, 5/2)+		ε, εp 32%
		22	3,857 s	21,999574	−0,397	0+		ε
		23	11,317 s	22,994125	−5,473	3/2+		ε
		24	78,99%	23,985042	−13,933	0+	0	
		25	10,01%	24,985838	−13,192	5/2+	−0,85545	
		26	11,01%	25,982594	−16,214	0+	0	
		27	9,462 m	26,984341	−14,586	1/2+		β−
		28	20,91 h	27,983877	−15,019	0+		β−
		29	1,30 s	28,988483	−10,728	3/2+		β−
		30	335 ms	29,990263	−9,070	0+		β−
		31	0,23 s	30,996350	−3,400 s			β−
		32	120 ms	31,999152	−0,790	0+		β−, β−n 2,4%
		33	90 ms	33,005464	5,090			β−, β−n 17%
		34	20 ms	34,009061	8,440 s	0+		β−, β−n
		35		35,015759	14,680 s			

(Fortsetzung)

Z	Symbol	A	$t_{1/2}$ oder rel. Häufigkeit	Isotopenmasse m_a/u	Δ/MeV	$J\pi$	$\vec{\mu}/\mu_N$	Zerfallsart
13	Al	22	70 ms	22,019367	18,040			$\varepsilon, \varepsilon p, \varepsilon 2p$
		23	0,47 s	23,007265	6,767			$\varepsilon, \varepsilon p$
		24	2,053 s	23,999941	−0.055	4+		$\varepsilon, \varepsilon\alpha$ 0,035%
		24 m	131,3 ms	24,000398	0,371	1+		IT 82%, ε 18%, $\varepsilon\alpha$ 0,028%
		25	7,183 s	24,990429	−8,915	5/2+		ε
		26	$7{,}4 \cdot 10^5$ y	25,986892	−12,210	5+		ε
		26 m	6,3452 s	25,987137	−11,982	0+		ε
		27	100%	26,981538	−17,197	5/2+	+3,641504	
		28	2,2414 m	27,981910	−16,851	3+		$\beta-$
		29	6,56 m	28,980446	−18,215	5/2+		$\beta-$
		30	3,60 s	29,982942	−15,890	3+		$\beta-$
		31	0,644 s	30,983932	−14,967	(3/2, 5/2)+		$\beta-$
		32	33 ms	31,987987	−11,190	1+		$\beta-$
		33		32,990757	−8,610			
		34	60 ms	33,996511	−3,250			$\beta-, \beta-n$ 27%
		35	0,15 s	34,999656	−0,320			$\beta-, \beta-n$ 40%
		36		36,005421	5,050 s	0+		
14	Si	22	6 ms			0+		$\varepsilon, \varepsilon p$
		23		23,025260	23,530 s			
		24	102 ms	24,011546	10,755	0+		$\varepsilon, \varepsilon p$
		25	220 ms	25,004108	3,827	5/2+		$\varepsilon, \varepsilon p$
		26	2,234 s	25,992330	−7,145	0+		ε
		27	4,16 s	26,986704	−12,385	5/2+		ε
		28	92,23%	27,976928	−21,492	0+	0	
		29	4,67%	28,976495	−21,895	1/2+	−0,55529	
		30	3,10%	29,973770	−24,433	0+	0	
		31	157,3 m	30,975362	−22,950	3/2+		$\beta-$
		32	172 y	31,974148	−24,081	0+		$\beta-$
		33	6,18 s	32,977932	−20,556			$\beta-$
		34	2,77 s	33,978538	−19,992	0+		$\beta-$
		35	0,78 s	34,984551	−14,390			$\beta-$
		36	0,45 s	35,986431	−12,640	0+		$\beta-, \beta-n < 10\%$
		37		36,992485	−7,000 s			
		38		37,994246	−5,360 s	0+		

15	P	25		25,023704	22,080			
		26	≈20 ms	26,012088	11,260 s			ε, εp, ε2p
		27	0,26 s	26,999232	−0,715	1/2+		ε, εp
		28	270,3 ms	27,992312	−7,161	3+		ε
		29	4,140 s	28,981803	−16,951	1/2+		ε
		30	2,498 ms	29,978307	−20,207	1+		ε
		31	100%	30,973762	−24,441	1/2+	+1,13160	
		32	14,262 d	31,973908	−24,305	1+	−0,2524	
		33	25,34 d	32,971725	−26,338	1/2+		
		34	12,43 s	33,973637	−24,557	1+		
		35	47,3 s	34,973315	−24,857	1/2+		β−
		36	5,6 s	35,978260	−20,251			β−
		37	2,31 s	36,979678	−18,930			β−
		38	0,64 s	37,985582	−13,430			β−
		39	≈160 ms	38,986581	−12,500 s			β−, β−n 41%
		40	0,26 s	39,992464	−7,020 s			β−, β−n 30%
		41	0,12 s					β−, β−n 30%
		42	0,11 s					β−, β−n 50%
16	S	27		27,019560	18,220 s			
		28	125 ms	28,004508	4,199	0+		ε, εp
		29	0,187 s	28,996656	−3,115	5/2+		ε, εp 47%
		30	1,178 s	29,984903	−14,063	0+		ε
		31	2,572 s	30,979555	−19,045	1/2+		ε
		32	95,02%	31,972071	−26,016	0+	0	
		33	0,75%	33,028541	−26,586	3/2+	+0,643821	
		34	4,21%	33,967867	−29,932	0+	0	
		35	87,51 d	34,969033	−28,846	3/2+	+1,00	β−
		36	0,02%	35,967081	−30,664	0+	0	
		37	5,05 m	36,971126	−26,896	7/2−		β−
		38	170,3 m	37,971164	−26,861	0+		β−
		39	11,5 s	38,975137	−23,160	(7/2)−		β−
		40	8,8 s	39,975824	−22,520	0+		β−
		41		40,980816	−17,870 s			
		42		41,982373	−16,420 s	0+		
17	Cl	29		29,016157	15,050 s			
		30		30,005196	4,840 s			
		31	150 ms	30,992421	−7,060			ε, εp
		32	298 ms	31,985690	−13,330	1+		ε, εα 0,09%, εp 0,026%

(*Fortsetzung*)

Z	Symbol	A	$t_{1/2}$ oder rel. Häufigkeit	Isotopenmasse m_a/u	Δ/MeV	Jπ	$\vec{\mu}/\mu_N$	Zerfallsart
		33	2,511 s	32,977453	−21,003	3/2+		ε
		34	1,5264 s	33,973763	−24,440	0+		ε
		34 m	32,00 m	33,973920	−24,294	3+	+0,821874	ε 53,4%, IT 46,6%
		35	75,77%	34,968854	−29,013	3/2+	+1,28547	
		36	$3{,}01\cdot10^5$ y	35,968307	−29,522	2+	+0,68412	β− 98,2%, ε 1,8%
		37	24,23%	36,965903	−31,761	3/2+		
		38	37,24 m	37,968011	−29,798	2−		β−
		38 m	715 ms	37,968731	−29,127	5−		IT
		39	55,6 m	38,968007	−29,802	3/2+		β−
		40	1,35 m	39,970446	−27,530	2−		β−
		41	38,4 s	40,970585	−27,400	(1/2, 3/2)+		β−
		42	6,8 s	41,973527	−24,660			β−
		43	3,3 s	42,975169	−23,130			β−
		44		43,978519	−20,010 s			
18	Ar	32	98 ms	31,997668	−2,172	0+		ε, εp 43%
		33	173 ms	32,989911	−9,398	1/2+		ε, εp 31%
		34	844,5 ms	33,980270	−18,379	0+		ε
		35	1,775 s	34,975256	−23,048	3/2+		ε
		36	0,337%	35,967547	−30,230	0+	0	
		37	35,04 d	36,966776	−30,948	3/2+		ε
		38	0,063%	37,962732	−34,715	0+	0	
		39	269 y	38,964315	−33,241	7/2−	−1,3	β−
		40	99,600%	39,962384	−35,039	0+	0	
		41	1,822 h	40,964502	−33,066	7/2−		β−
		42	32,9 y	41,963049	−34,420	0+		β−
		43	5,37 m	42,965668	−31,980	(3/2, 5/2)		β−
		44	11,87 m	43,965368	−32,260	0+		β−
		45	21,48 s	44,968095	−29,720	(7/2−)		β−
		46	8,4 s	45,968095	−29,720	0+		β−
		47		46,972185	−25,910 s			
		50				0+		
19	K	33		33,008588	8,000 s			
		34		33,998411	−1,480 s			
		35	190 ms	34,987981	−11,196	3/2+		ε, εp 0,37%
		36	342 ms	35,981294	−17,425	2+		ε, εp 0,05%, εα 0,003%

		37	1,226 s	36,973378	−24,798	3/2+		ε
		38	7,636 m	37,969080	−28,802	3+		ε
		38 m	923,9 ms	37,969080	−28,802	0+		ε
		39	93,2581%	38,963708	−32,806	3/2+	+0,391466	
		40	$1,277\cdot10^{9}$ y, 0,0117%	39,964000	−33,534	4−	−1,298099	β−89,33%, ε 10,67%
		41	6,7302%	40,961827	−35,558	3/2+	+0,2148699	
		42	12,360 h	41,962405	−35,020	2−		β−
		43	22,3 h	42,960716	−36,593	3/2+		β−
		44	22,13 m	43,961557	−35,810	2−		β−
		45	17,3 m	44,960694	−36,614	3/2+		β−
		46	105 s	45,961978	−35,418	(2−)		β−
		47	17,5 s	46,961679	−35,696	1/2+		β−
		48	6,8 s	47,965516	−32,122	(2−)		β−
		49	1,26 s	48,966967	−30,770	(1/2+, 3/2+)		β−, β−n 86%
		50	472 ms	49,972603	−25,520 s	(0−,1,2−)		β−, β−n 29%
		51	365 ms			(1/2+,3/2+)		β−, β−n 68%
		52	105 ms					β−, β−n > 88%
		53	30 ms			(3/2+)		β−, β−n 85%
		54	10 ms					β−, β−n
20	Ca	35	0,05 s	35,004766	4,440			ε, ε2p
		36	100 ms	35,993042	−6,481	0+		ε, εp
		37	175 ms	36,985873	−13,159	3/2+		ε24%, εp
		38	440 ms	37,976319	−22,059	0+		ε
		39	859,6 ms	38,970719	−27,275	3/2+		ε
		40	96,941%	39,962592	−34,846	0+	0	
		41	$1,03\cdot10^{5}$ y	40,962279	−35,137	7/2	−1,594780	ε
		42	0,647%	41,958618	−38,547	0+	0	
		43	0,135%	42,958768	−38,408	7/2−	−1,31726	
		44	2,086%	43,955482	−41,469	0+	0	
		45	163,8 d	44,956187	−40,812	7/2−		β−
		46	0,004%	45,953688	−43,140	0+	0	
		47	4,536 d	46,954541	−42,345	7/2−		β−
		48	$>6\cdot10^{18}$ y, 0,187%	47,952535	−44,214	0+	0	
		49	8,715 m	48,955675	−41,289	3/2−		β−
		50	13,9 s	49,957520	−39,570	0+		β−
		51	10,0 s	50,961412	−35,010	(3/2−)		β−
		51	10 s	50,96242	−35,010			β−n?
		52	4,6 s	51,965153	−32,460 s	0+		β−
		53	90 ms			(3/2−, 5/2−)		β−, β−n > 30%

(*Fortsetzung*)

Z	Symbol	A	$t_{1/2}$ oder rel. Häufigkeit	Isotopenmasse m_a/u	Δ/MeV	$J\pi$	$\overline{\mu}/\mu_N$	Zerfallsart
21	Sc	38		37,995212	−4,460 s			
		39		38,984786	−14,172			
		40	182,3 ms	39,977965	−20,526	4−		ε,εp0,44%,εd0,017%
		41	596,3 ms	40,969251	−28,643	7/2−		ε
		42	681,3 ms	41,965517	−32,121	0+		ε
		42 m	1,028 m	41,966179	−31,504	(7)+		ε
		43	3,891 h	42,961152	−36,187	7/2−		ε
		44	3,927 h	43,959404	−37,815	2+		ε
		44 m	2,442 d	43,95970	−37,544	6+		IT 98,8%, ε 1,2%
		45	100%	44,95591	−41,069	7/2−	+4,756483	
		45 m	0,32 s	44,95592	−41,057	3/2+		IT
		46	83,810 d	45,95517	−41,758	4+		β−
		46 m	18,75 s	45,95532	−41,615	1−		IT
		47	3,345 d	46,95241	−44,330	7/2−		β−
		48	43,7 h	48,04776	−44,492	6+		β−
		49	57,2 m	48,95002	−46,558	7/2−		β−
		50	102,5 s	49,95219	−44,537	5+		β−
		50 m	0,35 s	49,95246	−44,280	2+, 3+		IT > 97,5%, β− < 2,5%
		51	12,4 s	50,95360	−43,218	(7/2)−		β−
		52	8,2 s	51,95699	−40,060 s	3+		β−
		53		52,95896	−38,230			
22	Ti	40	50 ms	39,99027	−9,063	0+		ε, εp
		41	80 ms	40,98316	−15,690	3/2+		ε, εp
		42	199 ms	41,97303	−25,121	0+		ε
		43	509 ms	42,96852	−29,320	7/2−		ε
		44	49 y	43,95969	−37,548	0+		ε
		45	3,08 h	44,95812	−39,006	7/2−		ε
		46	8,0%	45,95263	−44,125	0+	0	
		47	7,3%	46,95176	−44,931	5/2−	−0,78848	
		48	73,8%	47,94795	−48,487	0+	0	
		49	5,5%	48,94787	−48,558	7/2−	−1,10417	
		50	5,4%	49,94479	−51,426	0+	0	
		51	5,76 m	50,94662	−49,727	3/2−		β−
		52	1,7 m	51,94690	−49,464	0+		β−
		53	32,7 s	52,94973	−46,830	(3/2)−		β−
		54		53,95112	−45,530 s	0+		

23	V	42		41,99118	$-8{,}220$ s			
		43		42,98076	$-17{,}920$ s			
		44	90 ms	43,97445	$-23{,}800$ s			ε, $\varepsilon\alpha$
		45	539 ms	44,96578	$-31{,}875$	7/2 −		ε
		46	422,31 ms	45,96020	$-37{,}075$	0 +		ε
		47	32,6 m	46,95491	$-42{,}003$	3/2 −		ε
		48	15,974 d	47,95226	$-44{,}474$	4 +		ε
		49	338 d	48,94852	$-47{,}956$	7/2 −		ε
		50	$1{,}5 \cdot 10^{17}$ y, 0,250%	49,93643	$-49{,}219$	6 +	+ 3,34745	ε 83%, $\beta-$ 17%
		51	99,750%	50,94396	$-52{,}199$	7/2 −	+ 5,1514	
		52	3,75 m	51,94478	$-51{,}438$	3 +		$\beta-$
		53	1,61 m	52,94434	$-51{,}846$	7/2 −		$\beta-$
		54	49,8 s	53,94644	$-49{,}889$	3 +		$\beta-$
		55	6,54 s	54,94724	$-49{,}150$	(7/2 −)		$\beta-$
		56		55,95050	$-46{,}110$ s			
24	Cr	44		43,98556	$-13{,}450$	0 +		
		45	50 ms	44,97916	$-19{,}410$	(7/2 −)		ε, εp $\approx$ 25%
		46	0,26 s	45,96836	$-29{,}472$	0 +		ε
		47	508,0 ms	46,96291	$-34{,}553$	3/2 −		ε
		48	21,56 h	47,95403	$-42{,}818$	0 +		ε
		49	42,3 m	48,95134	$-45{,}328$	5/2		ε
		50	$1{,}8 \cdot 10^{17}$ y, 4,345%	49,94605	$-50{,}257$	0 +	0	2ε ?
		51	27,704 d	50,94477	$-51{,}447$	7/2 −	−0,934	ε
		52	83,789%	51,94051	$-55{,}414$	0 +	0	
		53	9,501%	52,94065	$-55{,}282$	3/2 −	−0,47454	
		54	2,365%	53,93888	$-56{,}930$	0 +	0	
		55	3,497 m	54,94084	$-55{,}105$	3/2 −		$\beta-$
		56	5,94 m	55,94064	$-55{,}290$	0 +		$\beta-$
		57	21,1 s	56,94344	$-52{,}690$ s	3/2 − bis 7/2 −		$\beta-$
		58	7,0 s	57,94412	$-52{,}050$ s	0 +		$\beta-$
		59	1,0 s					$\beta-$
		60	0,57 s			0 +		$\beta-$
25	Mn	46		45,98661	$-12{,}470$ s			ε, εp
		47		46,97568	$-22{,}650$ s			ε, εp
		48	0,15 s	47,96864	$-29{,}211$	4 +		ε, εp
		49	384 ms	48,95962	$-37{,}611$	5/2 −		ε
		50	283,07 ms	49,95424	$-42{,}625$	0 +		ε
		50 m	1,75 m	49,95449	$-42{,}396$	5 +		ε > 92,6%, IT < 7,4%

(Fortsetzung)

Z	Symbol	A	$t_{1/2}$ oder rel. Häufigkeit	Isotopenmasse m_a/u	Δ/MeV	Jπ	$\bar{\mu}/\mu_N$	Zerfallsart
		51	46,2 m	50,94821	−48,238	5/2−		ε
		52	5,591 d	51,94557	−50,702	6+		ε
		52 m	21,1 m	51,94597	−50,324	2+		ε 98,25%, IT 1,75%
		53	$3{,}7\cdot10^6$ y	52,94129	−54,686	7/2−		ε
		54	312,12 d	53,94036	−55,553	3+	+3,2818	ε, β− <0,001%
		55	100%	54,93805	−57,708	5/2−	+3,4532	
		56	2,5785 h	55,93891	−56,907	3+		β−
		57	87,2 s	56,93828	−57,487	5/2−		β−
		58	65,3 s	57,94006	−55,830	3+		β−
		58 m	3,0 s	57,94006	−55,830	(0+)		β−
		59	4,6 s	58,94044	−55,476	3/2−, 5/2−		β−
		60	51 s	59,94321	−52,900	0+		β−
		60 m	1,77 s	59,94321	−52,900	3+		β− IT
		61	0,71 s			(5/2)−		β−
		62	0,88 s					β−
		63	0,25 s					β−
26	Fe	48		47,98054	−18,130			ε, εp
		49	75 ms	48,97361	−24,580	(7/2−)		ε, εp ≦ 60%
		50		49,96300	−34,470	0+		
		51	310 ms	50,95682	−40,217	(5/2)−		ε
		52	8,275 h	51,94811	−48,331	0+		ε
		52 m	45,9 s	51,95544	−41,511	(12+)		ε
		53	8,51 m	52,94531	−50,943	7/2−		ε
		53 m	2,58 m	52,94857	−47,903	19/2−		IT
		54	5,9%	53,93961	−56,250	0+	0	
		55	2,73 y	54,93830	−57,476	3/2−		ε
		56	91,72%	55,93494	−60,603	0+	0	
		57	2,1%	56,93540	−60,178	1/2−	+0,090623	
		58	0,28%	57,93328	−62,151	0+	0	
		59	44,496 d	58,93488	−60,661	3/2−		β−
		60	$1{,}5\cdot10^6$ y	59,93408	−61,406	0+		β−
		61	5,98 m	60,93675	−58,919	3/2−, 5/2−		β−
		62	68 s	61,93677	−58,896	0+		β−
		63	6,1 s	62,94075	−55,190	5/2−		β−
		64	2,0 s					β−

27	Co	50		49,98070	−17,980			ε, εp
		51		50,97056	−27,420 s			ε, εp
		52		51,96319	−34,287			ε, εp
		53	240 ms	52,95422	−42,639	(7/2−)		ε
		53 m	247 ms	52,95765	−39,449	(19/2−)		ε ≈ 98,5%, p ≈ 1,5%
		54	193,24 ms	53,94846	−48,007	0+		ε
		54 m	1,48 m	53,94868	−47,808	(7+)		ε
		55	17,53 h	54,94200	−54,025	7/2−		ε
		56	77,12 d	55,93984	−56,037	4+		ε
		57	271,8 d	56,93629	−59,342	7/2−		ε
		58	70,82 d	57,93576	−59,844	2+		ε
		58 m	9,15 h	57,93578	−59,819	5+		IT
		59	100%	58,93320	−62,226	7/2−	+4,627	
		60	5,2714 y	59,93382	−61,646	5+	+3,799	β−
		60 m	10,47 m	59,93338	−61,587	2+		IT 99,76%, β− 0,24%
		61	1,650 h	60,93248	−62,897	7/2−		β−
		62	1,50 m	61,93406	−61,423	2+		β−
		62 m	13,91 m	61,93408	−61,401	5+		β− > 99%, IT < 1%
		63	27,4 s	62,93361	−61,839	(7/2)−		β−
		64	0,30 s	63,93581	−59,791	1+		β−
		65	1,25 s	64,93649	−59,160	(7/2)−		
		66	0,23 s					β−
		67	0,42 s					β−
28	Ni	51						ε, εp
		52		51,97570	−22,640			ε, εp
		53	45 ms	52,96846	−29,380	(7/2−)		ε, εp
		54		53,95791	−39,210	0+		
		55	189 ms	54,95134	−45,330	7/2−		ε
		56	6,10 d	55,94213	−53,901	0+		ε
		57	35,65 h	56,93980	−56,077	3/2−		ε
		58	68,077%	57,93535	−60,225	0+	0	
		59	$7{,}5\cdot 10^{4}$ y	58,93435	−61,153	3/2−		ε
		60	26,223%	59,93079	−64,470	0+	0	
		61	1,140%	60,93106	−64,219	3/2−	−0,75002	
		62	3,634%	61,92835	−66,745	0+	0	
		63	100,1 y	62,92967	−65,512	1/2−		β−
		64	0,926%	63,92797	−67,098	0+	0	
		65	2,520 h	64,93009	−65,124	5/2−		β−

(*Fortsetzung*)

Z	Symbol	A	$t_{1/2}$ oder rel. Häufigkeit	Isotopenmasse m_a/u	Δ/MeV	$J\pi$	$\vec{\mu}/\mu_N$	Zerfallsart
		66	54,6 h	65,92912	−66,029	0+		β−
		67	21 s	66,93157	−63,743	1/2−		β−
		68	19 s	67,93185	−63,483	0+		β−
		69	11,4 s	68,93509	−60,460			β−
29	Cu	55		54,96604	−31,630 s			ε, εp
		56		55,95858	−38,584 s			ε, εp
		57	233 ms	56,94917	−47,350 s	3/2−		ε
		58	3,204 s	57,94454	−51,662	1+		ε
		59	81,5 s	58,93950	−56,353	3/2−		ε
		60	23,7 m	59,93737	−58,344	2+		ε
		61	3,347 h	60,93346	−61,982	3/2−		ε
		62	9,74 m	61,93259	−62,797	1+		ε
		63	69,17%	62,92960	−65,578	3/2−	+2,2233	
		64	12,701 h	63,92977	−65,423	1+	−0,217	ε 62,9%, β− 37,1%
		65	30,83%	64,92779	−67,262	3/2−	+2,3817	
		66	5,10 m	65,92887	−66,256	1+		β−
		67	61,92 h	66,92775	−67,303	3/2−		β−
		68	31,1 s	67,92964	−65,540	1+		β−
		68 m	3,75 m	67,93042	−64,818	(6−)		IT 84%, β− 16%
		69	2,85 m	68,93195	−65,741	3/2−		β−
		70	4,5 s	69,93239	−63,390	1+		β−
		70 m	47 s	69,93210	−63,250	(4)−		β−
		71	19,5 s	70,93245	−62,920	(3/2−)		β−
		72	6,6 s					β−
		73	3,9 s					β−
		73 m	5,8 s	72,92999	−65,215	(7/2+)		β−, IT
		75	1,3 s					β−, β−n 3,5%
		76	0,61 s					β−, β−n
		77 m	1,05 s	76,93768	−58,048 s	(1/2−)		β− <50%, IT >50%
30	Zn	56		55,97195	−26,130			
		57	40 ms	56,96490	−32,700	(7/2−)		ε, εp ≧ 65%
		58		57,95469	−42,210	0+		ε
		59	183,7 ms	58,94926	−47,260	3/2−		ε, εp
		60	2,38 m	59,94175	−54,185	0+		ε

		61	89,1 s	60,93951	−56,343	3/2−		ε
		62	9,186 h	61,93433	−61,170	0+		ε
		63	38,50 h	62,93321	−62,211	3/2−		ε
		64	48,6%	63,92914	−66,002	0+	0	
		65	243,9 d	64,92924	−65,910	5/2−	+0,7690	ε
		66	27,9%	65,92603	−68,898	0+	0	
		67	4,1%	66,92713	−67,879	5/2−	+0,875478	
		68	18,8%	67,92485	−70,006	0+	0	
		69	56,4 m	68,92655	−68,417	1/2−		β−
		69 m	13,76 h	68,92702	−67,978	9/2+		IT 99,97%, β− 0,03%
		70	$>5.10^{14}$ y, 0,6%	69,92747	−69,561	0+	0	2β− ?
		71	2,45 m	70,92773	−67,323	1/2−		β−
		71 m	3,96 h	70,92790	−67,165	9/2+		β−, IT ≦ 0,05%
		72	46,5 h	71,92686	−68,131	0+		β−
		73	23.5 s	72,92978	−65,410	(1/2)−		β−
		74	96 s	73,92946	−65,708	0+		β−
		75	10,2 s	74,93287	−62,530	(7/2+)		β−
		76	5,7 s	75,93313	−62,290	0+		β−
		77	2,08 s	76,93685	−58,820 s	(7/2+)		β−
		78	1,47 s	77,93810	−57,660 s	0+		β−
		79	1,0 s	78,9422	−53,820			β−
		80	0,55 s	79,9429	−51,890	0+		β−
31	Ga	61		60,94896	−47,540 s			
		62	116,12 ms	61,94418	−51,999	0+		ε
		63	32,4 s	62,93914	−56,690	3/2−, 5/2−		ε
		64	2,630 m	63,93684	−58,837	0+		ε
		65	15,2 m	64,93274	−62,654	3/2−		ε
		66	9,49 h	65,93159	−63,724	0+		ε
		67	3,261 d	66,92820	−66,878	3/2−		ε
		68	67,629 m	67,92798	−67,085	1+		ε
		69	60,108%	68,92558	−69,323	3/2−	+2,01659	
		70	21,14 m	69,92603	−68,905	1+		β− 99,59%, ε 0,41%
		71	39,892%	70,92470	−70,139	3/2−	+2,56227	
		72	14,10 h	71,92637	−68,589	3−		β−
		73	4,86 h	72,92517	−69,705	3/2−		β−
		74	8,12 m	73,92694	−68,060	(3−)		β−
		74 m	9,5 s	73,92700	−68,000	(0)		IT 75%, β− < 50%

(Fortsetzung)

Z	Symbol	A	$t_{1/2}$ oder rel. Häufigkeit	Isotopenmasse m_a/u	Δ/MeV	Jπ	$\vec{\mu}/\mu_N$	Zerfallsart
		75	126 s	74,92650	−68,466	3/2−		β−
		76	29,1 s	75,92867	−66,440	(3−)		β−
		77	13,2 s	76,92880	−66,320 s	(3/2−)		β−
		78	5,09 s	77,93177	−63,560 s	(3)		β−
		79	3,00 s	78,93267	−62,720	(3/2−)		β−, β−n 0,1%
		80	1,66 s	79,93625	−59,380			β−, β−n 0,84%
		81	1,23 s	80,93775	−57,990	(5/2−)		β−, β−n 12%
		82	0,602 s	81,94269	−53,380 s	(1,2,3)		β−, β−n 19,8%
		83	0,31 s					β−, β−n 43%
32	Ge	61	40 ms					ε, εp
		63		62,94921	−47,310 s			
		64	63,7 s	63,94157	−54,430	0+		ε
		65	30,9 s	64,93944	−56,410	3/2−, 5/2−		ε, εp 0,013%
		66	2,26 h	65,93385	−61,622	0+		ε
		67	18,7 m	66,93274	−62,656	(1/2−)		ε
		68	270,82 d	67,92810	−66,978	0+		ε
		69	39,05 h	68,92797	−67,097	5/2−		ε
		70	21,32%	69,92425	−70,561	0+	0	
		71	11,43 d	70,92495	−69,906	1/2−		ε
		71 m	20,40 ms	70,92517	−69,708	9/2+		IT
		72	27,66%	71,92208	−72,584	0+	0	
		73	7,73%	72,92346	−71,295	9/2+	−0,879467	
		73 m	0,499 s	72,92353	−71,228	1/2−		IT
		74	35,94%	73,92118	−73,423	0+	0	
		75	82,78 m	74,92286	−71,858	1/2−		β−
		75 m	47,7 s	74,92301	−71,718	7/2+		IT 99,97%, β− 0,03%
		76	7,44%	75,92140	−73,214	0+	0	
		77	11,30 h	76,92355	−71,216	7/2+		β−
		77 m	52,9 s	76,92372	−71,056	1/2−		β− 79%, IT 21%
		78	88 m	77,92285	−71,863	0+		β−
		79	19,1 s	78,92540	−69,490	(1/2−)		β−
		79 m	39,0 s	78,92560	−69,304	(7/2+)		β− 96%, IT 4%
		80	29,5 s	79,92552	−69,380	0+		β−
		81	7,6 s	80,92881	−66,310	(9/2+)		β−

		81 m	7,6 s	80,92954	−65,631	(1/2+)		β−
		82	4,60 s	81,92981	−65,380	0+		β−
		83	1,9 s	82,93436	−61,140 s			β−
		84	1,2 s	83,93757	−58,150 s	0+		β−
33	As	65		64,94900	−47,510 s			
		66	95,8 ms	65,94410	−52,070			ε
		67	42,5 s	66,93918	−56,650	(3/2, 5/2)		ε
		68	151,6 s	67,93679	−58,880	3		ε
		69	15,2 m	68,93228	−63,080	5/2−		ε
		70	52,6 m	69,93093	−64,340	4(+)		ε
		71	65,28 h	70,92711	−67,894	5/2−		ε
		72	26,0 h	71,92675	−68,228	2−		ε
		73	80,30 d	72,92383	−70,995	3/2−		ε
		74	17,77 d	73,92393	−70,861	2−		ε 66%, β− 34%
		75	100%	74,92159	−73,035	3/2−	+1,43947	
		76	26,32 h	75,92239	−72,290	2−	−0,906	β−, ε < 0,02%
		77	38,83 h	76,92065	−73,918	3/2−		β−
		78	90,7 m	77,92183	−72,819	(2−)		β−
		79	9,01 m	78,92095	−73,639	3/2−		β−
		80	15,2 s	79,92253	−72,165	1+		β−
		81	33,3 s	80,92213	−72,536	3/2−		β−
		82	19,1 s	81,92477	−70,078	(1+)		β−
		82	13,6 s	81,92477	−70,078	(5−)		β−
		83	13,4 s	82,92498	−69,880	(3/2−)		β−
		84	5,5 s	83,92906	−66,080 s	0(−), 1(−), 2		β−, β−n 0,08%
		84 m	0,65 s	83,92906	−66,080 s			β−
		85	2,028 s	84,93182	−63,510 s	(3/2−)		β−, β−n 23%
		86	0,9 s	85,93630	−59,340 s			β−, β−n 12%
		87	0,73 s			(3/2−)		β−, β−n 44%
34	Se	67		66,94969	−46,860 s			
		68	1,6 m	67,94194	−54,080 s	0+		ε
		69	27,4 s	68,93956	−56,300	(3/2−)		ε, εp 0,05%
		70	41,1 m	69,93394	−61,540 s	0+		ε
		71	4,74 m	70,93227	−63,090 s	3/2−, 5/2−		ε
		72	8,40 d	71,92711	−67,897	0+		ε
		73	7,15 h	72,92677	−68,215	9/2+		ε
		73 m	39,8 m	72,92680	−68,189	3/2−		IT 72,6%, ε 27,4%
		74	0,89%	73,92247	−72,215	0+	0	
		75	119,779 d	74,92252	−72,171	5/2+	+0,67	ε

(*Fortsetzung*)

Z	Symbol	A	$t_{1/2}$ oder rel. Häufigkeit	Isotopenmasse m_a/u	Δ/MeV	$J\pi$	$\vec{\mu}/\mu_N$	Zerfallsart
		76	9,36%	75,91921	−75,254	0+	0	
		77	7,63%	76,91991	−74,601	1/2−	+0,53506	
		77 m	17,36 s	76,92009	−74,439	7/2+		IT
		78	23,78%	77,91731	−77,028	0+	0	
		79	≦65·10⁴ y	78,91850	−75,920	7/2+		β−
		79 m	3,91 m	78,91860	−75,824	1/2−		IT
		80	49,61%	79,91652	−77,762	0+	0	
		81	18,45 m	80,91799	−76,392	1/2−		β−
		81 m	57,28 m	80,91810	−76,289	7/2+		IT 99,95%, β− 0,05%
		82	$1{,}4\cdot10^{20}$ y, 8,73%	81,91670	−77,596	0+	0	2β−
		83	22,3 m	82,91912	−75,343	9/2+		β−
		83 m	70,1 s	82,91936	−75,114	1/2−		β−
		84	3,1 m	83,91846	−75,952	0+		β−
		85	31,7 s	84,92225	−72,420	(5/2+)		β−
		86	15,3 s	85,92427	−70,540	0+		β−
		87	5,85 s	86,92838	−66,710 s	(5/2+)		β−, β−n 0,18%
		88	1,52 s	87,93149	−63,820 s	0+		β−, β−n 0,94%
		89	0,41 s			(5/2+)		β−, β−n 5%
		91	0,27 s					β−, β−n 21%
35	Br	69		68,94976	−46,800 s			
		70	80,2 ms	69,94510	−51,140 s			ε
		70	2,2 s	69,94510				ε
		71	21,4 s	70,93925	−56,590 s	1/2− bis 7/2−		ε
		72	78,6 s	71,93666	−59,000 s	(3)+		ε
		72 m	7,2 s	71,93666				ε p
		72 m	10,6 s	71,93677		(1)−		IT, ε?
		73	3,4 m	72,93172	−63,600	(3/2)−		ε
		74	25,4 m	73,92990	−65,301	(0−, 1)		ε
		74 m	46 m	73,92990	−65,301	4(−)		ε
		75	96,7 m	74,92577	−69,142	3/2−		ε
		76	16,2 h	75,92454	−70,291	1−		ε
		76 m	1,31 s	75,92465	−70,188	(4)+		IT >99,4%, ε <0,6%
		77	57,036 h	76,92138	−73,237	3/2−		ε
		77 m	4,28 m	76,92149	−73,131	9/2+		IT

		78	6,46 m	77,92114	−73,455	1+		ε ≧ 99,99%, β− ≦ 0,01%
		79	50,69%	78,91834	−76,070	3/2−	+2,106399	
		79 m	4,864 s	78,91856	−75,863	9/2+		IT
		80	17,68 m	79,91853	−75,891	1+	0,5140	β− 91,7%, ε 8,3%
		80 m	4,42 h	79,91862	−75,805	5−		IT
		81	49,31%	80,91629	−77,978	3/2−	+2,270560	
		82	35,30 h	81,91680	−77,499	5−		β−
		82 m	6,13 m	81,91685	−77,453	2−		IT 97,6%, β− 2,4%
		83	2,40 h	82,91518	−79,010	(3/2)−		β−
		84	31,80 m	83,91650	−77,776	2−		β−
		84 m	6,0 m	83,91685	−77,456	(5−, 6−)		β−
		85	2,90 m	84,91561	−78,607	3/2−		β−
		86	55,1 s	85,91880	−75,640	(2−)		β−
		87	55,60 s	86,92071	−73,856	3/2−		β−, β−n 2,57%
		88	16,5 s	87,92408	−70,720	(1,2−)		β−, β−n 6,4%
		89	4,40 s	88,92655	−68,420 s	(3/2−, 5/2−)		β−, β−n 13%
		90	1,71 s	89,93060	−64,650 s	(2−)		β−, β−n 23%
		91	0,541 s					β−, β−n 18,3%
		92	0,365 s					β−, β−n 21%
		93				(5/2−)		β−, β−n
		94						β−, β−n
36	Kr	71	97 ms	70,95009	−46,490 s			ε
		72	17,2 s	71,94209	−53,940 s	0+		ε
		73	27,0 s	72,93893	−56,890			ε, εp 0.68%
		74	11,50 m	73,93330	−62,130	0+		ε
		75	4,3 m	74,93106	−64,214	(5/2+)		ε
		76	14,8 h	75,92596	−68,965	0+		ε
		77	74,4 m	76,92464	−70,194	5/2+		ε
		78	0,35%	77,92040	−74,147	0+	0	ε
		79	35,04 h	78,92008	−74,445	1/2−		ε
		79 m	50 s	78,92022	−74,315	7/2+		IT 99,99%, ε 0,01%
		80	2,25%	79,91638	−77,894	0+	0	
		81	$2{,}13 \cdot 10^5$ y	80,91659	−77,697	7/2+		ε
		81 m	13,3 s	80,91679	−77,506	1/2−		IT
		82	11,6%	81,91348	−80,592	0+	0	
		83	11,5%	82,91414	−79,982	9/2+	−0,970669	
		83 m	1,83 h	−2,81946	−79,940	1/2−		IT
		84	57,0%	83,91151	−82,430	0+	0	

(*Fortsetzung*)

Z	Symbol	A	$t_{1/2}$ oder rel. Häufigkeit	Isotopenmasse m_a/u	Δ/MeV	Jπ	$\overline{\mu}/\mu_N$	Zerfallsart
		85	10,756 y	84,91253	−81,477	9/2+	+1,005	β−
		85 m	4,480 h	84,91286	−81,172	1/2−		β− 78,6%, IT 21,4%
		86	17,3%	85,91062	−83,262	0+	0	
		87	76,3 m	86,91336	−80,706	5/2+		β−
		88	2,84 h	87,91445	−79,688	0+		β−
		89	3,15 m	88,91764	−76,720	(3/2+, 5/2+)		β−
		90	32,32 s	89,91954	−74,947	0+		β−
		91	8,57 s	90,92338	−71,370	(5/2+)		β−
		92	1,85 s	91,92630	−68,650	0+		β−, β−n 0,03%
		93	1,289 s	92,93112	−64,160	(7/2+)		β−, β−n 3,2%
		94	0,20 s			0+		β−, β−n 5,7%
		95	0,78 s					β−, β−n
		97?	<0,1 s					β−
37	Rb	73		72,94998	−46,590 s			
		74	64,9 ms	73,94453	−51,670	(0+)		ε
		75	19,0 s	74,93858	−57,210	(3/2−, 5/2−)		ε
		76	39,1 s	75,93502	−60,530	1		ε
		77	3,70 m	76,93027	−64,950	3/2−		ε
		78	17,66 m	77,92809	−66,980	0(+)		ε
		78 m	5,74 m	77,92821	−66,877	4(−)		ε 90%, IT 8%
		79	22,9 m	78,92395	−70,837	5/2+		ε
		80	34 s	79,92252	−72,176	1+		ε
		81	4,576 h	80,91899	−75,459	3/2−		ε
		81 m	30,49 m	80,91908	−75,373	9/2+		IT 97,7%, ε 2,3%
		82	1,273 m	81,91819	−76,203	1+		ε
		82 m	6,472 h	81,91828	−76,123	5−		ε, IT < 0,33%
		83	86,2 d	82,91514	−79,049	5/2−		ε
		84	32,77 d	83,91439	−79,748	2−		ε 96,2%, β− 3,8%
		84 m	20,26 m	83,91489	−79,284	6−		IT
		85	72,17%	84,91179	−82,164	5/2−	+1,35303	
		86	18,631 d	85,91117	−82,744	2−	−1,6920	β− 99,99%, ε 0,0052%
		86 m	1,017 m	85,91177	−82,188	6−		IT
		87	$4{,}75 \cdot 10^{10}$ y, 27,83%	86,90919	−84,593	3/2−	+2,75124	β−
		88	17,78 m	87,91133	−82,601	2−		β−

		89	15,15 m	88,91228	−81,709	3/2−		β−
		90	153 s	89,91482	−79,350	(1−)		β−
		90 m	258 s	89,91493	−79,243	(4−)		β−95,7%, IT 4,3%
		91	58,4 s	90,91649	−77,786	3/2(−)		β−
		92	4,50 s	91,91969	−74,811	0(−)		β−, β−n 0,012%
		93	5,7 s	92,92197	−72,688	5/2−		β−, β−n 2,5%
		94	2,702 s	93,92644	−68,518	3(−)		β−, β−n 10,4%
		95	384 ms	94,92935	−65,813	5/2		β−, β−n 9,1%
		96	0,199 s	95,93435	−61,150	2+		β−, β−n 13%
		97	171,8 ms	96,93742	−58,290	3/2(−)		β−, β−n 24,6%
		98	0,114 s	97,94196	−54,090	(0)		β−, β−n 15,9%, β−2n
		99	59 ms	98,94540	−50,860	(5/2+)		β−, β−n 15%
		100	51 ms					β−, β−n 6%
		102?	90 ms					β−, β−n
38	Sr	77	9,0 s	76,93786	−57,880	(5/2+, 7/2+)		ε, εp < 0,25%
		78	2,5 m	77,93188	−63,450 s	0+		ε
		79	2,25 m	78,92986	−65,340 s	(3/2−)		ε
		80	106,3 m	79,92465	−70,190	0+		ε
		81	22,3 m	80,92327	−71,470	(1/2−)		ε
		82	25,55 d	81,91841	−75,998	0+		ε
		83	32,41 h	82,91757	−76,781	(7/2+)		ε
		83 m	4,95 s	82,91785	−76,522	(1/2−)		IT
		84	0,56%	83,91343	−80,641	0+	0	
		85	64,84 d	84,91294	−81,099	9/2+		ε
		85 m	67,63 m	84,91319	−80,860	1/2−		IT 84,5%, ε 15,5%
		86	9,86%	85,90927	−84,518	0+		
		87	7,00%	86,90888	−84,875	9/2+		
		87 m	2,804 h	86,90930	−84,486	1/2−	−1,09282	IT 99,7%, ε 0,3%
		88	82,58%	87,90562	−87,916	0+		
		89	50,53 d	88,90745	−86,211	5/2+	0	β−
		90	29,1 y	89,90774	−85,942	0+		β−
		91	9,63 h	90,91020	−83,652	5/2+		β−
		92	2,71 h	91,91098	−82,923	0+		β−
		93	7,423 m	92,91395	−80,160	5/2(+)		β−
		94	75,1 s	93,91537	−78,836	0+		β−
		95	25,1 s	94,91943	−75,050	(1/2+)		β−
		96	1,06 s	95,92176	−72,880	0+		β−
		97	420 ms	96,92613	−68,810	(1/2+)		β−, β−n 0,27%
		98	0,65 s	97,92874	−66,380	0+		β−, β−n 0,8%

(Fortsetzung)

Z	Symbol	A	$t_{1/2}$ oder rel. Häufigkeit	Isotopenmasse m_a/u	Δ/MeV	Jπ	$\bar{\mu}/\mu_N$	Zerfallsart
		99	271 ms	98,93328	−62,150	(3/2+)		β−, β−n 0,32%
		100	202 ms	99,93557	−60,020 s	0+		β−, β−n 0,73%
		101	115 ms					β−, β−n
		102	68 ms			0+		β−, β−n
39	Y	79		78,93758	−58,140 s			
		80	33,8 s	79,93431	−61,190 s	4		ε
		81	72,4 s	80,92920	−65,950	(1/2−)		ε
		82	9,5 s	81,92681	−68,180	1+		ε
		83	7,08 m	82,92231	−72,370	(9/2+)		ε
		83 m	2,85 m	82,92253	−72,160	(1/2)−		ε
		84	4,6 s	83,92031	−74,230	1+		ε
		84 m	40 m	83,92085	−73,730	5−		ε
		85	2,68 h	84,91643	−77,845	(1/2)−		ε
		85 m	4,86 h	84,91645	−77,825	(9/2)+		ε, IT
		86	14,74 h	85,91489	−79,279	4−		ε
		86 m	48 m	85,91513	−79,061	(8)+		IT 99,31%, ε 0,69%
		87	79,8 h	86,91088	−83,014	1/2−		ε
		87 m	13,37 h	86,91129	−82,633	9/2+		IT 98,43%, ε 0,02%
		88	106,65 d	87,90951	−84,294	4−		ε
		89	100%	88,90585	−87,703	1/2−	−0,1374153	
		89 m	16,06 s	88,90682	−86,794	9/2+		IT
		90	64,1 h	89,90715	−86,488	2−	−1,630	β−
		90 m	3,19 h	89,90788	−85,806	7+		IT, β− 0,002%
		91	58,51 d	90,90730	−86,349	1/2−		β−
		91 m	49,71 m	90,90790	−85,793	9/2+		IT, β− < 1,5%
		92	3,54 h	91,90893	−84,833	2−		β−
		93	10,10 h	92,90956	−84,245	1/2−		β−
		93 m	0,82 s	92,91037	−83,486	(7/2)+		IT
		94	18,7 m	93,91160	−82,348	2−		β−
		95	10,3 m	94,91281	−81,214	1/2−		β−
		96	6,2 s	95,91594	−78,300	0−		β−
		96 m	9,6 s	95,91605	−78,200	(3+)		β−
		96 m	2,3 m	95,91605	−78,200			β−
		97	3,76 s	96,91812	−76,270	(1/2−)		β−, β−n 0,06%

		97 m	1,21 s	96,91884	−75,602	(9/2+)		β−, IT <0,7%
		98	0,59 s	97,92215	−72,520	1+		β−, β−n 0,3%
		98 m	2,13 s	97,92215	−72,520	(4−)		β−
		99	1,47 s	98,92467	−70,170	(5/2+)		β−, β−n 0,96%
		100	735 ms	99,92776	−67,290 s	1−, 2−		β−, β−n 0,81%
		100 m	0,94 s	99,92776	−67,290 s			β−
		101	431 ms	100,93060	−64,650 s	(5/2)		β−, β−n
		102	0,36 s	101,93403	−61,450 s			β−, β−n
40	Zr	81	15 s	80,93689	−58,790			ε, εp
		82	32 s	81,93110	−64,180	0+		ε
		83	44 s	82,92877	−66,350	(1/2−)		ε
		83	7 s	82,92877	−66,350	(7/2+)		ε
		84	25,9 m	83,92332	−71,430 s	0+		ε
		85	7,86 m	84,92147	−73,150	(7/2+)		ε
		85 m	10,9 s	84,92178	−72,858	(1/2−)		IT, ε > 0,09%
		86	16,5 h	85,91629	−77,980 s	0+		ε
		87	1,68 h	86,91482	−79,348	(9/2+)		ε
		87 m	14,0 s	86,91518	−79,012	(1/2−)		IT
		88	83,4 d	87,91022	−83,626	0+		ε
		89	78,41 h	88,90889	−84,871	9/2+		ε
		89 m	4,18 m	88,90952	−84,283	1/2−		IT 93,77%, ε 6,23%
		90	51,45%	89,90470	−88,770	0+	0	
		90 m	809,2 ms	89,90719	−86,451	5−		IT
		91	11,22%	90,90564	−87,893	5/2+	−1,30362	
		92	17,15%	91,90504	−88,457	0+	0	
		93	$1,53 \cdot 10^6$ y	92,90647	−87,120	5/2+		β−
		94	17,38%	93,90631	−87,268	0+	0	
		95	64,02 d	94,90804	−85,659	5/2+		β−
		96	$> 3,56 \cdot 10^{17}$ y, 2,80%	95,90828	−85,442	0+	0	
		97	16,90 h	96,91095	−82,950	1/2+		β−
		98	30,7 s	97,91274	−81,283	0+		β−
		99	2,1 s	98,91649	−77,790	(1/2)+		β−
		100	7,1 s	99,91778	−76,590	0+		β−
		101	2,1 s	100,92122	−73,380	(3/2)		β−
		102	2,9 s	101,92295	−71,770	0+		β−
		103	1,3 s	102,92669	−68,290			β−
		104	1,2 s	103,92887	−66,260 s	0+		β−

(Fortsetzung)

Z	Symbol	A	$t_{1/2}$ oder rel. Häufigkeit	Isotopenmasse m_a/u	Δ/MeV	$J\pi$	$\vec{\mu}/\mu_N$	Zerfallsart
41	Nb	84	12 s	83,93395	−61,530 s	(3+)		ε, εp
		85	20,9 s	84,92814	−66,940 s	(9/2+)		
		86	88 s	85,92530	−69,580 s	(5+)		ε
		87	2,60 m	86,92037	−74,180	(9/2+)		ε
		87 m	3,87 m	86,92037	−74,180	(1/2−)		ε
		88	14,5 m	87,91795	−76,430 s	(8+)		ε
		88 m	7,8 m	87,91795	−76,430 s	(4−)		ε
		89	1,18 h	88,91349	−80,580	(1/2)−		ε
		89	1,9 h	88,91349	−80,580	(9/2+)		ε
		90	14,60 h	89,91126	−82,659	8+		ε
		90 m	18,8 s	89,91140	−82,534	4−		IT
		91	$6{,}8 \cdot 10^2$ y	90,90699	−86,640	(9/2)+		ε
		91 m	62 d	90,90710	−86,534	1/2−		IT 95%, ε 5%
		92	$3{,}5 \cdot 10^7$ y	91,90719	−86,451	(7)+		ε
		92 m	10,15 d	91,90734	−86,315	(2)+		ε
		93	100%	92,90638	−87,210	9/2+	+6,1705	
		93 m	16,1 y	92,90641	−87,179	1/2−		IT
		94	$2{,}03 \cdot 10^4$ y	93,90728	−86,368	(6)+		β−
		94 m	6,26 m	93,90732	−86,327	3+		IT 99,5%, β− 0,5%
		95	34,97 d	94,90683	−86,783	9/2+	+6,123	β−
		95 m	3,61 d	94,90709	−86,547	1/2−		IT 94,4%, β− 5,6%
		96	23,35 h	95,90810	−85,606	6+		β−
		97	1,227 h	96,90810	−85,608	9/2+		β−
		97 m	58,1 s	96,90889	−84,865	1/2−		IT
		98	2,86 s	97,91033	−83,528	1+		β−
		98 m	51,3 m	97,91042	−83,444	(5)+		β−
		99	15,0 s	98,91162	−82,328	9/2+		β−
		99 m	2,6 m	98,91201	−81,963	1/2−		β−, IT < 2,5%
		100	1,5 s	99,91419	−79,929	1+		β−
		100 m	2,99 s	99,91471	−79,449	(4+, 5+)		β−
		101	7,1 s	100,91524	−78,950			β−
		102	1,3 s	101,91804	−76,350	low		β−
		102	4,3 s	101,91804	−76,350	high		β−
		103	1,5 s	102,91923	−75,240 s	(5/2+)		β−
		104	0,91 s	103,92243	−72,260			β−

		104	2,95 s	103,92243	−72,260			β−
		105	1,8 s	104,92384	−70,940			β−
		106	1,02 s	105,92776	67,290			β−
42	Mo	86		85,93056	64,680			
		87	13,4 s	86,92760	−67,440	(7/2+)		ε, εp
		88	8,0 m	87,92181	−72,830 s	0+		ε
		89	2,04 m	88,91948	−75,005	(9/2+)		ε
		89 m	190 ms	88,91990	−74,618	(1/2−)		IT
		90	5,67 h	89,91393	−80,170	0+		ε
		91	15,49 m	90,91175	−82,208	9/2+		ε
		91 m	65,0 s	90,91245	−81,555	1/2−		IT 50,1%, ε 49,9%
		92	14,84%	91,90681	−86,809	0+	0	
		93	$3{,}5\cdot10^3$ y	92,90681	−86,805	5/2+		ε
		93 m	6,85 h	92,90942	−84,380	21/2+		IT 99,88%, ε 0,12%
		94	9,25%	93,90509	−88,413	0+	0	
		95	15,92%	94,90584	−87,709	5/2+	−0,9142	
		96	16,68%	95,90468	−88,792	0+	0	
		97	9,55%	96,90602	−87,542	5/2+	−0,9335	
		98	24,13%	97,90541	−88,113	0+	0	
		99	65,94 h	98,90771	−85,967	1/2+		β−
		100	9,63%	99,90748	−86,186	0+	0	
		101	14,6 m	100,91035	−83,513	1/2+		β−
		102	11,3 m	101,91030	−83,559	0+		β−
		103	67,5 s	102,91330	−80,760	(3/2+)		β−
		104	60 s	103,91372	−80,370	0+		β−
		105	35,6 s	104,91695	−77,360	(3/2+)		β−
		106	8,4 s	105,91812	−76,270	0+		β−
		107	3,5 s	106,92173	−72,910 s			β−
		108	1,5 s			0+		β−
		88			−62,330 s			
		89		88,92700	−68,000 s			
		90	8,3 s	89,92381	−70,970 s	1+		ε
		90	49,2 s	89,92381	−70,970 s	high		ε
		91	3,14 m	90,91842	−75,990	(9/2+)		ε
		91 m	3,3 m	90,91881	−75,640	(1/2−)		ε, IT < 1%
		92	4,4 m	91,91526	−78,939	(8+)		ε
		93	2,75 h	92,91025	−83,607	9/2+		ε

(*Fortsetzung*)

Z	Symbol	A	$t_{1/2}$ oder rel. Häufigkeit	Isotopenmasse m_a/u	Δ/MeV	Jπ	$\bar{\mu}/\mu_N$	Zerfallsart
		93 m	43,5 m	92,91066	−83,216	1/2−		IT 77,8%, ε 22,2%
		94	293 m	93,90965	−84,158	7+		ε
		94 m	52,0 m	93,90974	−84,082	(2)+		ε, IT < 0,1%
		95	20,0 h	94,90766	−86,018	9/2+		ε
		95 m	61 d	94,90770	−85,979	1/2−		ε 96%, IT 4%
		96	4,28 d	95,90787	−85,819	7+		ε
		96 m	51,5 m	95,90791	−85,785	4+		IT 98%, ε 2%
		97	$2{,}6\cdot10^6$ y	96,90636	−87,222	9/2+		ε
		97 m	90,5 d	96,90647	−87,125	1/2−		IT
		98	$4{,}2\cdot10^6$ y	97,90722	−86,429	(6)+		β−
		99	$2{,}111\cdot10^5$ y	98,90625	−87,324	9/2+	+5,6847	β−
		99 m	6,01 h	98,90641	−87,181	1/2−		IT, β− 0,04%
		100	15,8 s	99,90766	−86,017	1+		β−
		101	14,2 m	100,90731	−86,337	(9/2)+		β−
		102	5,28 s	101,90921	−84,569	1+		β−
		102 m	4,35 m	101,90953	−84,269	(4,5)		β− ≈ 98%, IT ≈ 2%
		103	54,2 s	102,90918	−84,601	5/2+		β−
		104	18,3 m	103,91144	−82,490	(3+)		β−
		105	7,6 m	104,91159	−82,350 s	(5/2+)		β−
		106	36 s	105,91434	−79,790 s	(1,2)		β−
		107	21,2 s	106,91502	−79,160 s			β−
		108	5,17 s	107,91811	−76,280 s	(3)		β−
		109	1,4 s	108,91957	−74,920 s			β−
		110	0,83 s	109,92309	−71,640			β−
		111	0,30 s					β−
44	Ru	90		89,92972	−65,470			
		91		90,92656	−68,410 s	(9/2+)		ε
		91 m		90,92656	−68,410	(1/2−)		ε, εp
		92	3,65 m	91,92012	−74,410 s	0+		ε
		93	59,7 s	92,91705	−77,270	(9/2)+		ε
		93 m	10,8 s	92,91784	−76,536	(1/2)−		ε 77,8%, IT 22,2%, εp 0,03%
		94	51,8 m	93,91136	−82,569	0+		ε
		95	1,64 h	94,91041	−83,451	5/2+		ε
		96	5,54%	95,90760	−86,073	0+	0	

		97	2,9 d	96,90755	−86,113	5/2+	+0,687	ε
		98	1,86%	97,90529	−88,225	0+	0	
		99	12,7%	98,90594	−87,617	5/2+	−0,6413	
		100	12,6%	99,90422	−89,219	0+	0	
		101	17,1%	100,90558	−87,950	5/2+	−0,7188	
		102	31,6%	101,90435	−89,099	0+	0	
		103	39,26 d	102,90632	−87,260	(3/2)+	+0,67	β−
		104	18,6%	103,90543	−88,093	0+	0	
		105	4,44 h	104,90775	−85,932	3/2+		β−
		106	371,59 d	105,90733	−86,326	0+		β−
		107	3,75 m	106,91013	−83,710	(5/2+)		β−
		108	4,55 m	107,91008	−83,760	0+		β−
		109	34,5 s	108,91334	−80,720 s	(5/2+)		β−
		110	14,6 s	109,91386	−80,240 s	0+		β−
		111	2,12 s	110,91731	−77,030 s			β−
		112	1,75 s	111,91838	−76,030	0+		β−
		113	0,80s					β−
		114	0,5 s			0+		β−
45	Rh	92		91,93222	−63,140 s			
		93		92,92581	−69,110 s			
		94	70,6 s	93,92170	−72,940	(3+)		ε
		94 m	25,8 s	93,92170	−72,940	(8+)		ε
		95	5,02 m	94,91590	−78,340	(9/2)+		ε
		95 m	1,96 m	94,91648	−77,797	(1/2)−		IT 88%, ε 12%
		96	9,6 m	95,91452	−79,626	5(+)		ε
		96 m	1,51 m	95,91457	−79,574	2(+)		IT 60%, ε 40%
		97	31,1 m	96,91134	−82,590	(9/2+)		ε
		97 m	44,3 m	96,91161	−82,331	(1/2−)		ε 95,1%, IT 4,9%
		98	8,7 m	97,91072	−83,168	(2)+		ε
		98 m	3,5 m	97,91077	−83,118	(5+)		ε
		99	16,1 d	98,90819	−85,519	(1/2−)		ε
		99 m	4,7 h	98,90826	−85,455	9/2+		ε, IT < 0,16%
		100	20,8 h	99,90812	−85,590	1−		ε
		100 m	4,6 m	99,90812	−85,590	(5+)		IT 98,3%, ε 1,7%
		101	3,3 y	100,90616	−87,410	1/2−		ε
		101 m	4,34 d	100,90633	−87,253	9/2+		ε 92,3%, IT 7,7%
		102	≈2,9 y	101,90679	−86,821	6(+)		ε
		102 m	207 d	101,90687	−86,751	(1−, 2−)		ε 75%, β− 20%, IT 5%

(Fortsetzung)

Z	Symbol	A	$t_{1/2}$ oder rel. Häufigkeit	Isotopenmasse m_a/u	Δ/MeV	Jπ	$\vec{\mu}/\mu_N$	Zerfallsart
		103	100%	102,90550	−88,024	1/2−	−0,08840	
		103 m	56,12 m	102,90555	−87,984	7/2+		IT
		104	42,3 s	103,90665	−86,952	1+		β−99,55%, ε 0,45%
		104 m	4,34 m	103,90679	−86,823	5+		IT 99,87%, β−0,13%
		105	35,36 h	104,90569	−87,849	7/2+		β−
		105 m	≈ 40 s	104,90583	−87,719	1/2−		IT
		106	29,80 s	105,90728	−86,365	1+		β−
		106 m	130 m	105,90743	−86,228	(6)+		β−
		107	21,7 m	106,90675	−86,862	(7/2+)		β−
		108	6,0 m	107,90866	−85,080	≧3+, ≦6+		β−
		108 m	16,8 s	107,90866	−85,080	1+		β−
		109	80 s	108,90873	−85,021	7/2+		β−
		110	3,2 s	109,91096	−82,940	1+		β−
		110	28,5 s	109,91096	−82,940	(≧2)		β−
		111	11 s	110,91162	−82,330 s			β−
		112	3,8 s	111,91441	−79,730 s	1+		β−
		112 m	6,8 s	111,91441	−79,730 s	≧4		β−
		113	2,72 s	112,91547	−78,740 s			β−
		114	1,68 s	113,91845	−75,960 s	(1+)		β−
		114 m	185 s	113,91845	−75,960 s	≧4		β−
		115	0,99 s					β−
		116	0,68 s			1+		β−
		116	0,9 s			5,6,7		β−
46	Pd	94	9,0 s	93,92886	−66,270 s	0+		ε
		95	13,3 s	94,92684	−68,150 s	(21/2+)		
		96	2,03 m	95,91822	−76,180	0+		ε, εp 0,93%
		97	3,1 m	96,91648	−77,800	(5/2+)		ε
		98	17,7 m	97,91272	−81,301	0+		ε
		99	21,4 m	98,91176	−82,193	(5/2+)		ε
		100	3,63 d	99,90851	−85,221	0+		ε
		101	8,47 h	100,90829	−85,430	(5/2+)		ε
		102	1,020%	101,90562	−87,918	0+	0	

		103	16,991 d	102,90610	−87,471	5/2+		ε
		104	11,14%	103,90403	−89,393	0+	0	
		105	22,33%	104,90508	−88,416	5/2+	−0,642	
		106	27,33%	105,90348	−89,907	0+	0	
		107	$6{,}5\cdot10^6$ y	106,90513	−88,374	5/2+		β−
		107 m	21,3 s	106,90536	−88,159	11/2−		IT
		108	26,46%	107,90390	−89,523	0+	0	
		109	13,7 h	108,90595	−87,605	5/2+		β−
		109 m	4,69 m	108,90616	−87,416	11/2−		IT
		110	11,72%	109,90516	−88,345	0+	0	
		111	23,4 m	110,90764	−86,030	5/2+		β−
		111 m	5,5 h	110,90783	−85,858	11/2−		IT 73%, β − 27%
		112	21,03 h	111,90732	−86,333	0+		β−
		113	93 s	112,91017	−83,680	(5/2)+		β−
		113 m	≧100 s	112,91017	−83,680			β−
		114	2,42 m	113,91040	−83,460	0+		β−
		115	47 s	114,91348	−80,590 s			β−
		116	12,4 s	115,91397	−80,140	0+		β−
		117	5,0 s					β−
		118	2,4 s			0+		β−
47	Ag	96	5,1 s	95,93083	−64,430 s	(8+, 9+)		ε, εp 8%
		97	21 s	96,92400	−70,790 s			ε
		98	47 s	97,92163	−73,000 s	(7+)		ε, εp > 0%
		99	124 s	98,91760	−76,760	(9/2)+		ε
		99 m	10,5 s	98,91760	−76,760	(1/2−)		IT
		100	2,01 m	99,91608	−78,170	(5)+		ε
		100	2,24 m	99,91610	−78,154	(2)+		ε, IT
		101	11,1 m	100,91284	−81,190	9/2+		ε
		101 m	3,10 s	100,91313	−80,916	1/2−		IT
		102	12,9 m	101,91188	−82,080	5+		ε
		102 m	7,7 m	101,91189	−82,071	2+		ε 51%, IT 49%
		103	65,7 m	102,90898	−84,787	7/2+		ε
		103 m	5,7 s	102,90912	−84,653	1/2−		IT
		104	69,2 m	103,90863	−85,114	5+		ε
		104 m	33,5 m	103,90863	−85,107	2+		ε 67%, IT 33%
		105	41,29 d	104,90652	−87,078	1/2−		ε
		105 m	7,23 m	104,90655	−87,053	7/2+		IT 99,66%, ε 0,34%

(Fortsetzung)

Z	Symbol	A	$t_{1/2}$ oder rel. Häufigkeit	Isotopenmasse m_a/u	Δ/MeV	$J\pi$	$\bar{\mu}/\mu_N$	Zerfallsart
		106	23,96 m	105,90667	−86,941	1+		ε 99,5%, $\beta-$ < 1%
		106 m	8,46 d	105,90676	−86,851	6+		ε
		107	51,839%	106,90509	−88,407	1/2−	−0,113570	
		107 m	44,3 s	106,90519	−88,314	7/2+		IT
		108	2,37 m	107,90595	−87,605	1+		$\beta-$ 97,15%, ε 2,85%
		108 m	127 y	107,90607	−87,496	6+		ε 91,3%, IT 8,7%
		109	48,161%	108,90476	−88,721	1/2−	−0,1306905	
		109 m	39,6 s	108,90485	−88,633	7/2+		IT
		110	24,6 s	109,90611	−87,459	1+	+2,7271	$\beta-$ 99,7%, ε 0,3%
		110 m	249,76 d	109,90624	−87,341	6+	+3,607	$\beta-$ 98,64%, IT 1,36%
		111	7,45 d	110,90529	−88,217	1/2−		$\beta-$
		111 m	64,8 s	110,90536	−88,157	7/2+		IT 99,3%, $\beta-$ 0,7%
		112	3,30 h	111,90701	−86,624	2(−)		$\beta-$
		113	5,37 h	112,90656	−87,040	1/2−		$\beta-$
		113 m	68,7 s	112,90660	−86,997	7/2+		IT ≈ 80%, $\beta-$ ≈ 20%
		114	4,6 s	113,90879	−84,960	1+		$\beta-$
		115	20,0 m	114,90880	−84,950	1/2−		$\beta-$
		115	18,0 s	114,90880	−84,950	(7/2+)		$\beta-$, IT
		116	2,68 m	115,91115	−82,760	(2−)		$\beta-$
		116 m	10,4 s	115,91124	−82,679	(5+)		$\beta-$ 98%, IT 2%
		117	72,8 s	116,91170	−82,250	(1/2−)		$\beta-$
		117 m	5,34 s	116,91170	−82,250	(7/2+)		$\beta-$
		118	3,76 s	117,91457	−79,580	(1)		$\beta-$
		118 m	2,0 s	117,91471	−79,452			$\beta-$ 59%, IT 41%
		119	2,1 s	118,91563	−78,590	(7/2+)		$\beta-$
		120	1,23 s	119,91866	−75,770			$\beta-$
		120 m	0,32 s	119,91888	−75,567			$\beta-$ ≈ 63%, IT ≈ 37%
		121	0,78 s	120,91997	−74,550			$\beta-$, $\beta-$n
		122	0,56 s			(3+)		$\beta-$, $\beta-$n
		122 m	1,5 s					$\beta-$, $\beta-$n
		123	0,31 s					$\beta-$, $\beta-$n
		124	0,22 s			(1,2,3)+		$\beta-$, $\beta-$n

48	Cd	97	3 s					ε, εp
		98	≈8 s	97,92711	−67,900	0+		ε, εp?
		99	16 s	98,92497	−69,890 s	(5/2+)		ε, εp 0,17%, $\varepsilon\alpha < 1\cdot 10^{-4}$%
		100	49,1 s	99,92021	−74,320 s	0+		ε
		101	1,2 m	100,91878	−75,660	(5/2+)		ε
		102	5,5 m	101,91442	−79,720 s	0+		ε
		103	7,3 m	102,91342	−80,650	(5/2+)		ε
		104	57,7 m	103,90985	−83,977	0+		ε
		105	55,5 m	104,90946	−84,339	5/2+		ε
		106	1,25%	105,90646	−87,135	0+	0	
		107	6,50 h	106,90661	−86,990	5/2+		ε
		108	0,89%	107,90418	−89,253	0+	0	
		109	462,0 d	108,90498	−88,507	5/2+		ε
		110	12,49%	109,90301	−90,351	0+	0	
		111	12,80%	110,90418	−89,254	1/2+	−0,5948856	
		111 m	48,54 m	110,90461	−88,858	11/2−		IT
		112	24,13%	111,90276	−90,581	0+	0	
		113	$9{,}3\cdot 10^{15}$ y, 12,22%	112,90440	−89,050	1/2+	−0,6223005	β−
		113 m	14,1 y	112,90468	−88,786	11/2−	−1,087783	β− 99,86%, IT 0,14%
		114	28,73%	113,90336	−90,021	0+	0	
		115	53,46 h	114,90543	−88,091	1/2+		β−
		115 m	44,6 d	114,90562	−87,910	11/2−	−1,041034	β−
		116	7,49%	115,90475	−88,720	0+	0	
		117	2,49 h	116,90723	−86,416	1/2+		β−
		117 m	3,36 h	116,90737	−86,280	(11/2)−		β−
		118	50,3 m	117,90691	−86,709	0+		β−
		119	2,69 m	118,90989	−83,940	(1/2+)		β−
		119 m	2,20 m	118,91005	−83,793	(11/2−)		β−
		120	50,80 s	119,90985	−83,973	0+		β−
		121	13,5 s	120,91310	−80,950			β−
		121 m	8 s	120,91310	−80,950			β−
		122	5,3 s	121,91349	−80,580 s	0+		β−
		123	2,09 s	122,91678	−77,520 s	(3/2+)		β−
		124	1,24 s			0+		β−
		126	0,52 s			0+		β−
		127	0,40 s			(3/2+)		β−
		128	0,28 s			0+		β−

(Fortsetzung)

Z	Symbol	A	$t_{1/2}$ oder rel. Häufigkeit	Isotopenmasse m_a/u	Δ/MeV	$J\pi$	$\vec{\mu}/\mu_N$	Zerfallsart
		129	0,27 s					β−
		130	0,20 s			0+		β−, β−n ≈ 4%
49	In	100		99,93143	−63,870			ε, εp
		101		100,92661	−68,360 s			
		102	23 s	101,92423	−70,580 s	(5)		ε
		103	65 s	102,91991	−74,607 s	(9/2+)		ε
		104	1,84 m	103,91833	−76,080 s	5+		ε
		104 m	15,7 s	103,91833	−76,080 s			IT
		105	5,07 m	104,91466	−79,493	(9/2+)		ε
		105 m	48 s	104,91539	−78,819	(1/2−)		IT
		106	6,2 m	105,91345	−80,617	7+		ε
		106 m	5,2 m	105,91349	−80,588	(3)+		ε
		107	32,4 m	106,91029	−83,568	9/2+		ε
		107 m	50,4 s	106,91101	−82,890	1/2−		IT
		108	58,0 m	107,90970	−84,112	7+		ε
		108 m	39,6 m	107,90974	−84,082	2+		ε
		109	4,2 h	108,90715	−86,487	9/2+		ε
		109 m	1,34 m	108,90785	−85,837	1/2−		IT
		109 m	0,21 s	108,90942	−84,377	(19/2+)		IT
		110	69,1 m	109,90724	−86,410	2+		ε
		110	4,9 h	109,90724	−86,410	7+		ε
		111	2,8049 d	110,90511	−88,391	9/2+		ε
		111 m	7,7 m	110,90569	−87,854	1/2−		IT
		112	14,97 m	111,90554	−87,995	1+		ε 56%, β− 44%
		112 m	20,56 m	111,90570	−87,838	4+		IT
		113	4,3%	112,90406	−89,368	9/2+	+5,5289	
		113 m	1,658 h	112,90448	−88,976	1/2−		IT
		114	71,9 s	113,90492	−88,571	1+		β− 99,5%, ε 0,5%
		114 m	49,51 d	113,90512	−88,381	5+		IT 95,6%, ε 4,4%
		115	$4{,}41 \cdot 10^{14}$ y, 95,7%	114,90388	−89,539	9/2+	+5,5408	β−
		115 m	4,486 h	114,90424	−89,203	1/2−		IT 95%, β− 5%
		116	14,10 s	115,90526	−88,252	1+		β− 99,94%, ε < 0,06%

116 m	54,41 m	115,90539	−88,125	5+	β−
116 m	2,18 s	115,90557	−87,962	8−	IT
117	43,8 m	116,90451	−88,945	9/2+	β−
117 m	116,5 m	116,90485	−88,630	1/2−	β− 52,9%, IT 47,1%
118	5,0 s	117,90635	−87,232	1+	β−
118 m	4,45 m	117,90642	−87,172	5+	β−
118 m	8,5 s	117,90657	−87,032	8−	IT 98,6%, β− 1,4%
119	2,4 m	118,90582	−87,733	9/2+	β−
119 m	18,0 m	118,90615	−87,422	1/2−	β− 97,5%, IT 2,5%
120	46,2 s	119,90789	−85,800	(3,4,5)+	β−
120	3,08 s	119,90789	−85,800	1+	β−
120	47,3 s	119,90789	−85,800	(8−)	β−
121	23,1 s	120,90785	−85,841	9/2+	β−
121 m	3,88 m	120,90818	−85,527	1/2−	β− 98,8%, IT 1,2%
122	1,5 s	121,91027	−83,580	1+	β−
122 m	10,3 s	121,91027	−83,580	(4,5)+	β−
122 m	10,8 s	121,91051	−83,360	8−	β−
123	5,98 s	122,91045	−83,420	(9/2)+	β−
123 m	47,8 s	122,91079	−83,100	(1/2)−	β−
124	3,17 s	123,91298	−81,060	3+	β−
124 m	3,4 s	123,91318	−80,870	(8−)	β−
125	2,33 s	124,91367	−80,420	(9/2)+	β−
125 m	12,2 s	124,91386	−80,240	(1/2−)	β−
126	1,63 s	125,91647	−77,810	(8−)	β−
126 m	1,5 s	125,91663	−77,660	3+	β−
127	1,15 s	126,91733	−77,010	(9/2+)	β−
127 m	3,76 s	126,91750	−76,850	(1/2−)	β−, β−n
128	0,80 s	127,92054	−74,020	3+	β−, β−n
128 m		127,92062	−73,940	8−	β−, β−n
129	0,63 s	128,92161	−73,020	(9/2+)	β−, β−n
129 m	1,23 s	128,92183	−72,820	(1/2−)	β−, β−n
130	0,32 s	129,92484	−70,010	1−	β−, β−n 0,9%
130 m	0,55 s	129,92484	−70,010	(5+)	β−, β−n < 1,67%
130 m	0,55 s	129,92484	−70,010	(10−)	β−, β−n < 1,67%
131	0,27 s	130,92647	−68,490	(9/2+)	β−, β−n
131 m	0,32 s	130,92647	−68,490	(21/2+)	β−
131 m	0,35 s	130,92647	−68,490	(1/2−)	β−
132	0,203 s	131,93214	−63,210 s		β−, β−n
133	180 ms				β−, β−n

(*Fortsetzung*)

Z	Symbol	A	$t_{1/2}$ oder rel. Häufigkeit	Isotopenmasse m_a/u	Δ/MeV	$J\pi$	$\bar{\mu}/\mu_N$	Zerfallsart
50	Sn	102		101,93020	−65,020 s	0+		
		103	7 s	102,92802	−67,050 s			ε, εp
		104	21,4	103,92305	−71,680 s	0+		ε
		105	31 s	104,92137	−73,240			ε, εp
		106	2,10 m	105,91685	−77,450 s	0+		ε
		107	2,90 m	106,91576	−78,470 s	5/2+, 7/2+		ε
		108	10,30 m	107,91192	−82,050	0+		ε
		109	18,0 m	108,91129	−82,633	7/2(+)		ε
		110	4,11 h	109,90785	−85,834	0+		ε
		111	35,3 m	110,90774	−85,943	7/2+		ε
		112	0,97%	111,90482	−88,658	0+	0	
		113	115,09 d	112,90517	−88,330	1/2+		ε
		113 m	21,4 m	112,90526	−88,253	7/2+		IT 91,1%, ε 8,9%
		114	0,65%	113,90278	−90,560	0+	0	
		115	0,36%	114,90335	−90,034	1/2+	−0,91883	
		116	14,53%	115,90174	−91,526	0+	0	
		117	7,68%	116,90295	−90,399	1/2+	−1,00104	
		117 m	13,60 d	116,90329	−90,084	11/2−		IT
		118	24,22%	117,90161	−91,654	0+	0	
		119	8,58%	118,90331	−90,068	1/2+	−1,04728	
		119 m	293,0 d	118,90341	−89,978	11/2−		IT
		120	32,59%	119,90220	−91,103	0+	0	
		121	27,06 h	120,90424	−89,203	3/2+		β−
		121 m	55 y	120,90424	−89,197	11/2−		IT 77,6%, β− 22,4%
		122	4,63%	121,90344	−89,946	0+	0	
		123	129,2 d	122,90572	−87,820	11/2−		β−
		123 m	40,08 m	122,90575	−87,795	3/2+		β−
		124	5,79%	123,90527	−88,237	0+	0	
		125	9,64 d	124,90779	−85,898	11/2−		β−
		125 m	9,52 m	124,90782	−85,870	3/2+		β−
		126	≈1,0·10^5 y	125,90765	−86,021	0+		β−
		127	2,10 h	126,91036	−83,504	(11/2−)		β−
		127 m	4,13 m	126,91036	−83,499	(3/2+)		β−
		128	59,1 m	127,91054	−83,330	0+		β−

		128 m	6,5 s	127,91279	−81,239	(7−)		IT
		129	2,4 m	128,91345	−80,620	(3/2+)		$\beta-$
		129 m	6,9 m	128,91349	−80,585	(11/2−)		$\beta-$, IT 0,0002%
		130	3,72 m	129,91398	−80,130	0+		$\beta-$
		130 m	1,7 m	129,91607	−78,183	(7−)		$\beta-$
		131	39 s	130,91693	−77,380			$\beta-$
		131 m	61 s	130,91693	−77,380	(3/2+)		$\beta-$
		132	40 s	131,91776	−76,610	0+		$\beta-$
		133	1,44 s	132,92358	−71,190	(7/2−)		$\beta-$, $\beta-$n 0,08%
		134	1,04 s	133,92783	67,230 s	0+		$\beta-$, $\beta-$n 17%
51	Sb	104		103,93625	−59,380 s			
		105		104,93137	−63,930 s			
		106		105,92859	−66,520 s			
		107		106,92403	−70,770 s			
		108	7,0 s	107,92216	−72,510 s			ε
		109	17,0 s	108,91814	−76,253	(5/2+)		ε
		110	24 s	109,91677	−77,530 s	3+		ε
		111	75 s	110,91322	−80,840 s	(5/2+)		ε
		112	51,4 s	111,91240	−81,603	3+		ε
		113	6,67 m	112,90937	−84,424	5/2+		ε
		114	3,49 m	113,90909	−84,680	3+		ε
		115	32,1 m	114,90660	−87,004	5/2+		ε
		116	15,8 m	115,90680	−86,819	3+		ε
		116 m	60,3 m	115,90721	−86,436	8−		ε
		117	2,80 h	116,90484	−88,644	5/2+		ε
		118	3,6 m	117,90553	−87,998	1+		ε
		118 m	5,00 h	117,90576	−87,786	8−		ε
		119	38,1 h	118,90395	−89,475	5/2+		ε
		120	15,89 m	119,90507	−88,423	1+		ε
		120 m	5,76 d	119,90507	−88,423	8−		ε
		121	57,6%	120,90382	−89,591	5/2+	+3,3634	
		122	2,70 d	121,90518	−88,327	2−	−1,905	$\beta-$ 97,6%, ε 2,4%
		122 m	4,1 m	121,90535	−88,163	(8−)		IT
		123	42,64%	122,90422	−89,223	7/2+	+2,5498	
		124	60,20 d	123,90594	−87,619	3−		$\beta-$
		124 m	93 s	123,90595	−87,608	5+		IT 75%, $\beta-$ 25%
		124 m	20,2 m	123,90598	−87,582	8−		IT
		125	2,73 y	124,90525	−88,258	7/2+		$\beta-$
		126	12,4 d	125,90725	−86,400	(8−)		$\beta-$

(Fortsetzung)

Z	Symbol	A	$t_{1/2}$ oder rel. Häufigkeit	Isotopenmasse m_a/u	Δ/MeV	$J\pi$	$\bar{\mu}/\mu_N$	Zerfallsart
		126 m	19,0 m	125,90727	−86,382	(5+)		$\beta-$ 86%, IT 14%
		126 m	≈11 s	125,90729	−86,360	(3−)		IT
		127	3,85 d	126,90692	−86,705	7/2+		$\beta-$
		128	9,01 h	127,90917	−84,610	8−		$\beta-$
		128 m	10,4 m	127,90919	−84,590	5+		$\beta-$ 96,4%, IT 3,6%
		129	17,7 m	128,90915	−84,624			$\beta-$
		129 m	4,40 h	128,90915	−84,624	7/2+		$\beta-$
		130	39,5 m	129,91162	−82,330	(8−)		$\beta-$
		130 m	6,3 m	129,91162	−82,330	(5)+		$\beta-$
		131	23 m	130,91195	−82,020	(7/2+)		$\beta-$
		132	4,2 m	131,91441	−79,730	(8−)		$\beta-$
		132 m	2,8 m	131,91441	−79,730	(4+)		$\beta-$
		133	2,5 m	132,91517	−79,020	(7/2+)		$\beta-$
		134	0,85 s	133,92054	−74,020	(0−)		$\beta-$
		134 m	10,43 s	133,92054	−74,020	(7−)		$\beta-$, $\beta-$ n 0,1%
		135	1,71 s	134,92451	−70,320 s			$\beta-$, $\beta-$ n 16,4%
		136	0,82 s	135,93017	−65,050 s			$\beta-$, $\beta-$ n 24%
52	Te	106	70 μs	105,93745	−58,270 s	0+		α
		107	3.6 ms	106,93490	−60,640 s			α 70%, ε 30%
		108	2,1 s	107,92934	−65,820 s	0+		α 68%, ε 32%
		109	4,6 s	108,92741	−67,620			ε 96%, α 4%, εp
		110	18,6 s	109,92238	−72,300	0+		ε, α
		111	19,3 s	110,92113	−73,470			ε, εp, α
		112	2,0 m	111,91705	−77,270	0+		ε
		113	1,7 m	112,91592	−78,320 s	(7/2+)		ε
		114	15,2 m	113,91223	−81,760 s	0+		ε
		115	5.8 m	114,91158	−82,360	7/2+		ε
		115 m	6,7 m	114,91161	−82,340	(1/2)+		ε, IT
		116	2,49 h	115,90844	−85,290	0+		ε
		117	62 m	116,90863	−85,110	1/2+		ε
		118	6,00 d	117,90590	−87,653	0+		ε
		119	16,05 h	118,90641	−87,182	1/2+		ε
		119 m	4,69 d	118,90673	−86,882	11/2−		ε
		120	0,095%	119,90404	−89,386	0+	0	
		121	16,78 d	120,90494	−88,551	1/2+		ε

		121 m	154 d	120,90525	−88,257	11/2−		IT 88,6%, ε 11,4%
		122	2,59%	121,90305	−90,307	0+		
		123	$1{,}3\cdot10^{13}$ y, 0,905%	122,90427	−89,171	1/2+	−0,73679	ε
		123 m	119,7 d	122,90454	−88,924	11/2−		IT
		124	4,79%	123,90282	−90,525	0+	0	
		125	7,12%	124,90443	−89,024	1/2+	−0,88828	
		125 m	58 d	124,90458	−88,879	11/2−		IT
		126	18,93%	125,90331	−90,067	0+	0	
		127	9,35 h	126,90522	−88,286	3/2+		β−
		127 m	109 d	126,90532	−88,198	11/2		IT 97,6%, β− 2.4%
		128	$>8\cdot10^{24}$ y, 31,70%	127,90446	−88,992	0+	0	
		129	69,6 m	128,90660	−87,006	3/2+		β−
		129 m	33,6 d	128,90671	−86,901	11/2−		IT 64%, β− 36%
		130	$\leqq 1{,}25\cdot10^{21}$ y, 33,87%	129,90623	−87,348	0+	0	2β−
		131	25,0 m	130,90853	−85,206	3/2+		β−
		131 m	30 h	139,90872	−85,024	11/2−		β− 77,8%, IT 22.2%
		132	78,2 h	131,90851	−85,222	0+		β−
		133	12,5 m	132,91093	−82,970	(3/2+)		β−
		133 m	55,4 m	132,91129	−82,636	(11/2−)		β− 82,5%, IT 17,5%
		134	41,8 m	133,91151	−82,430	0+		β−
		135	19,0 s	134,91640	−77,870	(7/2−)		β−
		136	17,5 s	135,92006	−74,460	0+		β−, β− n 1,1%
		137	2,49 s	136,92541	−69,480 s	(7/2−)		β−, β− n 2,7%
		138	1,4 s	137,92903	−66,110 s	0+		β−, β− n 6,3%
53	I	108		107,94337	−52,750 s			
		109	11 ms	108,93805	−57,710 s			p
		110	0,65 s	109,93503	−60,520 s			ε 83%, α 17%, εα, εp
		111	2,5 s	110,93015	−65,070 s			ε 99,9%, α ≈ 0,1%
		112	3,42 s	111,92797	−67,100 s			ε, α ≈ 0,0012%, εp, εα
		113	6,6 s	112,92365	−71,120			ε, εα, α $3{,}3\cdot10^{-7}$%
		114	2,1 s	113,92189	−72,760 s			ε, εp
		115	1,3 m	114,91798	−76,400 s	(5/2+)		ε
		116	2,91 s	115,91675	−77,550	1+		ε
		117	2,22 m	116,91347	−80,600 s	(5/2)+		ε
		118	13,7 m	117,91299	−81,050 s	(2−)		ε
		118 m	8,5 m	117,91299	−81,050 s	(7−)		ε

(*Fortsetzung*)

Z	Symbol	A	$t_{1/2}$ oder rel. Häufigkeit	Isotopenmasse m_a/u	Δ/MeV	Jπ	$\vec{\mu}/\mu_N$	Zerfallsart
		119	19,1 m	118,91006	−83,780	(5/2+)		ε
		120	81,0 m	119,91007	−83,771	2−		ε
		120 m	53 m	119,91007	−83,771	>3		ε
		121	2,12 h	120,90739	−86,270	5/2+		ε
		122	3,63 m	121,90760	−86,073	1+		ε
		123	13,2 h	122,90560	−87,937	5/2+		ε
		124	4,18 d	123,90621	−87,368	2−		ε
		125	60,14 d	124,90462	−88,846	5/2+		ε
		126	13,02 d	125,90562	−87,916	2−		ε 56,3%, β− 43,7%
		127	100%	126,90448	−88,982	5/2+	+2,81327	
		128	24,99 m	127,90581	−87,736	1+		β− 93,1%, ε 6,9%
		129	$1{,}57\cdot10^7$ y	128,90499	−88,507	7/2+	+2,6210	β−
		130	12,36 h	129,90671	−86,897	5+		β−
		130 m	9,0 m	129,90676	−86,857	2+		IT 84%, β− 16%
		131	8,04 d	130,90611	−87,457	7/2+		β−
		132	2,30 h	131,90798	−85,715	4+		β−
		132 m	83,6 m	131,90811	−85,595	(8−)		IT 86%, β− 14%
		133	20,8 h	132,90780	−85,888	7/2+		β−
		133 m	9 s	132,90955	−84,254	(19/2−)		IT
		134	52.6 m	133,90983	−83,990	4+		β−
		134 m	3,69 m	133,91017	−83,674	8−		IT 97,7%, β− 2,3%
		135	6,57 h	134,91002	−83,821	7/2+		β−
		136	83,4 s	135,91460	−79,550	2−		β−
		136 m	46,9 s	135,91529	−78,910	(6−)		β−
		137	24,5 s	136,91787	−76,507	(7/2+)		β−, β−n 7,1%
		138	6.49 s	137,92239	−72,290	(2−)		β−, β−n 5,5%
		139	2,29 s	138,92605	−68,880	(7/2+)		β−, β−n 9,9%
		140	0,86 s	139,93103	−64,250 s	(3)		β−, β−n 9,4%
		141	0,43 s					β−, β−n 21,2%
		142	≈0,2 s					β−
54	Xe	110	0,2 s	109,94421	−51,970 s	0+		ε, α
		111	0,74 s	110,94148	−54,510 s			ε, α
		111	0,9 s	110,94148	−54,510 s			ε, α
		112	2,7 s	111,93552	−60,060 s	0+		ε 99,16%, α 0,84%
		113	2,74 s	112,93334	−62,090			ε 99,97%, εp 4,2%, α 0,03%, εα

114	10,0 s	113,92788	−67,180	0+		ε
115	18 s	114,92628	−68,670 s	(5/2+)		ε, εp, εα
116	56 s	115,92158	−73,050 s	0+		ε
117	61 s	116,92034	−74,200 s	(5/2+)		ε, εp 0,003%
118	3,8 m	117,91632	−77,950 s	0+		ε
119	5,8 m	118,91546	−78,750	(7/2+)		ε
120	40 m	119,91217	−81,810	0+		ε
121	39,0 m	120,91142	−82,510	(5/2+)		ε
122	20,1 h	121,90870	−85,050	0+		ε
123	2,08 h	122,90847	−85,258	(1/2)+		ε
124	0,10%	123,90590	−87,659	0+	0	
125	16,9 h	124,90640	−87,191	(1/2)+		ε
125 m	57 s	124,90667	−86,938	(9/2)−		IT
126	0,09%	125,90427	−89,174	0+	0	
127	36,4 d	126,90519	−88,319	(1/2+)		ε
127 m	69,2 s	126,90551	−88,022	(9/2−)		IT
128	1,91%	127,90353	−89,860	0+	0	
129	26,4%	128,90478	−88,698	1/2+	−0,777976	
129 m	8,89 d	128,90503	−88,462	11/2−		IT
130	4,1%	129,90351	−89,881	0+	0	
131	21,2%	130,90507	−88,428	3/2+	+0,691861	
131 m	11,9 d	130,90525	−88,264	11/2		IT
132	26,9%	131,90414	−89,292	0+	0	
133	5,243 d	132,90590	−87,659	3/2+		β−
133 m	2.19 d	132,90615	−87,426	11/2−		IT
134	10,4%	133,90539	−88,125	0+	0	
134 m	290 ms	133,90750	−86,166	7−		IT
135	9,14 h	134,90713	−86,506	3/2+		β−
135 m	15,29 m	134,90770	−85,979	11/2−		IT, β− 0,004%
136	$\geqq 2{,}36 \cdot 10^{21}$ y, 8,9%	135,90722	−86,429	0+	0	2β−
137	3,818 m	136,91156	−82,383	(7/2)−		β−
138	14,08 m	137,91400	−80,110	0+		β−, β−n
139	39,68 s	138,91874	−75,690	3/2−		β−
140	13,60 s	139,92164	−72,990	0+		β−
141	1,73 s	140,92666	−68,320	5/2+		β−, β−n, 0,04%
142	1,22 s	141,92968	−65,500	0+		β−
143	0,30 s			5/2−		β−
144	1,15 s			0+		β−
145	0,9 s					β−, β−n
146				0+		

(Fortsetzung)

Z	Symbol	A	$t_{1/2}$ oder rel. Häufigkeit	Isotopenmasse m_a/u	Δ/MeV	Jπ	$\vec{\mu}/\mu_N$	Zerfallsart
55	Cs	113	33 μs	112,94438	−51,810 s			p
		114	0,57 s	113,94123	−54,740 s	(1+)		ε, εp 7%, εα 0,16%, α 0,02%
		115	1,4 s	114,93596	−59,650			ε, εp
		116	3,84 s	115,93313	−62,290	≧4+		ε, εα, εp
		116	0,70 s	115,93313	−62,290	(1+)		ε, εα, εp
		117	6,5 s	116,92887	−66,260			ε
		117 m	8,4 s	116,92887	−66,260			ε
		118	14 s	117,92671	−68,270	2		εα, ε, εp 0,0024%
		118 m	17 s	117,92671	−68,270	8,7,6		εα, ε, εp
		119	37,7 s	118,92245	−72,240	9/2(+)		ε
		119	28 s	118,92245	−72,240	3/2		
		120	64 s	119,92075	−73,820	2		ε
		120	57 s	119,92075	−73,820	high		ε, εp ≦ 1,0·10⁻⁵%
		121	2,27 m	120,91722	−77,110	3/2+		ε
		121 m	121 s	120,91722	−77,110	9/2(+)		ε, IT
		122	21,0 s	121,91611	−78,140	1+		ε
		122 m	0,36 s	121,91611	−78,140			IT
		122 m	4,5 m	121,91611	−78,140	8−		ε
		123	5,87 m	122,91297	−81,070	1/2+		ε
		123 m	1,60 s	122,91314	−80,911	(11/2−)		IT
		124	30,8 s	123,91332	−80,740	1+		ε
		124 m	6,3 s	123,91275	−81,277	(7)+		IT
		125	45 m	124,90970	−84,113	1/2+		ε
		126	1,64 m	125,90945	−84,347	1+		ε
		127	6,25 h	126,90742	−86,243	1/2+		ε
		128	3,62 m	127,90775	−85,928	1+		ε
		129	32,06 h	128,90606	−87,506	1/2+		ε
		130	29,21 m	129,90676	−86,853	1+		ε 98,4%, β− 1,6%
		130 m	3,46 m	129,90694	−86,690	5−		IT 99,84%, ε 0,16%
		131	9,69 d	130,90545	−88,076	5/2+		ε
		132	6,475 d	131,90642	−87,171	2(−)		ε 98%, β− 2%
		133	100%	132,90544	−88,086	7/2+	+2,582023	
		134	2,062 y	133,90670	−86,906	4+		β−, ε 0,0003%
		134 m	2,91 h	133,90685	−86,767	8−		IT
		135	$2{,}3\cdot 10^6$ y	134,90589	−87,662	7/2+	+2,7324	β−

		135 m	53 m	134,90764	−86,029	19/2−		IT
		136	13,16 d	135,90730	−86,354	5+		β−
		136 m	19 s	135,90730	−86,354	8−		IT, β−?
		137	30,1 y	136,90708	−86,556	7/2+	+2,8413	β−
		138	32,2 m	137,91101	−82,896	3−		β−
		138 m	2,91 m	137,91109	−82,816	6−		IT 81%, β− 19%
		139	9,27 m	138,91336	−80,710	7/2+		β−
		140	63,7 s	139,91728	−77,053	1−		β−
		141	24,94 s	140,92005	−74,472	7/2+		β−, β−n 0,03%
		142	1,70 s	141,92428	−70,538	0−		β−, β−n 0,28%
		143	1,78 s	142,92727	−67,745	3/2(+)		β−, β−n 1,62%
		144	1,01 s	143,93197	−63,370	1		β−, β−n 3,17%
		144 m	< 1 s	143,93197	−63,370	(≧4)		β−
		145	0,594 s	144,93536	−60,210	3/2+		β−, β−n 13,8%
		146	0,343 s	145,94020	−55,700	(2−)		β−, β−n 14%
		147	0,25 s	146,94385	−52,300			β− 57%, β−n 43%
		148	158 ms	146,94892	−47,580			β−
56	Ba	117	1,8 s	116,93864	−57,160 s	(3/2)		ε, εα, εp
		118		117,93307	−62,350 s	0+		
		119	5,35 s	118,93080	−64,460 s			ε, εp
		120	32 s	119,92590	−69,020	0+		ε
		121	29,7 s	120,92440	−70,420 s			ε, εp 0,02%
		122	1,95 m	121,91998	−74,540 s	0+		ε
		123	2,7 m	122,91888	−75,560			ε
		124	11,9 m	123,91504	−79,140 s	0+		ε
		125	3,5 m	124,91460	−79,550	(1/2+)		ε
		125	8 m	124,91460	−79,550			ε
		126	100 m	125,91114	−82,770 s	0+		ε
		127	12,7 m	126,91112	−82,790	(1/2+)		ε
		128	2,43 d	127,90824	−85,470	0+		ε
		129	2,23 h	128,90866	−85,080	1/2+		ε
		129 m	2,17 h	128,90867	−85,072	(7/2+)		ε
		130	0,106%	129,90629	−87,291	0+	0	
		131	11,8 d	130,90691	−86,714	1/2+		ε
		131 m	14,6 m	130,90711	−86,526	9/2−		IT
		132	0,101%	131,90505	−88,447	0+		ε
		133	10,52 y	132,90599	−87,570	1/2+	0	IT 99,99%, ε 0.01%
		133 m	38,9 h	132,90630	−87,282	11/2−		

(*Fortsetzung*)

Z	Symbol	A	$t_{1/2}$ oder rel. Häufigkeit	Isotopenmasse m_a/u	Δ/MeV	Jπ	$\overline{\mu}/\mu_N$	Zerfallsart
		134	2,42%	133,90449	−88,965	0+	0	
		135	6,593%	134,90567	−87,867	3/2+		IT
		135 m	28,7 h	134,90596	−87,599	11/2−	+0,837943	
		136	7,85%	135,90456	−88,903	0+	0	IT
		136 m	0,3084 s	135,90674	−86,872	7−		
		137	11,23%	136,90582	−87,732	3/2+	+0,937365	IT
		137 m	2,552 m	136,90653	−87,070	11/2−	0	
		138	71,70%	137,90524	−88,272	0+		β−
		139	83,06 m	138,90454	−88,924	7/2−		β−
		140	12,752 d	139,91060	−83,273	0+		β−
		141	18,27 m	140,91440	−79,732	3/2−		β−
		142	10,6 m	141,91643	−77,847	0+		β−
		143	14,33 s	142,92058	−73,979	5/2+		β−
		144	11,5 s	143,92288	−71,840	0		β−, β−n 3,6%
		145	4,3 s	144,92687	−68,120	5/2−		β−
		146	2,20 s	145,93016	−65,060	0+		β−
		147	0,893 s	146,93398	−61,500			β−, β−n 0,02%
		148	0,607 s	147,93760	−58,130 s	0+		β−, β−n ≦ 0,02%
		149	0,356	148,94171	−54,300 s			β−n 0,43%
57	La	120	2,8 s					ε,εp
		122	8,7 s					ε, εp
		123	17 s					ε
		124	29 s	123,92460	70,240 s	(7/2+)		ε
		125	76 s	124,92076	73,810 s	(11/2−)		ε
		126	1,0 m	125,91943	75,050 s			ε
		127	3,8 m	126,91629	−77,990 s	(3/2+)		ε
		127 m	5,0 m	126,91628	−77,990 s	(11/2−)		
		128	5,0 m	127,91538	−78,820	4− 5−		ε
		129	11,6 m	128,91266	−81,360	(3/2+)		ε
		129 m	0,56 s	128,91284	−81,188	11/2−		IT
		130	8,7 m	129,91241	−81,590	(3+)		ε
		131	59 m	130,91009	−83,750	3/2+		ε
		132	4,8 h	131,91010	−83,740	2−		ε
		132 m	24,3 m	131,91031	−83,551	6−		IT 76%, ε 24%
		133	3,912 h	132,90819	−85,520 s	5/2(+)		

		134	6,45 m	133,90848	−85,252	1+		ε
		135	19,5 h	134,90696	−86,667	5/2+		ε
		136	9,87 m	135,90764	−86,030	1+		ε
		137	$6\cdot10^4$ y	136,90646	−87,130	7/2+		ε
		138	$1,05\cdot10^{11}$ y, 0,0902%	137,90711	−86,531	5+	+3,7139	ε 66,4%, β− 33,6%
		139	99,9098%	138,90635	−87,238	7/2+	+2,7832	β−
		140	1,6781 d	139,90947	−84,327	3−		β−
		141	3,92 h	140,91091	−82,983	7/2(+)		β−
		142	91,1 m	141,91409	−80,027	2−		β−
		143	14,2 m	142,91605	−78,200	7/2+		β−
		144	40,8 s	143,91955	−74,940	3−		β−
		145	24,8 s	144,92161	−73,020			β−
		146	6,27 s	145,92571	−69,200	(2−)		β−
		146 m	10,0 s	145,92574	−69,170	(6)		β−
		147	4,015 s	146,92780	−67,250	(5/2+)		β−, β−n 0.04%
		148	1,05 s	147,93150	−63,810	(2)−		β−, β−n 0.11%
		149	1,2 s	148,93420	−61,290 s			β−, β−n
		150		149,93827	−57,500 s			
58	Ce	123	3,8 s					ε, εp
		124	6s			0+		ε
		125	10 s			(5/2+)		ε, εp
		126	50 s	125,92370	−71,070 s	0+		ε
		127	32 s	126,92240	−72,290 s			ε
		128	6 m	127,91855	−75,870 s	0+		ε
		129	3,5 m	128,91790	−76,480 s			ε
		130	25 m	129,91456	−79,590 s	0+		ε
		131	10 m	130,91441	−79,730 s			ε
		131	5 m	130,91441	−79,730 s			ε
		132	3,5 h	131,91150	−82,440 s	0+		ε
		133	4,9 h	132,91147	−82,470 s	9/2−		ε
		133 m	97 m	132,91147	−82,470 s	1/2+		ε
		134	75,9 h	133,90902	−84,750 s	0+		ε
		135	17,7 h	134,90913	−84,641	1/2(+)		ε
		135 m	20 s	134,90961	−84,195	11/2(−)		IT
		136	0,19%	135,90714	−86,500	0+	0	
		137	9,0 h	136,90777	−85,910	3/2+		ε
		137 m	34,4 h	136,90805	−85,656	11/2−		IT 99,22%, ε 0,78%

(*Fortsetzung*)

Z	Symbol	A	$t_{1/2}$ oder rel. Häufigkeit	Isotopenmasse m_a/u	Δ/MeV	Jπ	$\vec{\mu}/\mu_N$	Zerfallsart
		138	0,25%	137,90599	−87,574	0+	0	
		139	137,640 d	138,90663	−86,973	3/2+		ε
		139 m	54,8 s	138,90744	−86,219	11/2−		IT
		140	88,43%	139,90543	−88,088	0+	0	
		141	32,501 d	140,90827	−85,445	7/2−		β−
		142	$>5 \cdot 10^{16}$ y, 11,13%	141,41814	−84,542	0+	0	
		143	33,10 h	142,91238	−81,616	3/2−		β−
		144	284,893 d	143,91364	−80,441	0+		β−
		145	3,01 m	144,91722	−77,110	(3/2−)		β−
		146	13.52 m	145,91870	−75,730	0+		β−
		147	56,4 s	146,92250	−72,190	5/2−		β−
		148	56 s	147,92439	−70,430	0+		β−
		149	5,2 s	148,92829	−66,800			β−
		150	4,0 s	149,93023	−64,900	0+		β−
		151	1,02 s	150,93381	−61,660			β−
		152	3,1 s	151,93585	−59,760 s	0+		β−
59	Pr	124	1,4 s					ε, εp
		126	3,2 s					ε, εp
		128	3,2 s	127,92880	−66,320s			ε, εp
		129	24 s	128,92479	−70,060 s			ε
		130	40,0 s	129,92348	−71,290 s			ε
		131	1,7 m	130,92008	−74,450 s			
		132	1,6 m	131,91912	−75,340 s			ε
		133	6,5 m	132,91624	−78,020 s	5/2(+)		ε
		134	17 m	133,91557	−78,650 s	2−		ε
		134 m	11 m	133,91557	−78,650 s	(5−)		ε
		135	24 m	134,91313	−80,920	3/2(+)		ε
		136	13,1 m	135,91230	−81,370	2+		ε
		137	1,28 h	136,91068	−83,200	5/2+		ε
		138	1,45 m	137,91075	−83,137	1+		ε
		138 m	2,1 h	137,91114	−82,773	7−		ε
		139	4,41 h	138,90892	−84,844	5/2+		ε
		140	3,39 m	139,90907	−84,700	1+		ε
		141	100%	140,90765	−86,025	5/2+	+4,136	

		142	19,12 h	141,91004	−83,798	2−		β−99, 98%, ε 0,02%
		142 m	14,6 m	141,91004	−83,794	5−		IT
		143	13,57 d	142,91081	−83,078	7/2+		β−
		144	17,28 m	143,91330	−80,760	0−		β−
		144 m	7,2 m	143,91336	−80,701	3−		IT 99,93%, β−0,07%
		145	5,984 h	144,91451	−79,636	7/2+		β−
		146	24,15 m	145,91757	−76,700	(2)−		β−
		147	13,6 m	146,91898	−75,470	(3/2+)		β−
		148	2,27 m	147,92218	−72,490	1−		β−
		148 m	2,0 m	147,92228	−72,400	(4)		β−
		149	2,26 m	148,92379	−70,988	(5/2+)		β−
		150	6,19 s	149,92700	−68,000 s	1(−)		β−
		151	18,90 s	150,92833	−66,760 s	1/2− to 5/2−		β−
		152	3,24 s	151,93112	−64,160 s			β−
		153	4,3 s	152,93304	−62,370 s			β−
		154	2,3 s	153,93654	−59,110 s			β−
60	Nd	127	1,8 s			(5/2)		ε, εp
		128	4 s					ε, εp
		129	4,9 s	128,93250	−62,8805	(5/2−)		ε, εp
		130	28 s	129,92808	−66,990 s	0+		ε
		131	24 s	130,92675	−68,230 s			ε, εp
		132	1,8 m	131,92277	−71,940 s	0+		ε
		133	70 s	132,92209	−72,570 s			ε
		133 m	<2 m	132,92209	−72,570 s	(9/2−)		ε
		134	8,5 m	133,91847	−75,950 s	0+		ε
		135	2,4 m	134,91818	−76,220 s	9/2(−)		ε
		135 m	5,5 m	134,91818	−76,280 s			ε
		136	50,65 m	135,91502	−79,160	0+		ε
		137	38,5 m	136,91444	−79,700	1/2+		ε
		137 m	1,60 s	136,91500	−79,180	11/2−		IT
		138	5,04 h	137,91193	−82,040	0+		ε
		139	29,7 m	138,91191	−82,060	3/2+		ε
		139 m	5,50 h	138,91215	−81,829	11/2−		ε 88,2%, IT 11,8%
		140	3,37 d	139,90932	−84,471	0+		ε
		141	2,49 h	140,90961	−84,203	3/2+		ε
		141 m	62,4 s	140,91042	−83,446	11/2−		IT 99,97%, ε 0,03%
		142	27,13%	141,90772	−85,960	0+	0	
		143	12,18%	142,90981	−84,012	7/2−	−1,065	

(*Fortsetzung*)

Z	Symbol	A	$t_{1/2}$ oder rel. Häufigkeit	Isotopenmasse m_a/u	Δ/MeV	$J\pi$	$\vec{\mu}/\mu_N$	Zerfallsart
		144	$2{,}29 \cdot 10^{15}$ y, 23,80%	143,91008	−83,758	0+	0	α
		145	8,30%	144,91257	−81,442	7/2−	−0,656	α
		146	17,19%	145,91311	−80,935	0+	0	
		147	10,98 d	146,91610	−78,156	5/2−		$\beta-$
		148	5,76%	147,91689	−77,418	0+	0	
		149	1,72 h	148,92015	−74,385	5/2−		$\beta-$
		150	$> 1 \cdot 10^{18}$ y 5,64%	149,92089	−73,693	0+	0	$2\beta-$
		151	12,44 m	150,92383	−70,956	(3/2)+		$\beta-$
		152	11,4 m	151,92468	−70,160	0+		$\beta-$
		153	28,9 s	152,92789	−67,170 s			$\beta-$
		154	25,9 s	153,92930	−65,860	0+		$\beta-$
		155	8,9 s	154,93269	−62,700			$\beta-$
		156	5,5 s	155,93498	−60,570	0+		$\beta-$
61	Pm	130	2,2 s					$\varepsilon, \varepsilon p$
		132	5,0 s	131,93351	−61,940 s			$\varepsilon, \varepsilon p$
		133	12 s	132,92955	−65,620 s			ε
		134	24 s	133,92802	−67,050 s	(5+)		ε
		135	49 s	134,92462	−70,220 s	(11/2−)		ε
		136	≈ 107 s	135,92346	−71,300 s	(3+)		ε
		136	107 s	135,92346	−71,300 s	(5+), 6−		ε
		137	2,4 m	136,92054	−74,020 s	(11/2)−		ε
		138	10 s	137,91933	−75,140 s	1+		ε
		138 m	3,24 m	137,91933	−75,140	(3+)		ε
		138 m	3,24 m	137,91933	−75,140	(6−)		
		139	4,15 m	138,91676	−77,540	(5/2)+		ε
		139 m	180 ms	138,91696	−77,351	(11/2)−		IT, ε?
		140	9,2 s	139,91586	−78,380	1+		ε
		140 m	5,95 m	139,91686	−78,380	7−		ε
		141	20,90 m	140,91361	−80,472	5/2+		ε
		142	40,5 s	141,91295	−81,090	1+		ε
		143	265 d	142,91093	−82,970	5/2+		ε
		144	363 d	143,91259	−81,425	5−		ε
		145	17,7 y	144,91275	−81,278	5/2+		$\varepsilon, \alpha\, 3 \cdot 10^{-7}$%
		146	5,53 y	145,91470	−79,458	3−		ε 66,1%, $\beta-$ 33,9%

		147	2,6234 y	146,91513	−79,052	7/2+	+2,58	β−
		148	5,370 d	147,91747	−76,874	1−		β−
		148 m	41,29 d	147,91762	−76,736	6−		β− 95,4%, IT 5%
		149	53,08 h	148,91833	−76,073	7/2+		β−
		150	2,68 h	149,92098	−73,606	(1−)		β−
		151	28,40 h	150,92120	−73,398	5/2+		β−
		152	4,1 m	151,92349	−71,270	1+		β−
		152 m	7,52 m	151,92367	−71,100	4−		β−
		152 m	13,8 m	151,92367	−71,100	(8)		β−, IT
		153	5,4 m	152,92413	−70,669	5/2−		β−
		154	1,73 m	153,92656	−68,410	(0, 1)		β−
		154 m	2,68 m	153,92656	−68,410	(3, 4)		β−
		155	48 s	154,92797	−67,100 s	(5/2−)		β−
		156	26,7 s	155,93090	−64,370			
		157	10,90 s	156,93304	−62,370			β−
		158	4,8 s	157,93622	−59,410			β−
62	Sm	131	1,2 s					ε, εp
		133	2,9 s			(5/2+)		ε, εp
		134	11 s	133,93339	−62,050 s	0+		ε
		135	10 s	134,93181	−63,520 s	(7/2+)		ε, εp
		136	43 s	135,92779	−67,260 s	0+		ε
		137	45 s	136,92689	−68,100 s	(9/2−)		ε
		138	3,0 m	137,92320	−71,540 s	0+		ε
		139	2,57 m	138,92262	−72,080	(1/2+)		ε
		139 m	10,7 s	138,92311	−71,622	(11/2−)		IT 93,7%, ε 6,3%
		140	14,82 m	139,91908	−75,380 s	0+		ε
		141	10.2 m	140,91847	−75,943	1/2+		ε
		141 m	22,6 m	140,91866	−75,767	11/2−		ε 99,69%, IT 0,31%
		142	72,49 m	141,91521	−78,986	0+		ε
		143	8,83 m	142,91463	−79,526	3/2+		ε
		143 m	66 s	142,91544	−78,772	11/2−		IT 99,66%, ε 0,34%
		144	3,1%	143,91200	−81,975	0+	0	
		145	340 d	144,91341	−80,660	7/2−		ε
		146	$10{,}31 \cdot 10^{7}$ y	145,91304	−81,000	0+	0	α
		147	$1{,}06 \cdot 10^{11}$ y, 15,0%	46,91489	−79,276	7/2−	−0,8148	α
		148	$7 \cdot 10^{15}$ y 11,3%	147,91482	−79,346	0+	0	α
		149	$> 2 \cdot 10^{15}$ y 13,8%	148,91718	−77,146	7/2−	−0,6717	
		150	7,4%	149,91727	−77,060	0+	0	

(Fortsetzung)

Z	Symbol	A	$t_{1/2}$ oder rel. Häufigkeit	Isotopenmasse m_a/u	Δ/MeV	Jπ	$\vec{\mu}/\mu_N$	Zerfallsart
		151	90 y	150,91993	−74,587	5/2−		β−
		152	26,7%	151,91973	−74,773	0+	0	
		153	46,27 h	152,92209	−72,569	3/2+		β−
		154	22,7%	153,92221	−72,465	0+	0	
		155	22,3 m	154,92464	−70,201	3/2−		β−
		156	9,4 h	155,92552	−69,374	0+		β−
		157	8,07 m	156,92821	−66,870			β−
		158	5,51 m	157,92979	−65,400	0+		β−
		161	26 s	160,93369	−61,770 s			β−
		162	10,6 s	161,93658	−59,080 s			β−
		159	11,2 s	158,93304	−62,370			β−
		160	9,6 s	159,93521	−60,350			β−
63	Eu	134	0,5 s					ε, εp
		135	1,5 s					ε
		136	3,9 s	135,93881	−57,000	(1+)		ε, εp
		136 m	≈3,2 s	135,93881	−57,000	(7+)		
		137	11 s	136,93481	−60,720 s	(11/2−)		ε
		138	12,1 s	137,93308	−62,340 s	(7+)		ε
		139	17,9 s	137,92954	−65,630 s	(11/2−)		ε
		140	1,54 s	139,92809	−6,6980	1(−)		ε
		140 m	1,125 s	139,92809	−66,980			ε
		141	40,0 s	139,92487	−69,980	5/2+		ε
		141 m	2,7 s	140,92498	−69,884	11/2−		ε 7%, IT 93%
		142	2,4 s	141,92315	−71,590	1+		ε
		142 m	1,22 n	141,92334	−71,410	8−		ε
		143	2,63 m	142,92015	−74,380	5/2+		ε
		144	10,2 s	143,91879	−75,646	1+		ε
		145	5,93 d	144,91626	−78,000	5/2+		ε
		146	4,59 d	145,91720	−77,125	4−		ε
		147	24,1 d	146,91674	−77,555	5/2+		ε, α 0,0022%
		148	54.5 d	147,91815	−76,239	5−		ε, α 9,4·10^{7}%
		149	93,1 d	148,91792	−76,455	5/2+		ε
		150 m	12,8 h	149,91970	−74,800	0(−)		β− 89%, ε 11%
		150	35,8 y	149,91974	−74,758	5(−)		ε
		151	47,8%	150,91985	−74,663	5/2+	+3,4717	

		152	13,542 y	151,92174	−72,899	3−	−1,9414	ε 72,08%, β−27,92%
		152 m	9,274 h	151,92179	−72,853	0−		β−72%, ε 28%
		152 m	96 m	151,92190	−72,751	8−		IT
		153	52,2%	152,92123	−73,378	5/2+	+1,5330	
		154	8,592 y	152,92298	−71,748	3−		β−99,98%, ε 0,02%
		154 m	46,0 m	153,92314	−71,591	(8−)		IT
		155	4,68 y	154,92289	−71,829	5/2+		β−
		156	15,19 d	155,92475	−70,096	0+		β−
		157	15,18 h	156,92542	−69,472	5/2+		β−
		158	45,9 m	157,92784	−67,220	(1−)		β−
		159	18,1 m	158,92908	−66,058	(5/2+)		β−
		160	38 s	159,93178	−63,550 s	(0−)		β−
64	Gd	137	7 s					ε, εp
		138		137,93919	−56,640 s			
		139	4,9 s	138,93723	−58,470 s			ε, εp
		140	16 s	139,93293	−62,480 s	0+		ε
		141	≈20 s	140,93179	−63,540 s	1/2+		ε, εp 0,03%
		141 m	24,5 s	140,93219	−63,162 s	11/2−		ε 86%, IT 14%
		142	70,2 s	141,92765	−67,390 s	0+		ε
		143	39 s	142,92650	−68,470 s	(1/2+)		ε
		143 m	112 s	142,92666	−68,317 s	11/2−		ε
		144	4,5 m	143,92276	−71,950 s	0+		ε
		145	23,0 m	144,92169	−72,950	1/2+		ε
		145 m	85 s	144,92249	−72,201	11/2−		IT 94,3%, ε 5,7%
		146	46,27 d	145,91831	−76,099	0+		ε
		147	38,06 h	146,91909	−75,367	7/2−		ε
		148	74,6 y	147,91811	−76,278	0+		α
		149	9,4 d	148,91934	−75,135	7/2(−)		ε, α
		150	$1{,}79\cdot10^{6}$ y	149,91866	−75,771	0+		α
		151	124 d	150,92034	−74,199	7/2−		ε, α $1{,}0\cdot10^{-6}$%
		152	$1{,}08\cdot10^{14}$ y, 0,20%	151,91979	−74,718	0+	0	α
		153	241,6 d	152,92175	−72,893	3/2−		ε
		154	2,18%	153,92086	−73,717	0+	0	
		155	14,80%	154,922619	−72,081	3/2−	−0,2591	
		156	20,47%	155,922119	−72,546	0+	0	
		157	15,65%	156,923957	−70,834	3/2−	−0,3398	
		158	24,84%	157,924100	−70,701	0+	0	

(*Fortsetzung*)

Z	Symbol	A	$t_{1/2}$ oder rel. Häufigkeit	Isotopenmasse m_a/u	Δ/MeV	$J\pi$	$\bar{\mu}/\mu_N$	Zerfallsart
		159	18,56 h	158,926386	−68,572	3/2−		$\beta-$
		160	21,86%	159,927050	−67,953	0+	0	
		161	3,66 m	160,929665	−65,517	5/2−		$\beta-$
		162	8,4 m	161,931036	−64,240	0+		$\beta-$
		163	68 s	162,933881	−61,590 s	(5/2−)		$\beta-$
		164	4,5 s	163,93636	−59,280 s			$\beta-$
65	Tb	140	2,4 s	139,94441	−51,780 s			ε, εp
		141	3,5 s	140,94033	−55,580 s	(11/2−)		ε
		141 m	7,9 s	140,94033	−55,580 s			ε
		142	597 ms	141,93839	−57,390 s	1+		ε, εp ≈ $3{,}0\cdot10^{-7}$%
		142 m	303 ms	141,93839	−57,390 s	(5−)		IT?, ε?, εp?
		143	12 s	142,93455	−60,970 s	(11/2−)		ε
		143 m	< 17 s	142,93455	−60,970 s	(5/2+)		
		144	≈ 9 s	143,932636	−62,750 s	(1+)		ε
		144 m	4,25 s	143,93306	−62,353 s	(6−)		IT 66%, ε 34%
		145		144,928932	−66,200 s	(1/2+)		
		145 m	29,5 s	144,92893	−66,200 s	(11/2−)		ε
		146	8 s	145,927150	−67,860	1+		ε
		146 m	23 s	145,927150	−67,860	5−		ε
		147	1,7 h	146,923908	−70,880	1/2+		ε
		147 m	1,83 m	146,923966	−70,826	11/2−		ε
		148	60 m	147,924123	−70,680	2−		ε
		148 m	2,20 m	147,924219	−70,590	9+		ε
		149	4,13 m	148,923243	−71,499	1/2+		ε, 4,2%, α = 15,8%
		149 m	4,16 m	148,923282	−71,463	(11/2−)		ε, α
		150 m	3,48 h	149,923658	−71,113	(2−)		ε, α < 0,05%
		150 m	5,8 m	149,923658	−71,113	(8+, 9+)		ε
		151	17,609 h	150,923099	−71,633	1/2(+)		ε, α 0,0095%
		151 m	25 s	150,923207	−71,533	(11/2−)		IT 93,8%, ε 6,2%
		152	17,5 h	151,924026	−70,770	2−		ε, α < $7{,}0\cdot10^{-7}$%
		152 m	4,2 m	151,924565	−70,268	8+		IT 78,9%, ε 21,1%
		153	2,34 d	152,923433	−71,322	5/2+		ε
		154	21,5 h	153,924692	−70,150	0		ε, $\beta-$ < 0,1%
		154 m	9,0 h	153,924692	−70,150	3		ε 78,2%, IT 21,8%, $\beta-$ < 0,1%

		154 m	22,7 h	153,924692	−70,150	7−		ε 98,2%, IT 1,8%
		155	5,32 d	154,923499	−71,261	3/2+		ε
		156	5,35 d	155,924743	−70,102	3−		ε, β−?
		156 m	5,3 h	155,924798	−70,052	(0+)		IT, ε
		156 m	24,4 h	155,924838	−70,014	(7−)		IT
		157	99 y	156,924024	−70,772	3/2+		ε
		158	180 y	157,925411	−69,480	3−		ε 83,4%, β− 16,6%
		158 m	10,5 s	157,925529	−69,370	0−		IT, β− < 0,6%, ε < 0,01%
		159	100%	158,925344	−69,542	3/2+	+2,014	
		160	72,3 d	159,927165	−67,846	3−	+1,702	β−
		161	6,88 d	160,927568	−67,471	3/2+		β−
		162	7,76 m	161,929490	−65,680	1−		β−
		163	19,5 m	162,930542	−64,700	3/2+		β−
		164	3,0 m	163,933344	−62,090	(5+)		β−
		165	2,11 m	164,934933	−60,610 s	3/2+		β−
66	Dy	141	0,9 s					ε, εp
		142	2,3 s	141,94586	−50,990 s	0+		ε, εp ≈ $8{,}0 \cdot 10^{-5}$%
		143	3,9 s	142,94324	−52,870 s			ε, εp
		144	9,1 s	143,93865	−57,150 s	0+		ε, εp
		145		144,936930	−58,750 s			
		145 m	13,6 s	144,93693	−58,750 s	(11/2−)		ε
		146	29 s	145,932518	−62,860 s	0+		ε
		146 m	150 ms	145,93252	−62,860 s	(10+)		IT
		147	40 s	146,930939	−64,330	1/2+		ε, εp
		147 m	55,7 m	146,931746	−63,579	11/2−		ε 67%, IT 33%
		148	3,1 m	147,927000	−68,000	0+		ε
		149	4,23 m	148,927107	−67,900	(7/2−)		ε
		150	7,17 m	149,925578	−69,324	0+		ε 64%, α 36%
		151	17,9 m	150,926179	−68,764	7/2−		ε 94,4%, α 5,6%
		152	2,38 h	151,924716	−70,127	0+		ε 99,9%, α 0,1%
		153	6,4 h	152,925763	−69,152	7/2(−)		ε 99,99%, α 0,0094%
		154	$3 \cdot 10^6$ y	153,924424	−70,399	0+		α
		155	10,0 h	154,92575	−69,166	3/2−		ε
		156	0,06%	155,92428	−70,536	0+	0	
		157	8,14 h	156,92546	−69,434	3/2−		ε
		158	0,10%	157,92440	−70,418	0+	0	
		159	144,4 d	158,92574	−69,176	3/2−		ε
		160	2,34%	159,92519	−69,682	0+	0	
		161	18,9%	160,92693	−68,064	5/2+	−0,4805	

(*Fortsetzung*)

Z	Symbol	A	$t_{1/2}$ oder rel. Häufigkeit	Isotopenmasse m_a/u	Δ/MeV	Jπ	$\overline{\mu}/\mu_N$	Zerfallsart
		162	25,5%	161,92680	−68,189	0+	0	
		163	24,9%	162,92873	−66,389	5/2−	+0,6726	
		164	28,2%	163,92917	−65,976	0+	0	
		165	2,334 h	164,93170	−63,621	7/2+		β−
		165 m	1,257 m	164,93182	−63,513	1/2−		IT 97,76%, β− 2,24%
		166	81,6 h	165,93280	−62,593	0+		β−
		167	6,20 m	166,93565	−59,940	(1/2−)		β−
		168	8,5 m	167,93720	−58,500 s	0+		β−
67	Ho	144	0,7 s	143,95099	−45,650 s			ε, εp
		145		144,94632	−50,000 s			
		146	3,6 s	145,94400	−52,160 s	(10+)		ε, εp
		147	5,8 s	146,93958	−56,280 s	(11/2)		ε, εp
		148	2,2 s	147,93733	−58,380 s	1+		ε
		148 m	9,59 s	147,93733	−58,380 s	(6−)		ε, εp 0,08%
		149	>30 s	148,93354	−61,910 s	(1/2+)		ε
		149	21,4 s	148,93354	−61,910 s	(11/2−)		ε
		150	72 s	149,93324	−62,210 s	(2−)		ε
		150	26 s	149,93324	−62,210 s	(9+)		ε
		151	35,2 s	150,93159	−63,720	(11/2−)		ε 78%, α 22%
		151 m	47,2 s	150,93159	−63,679	(1/2+)		α > 40%
		152	161,8 s	151,93156	−63,750	2−		ε 88%, α 12%
		152 m	49,5 s	151,93173	−63,590	9+		ε 89,2%, α 10,8%
		153	2,0 m	152,93020	−65,023	(11/2−)		ε 99,95%, α 0,05%
		153 m	9,3 m	152,93027	−64,955	1/2(−)		ε 99,82%, α 0,18%, IT
		154	11,8 m	153,93060	−64,647	(1−,2,3+)		ε 99,98%, α 0,02%
		154 m	3,25 m	153,93060	−64,647	(8+)		ε, α < 0,001%
		155	48 m	154,92908	−66,064	5/2+		ε, α
		156	56 m	155,92958	−65,600	(5+)		ε
		156 m	55,6 m	155,92964	−65,540 s	1		IT, ε
		157	12,6 m	156,92819	−66,890	7/2−		ε
		158	11,3 m	157,92893	−66,200	5+		ε
		158 m	21,3 m	157,92913	−66,020	(9+)		ε
		158 m	27 m	157,92900	−66,133	2−		IT > 81%, ε < 19%
		159	33,5 m	158,92771	−67,338	7/2−		ε
		159 m	8,30 s	158,92793	−67,132	1/2+		IT

		160	25,6 m	159,92873	−66,391	5+		ε
		160 m	5,02 h	159,92879	−66,331	2−		IT 65%, ε 35%
		160 m	3 s	159,92879	−66,330	(1+)		
		161	2,48 h	160,92785	−67,207	7/2−		ε
		161 m	6,76 s	160,92808	−66,996	1/2+		IT
		162	15 m	161,92909	−66,050	1+		ε
		162 m	67 m	161,92921	−65,944	6−		IT 63%, ε 37%
		163	4570 y	162,92873	−66,386	7/2−		ε
		163 m	1,09 s	162,92905	−66,088	1/2+		IT
		164	29 m	163,93023	−64,990	1+		ε 60%, β − 40%
		164 m	37,5 m	163,93038	−64,850	6−		IT
		165	100%	164,93032	−64,907	7/2−	+4,173	
		166	26,80 h	165,93228	−63,079	0−	0	β−
		166 m	$1{,}20 \cdot 10^3$ y	165,93229	−63,073	(7)−		β−
		167	3,1 h	166,93313	−62,291	7/2−		β−
		168	2,99 m	167,93531	−60,260	3+		β−
		169	4,7 m	168,93687	−58,805	7/2−		β−
		170	2,76 m	169,93961	−56,250	(6+)		β−
		170 m	43 s	169,93974	−56,130	1(+)		β−
68	Er	146		145,95163	−45,060 s			
		147	2,5 s	146,94919	−47,330 s	(11/2−)		ε, εp
		147 m	≈2,5 s	146,94919	−47,330 s	(1/2+)		ε, εp
		148	4,6 s	147,94418	−52,000 s	0+		ε
		149	10,7 s	148,94101	−54,950	(1/2+)		ε, εp
		149 m	10,8 s	148,94181	−54,208	(11/2−)		ε, εp, IT
		150	18,5 s	149,93761	−58,120 s	0+		ε
		151	23,5 s	150,93724	−58,460 s	(7/2−)		ε
		152	10,3 s	151,93490	−60,640	0+		α 90%, ε 10%
		153	37,1 s	152,93487	−60,670 s	(7/2−)		α 53%, ε 47%
		154	3,68 m	153,93277	−62,622	0+		ε 99,53%, α 0,47%
		155	5,3 m	154,93320	−62,220	(7/2−)		ε ≦ 99,98%, α ≧ 0,02%
		156	19,5 m	155,93117	−64,100 s	0+		ε
		157	18,65 m	156,93192	−63,420	3/2−		ε, α?
		158	2,24 h	157,92990	−65,300 s	0+		ε
		159	36 m	158,93068	−64,570	3/2−		ε
		160	28,58 h	159,92908	−66,063	0+		ε
		161	3,21 h	160,93000	−65,203	3/2−		ε
		162	0,14%	161,92878	−66,346	0+	0	

(*Fortsetzung*)

Z	Symbol	A	$t_{1/2}$ oder rel. Häufigkeit	Isotopenmasse m_a/u	Δ/MeV	Jπ	$\overline{\mu}/\mu_N$	Zerfallsart
		163	75,0 m	162,93003	−65,177	5/2−		ε
		164	1,61%	163,92920	−65,952	0+	0	
		165	10,36 h	164,93072	−64,530	5/2−		ε
		166	33,6%	165,93029	−64,933	0+	0	
		167	22,95%	166,93205	−63,298	7/2+	−0,5665	
		167 m	2,269 s	166,93227	−63,090	1/2−		IT
		168	26,8%	167,93237	−62,998	0+	0	
		169	9,40 d	168,93459	−60,930	1/2−		β−
		170	14,9%	169,93546	−60,117	0+	0	
		171	7,52 h	170,93803	−57,727	5/2−		β−
		172	49,3 h	171,93935	−56,491	0+		β−
		173	1,4 m	172,94239	−53,660	(7/2−)		β−
		174	3,3 m			0+		β−
69	Tm	147	0,56 s	146,96059	−36,710 s	(11/2−)		ε ≈ 90%, p ≈ 10%
		148 m	0,7 s	147,95719	−39,880 s	(10+)		ε
		149	0,9 s	148,95222	−44,510 s	(11/2−)		ε
		150	2,3 s	149,94953	−47,010 s	(6−)		ε
		151 m	4,13 s	150,94501	−51,220 s	(11/2−)		ε
		151 m	5,2 s	150,94501	−51,220 s	(1/2+)		ε
		152	5,2 s	151,94434	−51,850 s	9+		ε
		152 m	8,0 s	151,94434	−51,850 s	(2−)		ε
		153	1,48 s	152,94177	−54,240	(11/2−)		α 91%, ε 9%
		153 m	2,5 s	152,94182	−54,197 s	(1/2+)		α 95%, ε 5%
		154	8,1 s	153,94128	−54,700 s	2−		ε 56%, α 44%
		154	3,30 s	153,94128	−54,700 s	(9+)		α 90%, ε 10%
		155	32 s	154,93910	−56,730			ε > 94%, α < 6%
		156	83,8 s	155,93883	−56,980	2−		ε 99,91%, α 0,09%
		156 m	19 s	155,93883	−56,980			α
		157	3,5 m	156,93678	−58,890 s	1/2+		ε
		158	4,02 m	157,93677	−58,900 s	2−		ε
		158 m	≈ 20 s	157,93677	−58,900 s	(5+)		
		159	9,15 m	158,93487	−60,670 s	5/2+		ε
		160	9,4 m	159,93509	−60,460 s	1−		ε
		160 m	74,5 s	159,93520	−60,360	(5)		ε 15%
		161	33 m	160,93333	−62,100 s	7/2+		ε

		162	21,7 m	161,93392	−61,550	1−		ε
		162 m	24,3 s	161,93413	−61,358	5+		IT 82%, ε 8%
		163	1,81 h	162,93265	−62,738	1/2+		ε
		164	2,0 m	163,93345	−61,990	1+		ε, ε 39%
		164	5,1 m	163,93345	−61,990	6−		IT ≈ 80%, ε 20%
		165	30,06 h	164,93243	−62,938	1/2+		ε
		166	7,70 h	165,93355	−61,894	2+		ε
		167	9,25 d	166,93285	−62,550	1/2+		ε
		168	93,1 d	167,93417	−61,319	3(+)		ε 99,99%, β− 0,01%
		169	100%	168,93421	−61,280	1/2+	−0,2316	
		170	128,6 d	169,93580	−59,802	1−		β− 99,85%, ε 0,15%
		171	1,92 y	170,93643	−59,217	1/2+		β−
		172	63,6 h	171,93840	−57,382	2−		β−
		173	8,24 h	172,93960	−56,265	(1/2+)		β−
		174	5,4 m	173,94217	−53,870	(4−)		β−
		175	15,2 m	174,94385	−52,300	(1/2+)		β−
		176	1,9 m	175,94665	−49,700 s	(4+)		β−
		177	130 s					
70	Yb	151	≈ 1,6 s	150,95495	−41,960 s	(1/2+)		ε, εp
		151 m	≈ 1,6 s	150,95495	−41,960 s	(11/2−)		ε, εp
		152	3,1 s	151,94993	−46,640 s	0+		ε
		153	4,2 s	152,94925	−47,270 s			α 50%, ε 50%
		154	0,402 s	153,94609	−50,220 s	0+		α ≈ 98%, ε ≈ 2%
		155	1,72 s	154,94557	−50,700 s			α 84%, ε 16%
		156	26,1 s	155,94266	−53,410	0+		ε 90%, α 10%
		157	38,6 s	156,94243	−53,630 s	(7/2−)		ε 99,5%, α 0,5%
		158	1,57 m	157,93986	−56,022	0+		ε, α ≈ 0,003%
		159	1,40 m	158,94000	−55,900 s	(5/2)		ε
		160	4,8 m	159,93756	−58,160 s	0+		ε
		161	4,2 m	160,93784	−57,900 s	(3/2−)		ε
		162	18,87 m	161,93575	−59,850 s	0+		ε
		163	11,05 m	162,93626	−59,370	(3/2−)		ε
		164	75,8 m	163,93453	−60,990 s	0+		ε
		165	9,9 m	164,93540	−60,175	5/2−		ε
		166	56,7 h	165,93388	−61,589	0+		ε
		167	17,5 m	166,93495	−60,596	5/2−		ε
		168	0,13%	167,93390	−61,575	0+		
		169	32,022 d	168,93519	−60,371	7/2+		ε

(Fortsetzung)

Z	Symbol	A	$t_{1/2}$ oder rel. Häufigkeit	Isotopenmasse m_a/u	Δ/MeV	Jπ	$\bar{\mu}/\mu_N$	Zerfallsart
		169 m	46 s	168,93522	−60,347	1/2−		IT
		170	3,05%	169,93476	−60,770	0+	0	
		171	14,3%	170,93632	−59,314	1/2−	+0,49367	
		172	21,9%	171,93638	−59,262	0+	0	
		173	16,12%	172,93821	−57,558	5/2−	−0,67989	
		174	31,8%	173,93886	−56,951	0+	0	
		175	4,19 d	174,94127	−54,702	7/2−		β−
		176	12,7%	175,94256	−53,501	0+	0	
		176 m	11,4 s	175,94369	−52,451	(8−)		IT ≧ 90%, β− < 10%
		177	1,9 h	176,94525	−50,996	9/2+		β−
		177 m	6,41 s	176,94561	−50,664	1/2−		IT
		178	74 m	177,94664	−49,705	0+		β−
		179	8,1 m					β−
		180	2,4 m					β−
71	Lu	150		149,97279	−25,350 s			
		151	85 ms	150,96672	−31,000 s			p
		152	0,7 s	151,96345	−34,050 s	(6−, 5−)		ε
		153		152,95830	−38,840			
		154	0,96 s	153,95706	−40,000			ε
		155	70 ms	154,95385	−42,990 s			α 79%, ε 21%
		155 m	2,60 m	154,95578	−41,192 s			α
		156	≈0,5 s	155,95295	−43,830 s			α ≈ 70%, ε
		156 m	0,18 s	155,95295	−43,830 s			α ≈ 95%, IT?, ε?
		157	5,4 s	156,94988	−46,690			ε 94%, α 6%
		158	10,4 s	157,94902	−47,490			ε > 98,5%, α < 1,5%
		159	12,3 s	158,94657	−49,770			ε, α 0,04%
		160	35,5 s	159,94583	−50,460			ε
		161	72 s	160,94353	−52,600 s	(5/2+)		ε
		162	1,37 m	161,94325	−52,860 s	(1−)		ε
		162 m	1,5 m	161,94325	−52,860 s	(4−)		ε
		162 m	1,9 m	161,94325	−52,860 s			ε
		163	238 s	162,94120	−54,770 s	(1/2−)		ε
		164	3,14 m	163,94123	−54,740 s			ε
		165 m	10,74 m	164,93960	−56,260 s	(7/2+)		ε
		165 m	12 m	164,93960	−56,260	1/2+		

		166	65 m	165,93976	−56,110	(6−)		ε
		166 m	1,41 m	165,93980	−56,076	(3−)		ε 58%, IT 42%
		166 m	2,12 m	165,93981	−56,067	(0−)		ε > 80%, IT < 20%
		167	51,5 m	166,93830	−57,470	7/2+		ε
		168	5,5 m	167,93871	−57,090	(6−)		ε
		168 m	6,7 m	167,93895	−56,870	3+		ε > 95%, IT < 5%
		169	34,06 h	168,93765	−58,078	7/2+		ε
		169 m	160 s	168,93768	−58,049	1/2−		IT
		170	2,00 d	169,93847	−57,311	0+		ε
		170 m	0,67 s	169,93857	−57,218	4−		IT
		171	8,24 d	170,93791	−57,834	7/2+		ε
		171 m	79 s	170,93799	−57,763	1/2−		IT
		172	6,70 d	171,93909	−56,741	4−		ε
		172 m	3,7 m	171,93913	−56,699	1−		IT
		173	1,37 y	172,93893	−56,886	7/2+		ε
		174	3,31 y	173,94034	−55,575	(1−)		ε
		174 m	142 d	173,94052	−55,404	(6−)		IT 99,38%, ε 0,62%
		175	97,41%	174,94077	−55,171	7/2+	+2,2327	
		176	$3{,}78\cdot 10^{10}$ y, 2,59%	175,94268	−53,394	7−	+3,19	β−
		176 m	3,635 h	175,94281	−53,271	1−		β− 99,9%, ε 0,1%
		177	6,71 d	176,94375	−52,394	7/2+		β−
		177 m	160,9 d	176,94479	−51,424	23/2−		β− 79%, IT 21%
		178	28,4 m	177,94596	−50,338	1(+)		β−
		178 m	23,1 m	177,94620	−50,118	(9−)		β−
		179	4,59 h	178,94728	−49,110	(7/2+)		β−
		180	5,7 m	179,94988	−46,690	3+,4+,5+		β−
		181	3,5 m			(7/2+)		β−
		182	2,0 m			(0,1,2)		β−
		183	58 s			(7/2+)		β−
		184	≈20 s					β−
72	Hf	154	2s	153,96412	−33,420 s	0+		ε, α?
		155	0,89 s	154,96286	−34,600			ε, α
		156	25 ms	155,95901	−38,180	0+		α
		157	110 ms	156,95818	−38,960 s			α 91%, ε 9%
		158	2,9 s	157,95448	−42,400 s	0+		ε 54%, α 46%
		159	5,6 s	158,95330	−43,050			ε 88%, α 12%
		160	≈12 s	159,94976	−46,080	0+		ε 97,7%, α 2,3%
		161	17 s	160,95010	−46,480 s			α, ε

(*Fortsetzung*)

Z	Symbol	A	$t_{1/2}$ oder rel. Häufigkeit	Isotopenmasse m_a/u	Δ/MeV	Jπ	$\vec{\mu}/\mu_N$	Zerfallsart
		162	37,6 s	161,94721	−49,178	0+		ε 99,99%, α 0,01%
		163	40,0 s	162,94699	−49,380 s			ε
		164	2,8 m	163,94440	−51,790 s	0+		ε
		165	1,7 m	164,94453	−51,670 s	(11/2−)		ε
		166	6,77 m	165,94225	−53,790 s	0+		ε
		167	2,05 m	166,94260	−53,470 s	(5/2−)		ε
		168	25,95 m	167,94064	−55,290 s	0+		ε
		169	3,24 m	168,94116	−54,810	(5/2)−		ε
		170	16,01 h	169,93966	−56,210 s	0+		ε
		171	12,1 h	170,94049	−55,430	(7/2+)		ε
		172	1,87 y	171,93946	−56,390	0+		ε
		173	23,6 h	172,94064	−55,290 s	1/2−		ε
		174	$2{,}0 \cdot 10^{15}$ y 0,162%	173,94004	−55,851	0+	0	α
		175	70 d	174,94151	−54,488	5/2−		ε
		176	5,206%	175,94140	−54,582	0+	0	
		177	18,606%	176,94322	−52,892	7/2−		
		177 m	1,08 s	176,94463	−51,577	23/2+	+0,7935	IT
		177 m	51,4 m	176,94616	−50,152	37/2−		IT
		178	27,297%	177,94370	−52,446	0+	0	
		178 m	4,0 s	177,94493	−51,299	8−		IT
		178 m	31 y	177,94632	−50,000	16		IT
		179	13,629%	178,94581	−50,475	9/2+	−0,6409	
		179 m	18,67 s	178,94622	−50,100	1/2−		IT
		179 m	25,1 d	178,94700	−49,369	25/2−		IT
		180	35,100%	179,94655	−49,791	0+	0	
		180 m	5,5 h	179,94777	−48,649	8−		IT ≧98,6%, β− 1,4%
		181	42,39 d	180,94910	−47,416	1/2−		β−
		182	$9 \cdot 10^6$ y	181,95055	−46,062	0+		β−
		182 m	61,5 m	181,95181	−44,889	8−		β− 58%, IT 42%
		183	1,067 h	182,95353	−43,290	(3/2−)		β−
		184	4,12 h	183,95545	−41,500	0+		β−
73	Ta	156		155,97184	−26,230 s			
		157	5,3 ms	156,96776	−30,030 s			α > 77%
		158	36,8 ms	157,96632	−31,370 s			α 93%, ε 7%
		159	0,57 s	158,96262	−34,820 s			α 80%, ε 20%

		160	1,4 s	159,96151	−35,850 s			α
		161	2,7 s	160,95815	−38,980 s			ε ≈ 95%, α ≈ 5%
		162	3,52 s	161,95699	−40,060 s			ε, α
		163	11,0 s	162,95427	−42,600 s			ε ≈ 99,8%, α ≈ 0,2%
		164	14,2 s	163,95349	−43,320 s			ε 99,98%, α 0,02%
		165	31,0 s	164,94112	−54,850 s			ε
		166	34,4 s	165,95028	−46,310 s	(2−)		ε
		167	1,4 m	166,94797	−48,470 s			ε
		168	2,44 m	167,94784	−48,590 s	(3+)		ε
		169	4,9 m	168,94592	−50,380 s			ε
		170	6,76 m	169,94610	−50,210 s	(3+)		ε
		171	23,3 m	170,94447	−51,730 s	(5/2−)		ε
		172	36,8 m	171,94475	−51,470	(3−)		ε
		173	3,14 h	172,94365	−52,490 s	5/2(−)		ε
		174	1,18 h	173,94434	−51,850 s	3(−)		ε
		175	10,5 h	174,94365	−52,490 s	7/2+		ε
		176	8,09 h	175,94475	−51,470	(1)−		ε
		177	56,6 h	176,94447	−51,726	7/2+		ε
		178	9,31 m	177,94575	−50,530	1+		ε
		178	2,36 h	177,94575	−50,530	(7)−		ε
		179	1,79 y	178,94593	−50,365	7/2+		ε
		180	8,152 h	179,94746	−48,939	1+		ε 86%, β− 14%
		180 m	$>1{,}2\cdot10^{15}$ y, 0,012%	179,94754	−48,864	9−		
		181	99,988%	180,94799	−48,444	7/2+	+2,370	
		182	114,43 d	181,95015	−46,436	3−		β−
		182 m	283 ms	181995017	−46,420	5+		IT
		182 m	15,84 m	181,95071	−45,916	10−		IT
		183	5,1 d	181,95137	−45,299	7/2+		β−
		184	8,7 h	182,95401	−42,844	(5−)		β−
		185	49 m	183,95555	−41,402	(7/2+)		β−
		186	10,5 m	184,95854	−38,620	2,3		β−
74	W	158	≈ 1,4 ms	157,97383	−24,380 s	0+		α
		159	7,3 ms	158,97239	−25,720 s			α
		160	81 ms	159,96813	−29,690 s	0+		α
		161	410 ms	160,96713	−30,620 s			α ≈ 82%, ε ≈ 18%
		162	1,39 s	161,96318	−34,300 s	0+		ε 54%, α 46%
		163	2,75 s	162,96231	−35,110 s			ε 59%, α 41%

(Fortsetzung)

Z	Symbol	A	$t_{1/2}$ oder rel. Häufigkeit	Isotopenmasse m_a/u	Δ/MeV	Jπ	$\bar{\mu}/\mu_N$	Zerfallsart
		164	6,4 s	163,95880	−38,380	0+		ε 97,4%, α 2,6%
		165	5,1 s	164,95810	−39,030 s			ε >98,5%, α <1,5%
		166	16 s	165,95502	−41,898	0+		ε 99,4%, α 0,6%
		167	19,9 s	166,95454	−42,350 s			ε,α
		168	53 s	167,95186	−44,840 s	0+		ε
		169	1,3 m	168,95176	−44,940 s			ε
		170	4 m	169,92782	−47,240 s	0+		ε
		171	2,4 m	170,92799	−47,080 s	(5/2−)		ε,α
		172	6,7 m	171,94743	−48,970 s	0+		ε
		173	7,97 m	172,94773	−48,690 s	(5/2−)		ε
		174	31 m	173,94616	−50,150 s	0+		ε
		175	34 m	174,94676	−49,590 s	(1/2−)		ε
		176	2,5 h	175,94559	−50,680 s	0+		ε
		177	135 m	176,94661	−49,730 s	(1/2−)		ε
		178	21,6 d	177,94585	−50,440	0+		ε
		179	37,5 m	178,94707	−49,306	(7/2−)		ε
		179 m	6,4 m	178,94731	−49,084	(1/2−)		IT 99,72%, ε 0,28%
		180	0,12%	179,4670	−49,647	0+	0	
		181	121,2 d	180,94820	−48,256	9/2+		ε
		182	26,3%	181,94820	−48,250	0+	0	
		183	14,28%	182,95022	−46,369	1/2−	+0,1177847	
		183 m	5,2%	182,95055	−46,060	11/2+		IT
		184	$>3\cdot10^{17}$ y 30,7%	183,95093	−45,709	0+	0	
		185	75,1 d	184,95342	−43,393	3/2−		β−
		185 m	1,67 m	184,95363	−43,196	11/2+		IT
		186	28,6%	185,95436	−42,515	0+	0	
		187	23,72 h	186,95716	−39,910	3/2−		β−
		188	69,4 d	187,95848	−38,673	0+		β−
		189	11,5 m	188,96191	−35,480	(3/2−)		β−
		190	30,0 m	189,96317	−34,310	0+		β−
75	Re	161	10 ms	160,97727	−21,170 s			α
		162	100 ms	161,97566	−22,670 s			α
		163	260 ms	162,97173	−26,330 s			α 64%, ε 36%
		164	0,88 s	163,97047	−27,510 s			α 58%, ε 42%
		165	2,4 s	164,96682	−30,910 s			ε 87%, α 13%

		166	2,2 s	165,96551	−32,130 s			α, ε
		167	6,1 s	166,96252	−34,910 s			$\varepsilon \approx 99{,}3\%, \alpha \approx 0{,}7\%$
		168	6,9 s	167,96148	−35,880 s			α,ε
		168 m	6,6 s	167,96148	−35,880 s			α,ε
		169 m	12,9 s	168,95856	−38,600 s			α
		170	8,0 s	169,95809	−39,040 s	(5)		ε
		171	15,2 s	170,95551	−41,440 s	(9/2−)		α
		172	15 s	171,95528	−41,660 s	(5)		ε, α
		172 m	55 s	171,95528	−41,660 s	(2)		ε, α, IT
		173	1,98 m	172,95314	−43,650 s			ε
		174	2,4 m	173,95312	−43,670 s			ε
		175	5,8 m	174,95139	−45,280 s			ε
		176	5,3 m	175,95171	−44,980 s	3(+)		ε
		177	14,0 m	176,95026	−46,330 s	(5/2−)		ε
		178	13,2 m	177,95085	−45,780	(3)		ε
		179	19,5 m	178,94995	−46,620	(5/2+)		ε
		180	2,44 m	179,95079	−45,840	(1)−		ε
		181	19,9 h	180,95012	−46,460 s	5/2+		ε
		182	64,0 h	181,95121	−45,450	7+		ε
		182 m	12,7 h	181,95121	−45,450	2+		ε
		183	70,0 h	182,95082	−45,813	5/2+		ε
		184	38,0 d	183,95253	−44,220	3(−)		ε
		184 m	169 d	183,95273	−44,032	8(+)		IT 75,4%, ε 24,6%
		185	37,40%	184,95295	−43,826	5/2+	+3,1871	
		186	90,64 h	185,95498	−41,933	1−		$\beta-$ 93,1%, ε 6,9%
		186 m	$2{,}0 \cdot 10^5$ y	185,95514	−41,784	(8+)		IT, $\beta-$ < 10%
		187	$4{,}35 \cdot 10^{10}$ y, 62,60%	186,95575	−41,222	5/2+	+3,2197	$\beta-, \alpha < 1{,}0 \cdot 10^{-4}\%$
		188	16,98 h	187,95811	−39,022	1−		$\beta-$
		188 m	18,6 m	187,95829	−38,850	(6)−		IT
		189	24,3 h	188,95922	−37,985	5/2+		$\beta-$
		190	3,1 m	189,99618	−35,580	(2)−		$\beta-$
		190 m	3,2 h	189,96193	−35,461	(6−)		$\beta-$ 54,4%, IT 45,6%
		191	9,8 m	190,96311	−34,360	(3/2+, 1/2+)		$\beta-$
		192	16 s	191,96587	−31,790 s			$\beta-$
76	Os	163	?	162,98216	−16,620 s			ε, α
		164	41 ms	163,97769	−20,780 s	0+		α, ε
		165	65 ms	164,97652	−21,870 s			$\alpha \geqq 60\%, \varepsilon \leqq 40\%$

(*Fortsetzung*)

Z	Symbol	A	$t_{1/2}$ oder rel. Häufigkeit	Isotopenmasse m_a/u	Δ/MeV	Jπ	$\overline{\mu}/\mu_N$	Zerfallsart
		166	181 ms	165,97237	−25,740 s	0+		α 72%, ε 28%
		167	0,83 s	166,97133	−26,710 s			α 67%, ε 33%
		168	2,2 s	167,96765	−30,130	0+		ε 51%, α 49%
		169	3,2 s	168,96685	−30,880 s			ε 84%, α 16%
		170	7,1 s	169,96357	−33,933	0+		ε 88%, α 12%
		171	8,0 s	170,96291	−34,550 s			ε 98,3%, α 1,7%
		172	19 s	171,96008	−37,190 s	0+		ε 99,8 %, α 0,2%
		173	16 s	172,95979	−37,460 s			ε 99,98%, α 0,02%
		174	44 s	173,95711	−39,950 s	0+		ε 99,98%, α 0,02%
		175	1,4 m	174,95714	−39,920 s			ε
		176	3,6 m	175,95483	−42,080 s	0+		ε
		177	2,8 m	176,95505	−41,870 s	1/2−		ε
		178	5,0 m	177,95326	−43,540 s	0+		ε
		179	6,5 m	178,95387	−42,970 s	(1/2−)		ε
		180	21,5 m	179,95236	−44,380 s	0+		ε
		181	2,7 m	180,95327	−43,530 s	(7/2)−		ε
		181 m	105 m	180,95327	−43,530 s	1/2−		
		182	22,10 h	181,95218	−44,542	0+		ε
		183	13,0 h	182,95329	−43,510 s	9/2+		ε
		183 m	9,9 h	182,95347	−43,339 s	1/2−		ε 85%, IT 15%
		184	$>5{,}6\cdot10^{13}$ y, 0,02%	183,95249	−44,259	0+	0	
		185	93,6 d	184,95404	−42,813	1/2−		ε
		186	$2{,}0\cdot10^{15}$ y, 1,58%	185,95383	−43,003	0+	0	α
		187	1,6%	186,95574	−41,224	1/2−	+0,06465	
		188	13,3%	187,95583	−41,142	0+	0	
		189	16,1%	188,95814	−38,993	3/2−	+0,659933	
		189 m	5,8 h	188,95817	−38,962	9/2−		IT
		190	26,4%	189,95844	−38,714	0+	0	
		190 m	9,9 m	189,96027	−37,009	(10)−		IT
		191	15,4 d	190,96092	−36,401	9/2−		β−
		191 m	13,10 h	190,96100	−36,327	3/2−		IT
		192	41,0%	191,96147	−35,892	0+	0	
		192 m	6,1 s	191,96363	−33,877	(10−)		IT
		193	30,5 h	192,96414	−33,405	3/2−		β−

		194	6,0 y	193,96517	−32,442	0+		β−
		195	6,5 m	194,96812	−29,700			β−
		196	34,9 m	195,96962	−28,300	0+		β−
77	Ir	166	>5 ms	165,98546	−13,540 s			α
		167	>5 ms	166,98136	−17,360 s			α
		168		167,97996	−18,670 s			α
		169	0,4 s	168,97616	−22,210 s			α
		170	1,05 s	168,97474	−23,530 s			α 75%, ε 25%
		171	1,5 s	170,97164	−26,420 s			α, ε?
		172	2,1 s	171,97049	−27,490 s			ε≈97%, α≈3%
		173	3,0 s	172,96755	−30,230 s			ε 97,98%, α 2,02%
		174	4 s	173,96671	−31,010 s			ε 99,53%, α 0,47%
		175	4,5 s	174,96405	−33,490 s			α
		176	8 s	175,96350	−34,000 s			ε 97,9%, α 2,1%
		177	21 s	176,96125	−36,100 s			α
		178	12 s	177,96098	−36,350 s			ε
		179	4 m	178,95915	−38,050 s			ε
		180	1,5 m	179,95938	−37,840 s			ε
		181	4,90 m	180,95775	−39,360 s	(7/2+)		ε
		182	15 m	181,95819	−38,950 s	(5−)		ε
		183	57 m	182,95694	−40,110 s	(7/2+)		ε
		184	3,09 h	183,95755	−39,540	5−		ε
		185	14,4 h	184,95683	−40,210 s	5/2−		ε
		186	16,64 h	185,95795	−39,172	5+		ε
		186 m	2,0 h	185,95795	−39,172	2−		ε, IT
		187	10,5 h	186,95736	−39,720 s	3/2+		ε
		188	41,5 h	187,95885	−38,333	1−		ε
		189	13,2	188,95871	−38,462	3/2+		ε
		190	11,78 d	189,96059	−36,710	(4)+		ε
		190 m	1,2 h	189,96061	−36,694	(7)+		IT
		190 m	3,25 h	189,96078	−36,535	(11)−		ε 94,4%, IT 5,6%
		191	37,3%	190,96059	−36,715	3/2+	+0,1461	
		191 m	4,94 s	190,96077	−36,544	11/2−		IT
		191 m	5,5 s	190,96278	−34,668			IT
		192	73,831 d	191,96259	−34,843	4(−)		β− 95,4%, ε 4,6%
		192 m	1,45 m	191,96266	−34,785	1(+)		IT 99,98%, β− 0,02%
		192 m	241 y	191,96276	−34,688	(9+)		IT
		193	62,7%	192,96292	−34,544	3/2+	+0,1591	

(Fortsetzung)

Z	Symbol	A	$t_{1/2}$ oder rel. Häufigkeit	Isotopenmasse m_a/u	Δ/MeV	$J\pi$	$\bar{\mu}/\mu_N$	Zerfallsart
		193 m	10,53 d	192,96300	−34,464	11/2−		IT
		194	19,15 h	193,96507	−32,539	1−		β−
		194 m	171 d	193,96527	−32,349	(10,11)		β−
		195	2,5 h	194,96597	−31,700	3/2+		β−
		195 m	3,8 h	194,96608	−31,600	11/2−		β− 95%, IT 5%
		196	52 s	195,96837	−29,460	(0−)		β−
		196 m	1,40 h	195,96881	−29,050	(10,11−)		β−
		197	5,8 m	196,96964	−28,292	3/2+		β−
		197 m	8,9 m	196,96975	−28,177	11/2−		β−, IT
		198	8 s	197,97227	−25,830 s			β−
78	Pt	168	?	167,98779	−11,370 s	0+		α
		169	2,5 ms	168,98646	−12,610 s			α
		170	6 ms	169,98217	−16,610 s	0+		α
		171	25 ms	170,98102	−17,680 s			α
		172	0,10 s	171,97720	−21,240	0+		α 98%, ε 2%
		173	342 ms	172,97626	−22,110 s			α 84%, ε
		174	0,90 s	173,97281	−25,324	0+		α 83%, ε 17%
		175	2,52 s	174,97214	−25,950 s			α 64%, ε
		176	6,33 s	175,96900	−28,880 s	0+		ε 62%, α 38%
		177	11 s	176,96845	−29,390 s			ε 91%, α 9%
		178	21,0 s	177,96570	−31,950 s	0+		ε 92,3%, α 7,7%
		179	43 s	178,96543	−32,200 s	1/2−		ε 99,76%, α 0,24%
		180	52 s	179,96307	−34,400 s	0+		ε, α ≈ 0,3%
		181	51 s	180,96317	−34,310 s	1/2−		ε, α ≈ 0,06%
		182	2,2 m	181,96117	−36,170 s	0+		ε ≈ 99,98%, α ≈ 0,02%
		183	6,5 m	182,96167	−35,700 s	1/2−		ε, α ≈ 0,0013%
		183 m	43 s	182,96171	−35,665 s	(7/2−)		ε, IT
		184	17,3 m	183,95989	−37,360 s	0+		ε, α ≈ 0,001%
		185	70,9 m	184,96081	−36,510 s	(9/2+)		ε
		185 m	33,0 m	184,96092	−36,407 s	(1/2−)		ε 99%, IT < 2%
		186	2,0 h	185,95943	−37,790	0+		ε, α ≈ $1,4\cdot10^{-4}$%
		187	2,35 h	186,96047	−36,820 s	3/2−		ε
		188	10,2 d	187,95939	−37,827	0+		ε, α $2,6\cdot10^{-5}$%
		189	10,87 h	188,96083	−36,491	3/2−		ε

		190	6,5·10^{11} y, 0,01%	189,95992	−37,331	0+	0	α
		191	2,9 d	190,96167	−35,701	3/2−		ε
		192	0,79%	191,96103	−36,303	0+	0	
		193	50 y	192,96298	−34,487	1/2−		ε
		193 m	4,33 d	192,96314	−34,337	13/2+		IT
		194	32,9%	193,96265	−34,787	0+	0	
		195	33,8%	194,96477	−32,821	1/2−	+0,60949	
		195 m	4,02 d	194,96504	−32,562	13/2+		IT
		196	25,3%	195,96493	−32,671	0+	0	
		197	18,3 h	196,96732	−30,446	1/2−		β−
		197 m	95,41 m	196,96774	−30,046	13/2+		IT 96,7%, β− 3,3%
		198	7,2%	197,96787	−29,932	0+	0	
		199	30,8 m	198,97055	−27,432	5/2−		β−
		199 m	13,6 s	198,97101	−27,008	(13/2+)		IT
		200	12,5 h	199,97141	−26,627	0+		β−
		201	2,5 m	200,97450	−23,750	(5/2−)		β−
79	Au	173	59 ms	172,98616	−12,890 s			α
		174	120 ms	173,98462	−14,330			α
		175	0,20 s	174,98152	−17,210			α
		176	1,25 s	175,98012	−18,520 s			α, ε
		177	1,3 s	176,97706	−21,370 s			α
		178	2,6 s	177,97581	−22,530 s			ε ≦ 60%, α ≦ 40%
		179	7,5 s	178,97317	−24,990 s			ε 78%, α 22%
		180	8,1 s	179,97236	−25,750 s			ε ≦ 98,2%, α ≧ 1,8%
		181	11,4 s	180,97003	−27,920 s			ε 98,9%, α 1,1%
		182	21 s	181,96952	−28,390 s			ε, α 0,038%
		183	42,0 s	182,96761	−30,170 s	(5/2−)		ε 99,64%, α 0,36%
		184	53,0 s	183,96765	−30,130 s	3+		ε, α 0,02%
		185	4,3 m	184,96592	−31,750 s	5/2−		ε 99,9%, α 0,1%
		185 m	6,8 m	184,96592	−31,750 s			ε, IT
		186	10,7 m	185,96611	−31,570 s	3−		ε
		187	8,4 m	186,96468	−32,900 s	1/2+		ε, α
		187 m	2,3 s	186,96481	−32,779 s	9/2−		IT
		188	8,84 m	187,96508	−32,530 s	1(−)		ε
		189	28,7 m	188,96389	−33,800 s	1/2+		ε, α < 3,0·10^{-5}%
		189 m	4,59 m	188,96415	−33,553 s	11/2−		ε, IT

(*Fortsetzung*)

Z	Symbol	A	$t_{1/2}$ oder rel. Häufigkeit	Isotopenmasse m_a/u	Δ/MeV	Jπ	$\vec{\mu}/\mu_N$	Zerfallsart
		190	42,8 m	189,96469	−32,896	1−		ε, α < 1,0·10⁻⁶%
		191	3,18 h	190,96364	−33,880	3/2+		ε
		191 m	0,92 s	190,96392	−33,613	(11/2−)		IT
		192	4,94 h	191,96480	−32,796	1−		ε
		193	17,65 h	192,96411	−33,490 s	3/2+		ε
		193 m	3,9 s	192,96442	−33,200 s	11/2−		IT 99,97%, ε 0,03%
		194	38,02 h	193,96533	−32,278	1−		ε
		195	186,09 d	194,96501	−32,591	3/2+		ε
		195 m	30,5 s	194,96535	−32,272	11/2−		IT
		196	6,183 d	195,96654	−31,165	2−		ε 92,5%, β− 7,5%
		196 m	8,1 s	195,96663	−31,080	5+		IT
		196 m	9,7 h	195,96718	−30,569	12−		IT
		197	100%	196,96654	−31,165	3/2+	+0,148158	
		197 m	7,73 s	196,96698	−30,756	11/2−		IT
		198	2,6935 d	197,96822	−29,606	2−	+0,5934	β−
		198 m	2,30 d	197,96909	−28,794	(12−)		IT
		199	3,139 d	198,96874	−29,119	3/2+		β−
		200	48,4 m	199,97071	−27,320	1(−)		β−
		200 m	18,7 h	199,97178	−26,330	12−		β− 82%, IT 18%
		201	26 m	200,97164	−26,413	3/2+		β−
		202	28,8 s	201,97378	−24,370 s	(1−)		β−
		203	53 s	202,97514	−23,153	3/2+		β−
		204	39,8 s	203,97776	−20,220	(2−)		β−
80	Hg	175	≈ 20 ms	174,99119	−8,270 s			α
		176	34 ms	175,98724	−11,890	0+		α
		177	0,17 s	176,98610	−12,940 s			α ≈ 85%, ε ≈ 15%
		178	0,26 s	177,98248	−16,323	0+		α ≈ 50%, ε ≈ 50%
		179	1,09 s	178,98165	−17,110 s			α ≈ 53%, ε ≈ 47%, εp ≈ 0,15%
		180	3,0 s	179,97831	−20,260 s	0+		ε 51%, α 49%
		181	3,6 s	180,97780	−20,760 s	1/2(−)		α 64%, ε 36%, εpw, εαw
		182	11,3 s	181,97474	−23,530 s	0+		ε 84,8%, α 15,2%
		183	8,8 s	182,97451	−23,740 s	1/2−		ε 74,5%, α 25,5%, εp 0,06%
		184	30,6 s	183,97176	−26,310 s	0+		ε 98,89%, α 1,11%

		185	49 s	184,97197	−26,110 s	1/2−		ε 94%, α 6%
		185 m	21 s	184,97208	−26,011 s	13/2+		IT 54%, ε 46%, α ≈ 0,03%
		186	1,38 m	185,96936	−28,540 s	0+		ε 99,98%, α 0,02%
		187	2,4 m	186,96980	−28,130 s	13/2+		ε, α $1{,}2\cdot10^{-4}$%
		187 m	1,9 m	186,96980	−28,130 s	3/2−		ε, α > $3{,}5\cdot10^{-8}$%
		188	3,25 m	187,96755	−30,230 s	0+		ε, α $3{,}7\cdot10^{-5}$%
		189	7,6 m	188,96813	−29,690 s	3/2−		ε, α < $3{,}0\cdot10^{-5}$%
		189 m	8,6 m	188,96813	−29,690 s	13/2+		ε, α < $3{,}0\cdot10^{-5}$%
		190	20,0 m	189,96628	−31,410 s	0+		ε, α < $5{,}0\cdot10^{-5}$%
		191	49 m	190,96705	−30,690	(3/2−)		ε
		191 m	50,8 m	190,96705	−30,690	13/2+		ε
		192	4,85 h	191,96558	−32,060 s	0+		ε
		193	3,80 h	192,96662	−31,090 s	3/2−		ε
		193 m	11,8 h	192,96537	−30,949 s	13/2+		ε 92,9%, IT 7,1%
		194	520 y	193,96537	−32,255	0+		ε
		195	9,9 h	194,96665	−31,070	1/2−		ε
		195 m	41,6 h	194,96683	−30,894	13/2+		IT 54,2%, ε 45,8%
		196	0,15%	195,96581	−31,852	0+	0	
		197	64,14 h	196,96719	−30,566	1/2−		ε
		197 m	23,8 h	196,96751	−30,267	13/2+		IT 93%, ε 7%
		198	9,97%	197,96674	−30,979	0+	0	
		199	16,87%	198,96825	−29,572	1/2−	+0,5058851	
		199 m	42,6 m	198,96883	−29,039	13/2+		IT
		200	23,10%	199,96830	−29,529	0+	0	
		201	13,10%	200,97028	−27,688	3/2−	−0,560225	
		202	29,86%	201,97062	−27,370	0+	0	
		203	46,612 d	202,97285	−25,292	5/2−		β−
		204	6,87%	203,97347	−24,716	0+	0	
		205	5,2 m	204,97605	−22,312	1/2−		β−
		206	8,15 m	205,97749	−20,969	0+		β−
		207	2,9 m	206,98253	−16,270	(9/2+)		β−
81	Tl	179	0,16 s	178,99139	−8,020			α
		179 ms	1,4 ms		−8,020 s			α
		180		179,99002	−9,300 s			
		181		180,98674	−12,350 s			
		182		181,98551	−13,500 s			α
		183		182,98260	−16,210 s	(1/2+)		
		183 m	60 ms	182,98260	−16,210	(9/2−)		α

(*Fortsetzung*)

Z	Symbol	A	$t_{1/2}$ oder rel. Häufigkeit	Isotopenmasse m_a/u	Δ/MeV	Jπ	$\overline{\mu}/\mu_N$	Zerfallsart
		184	11 s	183,98172	−17,030 s			ε 97,9%, α 2,1%
		185		184,97908	−19,490 s	(1/2+)		
		185 m	1,8 s	184,97956	−19,036 s	(9/2−)		α, IT
		186 m	27,5 s	185,97844	−20,080 s	(7+)		ε, α $6{,}0 \cdot 10^{-4}$%
		186 m	2,9 s	185,97884	−19,706 s	(10−)		IT
		187	≈51 s	186,97617	−22,200 s	(1/2+)		ε
		187 m	15,60 s	186,97653	−21,865 s	(9/2−)		ε, IT, α
		188 m	71 s	187,97592	−22,430 s	(2−)		ε
		188 m	71 s	187,97592	−22,430 s	(7+)		ε
		189	2,3 m	188,97375	−24,450 s	(1/2+)		ε
		189 m	1,4 m	188,97405	−24,169 s	(9/2−)		ε, IT < 4%
		190 m	2,6 m	189,97371	−24,490 s	(2)−		ε
		190 m	3,7 m	189,97371	−24,490 s	(7+)		ε
		191		190,97188	−26,190 s	(1/2+)		
		191 m	5,22 m	190,97221	−25,891 s	9/2(−)		ε
		192	9,6 m	191,97214	−25,950 s	(2−)		ε
		192	10,8 m	191,97214	−25,950 s	(7+)		ε
		193	21,6 m	192,97053	−27,450	1/2(+)		ε
		193 m	2,11 m	192,97092	−27,085	(9/2−)		IT 75%, ε 25%
		194	33,0 m	193,97094	−27,070 s	2−		ε, α < $1{,}0 \cdot 10^{-7}$%
		194 m	32,8 m	193,97094	−27,070 s	(7+)		ε
		195	1,16 h	194,96965	−28,270	1/2+		ε
		195 m	3,6 s	194,97017	−27,787	9/2−		IT
		196	1,84 h	195,97048	−27,500 s	2−		ε
		196 m	1,41 h	195,97090	−27,105 s	(7+)		ε 95,5%, IT 4,5%
		197	2,84 h	196,96951	−28,400	1/2+		ε
		197 m	0,54 s	196,97016	−27,792	9/2−		IT
		198	5,3 h	197,97046	−27,520	2−		ε
		198 m	1,87 h	197,97104	−26,976	7+		ε 54%, IT 46%
		199	7,42 h	198,96979	−28,140	1/2+		ε
		200	26,1 h	199,97094	−27,073	2−		ε
		201	72,912 h	200,97079	−27,205	1/2+		ε
		202	12,23 d	201,97208	−26,006	2−		ε
		203	29,524%	202,97232	−25,784	1/2+	+1,622257	

		204	3,78 y	203,97384	−24,369	2−		β− 97,43%, ε 2,57%
		205	70,476%	204,97440	−23,846	1/2+	+1,6382134	
		206	4,199 m	205,97608	−22,278	0−		β−
		206 m	3,74 m	205,97892	−19,635	(12−)		IT
		207	4,77 m	206,97740	−21,049	1/2+		β−
		207 m	1,33 s	206,97885	−19,701	11/2−		IT, β− <0,1%
		208	3,053 m	207,98199	−16,774	5(+)		β−
		209	2,20 m	208,98534	−13,652	(1/2+)		β−
		210	1,30 m	209,99006	−9,262	(5+)		β− β−n 0,007%
82	Pb	182	55 ms	181,99262	−6,874	0+		α
		183	300 ms	182,99171	−7,720 s	(1/2−)		α
		184	0,6 s	183,98813	−11,060 s	0+		α
		185	4,1 s	184,98757	−11,580 s			α
		186	4,79 s	185,98429	−14,630 s	0+		α
		187	18,3 s	186,98398	−14,920 s	(13/2+)		ε 98%, α 2%
		187	15,2 s	186,98398	−14,920 s			ε, α
		188	24,2 s	187,98091	−17,780 s	0+		ε 78%, α 22%
		189	51 s	188,98066	−17,820 s			ε >99%, α ≈0,4%
		190	1,2 m	189,97808	−20,420 s	0+		ε 99,1%, α 0,9%
		191	1,33 m	190,97821	−20,300 s			ε 99,99%, α 0,01%
		191 m	2,18 m	190,97821	−20,300 s	(13/2+)		ε
		192	3,5 m	191,97576	−22,580 s	0+		ε 99,99%, α 0,01%
		193	?	192,97608	−22,280 s	(3/2−)		ε
		193 m	5,8 m	192,97619	−22,180 s	(13/2+)		ε
		194	12,0 m	193,97397	−24,250 s	0+		ε, α 7,3·10⁻⁶%
		195	≈15 m	194,97447	−23,780 s	3/2−		ε
		195 m	15,0 m	194,97469	−23,579 s	13/2+		ε
		196	37 m	195,97271	−25,420 s	0+		ε, α <0,0001%
		197	8 m	196,97338	−24,800 s	3/2−		ε
		197 m	43 m	196,97372	−24,481 s	13/2+		ε 81%, IT 19%, α <3,0·10⁻⁴%
		198	2,4 h	197,97198	−26,100 s	0+		ε
		199	90 m	198,97287	−25,270	3/2−		ε
		199 m	12,2 m	198,97333	−24,840	13/2+		IT 93%, ε 7%
		200	21,5 h	199,97179	−26,280 s	0+		ε
		201	9,33 h	200,97284	−25,300	5/2−		ε
		201 m	61 s	200,97351	−24,671	13/2+		IT >99%, ε <1%
		202	52,5·10³ y	201,97213	−25,957	0+	0	ε, α <1%

(*Fortsetzung*)

Z	Symbol	A	$t_{1/2}$ oder rel. Häufigkeit	Isotopenmasse m_a/u	Δ/MeV	Jπ	$\vec{\mu}/\mu_N$	Zerfallsart
		202 m	3,53 h	201,97446	−23,787	9−		IT 90,5%, ε 9,5%
		203	51,873 h	202,97337	−24,810	5/2−		ε
		203 m	0,48 s	202,97653	−21,861	29/2−		IT
		203 m	6,3 s	202,97425	−23,985	13/2+		IT
		204	≧1,4·10^{17} y, 1,4%	203,97302	−25,132	0+	0	
		204 m	67,2 m	203,97537	−22,946	9−		IT
		205	1,52·10^{7} y	204,97446	−23,793	5/2−		ε
		206	24,1%	205,97444	−23,809	0+	0	
		207	22,1%	206,97587	−22,476	1/2−	+0,58219	
		207 m	805 s	206,97762	−20,843	13/2+		IT
		208	52,4%	207,97663	−21,772	0+	0	
		209	3,253 h	208,98106	−17,638	9/2+		β−
		210	23,3 y	209,98416	−14,752	0+	0	β−, α1,9·10^{-6}%
		211	36,1 m	210,98873	−10,494	(9/2+)		β−
		212	10,64 h	211,99187	−7,571	0+	0	β−
		213	10,2 m	212,99652	−3,240 s			β−
		214	26,8 m	213,99980	−0,188	0+		β−
83	Bi	186		185,99637	−3,380 s			
		187	35 ms	186,99345	−6,100 s	(9/2−)		α
		187 m	8 ms	186,99352	−6,040 s	(1/2+)		α
		188	0,21 s	187,99213	−7,330 s			α, ε
		188 m	44 ms	187,99213	−7,330 s			α, ε
		189	680 ms	188,98948	−9,800 s	(9/2−)		α > 50%, ε < 50%
		190	6,2 s	189,98852	−10,690 s			α 68%, ε 32%
		190 m	6,3 s	189,98852	−10,690 s			α 82%, ε 18%
		191	12 s	190,98605	−12,990 s			α 60%, ε 40%
		191 m	20 s	190,98605	−12,990 s			ε, α
		192	37 s	191,98549	−13,520 s			ε, α 18%
		192 m	39,6 s	191,98549	−13,520 s			ε, α 9,2%
		193	67 s	192,98312	−15,720 s	(9/2−)		ε 95%, α 5%
		193 m	3,2 s	192,98345	−15,413 s	(1/2+)		α ≈ 90%, ε ≈ 10%
		194	106 s	193,98278	−16,040 s	(2+, 3+)		ε
		194 m	92 s	193,98278	−16,040 s	(6+, 7+)		ε 99,93%, α 0,07%

		194 m	125 s	193,98278	−16,040 s	(10−)		ε 99,79%, α 0,21%
		195	183 s	194,98075	−17,930 s	(9/2−)		ε 99,97%, α 0,03%
		195 m	87	194,98118	−17,529 s	(1/2+)		ε 67%, α 33%
		196	4,6 m	195,98071	−17,970	(10−)		ε, IT
		196 m	5 m	195,98071	−17,970			ε
		196 m	4,6 m	195,98071	−17,970	(10−)		ε, IT
		197	?	196,97892	−19,640	(9/2−)		ε, α ≈ 1,0·10^{-4}%
		197 m	5,2	196,97942	−19,170	(1/2+)		α 55%, ε < 45%, IT
		198	11,85 m	197,97902	−19,540	(7+)		ε
		198 m	7,7 s	197,97929	−19,291	(10−)		IT
		199	27 m	198,97754	−20,920	9/2−		ε
		199 m	24,70 m	198,97827	−20,240	(1/2+)		ε 99%, IT ≦ 2%, α ≈ 0,01%
		200	36,4 m	199,97810	−20,400	7+		ε
		200 m	31 m	199,97831	−20,200	(2+)		ε > 90%, IT < 10%
		200 m	0,40 s	199,97856	−19,972	(10−)		IT
		201	108 m	200,97695	−21,470	9/2−		ε, α < 1·10^{-4}%
		201 m	59,1 m	200,97786	−20,624	1/2+		ε > 93%, IT ≦ 6,8%, α ≈ 0,3%
		202	1,72 h	201,97767	−20,800	5+		ε, α < 1·10^{-5}%
		203	11,76 h	202,97683	−21,580	9/2−		ε, α ≈ 1·10^{-5}%
		204	11,22 h	203,97775	−20,730	6+		ε
		205	15,31 d	204,97737	−21,084	9/2−		ε
		206	6,243 d	205,97847	−20,052	6(+)		ε
		207	32,2 y	206,97844	−20,079	9/2−		ε
		208	3,68·10^{5} y	207,97972	−18,894	(5)+		ε
		209	100%	208,98037	−18,282	9/2−	+4,1106	
		210	5,013 d	209,98410	−14,815	1−		β−, α 1,3·10^{-4}%
		210 m	3,0·10^{6} y	209,98439	−14,544	9−		α
		211	2,14 m	210,98725	−11,873	9/2−		α 99,72%, β− 0,28%
		212	60,55 m	211,99126	−8,142	1(−)		β− 64,06%, α 35,94% β−α 0,014%
		212 m	25 m	211,99153	−7,892	(9−)		α ≦ 93%, β− ≧ 7%
		212 m	9 m	211,99201	−7,442	(15−)		β−
		213	45,59 m	212,99347	−5,244	9/2(−)		β− 97,84%, α 2,16%
		214	19,9 m	213,99869	−1,218	1−		β− 99,98%, α 0,02%
		215	7,4 m	215,00184	1,710	(9/2−)		β−
		216		216,00640	5,960 s			
84	Po	192	0,034 s	191,99138	−8,030 s	0+		α
		193	360 ms	192,99111	−8,280 s			α
		193 m	260 ms	192,99111	−8,280 s			α

(*Fortsetzung*)

Z	Symbol	A	$t_{1/2}$ oder rel. Häufigkeit	Isotopenmasse m_a/u	Δ/MeV	Jπ	$\bar{\mu}/\mu_N$	Zerfallsart
		194	0,44 s	193,98818	−11,010 s	0+		α
		195	4,5 s	194,98806	−11,120 s	(3/2−)		α 75%, ε 25%
		195 m	2,0 s	194,98831	−10,890 s	(13/2+)		α ≈ 90%, ε ≈ 10%, IT < 0,01%
		196	5,5 s	195,98551	−13,500 s	0+		α, ε
		197	56 s	196,98556	−13,450 s	(3/2−)		ε 56%, α 44%
		197 m	26 s	196,98578	−13,246 s	(13/2+)		α 84%, ε ≦ 16%, IT
		198	1,76 m	197,98335	−15,510 s	0+		α 70%, ε 30%
		199	5,2 m	198,98360	−15,280 s	3/2−		ε 88%, α 12%
		199 m	4,2 m	198,98393	−14,970 s	13/2+		ε 59%, α 39%, IT 2,1%
		200	11,5 m	199,98174	−17,010 s	0+		ε 85%, α 15%
		201	15,3 m	200,98221	−16,570 s	3/2−		ε 98,4%, 4%, α 1,6%
		201 m	8,9 m	200,98267	−16,146 s	13/2+		ε 57%, IT 40%, α ≈ 2,9%
		202	44,7 m	201,98071	−17,970 s	0+		ε 98%, α 2%
		203	34,8 m	202,98137	−17,350	5/2−		ε 99,98%, α 0,11%
		203 m	1,2 m	202,98206	−16,709	13/2+		IT, ε 4,5%, α ≈ 0,04%
		204	3,53 h	203,98028	−18,370 s	0+		ε 99,34%, α 0,66%
		205	1,66 h	204,98115	−17,555	5/2−		ε 99,96%, α 0,04%
		206	8,8 d	205,98046	−18,205	0+		ε 94,55%, α 5,45%
		207	5,80 h	206,98157	−17,169	5/2−		ε 99,98%, α 0,02%
		207 m	2,8 s	206,98305	−15,786	19/2−		IT
		208	2,898 y	207,98122	−17,492	0+		α, ε
		209	102 y	208,98240	−16,390	1/2−		α 99,74%, ε 0,26%
		210	138,376 d	209,98285	−15,977	0+	0	α
		211	0,516 s	210,98663	−12,457	9/2+		α
		211 m	25,2 s	210,98820	−10,994	(25/2+)		α
		212	0,298 μs	211,98884	−10,394	0+	0	α
		212 m	45,1 s	211,99198	−7,473	(16+)		α
		213	4,2 μs	212,99283	−6,676	9/2+		α
		214	164,3 μs	213,99518	−4,493	0+	0	α
		215	1,780 ms	214,99942	−0,542	(9/2+)		α, β− 0,0002%
		216	0,145 s	216,00186	1,760	0+	0	α
		217	< 10 s	217,00627	5,840 s			α > 95%, β− < 5%
		218	3,10 m	218,00897	8,351	0+	0	α 99,98%, β− 0,02%

85	At	194	0,18 s	193,99918	−0,760 s		α
		195	?	194,99660	−3,170 s		α > 75%, ε < 25%
		196	0,3 s	195,99582	−3,890 s		α
		197	0,4 s	196,99335	−6,190 s	(9/2−)	α, ε
		197 m	3,7 s	196,99341	−6,138	(1/2+)	α, ε, IT
		198	4,9 s	197,99279	−6,720 s		α, ε
		198 m	1,5 s	197,99289	−6,620 s		α, ε, IT
		199	7,2 s	198,99063	−8,730 s	(9/2−)	α 90%, ε 10%
		200	43 s	199,99040	−8,940	(5+)	ε 65%, α 35%
		200 m	4,3 s	199,99071	−8,650	(10−)	IT ≈ 80%, α ≈ 10%, ε ≈ 10%
		201	89 s	200,98847	−10,740	(9/2−)	α 71%, ε 29%
		202	181 s	201,98844	−10,770	(5+)	ε 88%, α 12%
		202 m	≦1,5 s	201,98886	−10,379	(10−)	IT
		203	7,37 m	202,98678	−12,310	9/2−	ε 69%, α 31%
		204	9,2 m	203,98722	−11,900	(7)+	ε 95,7%, α 4,3%
		205	26,2 m	204,98601	−13,030	9/2−	ε 90%, α 10%
		206	30,0 m	205,98659	−12,490	(5)	ε 99,04%, α 0.96%
		207	1,80 h	206,98573	−13,290	9/2−	ε 91,3%, α 8,7%
		208	1,63 h	207,98652	−12,560	6+	ε 99,45%, α 0,55%
		209	5,41 h	208,98615	−12,902	9/2−	ε 95,9%, α 4,1%
		210	8,1 h	209,98712	−11,995	5+	ε 99,82%, α 0,18%
		211	7,214 h	210,98747	−11,674	9/2−	ε 58,3%, α 41,7%
		212	0,314 s	211,99072	−8,640	(1−)	α
		212 m	0,119 s	211,99097	−8,415	(9−)	α
		213	0,11 μs	212,99291	−6,603	9/2−	α
		214	558 ns	213,99635	−3,403	1−	α
		214 m	265 ns	213,99641	−3,344		α
		214 m	760 ns	213,99660	−3,171	9−	α
		215	0,10 ms	214,99864	−1,269	(9/2−)	α
		216	0,30 ms	216,00240	2,231	1(−)	α, ε < 0,006%
		217	32,3 m	217,00471	4,383	9/2(−)	α 99,99%, β − 0,01%
		218	1,6 s	218,00868	8,090	(2−)	α 99,9%, β − 0,1%
		219	0,9 m	219,01129	10,520		α 97%, β − 3%
		220		220,01534	14,290 s		
86	Rn	198	?	197,867	−1,240 s	0+	α, ε
		198 m	50 ms	197,867	−1,240 s	0+	α, ε, IT
		199	0,62 s	198,99833	−1,560 s	(3/2−)	α 95%, ε 5%
		199 m	0,3 s	198,99833	−1,560 s	(13/2+)	α, ε
		200	1,06 s	199,99566	−4,040 s	0+	α ≈ 80%, ε ≈ 2%

(Fortsetzung)

Z	Symbol	A	$t_{1/2}$ oder rel. Häufigkeit	Isotopenmasse m_a/u	Δ/MeV	Jπ	$\overline{\mu}/\mu_N$	Zerfallsart
		201	7,0 s	200,99553	−4,160 s	(3/2−)		α ≈ 80%, ε ≈ 20%
		201 m	3,8 s	200,99583	−3,880 s	(13/2+)		α ≈ 90%, ε ≈ 10%, IT
		202	9,85 s	201,99322	−6,320 s	0+		α, ε < 30%
		203	45 s	202,99331	−6,230 s	(3/2, 5/2)		α 66%, ε 34%
		203 m	28 s	202,99370	−5,869 s	(13/2+)		α ≈ 80%, ε ≈ 20%, IT < 0,1%
		204	1,24 m	203,99137	−8,040 s	0+		α 68%, α 32%
		205	170 s	204,99167	−7,760 s	(5/2)−		ε 77%, α 23%
		206	5,67 m	205,99017	−9,160 s	0+		α 62%, ε 38%
		207	9,3 m	206,99069	−8,670	5/2		ε 77%, α 23%
		208	24,35 m	207,98960	−9,690 s	0+		α 62%, ε 38%
		209	28,5 m	208,99037	−8,973	5/2−		ε 83%, α 17%
		210	2,4 h	209,98967	−9,623	0+		α 96%, ε 4%
		211	14,6 h	210,99057	−8,780	1/2−		ε 74%, α 26%
		212	24 m	211,99068	−8,682	0+		α
		213	25,0 ms	212,99386	−5,722	(9/2+)		α
		214	0,27 μs	213,99534	−4,343	0+		α
		214 m	0,7 ns	213,99689	−2,900	6+		α
		214 m	6,5 ns	213,99708	−2,718	8+		α
		215	2,30 μs	214,99872	−1,193	(9/2+)		α
		216	45 μs	216,00025	0,231	0+		α
		217	0,54 ms	217,00390	3,634	9/2+		α
		218	35 ms	218,00558	5,199	0+		α
		219	3,96 s	219,00948	8,828	(5/2+)		α
		220	55,6 s	220,01137	10,590	0+	0	α
		221	25 m	221,01548	14,420 s	(7/2+, 9/2+)		β− 78%, α 22%
		222	3,8235 d	222,01757	16,367	0+	0	α
		223	43 m					β−
		224	107 m			0+		β−
		225	4,5 m			7/2−		β−
		226	6,0 m			0+		β−
		227	23 s					β−
		228	65 s			0+		β−
87	Fr	201	48 ms	201,00405	3,770 s	(9/2−)		α, ε < 1%
		202	0,34 s	202,00333	3,100 s			α ≈ 97%, ε ≈ 3%
		203	0,55 s	203,00104	0,970 s	(9/2−)		α ≈ 95%, ε ≈ 5%

		204	2,1 s	204,00070	0,650	(5+, 6+)	α ≈ 80%, ε ≈ 20%
		205	3,85 s	204,99864	−1,270	(9/2−)	α, ε < 1%
		206	15,9 s	205,99848	−1,420	(5)	α 88%, ε 12%
		206 m	0,7 s	205,99905	−0,889		IT, α
		207	14,8 s	206,99682	−2,960	9/2−	α 95%, ε 5%
		208	59,1 s	207,99709	−2,710	7+	α 90%, ε 10%
		209	50,0 s	208,99589	−3,830	9/2−	α 89%, ε 11%
		210	3,18 m	209,99635	−3,400	6+	α 60%, ε 40%
		211	3,10 m	210,99549	−4,200	9/2−	α > 70%, ε < 30%
		212	20,0 m	211,99614	−3,600	5(+)	ε 57%, α 43%
		213	34,6 s	212,99617	−3,572	9/2−	α 99,45%, ε 0,55%
		214	5,0 ms	213,99894	−0,983	(1−)	α
		214 m	3,35 ms	213,99908	−0,861	(9−)	α
		215	0,12 μs	215,00031	0,292	9/2(−)	α
		216	0,70 μs	216,00318	2,960	(1−)	α, ε < $2\cdot10^{-7}$%
		217	22 μs	217,00461	4,293	9/2−	α
		218	1,0 ms	218,00755	7,036	(1−)	α
		219	21 ms	219,00924	8,609	(9/2−)	α
		220	27,4 s	220,01230	11,456	1+	α 99,65%, β− 0,35%
		221	4,9 m	221,01424	13,266	5/2(−)	α
		222	14,2 m	222,01758	16,380	2−	β−
		223	21,8 m	223,01973	18,381	(3/2)	β− 99,99%, α 0,01%
		224	3,30 m	224,02321	21,620	1(−)	β−
		225	4,0 m	225,02559	23,840	3/2−	β−
		226	48 s	226,02921	27,210	1	β−
		227	2,4 m	227,03177	29,590	1/2+	β−
		228	39 s	228,03558	33,140 s	2−	β−
		229	50 s				β−
		230	19,1			(3)	β−
		231	17,5				β−
88	**Ra**	204		204,00643	5,990 s	0+	
		205		205,00618	5,760 s		
		206	0,24	206,00378	3,520 s	0+	
		207	1,3 s	207,00373	3,470 s	(5/2, 3/2)−	α ≈ 90%, ε ≈ 10%
		208	1,3 s	208,00178	1,660 s	0+	α 95%, ε 5%
		209	4,6 s	209,00194	1,810 s		α
		210	3,7 s	210,00045	0,420 s	0+	α 96%, ε 4%
		211	13 s	211,00086	0,800	(5/2−)	α > 93%, ε < 7%
		212	13,0 s	211,99975	−2,230 s	0+	α ≈ 94%, ε ≈ 6%

(*Fortsetzung*)

Z	Symbol	A	$t_{1/2}$ oder rel. Häufigkeit	Isotopenmasse m_a/u	Δ/MeV	$J\pi$	$\bar{\mu}/\mu_N$	Zerfallsart
		213	2,74 m	213,00033	0,311	(1/2−)		α 80%, ε 20%
		213 m	2,1 ms	213,00223	2,081			IT 99%, α 1%
		214	2,46 s	214,00008	0,075	0+		α 99,4%, ε 0,06%
		215	1,59 ms	215,00269	2,509	(9/2+)		α
		216	182 ns	216,00351	3,269	0+		α
		217	1,6 μs	217,00630	5,864	(9/2+)		α
		218	25,6 μs	218,00711	6,627	0+		α
		219	10 ms	219,01005	9,363			α
		220	25 ms	220,01100	10,250	0+		α
		221	29 s	221,01389	12,938			α
		222	38,0 s	222,01535	14,303	0+		α, ^{14}C $3\cdot10^{-6}$%
		223	11,434 d	223,01850	17,232	1/2(+)		α, ^{14}Cw
		224	3,66 d	224,02019	18,804	0+	0	α, ^{12}C $4{,}3\cdot10^{-9}$%
		225	14,9 d	225,02360	21,988	1/2+		β−
		226	1600 y	226,02540	23,662	0+	0	α, ^{14}C $3\cdot10^{-9}$%
		227	42,2 m	227,02917	27,172	(3/2+)		β−
		228	5,75 y	228,03106	28,936	0+	0	β−
		229	4,0 m	229,03506	32,660	5/2(+)		β−
		230	93 m	230,03721	34,660 s	0+		β−
		231	1,72 m					β−
		232	250 s			0+		β−
89	Ac	209	0,10 s	209,00954	8,890			α
		210	0,35 s	210,00925	8,620			α 96%, ε 4%
		211	0,25 s	211,00760	7,080	(9/2−)		α > 99,8%, ε < 0,2%
		212	0,93 s	212,00777	7,240			α ≈ 98%, ε ≈ 2%
		213	0,80 s	213,00655	6,100	(9/2−)		α
		214	8,2 s	214,00685	6,380	(5+)		α ≧ 89%, ε ≦ 11%
		215	0,17 s	215,00641	5,970	(9/2−)		α 99,91%, ε 0,09%
		216	≈0,33 ms	216,00865	8,060	(1−)		α
		216 m	0,33 ms			(9−)		
		217	0,07 μs	217,00932	8,684	9/2−		α
		217 m		217,00865	8,060			α
		218	1,12 μs	218,01162	10,820			α
		219	7 μs	219,01239	11,540	(9/2−)		α
		220	26,1 ms	220,01474	13,730			α, ε $5\cdot10^{-4}$%

		221	52 ms	221,01557	14,500			α
		222	5,0 s	222,01782	16,603			α 99%, ε ≦ 2%
		222 m	63 s	222,01782	16,603			α ≧ 88%, IT ≦ 10%; ε ≦ 2%
		223	2,2 m	223,01913	17,817	(5/2 −)		α 99%, ε 1%
		224	2,9 h	224,02169	20,207	0 −		ε 90,9%, α 9,1%, β − < 1,6%
		225	10,0 d	225,02322	21,626	(3/2 −)		α
		226	29,4 h	226,02609	24,303	(1)		β − 83%, ε 17%, α 0,006%
		227	21,773 y	227,02775	25,848	3/2(−)	+ 1,1	β − 98,62%, α 1,38%
		228	6,15 h	228,03101	28,890	3(+)		β −, α $5 \cdot 10^{-6}$%
		229	62,7 m	229,03317	30,900	(3/2 +)		β −
		230	122 s	230,03624	33,760 s	(1 +)		β −
		231	7,5 m	231,03855	35,910	(1/2 +)		β −
		232	119 s	232,04213	39,240 s	(1,0)		β −
		233	145 s			(1/2 +)		β −
		234	44 s			(1 +)		β −
90	Th	212	30 ms	212,01293	12,040 s	0 +		α
		213	150 ms	213,01297	12,080 s			α
		214	100 ms	214,01145	10,670 s	0 +		α
		215	1,2 s	215,01169	10,890	(1/2 −)		α
		216	0,028 s	216,01103	10,270 s	0 +		α, ε ≈ 0,006%
		216	0,18 ms	216,01320	12,298	(8 +, 11 −)		IT ≈ 97%, α ≈ 3%
		217	0,252 ms	217,01305	12,160			α
		218	109 ns	218,01326	12,348	0 +		α
		219	1,05 μs	219,01551	14,450			α
		220	9,7 μs	220,01572	14,647	0 +		α, ε $2 \cdot 10^{-7}$%
		221	1,68 ms	221,01816	16,917			α
		222	2,8 ms	222,01845	17,183	0 +		α
		223	0,66 s	223,02078	19,357			α
		224	1,05 s	224,02145	19,980	0 +		α
		225	8,72 m	225,02392	22,283	(3/2) +		α ≈ 90%, ε ≈ 10%
		226	30,6 m	226,02489	23,183	0 +		α
		227	18,718 d	227,02770	25,808	(3/2 +)		α
		228	1,9131 y	228,02872	26,749	0 +		α
		229	7340 y	229,03176	29,581	5/2 +	+ 0,46	α
		230	$7{,}538 \cdot 10^4$ y	230,03313	30,858	0 +		α, SF?
		231	25,52 h	231,03630	33,812	5/2(+)		β −, αw
		232	$1{,}405 \cdot 10^{10}$ y 100%	232,03805	35,444	0 +	0	α, SF?

(*Fortsetzung*)

Z	Symbol	A	$t_{1/2}$ oder rel. Häufigkeit	Isotopenmasse m_a/u	Δ/MeV	Jπ	$\vec{\mu}/\mu_N$	Zerfallsart
		233	22,3 m	233,04158	38,729	1/2+		β−
		234	24,10 d	234,04359	40,607	0+	0	β−
		235	7,2 m	235,04750	44,250	(1/2+)		β−
		236	37,5 m			0+		β−
91	Pa	215	14 ms	215,01898	17,680			α
		216	0,20 s	216,01898	17,680			α ≈ 80%, ε ≈ 20%
		217	4,9 ms	217,01827	17,020			α
		217 m	1,6 ms	217,01827	17,020			α
		218	0,12 ms	218,01997	18,600			α
		219		219,01986	18,500 s			
		220		220,02167	20,190 s			
		221	6 μs	221,02180	20,310 s			α
		222	4,3 ms	222,02355	21,940			α
		223	6,5 ms	223,02395	22,310			α
		224	0,95 s	224,02553	23,780			α 99,9%, ε 0,1%
		225	1,7 s	225,02610	24,310			α
		226	1,8 m	226,02793	26,015			α 74%, ε 26%
		227	38,3 m	227,02880	26,824	(5/2−)		α ≈ 85%, ε ≈ 15%
		228	22 h	228,03098	28,856	(3+)		ε ≈ 98,15%, α 1,85%
		229	1,50 d	229,03207	29,877	(5/2+)		ε 99,52%, α 0,48%
		230	17,4 d	230,03453	32,168	(2−)		ε 91,6%, β− 8,4%, αw
		231	$3{,}276 \cdot 10^4$ y	231,03588	33,422	3/2−	+2,31	α, SF?
		232	1,31 d	232,03857	35,924	(2−)		β−, ε ≈ 0,2%
		233	26,967 d	233,04024	37,485	3/2−	+3,5	β−
		234	6,70 h	234,04330	40,334	4(+)		β−
		234 m	1,17 m	234,04338	40,408	(0−)		β− 99,87%, IT 0,13%
		235	24,4 m	235,04544	42,330	(3/2−)		β−
		236	9,1 m	236,04867	45,340	(1−)		β−, SFw
		237	8,7 m	237,05114	47,640	(1/2+)		β−
		238	2,3 m	238,05465	50,910	(3−)		β−
92	U	222	1,0 μs		27,170	0+		α
		225	0,05 s					α
		226	0,5 s	226,02917	27,110 s	0+		α

		227	1,1 m	227,03110	28,970			α
		228	9,1 m	228,03136	29,209	0+		$\alpha \geqq 95\%, \varepsilon \leqq 5\%$
		229	58 m	229,03347	31,181	(3/2+)		$\varepsilon \approx 80\%, \alpha \approx 20\%$
		230	20,8 d	230,03392	31,600	0+		α
		231	4,2 d	231,03626	33,780	(5/2−)		ε, α 0,006%
		232	68,9 y	232,03713	34,587	0+	0	α, SFw
		233	$1{,}592 \cdot 10^5$ y	233,03963	36,915	5/2+	+0,55	α, ^{24}New, SF $< 6 \cdot 10^{-9}\%$
		234	$2{,}45 \cdot 10^5$ y, 0,0055%	234,04095	38,141	0+	0	α, SFw
		235	$703{,}8 \cdot 10^6$ y, 0,7200%	235,04392	40,915	7/2−	−0,35	α, SFw
		235 m	≈25 m	235,04392	40,916	1/2+		IT
		236	$2{,}3415 \cdot 10^7$ y	236,04556	42,441	0+	0	α, SFw
		237	6,75 d	237,04872	45,387	1/2+		$\beta-$
		238	$4{,}468 \cdot 10^9$ y 99,2745%	238,05078	47,305	0+	0	α, SF 0,0001%
		239	23,50 m	239,05429	50,570	5/2+		$\beta-$
		240	14,1 h	240,05659	52,711	0+		$\beta-, \alpha$
		242	16,8 m			0+		$\beta-$
93	Np	228	1,00 m					SF
		229	4,0 m	229,03622	33,740			$\alpha > 50\%, \varepsilon < 50\%$
		230	4,6 m	230,03781	35,220			$\varepsilon \leqq 97\%, \alpha \geqq 3\%$
		231	48,8 m	231,03824	35,620	(5/2)		ε 98%, α 2%
		232	14,7 m	232,04002	37,280 s	(4+)		$\varepsilon, \alpha \approx 0{,}003\%$
		233	36,2 m	233,04081	38,010 s	(5/2+)		$\varepsilon, \alpha \leqq 0{,}001\%$
		234	4,4 d	234,04289	39,952	(0+)		ε
		235	396,2 d	235,04406	41,039	5/2+		ε, α 0,0014%
		236	$115 \cdot 10^3$ y	236,04656	43,370	(6−)		ε 91%, $\beta-$ 8,9%, α
		236 m	22,5 h	236,04661	43,420	1(−)		ε 52%, $\beta-$ 48%
		237	$2{,}14 \cdot 10^6$ y	237,04817	44,868	5/2+		α, SF $\leqq 2 \cdot 10^{-1}\%$
		238	2,117 d	238,05094	47,451	2+		$\beta-$
		239	2,355 d	239,05293	49,306	5/2+		$\beta-$
		240	61,9 m	240,05617	52,321	(5+)		$\beta-$
		240 m	7,22 m	240,05617	52,321	1(+)		$\beta-$ 99,89%, IT 0,11%
		241	13,9 m	241,05825	54,260	(5/2+)		$\beta-$
		242	2,2 m	242,06163	57,410	(1+)		$\beta-$
		242	5,5 m	242,06163	57,410	(6)		$\beta-$
		243		243,06433	59,922			

(Fortsetzung)

Z	Symbol	A	$t_{1/2}$ oder rel. Häufigkeit	Isotopenmasse m_a/u	Δ/MeV	Jπ	$\bar{\mu}/\mu_N$	Zerfallsart
94	Pu	231		231,04121	38,390 s			
		232	34,1 m	232,04117	38,349	0+		ε ≈ 80%, α ≈ 20%
		233	20,9 m	233,04296	40,020			ε 99,88%, α 0,12%
		234	8,8 h	234,04330	40,335	0+		ε 94%, α 6%
		235	25,3 m	235,04526	42,160	(5/2+)		ε, α 0,0027%
		236	2,87 y	236,04603	42,879	0+	0	α, SFw
		237	45,2 d	237,04841	45,090	7/2−		ε, α 0,004%
		237 m	0,18 s	237,04856	45,236	1/2+		IT
		238	87,74 y	238,04955	46,160	0+	0	α, SFw
		239	24119 y	239,05216	48,584	1/2+	+0,203	α, SF
		240	6563 y	240,05381	50,122	0+		α, SF $5{,}7\cdot10^{-6}$%
		241	14,35 y	241,05685	52,952	5/2+	−0,683	β−, α
		242	$3{,}733\cdot10^{5}$ y	242,05874	54,713	0+		α, SF $5{,}5\cdot10^{-4}$%
		243	4,956 h	243,06200	57,751	7/2+		β−
		244	$8{,}08\cdot10^{7}$ y	244,06420	59,802	0+		α 99,88%, SF 0,12%
		245	10,5 h	245,06782	63,175	(9/2−)		β−
		246	10,84 d	246,07020	65,391	0+		β−
		247	2,27 d					β−
95	Am	232	55 s					ε ≈ 98%, α ≈ 2%, ε SF
		233		233,04645	43,270 s			
		234	2,6 m	234,04760	44,340 s			ε, α?
		235		235,04792	44,640 s			
		236		236,04939	46,010 s			
		237	73,0 m	237,05007	46,640 s	5/2(−)		ε 99,98%, α 0,02%
		238	98 m	238,05198	48,420	1+		ε > 99,99%, α 0,0001%
		239	11,9 h	239,05302	49,385	(5/2)−		ε 99,99%, α 0,01%
		240	50,8 h	240,05528	51,498	(3−)		ε, α $1{,}9\cdot10^{-4}$%
		241	432,7 y	241,05682	52,931	5/2−	+1,61	α, SF
		242	16,02 h	242,05954	55,463	1−		β− 82,7%, ε 17,3%
		242 m	141 y	242,05959	55,512	5−		IT 99,4%, α 0,46%, SF
		243	7380 y	243,06137	57,169	5/2−		α, SFw
		244	10,1 h	144,06428	59,877	(6−)		β−
		244 m	≈26 m	244,06437	59,965	(1−)		β− 99,96%, ε 0,04%
		245	2,05 h	245,06644	61,891	(5/2)+		β−

		246	39 m	246,06977	64,990	(7 −)	$\beta-$
		246 m	25,0 m	246,06977	64,990	2(−)	$\beta-$, IT < 0,01%
		247	23,0 m	247,07217	67,230 s	(5/2)	$\beta-$
		248	?	248,07578	70,590 s		$\beta-$
96	Cm	235		235,05155	48,020 s		
		236		236,05139	47,870 s	0 +	
		237		237,05276	49,150 s		
		238	2,4 h	238,05301	49,380	0 +	$\varepsilon \geqq 90\%, \alpha \leqq 10\%$
		239	≈ 2,9 h	239,05485	51,090 s	(7/2 −)	$\varepsilon, \alpha < 0,1\%$
		240	27 d	240,05550	51,702	0 +	$\alpha > 99,5\%, \varepsilon < 0,5\%$, SF $3,9 \cdot 10^{-6}\%$
		241	32,8 d	241,05765	53,700	1/2 +	ε 99%, α 1%
		242	162,79 d	242,05883	54,800	0 +	α, SF $6,2 \cdot 10^{-6}\%$
		243	29,1 y	243,06138	57,177	5/2 +	α 99,76%, ε 0,24%
		244	18,10 y	244,06275	58,449	0 +	α, SF $1 \cdot 10^{-4}\%$
		245	8500 y	245,06548	60,998	7/2 +	α, SFw
		246	4730 y	246,06722	62,614	0 +	α 99,97%, SF 0,03%
		247	$1,56 \cdot 10^{7}$ y	247,07035	65,528	9/2 −	α
		248	$3,40 \cdot 10^{5}$ y	248,07234	67,388	0 +	α 91,74%, SF 8,26%
		249	64,15 m	249,07595	70,746	1/2(+)	$\beta-$
		250	9700 y	250,07835	72,985	0 +	SF ≈ 80%, α ≈ 11%, $\beta-$ ≈ 9%
		251	16,8 m	251,08228	76,642 s	(1/2 +)	$\beta-$
		252	< 2 d			0 +	$\beta-$
97	Bk	237		237,05710	53,190 s		
		238		238,05805	54,070 s		
		239		239,05826	54,270 s		
		240		240,05969	55,600 s		
		241		241,06023	56,100 s		ε, ε SFw
		242	7,0 m	242,06205	57,800 s		ε
		243	4,5 h	243,06300	58,683	(3/2 −)	ε 99,85%, α 0,15%
		244	4,35 h	244,06516	60,700	(1 −)	ε 99,99%, α 0,006%
		245	4,94 d	245,06635	61,809	3/2 −	ε 99,88%, α 0,12%
		246	1,80 d	246,06882	64,110 s	2(−)	$\varepsilon, \alpha < 0,2\%$
		247	1380 y	247,07030	65,484	(3/2 −)	α
		248	> 9 y	248,07312	68,107	(6 +)	$\alpha > 70\%$

(*Fortsetzung*)

Z	Symbol	A	$t_{1/2}$ oder rel. Häufigkeit	Isotopenmasse m_a/u	Δ/MeV	Jπ	$\vec{\mu}/\mu_N$	Zerfallsart
		248 m	23,7 h	248,07311	68,099	1(−)		$\beta-$ 70%, ε 30%, α 0,001%
		249	320 d	249,07498	69,844	7/2+		$\beta-$, α 0,0014%, SF $4,7 \cdot 10^{-8}$%
		250	3,217 h	250,07832	72,951	2−		$\beta-$
		251	55,6 m	251,08075	75,222 s	(3/2−)		$\beta-$, $\alpha \approx 1,0 \cdot 10^{-5}$
		252	?	252,08430	78,530 s			
98	Cf	239	42 s	239,06253	58,250 s			α
		240	1,06 m	240,06229	58,020 s	0+		α
		241	3,78 m	241,06353	59,180 s			$\varepsilon \approx 90$%, $\alpha \approx 10$%
		242	3,49 m	242,06368	59,320	0+		α
		243	10,7 m	243,06539	60,910 s	(1/2+)		$\varepsilon \approx 86$%, $\alpha \approx 14$%
		244	19,4 m	244,06598	61,460	0+		α, ε?
		245	43,6 m	245,06804	63,380			$\varepsilon \approx 70$%, $\alpha \approx 30$%
		246	35,7 h	246,06880	64,087	0+		α, $\varepsilon < 5,0 \cdot 10^{-4}$%, SF $2,0 \cdot 10^{-4}$%
		247	3,11 h	247,07099	66,130	(7/2+)		ε 99,96%, α 0,03%
		248	333,5 d	248,07218	67,237	0+		α, SF 0,0029%
		249	351 y	249,07484	69,717	9/2−		α, SFw
		250	13,08 y	250,07640	71,167	0+		α 99,92%, SF 0,08%
		251	898 y	250,07958	74,129	1/2+		α
		252	2,645 y	252,08162	76,030	0+		α 96,91%, SF 3,09%
		253	17,81 d	253,08513	79,296	(7/2+)		$\beta-$ 99,69%, α 0,31%
		254	60,5 d	254,08732	81,338	0+		SF 99,69%, α 0,31%
		255	85 m			(9/2+)		$\beta-$
		256	12,3 m			0+		SF, $\beta- < 1$%, $\alpha \approx 1,0 \cdot 10^{-6}$%
99	Es	241		241,06852	63,830 s			
		242		242,06937	64,620 s			
		243	21 s	243,06947	64,710 s			$\varepsilon \leqq 70$%, $\alpha \geqq 30$%
		244	37 s	244,07082	65,970 s			ε 96%, α 4%
		245	1,33 m	245,07126	66,380 s			ε 60%, α 40%

		246	7,7 m	246,07294	67,940 s	(4 −, 6 +)	ε 90,1%, α 9,9%,
		247	4,7 m	247,07359	68,550		$\varepsilon \approx 93\%$, $\alpha \approx 7\%$
		248	27 m	248,07546	70,290 s	(2 −, 0 +)	$\varepsilon > 99\%$, $\alpha \approx 0{,}25\%$
		249	102,2 m	249,07634	71,110	7/2(+)	ε 99,43%, α 0,57%
		250	2,22 h	250,07866	73,270 s	(6 +)	$\varepsilon \geqq 99\%$, $\alpha \leqq 1\%$
		250 m	8,6 h	250,07866	73,270 s	1(−)	$\varepsilon \geqq 97\%$, $\alpha \leqq 3\%$
		251	33 h	251,07998	74,506	(3/2 −)	ε 99,51%, α 0,49%
		252	471,7 d	252,08297	77,290	(5 −, 4 +)	α 76%, ε 24%, $\beta- \approx 0{,}01\%$
		253	20,47 d	253,08482	79,007	7/2 +	α, SF $8{,}7 \cdot 10^{-6}\%$
		254	275,7 d	254,08802	81,994	(7 +)	α, $\varepsilon < 1{,}0 \cdot 10^{-4}\%$, SF $< 3{,}0 \cdot 10^{-6}\%$, $\beta-$ $1{,}7 \cdot 10^{-6}\%$
		254 m	39,3 h	254,08811	82,072	2 +	$\beta-$ 98%, IT < 3%, α 0,33%, ε 0,08%, SF < 0,05%
		255	39,8 d	255,09027	84,083 s	(7/2 +)	$\beta-$ 92%, α 8%, SF 0,0041%
		256	25,4 m	256,09357	87,160 s	(1 +)	$\beta-$
		256 m	≈ 7,6 h	256,09357	87,160 s	(8 +)	$\beta-$
100	Fm	242	0,8 ms			0 +	SF
		243	0,18 s	243,07446	69,360 s		α 40%
		244	3,7 ms	244,07412	69,040 s	0 +	SF
		245	4,2 s	245,07519	70,040 s		α
		246	1,1 s	246,07528	70,120	0 +	α 92%, SF 8%, $\varepsilon \leqq 1\%$
		247	35 s	247,07679	71,530 s		α 50%, ε 50%
		247	9,2 s	247,07679	71,530 s		α
		248	36 s	248,07717	71,888	0 +	α 99%, $\varepsilon \approx 1\%$, SF $\approx 0{,}05\%$
		249	2,6 m	249,07892	73,510 s	(7/2 +)	$\varepsilon \approx 85\%$, $\alpha \approx 15\%$
		250	30 m	250,07951	74,060	0 +	$\alpha > 90\%$, $\varepsilon < 10\%$, SF $\approx 0{,}0006\%$,
		250 m	1,8 s	250,07951	74,060	0 +	IT > 80%
		251	5,30 h	251,08157	75,978	(9/2 −)	ε 98,2%, α 1,8%
		252	25,39 h	252,08246	76,814	0 +	α, SF 0,0023%
		253	3,00 d	253,08517	79,339	1/2 +	ε 88%, α 12%
		254	3,240 h	254,08685	80,900	0 +	α 99,94%, SF 0,06%
		255	20,07 h	255,08995	83,788	7/2 +	α, SF $2{,}4 \cdot 10^{-5}\%$
		256	157,6 m	256,09177	85,482	0 +	SF 91,9%, α 8,1%
		257	100,5 d	257,09510	88,585	(9/2 +)	α 99,79%, SF 0,21%

(Fortsetzung)

Z	Symbol	A	$t_{1/2}$ oder rel. Häufigkeit	Isotopenmasse m_a/u	Δ/MeV	Jπ	$\vec{\mu}/\mu_N$	Zerfallsart
		258	370 μs			0+		SF
		259	1,5 s					SF
101	Md	247	3 s	247,08165	76,060 s			α
		248	7 s	248,08277	77,100 s			ε 80%, α 20%
		249	24 s	249,08295	77,270 s			α ≈ 70%, ε ≈ 30%
		250	52 s	250,08436	78,580 s			ε 93%, α 7%
		251	4,0 m	251,08486	79,050 s			ε ≧ 90%, α ≦ 10%
		252	2,3 m	252,08655	80,620 s			ε < 50%, α > 50%
		253		253,08721	81,240 s			α, ε
		254	10 m	254,08963	83,490 s			ε
		254	28 m	254,08963	83,490 s			ε
		255	27 m	255,09107	84,835	(7/2−)		ε 92%, α 8%
		256	76 m	256,09399	87,550	(0−, 1−)		ε 90,7%, α 9,3%, SF < 3%
		257	5,3 h	257,09556	89,010 s	(7/2−)		ε 90%, α 10%, SF < 4%
		258	60 m	258,09859	91,840 s	(1−)		ε
		258 m	55 d	258,09859	91,840 s	(8−)		α
		259	103 m			(7/2−)		SF > 95%, α < 5%
		260	31,8 d					SF ≈ 70%, α ≦ 25%, ε < 15%, β− < 10%
102	No	250	0,25 ms			0+		SF, α ≈ 0,05%
		251	0,8 s	251,08885	82,760 s			α, ε ≈ 1%
		252	2,30 s	252,08895	82,857	0+		α 73,1%, SF 26,9%
		253	1,7 m	253,09053	84,330 s	(9/2−)		α ≈ 80%, ε ≈ 20%,
		254	55 s	254,09094	84,711	0+		α 90%, ε 10%, SF 0,25%
		254 m	0,28 s	254,09148	85,211			IT > 80%
		255	3,1 m	255,09323	86,848 s	(1/2+)		α 61,4%, ε 38,6%
		256	3,3 s	256,09425	87,793	0+		α 99,8%, SF ≦ 0,25%
		257	25 s	257,09685	90,220	(7/2+)		α
		258	≈ 1,2 ms	258,09815	91,430 s	0+		SF, α 0,001%
		259	58 m	259,10093	94,018	(9/2+)		α 75%, ε 25%, SF < 10%
		260	106 ms			0+		SF

103	Lr	252	≈1 s				$\alpha \approx 90\%$, $\varepsilon \approx 10\%$, SF $< 1\%$
		253	1,4 s	253,09516	88,640 s		α, SF $< 2\%$, $\varepsilon \approx 1\%$
		254	≈20 s	254,09633	89,730 s		α, ε, SF $< 0{,}1\%$
		255	22 s	255,09667	90,050 s		$\alpha > 70\%$, $\varepsilon < 30\%$, SF $> 1\%$
		256	28 s	256,09849	91,740 s		$\alpha > 80\%$, $\varepsilon < 20\%$, SF $< 0{,}03\%$
		257	0,646 s	257,09948	92,670 s		$\alpha > 85\%$, $\varepsilon < 15\%$
		258	4,3 s	258,10172	94,750 s		$\alpha > 95\%$, $\varepsilon < 5\%$
		259	5,4 s	259,10290	95,850		$\alpha > 90\%$, SF $< 10\%$, $\varepsilon > 0{,}5\%$
		260	180 s	260,10531	98,100		α, ε
		261	39 m				SF
		262	3,6 h				ε
104	Rf	253	≈1,8 s				SF $\approx 50\%$, $\alpha \approx 50\%$
		254	0,5 ms			0+	SF, $\alpha \approx 0{,}3\%$
		255	1,5 s	255,10125	94,310 s		SF $\approx 52\%$, $\alpha \approx 48\%$
		256	6,7 ms	256,10117	94,240 s	0+	SF $\approx 98\%$, $\alpha \approx 2\%$
		257	4,7 s	257,10294	95,890 s		α
		258	12 ms	258,10344	96,350 s	0+	SF $\approx 90\%$, $\alpha \approx 10\%$
		259	3,1 s	259,10551	98,280 s		α 93%, SF 6%, $\varepsilon \approx 0{,}3\%$
		260?	20,1 ms	260,10630	99,020 s	0+	SF, $\alpha < 10\%$
		261	65 s	261,10858	101,150 s		$\alpha > 80\%$, SF $< 10\%$, $\varepsilon < 10\%$
		262	47 ms			0+	SF
105	Ha	255?	1,6 s				$\alpha \approx 80\%$, SF $\approx 20\%$
		256	2,6 s				$\alpha \leqq 90\%$, SF $\leqq 40\%$, $\varepsilon \approx 10\%$
		257	1,3 s	257,10774	100,360 s		α 82%, SF 17%, ε 1%
		258	4,4 s	258,10909	101,620 s		$\alpha \approx 67\%$, $\varepsilon \approx 33\%$, SF $< 1\%$
		258	20 s	258,10909	101,620		ε
		259		259,10962	102,110 s		
		260	1,52 s	260,11124	103,620 s		$\alpha \geqq 90\%$, SF $\leqq 9{,}6\%$, $\varepsilon < 2{,}5\%$
		261	1,8 s	261,11188	104,170 s		$\alpha > 50\%$, SF $< 50\%$
		262	34 s	262,11376	105,970 s		SF 71%, α 26%, $\varepsilon \approx 3\%$
		263	26 m				α

(*Fortsetzung*)

Z	Symbol	A	$t_{1/2}$ oder rel. Häufigkeit	Isotopenmasse m_a/u	Δ/MeV	$J\pi$	$\bar{\mu}/\mu_N$	Zerfallsart
106		259	0,48 s	259,11443	106,590 s	(1/2+)		α 90%, SF < 20%
		260	3,6 ms	260,11442	106,580 s	0+		α 50%, SF 50%
		261	0,23 s	261,11609	108,140 s			α 95%, SF < 10%
		262		262,11659	108,460 s	0+		
		263	0,8 s	263,11819	110,090 s			SF ≈ 70%, α ≈ 30%
107		260						α
		261	11,8 ms	261,12166	113,330 s			α 95%, SF < 10%
		262	102 ms	262,12308	114,650 s			$\alpha \geqq$ 80%, SF $\leqq$ 20%
		262 m	8,0 ms	262,12342	114,965 s			α > 70%, SF < 30%
		263		263,12327	114,830 s			
		264		264,12469	116,150 s			
108		263						α
		264	0,08 ms	264,12851	119,710 s	0+		α
		265	1,8 ms	265,12998	121,080 s			α
109		266	3,5 ms	266,13779	128,350 s			α

2.3 Massenspektroskopie (MS), Sekundärionenmassenspektroskopie (SIMS)

W. Heiland, Oberflächenphysik, Universität Osnabrück

2.3.1 Massenspektroskopie (MS)

Die Masse m(u) von Atomkernen, Atomen und Molekülen wird mit Massenspektrometern bestimmt. Ein Massenspektrometer besteht üblicherweise aus Ionenquelle, Analysator und Ionennachweis. Wird die Massenskala zeitlich durchgefahren, handelt es sich um Spektrometer. Geräte, die den gesamten Massenbereich gleichzeitig aufnehmen, heißen Spektrographen. Geräte, bei deren Einstellung auf eine gegebene Massenzahl zeitlich konstante Felder verwendet werden, heißen statische Massenspektrometer, die übrigen, mit zeitlich veränderlichen Feldern, dynamische Massenspektrometer. Laufzeit- oder Flugzeitspektrometer zählen zu den dynamischen Spektrometern.
Die einfachsten statischen Massenspektrometer haben ein magnetisches Sektorfeld als Analysator. Da das Magnetfeld nur auf geladene Teilchen wirkt, ist die Ionenquelle je nach Anwendung ein wichtiges Bauteil des Gerätes. Ionen mit der Geschwindigkeit v_0 und der Masse m werden in einem statischen Magnetfeld B(T) auf der Länge l um einen Winkel θ_B abgelenkt, der sich berechnet aus

$$\mathrm{tg}\theta_B = \frac{e}{mv_0} l \cdot B, \tag{1}$$

wobei e die Elementarladung ist. Das bedeutet, daß ein statisches magnetisches Feld den Impuls der Ionen analysiert. Wird die Geschwindigkeit der Ionen mit der Ladung z durch ihre Beschleunigungsspannung U(V) ausgedrückt, erhält man für den Radius r(m) der Ionen im Magnetfeld $B(10^{-4}\,T = 1$ Gauß) die Zahlenwertgleichung

$$r_B = \frac{1{,}44}{B}\sqrt{\frac{mU}{z}}. \tag{2}$$

Die abbildenden Eigenschaften eines magnetischen Sektorfeldes lassen sich durch eine “Linsengleichung” beschreiben

$$(\alpha - g)(\alpha' - g') = f^2 \quad \text{und} \quad (\alpha' - g')/f = f/(\alpha - g) = -\beta', \tag{3}$$

wobei f die Brennweite ist, β' ist der Abbildungsmaßstab, α und α' sind der objektseitige und bildseitige Abstand von der Feldbegrenzungen und g und g' sind die objektseitigen und bildseitigen Abstände der Brennpunkte von den Feldbegrenzungen. Für Sektorfelder mit senkrechtem Eintritt und Austritt vereinfacht sich (3) mit Einführung der Kennzahlen κ (Tabelle 1) und r_0, dem Sollbahnradius, zu:

$$g = g' = (r_0/\kappa)\cot(\theta\,\kappa) \text{ und } |f| = r_0/(\kappa\sin(\theta\,\kappa)). \tag{4}$$

Die Dispersion des Magnetfeldes ist gegeben durch den Differentialquotienten $\partial s/\partial(mv) = \partial s/\partial q$, d.h. zwei Ionenbündel, die sich um $\Delta q = \Delta(mv)$ unterscheiden, haben im Bildpunkt (=Austrittsspalt) den Abstand

$$\Delta s = \frac{\partial s}{\partial q}\Delta q. \tag{5}$$

Die Auflösung der Geräte mit magnetischem Sektorfeld ist begrenzt durch Bildfehler und durch die fehlende Energiefokussierung, d.h. unvermeidliche Verteilungen der Primärgeschwindigkeit v_0 bzw. U passieren ungehindert das Magnetfeld, das nur Richtungsfokussierung aufweist.
Das Problem wird gelöst durch doppelfokussierende Spektrometer, bei denen die Ionen zumeist nacheinander ein elektrisches und ein magnetisches Sektorfeld durchlaufen. Ein Ion der spezifischen Ladung e/m wird in einem elektrischen Feld der Stärke E um einen Winkel abgelenkt, der sich berechnet aus

$$\mathrm{tg}\theta_E = \frac{e}{mv_0^2} lE, \tag{6}$$

wobei v_0 und l wie oben definiert sind.

Das bedeutet, ein statisches elektrisches Feld analysiert die kinetische Energie $1/2\,mv_0^2$ der Ionen. Damit werden Bündel mit Ionen verschiedener Energie jedoch gleicher Masse in verschiedene Punkte fokussiert, ein nachfolgendes magnetisches Sektorfeld fokussiert diese Teilbündel wieder, wenn die Energiedispersion des elektrischen Feldes durch die Impulsdispersion des magnetischen Feldes kompensiert wird, d.h.

$$r_E(1 - \cos\sqrt{2}\theta_E) + \alpha'_E\sqrt{2}\sin\sqrt{2}\theta_E = r_B(1 - \cos\theta_B) + \alpha_M \sin\theta_M, \tag{7}$$

wobei α'_E und α_M sinngemäß wie oben definiert sind. θ_E und θ_M sind die durch die Feldbegrenzung gegebenen Winkel der Sektorfelder. Wird der bildseitige Abstand $\alpha_{E'} \to \infty$ gewählt, wird Doppelfokussierung für alle Massen erreicht

$$\sqrt{2}\sin\sqrt{2}\theta_E = -\sin\theta_M \tag{8}$$

Durch das Minuszeichen wird deutlich, daß die Ablenkungen im elektrischen und im magnetischen Feld gegensinnig verlaufen.
Die Dispersion des elektrischen Feldes ist gegeben durch $\partial s/\partial q$ mit $q = 1/2\,mv_0^2 = W$. Für die räumliche Trennung zweier Teilstrahlen mit dem Energieunterschied Δq gilt Gleichung (5). Für die abbildenden Eigenschaften gelten Gleichungen (3) und (4) sinngemäß. Die reduzierten Dispersionen und Kennzahlen κ sind für magnetische und elektrische Sektorfelder in Tabelle 1 wiedergegeben.

Tabelle 1. Reduzierte Dispersionen für magnetische und elektrische Sektorfelder bei senkrechtem Feldeintritt und Feldaustritt. r_0 = Sollbahnradius, n = Feldindex: definiert für Magnetfelder durch $B_z(r_0) = B_0(r/r_0)^{-n}$ mit der Feldkomponente B_z senkrecht zur Bahn. Für ein homogenes Feld ist $n = 0$. Die Kennzahl κ gestattet die Verallgemeinerung der Abbildungsgleichungen (3,4). β' = Abbildungsmaßstab, negativ wegen umgekehrter Abbildung (8). W = kinetische Energie, p = Impuls, m = Masse

κ	Magnetfeld	Zylinderkondensator	Kugelkondensator
κ_{radial}	$\sqrt{1-n}$	$\sqrt{2}$	1
κ_{axial}	$\sqrt{n}$	(keine Fokuss.)	1
Impulsdispersion bei konst. Energie $(\partial s/\partial p)_W (p/r_0)$	$(1-\beta')/(1-n)$	0	0
Impulsdispersion bei konst. Ruhmasse $(\partial s/\partial p)_m (p/r_0)$	$(1-\beta')/(1-n)$	$1-\beta'$	$2(1-\beta')$
Energiedispersion $(\partial s/\partial W)_m (W/r_0)$	$(1-\beta')/(2(1-n))$	$(1-\beta')/2$	$1-\beta'$
Massendispersion $(\partial s/\partial m)_W (m/r_0)$	$(1-\beta')/(2(1-n))$	0	0

Das Auflösungsvermögen von Massenspektrometern ist gegeben durch

$$R = m/\Delta m, \tag{10}$$

wobei Δm der Massenunterschied zwischen zwei Ionenarten m und $m + \Delta m$ ist, deren Bündelachsenabstand Δs gleich der Linienbreite (FWHM) ist. Üblich sind auch Definitionen von R, die sich auf die Talhöhe zwischen Massenlinien beziehen, z.B. 10% bedeutet, daß das Minimum zwischen zwei Linien 10% der maximalen Linienhöhe beträgt.
Spektrometer mit magnetischen Sektorfeldern erreichen $R > 10^4$, doppelfokussierende Geräte erreichen $R > 10^5$. Für Ionenquellen werden je nach Zielsetzung der Massenanalyse alle denkbaren physikalischen Effekte ausgenützt, die zur Ionisierung der zu untersuchenden Materie führen.
Zum Ionennachweis dienen Photoplatten, Faraday-cups und Sekundärelektronenvervielfacher (SEV) verschiedenster Bauart, vor allem dann, wenn kleine Ionenströme durch Teilchenzählung registriert werden müssen. Photoplatten können durch entsprechende positionsempfindliche Detektoren wie Widerstandsanoden oder Vielkanal-SEV ersetzt werden.
Dynamische Massenspektrometer sind nur im Analysator-Teil prinzipiell von den statischen Spektrometern zu unterscheiden. Die Ionenquellen müssen den jeweiligen geometrischen, energetischen usw. Anforderungen des Analysators w.o. angepaßt werden. In dynamischen Spektrometern ist jedoch mindestens ein Systemparameter zeitlich veränderlich, wobei zumeist die Impulsdispersion des statischen Magnetfeldes, das bei hoher Auflösung apparativ schwerfällig wird, durch die Zeitdispersion eines Hochfrequenzfeldes (HF) ersetzt wird. In der quasistatischen Näherung, d.h. die Wellenlänge der HF ist groß gegen die Geräteabmessungen, können die Begriffe der Elektro- und Magnetooptik statischer Felder übernommen werden. Hinzu kommen Laufzeiteffekte, wenn die Feldstärken sich

während der Laufzeit τ eines Ions im Gerät um z.B. eine Größenordnung ändern. Daraus folgt die Bedingung

$$\frac{1}{E}\frac{\partial E}{\partial t}\cdot\tau \approx 1 \tag{11}$$

mit der elektrischen Feldstärke E. Für sinusfömige Spannungsverläufe der Periode T heißt (11) einfach $\tau/T \approx 1$.
Die Winkelablenkung eines Teilchens der spezifischen Ladung e/m im HF der Feldstärke $E = E_0$ sinwt und der Feldlänge l ist:

$$\mathrm{tg}\theta_{HF} = \frac{e}{mv_0^2} lE_0 \frac{\sin(\omega\tau/2)}{\omega\tau/2}\sin(\omega(t_0 + \tau/2)). \tag{12}$$

Die Laufzeit ist hier gegeben durch $\tau = l/v_0$, der Eintrittszeitpunkt in das Feld ist t_0, die Kreisfrequenz des HF ist ω. Die Ionen werden nicht abgelenkt, d.h. es gibt „stabile" Bahnen, wenn $\omega\tau = 2\pi n$ ist (n ist eine ganze Zahl).
Das gebräuchlichste dynamische Massenspektrometer ist das Quadrupol-Massenfilter nach Paul und Steinwedel. Es besteht aus einer Anordnung von 4 Stäben mit dem Durchmesser $2{,}32r_s$, die einen Mittenabstand von $2r_s$ gegeneinander haben. Jeweils benachbarte Stäbe werden mit der Gleichspannung $2U_g$ und Wechselspannung $2U_W \cos\omega\tau$ beaufschlagt, so daß in der Achse (z-Achse) des durch die Stäbe gebildeten „Käfigs" ein Potential ϕ entsteht:

$$\phi(x, y, z) = (U_g + U_W \cos\omega t)(x^2 - y^2)/r_s^2. \tag{13}$$

Die x, y-Ebene liegt senkrecht zu den Stabachsen. Die Bewegungsgleichungen für die Ionen im Potential (13) sind Mathieusche Differentialgleichungen der Normalform:

$$\frac{d^2y}{dJ^2} + (a - 2q\cos 2\zeta)y = 0 \tag{14}$$

mit $2\zeta = \omega t$, $a = 8eU_g/mv_s^2\omega^2$ und $q = 4eU_W/mr_s^2\omega^2$ für einfach geladene Ionen. Zahlenwertgleichungen mit U_g und U_W in V, m in u, $\omega/2\pi = \nu$ in MHz und r_s in cm sind für z-fach geladene Ionen:

$$a = 0{,}194\, zU_g/mv^2r_s^2 \quad \text{und} \quad q = 0{,}097\, zU_W/mv^2r_s. \tag{15}$$

Üblicherweise werden Massenspektren durch Variation von U_g und U_W bei festem Verhältnis $u = U_g/U_W$ aufgenommen. Entsprechend den Lösungsmöglichkeiten der Mathieuschen Differentialgleichung gibt es stabile Bahnen mit $r_{max} < r_s$ und $r < r_s$. Die stabilen Bahnen sind dadurch gegeben, daß $2U_g/U_W = a/q$ ist. Zu $r_{max} < r_s$ gehören Werte $q_{max} = 0{,}706$, $a_{max} = 0{,}237$ und somit $n_{max} = 0{,}168$. An diesem Punkt ist nur die Bahn einer Masse stabil, nämlich $m = 5{,}4\, eU/w^2r_s^2$. Der Massenwert ist also nur von der Wechselspannung und der Geometrie abhängig. Das theoretische Auflösungsvermögen ist gegeben durch

$$(m/\Delta m)q'q^n \simeq 0{,}73(1 - u/u_{max}). \tag{16}$$

In der Praxis ist $m/\Delta m \simeq 10^4$ möglich.
Im allgemeinen wird, um die Einschußbedingungen bezüglich Energie und Winkel zu optimieren, vor das Quadrupol ein System aus elektrostatischem Energieanalysator und elektrostatischer Linse gebaut. Der Ionendetektor wird meist nicht auf der verlängerten Achse des Quadrupols angebracht („off-axis"), um den Untergrund zu erniedrigen, der durch an den Stäben neutralisierte oder desorbierte Teilchen entstehen kann. Sofern das vorgeschaltete Linsensystem gerade Sicht von der Ionenquelle durch das Quadrupol gestattet, ist die off-axis-Anordnung auch erforderlich, um einen Untergrund durch Photonen, Metastabile und Neutrale aus der Ionenquelle zu vermeiden.
Ein prinzipiell einfaches dynamisches Massenspektrometer ist das Laufzeit- oder Flugzeitspektrometer. Die Ionen werden über eine Teilstrecke des Spektrometers auf die Energie eU beschleunigt und durchlaufen eine Driftstrecke l bis zum Detektor. Die Laufzeit auf der Driftstrecke ist durch die Zahlenwertgleichung

$$t = 7{,}23\cdot 10^{-7}\, l\sqrt{m/zU}\,(s) \tag{17}$$

gegeben, Masse m(u), Spannung U(V) und z die Ladung des Ions. Bei Laufzeitstrecken von ca. 1 m sind Auflösungen bis 10^3 möglich. Die unterschiedlichen Laufzeiten der Ionen im Beschleunigungsraum können durch geeignete elektronenoptische Maßnahmen korrigiert werden.

2.3.2 Sekundärionen-Massenspektrometrie (SIMS)

SIMS ist eine Anwendung der Massenspektrometrie mit den Zielen: Chemische Analyse von Festkörperoberflächen, Analyse von Festkörpern (Tiefenprofile) und, mit der Ionenmikrosonde, entsprechende Analysen mit lateraler Auflösung.
Die Quelle der zu analysierenden Teilchen sind in jedem Fall Festkörperoberflächen. Das Massenspektrometer mißt den Fluß der abgelösten Teilchen. Die Teilchen können durch Ionenbeschuß (Ionenstrahl, Plasma, radioaktive Quelle) oder Laserbeschuß abgelöst werden. Beim Ionenbeschuß (Strahl oder Plasma) ist die Zerstäubung der Ablösemechanismus. Beim Einsatz von radioaktiven Quellen oder entsprechend schweren, schnellen Ionen aus Hochenergiebeschleunigern vor allem für die Analyse von sehr hohen Massen (biologische Proben, Proteinchemie, u.ä.) in Kombination mit einem Flugzeitspektrometer ist der Ablösemechanismus noch nicht in allen Details geklärt. Beim Beschuß mit einem energetischen Laser wird das Material verdampft. Neben dem Ablöseprozeß ist die Ionenbildung ein entscheidender Prozeß für SIMS. Im allgemeinen ist die Ionenbildung abhängig vom Ablöseprozeß, d.h. die Empfindlichkeit des Nachweises kann prozeß- und materialabhängig sein. Um eine gleichmäßige Nachweisempfindlichkeit zu erreichen, werden die abgelösten Teilchen nachionisiert durch intensive Laser- oder Ionenstrahlen oder duch eine geeignete Gasentladung zwischen Festkörper und Analysator (SNMS = Sekundär-Neutralteilchen-Massen-Spektrometrie).
Unter Ionenbeschuß werden Festkörperteilchen mit der Ausbreite Y zerstäubt:

$$Y = \frac{\text{Mittlere Zahl emittierter Atome}}{\text{Einfallendes Teilchen}}. \tag{18}$$

Die Ausbeute Y ist abhängig vom Massenverhältnis zwischen einfallendem Teilchen und Festkörperatom, der Einfallsenergie E_o, dem Einfallswinkel und der Oberflächenbindungsenergie. Für den Einfall mittelschwerer Ionen (Ar^+, O_2^+) senkrecht zur Oberfläche eines ein-atomaren, amorphen Festkörpers ist

$$Y = \Lambda \cdot F_D(E_o), \tag{19}$$

wobei Λ (Å/eV) angenähert wird durch die Zahlenwertgleichung

$$\Lambda \simeq 0{,}042\,(N \cdot U_o)^{-1} \tag{20}$$

mit der Teilchendichte N(Å^{-3}) und der Oberflächenbindungsenergie U_0(eV). $F_D(E_o)$ ist die in der Oberfläche deponierte Energiedichte angenähert durch

$$F_D(E_o) \simeq 0{,}25 \cdot N \cdot S_n(E_o) \tag{21}$$

mit dem nuklearen Energieverlustquerschnitt S_n. Mit einem Wert für 10 KeV Ar^+ auf Cu von $NS_n \simeq$ 124 eV/Å, einer Dichte von $N = 8{,}45 \cdot 10^{-2}$ Å^{-3} und $U_o \simeq 3$ eV wird $Y_{Cu}(10\,\text{KeV}\,Ar^+) \simeq 5$ im Vergleich zu experimentellen Werten von etwa 6 (Tabelle 2).
Der Fluß der zerstäubten Teilchen hat eine Energie- und Winkelverteilung, so daß das vom Spektrometer erfaßte Ionensignal einer Masse A gegeben ist durch

$$I_A^+ = C_A \cdot i_o \cdot D \cdot T \cdot \alpha(E,\theta) Y(E,\theta) \Delta\Omega\, \Delta E \text{ (Ionen/s)} \tag{22}$$

mit Konzentration C_A, Primärstrom i_o (Ionen/s), Nachweiswahrscheinlichkeit D, Transmission des Spektrometers T, Anteil der Ionen im zerstäubten Teilchenfluß α, Zerstäubungsausbeute Y, der Energie der zerstäubten Teilchen E, Emissionswinkel θ, $\Delta\Omega$ und ΔE sind der Akzeptanzwinkel und die Energieakzeptanz des Spektrometers. Bei SIMS ist α^+ oder α^- die beim Zerstäubungsprozeß entstehende partielle Ionenausbeute, so daß $Y^\pm(E,\theta) = \alpha^\pm(E,\theta) Y(E,\theta)$.
Bei SNMS ist α in guter Näherung die durch Nachionisierung erreichte partielle Ausbeute. Tabelle 3 gibt einige Zerstäubungsausbeuten für 3 KeV Ar^+ SIMS für saubere und sauerstoffbedeckte Metalle. Bei SNMS liegen die Werte für α zwischen 10^{-1} und 10^{-2} (Nachionisierung mit einem HF-Plasma). Bei der Zerstäubung mehrkomponentiger Systeme ist die Ausbeute der verschiedenen Komponenten verschieden, z.B. $Y_A \neq Y_B$, wobei Y = (Zahl der zerstäubten Atome i)/(einfallendes Teilchen) analog zu (18) definiert ist. Oberflächenkonzentrationen C_A^0 (t = 0) werden durch preferentielle Zerstäubung so ausgeglichen, daß für große Zeiten gilt

$$\frac{Y_A}{Y_B} = \frac{C_A^v}{C_B^v}, \tag{23}$$

wobei C_A^v und C_B^v die Volumenkonzentrationen sind. Dadurch können mit SIMS Tiefenpofile, d.h. quasi-dreidimensionale Konzentrationsverteilungen gemessen werden: Bei großflächiger Abtragung

C(z), bei Rastern mit einem feinfokussierten Ionenstrahl, Ionenmikrosonde, C(x, y, z), wobei z die Koordinate senkrecht zur Oberfläche ist.
Die erreichbare laterale Auflösung ist ionenoptisch auf etwa 0,1 μm beschränkt, die Tiefenauflösung ist tiefenabhängig, bei $z = 0$ sind ca. 1 nm möglich, bei $z = 100$ nm sind Werte um 10 nm zu erwarten. Tabelle 4 vergleicht SIMS und SNMS mit anderen üblichen Analysemethoden.

Tabelle 2. Zerstäubungsausbeuten Y = zerstäubte Atome/einfallendes Ion für verschiedene Metalle und Si für Ar^+ Ion bei drei Energien und senkrechtem Einfall

keV/ Metall	Al	Si	Cr	Fe	Ni	Cu	Nb	Mo	Ta	W
1	1,5	0,7	2,0	1,6	1,5	3,0	1,0	0,9	0,7	0,9
3	2,2	1,1	3,1	3,0	2,8	4,5	1,5	1,4	1,1	1,4
10	3,2	1,7	4,2	3,6	4,0	6,0	2,1	2,0	1,6	2,1

Tabelle 3. Relative Sekundärionenausbeute verschiedener Metalle und Si beim Beschuß mit 3 KeV Ar^+ Ionen für saubere Oberflächen und sauerstoff-bedeckten Oberflächen

Element	Al	Si	Cr	Fe	Ni	Nb	Mo	Ba	Ta	W
sauber	10^{-2}	10^{-3}	$2 \cdot 10^{-3}$	10^{-3}	$5 \cdot 10^{-4}$	10^{-3}	10^{-3}	$2 \cdot 10^{-4}$	10^{-4}	10^{-4}
O_2 bedeckt	0,9	0,8	1,0	0,3	$3 \cdot 10^{-2}$	$8 \cdot 10^{-2}$	0,4	$5 \cdot 10^{-2}$	$2 \cdot 10^{-3}$	$2 \cdot 10^{-3}$

Tabelle 4. Vergleich verschiedener Methoden zur Oberflächenanalyse und zur Tiefennprofilanalyse

Methode	Nachweis-grenze in ppm	Quantitativ Standard %		zerstö rungsfrei	Tiefenbereich Adsorbat/ reine Oberfläche	Empfind-lichkeit für Elemente
		ohne	mit			
SIMS	0,1	—	3	nein	1 nm	≧H
SNMS	0,1	—	3	nein	1 nm	≧H
LAMMA	0,1	—	—	nein	—	≧H
RBS	10^2	1		ja	10 nm	≧C
ISS	$5 \cdot 10^3$	—	10	(ja)	<1 nm	≧Li
AES	$1 \cdot 10^3$	—	5	ja	1 nm	≧Be
XPS	$3 \cdot 10^3$	—	5	ja	5 nm	≧Be

Methode	Chemische Information	Struktur-information	laterale Auflösung μm	vertikale Auflösung[a] μm
SIMS	(ja)	nein	0,1–10	1–10
SNMS	(ja)	nein	—	1–10
LAMMA	nein	nein	0,5–1	1
RBS	nein	ja	1–1000	10–20
ISS	nein	ja	100	<1–1
AES	(ja)	(ja)	0,1–3	1–3
XPS	ja	(ja)	5–100	1–5

[a] nur RBS zerstörungsfrei
(ja) mit Einschränkungen
LAMMA = Laser Microprobe Mass Analysis
RBS = Rutherford Backscattering Spectrometry
ISS = Ion Scattering Spectrometry
AES = Auger Electron Spectrometry
XPS = X-ray Photoelectron Spectrometry.

2.4 Kernmagnetische Resonanz und chemische Verschiebung (NMR-Spektroskopie)

H. Rosemeyer, Organische Chemie, Universität Osnabrück

Bringt man einen Atomkern mit einem Kerndrehimpuls $\vec{I}$ und dem magnetischen Moment $\vec{\mu}$ in ein Magnetfeld der magnetischen Flußdichte $\vec{B}_0$—üblicherweise wird das Feld in z-Richtung angenommen—so wird die Spinentartung des Grundzustandes aufgehoben. Der Kerndrehimpuls $\vec{I}$ ist gequantelt:

$$|\vec{I}| = \sqrt{I(I+1)}\hbar \tag{1}$$

($\hbar = h/2\pi$). I wird als Kernspinquantenzahl oder Kernspin bezeichnet. Der Kernspin ist nicht theoretisch voraussagbar; er kann Werte von 0, 1/2, 1, 3/2... bis 7 annehmen.
Magnetisches Moment $\vec{\mu}$ und Kerndrehimpuls $\vec{I}$ sind vektorielle Größen, die über das gyromagnetische Verhältnis γ miteinander verknüpft sind:

$$\vec{\mu} = \gamma\vec{I} \tag{2}$$

Von γ hängt die Nachweisempfindlichkeit eines Kerns im NMR-Experiment ab: je größer γ, desto größer diese Empfindlichkeit.
Wird ein Kern mit Kerndrehimpuls $\vec{I}$ und magnetischem Moment $\vec{\mu}$ in ein statisches Magnetfeld der Flußdichte $\vec{B}_0$ gebracht, so orientiert sich der Drehimpuls im Raum so, daß seine Komponente in Feldrichtung, $\vec{I}_z$, ein ganz- oder halbzahliges Vielfaches von $\hbar$ ist:

$$|\vec{I}_z| = m_I\hbar \tag{3}$$

magnetische Quantenzahl $m_I = I, I-1, \ldots -(I+1), -I$.
Für die Energie E eines magnetischen Dipols in einem Magnetfeld der Flußdichte $\vec{B}_0$ gilt:

$$E = -\vec{\mu}\vec{B}_0 = -\vec{\mu}_z\vec{B}_0 = -m_I\gamma\hbar B_0 \tag{4}$$

Für das Proton (^1H) und den ^{13}C-Kern—für beide ist I = 1/2—erhält man im Magnetfeld entsprechend der beiden m_I-Werte +1/2 und −1/2 zwei Energiewerte (Kern-Zeeman-Niveaus). Ist $m_I = +1/2$, steht $\vec{\mu}_z$ parallel zur Feldrichtung, bei $m_I = -1/2$ steht $\vec{\mu}_z$ antiparallel.
Der Energieunterschied zweier benachbarter Kern-Zeeman-Niveaus beträgt:

$$\Delta E = \gamma\hbar|\vec{B}_0| \tag{5}$$

Uber die Verteilung der Atomkerne in einer makroskopischen Probe im thermischen Gleichgewicht auf die verschiedenen Energiezustände gibt die Boltzmann-Statistik Auskunft. Für Kerne mit I = 1/2 (^1H, ^{13}C, ^{15}N, ^{19}F, ^{29}Si, ^{31}P) gilt:

$$N_\beta/N_\alpha = \exp(-\Delta E/k_BT) \approx 1 - \Delta E/k_BT = 1 - \gamma\hbar\vec{B}_0/k_BT \tag{6}$$

(N_β: Zahl der Kerne im energiereicheren Niveau, N_α: Zahl der Kerne im energieärmeren Niveau)
Im Kernresonanz-Experiment werden Übergänge zwischen verschiedenen Energeiniveaus induziert, indem die Kerne mit einem Zusatzfeld B_1 der passenden Energie, d.h. mit einer elektromagnetischen Welle der richtigen Frequenz ν_1 bestrahlt werden. Die Übergänge vom energieärmeren ins energiereichere Niveau entsprechen einer Energieabsorption aus dem eingestrahlten Zusatzfeld und sind mit einer Umkehr der Kernspin-Orientierung verbunden. Dies wird als Signal gemessen, wobei die Signalintensität dem Besetzungsunterschied $N_\alpha - N_\beta$ proportional ist.
Für die Resonanzbedingung gilt mit Glg. (5) sowie mit $\Delta E = h\nu_1$:

$$\nu_1 = (\gamma/2\pi)|\vec{B}_0| \tag{7}$$

Sind mehr als zwei Kern-Zeeman-Niveaus vorhanden ($I \geqq 1$), so gilt die Auswahlregel

$$\Delta m_I = \pm 1 \tag{8}$$

Befindet sich ein magnetischer Kern im Molekülverband, so wird er durch seine chemische Umgebung diamagnetisch abgeschirmt. Das effektive Feld am Kernort ($\vec{B}_{eff}$) ist kleiner als das angelegte Feld $\vec{B}_0$

$$\vec{B}_{eff} = (1-\sigma)\vec{B}_0 \tag{9}$$

σ: Abschirmungskonstante

Die Abschirmungskonstante σ ist positiv und beträgt ca. 10^{-6} bis 10^{-4}.
Die Resonanzbedingung (7) geht somit über in

$$\nu_1 = (\gamma/2\pi)(1-\sigma)|\vec{B}_0| \tag{10}$$

Chemisch nicht-äquivalente Kerne sind unterschiedlich abgeschirmt und liefern im NMR-Spektrum getrennte Resonanzsignale.
In der Praxis mißt man die Frequenzdifferenz zwischen den Resonanzsignalen der zu untersuchenden Substanz und dem einer Referenzsubstanz. Dies ist in der ^1H- und der ^{13}C-NMR-Spektroskopie meist Tetramethylsilan (TMS, $(CH_3)_4Si$). Da auch $\Delta\nu$ von $\vec{B}_0$ abhängig ist, definiert man die chemische Verschiebung

$$\delta = \frac{\nu_{\text{Substanz}} - \nu_{\text{Referenz}}}{\nu_{\text{Referenz}}} \cdot 10^6 \tag{11}$$

Aus Glg. (4) folgt, daß die chemische Verschiebung δ in ppm (parts per million) angegeben wird.
Es gilt definitionsgemäß

$$\delta(\text{TMS}) = 0 \tag{12}$$

Sind in einem Molekül magnetisch nicht-äquivalente Kerne vorhanden, so kommt es zu Wechselwirkungen zwischen den einzelnen magnetischen Momenten, den sogenannten Kopplungen. Die Wechselwirkungsenergie zwischen zwei Kernen ist proportional dem skalaren Produkt der beiden Kerndrehimpulse $\vec{I}_j$ und $\vec{I}_k$.

$$E_j = hJ_{jk}\vec{I}_j\vec{I}_k \tag{13}$$

Der Proportionalitätsfaktor J_{jk} heißt Kopplungskonstante (Einheit: Hz) und hängt von der Art der koppelnden Kerne, vom Abstand und Winkel, von der Art der dazwischenliegenden Bindungen und von der Umgebung (Lösungsmittel) ab—jedoch nicht von $\vec{B}_0$.
Die Zahl der Signale einer durch Kopplungen aufgespaltenen Resonanz, die Multiplizität M, beträgt

$$M = 2nI + 1 \tag{14}$$

n: Zahl der äquivalenten Nachbarn.
Für Kerne mit $I = 1/2$ (^1H, ^{13}C, etc.) vereinfacht sich (14) zu:

$$M = n + 1 \tag{15}$$

Ohne einen geeigneten Relaxationsmechanismus, der die absorbierte Energie wieder abführt, würde bei einem Kernresonanzexperiment sofortige Sättigung (Gleichbesetzung der Kern–Zeeman-Niveaus) eintreten. Zwei Arten von Relaxationszeiten werden unterschieden:

1. Spin–Gitter-Relaxationszeit T_1: Dies ist die Zeit, in der der Besetzungsüberschuß gegenüber der Gleichgewichtsverteilung zwischen zwei Kern–Zeeman-Niveaus auf den e-ten Teil reduziert wird. Die Energieabgabe geschieht über Felder an das „Gitter", die Umgebung. Kernquadrupolmomente und paramagnetische Substanzen verkürzen T_1.
2. Spin–Spin-Relaxationszeit T_2: Hierunter versteht man diejenige Zeit, in der sich die Quermagnetisierung auf den e-ten Teil verringert hat.
   T_1 und T_2 sind für Lösungen in der Größenordnung von Sekunden.

In einigen Fällen pflegt man die Verschiebung oft in τ-Einheiten anzugeben, welche durch

$$\tau \equiv 10 - \delta$$

definiert sind, wobei δ auf die Referenzsubstanz TMS bezogen ist.

Wegen weiterer Einzelheiten über die Theorie und Praxis der Methode vgl. H. Günther: NMR-Spektroskopie, Thieme-Verlag 1983, H. Friebolin: Ein- und zweidimensionale NMR-Spektroskopie, VCH-Verlag 1988, R.R. Ernst, G. Bodenhausen, A. Wokaun: Principles of Nuclear Magnetic Resonance in One and Two Dimensions, Clarendon Press 1986, Bruker, Almanac, Karlsruhe 1990.

Die folgenden Tabellen enthalten Angaben über die chemische Verschiebung einiger Stoffe. Am Kopf der Tabelle sind jeweils die Referenzsubstanzen aufgeführt. Die Zahlen der Tabellen beziehen sich auf δ oder τ. Die Ordnung wurde nicht nach chemischen Symbolen vorgenommen, sondern nach der Größe der Verschiebung. Bei Verbindungen, in denen das fragliche Atom mehrmals, aber in verschiedenen Bindungszuständen vorliegt und bei dem infolgedessen mehrere Verschiebungen auftreten, sind die

fraglichen Verschiebungen mehrmals aufgeführt, nämlich überall dort, wo die jeweilige Verschiebung ihrer Größe nach hingehört. In diesen Fällen wird durch in Klammern gesetzte Werte auf die übrigen Verschiebungen hingewiesen.
Die für die am meisten in der kernmagnetischen Resonanzspektroskopie benutzten Kerne maßgebenden Konstanten, Resonanzstellen usw. sind in folgender Tabelle zusammengestellt.

Kerneigenschaften

Isotop (radio-akt. Isotope sind mit einem* bezeichnet	NMR-Frequenz für ein Feld von 1T in MHz	Natürliche Häufigkeit %	g Magnetisches Moment in Vielfachen des Kernmagnetons	Spin I, in Vielfachen von $\hbar$	Elektr. Quadrupolmoment Q, in Vielfachen von $e\cdot 10^{-24}\,cm^2$
^{1}n*	29,165	—	−1,9130	1/2	—
^{1}H	42,577	99,9844	2,79270	1/2	—
^{2}H	6,536	$1{,}56\times 10^{-2}$	0,85738	1	$2{,}77\cdot 10^{-3}$
^{3}H*	45,414	—	2,9788	1/2	—
^{10}B	4,575	18,83	1,8006	3	0,111
^{11}B	13,660	81,17	2,6880	3/2	$3{,}55\cdot 10^{-2}$
^{12}C	—	98,9	—	0	—
^{13}C	10,705	1,108	0,70216	1/2	—
^{14}N	3,076	99,635	0,40357	1	$2\cdot 10^{-2}$
^{15}N	4,315	0,365	−0,28304	1/2	—
^{16}O	—	99,96	—	0	—
^{17}O	5,772	$3{,}7\cdot 10^{-2}$	−1,8930	5/2	$-4\cdot 10^{-3}$
^{19}F	40,055	100	2,6273	1/2	—
^{29}Si	8,460	4,70	−0,55477	1/2	—
^{31}P	17,235	100	1,1305	1/2	—
^{33}S	3,266	0,74	0,64274	3/2	$-6{,}4\cdot 10^{-2}$
^{35}S*	5,08	—	1,00	3/2	$4{,}5\cdot 10^{-2}$
^{35}Cl	4,172	75,4	0,82089	3/2	$-7{,}97\cdot 10^{-2}$
^{36}Cl*	4,893	—	1,2838	2	$-1{,}68\cdot 10^{-2}$
^{37}Cl	3,472	24,6	0,68329	3/2	$-6{,}21\cdot 10^{-2}$
					—

Chemische Verschiebungen $\delta^{19}F$ von Fluorverbindungen. Referenzsubstanzen sind Trifluoressigsäure CF_3COOH und Trichlorfluormethan $CFCl_3$ d.h. es gilt $\delta(CF_3COOH) = 0{,}000$ oder $\delta(CFCl_3) = 0{,}000$. Für die Umrechnung von $\delta^{19}F$ mit CF_3COOH als Referenz in $\delta^{19}F$ mit $CFCl_3$ als Referenz gilt $\delta^{19}F[\delta(CFCl_3) = 0] = \delta^{19}F[\delta(CF_3COOH) = 0] + 76{,}55$

Verbindung	$\delta(CF_3COOH) = 0{,}000$		$\delta(CFCl_3) = 0{,}000$	
	gemessen in	$\delta^{19}F$ (ppm)	gemessen in	$\delta^{19}F$ (ppm)
AgF		181,1		
HF		117,9		
$S_3N_3F_3$	Dioxan	105,9		
GeF_4		99,0		
BeF_2		97,0		
CH_3SiF_3		91,8		
$BF_3O(C_2H_5)_2$	Substanz	84,1	$(C_2H_5)_2O$	153,0
SiF_4		83,3	$CFCl_3$	163,3
$[BF_4]^-$	Wasser	72,3		
$(CH_3)_2SiF_2$		59,2		
$(CH_3)_3SiF$		54,2		157,2
SbF_5		52,0 (6,83; 26,2)		
SiF_6^{--}	Wasser	49,8		
BF_3	Substanz	48,4	$CFCl_3$	126,8
KF	Wasser	41,1		
$OPF(ONa)_2$	Wasser	26,8		73,0
SbF_5		26,2 (6,83; 52,0)		

Chemische Verschiebungen δ^{19}F von Fluorverbindungen (*Fortsetzung*)

Verbindung	$\delta(CF_3COOH) = 0{,}000$		$\delta(CFCl_3) = 0{,}000$	
	gemessen in	δ^{19}F (ppm)	gemessen in	δ^{19}F (ppm)
OPF_3		15,8		
$OPF_2(OH)$		9,0		
SbF_5		6,83 (26,2; 52,0)		
HPF_6		5,5		
CF_3COOH		0,000		76,55
PF_5	flüssig	−0,68		
$OPF(OH)_2$		−2,5		
BF_2Cl		−3,1 ± 0,2		
PF_5	Substanz	−5,2		
KPF_6	Wasser	−7,7		
AsF_5		−11,3		
PF_6^-		−11,6		
SeF_4		−14		
AsF_6^-		−18,1		
BF_2Br		−20,0 ± 0,3		
TeF_6		−20,6		
SbF_3		−23,9		
CH_3POF_2		−25,0		60,4
OPF_2Cl		−30,4		
AsF_3		−35,0		
PF_3		−42,3		34,0
Ag_2F		−48,9		
$BFCl_2$		−50,6 ± 0,6		
TeF_4		−51,4		
BrF_3		−54,3 (−64,0)		
BFClBr		−66,4 ± 0,6		
$OPFCl_2$		−69,0		
N_2F_4		−75		
ClF_3		−81 (−193)		
$BFBr_2$		−82,0 ± 0,7		
JF_5		−95,8 (−138)		
SO_3F_2		−107,5 (−307,5)	$CFCl_3$	−36,3
$S_4N_4F_4$	Dioxan	−113,9		
$S_2O_6F_2$		−114,5	$CFCl_3$	−40,4
SOF_6		−118,5 (−250,5)		
SeF_6		−128		
SF_6		−131,5 (−127)	$CFCl_3$	−57,0
JF_5		−138 (−95,8)		
NSF_3	Substanz	−145,9		
SF_4		−148 (−195)		
SOF_4		−164,5		
ClF_3		−193 (−81)		
SF_4		−195 (−148)		
BrF_5		−217,1 (−354,7)		
NF_3		−219	$CFCl_3$	−146,9
WF_6		−242		
JF_7		−245,6		
SOF_6		−250,5 (−118,5)	$CFCl_3$	−188,8
$FOClO_3$		−302,5	$CFCl_3$	−225,9
SO_3F_2		−307,5 (−107,5)		−249,0
SNF		−316,9		
OF_2		−326,6		−249,0
BrF_5		−354,7 (−217,1)		
MoF_6		−355		
$FClO_3$		−363,6	$CFCl_3$	−287,0
F_2		−507,1		

Chemische Verschiebungen $\delta(^{11}B)$ von Borverbindungen. Referenzsubstanz ist Borsäuretrimethylester, d.h. es gilt $\delta(B(OCH_3)_3) = 0{,}000$

Verbindung	gemessen in	$\delta(^{11}B)$ (ppm)
BJ_4^-		145,9
$B_{10}H_{12}\cdot(CH_3)_2S$	Acetonitril	90,1 (30,6; 47,2; 72,1)
$NaB_{10}H_{12}CN\cdot(CH_3)_2S$	Wasser	80,5 (30,6; 45,2; 67,7)
B_5H_8J (Spitze)	CS_2	73,1 ± 0,5
$B_{10}H_{12}\cdot(CH_3)_2S$		72,1 (30,6; 47,2; 90,1)
B_5H_{11} (Spitze)		71,6 ± 0,5
$NaB_{10}H_{13}\cdot(CH_3)_2S$	Wasser	70,0 (23,1; 36,2; 55,0)
B_5H_9 (Spitze)		69,6 ± 0,5
B_6H_{10} (Spitze)		69,3 ± 0,5
$B_{10}H_{12}\cdot 2(CH_3)_2S$	Acetonitril	68,0 (19,3; 33,8; 51,9)
$NaB_{10}H_{12}CN\cdot(CH_3)_2S$	Wasser	67,7 (30,6; 45,2; 80,5)
$NaBH_4$	0,1 n NaOH	61,0
$Na_2B_{10}H_{13}CN$	Wasser	61,0 (14,3; 27,0; 46,7)
$B_{10}H_{12}J_2$		60,7 (4,0; 17,6)
$(CH_3)_4NB_{10}H_{13}$	Acetonitril	60,0 (14,5; 29,4; 48,1)
$B_4H_{10}(BH)$		58,1 ± 0,5
$LiBH_4$	Äther	56,3 ± 0,5
$BH_3\cdot HP(CH_3)_2$		55,6
$Al(BH_4)_3$		55,1
$NaB_{10}H_{13}\cdot(CH_3)_2S$		55,0 (23,1; 36,2; 70,0)
B_5H_8Br (Spitze)	CS_2	54,5 ± 0,5
$B_{10}H_{14}$		53,0 ± 0,5 (5,7; 17,6)
$B_{10}H_{12}\cdot 2(CH_3)_2S$	Acetonitril	51,9 (19,3; 33,8; 68,0)
$LiB(C{\equiv}C\cdot C_6H_5)_4$		49,4
$(CH_3)_4NB_{10}H_{13}$	Acetonitril	48,1 (14,5; 29,4; 60,0)
$B_{10}H_{12}\cdot(CH_3)_2S$	Acetonitril	47,2 (30,6; 72,1; 90,1)
$Na_2B_{10}H_{13}CN$	Wasser	46,7 (14,3; 27,0; 61,0)
NaB_3H_8	Wasser	46,5
$NaB_{10}H_{12}CN\cdot(CH_3)_2S$	Wasser	45,2 (30,6; 67,7; 80,5)
BBr_4^-		45,1
$B_2H_5\cdot N(CH_3)_2$		36,7
$NaB_{10}H_{13}\cdot(CH_3)_2S$		36,2 (23,1; 55,0; 70,0)
$B_{10}H_{12}\cdot 2(CH_3)_2S$		33,8 (19,3; 51,9; 68,0)
$(CH_3)_2HN\cdot BH_3$	Benzol	33,2
$BH_3\cdot NC_5H_5$	Substanz	31,4
$NaB_{10}H_{12}CN\cdot(CH_3)_2S$	Wasser	30,6 (45,2; 67,7; 80,5)
$B_{10}H_{12}(CH_3)_2S$	Acetonitril	30,6 (47,2; 72,1; 90,1)
B_5H_9 (Basis)		30,6
B_5H_8Br (Basis)	CS_2	30,6
B_5H_8J (Basis)	CS_2	29,9
$BH_3\cdot NC_5H_5$	flüssig	29,6
$(CH_3)_4NB_{10}H_{13}$	Acetonitril	29,4 (14,5; 48,1; 60,0)
$(CH_3)_3NBH_3$	Benzol	27,2
$Na_2B_{10}H_{13}CN$	Wasser	27,0 (14,3; 46,7; 61,0)
$NaB(C_6H_5)_4$	Wasser	26,3
$B_3H_7\cdot O(C_2H_5)_2$		25,8
$B_4H_{10}(BH_2)$		24,6 ± 0,5
BJ_3		23,6 ± 0,5
$NaB_{10}H_{13}\cdot(CH_3)_2S$	Wasser	23,1 (36,2; 55,0; 70,0)
$NaBF_4$	Wasser	20,4
$BF_3\cdot$Piperidin	CS_2	20,4 ± 0,5
$AgBF_4$	Wasser	20,3
BF_4^-		20,2
$BF_3\cdot NH_3$	Wasser	20,2
B_5H_{11} (Basis BH)		20
NH_4BF_4	Wasser	19,9
$BF_3\cdot$Hexamethylentetramin		19,5 ± 0,5

Chemische Verschiebungen $\delta(^{11}B)$ von Borverbindungen (*Fortsetzung*)

Verbindung	gemessen in	$\delta(^{11}B)$(ppm)
$B_{10}H_{12} \cdot 2(CH_3)_2S$	Acetonitril	19,3 (33,8; 51,9; 68,0)
$BF_3 \cdot CH_3OH$		19,1
$BH_3 \cdot O(CH_2)_4$		19,0
$BF_3 \cdot O(CH_2)_4$		19,0
$TlBF_4$	Wasser	18,8
$H_3BO_2F_2$		18,7
$BF_3 \cdot N(CH_3)_3$	Benzol-Methanol	18,6
$BF_3 \cdot O(n\text{-}C_4H_9)_2$		18,1 ± 0,5
$BF_3 \cdot O(C_2H_5)_2$		18,1 ± 0,5
HBF_4	Wasser, 50%	18,0 ± 0,5
$BF_3 \cdot P(C_6H_5)_3$	Chloroform	17,7 ± 0,5
$BF_3 \cdot S(C_2H_4 \cdot C_6H_5)_2$	Chloroform	17,6 + 0,5
$B_{10}H_{12}J_2$		17,6 (4,0; 60,7)
$B_{10}H_{14}$		17,6 (5,7; 53,0)
$NaBO_2[B(OH)_4^-]$	Wasser	16,8 ± 0,5
$NaB(C_6H_5)_4$	Wasser	16,1
B_5H_{11}(Basis BH_2)		15,2 (20; 71,6)
$NaB(CH_3O)_4$	Wasser	15,2
$LiB(CH_3O)_4$	Methanol	15,2 ± 0,5
$(CH_3)_4NB_{10}H_{13}$	Acetonitril	14,5 (29,4; 48,1; 60,0)
$B_2H_4 \cdot 2N(CH_3)_2$		14,5
$Na_2B_{10}H_{13}CN$	Wasser	14,3 (27,0; 46,7; 61,0)
$NaBO_3$	Wasser	12,6 ± 0,5
BCl_4^-		11,4
$K_2B_4O_7$	Wasser	10,6 ± 0,5
$HBCl_2 \cdot O(C_2H_5)_2$		10,2 ± 0,5
$DBCl_2 \cdot O(C_2H_5)_2$		10,1 ± 0,5
$Na_2B_4O_7$	Wasser	9,2 ± 0,5
$(NH_4)_2B_4O_7$	Wasser	7,8 ± 0,5
$BCl_3 \cdot O(C_2H_5)_2$	Ether	7,6 ± 0,5
$B(CH_2CH_2O)_3N$	Wasser	7,4 ± 0,5
	Chloroform	6,9
BF_3		6,6
$B_{10}H_{14}$		5,7 (17,6; 53,0)
KB_5O_8	Wasser	5,1 ± 1,0
$B_{10}H_{12}J$		4,0 (17,6; 60,7)
NaB_5O_8	Wasser	3,7 ± 1,0
$B(o\text{-}CH_3C_6H_4O)_3$	Ether	3,1 ± 1,0
B_2H_6		1,5 ± 0,5
$B(CH_3O)O$	Benzol	0,8 ± 0,5
$B(n\text{-}C_4H_9O)O$	Benzol	0,6 ± 0,5
$B(CH_2{=}CHCH_2O)_3$	Benzol	0,6 ± 0,5
$B(C_2H_5O)_3$		0,6
$B(n\text{-}C_3H_7O)_3$		0,5
$B(CH_3O)_3$		0,000
$B(n\text{-}C_4H_9O)_3$		−0,1
H_3BO_3		−0,7 ± 1,0
$B(OC_2H_5)_2Cl$		−5,2 ± 1,0
$BH(OCH_3)_2$		−8,0 ± 0,5
$BD(OCH_3)_2$		−8,6 ± 0,5
$C_6H_5B(OC_2H_5)_2$		−10,4
$B(OH)_2(n\text{-}C_9H_{19})$	Ether	−11,2 ± 0,5
$[BHNH]_3$		−12,3
$B[N(C_2H_5)_2]_3$		−12,9
$[BHN(CH_3)]_3$		−14,3
$C_4H_9B(OH)_2$	Aceton	−14,3
$BCl_2(OC_2H_5)$		−14,4

Chemische Verschiebungen $\delta(^{11}B)$ von Borverbindungen (*Fortsetzung*)

Verbindung	gemessen in	$\delta(^{11}B)$(ppm)
$C_6H_5B(OH)_2$	Pyridin	$-15,2$
$B_2H_2O_3$		$-15,5 \pm 3,0$
BBr_3		$-22,0 \pm 0,5$
BCl_3	Substanz, fl. oder gasf.	$-29,6 \pm 0,5$
$B(C_2H_5)_3$		$-66,6 \pm 1$
$B(CH_3)_3$		$-68,2$

Chemische Verschiebungen $\delta(^{31}P)$ von Phosphorverbindungen. Referenzsubstanz ist H_3PO_4 in 85% iger wäßriger Lösung, d.h. es gilt $\delta(H_3PO_4) = 0,000$

Verbindung	gemessen in	$\delta(^{31}P)$ (ppm)
P_4	CS_2	488
	Substanz, fest	450
$[PCl_6]^-$		305 ± 5
PH_3	Substanz, $-90°$	241
H_2PCH_3	Substanz	$163,5 \pm 1$
$[PF_6]^-$		118 ± 10
$OPBr_3$	Substanz	103,4
$HP(CH_3)_2$	Substanz	$98,5 \pm 1$
PCl_5	CS_2	80 ± 2
$OPBr_2Cl$		64,8
$P(CH_3)_3$	Substanz	62 ± 1
–O–P(=O)(–O–)–O–		50 ± 3 breit
OPF_3	Substanz, fl.	$35,5 \pm 1,5$
PF_5	fl.	35,1
$OPCl_2Br$		29,6
$P(C_2H_5)_3$	Substanz	20,4
$[NPCl_2]_8$		18 ± 1
$[NPCl_2]_7$		18 ± 1
$[NPCl_2]_5$		17 ± 1
$[NPCl_2]_6$		16 ± 1
$OPClF_2$		14,8
$H_4P_2O_7$		11
$Na_2H_2P_2O_7$		9,5
$[NPCl_2]_4$	Benzol	7 ± 1
$Na_4P_2O_7$	Wasser	$5,5 \pm 0,5$
Na_2HPO_4	Wasser	3 ± 1
H_3PO_4	85% ige wss. Lsg.	0,000
$OPCl_2F$		0,0
NaH_2PO_4	Wasser	0 ± 1
H_3PO_4	42% ige wss. Lsg.	-1 ± 1
KH_2PO_4	Wasser	-1 ± 1
$NH_4H_2PO_4$	Wasser	-1 ± 1
K_2HPO_4	Wasser	-1 ± 1
$(NH_4)_2HPO_4$	Wasser	-1 ± 1
$OPCl_3$	Substanz	$-2,2$
–O–P(=S)(–O–)–O–		-3

Chemische Verschiebungen $\delta(^{31}P)$ von Phosphorverbindungen (*Fortsetzung*)

Verbindung	gemessen in	$\delta(^{31}P)$ (ppm)
Na_3PO_4	Wasser, pH 12	$-5{,}4 \pm 0{,}5$
K_3PO_4	Wasser	-6 ± 1
$Na_2PO_3NH_2$	Wasser	$-8{,}9 \pm 0{,}5$
$[NPCl_2]_3$	Benzol	-19 ± 1
$Na_2PO_3NH_2$	Wasser	$-8{,}9 \pm 0{,}5$
$[NPU_2]_3$	Benzol	-19 ± 1
—O—P(=S)(—S—)—O—		-20
Na_2PO_3S	3% Na_2S	$-33{,}8$
—S—P(=S)(—S—)—S—		-60
$Na_3PO_2S_2$	3% Na_2S	$-61{,}9$
Na_3POS_3	3% Na_2S	$-86{,}5$
Na_3PS_4	3% Na_2S	$-87{,}5$
PF_3		$-97{,}0$
P_2J_4	CS_2	-170 ± 10
PCl_3	Substanz	-220 ± 1
PCl_2Br	Substanz	-225
$PClBr_2$		-228
PBr_3	Substanz	-229 ± 1

Chemische Verschiebungen τ ^1H Protonenresonanz von Paraffinen, gemessen in Tetrachlorkohlenstoff. Referenzsubstanz ist Tetramethylsilan (TMS) d.h. es gilt $\tau(TMS) = 10{,}000$

Kohlenwasserstoff	C_n	Konz. %	CH_3 Endst.	CH_2 Kette	CH_3, CH_2 >CH—	$(CH_3)_3C$—
Methan	1		9,77			
Ethan	2		9,14			
n-Propan	3		9,09	8,55		
n-Butan	4	50	9,10	8,77		
n-Pentan	5	50	9,11	8,74		
n-Hexan	6	50	9,10	8,73		
n-Heptan	7	50	9,09	8,71		
n-Octan	8	10	9,18	8,82		
n-Nonan	9	50	9,11	8,73		
n-Undecan	11	50	9,13	8,70		
n-Dodecan	12	50	9,11	8,72		
CH_3—CH(CH_3)—CH_3	4	50			9,12 8,23	
CH_3—C(CH_3)(CH_3)—CH_3	5	5				9,07

Chemische Verschiebungen τ^1H Protonenresonanz von Paraffinen, gemessen in Tetrachlorkohlenstoff (*Fortsetzung*)

Kohlenwasserstoff	C_n	Konz. %	CH_3 Endst.	CH_2 Kette	$CH_3 \diagdown$ CH— $CH_2 \diagup$	$(CH_3)_3C$—
CH_3 | CH_3—C—CH_2—CH_2—CH_2—CH_3 | CH_3	8	50		8,8		9,15
CH_3CH_3 | | CH_3—C—C—CH_3 | | CH_3CH_3	8	5				9,13
CH_3CH_2—CH_3 | | CH_3—C—CH—CH_2—CH_3 | CH_3	9	50				9,17

Chemische Verschiebungen τ^1H von Halogenverbindungen

	F	Cl	Br	J
CH_3X	5,74	6,95	7,32	7,81
CH_2X_2	—	4,67	5,06	6,10
CHX_3	—	2,74	3,17	5,09
CH_3CH_2X	8,73	8,58	8,40	8,27
	5,65	6,65	6,75	6,90
CH_2X—CH_2X	—	6,31	6,38	—
CH_3—CHX_2	—	—	7,51	—
	—	—	4,05	—
CHX_2—CH_2X	—	6,03	—	—
	—	4,26	—	—
CH_3—CX_3	—	7,28	—	—
CHX_2—CX_3	—	3,95	—	—
CHX_2—CHX_2	—	4,06	3,97	—
CH_3—CH_2—CH_2X	—	8,96	8,96	8,96
	—	8,17	8,11	8,14
	—	6,55	6,64	6,80
CH_3—CHX—CH_3	—	8,46	8,29	8,12
	—	5,87	5,80	5,76
CH_2X—CH_2—CH_2X	—	7,80	7,64	—
	—	6,30	6,42	—
CH_3—CH_2—CH_2—CH_2X	—	9,04	9,04	9,04
	—	—	—	—
	—	8,34	8,30	8,33
	—	6,54	6,66	6,81
$(CH_3)_2CH$—CH_2X	—	8,99	8,96	9,02
	—	8,42	8,20	8,44
	—	6,65	6,74	6,93
$(CH_3)_3CX$	—	8,42	8,24	8,07
CH_3—CH_2—CHX—CH_3	—	9,02	—	8,98
	—	8,32	—	8,30
	—	6,10	—	5,83
	—	8,53	—	8,08
CH_2X—CH_2—CH_2—CH_2X	—	6,43	6,58	—
	—	8,04	—	—

Chemische Verschiebungen τ^1H von Ethern

Verbindung	α		β	—O—CH—O
	CH_3O	CH_2O		
CH_3—O—CH_3	6,76	—	—	—
$(CH_3$—$CH_2)_2O$	—	6,64	8,84	—
C_6H_5—CH_2—O—CH_3	6,58	5,54	—	—
$(CH_3$—CH_2—$O)_3CH$	—	6,41	8,82	4,88

Chemische Verschiebungen τ^1H von Estergruppen

Säurerest	CH_3—	—CH_2—CH_3		C_6H_5—CH_2—	$(CH_3)_3C$—
HCOO—	6,23	—		—	
CH_3COO—	6,41	5,88	8,75	4,76	8,55
CH_2Cl—COO—	—	5.75	8,70	—	—
$CHCl_2$—COO—	—	5,67	8,65	—	—
CH_2=CH—COO—	6,25	5,78	8,82	—	—
C_6H_5—COO—	5,96	—		4,46	—

Chemische Verschiebungen τ^1H von Aldehyden

Verbindung	—CHO	α	β
H—CHO	0,39	—	—
CH_3—CHO	0,28	7,83	—
CH_3—CH_2—CHO	—	7,54	8,88

Chemische Verschiebungen τ^1H von Ketonen

Verbindung	α		β
	CH_3	CH_2	
CH_3—CO—CH_3	7,83	—	—
CH_3—CO—CH_2—CH_3	—	7,53	8,95
CH_3—CH_2—CO—CH_2—CH_3	—	7,61	8,96
Cyclobutanon	6.97	8,04	—
Cyclopentanon	7,94	7,98	—
Cyclohexanon	7,78	8,21	—

Chemische Verschiebungen τ^1H aliphatischer Carbonsäuren

Verbindung	τ^1H Werte				Lösungsmittel
	—COOH	α	β	γ	
CH_3—COOH	—1,37	7,90	—	—	$CDCl_3$
CH_3—CH_2—COOH	—1,61	7,65	8,89	—	kein
CH_3—CH_2—CH_2—COOH	—	7,70	8,33	9,01	CCl_4

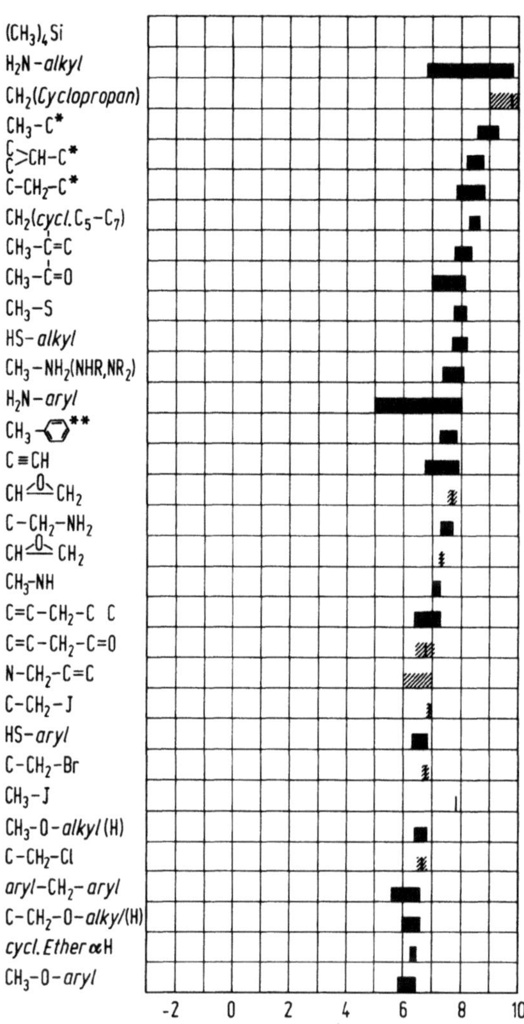

* Einschließlich β-substituierter Verbindungen.

** Einschließlich substituierter Ringe.

Abb. 2.1. Charakteristische τ^1H-Werte organischer Gruppen

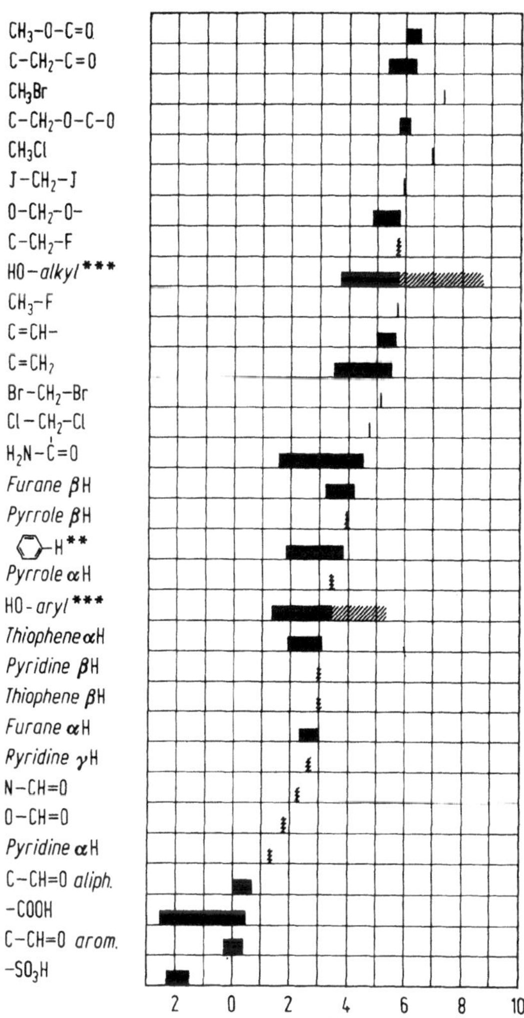

*** Mit starken Wasserstoffbrücken (unverd. Alkohole)
mit schwachen Wasserstoffbrücken

Abb. 2.1. (*Fortsetzung*)

Chemische Verschiebung $\tau\,^1H$ der Protonenresonanz der ursprünglichen CH_3-Gruppe in Abhängigkeit der Stellung der stickstoffhaltigen Gruppe

Verbindung							Lösungsmittel
	α	β	γ	δ	ε	ζ	
CH_2NO_2	5,72	—	—	—	—	—	CCl_4
$CH_2(NO_2)_2$	3,90	—	—	—	—	—	CCL_4
$CH(NO_2)_3$	2,48	—	—	—	—	—	CCl_4
$CH_3—CH_2—NO_2$	5,71	8,52	—	—	—	—	CCl_4
$CH_3—CH_2—CH_2—NO_2$	5,62	7,93	8,97	—	—	—	$CDCl_3$
$(CH_3)_2CH—NO_2$	5,33	8,45	—	—	—	—	$CDCl_3$
$CH_3—CH_2—CH(NO_2)—CH_3$	5,48	8,1	9,05	—	—	—	$CDCl_3$
		8,42					
$CH_3—CH_2—CH_2—CH_2—NO_2$	5,67	7,97	8,54	9,00	—	—	CCl_4
$CH_3—(CH_2)_4—NO_2$	5,70	7,97	8,57	8,57	9,04	—	CCl_4
$CH_3—(CH_2)_5—NO_2$	5,70	8,00	8,63	8,63	8,63	9,08	CCl_4
$CH_2{=}CH—CH_2—NO_2$	5,13	3,80	4,42	—	—	—	CCl_4
	—	—	4,49	—	—	—	—

Verbindung	$\tau\,^1H$				Lösungsmittel
	NH	α	β	γ	
$CH_3—NH_2$	6,74	7,54	—	—	CCl_4
$CH_3—CH_2—NH_2$	—	7,64	8,69	—	CCl_4
$CH_3—CH_2—CH_2—NH_2$	—	7,39	8,58	9,08	CCl_4
$(CH_3)_2CH—NH_2$	—	7,13	8,99	—	CCl_4
$(CH_3)_2NH$	9,2	7,69	—	—	CCl_4
$(CH_3—CH_2)_2NH$	9,56	7,49	8,97	—	CCl_4
$(CH_3—CH_2—CH_2)_2NH$	9,10	7,51	8,64	—	CCl_4
$(CH_3)_3N$	—	7,88	—	—	CCl_4

Chemische Verschiebungen $\tau\,^1H$ von aliphatischen Alkoholen

Verbindung	$\tau\,^1H$				Lösungsmittel	Konzentration %
	—OH	α	β	γ		
$CH_3—OH$	8,57	6,53	—	—	$CDCl_3$	5
$CH_3—CH_2—OH$	7,42	6,30	8,78	—	$CDCl_3$	5
$CH_3—CH_2—CH_2—OH$	7,72	6,42	8,43	9,08	$CDCl_3$	5
$(CH_3)_3C—OH$	—	—	8,78	—	CCl_4	5
$CH_3—(CH_2)_3—CH_2—OH$	5,20	6,40	—	—	—	—
$CH_3—CH_2—CHOH—CH_2—CH_3$	5,45	6,58	8,59	9,07	—	—
Cyclohexanol	—	6,73	—	—	—	—

^{13}C- und ^1H-Chemische Verschiebungen einiger wichtiger Lösungsmittel.
Referenzsubstanz ist Tetramethylsilan (TMS) d.h. es gilt **δ(TMS) = 0,000**

Lösungsmittel	$\delta(^1H)$ (ppm)	$\delta(^{13}C)$ (ppm)
Essigsäure	2,1	21,1; 177,3
Aceton	2,2	30,2; 205,1
Acetonitril	2,0	0,3; 117,2
Benzol	7,4	128,7
t-Butanol	1,3	31,6; 68,7
Schwefelkohlenstoff		192,8
Tetrachlorkohlenstoff		96,7

^{13}C- und ^{1}H-Chemische Verschiebungen einiger wichtiger Lösungsmittel (*Fortsetzung*)

Lösungsmittel	$\delta(^1H)$ (ppm)	$\delta(^{13}C)$ (ppm)
Chloroform	7,3	77,7
Cyclohexan	1,4	27,8
Cyclopentan	1,5	26,5
Decalin	0,9...1,8	24...44
Dibrommethan	5,0	21,6
o-Dichlorbenzol	7,0...7,4	128...133
Diethylether	1,2; 3,5	17,1; 67,4
1,2-Dichlorethan	3,7	51,7
1,2-Dichlorethylen(cis)	6,4	119,3
1,2-Dichlorethylen(trans)	6,3	121,1
1,1-Dichlorethylen	5,5	115,5; 128,9
Dichlormethan	5,3	54,2
Dimethoxymethan	3,2; 4,4	54,8; 97,9
Dimethylacetamid	2,1; 3,0	34/38; 169,6
Dimethylcarbonat	3,65	54,8;156,9
Dimethylether		59,4
N,N-Dimethylformamid	2,9; 8,0	31...36, 161,7
Dimethylsulfoxid	2,6	43,5
Dioxan	3,7	67,8
Ethanol	1,2; 3,7	17,9; 57,3
Ethylacetat	1,2; 2,0; 4,1	14,3; 60,1; 170,4
Ethylencarbonat	4,4	65,0; 155,8
Formamid	7,2; 8,1	165,1
Hexachloraceton		123,7; 126,4
Hexamethylphosphoramid	2,4; 2,6	36,6
Methanol	3,5	49,3
Methylchlorid		25,1
Morpholin	2,6; 3,9	46,8; 68,9
Nitromethan	4,3	57,3
Pyridin	7,1...8,8	124...150
Quinolin	7,0...8,8	121...151
Tetrachlorethen		120,4
Tetrahydrofuran	1,8; 3,7	26,7; 68,6
N,N,N',N'-Tetramethylharnstoff	2,8	38,5; 165,6
Toluol	2,3; 7,2	21,3; 125...138
Trichlorethylen	6,4	116,7; 124,0
Wasser	4,8	

2.5 Mößbauer-Spektroskopie

M.D. Lechner, Physikalische Chemie, Universität Osnabrück

Bei der Mößbauer-Spektroskopie werden Resonanzenergien bei der Absorption von γ-Strahlung durch einen Atomkern gemessen. Als Strahlungsquelle wird üblicherweise das gleiche Element im angeregten Zustand verwendet wie bei der Meßprobe. Durch Bewegung der Strahlungsquelle mit bekannter Geschwindigkeit kann die Frequenz der Quelle unter Ausnutzung des Doppler-Effekts variiert und auf die Energieniveaus der Kerne der Probe eingestellt werden. Die Resonanzabsorption erfolgt, wenn die Energieniveaus der Kerne der Strahlungsquelle und der Probe übereinstimmen. Zum Strahlungsnachweis werden als Detektoren Proportionalzählrohre, Szintillationszähler, Halbleiterdetektoren und Resonanzzähler verwendet.

Aufgrund der Unschärferelation ist die natürliche Linienbreite der Mößbauer Emissions- und Absorptions-Linie Γ_0 unter idealen Bedingungen umgekehrt proportional zur Lebensdauer τ und direkt proportional zur Halbwertszeit $t_{1/2}$ des angeregten Zustands:

$$\Gamma_0 = \hbar/\tau = \hbar \ln 2/t_{1/2}$$

Γ_0 wird üblicherweise in keV angegeben. Da das Mößbauer-Spektrum die Zählrate als Funkton der Geschwindigkeit der Strahlungsquelle angibt, ist es günstig, die natürliche Linienbreite in der Einheit mm/s anzugeben:

$$\Gamma'_0/(\mathrm{mm/s}) = c\,\Gamma_0/E_\gamma = c\,\hbar/(E_\gamma \tau)$$

Hierbei muß die Lichtgeschwindigkeit c in mm/s eingesetzt werden ($c = 2{,}997925 \cdot 10^{11}$ mm/s). Den Resonanz-Absorptionsquerschnitt σ_0 erhält man aus der Gleichung:

$$\sigma_0/\mathrm{mm}^2 = 2{,}44636 \cdot 10^{-13} \frac{1}{E_\gamma^2} \frac{1 + 2I_e}{1 + 2I_g} \frac{1}{1 + \alpha}$$

Hierbei wird E_γ in keV angegeben. I_e und I_g sind die Spins des angeregten Zustands und des Grundzustands; α ist der innere Konversionskoeffizient, d.h. der Übergang in den Grundzustand erfolgt in einem von $\alpha + 1$ Fällen durch γ-Emission und in α Fällen durch innere Umwandlung.
Die Energie des emittierten Photons wird durch den Rückstoßeffekt und den Elektronenzustand der Atome der Strahlungquelle beeinflußt. Aufgrund der hohen Energie der γ-Strahlung hat das austretende Photon die Möglichkeit einen merklichen Rückstoß auf den emittierenden Kern auszuüben. Dies hat zur Folge, daß die Frequenz der γ-Strahlung niedriger als die entsprechende Energiedifferenz zwischen Grundzustand und angeregtem Zustand ist. Die vom emittierenden Atom aufgenommene Rückstoßenergie E_R beträgt

$$E_R = E_\gamma^2/(2 m_A c^2)$$

E_γ ist die Energiedifferenz zwischen Grundzustand und angeregtem Zustand und kann in der o.a. Gleichung gleich der Energie des emittierten γ-Strahls gesetzt werden, da $E_R \ll E_\gamma$; m_A ist die Masse des emittierenden Kerns und c die Lichtgeschwindigkeit.
Die Elektronenzustände des Atoms im Grundzustand und im angeregten Zustand beeinflussen die Energiezustände der Kerne und rufen damit eine Verschiebung der Resonanzlinie hervor. Dieser als chemische Verschiebung oder Isomer ieverschiebung bezeichnete Effekt ist klein gegenüber der Frequenz der Strahlungsquelle, liegt jedoch weit außerhalb der Linienbreite. Die Temperatur übt ebenfalls einen Einfluß auf die Lage der Resonanzlinie aus und wird also Temperatur-Shift bezeichnet.
Wechselwirkungen des Kerns mit einem Magnetfeld oder einem elektrischen Feld führen zur Hyperfeinstruktur des Mößbauereffets:

1) Zeemann Wechselwirkung
2) Magnetische Hyperfeinwechselwirkung
3) Quadrupolwechselwirkung

Beim Auftreten von mehr als einer Wechselwirkung sind diese gekoppelt. Eine magnetische Hyperfeinstrukturaufspaltung tritt immer dann auf, wenn der Kern ein magnetisches Dipolmoment besitzt und am Kernort ein magnetisches Feld herrscht. Falls der Atomkern ein elektrisches Quadrupolmoment aufweist und das durch die Elektronen und Nachbaratome erzeugte elecktrische Feld inhomogen ist, erhält man eine elektrische Quadrupolaufspaltung. Aus diesen Aufspaltungen erhält man weitere Informationen über das zu untersuchende Material, wie Symmetrie und magnetische Austauschwechselwirkungen.
Durch die Bewegung der Strahlungsquelle mit der Geschwindigkeit v ist die Frequenz der Strahlung ν durch die Gleichung

$$\nu = \nu_0 + \nu_0 v/c$$

gegeben, wobei ν_0 die Frequenz der Strahlung für die Geschwindigkeit $v = 0$ ist. Die erforderlichen Geschwindigkeiten liegen im Bereich von mm/s und lassen sich leicht experimentell verwirklichen.
Mit der Mößbauer-Spektroskopie werden insbesondere Bindungszustände in Festkörpern untersucht, da die Resonanzlinien sehr empfindlich auf Änderungen der Ladungsverteilung im Atomkern reagieren. Auf diese Weise erhält man Aufschlüsse über Symmetrien, Oxidationszustände und magnetische Ordnungen. Besonders häufig werden Komplexverbindingen mit der Mößbauer-Spektroskopie untersucht.
Ausführliche theoretische und experimentelle Abhandlungen zur Mößbauer-Spektroskopie finden sich in:

D. Barb, Grundlagen und Anwendungen der Mößbauerspektroskopie, Akademie-Verlag, Berlin 1980
T.E. Cranshaw, B.W. Dale, G.O. Longworth, Mößbauer Spectroscopy and its Applications, Cambridge University Press, Cambridge 1985

U. Gonser, Mössbauer Spectroscopy, Vol. I + II, in "Topics in Applied Physics", Springer, Berlin 1975, 1981
N.N. Greenwood, T.C. Gibb, Mössbauer Spectroscopy, Chapman and Hall, London 1971
Yu. M. Kagan, I.S. Lyubutin, Applications of the Mössbauer-Effect, Vol. 1–5, Gordon and Breach, New York 1985
J.W. Robinson, Handbook of Spectroscopy, CRC Press, Boca Raton 1981
B.V. Thosar, P.K. Iyengar, I.K. Srivastava, B.V. Bhargava, Advances in Mössbauer Spectroscopy, Elsevier, Amsterdam 1983
B.V. Bhargava, Advances in Mössbauer Spectroscopy, Elsevier, Amsterdam 1979
A. Vertes, L. Korecz, K. Burger, Mössbauer Spectroscopy, Elsevier, Amsterdam 1979

In der nachfolgenden Tabelle sind einige charakteristische Daten für Isotope die für den Mößbauer-Effekt geeignet sind angegeben: Energie des γ-Strahlen-Übergangs E_γ, Halbwertszeit $t_{1/2}$, natürliche Linienbreite Γ_0 und Γ'_0 in keV und mm/s, innerer Konversionskoeffizient α, Resonanz-Absorptionsquerschnitt σ_0 und Rückstoßenergie E_R.

Charakteristische Daten von Mößbauer-Isotopen

Isotop	E_γ/keV	$t_{1/2}$/ns	Γ_0/neV	Γ_0/(mm/s)	α	σ_0/pm^2	E_R/meV
^{40}K	29,4	3,9	107	2,4	0,35	160	11,6
^{57}Fe	14,4	98	4,67	0.19	9,7	257	1,95
^{61}Ni	67,4	5,2	87,7	0,78	0,11	72	40
^{67}Zn	93,3	9400	0,049	$3{,}12 \cdot 10^{-4}$	0,63	6,1	69,8
^{73}Ge	67	1,86	0,154	2,2	0,23	—	1,29/33,1
^{83}Kr	9,3	147	3,10	0,2	10	190	0,56
^{99}Ru	90	20,7	22,1	0,15	—	—	43,3
^{101}Ru	127,2	0,6	0,79	3,68	0,4	—	86,04
^{107}Ag	93	$44{,}3 \cdot 10^9$	$1{,}03 \cdot 10^{-8}$	$6{,}64 \cdot 10^{-11}$	16	5,3	43,4
^{117}Sn	159	0,3	1520	5,74	0,13	—	116,02
^{119}Sn	23,8	18,3	25,7	0,626	7,3	140	2,57
^{121}Sb	37,2	3,5	130	2,1	—	21	6,12
^{123}Te	159	0,2	—	—	0,17	—	—
^{125}Tc	35,5	1,5	306	5,02	12	28	5,4
^{127}J	57,6	1,86	241	2,54	2,7	21	14,0
^{129}J	26,8	16,8	27,2	0,59	5	38	3,21
^{129}Xe	39,6	1,0	452	6,85	7,5	24	6,52
^{131}Xe	80,2	0,5	956	6,83	1,73	6,3	26,3
^{133}Cs	81	6,3	72,4	0,536	1,5	10,6	26,5
^{137}La	10,1	89	5	0,304	140	—	0,04
^{139}La	165,8	1,5	310	1,12	0,22	—	106,26
^{145}Nd	67,25	33	14	0,12	3,3	—	16,7
^{145}Nd	72,5	0,7	652	5,4	3,3	—	19,3
^{149}Sm	22,5	7,6	64,1	1,6	—	—	1,82
^{152}Sm	122	1,4	321	1,61	0,7	75	52,4
^{151}Eu	21,6	8,8	48	1,44	12	23	1,66
^{153}Eu	83,4	0,7	652	2,93	—	7,2	24,4
^{153}Eu	97,4	0,21	2170	10,7	0,3	18,2	33,3
^{153}Eu	103,2	3,86	118	0,68	1,2	6,0	37,4
^{154}Gd	123,1	1,2	386	1,88	1,5	38	52,9
^{155}Gd	60	0,2	1900	19,0	—	12	12,5
^{155}Gd	86,5	6,32	74,1	0,514	0,4	33	25,9
^{155}Gd	105,3	1,2	393	2,6	—	—	38,4
^{156}Gd	89	2,2	206	1,4	1,0	30	27,2
^{159}Tb	58	0,13	3510	36,2	6	9,9	11,4
^{160}Dy	86,8	2,0	227	1,58	1,5	35	25,2
^{161}Dy	25,7	28,5	16	0,37	—	—	2,2
^{161}Dy	43,8	0,78	585	6,8	—	—	6,4
^{161}Dy	74,6	3,21	142	1,22	0,46	—	18,55
^{162}Dy	80,7	2,3	203	1,54	—	—	21,6
^{163}Dy	75	—	—	—	—	—	—
^{164}Dy	73,4	2,4	191	15,5	2,7	—	17,6

Charakteristische Daten von Mößbauer-Isotopen (*Fortsetzung*)

Isotop	E_γ/keV	$t_{1/2}$/ns	Γ_0/neV	Γ_0/(mm/s)	α	σ_0/pm^2	E_R/meV
^{165}Ho	94,7	0,03	20700	96	1,77	9,0	29,2
^{164}Er	91,4	1,5	310	1,97	1,9	48,7	27,34
^{166}Er	80,6	1,9	244	1,86	1,7	27	21,0
^{168}Er	79,8	1,9	249	1,79	2,1	45	20,35
^{169}Tm	8,4	3,9	117	9,3	—	31	0,22/0,24
^{169}Tm	—	—	—	—	0,7	—	—
^{170}Yb	84,3	1,6	285	2,07	1,6	22	22,41
^{171}Yb	66,7	0,9	563	4,8	—	8,8	13,98
^{171}Yb	75,9	1,6	278	2,1	—	15,5	18,08
^{172}Yb	78,7	1,8	253	2,21	—	—	19,32
^{173}Yb	78,7	—	—	—	—	—	—
^{174}Yb	76,5	1,9	253	1,88	—	—	18,1
^{175}Lu	113,8	0,1	4560	24,04	1,6	—	39,74
^{176}Hf	88,4	1,4	328	2,22	1,32	24	23,81
^{177}Hf	113	0,5	912	4,8	0,75	7,5	38,7
^{178}Hf	93,2	1,5	310	1,96	—	70	26,2
^{180}Hf	93,3	1,5	302	1,96	4,0	27	25,98
^{181}Ta	6,25	6800	0,067	0,007	44	170	0,12
^{181}Ta	136,25	0,04	11410	57	1,5	1,8	55,1
^{180}W	103,6	1,28	356	2,06	5	—	32,02
^{182}W	100,1	1,37	331	2,0	4,5	29	29,56
^{183}W	46,5	0,2	2480	31	9	23	6,33
^{183}W	99,1	0,97	468	3,9	3,5	14	28,8
^{184}W	111,2	1,3	362	1,92	0,99	27	36,09
^{186}W	122,6	1,0	407	2,21	0,45	31	43,3
^{185}Re	125	—	—	—	2,4	—	—
^{187}Re	134,2	0,01	43900	202	2,1	6,5	51,75
^{186}Os	137,2	0,84	550	2,38	0,45	29	54,31
^{188}Os	155	0,7	643	2,48	0,4	27	68,62
^{189}Os	36,3	0,5	861	14,2	—	—	3,72
^{189}Os	69,6	1,69	280	2,41	—	8,2	13,76
^{189}Os	95,3	0,23	1984	12,5	—	—	25,80
^{190}Os	186,7	0,4	1243	3,99	0,2	—	98,51
^{192}Os	206	0,3	—	—	0,16	—	—
^{191}Jr	82,3	3,9	120	0,85	—	—	19,08
^{191}Jr	129,4	0,09	519	23,5	2,9	6,5	47,06
^{193}Jr	73	6,2	719	0,6	—	3,0	14,83
^{193}Jr	138,9	0,07	6430	24,6	2,2	—	53,67
^{195}Pt	98,8	0,17	2820	16	9,0	5,9	26,9
^{195}Pt	129,8	0,67	681	3,5	—	14	46,38
^{197}Au	77,3	1,9	241	1,87	2,5	4,1	16,30
^{199}Hg	158	2,4	190	0,72	0,2	—	67,36
^{201}Hg	32,2	0,2	2280	43	—	3	2,76
^{201}Hg	167,6	—	—	—	1,5	—	—
^{226}Ra	68	0,6	—	—	46	—	—
^{230}Th	53,2	0,37	1233	13,897	130	—	6,61
^{232}Th	49,8	0,35	1322	15,7	—	18,9	5,74
^{231}Pa	84,2	41	10	0,079	—	18	16,48
^{234}U	43,5	0,3	1810	24,966	740	—	4,34
^{236}U	45,2	0,23	1950	25,84	—	—	4,67
^{238}U	44,7	0,23	18620	27	—	1	4,55
^{237}Np	59,5	63	6,84	0,073	240	33	8,03
^{239}Pu	57,3	0,1	4517	47,3	—	—	7,36
^{240}Pu	43	0,17	—	—	760	—	—
^{243}Am	83,9	2,34	195	1,39	0,25	29	15,59

3 Periodensysteme und Spektren

3.1 Periodensysteme und Grundterme

Überarbeitet von M.D. Lechner, Physikalische Chemie, Universität Osnabrück

3.1.1 Periodensysteme

Periodensystem der Elemente (Symbole und relative Atommassen)

IA	IIA	IIIB	IVB	VB	VIB	VIIB	VIIIB	VIIIB	VIIIB	IB	IIB	IIIA	IVA	VA	VIA	VIIA	VIIIA
1 H 1,00794																	2 He 4,002602
3 Li 6,941	4 Be 9,012182											5 B 10,811	6 C 12,011	7 N 14,00674	8 O 15,9994	9 F 18,9984032	10 Ne 20,1797
11 Na 22,989768	12 Mg 24,3050											13 Al 26,981539	14 Si 28,0855	15 P 30,973762	16 S 32,066	17 Cl 35,4527	18 Ar 39,948
19 K 39,0983	20 Ca 40,078	21 Sc 44,955910	22 Ti 47,88	23 V 50,9415	24 Cr 51,9961	25 Mn 54,93805	26 Fe 55,847	27 Co 58,93320	28 Ni 58,69	29 Cu 63,546	30 Zn 65,39	31 Ga 69,723	32 Ge 72,61	33 As 74,92159	34 Se 78,96	35 Br 79,904	36 Kr 83,80
37 Rb 85,4678	38 Sr 87,62	39 Y 88,90585	40 Zr 91,224	41 Nb 92,90638	42 Mo 95,94	43 Tc 98,9063	44 Ru 101,07	45 Rh 102,90550	46 Pd 106,42	47 Ag 107,8682	48 Cd 112,411	49 In 114,82	50 Sn 118,710	51 Sb 121,75	52 Te 127,60	53 J 126,90447	54 Xe 131,29
55 Cs 132,90543	56 Ba 137,327	57 bis 71 La-Lu	72 Hf 178,49	73 Ta 180,9479	74 W 183,85	75 Re 186,207	76 Os 190,2	77 Ir 192,22	78 Pt 195,08	79 Au 196,96654	80 Hg 200,59	81 Tl 204,3833	82 Pb 207,2	83 Bi 208,48037	84 Po 208,9824	85 At 209,9871	86 Rn 222,0176
87 Fr 223,0197	88 Ra 226,0254	89 bis 103 Ac-Lr	104 Rf/Ku (261)	105 Ha/Ns (262)	106 Unh (263)	107 Uns (262)	108 Uno (265)	109 Une (266)	110 Uun (272)	111 Uuu	112 Uub	113 Uut	114 Uuq	115 Uup	116 Uuh	117 Uus	118 Uuo

57 La 138,9055	58 Ce 140,115	59 Pr 140,90765	60 Nd 144,24	61 Pm 146,9151	62 Sm 150,36	63 Eu 151,965	64 Gd 157,25	65 Tb 158,92534	66 Dy 162,50	67 Ho 164,93032	68 Er 167,26	69 Tm 168,93421	70 Yb 173,04	71 Lu 174,967
89 Ac 227,0278	90 Th 232,0381	91 Pa 231,0350	92 U 238,0289	93 Np 237,0482	94 Pu 244,0642	95 Am 243,0614	96 Cm 247,0703	97 Bk 247,0703	98 Cf 251,0769	99 Es 252,0829	100 Fm 257,0951	101 Md 258,0986	102 No 259,1009	103 Lr 260,1053

Hauptgruppenelemente

Schale	n	s $(l = 0,\ m = 0)$		p $(l = 1,\ m = 0,\ \pm 1)$					
K	n = 1	1 H 1,0							2 He 4,0
L	2	3 Li 6,9	4 Be 9,0	5 B 10,8	6 C 12,0	7 N 14,0	8 O 16,0	9 F 19,0	10 Ne 20,2
M	3	11 Na 23,0	12 Mg 24,3	13 Al 27,0	14 Si 28,1	15 P 31,0	16 S 32,1	17 Cl 35,5	18 Ar 39,9
N	4	19 K 39,1	20 Ca 40,1	31 Ga 69,7	32 Ge 72,6	33 As 74,9	34 Se 79,0	35 Br 79,9	36 Kr 83,8
O	5	37 Rb 85,5	38 Sr 87,6	49 In 114,8	50 Sn 118,7	51 Sb 121,8	52 Te 127,6	53 J 126,9	54 Xe 131,3
P	6	55 Cs 132,9	56 Ba 137,3	81 Tl 204,4	82 Pb 207,2	83 Bi 209,0	84 Po 209,0	85 At 210,0	86 Rn 222,0
Q	7	87 Fr 223,0	88 Ra 226,0	113 Uut	114 Uuq	115 Uup	116 Uuh	117 Uus	118 Uuo

$n = 1, 2, \ldots$

$l = 0, 1, 2, \ldots, n-1$

$m = 0, \pm 1, \ldots, \pm l$

$s = \pm 1/2$

Nebengruppenelemente

$l = 1$, $m = 0, \pm 1, \pm 2$

3d	21 Sc 45,0	22 Ti 47,9	23 V 50,9	24 Cr 52,0	25 Mn 54,9	26 Fe 55,8	27 Co 58,9	28 Ni 58,7	29 Cu 63,5	30 Zn 65,4
4d	39 Y 88,9	40 Zr 91,2	41 Nb 92,9	42 Mo 95,9	43 Tc 98,9	44 Ru 101,1	45 Rh 102,9	46 Pd 106,4	47 Ag 107,9	48 Cd 112,4
5d	57 La 138,9	72 Hf 178,5	73 Ta 180,9	74 W 183,9	75 Re 186,2	76 Os 190,2	77 Ir 192,2	78 Pt 195,1	79 Au 197,0	80 Hg 200,6
6d	89 Ac 227,0	104 Rf/Ku (261)	105 Ha/Ns (262)	106 Unh (263)	107 Uns (262)	108 Uno (265)	109 Une (266)	110 Uun (272)	111 Uuu	112 Uub

$l = 3$, $m = 0, \pm 1, \pm 2, \pm 3$

4f	58 Ge 140,1	59 Pr 140,9	60 Nd 144,2	61 Pm 146,9	62 Sm 150,4	63 Eu 152,0	64 Gd 157,3	65 Tb 158,9	66 Dy 162,5	67 Ho 164,9	68 Er 167,3	69 Tm 168,9	70 Yb 173,0	71 Lu 175,0	Lanthaniden
5f	90 Th 232,0	91 Pa 231,0	92 U 238,0	93 Np 237,0	94 Pu 244,1	95 Am 243,1	96 Cm 247,1	97 Bk 247,1	98 Cf 251,1	99 Es 252,1	100 Fm 257,1	101 Md 258,1	102 No 259,1	103 Lr 260,1	Actiniden

3.1.2 Nullpunktsvolumen der Elemente

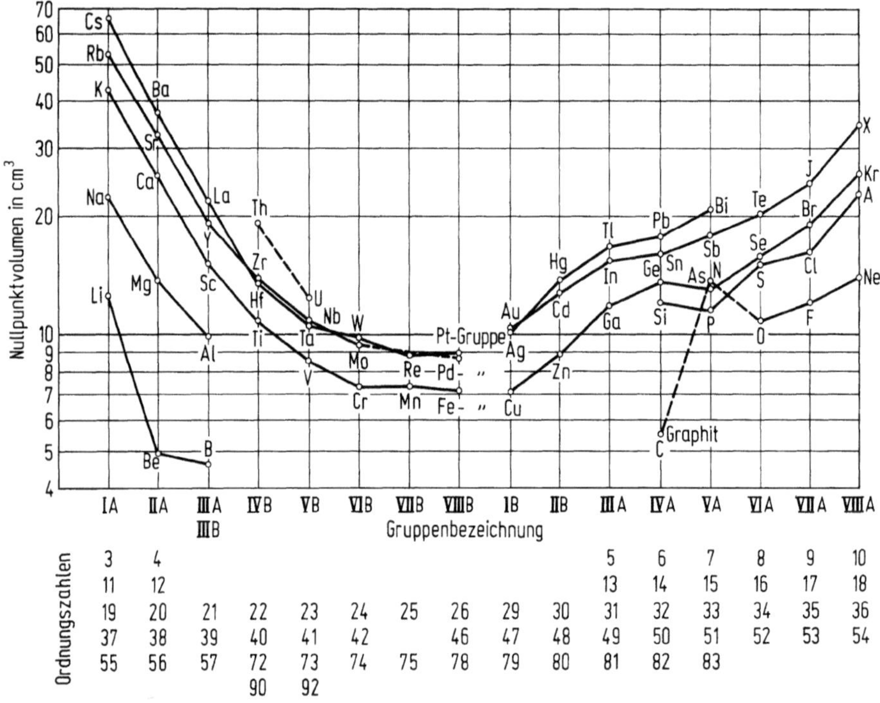

Abb. 3.1. Nullpunktsvolumen der Elemente

3.1.3 Grundterme und Verteilung der Elektronen der Atome

Z	A	K	L		M			N				O				Grundterm
		1s	2s	2p	3s	3p	3d	4s	4p	4d	4f	5s	5p	5d	5f (5g)	
1	H	1														$^2S_{1/2}$
2	He	2														$^1S_0$
3	Li	2	1													$^2S_{1/2}$
4	Be	2	2													$^1S_0$
5	B	2	2	1												$^2P_{1/2}$
6	C	2	2	2												$^3P_0$
7	N	2	2	3												$^4S_{3/2}$
8	O	2	2	4												$^3P_2$
9	F	2	2	5												$^2P_{3/2}$
10	Ne	2	2	6												$^1S_0$
11	Na	2	2	6	1											$^2S_{1/2}$
12	Mg	2	2	6	2											$^1S_0$
13	Al	2	2	6	2	1										$^2P_{1/2}$
14	Si	2	2	6	2	2										$^3P_0$
15	P	2	2	6	2	3										$^4S_{3/2}$
16	S	2	2	6	2	4										$^3P_2$
17	Cl	2	2	6	2	5										$^2P_{3/2}$
18	Ar	2	2	6	2	6										$^1S_0$
19	K	2	2	6	2	6		1								$^2S_{1/2}$
20	Ca	2	2	6	2	6		2								$^1S_0$

3.1.3 Grundterme und Verteilung der Elektronen der Atome (*Fortsetzung*)

Z	A	K	L		M			N				O				Grundterm
		1s	2s	2p	3s	3p	3d	4s	4p	4d	4f	5s	5p	5d	5f	
												(5g)				
21	Sc	2	2	6	2	6	1	2								$^2D_{3/2}$
22	Ti	2	2	6	2	6	2	2								$^3F_2$
23	V	2	2	6	2	6	3	2								$^4F_{3/2}$
24	Cr	2	2	6	2	6	5	1								$^7S_3$
25	Mn	2	2	6	2	6	5	2								$^6S_{5/2}$
26	Fe	2	2	6	2	6	6	2								$^5D_4$
27	Co	2	2	6	2	6	7	2								$^4F_{3/2}$
28	Ni	2	2	6	2	6	8	2								$^3F_4$
29	Cu	2	2	6	2	6	10	1								$^2S_{1/2}$
30	Zn	2	2	6	2	6	10	2								$^1S_0$
31	Ga	2	2	6	2	6	10	2	1							$^2P_{1/2}$
32	Ge	2	2	6	2	6	10	2	2							$^3P_0$
33	As	2	2	6	2	6	10	2	3							$^4S_{3/2}$
34	Se	2	2	6	2	6	10	2	4							$^3P_2$
35	Br	2	2	6	2	6	10	2	5							$^2P_{3/2}$
36	Kr	2	2	6	2	6	10	2	6							$^1S_0$
37	Rb	2	2	6	2	6	10	2	6			1				$^2S_{1/2}$
38	Sr	2	2	6	2	6	10	2	6			2				$^1S_0$
39	Y	2	2	6	2	6	10	2	6	1		2				$^2D_{3/2}$
40	Zr	2	2	6	2	6	10	2	6	2		2				$^3F_2$
41	Nb	2	2	6	2	6	10	2	6	4		1				$^6D_{1/2}$
42	Mo	2	2	6	2	6	10	2	6	5		1				$^7S_3$
43	Tc	2	2	6	2	6	10	2	6	5		2				$^6S_{5/2}$
44	Ru	2	2	6	2	6	10	2	6	7		1				$^5F_5$
45	Rh	2	2	6	2	6	10	2	6	8		1				$^4F_{9/2}$
46	Pd	2	2	6	2	6	10	2	6	10						$^1S_0$

Z	A	K	L	M	N				O				P				Q		Grundterm
					4s	4p	4d	4f	5s	5p	5d	5f	6s	6p	6d	6f	7s	7p	
									(5g)				(6g	6h)					
47	Ag	2	8	18	2	6	10		1										$^2S_{1/2}$
48	Cd	2	8	18	2	6	10		2										$^1S_0$
49	In	2	8	18	2	6	10		2	1									$^2P_{1/2}$
50	Sn	2	8	18	2	6	10		2	2									$^3P_0$
51	Sb	2	8	18	2	6	10		2	3									$^4S_{3/2}$
52	Te	2	8	18	2	6	10		2	4									$^3P_2$
53	J	2	8	18	2	6	10		2	5									$^2P_{3/2}$
54	Xe	2	8	18	2	6	10		2	6									$^1S_0$
55	Cs	2	8	18	2	6	10		2	6			1						$^2S_{1/2}$
56	Ba	2	8	18	2	6	10		2	6			2						$^1S_0$
57	La	2	8	18	2	6	10		2	6	1		2						$^2D_{3/2}$
58	Ce	2	8	18	2	6	10	2	2	6			2						$(^1G_4)$
59	Pr	2	8	18	2	6	10	3	2	6			2						$(^4I_{9/2})$
60	Nd	2	8	18	2	6	10	4	2	6			2						$^5I_4$
61	Pm	2	8	18	2	6	10	5	2	6			2						$(^6H_{5/2})$
62	Sm	2	8	18	2	6	10	6	2	6			2						$^7F_0$
63	Eu	2	8	18	2	6	10	7	2	6			2						$^8S_{7/2}$
64	Gd	2	8	18	2	6	10	7	2	6	1		2						$^9D_2$
65	Tb	2	8	18	2	6	10	9	2	6			2						$(^6H_{15/2})$
66	Dy	2	8	18	2	6	10	10	2	6			2						$(^5I_8)$
67	Ho	2	8	18	2	6	10	11	2	6			2						$(^4I_{15/2})$
68	Er	2	8	18	2	6	10	12	2	6			2						$(^3H_6)$

3.1.3 Grundterme und Verteilung der Elektronen der Atome (*Fortsetzung*)

Z	A	K	L	M	N 4s	4p	4d	4f	O 5s	5p	5d	5f (5g)	P 6s	6p	6d	6f (6g 6h)	Q 7s	7p	Grundterm
69	Tm	2	8	18	2	6	10	13	2	6			2						$^2F_{7/2}$
70	Yb	2	8	18	2	6	10	14	2	6			2						$^1S_0$
71	Lu	2	8	18	2	6	10	14	2	6	1		2						$^2D_{3/2}$
72	Hf	2	8	18	2	6	10	14	2	6	2		2						$^3F_2$
73	Ta	2	8	18	2	6	10	14	2	6	3		2						$^4F_{3/2}$
74	W	2	8	18	2	6	10	14	2	6	4		2						$^5D_0$
75	Re	2	8	18	2	6	10	14	2	6	5		2						$^6S_{5/2}$
76	Os	2	8	18	2	6	10	14	2	6	6		2						$^5D_4$
77	Ir	2	8	18	2	6	10	14	2	6	7		2						$^4F_{9/2}$
78	Pt	2	8	18	2	6	10	14	2	6	9		1						$^3D_3$
79	Au	2	8	18	2	6	10	14	2	6	10		1						$^2S_{1/2}$
80	Hg	2	8	18	2	6	10	14	2	6	10		2						$^1S_0$
81	Tl	2	8	18	2	6	10	14	2	6	10		2	1					$^2P_{1/2}$
82	Pb	2	8	18	2	6	10	14	2	6	10		2	2					$^3P_0$
83	Bi	2	8	18	2	6	10	14	2	6	10		2	3					$^4S_{3/2}$
84	Po	2	8	18	2	6	10	14	2	6	10		2	4					$^3P_2$
85	At	2	8	18	2	6	10	14	2	6	10		2	5					$(^2P_{3/2})$
86	Rn	2	8	18	2	6	10	14	2	6	10		2	6					$^1S_0$
87	Fr	2	8	18	2	6	10	14	2	6	10		2	6			1		$(^2S_{1/2})$
88	Ra	2	8	18	2	6	10	14	2	6	10		2	6			2		$^1S_0$
89	Ac	2	8	18	2	6	10	14	2	6	10		2	6	1		2		$(^2D_{3/2})$
90	Th	2	8	18	2	6	10	14	2	6	10		2	6	2		2		$(^3F_2)$
91	Pa	2	8	18	2	6	10	14	2	6	10	2	2	6	1		2		$(^4K_{11/12})$
92	U	2	8	18	2	6	10	14	2	6	10	3	2	6	1		2		$^5L_6$
93	Np	2	8	18	2	6	10	14	2	6	10	4	2	6	1		2		$(^6L_{11/12})$
94	Pu	2	8	18	2	6	10	14	2	6	10	6	2	6			2		$(^7F_0)$
95	Am	2	8	18	2	6	10	14	2	6	10	7	2	6			2		$(^8S_{7/2})$
96	Cm	2	8	18	2	6	10	14	2	6	10	7	2	6	1		2		$(^9D_2)$
97	Bk	2	8	18	2	6	10	14	2	6	10	9	2	6			2		$(^6H_{15/2})$
98	Cf	2	8	18	2	6	10	14	2	6	10	10	2	6			2		$(^5I_8)$
99	Es	2	8	18	2	6	10	14	2	6	10	11	2	6			2		$(^4I_{15/2})$
100	Fm	2	8	18	2	6	10	14	2	6	10	12	2	6			2		$(^3H_6)$
101	Md	2	8	18	2	6	10	14	2	6	10	13	2	6			2		$(^2F_{7/2})$
102	No	2	8	18	2	6	10	14	2	6	10	14	2	6			2		$(^1S_0)$
103	Lr	2	8	18	2	6	10	14	2	6	10	14	2	6	1		2		$(^2D_{3/2})$
104	Rf/Ku	2	8	18	2	6	10	14	2	6	10	14	2	6	2		2		
105	Ha/Ns	2	8	18	2	6	10	14	2	6	10	14	2	6	3		2		
106	Unh	2	8	18	2	6	10	14	2	6	10	14	2	6	4		2		
107	Uns	2	8	18	2	6	10	14	2	6	10	14	2	6	5		2		
108	Uno	2	8	18	2	6	10	14	2	6	10	14	2	6	6		2		
109	Une	2	8	18	2	6	10	14	2	6	10	14	2	6	7		2		
110	Unn	2	8	18	2	6	10	14	2	6	10	14	2	6	8		2		
111	Uuu	2	8	18	2	6	10	14	2	6	10	14	2	6	9		2		
112	Uub	2	8	18	2	6	10	14	2	6	10	14	2	6	10		2		
113	Uut	2	8	18	2	6	10	14	2	6	10	14	2	6	10		2	1	
114	Uuq	2	8	18	2	6	10	14	2	6	10	14	2	6	10		2	2	
115	Uup	2	8	18	2	6	10	14	2	6	10	14	2	6	10		2	3	
116	Uuh	2	8	18	2	6	10	14	2	6	10	14	2	6	10		2	4	
117	Uus	2	8	18	2	6	10	14	2	6	10	14	2	6	10		2	5	
118	Uuo	2	8	18	2	6	10	14	2	6	10	14	2	6	10		2	6	

Eingeklammerle Termsymbole sind unsicher

3.2 Röntgenspektren

M.D. Lechner, Physikalische Chemie, Universität Osnabrück

3.2.1 Röntgenspektrallinien der Elemente der wichtigsten Übergänge

Die folgende Tabelle enthält die Röntgenspektrallinien der wichtigsten Elemente und Übergänge. Die Tabelle enthält in den ersten beiden Spalten die Ordnungszahl und das chemische Symbol des Elements und in den folgenden Spalten die jeweiligen Röntgenwellenlängen in Einheiten von 10^{-10} m
Am Kopf der Tabelle ist jeweils der Niveauübergang nach Maßgabe der Abbildung vermerkt, so daß ein Übergang zwischen K- und L-Schale zunächst durch ein Symbol KL gekennzeichnet ist. Die Deutung des Index an dem Symbol KL usw., der die jeweilige Unterschale charakterisiert, geht aus der Abbildung hervor, in der der Zusammenhang der Indices mit den Quantenzahlen angegeben ist. Außerdem findet sich neben dieser Bezeichnung KL usw. die Charakterisierung der Linien nach SIEGBAHN α_1, α_2, vgl. Abbildung.
Gelegentlich, vornehmlich bei den leichteren Elementen, sind die Niveauübergänge zwischen der einen und den verschiedenen Unterschalen der nächsthöher gelegenen so wenig unterschieden, daß dann nur eine gemeinsame Wellenlänge angegeben wurde. Die Daten wurden zum Teil entnommen aus E.W. White, X-Ray and Absorption Wavelength and two-theta Tables, ASTM-Data Series DS 37A.

Ordnungszahl	Element	K-Serie					L-Serie			
		KL_{III}	KL_{II}	KM_{III}	KN_{II}		$L_{III}M_{I}$	$L_{III}M_{IV}$	$L_{III}M_{V}$	$L_{II}M_{I}$
		α_1	α_2	β_1	β_2^{II}	β_2^{I}	l	α_2	α_1	η
3	Li	228,0								
4	Be	114,0								
5	B	67,6								
6	C	44,7								
7	N	31,6								
8	O	23,62								
9	F	18,32								
10	Ne	14,610		14,452						
11	Na	11,9101		11,575						
12	Mg	9,8900		9,521						
13	Al	8,33934	8,34173	7,960						
14	Si	7,12542	7,12791	6,753						
15	P	6,157	6,160	5,796						
16	S	5,37216	5,37496	5,0316			83,4			83,4
17	Cl	4,7278	4,7307	4,4034			67,90			67,33
18	Ar	4,19180	4,19474	3,8860			56,3			55,9
19	K	3,7414	3,7445	3,4539			47,74			47,24
20	Ca	3,35839	3,36166	3,0897			40,96	36,33		40,46
21	Sc	3,0309	3,0342	2,7796			35,59	31,35		35,13
22	Ti	2,74851	2,75216	2,51391			31,36	27,42		30,89
23	V	2,50356	2,50738	2,28440			27,77	24,25		27,34
24	Cr	2,28970	2,293606	2,08487			24,78	21,64		24,30
25	Mn	2,101820	2,10578	1,91021			22,29	19,45		21,85
26	Fe	1,936042	1,939980	1,75661			20,15	17,59		19,75
27	Co	1,788965	1,792850	1,62079			18,292	15,972		17,87
28	Ni	1,657910	1,661747	1,500135			16,693	14,561		16,27
29	Cu	1,540562	1,544390	1,392218			15,286	13,336		14,90
30	Zn	1,435155	1,439000	1,29525	1,28372		14,02	12,254		13,68
31	Ga	1,340083	1,34399	1,20789	1,19600		12,953	11,292		12,597
32	Ge	1,254054	1,258011	1,12894	1,11686		11,965	10,4361		11,609
33	As	1,17588	1,17987	1,05730	1,04500		11,072	9,6709		10,734
34	Se	1,10477	1,10882	0,99218	0,97992		10,294	8,9900		9,962
35	Br	1,03974	1,04382	0,93279	0,92046		9,585	8,3746		9,255
36	Kr	0,9801	0,9841	0,8785	0,8661		—	7,817		—
37	Rb	0,925553	0,92969	0,82868	0,81645		8,3636	7,3251	7,3183	8,0415
38	Sr	0,87526	0,87943	0,78292	0,77081		7,8362	6,8697	6,8628	7,5171
39	Y	0,82884	0,83305	0,74072	0,72864		7,3563	6,4558	6,4488	7,0406
40	Zr	0,78593	0,79015	0,70173	0,68993		6,9185	6,0778	6,0705	6,6069
41	Nb	0,74620	0,75044	0,66576	0,65416		6,5176	5,7319	5,7243	6,2109
42	Mo	0,709300	0,713590	0,632288	0,62107	0,62099	6,1508	5,41437	5,40655	5,8475
43	Tc	0,67502	0,67932	0,60130	0,59024		—	—	5,1148	—
44	Ru	0,643083	0,647408	0,572482	0,56166		5,5035	4,85381	4,84575	5,2050
45	Rh	0,613279	0,617630	0,545605	0,53513	0,53503	5,2169	4,60545	4,59743	4,9217
46	Pd	0,585448	0,589821	0,520520	0,510228		4,9525	4,37588	4,36767	4,6605
47	Ag	0,5594075	0,563798	0,497069	0,487032		4,7076	4,16294	4,15443	4,4183
48	Cd	0,535010	0,539422	0,475105	0,465328		4,48014	3,96496	3,95635	4,19315
49	In	0,512113	0,516544	0,454545	0,44500		4,26873	3,78073	3,77192	3,98327
50	Sn	0,490599	0,495053	0,435236	0,425915		4,07165	3,60891	3,59994	3,78876
51	Sb	0,470354	0,474827	0,417085	0,407973		3,88826	3,44840	3,43941	3,60765
52	Te	0,451295	0,455784	0,399995	0,391102		3,71696	3,29846	3,28920	3,43832
53	I	0,433318	0,437829	0,383905	0,37523		3,55754	3,15791	3,14860	3,27979
54	Xe	0,41634	0,42087	0,36872	0,36026		—	—	3,0166	—
55	Cs	0,400290	0,404835	0,354364	0,34611		3,2670	2,9020	2,8924	2,9932
56	Ba	0,385111	0,389668	0,340811	0,33277		3,1355	2,78553	2,77595	2,8627
57	La	0,370737	0,375313	0,327983	0,320117		3,006	2,67533	2,66570	2,740
58	Ce	0,357092	0,361683	0,315816	0,30816		2,8917	2,5706	2,5615	2,6203
59	Pr	0,344140	0,348749	0,304261	0,29679		2,7841	2,4729	2,4630	2,512
60	Nd	0,331846	0,336472	0,293299	0,2861		2,6760	2,3807	2,3704	2,4094
61	Pm	0,320160	0,324803	0,28290	0,2759		—	2,2926	2,2822	—
62	Sm	0,309040	0,313698	0,27301	0,2662		2,4823	2,21062	2,1998	2,21824
63	Eu	0,298446	0,303118	0,263577	0,256923		2,3948	2,1315	2,1209	2,1315
64	Gd	0,288353	0,293038	0,25460	0,24816		2,3122	2,0578	2,0468	2,0494

Ordnungszahl	Element	L-Serie					M-Serie			
		$L_{II}M_{IV}$	$L_{I}M_{II}$	$L_{I}M_{III}$	$L_{III}N_{V}$	$L_{II}N_{IV}$	$M_{V}N_{VI}$	$M_{V}N_{VII}$	$M_{IV}N_{VI}$	$M_{III}N_{V}$
		β_1	β_4	β_3	β_2	γ_1	α_2	α_1	β	γ
3	Li									
4	Be									
5	B									
6	C									
7	N									
8	O									
9	F									
10	Ne									
11	Na									
12	Mg									
13	Al									
14	Si									
15	P									
16	S									
17	Cl									
18	Ar									
19	K									
20	Ca	35,94								
21	Sc	31,02								
22	Ti	27,05								
23	V	23,88								
24	Cr	21,27								
25	Mn	19,11								
26	Fe	17,26								
27	Co	15,666								
28	Ni	14,271								
29	Cu	13,053		12,122						
30	Zn	11,983		11,200						
31	Ga	11,023		10,359						
32	Ge	10,175	9,640	9,581						
33	As	9,4141		8,929						
34	Se	8,7358		8,321						
35	Br	8,1251		7,767						
36	Kr	7,576	7,304	7,264						
37	Rb	7,0759	6,8207	6,7876						
38	Sr	6,6239	6,4026	6,3672						
39	Y	6,2120	6,0186	5,9832						
40	Zr	5,8360	5,6681	5,6330	5,5863	5,3843				
41	Nb	5,4923	5,3455	5,3102	5,2379	5,0361				34,9
42	Mo	5,17708	5,0488	5,0133	4,9232	4,7258				—
43	Tc	4,8873	—	—	—	—				—
44	Ru	4,62058	4,5230	4,4866	4,3718	4,1822				26,9
45	Rh	4,37414	4,2888	4,2522	4,1310	3,9437				25,01
46	Pd	4,14622	4,0711	4,0346	3,90887	3,7246				23,3
47	Ag	3,93473	3,87023	3,83313	3,70335	3,52260				21,82
48	Cd	3,73823	3,68203	3,64495	3,51408	3,33564				20,47
49	In	3,5531	3,50697	3,46984	3,33838	3,16213				—
50	Sn	3,38487	3,34335	3,30585	3,17505	3,00115				17,94
51	Sb	3,22567	3,19014	3,15258	3,02335	2,85159				16,92
52	Te	3,07677	3,04661	3,00893	2,88217	2,71241				15,93
53	I	2,93744	2,91207	2,87429	2,75053	2,58244				—
54	Xe	—	—	—	—	—				—
55	Cs	2,6837	2,6666	2,6285	2,5118	2,3480				—
56	Ba	2,56821	2,5553	2,5164	2,40435	2,2415				12,75
57	La	2,45891	2,4493	2,4105	2,3030	2,1418		14,88	14,51	12,08
58	Ce	2,3561	2,3497	2,3109	2,2087	2,0487		14,04	13,75	11,53
59	Pr	2,2588	2,2550	2,2172	2,1194	1,9611		13,343	13,06	10,998
60	Nd	2,1669	2,1669	2,1268	2,0360	1,8779		12,68	12,44	10,505
61	Pm	2,0797	—	2,0421	1,9559	1,7989		—	—	—
62	Sm	1,99806	2,00095	1,96241	1,88221	1,72724		11,47	11,27	9,600
63	Eu	1,9203	1,9255	1,8867	1,8118	1,6574		10,96	10,750	9,211
64	Gd	1,8468	1,8540	1,8150	1,7455	1,5924		10,46	10,254	8,844

Ordnungszahl	Element	K-Serie					L-Serie			
		KL_{III}	KL_{II}	KM_{III}	KN_{II}		$L_{III}M_{I}$	$L_{III}M_{IV}$	$L_{III}M_{V}$	$L_{II}M_{I}$
		α_1	α_2	β_1	β_2^{II}	β_2^{I}	l	α_2	α_1	η
65	Tb	0,278724	0,283423	0,24608	0,2397		2,2352	1,9875	1,9765	1,9730
66	Dy	0,269533	0,274247	0,23788	0,2317		2,15877	1,91991	1,90881	1,89743
67	Ho	0,260756	0,265486	0,23012	0,2241		2,0860	1,8561	1,8450	1,8264
68	Er	0,252365	0,257110	0,22266	0,2167		2,015	1,7955	1,78425	1,7566
69	Tm	0,244338	0,249095	0,21556	0,2098		1,9550	1,7381	1,7268	1,6963
70	Yb	0,236655	0,241424	0,20884	0,2033		1,89415	1,68285	1,67189	1,63560
71	Lu	0,229298	0,234081	0,20231	0,1969		1,8360	1,63029	1,61951	1,5779
72	Hf	0,222227	0,227024	0,19607	0,1908		1,78145	1,58046	1,56958	1,52325
73	Ta	0,215497	0,220305	0,190089	0,185188	0,185011	1,72841	1,53293	1,52197	1,47106
74	W	0,2090100	0,213828	0,184374	0,17960	0,179421	1,6782	1,48743	1,47639	1,42100
75	Re	0,202781	0,207611	0,178880	0,17425	0,174054	1,63056	1,44396	1,43290	1,37342
76	Os	0,196794	0,201639	0,173611	0,16910	0,168906	1,58498	1,40234	1,39121	1,32785
77	Ir	0,191047	0,195904	0,168542	0,16415	0,163956	1,54094	1,36250	1,35128	1,28448
78	Pt	0,185511	0,190381	0,163675	0,15939	0,15920	1,4994	1,32432	1,31304	1,2429
79	Au	0,180195	0,185075	0,158982	0,15483	0,154618	1,45964	1,28772	1,27640	1,20273
80	Hg	0,175068	0,179958	0,154487	0,15040	0,15020	1,4216	1,25264	1,24120	1,1640
81	Tl	0,170136	0,175036	0,150142	0,14614	0,14595	1,38477	1,21875	1,20739	1,12769
82	Pb	0,165376	0,170294	0,145970	0,14212	0,14191	1,34990	1,18648	1,17501	1,09241
83	Bi	0,160789	0,165717	0,141948	0,13817	0,13797	1,31610	1,15536	1,14386	1,05856
84	Po	0,15636	0,16130	0,13807	0,13438	0,13418	1,2829	1,12548	1,11386	—
85	At	0,15210	0,15705	0,13432	0,13072	0,13052	—	1,09671	1,08500	—
86	Rn	0,14798	0,15294	0,13069	0,12719	0,12698	—	1,06899	1,05723	—
87	Fr	0,14399	0,14896	0,12719	0,12379	0,12358	—	1,04230	1,03049	—
88	Ra	0,14014	0,14512	0,12382	0,12050	0,12029	1,16719	1,01651	1,00473	0,90742
89	Ac	0,136417	0,14141	0,12055	0,11732	0,11711	—	0,99178	0,97993	—
90	Th	0,132813	0,137829	0,117396	0,11426	0,114040	1,11508	0,96788	0,95600	0,85446
91	Pa	0,129325	0,134343	0,114345	0,11129	0,11107	1,0908	0,94482	0,93284	0,8295
92	U	0,125947	0,130968	0,111394	0,10837	0,10818	1,06712	0,922558	0,910639	0,80509
93	Np	0,12300	0,12800	0,10900	0,10500		1,0428	0,901045	0,889128	0,7809
94	Pu	0,12000	0,12500	0,10600	0,10300		1,0226	0,88028	0,86830	0,7591
95	Am	0,11700	0,12200	0,10300	0,10000		1,0012	0,860266	0,848187	—
96	Cm	0,11400	0,11900	0,10100	0,09800		—	0,84100	0,82900	—
97	Bk	0,11100	0,11600	0,09800	0,09500		—	0,82200	0,81000	—
98	Cf	0,10800	0,11300	0,09700	0,09300		—	0,80400	0,79200	—

Ordnungszahl	Element	L-Serie					M-Serie			
		$L_{II}M_{IV}$	L_IM_{II}	L_IM_{III}	$L_{III}N_V$	$L_{II}N_{IV}$	M_VN_{VI}	M_VN_{VII}	$M_{IV}N_{VI}$	$M_{III}N_V$
		β_1	β_4	β_3	β_2	γ_1	α_2	α_1	β	γ
65	Tb	1,7768	1,7864	1,7472	1,6830	1,5303		10,00	9,792	8,486
66	Dy	1,71062	1,72103	1,6822	1,62369	1,47266		9,59	9,357	8,144
67	Ho	1,6475	1,6595	1,6203	1,5671	1,4174		9,20	8,965	7,865
68	Er	1,5873	1,6007	1,5616	1,51399	1,3641		8,82	8,592	7,546
69	Tm	1,5304	1,5448	1,5063	1,4640	1,3153		8,48	8,249	—
70	Yb	1,47565	1,49138	1,45233	1,41550	1,26769		8,149	7,909	7,024
71	Lu	1,42359	1,44056	1,40140	1,37012	1,22228		7,840	7,601	6,768
72	Hf	1,37410	1,39220	1,35300	1,32639	1,17900		7,539	7,303	6,544
73	Ta	1,32698	1,34581	1,30678	1,28454	1,13794		7,252	7,023	6,312
74	W	1,281809	1,30162	1,26269	1,24460	1,09855	6,992	6,983	6,757	6,092
75	Re	1,23858	1,25917	1,22031	1,20660	1,06099		6,729	6,504	5,885
76	Os	1,19727	1,21844	1,17955	1,16976	1,02503		6,490	6,267	5,682
77	Ir	1,15781	1,17958	1,14085	1,13532	0,99085	6,275	6,262	6,038	5,500
78	Pt	1,11990	1,14223	1,10394	1,10200	0,95797	6,058	6,047	5,828	5,319
79	Au	1,08353	1,10651	1,06785	1,07022	0,92650	5,854	5,840	5,624	5,145
80	Hg	1,04868	1,07222	1,03358	1.03975	0,89646	—	5,6476	5,4312	4,984
81	Tl	1,01513	1,03918	1,00062	1,01031	0,86752	5,472	5,460	5,249	4,823
82	Pb	0,98291	1,0075	0,96911	0,98221	0,83973	5,299	5,286	5,076	4,674
83	Bi	0,951978	0,97690	0,93855	0,95518	0,81311	5,130	5,118	4,909	4,532
84	Po	0,9220	0,9475	0,9091	0,92937	0,78748	—	—	—	—
85	At	0,89349	—	0,88135	—	0,76289	—	—	—	—
86	Rn	0,86605	—	0,85436	—	0,73928	—	—	—	—
87	Fr	0,83940	—	0,82789	0,858	0,71652	—	—	—	—
88	Ra	0,81375	0,84071	0,80273	0,83537	0,69463	—	—	—	—
89	Ac	0,78903	—	0,77822	—	0,67351	—	—	—	—
90	Th	0,765210	0,79257	0,75479	0,79354	0,65313	4,151	4,1381	3,941	3,679
91	Pa	0,74232	0,7699	0,73230	0,7737	0,63358	4,035	4,022	3,827	3,577
92	U	0,719984	0,747985	0,71029	0,754681	0,614770	3,924	3,910	3,716	3,479
93	Np	0,698478	0,72671	0,68920	0,736230	0,596498	—	—	—	—
94	Pu	0,67772	0,70620	0,66871	0,71851	0,578882	—	—	—	—
95	Am	0,657655	0,686390	0,64891	0,701390	0,561886	—	—	—	—
96	Cm	0,63900	—	—	0,68500	0,54600	—	—	—	—
97	Bk	0,62100	—	—	0,66900	0,53000	—	—	—	—
98	Cf	0,60300	—	—	0,65300	0,51500	—	—	—	—

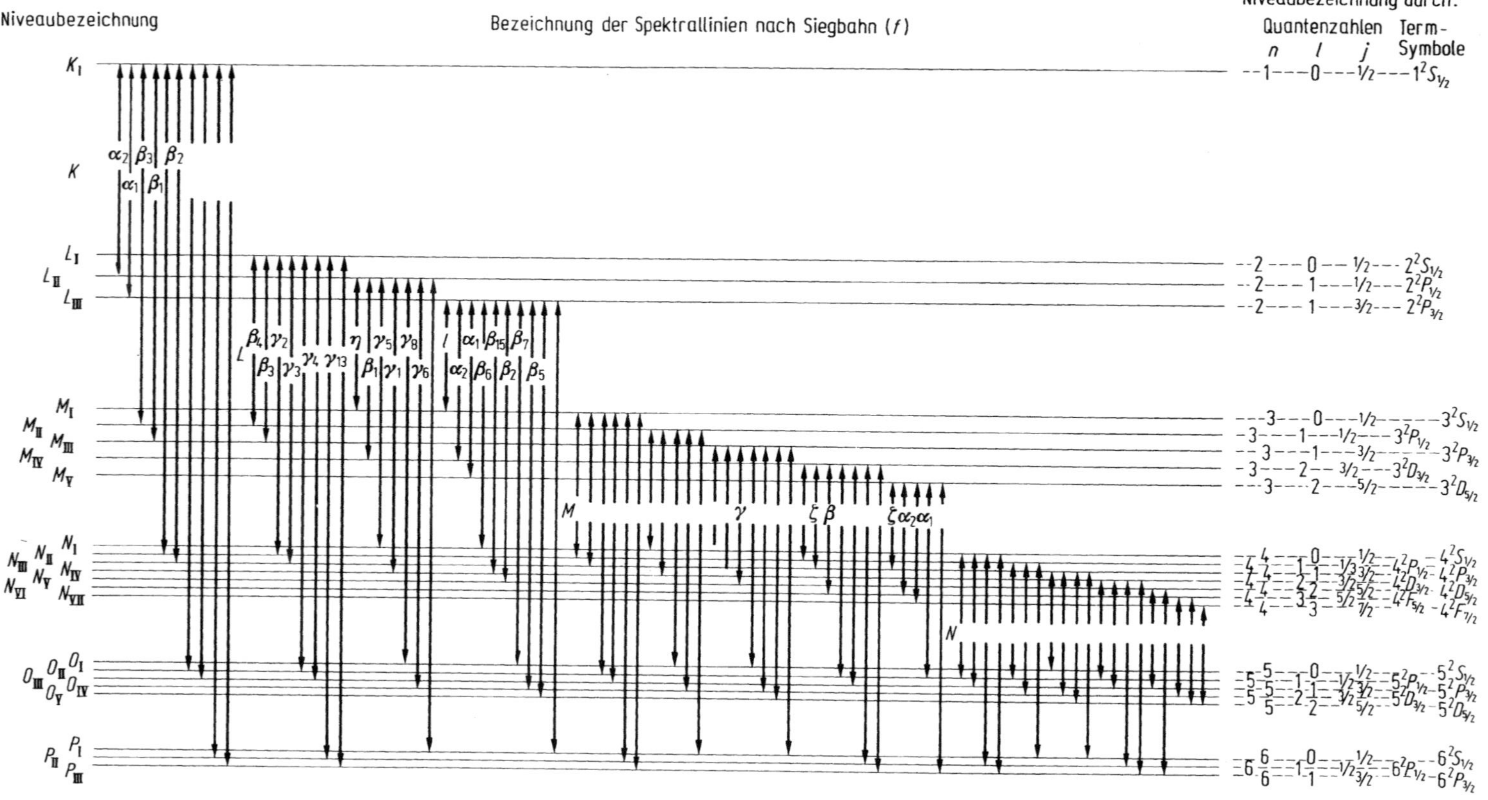

Abb. 3.2. Röntgenspektrallinien (nur erlaubte Übergänge) in der Bezeichnung nach SIEGBAHN und zugehörige Niveauübergänge; Niveaubezeichnung nach BOHR und COSTER durch Quantenzahlen und durch Term-Symbole

3.2.2 Absorption von Röntgenstrahlen

3.2.2.1 Definitionen und Bezeichnungen

Beim Durchgang eines parallelen Röntgenstrahlenbündels der Wellenlänge λ durch eine Schicht eines Stoffes der Dicke d gilt:

$I = I_0 \exp(-\mu d)$.
I_0 = Strahlungsintensität vor der Schicht.
I = Strahlungsintensität hinter der Schicht.
μ = Schwächungskoeffizient.

Ferner gilt:

$\mu = \tau + \sigma + \varkappa$.
τ – Absorptionskoeffizient (Photoabsorptionskoeffizient).
σ = Streukoeffizient (klassische Streuung und *Compton*streuung).
$\varkappa$ = Koeffizient der „Paarbildung" (Umwandlung eines Strahlungsquantes in ein Elektron und ein Positron).

Betreffs der Aufteilung in die einzelnen Prozesse siehe Abb. 3.3.

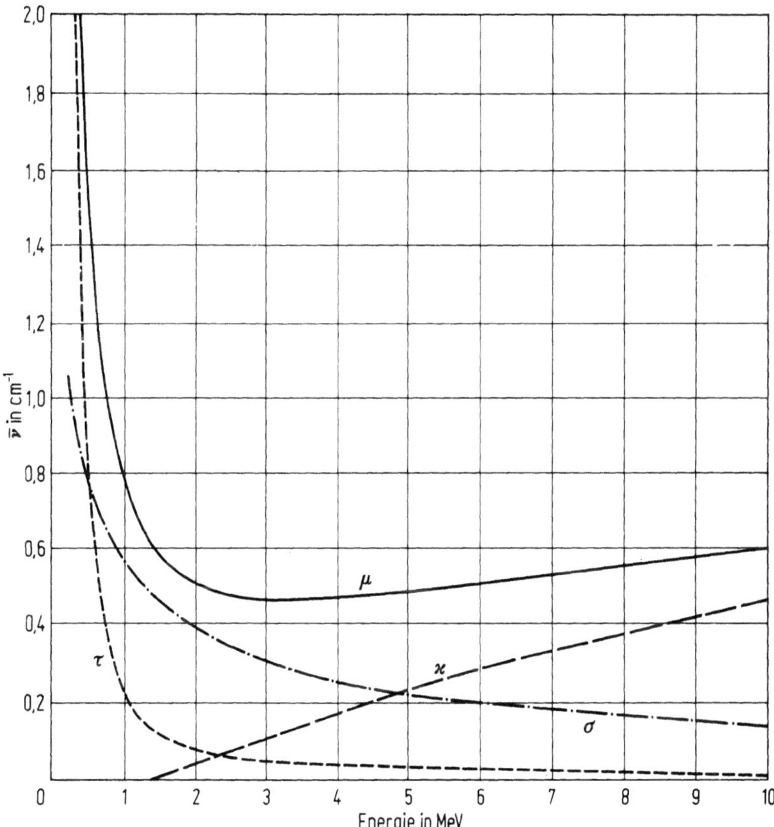

Abb. 3.3. Unterteilung der Schwächung in Blei (Nach PHILIPP und WIEDEMANN)

Die auf ein Atom bzw. ein Atomelektron bezogenen Koeffizienten sind mit μ_a bzw. μ_e bezeichnet; es ist der Massenschwächungskoeffizient

$$\frac{\mu}{\varrho} = \frac{N_A}{M}\mu_a = \frac{N_A Z}{M}\mu_e$$

Analoges gilt für σ, τ, $\varkappa$.

Z = Ordnungszahl im periodischen System.
M = Molmasse
N_A = Avogadrosche Zahl
ϱ = Massendichte

Der Energie E eines Strahlungsquantes h ν ist die Wellenlänge λ zugeordnet durch die Zahlenwertgleichung:

$$\lambda/\text{pm} = \frac{1239{,}8}{E/\text{keV}}$$

Für den Photoabsorptionskoeffizienten gilt näherungsweise nach WALTER

$$\frac{\tau}{\varrho} = 1{,}61 \cdot 10^{-2} \lambda^3 \frac{Z^{3,94}}{M} \quad \text{für } \lambda < \lambda_K$$

$$\frac{\tau}{\varrho} = 5{,}32 \cdot 10^{-4} \lambda^3 \frac{Z^{4,3}}{M} \quad \text{für } \lambda > \lambda_K$$

Gültigkeitsbereich 10 bis 100 pm.
Beim Überschreiten der Absorptionskanten des K-Absorptionssprunges gilt für den totalen Schwächungskoeffizienten μ angenähert

$$\frac{\mu_K}{\mu_L} = \frac{63{,}868}{Z^{0,6207}}$$

Schwächungskoeffizienten

Messungen mit spektral zerlegter Strahlung. μ/ϱ in $g^{-1}\,cm^2$ für Blei im ultrakurzwelligen Gebiet

λ_X	0,72	2,05	4,65	6,6	7,3	9,3	15,5	21
$\frac{h\nu}{MeV}$	17,2	6,0	2,66	1,88	1,70	1,33	0,80	0,59
μ/ϱ	0,058[a]	0,036	0,041	0,048	0,047	0,058	0,090	0,138
λ_X	27	30	36	39	40	45	46	50
$\frac{h\nu}{MeV}$	0,46	0,41	0,34	0,32	0,31	0,28	0,27	0,25
μ/ϱ	0,186	0,218	0,298	0,353	0,394	0,485	0,528	0,600

[a] Wiederanstieg infolge von Paarbildung.

μ/ϱ in $g^{-1}\,cm^2$

λ/pm	C	Al	Ni	Cu	Mo	Ag	Sn	Ta	Pb	Au
2,28	0,084	0,081	—	0,084	—	—	0,093	—	0,152	—
2,85	—	—	—	0,087	—	—	0,098	—	0,191	—
3,64	0,100	0,097	—	—	—	—	—	—	—	—
3,85	0,102	0,099	—	—	—	—	0,104	—	0,350	—
4,0	0,105	—	—	—	—	—	—	—	0,394	—
4,17	—	—	—	0,116	—	—	—	—	0,398	—
4,86	—	—	—	0,132	—	—	—	—	0,595	—
5,01	0,114	0,113	0,126	0,129	0,177	0,229	0,246	0,458	0,600	—
5,05	0,113	0,109	—	—	—	—	—	—	0,636	—
6,0	0,120	0,121	0,163	0,160	0,227	0,283	0,314	0,689	0,900	—
7,0	0,126	0,131	0,187	0,182	0,319	0,400	0,430	1,018	1,455	—
8,0	0,132	0,138	0,218	0,215	0,412	0,544	0,607	1,357	1,829	—
9,0	0,137	0,144	0,250	0,259	0,535	0,715	0,800	1,819	2,490	—
10,0	0,142	0,150	0,297	0,306	0,650	0,900	1,020	2,435	3,248	—
11,0	0,147	0,158	0,349	0,371	0,821	1,081	1,222	3,014	4,079	—
12,0	0,151	0,168	0,420	0,434	1,036	1,362	1,587	3,770	5,150	—
13,0	0,154	0,176	0,490	0,513	1,243	1,656	1,912	4,553	6,412	6,40
14,0	0,158	0,191	0,594	0,606	1,513	2,038	2,310	5,476	—	—
16,0	0,163	0,213	0,771	0,830	2,108	—	—	—	—	—
18,4	0,171	0,240	1,10	1,17	3,193	—	—	—	—	—
20,0	0,175	0,270	1,42	—	4,20	5,40	6,10	—	—	—
20,9	0,177	0,279	1,56	1,63	—	—	—	—	5,108	—
26,1	0,188	0,402	2,90	—	8,30	11,4	12,8	—	—	—
41,8	0,256	1,18	10,45	—	30,3	40,5	45,5	—	—	—
49,8	0,315	1,90	17,9	—	50,2	—	—	—	—	—
63,2	0,474	3,73	34,2	—	—	—	—	—	—	—
71,1	0,605	5,22	48,1	—	—	26,8	32,5	—	140	122
88,2	0,990	9,75	81,3	—	—	—	—	—	—	—
100	1,365	14,12	118,5	—	—	73	87	—	77	110
123,7	2,42	26,3	208	—	—	—	—	—	—	—
139,2	3,35	36,8	286	—	—	173	205	—	180	—
154,3	4,52	49,0	47,5	—	—	225	275	—	230	210
193,8	8,77	93,5	90	—	—	410	490	—	420	387
250,3	20,0	188	180	200	—	740	—	—	—	720
303,1	34,0	333	319	320	—	1325	—	—	—	1250
335,9	43,0	445	384	420	—	1380	—	—	—	1470

μ/ϱ in $g^{-1}\,cm^2$ (*Fortsetzung*)

λ/pm	C	Al	Ni	Cu	Mo	Ag	Sn	Ta	Pb	Au
415,4	—	800	625	695	—	490	—	—	—	1910
436,8	—	917	735	850	—	585	—	—	—	2450
472,8	—	1090	—	—	—	720	—	—	—	2550
540,6	—	1550	1250	1300	—	930	—	—	—	—
606,9	—	2050	—	—	—	1300	—	—	—	1210
698,7	—	2900	2000	2150	—	1350	—	—	—	—
712,5	—	3100	—	—	—	2100	—	—	—	1730
833,8	—	400	3140	3500	—	2900	—	—	—	2450
988,8	—	550	4540	5100	—	—	—	—	—	—
1192	—	767	—	7550	—	—	—	—	—	—
1333	—	2180	—	4340	—	9920	—	—	—	—
1463	—	2290	—	2470	—	10050	—	—	—	—
1764	—	3520	—	3770	—	—	—	—	—	—
2375	—	7330	—	6870	—	—	—	—	—	—

3.2.3 Streukoeffizient

Direkte Absolutmessungen des Massenstreustrahlungskoeffizienten σ_s/ϱ in $g^{-1}\,cm^2$.

λ/pm	^{1}H	^{3}Li	^{5}B	^{6}C	Luft	H_2O	^{11}Na	^{12}Mg	^{13}Al	^{16}S	^{29}Cu	^{47}Ag	^{82}Pb
1,99	—	—	—	0,080	—	—	—	—	0,077	—	—	—	—
2,08	—	—	—	0,082	—	—	—	—	0,079	—	—	—	—
2,49	—	—	—	0,086	—	—	—	—	0,083	—	—	—	—
2,57	—	—	—	0,087	—	—	—	—	0,084	—	—	—	—
3,64	—	—	—	0,100	—	—	—	—	0,097	—	—	—	—
5,05	—	—	—	0,113	—	—	—	—	0,109	—	—	—	—
8,2	—	—	—	—	—	—	—	—	0,130	—	—	—	—
10	0,285	—	—	0,121	—	—	0,124	0,126	0,121	0,118	—	—	—
12	—	—	—	—	—	—	—	—	—	—	—	—	0,67
14	0,303	—	—	0,129	—	—	0,140	0,141	0,134	0,126	—	—	—
16,1	—	—	—	—	—	0,185	—	—	—	—	—	—	—
17,3	—	—	—	—	—	—	—	—	0,161	—	—	—	—
20	0,316	—	—	0,135	—	—	0,146	0,148	0,139	0,132	—	—	—
22,5	—	—	—	—	—	—	—	—	0,147	—	—	—	—
24,0	—	—	—	0,138	—	0,206	0,148	0,159	0,146	0,142	—	—	—
28	0,333	—	—	0,140	—	—	0,153	0,177	0,154	0,183	—	—	—
28,6	—	—	—	—	—	0,170	—	—	—	—	—	—	—
32	—	0,133	0,154	0,166	—	0,198	0,173	—	—	—	—	—	—
35	—	—	—	—	—	—	—	—	—	—	—	—	0,75
37,4	—	—	—	—	—	—	—	—	0,156	—	—	—	—
43	—	0,165	0,162	0,182	—	0,206	0,191	—	—	—	—	—	—
45,9	—	—	—	—	—	—	—	—	0,260	—	—	—	—
50,2	—	—	—	—	—	0,201	—	—	—	—	—	—	—
54	—	0,157	0,169	0,194	—	0,210	0,248	—	—	—	—	—	—
56	—	—	—	0,2	0,2	—	—	—	0,2	—	0,4	—	—
66	—	0,169	0,165	0,214	—	0,216	—	—	—	—	—	—	—
71	0,46	0,168	—	0,20	—	—	—	—	—	—	—	—	—
79	—	0,200	0,179	0,234	—	0,228	—	—	—	—	—	—	—
228	—	—	—	0,2	0,2	—	—	—	0,2	—	0,4	1,5	—

3.2.4 Atomterme, Atomspektren und Oszillatorenstärken

1. Die Terme.

Die Zustände, in denen sich ein aus Kern und Elektronen bestehendes Atom bzw. Ion befinden kann, sind durch bestimmte Werte der Energie gekennzeichnet. Außerdem läßt sich neben der Energie in einem definierten Atomzustand noch der Wert des gesamten Drehimpulses und *einer* Komponente dieses Drehimpulses festlegen, wenn wir zunächst noch von der Existenz eines Elektronenspins absehen. Während die Energie von Atom zu Atom recht unterschiedliche Werte aufweisen kann, ist der Drehimpuls stets auf die Werte $\sqrt{L(L+1)}\hbar$ und seine Komponente auf $M\hbar$ beschränkt, wo L eine ganze Zahl ≥ 0 (Quantenzahl) und M eine Zahl der Reihe $-L, -(L-1), -(L-2)\cdots 0, 1, 2, \ldots, +L$ ist. Am einfachsten liegen die Verhältnisse beim Wasserstoff oder sog. wasserstoffähnlichen Systemen, das sind mehrfach geladene Kerne, die nur von einem Elektron umlaufen werden. Bei diesen Einelektronenproblemen hängen die Energien nur vom mittleren Abstand der Elektronen vom Kern ab, der Drehimpuls hat dann in erster Näherung keinen Einfluß auf die Größe der Energie.

Normiert man die Energie so, daß diese den Wert Null besitzt für den Fall, daß das Elektron unendlich weit vom Kern ruht, so besitzt das Atom die durch eine sog. Hauptquantenzahl n gekennzeichneten Energiewerte:

$$E_n = \frac{-Z^2 \cdot 2\pi^2 m_e e_0^4}{h^2\left(1+\frac{m_e}{m_K}\right)} \cdot \frac{1}{n^2}; \quad n = 1, 2, 3, \ldots \tag{1}$$

(Z = Kernladungszahl, m_e = Elektronenmasse, e_0 = Elementarladung, h = Plancksche Konstante, m_K = Kernmasse).

Hier berücksichtigt der Faktor $(1 + m_e/m_K)$ im Nenner die Mitbewegung des Kerns. Der Energiewert E_n enthält alle Zustände mit Gesamtdrehimpulsen, die zu Werten $\sqrt{l(l+1)}\hbar$ gehören, wo l eine Zahl der Reihe 0, 1, 2,... (n − 1) ist (azimutale Quantenzahl).

Hier bei Einelektronenproblemen pflegt man die den Drehimpuls charakterisierende Quantenzahl mit einem kleinen l zu bezeichnen, während das große L als Bezeichnung des Gesamtdrehimpulses bei Mehrelektronenproblemen verwandt wird.

Zählt man die verschiedenen Einorientierungen der Drehimpulskomponenten als jeweils verschiedene Zustände, so sind—wieder unter Vernachlässigung des Spins—in E_n insgesamt n^2 verschiedene Zustände gleicher Energie enthalten (bei Berücksichtigung der Spin-Aufspaltung sind es $2n^2$ Zustände). Man spricht deshalb auch von einer n^2-fachen [bzw. (n^2-1)-fachen] Entartung dieses Energiewertes. Vielfach ist es üblich, den Energiewert in cm^{-1} anzugeben, er wird dann als Termwert $T_n = E_n/hc$ aufgeführt. Die Differenz zweier Termwerte $T_{n_1} - T_{n_2}$ ergibt dann nach der Grundbeziehung der Quantentheorie $\Delta E = h\nu$ direkt die Frequenz (in Wellenzahlen) der mit diesem Übergang im Atom verbundenen Spektrallinie an, die dann auf Wellenlängeneinheiten umgerechnet werden kann. Gl. (1) erhält damit die Form:

$$\frac{E_n}{hc} \equiv T_n = -\frac{2\pi^2 m_e e_0^4}{h^3 c\left(1+\frac{m_e}{m_K}\right)} \cdot \frac{Z^2}{n^2} = -\frac{R_{y,\infty}}{\left(1+\frac{m_e}{m_K}\right)} \cdot \frac{Z^2}{n^2} \tag{1a}$$

wobei

$$R_{y,\infty} = \frac{2\pi^2 m_e e_0^4}{h^3 c} = 1{,}097373177 \cdot 10^5\,cm^{-1}$$

als Rydberg-Konstante für unendlich schwere Kerne bezeichnet wird, aus der dann z.B. mit $m_e/m_K = 1:1836{,}12$ die für den Wasserstoff gültige Konstante

$$R_{y,H} = \frac{R_{y,\infty}}{1+\frac{1}{1836{,}15152}} = 1{,}09677586 \cdot 10^5\,cm^{-1}$$

entnommen werden kann. Natürlich kann nur $R_{y,H}$ direkt gemessen werden, $R_{y,\infty}$ wird dann daraus abgeleitet.

Umlaufen mehrere Elektronen einen Kern, so bewegt sich ein weiter außen befindliches Elektron, das im allgemeinen als Valenz- oder Leuchtelektron bezeichnet wird, nicht mehr in dem reinen

Coulomb-Feld des Kerns, sondern in einem Feld, das aus dem Coulomb-Feld des praktisch ruhenden Kerns und dem Felde der übrigen, sich mehr oder weniger rasch bewegenden Elektronen gebildet wird, und das nicht mehr als ein mit dem Abstand vom Kern entsprechend dem Coulomb-Gesetz variierendes Feld angesehen werden kann. In diesem Fall hängt die Energie des Elektronensystems explizit von dem Gesamtdrehimpuls—nicht aber von der Komponente desselben—ab und außerdem natürlich von der Hauptquantenzahl n.
Die Terme, welche zum Gesamtdrehimpuls mit der Quantenzahl

L = 0, 1, 2, 3, 4, 5 usw. gehören, pflegt man als

S, P, D, F, G, H usw.-Terme zu bezeichnen.

Bei Einelektronentermen sind die entsprechenden Bezeichnungen:

l = 0, 1, 2, 3

s, p, d, f -Terme.

Die Termwerte lassen sich dann vielfach nach Art der Gl. (1) darstellen durch

$$T_{n,l} = R_y \frac{(Z-\varepsilon)^2}{(n-\delta_{n,l})^2} \qquad (2)$$

wobei $\delta_{n,l}$ meist als nur von l abhängig angesehen werden kann.
Die Zahl ε gibt dabei die Abschirmung des Kernfeldes durch die restlichen Elektronen an. Speziell beim Natrium gilt $Z - \varepsilon = 1$ und $\delta_{n,0} = 1{,}371$; $\delta_{n,1} = 0{,}884$; $\delta_{n,2} = 0{,}010$. Die Hauptquantenzahl ist dabei $n = 3, 4, 5, \ldots$; weiter ist $\delta_{n,3} = 0{,}001$ bei $n = 4, 5 \ldots$ usw.
Die Elektronenzustände der Einelektronenprobleme sind nun wegen des Elektronenspins doppelt zu zählen, weil der Spin sich als Eigendrehimpuls des Elektrons parallel oder antiparallel zu einer gegebenen Raumrichtung einzustellen vermag, also etwa zur Richtung der Komponente des Drehimpulses der Elektronenbahn. Der Elektronenspin eines einzigen Elektrons besitzt nämlich nur die beiden möglichen Drehimpulskomponenten $+\frac{1}{2}\hbar$ bzw. $-\frac{1}{2}\hbar$, wozu wieder ein Gesamtdrehimpuls des Spins $\sqrt{\frac{1}{2}(\frac{1}{2}+1)}\hbar = \frac{1}{2}\hbar\sqrt{3}$ gehört, wenn man die oben beim normalen Drehimpuls gültige Formel für $l = \frac{1}{2}$ anwendet. Es ist üblich, den Spin eines Elektrons mit der Quantenzahl $s = \frac{1}{2}$ (zum Unterschied von der den gewöhnlichen Drehimpuls beschreibenden Quantenzahl l) zu bezeichnen.
Es war oben gesagt, daß neben der Energie eines atomaren Systems auch der Drehimpuls der Elektronenbewegung und die Komponente desselben definierte Werte haben könnten; dies gilt bei der Berücksichtigung des Spins nicht mehr exakt, sondern man kann nur mit einer gewissen Annäherung bei einem Einelektronenproblem von einem definierten Werte des Drehimpulses sprechen. Nur der aus Drehimpuls der Elektronenbahnbewegung *und* dem Drehimpuls des Spins zusammengesetzte Gesamtdrehimpuls und dessen Komponente in einer Raumrichtung sind Konstante der Bewegung und besitzen neben der Energie definierte Werte.
Diese Werte werden wieder durch eine Quantenzahl j (bzw. bei Mehrelektronenproblemen J) beschrieben, die sich—wenigstens mit meist guter Näherung—vektoriell aus den Quantenzahlen l und s (bzw. L und S) zusammensetzt, also halbzahlige Werte aus dem Bereich $l - \frac{1}{2}$ bis $l + \frac{1}{2}$ (bzw. ganz- oder halbzahlige Werte aus dem Bereich $L - S$ bis $L + S$) haben kann, mit denen dann der Gesamtdrehimpuls die Werte $\sqrt{j(j+1)}\hbar$ (bzw. $\sqrt{J(J+1)}\hbar$) und die Komponente die Werte $m_j\hbar$ (bzw. $M_J\hbar$) erhält, wo m_j eine Zahl des Bereichs $-j, -(j-1), \ldots, 0, 1, 2, \ldots +j$ ist (und entsprechend für M_J). Die Quantenzahl j bzw. J wird als innere Quantenzahl bezeichnet.
Die Energien der Zustände, die bei der gleichen Hauptquantenzahl n und der gleichen azimutalen Quantenzahl l sich durch verschiedene innere Quantenzahlen j (beim Einelektronenproblem) unterscheiden, sind ein wenig voneinander verschieden, im allgemeinen sind dies $2s + 1 = 2$ Zustände beim Einelektronenproblem (und sonst $2S + 1$ Zustände beim Mehrelektronenproblem). Man spricht deshalb von Multiplett-Zuständen der Terme, nämlich von Singulett-, Dublett-, Triplett-usw. Zuständen.
Vielfach kann man bei Mehrelektronensystemen die Quantenzahlen l_i der Einzelelektronen vektoriell zu einer resultierenden L zusammensetzen und entsprechend die Spinquantenzahlen $s_i = \frac{1}{2}$ zur resultierenden Quantenzahl S, die dann durch Vektoraddition die Möglichkeiten für die innere Quantenzahl J ergeben, die ja die eigentlich konstante Größe des Systems ist, während den Einzelgrößen l_i nur näherungsweise eine Konstante der Bewegung *eines* Elektrons im Atom entspricht. Oftmals ist es nur möglich, die inneren Quantenzahlen der Einzelelektronen vektoriell zur resultierenden innerenQuantenzahl J zusammenzusetzen, den Einzelwerten von L und S kommt dann keine besondere Bedeutung mehr zu. Im ersten Falle spricht man von (l, s)-Kopplung oder Russel-Saunders Kopplung, im zweiten von (j, j)-Kopplung im Atom.

In den folgenden Tabellen sind die Termwerte der atomaren Systeme (meist der Valenzelektronen) angegeben, wobei gewöhnlich der ionisierte Zustand den Termwert 0 erhält und demnach die gebundenen Zustände entsprechend Gl. (1a) negative Werte bekommen. Das Minuszeichen ist dann üblicherweise bei der Termangabe fortgelassen. Manchmal wird auch dem Grundzustand der Termwert 0 zugeschrieben und von dort aus gezählt. Der Term selbst wird durch Angabe des Symbols für die Quantenzahl L gekennzeichnet, an welches oben links die Multiplizität $2S+1$ geschrieben ist und unten rechts der Wert der Quantenzahl J. Dieses Symbol befindet sich in der ersten Spalte der Termwerttabelle, nach rechts schließen sich dann die Termwerte an, die sich dann nur noch durch die Hauptquantenzahl unterscheiden, oft durch eine Gleichung der Form (2) beschrieben werden können, und die, wie man sagt, zu einer Serie gehören.
Am Kopf der Termtabelle befinden sich Angaben über die Kernladungszahl Z, die Zahl der Valenzelektronen Z_v, die Struktur des Grundterms und das Termsymbol des Grundzustandes. Außerdem findet man dort den Wert der Ionisierungsenergie V_J in eV und den Wert der Anregungsspannung V_a zum ersten angeregten Elektronenzustand, ebenfalls in eV.
So findet man z.B beim Natrium $Z=11$, $Z_v=1$ und die Struktur des Grundterms zu (Ne) 3s, was soviel bedeutet, daß in der M-Schale sich ein 3s-Elektron befindet und die übrigen Elektronen die Konfiguration der abgeschlossenen Ne-Konfiguration haben, also zwei 1s-Elektronen, zwei 2s-Elektronen und sechs 2p-Elektronen, was oft abgekürzt wird mit $1s^2 2s^2 2p^6$. Die Neonkonfiguration hat den Drehimpuls $L=0$ und den Spin $S=0$, so daß das 3s-Elektron dann zu $L=0$ und $S=\frac{1}{2}$, also zu $J=\frac{1}{2}$ und damit zum Grundterm $3^2S_{1/2}$ führt, dem der Termwert $41449{,}463\,\text{cm}^{-1}$ zukommt und dem bei Umrechnung auf Elektronenvolt die Ionisierungsspannung von 5,14 V entspricht. Der erste angeregte Term ist der $3^2P_{1/2}$-Term mit $24493{,}280\,\text{cm}^{-1}$, der die sog. Resonanzlinie liefert und außerdem die Anregungsspannung von 2,10 eV. Der $3^2P_{1/2}$-Term bildet mit dem $3P_{1/2}$-Term das bekannte erste Natriumdublett. In einer Reihe von Fällen sind die Termzustände einzelner Atome graphisch veranschaulich (s. S. 238 ff, Abb. 3.4–3.17).
Obwohl man über die Auswahlregeln $\Delta J=\pm 1{,}0$ und $\Delta l=\pm 1$; $\Delta L=\pm 1{,}0$ aus den Termtabellen entnehmen kann, welche Spektrallinien mit endlicher Intensität bei einem gegebenen Atom oder Ion auftreten werden, sind neben den Termtabellen noch Tabellen angegeben, welche in der linken Spalte die jeweiligen Übergänge von sog. Serien wie z.B. Übergänge von $3\,^2S_{1/2}-n\,^2P_{1/2}$ mit variablem n kennzeichnen, während rechts daneben die zugehörigen Wellenlängen unter dem jeweiligen n-Wert in nm-Einheiten aufgeführt werden. Dabei sind die Wellenlängen für $\lambda<200\,\text{nm}$ aufs Vakuum bezogen und die für $\lambda>200\,\text{nm}$ auf Luft als Medium der Ausbreitung der Lichtwellen. Eine Umrechnung ist mit dem Brechungsindex n_L von Luft gemäß $\lambda_{Luft}=\lambda_{Vak}/n_L$ vorzunehmen, wobei n_L etwa aus Bd. II entnommen werden kann.
Betreffs der Reihenfolge der Spektren siehe Sachregister am Ende dieses Kapitels.

2. Oszillatorenstärken
Gelegentlich findet man in den Tabellen außer den Angaben über die Wellenlänge des Übergangs noch solche über die Oszillatorenstärke f bzw. die Lebensdauer τ eines angeregten Zustandes, welche die Intensität einer Spektrallinie charakterisieren. Da diesbezügliche Untersuchungen jedoch nur in geringer Zahl vorliegen, sind die f-Werte oder τ-Werte nur bei einem kleinen Bruchteil der Spektrallinien gebracht.
Die Absorption von Licht in einem Spektralbereich der Frequenz ν längs eines Absorptionsgefäßes gehorcht dem Lambertschen Gesetz

$$I=I_0 e^{-k(\nu)\cdot x} \tag{3}$$

wenn I die Lichtintensität an der Stelle x und I_0 die Intensität beim Eintritt $(x=0)$ in das Absorptionsgefäß bedeutet. Das Integral über die gesamte gerade betrachtete Spektrallinie

$$l\int k(\nu)\,d\nu=A(\nu) \tag{3a}$$

ist die sog. Gesamtabsorption im Absorptionsgefäß der Länge l in Frequenzeinheiten (s^{-1}) und hängt mit der Oszillatorenstärke über

$$A(\nu)=\frac{\pi e_0^2}{m_e\,c}\,{}^1N\cdot l\cdot f \tag{3b}$$

(e_0 = Elementarladung, m_e = Elektronenmasse, c = Lichtgeschwindigkeit, ${}^1N$ = Zahl der Atome im Ausgangszustand/Volumeneinheit, l = Schichtdicke der Absorptionsschicht, f = Oszillatorenstärke) zusammen.
Zwischen der Oszillatorenstärke einer den Übergang vom Zustand n_1 in den Zustand n_2

kennzeichnenden Spektrallinie und der spontanen Überganswahrscheinlichkeit $A_{n_1 \to n_2}$ besteht der Zusammenhang

$$f_{n_1 \to n_2} = \frac{m_e \cdot c^3}{8\pi^2 e_0^2 \nu^2} \frac{g_{n1}}{g_{n2}} \cdot A_{n_1 \to n_2}, \tag{3c}$$

wo jetzt die g_{n_i} die statistischen Gewichte $2j + 1$ der einzelnen atomaren Zustände sind, denn jeder zu einer inneren Quantenzahl j gehörende Zustand zählt entsprechend den $2j + 1$ Einstellungsmöglichkeiten der Komponente des Gesamtdrehimpulses mehrfach.

Zu diesen verschiedenen Zuständen gehört die gleiche Energie des Atoms, so daß die Spektrallinien beim Übergang zwischen diesen an sich *verschiedenen* Zuständen zusammenfallen. Nur beim Anlegen eines starken magnetischen oder elektrischen Feldes rücken die atomaren Zustände energetisch auseinander und man erhält dann mehrere Spektrallinien (Zeeman-Aufspaltung oder Stark-Effekt). Für die f-Werte gilt ein Summensatz derart, daß bei Einelektronenproblemen $\sum_k f_{n_1 \to n_k} = 1$ gilt, wo jetzt n_1 der Grundzustand und n_k, die angeregten Zustände sind.

Die Lebensdauer τ (genauer mittlere Lebensdauer) eines angeregten Zustandes ist so definiert, daß nach Ablauf der Zeit τ nur noch

$$Z(t) = Z(0)e^{-t/\tau} \tag{4}$$

Atome in dem angeregten Zustand vorliegen, wenn ursprünglich Z(0) angeregte Atome vorhanden waren.

Die restlichen Atome sind dann in irgendwelche andere Zustände spontan (durch Strahlung) übergegangen.

Die Lebensdauer τ eines angeregten Niveaus n_1 hängt mit den Übergangswahrscheinlichkeiten $A_{n_1 \to n_k}$ gemäß

$$\tau = \frac{1}{\sum_k A_{n_1 \to n_k}} \tag{4a}$$

zusammen, so daß im Falle $A_{n_1 \to n_2} \gg A_{n_1 \to n_3}$ usw., wenn also nur eine Übergangswahrscheinlichkeit in der Summe (4) ins Gewicht fällt, die Lebensdauer über Gl. (3c) auch einen Aufschluß über die Oszillatorenstärke gibt.

H I: $Z = 1$, $Z_v = 1$, $V_J = 13{,}59$. G.T.: $1s; {}^2S_{1/2} \cdot V_a = 10{,}20$

Die Termwerte des Wasserstoffatoms sind nach der Quantenmechanik gegeben durch:

$$T(n, l, j) = -\frac{E(n, l, j)}{hc} = \frac{109677{,}759 \pm 0{,}05}{n^2} + \frac{5{,}820 \pm 0{,}009}{n^3} \cdot \left(\frac{3}{4n} - \frac{1}{j + \frac{1}{2}}\right).$$

Das zweite Glied dieser Entwicklung enthält die Dublett-Feinstruktur der einzelnen Wasserstoffterme. Die Intensität der einzelnen Feinstrukturkomponenten ist abhängig von der Anregungsart und somit nicht vollständing definiert. Paschen hat aus der Balmerserie für die Lymanserie die genaue Lage der Linienschwerpunkte unter Berücksichtigung der unaufgelösten Feinstruktur berechnet.

Serienformel: $\bar{\nu} = 109677{,}586\left(\frac{1}{n^2} - \frac{1}{m^2}\right) = R_H\left(\frac{1}{n^2} - \frac{1}{m^2}\right)$,

$$R_H = 109677{,}586\,\text{cm}^{-1}; \quad R_D = 109707{,}437\,\text{cm}^{-1}.$$

Lymanserie. n = 1; m = 2, 3 ... – Seriengrenze 91,176 nm

m	λ (gemessen) in nm	λ (berechnet) in nm	m	λ (gemessen) in nm	λ (berechnet) in nm
2	121,568	121,5664	7	93,076	93,0745
3	102,583	102,5717	8	92,624	92,6222
4	97,254	97,2532	9	92,317	92,3148
5	94,974	94,9739	10	92,017	92,096
6	93,781	93,7745	11		91,935
			12		91,813

Balmerserie. $n = 2$; $m = 3, 4, \ldots$ – Grenze: 364,5981 nm

m	λ/nm	m	λ/nm	m	λ/nm
3	656,2793	15	371,1973	27	366,6097
4	486,1327	16	370,3855	28	366,4679
5	434,0466	17	369,7154	29	366,3405
6	410,1738	18	369,1557	30	366,2258
7	397,0075	19	368,6834	31	366,1221
8	388,9052	20	368,2810	32	366,0280
9	383,5387	21	367,9355	33	365,9423
10	379,7900	22	367,6365	34	365,8641
11	377,0633	23	367,3761	35	365,7926
12	375,0154	24	367,1478	36	365,7269
13	373,4371	25	366,9466	37	365,6666
14	372,1941	26	366,7684		

Paschenserie. $n = 3$; $m = 4, 5, \ldots$

m	λ/nm	m	λ/nm
4	1875,105	8	954,62
5	1281,811	9	922,97
6	1093,8	10	901,53
7	1004,9	11	886,34
		12	875,05

Brackettserie. $n = 4$; $m = 5, 6, \ldots$

m	λ/nm	m	λ/nm
5	4051,2	9	1817,4
6	2625,2	10	1736,2
7	2165,5	11	1680,7
8	1944,6	12	1640,7

Pfundserie. $n = 5$; $m = 6$

m	λ/nm	m	λ/nm
6	7457,8	10	3038,4
7	4652,5	11	2872,2
8	3739,5	12	2757,5
9	3296,1		

Oszillatorenstärke f

n = 2, m =	f	n = 3, m =	f	n = 4, m =	f
3	0,637	4	0,841	5	1,038
4	0,119	5	0,150	6	0,180
5	0,044	6	0,055		
6	0,022	7	0,027		
7	0,0125	8	0,016		
8	0,0082				

He II: $Z = 2, Z_v = 1, V_J = 54{,}14$. G.T.: 1s; $^2S_{1/2}$

Das He II-Spektrum ist dem H I-Spektrum analog gebaut. Die Termwerte sind gegeben durch

$$T(n,l,j) = -\frac{E(n,l,j)}{hc} = \frac{109\,722{,}280\cdot 4}{n^2} + \frac{5{,}821\cdot 16}{n^3}\cdot\left(\frac{3}{4n} - \frac{1}{j+\frac{1}{2}}\right).$$

Das zweite Glied enthält die Feinstruktur der einzelnen He II-Terme.

Die angeführten Wellenlängen geben nur die Intensitätsmaxima der unaufgelösten Linien an. Paschen hat mit Hilfe der genau gemessenen Linien der langwelligen Serien die optischen Schwerpunkte der kurzwelligen Serienlinien mit großer Genauigkeit berechnet.

Serienformel (ohne Feinstruktur):

$$\bar{\nu} = 4\cdot 109\,722{,}403\left(\frac{1}{n^2} - \frac{1}{m^2}\right) = 4R_{He}\left(\frac{1}{n^2} - \frac{1}{m^2}\right).$$

H.F.S. Die Wasserstofflinien zeigen auf der kurzwelligen Seite je einen schwachen Trabanten, der dem Wasserstoffisotop D zuzuschreiben ist.

Lymanserie. n = 1; m = 2, 3, ... (λ in nm)

m	λ (gemessen)	λ (berechnet)	m	λ (gemessen)	λ (berechnet)
2	30,3782	30,37788	7	23,2540	23,25821
3	25,6547	25,63145	8	23,1472	23,14520
4	24,3222	24,30244	9	23,0691	23,06836
5	23,7264	23,73297	10	23,0208	23,01370
6	23,4340	23,43452			

n = 2; m = 3, 4, ...

m	λ/nm	m	λ/nm
3	164,049	5	108,498
4	121,518	6	102,531

Pickeringserie. n = 4; m = 5, 6, ...

m	λ/nm	m	λ/nm
5	1012,363	8	485,934
6	656,013	9	454,161
7	541,155	10	433,869

Fowlerserie. n = 3; m = 4,5, ...

m	λ/nm	m	λ/nm
4	468,575	8	238,542
5	320,314	9	230,622
6	273,332	10	225,271
7	251,122		

Li I: $Z = 3$, $Z_v = 1$, $V_f = 5{,}40$. G.T.: (He) 2s; $^2S_{1/2} \cdot V_a = 1{,}84$

Term	Termwert für n =				
	2	3	4	5	6
n $^2S_{1/2}$	43 486,3	16 280,5	8475,2	5187,8	3500,4
n $^2P^{0a}$	28 582,5	12 560,4	7018,2	4473,6	3099,2
n ^2D	—	12 203,1	6863,5	4389,6	3047,0
n $^2F^0$	—	—	6856,1	4381,8	—

[a] Multiplettaufspaltung für 2 ^2P von ^{7}Li: $0{,}3372 \pm 0{,}0005\,\text{cm}^{-1}$.

Übergang	Wellenlänge für n =			
	2	3	4	5
2 $^2S_{1/2}$–n ^2P	670,785	323,261	274,131	256,250
2 ^2P–n $^2S_{1/2}$	670,785	812,652	497,193	427,328
2 ^2P–n ^2D	—	610,353	460,299	413,229
3 ^2D–n ^2F	—	—	1869,70	1278,22
2 ^2P–n ^2P	—	624,01	463,61	414,80
3 ^2P–n ^2S	—	—	2446,70	1356,64
3 ^2P–n ^2D	—	—	1755,16	1223,24

Oszillatorenstärke f

Übergang	n =			
	2	3	4	5
2 $^2S_{1/2}$–n ^2P	0,71	0,009	0,010	0,0025

Termwerte in Wellenzahlen $\bar{\nu}/\text{cm}^{-1}$, Wellenlängen in nm. $\lambda > 200$ nm: λ_{Luft}. $\lambda < 200$ nm: λ_{Vakuum}.

Na I: $Z = 11, Z_v = 1, V_f = 5{,}14$. G.T.: (Ne) 3s; $^2S_{1/2} \cdot V_a = 2{,}10$

Term	Termwert für n =			
	3	4	5	6
$n\,^2S_{1/2}$	41 449,463	15 709,59	8248,767	5076,817
$n\,^2P^0_{1/2}$	24 493,280	11 181,63	6408,83	4152,80
$n\,^2P^0_{3/2}$	24 476,084	11 176,14	6406,34	4151,30
$n\,^2D_{3/2}$	12 276,559	6 900,674	4412,658	3062,163
$n\,^2D_{5/2}$	12 276,608	6 900,709	4412,682	3062,176
$n\,^2F^0$	—	6 860,37	4390,37	—

Übergang	Wellenlänge für n =				
	3	4	5	6	7
$3\,^2S_{1/2}$–$n\,^2P_{3/2}$	588,9950[a]	330,234	285,2828	268,0335[b]	259,3828[b]
$3\,^2S_{1/2}$–$n\,^2P_{1/2}$	589,5924[a]	330,294	285,3031	268,0443[b]	259,3927[b]
$3\,^2P_{3/2}$–$n\,^2S_{1/2}$	588,9950	1140,396	616,0747	515,3402	475,1822
$3\,^2P_{1/2}$–$n\,^2S_{1/2}$	589,5924	1138,162	615,4225	514,8838	474,7941
$3\,^2P_{3/2}$–$n\,^2D_{5/2}$	819,4828	568,8205	498,2813	466,8560	449,7657
$3\,^2P_{3/2}$–$n\,^2D_{3/2}$	819,4791	568,8193	—	—	—
$3\,^2P_{1/2}$–$n\,^2D_{3/2}$	818,3256	568,2633	497,8541	466,4811	449,4180
$3\,^2D$–$n\,^2F$	—	1845,95	1267,76	—	—

[a] Res.-Linien, [b] Im Sonnenspektrum beobachtet.

Oszillatorenstärke f

Übergang	n =			
	3	4	5	6
$3\,^2S_{1/2}$–$3\,^2P_{3/2}$	0,67	—	—	—
$3\,^2S_{1/2}$–$3\,^2P_{1/2}$	0,33	—	—	—
	$\tau = 1{,}6 \cdot 10^{-8}$ s			
$3\,^2S$–$n\,^2P$	—	0,014	0,0022	0,00073
$3\,^2P$–$n\,^2S$	—	0,163	0,016	0,0042
$3\,^2P$–$n\,^2D$	0,832	0,108	0,031	—

Mg II: $Z = 12$, $Z_v = 1$, $V_J = 15{,}03$. G.T.: (Ne) 3s; $^2S_{1/2}$

Term	Termwert für n =					
	3	4	5	6	7	8
$n\,^2S_{1/2}$	121 267,4	51 462,2	28 481,2	18 069,3	12 482,7	913,76
$n\,^2P^0_{1/2}$	85 597,94	40 646,6	28 812,5	15 644,3	—	—
$n\,^2P^0_{3/2}$	85 506,44	40 616,1	23 798,4	15 636,7	—	—
$n\,^2D$	49 777,0	27 955,3	17 846,3	12 366,5	9 069,4	692,17
$n\,^2F^0$	—	27 467,4	17 577,2	12 204,8	8 965,6	686,38
$n\,^2G$	—	—	—	12 194,2	8 957,2	685,88

Übergang	Wellenlänge für n =		
	3	4	5
$3\,^2S-n\,^2P_{3/2}$	279,5523[a]	123,99	102,60
$3\,^2S-n\,^2P_{1/2}$	280,2698[a]	124,04	102,61
$3\,^2P_{3/2}-n\,^2S$	—	293,6496[a]	175,36
$3\,^2P_{1/2}-n\,^2S$	—	292,8625	175,09
$3\,^2P_{3/2}-n\,^2D$	279,7989	173,78	—
$3\,^2P_{1/2}-n\,^2D$	279,0768	173,50	—
$3\,^2D-n\,^2F$	—	448,1129	310,4713

[a] Im Sonnenspektrum beobachtet.

Al III: $Z = 13$, $Z_v = 1$, $V_J = 28{,}45$. G.T.: (Ne) 3s; $^2S_{1/2}$

Term	Termwert für n =				
	3	4	5	6	7
$n\,^2S$	229 453,99	103 291,41	58 817,61	—	—
$n\,^2P^0_{1/2}$	175 774,11	85 821,74	51 023,50	—	—
$n\,^2P^0_{3/2}$	175 536,11	85 741,61	50 984,35	—	—
$n\,^2D_{3/2}$	113 496,68	63 667,45	—	—	—
$n\,^2D_{5/2}$	113 498,96	63 668,73	40 578,47	28 079,62	20 537,62
$n\,^2F^0_{5/2}$	—	61 841,94	39 578,65	—	—
$n\,^2F^0_{7/2}$	—	61 841,56	39 578,53	27 484,47	20 193,01

Übergang	Wellenlänge für n =			
	3	4	5	6
$3\,^2S-n\,^2P_{1/2}$	185,4715	69,5817	56,0390	51,1215
$3\,^2S-n\,^2P_{3/2}$	186,2749	69,6212	—	—
$3\,^2P_{1/2}-n\,^2S$	—	138,4144	85,6768	72,6948
$3\,^2P_{3/2}-n\,^2S$	—	137,9670	85,5040	72,5716
$3\,^2P_{1/2}-n\,^2D$	161,1849	89,3905	—	—
$3\,^2P_{3/2}-n\,^2D$	160,5776	89,2056	—	—

K I: $Z = 19$, $Z_v = 1$, $V_J = 4{,}339$. G.T.: (Ar) 4s; $^2S_{1/2}$. $V_a = 1{,}61$

Term	Termwert für n =			
	3	4	5	6
$n\,^2S_{1/2}$	—	35 009,08	13 982,3	7558,43
$n\,^2P^0_{1/2}$	—	22 023,97	10 307,71	6009,82
$n\,^2P^0_{3/2}$	—	21 966,26	10 289,02	6001,33
$n\,^2D_{3/2}$	13 472,33	7 610,97	4 823,39	3313,33
$n\,^2D_{5/2}$	13 474,66	7 612,07	4 823,90	3313,57
$n\,^2F^0$	—	6 881,4	4 403,5	3056,1

Termwerte in Wellenzahlen $\bar{\nu}/\mathrm{cm}^{-1}$, Wellenlängen in nm. $\lambda > 200$ nm: λ_{Luft}. $\lambda < 200$ nm: $\lambda_{\mathrm{Vakuum}}$.

Übergang	Wellenlänge für n =			
	3	4	5	6
$4\,^2S_{1/2}$–$n\,^2P_{3/2}$	—	766,494[a]	404,4140	344,6722
$4\,^2S_{1/2}$–$n\,^2P_{1/2}$	—	769,901[a]	404,7201	344,7701
$4\,^2P_{3/2}$–$n\,^2S_{1/2}$	—	—	1252,30	693,876
$4\,^2P_{1/2}$–$n\,^2S_{1/2}$	—	—	1243,43	691,108
$4\,^2P_{3/2}$–$n\,^2D_{5/2}$ }	1177,173	696,469	583,189	535,966
$4\,^2P_{3/2}$–$n\,^2D_{3/2}$ }		696,418	583,172	—
$4\,^2P_{1/2}$–$n\,^2D_{5/2}$		—	—	—
$4\,^2P_{1/2}$–$n\,^2D_{3/2}$ }	1168,976	693,627	581,215	534,307
$3\,^2D_{5/2}$–$n\,^2F$ }		1516,63	1102,71	959,560
$3\,^2D_{3/2}$–$n\,^2F$	—	—	—	959,776

[a]Resonanzlinien.

Oberhalb der Ionisierungsschwelle befindet sich ein Dublett für den Zustand mit fünf 3p Elektronen und zwei 4s Elektronen.

Term	Termwert	Übergang	Wellenlänge
$3p^5\,4s^2\,^2P^0_{1/2}$	−118060	$^2S_{1/2}$–$3p^5\,4s^2\,^2P_{3/2}$	66,238
$3p^5\,4s^2\,^2P^0_{3/2}$	−115964	$^2S_{1/2}$–$3p^5\,4s^2\,^2P_{1/2}$	65,331

Oszillatorenstärke f

Übergang	n =					
	3	4		5		6
	f	τ	f	τ	f	f
$4\,^2S_{1/2}$–$4\,^2P_{1/2}$	—	$2{,}6\cdot10^{-8}$	0,35	—	—	—
$4\,^2S_{1/2}$–$4\,^2P_{3/2}$	—	$2{,}6\cdot10^{-8}$	0,70	—	—	—
$4\,^2S$–$5\,^2P$	—	—	—	$8{,}2\cdot10^{-7}$	0,014	—
$4\,^2S$–$6\,^2P$	—	—	—	—	—	0,002
$4\,^2P$–$6\,^2S$	—	—	—	—	—	0,016
$4\,^2P$–$n\,^2D$	0,881	—	0,0004	—	0,003	—

Ca II: $Z = 20$, $Z_v = 1$, $V_J = 11{,}87$. G.T.: (Ar) 4s; $^2S_{1/2}$

Term	Termwert für n =				
	3	4	5	6	7
$n\,^2S_{1/2}$	—	95739,70	43572,71	25062,10	16310
$n\,^2P^0_{1/2}$	—	70548,14	—	—	—
$n\,^2P^0_{3/2}$	—	70325,29	—	—	—
$n\,^2D_{3/2}$	82089,52	38900,47	23017,56	15232	10815
$n\,^2D_{5/2}$	82029,73	38881,30	23008,95	—	—
$n\,^2F^0$	—	27686	17723	12311	9060

Übergang	Wellenlänge für n =			
	4	5	6	7
$4\,^2S - n\,^2P_{3/2}$	393,3664	—	—	—
$4\,^2S - n\,^2P_{1/2}$	366,8465	—	—	—
$4\,^2P_{3/2} - n\,^2S$	—	373,6903	220,8606	185,13
$4\,^2P_{1/2} - n\,^2S$	—	370,6022	219,7791	184,38
$4\,^2P_{3/2} - n\,^2D_{3/2}$	318,1283	—	—	—
$4\,^2P_{3/2} - n\,^2D_{5/2}$	317,9340	211,2763	181,50	168,05
$4\,^2P_{1/2} - n\,^2D_{3/2}$	315,8877	210,3239	180,78	167,41

Oszillatorenstärke f

Übergang	τ	f
$4\,^2S - 4\,^2P$	$0{,}6 \cdot 10^{-8}$	1,19

Rb I: $Z = 37$, $Z_v = 1$, $V_J = 4{,}17$. G.T.: (Kr) 5s; $^2S_{1/2}$. $V_a = 1{,}56$

Term	Termwert für n =			
	4	5	6	7
$n\,^2S_{1/2}$	—	33 689,1	13 557,9	7 378,1
$n\,^2P^0_{1/2}$	—	21 110,2	9 974,1	5 854,2
$n\,^2P^0_{3/2}$	—	20 872,6	9 896,6	5 819,2
$n\,^2D_{3/2}$	14 334,3	7 988,9	5 002,4	3 409,6
$n\,^2D_{5/2}$	—	7 985,9	5 000,2	3 407,7
$n\,^2F^0$	6 897,6	4 418,2	3 068,0	2 252,4

Übergang	Wellenlänge für n =			
	4	5	6	7
$5\,^2S - n\,^2P_{3/2}$	—	780,029[a]	420,182	358,708
$5\,^2S - n\,^2P_{1/2}$	—	794,764[a]	421,556	359,159
$5\,^2P_{3/2} - n\,^2D_{3/2}$	1 529,03	775,961	—	—
$5\,^2P_{3/2} - n\,^2D_{5/2}$	—	775,983	629,850	572,419
$5\,^2P_{1/2} - n\,^2D_{3/2}$	1 475,40	761,912	620,648	564,796
$5\,^2P_{1/2} - n\,^2S$	—	—	1 366,67	740,837
$5\,^2P_{1/2} - n\,^2S$	—	—	1 323,70	728,022
$4\,^2D - n\,^2F$	1 344,37	1 008,19	887,36	827,46

[a] Resonanzlinien.

Oberhalb der Ionisierungsschwelle befindet sich ein Dublett für den Zustand mit fünf 4p Elektronen und zwei 5s Elektronen.

Term	Termwert
$4p^5\,5s^2\,^2P_{3/2}$	−89 810
$4p^5\,5s^2\,^2P_{1/2}$	−96 631

Termwerte in Wellenzahlen $\bar{\nu}$/cm^{-1}, Wellenlängen in nm. $\lambda > 200$ nm: λ_{Luft}. $\lambda < 200$ nm: λ_{Vakuum}.

Sr II: $Z = 38$, $Z_v = 1$, $V_f = 11{,}03$. G.T.: (Kr) 5s; $^2S_{1/2}$

Term	Termwert für n =				
	4	5	6	7	8
$n\,^2S_{1/2}$	—	88 964,0	41 227,3	23 999,9	15 726,9
$n\,^2P^0_{1/2}$	—	65 248,6	33 194,3	20 318,8	—
$n\,^2P^0_{3/2}$	—	64 447,2	32 906,1	20 170,4	13 652,2
$n\,^2D_{3/2}$	74 408,0	35 677,4	21 441,0	14 342,7	10 275,2
$n\,^2D_{5/2}$	74 127,6	35 590,9	21 401,1	14 320,9	10 261,6
$n\,^2F^0$	27 972,3	17 898,2	12 410,6	9 102,7	6 958,1
$n\,^2G$	17 606,2	12 226,3	8 979,7	6 873,6	5 430,2

Übergang	Wellenlänge für n =					
	4	5	6	7	8	9
$5\,^2P_{3/2} - n\,^2S_{1/2}$	—	—	430,546	247,163	205,254	187,490
$5\,^2P_{1/2} - n\,^2S_{1/2}$	—	—	416,181	242,353	201,931	184,676
$5\,^2P_{3/2} - n\,^2D_{3/2}$	—	346,447	232,452	199,578	184,545	176,281
$5\,^2P_{3/2} - n\,^2D_{5/2}$	—	347,490	232,239	199,500	181,901	—
$5\,^2P_{1/2} - n\,^2D_{3/2}$	—	338,072	228,202	196,443	—	—
$4\,^2D_{5/2} - n\,^2F$	216,592	177,839	162,035	153,791	148,899	—
$4\,^2D_{3/2} - n\,^2F$	215,284	176,963	161,298	153,128	148,269	—
$4\,^2D_{5/2} - n\,^2P_{1/2}$	—	1091,48	242,562	650,920	—	—
$4\,^2D_{5/2} - n\,^2P_{3/2}$	—	1032,73	242,517	648,317	—	—
$4\,^2D_{3/2} - n\,^2P_{1/2}$	—	1003,66	—	—	—	—

Cs I: $Z = 55$, $Z_v = 1$, $V_J = 3{,}89$. G.T.: (X) 6s; $^2S_{1/2}$. $V_a = 1{,}39$

Term	Termwert für n =			
	4	5	6	7
$n\,^2S_{1/2}$	—	—	31 404,6	12 868,9
$n\,^2P^0_{1/2}$	—	—	20 266,3	9 639,2
$n\,^2P^0_{3/2}$	—	—	19 672,3	9 458,1
$n\,^2D_{3/2}$	—	16 907,210	8 815,6	5 356,5
$n\,^2D_{5/2}$	—	16 809,620	8 772,8	5 335,6
$n\,^2F^0_{5/2}$	6934,238	4 435,118	3 076,918	2 258,455
$n\,^2F^0_{7/2}$	6934,413	4 435,285	3 077,040	2 258,544
$n\,^2G$	—	4 393,5	3 057,0	—
$n\,^2H^0$	—	—	3 046,1	—

Übergang	Wellenlänge für n =				
	4	5	6	7	8
$6\,^2S_{1/2} - n\,^2P_{3/2}$	—	—	852,112	455,526	387,639
$6\,^2S_{1/2} - n\,^2P_{1/2}$	—	—	894,346	459,316	388,865
$6\,^2P_{3/2} - n\,^2S_{1/2}$	—	—	—	1469,48	794,411
$6\,^2P_{3/2} - n\,^2S_{1/2}$	—	—	—	1358,81	760,913
$6\,^2P_{3/2} - n\,^2D_{3/2}$	—	3612,70	920,840	698,337	621,727
$6\,^2P_{3/2} - n\,^2D_{5/2}$	—	3489,20	917,223	697,317	621,287
$6\,^2P_{1/2} - n\,^2D_{3/2}$	—	3010,00	876,135	672,318	601,033
$5\,^2D_{5/2} - n\,^2F$	1012,41	807,24	728,034	687,110	662,878
$5\,^2D_{3/2} - n\,^2F$	1002,54	801,590	722,885	682,511	—

Oberhalb der Ionisierungsschwelle befindet sich ein Dublett für den Zustand mit fünf 5p Elektronen und zwei 6s Elektronen.

Term	Termwert	Übergang	Wellenlänge
$5p^5 6s^2\ ^2P^0_{3/2}$	−67854	$6\ ^2S_{1/2} - 5p^5 6s^2\ ^2P_{3/2}$	100,75
$5p^5 6s^2\ ^2P^0_{1/2}$	−77664	$6\ ^2S_{1/2} - 5p^5 6s^2\ ^2P_{1/2}$	91,685
$5p^5 6s\, 5d\ ^4F^0_{3/2}$	−99122	$6\ ^2S_{1/2} - 5p^5 6s\, 5d\ ^4F_{3/2}$	76,613

Oszillatorenstärke f

Übergang	n =			
	6		7	
	τ(s)	f	τ(s)	f
$6\ ^2S_{1/2} - n\ ^2P_{1/2}$	$3{,}8 \cdot 10^{-8}$	0,33	—	0,003
$6\ ^2S_{1/2} - n\ ^2P_{3/2}$	$3{,}8 \cdot 10^{-8}$	0,67	—	0,012

Ba II: $Z = 56$, $Z_v = 1$, $V_J = 10{,}03$. G.T.: (X) 6s; $^2S_{1/2}$

Term	Termwert für n =				
	4	5	6	7	8
$n\ ^2S_{1/2}$	—	—	80686,87	38331,80	22661,76
$n\ ^2P^0_{1/2}$	—	—	60425,31	31298,90	19050,7
$n\ ^2P^0_{3/2}$	—	—	58734,47	30677,40	19351,6
$n\ ^2D_{3/2}$	—	75813,02	34707,45	20887,55	14015,00
$n\ ^2D_{5/2}$	—	75012,07	34532,18	20792,22	13963,11
$n\ ^2F^0_{5/2}$	32427,58	23295,94	16090,56	11475,17	8544,15
$n\ ^2F_{7/2}$	32203,05	23055,07	15989,79	11426,14	8516,68
$n\ ^2G_{7/2,9/2}$	—	17659,81	12260,47	9003,95	6890,50

Übergang	Wellenlänge für n =					
	4	5	6	7	8	9
$6\ ^2P_{3/2} - n\ ^2S_{1/2}$	—	—	—	489,997	277,135	228,611
$6\ ^2P_{1/2} - n\ ^2S_{1/2}$	—	—	—	452,495	264,728	220,11
$6\ ^2P_{3/2} - n\ ^2D_{5/2}$	—	—	416,602	264,139	223,54	—
$6\ ^2P_{3/2} - n\ ^2D_{3/2}$	—	—	413,068	263,480	223,27	205,49
$6\ ^2P_{1/2} - n\ ^2D_{3/2}$	—	—	389,179	252,851	215,40	198,77
$5\ ^2D_{5/2} - n\ ^2F_{5/2}$	234,757	193,364	169,716	157,392	—	—
$5\ ^2D_{3/2} - n\ ^2F_{5/2}$	230,421	190,416	167,439	155,45	148,70	—
$5\ ^2D_{5/2} - n\ ^2F_{7/2}$	232,525	192,477	169,431	157,29	150,39	—
$4\ ^2F_{7/2} - n\ ^2G$	—	687,409	501,300	430,932	394,951	373,575
$4\ ^2F_{5/2} - n\ ^2G$	—	676,962	495,715	426,795	391,473	—

Termwerte in Wellenzahlen $\bar{\nu}$/cm^{-1}, Wellenlängen in nm. $\lambda > 200$ nm: λ_{Luft}. $\lambda < 200$ nm: λ_{Vakuum}.

Cu I: $Z = 29$, $Z_v = 1$, $V_J = 7{,}72$. G.T.: (Ni) 4s; $^2S_{1/2}$. $V_a = 3{,}80$

Term	Termwert für n =					
	4	5	6	7	8	9
ns $^2S_{1/2}$	62 308,0	19 171,1	9459,5	5636,7	3739,2	2660,3
np $^2P^0_{1/2}$	31 772,8	—	7523,94	4888,69	3032,1	—
np $^2P^0_{3/2}$	31 524,4	12 925,05	7280,26	4359,29	2984,2	—
nd $^2D_{3/2}$	12 372,8	6 920,8	4415,5	3059,7	2245,0	1718
nd $^2D_{5/2}$	12 365,9	6 917,1	4413,4	3061,0	—	—
nf $^2F^0_{7/2}$	6 881,8	4 402,8	3047,8	2237,7	1706,8	—
nf $^2F^0_{5/2}$	6 878,2	—	—	—	—	—

Übergang	Wellenlänge für n =					
	4	5	6	7	8	9
$4\,^2S_{1/2} - n\,^2P_{1/2}$	327,3967*	202,433	—	—	—	—
$4\,^2S_{1/2} - n\,^2P_{3/2}$	324,7550*	—	—	—	—	—
$4\,^2P_{1/2} - n\,^2S_{1/2}$	—	809,274	453,0843	386,1755	359,801	346,35
$4\,^2P_{3/2} - n\,^2S_{1/2}$	—	793,320	448,0376	382,505	356,614	343,398
$4\,^2P_{3/2} - n\,^2D_{3/2}$	522,0041	406,3296	368,75	351,2122	341,42	335,38
$4\,^2P_{3/2} - n\,^2D_{5/2}$	521,8270	406,2694	365,43	348,19	338,54	332,62
$4\,^2P_{1/2} - n\,^2D_{3/2}$	515,3226	402,2667	—	—	—	—
$4\,^2D_{3/2} - n\,^2F$	1822,95	—	—	—	—	—
$4\,^2D_{5/2} - n\,^2F$	1819,47	—	—	—	—	—

Neben den hier angegebenen Termen mit der Grenze $3d^{10}\,^1S$ gibt es verschobene Dublett- und Quartett-Terme mit den Grenzen $3d^9 4s\,^3D$ bzw. ^1D. *Resonanzlinien.

Oszillatorenstärke f

Übergang	f
$4\,^2S_{1/2} - 4\,^2P_{3/2}$	0,62
$4\,^2S_{1/2} - 4\,^2P_{1/2}$	0,32

Ag I: $Z = 47$, $Z_v = 1$, $V_J = 7{,}58$. G.T.: (Pd) 5s; $^2S_{1/2}$; $V_a = 3{,}67$

Term	Termwert für n =				
	4	5	6	7	8
ns $^2S_{1/2}$	—	61 106,50	18 550,35	9219,52	5525,21
np $^2P^0_{1/2}$	—	31 554,45	12 809,31	7065,1	4488,2
$^2P^0_{3/2}$	—	30 633,79	12 605,90	6985,6	4446,1
nd $^2D^0_{3/2}$	—	12 362,50	6 903,37	4406,71	3056,49
$^2D_{5/2}$	—	12 342,28	6 892,90	4400,96	3053,02
nf $^2F^0$	6901,9	4 397,1?	—	—	—

Übergang	Wellenlänge für n =			
	5	6	7	8
$5s\,^2S_{1/2} - np\,^2P_{3/2}$	328,0680[a]	206,1830	184,773	—
$5s\,^2S_{1/2} - np\,^2P_{1/2}$	338,2893[a]	207,0513	185,047	176,620
$5p\,^2P_{3/2} - ns\,^2S_{1/2}$	—	827,3519	466,8478	398,1589
$5p\,^2P_{1/2} - ns\,^2S_{1/2}$	—	768,7779	447,6042	384,0745
$5p\,^2P_{3/2} - nd\,^2D_{3/2}$	547,1547	421,2817	381,1775	362,5132
$5p\,^2P_{3/2} - nd\,^2D_{5/2}$	546,5503	421,0960	381,0940	362,4684
$5p\,^2P_{1/2} - nd\,^2D_{3/2}$	520,9078	405,5476	368,2505	350,8030

$5d\,^2D_{3/2} - 4f\,^2F$: 1838,23; $5d\,^2D_{5/2} - 4f\,^2F$: 1830,79.

[a] Resonanzlinien.

Au I: $Z = 79$, $Z_v = 1$, $V_J = 9{,}23$. G.T.: (Pt) 6s; $^2S_{1/2}$. $V_a = 4{,}64$

Term	Termwert für n =				
	6	7	8	9	10
$n\,^2S_{1/2}$	74410,0	19925,1	9667,6	5729,5	3792,3
$n\,^2P^0_{3/2}$	33235,7	13681,1	7499,7	—	—
$n\,^2P^0_{1/2}$	37051,1	14377,1	7808,7	—	—
$n\,^2D_{5/2}$	12376,3	6899,3	4402,4	3029,6	2239,2
$n\,^2D_{3/2}$	12458,4	6940,6	4438,7	3055,6	2246,2

Übergang	Wellenlänge für n =				
	6	7	8	9	10
$6\,^2S_{1/2} - n\,^2P_{3/2}$	242,795[a]	—	—	—	—
$6\,^2S_{1/2} - n\,^2P_{1/2}$	267,595[a]	—	—	—	—
$6\,^2P_{3/2} - n\,^2S_{1/2}$	—	751,074	424,120	363,432	339,543
$6\,^2P_{1/2} - n\,^2S_{1/2}$	—	583,729	365,079	319,176	300,586
$6\,^2P_{3/2} - n\,^2D_{5/2}$	479,263	380,188	347,160	331,246	322,525
$6\,^2P_{3/2} - n\,^2D_{3/2}$	481,161	379,591	346,723	330,832	322,219
$6\,^2P_{1/2} - n\,^2D_{3/2}$	406,509	332,032	306,543	294,068	287,238

[a] Resonanzlinien.

He I: $Z = 2$, $Z_v = 2$, $V_J = 24{,}46$. G.T.: $1\,s^2$; $^1S_0$. $V_a = 21{,}0$

Term	Termwert für n =							
	1	2	3	4	5	6	7	8
$ns\,^1S$	198305	32033,30	19445,94	7370,50	4647,22	3195,83	2331,81	1775,9
$np\,^1P^0$	—	27175,852	12101,38	6818,05	4368,25	3035,83	2231,59	1709,44
$nd\,^1D$	—	—	12205,78	6864,29	4392,46	3049,98	2240,69	1715,27
$nf\,^1F^0$	—	—	—	6857,76	4390,69	—	—	—
$ns\,^3S$	—	38454,682	15073,92	8012,54	4963,67	3374,54	2442,37	1849,21
$np\,^3P^0$	—	29223,87	12746,08	7093,58	4509,93	3117,79	2283,28	1743,92
$nd\,^3D$	—	—	12209,09	6866,17	4393,52	3050,63	2241,00	1715,58
$nf\,^3F^0$	—	—	—	6858,22	4389,00	—	—	—

Übergang	Wellenlänge für n =				
	2	3	4	5	6
$1s\,^1S$–$np\,^1P_1$	58,4328	53,7014	52,2186	51,5596	51,207
$2s\,^1S$–$np\,^1P_1$	2058,1312	501,5680	396,4732	361,364	344,7590
$2p\,^1P$–$ns\,^1S$	(2058,1312)	728,1360	504,7735	443,7552	416,8965
$2p\,^1P$–$nd\,^1D_2$	—	667,8150	492,1930	438,7931	414,3759
$3d\,^1D$–$nf\,^1F_3$	—	—	1869,34	1279,23	—
$2s\,^3S$–$np\,^3P$	1083,032	388,8649	318,7744	294,5104	282,9073
$2p\,^3P_{2,1}$–$ns\,^3S$	1082,911	706,5719	471,3373	412,0989	386,7631
$2p\,^3P_0$–$ns\,^3S$	1083,032	706,5200	471,3143	412,0817	386,7477
$2p\,^3P_0$–$nd\,^3D$	—	587,5867	447,1681	402,6363	381,9761
$2p\,^3P_{2,1}$–$nd\,^3D$	—	587,5632	447,1479	402,6189	381,9614

Termwerte in Wellenzahlen $\bar{\nu}/\text{cm}^{-1}$, Wellenlängen in nm. $\lambda > 200$ nm: λ_{Luft}. $\lambda < 200$ nm: λ_{Vakuum}.

Übergang	Wellenlänge für n =			
	7	8	9	10
1s ^{1}S–np ^{1}P$_1$	50,997	50,863	50,771	50,708
2s ^{1}S–np ^{1}P$_1$	338,000	329,6786	325,8275	323,1266
2p ^{1}P–ns ^{1}S	402,3973	393,5914	387,8183	383,8094
2p ^{1}P–nd ^{1}D$_2$	400,9270	392,6530	387,1819	383,3574
3d ^{1}D–nf ^{1}F$_3$	—	—	—	—
2s ^{3}S–np ^{3}P	276,3800	272,3191	269,6119	267,7135
2p ^{3}P$_{2,1}$–ns ^{3}S	373,2987	365,2104	359,9442	—
2p ^{3}P$_0$–ns ^{3}S	373,2861	365,1981	359,9304	356,2950
2p ^{3}P$_0$–nd ^{3}D	370,5140	363,4367	358,7396	355,4524
2p ^{3}P$_{2,1}$–nd ^{3}D	370,5004	363,4235	358,7256	355,4394

Die Multiplettstruktur ist erst bei folgenden Termen bekannt: Interkombinationen:

Term	Termwert	Term	Termwert	Term	Termwert	Übergang	Wellenlänge
2p ^{3}P$^0_0$	29 223,87	3p ^{3}P$^0_1$	12 746,06	3d ^{3}D$_3$	12 209,07	1s ^{1}S$_0$–2p ^{3}P$_1$	59,144 nm
2p ^{3}P$^0_1$	29 223,799	3p ^{3}P$^0_2$	12 745,81	4d ^{3}D$_1$	6 866,17		
2p ^{3}P$^0_2$	29 222,878	3d ^{3}D$_1$	12 209,09	4d ^{3}D$_2$	6 866,14	1s ^{1}S$_0$–3p ^{3}P$_1$	53,896 nm
3p ^{3}P$^0_0$	12 746,08	3d ^{3}D$_2$	12 209,03	4d ^{3}D$_3$	6 866,16		

Oszillatorenstärke f (τ in s)

Übergang	n =				
	2	3	4	5	6
1 ^{1}S–n ^{1}P	0,349 $\tau = 4{,}27\cdot10^{-10}$	0,0928	0,0357	0,0177	0,0105
2 ^{1}S–n ^{1}P	0,389	0,157	0,0570	0,0252	0,0136
2 ^{3}S–n ^{3}P	0,542 $\tau = 9{,}7\cdot10^{-10}$	0,0826	0,0270	0,0123	0,0066
2 ^{1}P–n ^{1}S	—	0,1439	0,0206	0,0096	0,0031
2 ^{3}P–n ^{3}S	—	0,2299	0,0156	0,0003	0,0055
2 ^{1}P–n ^{1}D	—	0,755 $\tau = 1{,}46\cdot10^{-8}$	0,118	0,0416	0,0199
2 ^{3}P–n ^{3}D	—	0,553 $\tau = 1{,}55\cdot10^{-8}$	0,129	0,0512	0,0260
3D–nF	—	—	1,0175	0,1566	0,0539

Übergang	n =			
	7	8	9	10
1 ^{1}S–n ^{1}P	0,0063	0,0041	0,0028	0,0022
2 ^{1}S–n ^{1}P	0,0081	0,0053	0,0037	0,0026
2 ^{3}S–n ^{3}P	0,0040	0,0026	0,0018	0,0013
2 ^{1}P–n ^{1}S	—	—	—	—
2 ^{3}P–n ^{3}S	—	—	—	—
2 ^{1}P–n ^{1}D	0,0122	0,0071	0,0047	0,0033
2 ^{3}P–n ^{3}D	0,0152	0,0097	0,0066	0,0047
3D–nF	—	—	—	—

Li II: $Z = 3$, $Z_v = 2$, $V_J = 75{,}26$. G.T.: (He) $^1S_0$

Term	Termwert für n =							
	1	2	3	4	5	6	7	8
ns $^1S_0$	610064	120000?	51300	28488	18095	12505	9154	—
ns $^3S_1$	—	134033	55318	30097	18895	12957	9438	—
np $^1P^0_1$	—	108264	48330	27245	17440	—	—	—
$^3P^0$	—	115806	50578	28187	17938	24413	—	—
nd $^1D_2$	—	—	48804	27448	17570	12202	8964	6865
^3D	—	—	48834	27467	17574	12203	8964	—
nf $^1F^0_3$	—	—	—	27434	17558	12192	8957	6858
$^3F^0$	—	—	—	27435	17552	12193	8958	—

Übergang	Wellenlänge	Übergang	Wellenlänge	Übergang	Wellenlänge
$1s^2\ ^1S$–$2p\ ^1P$	19,9282	$3p\ ^1P$–$6d\ ^1D$	276,70	$2p\ ^3P$–$3s\ ^3S$	165,33[a]
$1s^2\ ^1S$–$3p\ ^1P$	17,8015	$3d\ ^1D$–$4f\ ^1F$	467,77	$3p\ ^3P$–$4s\ ^3S$	488,14
$1s^2\ ^1S$–$4p\ ^1P$	17,1582	$3d\ ^1D$–$5f\ ^1F$	319,94	$3p\ ^3P$–$5s\ ^3S$	315,54
		$3d\ ^1D$–$6f\ ^1F$	273,07	$3p\ ^3P$–$6s\ ^3S$	265,73
$3s\ ^1S$–$5p\ ^1P$	295,27	$3d\ ^1D$–$7f\ ^1F$	250,89	$3p\ ^3P$–$7s\ ^3S$	243,00
$2p\ ^1P$–$3s\ ^1S$	175,54[a]			$2p\ ^3P$–$3d\ ^3D$	149,31[a]
$2p\ ^1P$–$3d\ ^1D$	168,18[a]	$2s\ ^3S$–$2p\ ^3P$	548,47	$3p\ ^3P$–$4d\ ^3D$	432,57
$3p\ ^1P$–$4s\ ^1S$	503,78	$2s\ ^3S$–$3p\ ^3P$	119,80[a]	$3p\ ^3P$–$5d\ ^3D$	302,91
$3p\ ^1P$–$5s\ ^1S$	330,52	$3s\ ^3S$–$4p\ ^3P$	368,41	$3p\ ^3P$–$6d\ ^3D$	260,51
$3p\ ^1P$–$4d\ ^1D$	478,88	$3s\ ^3S$–$5p\ ^3P$	267,44	$3p\ ^3P$–$7d\ ^3D$	240,83
$3p\ ^1P$–$5d\ ^1D$	324,98	$3s\ ^3S$–$6p\ ^3P$	233,00	$3d\ ^3D$–$4f\ ^3F$	467,18

[a] λ_{Luft}.—Keine Interkombinationen zwischen Singulett- und Triplett-Termen beobachtet

Be I: $Z = 4$, $Z_v = 2$, $V_J = 9{,}32$. G.T.: (He) $2s^2$; $^1S_0$. $V_a = 2{,}72$. Die eingeklammerten Terme sind unsicher.

Term	Termwert für n =					
	2	3	4	5	6	7
ns $^1S^0_1$	75194,3	20517,1	9948,9	5872,0	3873,6	2746,1
ns $^3S_1$	—	23110,22	10684,6	6183,0	4030,4	2836,9
np $^1P^0_1$	32629	—	—	—	—	—
np $^3P^0$	53209,83[a]	(18351)	(9243)	(5557,8)	(3709,4)	—
nd $^1D_2$	—	10766,1	6413,1	4192,0	2943,2	2177,1
nd ^3D	—	13137,5	7248,7	4585,6	3161,7	2310,4

[a] Die übrigen Triplett-Terme: $^3P^0_1$: 53212,86, $^3P^0_2$: 53212,18.

Term	Termwert	Term	Termwert
$2p^2\ ^3P_2$	15494,25	$2p\,3s\ ^3P^0_1$	−10364,72
$2p^2\ ^3P_1$	15496,28	$2p\,3s\ ^3P^0_0$	−10362,67
$2p^2\ ^3P_0$	15497,68	$2p\,3d\ ^3D^0_3$	−18998,97
$2p\,3s\ ^3P^0_2$	−10368,64	$2p\,3d\ ^3D^0_2$	−18997,82

Übergang	Wellenlänge für n =						
	3	4	5	6	7	8	9
$2\ ^1P^0$–$n\ ^1S$	825,410	440,791	373,628	347,661	334,544	326,899	—
$2\ ^1P^0$–$n\ ^1D$	457,269	381,340	351,554	336,764	328,292	322,962	319,379
$2\ ^3P^0_2$–$n\ ^3S$[a]	332,1347	235,0826	212,637	203,330	198,513	195,663	—

[a] Hier sind nur die. Kombinationen mit $^3P_2$ angegeben.

Termwerte in Wellenzahlen $\bar{\nu}/cm^{-1}$, Wellenlängen in nm. $\lambda > 200$ nm: λ_{Luft}. $\lambda < 200$ nm: λ_{Vakuum}.

Übergang	λ	Übergang	λ
$2s\,3d\;^3D–2p\,3s\;^3P^0_2$	425,305	$2p^2\;^3P_1–2p\,3d\;^3D^0_2$	289,819
$2p^2\;^3P_2–2p\,3s\;^3P^0_1$	386,603	$2s\,2p\;^3P^0_2–2p^2\;^3P_1$	265,0779
$2p^2\;^3P_2–2p\,3s\;^3P^0_2$	386,343	$2s\,2p\;^3P^0_2–2p^2\;^3P_2$	265,0636
$2p^2\;^3P_2–2p\,3d\;^3D^0_3$	289,827	$2s\,2p\;^3P^0_1–2p^2\;^3P_2$	265,0470

Keine Interkombinationen beobachtet.

Mg I: $Z = 12$, $Z_v = 2$, $V_J = 7{,}64$. G.T.: (Ne) $3s^2$; $^1S_0$. $V_a = 2{,}73$

Term	Termwert für n =					
	3	4	5	6	7	8
ns $^1S_0$	61 672,1	18 166,1	9112,77	5482,11	3659,68	—
np $^1P^0_1$	26 617,78	12 322,5	6967	—	—	—
nd $^1D_2$	15 266,00	8 534,44	5360,71	3645,87	2628,05	1979,12
nf $^1F_3$	—	6 992,3	4467,4	3093,8	2268,1	1733,7
ns $^3S_1$	—	20 471,77	9796,78	5777,31	3815,6	2706,65
np $^3P^0_0$	39 818,7715*	} 13 821,4		4650,3		
$^3P^0_1$	39 798,7141*					
$^3P^0_2$	39 758,0000*	13 817,3	7416,5	4649,0	3190,7	—
nd $^3D_1$	13 712,0924*	} 7 476,98	4700,83	3226,52	2351,7	1788,8
$^3D_2$	13 712,1221*					
$^3D_3$	13 712,1049*					
nf ^3F	—	6 992,3	4466,5	—	—	—

* Nur für n = 3 aufgelöst.

Übergang	λ/nm	Übergang	λ/nm	Übergang	λ/nm
$3\,^1S–3\,^3P_1$	457,115[a]	$3\,^3P_1 - 3\,^3D_2$	383,23037	$3P_1 - {}^3D_2$	389,1976
$3\,^3P_2–3\,^3D_1$	383,82900	$3\,^3P_0 - 3\,^3D_1$	382,93549	$^3P_1 - {}^3D_1$	389,3376
$3\,^3P_2–3\,^3D_2$	383,82942	$3p^2\,^3P_2 - 3p\,3d\,^3D_2$	389,5663	$^3P_0 - {}^3D_1$	389,0241
$3\,^3P_2–3\,^3D_3$	383,82918	$^3P_2 - {}^3D_2$	389,8120	$3p\,^3P^0 - p^2\,^3P$	277,99[b]
$3\,^3P_1–3\,^3D_1$	383,22996	$^3P_2 - {}^3D_1$	389,9542		

[a] Resonanzlinie. [b] Im Sonnenspektrum beobachtet.

Oszillatorenstärke f

Übergang	n =			
	3		4	5
	τ/s	f	f	f
$3\,^1S–3\,^3P$	$5{,}3 \cdot 10^{-3}$	—	—	—
$3\,^1S–3\,^1P$	$3{,}1 \cdot 10^{-9}$	1,745	—	—
$3\,^1P–4\,^1S$	—	—	$0{,}160 \pm 0{,}006$	—
$3\,^1P–n\,^1D$	—	$0{,}318 \pm 0{,}004$	$0{,}017 \pm 0{,}005$	$0{,}021 \pm 0{,}010$
$3\,^3P–4\,^3S$	—	—	0,136	—
$3\,^3P–3\,^3D$	—	0,690	—	—
$4\,^3S–n\,^3P$	—	—	1,263	0,039
$3\,^1D–n\,^1F$	—	—	$0{,}52 \pm 0{,}04$	$0{,}16 \pm 0{,}06$

Übergang	Wellenlänge für n =						
	3	4	5	6	7	8	9
$3\,^1S–n\,^1P$	285,2120	202,582	182,81	—	—	—	—
$3\,^1P–n\,^1S$	—	1182,88	571,1070	473,0020	435,4540	—	—
$3\,^1P–n\,^1D$	880,678	552,8240	470,3005	435,1923	416,7279	405,7520	398,6761
$3\,^1D–n\,^1F$	—	1208,32	925,79	821,322	769,142	738,769	719,329
$4\,^3S–n\,^3P_2$	—	1502,33	765,760	631,823	578,508	—	—
$4\,^3S–n\,^3P_{1,0}$	—	1503,27		631,875	—	—	—
$3\,^3P_2–n\,^3S$	—	518,3606	333,669	294,1990	278,142	269,816	264,912
$3\,^3P_1–n\,^3S$	—	517,2686	333,217	293,8469	277,828	269,519	264,626
$3\,^3P_0–n\,^3S$	—	516,7317	332,993	293,6735	277,670	269,374	264,487

Al II: $Z = 13$, $Z_v = 2$, $V_J = 18{,}83$. G.T.: (Ne) $3s^2$; $^1S_0$

Term	Termwert für n =			
	3	4	5	6
$ns\,^1S_0$	151 860,4	56 512,0	35 495,2	19 084,0
$np\,^1P_1$	92 010,7	44 942,2	25 993,7	16 943,1
$nd\,^1D_2$	66 381,4	41 772,9	27 068,4	17 946,3
$nf\,^1F_3$	—	28 392,3	18 177,0	12 617,5
$ns\,^3S_1$	—	60 589,2	31 770,6	19 648,0
$np\,^3P^0_2$	114 281,1	46 392,7	26 141,4	16 841,5
$np\,^3P^0_1$	114 406,6	46 422,0	26 154,2	16 848,3
$np\,^3P^0_0$	114 468,4	46 436,1	26 159,9	16 851,4
$nd\,^3D_3$	56 313,6	30 380,1	19 040,7	13 049,5
$nd\,^3D_2$	56 312,5	30 379,5	19 040,5	—
$nd\,^3D_1$	56 311,6	30 379,2	—	—

Term	Termwert	Term	Termwert	Übergang	Wellenlänge für n = 4
$3p^2\,^3P_2$	57 592,7	$3p\,3d\,^3P^0_2$	5261,1	$3\,^1D - n\,^1F$	263,1553
$^3P_1$	57 713,6	$^3P^0_1$	5263,5	$4\,^3S - n\,^3P^0_0$	706,362
$^3P_0$	57 775,9	$^3P^0_0$	5265,4	$4\,^3S - n\,^3P^0_1$	705,656
$3p\,4s\,^3P^0_2$	5 901,0	$^3D^0_3$	6708	$4\,^3S - n\,^3P^0_2$	704,206
$^3P^0_1$	6 027,8	$^3D^0_{2,1}$	6712	$3\,^1S - 3\,^1P^0$	167,081
$^3P^0_0$	6 086,5				

Termwerte in Wellenzahlen $\tilde{\nu}/cm^{-1}$, Wellenlängen in nm. $\lambda > 200$ nm: λ_{Luft}. $\lambda < 200$ nm: λ_{Vakuum}.

Ca I: $Z = 20$, $Z_v = 2$, $V_J = 6{,}11$. G.T.: (Ar) $4s^2$; $^1S_0$. $V_a = 1{,}88$

Term	Termwert für n =			
	3	4	5	6
ns $^1S_0$	—	49 304,8	15 988,2	7518,4
ns $^3S_1$	—	—	17 765,1	8830,3
np $^1P_1$	—	25 652,4	12 573,1	7625,9
np $^3P^0_0$	—	34 146,9	12 752,5	—
np $^3P^0_1$	—	34 094,6	12 750,2	—
np $^3P^0_2$	—	33 988,7	12 730,3	—
nd $^1D_2$	27 455,3	12 006,3	6 385,5	4314,7
nd $^3D_1$	28 969,1	11 556,4	6 561,4	4255,5
nd $^3D_2$	28 955,2	11 552,6	6 559,7	4254,0
nd $^3D_3$	28 933,5	11 547,0	6 556,9	4252,2
nf $^1F^0$	—	6 961,3	4 500,3	3122,6

Oszillatorenstärke

Übergang	τ	f
$4\,^1S_0 - 4\,^1P_1$	$3{,}5 \cdot 10^{-9}$	2,27

Übergang	Wellenlänge für n =			
	4	5	6	7
$4\,^1S - n\,^1P^0$	422,673	272,165	239,858	227,549
$4\,^1P^0 - n\,^1S$	—	1034,50	551,298	484,729
$4\,^1P^0 - n\,^1D$	732,610	518,885	468,526	441,230
$3\,^1D - n\,^1F^0$	487,813	435,510	410,855	397,258
$5\,^3S - n\,^3P^0_2$	—	1985,63	—	—
$5\,^3S - n\,^3P^0_1$	—	1993,52	—	—
$4\,^3P^0_2 - n\,^3S$	—	616,218	397,372	348,761
$4\,^3P^0_1 - n\,^3S$	—	612,222	395,705	347,477
$4\,^3P^0_0 - n\,^3S$	—	610,272	394,890	346,848

Resonanzlinie 4; $^1S - 4$; $^3P^0_1$: 657,278.—Außerdem noch die Serie $4\,^3P - n\,^3D$, deren Glieder je 6 Komponenten haben.

Sr I: $Z = 38$, $Z_v = 2$, $V_J = 5{,}69$. G.T.: (Kr) $5s^2$; $^1S_0$. $V_a = 1{,}80$

Term	Termwert für n =			
	4	5	6	7
ns $^1S_0$	—	45 925,6	15 345,6	7493,6
ns $^3S_1$	—	—	16 897,8	8511,8
np $^1P^0_1$	—	24 227,1	11 838,7	7030,1
np $^3P^0_2$	—	31 026,8	11 963,8	6479,1
np $^3P^0_1$	—	31 421,1	12 068,4	6510,2
np $^3P^0_0$	—	31 608,0	12 109,8	6525,0
nd $^1D_2$	25 775,5	11 121,0	6 203,4	4072,0
nd $^3D_1$	27 606,0	10 929,5	6 250,7	4067,5
nd $^3D_2$	27 706,6	10 914,5	6 245,8	4061,7
nd $^3D_3$	27 766,6	10 991,4	6 233,5	—
nf $^1F^0_3$	6 387,0	4 417,5	3 097,4	2280,4
nf $^3F^0_2$	7 170,2	4 571,3	3 160,5	2314,5

Übergang	Wellenlänge für n =			
	4	5	6	7
$5\,^1S_0 - n\,^1P_1^0$	—	460,734	293,188	256,950
$5\,^1P_1^0 - n\,^1S_0$	—	—	1124,23?	597,010
$5\,^1P_1^0 - n\,^1D_2$	—	762,154	554,322	—
$4\,^1D_2 - n\,^1F_3^0$	515,607	467,830	440,611	425,297

Übergang	Wellenlänge für n =			
	6	7	8	9
$6\,^3S - n\,^3P_2^0$	202,63	959,70	—	—
$5\,^3P_2^0 - n\,^3S$	707,010	443,804	386,546	362,837
$5\,^3P_1^0 - n\,^3S$	687,835	436,171	380,738	357,733
$5\,^3P_0^0 - n\,^3S$	679,105	432,644	378,046	355,35

Resonanzlinie: $5\,^1S_0 - 5\,^3P_1^0 = 689{,}262$. Die $^3P - {^3D}$- und $^3D - {^3F}$-Serien sind vollständig in je 6 Komponenten der einzelnen Serienglieder aufgelöst.

Ba I: $Z = 56$, $Z_v = 2$, $V_J = 5{,}21$. G.T.: (X) $6s^2$; $^1S_0$. $V_a = 1{,}52$

Term	Termwert für n =				
	4	5	6	7	8
ns $^1S_0$	—	—	42 029,4	16 399,4	—
ns $^3S_1$	—	—	—	15 869,3	8124,3
np $^1P_1^0$	—	—	23 969,2	9 482,2	5039,5
np $^3P_0^0$	—	—	29 763,3	11 280,4	6186,9
np $^3P_1^0$	—	—	29 392,8	11 214,4	6137,3
np $^3P_2^0$	—	—	28 514,8	11 042,3	6057,2
nd $^1D_2$	—	30 634,1	13 800,4	7 931,0	4987,8
nd $^3D_1$	—	32 995,6	11 333,9	6 320,1	4067,5
nd $^3D_2$	—	32 814,1	11 279,0	6 267,3	4055,4
nd $^3D_3$	—	32 433,0	11 211,6	6 244,2	4041,0
nf $^1F_3^0$	13 475,2	6 136,7	4 254,4	—	—
nf $^3F_2^0$	7 426,8	4 634,6	3 213,8	2 351,2	1790,5

Resonanzlinie: $6\,^1S_0 - 6\,^3P_1^0 = 7911{,}36$.

Oszillatorenstärke

Übergang	τ	f
$6\,^1S_0 - 6\,^1P_1$	$1{,}2 \cdot 10^{-8}$	$2{,}10 \pm 0{,}25$

Übergang	Wellenlänge für n =			
	6	7	8	9
$6\,^1S_0 - n\,^1P_1^0$	553,553	307,159	270,265	259,668
$6\,^1P_1^0 - n\,^1S_0$	—	1320,7	—	—
$6\,^1P_1^0 - n\,^1D_2$	—	983,17	623,359	526,703

$5\,^1D_2 - 4\,^1F_2^0$: 582,629; $5\,^1D_2 - 5\,^1F_3^0$: 408,093.

Termwerte in Wellenzahlen $\bar{\nu}/\text{cm}^{-1}$, Wellenlängen in nm. $\lambda > 200$ nm: λ_{Luft}. $\lambda < 200$ nm: λ_{Vakuum}.

Übergang	Wellenlänge für n =			
	7	8	9	10
$6\,^3P_2 - n\,^3S$	790,580	490,290	423,956	397,532
$6\,^3P^0_1 - n\,^3S$	739,244	470,045	408,731	394,115
$6\,^3P^0_0 - n\,^3S$	719,526	461,998	402,630	378,723

Zn I: $Z = 30$, $Z_v = 2$, $V_J = 9{,}39$. G.T.: (Ni) $4s^2$; $^1S_0$. $V_a = 4{,}0$

Term	Termwert für n =			
	4	5	6	7
ns $^1S_0$	75 766,8	19 978,7	9 729,5	5763,7
ns $^3S_1$	—	22 094,4	10 334,4	6020,5
np $^1P^0_1$	29 021,7	12 857,9	7 160,6	4559,1
np $^3P^0_0$	43 455,0	14 519,4	7 695,8	4789,2
np $^3P^0_1$	43 265,2	14 492,7	7 686,0	4784,5
np $^3P^0_2$	42 876,3	14 436,5	7 664,9	4774,2
nd $^1D_2$	13 308,6	7 428,9	4 719,2	3276
nd $^3D_1$	12 997,6	7 187,0	4 553,3	3138,7
nd $^3D_2$	12 994,2	7 185,9	—	—
nd $^3D_3$	12 988,7	7 183,9	—	—
nf $^3F^0$	6 931,3	—	—	—

Resonanzlinien: $4\,^1S_0 - 4\,^3P^0_1 = 3075{,}901$; $3d^{10}\,4s^2\,^1S_0 - 3d^9\,4s^2\,4p^1\,P^0_1$: 1109,1; $4\,^1S_0 - 4\,^1P^0_1 = 2138{,}6$; $3d^{10}\,4s^2\,^1S_0 - 3d^9\,4s^2\,4p\,^3P^0_1$: 1055,8.

Übergang	Wellenlänge für n =				
	4	5	6	7	8
$4\,^1S_0 - n\,^1P_1$	213,861[a]	158,976	145,756	140,419	137,687
$4\,^1P^0_1 - n\,^1S_0$	—	1105,54	518,1995	429,8327	396,5432
$4\,^1P^0_1 - n\,^1D_2$	636,2347	462,9814	411,3210	388,3340	—
$5\,^3S_1 - n\,^3P^0_2$	—	1305,489	692,8319	577,2102	530,8648
$5\,^3S_1 - n\,^3P^0_1$	—	1315,150	693,8372	577,5501	531,0241
$5\,^3S_1 - n\,^3P^0_0$	—	1319,779	694,3202	577,7112	531,102
$4\,^3P^0_2 - n\,^3S_1$	—	481,0534	307,2062	271,2488	256,780
$4\,^3P^0_2 - n\,^3S_1$	—	472,216	303,5781	268,4161	254,232
$4\,^3P^0_0 - n\,^3S_1$	—	468,020	301,8352	267,0530	253,009

[a] $\tau = 1{,}7 \cdot 10^{-9}$ s.

Übergang	
$4\,^3P^0_2 - 4\,^3D_1$	3345,934
$4\,^3P^0_2 - 4\,^3D_2$	3345,572
$4\,^3P^0_2 - 4\,^3D_3$	3345,020
$4\,^3P^0_1 - 4\,^3D_2$	3302,588
$4\,^3P^0_1 - 4\,^3D_1$	3302,941
$4\,^3P^0_0 - 4\,^3D_1$	3282,333

Cd I: $Z = 48$, $Z_v = 2$, $V_J = 8{,}99$. G.T.: (Pd) $5s^2$; $^1S_0$. $V_a = 3{,}74$

Term	Termwert für n =			
	4	5	6	7
ns $^1S_0$	—	72538,8	19229,3	9452,1
ns $^3S_1$	—	—	21054,7	9975,6
np $^1P_1^0$	—	29846,6	12633,2	7044,6
np $^3P_0^0$	—	42424,5	14147,9	7572,9
np $^3P_1^0$	—	41882,6	14077,2	7517,5
np $^3P_2^0$	—	40711,5	13903,1	7446,0
nd $^1D_2$	—	13319,2	7404,9	4701,7
nd $^3D_1$	—	13052,4	7185,3	4549,9
nd $^3D_2$	—	13040,7	7179,5	4546,3
nd $^3D_3$	—	13022,5	7171,3	4541,3
nf $^3F^0$	6957,1	4445,1	—	—
$4d^9\,5s^2$ np $^1P_1$	—	−25267	−54931	−61663
np $^3P_1^0$	—	−30887	−60165	−67119
nf $^1P_1^0$	−68122	−70670	−71998	−72781
nf $^3P_1^0$	−62564	—	−66146	—

Oszillatorenstärke

Übergang	τ/s	f
$5\,^1S_0 - 5\,^1P_1$	$2{,}0 \cdot 10^{-9}$	1,19

Übergang	Wellenlänge für n =			
	4	5	6	7
$5\,^1S_0 - n\,^1P_1$	—	228,802	166,929	152,685
$5\,^1P_1^0 - n\,^1S_0$	—	—	1039,47	515,468
$5\,^1P_1^0 - n\,^1D$		643,847	466,251	414,05
$6\,^3S_1 - n\,^3P_2^0$	—	—	1337,922	734,62
$6\,^3S_1 - n\,^3P_1^0$	—	—	1432,799	738,50
$6\,^3S_1 - n\,^3P_0^0$	—	—	1447,462	739,89
$5\,^3D_3 - n\,^3F^0$	1648,22	1163,08	—	—
$5\,^3D_2 - n\,^3F^0$	1643,38	—	—	—
$5\,^3D_1 - n\,^3F^0$	1640,15	—	—	—

$5\,^1S_0 - 5\,^3P_1^0 = 326{,}104$; Resonanzlinie.

Termwerte in Wellenzahlen $\bar{\nu}/\text{cm}^{-1}$, Wellenlängen in nm. $\lambda > 200$ nm: λ_{Luft}. $\lambda < 200$ nm: λ_{Vakuum}.

Hg I: $Z = 80$, $Z_v = 2$, $V_J = 10{,}44$. G.T.: (Pt) $6s^2$; $^1S_0$. $V_a = 4{,}67$

Term	Termwert für n = 5	6	7	8	9	10	11	12	13	14	bek. bis
ns $^1S_0$	—	84 178,5	20 255,7	9 779,4	5779,9	3818,4		2023,3	1568,2	1251,1	21
np $^1P_1^0$	—	30 112,8	12 886,1	5 368,2	4217,3	3027,0	2237,6	1717,2	1355,1	1097,3	16
nd $^1D_2$	—	12 850,8	7 119,9	4 523,3	3126,6	2289,2	1748,6	1378,8	1115,1	920,2	21
nf $^1F_3^0$	6939,1	4 437,7	3 077,6	2 258,8	1728,8	1365,7	1105,0	910,7	765,4	—	13
ns $^3S_1$	—	—	21 833,6	10 222,8	5967,7	3915,8	2768,6	2060,4	1593,1	1268,9	25
np $^3P_0^0$	—	46 536,2	14 664,6	7 734,6	4805,8	3279,6	2381,3	—	—	—	—
np $^3P_1^0$	—	44 768,9	14 519,1	7 714,4	4768,7	3264,7	2373,7	1802,3	1415,4	1142,0	—
np $^3P_2^0$	—	40 138,3	12 973,5	7 357,8	4604,7	3158,4	2307,4	1759,3	1387,7	1120,1	—
nd $^3D_1$	—	12 847,8	7 099,4	4 505,5	3113,5	2279,5	1741,1	1373,1	1110,7	916,9	22
nd $^3D_2$	—	12 787,7	7 076,1	4 493,9	3106,4	2275,2	1737,8	1371,6	1109,8	916,2	26
nd $^3D_3$	—	12 752,7	7 054,6	4 481,6	3098,9	2270,7	1734,9	1368,8	1107,8	914,5	29
nf $^3F_2^0$	6944,2	4 435,2	3 080,2	2 260,6	1729,2	1365,4	—	—	—	—	10
nf $^3F_3^0$	6941,9	4 432,8	3 079,5	2 259,8	1728,9	1364,3	1104,0	914,3	766,1	—	13
nf $^3F_4$	6937,2	4 432,8	3 077,0	2 256,3	1727,4	1364,0	1104,1	911,6	763,2	—	13

Term	Termwert für n = 6	7	8	9	1-	11	12	13	14	bek. bis
$5d^9 6s^2$ np $^1P_1^0$	7 315	−21 703	−20 094	−30 857	−32 320	−33 177	−33 737	−34 129	−34 387	18
$3P_1^0$	−4 582	−35 775	−42 795	−45 743	−46 266	−48 167	−48 743	−49 134	−49 410	17
$5d^9 6s^2$ nf $^1P_1^0$ (?)	−46 103	−47 466	−48 424	—	—	—	—	—	—	—
$^3P_1^0$ (?)	−31 064	−32 438	−33 244	−33 786	—	—	—	—	—	—

$5d^{10}6p^2\,{}^3P_0^0$: −7860; $6p^2\,{}^3P_1^0$: −9798; $6p^2\,{}^3P_2^0$: −11022.

Übergang	Wellenlänge für n =									
	5	6	7	8	9	10	11	12	13	14
$^6S_0 - n\,^1P^0_1$	—	184,957	140,272	—	—	—	—	—	—	—
$6^1P^0_1 - n\,^1S_0$	—	—	1013,967	491,604	410,908	380,167	—	355,873	350,200	346,352
$6^1P^0_1 - n\,^1D_2$	—	579,066	434,750	390,640	370,422	359,297	352,427	347,891	344,727	342,426
$6^1D_2 - n\,^1F^0_3$	1691,83	118,866	1022,922	—	—	—	—	—	—	—
$7^3S_1 - n\,^3P^0_2$	—	—	1128,715	690,753	580,355	533,405	—	—	—	—
$7^3S_1 - n\,^3P^0_1$	—	—	1367,309	708,201	585,932	538,470	—	—	—	—
$7^3S_1 - n\,^3P^0_0$	—	—	1395,076	709,220	587,212	538,901	—	—	—	—
$6^3P^0_2 - n\,^3S_1$	—	—	546,074	334,148	292,541	275,970	267,499	262,524	259,341	257,176
$6^3P^0_1 - n\,^3S_1$	—	—	435,834	289,360	257,629	244,690	238,008	234,055	231,521	229,797
$6^3P^0_0 - n\,^3S_1$	—	—	404,656	275,278	246,406	234,543	228,391	224,756	222,419	220,824
$6^3P^0_2 - n\,^3D_1$	—	366,288	302,562	280,542	269,981	264,065	260,342	—	—	—
$6^3P^0_2 - n\,^3D_2$	—	365,483	302,347	280,446	269,950	264,015	260,320	257,859	256,133	—
$6^3P^0_2 - n\,^3D_3$	—	365,015	302,150	280,348	269,885	263,993	260,297	257,839	256,115	254,853
$6^3P^0_1 - n\,^3D_1$	—	313,156	265,368	248,272	239,974	235,265	232,321	—	—	—
$6^3P^0_1 - n\,^3D_2$	—	312,566	265,204	248,201	239,938	235,248	232,303	230,343	228,962	227,951
$6^3P^0_0 - n\,^3D_1$	—	296,728	253,477	237,834	230,209	225,887	223,155	221,336	220,058	219,125

Resonanzlinie: $6^1S_0 - 6^3P^0_1 = 253{,}652$ nm.

Termwerte in Wellenzahlen $\bar{\nu}/\mathrm{cm}^{-1}$, Wellenlängen in nm. $\lambda > 200$ nm: λ_{Luft}. $\lambda < 200$ nm: $\lambda_{\mathrm{Vakuum}}$.

Oszillatorenstärke

Übergang	τ	f
$6\,^1S_0$–$6\,^1P_1$	$1{,}3\cdot10^{-9}$	1,184
$6\,^3P_1$–$7\,^3S_1$	$1{,}7\cdot10^{-8}$	—
$6\,^3P_0$–$7\,^3S_1$	$7{,}2\cdot10^{-9}$	—
$6\,^3P_2$–$7\,^3S_1$	$1{,}5\cdot10^{-8}$	—

Übergang	Wellenlänge	Übergang	Wellenlänge
$6s\,6p\,^3P^0_2$–$6p^2\,^3P_1$	200,191	$^3P^0_1$–$^3P_2$	179,246
$^3P^0_2$– $^3P_2$	195,47	$^3P^0_0$–$^3P_1$	177,52
$^3P^0_1$– $^3P_0$	190,009	$^1P^0_1$–$^3P_1$	250,491
$^3P^0_1$– $^3P_1$	183,264		

Übergang	Wellenlänge für n =							
	5	6	7	8	9	10	11	12
$6\,^1S_0$–								
$5d^9\,6s^2\,np\,^1P^0_1$	—	130,100	94,445	89,069	86,930	85,838	85,212	84,807
$^3P^0_1$	—	112,66	83,366	78,757	76,970	76,078	75,577	75,233
$nf\,^1P^0_1$	78,266	76,757	75,962	74,514	—	—	—	—
$^3P^0_1$	87,711	86,774	85,752	85,163	84,772	—	—	—

B I: $Z = 5$, $Z_v = 3$, $V_J = 8{,}28$. G.T.: (He) $2s^2\,2p$; $^2P^0_{1/2}$. $V_a = 5{,}00$.
Terme der Rumpfkonfiguration $1s^2\,2s^2$

Term	Termwert	Term	Termwert
$2p\,^2P^0_{1/2}$	66 840	$3d\,^2D$	12 075
$2p\,^2P^0_{3/2}$	66 824	$4d\,^2D$	6 851
$3s\,^2S_{1/2}$	26 800	$5d\,^2D$	4 359
$4s\,^2S_{1/2}$	11 831	$6d\,^2D$	2 993
$5s\,^2S_{1/2}$	6 694	$2p^2\,^2D$	18 983

Stärkste Linien dieses Systems

Übergang	λ/nm	Übergang	λ/nm
$2p\,^2P_{1/2}$–$4s\,^2S_{1/2}$	181,841	$2p\,^2P_{3/2}$–$3d\,^2D$	182,597
$2p\,^2P_{3/2}$–$4s\,^2S_{1/2}$	181,709	$2p\,^2P_{1/2}$–$4d\,^2D$	166,742
$2p\,^2P_{1/2}$–$5s\,^2S_{1/2}$	166,307	$2p\,^2P_{3/2}$–$4d\,^2D$	166,699
$2p\,^2P_{3/2}$–$5s\,^2S_{1/2}$	166,62	$2p\,^2P$–$5d\,^2D$	160,091
$2p\,^2P_{1/2}$–$3d\,^2D$	182,652	$2p\,^2P$–$6d\,^2D$	156,664

Neben dem in der Tabelle zusammengestellten System gibt es noch zwei Dublett-Quartett-Systeme mit den Rumpfkonfigurationen $1\,s^2\,2s\,2p$ und $1s^2\,2p^2$. Über diese Systeme ist nur sehr wenig bekannt.

Al I: $Z = 13$, $Z_v = 3$, $V_J = 5{,}97$. G.T.: (Ne) $3s^2\,3p$; $^2P^0_{1/2}$. $V_a = 3{,}61$

Term	Termwert für n =				
	3	4	5	6	7
$np\,^2P^0_{3/2}$	48 168,92	15 316,48	8 003,24	4943,19	3350,6
$np\,^2P^0_{1/2}$	48 280,46	15 331,70	8 009,19	4946,01	3352,6
$ns\,^2S_{1/2}$	—	22 933,27	10 591,64	6136,12	4007,73
$nd\,^2D_{5/2}$	15 844,17	9 347,00	6 043,25	4112,16	2935,14
$nd\,^2D_{3/2}$	15 845,51	9 351,64	6 047,24	4114,55	2936,68
$nf\,^2F^0_{7/2,5/2}$	—	6 962,6	4 451,5	3089,0	—

Term	Termwert	Term	Termwert	Term	Termwert
3s 3p^2 $^4P_{5/2}$	19 138,28	$^4P^0_{1/2}$	−23 996,72	3s 3p 5s $^2P^0_{3/2}$	−24 769,9
$^4P_{3/2}$	19 214,06	$^4D^0_{7/2}$	−23 005,31	$^2P^0_{1/2}$	−24 698,0
$^4P_{1/2}$	19 260,64	$^4D^0_{5/2}$	−22 979,82	3s 3p 4d $^2P^0_{3/2}$	−28 272,7
3s 3p 4s $^4P^0_{5/2}$	−13 562,45	$^4D^0_{3/2}$	−22 963,42	$^2P^0_{1/2}$	−28 240,8
$^4P^0_{3/2}$	−13 466,42	3s 3p 3d $^4D^0_{1/2}$	−22 954,67	3s 3p 6s $^2P^0_{3/2}$	−30 429,5
$^4P^0_{1/2}$	−13 410,33	$^2D^0_{5/2}$	−19 382,2	$^2P^0_{1/2}$	−30 331,5
3s 3p 3d $^4P^0_{5/2}$	−23 922,81	$^2D^0_{3/2}$	−19 354,3	3s 3p 5d $^2F^0_{7/2}$	−31 910,9
$^4P^0_{3/2}$	23,969,33	$^2P^0_{3/2}$	−22 903,7	$^2F^0_{5/2}$	−31 877,0

Übergang	Wellenlänge für n =			
	4	5	6	7
$4\,^2S_{1/2}$–$n\,^2P^0_{3/2}$	1312,536	669,6064	555,708	510,514
$4\,^2S_{1/2}$–$n\,^2P^0_{1/2}$	1315,165	669,8734	555,795	510,564
$3\,^2P^0_{3/2}$–$n\,^2S_{1/2}$	396,1532	266,0393	237,8368	226,3731
$3\,^2P^0_{1/2}$–$n\,^2S_{1/2}$	394,4020	265,2484	237,2044	225,7999

Übergang	Wellenlänge für n =				
	3	4	5	6	7
$3\,^2P^0_{3/2}$–$n\,^2D_{3/2}$	309,2836	257,5393	237,3349	226,9220	221,0046
$3\,^2P^0_{3/2}$–$n\,^2D_{5/2}$	309,2710	257,5094	237,3124	226,9096	220,4627
$3\,^2P^0_{1/2}$–$n\,^2D$	308,2155	256,7984	236,7052	226,3462	220,466
$3\,^2D$–$n\,^2F$	—	1125,55	877,47	—	—

Ga I: $Z = 31$, $Z_v = 3$, $V_J = 5{,}97$. G.T.: (Ni) $4s^2\,4p$; $^2P^0_{1/2}$. $V_a = 3{,}08$

Term	Termwert für n =			Übergang	Wellenlänge für n =		
	4	5	6		4	5	6
ns $^2S_{1/2}$	—	23591,5	10795,0	$5\,^2S_{1/2}$–$n\,^2P^0_{3/2}$	—	—	639,689
np $^2P^0_{1/2}$	48379,8	—	8004,3	$5\,^2S_{1/2}$–$n\,^2P^0_{1/2}$	—	—	641,377
np $^2P^3_{3/2}$	47553,8	—	7963,2	$4\,^2P^0_{3/2}$–$n\,^2S_{1/2}$	—	417,206	271,966
nd $^2D_{3/2}$	13598,3	7577,1	4856,2	$4\,^2P^0_{1/2}$–$n\,^2S_{1/2}$	—	403,303	265,984
nd $^2D_{5/2}$	12592,4	7568,7	4801,3	$4\,^2P^0_{3/2}$–$n\,^2D_{3/2}$	294,418	—	—
				$4\,^2P^0_{3/2}$–$n\,^2D_{1/2}$	294,366	150,018	—
				$4\,^2P^0_{1/2}$–$n\,^2D_{1/2}$	287,424	245,010	—

Termwerte in Wellenzahlen $\bar{\nu}$/cm^{-1}, Wellenlängen in nm. $\lambda > 200$ nm: λ_{Luft}. $\lambda < 200$ nm: λ_{Vakuum}.

In I: $Z = 49$, $Z_v = 3$, $V_J = 5{,}79$. G.T.: (Pd) $5s^2\,5p$; $^2P^0_{1/2}$. $V_a = 3{,}02$

Term	Termwert für n =			
	5	6	7	8
ns $^2S_{1/2}$	—	22 297,06	10 368,24	6033,22
np $^2P_{1/2}$	46 669,93	14 853,32	7 808,58	4842,83
np $^2P^0_{3/2}$	44 457,37	14 555,14	7 697,09	4788,49
nd $^2D_{3/2}$	13 777,81	7 621,45	4 833,70	3334,30
nd $^2D_{5/2}$	13 754,51	7 571,56	4 808,36	3315,31
nf $^2F^0_{5/2}$	—	—	2 263,73	1731,22
nf $^2F^0_{7/2}$	—	—	2 263,67	1731,23

$5s\,5p^2\;^4P_{1/2}$: 11692,27
$^4P_{3/2}$: 10649,13
$^4P_{5/2}$: 9218,03

Übergang	Wellenlänge für n =			
	5	6	7	8
$6\,^2S_{1/2}$–$n\,^2P_{3/2}$	—	—	684,744	570,991
$6\,^2S_{1/2}$–$n\,^2P_{1/2}$	—	—	690,013	572,768
$5\,^2P_{3/2}$–$n\,^2S_{1/2}$	—	451,1310	293,263	260,1756
$5\,^2P_{1/2}$–$n\,^2S_{1/2}$	—	410,176	275,3878	246,0079
$5\,^2P_{3/2}$–$n\,^2D_{3/2}$	325,8565	271,3936	252,2985	243,0986
$5\,^2P_{3/2}$–$n\,^2D_{5/2}$	325,6089	271,0265	252,1371	242,9864
$5\,^2P_{1/2}$–$n\,^2D_{3/2}$	303,9356	256,015	238,9543	230,686
$5\,^2D_{5/2}$–$n\,^2F_{1/2}$	—	—	870,019	831,491
$5\,^2D_{3/2}$–$n\,^2F_{5/2}$	—	—	868,264	829,882

Tl I: $Z = 81$, $Z_v = 3$, $V_J = 6{,}12$. G.T.: (Pt) $6s^2\,6p$; $2P^0_{1/2}$, $V_a = 3.29$

Term	Termwert für b =			
	5	6	7	8
ns $^2S_{1/2}$	—	—	22 786,7	10 518,3
np $^2P^0_{1/2}$	—	49 264,2	15 104,6	7 895,9
np $^2P^0_{3/2}$	—	41 471,5	14 103,4	7 523,2
nd $^2D_{3/2}$	—	13 146,2	7 252,8	4 591,6
nd $^2D_{5/2}$	—	13 064,3	7 215,2	4 571,5
nf $^2F^0$	6945,8	4 440,7	—	2 244,9?

Übergang	Wellenlänge für n =				
	5	6	7	8	9
$7\,^2S_{1/2}$–$n\,^2P_{3/2}$	—	—	1151,322	654,977	552,790
$7\,^2S_{1/2}$–$n\,^2P_{1/2}$	—	—	1301,38	671,369	558,398
$6\,^2P_{3/2}$–$n\,^2S_{1/2}$	—	—	535,046	322,975	282,675
$6\,^2P_{1/2}$–$n\,^2S_{1/2}$	—	—	377,572	258,014	231,593
$6\,^2P_{3/2}$–$n\,^2D_{3/2}$	—	352,943	292,152	271,067	260,977
$6\,^2P_{3/2}$–$n\,^2D_{5/2}$	—	351,924	291,832	270,923	260,899
$6\,^2P_{1/2}$–$n\,^2D_{3/2}$	—	276,787	237,958	223,784	216,861
$6\,^2D_{5/2}$–$n\,^2F$	1634,03	1159,45	—	917,07	—
$6\,^2D_{3/2}$–$n\,^2F$	1612,30	1148,22	—	—	—

Sc I: $Z = 21$, $Z_v = 3$, $V_J = 6{,}7$. G.T.: (Ar) $3d\,4s^2$; $2D_{3/2}$. $V_a = 2{,}0$. Relative Termwerte

Term		Termwert	Term		Termwert
$3d\,4s^2$	$^2D_{3/2}$	0,00	$4p^2\,(^3P)\,3d$	$^4F_{3/2}$	44 823,60
	$^2D_{5/2}$	168,34		—$^4F_{3/2}$	47 898,95
$3d^2\,(^3F)\,4s$	$^4F_{3/2}$	11 520,15	$3d^2\,(^3P)\,4s$	$^4P_{1/2}$	0,00
$3d\,4s\,(^3D)\,4p$	$^4F^0_{3/2}$	15 672,55		$^4P_{3/2}$	29,03
$3d\,4s\,(^3D)\,4p$	$^4D^0_{1/2}$	16 009,71		$^4P_{5/2}$	81,05
$3d\,4s\,(^1D)\,4p$	$^2D^0_{5/2}$	16 022,72	$3d^2\,(^3P)\,4p$	$^4S^0_{3/2}$	20 260,08
$3d^2\,(1D)\,4s$	$^2D_{5/2}$	17 012,98		$^4P^0_{1/2}$	20 651,73
$3d\,4s\,(^3D)\,4p$	$^4P^0_{1/2}$	18 504,05		$^4P^0_{3/2}$	20 682,48
$3d\,4s\,(^1D)\,4p$	$^2F^0_{5/2}$	21 032,78		$^4P^0_{5/2}$	20 738,82
$3d\,4s\,(^3D)\,4p$	$^2P^0_{1/2,3/2}$	24 656,80	$3d^2\,(^3P)\,4s$	$^2P_{1/2}$	0,00
$3d^2\,(^1D)\,4p$	$^2D^0_{5/2}$	37 039,77		$^2P_{3/2}$	80,40
$3d\,4s\,(^3D)\,4d$	$^2P_{1/2}$	37 085,72	$3d^2\,(^3P)\,4p$	$^2D^0_{3/2}$	21 766,52
$3d^2\,(^1G)\,4p$	$^2H_{9/2}$	39 153,42		$^2D^0_{5/2}$	21 820,74
$3d\,4s\,(^3D)\,4d$	$^4D_{1/2}$	39 701,30		—$^2D_{3/2}$	29 831,50
$3d^2\,(^1G)\,4p$	$^2F^0_{5/2}$	39 881,25		—$^2D_{5/2}$	29 929,54
$3d^2\,(^3F)\,5s$	$^4F_{3/2}$	41 921,94			

La I: $Z = 57$, $Z_v = 3$, $V_J = 5{,}6$. G.T.: (Xe) $5d\,6s^2$; $^2D_{3/2}$. $V_a = 2{,}23$. Relative Terme. Zuordnung und Deutung der Terme teilweise unsicher

Term		Termwert	Term	Termwert
$d\,s^2$	$a\,^2D_{3/2}$	0	$(a\,^3D)\,p\,y\,^2F^0_{5/2}$	16 856,82
	$a\,^2D_{5/2}$	1 053,20	$(a\,^1D)\,p\,y\,^2P^0_{3/2}$	20 019,00
$d^2\,s$	$a\,^4F_{3/2}$	2 668,20	$(a\,^3P)\,p\,z\,^2S^0_{1/2}$	23 260,90
$d^2\,s$	$b\,^2D_{3/2}$	8 446,03	$(a\,^3P)\,p\,y\,^4P^0_{1/2}$	25 616,90
$d^2\,s$	$a\,^2P_{1/2}$	9 044,21	$(b\,^1D)\,p\,w\,^2P^0_{3/2}$	27 225,27
$(a\,^1D)\,p\,z\,^2D^0_{5/2}$		14 804,10	$(a\,^3F)\,s\,e\,^4F_{3/2}$	29 874,89

Termwerte in Wellenzahlen $\bar{\nu}/\mathrm{cm}^{-1}$, Wellenlängen in nm, $\lambda > 200$ nm: λ_{Luft}. $\lambda < 200$ nm: $\lambda_{\mathrm{Vakuum}}$.

C I: $Z=6$, $Z_v=4$, $V_J=11{,}27$. G.T.: (He) $2s^2\,2p^2$; $^3P_0$. $V_a=7{,}5$.
Termwerte der Terme

Term	np $^3D_1$	np $^3D_2$	np $^3D_3$	np $^3S_1$	np $^3P_0$
n = 2	—	—	—	—	90 878,3
3	21 190,2	21 169,0	21 135,3	20 139	19 257,1
4	10 694,5	10 687,5	10 657,7	9 774,7	9 568,5
5	—	—	—	—	—

Term	np $^3P_1$	np $^3P_2$	np $^1P_1$	np $^1D_2$	np $^1S_0$
n = 2	90 863,5	90 836,0	—	80 686,0	69 231,0
3	19 514,6	19 494,2	22 022	18 269	16 906,1
4	9 554	9 536	10 317	9 110	8 628
5	—	—	6 028	5 480	5 271

Term	Termwert für n =		
	3	4	5
ns $^3P^0_0$	30 546,5	12 777,9	7146,0
ns $^3P^0_1$	30 527,5	12 762,8	7130,8
ns $^3P^0_2$	30 486,9	12 732,4	7091,8
ns $^1P^0_1$	28 898	12 541	6996,6

Termwerte der Terme

Term	nd $^3F^0_2$	nd $^3F^0_3$	nd $^3F^0_4$	nd $^3D^0_1$	nd $^3D^0_2$
n = 3	12 680,0	12 664,3	12 629,8	12 579,2	12 574,2
4	7 120,2	7 109,7	—	7 050,6	7 044,2
5	4 481,7	—	—	4 509	4 509
6	—	—	—	—	3 128,3

Auswahl der stärksten Linien

Übergang	λ/nm	Übergang	λ/nm	Übergang	λ/nm
3p ^1D–3d ^1D	1974,2	3p $^1P_1$–4s $^1P_1$	1054,80	2p $^3P_2$–3s $^3P_2$	165,701
3p ^1D–3d $^3F_3$	1782,05	3s $^1P_1$–3p $^1D_2$	940,53	2p $^3P_1$–3s $^3P_2$	165,627
3p ^1D–3d $^3D_3$	1750,49	2p $^1S_0$–3s $^1P_1$	247,8525	2p $^3P_2$–3d $^3P_2$	126,1565
3s ^1P–3p $^1P_1$	1454,02	2p $^1D_2$–3s $^1P_1$	193,0930	2p $^3P_1$–3d $^3P_2$	126,1146
3p $^3S_1$–4s $^1P_1$	1316,41	2p $^1S_0$–3d $^1P_1$	175,19	2p $^3P_1$–3d $^3P_1$	126,0993
3p $^3S_1$–3d $^1P_1$	1252,10	2p $^3P_2$–3s $^3P_1$	165,813	2p $^3P_0$–3d $^3P_1$	126,0745
3p $^1P_1$–3d $^1D_2$	1132,90	2p $^3P_1$–3s $^3P_0$	165,792	2p $^3P_2$–5d $^3D_2$	115,8107
3s $^1P_1$–3p $^3P_1$	1065,36	2p $^3P_1$–3s $^3P_1$	165,737	2p $^3P_1$–5d $^3D_2$	115,8017

Die oben zusammengestellte Tabelle enthält nur Terme und Kobinationen des ersten Systems, d.h. des Systems mit der Rumpfkonifiguration $1s^2\,2s^2\,2p$.

Term	Termwert	Übergang		λ/nm
$2s\,2p^3\ {}^3S_1^0$	−14 920,0	$2s\ 2p^3\ {}^3D_1$–$2s^2\,2p\,4p\ {}^3P_0$		580,576
${}^3P_{0,1,2}^0$	15 624,2	${}^3D_2$–	${}^3P_1$	580,117
${}^3D_1^0$	26 788,0	${}^3D_3$–	${}^3P_2$	579,351
${}^3D_2^0$	26 781,1	$2s^2\,2p^2\ {}^3P_2$–	$2s\,2p^3\ {}^3S_1$	94,5576
${}^3D_3^0$	26 791,9	${}^3P_1$–	${}^3S_1$	94,5345
$2s\,2p^3\ {}^5S_2^0$	57 145,3	${}^3P_0$–	${}^3S_1$	94,5182
$2s\,2p\,3s\ {}^5P_1$	−12 661,3			
${}^5P_2$	−12 682,0			
${}^5P_3$	−12 706,8			

N II: Z = 7, $Z_v = 4$, $V_J = 29{,}62$. G.T.: (He) $2s^2\,2p^2$; ${}^3P_0$

Term	Termwert für n =			Term	Termwert für n =	
	2	3	4		3	4
$ns\ {}^3P_0^0$	—	89 937,33	42 305,61	$nd\ {}^3P_0^0$	49 908,75	28 069,7
${}^3P_1^0$	—	89 905,73	42 253,82	${}^3P_1^0$	49 936,81	28 095,2
${}^3P_2^0$	—	89 769,37	42 143,53	${}^3P_2^0$	49 988,61	28 141,3
${}^1P_1^0$	—	89 657,96	40 987,42	${}^1P_1^0$	48 725,55	27 511,2
$np\ {}^3P_0$	23 8846,7	68 273,32	35 682,0	${}^3D_1^0$	51 408,36	28 600,9
${}^3P_1$	23 8797,6	68 238,07	35 657,9	${}^3D_2^0$	51 384,32	28 580,4
${}^3P_2$	23 8715,4	68 179,70	35 587,0	${}^3D_3^0$	51 353,98	28 544,8
${}^3S_1$	—	69 953,66	35 313,9	${}^1D_2^0$	51 754,50	28 919,78
${}^1S_0$	—	60 572,53	32 519,2	${}^3F_2^0$	52 334,32	29 171,4
${}^3D_1$	—	72 324,22	36 131,76	${}^3F_3^0$	52 274,90	29 107,2
${}^3D_2$	—	72 263,44	36 080,84	${}^3F_4^0$	52 193,35	29 021,4
${}^3D_3$	—	72 167,25	35 984,64	${}^1F_3^0$	49 510,7	27 741,9
${}^1D_2$	—	64 633,77	33 496,0			

Term	Termwert	Term	Termwert
$2s\,2p^3\ {}^1P_1^0$	72 081,0	$2s\,2p^3\ {}^3D_2^0$	14 6595,4
${}^1D_2^0$	94 657,6	${}^3D_3^0$	14 6608,8
${}^3S_1^0$	83 716,8	${}^5S_2^0$	19 2179,0
$2s\,2p^3\ {}^3P_0^0$	129 621,9	$2s\,2p^2\,3s\ {}^5P_1$	3 3364,6
${}^3P_{1,2}^0$	129 628,5	${}^5P_2$	3 3308,6
${}^3D_1^0$	146 593,8	${}^5P_3$	3 3238,0

Termwerte in Wellenzahlen $\bar{\nu}$/cm^{-1}, Wellenlängen in nm. $\lambda > 200$ nm: λ_{Luft}. $\lambda < 200$ nm: λ_{Vakuum}.

Kombinationen der Grundterme (Auswahl der stärksten Linien)

Übergang	λ/nm	Übergang	λ/nm	Übergang	λ/nm
2p $^3P_2$ –3s $^3P_1$	67,1999	2p ^1S –3d ^1p	63,5180	2p $^3P_0$–3d $^3D_1$	53,3504
2p $^3P_1$ –3s $^3P_0$	67,1770	2p ^1D –3d ^1D	58,2150	2p $^3P_2$–3d $^3P_2$	52,9860
2p $^3P_1$ –3s $^3P_1$	67,1629	2p ^1D –3d ^1F	57,4650	2p $^3P_1$–3d $^3P_1$	52,9713
2p $^3P_{0,2}$–3s $^3P_{1,2}$	67,1391	2p $^3P_2$–3d $^3D_2$	53,3809	2p $^3P_1$–3d $^3P_2$	52,9627
2p $^3P_1$ –3s $^3P_2$	67,8014	2p $^3P_2$–3d $^3D_3$	53,3726	2p $^3P_1$–3d $^3P_1$	52,9481
2p ^1S –3s ^1P	85,8357	2p $^3P_1$–3d $^3D_1$	53,3644	2p $^3P_1$–3d $^3P_0$	52,9405
2p ^1D –3s ^1P	74,6976	2p $^3P_1$–3d $^3D_2$	53,3577	2p $^3P_0$–3d $^3P_1$	52,9343

Zahlreiche Interkombinationen zwischen Singulett- und Triplett-Termen beobachtet.

O III: $Z = 8$, $Z_v = 4$, $V_J = 54{,}94$. G.T.: (He) $2s^2\,2p^2$; $^3P_0$

Term	Termwert	Term	Termwert	Term	Termwert
2p $^1S_0$	400010,0	3p $^1D_2$	136608,7	2s 2p^3 $^1P_1^0$	232735,0
$^1D_2$	422922,5	4p $^1S_0$	70147,3	$^1D_2^0$	256144,1
3s $^1P_1^0$	170113,43	6d $^1D_2^0$	28519	$^1D_2$	144904,1
4s $^1P_1^0$	84526,1	3s $^3P_0^0$	175936,21	2s 2p^3 $^3S_1^0$	246106,8
5s $^1P_1^0$	50416	4s $^3P_0^0$	86462	$^3P_0^0$	300796,6
3p $^1S_0$	129392,43	5s $^3P_2^0$	50973	$^3D_3^0$	323168,1
$^1P_1$	152236,88				

Si I: $Z = 14$, $Z_v = 4$, $V_J = 8{,}15$. G.T.: (Ne) $3s^2\,3p^2$; $^3P_0$. $V_ä = 4{,}93$

Term	Termwert für n = 4	Term	Termwert
ns $3P_0^0$	26059,90	3s 3p^3 $^3D_1^0$	17343,85
$^3P_1^0$	25982,80	$^3D_2^0$	17165,40
$^3P_2^0$	25787,88	$^3D_3^0$	16869,04
$^1P_1^0$	24751,26	(4f) x′	6633,1
		x″	6610,5

Termwerte der Terme

Term	np $^3P_0$	np $^3P_1$	np $^3P_2$	np $^1P_1$	np $^3S_1$
n = 3	65743,00	65665,85	65519,69	—	—
4	16714,83	16682,45	16554,39	18458,80	16343,34
5	8447,24	8414,36	8274,82	9317,9?	8201,14

Term	np $^1S_0$	np $^3D_1$	np $^3D_2$	np $^3D_3$	np $^1D_2$
n = 3	50348,76	—	—	—	59444,19
4	14131,23	17723,00	17640,62	17478,65	15553,57
5	7431,81	8765,00	8725,74	8545,06	7945,18

Auswahl der stärksten Linien

Übergang	λ/nm	Übergang	λ/nm	Übergang	λ/m
4s $^3P^0_2$–4p $^3P_1$	1097,927	$^1P_1$– $^1D^0_2$	768,035	$^1D_2$– $^1P^0_1$	288,1595
$^1P^0_1$– $^1D_2$	1086,954	3d $^3D^0_3$–4f $^3F^0_4$	742,354	3p $^1S_0$–3d $^1P^0_1$	263,128
$^3P^0_2$– $^3P_2$	1082,709	$^3D^0_2$– $^1F_3$	741,600	3p $^3P_2$–4s $^3P^0_1$	252,8513
$^3P^0_1$– $^3P_0$	1078,686	$^3D^0_2$– $^3F_3$	740,911	$^3P_1$– $^3P^0_0$	252,4112
$^3P^0_1$– $^3P_1$	1074,940	$^3D^0_1$– $^3F_2$	740,585	$^3P_1$–4s $^3P^0_1$	251,19206
4p $^3D_3$–d $^3F^0_4$	1072,721	$^3D^0_3$– $^3G_4$	728,925	$^3P_2$– $^3P^0_2$	251,6111
$^3D_2$– $^3F^0_3$	1069,414	$^3D^0_2$– $^3G_3$	727,528	$^3P_0$– $^3P^0_1$	251,4320
$^3D_1$– $^3F^0_2$	1068,952	$^3D^0_3$– $^3D_3$	725,069	$^3P_1$– $^3P^0_2$	250,6896
4s $^3P^0_0$–4p $^3P_1$	1066,098	3d $^1D^0_2$–5f $^1D_2$	716,562	3p $^1D_2$–3d $^1D^0_2$	243,5160
$^3P^0_1$ $^3P_2$	1060,638	$^1D^0_2$–5f $^3G_3$	703,496	$^3P_2$– $^3D^0_2$	221,8052
$^3P^0_2$– $^3S_1$	1055,812	4p $^3D_3$–6d $^3F^0_4$	700,584	$^3P_2$– $^3D^0_3$	221,6670
$^3P^1_0$– $^3S_1$	1037,123	$^3D_2$– $^3F^0_3$	700,358	$^3P_1$– $^3D^0_1$	221,1737
$^1P^0_1$– $^1S_0$	941,359	4s $^1P^0_1$–5p $^1D_2$	594,8584	$^3P_1$– $^3D^0_2$	221,0880
3d $^1D^0_2$–4f $^1F_3$	875,217	$^3P^0_2$– $^3D_3$	597,7912	$^3P_0$– $^3D^0_1$	220,7972
$^1D^0_2$–4f $^3F_3$	874,260	$^1P^0_1$– $^1S_0$	577,2258	$^1D_2$– $^1F^0_3$	212,4111
$^1D^0_2$– $^3G_3$	855,664	$^3P^0_2$– $^3P_2$	570,8437	3p $^1D_2$–5s $^1P^0_1$	205,813
4p $^3D_3$–5d $^3F^0_4$	794,394	$^3P^0_1$– $^3P_1$	569,0470	3p $^1D_2$–4d $^1F^0_3$	190,134
$^3D_2$– $^3F^0_3$	793,220	$^3P^0_2$– $^3S_1$	568,4523	$^3P_2$– $^3D^0_3$	185,068
$^3D_1$– $^3F^0_2$	791,838	3p $^1S_0$–4s $^1P^0_1$	390,5527	3p $^1D_2$–5d $^1F^0_3$	181,402

Ge I: $Z = 32$, $Z_v = 4$, $V_J = 8{,}13$. G.T.: (Ni) $4s^2\,4p^2$; $^3P_0$. $V_a = 4{,}66$

Term	Termwert	Term	Termwert
4p $^3P_0$	65 558	4s 4p^3 $^3D^0_1$	5 833,3
4p $^3P_1$	65 000,9	$^3D^0_2$	5 869,9
4p $^3P_2$	64 148,1	$^3D^0_3$	5 902,9
4p $^1D_2$	58 432,8	$^1D^0_2$	7 466,7
4p $^1S_0$	49 190,9	$^3P^0_2$	8 903,1
		$^3P^0_1$	8 160,9
		$^3P^0_0$	7 882,9
		$^1P^0_1$	10 084,4

Term	Termwert für n =		Term	Termwert für n =	
	4	5		4	5
ns $^3P^0_0$	—	28 106,4	nd $^3P^0_1$	13 853,4	8 127,3
ns $^3P^0_1$	—	27 855,8	nd $^3P^0_0$	13 578,2	7 861,9
ns $^3P^0_2$	—	26 440,3	nd $^1P^0_1$	12 711,0	7 501,4
ns $^1P^0_1$	—	25 537,7	nd $^1D^0_2$	17 078,3	9 840,4
nd $^1F^0_3$	12 966,0	6616,4	nd $^3D^0_1$	16 595,7	10 088,3
nd $^3F^0_2$	15 489,3	—	nd $^3D^0_2$	16 676,1	10 185,6
nd $^3F^0_3$	15 235,2	—	nd $^3D^0_3$	16 413,9	9 872,4
nd $^3P^0_2$	14 120,6	8379,5			

Termwerte in Wellenzahlen $\bar{\nu}$/cm^{-1}, Wellenlängen in nm. $\lambda > 200$ nm: λ_{Luft}. $\lambda < 200$ nm: λ_{Vakuum}.

Auswahl der stärksten Linien

Übergang	Wellenlänge	Übergang	Wellenlänge
$4p\ ^1S_0$–$5s\ ^3P_1$	468,5841	$4p\ ^3P_2$– $5s\ ^1P_1$	258,9201
$4p\ ^1S_0$–$5s\ ^1P_1$	422,6565	$4p\ ^1S_0$–$4s\ 4p^3\ ^1P_1$	255,6288
$4p\ ^1D_2$–$5s\ ^3P_1$	326,9503	$4p\ ^3P_1$– $5s\ ^1P_1$	253,3241
$4p\ ^1D_2$–$5s\ ^3P_2$	312,4831	$4p\ ^3P_0$– $5s\ ^1P_1$	249,7974
$4p\ ^1S_0$–$4d\ ^3D_1$	306,7138	$4p\ ^1D_2$– $4d\ ^1D_2$	241,7375
$4p\ ^1D_2$–$5s\ ^1P_1$	303,9086	$4p\ ^1D_2$– $4d\ ^3D_3$	237,9154
$4p\ ^1S_0$–$4d\ ^3P_1$	282,9012	$4p\ ^1D_2$– $4d\ ^3F_2$	232,7934
$4p\ ^1S_0$–$6s\ ^3P_1$	279,3935	$4p\ ^1D_2$– $4d\ ^3F_3$	231,4225
$4p\ ^3P_2$–$5s\ ^3P_1$	275,4596	$4p\ ^1D_2$– $4d\ ^1F_3$	219,873
$4p\ ^1S_0$–$4d\ ^1P_1$	274,0436	$4p\ ^3P_2$– $4d\ ^3D_3$	209,427
$4p\ ^3P_1$–$5s\ ^3P_0$	270,9631	$4p\ ^3P_1$– $4d\ ^3D_2$	206,866
$4p\ ^3P_1$–$5s\ ^3P_1$	269,1351	$4p\ ^3P_1$– $4d\ ^3D_1$	206,522
$4p\ ^3P_0$–$5s\ ^3P_1$	265,1580	$4p\ ^3P_2$– $4d\ ^3F_3$	204,379
$4p\ ^3P_2$–$5s\ ^3P_2$	265,1184	$4p\ ^3P_0$– $4d\ ^3D_1$	204,172
$4p\ ^3P_1$–$5s\ ^3P_2$	259,2548	$4p\ ^3P_1$– $4d\ ^3F_2$	201,908

Sn I: $Z = 50$, $Z_v = 4$, $V_J = 7{,}297$. G.T.: (Pd) $5s^2\ 5p^2$; $^3P_0$. $V_a = 4{,}30$

Term		Termwert	Term	Termwert
$5p^2$	$^3P_0$	59 155,0	$5p(^2P^0_{3/2})\ 6p\ ^1D_2$	10 965,3
	$^3P_1$	57 463,2	$5p(^2P^0_{1/2})\ 5d\ ^3D^0_2$	15 472,0
	$^3P_2$	55 727,3	$5p(^2P^0_{3/2})\ 5d\ ^1D^0_2$	12 009,3
	$^1D_2$	50 542,0	$5p(^2P^0_{1/2})\ 7s\ ^3P^0_0$	10 938,8
	$^1S_0$	41 992,4	$^3P^0_1$	10 932,9
$5p(^2P^0_{1/2})\,6s$	$^3P^0_0$	24 514,2	$(^2P^0_{3/2})\ 7p\ ^1P_1$	4 165,0
	$^3P^0_1$	24 240,8	$5p(^2P^0_{1/2})\ 6d\ ^3D^0_2$	8 144,5
$5p(^2P^0_{3/2})\,6s$	$^3P^0_2$	20 526,2	$(^2P^0_{3/2})\ 6d\ ^1D^0_2$	3 858,9
	$^1P^0_1$	19 897,9	$(^2P^0_{1/2})\ 15s\ ^3P^0_1$	830,3

Übergang	λ/nm	Übergang	λ/nm
$6s\ ^3P^0_1$–$6p\ ^1P_1$	855,260	$5p\ ^3P_0$–$6s\ ^3P^0_1$	286,3324
$6s\ ^3P^0_1$–$7p\ ^3D_2$	614,971	$5p\ ^3P_2$–$6s\ ^3P^0_2$	283,999
$5p\ ^1S_0$–$6s\ ^3P^0_0$	563,1707	$5p\ ^3P_1$–$6s\ ^3P^0_2$	270,6510
$5p\ ^1S_0$–$6s\ ^1P^0_1$	452,4744	$5p\ ^1D_2$–$5d\ ^3D^0_3$	257,1576
$5p\ ^1D_2$–$6s\ ^3P^0_1$	380,1022	$5p\ ^3P_2$–$5d\ ^3F^0_3$	242,9488
$5p\ ^1D_2$–$6s\ ^3P^0_2$	333,0620	$5p\ ^1D_2$–$5d\ ^1F^0_3$	242,1697
$5p\ ^1D_2$–$6s\ ^1P^0_1$	326,0340	$5p\ ^3P_1$–$5d\ ^3F^0_2$	235,4837
$5p\ ^3P_2$–$6s\ ^3P^0_1$	317,5046	$5p\ ^1D_2$–$6d\ ^3F^0_3$	231,723
$5p\ ^3P_1$–$6s\ ^3P^0_0$	303,4120	$5p\ ^3P_2$–$5d\ ^3D^0_3$	226,8913
$5p\ ^3P_1$–$6s\ ^3P^0_1$	300,9136	$5p\ ^3P_0$–$5d\ ^3D^0_1$	224,6048

Pb I: $Z = 82$, $Z_v = 4$, $V_J = 7.42$. G.T.: (Pt) $6s^2\,6p^2$; $^3P_0$. $V_a = 4{,}33$

Term	Termwert für n =			
	6	7	8	9
$np\,^3P_0$	59 821	15 424	8 037	4961
$^3P_1$	52 004	15 149	7 906	4895
$^3P_2$	49 173	15 014	—	—
$np\,^1D_2$	38 365	—	—	—
$np\,^1S_0$	30 365	—	—	—
$np\,^3D_1$	—	16 906	8 503	5170
$ns\,^3P^0_0$	—	24 863	11 096	6348
$nd\,d^0_1$	13 754	7 323	4 666	3219
d^0_2	14 380	7 512	4 740	3261
d^0_3	13 494,5	7 721	4 820	3297
$np\,^1S_0$	30 365		$7s\,^3P^0_1$:24536	

Übergang	Wellenlänge für n =			
	6	7	8	9
$7s\,^3P^0_1$–$np\,^3P_1$	—	1065,08	601,176	508,995
$7s\,^3P^0_0$–$np\,^3P_1$	—	1029,13	589,568	500,669
$7s\,^3P^0_1$–$np\,^3P_0$	—	1097,15	605,943	510,727
$7s\,^3P^0_1$–$np\,^3D_1$	—	1310,19	623,5317	516,215
$7s\,^3P_0$–$np\,^3D_1$	—	1256,38	611,057	507,65
$6p\,^3P_1$–$ns\,^3P_0$	—	368,347	244,384	218,961
P_2–$nd\,d_1$	406,2149	322,0544	296,650	284,452
P_2–$nd\,d_2$	416,8045	324,0195	297,300	284,778
P_2–$nd\,d_3$	401,9644	326,2353	298,0162	285,075

Ti I: $Z = 22$, $Z_v = 4$, $V_J = 6{,}84$. G.T.: (Ar) $3d^2\,4s^2$; $^3F_2$. $V_a = 2{,}0$. Relative Termwerte

Term		Termwert	Term		Termwert
$3d^2 4s^2$	$^3F_2$	0,00	$3d^2 4s(^4F)5s$	$^5F^0_1$	35 959,07
	$^3F_3$	170,14	$3d^4$	$^3G_3$	36 065,75
	$^3F_4$	386,88	$3d^3(^4P)4p$	$^5P^0_1$	36 298,43
$3d^3(^5F)4s$	$^5F_1$	6 556,86	$3d^2 4s(^4F)5s$	$^3F_2$	37 538,71
$3d^2 4s^2$	$^1D_2$	7 255,29	$3d^3(^4F)5s$	$^5F_1$	39 107,25
	$^3P_0$	8 436,69	$3d^2 4s(^2F)5s$	$^3F_2$	39 526,89
$3d^3(^5F)4s$	$^3F_2$	11 531,82	$3d^3(^2F)5s$	$^1F_3$	41 087,31
$3d^2 4s^2$	$^1G_4$	12 118,46	$3d^2 4s(^2G)4p$	$^1F^0_3$	41 585,24
$3d^3(^4P)4s$	$^5P_1$	13 981,75	$3d^2 4s(^4F)5p$	$^5D^0_0$	41 822,99
$3d^3(^2G)4s$	$^3G_3$	15 108,12	$3d^3(^2D)4p$	$^3D^0_1$	42 146,39
$3d^2 4s^2$	$^1S_0$	15 166,59	$3d^2 4s(^4F)4d$	$^5P_1$	42 611,58
$3d^2 4s(^4F)4p$	$^5G^0_2$	15 877,18	$3d^2 4s(^2F)4d$	$^3F_3$	47 038,16
$3d^3(^2D)4s$	$^3D_1$	17 369,59	$3d^3(^4F)6s$	$^5F_4$	47 777,32
$3d^2 4s(^4F)4p$	$^5D^0_0$	18 462,83	$3d^2 4p^2$	$^5F_1$	48 058,85
$3d^2 4s(2P)4p$	$^3P^0_2$	25 493,78	$3d^2 4s(^4F)5d$	$^5D_0$	48 802,32
$3d^3(^4F)4p$	$^5G^0_2$	26 494,37	$3d^3(^2D)5s$	$^3D_2$	49 571,69
$3d^3(^4P)4p$	$^5D^0_0$	35 503,40	$3d^3(^2P)5s$	$^1P_1$	53 663,32

Termwerte in Wellenzahlen $\bar{\nu}$/cm^{-1}, Wellenlängen in nm. $\lambda > 200$ nm: λ_{Luft}. $\lambda < 200$ nm: λ_{Vakuum}.

Zr I: $Z = 40, Z_v = 4, V_J = 6{,}95$. G.T.: (Kr) $4d^2 5s^2$, $^3F_2$, $V_a = 1{,}84$. Relative Termwerte

Term		Termwert	Term		Termwert
$4d^2 5s^2$	$^3F_2$	0,00	$4d^3(^4F)5p$	$^5G^0_2$	25 630,48
	$^3F_3$	570,41	$4d^3(^4F)5p$	$^3D^0_1$	26 902,45
	$^3F_4$	1 240,84	$4d^2 5s(^2D)5p$	$^3P^0_0$	28 632,75
$4d^3(^4F)5s$	$^5F_1$	4 870,53	$4d^2 5s(^4F)6s$	$^5F_1$	35 046,95
$4d^2 5s^2$	$^1D_2$	5 101,68	$4d^2 5s(^4F)6s$	$^3F_2$	37 459,60
$4d^2 5s^2$	$^1S_0$	13 141,76	$4d^2 5s(^4F)5d$	$^5H_4$	39 936,70
$4d^3(^2D)5s$	$^3D_1$	14 123,01	$4d^2 5s(^4F)5d$	$^5G_2$	40 660,65
$4d^2 5s(^4F)5p$	$^5G^0_2$	14 783,54	$4d^2 5p^2$	$^5G_2$	45 798,48
$4d^4$	$^5D_0$	21 726,28	$4d^2 5s(^2S)5p$	$^1P^0_1$	51 899,40
$4d^3(^4F)5p$	$^3F^0_2$	23 597,47			

Hf I: $Z = 72$, $Z_v = 4$. G.T.: (Xe) $4f^{14} 5d^2 6s^2$; $^3F_2$. Relative Termwerte. Etwa 200 Linien zwischen 925 und 248 nm. Terme ohne nähere Zuordnung

Term	Termwert	Term	Termwert
$5d^2 6s^2$	0,00	$5d^2 6s^2$	25 634,22
	2 356,60		28 790,28
	8 983,70		32 533,33
	17 679,73		35 453,71
	20 960,07		40 194,43
	24 985,35		42 302,14

N I: $Z = 7$, $Z_v = 5$, $V_J = 14{,}55$. G.T.: (He) $2s^2 sp^3$; $^4S^0_{3/2}$. $V_a = 10{,}3$

Term	Termwert für n =		Term	Termwert für n =	
	2	3		3	4
$np\,^4S^0_{3/2}$	117 345	20 593,3	$nd\,^4P_{5/2}$	12 388	6942,2
$np\,^4P^0_{5/2}$	—	21 811,8	$nd\,^4P_{3/2}$	12 455	6994?
$np\,^4P^0_{3/2}$	—	21 850,1	$nd\,^4P_{1/2}$	12 481	7020,3
$np\,^4P^0_{1/2}$	—	21 868,5	$nd\,^4D_{7/2}$	12 325,5	7006,3?
$np\,^4D_{7/2}$	—	22 461,9	$nd\,^4D_{5/2}$	12 334,3	7057,2
$np\,^4D^0_{5/2}$	—	22 512,9	$nd\,^4D_{3/2}$	—	7069,5
$np\,^4D^0_{3/2}$	—	22 550,2	$nd\,^4D_{1/2}$	—	7123,6
$np\,^4D^0_{1/2}$	—	22 572,8	$nd\,^4F_{9/2}$	12 577?	7046,6
$np\,^2S_{1/2}$	—	23 762,7	$nd\,^4F_{7/2}$	12 626,5?	7096,0
$np\,^2P^0_{3/2}(^3P_2)$	88 505	19 539,2	$nd\,^4F_{5/2}$	12 668,8?	7131,3
$np\,^2P^0_{1/2}(^3P_1)$	88 505	19 574,9	$nd\,^4F_{3/2}$	12 688?	7149,1
$np\,^2D^0_{5/2}(^3P_2)$	98 122	20 480,8	$nd\,^2P_{3/2}$	12 729,6	7123,3
$np\,^2D_{3/2}(^3P_1)$	98 144	20 556,8	$nd\,^2P_{1/2}$	12 690,1	7100,4

Term	Termwert für n =			
	3	4	5	6
ns $^4P_{5/2}$	33 979,0	13 608,2	7417,1	4662,4
ns $^4P_{3/2}$	34 025,7	13 676,9	7487,2	4734,4
ns $^4P_{1/2}$	34 059,5	13 726,9	7531,5	4779,1
ns $^2P_{3/2}$	31 121,8	13 117,6	7236,5	4522
ns $^2P_{1/2}$	31 213,6	13 202,8	7315,8	—
ns $^5D_{5/2}$	17 681,0	—	—	—
ns $^2D_{3/2}$	17 681,0	—	—	—

Grundserien von NI

Übergang	Wellenlänge für n =			
	3	4	5	6
$2p\,^4S_{3/2}$–$ns\,^4P_{1/2}$	120,0681	96,507	91,060	—
$2p\,^4S_{3/2}$–$ns\,^4P_{3/2}$	120,0200	96,457	91,021	—
$2p\,^4S_{3/2}$–$ns\,^4P_{5/2}$	119,9533	96,393	90,970	88,753
$2p\,^4S_{3/2}$–$nd\,^4P_{1/2}$	95,349	90,656	—	—
$2p\,^4S_{3/2}$–$nd\,^4P_{3/2}$	95,349	90,656	—	—
$2p\,^4S_{3/2}$–$nd\,^4P_{5/2}$	95,229	90,579	88,568	87,507
$2p\,^4S_{3/2}$–$nd\,^4D_{7/2}$	95,400	90,656	88,629	87,575

Weitere Terme (Ausgangsterme für ultrarote Linien)

Term	Termwert
$2s2p^4\,^4P_{5/2}$	29 235,5
$2s2p^4\,^4P_{3/2}$	29 191,6
$2s2p^4\,^4P_{1/2}$	29 172,0
$sp^4\,^2P_{1/2}$	17 671
$sp^4\,^2P_{3/2}$	17 701

Wichtige ultrarote Linien

Übergang	Wellenlänge	Übergang	Wellenlänge
$sp^4\,^4P_{5/2}$–$3p\,^4S^0_{3/2}$	1156,48	$3s\,^2P_{1/2}$–$3p\,^2D^0_{3/2}$	938,65
$^4P_{3/2}$– $^4S^0_{3/2}$	1162,80	$^2P_{3/2}$– $^2D^0_{5/2}$	939,25
$^4P_{1/2}$– $^4S^0_{3/2}$	1165,60	$3p\,^2D^0_{3/2}$–$3d\,^2F_{5/2}$	1246,12
$^4P_{5/2}$– $^4D^0_{7/2}$	1475,57	$^2D^0_{5/2}$– $^2F_{7/2}$	1246,78

O II: $Z = 8$, $Z_v = 5$, $V_J = 35{,}16$. G.T.: (He) $2s^2 2p^3$; $^4S^0_{3/2}$

Term	Termwert für n =			
	2	3	4	5
ns $^4P_{1/2}$	—	98 315,54	44 924,58	25 857,2
$^4P_{3/2}$	—	98 210,22	44 819,36	25 753,0
$^4P_{5/2}$	—	98 051,70	44 657,94	25 587,1
$^2P_{1/2}$	—	94 662,52	43 222,15	25 142,3
$^2P_{3/2}$	—	94 482,53	43 034,62	24 949,2

Termwerte in Wellenzahlen $\bar{\nu}/\text{cm}^{-1}$, Wellenlängen in nm. $\lambda > 200$ nm: λ_{Luft}. $\lambda < 200$ nm: λ_{Vakuum}.

O II: (*Fortsetzung*)

Term	Termwert für n =			
	2	3	4	5
np $^4S^0_{3/2}$	283 550,9	71 388,96	—	—
$^2S^0_{1/2}$	—	79 608,69	—	—
$^4P^0_{1/2}$	—	75 204,73	—	—
$^4P^0_{3/2}$	—	75 158,63	—	22 289,2
np $^4P^0_{5/2}$	—	75 066,66	—	22 196,6
$^2P^0_{1/2}$	243 082,5	69 381,16	35 125,55	—
$^2P^0_{3/2}$	243 084,0	69 321,42	35 036,67	—
$^4D^0_{1/2}$	—	76 820,10	37 783,10	—
$^4D^0_{3/2}$	—	76 764,56	37 734,61	22 592
$^4D^0_{5/2}$	—	76 673,00	37 648,05	22 509
$^4D^0_{7/2}$	—	76 548,38	37 521,95	22 371
$^2D^0_{3/2}$	256 721,5	72 028,92	35 541,8	21 853,4
$^2D^0_{5/2}$	256 742,5	71 838,42	33 365,6	21 681,5
nd $^2P_{1/2}$		50 006,81	28 269,5	—
$^2P_{3/2}$		50 120,80	28 378,4	—
$^2D_{3/2}$		49 148,12	27 707,8	—
$^2D_{5/2}$		49 096,45	27 635,7	17 695

Kombinationen der Grundterme (Auswahl)

Übergang	Wellenlänge für n =		Übergang	Wellenlänge für n =	
	3	4		3	4
2p $^2D_{3/2}$–ns $^2P_{1/2}$	61,7051	—	2p $^2D_{3/2}$–nd $^2D_{3/2}$	48,1755	43,6649
2p $^2D_{3/2}$–ns $^2P_{3/2}$	61,6363	—	2p $^2D_{5/2}$–nd $^2D_{3/2}$	48,1704	—
2p $^2D_{5/2}$–ns $^2P_{3/2}$	61,6291	46,7926	2p $^2D_{3/2}$–nd $^2D_{5/2}$	48,1635	—
2p $^2D_{3/2}$–nd $^2P_{3/2}$	48,4025	—	2p $^2D_{5/2}$–nd $^2D_{5/2}$	48,1587	43,6510
2p $^2D_{5/2}$–nd $^2P_{3/2}$	48,3976	—	2p $^2D_{3/2}$–nd $^2F_{5/2}$	48,5515	43,7683
2p $^2D_{3/2}$–nd $^2P_{1/2}$	48,3752	—	2p $^2D_{5/2}$–nd $^2F_{5/2}$	48,5465	—
2p ^4S–ns $^4P_{1/2}$	53,9853	—	2p ^2P –ns $^2P_{1/2}$	67,3768	50,0343
$^4P_{3/2}$	53,9547	—	2p ^2P –ns $^2P_{3/2}$	67,2948	49,9871
$^4P_{5/2}$	53,9086	41,8598	2p ^2P –nd $^2P_{3/2}$	51,8242	46,5760
2p ^4S–nd $^4P_{5/2}$	43,0177	39,2002	2p ^2P –nd $^2P_{1/2}$	51,7937	46,5529
$^4P_{3/2}$	43,0041	39,1943	2p ^2P –nd $^2D_{3/2}$	51,5640	46,4310
$^4P_{1/2}$	42,9918	39,1912	2p ^2P –nd $^2D_{5/2}$	51,5498	46,4194

P I: $Z = 15$, $Z_v = 5$, $V_J = 10{,}9$. G.T.: (Ne) $3s^2 3p^3$; ${}^4S^0_{3/2}$. $V_a = 6{,}94$

Relative Termwerte		Auswahl der stärksten Linien			
Term	Termwert	Übergang			λ/nm
$3s^2 3p^3\ {}^4S^0_{3/2}$	0,0	$3p\ {}^4S^0$	–	$sp^4\ {}^4P_{3/2}$	167,4661
${}^2D^0_{3/2}$	11 361,7	${}^4S^0_0$	–	${}^4P_{5/2}$	167,9730
${}^2D^0_{5/2}$	11 376,5	$3p\ {}^2D^0_{5/2}$	–	$3d\ {}^2F_{7/2}$	168,5957
${}^2P^0_{1/2}$	18 722,4	${}^2D^0_{3/2}$	–	${}^2F_{5/2}$	169,4055
${}^2P^0_{3/2}$	18 748,1	$3p\ {}^4S^0$	–	$4s\ {}^4P_{5/2}$	177,4942
$({}^3P)4s\ {}^4P_{1/2}$	55 939,23	${}^4S^0$	–	${}^4P_{3/2}$	178,2830
$sp^4\ {}^4P_{5/2}$	59 533,4	${}^4S^0$	–	${}^4P_{1/2}$	178,7686
$({}^1D)4s\ {}^2D_{3/2,5/2}$	65 156,6	$3p\ {}^2P^0_{1/2}$	–	$3d\ {}^2P_{1/2}$	185,1144
$({}^3P)4p\ {}^4D^0_{5/2}$	65 585,1	${}^2D^0_{3/2}$	–	$({}^1D)4s\ {}^2D_{3/2,5/2}$	185,8924
$sp^4\ {}^2P_{3/2}$	67 908,6	${}^2D^0_{5/2}$	–	${}^2D_{3/2,5/2}$	185,9401
$({}^3P)4p\ {}^2P^0_{1/2}$	67 970,2	$3p\ {}^2P^0_{3/2}$	–	$sp^4\ {}^2P_{3/2}$	203,4146
$({}^3P)3d\ {}^2F_{5/2}$	70 391,3	${}^2D^0_{3/2}$	–	$4s\ {}^2P_{3/2}$	213,6142
$({}^3P)3d\ {}^4D_{5/2}$	70 778,6	${}^2D^0_{5/2}$	–	${}^2P_{3/2}$	213,6875
$sp^4\ {}^2S_{1/2}$	72 943,3	${}^2D^0_{3/2}$	–	${}^2P_{1/2}$	214,9787
$({}^3P)3d\ {}^2D_{5/2}$	73 248,1	${}^2P^0_{1/2}$	–	${}^2D_{3/2,5/2}$	215,3630
		${}^2P^0_{3/2}$	–	${}^2D_{3/2,5/2}$	215,4761

Sb I: $Z = 51$, $Z_v = 5$, $V_J = 8{,}64$. G.T.: (Pd) $5s^2 5p^3$; ${}^4S^0_{3/2}$. $V_a = 5{,}36$

Term	Termwert	Term	Termwert
$5s^2 5p^3\ {}^4S^0_{3/2}$	0,0	$5s^2 5p^2({}^3P_0)7s\ {}^4P_{1/2}$	57 597,3
$5s^2 5p^3\ {}^2D^0_{3/2}$	8 512,1	$5s^2 5p^2({}^3P_1)7s\ {}^4P_{3/2}$	60 964,7
$5s^2 5p^3\ {}^2D^0_{5/2}$	9 854,1	$5s^2 5p^2({}^3P_1)7s\ {}^2P_{1/2}$	61 386,3
$5s^2 5p^3\ {}^2P^0_{1/2}$	16 395,6	$5s^2 5p^2({}^3P_0)8s\ {}^4P_{1/2}$	62 960,0
$5s^2 5p^3\ {}^2P_{3/2}$	18 464,5	$5s^2 5p^2({}^3P_2)7s\ {}^4P_{5/2}$	63 516,6
$5s^2 5p^2({}^3P_0)6s\ {}^4P_{1/2}$	43 249,4	$5s^2 5p^2({}^1S_0)6s\ {}^2S_{1/2}$	65 653,2
$5s^2 5p^2({}^3P_2)6s\ {}^2P_{3/2}$	49 391,1	$5s^2 5p^2({}^3P_1)8s\ {}^4P_{3/2}$	66 113,0
$5s^2 5p^2({}^1D_2)6s\ {}^2D_{3/2}$	55 233,2	$5s^2 5p^2({}^1D_2)7s\ {}^2D_{5/2}$	70 880,3
$5s^2 5p^2({}^1D_2)6s\ {}^2D_{5/2}$	55 728,3	$5s^2 5p^2({}^3P_2)9s\ {}^4P_{5/2}$	71 089

Stärkste Kombinationen der Elektronenkonfigurationen $5s^2 5p^3$–$5s^2 5p^2 6s$.

Relative Termwerte und stärkste Linien. Weitere 440 Linien zwischen 138,8 nm und 1247,0 nm

Übergang	λ/nm	Übergang	λ/nm	Übergang	λ/nm
${}^4P_{5/2}-11^0_{3/2}$	11 26,623	${}^2P^0_{1/2}-{}^2P_{1/2}$	326,751	${}^2D^0_{5/2}-{}^4P_{5/2}$	259,809
${}^4P_{3/2}-9^0$	10 83,973	${}^2P^0_{3/2}-{}^2P_{1/2}$	323,252	${}^2D^0_{3/2}-{}^2P_{1/2}$	259,805
${}^4P_{3/2}-10^0_{5/2}$	10 74,194	${}^2P^0_{1/2}-{}^2P_{3/2}$	302,983	${}^2D^0_{5/2}-{}^2P_{3/2}$	252,852
${}^4P_{1/2}-6^0_{3/2}$	10 67,741	${}^2D^0_{3/2}-{}^4P_{1/2}$	287,792	${}^2D^0_{3/2}-{}^2P_{3/2}$	244,551
${}^2P^0_{3/2}-{}^4P_{1/2}$	4 03,355	${}^2P_{3/2}-7_{3/2}$	285,111	${}^4S^0_{3/2}-{}^4P_{1/2}$	231,147
${}^2P^0_{1/2}-{}^4P_{1/2}$	3 72,279	${}^2D^0_{5/2}-{}^4P_{3/2}$	276,995	${}^4S^0_{3/2}-{}^4P_{3/2}$	217,581
${}^2P^0_{3/2}-{}^4P_{3/2}$	3 63,783	${}^2P_{3/2}-8_{5/2}$	272,723	${}^4S^0_{3/2}-{}^4P_{5/2}$	206,833
${}^2P^0_{3/2}-{}^2P_{1/2}$	3 50,448	${}^2D^0_{3/2}-{}^4P_{3/2}$	267,064	${}^4S^0_{3/2}-{}^2P_{3/2}$	202,400
${}^2P_{1/2}-{}^4P^0_{3/2}$	3 38,315				

[a] Resonanzlinie.

Termwerte in Wellenzahlen $\tilde{\nu}/\mathrm{cm}^{-1}$, Wellenlängen in nm. $\lambda > 200$ nm: λ_{Luft}. $\lambda < 200$ nm: $\lambda_{\mathrm{Vakuum}}$.

Bi I: $Z = 83$, $Z_v = 5$. G.T.: (Pt) $6s^2 6p^3$; $^4S^0_{3/2}$. Relative Termwerte

Term	Termwert	Term	Termwert
$6s^2 6p^3\,{}^4S^0_{3/2}$	0	$6s^2 6p^2 7s\,{}^4P_{1/2}$	32 588,0
$^2D^0_{3/2}$	11 418,77	$^4P_{3/2}$	43 911,7
$^2D^0_{5/2}$	15 438,42	$^4P_{5/2}$	48 489,0
$^2P^0_{5/2}$	21 661,81	$^2P_{1/2}$	45 915,0
$^2P^0_{3/2}$	33 165,01	$^2P_{3/2}$	51 018,3

Einige starke Linien

Übergang	Wellenlänge	Übergang	Wellenlänge
$S_{3/2}-{}^4P_{5/2}$	206,173	$^2D_{3/2}-{}^2P_{1/2}$	289,7982
$^4S_{3/2}-{}^2P_{1/2}$	217,6618	$^2D_{5/2}-{}^4P_{5/2}$	302,4646
$^4S_{3/2}-{}^4P_{3/2}$	227,6578	$^2D_{3/2}-{}^4P_{1/2}$	472,2542
$^2D_{3/2}-{}^2P_{3/2}$	252,4520		

V I: $Z = 23$, $Z_v = 5$, $V_J = 6{,}71$. G.T.: (Ar) $3d^3 4s^2$; $^4F_{3/2}$. $V_a = 2{,}06$ Relative Termwerte; Deutung der Terme nicht ganz sicher

Term		Termwert	Term		Termwert
$3d^3 4s^2$	$^4F_{3/2}$	0,00	$3d^3 4s 4p(^3P)$	$^4D^0_{1/2}$	33 966,72
	$^4F_{5/2}$	137,38	$3d^4 4p(^3P)?$	$^4S^0_{3/2}$	36 408,23
	$^4F_{5/2}$	323,42	$3d^5$	$^4F_{3/2}$	36 983,63
	$^4F_{9/2}$	553,02	$3d^3 4s 5s(^5F)$	$^6F_{1/2}$	37 374,98
$3d^4 4s(^5D)$	$^6D_{1/2}$	2 112,32	$3d^4 4p(^3G)$	$^2H^0_{11/2}$	40 919,68
$3d^3 4s^2$	$^4P_{1/2}$	9 544,54	$3d^4 4d(^5D)$	$^6F_{7/2}$	42 363,62
$3d^4 4s(^3P)$	$^4P_{1/2}$	15 078,25	$3d^3 4s 5d(^5F)$	$^6P_{3/2}$	44 443,67
$3d^3 4s 4p(^5F)$	$^6G^0_{3/2}$	16 361,45	$3d^4 4p(^3D)$	$^2P^0_{1/2}$	45 946,66
$3d^5$	$^6S_{5/2}$	20 202,49	$3d^3 4s 4d(^5F)$	$^6H_{5/2}$	49 717,57
$3d^4 4p(^5D)$	$^6P^0_{3/2}$	24 648,10	$3d^3 4s 4p(^3H)$	$^2P^0_{1/2}$	57 744,12
$3d^4 4p(^5D)$	$^4D^0_{1/2}$	26 182,60			

Nb I: $Z = 41$, $Z_v = 5$. G.T.: (Kr) $4d^4 5s$; a $^6D_{1/2}$. $V_a = 2{,}97$. Relative Termwerte

Term		Termwert	Term		Termwert
$4d^4 5s$	$^6D_{1/2}$	0,00	$4d^3 5s 5p(^5F)$	$^6D^0_{1/2}$	19 623,96
	$^6D_{3/2}$	154,19	$4d^4 5p(^5D)$	$^6F^0_{1/2}$	23 984,87
	$^6D_{5/2}$	391,99	$4d^3 5s 5p(^5P)$	$^6D^0_{1/2}$	26 552,40
	$^6D_{7/2}$	695,25	$4d^3 5s 5p(^3P)$	$^4P^0_{1/2}$	27 666,46
	$^6D_{9/2}$	1050,26	$4d^3 5s 5p(^3G)$	$^4F^0_{3/2}$	29 779,44
$4d^3 5s^2$	$^4F_{3/2}$	1142,79	$4d^4 5p(^3F)$	$^4D^0_{1/2}$	37 536,56
$4d^4 5s$	$^4D_{1/2}$	8410,90	$4d^4 5p(^3F)$	$^4F^0_{3/2}$	38 903,00

Ta I: $Z = 73$, $Z_v = 5$. G.T.: (X) $4f^{14}\,5d^3 6s^2$
2100 Linien zwischen 1032,5 und 236,8 nm

Pa I: $Z = 91$. G.T.: (Rn) $6d^3 7s^2$
Stärkste Linien: 405,63 nm; 409,73 nm; 429,14 nm; 438,73 nm; 452,47 nm; 453,06 nm; 460,15 nm; 462,80 nm; 521,66 nm; 531,08 nm; 621,62 nm; 637,93 nm.

O I: $Z = 8$, $Z_v = 6$, $V_J = 13{,}62$. G.T.: (He) $2s^2 2p^4$; $3P_2$. $V_a = 9{,}16$

Term	Termwert	Term	Termwert	Term	Termwert
$2p\,^3P_2$	109 837,3	$^5P_3$	23 205,8	$^5P_2$	10 743,7
$^3P_1$	109 679,17	$^3P_0$	21 207,7	$^5P_3$	10 744,3
$^3P_0$	109 610,52	$^3P_1$	21 207,7	^3P	10 157,5
$2p\,^1D$	93 969,5	$^3P_2$	21 207,2	$5s\,^5S^0$	7 720,8
$2p\,^1S$	76 044,5	$3d\,^5D^0$	12 417,3	$^3S^0$	7 425,6
$3s\,^5S^0$	36 069,0	$3d\,^3D^0$	12 350,0	$6s\,^5S^0$	4 819,9
$^3S^0$	33 043,3	$4s\,^5S^0$	14 358,5	$^3S^0$	4 672,8
$3p\,^5P_1$	23 211,9	$^3S^0$	13 612,5	$7s\,^5S^0$	3 291,9
$^5P_2$	23 209,2	$4p\,^5P_1$	10 742,5	$^3S^0$	3 210,3

Grundserien

Übergang	Wellenlänge	Übergang	Wellenlänge	Übergang	Wellenlänge
$2p\,^3P_1$–$3s\,^5S$	135,866	$2p\,^3P_1$–$5s\,^3S$	97,800	$2p\,^3P_1$–$4d\,^3D$	97,326
$2p\,^3P_2$–$3s\,^5S$	135,573	$2p\,^3P_2$–$5s\,^3S$	97,650	$2p\,^3P_2$–$4d\,^3D$	97,176
$2p\,^3P_0$–$3s\,^3S$	130,612	$2p\,^3P_0$–$6s\,^3S$	95,296	$2p\,^3P_0$–$5d\,^3D$	95,079
$2p\,^3P_1$–$3s\,^3S$	130,496	$2p\,^3P_1$–$6s\,^3S$	95,236	$2p\,^3P_1$–$5d\,^3D$	95,017
$2p\,^3P_2$–$3s\,^3S$	130,225	$2p\,^3P_2$–$6s\,^3S$	95,095	$2p\,^3P_2$–$5d\,^3D$	94,873
$2p\,^3P_0$–$4s\,^3S$	104,171	$2p\,^3P_0$–$3d\,^3D$	102,821	$2p\,^3P_0$–$6d\,^3D$	93,859
$2p\,^3P_1$–$4s\,^3S$	104,100	$2p\,^3P_1$–$3d\,^3D$	102,749	$2p\,^3P_1$–$6d\,^3D$	93,803
$2p\,^3P_2$–$4s\,^3S$	103,926	$2p\,^3P_2$–$3d\,^3D$	102,584	$2p\,^3P_2$–$6d\,^3D$	93,662
$2p\,^3P_0$–$5s\,^3S$	97,862	$2p\,^3P_0$–$4d\,^3D$	97,392		

Serienauswahl

Übergang	Wellenlänge für n =					
	3	4	5	6	7	bek.bis
$3s\,^5S$ –$np\,^5P_3$	777,197	394,733	—	—	—	—
$3s\,^5S$ –$np\,^5P_2$	777,401	394,751	—	—	—	—
$3s\,^5S$ –$np\,^5P_1$	777,568	394,761	—	—	—	—
$3s\,^3S$ –$np\,^3P$	844,638	436,830	369,244	—	—	—
$3p\,^5P_3$–$ns\,^5S$	—	1130,0	646,507	543,683	502,013	1,0
$3p\,^5P_2$–$ns\,^5S$	—	1129,4	645,455	543,578	501,934	—
$3p\,^5P_1$–$ns\,^5S$	—	1129,4	645,369	543,516	501,878	—
$3p\,^3P$ –$ns\,^3S$	—	1316,37	725,405	604,634	555,494	1,0
$3p\,^5P_3$–$nd\,^5D$	926,657	615,820	533,066	496,876	477,376	—
$3p\,^5P_2$–$nd\,^5D$	926,388	615,678	532,959	496,786	477,289	1,0
$3p\,^5P_1$–$nd\,^5D$	—	615,599	522,898	496,740	477,254	—
$3p\,^3P$ –$nd\,^3D$	1128,73	700,222	595,853	551,271	527,508	1,0

Termwerte in Wellenzahlen $\bar{\nu}/\text{cm}^{-1}$, Wellenlängen in nm. $\lambda > 200$ nm: λ_{Luft}. $\lambda < 200$ nm: λ_{Vakuum}.

Übergang	Wellenlänge für n =				
	2	3	4	5	6
$2s2p^5\,^3P_2^0$–$2s^22p^3np(^4S)\,^3P_2$	81,102	288,378	423,332	514,61	575,042
$^3P_2^0$– $^3P_1$	81,209	288,378			
$^3P_1$– $^3P_2$	81,062	287,895	422,278	513,06	573,10
$^3P_1^0$– $^3P_1$	81,169	287,895			
$^3P_1^0$– $^3P_0$	81,209	287,895			
$^3P_0^0$– $^3P_1$	81,143	287,630	421,709	512,21	572,061

„Grüne Nordlichtlinie“: 557,735 nm ($^1S_0$–$^1D_2$).

S I: $Z = 16$, $Z_v = 6$, $V_J = 10{,}36$. G.T.: (Ne) $3s^2 3p^4$; $^3P_2$. $V_a = 6{,}53$

Term	Termwert	Term	Termwert	Term	Termwert
$3p\,^3P_2$	83 553	$3s\,3p^5\,^3P_2^0$	11 532	$4s\,^3P^0$	6 420,64
$^3P_1$	83 153	$3p\,^1D$	74 312	$4p\,^3D$	2 560,6
$^3P_0$	82 980	$3d\,^3G^0$	6 441,17	$^3P_0$	4 138,03
$3d\,^5D_4^0$	15 678,45	$4s\,^3D^0$	13 384	$^3P_1$	4 150,97
$4s\,^5S^0$	30 934,49	$4p\,^3F_2$	5 404,00	$^3P_2$	4 180,33
$4p\,^5P_1$	20 112,07	$3p\,^1S$	64 519		

Grundlinien

Übergang	Wellenlänge	Übergang	Wellenlänge	Übergang	Wellenlänge
$3p\,^3P_1$–$4s\,^5S$	191,496	$3p\,^3P_1$–$5s\,^3S$	143,327	$3p\,^3P_1$–$3d\,^3D$	148,166
$3p\,^3P_2$–$4s\,^5S$	190,047	$3p\,^3P_2$–$5s\,^3S$	142,511	$3p\,^3P_2$–$3d\,^3D$	147,299
$3p\,^3P_0$–$4s\,^3S$	182,635	$3p\,^3P_0$–$6s\,^3S$	132,669	$3p\,^3P_0$–$4d\,^3D$	141,292
$3p\,^3P_1$–$4s\,^3S$	182,053	$3p\,^3P_1$–$6s\,^3S$	132,358	$3p\,^3P_1$–$4d\,^3D$	140,941
$3p\,^3P_2$–$4s\,^3S$	180,742	$3p\,^3P_2$–$6s\,^3S$	131,663	$3p\,^3P_2$–$4d\,^3D$	140,155
$3p\,^3P_0$–$5s\,^3S$	143,692	$3p\,^3P_0$–$3d\,^3D$	148,553		

Übergang	Wellenlänge für n =			
	4	5	6	7
$4s\,^5S$–$np\,^5P_1$	923,749	469,649	396,249	—
$4s\,^5S$–$np\,^5P_2$	922,811	469,545	396,200	—
$4s\,^5S$–$np\,^5P_3$	921,291	469,413	396,155	367,718
$4s\,^3S$–$np\,^3P_1$	1045,946	527,891	441,134	399,216
$4s\,^3S$–$np\,^3P_0$	1045,679	527,861	—	—
$4s\,^3S$–$np\,^3P_2$	1045,547	527,804	—	—

Se I: $Z = 34$, $Z_v = 6$, $V_J = 9{,}73$. G.T.: (Ni) $4s^2 4p^4$; $^5P_2$. $V_a = 5{,}98$

Term	Termwert für n =			Term	Termwert für n =		
	4	5	6		4	5	6
$ns\,^5S_2^0$	—	30 476,03	12 669,1	$np\,^1S_0$	56 212,19	—	—
$^3S_1^0$	—	27 661,29	12 035,1	$nd\,^5D_0^0$	15 277,38	—	—
$np\,^5P_1$	—	19 415,34	9 394,77	$^5D_1^0$	15 275,48	8269,66	5114,54
$^5P_2$	—	19 370,31	9 380,44	$^5D_2^0$	15 285,03	8269,16	5116,80
$^5P_3$	—	19 266,84	9 343,64	$^5D_3^0$	15 270,76	8266,50	5110,66
$^3P_1$	76 668,73	18 035,85	9 058,73	$^5D_4^0$	15 288,15	8267,18	5110,5
$^3P_2$	78 658,22	17 980,76	9 044,15	$^3D_1^0$	13 358,78	7551,97	4794,34
$^3P_0$	76 123,87	17 962,15	9 028,75	$^3D_2^0$	13 380,26	7561,98	4838,23
				$^3D_3^0$	13 318,50	7503,26	4797,54

Auswahl der stärksten Linien

Übergang	Wellenlänge	Übergang	Wellenlänge
$4p\,^3P_1$–$5s\,^1P_1$	137,798	$4p\,^3P_2$–$4d\,^3D_2$	153,184
$4p\,^3P_2$–$5d\,^3D_3$	140,537	$4p\,^3P_1$–$6s\,^3S_1$	154,712
$4p\,^3P_2$–$5d\,^3D_1$	140,637	$4p\,^3P_1$–$4d\,^3D_2$	158,004
$4p\,^3P_2$–$5d\,^3D_2$	140,660	$4p\,^3P_0$–$4d\,^5D_1$	164,339
$4p\,^3P_1$–$5s\,^3P_1$	144,485	$4p\,^1D_2$–$4d\,^3D_3$	179,329
$4p\,^3P_1$–$5d\,^3D_1$	144,678	$4p\,^1D_2$–$4d\,^3D_2$	179,528
$4p\,^3P_1$–$5d\,^3D_2$	144,698	$4p\,^1D_2$–$4d\,^5D_2$	185,884
$4p\,^3P_1$–$5s\,^3P_0$	144,916	$4p\,^3P_1$–$5s\,^3S_1$	203,9851
$4p\,^3P_0$–$5s\,^3P_1$	145,631	$4p\,^3P_0$–$5s\,^3S_1$	206,2788
$4p\,^3P_2$–$6s\,^3S_1$	150,091	$4p\,^3P_2$–$5s\,^5S_2$	207,4793
$4p\,^3P_2$–$4d\,^3D_3$	153,039	$4p\,^3P_1$–$5s\,^5S_2$	216,4160
$4p\,^3P_2$–$4d\,^3D_1$	153,133	$4p\,^1D_2$–$5s\,^3S_1$	241,3517

Te I: $Z = 52$, $Z_v = 6$, $V_J = 8{,}96$. G.T.: (Pd) $5s^2 5p^4$; $^3P_2$. $V_a = 5{,}48$

Term		Termwert	Term	Termwert	Term	Termwert
$5s^2 5p^4$	$^3P_2$	72 667	$6p\,^5P_1$	18 505	$8p\,^3P_2$	5366
	$^3P_0$	67 960	$6d\,^5D^0_0$	7 646	$8d\,^5D^0$	3522
	$^3P_1$	67 916	$7s\,^3S^0_1$	11 580	$9s\,^5S^0_2$	4303
	$^1D_2$	62 108	$7p\,^5P_1$	9 110	$10s\,^5S^0_2$	2997
	$^1S_0$	49 468	$7d\,^5D^0$	5 230	$11s\,^5S^0_2$	2209
6s	$^5S^0_2$	28 414	$8s\,^5S^0_2$	6 734	$11f\,^5F$	1370

Termwerte in Wellenzahlen $\bar{\nu}$/cm^{-1}, Wellenlängen in nm. $\lambda > 200$ nm: λ_{Luft}. $\lambda < 200$ nm: λ_{Vakuum}.

Übergang	λ/nm	Übergang	λ/nm
$6s(^4S)\,^5S_2$ –$6p(^4S)\,^5P_1$	1008,90	$5d\,(^4S)\,^5D_1$–$8p(^4S)\,^3P_1$	827,66
$^5S_2$– $^5P_2$	1004,93	$5s^2 5p^4\,^1S_0$ –$5d(^4S)\,^3D_1$	317,515
$6p(^4S)\,^5P_1$ –$6s\,(^2P)\,^3P_1$	986,70	$^1D_2$–$5d(^4S)\,^3D_1$	226,552
$6s\,(^4S)\,^5S_2$ –$6p(^4S)\,^5P_3$	972,12	$5s^2 5p^4\,^1D_2$–$5d(^4S)\,^5D_2$	220,874
$5d(^4S)\,^5D_2$–$8p(^4S)\,^3P_2$	870,06	$^3P_1$ –$5d(^4S)\,^3D_1$	200,20
$5d(^4S)\,^5D_1$–$8p(^4S)\,^3P_0$	829,11		

Cr I: $Z = 24$, $Z_v = 6$, $V_J = 6{,}74$. G.T.: (Ar) $3d^5 4s$; $^7S_3$. $V_a = 2{,}90$. Relative Termwerte; Deutung der Terme nicht ganz sicher

Term		Termwert	Term		Termwert
$3d^5(^6S)4s$	$^7S_3$	0	$3d^4 4s(^4D)4p$	$^3D^0_1$	38 597,1
	$^5S_2$	7 593,1	$3d^5(^6S)4d$	$^7D_1$	42 253,3
$3d^4 4s^2$	$^5D_0$	7 750,7	$3d^5(^6S)6s$	$^5S_2$	45 967,7
$3d^5(^4G)4s$	$^5G_2$	20 517,5	$3d^4 4s(^6D)5s$	$^7D_1$	46 448,6
$3d^5(^6S)4p$	$^7P^0_2$	23 305,0	$3d^4 4s(^6D)5s$	$^5D_2$	48 558,5
$3d^5(^4D)4s$	$^5D_0$	24 277,1		$^5F^0_5$	54 537,9
$3d^4 4s(^6D)4p$	$^7F^0_0$	24 971,1		$^3H^0_6$	63 997,6
$3d^5(^6S)5s$	$^7S_3$	36 895,8			

Termwerte in Wellenzahlen $\bar{\nu}$/cm^{-1},. Wellenlängen in nm. $\lambda > 200$ nm: λ_{Luft}. $\lambda < 200$ nm: λ_{Vakuum}.

Mo I: $Z = 42$, $Z_v = 6$, $V_J = 7{,}06$. G.T.: (Kr) $4d^5 5s$; $^7S_3$. Etwa 650 eingeordnete Linien

Term	Termwert	Term	Termwert
$4d^5(^6S)\ 5s\ ^7S_3$	59 560,4	$4d^5(^6S)\,5p\ ^7P^0_2$	33 946,1
$^5S_2$	48 792,2	$4d^5(^6S)\,5p\ ^5D^0_4$	24 479,3
$4d^4\,5s^2\ ^5D_0$	48 594,6	$4d^5(^6S)\,6s\ ^7S_3$	19 885,0
$4d^5(^4G)\,5s\ ^5G_2$	42 919,6	$4d^5(^6S)\,5d\ ^7D_1$	14 624,7
$4d^5(^4G)\,5s\ ^5P_1$	41 080,9	$^5D_0$	13 752,6

W I: $Z = 74$, $Z_v = 6$, $V_J = 7{,}94$. G.T.: (Xe) $5d^4 6s^2$; $^5D_0$. Etwa 2600 klassifizierte Linien zwischen 200 und 1050 nm

Term	Termwert	Term	Termwert
$5d^4 6s^2\ ^5D_0$	0	$5d^4 6s(^6D)7s\ ^7D_1$	43 451,89
$^5D_1$	1 670,27	$5d^4 6s(^6D)7s\ ^5D_4$	51 123,08
$5d^5 6s\ ^7S_3$	2 951,27	$5d^4 6s(^6D)6p\ ^7F^0_0$	19 389,38
$5d^4 6s^2\ ^5D_2$	3 325,50	$5d^4 6s(^6D)6p\ ^7F^0_6$	28 599,81
$5d^5 6s\ ^3D$	18 082,84	$^5F^0_5$	33 370,06
$5d^4 6s^2\ ^3G_5$	19 826,02		

U I: $Z = 92$, $Z_v = 6$, $V_J \sim 4$. G.T.: (Rn) $6d^4 7s^2$?
Etwa 9000 Linien zwischen 290 und 1100 nm sind Kombinationen von etwa 300 Termen

Term	Termwert	Term	Termwert
$5f^3 6d\, 7s^2\ ^5L^0_5$	0,00	$5f^3 6d^2(^6M_{13/2})7s\ M^0_6$	6249,04
$^5K^0_5$	620,33	$7s^2\,M^0_7$	8118,64
$^5L^0_7$	3800,83		
$^5K^0_6$	4275,75		

F I: $Z = 9$, $Z_v = 7$, $V_J = 17{,}43$. G.T.: (He) $2s^2\,2p^5$; $^2P^0_{3/2}$. $V_a = 12{,}72$ Zuordnung nicht immer sicher

Term	Termwert	Term	Termwert	Term	Termwert
$2p\ ^2P^0_{1/2}$	140 149,5		12 213,97	$^4D_{7/2}$	7008,23
$^2P^0_{3/2}$	410 553,5		12 332,34	$^4F_{3/2}$	6581,44
$2s\,2p^6\ ^2S_{1/2}$	−2 8000		12 332,85	$^4F_{5/2}$	6620,94
$3s\ ^2P_{1/2}$	35 496,40		12 412,23	$4d\ ^4F_{7/2}$	6629,67
$3p\ ^2S^0_{1/2}$	22 147,41	$3s\ ^2D_{3/2}$	16 626,94	$^4F_{9/2}$	6947,11
$3p\ ^4P^0_{1/2}$	24 409,11	$5p\ ^2D^0_{3/2}$	1 853,35		6461,47
$3d\ ^4D_{1/2}$	12 367,70	$5s\ ^2P_{1/2}$	7 329,40		6467,97
3d	118 54,82	$4d\ ^4D_{1/2}$	6 939,40	4d	6587,03
	119 46,62	$4d\ ^4D_{5/2}$	6 995,36	4f	6881
	120 29,41				

Auswahl der stärksten Linien

Übergang	Wellenlänge	Übergang	Wellenlänge
$3s\,^2P_{1/2} - 3p\,^2D^0_{3/2}$	780,022	$3s\,^2P_{1/2} - 3p\,^2P^0_{3/2}$	720,237
$3s\,^2P_{3/2} - 3p\,^2D^0_{5/2}$	775,470	$3s\,^2P_{1/2} - 3p\,^2P^0_{1/2}$	712,788
$3s\,^2P_{3/2} - 3p\,^2D_{3/2}$	760,717	$3s\,^2P_{3/2} - 3p\,^2P^0_{3/2}$	703,745
$3s\,^4P_{1/2} - 3p\,^4P^0_{3/2}$	757,341	$3s\,^4P_{1/2} - 3p\,^4D^0_{3/2}$	690,982
$3s\,^4P_{3/2} - 3p\,^4P^0_{5/2}$	755,224	$3s\,^4P_{3/2} - 3p\,^4D^0_{5/2}$	690,246
$3s\,^4P_{3/2} - 3p\,^4P^0_{1/2}$	742,564	$3s\,^4P_{5/2} - 3p\,^4D^0_{7/2}$	685,602
$3s\,^4P_{5/2} - 3p\,^4P^0_{5/2}$	739,868	$3s\,^4P_{1/2} - 3p\,^4S^0_{3/2}$	641,366
$3s\,^4P_{5/2} - 3p\,^4P^0_{3/2}$	733,195	$3s\,^4P_{3/2} - 3p\,^4S^0_{3/2}$	634,850
$3s\,^2P_{3/2} - 3p\,^2S^0_{1/2}$	731,102		

Cl I: $Z = 17$, $Z_v = 7$, $V_J = 12{,}90$. G.T.: (Ne) $3s^2\,3p^5$; $^2P^0_{3/2}$. $V_a = 8{,}94$

Term	Termwert	Term	Termwert	Term	Termwert
$3p\,^2P^0_{3/2}$	104 991	$4p\,^4P^0_{5/2}$	22 076,46	$5d\,^4F_{3/2}$	5 045,58
$^2P^0_{1/2}$	104 110	$5p\,^4P^0_{5/2}$	10 513,07	$6d\,^4D_{7/2}$	4 005,40
$4s\,^4P_{5/2}$	33 037	$4d\,^4D_{7/2}$	9 294,51	$4s\,^2D_{5/2}$	20 875,32
$^4P_{3/2}$	32 506,80	$6s\,^4P_{5/2}$	7 757,63	$4p\,^2P^0_{3/2}$	10 681,33
$^2P_{3/2}$	30 769,56	$5d\,^4D_{7/2}$	5 794,98	$^2D^0_{3/2}$	8 509,30

Wichtige langwellige Linien

Übergang	λ/nm	Übergang	λ/nm
$4s\,^2P_{3/2} - 4p\,^4D^0_{5/2}$	1009,164	$4s\,^4P_{5/2} - {}^4D^0_{5/2}$	821,200
$^2P_{1/2} - {}^2D^0_{3/2}$	987,595	$^2D_{3/2} - 5p\,^2P_{3/2}(^3P)$	820,020
$^2P_{3/2} - {}^4D^0_{3/2}$	974,433	$^2D_{5/2}(^1D) - {}^2P_{3/2}(^3P)$	819,902
$^4P_{1/2} - {}^4P^0_{3/2}$	970,235	$^4P_{3/2} - 4p\,^4D^0_{1/2}$	819,435
$^2P_{3/2} - {}^2D^0_{5/2}$	959,220	$^2D_{5/2}(^1D) - {}^2D^0_{5/2}(^1D)$	808,667
$^4P_{3/2} - {}^4P^0_{5/2}$	958,477	$^2D_{3/2}(^1D) - {}^2D^0_{3/2}(^1D)$	808,554
$^2P_{1/2} - {}^2P^0_{3/2}$	945,206	$^2D_{5/2}(^1D) - 4p\,^2D^0_{3/2}(^1D)$	808,448
$^4P_{3/2} - {}^4P^0_{3/2}$	939,381	$^2D_{3/2}(^1D) - 5p\,^2P^0_{1/2}(^3P)$	801,557
$^2P_{3/2} - {}^2D^0_{3/2}$	928,882	$4s\,^4P_{3/2} - 4p\,^2D^0_{3/2}$	799,780
$^4P_{3/2} - {}^4P^0_{1/2}$	916,167	$4p\,^4D^0_{5/2} - 4d\,^4F_{7/2}$	793,500
$^4P_{3/2} - {}^4P^0_{5/2}$	912,110	$^4D^0_{7/2} - {}^4F_{9/2}$	793,385
$^2P_{3/2} - {}^2S^0_{1/2}$	907,315	$4s\,^4P_{1/2} - 4p\,^2P^0_{3/2}$	792,462
$^2P_{1/2} - {}^2P^0_{1/2}$	904,540	$4p\,^4P^0_{3/2} - 4d\,^4D_{5/2}$	789,928
$^2D_{5/2}(^1D) - {}^2F^0_{7/2}(^1D)$	903,896	$4s\,^4P^0_{5/2} - 4p\,^2D^0_{5/2}$	787,822
$^4P_{5/2} - {}^4P^0_{3/2}$	894,801	$4p\,^4P^0_{3/2} - 4d\,^4D_{3/2}$	783,076
$^2P_{3/2} - {}^2P^0_{3/2}$	891,288	$^4P^0_{5/2} - {}^4D_{7/2}$	782,135
$^2P_{3/2} - 4p\,^4S^0_{3/2}$	868,628	$^4P^0_{5/2} - {}^2D_{5/2}$	776,918
$^4P_{3/2} - {}^4D^0_{5/2}$	858,596	$4s\,^4P_{1/2} - 4p\,^4S^0_{3/2}$	774,494
$^4P_{1/2} - {}^4D^0_{3/2}$	857,525	$^4P_{3/2} - {}^2P^0_{3/2}$	771,757
$^4P_{1/2} - {}^4D^0_{1/2}$	842,825	$^4P_{3/2} - {}^4S^0_{3/2}$	754,706
$^4P_{5/2} - {}^4D^0_{7/2}$	837,595	$^4P_{5/2} - {}^2P^0_{3/2}$	741,410
$^4P_{3/2} - {}^4D^0_{3/2}$	833,329	$^4P_{5/2} - {}^4S^0_{3/2}$	725,663
$^4P_{3/2} - {}^2D^0_{5/2}$	822,173	$4p\,^4P^0_{3/2} - 6s\,^4P^0_{5/2}$	708,680
$^4P_{1/2} - {}^2D^0_{3/2}$	822,040		

Termwerte in Wellenzahlen $\bar{\nu}/\mathrm{cm}^{-1}$, Wellenlängen in nm. $\lambda > 200$ nm: λ_{Luft}. $\lambda < 200$ nm: $\lambda_{\mathrm{Vakuum}}$.

Kurzwellige Linien

$^2P_{1/2}-{}^4P_{3/2}$: 139,65 $^2P_{3/2}-{}^4P_{5/2}$: 138,99 $^2P_{3/2}-{}^4P_{3/2}$: 137,96
$^2P_{1/2}-{}^2P_{3/2}$: 136,35

Br I: $Z=35$, $Z_v=7$, $V_J=11{,}76$. G.T.: (Ar) $4s^2\,4p^5$; $^2P^0_{3/2}$. $V_a=7{,}86$

Term	Termwert	Term	Termwert
$4p\,^2P^0_{3/2}$	95550	$6p\,^4S^0_{3/2}$	6602,88
$^2P^0_{1/2}$	91865	$7s\,^4P_{5/2}$	7421,67
$5s\,^4P_{5/2}$	32120,18	$7p\,^4P^0_{5/2}$	6008,04
$5s\,^2P_{3/2}$	28373,13	$5d\,^4D_{7/2}$	3801,16
$5p\,^4P^0_{5/2}$	20884,33	$5s\,^2D_{5/2}$	18225,89
$5p\,^4S^0_{3/2}$	16880,08	$2p\,^2P^0_{1/2}$	6997,08
$6p\,^4P^0_{5/2}$	10029,96	$^2P^0_{1/2}$	5791,96
$6p\,^4D^0_{7/2}$	9793,78		

Übergang	Wellenlänge	Übergang	Wellenlänge
Resonanzlinien		$5s\,^4P_{3/2}-5p\,^2D_{5/2}$	734,856
$4p\,^2P_{1/2}-5s\,^2P_{3/2}$	157,50	$5s\,^4P_{3/2}-5p\,^2D_{3/2}$	676,011
$4p\,^2P_{1/2}-5s\,^2P_{1/2}$	153,19	$5s\,^4P_{5/2}-5p\,^2D_{5/2}$	663,174
$4p\,^2P_{3/2}-5s\,^2P_{3/2}$	148,86	$5s\,^4P_{5/2}-5p\,^2D_{3/2}$	614,862
$4p\,^2P_{3/2}-5s\,^2P_{1/2}$	144,99	$5s\,^4P_{1/2}-5p\,^2P_{3/2}$	813,151
$4p\,^2P_{1/2}-5s\,^4P_{3/2}$	163,36	$5s\,^4P_{1/2}-5p\,^2P_{1/2}$	834,370
$4p\,^2P_{1/2}-5s\,^4P_{1/2}$	158,24	$5s\,^4P_{3/2}-5p\,^2P_{1/2}$	716,214
$4p\,^2P_{3/2}-5s\,^4P_{5/2}$	157,65	$5s\,^4P_{3/2}-5p\,^2P_{3/2}$	700,521
$4p\,^2P_{3/2}-5s\,^4P_{3/2}$	154,08	$5s\,^4P_{5/2}-5p\,^2P_{3/2}$	635,074
$4p\,^2P_{3/2}-5s\,^4P_{1/2}$	149,53	$5s\,^4P_{1/2}-5p\,^2S_{1/2}$	769,96
$4p\,^2P_{1/2}-5s\,^2S_{1/2}$	138,46	$5s\,^4P_{3/2}-5p\,^2S_{1/2}$	668,229
$4p\,^2P_{3/2}-5s\,^2S_{1/2}$	131,74?	$5s\,^4P_{1/2}-5p\,^4D_{3/2}$	1014,00
Serienlinien (Auswahl)		$5s\,^4P_{3/2}-5p\,^4D_{5/2}$	926,539
		$5s\,^4P_{1/2}-5p\,^4D_{1/2}$	893,239
$5s\,^2P_{1/2}-5p\,^2D_{3/2}$	932,083	$5s\,^4P_{3/2}-5p\,^4D_{3/2}$	844,655
$5s\,^2P_{3/2}-5p\,^2D_{5/2}$	882,526	$5s\,^4P_{5/2}-5p\,^4D_{7/2}$	827,246
$5s\,^2P_{3/2}-5p\,^2D_{3/2}$	798,994	$5s\,^4P_{5/2}-5p\,^4D_{5/2}$	815,394
$5s\,^4P_{1/2}-5p\,^2D_{3/2}$	780,303	$5s\,^4P_{3/2}-5p\,^4D_{1/2}$	759,159
		$5s\,^4P_{5/2}-5p\,^4D_{3/2}$	751,301

J I: $Z=53$, $Z_v=7$, $V_J=10{,}44$. G.T.: (Pd) $5s^2\,5p^5$; $^2P^0_{3/2}$

Term	Termwert	Term	Termwert	Term	Termwert
$5p\,^2P^0_{3/2}$	84 230,8	$5d\,^4P_{5/2}$	18 203,8	$^4S^0_{13/2}$	8 613,11
$^2P^0_{1/2}$	76 628,1				
$6s\,^4P_{5/2}$	29 600,80	$6p\,^4D^0_{1/2}$	12 051,02	$6s\,^2D_{5/2}$	15 426,0
$^2P_{3/2}$	22 414,63	$6p\,^2D^0_{5/2}$	11 705,14	$6p\,^2D^0_{3/2}$	7 564,5
$7s\,^4P_{5/2}$	12 329,2	$7p\,^4D^0_{7/2}$	9 040,3	$^2P^0_{1/2}$	6 641,2

Auswahl der stärksten Linien

Übergang	λ/nm	Übergang	λ/nm
6s $^2P_{3/2}$ – 6p $^2D_{5/2}$	933,57	6s $^2P_{3/2}$–(^{1}D)6p $^2P_{3/2}$	602,426
(^{1}D)6s $^2D_{5/2}$– 7p $^4D_{3/2}$	905,83	6s $^4P_{3/2}$– 6p $^2P_{3/2}$	589,405
6s $^4P_{1/2}$ – 6p $^4D_{3/2}$	902,23	$^4P_{5/2}$– $^4D_{3/2}$	576,433
$^2P_{3/2}$ – $^2P_{3/2}$	889,840	$^4P_{5/2}$– $^2D_{5/2}$	558,641
$^4P_{1/2}$ – $^4D_{1/2}$	885,745	6s $^4P_{5/2}$– 6p $^2P_{3/2}$	542,710
(^{1}D)6s $^2D_{3/2}$– 7p $^4D_{3/2}$	885,336	$^4P_{1/2}$– 7p $^4D_{1/2}$	523,460
5d $^4P_{1/2}$ – 7p $^4D_{3/2}$	796,953	$^4P_{3/2}$– $^4P_{1/2}$	520,418
6s $^2P_{3/2}$ – 7p $^4P_{3/2}$	755,665	$^4P_{3/2}$– $^4S_{3/2}$	511,934
5d $^4P_{3/2}$ – 7p $^4D_{3/2}$	741,368	$^4P_{5/2}$– $^4P^0_{5/2}$	491,703
5d $^4P_{5/2}$ – 7p $^4D_{3/2}$	723,683	$^4P_{5/2}$– $^4P^0_{3/2}$	489,678
6s $^2P_{3/2}$–(^{1}D)6p $^2D_{3/2}$	673,208	$^4P_{5/2}$– $^4D_{7/2}$	486,233
$^2P_{1/2}$ – $^2P_{3/2}$	656,648	$^4P_{5/2}$– $^4S_{3/2}$	476,337
$^2P_{3/2}$ – $^2P_{1/2}$	633,803	$^4P_{3/2}$–(^{1}D)6p $^2P_{3/2}$	447,864
6s $^4P_{3/2}$ – 6p $^4D_{3/2}$	629,395	6s $^4P_{3/2}$– 7p $^4D_{3/2}$	420,898
$^4P_{3/2}$ – $^4D_{1/2}$	621,315	$^4P_{5/2}$– $^4D_{3/2}$	396,534
$^4P_{3/2}$ – $^2D_{5/2}$	608,240		

Mn I: $Z = 25$, $Z_v = 7$, $V_J = 7{,}43$. G.T.: (Ar) $3d^5 4s^2$; $^6S_{5/2}$. $V_a = 2{,}30$

Term		Termwert	Term		Termwert
$3d^5 4s^2$	$^6S_{5/2}$	59 937,47	$3d^6(^5D)4p$	$^6F^0_{1/2}$	16 264,47
$3d^6(^5D)4s$	$^6D_{9/2}$	42 885,17	$3d^6(^5D)4p$	$^4D^0_{1/2}$	13 767,56
$3d^5 4s(^7S)4p$	$^8P^0_{5/2}$	41 534,98	$3d^5 4s(^7S)4d$	$^8D_{3/2}$	13 231,30
$3d^6(^5D)4s$	$^4D_{7/2}$	36 640,81	$3d^6(^5D)4p$	$^4P^0_{5/2}$	13 036,36
$3d^5 4s(^7S)4p$	$^6P^0_{3/2}$	35 158,16	$3d^5 4s(^7S)6s$	$^8S_{7/2}$	9 779,89
$3d^5 4s(^5S)4p$	$^4P^0_{5/2}$	28 936,41	$3d^5 4s(^7S)7s$	$^8S_{7/2}$	5 757,40
$3d^5 4s(^7S)5s$	$^8S_{7/2}$	20 506,13	$3d^5 4s(^7S)8s$	$^8S_{7/2}$	3 793,1
$3d^6(^5D)4p$	$^6D^0_{9/2}$	18 148,04	$3d^5 4p^2$	$^4D_{1/2}$	2 231,68

Fe II: $Z = 26$, $Z_v = 7$, $V_J = 16{,}5$. G.T.: (Ar) $3d^6 4s$; $^6D_{9/2}$. Spektrallinien. (Alle λ als λ_{vac} angegeben)

Übergang	λ/nm	Übergang	λ/nm	Übergang	λ/nm
$^6D_{9/2}$–$^6P^0_{7/2}$	109,6886	$^4F^0_{7/2}$ –$^4D^0_{5/2}$	165,9487	$^4P_{5/2}$ –$^4F^0_{7/2}$	205,7993
$^6D_{7/2}$–$^6F^0_{9/2}$	114,8295	$^4F_{5/2}$ –$^4G_{7/2}$	172,0621	$^2P_{3/2}$ –$^2P^0_{3/2}$	215,1774
$^4F_{9/2}$–$^4F^0_{9/2}$	155,9106	$^6S_{5/2}$ –$^6P^0_{5/2}$	178,6738	$^4H_{11/2}$–$^4H^0_{11/2}$	222,0582[a]
$^4F_{7/2}$–$^4F^0_{7/2}$	156,3790	$^2D_{5/2}$ –$^2F^0_{7/2}$	190,4784	$^2H_{11/2}$–$^2H_{11/2}$	222,1081[a]
$^4F_{9/2}$–$^4G^0_{9/2}$	156,6825	$^2H_{11/2}$–$^2G^0_{9/2}$	200,1019	$^6D^0_{9/2}$ –$^6F_{9/2}$	224,6171
$^4F_{5/2}$–$^4F^0_{5/2}$	157,0248	$^4P_{3/2}$ –$^4D^0_{3/2}$	200,8364	$^6D^0_{7/2}$ –$^6F_{7/2}$	224,8388
$^4F_{3/2}$–$^4F^0_{3/2}$	157,4931	$^4P_{3/2}$ –$^4D^0_{5/2}$	201,6154	$^6D^0_{5/2}$ –$^6F_{5/2}$	224,9754
$^6D_{9/2}$–$^6P^0_{7/2}$	160,8446	$^4P_{5/2}$ –$^4D^0_{7/2}$	202,1394	$^6D^0_{9/2}$ –$^6F_{11/2}$	225,2531
$^4F_{9/2}$–$^4D^0_{7/2}$	163,7400	$^2D_{5/2}$ –$^2F^0_{7/2}$	203,7093	$^6D^0_{7/2}$ –$^6F_{9/2}$	225,6369
$^4D_{5/2}$–$^4P^0_{3/2}$	164,1761	$^2P_{3/2}$ –$^2D^0_{5/2}$	205,5931		

[a] Übergang zwischen ungeradem und geradem Term $H_{11/2}$.

Termwerte in Wellenzahlen $\bar{\nu}$/cm^{-1}, Wellenlängen in nm. $\lambda > 200$ nm: λ_{Luft}. $\lambda < 200$ nm: λ_{Vakuum}.

Re I: $Z = 75$, $Z_v = 7$. $V_J \sim 8$. G.T.: (Xe) $4f^{14}5d^5 6s^2$; $^6S_{5/2}$. $V_a = 3{,}36$.
Relative Termwerte

Term	Termwert	Term	Termwert
Gerade Terme		$5d^5 6s\,7s\ ^8S_{7/2}$	42 598,22
$5d^5 6s^2\ ^6S_{5/2}$	0,00	$5d^5 6s\,8s\ ^8S_{7/2}$	53 392,13
$^4P_{5/2}$	11 583,88	$5d^6 7s\ ^6D_{3/2}$	57 665,40
$5d^6 6s\ ^6D_{9/2}$	11 754,43		
$5d^5 6s^2\ ^4P_{3/2}$	13 826,05	Ungerade Terme	
$5d^7\ ^4F_{9/2}$	22 159,94	$5d^5 6s\,6p\ ^6P^0_{5/2}$	28 854,10
$5d^7\ ^4F_{7/2}$	24 724,11	$^6P^0_{7/2}$	28 889,61
$5d^7\ ^4D_{1/2}$	30 131,50	$^6P^0_{3/2}$	28 961,48

Auswahl der stärksten Linien

Übergang	Wellenlänge
$43814{,}9\ (\approx 4381^0_{7/2})$–$5d^6 6s\ ^6D_{9/2}$	311,8193
$43407{,}8\ (\approx {}^8S^0_{7/2})$– $^6D_{9/2}$	315,8315
$5d^5 6s\,6d\ ^8D_{1/2}$–$5d^5 6s\,6p\ ^8P^0_{5/2}$	318,5563
$^8D_{7/2}$– $^8P^0_{7/2}$	334,2263
$41163{,}8\ (\approx 4116^0_{7/2})$–$5d^6 6s\ ^6D_{9/2}$	339,9299
$40946{,}47\ (\approx 4094^0_{7/2})$– $^6D_{9/2}$	342,4604
$5d^5 6s\,6p\ ^6P^0_{7/2}$–$5d^5 6s^2\ ^6S_{5/2}$	346,074
$5d^5 6s\,7s\ ^8S_{7/2} 5d^5 6s\,6p\ ^8P^0_{5/2}$	422,746
$35923{,}0\ (\approx 3592^0_{9/2})$–$5d^5 6s^2\ ^4G_{7/2}$	479,1419
$5d^5 6s\,6p\ ^8P^0_{7/2}$–$5d^5 6s^2\ ^6S_{5/2}$	488,917
$5d^5 6s\,7s\ ^8S_{7/2}$–$5d^5 6s\,6p\ ^8P^0_{9/2}$	527,0984
$5d^5 6s\,6p\ ^8P^0_{5/2}$–$5d^5 6s^2\ ^6S_{5/2}$	527,553
$35923{,}0\ (\approx 3592^0_{9/2})$–$5d^6 6s\ ^4D_{7/2}$	537,7045
$5d^5 6s\,6p\ ^6P^0_{3/2}$–$5d^5 6s^2\ ^4P_{5/2}$	575,2951
$^6P^0_{7/2}$– $^4P_{5/2}$	577,684
$^6P^0_{7/2}$–$5d^6 6s\ ^6D_{9/2}$	583,433
$^6P^0_{7/2}$–$5d^5 6s^2\ ^4G_{5/2}$	681,342
$^6P^0_{5/2}$– $^4G_{5/2}$	682,996
$5d^5 6s\,6p\ ^6P^0_{3/2}$–$5d^5 6s^2\ ^4P_{1/2}$	724,667
$5d^5 6s\,7s\ ^8S_{7/2}$–$5d^5 6s\,6p\ ^6P^0_{7/2}$	729,267
$5d^5 6s\,6p\ ^6P^0_{3/2}$–$5d^6 6s\ ^6D_{5/2}$	757,872
$^6P^0_{7/2}$– $^6D_{5/2}$	762,025
$^6P^0_{5/2}$– $^6D_{5/2}$	764,093
$^8P^0_{9/2}$– $^6D_{9/2}$	841,714
$^6P^0_{3/2}$– $^6D_{1/2}$	852,773
$5d^5 6s\,6d\ ^6D_{9/2}$– $40946{,}47\ (\approx 4094^0_{7/2})$	994,990

Ne I: $Z = 10$, $Z_v = 8$, $V_J = 21{,}56$. G.T.: $1s^2 2s^2 2p^6$; $^1S_0$. $V_a = 16{,}63$.
$1s^2 2s^2 2p^6\,{}^1S_0$: 173930

Term[a]	Termwert für n =		Term[a]	Termwert für n =	
	3	4		3	4
s_5	39 887,61	15 328,31	p_1	20 958,72	9643,51
s_4	39 470,16	15 133,47	d_3	12 419,87	6961,80
s_3	39 110,81	14 549,47	d_5	12 405,23	6954,13
s_2	38 040,73	13 395,73	d_4	12 339,15	6929,46
p_{10}	25 671,65	11 411,49	d_4	12 337,32	6928,37
p_9	24 272,41	11 098,72	d_3	12 322,26	6917,92
p_8	24 105,23	11 030,29	d_2	12 292,85	6902,49
p_7	23 807,85	10 916,78	d''_1	12 229,82	6881,85
p_6	23 613,59	10 891,04	d'_1	12 228,05	6880,79
p_3	23 012,02	10 528,09	s''''_1	11 520,82	6134,47
p_5	23 157,34	10 272,13	s'''_1	11 519,26	6133,56
p_4	23 070,94	10 220,82	s''_1	11 509,50	6132,51
p_2	22 891,00	10 221,69	s'_1	11 493,78	6121,64

[a] Bezeichnung nach PASCHEN für die angegebenen Übergänge

Resonanzlinien: 73,589 nm ($^1S_0$–$3s_4$); 74,370 nm ($^1S_0$–$3s_2$)

Übergang	λ/nm	Übergang	λ/nm	Übergang	λ/nm
$3s_2$–$3p_1$	585,24875	$3s_2$–$3p_4$	667,8275	$3s_5$–$3p_7$	621,7279
$3s_4$–$3p_1$	540,0556	$3s_4$–$3p_4$	609,6162	$3s_2$–$3p_8$	717,3938
$3s_2$–$3p_2$	659,8953	$3s_5$–$3p_4$	594,4834	$3s_4$–$3p_8$	650,6527
$3s_3$–$3p_2$	616,3594	$3s_3$–$3p_5$	626,6495	$3s_5$–$3p_8$	633,4428
$3s_4$–$3p_2$	602,9999	$3s_5$–$3p_5$	597,5534	$3s_5$–$3p_9$	640,2246
$3s_5$–$3p_2$	588,1896	$3s_2$–$3p_6$	692,9465	$3s_4$–$3p_{10}$	724,5165
$3s_2$–$3p_3$	665,2093	$3s_5$–$3p_6$	614,3061	$3s_5$–$3p_{10}$	703,2410
$3s_4$–$3p_3$	607,4337	$3s_4$–$3p_7$	638,2991		

Oszillatorenstärke f

Übergang	τ (s)	f	Übergang	τ (s)	f
$3s_2$–$3p_1$	$3{,}9\cdot10^{-8}$	—	$3s_5$–$3p_8$	$11{,}5\cdot10^{-8}$	0,20
$3s_4$–$3p_1$	$3{,}9\cdot10^{-8}$	—	$3s_5$–$3p_9$	$20{,}0\cdot10^{-8}$	0,8
$3s_5$–$3p_4$	$8{,}0\cdot10^{-8}$	0,144	$3s_5$–$3p_{10}$	—	0,232
$3s_5$–$3p_6$	$9{,}0\cdot10^{-8}$	0,296			

Na II: $Z = 11$, $Z_v = 8$, $V_J = 47{,}31$. G.T.: (Ne); $^1S_0$

Term	Termwert	Term	Termwert	Term	Termwert
2p $^1S_0$	381 528	$3p_{10}$ $^3S_1$	88 303,88	3d $^3F^0_2$	49 858,60
3s $^3P^0_2$	116 600,0	$3p_2$ $^3P_1$	81 017,08	4s $^3P^0_1$	49 650,33
$^3P^0_1$	115 834,71	$3p_1$ $^1S_0$	72 663,46	3d $^1D^0_2$	48 721,94
$^3P^0_0$	115 242,64	3d $^3P^0_0$	50 974,82	4s $^1P^0_1$	48 416,40
$^1P^0_1$	112 761,33	4s $^3P^0_2$	50 027,71	4d $^1P^0_1$	27 955

Termwerte in Wellenzahlen $\tilde{\nu}$/cm^{-1}, Wellenlängen in nm. $\lambda > 200$ nm: λ_{Luft}. $\lambda < 200$ nm: λ_{Vakuum}.

Auswahl der stärksten Linien

Übergang	Wellenlänge	Übergang	Wellenlänge
$3s\,^3P_1$–$3p\,^3S_1$	363,1266	$3s\,^3P_1$–$3p\,^3P_1$	287,1270
$3s\,^3P_2$–$3p\,^3S_1$	353,3043	$3s\,^3P_2$–$3p\,^3D_2$	284,1721
$3s\,^1P_1$–$3p\,^3P_2$	328,5603	$3s\,^1P_1$–$3p\,^3P_0$	249,3152
$3s\,^3P_2$–$3p\,^3D_3$	309,2729	$2p\,^1S_0$–$3s\,^3P_1$	37,6375
$3s\,^3P_1$–$3p\,^3P_2$	298,4183	$2p\,^1S_0$–$3s\,^1P_1$	37,2069
$3s\,^3P_1$–$3p\,^3P_2$	290,4914		

Ar I: $Z = 18$, $Z_v = 8$, $V_J = 15{,}76$. G.T.: $1s^2\,2s^2\,2p^6\,3s^2\,3p^6$; $^1S_0$. $V_a = 11{,}55$. $3s^2\,3p^6\,^1S_0$: 127111

Valenz-elektron	j	a	Termwert für n = 3	4	5	6
s	2	s_5	—	33967,70	13643,05	7428,30
	1	s_4	—	33360,86	13468,31	7351,29
	0	s_3	—	32557,78	12249,90	6014,82
	1	s_2	—	31711,62	12136,41	5950,13
p	1	p_{10}	—	23009,42	10451,43	6042,50
	3	p_9	—	24648,70	10168,70	5944,94
	2	p_8	—	21494,13	10112,12	5919,48
	1	p_7	—	21024,20	9960,10	5854,19
	2	p_6	—	20873,91	9927,84	5840,46
	0	p_5	—	20057,17	9548,47	5641,13
	1	p_4	—	19979,75	8703,94	4510,00
	2	p_3	—	19821,76	8642,38	4476,24
	1	p_2	—	19615,04	8651,83	4501,81
	0	p_1	—	18388,83	8240,51	4320,86
d	3	d_1'	13394,64	7545,4	4781,81	3279,03
	2	d_1''	13685,42	7666,55	4829,28	3284,65
	1	d_2	12963,84	7263,70	4597,22	3175,53
	2	d_3	14972,42	8204,85	5024,56	—
	4	d_4'	14361,10	8087,81	5075,38	3458,28
	3	d_4	14091,01	7898,59	4951,29	3339,54
	1	d_5	15293,40	8460,07	5178,63	3643,51
	0	d_6	15443,50	8599,40	5317,39	3602,55
	1	s_1'	11744,60	6099,53	3302,90	1828,46
	2	s_1''	12306,35	6492,46	3738,54	2045,03
	3	s_1'''	12289,44	6357,99	3554,04	1961,50
	2	s_1''''	12470,46	6510,60	3605,97	1998,09

[a] Bezeichnung nach Paschen für die angegebenen Übergänge.

Auswahl der stärksten Linien

Übergang	Wellenlänge	Übergang	Wellenlänge
$4p_{10}$–$5s_2$	1067,361	$4s_3$–$4p_7$	866,794
$4p_{10}$–$5s_4$	1047,809	$4p_3$–$4d_3$	860,578
$4s_3$–$5p_{10}$	1047,009	$4s_2$–$4p_4$	852,1442
$4s_2$–$4p_8$	978,449	$4s_4$–$4p_8$	842,4648
$4s_4$–$4p_{10}$	965,776	$4s_2$–$4p_3$	840,8213
$4s_2$–$4p_7$	935,422	$4s_2$–$4p_2$	826,4524
$4s_2$–$4p_6$	922,449	$4s_5$–$4p_9$	811,5309
$4p_{10}$–$5s_2$	919,468	$4s_4$–$4p_7$	810,3692
$4s_5$–$4p_{10}$	912,295	$4p_6$–$4d_5$	805,332
$4p_2$–$4d_3$	876,172		

Übergang	Wellenlänge	Übergang	Wellenlänge
$4s_5$–$4p_8$	801,4785	Resonanzlinien	
$4s_4$–$4p_6$	800,6157	$^1S_0$–$4s_4$	106,6660
$4s_3$–$4p_4$	794,8176	$^1S_0$–$4s_2$	104,8218
$4p_6$–$4d_3$	789,110	Weitere Linien im UV	
$4s_3$–$4p_2$	772,421	$^1S_0$–3d 2_1^0	89,430
$4s_5$–$4p_7$	772,3759	$^1S_0$–3d 8_1^0	87,606
$4p_8$–$4d_5$	767,004	$^1S_0$–5s 4_1^0	86,975
$4s_5$–$4p_6$	763,5107	$^1S_0$–3d 12_1^0	86,680

K II: $Z = 19$, $Z_v = 8$, $V_J = 31{,}7$. G.T.: (Ar); $^1S_0$ Auswahl der stärksten Linien

Übergang	Wellenlänge	Übergang	Wellenlänge
$4p_{10}$–$4s_5$	482,923	$4p_4$–$4s_5$	418,624
$4p_6$–$4s_2$	460,845	$4p_4$–$4s_3$	414,919
$4p_8$–$3d_3$	450,533	$4p_8$–$4s_5$	413,472
$4p_4$–$4s_2$	438,816	$4p_7$–$4s_4$	411,499
$4p_7$–$3d_5$	434,003	Resonanzlinien	
$4p_3$–$4s_2$	430,910	$^1S_0$–$4s_2$	60,075
$4p_6$–$4d_3$	430,500	$^1S_0$–$3d_5$	60,790
$4p_8$–$4s_4$	426,340	$^1S_0$–$4s_4$	61,261
$4p_6$–$3d_5$	422,567	$^1S_0$–$4s_5$	61,540
$4p_2$–$4s_2$	422,297		

Kr I: $Z = 36$, $Z_v = 8$, $V_J = 14{,}0$. G.T.: $1s^2\,2s^2\,2p^6\,3s^2\,3p^6\,3d^{10}\,4s^2\,4p^6$; $^1S_0$; $V_a = 9{,}91$. $4s\,4p^6\ ^1S_0$: 112915,7

Valenz-elektron	j	Bezeichnung nach Paschen	Termwert für n = 4	5	6
s	2	s_5	—	32943,165	13287,96?
	1	s_4	—	31998,139	13020,79
	0	s_3	—	27723,281	—
	1	s_2	—	27068,192	8027,588
p	1	p_{10}	—	21746,389	10027,695
	3	p_9	—	20620,503	9799,251
	2	p_8	—	20607,524	9793,745
	1	p_7	—	19950,507	9601,415
	2	p_6	—	19791,563	9552,277
	0	p_5	—	18822,039	9153,252
	1	p_4	—	15318,979	4476,620
	1	p_3	—	14995,746	4400,695
	2	p_2	—	14969,727	4347,112
	0	p_1	—	14059,824	4093,310
d	3	d_1'	13835,55	7706,40	4868,55
	2	d_1''	14047,38	7751,41	4922,09
	1	d_2	13269,22	7266,47	4656,11
	2	d_3	15227,20	7907,660	5117,98
	4	d_4'	15117,47	8284,33	5136,010
	3	d_4	14688,55	7998,424	5037,988
	1	d_5	15829,86	9113,135	5238,73
	0	d_6	16143,40	8841,431	5311,28

Termwerte in Wellenzahlen $\bar{\nu}$/cm^{-1}, Wellenlängen in nm. $\lambda > 200$ nm: λ_{Luft}. $\lambda < 200$ nm: λ_{Vakuum}.

Auswahl der Stärksten Linien

Übergang	Wellenlänge	Übergang	Wellenlänge
$5p_6$–$4s_1''''$	985,624	$5s_5$–$5p_7$	769,5401
$5s_4$–$5p_{10}$	975,174	$5s_2$–$5p_1$	768,52472
$5s_5$–$5p_{10}$	892,86934	$5s_5$–$5p_6$	760,15465
$5s_4$–$5p_8$	877,67498	$5s_4$–$5p_3$	587,9903
$5s_2$–$5p_4$	850,88736	$5s_4$–$5p_2$	587,0914
$5s_4$–$6p_7$	829,81091	$5s_2$–$6p_{10}$	586,676
$5s_2$–$5p_3$	828,105	$5s_5$–$5p_3$	557,0285
$5s_2$–$5p_2$	826,32412	$5s_5$–$5p_2$	556,2223
$5s_4$–$5p_6$	819,00570	$5s_4$–$6p_8$	450,2354
$5s_5$–$5p_9$	811,29023	$5s_4$–$6p_7$	446,3694
$5s_5$–$5p_8$	810,43660	$5s_5$–$6p_6$	427,3969
$5p_9$–$4d_4'$	810,402	Resonanzlinien	
$5s_3$–$5p_4$	805,95053	$^1S_0$–$5s_4$	123,5819
$5s_3$–$5p_3$	785,4823	$^1S_0$–$5s_2$	116,4868

Der Übergang zwischen den hervorgehobenen Termwerten $5d_5$ und $2p_{10}$ beim Isotop ^{86}Kr wird zur Festlegung des Meters benutzt. Das 1650763,73 fache der dabei im Vakuum ausgestrahlten Wellenlänge ($\lambda_{vak} = 605{,}78021$ nm) ist definitionsgemäß 1 m.

Rb II: $Z = 37$, $Z_v = 8$, $V_J = 27{,}3$. G.T.: (Kr); $^1S_0$

Übergang	Wellenlänge	Übergang	Wellenlänge
$4p^6\ ^1S_0$–$5s\ ^3P_1^0$	74,143	$4d\ 5_1^0$–$5p\ 6_0$	485,5361
$5s\ ^3P_1^0$–$5p\ 6_0$	379,6823	$5s\ ^3P_1^0$–$5p\ 1_1$	515,2094
$^3P_2^0$–5_2	394,0568	$4d\ 5_1^0$–$5p\ 5_2$	552,2789
$^3P_1^0$–5_2	419,3097	$5s\ ^1P_1^0$–$5p\ 6_6$	563,5994
$^3P_2^0$–3_3	424,4436	$4d\ 7_2^0$–$5p\ 5_2$	677,5062
$^3P_2^0$–2_2	427,3176		731,6505
$5s\ ^3P_2^0$–$5p\ 4_1$	429,3994	5_1^0–1_1	766,443
$^3P_1^0$–2_2	457,1790	$8_{1,2}^0$–5_2	769,857
$^3P_2$–1_1	477,5998	$8_{1,2}^0$–4_1	

Xe I: $Z = 54$, $Z_v = 8$, $V_J = 12{,}127$. G.T.: $1s^2\,2s^2\,2p^6\,3s^2\,3p^6\,3d^{10}\,4s^2\,4p^6\,4d^{10}\,5s^2\,5p^6$; $^1S_0$. $V_a = 8{,}31$. $5s^2\,5p^6\ ^1S_0$: 97834,8 (Lage des Grundterms in cm^{-1} verglichen mit Xe^+)

Valenz-elektron	j	Bezeichnung nach Paschen	Termwert für n = 5	Termwert für n = 6
	2	s_5	—	30 766,353
s	1	s_4	—	29 788,737
	0	s_3	—	21 637,108
	1	s_2	—	20 648,840
	1	p_{10}	—	20 564,751
	2	p_9	—	19 714,097
	3	p_8	—	19 430,838
	1	p_7	—	18 877,862
p	2	p_6	—	18 621,430
	0	p_5	—	17 714,926
	1	p_4	—	9 454,753
	2	p_3	—	8 671,520
	1	p_2	—	8 555,167
	0	p_1	—	7 973,862
	0	d_6	18 062,602	9 342,88
	4	d_4'	17 637,24	8 922,205
d	3	d_4	16 863,42	8 809,01
	2	d_3	17 511,12	9 125,44
	1	d_5	17 847,24	9 284,12
	1	d_2	13 943,93	7 801,75

Auswahl der stärksten Linien. Resonanzlinien: $^1S_0$–$6s_4$: 146,9621 nm; $^1S_0$–$6s_2$: 129,5560 nm

Übergang	Wellenlänge	Übergang	Wellenlänge
$6s_5$–$8p_8$	396,7541	$6p_{10}$–$7d_3$	646,9705
$6s_5$–$6p_2$	450,09772	$6p_9$– $7d_4$	688,2155
$6s_5$–$6p_3$	452,46805	$6p_8$– $7d'_4$	711,9598
$6s_4$–$6p_1$	458,27474	$6s_3$– $6p_2$	764,2025
$6s_5$–$7p_6$	462,42757	$6s_2$– $6p_1$	788,7395
$6s_5$–$7p_8$	467,1226	$6s_3$– $7p_7$	796,7341
$6s_5$–$7p_9$	469,7020	$6s_3$– $6p_4$	820,6341
$6s_4$–$6p_3$	473,41524	$6s_5$– $6p_6$	823,16348
$6s_4$–$7p_5$	480,7019	$6s_2$– $6p_2$	826,6519
$6s_4$–$7p_7$	482,9709	$6s_4$– $6p_5$	828,01163
$6s_4$–$7p_3$	484,3294	$6s_2$– $6p_3$	834,6823
$6s_4$–$6p_4$	491,6508	$6s_5$– $6p_7$	840,9190
$6s_4$–$7p_9$	492,31522	$6s_2$– $7p_5$	857,601
$6s_4$–$7p_{10}$	502,82796	$6s_2$– $7p_7$	864,854
$6p_9$–$8d_4$	618,2420		

Cs II: $Z = 55$, $Z_v = 8$, $V_J = 23{,}4$. G.T.: (Xe) $^1S_0$. Die Zuordnung der Termwerte zu den Elektronenkonfigurationen ist zum großen Teil unsicher

Übergang	Wellenlänge	Übergang	Wellenlänge
$5p^6$ $^1S_0$–(6d, 7s) I_1	61,282	$5p^6$ $^1S_0$–(5d, 6s) 2_1	80,877
$^1S_0$–(6d) 6_1	63,942	$^1S_0$–(5d, 6s) I_1	81,385
$^1S_0$–(6d) I_1	65,715	$^1S_0$–(5d) I_1	90,134
$^1S_0$–(7s) $^3P_1$	66,843	$^1S_0$–(6s) $^3P_1$	92,675

Rn I: $Z = 86$, $Z_v = 8$, $V_J = 10{,}75$. G.T.: $1s^2\,2s^2\,2p^6\,3s^2\,3p^6\,3d^{10}\,4s^2\,4p^6\,4d^{10}\,4f^{14}\,5s^2\,5p^6\,5d^{10}\,6s^2\,6p^6$ $^1S_0$. $6s^2 6p^6$ $^1S_0 = 86692{,}5$ (Lage des Grundterms in cm^{-1} verglichen mit Rn^+). $V_a = 6{,}76$

Valenzelektron	j	Bezeichnung nach PASCHEN	Termwerte für n = 7	8
s	2	s_5	32 072,15	—
	1	s_4	30 703,47	—
	0	s_3	18 785,98	—
	1	s_2	17 801,16	—
p	1	p_{10}	20 447,53	9653,12
	2	p_9	19 984,97	9530,81
	3	p_8	18 653,02	9087,97
	1	p_7	18 360,40	9014,67
	2	p_6	17 902,57	8864,68
	0	p_5	16 948,52	8529,23
	0	d_6	9 097,68	5458,35
	1	d_5	8 876,38	5362,54

Termwerte in Wellenzahlen $\bar{\nu}/cm^{-1}$, Wellenlängen in nm. $\lambda > 200$ nm: λ_{Luft}. $\lambda < 200$ nm: λ_{Vakuum}.

Rn I (Fortsetzung). Auswahl der stärksten Linien

Übergang	Wellenlänge	Übergang	Wellenlänge	Übergang	Wellenlänge
$7s_4-7p_9$	932,702	$7p_{10}-8d_5$	662,723	$7s_5-8p_6$	430,776
$7p_9-7d_4$	867,583	$7p_8-9d_4$	660,643	$7s_4-9p_7$	395,236
$7s_5-7p_{10}$	860,007	$7p_{10}-8d_3$	655,749	$7s_4-9p_6$	394,172
$7s_5-7p_9$	827,096	$7p_9-9d_4$	606,192	$7s_4-9p_5$	391,720
$7s_4-7p_7$	809,951	$7s_4-8p_9$	472,176	$7s_4-9p_8$	375,365
$7s_4-7p_6$	780,982	$7s_4-8p_7$	460,938	Resonanzlinien	
$7s_5-7p_8$	745,000	$7s_4-8p_6$	457,772	$^1S_0-7s_4$: 178,607	
$7s_5-7p_7$	729,100	$7s_4-8p_9$	450,848	$^1S_0-7s_2$: 145,156	
$7s_4-7p_5$	726,811	$7s_5-8p_{10}$	445,925		
$7s_5-7p_6$	705,542	$7s_5-8p_9$	443,505		
$7p_9-8d'_4$	675,181	$7s_5-8p_8$	434,960		

Die Hauptquantenzahlen sind unsicher.

Fe I: $Z=26$, $Z_v=8$, $V_J=7{,}83$. G.T.: (Ar) $3d^6 4s^2$; $^5D_4$. $V_a=2{,}44$. Relative Termwerte

Term		Termwert	Term		Termwert
$3d^6 4s^2$	$^5D_4$	0,000	$3d^7(^4F)4p$	$^3D^0_3$	38 175,391
	$^5D_3$	415,934	$3d^6 4s(^4D)4p$	$^5D^0_4$	39 625,847
	$^5D_2$	704,001	$3d^7(^4P)4p$	$^5S^0_2$	40 895,036
	$^5D_1$	888,126	$3d^6 4s(^4D)4p$	$^5F^0_5$	40 257,367
	$^5D_0$	978,068	$3d^7(^4P)4p$	$^5P^0_3$	42 532,795
$3d^7(^4F)4s$	$^5F_5$	6 928,272	$3d^6 4s(^6D)5s$	$^7D_5$	42 815,890
$3d^7(^4P)4s$	$^5P_3$	17 550,207	$3d^7(^4P)4p$	$^5D^0_4$	43 499,534
$3d^6 4s(^6D)4p$	$^7D^0_5$	19 350,899	$3d^6 4s(^6D)5s$	$^5D_4$	44 677,635
$3d^7(^2H)4s$	$^3H_6$	19 390,197	$3d^6 4s(^4D)5s$	$^5D_0$	45 595,112
$3d^6 4s^2$	$^3F_4$	20 641,144	$3d^7 4p$	$^3G^0_5$	45 294,902
$3d^6 4s(^6D)4p$	$^7F^0_6$	22 650,447	$3d^7(^4P)4p$	$^3P^0_2$	46 727,137
$3d^7(^4P)4s$	$^3P_2$	22 838,360	$3d^7(^4F)5s$	$^5F_5$	47 005,538
$3d^6 4s(^6D)4p$	$^7P^0_4$	23 711,475	$3d^7(^4F)5s$	$^5F_4$	47 377,991
$3d^7(^2G)4s$	$^3G_5$	23 783,654	$3d^7(^4P)4p$	$^3D^0_3$	47 017,239
$3d^6 4s(^4D)4p$	$^3D^0_3$	31 322,637	$3d^7(^4F)5s$	$^3F_4$	47 960,973
$3d^7(^4F)4p$	$^5D^0_4$	33 095,976	$3d^6 4s(^4D)5s$	$^3D_3$	51 294,262
$3d^6 4s(^4D)4p$	$^3P^0_2$	33 947,965	$3d^6 4s(^4D)5s$	$^3D_3$	54 683,369
$3d^7(^4F)4p$	$^3G^0_4$	35 767,603		$^3P_1$	55 376,117
$3d^6 4s(^4D)4p$	$^5P^0_3$	36 767,007			

Betreffs der Spektrallinien von Fe I, siehe Kap. 3.10.

Ru I: $Z=44$, $Z_v=8$. G.T.: (Kr) $4d^7 5s$: $^5F_5$. $V_a=3{,}27$ Relative Termwerte; Deutung der Terme nicht ganz sicher

Term	Termwert	Term	Termwert	Term	Termwert
$^5F_5$	0	$^3P_2$	10 623,49	16^0_4	30 348,49
$^5F_4$	1190,67	$^3P_0$	11 752,75	$^5S^0_2$	31 186,10
$^5F_3$	2091,52	$^3P_1$	13 981,80	$^7P^0_3$	31 384,77
$^5F_2$	2713,22	$^3P_2$	15 054,01	$^5P^0_3$	34 072,44
$^5F_1$	3105,46	$^3D_1$	16 712,59	$^5D^0_4$	36 542,67
$^3F_4$	6545,05	$^3D_2$	17 046,01	$^5D^0_3$	36 760,40
$^5D_3$	8575,45	$^1P_1$	20 242,05	$^3D^0_2$	36 965,26
$^3F_4$	9120,69	$^5D^0_1$	29 118,48	$^5P^0_2$	39 008,72

Auswahl der stärksten Linien

Übergang	Wellenlänge	Übergang	Wellenlänge	Übergang	Wellenlänge
$^5P_3-^5D_4^0$	569,9047	$^3F_2-^3G_3^0$	441,0026	$^5F_4-^5G_5^0$	343,6737
$^5P_2-^5D_3^0$	513,6550	$^3F_4-^3G_3^0$	439,7797	$^5F_3-^3D_3^0$	336,8451
$^3F_4-16_4^0$	470,9484	$^5D_3-^3G_4^0$	439,0435	$^5F_5-^5D_4^0$	298,8948
$^5P_3-^5S_2^0$	446,0035	$^3F_3-^5F_2^0$	414,4164	$^5F_4-^5F_5^0$	291,6255

Os I: $Z = 76$, $Z_v = 8$, $V_J \sim 8{,}7$. G.T.: (Xe) $4f^{14}\,5d^6\,6s^2$; $^5D_4$.
$V_a = 2{,}80$ Relative Termwerte

Term	Termwert	Term	Termwert
$5d^6\,6s^2\ ^5D_4$	0,0	$5d^7\,6s\ \ ^3H_4$	14 848,1
$^5D_2$	2 740,5	$5d^6\,6s\,6p\ ^7D_4^0$	22 615,8
$^5D_3$	4 159,4	$5d^6\,6s\,6p\ ^7D_2^0$	25 275,4
$5d^7\,6s\ \ ^5F_5$	5 144,0	$5d^6\,6s\,7s\ ^7D_5^0$	47 198,8
$5d^7\,6s\ \ ^5F_2$	10 165,9		

Co I: $Z = 27$, $Z_v = 9$, $V_J = 7{,}84$. G.T.: (Ar) $3d^7\,4s^2$; $^4F_{9/2}$. $V_a = 2{,}93$ Relative Termwerte; Deutung der Terme nicht ganz sicher

Term		Termwert	Term		Termwert
$3d^7\,4s^2$	$^4F_{9/2}$	0,00	$3d^7\,4s\,(^3F)\,5s$	$^2F_{7/2}$	52 763,68
	$^4F_{7/2}$	816,00		$^4F_{3/2}$	54 426,64
	$^4F_{5/2}$	1 406,84	$3d^7\,4s\,(^5F)\,5s$	$^4F_{9/2}$	47 524,47
	$^4F_{3/2}$	1 809,33	$3d^8\,(^3P)\,4p$	$^2S_{1/2}^0$	47 977,94
	$^4P_{5/2}$	15 184,04		$^2P_{3/2}^0$	48 334,37
	$^2D_{5/2}$	21 920,09		$^4D_{1/2}^0$	46 502,15
	$^2H_{9/2}$	22 475,36	$3d^8\,(^1D)\,4p$	$^2P_{3/2}^0$	43 537,71
$3d^8\,4s$	$^2P_{3/2}$	18 389,57	$3d^8\,(^3F)\,4p$	$^2D_{5/2}^0$	36 092,44
	$^2D_{3/2}$	16 470,60		$^2D_{3/2}^0$	36 875,13
	$^4P_{5/2}$	13 795,52		$^4D_{7/2}^0$	32 027,50
	$^2D_{5/2}$	27 497,06		$^4D_{1/2}^0$	33 449,18
$3d^8\,(^3F)\,4d$	$^2P_{3/2}$	51 200,60			
	$^2D_{5/2}$	52 460,10	$3d^7\,4s\,(^3P)\,4p$	$^2S_{1/2}^0$	44 454,51
	$^4P_{5/2}$	51 042,26		$^2P_{3/2}^0$	46 685,43
$3d^7\,4s\,(^5F)\,4d$	$^4P_{5/2}$	53 936,68		$^2P_{1/2}^0$	47 091,14
	$^6P_{7/2}$	53 789,12		$^4S_{3/2}^0$	48 753,72
	$^6D_{9/2}$	53 725,20			
$3d^8\,(^3F)\,5s$	$^2F_{7/2}$	45 924,98	$3d^7\,4s\,(^3F)\,4p$	$^2D_{5/2}^0$	33 462,83
	$^4F_{3/2}$	46 375,17		$^2F_{7/2}^0$	31 871,15

Betreffs der Spektrallinien von Co I siehe Kap. 3.9.

Rh I: $Z = 45$, $Z_v = 9$, $V_J = 7{,}7$. G.T.: (Kr) $4d^8\,5s$; $^4F_{9/2}$. $V_a = 3{,}35$ Resonanzlinien:

Übergang	λ/nm	Übergang	λ/nm
$4d^8\,5s\,^4F_{9/2}-4d^8\,5p\,^4D_{7/2}^0$	369,236	$^4F_{9/2}-^4G_{11/2}$	343,490
$^4F_{9/2}-\quad ^4G_{9/2}^0$	350,254	$^4F_{9/2}-^4F_{9/2}$	339,682

Termwerte in Wellenzahlen $\bar{\nu}$/cm^{-1}, Wellenlängen in nm. $\lambda > 200$ nm: λ_{Luft}. $\lambda < 200$ nm: λ_{Vakuum}.

Ir I: $Z = 77$, $Z_v = 9$, $V_J \sim 9{,}2$. G.T.: (Xe) $4f^{14}5d^7 6s^2$; $^4F_{9/2}$. $V_a = 3{,}27$.
Relative Termwerte, Deutung der Terme nicht ganz sicher

Term	Termwert	Term	Termwert	Term	Termwert
$^4F_{9/2}$	0,0	$^6D^0_{9/2}$	26 307,48	$^6D^0_{1/2}$	35 647,93
$^4F_{3/2}$	4078,93	$^6D^0_{3/2}$	32 463,57	$^4D^0_{5/2}$	38 358,13
$^4F_{5/2}$	5784,58	$^6D^0_{5/2}$	33 064,83	$^4D^0_{1/2}$	39289,29

Übergang	λ/nm	Übergang	λ/nm
$^6G^0_{13/2}$–$^6F_{11/2}$	544,950	$^4F_{7/2}$–$^4G_{9/2}$	321,2121
$^6F^0_{11/2}$–$^6F_{11/2}$	439,9473	$^4F_{7/2}$–$^4D^0_{5/2}$	319,8917
$^4F^0_{7/2}$ –$^6D^0_{7/2}$	426,8096	$^4F_{9/2}$–$^6G^0_{7/2}$	306,8897
$^4F^0_{5/2}$ –$^6F^0_{5/2}$	399,2114	$^4F_{9/2}$–$^6G^0_{11/2}$	292,4783
$^4F^0_{5/2}$ –$^6G^0_{7/2}$	391,5384	$^4F_{3/2}$–$^4D^0_{5/2}$	291,6357
$^4F^0_{9/2}$ –$^6D^0_{9/2}$	380,0122	$^4F_{9/2}$–$^4D^0_{7/2}$	288,2624
$^4F_{9/2}$ –$^6F^0_{11/2}$	351,3638	$^4F_{9/2}$–$^6G^0_{9/2}$	284,9724
$^4F_{3/2}$ –$^6D^0_{5/2}$	344,8967	$^4F_{3/2}$–$^4F^0_{5/2}$	283,6394
$^4F_{7/2}$ –$^6G^0_{7/2}$	343,7006	$^4F_{9/2}$–$^4G^0_{9/2}$	282,4444
$^4F_{9/2}$ –$^6F^0_{9/2}$	336,8472	$^4F_{9/2}$–$^4D^0_{7/2}$	266,4783
$^4F_{5/2}$ –$^6F^0_{3/2}$	326,6446	$^4F_{9/2}$–$^4F^0_{9/2}$	263,9698
$^4F_{9/2}$ –$^4F^0_{7/2}$	322,0772		

Ni I: $Z = 28$, $Z_v = 10$, $V_J = 7{,}63$. G.T.: (Ar) $3d^8 4s^2$; $^3F_4$. $V_a = 3{,}20$. Relative Termwerte

Term		Termwert	Term		Termwert
$3d^8\ 4s^2$	$^3F_4$	0,00	$3d^8 4s\ (^2D) 4p$	$^1P^0_1$	43 463,90
	$^3F_3$	1 332,15		$^1D^0_2$	43 933,37
	$^3F_2$	2 216,55	$3d^8 4s\ (^2D) 4p$	$^1F^0_3$	44 206,42
$3d^9\ 4s$	$^3D_3$	204,82	$3d^8 4s\ (^4P)\ 4p$	$^3P^0_2$	46 522,77
	$^3D_2$	879,82		$^5F_1$	50 744,57
	$^3D_1$	1 713,11	$3d^9 5p$	$^3F^0_3$	48 671,9
	$^1D_2$	3 409,95	$3d^9 4d$	$^3S_1$	48 953,40
$3d^8\ 4s^2$	$^1D_2$	13 521,29	$3d^9 5p$	$^3D^0_2$	49 184,8
$3d^{10}$	$^1S_0$	14 728,92	$3d^9 4d$	$^3D_3$	49 271,35
$3d^8\ 4s^2$	$^3P_2$	15 609,81	$3d^9 5p$	$^1P^0_1$	50 457,9
$3d^8\ 4s\ (^4F)\ 4p$	$^5D^0_4$	25 753,57	$3d^8 4s\ (^4F)\ 5s$	$^3F_4$	50 466,08
$3d^8\ 4s\ (^4F)\ 4p$	$^5F^0_4$	29 084,47	$3d^9 4d$	$^1P_1$	50 536,74
$3d^9\ 4p$	$^3P^0_2$	28 569,30	$3d^9 6s$	$^3D_3$	52 197,41
$3d^8\ 4s\ (^2F)\ 4p$	$^3G^0_5$	30 922,61	$3d^8 4s\ (^2F)\ 5s$	$^3F_4$	54 257,10
$3d^9\ 4p$	$^1F^0_3$	31 031,02	$3d_9 5d$	$^3S_1$	54 574,65
$3d^8\ 4s\ (^2F)\ 4p$	$^3F^0_4$	32 973,33	$3d^8 4s\ (^2F)\ 5s$	$^1F_3$	55 576,76
$3d^9\ 4p$	$^1P^0_1$	32 982,30	$3d^8 4s\ (^4F)\ 4d$	$^3P_1$	57 767,25
$3d^8\ 4s\ (^2F)\ 4p$	$^3D^0_1$	33 500,80	$3d^8 4s\ (^4F)\ 4d$	$^5P_2$	57 586,63
$3d^8\ 4s\ (^2F)\ 4p$	$^3D^0_1$	34 408,54	$3d^8 4s\ (^4F)\ 6s$	$^5F_5$	59 862,40
$3d^9\ 5s$	$^3D_3$	42 605,84	$3d^8 4s\ (^2F)\ 4d$	$^3F_4$	61 832,42
$3d^8\ 4s\ (^2D) 4p$	$^3D^0_3$	42 620,95	$3d^8 4s\ (^4F)\ 5d$	$^5H_7$	62 782,45
$3d^8\ 4s\ (^4F)\ 4p$	$^3D^0_3$	42 767,72			

Etwa 1100 eingeordnete Linien zwischen 1804 und 196 nm.

Pd I: $Z = 46, Z_v = 10, V_J = 8{,}1$. G.T.: (Kr) $4d^{10}$; $^1S_0$. $V_a = 4.23$. Relative Termwerte

Term	Termwert	Term	Termwert
$4d^{10}$ $^1S_0$	0,0	$4d^9(^2D_{5/2})6s\ ^3D_3$	48 804,2
$4d^9\ (^2D_{5/2})5s\ ^3D_3$	6 564,0	$(^2D_{3/2})6s\ ^3D_1$	52 336,3
$4d^9\ (^2D_{3/2})5s\ ^3D_1$	10 093,9	$4d^9(^2D_{5/2})5d\ ^3S_1$	54 574,1
$4d^9\ (^2D_{5/2})5p\ ^3P_2^0$	34 068,8	$4d^9(^2D_{5/2})7s\ ^3D_3$	58 064,1
$4d^9\ (^2D_{5/2})5p\ ^3D_3^0$	37 393,5	$4d^9(^2D_{3/2})5d\ ^1P_1$	58 195,3
$4d^9\ (^2D_{3/2})5p\ ^3P_0^0$	38 088,0	$4d^9(^2D_{5/2})6d\ ^3S_1$	60 225,8
		$^3F_4$	60 404,0

Übergang	λ/nm	Übergang	λ/nm
$5p\ ^3D_2^0–5d\ ^3F_3$	554,280	$5s\ ^3D_1–\ ^3P_0^0$	357,116
$^3F_4^0–\ ^3G_5$	529,561	$^1D_2–\ ^1D_2^0$	344,140
$^3F_3^0–\ ^4G_4$	516,383	$^1D_2–5p\ ^1P_1^0$	343,344
$^3P_2^0–\ ^3P_2$	481,751	$^3D_2–\ ^3D_2^0$	342,124
$5s\ ^1D_2–5p\ ^3F_3^0$	421,295	$^3D_2–\ ^3D_3^0$	337,302
$^1D_2–\ ^3P_1^0$	408,737	$^3D_1–\ ^3D_1^0$	330,215
$^1D_2–\ ^3D_2^0$	395,864	$^3D_1–\ ^1D_2^0$	325,880
$5s\ ^1D_2–5p\ ^3D_3^0$	389,418	$^3D_1–\ ^1P_1^0$	325,166
$^3D_1–\ ^3P_1^0$	383,230	$^3D_2–\ ^1F_3^0$	311,405
$^3D_2–\ ^3P_2^0$	379,916	$5s\ ^3D_2–5p\ ^3D_1^0$	306,530
$^3D_1–\ ^3D_2^0$	371,891	$^3D_3–\ ^1F_3^0$	300,266
$^1D_2–\ ^3F_2^0$	369,034	$^3D_3–\ ^1D_2^0$	292,250

Pt I: $Z = 78$, $Z_v = 10$, $V_J = 8{,}9$. G.T.: (Xe) $4f^{14}\ 5d^9 6s$; $^3D_3$. $V_a = 3{,}74$.
Relative Terme

Term	Termwert	Term	Termwert
$5d^9\ 6s\ \ ^3D_3$	0,0	$5d^9 6p\ ^3F_4^0$	37 590,7
$^3D_2$	775,9	$5d^8 6s\ 6p\ ^5F_5^0$	38 536,2
$5d^8\ 6s^2\ \ ^3F_4$	823,7	$^5D_2^0$	40 516,3
$5d^{10}\ \ ^1S_0$	6 140,0	$5d^9 6p\ ^3D_3^0$	40 970,1
$5d^8\ 6s^2\ \ ^3P_2$	6 567,5	$5d^8 6s\ 6p\ ^5D_1^0$	45 398,4
$5d^9\ 6s\ \ ^3D_1$	10 132,0	$5d^9 6p\ ^3P_0^0$	46 433,9
$5d^8\ 6s^2\ \ ^3F_2$	15 501,8	$5d^9 7s\ ^3D_3$	52 379,3
$5d^8\ 6s\ 6p\ ^5D_4^0$	30 157,0	$5d^8 6s\ 7s\ ^5F_3$	59 764,3
$5d^9\ 6p\ ^3P_2^0$	32 620,0	$^1D_2$	60 640,6
$5d^8\ 6s\ 6p\ ^5G_5^0$	33 680,5		

Neben diesen Termen eine große Zahl weiterer Terme, von denen nur die Elektronenkonfiguration und die innereQuantenzahl bekannt ist.

Termwerte in Wellenzahlen $\tilde{\nu}/\text{cm}^{-1}$, Wellenlängen in nm. $\lambda > 200$ nm: λ_{Luft}. $\lambda < 200$ nm: λ_{Vakuum}.

3.2.5. Termschemata

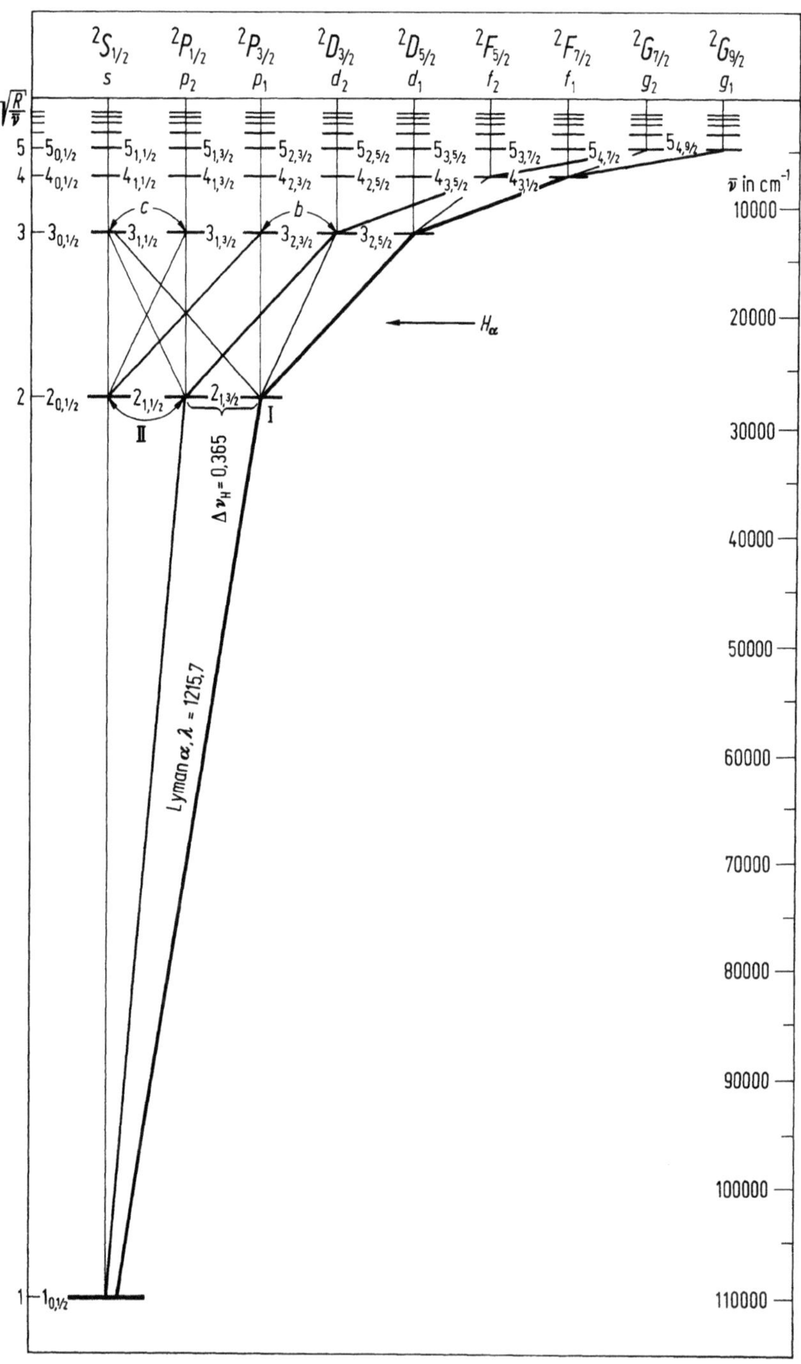

Abb. 3.4. Niveauschema des Wasserstoffatoms gemäß der $n_{i,j}$-Klassifikation der Quantenzustände (Die Symbole $n_{i,j}$ stehen immer links neben dem Niveau, zu dem sie gehören)

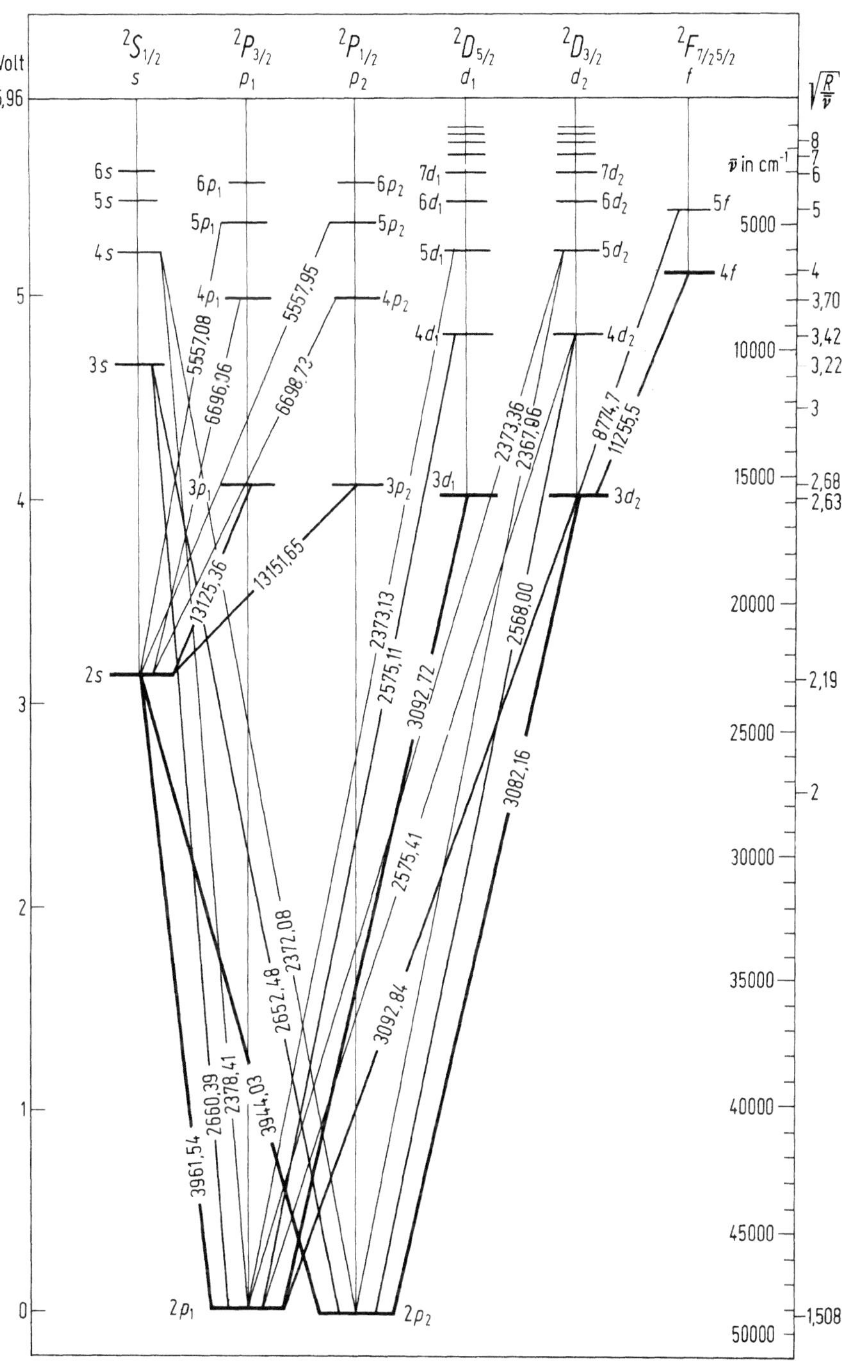

Abb. 3.5. Niveauschema des Aluminium I

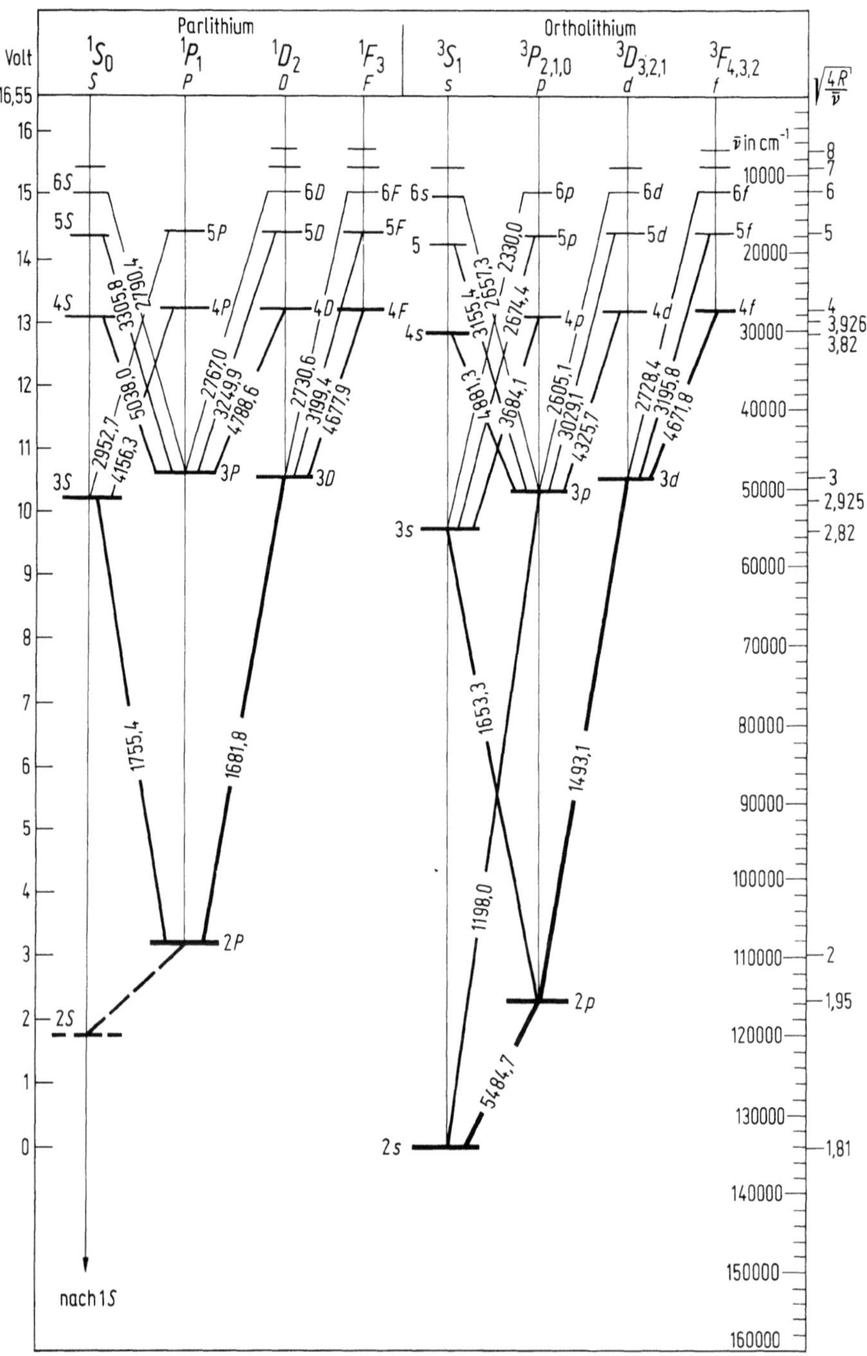

Abb. 3.6. Niveauschema des Lithium II von den zweiquantigen Zuständen an

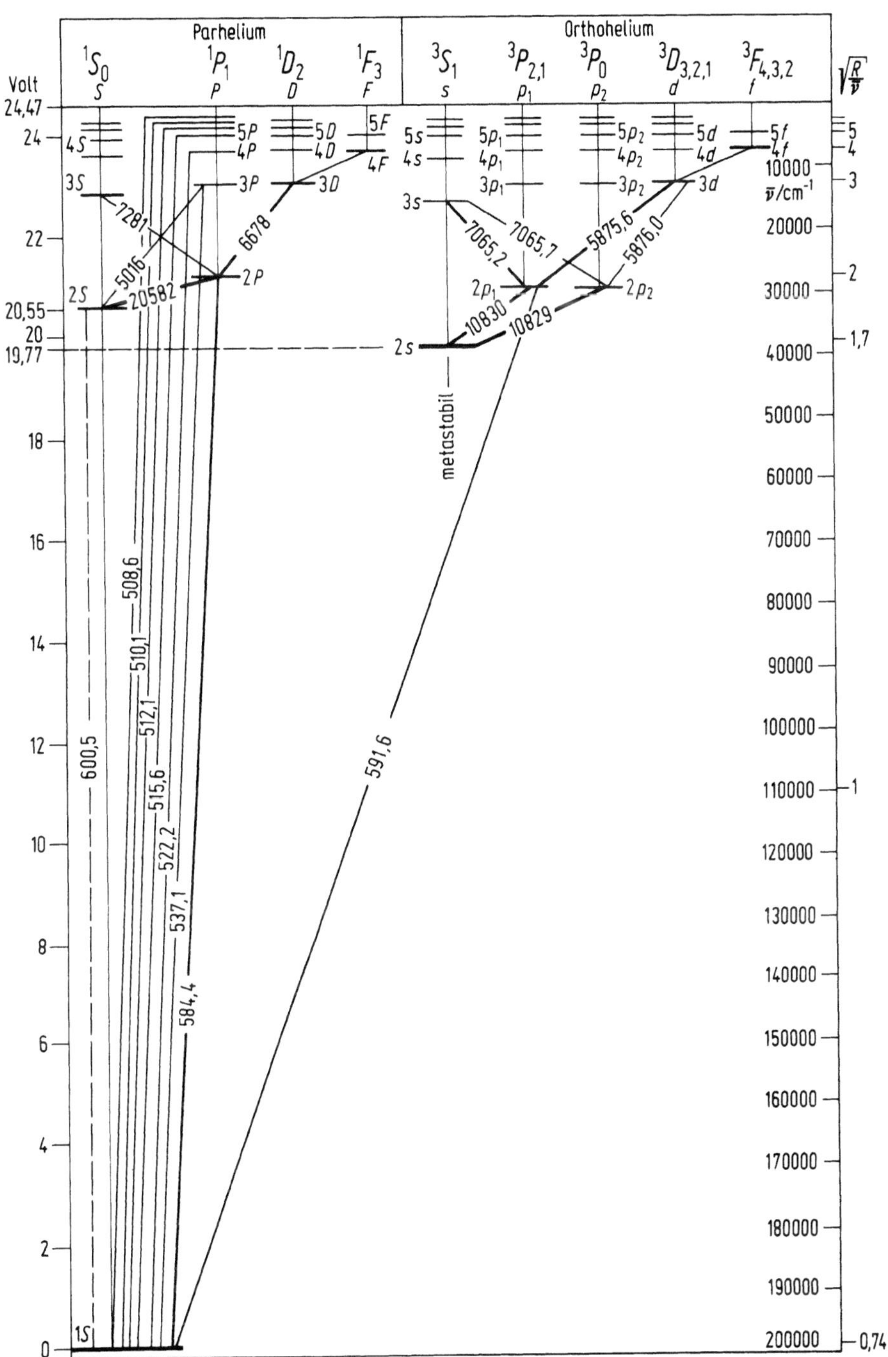

Abb. 3.7. Niveauschema des Helium I

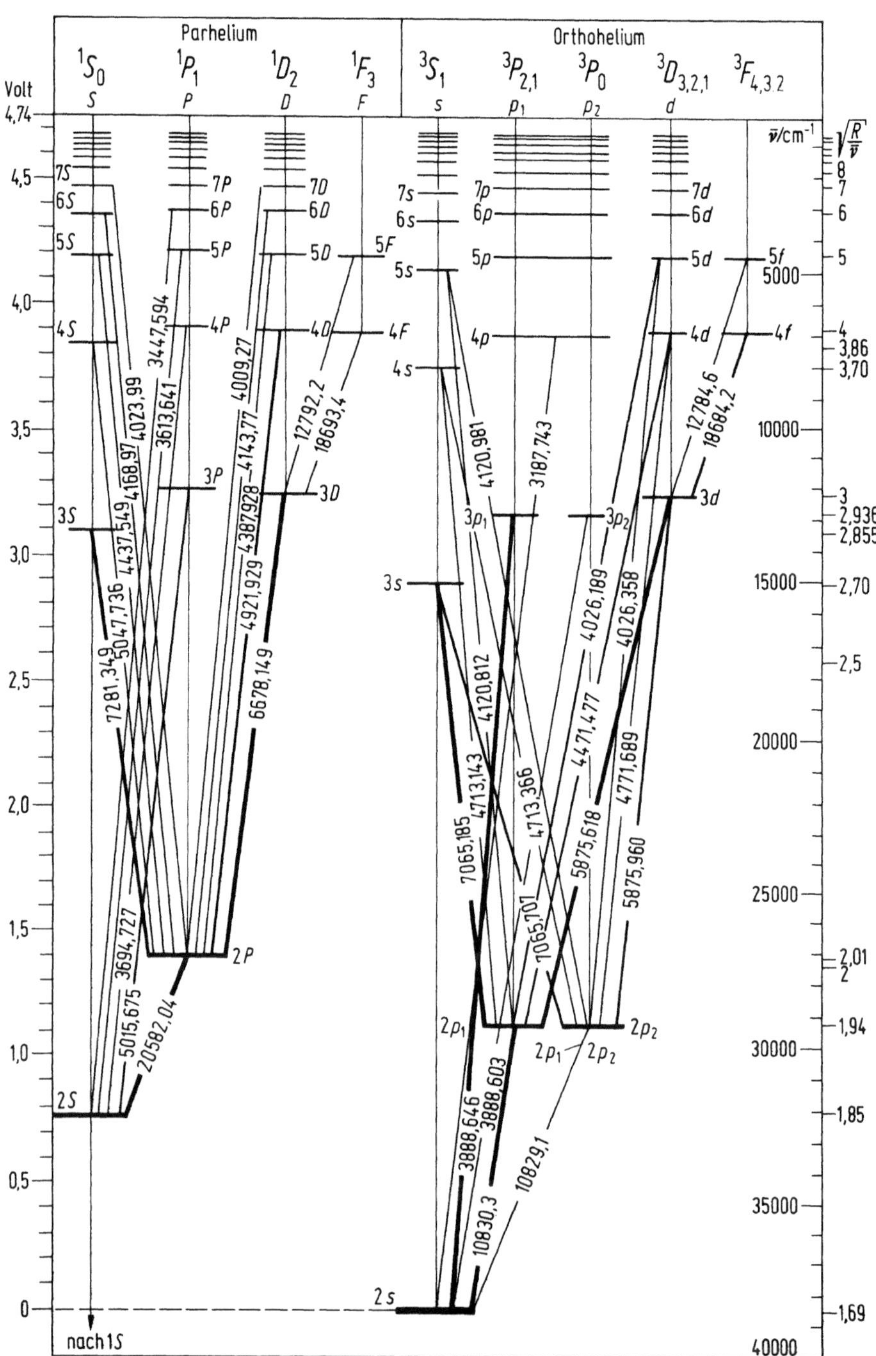

Abb. 3.8. Niveauschema des Helium I von den zweiquantigen Zuständen an

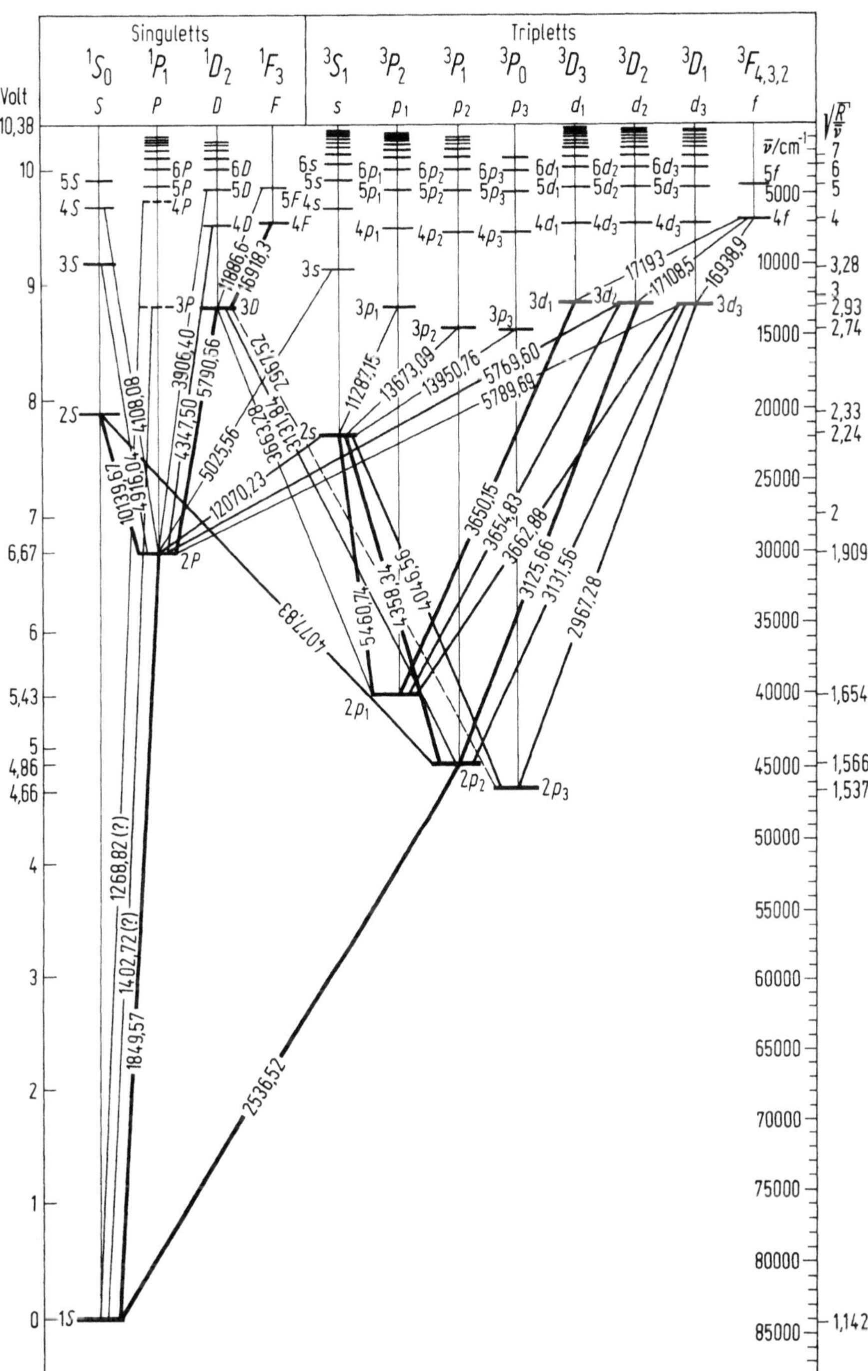

Abb. 3.9. Niveauschema des Quecksilber I

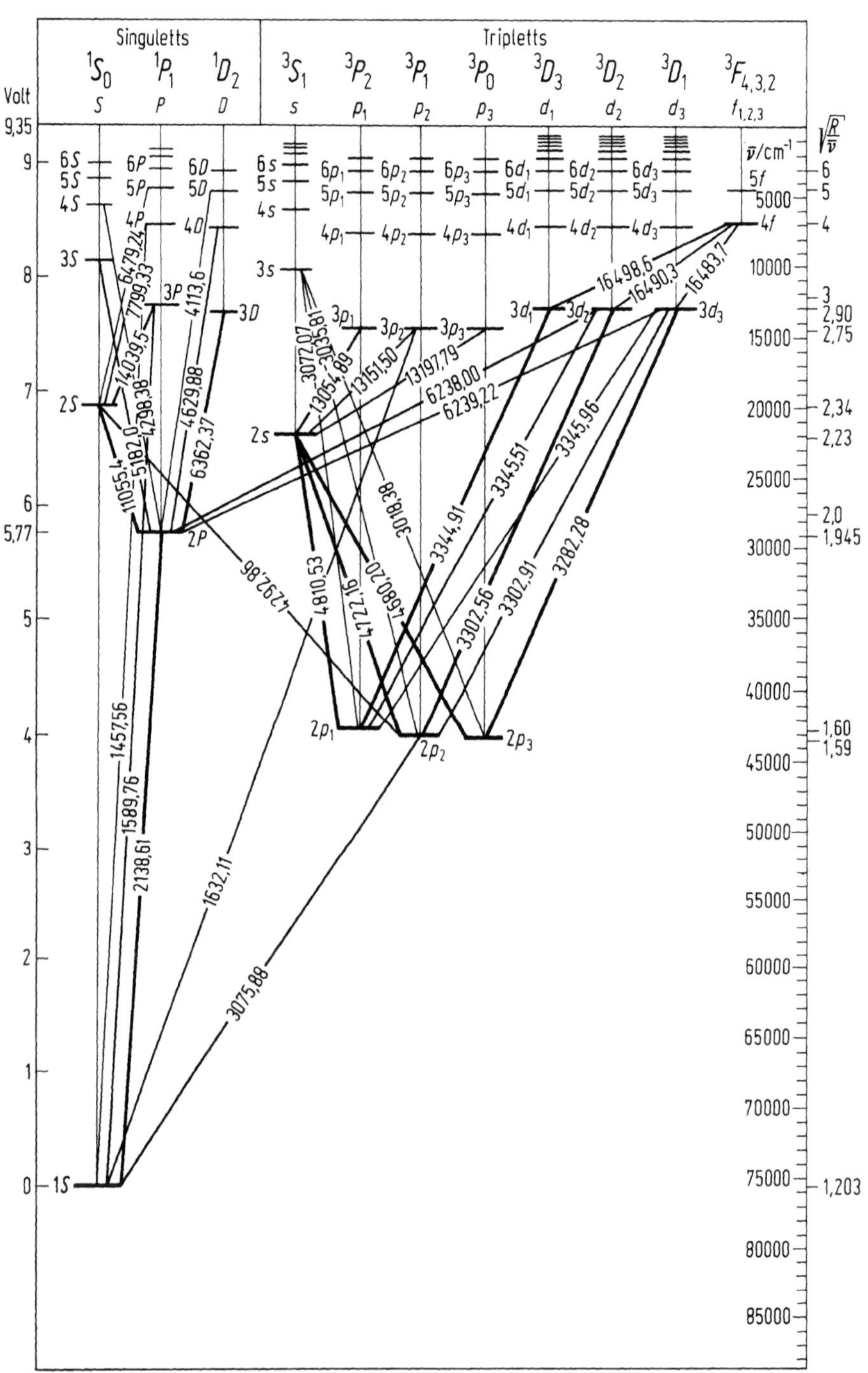

Abb. 3.10. Niveauschema des Zink I

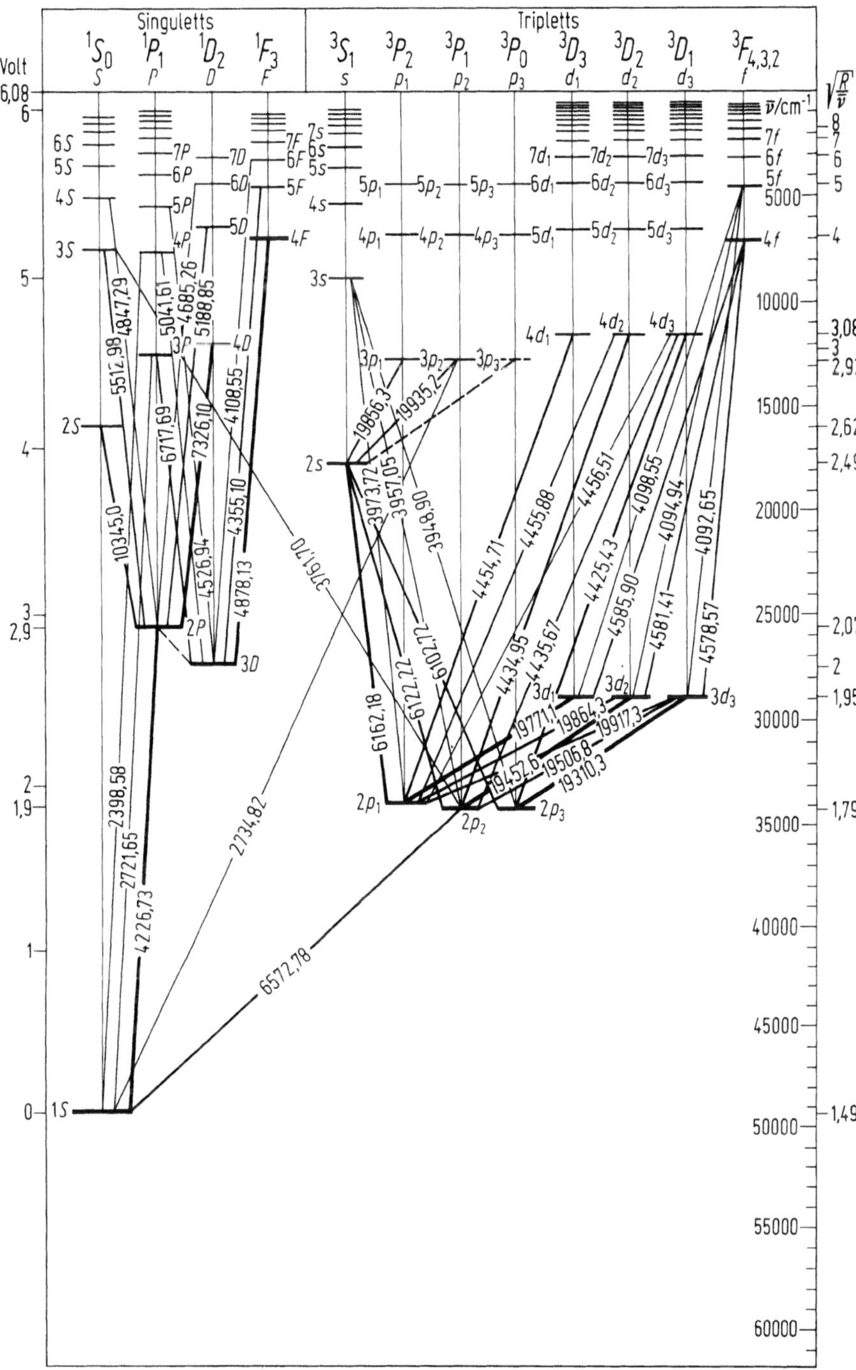

Abb. 3.11. Niveauschema des Calcium I

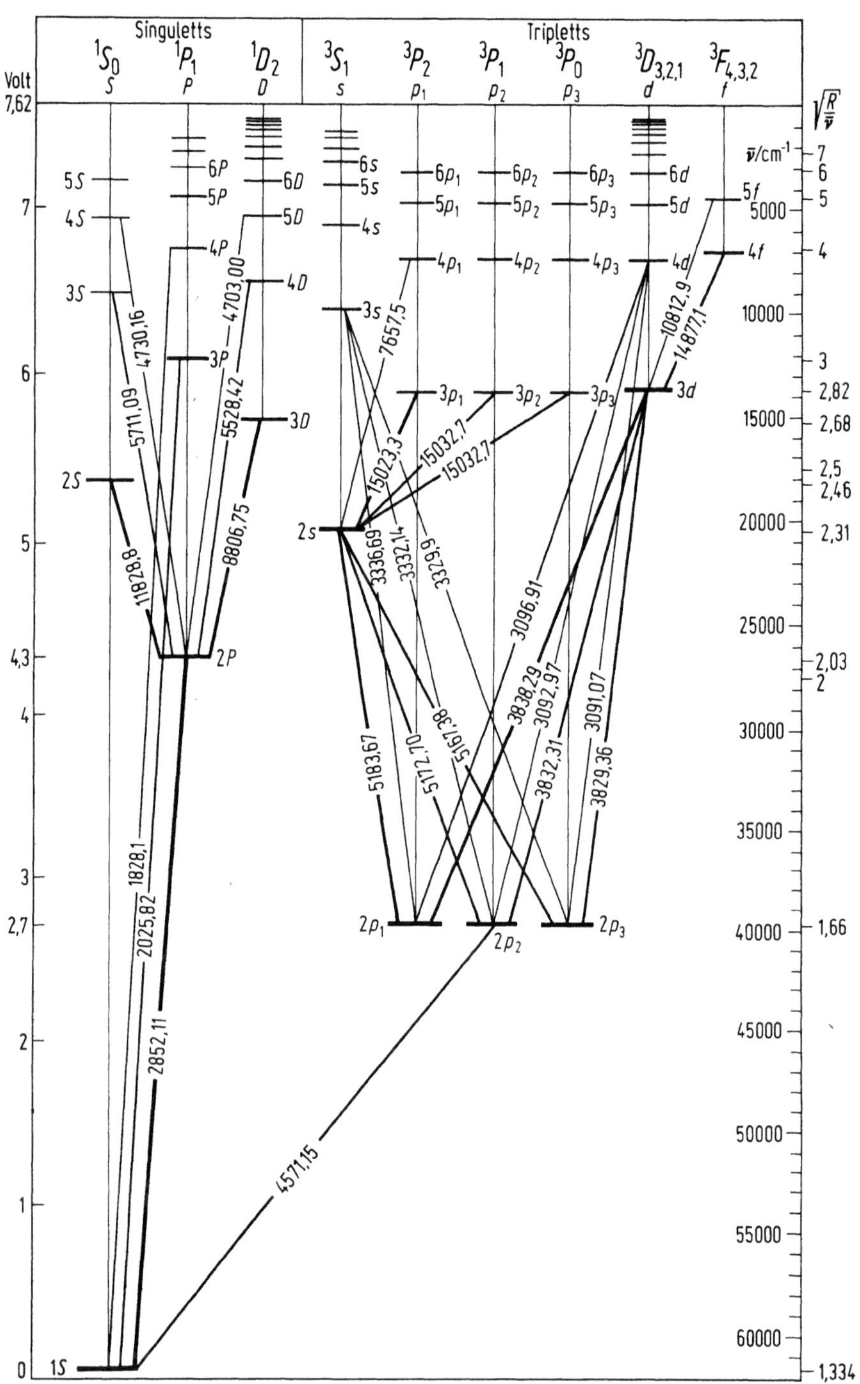

Abb. 3.12. Niveauschema des Magnesium I

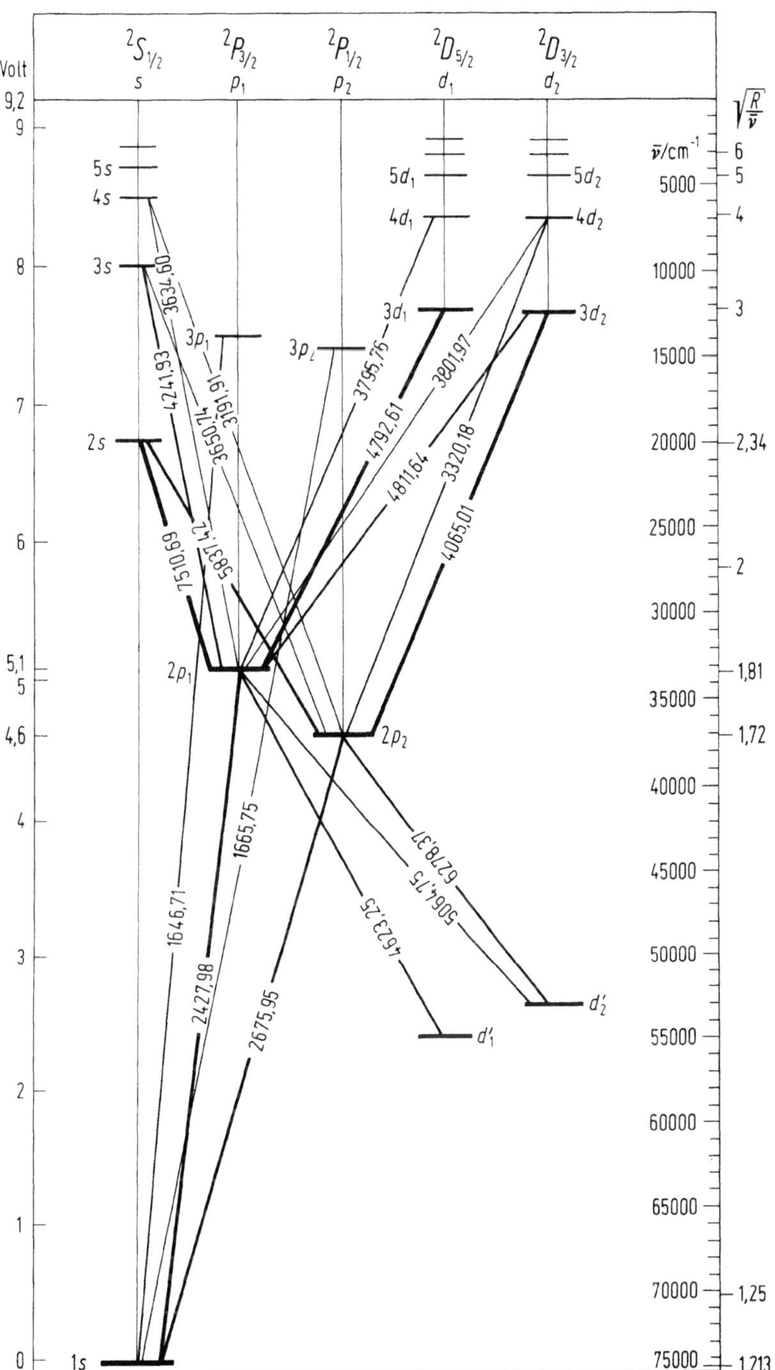

Abb. 3.13. Niveauschema des Gold I

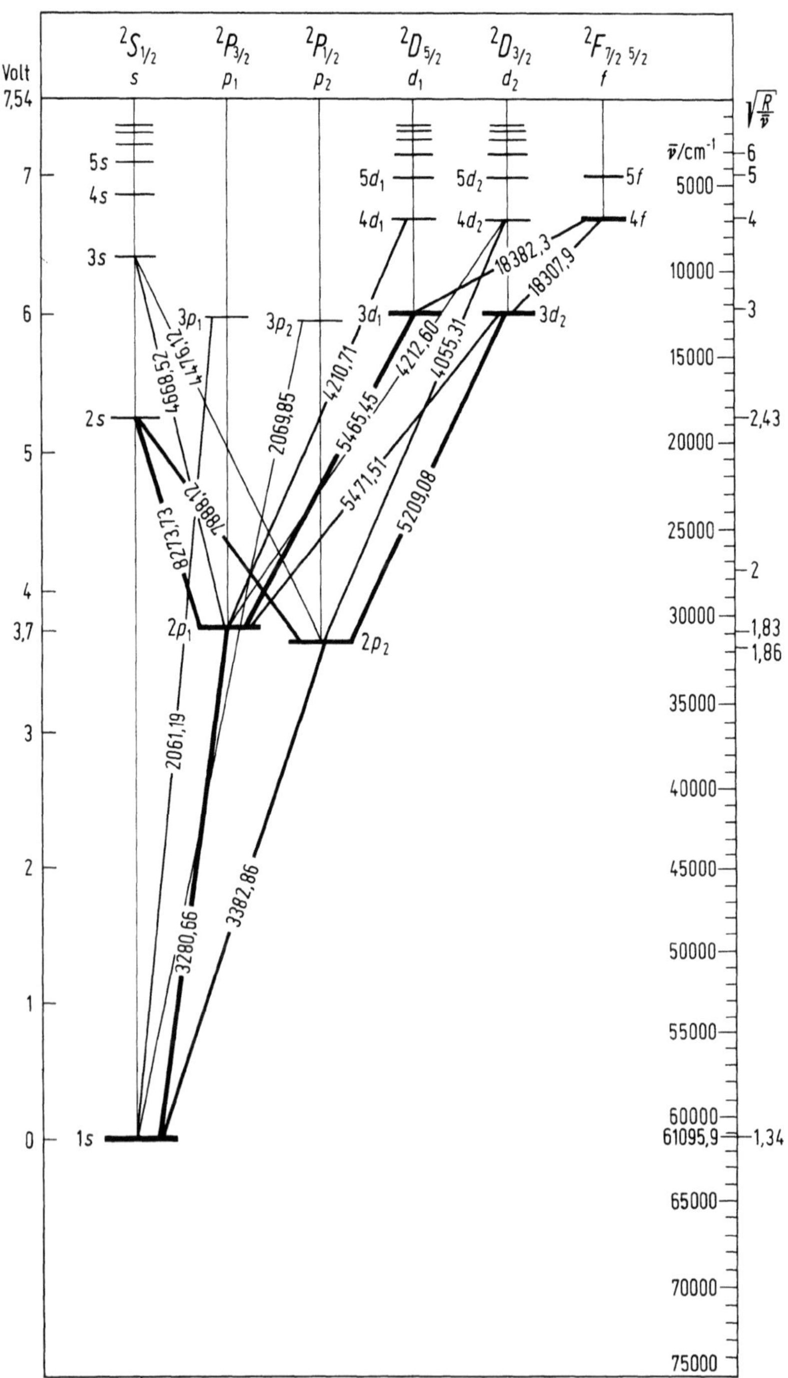

Abb. 3.14. Niveauschema des Silber I

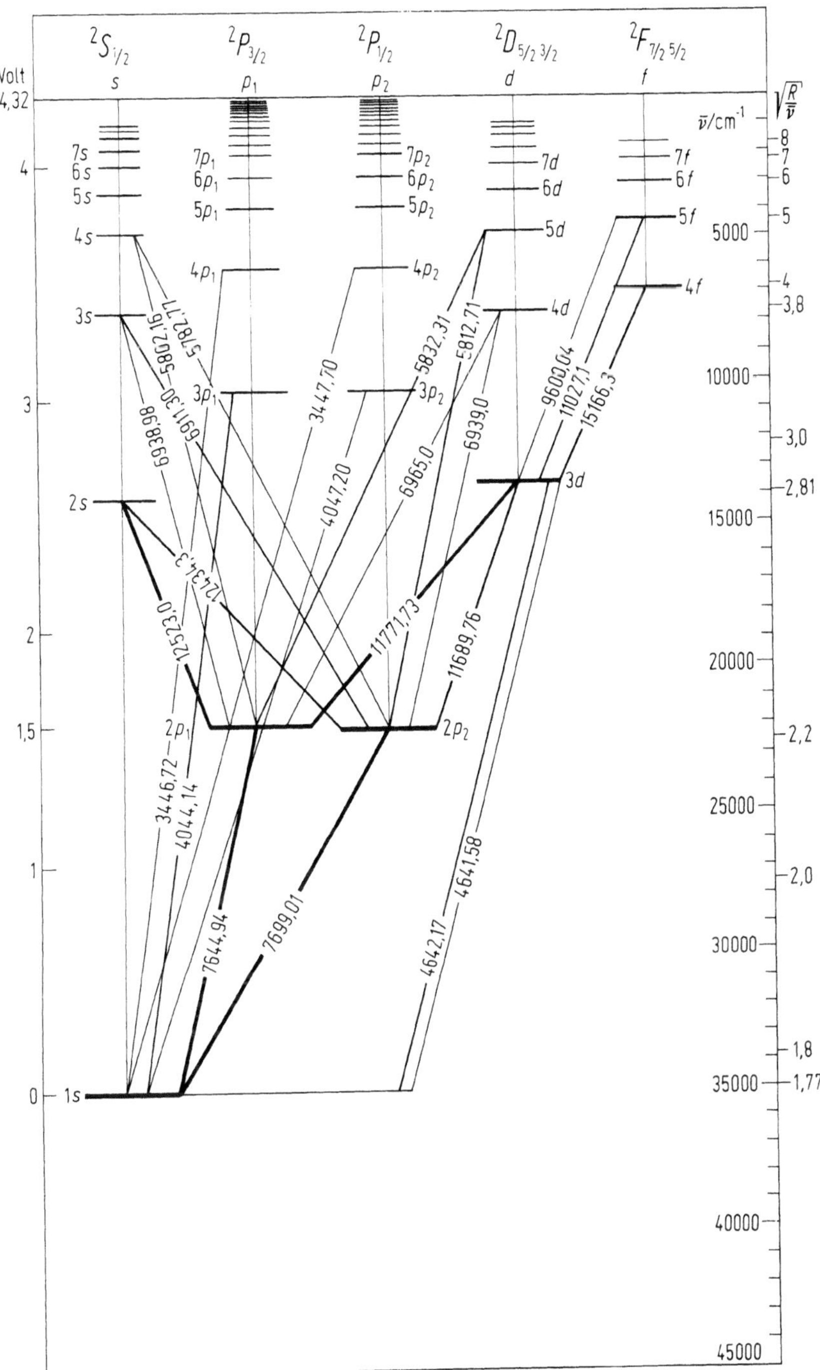

Abb. 3.15. Niveauschema des Kalium I

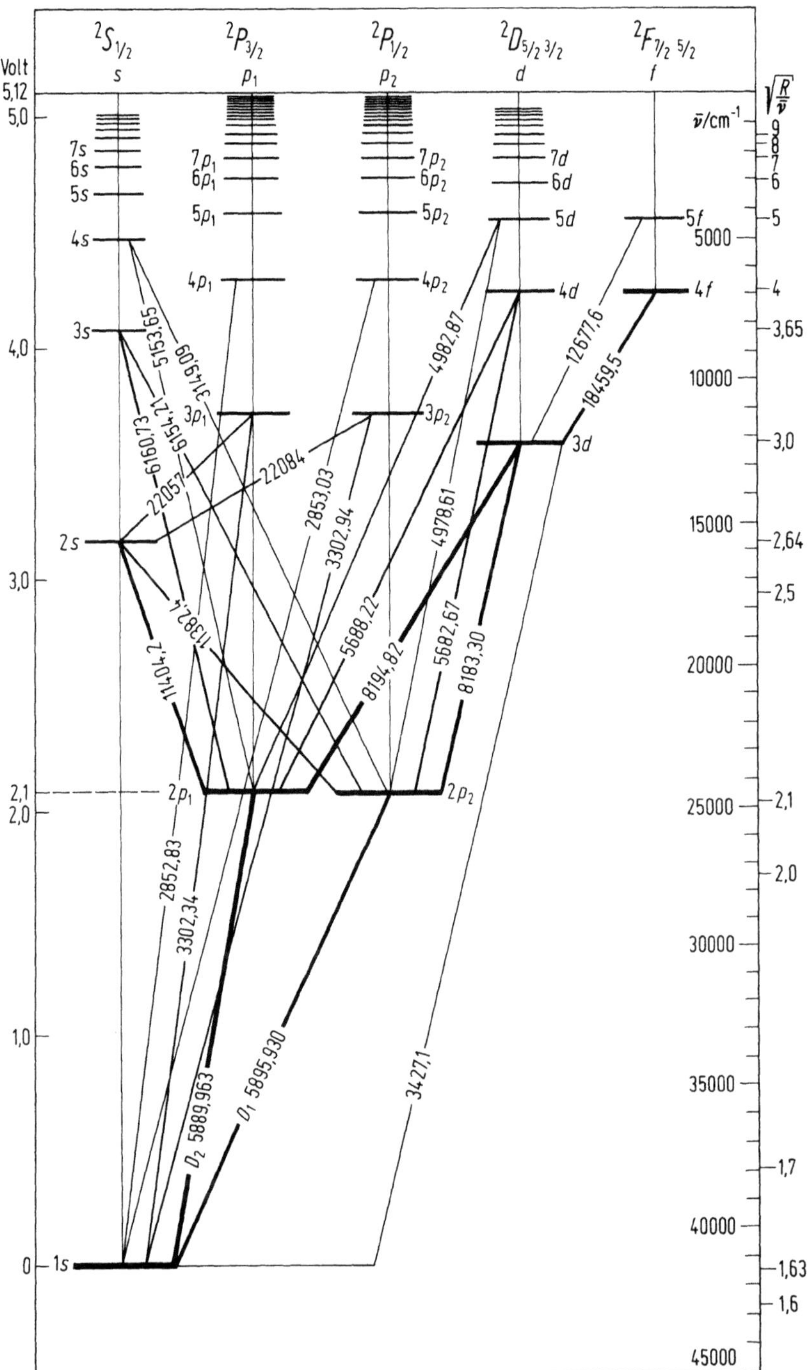

Abb. 3.16. Niveauschema des Natrium I

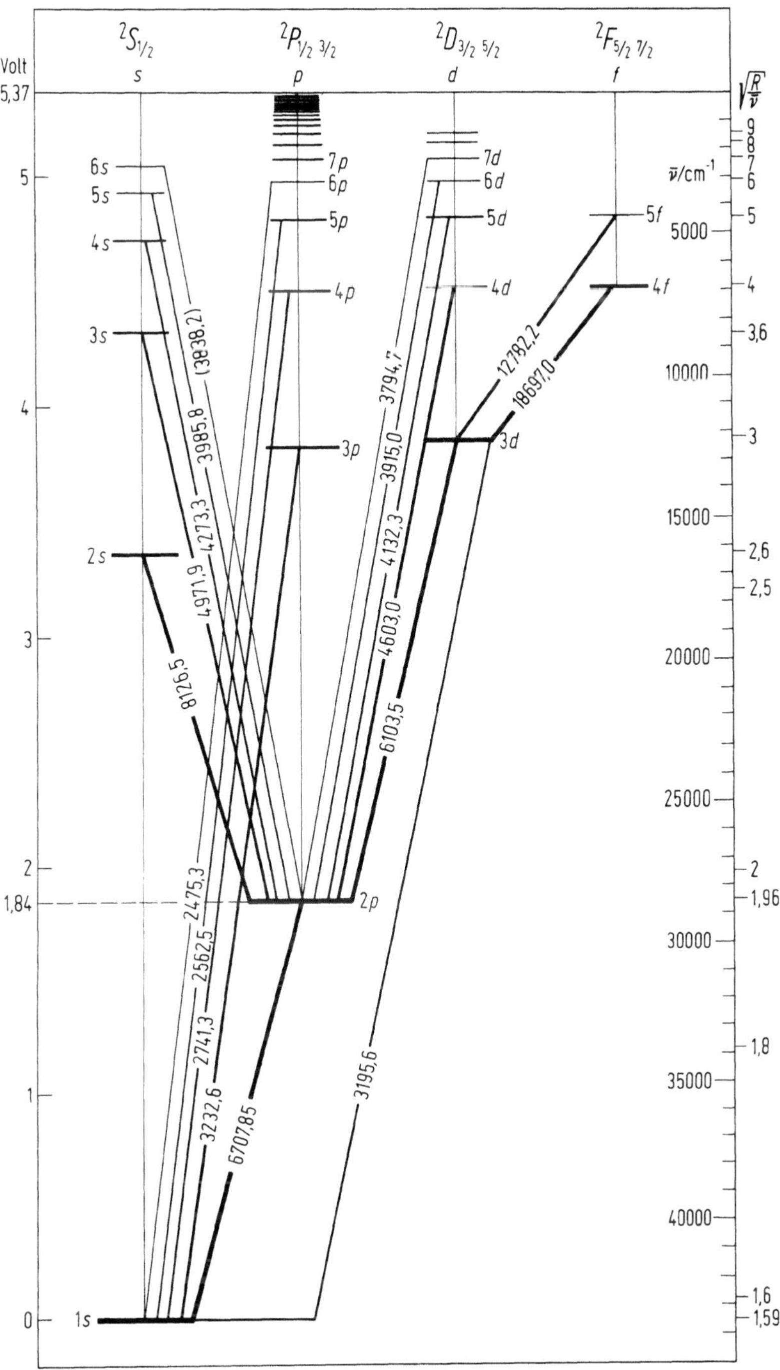

Abb. 3.17. Niveauschema des Lithium I

Atomspektren-Übersicht (Seitenzahlen)

	I (neutral)	II (einfach ionisiert)	III (zweifach ionisiert)		I (neutral)	II (einfach ionisiert)	III (zweifach ionisiert)
Ag	196, 250			N	218	213	
Al	208, 241	201	191	Na	189, 252	231	
Ar	232			Nb	222		
Au	197, 249			Ne	231		
B	208			Ni	238		
Ba	203	195		O	223	219	214
Be	199			Os	237		
Bi	222			P	221		
Br	228			Pa	223		
C	212			Pb	217		
Ca	202, 247	192		Pd	239		
Cd	205			Pt	239		
Cl	227			Rb	193	234	
Co	237			Re	230		
Cr	225			Rh	237		
Cs	194	235		Rn	235		
Cu	196			Ru	236		
F	226			S	224		
Fe	236	229		Sb	221		
Ga	209			Sc	211		
Ge	215			Se	224		
H	187, 240			Si	214		
He	197, 243, 244	188		Sn	216		
Hf	218			Sr	202	194	
Hg	206, 245			Ta	222		
In	210			Te	225		
Ir	238			Ti	217		
J	228			Tl	210		
K	191, 251	233		U	226		
Kr	233			V	222		
La	211			W	226		
Li	189, 253	199, 242		Xe	234		
Mg	200, 248	190		Zn	204, 246		
Mn	229			Zr	218		
Mo	226						

3.3 Atomabsorptionsspektroskopie (AAS), Atomemissionsspektroskopie (AES), Atomfluoreszenzspektroskopie (AFS)

Bernd Markert, AG Systemforschung, Universität Osnabrück

3.3.1 Prinzip von AAS, AES und AFS

Atomabsorptionsspektroskopie (AAS), Atomemissionsspektroskopie (AES) und Atomfluoreszenzspektroskopie (AFS) gehen auf Arbeiten von Fraunhofer (Atomlinienabsorption im Sonnenkontinuum), Kirchhoff und Bunsen (Flammenemission und chemische Spektralanalyse) und Wood (Atomfluoreszenz) zurück. Die physikalischen Grundlagen aller drei Methoden sind sehr ähnlich, so daß sich das Prinzip der AAS, AES und AFS nach Buttgereit (1973) gemeinsam anhand einer vereinfachten Betrachtung erläutern läßt.

Die zu untersuchende Probe wird durch Energiezufuhr in atomaren Dampf überführt (Atomisierung). Je nach Energiehöhe wird hierbei ein Teil N_E der gesamten Atome N_0 entsprechend der

Boltzmann-Verteilung höher angeregte Elektronenniveaus besetzen:

$$N_E = N_0\left(\frac{g_a}{g_o}\right)\cdot\exp\left(\frac{\Delta E_\lambda}{k\cdot T}\right)$$

wobei g_a und g_o die statistischen Gewichte von Anregungs- und Grundzustand darstellen.
Da die Lebensdauer der angeregten Elektronenzustände zeitlich begrenzt ist, werden die angeregten Elektronen nach gewisser Zeit (im nsec-Bereich) unter Abgabe der Differenzenergien $\Delta E_\lambda = h\cdot\nu$ von den angeregten Niveaus in den Elektronengrundzustand zurückkehren. Die hierbei emittierte Atomlinienstrahlung der einzelnen Energien ΔE_λ ist für jedes Element charakteristisch. Die quantitative Messung dieser Emissionsstrahlung der Intensität I_λ ist das Prinzip der AES.
Nach der Boltzmann-Verteilung befindet sich bei den üblichen Temperaturen bis 3000°C der überwiegende Teil des Atomdampfes im Elektronengrundzustand. Strahlt man in diesen Atomdampf die Emissionslinien desselben Elements ein, das sich auch im Atomdampf befindet, so kommt es zur elementspezifischen Resonanzabsorption im Atomdampf. Die beim Absorptionsvorgang aufgenommene Energie ΔE_λ bewirkt eine entsprechende Anhebung von Bahnelektronen vom Grundzustand in einen angeregten Zustand hinein, der dieselbe Energiedifferenz ΔE_λ besitzt. Dadurch tritt eine Schwächung der in den Atomdampf eingestrahlten Linienintensität der Energiedifferenz ΔE_λ von $I_{o\lambda}$ nach I_λ auf, die als Extinktion

$$E_\lambda = \log(I_{o\lambda}/I_\lambda)$$

gemessen wird (Prinzip der AAS). E_λ ist ein Maß für die Atomdampfkonzentration. Die bei obigem Absorptionsvorgang angeregten Bahnelektronen fallen nach der Zeit τ unter Aussenden von Energie, der ursprünglich aufgenommenen Energiedifferenz ΔE_λ, wieder in den Energiegrundzustand zurück. Die Intensität I_λ dieser Linienfluoreszenzstrahlung ist ein Maß für die Atomdampfkonzentration. Dies ist das Prinzip der AFS.
Wegen weiterer Einzelheiten über Theorie und Praxis der Methoden vgl. G. Buttgereit: Atomabsorptions-, Flammenemissions- und Atomfluoreszenzspektrometrie, in: F. Korte, (Hrsg.) Methodicum Chimicum, Band 1, Teil 2, Georg Thieme Verlag, 1973, S. 736–752.

3.3.2 Apparatives, Linienauswahl, Nachweisgrenzen

3.3.2.1 Atomabsorptionsspektroskopie

Zur Bestimmung benutzt man im einfachsten Fall ein Absorptionsflammenphotometer, das aus einer monochromatischen Lichtquelle (Hohlkathodenlampen, bei denen eine zusätzliche Entladungsstrecke die Lichtemission erhöht), einem Brenner mit Zerstäuber, einem Monochromator, einem Detektor und einer Anzeigevorrichtung besteht. Als Brenngase kommen Gemische aus Luft mit Wasserstoff oder Propan/Butan oder Acetylen oder Lachgas/Acetylen in Frage. Mit der AAS lassen sich – mit unterschiedlicher Empfindlichkeit – weitgehend alle Metalle quantitativ erfassen, nicht aber Nichtmetalle, da deren Resonanzlinien im Vakuum-UV liegen. Bei der flammenlosen AAS erreicht man die Atomisierung des Probenmaterials durch Verwendung elektrisch beheizter Graphitrohre. Der Vorteil der flammenlosen AAS liegt in den wesentlich niedrigeren Nachweisgrenzen und dem geringeren Verbrauch von Probenlösung. Außerdem läßt sich durch Einsatz von Probenschiffchen auch Feststoffanalytik betreiben. Nachteilig wirkt sich die gegenüber der Flammen-AAS wesentlich längere Meßzeit aus. Die heute zur Verfügung stehenden Graphitrohrküvetten erlauben ein vielseitiges Temperaturprogramm, sowie die Verwendung verschiedener, auch oxidierbarer Gase (s. Tabelle 3.3.3.1).
Neben der Flammen- und Graphitrohr-AAS gibt es noch zwei weitere Techniken, die zu einer Empfindlichkeitssteigerung für einige Elemente eingesetzt werden können. Die Hydridtechnik macht sich zunutze, daß einige Elemente (As, Bi, Sb, Se, Sn, Te) vor der analytischen Bestimmung in leichtflüchtige Hydride umgewandelt werden. Der Vorteil der Verflüchtigung als gasförminges Hydrid liegt in der Reduzierung bzw. dem vollständigen Ausschalten möglicher Störeinflüsse durch das Abtrennen und Anreichern der zu bestimmenden Elemente und damit letztendlich in den besseren Nachweisgrenzen (s. Tabelle 3.3.3.2).
Die einmaligen Eigenschaften von Quecksilber, das als einziges Metall bereits bei Zimmertemperatur atomar vorkommt und einen beträchtlichen Dampfdruck aufweist, haben zur Entwicklung der Kaltdampftechnik für dieses Element geführt. Da Quecksilber bei 20°C einen Dampfdruck von 0.0016 mbar besitzt, entsprechend einer Konzentration von etwa 14 mg/m³ Luft, besteht die Möglichkeit seiner direkten Bestimmung mit AAS ohne eigentliche Atomisierungseinrichtung. Das Element muß lediglich aus seiner Verbindung zum Metall reduziert und in die Dampfphase überführt werden (Welz, 1983).

3.3.2.2 Atomemissionsspektroskopie

Emissionsspektroskopie ist als Sammelbezeichnung für solche Methoden der Spektroskopie zu verstehen, bei denen Atome zur Emission von Strahlung angeregt werden, die für sie charakteristisch ist. Die Anregung kann im wesentlichen auf 4 verschiedene Weisen erfolgen: im Gleichstrom-Lichtbogen (Bogenspektren, Tab. 3.3.3.3), im Hochspannungsfunken (Funkenspektren, Tab. 3.3.3.3), in Flammen (Flammenspektroskopie, Tab. 3.3.3.4) oder durch das sogenannte ICP (inductively coupled plasma, Tab. 3.3.3.5). Bei der AES beobachtet man Linienspektren, deren Auswertung vorwiegend Eingang in die instrumentelle Multielementanalyse gefunden hat.
Flammenspektroskopisch und mit Hilfe der AES/ICP untersucht man in der Regel Substanzen, die – häufig nach vorheriger Veraschung – in Lösung gebracht werden; funkenspektroskopisch vor allem Metalle, also leitende Feststoffe, die in größeren Probenmengen vorliegen und die daher als Elektroden fungieren können.

3.3.2.3 Atomfluoreszenzspektroskopie (AFS)

Trotz vielversprechender Möglichkeiten und einer Reihe erfolgreicher Anwendungen, z.B. bei der hochempfindlichen direkten Cadmiumbestimmung im Harn, wobei auch eine zuverlässige Untergrundkorrektur entwickelt werden konnte, kam es bisher kaum zur kommerziellen Nutzung dieses Analysenprinzips (Stoeppler und Nürnberg, 1984). Es scheint, daß die Fortschritte bei der AAS und der AES eine Entwicklung kommerzieller Systeme verhindert haben. Auch seit kurzer Zeit auf dem Markt befindliche Atomfluoreszenzgeräte mit ICP-Anregung scheinen den konventiellen Techniken nicht gewachsen zu sein.
Wegen weiterer Einzelheiten vgl.
M. Stoeppler, H.W. Nürnberg: Analytik von Metallen und ihren Verbindungen. In: E. Merian (Hrsg.), Metalle in der Umwelt, Verlag Chemie, Weinheim, 1984, S. 45–104.

3.3.3 Tabellen

Die nachfolgenden Tabellen wurden zusammengestellt aus:
P.W.J.M. Bowmans, Inductively coupled plasma emission spectroscopy, Wiley, New York 1979: C.W. Fuller, Electrothermal atomization for atomic absorption spectrometry, The Chemical Society, Burlington House, London 1977; W.J. Price, Spectrochemical Analysis by Atomic Absorption, Heyden, London 1979; J.W. Robinson, Handbook of Spectroscopy, CRC Press, Cleveland, Ohio 1974; B. Welz, Atomabsorptionsspektrometrie, Verlag Chemie, Weinheim 1983.

3.3.3.1 Charakteristische Wellenlängen, Flammentypen, Nachweisgrenzen, Veraschungstemperaturen und Atomisierungstemperaturen für Flammen- und Graphitrohr-AAS. Die Wellenlängen für die einzelnen Elemente sind nach abnehmender Empfindlichkeit geordnet.

Element	Wellenlänge in nm	Flammenzusammensetzung (AAS)	Nachweisgrenze (Flammen-AAS) in ng/cm³	Veraschungstemperatur in °C	Atomisierungstemperatur in °C	Nachweisgrenze (Graphitrohr) in pg
Ag	328,07 338,29	Luft/C_2H	0,002	500	2750	0,1
Al	309,3 308,2 396,15 396,4	N_2O/C_2H_2	0,01	1100	2850	5
As	193,7 197,2 189	Luft/C_2H_2	0,2	350	2200	20
Au	242,8 267,6 274,8 312,3	Luft/C_2H_2	0,015	500	2750	10

3.3.3.1 Charakteristische Wellenlängen, Flammentypen, Nachweisgrenzen, Veraschungstemperaturen und Atomisierungstemperaturen für Flammen- und Graphitrohr-AAS (*Fortsetzung*)

Element	Wellenlänge in nm	Flammenzusammensetzung (AAS)	Nachweisgrenze (Flammen-AAS) in ng/cm³	Veraschungstemperatur in °C	Atomisierungstemperatur in °C	Nachweisgrenze (Graphitrohr) in pg
B	249,8	N_2O/C_2H_2	2,0	500	2850	200
Ba	553,6 455,4 350,1	N_2O/C_2H_2	0,008	900	2800	50
Be	234,9	N_2O/C_2H_2	0,002	1200	2850	0,5
Bi	231,1 222,8 306,8 206,2 227,7 202,1	Luft/C_2H_2	0,015	400	2100	20
Ca	422,7 239,9	Luft/C_2H_2	0,001	1100	2850	0,4
Cd	228,8 326,1	Luft/C_2H_2	0,002	500	2050	0,1
Co	324,8 327,4 217,9 216,5 222,6 249,2 244,2	Luft/C_2H_2	0,0015	800	2750	2
Cr	357,9 359,3 360,5 425,4 427,5 428,9	Luft/C_2H_2	0,004	1350	2850	10
Cs	852,1 455,5	Luft/C_2H_2	0,002	450	2350	0,4
Cu	324,8 327,4 217,9 216,5 222,6 249,2 244,2	Luft/C_2H_2	0,0015	800	2750	2
Dy	421,2 404,6 418,7 419,5 416,8	N_2O/C_2H_2	0,06	1000	2750	?
Er	400,8 386,3 415,1 389,3 408,8 390,5 394,4	N_2O/C_2H_2	0,05	800	2750	40
Eu	459,4 462,7	N_2O/C_2H_2	0,04	850	2600	5

3.3.3.1 Charakteristische Wellenlängen, Flammentypen, Nachweisgrenzen, Veraschungstemperaturen und Atomisierungstemperaturen für Flammen- und Graphitrohr-AAS (*Fortsetzung*)

Element	Wellenlänge in nm	Flammenzusammensetzung (AAS)	Nachweisgrenze (Flammen-AAS) in ng/cm³	Veraschungstemperatur in °C	Atomisierungstemperatur in °C	Nachweisgrenze (Graphitrohr) in pg
	466,2					
	321,1					
	321,3					
	333,4					
Fe	284,3	Luft/C_2H_2	0,006	1100	2450	5
	248,8					
	252,3					
	271,9					
	302,1					
	372,0					
	296,7					
	386,0					
	344,1					
	382,4					
Ga	287,4	Luft/C_2H_2	0,05	800	2500	200
	294,4					
	417,2					
	403,3					
	250,0					
	272,0					
Gd	407,9	N_2O/C_2H_2	3,0	—	—	—
	368,4					
	405,5					
	419,1					
	367,4					
Ge	265,2	N_2O/C_2H_2	0,2	700	2650	3
	259,3					
	271,0					
	275,4					
	269,1					
	204,2					
	303,9					
Hf	307,3	N_2O/C_2H_2	2,0	1000	2750	15
	286,6					
	289,8					
	296,5					
	368,2					
	295,1					
	377,8					
Hg	184,9	N_2O/C_2H_2	0,02	<100	1500	100
	253,6	Luft/C_2H_2	1,0			
	253,6	Kaltdampf	~1 ng			
Ho	410,4	N_2O/C_2H_2	0,4	600	2900	1,5
	405,4					
	416,3					
	417,3					
	404,1					
	410,9					
	412,7					
In	303,9	Luft/C_2H_2	0,02	500	2400	20
	325,6					
	410,5					
	256,0					
	271,0					

3.3.3.1 Charakteristische Wellenlängen, Flammentypen, Nachweisgrenzen, Veraschungstemperaturen und Atomisierungstemperaturen für Flammen- und Graphitrohr-AAS (*Fortsetzung*)

Element	Wellenlänge in nm	Flammenzusammensetzung (AAS)	Nachweisgrenze (Flammen-AAS) in ng/cm³	Veraschungstemperatur in °C	Atomisierungstemperatur in °C	Nachweisgrenze (Graphitrohr) in pg
Ir	208,9 263,9 285,0 254,4 250,3	Luft/C_2H_2	0,8	1000	2750	3
K	766,5 769,9 404,4	Luft/C_2H_2	0,002	400	2250	1
La	550,1 418,7 357,4 364,9 392,8 403,7	N_2O/C_2H_2	5,0	—	—	—
Li	670,8 323,3 610,4	Luft/C_2H_2	0,0005	700	2400	5
Lu	336,0 331,2 337,7 298,9 451,9	N_2O/C_2H_2	2,0	—	—	—
Mg	285,2 279,6 202,6	Luft/C_2H_2	0,0001	1100	2800	0,02
Mn	279,5 279,8 280,1 403,1 321,7	Luft/C_2H_2	0,0015	1100	2800	0,2
Mo	313,3 317,0 379,8 319,4 386,4 390,3 315,8 320,8	N_2O/C_2H_2	0,025	850	2900	5
Na	589,0 589,6 330,2	Luft/C_2H_2	0,0002	300	2250	0,2
Nb	334,4 405,9 358,0 334,9 408,0 412,3 415,3	N_2O/C_2H_2	1,5	1500	2900	5
Nd	463,4 492,5 471,9 489,7	N_2O/C_2H_2	0,6	—	—	—

3.3.3.1 Charakteristische Wellenlängen, Flammentypen, Nachweisgrenzen, Veraschungstemperaturen und Atomisierungstemperaturen für Flammen- und Graphitrohr-AAS (*Fortsetzung*)

Element	Wellenlänge in nm	Flammenzusammensetzung (AAS)	Nachweisgrenze (Flammen-AAS) in ng/cm³	Veraschungstemperatur in °C	Atomisierungstemperatur in °C	Nachweisgrenze (Graphitrohr) in pg
Ni	232,0 231,1 234,6 341,5 346,2 352,5 339,1 247,7	Luft/C_2H_2	0,002	1100	2850	20
Os	290,9 305,9 426,1	N_2O/C_2H_2	0,1	1700	2500	2500
Pb	217,0 283,3 261,4 368,4	Luft/C_2H_2	0,01	700	2450	2
Pd	244,8 247,6 276,3 340,5	Luft/C_2H_2	0,02	600	2750	20
Pr	495,1 491,4 513,3 473,7 504,6	N_2O/C_2H_2	8,0	—	—	—
Pt	265,9 306,5 262,8 273,4 299,8 271,9	Luft/C_2H_2	0,05	1600	2800	200
Rb	780,0 794,8 420,2 421,6	Luft/C_2H_2	0,002	800	2100	10
Re	346,0 345,2 346,4	N_2O/C_2H_2	0,5	200	2250	1000
Rh	343,5 369,2 339,7 350,2 370,1 328,1	Luft/C_2H_2	0,004	1000	2750	50
Ru	349,9 372,8 379,9 392,6	Luft/C_2H_2	0,07	—	—	—
Sb	206,8 217,6 231,2	Luft/C_2H_2	0,02	500	2800	5
Sc	391,2 390,8	N_2O/C_2H_2	0,05	700	2450	50

3.3.3.1 Charakteristische Wellenlängen, Flammentypen, Nachweisgrenzen, Veraschungstemperaturen und Atomisierungstemperaturen für Flammen- und Graphitrohr-AAS (*Fortsetzung*)

Element	Wellenlänge in nm	Flammenzusammensetzung (AAS)	Nachweisgrenze (Flammen-AAS) in ng/cm^3	Veraschungstemperatur in °C	Atomisierungstemperatur in °C	Nachweisgrenze (Graphitrohr) in pg
	402,4 402,0 327,0 408,2 327,4					
Se	196,0 204,0 206,3 207,5	Luft/C_2H_2	0,5	900	2800	10
Si	251,6 250,7 251,4 252,9 221,1	N_2O/C_2H_2	0,02	1100	2850	20
Sm	429,7 476,0 520,1 472,8 528,3	N_2O/C_2H_2	0,06	—	—	—
Sn	224,6 286,3 235,5 270,6 303,4 266,1	Luft/H_2	0,01	1100	2850	100
Sr	460,7 407,8	Luft/C_2H_2	0,002	1100	2500	5
Ta	271,5 277,6 255,9 265,7 275,8	N_2O/C_2H_2	1,0	—	—	—
Tb	432,7 431,9 390,1 406,2 433,9	N_2O/C_2H_2	0,6	—	—	—
Te	214,3 225,9 238,6	Luft/C_2H_2	0,05	600	2400	50
Ti	364,3 365,4 320,0 337,2 319,2 399,0	N_2O/C_2H_2	0,07	1500	2900	500
Tl	267,8 377,6 238,0 258,0	Luft/C_2H_2	0,025	500	1600	20
Tm	371,8 410,6	N_2O/C_2H_2	0,03	—	—	—

3.3.3.1 Charakteristische Wellenlängen, Flammentypen, Nachweisgrenzen, Veraschungstemperaturen und Atomisierungstemperaturen für Flammen- und Graphitrohr-AAS (*Fortsetzung*)

Element	Wellenlänge in nm	Flammenzusammensetzung (AAS)	Nachweisgrenze (Flammen-AAS) in ng/cm³	Veraschungstemperatur in °C	Atomisierungstemperatur in °C	Nachweisgrenze (Graphitrohr) in pg
	409,4					
	418,8					
	420,4					
	375,2					
	436,0					
	341,0					
U	358,5	N_2O/C_2H_2	8	—	—	—
	356,7					
	351,5					
	394,4					
	348,9					
V	318,5	N_2O/C_2H_2	0,04	800	2900	100
	318,3					
	306,6					
	437,9					
	320,2					
	385,5					
W	255,1	N_2O/C_2H_2	1,0	—	—	—
	268,1					
	272,4					
	294,7					
	400,9					
	430,2					
Y	410,2	N_2O/C_2H_2	0,06	—	—	—
	412,8					
	407,7					
	414,3					
	362,1					
Yb	398,8	N_2O/C_2H_2	0,005	1400	2800	0,7
	346,4					
	246,5					
	267,2					
Zn	213,9	Luft/C_2H_2	0,0008	900	2750	0,05
	307,6					
Zr	360,1	N_2O/C_2H_2	0,7	—	—	—
	303,1					
	352,0					
	354,8					
	301,2					
	298,5					

3.3.3.2 Nachweisgrenzen der Hydridtechnik (50 cm³ Meßlösung) im Vergleich zur Graphitrohrtechnik (0,1 cm³ Meßlösung).

Element	Nachweisgrenze in μg/dm³	
	Hydridtechnik	Graphitrohrofentechnik
As	0,02	0,3
Bi	0,02	0,2
Sb	0,1	0,2
Se	0,02	1,0
Sn	0,5	0,2
Te	0,02	0,2

3.3.3.3 Empfindliche Linien für Bogen- und Funken-Emissionsspektroskopie

Element	Wellenlänge in nm	Intensität		Anregungspotential in eV
		Bogen	Funken	
Ar	811,5311		5,000	13,0
	750,3867		700	13,4
	706,7217		400	13,2
	696,5430		400	13,3
Ag	546,5487	1,000	500	6,0
	520,9067	1,500	1,000	6,0
	338,2891	1,000	700	3,6
	328,0683	2,000	1,000	3,8
Al	624,336		100	21,0
	623,176		30	21,0
	396,1527	3,000	2,000	3,1
	394,4032	2,000	1,000	3,1
	309,2713	1,000	1,000	4,0
	308,2155	800	800	4,0
	281,6179	10	100	17,7
	266,9166	3	100	10,6
As	289,871	25	40	6,7
	286,0452	50	50	6,6
	278,0197	75	75	6,7
	245,653	100	8	6,5
	237,077	50	3	6,7
	236,967	40		6,7
	234,984	250	18	6,6
	228,812	250	5	6,7
Au	280,219		200	>13,6
	267,595	250	100	4,6
	242,795	400	100	5,1
B	345,141	5	30	20,9
	249,7733	500	400	4,9
	249,6778	300	300	4,9
Ba	577,7665	500	100	3,8
	553,5551	1,000	200	2,2
	551,9115	200	60	3,8
	542,4616	100	30	3,8
	493,4086	400	400	7,7
	455,4042	1,000	200	7,9
	413,0664	50	60	10,9
	389,1785	18	25	10,9
	307,1591	100	50	4,0
	233,5269	60	100	11,2
	230,4235	60	80	11,2
Be	332,1343	1,000	30	6,4
	332,1086	100		6,4
	332,1013	50		6,4
	313,1072	200	150	13,2
	313,0416	200	200	13,2
	265,0781	25		7,4
	234,8610	2,000	50	5,4
Bi	472,2552	1,000	100	4,0
	306,7716	3,000	2,000	4,0
	298,9029	250	100	5,5
	293,8298	300	300	6,1
	289,7975	500	500	5,6
	280,9625	200	100	6,3
	278,0521	200	100	5,8
	227,6578	100	40	5,4
	206,170	300	100	6,0
Br	481,671		300	14,4
	478,550		400	14,4
	470,486		250	14,4
C	426,727		500	32,1
	426,702		350	32,1
	283,7602		40	27,5
	283,6710		200	27,5
	247,8573	400	400	7,7
	229,689		200	53,5
Ca	445,4781	200		4,7
	443,4960	150		4,7
	442,5441	100		4,7
	422,6728	500	50	2,9
	396,8468	500	500	9,2
	393,3666	600	600	9,2
	317,9332	100	400	13,1
	315,8869	100	300	13,1
Cd	643,84696	2,000	1,000	7,3
	361,0510	1,000	500	7,3
	346,6201	1,000	500	7,3
	340,3653	800	500	7,3
	326,1057	300	300	3,8
	274,858	5	200	19,2
	257,309	3	150	19,2
	231,284	1	200	20,1
	228,8018	1,500	300	5,4
	226,5017	25	300	14,4
	214,4382	50	200	14,7
Ce	418,6599	80	25	>8,6
	416,5606	40	6	>8,6
	404,0762	70	5	>8,7
	401,2388	60	20	>8,7
Cl	481,946		200	28,3
	481,006		200	28,3
	479,454		250	28,3
Co	352,9813	1,000	30	4,0
	346,5800	2,000	25	3,6
	345,3505	3,000	200	4,0
	340,5120	2,000	150	4,0
	251,9822	40	200	14,7
	238,8918	10	35	14,1
	237,8622	25	50	14,1
	236,3787	25	50	14,2
	230,7857	25	50	14,3
	228,6156	40	300	14,3
Cr	520,8436	500	100	3,3
	520,6039	500	200	3,3
	520,4518	400	100	3,3
	428,9721	3,000	800	2,9

3.3.3.3 Empfindliche Linien für Bogen- und Funken-Emissionsspektroskopie (*Fortsetzung*)

Element	Wellenlänge in nm	Intensität Bogen	Intensität Funken	Anregungspotential in eV
	427,4803	4,000	800	2,9
	425,4346	5,000	1,000	2,9
	286,0934	60	100	12,5
	285,5676	60	200	12,5
	284,9838	80	150	12,6
	284,3252	125	400	12,6
	283,5633	100	400	12,6
Cs	894,350	2,000		1,4
	852,110	5,000		1,4
	459,3177	1,000	50	2,7
	455,5355	2,000	100	2,7
Cu	521,8202	700		6,2
	515,3235	600		6,2
	510,5541	500		3,8
	327,3962	3,000	1,500	3,8
	324,7540	5,000	2,000	3,8
	282,437	1,000	300	
	224,6995	30	500	15,9
	219,2260	25	500	16,2
	213,5976	25	500	16,2
Dy	421,1719	200	15	>2,9
	416,7966	50	12	>3,0
	407,7974	150	100	>3,0
	404,5983	150	12	>3,0
	400,0454	400	300	>3,1
Er	390,6316	25	12	>3,2
	369,2652	20	12	>3,4
	349,9104	18	15	>3,5
Eu	466,187	300	120	
	462,722	400	150	
	459,402	500	200	
	420,5046	200	50	8,6
	412,9737	150	50	8,6
F	690,246		500	14,5
	685,602		1,000	14,4
	529,10	200		
Fe	374,8264	500	200	3,4
	374,5903	150	100	3,4
	374,5564	500	500	3,4
	373,7133	1,000	600	3,4
	371,9935	1,000	700	3,3
	358,120	1,000	600	
	241,3309	60	100	13,1
	241,0517	50	70	13,1
	240,4882	50	100	13,0
	239,5625	50	100	13,0
	238,2039	40	100	13,0
Ga	417,2056	2,000	1,000	3,1
	403,2982	1,000	500	3,1
	294,3637	10	20	4,3
	287,4244	10	15	4,3
Gd	376,8405	20	20	>3,3
	364,6196	200	150	>3,4

Element	Wellenlänge in nm	Intensität Bogen	Intensität Funken	Anregungspotential in eV
Ge	422,6570	200	50	4,9
	326,9494	300	300	4,7
	303,9064	1,000	1,000	4,9
	270,9626	30	20	4,6
	265,1575	30	20	4,7
	265,1178	40	20	4,8
H	656,279		3,000	12,0
	486,1327		500	12,7
He	587,5618		1,000	23,0
	468,575		300	75,3
	388,8646		1,000	22,9
Hf	724,087	5,000	600	
	723,710	8,000	1,000	
	713,182	7,000	1,000	
	706,382	3,000	400	
	681,894	2,000	300	
	678,928	1,000	100	
	409,3161	25	20	>7,8
	313,4718	80	125	>8,7
	307,2877	80	18	4,0
	294,0772	60	12	4,2
	291,6481	50	15	4,2
	290,4408	30	6	4,8
	289,8259	50	12	4,6
	282,0224	40	100	>9,2
	277,3357	25	60	>9,3
	264,1406	40	125	>9,5
	251,6881	35	100	>9,7
	251,3028	25	70	>9,7
Hg	546,0753	2,000		7,7
	435,835	3,000	500	7,7
	404,6561	200	300	7,7
	366,3276	500	400	8,8
	365,4833		200	8,8
	365,0146	200	500	8,8
	253,6519	2,000	1,000	4,9
Ho	389,102	200	40	>3,2
	374,817	60	40	>3,3
	293,677		1,000	>7,4
I	546,461		900	22,7
	516,1188		300	22,8
	206,238		900	>16,4
In	451,1323	5,000	4,000	3,0
	410,1773	2,000	1,000	3,0
	325,8564	500	300	4,1
	325,6090	1,500	600	4,1
	303,9356	1,000	500	4,1
Ir	351,3645	100	100	3,5
	343,7015	20	15	4,4
	322,0780	100	30	4,2
	292,4792	25	15	4,2
	284,9725	40	20	4,3
	266,1983	600	60	

3.3.3.3 Empfindliche Linien für Bogen- und Funken-Emissionsspektroskopie (*Fortsetzung*)

Element	Wellenlänge in nm	Intensität Bogen	Intensität Funken	Anregungspotential in eV
K	769,8979	5,000		1,6
	766,4907	9,000		1,6
	404,7201	400	200	3,0
	404,4140	800	400	3,1
Kr	587,09158		3,000	12,1
	557,02895		2,000	12,1
La	624,9929	300		2,5
	593,0648	250		2,2
	545,5146	200	1	2,4
	412,3228	500	500	8,9
	407,7340	600	400	8,9
	394,9106	1,000	800	9,1
Li	670,7844	3,000	200	1,8
	610,3642	2,000	300	3,9
	460,300	800		4,5
	323,261	1,000	500	3,8
Lu	451,857	300	40	> 2,7
	355,443	50	150	> 6,2
	347,248	50	150	> 6,3
	339,707	50	20	> 6,3
	291,139	100	300	> 6,9
	289,484	60	200	> 7,0
Mg	518,3618	500	300	5,1
	517,2699	200	100	5,1
	516,7343	100	50	5,1
	383,8258	300	200	5,9
	383,2306	250	200	5,9
	382,9350	100	150	5,9
	285,2129	300	100	4,3
	280,2695	150	300	12,0
	279,553	150	300	12,0
Mn	403,4490	250	20	3,1
	403,3073	400	20	3,1
	403,0755	500	20	3,1
	280,1064	600	60	
	279,8271	800	80	
	260,5688	100	500	12,2
	259,3729	200	1,000	12,2
	257,6104	300	2,000	12,2
Mo	390,2963	1,000	500	3,2
	386,4110	1,000	500	3,2
	379,8252	1,000	1,000	3,3
	290,9116	25	40	11,6
	289,0994	30	50	11,7
	287,1508	100	100	11,7
	284,8232	125	200	11,8
	281,6154	200	300	11,9
N	567,956		500	35,1
	567,602		100	35,0
	566,664		300	35,0
	410,998		1,000	13,7
	410,337		80	74,3
	409,994		150	13,7
	409,731		100	74,3
Na	589,5923	5,000	500	2,1
	588,9953	9,000	1,000	2,1
	568,8224	300		4,3
	568,2657	80		4,3
	330,2988	300	150	3,7
	330,2323	600	300	3,7
Nb	413,7095	100	60	3,0
	412,3810	200	125	3,0
	410,0923	300	200	3,1
	407,9729	500	200	3,1
	405,8938	1,000	400	3,2
	322,5479	150	800	> 7,6
	319,4977	30	300	> 7,7
	316,3402	15	8	> 7,8
	313,0786	100	100	> 7,9
	309,4183	100	1,000	> 8,0
Nd	430,3573	100	40	> 2,9
	417,7321	15	25	> 3,0
	395,1154	40	30	> 3,1
Ne	640,2246		2,000	18,5
	585,2488		2,000	18,9
	540,0562		2,000	18,9
Ni	352,4541	1,000	100	3,5
	351,5054	1,000	50	3,6
	349,2956	1,000	100	3,6
	341,4765	1,000	50	3,6
	305,0819	1,000		
	228,7084	100	500	14,8
	227,0213	100	400	14,2
	226,4457	150	400	14,3
	225,386	100	300	14,4
O	777,5433		100	10,7
	777,4138		300	10,7
	777,1928		1,000	10,7
Os	442,0468	400	100	2,8
	326,7945	400	30	3,8
	326,2290	500	50	4,3
	305,866	500	500	4,0
	290,9061	500	400	4,2
P	255,493	60	20	7,1
	255,328	80	20	7,1
	253,565	100	30	7,2
	253,401	50	20	7,2
Pb	560,88		40	16,9
	405,7820	2,000	300	4,4
	368,3471	300	50	4,3
	363,9580	300	50	4,4
	283,3069	500	80	4,4
	261,4178	200	80	> 4,7
	220,3505	50	5,000	14,7
	216,9994	1,000	1,000	5,7
Pd	363,4695	2,000	1,000	4,2
	360,9548	1,000	700	4,4

3.3.3.3 Empfindliche Linien für Bogen- und Funken-Emissionsspektroskopie (*Fortsetzung*)

Element	Wellenlänge in nm	Intensität Bogen	Intensität Funken	Anregungspotential in eV
	351,6943	1,000	500	4,5
	342,124	2,000	1,000	4,6
	340,4580	2,000	1,000	4,4
	285,4581	4	500	16,6
	265,8722	20	300	16,9
	250,5739	3	30	17,5
	249,8784	4	150	17,2
	248,8921	10	30	16,3
Pr	422,5327	50	40	>2,9
	418,9518	100	50	>2,9
	417,9422	200	40	>3,0
	406,2817	150	50	>3,0
Pt	306,4712	2,000	300	4,0
	299,7967	1,000	200	4,2
	292,9794	800	200	4,2
	283,0295	1,000	600	4,4
	265,9454	2,000	500	4,6
Ra	482,591		800	2,6
	468,228		800	7,8
	381,442		2,000	8,4
Rb	794,760	5,000		1,6
	780,0227	9,000		1,6
	421,5556	1,000	300	2,9
	420,1851	2,000	500	2,9
Re	488,917	2,000		2,5
	346,047	1,000		3,6
Rh	369,2357	500	150	3,3
	365,7987	500	200	3,6
	343,4893	1,000	200	3,6
	339,685	1,000	500	3,6
	332,3092	1,000	200	3,9
Rn	745,000		600	8,5
	705,542		400	8,4
Ru	359,6179	30	100	3,7
	349,8942	500	200	3,5
	343,6737	300	150	3,7
	297,6586	60	200	>10,5
	296,5546	60	200	>10,6
	294,5668	60	300	>10,6
	271,2410	80	300	>11,0
	269,2065	8	200	>11,0
	267,8758	100	300	>11,0
S	923,749		200	7,8
	922,811		200	7,8
	921,291		200	7,8
	469,625		15	9,1
	469,545		30	9,1
	469,413		500	9,1
Sb	326,7502	150	150	5,8
	323,2499	150	250	6,1
	287,7915	250	150	5,3
	259,8062	200	100	5,8
	252,8535	300	200	6,1
	231,1469	150	50	5,3
	217,5890	300	40	5,7
	206,838	300	3	6,0
Sc	402,3688	100	25	3,1
	402,0399	50	20	3,1
	391,1810	150	30	3,2
	390,7476	125	25	3,2
	364,2785	60	50	10,0
	363,0740	50	70	10,1
	361,3836	40	70	10,1
Se	474,225		500	>2,6
	473,903		800	>2,6
	473,078		1,000	>2,6
	206,2788		800	6,3
	203,9851		1,000	6,3
Si	390,5528	20	15	5,1
	288,1578	500	400	5,1
	252,8516	400	500	4,9
	251,6123	500	500	4,9
	250,6899	300	200	4,9
Sm	443,4321	200	200	8,8
	442,4342	300	300	8,9
	439,0865	150	150	8,6
Sn	452,4741	500	50	4,8
	326,2338	400	300	4,8
	317,5019	500	400	4,3
	303,4121	200	150	4,3
	300,9147	300	200	4,3
	286,3327	300	300	4,3
	283,9989	300	300	4,8
Sr	496,2263	40		4,3
	487,2493	25		4,3
	483,2075	200	8	4,3
	460,7331	1,000	50	2,7
	430,5447	40		11,6
	421,5524	300	400	8,6
	407,7714	400	500	8,7
	347,4887	80	50	12,2
	346,457	200	200	12,2
	338,0711	150	200	12,2
Ta	340,6664	70	18	>3,6
	331,8840	125	35	>3,7
	331,1162	300	70	>3,7
Tb	387,418	200	200	>3,2
	384,875	100	200	>3,2
	356,174	200	200	>3,5
	350,917	200	200	>3,5
Te	276,967		30	5,8
	253,070		30	5,5
	238,576	600	300	5,8
	238,325	500	300	5,8
	214,275	600		5,8

3.3.3.3 Empfindliche Linien für Bogen- und Funken-Emissionsspektroskopie (*Fortsetzung*)

Element	Wellenlänge in nm	Intensität		Anregungspotential in eV
		Bogen	Funken	
Th	401,9137	8	8	>3,1
	360,1040	8	10	>3,4
	353,875		50	>3,5
	329,059		40	>7,3
Ti	500,7213	200	40	3,3
	499,9510	200	80	3,3
	499,1066	200	100	3,3
	498,1733	300	125	3,3
	365,3496	500	200	3,4
	364,2675	300	125	3,4
	363,5463	200	100	3,4
	338,3761	70	300	10,4
	337,2800	80	400	10,5
	336,1213	100	600	10,5
	334,9035	125	800	11,1
Tl	535,046	5,000	2,000	3,3
	377,572	3,000	1,000	3,3
	351,924	2,000	1,000	4,5
	322,975	2,000	800	4,8
	291,832	400	200	5,2
	276,787	400	300	4,5
Tm	376,1917	200	120	>3,3
	376,1333	250	150	>3,3
	346,221	200	100	>3,6
U	424,1669	40	50	>2,9
	367,2579	8	15	>3,4
	355,2172	8	12	>3,5
V	438,9974	80	60	3,1
	438,4722	125	125	3,1
	437,9238	200	200	3,1
	318,5396	500	400	3,9
	318,3982	500	400	3,9
	318,3406	200	100	3,9
	312,5284	80	200	11,0
	311,8383	70	200	11,1
	311,0706	70	300	11,1
	310,2299	70	300	11,1
	309,3108	100	400	11,2
W	430,2108	60	60	3.2
	429,4614	50	50	3.2
	400,8753	45	45	3.4
	361,3790	10	30	>9.2
	321,5560	10	9	5.3
	258,9167	15	25	>10.6
	239,7091	18	30	>10.9
Xe	467,1226		2,000	10.9
	642,4276		1,000	10.9
	450,0977		500	11.0
Yb	398,7994	1,000	500	>3.1
	369,4203	500	1,000	>3.3
	328,937	500	1,000	>3.8
Y	467,4848	80	100	2.7
	464,3695	50	100	2.7
	378,8697	30	30	9.9
	377,4332	12	100	9.9
	371,0290	80	150	10.0
	363,3123	50	100	9.9
	360,0734	100	300	10.1
	324,2280	60	100	10.5
Zn	636,2347	1,000	500	7.7
	481,0534	400	300	6.6
	472,2159	400	300	6.6
	468,0138	300	200	6.6
	334,5020	800	300	7.8
	330,2588	800	300	7.8
	328,2333	500	300	7.8
	255,7958	10	300	15.3
	250,2001	20	400	15.3
	213,856	800	500	5.8
	206,191	100	100	15.4
	205,551	200	200	15.5
Zr	477,2312	100		3.2
	473,9478	100		3.2
	471,0075	60		3.2
	468,7803	125		3.4
	360,1193	400	15	3.6
	357,2473	60	80	10.4
	354,7682	200	12	3.5
	351,9605	100	10	3.5
	349,6210	100	100	10.5
	343,8230	250	200	10.6
	339,1975	300	400	10.7

3.3.3.4 Empfindliche Linien und Nachweisgrenzen in Abhängigkeit vom Flammentyp in der Flammenemissionsspektroskopie

Element	Wellenlänge in nm	Nachweisgrenze in $\mu g/cm^3$ für Flammentyp			
		O_2/H_2	Luft/C_2H_2	O_2/C_2H_2	N_2O/C_2H_2
Ag	328,07	0,05	0,5	0,3	0,02
Al	396,15	4	60	0,2	0,005
As	234,98			50	
Au	267,60			4	0,5
B	249,77			30	
	249,68			30	
Ba	553,55	0,08	0,05	0,05	0,001
Be	234,86			1	
Bi	223,06			40	
Ca	422,67	0,002	0,005	0,005	0,0001
Cd	326,11			30	2
	228,80	5,0			
Ce	569,92			10	30
Co	352,98		1		
	352,90		1		
	345,35			1	0,05
Cr	425,44		0,1		0,005
	357,87			0,1	
Cs	852,11			0,008	
	455,54			8	
Cu	327,40		1	0,2	0,01
	324,75	0,04		0,1	
Dy	421,17			0,1	
	404,60				0,07
Er	400,80			0,3	0,04
Eu	459,40			0,003	0,0006
Fe	371,99	0,2	1	0,7	0,05
Ga	417,21			0,07	0,02
	403,30				0,01
Gd	451,97			2	
	440,19				2
Ge	265,12			0,6	0,5
Hf	368,22			75	
Hg	253,65			40	
Ho	410,38			0,1	
	405,39				0,02
In	451,13			0,03	0,002
Ir	380,01			100	30
K	766,49		0,0005	0,003	
	769,90			0,02	
La	579,13			1	
	550,13				8
Li	670,78		0,005	0,000003	0,00003
	610,36			0,001	
Lu	451,86				1,0
	331,21			0,2	
Mg	285,21	0,7	0,5	0,2	0,005
Mn	403,08		0,1	0,1	0,005

3.3.3.4 Empfindliche Linien und Nachweisgrenzen in Abhängigkeit vom Flammentyp in der Flammenemissionsspektroskopie (*Fortsetzung*)

Element	Wellenlänge in nm	Nachweisgrenze in $\mu g/cm^3$ für Flammentyp			
		O_2/H_2	Luft/C_2H_2	O_2/C_2H_2	N_2O/C_2H_2
Mo	390,30				
	379,83		1000	0,03	
Na	589,00	0,00007	0,0005	0,0001	0,0005
	589,59			0,0002	
Nb	405,89			1	1
Nd	492,45			1	0,2
Ni	352,45		4	0,6	
	341,48			1	0,03
Os	442,05			10	
Pb	405,78		20		0,2
	368,35			3	
	363,47			1	0,05
Pr	495,14				1
	493,97			2	
Pt	265,95			40	2
Rb	780,02		0,001	0,002	
Re	346,05			1	0,2
Rh	369,24			0,3	0,02
Ru	372,80			0,3	0,02
Sb	259,81			20	
Sc	402,04			0,1	0,03
	391,18			0,07	
Si	251,61			5	
Sm	488,39			0,6	
	476,03				0,2
Sn	303,41			4	
	284,00				0,5
Sr	460,73	0,02	0,004	0,004	0,001
Ta	481,28			18	5
Tb	432,65			1	0,5
	431,89				0,4
Te	238,33			200	
Th	576,06			150	
Ti	399,86			0,5	0,2
Tl	535,05				0,02
	377,57			0,09	0,05
Tm	410,58			0,2	
	371,79				0,02
U	591,54			10	
V	437,92		140	0,3	0,01
W	400,88			4	0,5
Y	407,74			0,3	
	362,09				0,4
Yb	398,80			0,05	0,002
Zn	213,86			50	
Zr	360,12			75	3
	351,96			50	

3.3.3.5 Empfindliche Linien und Nachweisgrenzen für die Atomemissionsspektroskopie mit induktiv gekoppeltem Plasma (konventionelles Argonplasma mit pneumatischem Zerstäuber)

Element	Wellenlänge in nm	Nachweisgrenze in ng/cm³
Ag	328,068	5
	338,289	9
	243,779	80
	224,641	90
Al	309,271	15
	308,215	15
	396,152	20
	226,916	20
As	193,696	35
	197,197	50
	228,812	55
	234,984	90
Au	242,795	11
	267,595	20
	197,819	25
	197,754	
	208,209	30
B	249,773	3
	249,678	4
	208,959	6,5
	208,893	8
Ba	455,403	0,85
	493,409	1,5
	233,527	2,5
	230,424	2,5
Be	313,042	0,18
	234,861	0,2
	313,107	0,5
	249,473	2,5
Bi	223,061	25
	306,772	50
	222,825	55
	206,170	55
C	193,091	30
	247,856	120
Ca	393,366	0,13
	317,933	6,5
	315,887	
	422,673	6,5
Cd	214,438	1,7
	228,802	1,8
	226,502	2,5
Ce	413,765	30
	413,380	35
	418,660	35
Co	238,892	4
	228,616	4,5
	237,862	6,5
	230,786	6,5
Cr	205,552	4
	206,149	4,5
	267,716	4,5
	283,563	4,5
Cu	324,754	3,5
	224,700	5
	219,958	6,5
	327,396	6,5
Dy	353,170	6,5
	364,540	15
	340,780	18
Er	337,271	6,5
	349,910	11
	323,058	12
Eu	381,967	1,8
	412,970	3
	420,505	3
Fe	238,204	3
	239,562	3,5
	259,940	4
Ga	294,364	30
	417,206	45
	287,424	50
Gd	342,247	9
	336,223	13
	335,862	14
	310,050	15
Ge	209,426	25
	265,118	30
	206,866	40
Hf	277,336	10
	273,876	11
	264,141	12
	232,247	12
Hg	194,227	17
	253,652	40
Ho	345,600	4
	339,898	8,5
	389,102	11
In	230,606	40
	325,609	80
	303,936	100
Ir	224,268	18
	212,681	20
	205,222	40
La	379,478	6,5
	333,749	6,5
	408,672	6,5

3.3.3.5 Empfindliche Linien und Nachweisgrenzen für die Atomemissionsspektroskopie mit induktiv gekoppeltem Plasma (konventionelles Argonplasma mit pneumatischem Zerstäuber) (*Fortsetzung*)

Element	Wellenlänge in nm	Nachweisgrenze in ng/cm^3
Li	670,784	
	610,362	
	460,286	550
	323,263	700
Lu	261,542	0,65
	291,139	4
	219,544	5,5
	307,760	6
Mg	279,553	0,1
	280,273	0,2
	285,213	1,1
	279,079	20
Mn	257,610	0,95
	259,373	1,1
	260,569	1,4
Mo	202,030	5,5
	203,844	8
	204,598	8
	281,615	9,5
	287,151	18
	379,825	
	386,411	
Na	588,995	20
	589,592	45
	330,237	1200
Nb	309,418	25
	316,340	25
	313,079	35
	269,706	45
Nd	401,225	35
	430,358	50
	406,109	65
Ni	221,647	6,5
	232,003	10
	231,604	10
	216,556	11
Os	225,585	0,25
	228,226	0,4
	233,680	0,8
P	213,618	50
	214,914	50
	253,565	180
Pb	220,353	30
	216,999	60
	261,418	85
	283,306	95
Pd	340,458	30
	363,470	35
	229,651	45
	324,270	50
Pr	390,844	25
	414,311	25
	417,939	25
Pt	214,423	20
	203,646	35
	265,945	55
	224,552	55
Re	197,313	4
	197,248	
	221,426	4
	227,525	4
Rh	233,477	30
	249,077	40
	343,489	40
	252,053	50
Ru	240,272	20
	245,650	20
	267,876	20
Sb	206,833	20
	217,581	30
	231,147	40
Sc	361,384	1
	363,075	1,4
	364,279	1,8
Se	196,026	50
	203,985	75
	206,279	200
Si	251,611	8
	212,412	11
	288,158	18
Sm	359,260	30
	442,434	35
	360,949	40
Sn	189,980	17
	235,484	65
	242,949	65
	283,999	75
Sr	407,771	0,3
	421,552	0,5
	216,596	5,5
	346,446	15
Ta	226,230	17
	226,162	
	226,142	
	240,063	20
	268,517	20
	233,198	20
	233,219	
	263,558	20
	267,590	30

3.3.3.5 Empfindliche Linien und Nachweisgrenzen für die Atomemissionsspektroskopie mit induktiv gekoppeltem Plasma (konventionelles Argonplasma mit pneumatischem Zerstäuber) (*Fortsetzung*)

Element	Wellenlänge in nm	Nachweisgrenze in ng/cm³	Element	Wellenlänge in nm	Nachweisgrenze in ng/cm³
Tb	350,917	15	V	309,311	3,5
	384,873	35		310,230	4,5
	367,635	40		292,402	5
Te	214,281	25		311,071	6
	238,578	120		289,332	6,5
	225,902	120		268,796	6,5
	214,725	140		311,838	7,5
Th	283,730	45	W	207,911	20
	283,231	45		224,875	30
	274,716	55		218,936	30
	401,913	55		209,475	30
Ti	334,941	2,5		239,709	35
	336,121	3,5	Y	371,030	2,5
	337,280	4,5		324,228	3
	334,904	5		360,073	3
	308,802	5	Yb	328,937	1,2
	307,864	5,5		369,419	2
Tl	190,864	25		289,138	5,5
	276,787	80	Zn	213,856	1,2
	351,924	130		202,548	2,5
	377,572	150		206,200	4
	535,046			334,502	90
Tm	346,220	3,5	Zr	343,823	4,5
	384,802	5,5		339,198	5
	342,508	6,5		257,139	6,5
U	385,958	170		349,621	6,5
	367,007	200			
	409,014	200			
	393,203	200			
	294,192	300			

3.3.3.6 Empfindliche Linien und Nachweisgrenzen in der Flammenatomfluoreszenzspektroskopie

Element	Wellenlänge in nm	Nachweisspektren in µg/cm³	Element	Wellenlänge in nm	Nachweisspektren in µg/cm³
Ag	328,07	0,0001	Mn	279,48	0,006
Al	396,15	0,1	Mo	313,26	0,5
As	193,70	0,1	Ni	232,00	0,003
Au	267,60	0,005	Pb	405,78	0,01
Be	234,86	0,01	Pd	340,46	0,04
Bi	223,06	0,005	Pt	265,95	50
Ca	422,67	0,02	Rh	369,24	3
Cd	228,80	0,000001	Ru	372,80	100
Co	240,73	0,005	Sb	231,15	0,05
Cr	357,87	0,05	Se	196,03	0,04
Cu	324,70	0,001	Si	251,61	0,6
Fe	248,33	0,008	Sn	303,41	0,1
Ga	417,21	0,01	Sr	460,73	0,03
Ge	265,12	0,1	Te	214,28	0,04 (0,005)
Hg	253,65	0,08 (0.0002)	Ti	319,99	4
In	410,48	0,1	Tl	377,57	0,008
Ir	254,40	100	V	318,40	0,07
Mg	285,21	0,001	Zn	213,86	0,00002

3.4 UV-Vis-Spektren

Wird ein Elektron—gewöhnlich ein Valenzelektron—eines Moleküls in einen höheren Energiezustand gehoben, so wird meist gleichzeitig der Schwingungs- und Rotationszustand des Molekuls geändert, so daß mit einem solchen Übergang ein kompliziertes Spektrum verbunden ist. Die für ein derartiges Bandenspektrum maßgebenden Terme setzen sich aus dem Elektronenterm, dem Schwingungs- und dem Rotationsterm zusammen. Die beiden letzteren werden dabei durch die in Kapitel 3.6 und 3.7 gegebenen Relationen beschrieben.

Sehen wir deshalb zunächst von diesen Schwingungs- und Rotationstermen ab, so können die Elektronenterme der Molekülzustände analog zu denen der Atomzustände klassifiziert werden. Neben der Elektronenenergie ist bei einem zweiatomigem und gestrecktem Molekül auch die Komponente des Gesamtdrehimpulses der Elektronen in der Valenzrichtung definiert und besitzt einen der Werte $\Lambda \cdot \hbar$ mit $\Lambda = 0, \pm 1, \pm 2, \ldots$, während der Gesamtdrehimpuls selbst im Gegensatz zu den Verhältnissen beim Einzelatom keine Bedeutung hat und damit auch keinen definierten Wert aufweist, denn die beim Einzelatom vorliegende Kugelsymmetrie ist jetzt aufgehoben. Ähnlich wie bei den Atomen bezeichnet man die Elektronenterme, deren $|\Lambda|$ die Werte

$$|\Lambda| = 0, 1, 2, 3 \cdots$$

besitzen, mit

$$\Sigma, \Pi, \Delta, \Phi \cdots - \text{Term}.$$

Zu diesen Termen gehören recht unterschiedliche Werte der Energie. Die Zustände mit $|\Lambda| = 1, 2, \ldots$ sind doppelt zu zählen, weil die Impulskomponente in der Valenzrichtung ja positiv oder negativ sein kann. Energetisch fallen diese Zustände mit $\Lambda = +1$ und -1 usw. nur so lange exakt zusammen, als man von einer Wechselwirkung mit der Rotation des Moleküls absieht. Die Beachtung dieser Wechselwirkung gibt Anlaß zu einer—meist kleinen—Aufspaltung, welche als Λ-Verdoppelung bezeichnet wird. Oft ist sie so klein, daß sie sich der direkten Beobachtung entzieht.

Mit einer gewissen Annäherung kann man auch im Molekül noch von den Komponenten des Drehimpulses der Einzelelektronen sprechen, die sich dann zu der Gesamtdrehimpulskomponente zusammensetzen derart, daß zwei Einzelkomponenten λ_1 und λ_2 ($\lambda_1 \geqq \lambda_2$) ein resultierendes Λ von $\lambda_1 - \lambda_2$ oder $\lambda_1 + \lambda_2$ ergeben.

Neben der Drehimpulskomponente in der Valenzrichtung besitzt auch die Spinkomponente in dieser Richtung einen definierten Wert, der auf $\pm \frac{1}{2}\hbar$ pro Einzelelektron festgelegt ist und sich bei mehreren Elektronen auf ein halb- oder ganzzahliges Vielfaches $S\hbar$ aufsummiert. Die Elektronenzustände sind dann wieder bei den Atomen Multipletts von der Multiplizität $2S + 1$. Der Betrag der Multiplettaufspaltung wächst mit der Zahl der Elektronen im Molekül. Diese Multiplettzahl wird gewöhnlich wieder links oben am Termsymbol vermerkt, also $^3\Pi$ für einen Triplettzustand usw.

Gesamtdrehimpulskomponente und Spinkomponente setzen sich wieder zu einer Totalkomponente Ω zusammen, die der Komponente der Quantenzahl J bei den Atomen entspricht. Diese Quantenzahl wird wieder rechts unten am Termsymbol vermerkt z.B. $^3\Pi_2$ usw.

Eine Hauptquantenzahl wie bei den Atomen pflegt man bei Molekültermen nicht anzugeben, man unterscheidet die verschiedenen Terme meist mit Buchstaben, die beim Grundterm mit X beginnen und dann mit A, B, C usw. (manchmal auch mit kleinen Buchstaben a, b, c usw.) fortgesetzt werden.

Bei Σ-Termen ($\Lambda = 0$) pflegt man oben rechts ein $+$-oder $-$-Zeichen anzufügen (also Σ^+ oder Σ^-), um anzudeuten, daß die Wellenfunktion der Elektronen symmetrisch oder antisymmetrisch zu einer durch die benachbarten Kerne gelegten Spiegelungsebene ist. Ähnlich beschreibt man die Symmetrie oder Antisymmetrie zum Symmetriezentrum in der Mitte zwischen zwei gleichen Atomen durch ein rechts unten an das Termsymbol gefügtes g oder u, also Σ_g- oder Σ_u-Terme.

Mit Strahlung verbundene Elektronenübergänge sind in erster Näherung nur möglich zwischen g- und u-Termen, nicht zwischen g – g- und zwischen u – u-Termen, auch können nur Σ^+- mit Σ^+-Termen (nicht Σ^+- mit Σ^--Termen) kombinieren, und es muß sich die Quantenzahl Λ dabei um ± 1 ändern oder unverändert beliben ($\Delta\Lambda = 0, \pm 1$). Außerdem kombinieren wie bei Atomen in erster Näherung nur Singulett-Terme mit Singulett-Termen, Tripletts mit Tripletts usw.

Durchbrechungen dieser Auswahlregeln werden gelegentlich beobachtet, insbesondere wenn aus einem angeregten Zustand überhaupt kein nicht verbotener Übergang in einen tiefer gelegenen Zustand – im Extremfalle in den Grundzustand—möglich ist. Es gibt dann eine von der normalen Elektronen-Dipolstrahlung abweichende Quadrupolstrahlung oder dergleichen, über die dann ein Übergang schließlich erzwungen wird.

Die Energie eines definierten Elektronenzustandes hängt noch vom Kernabstand im Molekül ab. Bei stabilen Molekülzuständen erhält man für die Elektronenenergie als Funktion des Kernabstandes eine charakteristische Potentialkurve mit Minimum. Vergrößert man den Kernabstand allmählich, so gehen bei einem zweiatomigen Molekül die Einzelatome schließlich in Zustände des freien Atoms über, die in Tabelle 3.4.1 in der mit „Termbezeichnung" gekennzeichneten Spalte in der bei Atomen üblichen Weise gekennzeichnet sind. So bedeutet z.B. $1s\sigma 3p\pi\, ^1\Pi_u$ ein Molekül, welches bei der Dissoziation in ein Atom in einem 1s und ein zweites in einem 3p-Valenz-Elektronenzustand dissoziiert und dessen Drehimpulskomponenten in der Valenzrichtung $0 \cdot \hbar$ bzw. $1 \cdot \hbar$ sind, so daß der Molekülzustand ein Π-Zustand mit der resultierenden Drehimpulskomponente $1\,\hbar$ wird.
Instabile Molekülzustände besitzen monoton verlaufende Potentialkurven ohne Minima (s. Abb. 3.18 oben).
Bei einem stabilen Molekülzustand sind wieder Schwingungen (und Rotationen) um die jeweilige Gleichgewichtslage möglich. Die Differenz zwischen einem angeregten Schwingungszustand der Schwingungsquantenzahl n', der Wellenzahl $\tilde{\nu}'_e$ und der Anharmonizität x'_e und dem Grundzustand mit den Zahlen n'', $\tilde{\nu}''_e$ und x''_e lautet dann

$$\tilde{\nu} = \tilde{\nu}_{el} + \tilde{\nu}'_e(n' + \tfrac{1}{2}) - \tilde{\nu}'_e x'_e(n' + \tfrac{1}{2})^2 - \tilde{\nu}''_e(n'' + \tfrac{1}{2}) + \tilde{\nu}''_e x''_e(n'' + \tfrac{1}{2})^2, \tag{1}$$

wenn $\tilde{\nu}_{el}$ der Wellenzahlübergang des reinen Elektronensprungs ist.
Jedem Übergang zwischen zwei Elektronenzuständen (d.h. zwischen zwei Potentialkurven Abb. 3.18 u. 3.19), dem beim Atom eine Spektrallinie entspricht, ist jetzt ein ganzes System von Termdifferenzen zugeordnet, die beim gleichen Elektronensprung verschiedenen Schwingungsübergängen $n' \rightleftarrows n''$ entsprechen und zusammen mit den Rotationsübergängen das Bandensystem ergeben. Die Rotationsübergänge bilden eine äußerst dichte Folge von Linien, die sich an einer Kante, dem Bandenkopf häufen. Es gilt hier, da es sich um Schwingungen in zwei verschiedenen Potentialkurven handelt, keine Auswahlregel $\Delta n = \pm 1$ oder dergleichen, aber es sind auch hier einzelne Übergänge $n' \rightleftarrows n''$ besonders intensiv im Spektrum vertreten, die sich aus der Lage der Schwingungsniveaus in den Potentialkurven ergeben (Franck-Condon-Prinzip). Die Wellenzahlen der Kanten pflegt man zu einem Kantenschema zusammenzufassen, in dem die Horizontal- bzw. Vertikalreihen den Übergängen mit gleichem oberen bzw. unteren Schwingungsniveau entsprechen, und deren Einzelbanden nahezu gleichen Abstand voneinander besitzen. Wenn, wie in dem angegebenen Schema der violetten Cyanbanden, die Diagonalreihen nahezu gleiche Wellenzahlen aufweisen, spricht man von Sequenzen, nach denen die Banden entsprechend bestimmten Werten von (n' – n'') geordnet sind.

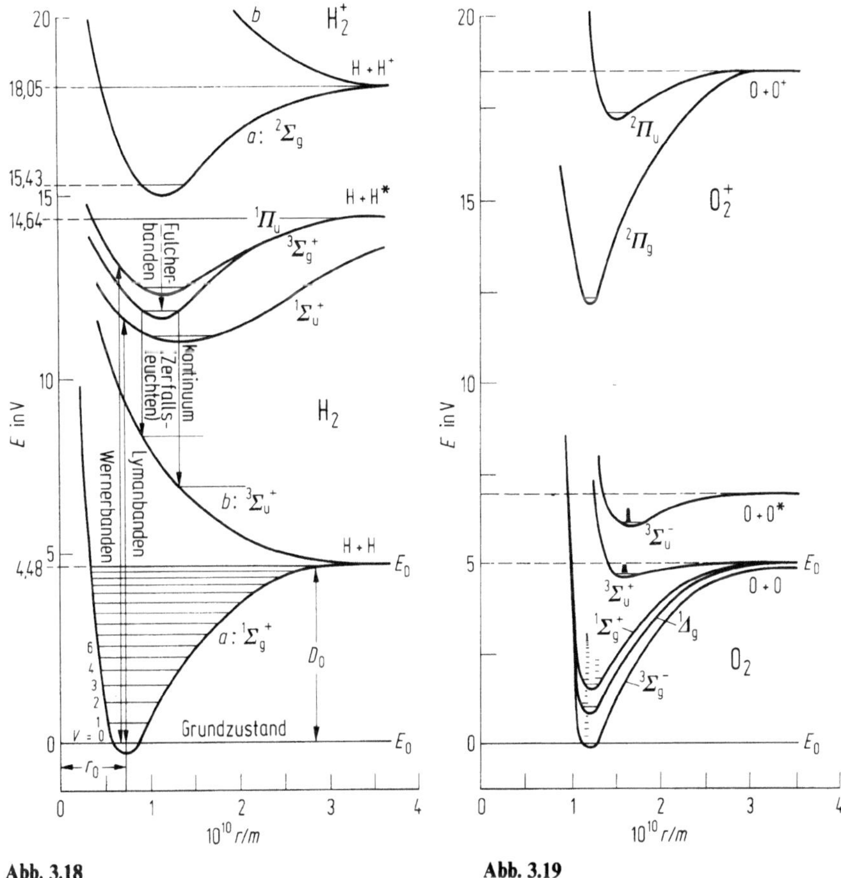

Abb. 3.18 **Abb. 3.19**

Abb. 3.18. Potentialkurven des H_2-Moleküls und des Molekülions H_2^+. Im Grundzustand $^1\Sigma g^+$ sind alle 14 Schwingungsniveaus angegeben. Zwischen $H_2\, ^1\Pi_u$ und $H_2^+\, ^2\Sigma g$ liegen sehr viele andere Elektronenterme

Abb. 3.19. Potentialkurvenschema des Sauerstoffmoleküls und -molejülions. Bei O_2 sind die beobachteten Schwingungsterme angedeutet. Übergänge: siehe Tabelle der Elektronenterme

Kantenschema der violetten Cyanbanden (in cm^{-1})

n′ \ n″	0	1	2	3	4	5	6	7
0	25 743,4	23 712,3	21 704,0	—	—	—	—	—
1	27 844,0	25 822,9	23 818,9	21 837,5	—	—	—	—
2	—	27 879,0	25 887,0	23 911,1	21 956,8	—	—	—
3	—	—	27894,4	25 934,8	23 986,9	22 059,7	—	—
4	—	—	—	—	—	24 042,9	22 143,3	—
5	—	—	—	—	—	—	24 075,6	22 205,2

Bei zweiatomigen Molekeln wird die Rotationsstruktur der Terme wieder durch einen Ausdruck der Form

$$T'_{rot} = B'_v \cdot J(J+1) \quad \text{mit} \quad B'_v = \frac{h}{8\pi^2 Ic} \tag{2}$$

gegeben[1]. Die Trägheitsmomente I hängen dabei geringfügig von der Schwingungsquantenzahl ab, so daß

$$B_v = B_e[1 - \delta(n + \tfrac{1}{2})] = B_e - \alpha(n + \tfrac{1}{2}) \tag{2a}$$

gilt.

Viel stärker ist aber der Unterschied der Trägheitsmomente der verschiedenen Potentialkurven, so daß der durch die Rotationsübergänge bewirkte Termunterschied mit den Auswahlregeln

$$J' = \begin{cases} J'' + 1 \text{ (R-Zweig)} \\ J'' \text{ (außer } J'' = 0 \text{ und } \Sigma \to \Sigma) \text{ (Q-Zweig)} \\ J'' - 1 \text{ (P-Zweig)} \end{cases}$$

und den unterschiedlichen Werten B'_v und B''_v wird zu

$$\begin{aligned} \tilde{\nu}_{rot} &= \tilde{\nu}_0 + B'_v J'(J'+1) - B''_v J'(J'-1) \\ &= \tilde{\nu}_0 + (B'_v + B''_v)J' + (B'_v - B''_v)J'^2 \\ J' &= 1, 2, 3, \ldots \quad \text{(R-Zweig)} \\ \tilde{\nu}_{rot} &= \tilde{\nu}_0 + B'_v J'(J'+1) - B''_v J'(J'+1) \\ &= \tilde{\nu}_0 + (B'_v - B''_v)J' + (B'_v - B''_v)J'^2 \\ J' &= 1, 2, 3, \ldots \quad \text{(Q-Zweig)} \\ \tilde{\nu}_{rot} &= \tilde{\nu}_0 + B'_v J'(J'+1) - B''_v(J'+1)(J'+2) \\ &= \tilde{\nu}_0 - 2B''_v - (3B''_v - B'_v)J' + (B'_v - B''_v)J'^2 \\ J' &= 0, 1, 2, \ldots \quad \text{(P-Zweig)} \end{aligned} \tag{3}$$

wenn noch in $\tilde{\nu}_0$ alle übrigen Termdifferenzen zusammengefaßt werden, die nicht mit der Rotation zusammenhängen.

Der Zusammenhang zwischen $\tilde{\nu}_{rot}$ und J' wird durch eine Parabel (Fortrat-Parabel) dargestellt. Der P-Zweig erstreckt sich nach kleineren Frequenzen (nach Rot), der R-Zweig nach Violett. Ist $B'_v < B''_v$, also der Kernabstand im oberen Elektronenzustand größer, so bildet der R-Zweig eine Kante und kehrt mit wachsendem J bei einer bestimmten Wellenzahl um, die Bande ist nach Rot abschattiert (in den Tabellen häufig mit R bezeichnet). Dies ist im allgemeinen der Fall, wenn das beim Elektronensprung angeregte Elektron im Grundzustand als bindend angesprochen werden kann. Ist $B'_v > B''_v$, so gibt es eine Umkehr im P-Zweig und eine Abschattierung nach Violett (in den Tabellen mit V bezeichnet). Wenn der Kernabstand in beiden Zuständen gleich oder fast gleich ist, wird keine Kante beobachtet, der Linienabstand ist dann praktisch konstant. Der in der Mitte gelegene Q-Zweig schrumpft für $B'_v \approx B''_v$ praktisch zu einer Linie zusammen; bei $\Sigma \to \Sigma$-Übergängen fehlt er gänzlich. Aus einer Analyse des Bandenspektrums speziell der Rotationsstruktur erhält man B_e oder B_0 und α bzw. δ von Gl. (2a), Charakteristika der Moleküle, welche in Tabelle 3.4.1 meist angegeben sind.

Bei mehratomigen gewinkelten Molekülen wird die Rotationsstruktur wesentlich komplizierter, da dann mehrere voneinander verschiedene Trägheitsmomente vorliegen, die zu Rotationsspektren der Kapitel in 3.5 beschriebenen Art Anlaß geben. Es werden dann in den Tabellen nur noch die Trägheitsmomente und eventuell die aus diesen ermittelten Kernabstände und Winkel angegeben, ohne die Unterscheidung des Gleichgewichtsabstandes von dem mittleren Abstand bei höherer Schwingungsanregung vorzunehmen.

Auch die Rotationsterme werden nach dem Symmetrieverhalten der Eigenfunktionen als positiv bzw. negativ unterschieden, wobei die Auswahlregel gilt, daß positive mit negativen kombinieren usw.

---

[1] Man faßt den Elektronendrehimpuls (Komponente gekennzeichnet durch Λ) mit dem Drehimpuls der Kerne um ihren Schwerpunkt zusammen, womit schließlich eine Relation für die Terme resultiert, die von J und Λ abhängt, bei den Rotationslinien einer Bande bleibt aber Λ konstant, so daß man sich direkt auf Gl. (2) beschränken kann.

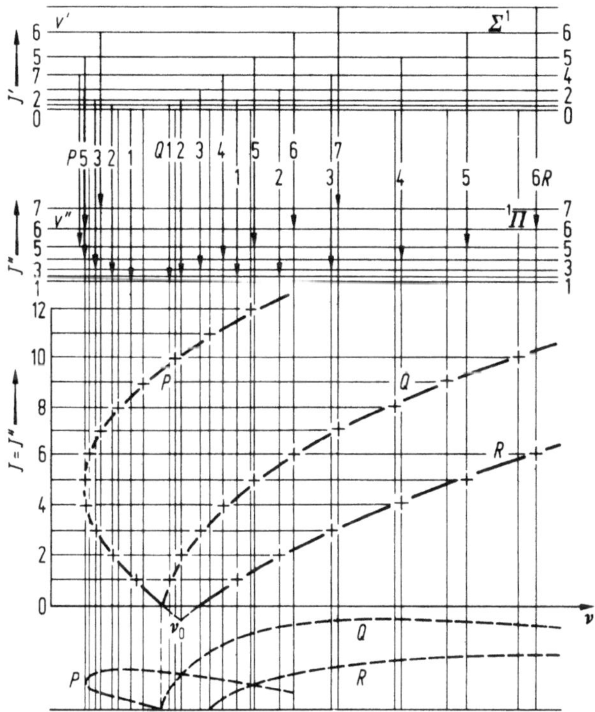

Abb. 3.20. Zur Struktur der Einzelbande (Rotationsstruktur). Rotationstermschema, Fortrat-parabeln und Linienschema mit Intensitätskurven (- -) für eine Bande mit P-, Q- und R-Zweig ($\Sigma \rightarrow \Pi$ = Übergang, $J' = 0, 1, 2 \ldots J'' = 1, 2, 3 \ldots$) P-Zweig nach violett abschattiert ($B' > B''$), Kante bei J = 5 (CO = Ångström-Bande)

Bei Σ^+-Elektronenzuständen sind die Rotationsterme mit geradem J positiv und die mit ungeradem J negativ; bei Σ^--Elektronenzuständen sind dagegen die mit geradem J negativ und die mit ungeradem J positiv. Bei $\Lambda \neq 0$ (also Π, Δ-Termen usw.) gehören zu jedem J zwei Rotationsterme, ein positiver und ein negativer, die gelegentlich deutlich aufgespalten sind (Λ-Verdoppelung).

Bei Molekülen mit zwei gleichen Kernen wie H_2, D_2 usw. ist die Unterscheidung positiv–negativ gleichbedeutend mit der Unterscheidung symmetrisch – antisymmetrisch bezüglich der Vertauschung der Kerne. Bei geraden Elektronenzuständen sind die positiven Rotationsterme symmetrisch, die negativen antisymmetrisch; bei ungeraden Elektronenzuständen ist es umgekehrt. Es sind nur Übergänge zwischen zwei symmetrischen oder zwischen zwei antisymmetrischen Termen möglich; sog. Interkombinationen sind im Molekülspektrum verboten. Wegen der über die Statistik der Kerne (Bose-Einstein- oder Fermi-Dirac-Statistik) bedingten Koppelung der Kernspinzustände mit den Ortseigenfunktionen der Rotationen und der statistischen Verteilung der Kernspinzustände über $(s + 1)(2s + 1)$ symmetrische und $s(2s + 1)$ antisymmetrische Zustände, wo s den Kernspin bedeutet, gibt es dann bei Gültigkeit der Fermi-Dirac-Statistik eine überwiegende Zahl von unsymmetrischen Ortszuständen der Rotation, bei der Gültigkeit der Bose–Einstein–Statistik ist es umgekehrt. Ist speziell $s = 0$, so gibt es keine antisymmetrischen Spinzustände der Kerne, womit dann je nach der geltenden Statistik bei Σ-Zuständen jeder zweite Rotationszustand ausfällt. Bei $s \neq 0$ gibt es dann einen charakteristischen Intensitätswechsel zwischen Rotationszuständen mit geradem und ungeradem J, aus dem Rückschlüsse auf die Größe des Kernspins und die geltende Statistik gezogen werden können.

Die Tabelle 3.4.1 enthält – eventuell neben der laufenden Nummer – in der ersten Spalte die Termbezeichnung des Molekülzustandes und gegebenenfalls auch die Kennzeichnung der Atomzustände, in die das Molekül dissoziiert. Es folgt dann in der zweiten Spalte der Termwert bezogen auf das Potentialminimum des Grundzustandes in cm^{-1}.

Die nächsten beiden Spalten bringen die Schwingungsfrequenz – hier mit ω bezeichnet – in der vorliegenden Potentialmulde und die Anharmonizität in der Form $x \cdot \omega$, so daß beide Größen in cm^{-1} angegeben werden können.
Ein Index e bedeutet den auf den bewegungslosen Zustand (Potential-minimum bzw. Gleichgewicht) extrapolierten Wert, ein Index 0 den Wert für das Nullpunkts-Schwingungsquant. Es gilt:

$$\omega_0 = \omega_e - \tfrac{1}{4} x_e \omega_e$$

und (4)

$$x_e \omega_e = x_0 \omega_0 .$$

In den Tabellen ist darauf zu achten, daß gelegentlich in einer Tabelle die Bedeutung der in einer Spalte aufgeführten Zahlen zwischen ω_0 und ω_e wechselt, was gewöhnlich durch ein angefügtes Zeichen (*) angedeutet ist.
Die fünfte und sechste Spalte bringen dann unter α und B die gemäß

$$B_v = B_e - \alpha(n + \tfrac{1}{2}) \quad \text{oder} \quad B_v = B_0 - \alpha n \tag{5}$$

definierten Werte α und B_e bzw. B_0 in cm^{-1}. Aus B_e oder B_0 ist dann der in der siebten Spalte aufgeführte Kernabstand r_e bzw. r_0 errechnet.
Gelegentlich sind außerdem noch für einige Übergänge in weiteren Spalten Wellenzahlangaben oder Wellenlängenangaben gemacht. Der Übergang dabei ist durch die Nummern oder die Termbezeichnungen von Ausgangs- und Endzustand gekennzeichnet. Es bedeutet dort

$$\tilde{\nu}_{00} = \tilde{\nu}_{el} + \omega_e' - \tfrac{1}{4} x_e' \omega_e' - \omega_e'' + \tfrac{1}{4} x_e'' \omega_e'' \tag{6}$$

die auf den Schwingungsübergang $0 \to 0$ bezogene Wellenzahl, wenn $\tilde{\nu}_{el}$ den Abstand der Potentialminima in cm^{-1} bezeichnet. Bei diesen Angaben weist ein vorangestelltes V oder R auf die Abschattierung der Banden nach Violett oder Rot hin. Weiterhin ist manchmal der Spektralbereich durch Wellenlängenangaben abgegrenzt, in dem die fraglichen Übergänge im Bandenspektrum auftreten.

3.4.1 Aus Bandenspektren ermittelte Molekülzustände und deren Schwingungen

Wasserstoffmolekülspektrum H_2

Termbezeichnung	Termwert T_e cm^{-1}	ω_e cm^{-1}	$x_e\omega_e$ cm^{-1}	α cm^{-1}	B_e cm^{-1}	r_e 10^{-8} cm	Übergang	D_0 in eV
$1s\sigma^2\ {}^1\Sigma_g^+$	0	4395,2	117,995	2,993	60,809	0,74166		4,478
$1s\sigma\, 2p\sigma\ {}^1\Sigma_u^+$	91 689,9	1356,9	19,932	1,1933	20,0159	1,29270	$2 \rightleftarrows 1$R	3,45
$1s\sigma\, 2p\pi\ {}^1\Pi_u$	100 043,0	2442,7	67,03*	1,626	31,340	1,0331	$3 \rightleftarrows 1$R	2,35
$1s\sigma\, 2s\sigma\ {}^1\Sigma_g^+$	100 062,8	2588,9	130,5*	1,818*	32,68	1,0117	$4 \to 2$V	
$1s\sigma\, 3d\sigma\ {}^1\Sigma_g^+$	112 793	{2404,3	88,8		(28,4*)	(1,085*)	$5 \to 3$R	2,68
		2341,1	55,6				$5 \to 2$V	
$1s\sigma\, 3d\pi\ {}^1\Pi_g$	113 065	2265,2	78,47	1,515	29,79	1,0596	$6 \to 3$R	2,65
$1s\sigma\, 3s\sigma\ {}^1\Sigma_g^+$	113 889	2538	124		(29,5*)	(1,065*)	$7 \to 3$R	2,54
$1s\sigma\, 3p\pi\ {}^1\Pi_u$	113 888	2325,1	52,25*	1,468	31,30	1,034	$8 \to 4$R	2,53
$1s\sigma\, 3d\delta\ {}^1\Delta_g$	113 404	2220*			(28,8*)	(1,077*)	$9 \to 3$R	2,33
$1s\sigma\, 4s\sigma\ {}^1\Sigma_g^+$	119 851*				(32*)	(1,02*)	$10 \to 2$	2,62
$1s\sigma\, 4d\sigma\ {}^1\Sigma_g^+$	119 512*				(30*)	(1,06*)	$11 \to 3$	2,65
$1s\sigma\, 4d\pi\ {}^1\Pi_g$	(118 690)	2142*			(30*)	(1,06*)	$12 \to 3$	2,63
$1s\sigma\, 4d\delta\ {}^1\Delta_g$	119 820*				(28,8*)	(1,077*)	$13 \to 2$	2,60
${}^1\Sigma_g^+$	(103 480)	(1000)			(6,24)	(2,32)	$14 \to 2$R	
$({}^1\Pi_g)$	(113 144)	742*			(16,3*)	(1,43*)	$15 \to 2$R	

Die mit * versehenen Werte bedeuten B_0, ω_0, I_0, $x_0\omega_0$, r_0.

Termbezeichnung	Termwert cm^{-1}	ω_0 cm^{-1}	$x_0\omega_0$ cm^{-1}	α cm^{-1}	B_0 cm^{-1}	r_0 10^{-8} cm	Dissoziations-spannung D_0 in eV
$1s\sigma\,2p\sigma\,^3\Sigma_u^+$	instabil						
$1s\sigma\,2p\sigma\,^3\Pi_u$	94794	2404,0	61,4	1,43	30,36	1,047	2,88
$1s\sigma\,2s\sigma\,^3\Sigma_g^+$	95086	2593,2	71,6	1,671	33,381	0,999	2,85
$1s\sigma\,3s\sigma\,^3\Sigma_g^+$	111774	2331	64		30	1,06	
$1s\sigma\,3p\sigma\,^3\Sigma_u^+$	106696	2130	67	1,4	26,54	1,120	
$1s\sigma\,3p\pi\,^3\Pi_u$	111880	2305,3	66,3	1,545	29,59	1,059	2,69
$1s\sigma\,3d\sigma\,^3\Sigma_g$	111720	2176,5	89				2,67
$1s\sigma\,3d\pi\,^3\Pi_g^\times$	111959	2193	75				2,63
	112952						
$1s\sigma\,3d\delta\,^3\Delta_g^\times$	112132	2254	54				
	112165	2275	62	(3,0)	(36,5)	(0,960)	
$1s\sigma\,4p\sigma\,^3\Sigma_u^+$	117619	2141		2,18?	28,52	1,081	2,86
$1s\sigma\,4p\pi\,^3\Pi_u$	117362	2276,5	60		29,345	1,065	2,66
$1s\sigma\,4d\delta\,^3\Delta_g^\times$	117420	(2170)					2,63
	(117500)						
$1s\sigma\,4d\pi\,^3\Pi_g^\times$	117469						2,61
	117516	(2170)					
$1s\sigma\,4d\sigma\,^3\Sigma_g^+$	117382						2,63
$1s\sigma\,5p\pi\,^3\Pi_u$	119936	2258,7	62,9		29,3	1,065	2,66
$1s\sigma\,6p\pi\,^3\Pi_u$	121322	2236	57		29,28	1,065	2,64
$1s\sigma\,7p\pi\,^3\Pi_u$	(122155)				(29)	(107)	2,63
H_2^+-Ion $1s\sigma\,^2\Sigma_g^+$	124429	2235	62	1,4	29,1	1,070	2,649

Die Terme mit × haben Λ-Verdoppelung. – Die eingeklammerten Werte sind unsicher.

Wasserstoffmolekülspektren HD, D_2

	Termbezeichnung	Termwert cm^{-1}	ω_g cm^{-1}	$x_0\omega_0$ cm^{-1}	α cm^{-1}	B_0 cm^{-1}	r_0 10^{-8} cm
HD	$1s\sigma^2\ ^1\Sigma_g^+$	0	3826,0*	98,51	1,993	45,68	0,748
	$1s\sigma\ 2s\sigma\ ^1\Sigma_g^+$	100115	2204,4*	81,6*		24,568*	1,0087
	$1s\sigma\ 2p\sigma\ ^1\Sigma_u^+$	91720*	1175,65*	14,9*	0,777	14,635*	1,306*
			1180,77*			15,205*	1,2821*
	$1s\sigma\ 2p\pi\ ^1\Pi_u$	100064*	2140,3*	66,72*	0,856	22,995	1,042
					1,026	23,298	1,035
		berechnet:					
	$1s\sigma\ 2s\sigma\ ^3\Sigma_g^+$	(95938*)	2308,44*	53,77*	1,099	25,136	0,997
D_2	$1s\sigma^2\ ^1\Sigma_g^+$	0	3118,8*	64,2*	1,0492*	30,429*	0,7410*
	$1s\sigma\ 2s\sigma\ ^1\Sigma_g^+$	100125,2*	1784,5*	48,1*	0,682*	16,373*	1,011*
	$1s\sigma\ 2p\sigma\ ^1\Sigma$	91698,4*	963,5*	11,0*	0,424*	10,0716	1,2819*
	$1s\sigma\ 2p\pi\ ^1\Pi_u$	100092,1*	1736,2*	39,1*	0,5739*	15,665*	1,0336*
	$1s\sigma\ 3p\pi\ ^1\Pi_u$	114000*	1638,5*	30,405*			
		berechnet:					
	$1s\sigma\ 2s\sigma\ ^3\Sigma_g^+$	(95938*)	1885,84*	35,96*	0,606	16,806	0,996

Die mit * versehenen Werte bedeuten r_e, ω_e, B_e usw.

Molekülspektren von Elementen und Verbindungen

Molekül	Termbezeichnung	Termwert cm^{-1}	ω_e cm^{-1}	$x_e\omega_e$ cm^{-1}	α cm^{-1}	B_e cm^{-1}	r_e 10^{-8}cm	
C_2	X $^2\Pi_u$	0	1641,35	11,67	0,01683	1,6326	1,3117	
	B $^3\Pi_g$	19 306,26	1788,22	16,44	0,01608	1,7527	1,2660	
	C $^3\Pi_g$	40 080,41	1106,56	39,26	0,0242	1,1922	1,5350	
N_2	X $^1\Sigma^+$	0	K 2359,61	14,456				
	A $^3\Sigma_u^+$	50 206	K 1460,37	13,891				
	B $^3\Pi_g$	59 626,3	1734,11	14,47				
	a $^1\Pi_g$	69 290,7	K 1692,01	12,791				
	C $^3\Pi_u$	89 147,3	2035,1	17,08	0,0197	1,8259	1,1482	
	E	(95 770)	K 2184,5*					
	F	97 584*						
	i $^1\Sigma_u^+$	(99 327)	670*					
	D $^3\Sigma_u^+$	101 873*						
N_2^+	$\sigma_g^2\sigma_u^2\pi_u^4\sigma_g$ X $^2\Sigma_g^+$	0	2206,84	16,044	0,02	1,961*	1,108*	
	B $^2\Sigma_u^+$	25 461,9	2417,67	20,949	0,025	1,932	1,113	
	C $^2\Sigma^+$	64 622	(2050)		0,05*	2,806	1,071	
		54 024	2173,2	10,43		1,65	1,21	
O_2	$\sigma_g^2\sigma_u^2\pi_u^4\sigma_g^2\pi_g^2$ X $^3\Sigma_g^-$	0	1 580,32	11,993	0,016	1,446	1,204	5,082
	a $^1\Delta_g$	7 918,1	K 1 509,3*	12,9*	0,017	1,4178*	1,2192*	—
	$\sigma_g^2\sigma_u^2\pi_u^4\sigma_g^2\pi_g^2$ A $^1\Sigma_g^+$	13 197,69	K 1 432,615	13,925	0,0188	1,401	1,223	3,5
	C $^3\Sigma_u^+$	36 096	819	22,5		1,05*	1,42	0,4
	$\sigma_g^2\sigma_u^2\pi_u^3\sigma_g^2\pi_g^3$ B $^3\Sigma_u^-$	49 802,1	700,36	8,002	0,011	0,820	1,599	0,95
O_2^+	$\sigma_g^2\sigma_u^2\pi_u^4\sigma_g^2\pi_g$ X $^2\Pi_g$	0	K 1 876,4	16,53	0,009	1,6722	1,121	6,48
	$\sigma_g^2\sigma_u^2\pi_u^3\sigma_g^2\pi_g^2$ A $^2\Pi_u$	38 596 38 796	K 898,9	13,7	0,014	1,0617	1,406	1,4
Cl_2	X $^1\Sigma_g^+$	0	K 564,9	4,0	0,0017	0,2438	1,99	2,481
	A $^3\Pi_{0u}^+$	18 310,5	K 239,4	5,42	0,003	0,158	2,47	
J_2	X $^1\Sigma_g^+$	0	214,57	0,6127				1,542
	A $^3\Pi_{1u}$	11 888	K 44,0	1,0				
	B $^3\Pi_{0u}$	15 641,5	K 128,0	0,83				
	D($^1\Sigma_u^+$)	33 744	104	0,2				
CO	X $^1\Sigma^+$	0	K 2 170,2	13,46	0,01749	1,9314		
	P	126 708	1 576	15,6				
	Q	129 043	1 558	10,6				
	R	129 154	1 596	18,7				
CO^+	X $^2\Sigma^+$	0	2 214,24	15,164	0,01896	1,9772	1,11506	(6,5)
	B $^2\Sigma^+$	45 876,7	1 734,18	27,927	0,03025	1,7999	1,1687	(3,7)
NO	E $^2\Sigma^+$	60 628,5	2 373,6	15,85	0,0182	1,9863	1,0661	
OH	$2p\sigma^2 2p\pi^3$ X $^2\Pi_{verk}$	0 139,12	3 727,95	78,15	0,6931	$18{,}861_8$	0,9742	2,4
	$2p\sigma 2p\pi^4$ A $^2\Sigma^+$	32 681,16	3 176,74	92,80	$0{,}839_4$	$17{,}375_3$	1,015	2,4
OH^+	X $^3\Sigma$	0	2 955*		0,732	16,793	1,027	
	$2p\sigma 2p\pi^3$ A $^3\Pi_{verk}$	(28 937)	1 986*		0,841	13,642	1,139	
OD	X $^2\Pi_{verk}$	0	27 209	44,2	0,29	10,01	0,969	
	A $^2\Sigma^+$	35 875,0	2 319,9	52,0	0,329	9,19	1,012	
$H^{19}F$	X $^1\Sigma^+$	0	4 143,01	91,69	0,7482	20,9093	0,9179	
DF	X $^1\Sigma^+$	0	3 000,358	$47{,}33_6$	$0{,}293_6$	$11{,}004_5$	0,917	
$H^{35}Cl$	X $^1\Sigma$	0	2 990,57	52,26	0,2995	10,5937	1,2744	
$H^{37}Cl$	X $^1\Sigma$	0	2 986,50	51,50	0,2992	10,5700	1,2750	
HCl^+	$3s\sigma^2 3p\sigma^2 3p\pi^3$ X $^2\Pi_i$	0	2 675,4	53,5	0,318	9,9463	1,312	4,5
	$3s\sigma^2 3p\sigma 3p\pi^4$ A $^2\Sigma^+$	28 637,2	1 605,79	39,58	0,342	7,5077	1,510	
DCl^+	X $^2\Pi_i$	0	1 863,96*		0,117	5,1158		
	A $^2\Sigma^+$	28 630,9	1 111,66*		0,118	3,8566		
$H^{79}Br$	X $^1\Sigma$	0	2 649,67	45,21	0,226	8,473	1,414	
$H^{81}Br$	X $^1\Sigma$	0			0,229	8,471	1,414	
HBr^+	X $^2\Pi_{1/2}$	0				7,98*	1,45*	
	$^2\Pi_{3/2}$	2 653				7,93*	1,46*	
	A $^2\Sigma$				0,25	5,85*	1,70*	
$H^{127}J$	X $^1\Sigma^+$	0	2 309,53	39,73	0,183	6,551	1,604	

3.4.2 Aus Bandenspektren ermittelte Grundschwingungswellenzahlen $\omega_e = 1/\lambda$ in cm^{-1} und Kernabstände r_e in m von zweiatomigen Molekülen

Molekül	Grund-zustand	ω_e in cm^{-1}	r_e in 10^{-10} m
$^{109}Ag^{81}Br$	$(^1\Sigma)$	247,72	—
$^{107}Ag^{35}Cl$	$(^1\Sigma)$	343	—
AgH	$^1\Sigma^+$	1760,0	1,618
$^{107}Ag^{127}J$	$(^1\Sigma)$	206,18	—
$Ag^{15}O$	$^2\Sigma^-$	493,2	—
AlBr	$^1\Sigma$	378,0	—
$^{27}Al^{35}Cl$	$^1\Sigma$	481,3	2,14
$^{27}Al^1H$	$^1\Sigma^+$	1682,57	1,6461
$^{27}Al^2H$	$^1\Sigma^+$	1212,02	1,6458
$^{27}Al^{127}J$	$^1\Sigma$	316,1	—
$^{27}Al^{16}O$	$^2\Sigma$	978,2	1,618
$^{75}As_2$	$^1\Sigma_g^+$	429,44	—
$^{75}As^{14}N$	$^1\Sigma^+$	1067,96	—
$^{75}As^{16}O$	$^2\Pi$	967,4	—
$^{107}Au^{35}Cl$	$(^1\Sigma)$	382,8	—
$^{197}Au^1H$	$^1\Sigma^+$	2305,0	1,523
$^{197}Au^2H$	$^1\Sigma^+$	1634,9	1,524
$^{138}Ba^{35}Cl$	$^2\Sigma^+$	279,3	—
$Ba^{19}F$	$^2\Sigma^+$	468,9	—
Ba^1H	$^2\Sigma^+$	1172	2,232
$Ba^{16}O$	$(^1\Sigma)$	669,8	1,797
$^{11}B^{79}Br$	$^1\Sigma$	684,3	1,887
$^{11}B^{35}Cl$	$^1\Sigma$	839,1	—
$^9Be^{35}Cl$	$^2\Sigma^+$	846,58	—
$^9Be^{19}F$	$^2\Sigma^+$	1265,62	1,3616
$^9B^1H$	$^2\Sigma^+$	2058,6	1,343
$^9B^{16}O$	$^1\Sigma^+$	1487,3	1,3308
$^{11}B^{19}F$	$^1\Sigma^+$	1399,8	—
$^{11}B^1H$	$^1\Sigma^+$	(2366)	1,2326
$^{11}B^2H$	$^1\Sigma^+$	(1780)	1,231
$^{11}B^{16}O$	$^2\Sigma^+$	1885,44	1,2050
$^{209}Bi^2$	$(^1\Sigma)$	172,7	—
$^{209}Bi^{79}Br$	—	209,34	—
$^{209}Bi^{35}Cl$	—	308,0	—
$^{209}Bi^{19}F$	—	510,7	—
$^{209}Bi^1H$	$^1\Sigma$	1698,9	1,809
$^{209}Bi^2H$	$^1\Sigma$	1205,5	1,806
$^{209}Bi^{127}J$	—	163,9	—
$^{209}Bi^{16}O$	—	702,1	—
$^{79}Br^{81}Br$	$^1\Sigma_g^+$	323,2	2,284
$^{12}C_2$	$^3\Pi_u$	1641,70	1,3121
$Ca^{35}Cl$	$(^2\Sigma)$	369,8	—
$(^{40})Ca^{19}F$	$^1\Sigma$	587,1	—
$(^{40})Ca^1H$	$^2\Sigma^+$	1299	2,002
$Ca^{127}J$	$(^2\Sigma)$	242,0	—
$(^{40})Ca^{16}O$	$^1\Sigma$	650	—
CdBr	—	230,0	—
$Cd^{35}Cl$	$^2\Sigma$	330,5	—
Cd^1H	$^2\Sigma^+$	1430,7	1,762
$Cd^{127}J$	$(^2\Sigma)$	178,5	—
$^{12}C^1H$	$^2\Pi_r$	2861	1,1201
$^{12}C^2H$	$^2\Pi_r$	2101	1,119
$^{35}Cl_2$	$^1\Sigma_g^+$	564,9	1,989
$Cl^{16}O$	—	865,0	—
$^{12}C^{14}N$	$^2\Sigma^+$	2068,705	1,1721
$^{12}C^{16}O$	$^1\Sigma^+$	2170,2	1,1284
$^{12}C^{31}P$	$^2\Sigma^+$	1239,67	1,5622
$^{133}Cs_2$	$^1\Sigma_g^+$	41,990	—
$^{12}C^{32}S$	$^1\Sigma^+$	1285,1	1,536
^{12}CSe	$^1\Sigma^+$	1036	—
$^{133}Cs^1H$	$^1\Sigma^+$	890,7	2,494
$^{63}Cu^{79}Br$	—	314,13	—
$^{63}Cu^{35}Cl$	—	416,9	—
$^{63}Cu^{19}F$	—	622,6	—
$^{63}Cu^1H$	$^1\Sigma^+$	1940,4	1,463
$^{63}Cu^2H$	$^1\Sigma^+$	1384,38	1,4627
$^{63}Cu^{127}J$	—	264,83	—
$^{69}Ga^{81}Br$	$^1\Sigma$	263,0	—
$^{69}Ga^{35}Cl$	$^1\Sigma$	365,0	—
$^{69}Ga^{127}J$	$^1\Sigma$	216,4	—
$Ga^{16}O$	$(^2\Sigma)$	767,69	—
$Gd^{16}O$	—	841	—
GeBr	$^2\Pi$	296,6	—
$^{74}Ge^{35}Cl$	$^2\Pi$	407,6	—
$^{74}Ge^{16}O$	$(^1\Sigma)$	985,7	—
$^{74}Ge^{32}S$	$(^1\Sigma)$	575,8	—
$^1H_2$	$^1\Sigma_g^+$	4405,3	0,7414
$^1H^2H$	$^1\Sigma_g^+$	3817,1	0,7413
$^2H_2$	$^1\Sigma_g^+$	3118,5	0,7417
^1HBr	$^1\Sigma^+$	2649,67	1,414
$^1H^{35}Cl$	$^1\Sigma^+$	2989,74	1,2747
$^2H^{35}Cl$	$^1\Sigma^+$	2090,78	1,275
$^4He_2$	$^3\Sigma_u^+$	[1790]	1,046
$^1H^{19}F$	$^1\Sigma^+$	4141,305	0,9166
Hg_2	$^1\Sigma_g^+$	(36)	3,3
HgBr	$(^2\Sigma)$	186,25	—
$Hg^{35}Cl$	$(^2\Sigma)$	292,6	—
Hg^1H	$^2\Sigma^+$	1387,09	1,741
Hg^2H	$^2\Sigma^+$	995,15	1,738
$^1H^{127}J$	$^1\Sigma^+$	2309,53	1,604
$^{115}In^{81}Br$	$^1\Sigma$	268,4	—
$^{115}In^{35}Cl$	$^1\Sigma$	384,2	—
$^{115}In^{127}J$	$^1\Sigma$	177,1	—
$In^{16}O$	$^2\Sigma$	703,09	—
$^{127}J_2$	$^1\Sigma_g^+$	214,36	2,667
$^{39}K_2$	$^1\Sigma_g^+$	92,64	3,923
KBr	$^1\Sigma^+$	231	—
KCl	$^1\Sigma^+$	280	—
$(^{39})K^1H$	$^1\Sigma^+$	985,0	2,244
$K^{127}J$	$^1\Sigma^+$	212	—
$^{139}La^{16}O$	$^2\Sigma$	811,6	—
$^7Li_2$	$^1\Sigma_g^+$	351,436	2,6723
$^7Li^1H$	$^1\Sigma^+$	1405,65	1,5956
$^7Li^2H$	$^1\Sigma^+$	1055,12	1,5951
$^{24}MgBr$	$(^2\Sigma)$	373,8	—
$^{24}Mg^{35}Cl$	$(^2\Sigma)$	465,4	—
$(^{24})Mg^{19}F$	$^2\Sigma$	717,6	—
$(^{24})Mg^1H$	$^2\Sigma^+$	1495,7	1,731

3.4.2 Aus Bandenspektren ermittelte Grundschwingungswellenzahlen $\omega_e = 1/\lambda$ in cm^{-1} und Kernabstände r_e in m von zweiatomigen Molekülen (*Fortsetzung*)

Molekül	Grundzustand	ω_e in cm^{-1}	r_e in 10^{-10} m
$(^{24})Mg^2H$	$^2\Sigma^+$	1077,76	1,7302
$Mg^{127}J$	$(^2\Sigma)$	[312]	—
$Mg^{16}O$	$(^1\Sigma)$	785,1	—
Mn^1H	—	1490	—
$Mn^{16}O$	—	840,70	—
$^{14}N_2$	$^1\Sigma_g^+$	2359,61	1,095
$^{23}Na_2$	$^1\Sigma_g^+$	159,23	3,079
$^{23}NaBr$	$^1\Sigma^+$	315	—
$^{23}NaCl$	$^1\Sigma^+$	380	—
$^{23}Na^1H$	$^1\Sigma^+$	1172,2	1,8875
$^{23}Na^{127}J$	$^1\Sigma^+$	286	—
NiCl	$^2\Pi$	419,2	—
$^{14}N^{16}O$	$^2\Pi_r$	1904,6	1,150
$^{16}O_2$	$^3\Sigma_g^-$	1580,361	1,2076
$^{16}O^1H$	$^2\Pi_i$	3735,2	0,9710
$^{16}O^2H$	$^2\Pi_i$	2720,9	0,969
$^{31}P_2$	$^1\Sigma_g^+$	780,43	1,887
Pb_2	—	256,5	—
$Pb^{79}Br$	—	207,5	—
$Pb^{35}Cl$	—	303,8	—
$Pb^{19}F$	$^2\Pi$	507,2	—
Pb^1H	$^2\Sigma$	1564,1	1,839
$^{206}Pb^{16}O$	$^1\Sigma$	721,8	1,923
$^{208}Pb^{32}S$	$^1\Sigma$	428,14	2,395
$^{31}P^{14}N$	$^1\Sigma^+$	1337,24	1,491
$^{31}P^{16}O$	$^2\Pi_r$	1230,64	1,447
$^{141}Pr^{16}O$	—	818,9	—
$^{32}S_2$	$^3\Sigma_g^-$	725,68	1,89
Sb_2	$(^1\Sigma)$	269,9	—
SbCl	—	488	—
$Sb^{19}F$	—	614,2	—
SbO	—	817,2	—
$^{45}Sc^{16}O$	$^2\Sigma$	971,55	—
$^{80}Se_2$	$(^1\Sigma_g^+)$	391,8	2,16
$Se^{16}O$	—	907,1	—
SiBr	$^2\Pi$	425,4	—
$^{28}Si^{35}Cl$	$^2\Pi$	535,4	—
$(^{28})Si^{19}F$	$^2\Pi$	856,7	—
$^{28}Si^{14}N$	$^2\Sigma^+$	1151,680	1,572
$^{28}Si^{16}O$	$^1\Sigma^+$	1242,03	1,510
SiS	$^1\Sigma^+$	749,5	—
SnBr	$^2\Pi$	247,7	—
$Sn^{35}Cl$	$^2\Pi$	352,5	—
$Sn^{19}F$	$^2\Pi$	585,3	—
$Sn^{16}O$	$^1\Sigma$	822,4	1,838
$Sn^{32}S$	$(^1\Sigma)$	488,25	—
$^{32}S^{16}O$	$^3\Sigma^-$	1123,73	1,4935
SrCl	$^2\Sigma$	302,3	—
$Sr^{19}F$	$(^2\Sigma)$	500,1	—
Sr^1H	$^2\Sigma^+$	1206,2	2,1457
$Sr^{127}J$	—	173,9	—
$Sr^{16}O$	$^1\Sigma$	653,5	1,826
Te_2	$^3\Sigma$	251,0	—
$Te^{16}O$	—	796,0	—
$^{48}Ti^{35}Cl$	—	456,4	—
$(^{48})Ti^{16}O$	$^3\Pi_u$	1008,14	1,620
$Tl^{81}Br$	$(^1\Sigma)$	192,1	—
$Ti^{35}Cl$	$^1\Sigma$	287,47	—
$Tl^{19}F$	$^1\Sigma$	475,00	—
Tl^1H	$(^1\Sigma^+)$	1390,7	1,870
$^{51}V^{16}O$	$(^2\Delta)$	1012,7	1,890
$^{89}Y^{16}O$	$(^2\Sigma)$	852,5	—
$Zn^{35}Cl$	$^2\Sigma$	390,5	—
Zn^1H	$^2\Sigma^+$	1607,60	1,5947
$^{90}Zr^{16}O$	$^3\Pi$	936,6	1,416

Index r: Reihenfolge im Multiplett normal,
Index i: Reihenfolge im Multiplett inverse

3.5 Infrarot- und Ramanspektren

M. Wöhlecke, Experimentalphysik, Universität Osnabrück

3.5.1 Allgemeine Grundlagen

Geht ein Molekül infolge einer äußeren Störung (z.B. Absorption oder Emission eines Lichtquants während einer spektroskopischen Untersuchung) von einem Anfangszustand i in einen Endzustand f, so können dabei Änderungen in der elektronischen Struktur, der Schwingungs- und der Rotationsstruktur auftreten. In einer Beschreibung im Rahmen der adiabatischen Näherung (Born-Oppenheimer) lassen sich die Energien der drei Beiträge trennen und man erhält für die zugehörigen Frequenzen

$$\nu_{\mathrm{rot}} \ll \nu_{\mathrm{osz}} \ll \nu_{\mathrm{el}}. \tag{1}$$

Für die sich schnell bewegenden Elektronen sind die Kerne scheinbar in Ruhe. Während einer adiabatischen Bewegung der Kerne gibt es keine abrupten Änderungen der elektronischen Zustände, die Lagekoordinaten der Kerne gehen als Parameter in die elektronische Wellenfunktion ein. Die zugehörigen elektronischen Energien, die ebenfalls von diesen Parametern abhängen, beschreiben andererseits das Potential für die Ionenbewegung, d.h. die Kernbewegung hängt nur von den Kernkoordinaten ab. Da die elektronischen Übergänge meist im sichtbaren Spektralbereich liegen, werden hier nur die Rotations- und die Schwingungsübergänge behandelt. Aus den Energieniveaus läßt sich mit den Auswahlregeln die Struktur der Spektren ableiten.
Die Rotationsschwingungsspektren werden mit Infrarot- oder Raman-Spektrometern gemessen. Beide Methoden unterscheiden sich im verwendeten Spektralbereich (infrarot/sichtbar) und geben wegen der unterschiedlichen Auswahlregeln bei zentrosymmetrischen Molekülen sich ergänzende Ergebnisse. Die Infrarotabsorption erfordert ein sich mit der Schwingung zeitlich änderndes Dipolmoment, während Ramanstreuung nur beobachtet wird, wenn die Polarisierbarkeit mit der Schwingung variiert. Im infraroten Spektralbereich benutzt man Zweistrahl-IR-Spektrometer oder Fourier-Spektrometer. Da mit Fourier-Spektrometern das Signal-Rausch-Verhältnis leichter gesteigert und die spektrale Auflösung ohne Intensitätsverluste erhöht werden kann, werden Fourier-Spektrometer heute bevorzugt. Bei der Ramanstreuung ist das Meßsignal in den sichtbaren Spektralbereich verschoben. Den damit verbundenen meßtechnischen Vorteilen stehen geringe Streuintensitäten gegenüber. Diese insbesondere bei Gasen auftretende Schwierigkeit kann aber durch die Verwendung von Ring-Laser-Methoden oder nichtlinearer Raman-Effekte, die zu intensiver, gerichteter Streustrahlung führen können, überwunden werden.
Rotationsschwingungsspektren liefern Informationen über die Schwingungs- und die Rotationsniveaus. Es werden daher zuerst grundlegende Eigenschaften der Schwingungs- und der Rotationsenergien angeben und anschließend die Kombination beider behandelt.

Schwingungsstrukturen

Ein aus N Atomen bestehendes Molekül besitzt 3N Freiheitsgrade. Subtrahiert man davon jeweils drei für die Translation und die Rotation des starren Moleküls, so verbleiben noch $n = 3N - 6$ Freiheitsgrade für Schwingungen. Im Spezialfall linearer Moleküle gilt $n = 3N - 5$. Beliebige Bewegungsmuster der Kerne lassen sich durch n linear unabhängige harmonische Schwingungen, die Normalschwingungen, beschreiben. An einer Normalschwingung sind nicht immer alle Atome im gleichen Maße beteiligt. Bindungen und Symmetrieeigenschaften können die Anzahl und den Beitrag der zu einer Normalschwingung gehörenden Normalkoordinaten stark beeinflussen. Die Bewegung kann in einer Atomgruppe konzentriert sein. Als Beispiel wären hier Radikale des Typs-X-Y zu nennen. Hat X eine deutlich größere Masse als Y und die benachbarten Atome des Restmoleküls, so ist die Frequenz der Streckschwingung von XY weitgehend unabhängig vom Aufbau des Rests des Moleküls. In Kettenmolekülen unterscheiden sich die Streckschwingungen zweier Kohlenstoffatome unterschiedlicher Bindung meist erheblich und bilden charakteristische Bindungs- oder Gruppenschwingungen aus. Wird eine Bindung nur in der Längsrichtung beansprucht, spricht man von Valenzschwingungen und kennzeichnet sie durch ein s (stretching). Ändert sich bei der Schwingung der Valenzwinkel, so spricht man von Knick-(Deformations-) oder Biegeschwingungen und kennzeichnet sie durch b (bending). Die Frequenzen werden meist in der Form $\nu(X-Y)$, $\delta(X-Y)$ und $\gamma(X-Y)$ angegeben. ν steht für eine Streckschwingung, δ für eine Knickschwingung in der Molekülebene und γ charakterisiert eine Biegeschwingung in einer dazu senkrechten Ebene. Beispiele für beide Gruppenschwingungstypen enthält die Tabelle 3.5.3.

Ein zweiatomiges Molekül kann nur eine Streckschwingung ausführen. In harmonischer Näherung (das Potential hängt quadratisch von der Auslenkung ab) ergibt sich deren Frequenz ν aus $\nu = (1/2\pi)\sqrt{f/\mu}$, wenn f die Federkonstante ist und μ die reduzierte Masse bezeichnet. Für ein Molekül mit mehr als zwei Atomen werden die rücktreibenden Kräfte nicht nur von der Abstandsänderung benachbarter Atome abhängen, sondern auch von der Lage der anderen Atome. Bei N Atomen lassen sich die potentielle Energie V und die kinetische Energie T in der harmonischen Näherung durch quadratische Formendes Schwingungstyps in den Koordinaten q_i oder deren Ableitungen $\dot{q}_i$ nach der Zeit beschreiben.

$$V = V_0 + \frac{1}{2}\sum_{i,j}^{3N} f_{ij}q_iq_j \qquad (2) \qquad\qquad T = \frac{1}{2}\sum_{i,j}^{3N} t_{ij}\dot{q}_i\dot{q}_j \qquad (3)$$

Setzt man diese Energien in die Lagrange-Gleichungen der klassischen Mechanik ein, so entsteht ein System gekoppelter Bewegungsgleichungen für die Koordinaten q_i. Die Frequenzen ν_i der Normalschwingungen ergeben sich durch Nullsetzen der zugehörigen Säkulardeterminante und der Lösung des resultierenden Polynoms vom Grade 3N in ν^2. Durch den Einsatz gruppentheoretischer Methoden läßt sich das Polynom meist in ein Produkt von Polynomen mit deutlich geringerem Grad zerlegen. Es ist nun keineswegs notwendig, daß die Lösung aus 3N verschiedenen Frequenzen besteht. Schwingungen mit gleicher Frequenz nennt man entartet. Die Entartung kann zufällig sein, wenn spezielle Massenzahlen und Kraftkonstanten dies erzwingen. Dagegen ist eine notwendige Entartung in der Symmetrie der Struktur des Moleküls begründet. Bei Molekülen mit drei- oder mehrzähliger Drehachse müssen zweifache Entartungen auftreten. Zwei linear unabhängige Normalschwingungen haben also die gleiche Frequenz. Moleküle die eine kubische Symmetriegruppe besitzen, haben sogar dreifach entartete Frequenzen. Der Symmetrietyp dieser Schwingungen wird entsprechend den zugehörigen irreduziblen Darstellungen durch ein E bzw. F gekennzeichnet. Bei nicht entarteten Schwingungen verwendet man A und B. Bei zentrosymmetrischen Molekülen wird noch ein Index g oder u für 'gerade' und 'ungerade' hinzugefügt (vgl. die Kopfzeilen der Teiltabellen in Tabelle 3.5.4). Die Energien der Normalschwingungen sind quantisiert (klassisch ist die Schwingungsenergie proportional zur Amplitude und kann beliebige Werte annehmen). Die äquidistanten Energieeigenwerte E_v ergeben sich mit der Schwingungsquantenzahl v und den Werten $v = 0, 1, 2, \ldots$) zu

$$E_v = (v + \tfrac{1}{2})h\nu_0 \qquad \text{h: Plancksche Konstante} \qquad (4)$$

$E_0 = \frac{1}{2}h\nu_0$ wird Nullpunktsenergie genannt. Bei großen Schwingungsamplituden, d.h. leichten Kernen, ist ein anharmonisches Potential zu wählen. Für die Energien findet man mit der Anharmonizitätskonstanten x_e

$$E_v = (v + \tfrac{1}{2})h\nu_0 - x_e(v + \tfrac{1}{2})^2 h\nu_0 \qquad (5)$$

Die spektroskopisch beobachtbaren Frequenzen ergeben sich aus

$$h\nu(v+1, v) = E_{v+1} - E_v = h\nu_0 - 2x_e\nu_0 h(v+1) \qquad (6)$$

Zur Bestimmung von ν_0 und x_e müssen sowohl der Grundton $h\nu(1,0)$ als auch der Oberton $h\nu(2,0)$, der bei Anharmonizität erlaubt ist, gemessen werden. Die Dissoziationsenergie E_D berechnet man beim zweiatomigen Molekül aus $E_D = h\nu_0/4x_e$. Neben Linien, die zu Obertönen einer Normalschwingung gehören, findet man häufig auch Linien, die sich aus der Kombination zweier oder mehrer Normalschwingungen geeigneter Symmetrie ergeben (vgl. Tabelle 3.5.5).
Liegt die Frequenz des Obertons einer Schwingung in der Nähe der Frequenz des Grundtons einer anderen Normalschwingung ($2\nu_1 \simeq \nu_2$), so kann es zur Wechselwirkung beider Schwingungen kommen, die sich in einer Resonanzaufspaltung (Fermi-Resonanz) bemerkbar macht. (vgl. CO_2 in Tabelle 3.5.5). Die so entstehenden Linien sind weder reine Obertöne noch Grundschwingungen, sondern enthalten Anteile von beiden Typen.
Eine andere Aufspaltung, die Inversionsaufspaltung, wird zum Beispiel beim NH_3 beobachtet, das kein planares Molekül ist ($\angle_{HNH} = 106.7°$). Das Stickstoffatom kann sich über die planare Konfiguration in eine zur ursprünglichen inverse Konfiguration bewegen. Dies läßt sich durch zwei Potentialminima beschreiben, die durch eine Barriere endlicher Höhe getrennt sind. Ein Überlappen der Zustandsfunktionen beider Mulden führt zu einer Termaufspaltung, die in Richtung des Barrierengipfels zunimmt. Die Tabelle 3.5.5 enthält Angaben zur Größe der Inversionsaufspaltung.

Rotationsstrukturen

Bei der Spektroskopie der Molekülschwingungen im infraroten Spektralbereich machen sich die Rotationsniveaus durch eine 'Feinstruktur' bemerkbar, während mit Mikrowellen die Übergänge zwischen Rotationsniveaus direkt spektroskopiert werden. Die Rotationsniveaus beschreiben Energien von Rotationsbewegungen, die vom Trägheitsmoment I des Moleküls abhängen. Im allgemeinsten Fall besitzt ein Molekül drei orthogonale Drehachsen a, b und c für die ein extremales Trägheitsmoment auftritt. Man benutzt meist die Konvention $I_c \geqq I_b \geqq I_a$ und unterscheidet die vier Fälle (A), ..., (D).

(A) $I_c = I_b; I_a = 0$ lineares Molekül (linear molecule)

(B) $I_c = I_b; I_a \neq 0$ symmetrischer Kreisel (symmetric rotor/top)

(C) $I_c = I_b = I_a$ Kugelkreisel (spherical rotor)

(D) $I_c \neq I_b \neq I_a$ asymmetrischer Kreisel (asymmetric rotor)

Die Rotationsenergie E_r des starren linearen Moleküls ergibt sich in Einheiten von Wellenzahlen cm^{-1} zu

$$\text{(A)}\quad F(J) = \frac{E_r}{hc} = \frac{h}{8\pi^2 c I_b} J(J+1) = BJ(J+1). \tag{7}$$

Dabei wurde die Rotationskonstante $B = h/8\pi^2 c I_b$ eingeführt. In gleicher Weise sind die Rotationskonstanten A, C durch die Trägheitsmomente I_a, I_c definiert. Übergänge sind für $\Delta J = \pm 1$ erlaubt, sofern ein permanentes Dipolmoment existiert, d.h. also nicht für H_2 und $H-C{\equiv}C{-}H$, die kein Dipolmoment besitzen, aber für $^1H^2H$ und $^1H{-}C{\equiv}C{-}^2H$. Für die entsprechenden Energien findet man $F(J+1) - F(J) = 2B(J+1)$, also eine Serie von äquidistanten Linien.

Bei allen Molekülen mit nur einer drei- oder mehrzähligen Symmetrieachse können Rotationen um eine feste Achse, die Figurenachse (Symmetrieachse), und freie Rotationen um beliebig orientierte Achsen angeregt werden. Die Termenergien hängen daher von zwei Quantenzahlen J und K mit $K \leqq J$ ab. Für ein gestrecktes Molekül mit Zigarrenform gelten die Ausdrücke (8) und (9), da $I_a < I_b = I_c$ und daher $A > B$. Hält man J fest, so wächst E_r mit steigendem K. Für ein abgeflachtes Molekül mit Diskusform gilt $I_c > I_b = I_a$ und somit $(h/8\pi^2 c I_c) = C < B$. Dadurch sinkt E_r bei festem J mit steigendem K. Für die Übergänge gelten weiterhin die Auswahlregeln des linearen Moleküls, erweitert um $\Delta K = 0$.

$$\text{(B)}\quad F(J,K) = \frac{E_r}{hc} = \frac{h}{8\pi^2 c I_b} J(J+1) + \left(\frac{h}{8\pi^2 c I_a} - \frac{h}{8\pi^2 c I_b}\right) K^2 \tag{8}$$

$$= BJ(J+1) + (A-B)K^2 \tag{9}$$

Die Rotationsenergien von Kugelkreiseln werden durch Gleichung (7) beschrieben, jedoch gibt es zumindest für den starren Kugelkreisel kein Dipolmoment. Der asymmetrische Kreisel beschreibt zwar die Mehrzahl der Moleküle, doch wird hier auf ihn nicht näher eingegangen, da keine geschlossenen Lösungen für die Termenergien existieren. J bleibt beim asymmetrischen Kreisel eine gute Quantenzahl. Übergänge sind für $\Delta J = 0, \pm 1$ und bei permanentem Dipolmoment erlaubt. Oft grenzt man die Energien E_r durch die Energien entsprechender symmetrischer Kreisel mit Zigarren- und Diskusform ein.

Aus den Rotationskonstanten lassen sich die Trägheitsmomente und daraus für zweiatomige Moleküle der Atomabstand bestimmen. Bei mehratomigen linearen Molekülen reicht aber ein Trägheitsmoment zur Berechnung mehrerer Abstände nicht aus. Durch Isotopenaustausch modifiziert man B und erhält weitere Bestimmungsgleichungen.

Behandelt man das Molekül nicht als starren Rotator, so ändern sich die Rotationskonstanten in Abhängigkeit von der Schwingungsquantenzahl v und der Rotationquantenzahl J. Bei großem J bewirkt die Zentrifugalkraft eine Vergößerung der Bindungslänge und ein Anwachsen des davon abhängigen Trägheitsmomentes. Die Ausdrücke für die Termenergien sind um den Beitrag $-DJ^2(J+1)^2$ zu erweitern. Die Konstante D hängt von der Steifheit der Bindung ab und ist bei zweiatomigen Molekülen über $D = 4B^3/\nu^2$ mit der Schwingungsfrequenz verknüpft.

Rotationsschwingungsspektren

Die Kombination von Rotations- und Schwingungsstrukturen führt zu den Rotationsschwingungsspektren, die in drei Zweige P, Q, R unterteilt werden. Die Termenergien ergeben sich aus der Summe der Einzelbeiträge. Da die Schwingungen über das mittlere Abstandsquadrat die Rotationskonstanten beeinflussen, ersetzt man B durch B_v. Für Infrarotspektren linearer Moleküle erhält man mit $\Delta v = \pm 1$ bei Berücksichtigung von Gliedern bis zur Ordnung J^3

$$\text{P-Zweig: } \Delta J = -1; \quad \frac{E(v,J)}{hc} = \nu_0 - (B_{v-1} + B_v)J + (B_{v-1} - B_v)J^2 + 4DJ^3 \tag{10}$$

$$\text{Q-Zweig: } \Delta J = 0; \quad \frac{E(v,J)}{hc} = \nu_0 \tag{11}$$

$$\text{R-Zweig: } \Delta J = +1; \quad \frac{E(v,J)}{hc} = \nu_0 + 2B_{v+1} + (3B_{v+1} - B_v)J + (B_{v+1} - B_v)J^2 - 4DJ^3 \tag{12}$$

Welcher Zweig beobachtet wird, hängt von der Orientierung des Dipolmoments der Schwingung ab. Ist es senkrecht zur Molekülachse orientiert, so liegt eine zweifach entartete Schwingung vor und man beobachtet die σ-Bande mit $\Delta J = 0, \pm 1$. Dipolmomente parallel zur Molekülachse ergeben π-Banden mit $\Delta J = \pm 1$. Zweiatomige Moleküle haben nur π-Banden, d.h. keinen Q-Zweig im Infrarotspektrum. Beim Raman-Effekt gelten für das zweiatomige Molekül die Auswahlregeln $\Delta J = 0, \pm 2$, man kann also den Q-Zweig beobachten. Für $\Delta J = -2$ spricht man vom O-Zweig, $\Delta J = 2$ kennzeichnet den S-Zweig.
Bei linearen Molekülen, die entweder die Symmetriegruppe $D_{\infty h}$ (mit Inversionszentrum) oder $C_{\infty v}$ besitzen, werden die Zustände durch irreduzible Darstellungen ($\Sigma^{\pm}_{u,g}, \Sigma^{\pm}, \Pi, \ldots$) charakterisiert. Totalsymmetrische Schwingungen (entspricht parallelem Dipolmoment) führen im Raman-Effekt zu einem intensiven Q-Zweig, aber schwachen anderen Zweigen, während nicht totalsymmetrische Schwingungen meist unstrukturierte Banden verursachen. Kugelkreisel folgen weitgehend den Regeln für lineare Moleküle.
Beim symmetrischen Rotator können die Spektren wegen der zusätzlichen Quantenzahl K weitere Feinstruktur besitzen. Für die π-Bande, die bei Schwingungsübergängen zwischen nicht entarteten Zuständen beobachtet wird, gelten für die Dipolübergänge des Infrarotspektrums die Auswahlregeln $\Delta K = 0$, $\Delta J = \pm 1$ für $K = 0$ und $\Delta K = 0$ sowie $\Delta J = 0, \pm 1$ für $K \neq 0$. Ist einer der beteiligten Schwingungszustände vom zweifach entarteten E-Typ, so findet man $\Delta K = \pm 1$, $\Delta J = 0, \pm 1$. Die Auswahlregel $\Delta K = \pm 1$ erzeugt abhängig vom K-Wert unterschiedliche P, Q, R-Zweige.

3.5.2 Legende

In den Tabellen 3.5.3–3.5.5 werden für eine Auswahl anorganischer und organischer Moleküle Rotations- und Schwingungsfrequenzen sowie daraus abgeleitete Größen angegeben. Die Tabellen sind in kleinere Einheiten gegliedert, die Moleküle gleicher oder ähnlicher Symmetrie behandeln. Innerhalb der Einheiten werden anorganische Verbindungen alphabetisch nach den Elementsymbolen und organische Verbindungen nach dem Hillschen System angeordnet. Gruppen können gelegentlich auch als Einzelbausteine aufgefaßt und in verschiedenen Einheiten behandelt werden.
Die Tabelle 3.5.3 enthält die Wellenzahlen für einige typische Valenz- und Deformationsschwingungen. Die folgende Tabelle 3.5.4 ist den Schwingungsfrequenzen, Kraftkonstanten, Trägheitsmomenten und Kernabständen gewidmet. Der Kopf der Tabellen in den Einheiten enthält Angaben zur Symmetriegruppe und die Zerlegung der n Normalschwingungen in Valenzschwingungen (ν) und Deformationsschwingungen ($\delta, \gamma, \ldots$). Die ersten Spalten der Tabellen informieren über die chemische Formel, den Namen und den Zustand des Moleküls. Die Abkürzungen stehen für g: gasförmig, s: fest (solid), l: flüssig (liquid) und sol: Lösung (solution). Daran schließen sich die Wellenzahlen der Schwingungen und die Angabe ihrer Rassen an (Entartung: A, B einfach; E zweifach; F dreifach). Der Index g bzw. u steht für gerade bzw. ungerade Parität. Unter diesen Symbolen ist angegeben, ob die Linien im Raman-Effekt (p: polarisiert; dp: depolarisiert) und (oder) Infrarotspektrum (ir) beobachtbar sind. Bei den Wellenzahlen ist gelegentlich vermerkt, ob es sich um σ-oder π-Banden handelt, falls die Information nicht bereits im Kopf der Tabelle zu finden ist. Bei den zwei- und dreiatomigen Molekülen schließen sich in den nächsten Spalten Kraftkonstanten der Valenz- und Deformationsschwingungen an. Die letzten Spalten geben über Kernabstände und Trägheitsmomente Auskunft oder enthalten Bemerkungen. Falls nicht anders vermerkt, werden Schwingungsenergien in cm^{-1}, Kraftkonstanten in $N\,cm^{-1}$, Trägheitsmomente in $10^{-40}\,g\,cm^2$ und Kernabstände in Pikometer ($10^{-12}\,m$) angegeben.
Die Tabelle 3.5.5 enthält detailiertere Angaben zu ausgewählten Linien (Raman, IR) einfacher Moleküle. Neben Zahlenwerten zur Anharmonizität findet man teilweise Rotationskonstanten und Zuordnungen der Schwingungsenergien zu Kombinations- und Obertonfrequenzen (Quantenzahl v_i). Beispiele für Fermiresonanzen und reine Rotationsspektren ($\Delta v = 0$) ergänzen die Tabelle 3.5.5. Die Energien der Inversionsaufspaltung der δ-Schwingung in NH_3 und ND_3 schließen die Tabelle ab. Die zugehörigen Terme sind durch $v\pm$ gekennzeichnet.

Literaturhinweis: Das Buch von J. Weidlein, U. Müller und K. Dehnicke, Schwingungsspektroskopie, G. Thieme Verlag, Stuttgart, 1982 enthält im Einführungsband eine sehr umfangreiche Literaturliste, die sowohl Hinweise auf weiterführende Literatur als auch auf Datensammlungen enthält. Die Datensammlung Raman/Infrared Atlas of Organic Compounds von B. Schrader (VCH-Verl-Ges., Weinheim, 1989) liegt jetzt in zweiter Auflage vor.

3.5.3 Wellenzahlen einiger typischer Gruppenschwingungen. (Die angegebenen Werte können um ca. ±10% schwanken)

Valenzschwingungen		Valenzschwingungen	
Gruppe	ν_0/cm^{-1}	Gruppe	ν_0/cm^{-1}
—C≡C—	2150	$—NO_2$	1450
>C=C<	1700	>N—H	3350
≥C—C≤	1000	≥C—S—	680
≥Si—Si≤	430	≥C—N<	1100 (CN)
>C=O	1700	—O—H	3600
>S=O	1300	*Deformationsschwingungen*	
≥P=O	1300	≡C—H	700
—C≡N	2150	$=C<^H_H$	1100
≡CH	3300	$—C(H)_3$	1000
$=CH_2$	3000		
$—CH_3$	2900	$≥C<^H_H$	1450
$>CH_2$	2850	$—NO_2$	600
≥CH	2850	≥C—O—C≤	450
≥C—O—C≤	850		
≥C—O—C—	1000		
≥C—F	1100		
≥C—Cl	650		
≥C—Br	560		
≥C—I	500		

3.5.4 Eigenschwingungen (Trägheitsmomente, Kernabstände und Kraftkonstanten) ausgewählter Moleküle aus Raman- und Infrarotspektren

I. Zweiatomige Moleküle

Stoff	Formel	ν/cm^{-1}	$f/(N\,cm^{-1})$	r/pm
a) Einfachbindung				
Brom	Br—Br	320,5	2,38	228
Chlor	Cl—Cl	557	3,18	198
Fluor	F—F	892	4,5	142
Wasserstoff	H—H	4160	5,1	75
	H—D	3630	5,2	75
	D—D	2989	5,2	75
Bromwasserstoff	H—Br	2558	3,8	141
	D—Br	1800	3,8	141
Chlorwasserstoff	H—Cl	2885	4,7	127
	D—Cl	2040	4,7	127
Fluorwasserstoff	H—F	3935	8,6	92
	D—F	2850 (ber.)	8,6	92
Jodwasserstoff	H—J	2233	2,9	162
Jod	D—J	1570	2,9	162
	J—J	213,0	1,68	266
b) Zweifachbindung				
Sauerstoff	O=O	1556	11,3	120
Schwefeloxid	S=O	1110	7,7	149
Schwefel	S=S	722	4,86	160
Selen	Se=Se	386	3,42	(210)
Tellur	Te=Te	250	2,32	286
c) Dreifachbindung				
Kohlenoxid	C≡O	2144	18,6	113
Kohlenoxid-Ion	$C{\equiv}O^+$	2181	18,7	111
Stickstoff	N≡N	2331	22,2	109
Stickstoffoxid	N≡O	1878	15,4	115
Sauerstoff-Ion	$O{\equiv}O^+$	1843	16,0	114

II. Dreiatomige, lineare Moleküle

a) Typ: X·Z·X; Symmetrie: $D_{\infty h}$; $n = 2\nu + \delta$

Stoff		Formel	δ(a) E_u ir	ν(s) A_g p	ν(a) A_u ir	$f/N\,cm^{-1}$	$2d/(N\,cm^{-1})$	Bemerkungen $I/(10^{-40}\,g\,cm^2)$
CO_2, Kohlendioxid	g	O=C=O	668σ	1286, 1389 Res. Aufsp.	2350π	14,1↔16,7	1,14	$I_A = 70,6$ $C^{13}O_2\nu$(a): 2284 ir
CS_2, Schwefelkohlenstoff	l	S=C=S	397 dp	656	1523π	6,9↔8,1	0,47	$I_A = 264$
C_3H_4, Propadien-(1,2)	l	C=C=C	353	1069	1980	9,45	—	$I_A = 97,0$
N_2O, Distickstoffoxid	g	$O{=}N^+{=}N^-$	589σ	1287(π)	2224π	13,9↔14,6	0,97	$I_A = 66,0$ Symmetrie nur angenähert $D_{\infty h}$, strenggenommen $C_{\infty v}$

b) Typ: X·Z·Y; Symmetrie: $C_{\infty v}$; $n = 2\nu + \delta$

Stoff		Formel	δ E dp, ir	ν_X A p, ir	ν_Y A p, ir	f_{XZ} in $N\,cm^{-1}$	f_{ZY} in $N\,cm^{-1}$	2d in N/cm^{-1}	Bemerkungen
HNC, Cyanwasserstoffsäure (Blausäure)	l	H—C≡N	712	3313	2089	5,4	17,9	0,42	$I_A = 18{,}7$
DNC, D_1-Cyanwasserstoffsäure (D_1-Blausäure)	l	D—C≡N	569	2630	1906	6,10	16,9	0,42	$I_A = 22{,}9$
BrCN, Cyanbromid (Bromcyan)	geschm. 56° C	Br—C≡N	368	580	2187	4,2	16,8	0,38	$I_{Br^{79}CN} = 203{,}6$ $I_{Br^{81}CN} = 204{,}8$
ClCN, Cyanchlorid (Chlorcyan)	l	Cl—C≡N	397	729	2201	5,1	16,6	0,43	$I_{Cl^{35}CN} = 140{,}5$ $I_{Cl^{32}CN} = 143{,}4$
JCN, Cyanjodid (Jodcyan)	sol in $CHCl_3$	J—C≡N	321	470	2158	2,95	16,7	0,29	I = 249
$(CON)^-$, Cyanat-Ion	sol	O^-—C≡N	485 ber.	857	2192	4,7	16,6	—	
$(CSN)^-$, Thiocyanat-Ion (Rhodan-Ion)	sol	S^-—C≡N	398 ber.	750	2066	5,3	14,3	0,41	$r_{HN} = 120$ $r_{NC} = 121$ $r_{CS} = 157$ ∢ HNC = 112° ± 10°
COS, Kohlenoxidsulfid	l	S=C=O	521σ	858π	2050, 2079	8,0	13,6	0,7	I = 137,93
C_3H_4, Propin (Methylacetylen)	l	C—C≡C	333	926	2124	5,3	14,7	0,26	
HN_3, Stickstoffwasserstoffsäure	l	(HN)=N≡N	540	1270	2139	9,1	20,4	—	$r_{NN} = 116$ $r_{NH} = 108$ $\nu_{NH} = 3336$ $\delta_{NH} = 1150$
N_3^-, Azid-Ion	sol, s	N^-=N≡N	636	1355	2070	8,6	15,6	1,1	

c) Metallverbindungen, Typ: X—Me—X; {linear: Symmetrie $D_{\infty h}$ oder gewinkelt: Symmetrie C_{2v}} $n = 2\nu + \delta$.

Stoff (Formel)		δ(u) E_u ir / $\delta(\pi)$ A_1 p, ir	ν(g) A_g p / $\nu(\pi)$ A_1 p, ir	ν(g) A_u v, ir / $\nu(\sigma)$ B_1 dp, ir	Bemerkungen ($D_{\infty h}$ / C_{2v})
$CdBr_2$, Cadmiumbromid	sol	—	160	—	
$CdCl_2$, Cadmiumchlorid	sol	—	240	—	
CdJ_2, Cadmiumjodid	sol	—	120	—	
CdH_6C_2 Cadmiumdimethyl	l	150	465	640	CH_3; δ: 1130, 1450; ν: 2900, 2963
$HgBr_2$, Quecksilber(II)bromid	sol, g	64?	205 (sol) 219 (g)	297	
$HgCl_2$, Quecksilber(II)chlorid (Sublimat)	sol, g	71?	320 (sol) 355 (g)	415	
HgJ_2, Quecksilber(II)jodid	sol	50?	150	233	
HgH_6C_2 Quecksilberdimethyl	l	155	514 p	700 dp	CH_3; δ: 1180, 1443 ν: 2904, 2964
HgC_2N_2, Quecksilber(II)cyanid	sol		260	—	
$ZnBr_2$, Zinkbromid	geschm.	80	137	155	Winkel, wahrsch.
$ZnCl_2$, Zinkchlorid	geschm.	100	230	290	Winkel. wahrsch. Lsg. beob. 188, 378
ZnH_6C_2, Zinkdimethyl		144	505 p	620 dp	CH_3; δ: 1157, 1388, 1453 ν: 2893, 2948

III. Dreiatomige, gewinkelte Moleküle

a) Hydride { Typ: H—Z—H, D—Z—D. Symmetrie: C_{2v} ; Typ: H—Z—D. Symmetrie: C_S } $n = 2\nu + \delta$

Stoff		Formel	C_{2v} / C_S	$\delta(\pi)$ A_1 p, ir / δ A′ p, ir	$\nu(\pi)$ A_1 p, ir / νH A′ p, ir	$\nu(\sigma)$ B_1 dp, ir / νD A′ p, ir	f	2d	r	Bemerkungen (Symmetrie C_{2v} / Symmetrie C_s)
H_2O, Wasser	g	H—O—H	C_{2v}	1596	3654	3756	7,8	1,37	0,96	I_A: 0,995 $r_{OH} = 96$ I_B: 1,908 I_C: 2,980 $\alpha = 104{,}5°$
H_2O, Wasser	l	H—O—H	C_{2v}	1650	3210	3430	—	—	—	
HDO, Halbschweres Wasser (D_1-Wasser)	g	H—O—D	C_S	1403	3720	2720	7,8	1,38	0,96	
HDO, Halbschweres Wasser (D_1-Wasser)	l	H—O—D	C_S	1480	—	2530	—	—	—	
D_2O, Schweres Wasser (D_2 Wasser)	g	D—O—D	C_{2v}	1180	2666	2784	7,8	1,38	0,96	I_A: 5,867 I_C: 1,696 I_B 3,818
D_2O, Schweres Wasser (D_2-Wasser)	l	D—O—D	C_{2v}	1220	2512	2630	—	—	—	
H_2S, Schwefelwasserstoff	g	H—S—H	C_{2v}	1183	2610	(2685)	3,9	0,9	1,35	I_A: 5,926 $r_{SH} = 135$ I_B: 3,096 I_C: 2,693 $\alpha = 92°$ (85°)
H_2O, Selenwasserstoff	l	H—Se—H	C_{2v}	1080	2312	2350	3,2	0,7	—	$I_A = 7{,}3$ $I_C = 3{,}6$

b) Typ: X—Z—X; Symmetrie: C_{2v}; $n = 2\nu + \delta$

Stoff		Formel	$\delta(\pi)$ A p, ir	$\nu(\pi)$ A_1 p, ir	$\nu(\sigma)$ B_1 dp, ir	f	2d	Bemerkungen
CH_2Br_2, Dibrommethan	l	Br—C—Br	175	576	640	2,13	0,82	
CH_2Cl_2, Dichlormethan	l	Cl—C—Cl	284	700	738	2,61	1,09	$r_{CCl} = 190$
CH_2F_2, Difluormethan	l −60° C	F—C—F	532	1079	1262	—	—	
CH_2J_2, Dijodmethan	l	J—C—J	120	485	567	1,76	0,55	
C_2H_6O, Dimethylether	l	C—O—C	416	920	1095	4,53	0,68	CH_3; δ: 1450
C_2H_6O, Ethanol	l	C—C—O	433	885	1049	3,41 (4,31)	1,04	C_2H_5OD; ν: 876
C_2H_7N, Dimethylamin	sol i. H_2O	C—N—C	390	930	1080	4,24	0,64	CH_3; δ: 1438, 1472
C_2H_7N, Ethylamin	sol i. H_2O	C—C—N	415	890	1047	3,55	0,47	
C_3H_8, Propan	l	C—C—C	375	868	1053	3,78	0,72	
Cl_2O, Chlormonoxid	g	Cl—O—Cl	300	640	680	—	—	
ClO_2, Chlordioxid	g	O=Cl=O	529	946	1109	—	—	
F_2O Fluormonoxid		F—O—F	461	928	831	—	—	
NO_2, Stickstoffdioxid	g	O=N=O	752	1325	1615	—	—	
$—(NO_2)^+$ Nitrogruppe		$O=N^+=O$	650	1370	1560	—	—	Durchschnittswerte
SO_2, Schwefeldioxid	l	O=S=O	518	1145	1362	9,56	1,60	$r_{SO} = 137$
UO_2, Uranoxid	s	O=U=O	210	860	930	—	—	

c) Typ: X—Z—Y; Symmetrie: C_s, $n = 2\nu + \delta$

Stoff		Formel	δ A′ p, ir	ν_X A′ p, ir	ν_Y A′ p, ir	f_{XZ}	f_Y	2d	Bemerkungen
CH_2ClBr, Chlor-brom-methan	1	Br—C—Cl	226	603	728	—	—	—	
CH_2FBr, Fluor-brom-methan	1	F—C—Br	314	1050	630	—	—	—	
CH_2BrJ, Brom-jod-methan	1	J—C—Br	144	517	616	—	—	—	
CH_2FCl, Fluor-chlor-methan	1	F—C—Cl	385	1046	743	—	—	—	
CH_2ClJ, Chlor-iod-methan	1	J—C—Cl	194	527	718	—	—	—	
CH_2O_2, Ameisensäure	1	O=C=O	678, 658	1728, 1740	1065	11,8	5,4	0,4	CH; γ: 1200; δ: 1398; ν: 2960
C_2H_3Br, 1-Bromethen (Vinylbromid)	1	C=C—Br	344	1593	598	—	—	—	
C_2H_3Cl, 1-Chlorethen (Vinylchlorid)	1	C=C—Cl	396	1601	705	—	—	—	
C_2H_3J, 1-Jodethen (Vinyljodid)	1	C=C—J	309	1581	535	—	—	—	
C_2H_4O, Ethanal (Acetaldehyd)	1	O=C—C	510 dp	1720	915	—	—	—	CH; δ: 1110; δ: 1392; ν: 2840; γ: 760, 890 CH_3; δ: 1110, 1351, 1440; ν: 2920, 2970, 2705 2790
C_2H_5Br, 1-Bromethan (Ethylbromid)	1	Br—C—C	292	560	960 dp	3,71	1,41	1,00	
C_2H_5Cl, 1-Chlorethan (Ethylchlorid)	1	Cl—C—C	335	656, 600	970 dp	3,77	2,22	0,86	

c) Typ: X—Z—Y; Symmetrie: C_S, $n = 2\nu + \delta$ (*Fortsetzung*)

Stoff		Formel	δ A′ p, ir	ν_X A′ p, ir	ν_Y A′ p, ir	f_{XZ}	f_Y	2d	Bemerkungen
C_2H_5J, 1-Jodethan (Ethyljodid)	l	J—C—C	262	500	951	3,70	1,25	0,74	
C_3H_6, Propen	g	C=C—C	432	1648	920	—	—	—	

IV. Vieratomige, ebene Sternmoleküle

a) Typ: X—Z(—X)—X ; Symmetrie: D_{3h}; $n = 2\nu + \delta + \gamma$

Stoff		Formel	$\gamma(\pi)$ A''_2 ir	$\delta(\sigma)$ E′ dp, ir	$\nu(g)$ A'_1 p	$\nu(u)$ E′ dp, ir	Bemerkungen
Bortribromid,	l	BBr_3	—	151	279	806.	$B^{10}Br_3$; ν(a): 846
Bortrichlorid,	g	BCl_3	455	255	472	951	
Bortrifluorid,	g	BF_3	656	480	880	1433	
Carbonat-Ion,	sol	——CO_3	880	701	1080	1451	$I_A = 79$; Frequenzen bei den verschiedenen Salzen nicht konstant
Nitrat-Ion		—NO_3	830	720	1050	1390	Frequenzen bei den verschiedenen Salzen nicht konstant
H_3PO_3, Phosphorige Säure	sol	———PO_3	523	425	946	1014	PH; ν: 2485
Schwefeltrioxid, geschm.	g	SO_3	530	653	1068	1390	

b) Typ: Y—Z(—X)—Y (Y\Z/Y, X unter Z) ; Symmetrie: C_{2v}, $n = 3\nu + 2\delta + \gamma$

Stoff		Formel	γ B_1 dp, ir	$\delta(\sigma)$ B_2 dp, ir	$\delta(\pi)$ A_1 p, ir	$\nu_Y(\pi)$ A_1 p, ir	$\nu_Y(\sigma)$ B_2 dp, ir	$\nu_X(\pi)$ A_1 p, ir	Bemerkungen
CCl_2O Phosgen (Chlorkohlenoxid)	l, g	Cl—C—Cl ‖ O	580	443	285	570	849	1827	
CH_2O, Formaldehyd	g	H—C—H ‖ O	1167	1275	1503	2780	2875	1750	$I_A = 24{,}33$; $I_B = 21{,}39$; $I_C = 2{,}941$ $r_{HH} = 188$ $r_{CO} \sim 120$
CH_4ON_2, Harnstoff	sol in H_2O	N—C—N ‖ O	530	595	—	1000	—	1660?	NH_2; δ: 1167, 1478, 1604 ν: 3235, 3385, 3496
$C_2H_4O_2$, Essigsäure	l	C—C—OH ‖ O	—	625	452	897	1015	1670	CH_3; δ: 1120, 1365, 1435; ν: 2942, 3020
C_2H_5ON, Acetamid	sol	C—C—N ‖ O	—	446	568	864	(1000)	1660	
C_3H_6O, Propanon-(2), Aceton	l	C—C—C ‖ O	390	530	490	790	1225	1710	CH_3; δ: 1068, 1357, 1433; ν: 2922, 2965, 3008
HNO_3, Salpetersäure	l	O=N=O | OH	(450)	610	673	1296	1665	923	

V. Vieratomige Pyramidenmoleküle Typ: XY_3; Symmetrie: C_{3v}, $n = 2\nu + 2\delta$

Stoff		Formel	$\delta(\sigma)$ E dp, ir	$\delta(\pi)$ A_1 p, ir	$\nu(\pi)$ A_1 p, ir	$\nu(\sigma)$ E dp, ir	Bemerkungen
Arsentrifluorid,	l	AsF_3	274	341	707	644	$J_A = J_C = 145$ $r_{AsF} = 170$
Arsin (Arsenwasserstoff)	g	AsH_3	990	910	2095	—	$J_A = J_C = 6,75$
$(BrO_3)^-$, Bromat-Ion	sol, s	$O{=}Br^-{=}O$, $\Vert$ O	356, 344	450, 434	800	835, 820	
$(ClO_3)^-$, Chlorat-Ion	sol, s	$O{=}Cl^-{=}O$, $\Vert$ O	480 487	613	933 936	982	
$(JO_3)^-$, Jodat-Ion	sol, s	$O{=}J^-{=}O$, $\Vert$ O	330, 332	(390), 357	780	826, 793	
Ammoniak	g, l	NH_3	1630, 1628	933, 966, 1054	3334, 3294	(3415), 3380	$r_{HH} = 161$; $r_{NH} = 101$ $I_A = I_C = 2,782$ $I_B = 4,33$; $\sphericalangle$ HNH = 109
D_3-Ammoniak	l	ND_3	1191	746, 749	2399, 2421	2500, 2556	$I_A = I_C = 5,397$ $I_B = 8,985$
Phosphortrichlorid	l	PCl_3	190	258	511	484	$I_A = I_C = 315$ $r_{ClCl} = 310$ $r_{PCl} = 200$ $\sphericalangle_{ClPCl} = 100°$
Phosphortrifluorid	l	PF_3	486	531	890	840	$I_A = I_C = 107$ $r_{PF} = 150$
Phosphin	g	PH_3	1118	992	2323	2328	$I_A = I_C = 6,22$
Antimontrichlorid	l	$SbCl_3$	126	152	355	318	
$HSiBr_3$, Tribrom-silan	l	$SiBr_3$	115	166	362	470	
$HCBr_3$, Tribrommethan	l	CBr_3	154	222	539	654	
HCF_3, Trifluormethan	l	CF_3	508	697	937	1116	$I_A = 81,08$
$HCCl_3$, Trichlormethan	l	CCl_3	262	367	668	760	$r_{ClCl} = 300$

VI. Vieratomige, ungesättigte Ketten

Mit Dreifachbindung
- Typ: X—C≡C—X, X≡C—C≡X; Symmetrie: $D_{\infty h}$ $n = 3\nu + 2\delta$
- Typ: X—C≡C—Y; Symmetrie: $C_{\infty v}$ $n = 3\nu + 2\delta$
- Typ: X—Y—Z≡Z′; Symmetrie: C_s, $n = 3\nu + 2\delta + \gamma$

Stoff		Formel			$\delta(g)$	$\delta(\sigma)$	$\nu_{XC}(g)$	$\nu_{XC}(\pi)$	$\nu_{CC}(g)$	Bemerkungen
			$D_{\infty h}$	—	E_{1g} dp	E_{1u} ir	A_g p	A_u ir	A_g p	
			$C_{\infty v}$	—	δ_1 E_1 dp, ir	δ_2 E_1 dp, ir	ν_{XC} A p, ir	ν_{XC} A p, ir	ν_{CC} A p, ir	
			C_s	γ A″ dp, ir	δ_1	δ_2	ν_{XC} A′ p, ir (gemeinsam für δ_1, δ_2, ν_{XC}, ν_{XC}, ν_{CC})	ν_{XC}	ν_{CC}	
H_2S_2, Wasserstoffdisulfid		H—S—S—H		—	882			510	2513	
C_2H_2, Ethin (Acetylen)	g	H—C≡C—H	$D_{\infty h}$	—	612	730	3372	3285	1974	$I = 23{,}49 \begin{cases} r_{CH} = 106 \\ r_{CC} = 120 \end{cases}$
C_2O_2, Deutcro-Acetylen		D—C≡C—D	$D_{\infty h}$	—	511	539	2704	2439	1764	
C_2Cl_2, Dichlorethin		Cl—C≡C—Cl	$D_{\infty h}$	—	333	182	477	983	2234	
C_3H_4, Propin (Methylacetylen)	l	H—C≡C·C	($C_{\infty v}$)	—	643	336	3300	926	2124	CH_3; δ: 1380, 1444; ν: 2926, 2975

VII. Vieratomige, gesättigte Ketten

$$\left.\begin{array}{ll}\text{Typ: X—Z—Z—X;} & \left\{\begin{array}{ll}\text{trans,} & \text{Symmetrie: } C_{2h}\\ \text{cis,} & \text{Symmetrie: } C_{2v}\end{array}\right.\\ \text{Typ:}\left\{\begin{array}{l}\text{X—Z—Z—Y;}\\ \text{Z—X—Y—Z;}\end{array}\right\} & \text{(cis, tr)} \quad \text{Symmetrie: } C_S\end{array}\right\} n = 3\nu + 2\delta + \gamma$$

Stoff		Formel								Bemerkungen
				γ	$\delta(g)$	$\delta(u)$	$\nu_X(g)$	$\nu_X(u)$	$\nu_Z(g)$	
			C_{2h}	A_u ir	A_g p,	B_u ir	A_g p,	B_u ir	A_g p,	
				γ	$\delta(\pi)$	$\delta(\sigma)$	$\nu_X(\pi)$	$\nu_X(\sigma)$	$\nu_Z(\pi)$	
			C_{2v}	A_2 dp	A_1 p, ir	B_1 dp, ir	A_1 p, ir	B_1 dp, ir	B_1 p, ir	
					δ_1	δ_2	ν_X	ν_Y	ν_Z	
			C_s	γ A'' dp, ir	A' p, ir (für δ_1, δ_2, ν_X, ν_Y, ν_Z)					
H_2O_2, Wasserstoffperoxid	1 trans	H·O·O·H	C_{2h}	1370	1421	1408	3395	2870?	875	nicht ebenes Modell wahrscheinlich
HDO_2, D_1-Wasserstoffperoxid	1	H·O·O·D	C_s	—	1406	1009	3407	2510	877	
D_2O_2, D_2-Wasserstoffperoxid (Deuteriumperoxid)	1 trans	D·O·O·D	C_{2h}	—	1009	—	2510	—	877	
C_4H_{10}, n-Butan	1 trans	C·C·C·C	C_{2h}	—	430	—	830	—	980	zum Teil unsicher
	cis		C_{2v}	220?	320		786	953		

VIII. Fünfatomige, totalsymmetrische Tetraedermoleküle
Typ: ZX_4; Symmetrie: T_d; $n = 2\nu + 2\delta$

Stoff		Formel	$\delta(g)$ E dp	$\delta(a)$ F_2 dp, ir	$\nu(s)$ A_1 p	$\nu(a)$ F_2 dp, ir	Bemerkungen
Tetrabromkohlenstoff, (Kohlenstofftetrabromid)	l	CBr_4	123	184	267	654, 672	$I = 1480$, $r_{CBr} = 200$ Fermi-Resonanz
Tetrachlorkohlenstoff, (Kohlenstofftetrachlorid)	l	CCl_4	217	313	459	759, 790	$J = 520$, $r_{CCl} = 180$ Fermi-Resonanz
Tetrafluorkohlenstoff (Kohlenstofftetrafluorid)	g	CF_4	437	635	904	1252	
Methan,	g, l	CH_4	1534	1305	2914	3020	$J = 5{,}47$, $r_{CH} = 110$
D_4-Methan,	g	CD_4	(1075)	996, 0	2085	2259	$J = 10{,}44$, $r_{CD} = 110$
Siliciumtetrachlorid,	l	$SiCl_4$	151	220	425	$\overline{607}$	$J = 640$, $r_{SiCl} = 200$
Silan (Siliciumwasserstoff)	g	SiH_4	970	910	2180	2183	$J = 8{,}9$, $r_{SiH} = 140$
Zinntetrachlorid,	l	$SnCl_4$	105	132	368	403	$J = 850$, $r_{SnCl} = 230$
Titantetrachlorid,	l	$TiCl_4$	120	144	385	496	$J = 760$, $r_{TiCl} = 220$
Chromat-Ion	s	CrO_4^{2-}	368	349	846	890	

IX. Fünfatomige, axialsymmetrische Tetraedermoleküle

a) Methylderivate. Typ: X—CH_3; Symmetrie: C_{3v}; n = $3\nu + 3\delta$

Stoff		Formel	$\delta_H(\pi)$ A_1 p, ir	$\delta_H(\sigma)$ E dp, ir	$\delta_X(\sigma)$ E dp, ir	$\nu_H(\pi)$ A_1 p, ir	$\nu_H(\sigma)$ E dp, ir	$\nu_X(\pi)$ A_1 p, ir	Bemerkungen					
										J_B	J_C	r_{C-H}	r_{C-X}	∢
Brommethan (Methylbromid)	1	$Br \cdot CH_3$	1305	1450	957	2932	3061	610	H_3CBr	87,5	5,40	110	192	112°
Chlormethan (Methylchlorid)	1	$Cl \cdot CH_3$	1355	1460	1020	2928	3047	732	H_3CCl	63,1	5,55	110	177	111°
Fluormethan (Methylfluorid)	1	$F \cdot CH_3$	1467,9	1469,7	1200,0	2862,9	3009,1	1049,5	H_3CF	32,22	5,47	110	139	105°
Jodmethan (Methyljodid)	1	$J \cdot CH_3$	1240	1420	890	2950	3050	525	H_3CJ	114,4	5,54	110	211	118°
CH_4O, Methanol		$(HO) \cdot CH_3$	1477 dp	1455 1430	1240 1209	2840	2980	1034	$I_A = 35{,}18$; $I_C = 6{,}8$ $I_B = 33{,}83$ OH; δ: 1106; ν: 3375 l 3683 g					

b) Halogenide, Typ: X—ZY_3; Symmetrie: C_{3v}; n = $3\nu + 3\delta$

Stoff		Formel	$\delta(\pi)$ A_1 p, ir	$\delta(\sigma)$ E dp, ir	$\delta_X(\sigma)$ E dp, ir	$\nu_Y(\pi)$ A_1 p, ir	$\nu_Y(\sigma)$ E dp, ir	$\nu_X(\pi)$ A_1 p, ir	Bemerkungen
$CFBr_3$, Fluortribrommethan		F—C—Br_3	218	150	306	398	743	1069	
$CClBr_3$, Chlortribrommethan		Cl—C—Br_3	214	140	270	680	742	330	
$CHBr_3$, Tribrommethan (Bromoform)	1	H—C—Br_3	222,3	153,8	1145	538,6	654	3022	
$CHCl_3$, Trichlor-methan (Chloroform)	1	H—C—Cl_3	367	262	1216	668	760	3019	
CHF_3, Trifluor-methan (Fluoroform)		H—C—F_3	697	508	1376	937	1116	3062	I_A: 81,08

b) Halogenide, Typ: $X—ZY_3$; Symmetrie: C_{3v}; $n = 3\nu + 3\delta$ (*Fortsetzung*)

Stoff	Formel	$\delta(\pi)$ A_1 p, ir	$\delta(\sigma)$ E dp, ir	$\delta_X(\sigma)$ E dp, ir	$\nu_Y(\pi)$ A_1 p, ir	$\nu_Y(\sigma)$ E dp, ir	$\nu_X(\pi)$ A_1 p, ir	Bemerkungen
CHJ_3, Trijodmethan (Jodoform)	H—C—J_3			1053		576	~3000	
$HSiCl_3$, Trichlorsilan (Silicochloroform)	1 H—Si—Cl_3	250	179	799	489	587	2258	
$OPCl_3$, Phosphoroxidchlorid (Phosphorylchlorid)	1 O=P—Cl_3	267	193	337	486	582	1290	

c) Typ: $X_2—Y—Z—W$; Symmetrie: C_{2v}, C_s, $n = 4\nu + 3\delta + 2\gamma$; $(4\nu + 5\delta)$

Stoff	Formel		γ_1	γ_2	$\delta_2(\sigma)$	$\delta_2(\sigma)$	$\delta_3(\pi)$	ν_1	ν_2	$\nu_3(\pi)$	$\nu_3(\sigma)$	Bemerkungen
		C_{2v}	B_2 dp, ir	B_2 dp, ir	B_1 dp, ir	B_1 dp, ir	A_1 p, ir	A_1 p, ir	A_1 p, ir	A_1 p, ir	B_1 dp, ir	
		C_s	A′ p, ir	A″ dp, ir	A′ p, ir	A″ dp, ir	A′ p, ir	A′ p, ir	A′ p, ir	A′ p, ir	A″ dp, ir	
C_2H_2O, Keten	$H_2C=C=O$	C_{2v}	588	910	520	1010	1386	1130	2153	3066	3162	
CH_2N_2, Cyanamid	$H_2N—C \equiv N$	C_s	513	(1003)	429	1048?	1560	2210	1119	3278	—	z.T. unsicher
HNO_3, Salpetersäure (konz.)	$O_2N—O—H$	C_s	1400?	1527		609	623	3400	923	1296	1685 1665	

X. Fünfatomige Tetraedermoleküle

a) Methylenderivate

- Typ: $X{-}CH_2{-}X$ (H—C—H senkrecht); Symmetrie: C_{2v}; $n = 4\nu + 5\delta$
- Typ: $X{-}CH_2{-}Z$ (H—C—H senkrecht); Symmetrie: C_s; $n = 4\nu + 3\delta + 2\gamma$

Stoff		Formel										
			C_{2v}	$\delta_X(\pi)$ A_1 p, ir	$\delta_X(\sigma)$ B_1 dp, ir	$\delta_H(\pi)$ A_1 p, ir	$\delta_2(\sigma)$ B_2 dp, ir	$\delta(r)$ A_2 dp	$\nu_X(\pi)$ A_1 p, ir	$\nu_X(\sigma)$ B_2 dp, ir	$\nu_H(\pi)$ A_1 p, ir	$\nu_H(\sigma)$ B_2 dp, ir
			C_s	δ_{XZ} A′ p, ir	δ_1 A′ p, ir	δ_2 A′ p, ir	γ_1 A″ dp, ir	γ_2 A″ dp, ir	ν_X A′ p, ir	ν_Z A′ p, ir	$\nu_H(\pi)$ A′ p, ir	$\nu_H(\sigma)$ A″ dp, ir
CH_2ClBr, Chlor-brom-methan (Methylenchlorobromid)	1	Cl—C(H)(H)—Br	C_s	226	853	1403	1130	1226	728	603	2984	3050
CH_2F_2, Difluor-methan (Methylenfluorid)	1	F—C(H)(H)—F	C_{2v}	532	1054	1509	—	1294	1079	1262	2963	3003

b)

Typ: $X-Z(Y)_2-X$ (Y oben und unten an Z); Symmetrie: C_{2v}; $n = 4\nu + 5\delta$

Typ: $Z-C(Y)_2-X$ (Y oben und unten an C); Symmetrie: C_s; $n = 4\nu + 3\delta + 2\gamma$

Stoff		Formel		$\delta_X(\pi)$	$\delta_1(\sigma)$	$\delta_Y(\pi)$	$\delta_2(\sigma)$	$\delta(r)$	$\nu_X(\pi)$	$\nu_X(\sigma)$	$\nu_Y(\pi)$	$\nu_Y(\sigma)$	Bemerkungen
			C_{2v}	A_1	B_1	A_1	B_2	A_2	A_1	B_1	A_1	B_2	
				p, ir	dp, ir	p, ir	dp, ir	dp	p, ir	dp, ir	p, ir	dp, ir	
				δ_{XZ}	δ_1	δ_2	γ_1	γ_2	ν_X	ν_Z	$\nu_Y(\pi)$	$\nu_Y(\sigma)$	
			C_s	A'	A'	A'	A''	A''	A'	A'	A'	A''	
				p, ir	p, ir	p, ir	dp, ir	dp, ir	p, ir	p, ir	p, ir	dp, ir	
SO_2Cl_2, Sulfonylchlorid	1	Cl—S(=O)₂—Cl	C_{2v}	408	282	218	387	362	560	580	1182	1419	
H_2CCl_2,	1	—	C_{2v}	1417	1156	286	898	1255	703	737	2985	3048	
H_2SiCl_2, Dichlorsilan	1	—	C_{2v}	954	710	188	602	1191	527	639	2224	2237	
F_2CHCl, Difluor-chlor-silan	1	H—CF₂—Cl	C_s	596	1312	421	369	1345	808	1178	3025	1116	

XI. Sechsatomige, ebene Moleküle (Ethylentyp)

Typ: $X_2>Z-Z<X_2$; Symmetrie: D_{2h}; $n = 5\nu + 4\delta + 3\gamma$

Stoff		Formel	γ A_u	$\gamma(g)$ B_{2g} dp	$\gamma(u)$ B_{3u} ir	δ A_g p	$\delta(\pi)$ B_{1u} ir	$\delta(\sigma)$ B_{2u} ir	δ B_{3g} dp	ν_X A_g p	ν_Z A_g p	$\nu(\pi)$ B_{1u} ir	$\nu(\sigma)$ B_{2u} ir	ν B_{3g} dp	Bemerkungen
C_2H_4, Ethen (Ethylen)	g	$H_2C{=}CH_2$	(1027)	943	949	1342	1444	810	1236	3019	1623	2990	3106	3272	$I_A = 5{,}75$, $I_B = 28{,}1$ $I_C = 33{,}9$ $r_{CC} = 135$, $r_{CH} = 107$
C_2Cl_4, Tetrachlor-ethen	l	$Cl_2{-}C{=}C{-}Cl_2$	(110)	512	288	237	310	176	347	447	1571	777	908	—	
N_2O_4,	l	$O_2N{-}NO_2$	(50)	672	429	266	750	381	412	1380	809	1262	1748	1712	

XII. Siebenatomige Oktaedermoleküle
Typ: ZX_6; Symmetrie: O_h; $n = 3\nu + 3\delta$

Stoff		$\delta(u)$ F_{1u} ir	$\delta_1(g)$ F_{2u}	$\delta_2(g)$ F_{2g} dp	ν A_{1g} p	ν E_g dp	$\nu(u)$ F_{1u} ir	r/pm
SF_6, Schwefelhexafluorid	l	617	363 ber.	525	775	645	965	157
UF_6, Uranhexafluorid	g	(200)	—	202	656	511	640	—

XIII. Achtatomige Moleküle (Ethantyp)
Typ: $X_3{-}Z{-}Z{-}X_3$; Symmetrie: D_{3d}; $n = 5\nu + 6\delta + \gamma$

Stoff		Formel	γ A_{1u}	δ A_{1g} p	$\delta(\pi)$ A_{2u} ir	δ E_g dp	$\delta(\sigma)$ E_u ir	δ E_g dp	$\delta(\sigma)$ E_u ir	ν_X A_{1g} p	$\nu_X(\pi)$ A_{2u} ir	ν_X E_g dp	$\nu_X(\sigma)$ E_u ir	ν_Z A_{1g} p	Bemerkungen
C_2H_6, Ethan (Dimethyl)	g, l	$H_3{-}C{-}C{-}H_3$	~300 ber.	1344	1380	1170 ber.	827	1460	1480	2880	2925	2940	2980	993	$f_{CC} = 4{,}60$ $f_{CH} = 4{,}79$

XIV. Gesättigte Ringe und Derivate

a) Dreiatomige Ringe { D Typ: (C_3); Symmetrie: D_{3h}; $n = 2\nu$
D Typ: (C_2X); Symmetrie: C_{2v}; $n = 3\nu$ }

Stoff		Formel						Bemerkungen
			D_{3h}	$\nu(g)$ A_1 p		$\nu(u)$ E' dp, ir		
			C_{2v}	$\nu(\pi)$ A_1 p, ir	$\nu(\pi)$ A_1 p, ir		$\nu(\sigma)$ B_1 dp, ir	
C_2H_4O Epoxy-ethan (Ethylenoxid)	1	O C—C	C_{2v}	1270		870		$I_A = 31{,}8$; $I_B = 39{,}2$; $I_C = 59{,}0$
C_3H_6 Cyclopropan	1	C C—C	D_{3h}	1188		865		
O_3 Ozon	g	O O—O	D_{3h}? C_{2v}?	1043	710		1740	Symmetrie: C_{2v}; 2105? $f_1 \sim 8{,}5$ Struktur: O / O═O; $2d \sim 0{,}2$; $J_A = 60{,}5$ o—o oder O (mit Doppelbindungen) / O═O; $J_B = 52{,}0$ o—o; $J_C = 8{,}5$ ∢110°

b) Vieratomige Ringe { Typ: (C_4); Symmetrie: D_{4h}; $n = 3\nu + \delta + \gamma$
Typ: (C_3X); Symmetrie: C_{2v}; $n = 4\nu + \delta + \gamma$
Typ: (C_4X); Symmetrie: C_{2v} und C_s; $n = 5\nu + 2\delta + 2\gamma$ }

Stoff	Formel											Bemerkungen
		D_{4h}	$\gamma(g)$ B_{2u}	—	$\delta(g)$ B_{2g} dp	—	ν B_{1g} dp	ν A_{1g} p	ν E_u ir		$\gamma(g)$ E_g dp	
		C_{2v} (C_3X)	γ B_2 dp, ir	—	$\delta(\pi)$ A_1 p, ir	—	$\nu_1(\sigma)$ B_1 dp, ir	$\nu_1(\pi)$ A_1 p, ir	$\nu_2(\sigma)$ B_1 dp, ir	$\nu_2(\pi)$ A_1 p, ir	—	γ-Symmetrieebene = Ringebene
		C_{2v} (C_4X)	γ_1 B_2 dp, ir	γ_2 B_2 dp, ir	$\delta(\pi)$ A_1 p, ir	$\delta(\sigma)$ B_1 dp, ir	$\nu_1(\sigma)$ B_1 dp, ir	$\nu_1(\pi)$ A_1 p, ir	$\nu_2(\sigma)$ B_1 dp, ir	$\nu_2(\pi)$ A_1 p, ir	$\nu_X(\pi)$ A_1 p, ir	

		C_s	δ_1 A' p, ir	δ_2 A' p, ir	$\gamma(\pi)$ A' p, ir	$\gamma(\sigma)$ A'' dp, ir	$\nu_1(\sigma)$ A'' dp, ir	$\nu_1(\pi)$ A' p, ir	$\nu_2(\sigma)$ A'' dp, ir	$\nu_2(\pi)$ A' p, ir	ν_X A' p, ir	γ-Symmetrieebene $\perp$ Ringebene
C_4H_6 Cyclobutan	C–C–C–C (Vierring)	D_{4h}	(370)	—	542	—	932	1005	902	—	—	Kette
												CH; γ: 2900, (A_{2u})
			(2900)	—	2915	—	—	2937	2990	—	2973	
												δ: 1257 (A_{2u})
				—	1435	—	—	1469	1453	—	1235	
				—	—	—	1340	—	627	—	745	

c) Sechsatomige Ringe
- Typ: (C_6); Symmetrie: $D_{3d}(C_{2v})$; $n = 4\nu + 4\delta$
- Typ: (C_3Z_3); Symmetrie: C_{3v}
- Typ: (ZC_4Z); Symmetrie: $C_{2h}(C_{2v})$
- Typ: (ZC_4Y); Symmetrie: C_s

(die letzten drei Typen: $n = 6\nu + 6\delta$)

Stoff	Formel														Bemerkungen
		D_{3d}	$\delta(\pi)$ A_{1g} p	$\delta(\sigma)$ E_u ir			$\delta(\sigma)$ E_g dp	$\delta(\pi)$ A_{2u} ir	$\nu(\pi)$ A_{1g} p	$\nu(\sigma)$ E_u ir			ν E_g dp	ν A_{1u}	
		C_{3v}	$\delta_1(\pi)$ A_1 p, ir	$\delta_1(\sigma)$ E dp, ir			$\delta_2(\sigma)$ E dp, ir	$\delta_2(\pi)$ A_1 p, ir	$\nu_1(\pi)$ A_1 p, ir	$\nu_1(\sigma)$ E dp, ir			$\nu_2(\sigma)$ E dp, ir	ν_2 A_2	
		C_{2h}	$\delta_1(\pi)$ A_g p	$\delta_1(\sigma)$ B_u ir	$\delta_1(\pi)$ A_u ir	δ_2 A_g p	δ_1 B_g dp	$\delta_2(\sigma)$ B_u ir	ν_1 A_g p	$\nu_1(\pi)$ A_u ir	$\nu_1(\sigma)$ B_u ir	ν_2 A_g p	ν_1 B_g dp	$\nu_2(\pi)$ A_u ir	
		C_s	A' p, ir	A'' dp, ir	A' p, ir	A' p, ir	A'' dp, ir	A'' dp, ir	A' p, ir	A' p, ir	A'' dp, ir	A' p, ir	A'' dp, ir	A' p, ir	
C_6H_{12}, Cyclohexan	1 (Sechsring)	D_{3d}	382	—	—		425	678	801	906			1265	—	$I_A = I_B = 116{,}8$ $I_C = 201{,}8$

XV. Ungesättigte, sechsatomige Ringe

a) Typ: (C_6X_6); Symmetrie: D_{6h}; $n = 8\nu + 6\delta + 6\gamma$
Typ: $(C_4X_4Y_2)$; Symmetrie: D_{2h}; $n = 10\nu + 6\delta + 7\gamma$
Typ: (C_5X_5Y); Symmetrie: C_{2v}; $n = 11\nu + 6\delta + 8\gamma$

Stoff	Formel		γ	γ	γ	γ	δ	δ	δ	δ	δ	ν	ν	ν	ν	ν	Bemerkungen
		D_{6h}	E_{2u} —	E_{1g} dp	B_{2g} —	A_{2u} ir	E_{1u} ir	E_{2g} dp	A_{2g} —	B_{1u} —	B_{2u} —	A_{1g} p	B_{1u} —	B_{2u} —	E_{1u} ir	E_{2g} dp	
		D_{2h}	A_u — B_{1u} ir	B_{2g} dp B_{3g} dp	B_{2g} dp	B_{1u} ir	B_{2u} ir B_{3u} ir	A_g p B_{1g} dp	B_{1g} dp	B_{3u} ir	B_{2u} ir	A_g p	B_{3u} ir	B_{2u} ir	B_{2u} ir B_{3u} ir	A_g p B_{1g} dp	
		C_{2v}	A_2 dp B_1 dp, ir	A_2 dp B_1 dp, ir	B_1 dp, ir	B_1 dp, ir	A_1 p, ir B_2 dp, ir	A_1 p, ir B_2 dp, ir	B_2 dp, ir	A_1 p, ir	B_2 dp, ir	A_1 p, ir	A_1 p, ir	B_2 dp, ir	A_1 p, ir B_2 dp, ir	A_1 p, ir B_2 dp, ir	
1 C_6H_6, Benzol		D_{6h}	404R 966	849	989 703R	671	1479R 1036	1178	1346	1008R	1149	3059 992R	3048	1309R	3030/ 3080*	3046 1582/ 1606*R 606R	*Fermi-Resonanz R: Ringschwingung, sonst ligandenschw. $f_{CH} = 7{,}6$; $2d_{CC} = 1{,}3$ $2d_{CH} = 1{,}5$
$C_4H_4N_2$, 1.4-Diazin (Pyrazin)	N N	D_{2h}	340 417 950	925	753 703	804	1490 1418	1332	1118	1022	1148	3060 1015	3066	1342	3066	3045 1584 1523 609 641	
C_5H_5N, Pyridin	N	C_{2v}	375 405 986	891 886	942 749	700	1482 1439	1218	1280	1030	1148	3054 992	3035	1375	3054 3080	3036 1583 1572 605 652	

b) Monoderivate. Typ: $(C_6)\cdot X$; Symmetrie: C_{2v}; $n = (6\nu + 3\delta + 3\gamma)_R + (5\nu + 5\delta + 5\gamma)_H + (\nu + \delta + \gamma)_X$

Stoff		Formel	γ B_2 dp, ir	γ A_2, B_2 dp dp, ir	$\delta_X(\sigma)$ B_1 dp, ir	$\delta_1(\pi)$ A_1 p, ir	$\delta_1(\sigma)$ B_1 dp, ir	$\delta_0(\pi)$ A_1 p, ir	$\nu_X(\pi)$ A_1 p, ir	$\nu_0(\pi)$ A_1 p, ir	$\nu_1(\pi)$ A_1 p, ir	$\nu_1(\sigma)$ B_1 dp, ir	ν A_1, B_1 p, dp, ir	γ_{CH} — A_2, B_2 dp, ir	δ_{CH} — A_1, B_1 p, dp, ir	ν_{CH} — A_1, B_1 p dp, ir	Bemerkungen
C_7H_8 Methyl-Benzol (Toluol)	1	CH_3-Phenyl	217	405	342	521	622	1002	785	1030	1209	1500	1584, 1604	729, 842	1154, 1177	3051	CH_3; δ: 1377, 1445 ν: 2920
C_6H_7N Amino-Benzol (Anilin) (Phenylamin)	1	NH_2-Phenyl	234	415	389	531	619	995	818	1027	1277	1498	— 1601	758, (818)	1155, 1171	3050	NH_2; ν: 3359, 3423
C_6H_6O geschm. Phenol		OH-Phenyl	240	507	—	532	615	1000	810	1025	1253	1498	1595, 1602	756, 829	1154, 1167	3062	OH; δ: 1429; ν: 3520
C_6H_5Cl Chlor-Benzol	1	Cl-Phenyl	197	465	298	418	613	1002	702	1024	1083	1479	1584	740, 832	1157, 1176	3068	

XVI. Mehratomige Kettenmoleküle

Stoff		Formel		δ_1	$\delta_2(g)$	$\delta_2(u)$	$\nu_C(g)$	$\nu_C(u)$	$\nu_X(g)$		$\nu_X(u)$	Bemerkungen
			$D_{\infty h}$	E_u ir	E_g dp	E_u ir	A_g p	A_u ir	A_g p	—	A_u ir	
C_3O_2 Kohlen- stoffsuboxid	l, g	O=C=C=C=O	—	550	586	550	843	1570	2200	—	2290	$n = 4s + 3\delta$
			$D_{\infty h}$	—	$\delta_H(g)$ E_g dp	$\delta_H(u)$ E_u ir	$\nu_H(g)'$ A_g p	$\nu_H(u)'$ A_u ir	—	$\nu_C(g)$ A_g p	—	$n = 3s + 2\delta$
Wasserstoff- trisulfid	1	H—S—S—S—H		207	882		484		2513			
Wasserstoff- tetrasulfid	1	H—S—S—S—S—H		183	882		484		2513			

3.5.5. Ausgewählte Linien des Raman- und IR-Spektrums einfacher Moleküle

Zweiatomige Moleküle

Halogenwasserstoffe: HF, HCl, HBr, HJ
Oxide: CO, NO.

Molekül	Elektr.-Term	ν/cm^{-1}	νxe/cm^{-1}	B/cm^{-1}	I/10^{-40} g cm^2	r/pm	f/N cm^{-1}
HF	$^1\Sigma^+$	4141,30	90,87	20,543	1,346	92	9,55
HCl^{35}	$^1\Sigma^+$	2988,95	51,66	10,440	2,649	128	5,06
HCl^{37}	$^1\Sigma^+$	2986,92	51,80	10,425	2,653		
DCl	$^1\Sigma^+$	2090,8	—	5,35	5,16	128	5,06
HBr	$^1\Sigma^+$	2649,67	45,21	8,355	3,311	141	4,06
DBr	$^1\Sigma^+$	(1801)	—	4,23	6,53	141	4,06
HJ	$^1\Sigma^+$	2309,53	39,73	6,420	4,308	160	3,14
DJ	$^1\Sigma^+$	(1570)	—	3,21	8,61	160	3,14
CO	$^1\Sigma^+$	2168,2	13,04	1,931	14,31	120	19,1
NO	$^2\Pi$	1906,52	14,50	1,709	16,18	115	15,9

Reine Rotationsspektren leichter Moleküle

l	3	4	5	6	7	
HCl	83	104	124,3	145,03	165,57	in cm^{-1}
HBr	—	83,03	100,20	116,27	—	in cm^{-1}
HJ	—	76,76	89,01	102,18	115,60	in cm^{-1}

l	8	9	10	11	12	
HCl	185,77	206,24	226,50	—	—	in cm^{-1}
HBr	—	165,55	181,64	197,90	214,35	in cm^{-1}
HJ	—	—	—	—	—	in cm^{-1}

Frequenzformeln:
$$\begin{cases} \text{HCl: } \nu_{rot} = 20{,}794\,(l+1) - 0{,}00164\,(l+1)^3 \\ \text{HBr: } \nu_{rot} = 16{,}685\,(l+1) - 0{,}00130\,(l+1)^3 \\ \text{HJ: } \nu_{rot} = 12{,}840\,(l+1) - 0{,}00082\,(l+1)^3 \end{cases}$$

Dreiatomige Moleküle

a) Kohlendioxid CO_2. Symmetrie $D_{\infty h}$
$M = 44{,}010$ g/mol, $I_0 = 71{,}85 \cdot 10^{-40}$ g cm^2, $r_{CO} = 116$ pm
Eigenfrequenzen:

Bezeichnung	CO_2		Symm.	Raman	IR
$\nu(u) = \nu_3$	2349,3		Σ_u^+	—	π
$\nu(g) = \nu_1$	1388,4	Fermi-	Σ_g^+	p	—
$2\delta = 2\nu_2$	1285,5	Resonanz			
$\delta = \nu_2$	667,3		Π_u	—	σ

b) Wasser H_2O (Vergleich der Spektren der drei Aggregatzustände)

Dampf		Flüssigkeit		Eis		Zuordnung			
$\lambda/\mu m$	ν/cm^{-1}	$\lambda/\mu m$	ν/cm^{-1}	$\lambda/\mu m$	ν/cm^{-1}	v_1	v_2	v_3	
6,27	1595,0	6,10	1640	6,08	1644	0	1	0	δ
Raman	3651,7	Raman	3448	Raman	3156	1	0	0	ν
2,66	3755,8	3,10	3453	3,07	3256	0	0	1	
1,38	7251,6	1,43	6993	—	—	1	0	1	2ν

a) Kohlendioxid CO_2

UR-Bande $\lambda/\mu m$	Bandentyp	Oberes Niveau ν/cm^{-1}	Symm.	Quantenzahl v_1	v_2^l	v_3	B/cm^{-1}	Unteres Niveau Symm.	Quantenzahl v_1	v_2^l	v_2	Intensität und Wellenzahl
—	—	0	Σ_g^+	0	0^0	0	0,3895	—		—		—
14,986	σ	667,3	Π_u	0	1^1	0	0,3899	Σ_g^+	0	0^0	0	s. st.
14,97	σ	1335,6	Δ_g	0	2^2	0	—	Π_u	0	1^1	0	668,3, m
Ra	p	1285,5	Σ_g^+	0	2^0	0	0,3899	Σ_g^+	0	0^0	0	s. st.
16,18	σ	—	—		—		—	Π_u	0	1^1	0	618,1, m
Ra	p	1388,4	Σ_g^+	1	0^0	0	0,3897	Σ_g^+	0	0^0	0	s. st.
13,88	σ	—	—		—		—	Π_u	0	1^1	0	720,5 m.
5,174	σ	1932,4	Π_u	0	3^1	0	—	Σ_g^+	0	0^0	0	m.
Ra		—	—		—		—	Π_u	0	1^1	0	1264,8 m.
16,76	σ	—	—		—		—	Δ_g	0	2^2	0	596,8, s.
15,44	σ	—	—		—		—	Σ_g^+	0	2^0	0	647,6, s.
4,816	σ	2076,4	Π_u	1	1^1	0	—	Σ_g^+	0	0^0	0	m.
Ra		—	—		—		—	Π_u	0	1^1	0	1409,0, m.
13,50	σ	—	—		—		—	Δ_g	0	2^2	0	740,8, s.
12,64	σ	—	—		—		—	Σ_g^+	0	2^0	0	790,8, s. s.
4,25	π	2349,3	Σ_u^+	0	0	1	0,3866	Σ_g^+	0	0^0	0	s. st.
2,27	π	3609	Σ_u^+	0	2^0	1	—	Σ_g^+	0	0^0	0	s.
2,69	π	3716	Σ_u^+	1	0	1	—	Σ_g^+	0	0^0	0	s.

b) Wasser (g) H_2O, D_2O, HDO. Symmetrie: C_{2v}

$M = 18{,}01,\quad I_A = [1{,}0229 + 0{,}0213(v_1 + \frac{1}{2}) - 0{,}1010(v_2 + \frac{1}{2}) + 0{,}0486(v_3 + \frac{1}{2})]10^{-40}\ \mathrm{g\,cm^2}$

$I_B = [1{,}9207 + 0{,}0398(v_1 + \frac{1}{2}) - 0{,}0249(v_2 + \frac{1}{2}) + 0{,}0077(v_3 + \frac{1}{2})]10^{-40}\ \mathrm{g\,cm^2}$

$I_C = [2{,}9436 + 0{,}0611(v_1 + \frac{1}{2}) + 0{,}0611(v_2 + \frac{1}{2}) + 0{,}0441(v_3 + \frac{1}{2})]10^{-40}\ \mathrm{g\,cm^2}$

$r_{OH} = 95{,}8\ \mathrm{pm}\ \sphericalangle\ OH_2\ 104°,\ 27'$

$M = 20{,}02,\quad I_A = 1{,}820,\quad I_B = 3{,}860,\quad I_C = 5{,}784$

Eigenfrequenzen:

Bezeichnung	H_2O	D_2O	HDO	Symm.	Raman	IR
$\nu(\pi) = \nu_1$	3651,7	2666	?	A_1	p	π
$\nu(\sigma) = \nu_3$	3755,8	2789	2719	B_1	dp	σ
$\delta(\pi) = \nu_2$	1595,0	1178	1402	A_1	p	π

UR-Bande $\lambda/\mu m$	Banden-typ	ν/cm^{-1}	Symm.	Quantenzahl v_1	v_2	v_3	Rotationskonstante A	B	C	Intensität und Deutung		
—	—	0	A_1	0	0	0	27,79	14,50	9,29	—		
6,269	π	1595,0	A_1	0	1	0	30,70	14,70	9,12	δ	s. st.	H_2O
3,168	π	3151,4	A_1	0	2	0	35,8	15,0	9,00 }	2δ	m.	
2,8	π	3651,7	A_1	1	0	0	—	—	—	ν	st.	Raman
2,663	σ	3755,8	B_1	0	0	1	26,50	14,47	9,20 }		s. st.	
1,875	σ	5332,0	B_1	0	1	1	29,0	14,6	8,8	$\nu + \delta$	m.	
1,457	σ	6874	B_1	0	2	1	—	—	—	$\nu + 2\delta$	s.	
1,379	σ	7251,6	B_1	1	0	1	26,1	14,3	8,9	2ν	m.	
1,208	π	8273,98	A_1	1	3	0	39,9	14,7	8,7 }	$\nu + 3\delta$	s.	
1,195	σ	8373,90	B_1	0	3	1	38,9	14,7	8,8 }		m.	

c) Ammoniak NH_3, ND_3. Symmetrie: C_{3v}

NH_3: M = 17,02 $I_A \sim 4{,}43$ $I_{B,C} = 2{,}816$
ND_3: M = 20,02, $I_A \sim 8{,}86$ $I_{B,C} = 5{,}448$

$r_{NH} = 101{,}4$ pm
$\sphericalangle NH_2 = 106°\,50'$
Eigenfrequenzen:

Bezeichnung	NH_3	ND_3	Symm.	Ra	UR
$\nu(\pi) = \nu_1$	3335,9 3337,5	2419	A_1	p	π
$\nu(\sigma) = \nu_3$	(3410)	2555	E	dp	σ
$\delta(\pi) = \nu_2$	931,58 968,08	748,6 749,0	A_1	p	π
$\delta(\sigma) = \nu_4$	1627,5	1191,0	E	dp	σ

$\lambda/\mu m$	Banden-typ	ν/cm^{-1}	Symm.	Quantenzahl v_1	v_2	v_3^l	v^l	Intensität und Zuordnung	
—	—	0	A_1	0	0^+	0^0	0^0	—	
—		0,66	A_1	0	0^-	0^0	0^0	—	
10,73	π	932,24	A_1	0	1^+	0^0	0^0	s. st.	
10,33	π	968,08	A_1	0	1^-	0^0	0^0	s. st.	$\delta(\pi)$
—	—	1597,4	A_1	0	2^+	0^0	0^0		$2\delta(\pi)$
15,89	π	629,3	A_1			—		s.	$2\nu_2^+ - \nu_2^-$
5,208	Ra	1920	A_1	0	2^-	0^0	0^0	s. s.	(Ra)
6,144	σ	1627,5	E	0	0^+	0^0	1^1	s. st.	$\delta(\sigma)$
—	—	2380	A_1	0	3^+	0^0	0^0		$3\delta(\pi)$
3,495	π	2861	A_1	0	3^-	0^0	0^0	s. s.	
3,106	π	3219,1	A_1	0	$0^\pm$	0^0	2^0	m.	(Ra)
2,998	π	3336,0	A_1	1	$0^\pm$	0^0	0^0	s. st.	ν_{NH}
2,935	σ	(3407)	E	0	0	1^1	1^0		
4,098	σ	2440,1	E			—		s.	$\nu_3 - \nu_2^-$
4,045	σ	2472,6	E			—		s.	$\nu_3 - \nu_2^+$

$\delta(\pi)$ „Inversions"-Aufspaltung in cm^{-1}

v =	0 ±	1 ±	2 ±	3 ±	4 ±
NH_3	0,66	25,7	313	481	—
ND_3	0,2	3,4	70	283	373

Einige Linien des Inversionsspektrums des NH_3 im Mikrowellenbereich

$N^{14}H_3$	$N^{15}H_3$	Rotations-quantenzahlen
Frequenz in MHz		J und K
23 694,49 ± 0,02	22 624,96 ± 0,02	1,1
23 722,62 ± 0,02	22 649,85 ± 0,02	2,2
23 870,12 ± 0,02	22 789,41 ± 0,02	3,3
24 139,40 ± 0,02	23 046,10 ± 0,02	4,4
24 532,96 ± 0,02	23 421,99 ± 0,02	5,5
25 056,03 ± 0,02	23 922,32 ± 0,02	6,6
25 715,15 ± 0,02	24 553,42 ± 0,02	7,7
26 518,91 ± 0,1	26 243,0 ± 0,5	8,8
27 478,00 ± 0,1	26 243,0 ± 0,5	9,9

3.6 Mikrowellenspektren

M. Wöhlecke, Experimentalphysik, Universität Osnabrück

3.6.1 Allgemeine Grundlagen

Die Mikrowellenspektroskopie ermöglicht die Messung von reinen Rotationsübergängen, die der Infrarot-Spektroskopie nur bei Molekülen mit sehr kleinem Trägheitsmoment zugänglich sind. Seit Anfang der siebziger Jahre vermag die hochauflösende Ramanspektroskopie ebenfalls wertvolle Beiträge zum Studium der Rotationsniveaus zu liefern.
Die Mikrowellenspektroskopie arbeitet im Frequenzbereich $1 < \nu < 10^3$ GHz ($0.03\,\text{cm} < \lambda < 30\,\text{cm}$). Ein Mikrowellenspektrometer besteht im Prinzip aus einer Mikrowellenquelle (Reflexklystron, Rückwärtswellengenerator), die über Hohlleiterbauelemente Mikrowellen auf die Probe strahlt. Rechteckhohlleiter werden bevorzugt, da mit ihnen bestimmte Moden (z.B. H_{10}-Moden) geeigneter Polarisation geführt werden können. Die von der Probe nicht absorbierte Leistung wird mit Kristalldioden gemessen. Dabei werden Modulationstechniken eingesetzt. Die Meßzellen bestehen aus abgegrenzten Leitern und haben eine bestimmte Dämpfung α_L. Maximale Anpassung erzielt man daher mit Längen im Bereich $x \simeq 1/\alpha_L$, d.h. bis zu 20 m. Es lassen sich noch Absorptionskoeffizienten von $10^{-10}\,\text{cm}^{-1}$ nachweisen. Das Auflösungsvermögen ist mit 10^7 bis 10^8 sehr groß, der Durchstimmbereich mit 5 bis 10% klein.

Schwingungsstrukturen

Die Rotationsniveaus F(J) linearer Moleküle und von Kugelkreiseln hängen im allgemeinen vom Schwingungszustand v ab und werden durch

$$F_v(J) = B_v J(J+1) - D_v J^2(J+1)^2 \tag{1}$$

beschrieben. Dabei bezeichnet J die Quantenzahl des Gesamtdrehimpulses (jedoch ohne Kernspin). Die Abhängigkeit der Rotationskonstanten B_v von der Schwingungsanregung mit der Quantenzahl v wird in einfachster Näherung durch den Ausdruck

$$B_v = B_e - \alpha_e(v + \tfrac{1}{2}) + \gamma_e(v + \tfrac{1}{2})^2 \tag{2}$$

erfaßt. Für die Konstante der Zentrifugalkorrektur D_v setzt man ebenfalls einen linearen Zusammenhang an:

$$D_v = D_e + \beta_e(v + \tfrac{1}{2}). \tag{3}$$

Bei entarteten Moden sind die Nullpunktsenergien in (2) und (3) entsprechend der Entartung zu erhöhen. Der Index e weist auf die Gleichgewichtskonfiguration des Moleküls hin. In Analogie zur Gleichung (7) des Kapitels 3.5 gilt

$$B_e = \frac{h}{8\pi^2 c I_e} \quad \text{mit} \quad I_e = \mu r_e^2 \tag{4}$$

Für den Schwingungszustand mit der Quantenzahl v definiert man ein effektives Trägheitsmoment $I_v = h/8\pi^2 c B_v$. Bei zweiatomigen Molekülen gilt wieder $D_e = 4B_e^3/\nu_e^2$ (vgl. Kapitel 3.5), mit ν_e als harmonischer Frequenz.
Bei symmetrischen Kreiseln behandelt man die Rotationskomponente um die Figurenachse gesondert und beschreibt sie durch eine zusätzliche Quantenzahl K. Für ein gestrecktes Molekül mit Zigarrenform erhält man in Analogie zu Gleichung (9) in Kapitel 3.5:

$$\begin{aligned} F_v(J,K) = {} & B_v J(J+1) + (A_v - B_v)K^2 - D_J J^2(J+1)^2 \\ & - D_{JK} J(J+1)K^2 - D_K K^4 + (H_K K^6). \end{aligned} \tag{5}$$

Obwohl nicht ausdrücklich in jedem Fall gekennzeichnet, hängen auch hier die Konstanten von der Schwingungsquantenzahl v ab. Man beobachtet weiterhin eine Hyperfeinstruktur (HFS) der Rotationsübergänge, die durch die Wechselwirkung der Molekülrotation mit dem Kernspin, der in $\vec{J}$ nicht enthalten war, verursacht wird. Dafür ist weitgehend das Kernquadrupolmoment verantwortlich, das bei nichtkugelsymmetrischer Ladungsverteilung am Kern entsteht. Der Kernspin I nimmt nur diskrete Lagen bezüglich der Drehimpulsachse des Moleküls ein. Der Gesamtdrehimpuls $\vec{F} = \vec{J} + \vec{I}$ bestimmt die Linienzahl, seine Quantenzahl F kann die Werte $J+I, J+I-1, \ldots, |J-I|$ annehmen.

Für F gilt bei Übergängen die Auswahlregel $\Delta F = 0, \pm 1$. Besitzt mehr als ein Kern ein merkliches Quadrupolmoment, so sind alle Kernspins zu $\vec{J}$ zu addieren.

3.6.2 Legende

In den Tabellen 3.6.3–3.6.5 werden für einige zweiatomige Moleküle Rotationkonstanten B_v, B_e und Zentrifugalkorrekturen (Zentrifugaldehnungskonstante, centrifugal distortion constant) D_v, D_e in Frequenzeinheiten für den elektronischen Grundzustand angegeben. Tabelle 3.6.3b enthält Konstanten für homonukleare zweiatomige Moleküle, die jedoch überwiegend aus Ramanspektren gewonnen wurden und daher—wie dort üblich—in Wellenzahlen angegeben sind. Im Teil c) sind Beispiele für Hyperfeinstrukturen aufgeführt.
Rotationskonstanten linearer mehratomiger Moleküle findet man in den Tabellen 3.6.3a–e. Die Konstanten $\alpha_{e,1}$ und $\alpha_{e,2}$ beziehen sich gemäß Gleichnung (2) auf die Valenz- und die Deformationsschwingung. Bei linearen dreiatomigen Molekülen bezeichnen die v_i die Quantenzahlen der symmetrischen (antisymmetrischen) Valenzschwingung v_1, (v_3) und der Deformationsschwingung v_2.
Bei den symmetrischen Kreiseln der Tabelle 3.6.5 sind neben den Quantenzahlen J für den Anfangs- und Endzustand die Quantenzahl K der Projektion des Gesamtdrehimpulses auf die Figurenachse angegeben. Die Tabellen schließen mit Rotationskonstanten für HN_3 ab, das ein nahezu symmetrischer Kreisel ist. Daher ist Gleichung (5) eine gute Näherung. Die Zahlenwerte basieren auf einer Zusammenfassung der Ergebnisse verschiedener Meßmethoden.
Literaturhinweis: Umfangreiche Literaturangaben findet man zum Beispiel in den Büchern M. Mizushima, 'The Theory of Rotating Diatomic Molecules', J. Wiley, N.Y., 1975 und A. Weber (Herausgeber), 'Raman Spectroscopy of Gases and Liquids', Topics in Current Physics, Springer Verlag, Berlin, 1979.

3.6.3 Rotationskonstanten, Zentrifugalkorrekturen und Hyperfeinstrukturen zweiatomiger Moleküle

a) Heteronukleare Moleküle

Molekül	B_e/MHz	α_e/MHz	γ_e/kHz	D_e/kHz	β_e/Hz	Bem.
$^{109}Ag^{81}Br$	1 900,9003	6,842	4,8	0,51		
$^{109}Ag^{35}Cl$	3 670,2777	17,7284	18,59	1,8739	0,51	
$^{27}Al^{19}F$	16 562,93	149,42	515	31,37	−46	*
$^{27}Al^{35}Cl$	7 312,8411	48,3005	140,8	7,503	−16	*
$^{27}Al^{81}Br$	4 742,5866	25,5526	60,1	3,3408	−6,1	*
$^{27}Al^{127}I$	3 528,5528	16,746	31,41	1,955	−2,87	
$^{12}C^{32}S$	24 584,367	117,55		0,4285		
$^{133}Cs^{81}Br$	1 064,58192	3,63152	2,708	0,244159	0,123	
$^{133}Cs^{127}I$	708,3292	2,04638	1,482	111.33	0,074	
$^{39}K^{81}Br$	2 415,075	11,987	22	1,31593	0,06	
$^{39}K^{19}F$	8 392,313	69,999	207	14,493	7	
$^{7}Li^{81}Br$	16 617,002	168,58	653			
$^{7}Li^{35}Cl$	21 181,004	240,122	1189	102,19	−57	
$^{7}Li^{19}F$	40 329,808	608,182	4670	0,35236	−3,73	
$^{23}Na^{81}Br$	4 509,1958	27,9688	71,37	4,595	−8,7	
$^{31}P^{14}N$	23 578,24	165,976	−192	32,7		*
$^{85}Rb^{19}F$	6 315,548	45,652	99	8,046	−11	
$^{205}Tl^{19}F$	6 689.874	45,085	95			

Anmerk.: Die mit einem * gekennzeichneten Werk für B_e sind aus Ausdrücken für B_v bestimmt worden, die über Gleichung (2) hinaus höhere Potenzen in v enthielten.

b) Homonukleare Moleküle

Molekül	B_0/cm^{-1}	B_e/cm^{-1}	D_0/cm^{-1}
H_2	56,3392	60,841	0,04599
HD	44,6678	45,638	0,02592
D_2	29,9105	30,442	0,01134
F_2	0,88331	0,889	$3{,}48 \cdot 10^{-6}$
$^{35}Cl_2$	0,24310	0,24385	$1{,}43 \cdot 10^{-7}$
$^{14}N_2$	1,989574	1,998232	$5{,}76 \cdot 10^{-6}$
$^{16}O_2$	1,437685	1,4458	$4{,}61 \cdot 10^{-6}$

c) Hyperfeinstruktur

Molekül	Rotations-übergang $J \to J+1$	Frequenz in MHz	Schwingungs-zustand	HFS-Übergang $F-1$, $F \to F$, $F+1$
^{81}BrF	$0 \to 1$	21181.7	1	$\frac{3}{2} \to \frac{3}{2}$
^{79}BrF	$0 \to 1$	21319,4	1	$\frac{3}{2} \to \frac{3}{2}$
^{81}BrF	$0 \to 1$	21337,5	0	$\frac{3}{2} \to \frac{3}{2}$
^{79}BrF	$0 \to 1$	21475,4	0	$\frac{3}{2} \to \frac{3}{2}$
$F^{35}Cl$	$0 \to 1$	30545,93	1	$\frac{3}{2} \to \frac{3}{2}$
$F^{35}Cl$	$0 \to 1$	30582,61	1	$\frac{3}{2} \to \frac{5}{2}$
$F^{35}Cl$	$0 \to 1$	30611,76	1	$\frac{3}{2} \to \frac{1}{2}$
$F^{35}Cl$	$0 \to 1$	30807,41	0	$\frac{3}{2} \to \frac{3}{2}$
$F^{35}Cl$	$0 \to 1$	30843,95	0	$\frac{3}{2} \to \frac{5}{2}$
$F^{35}Cl$	$0 \to 1$	30873,0	0	$\frac{3}{2} \to \frac{1}{2}$

3.6.4 Rotationskonstanten, Zentrifugalkorrekturen linearer mehratomiger Moleküle

a) Mikrowellendaten

Molekül	B_0/MHz	$\alpha_{e,1}$/MHz	$\alpha_{e,2}$/MHz	D_0/kHz
$^{14}N_2O$	12561,6			
$^{15}N^{14}NO$	12137,3			
$^{16}O^{12}C^{32}S$	6081,48	18,12	−10,61	1,6
$^{16}O^{12}C^{33}S$	6004,92			
$^{16}O^{12}C^{34}S$	5932,84		−10,37	1,4
$^{16}O^{13}C^{32}S$	6061,92		−9,98	
$^{16}O^{13}C^{34}S$	5911,73			
$^{16}O^{14}C^{32}S$	6043,25		−9,4	
$^{18}O^{12}C^{32}S$	5704,82			
$^{16}O^{12}C^{78}Se$	4042,46	13,4	−6,96	0,83
$^{16}O^{12}C^{80}Se$	4017,67	13,27	−6,92	0,755
$^{16}O^{12}C^{82}Se$	3994,009	13,12	−6,86	0,875
$^{79}Br^{12}CN$	4120,21	11,36	−11,49	
$^{81}Br^{12}CN$	4096,78	11,23	−11,49	
$^{127}I^{12}CN$	3225,54	9,33	−9,5	

b) Mikrowellen-und Ramandaten

Molekül	B_0/cm^{-1}	D_0/cm^{-1}
CO_2	0,3902634	$1{,}27 \cdot 10^{-7}$
CS_2	0,10912	$1{,}057 \cdot 10^{-8}$
HCN	1,478277	$2{,}97 \cdot 10^{-6}$
DCN	1,207986	$2{,}31 \cdot 10^{-6}$
XeF_2	0,11327	$2{,}1 \cdot 10^{-8}$
$^{12}C_2H_2$	1,176628	$1{,}59 \cdot 10^{-6}$
C_2HI	0,10622	$3{,}9 \cdot 10^{-8}$
C_4H_4	0,14689	$3{,}2 \cdot 10^{-8}$
C_4D_4	0,12767	$2{,}3 \cdot 10^{-8}$

c) Rotationsspektrum des HCN (Schwingungsgrundzustand, Ausschnitt)

Molekül Isotop	Frequenz in MHz	Rotations-übergang $J \to J+1$	HFS-übergang $F-1$ / $F \to F$ / $F+1$
$D^{13}C^{14}N$	71 173,6	$0 \to 1$	$1 \to 1$
$D^{13}C^{14}N$	71 175,0	$0 \to 1$	$1 \to 2$
$D^{13}C^{14}N$	71 177,0	$0 \to 1$	$1 \to 0$
$D^{12}C^{14}N$	72 413,2	$0 \to 1$	$1 \to 1$
$D^{12}C^{14}N$	72 414,6	$0 \to 1$	$1 \to 2$
$D^{12}C^{14}N$	72 416,7	$0 \to 1$	$1 \to 0$
$H^{13}C^{14}N$	86 308,1	$0 \to 1$	$1 \to 1$
$H^{13}C^{14}N$	86 309,5	$0 \to 1$	$1 \to 2$
$H^{13}C^{14}N$	88 311,5	$0 \to 1$	$1 \to 0$
$H^{12}C^{14}N$	88 600,1	$0 \to 1$	$1 \to 1$
$H^{12}C^{14}N$	88 601,5	$0 \to 1$	$1 \to 2$
$H^{12}C^{14}N$	88 603,6	$0 \to 1$	$1 \to 0$
$H^{12}C^{14}N$	88 671	$0 \to 1$	$0 \to 1$

d) Rotationspektrum des HC≡CCl (Schwingungsgrundzustand, Ausschnitt)

Molekül Isotop	Frequenz in MHz	Rotations-übergang $J \to J+1$	HFS-übergang $F-1$ / $F \to F$ / $F+1$
$H{-}^{12}C{\equiv}^{12}C{-}^{35}Cl$	22 717,07	$1 \to 2$	$\frac{1}{2} \to \frac{3}{2}$
	22 718,8	$1 \to 2$	$\frac{5}{2} \to \frac{5}{2}$
	22 732,9	$1 \to 2$	$\frac{5}{2} \to \frac{3}{2}$
	22 737,0	$1 \to 2$	$\frac{1}{2} \to \frac{1}{2}$
	22 738,68	$1 \to 2$	$\frac{5}{2} \to \frac{7}{2}$ $\frac{3}{2} \to \frac{5}{2}$
	22 752,95	$1 \to 2$	$\frac{3}{2} \to \frac{3}{2}$
	22 772,82	$1 \to 2$	$\frac{3}{2} \to \frac{1}{2}$
$D{-}^{12}C{\equiv}^{12}C{-}^{35}Cl$	20 728,03	$1 \to 2$	$\frac{1}{2} \to \frac{3}{2}$
	20 729,79	$1 \to 2$	$\frac{5}{2} \to \frac{5}{2}$
	20 744,0	$1 \to 2$	$\frac{5}{2} \to \frac{3}{2}$
	20 748,02	$1 \to 2$	$\frac{1}{2} \to \frac{1}{2}$
	20 749,76	$1 \to 2$	$\frac{5}{2} \to \frac{7}{2}$ $\frac{3}{2} \to \frac{5}{2}$
	20 763,96	$1 \to 2$	$\frac{3}{2} \to \frac{3}{2}$
	20 783,8	$1 \to 2$	$\frac{3}{2} \to \frac{1}{2}$

e) Rotationsspektrum des OCS (Ausschnitt)

Molekül Isotop	Frequenz in MHz	Rotations-übergang $J \to J+1$	Schwingungs-quantenzahlen v_1	v_2	v_3
$^{18}O^{12}C^{34}S$	22 239,6	$1 \to 2$	0	0	0
$^{18}O^{12}C^{32}S$	22 754,6	$1 \to 2$	1	0	0
$^{18}O^{13}C^{32}S$	22 763,8	$1 \to 2$	0	0	0
$^{18}O^{12}C^{32}S$	22 819,3	$1 \to 2$	0	0	0
$^{16}O^{12}C^{32}S$	24 355,53	$1 \to 2$	0	0	$0, 1_1$
$^{16}O^{12}C^{32}S$	24 380,97	$1 \to 2$	0	0	$0, 1_2$ [a]

[a] Die Rotationslinien des angeregten Deformationsschwingungszustands ($v_2 = 1$) zeigen ein l-Typ Dublett.

3.6.5 Rotationskonstanten, Zentrifugalkorrekturen und Hyperfeinstrukturen von Kreiselmolekülen

a) Rotationspektrum des CH_3Cl (Ausschnitt, Schwingungsgrundzustand)

Molekül Isotop	Frequenz in MHz	Rotations-übogang $J,K \to (J+1),K$	HFS-übergang $F-1$ $F \to F$ $F+1$
$^{12}CH_3{}^{35}Cl$	26 570,77	0,0 → 1,0	$\frac{3}{2} \to \frac{3}{2}$
	26 589,49		$\frac{3}{2} \to \frac{5}{2}$
	26 604,57		$\frac{3}{2} \to \frac{1}{2}$
$^{13}CH_3{}^{35}Cl$	25 577,4	0,0 → 1,0	$\frac{3}{2} \to \frac{3}{2}$
	25 596,2		$\frac{3}{2} \to \frac{5}{2}$
	25 611,1		$\frac{3}{2} \to \frac{1}{2}$
$^{12}CH_3{}^{37}Cl$	26 164,57	0,0 → 1,0	$\frac{3}{2} \to \frac{3}{2}$
	26 179,3		$\frac{3}{2} \to \frac{5}{2}$
	26 191,13		$\frac{3}{2} \to \frac{1}{2}$
$^{13}CH_3{}^{37}Cl$	25 167,7	0,0 → 1,0	$\frac{3}{2} \to \frac{3}{2}$
	25 182,5		$\frac{3}{2} \to \frac{5}{2}$
	25 194,2		$\frac{3}{2} \to \frac{1}{2}$
$^{12}CH_3{}^{35}Cl$	79 764,56	2,0 → 3,0	$\frac{5}{2} \to \frac{5}{2}$
	79 768,98	2,2 → 3,2	$\frac{1}{2} \to \frac{3}{2}$
	79 769,94	2,0 → 3,0	$\frac{3}{2} \to \frac{3}{2}$

b) Konstanten symmetrischer Kreisel

Molekül	B_0/MHz	D_J/kHz	D_{JK}/kHz	$I_0/10^{-40}$ gcm²
$^{12}CH_3{}^{35}Cl$	13 292,95	26,4	189	63,1
$^{12}CH_3{}^{37}Cl$	13 088,24	27,0	184	64,09
$^{12}CH_3{}^{79}Br$	9 568,19	11,1	129,4	87,67
$^{12}CH_3{}^{81}Br$	9 531,84	10,7	129,0	88,01
$^{12}CH_3{}^{127}J$	7 501,31	7,95	99,4	111,8

c) Rotationspektrum des Wassers

Molekül Isotop	Frequenz in MHz	Rotations-übergang $J_\tau \to J'_{\tau'}$	Benerkung
H_2O	22 235,22	$5_{-1} \to 6_{-5}$	Die Rotationsterme
HDO	10 278,99	$2_1 \to 2_2$	der asymmetrischen Kreisel
HDO	20 460,4	$4_{-3} \to 3_1$	werden durch J_τ, mit
HDO	22 307,67	$5_0 \to 5_1$	τ: $-J, \ldots, J$, gekennzeichnet

d) Rotationskonstanten für den Schwingungsgrundzustand von HN_3

Konstante/cm⁻¹	HN_3	DN_3
A_0	20,38158	11,499456
$\frac{1}{2}(B_0 + C_0) = B_0$	0,3972014	0,37218633
$D_J \cdot 10^6$	0,1548	0,13667
$D_{JK} \cdot 10^5$	2,6478	1,5097
$D_K \cdot 10^3$	8,6	2,931
$H_K \cdot 10^6$	7,38	2,0

3.7 Fluoreszenz, Chemilumineszenz, Laser

M.D. Lechner, Physikalische Chemie, Universität Osnabrück

3.7.1 Fluoreszenz

3.7.1.1 Fluoreszenz von zweiatomigen Molekülen

Die Erscheinungen der Fluoreszenz sind bei den Dämpfen der zweiatomigen Moleküle nicht ganz einfach, sie lassen sich jedoch mühelos aus dem Termschema der Molekülspektren verstehen. Man muß unterscheiden zwischen der *Resonanzfluorescenz*, die bei sehr niedrigen Drücken und bei Anregung durch eine sehr schmale Linie auftritt, und der *normalen Fluoreszenz*, die bei höheren Drücken oder bei Anregung durch eine breite Linie beobachtet wird. Unter mittleren Bedingungen können Übergangsformen zwischen beiden Fluoreszenzarten erscheinen.

Das Spektrum der Resonanzfluoreszenz besteht im allgemeinen aus einer Folge von Linienpaaren und hat zunächst keine Ähnlichkeit mit den bekannten Molekülspektren. Das normale Fluoreszenzspektrum besteht dagegen aus einer Folge der für die Molekülspektren typischen Teilbanden. Die Analyse ergibt, daß im Resonanzspektrum aus jeder Teilbande im allgemeinen nur zwei Linien ausgewählt sind.

Zum Verständnis der Erscheinungen der Fluoreszenz müssen wir vom Termschema der Moleküle z.B. Abb. 3.18 u. 3.19 ausgehen. Die anregende Strahlung kann nur solche Übergänge bewirken, deren untere Terme bei den Versuchsbedingungen besetzt sind, das sind Terme, deren Energiedifferenz zum tiefsten Energiezustand nicht viel größer ist als kT. Da die höheren Elektronenzustände und meist auch die höheren Schwingungsterme einen größeren energetischen Abstand haben, ist der untere Zustand des anregenden Übergangs der Elektronengrundzustand mit dem Schwingungsterm $n = 0$. Die Energiedifferenzen der Rotationszustände sind dagegen von der Größenordnung kT, so daß im tiefsten Schwingungsterm des Elektronengrundzustandes die Rotationsterme besetzt sind.

Strahlt man nun eine passende Spektrallinie ein, so wird in einem höheren Elektronenzustand ein bestimmter Schwingungsterm n' und in diesem ein bestimmter Rotationszustand J' angeregt. Bei der nun folgenden Fluoreszenzemission kehrt das Molekül in einen tieferen, meist den Elektronengrundzustand zurück. Da für die Schwingungsquantenzahlen n außer dem für die Intensität praktisch maßgebenden Franck-Condon-Prinzip keine Auswahlregeln bestehen, kann es in einen beliebigen Schwingungsterm des unteren Elektronenzustands übergehen ($n' \rightarrow n'' = 0, 1, 2 \ldots$). Für die Rotationsquantenzahl J besteht jedoch eine Auswahlregel: J darf sich nur um ± 1 ändern (gelegentlich ist auch, wenn die Banden einen Q-Zweig besitzen, $\Delta J = 0$ erlaubt). Das Molekül kann daher nur auf zwei bestimmte Rotationszustände übergehen. Dementsprechend besteht das Spektrum aus Folgen ($n' \rightarrow n'' = 0, 1, 2 \ldots$) von je zwei Linien, die den beiden erlaubten Rotationsübergängen entsprechen (s. Resonanzspektrum des Jods).

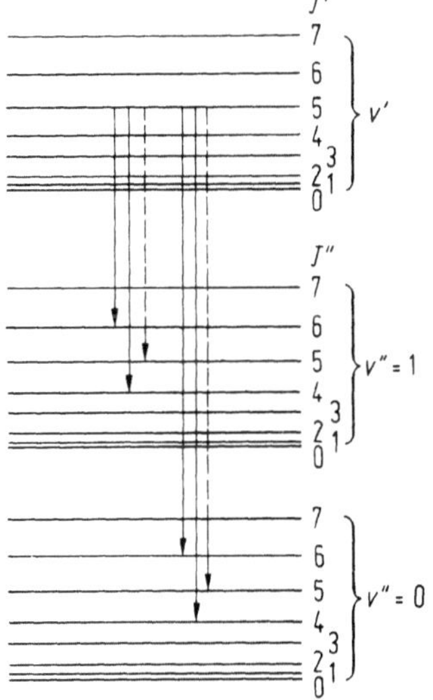

Abb. 3.21. Zur Erläuterung der Resonanzfluoreszenz. Durch Einstrahlung einer schmalen Linie sei der 5. Rotationsterm des v'-ten Schwingungsniveaus des oberen Elektronenzustandes angeregt. Dann können in Fluorescenz beim Übergang nach dem Schwingungsniveau v'' des unteren Elektronenzustandes nur die Linien mit $J'' = 6$ und $J'' = 4$, u. U. auch, wenn die Banden einen Q-Zweig besitzen, mit $J'' = 5$ emittiert werden

Das Resonanzspektrum des Jods bei Erregung mit der grünen Hg-Linie 5462,23 Å

Ordnungszahl	Wellenlänge λ/nm	Ordnungszahl	Wellenlänge λ/nm	Ordnungszahl	Wellenlänge λ/nm
0	546,223 / 546,374	9	fehlt	18	681,863 / 682,001
1	552,655 / 552,810	10	616,063 / 616,248	19	?
2	fehlt	11	623,768 / 623,956	20	699,896 / 700,139
3	565,871 / 566,038	12	631,616 / 631,814	21	fehlt
4	572,659 / 572,825	13	639,608 / 639,805	22	718,623 / 718,868
5	579,579 / 579,751	14	fehlt	23	728,239 / 728,492
6	586,614 / 586,785	15	656,056 / 656,268	24	fehlt
7	fehlt	16	664,50 / 664,70	25	748,04 / 748,29
8	601,066 / 601,250	17	673,12 / 673,325	26	fehlt
				27	768,57 / 768,85

Wenn degegen bei der Absorption infolge einer größeren spektralen Breite der Strahlung sehr viele Rotationszustände im oberen Zustand angeregt werden, oder wenn bei größeren Gasdrucken durch Stöße während der Lebensdauer des angeregten Zustands auch die übrigen oberen Rotationszustände besetzt werden, dann füllt sich das Spektrum zum gewöhnlichen Molekülspektrum auf (normale Fluoreszenz).

3.7.1.2 Fluoreszenz mehratomiger anorganischer Moleküle

Über die Fluoreszenz der mehratomigen anorganischen Moleküle im gasförmigen Zustand ist nur wenig bekannt. Im allgemeinen beruht die beobachtete Fluoreszenz auf dem Leuchten von zweiatomigen Photodissoziationsprodukten.

In kondensierten Phasen leuchten nur wenige anorganische Moleküle. In wäßriger Lösung zeigen Halogenkomplexe von Thallium, Blei und Zinn sowie Uranylsalze und Platin-(II)--Komplexe Fluoreszenz.

In festem Zustand ist die Fluorescenz der beiden letzten genauer untersucht worden, während die der ersteren in den Alkalihalogenidphosphorverbindungen beobachtet wird.

Die in Abb. 27 und 28 dargestellten Banden spalten bei tiefer Temperatur in zahlreiche Linien auf. Diese Aufspaltungen hängen von den Anionen und vom Kristallwasser ab und ändern sich infolgedessen mit der Zusammensetzung der Salze.

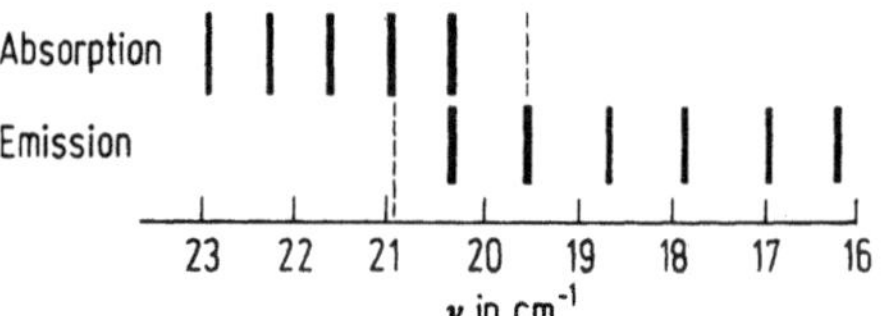

Abb. 3.23. Emissions- und Absorptionsspektrum der Uranylsalze (UO_2-Schwingung). Bei der Temperatur der flüssigen Luft erscheinen die gestrichelten Linien nicht

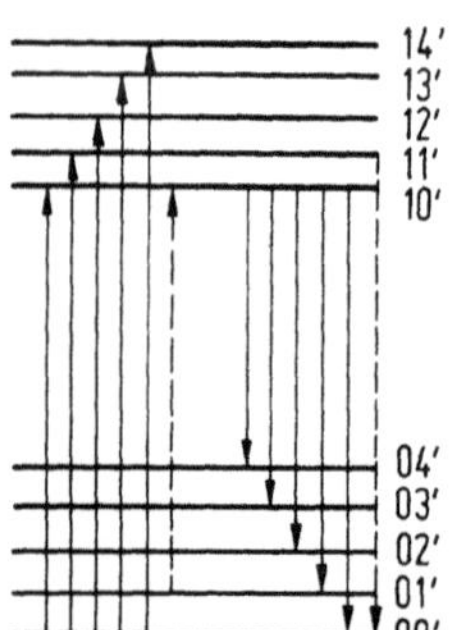

Abb. 3.22. Termschema des UO_2^{++}-Ions (Uranylfluorescenz). Bei der Temperatur der flüssigen Luft erscheinen die gestrichelten Linien nicht. Links: Absorption. Rechts: Emission

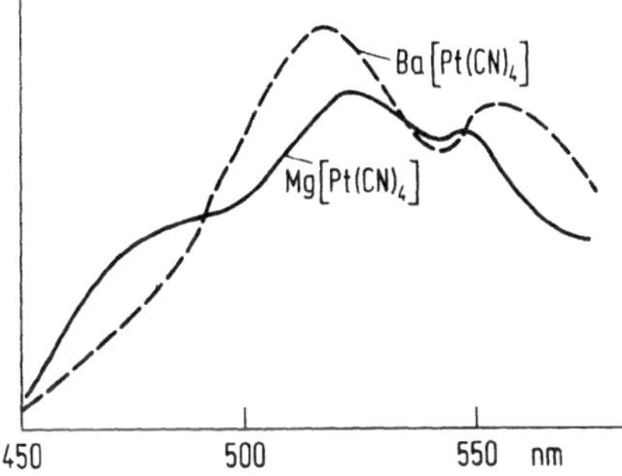

Abb. 3.24. Fluoreszenzspektrum von Barium- und Magnesium-Platin-(II)-cyanid in wäßriger Lösung

3.7.1.3 Fluoreszenz organischer Moleküle

Im Gegensatz zu den Atomen und den zweiatomigen Molekülen tritt bei den organischen Molekülen im *Gaszustand* Lumineszenz nicht allgemein auf. Der Grund hierfür liegt darin, daß in vielen Fällen (Absorption im kontinuierlichen Teil des Absorptionsspektrums) photochemische Dissoziation eintritt, in anderen Fällen (Absorption im kurzwelligen Teil des diskreten Absorptionsspektrums) Prädissoziation beobachtet wird. Schließlich findet häufig, insbesondere bei den hochatomigen Molekülen, eine Gleichverteilung der Energie auf die zahlreichen Schwingungsfreiheitsgrade des Moleküls und damit eine Umwandlung der Anregungsenergie in Wärme statt.
Die Leuchtfähigkeit der organischen Moleküle ist an bestimmte Atomgruppierungen gebunden, von denen die der konjugierten Kohlenstoffbindung die wichtigste ist. Daher findet man bei den aromatischen Verbindungen sehr häufig Lumineszenzfähigkeit. Am genauesten ist die Fluoreszenz des Benzols untersucht worden (s. Abb. 3.25 u. 3.26).
In den kondensierten Phasen, also im flüssigen und im festen Zustand, in flüssiger und fester Lösung, bei Adsorption an Grenzflächen und beim Einbau in anorganisches Grundmaterial (Organophosphorverbindungen) ist die Lumineszenz organischer Stoffe ebenfalls eine reine Moleküllumineszenz, die durch die Wechselwirkung mit den Molekülen der Umgebung mittelbar und unmittelbar beeinflußt wird. Die unmittelbare Beeinflussung besteht in einer geringen Verschiebung und Veränderung der Absorptions- und Emissionsspektren, die mittelbare beruht auf den depolarisierenden und den auslöschenden Stößen sowie auf Assoziationsvorgängen. Diese Prozesse sind in Lösungen und an

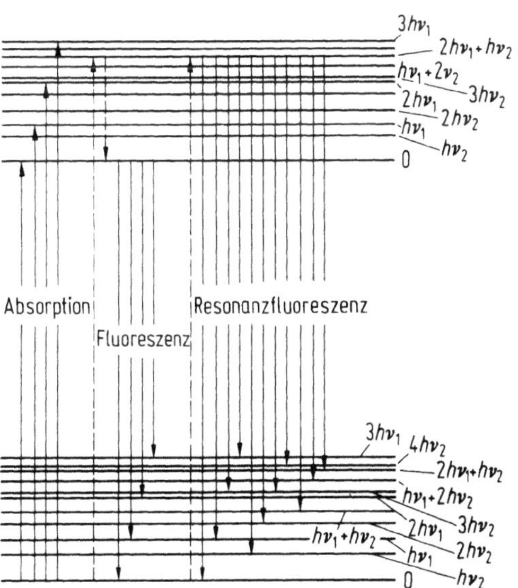

Abb. 3.25. Schema der Absorption, Fluoreszenz und Resonanzfluoreszenz des Benzoldampfes. (Nach INGOLD and WILSON)

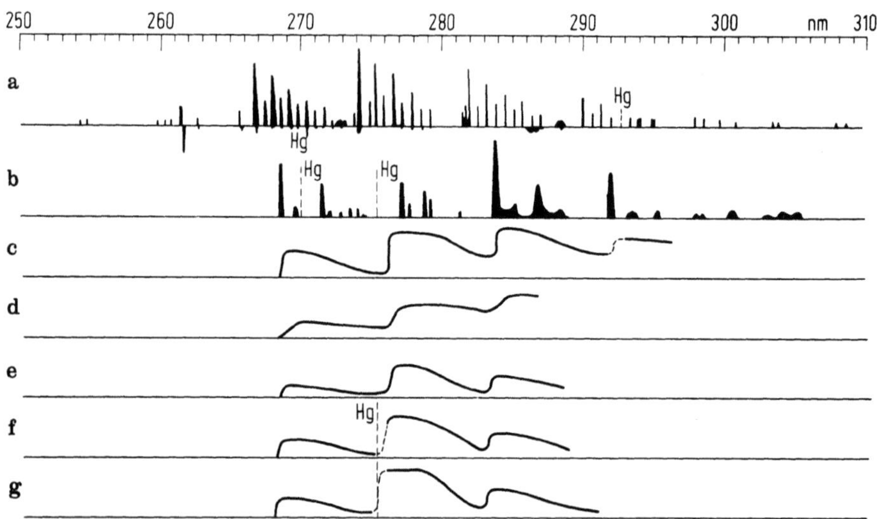

Abb. 3.26. Fluoreszenz des Benzols bei Erregung mit weißem Licht. a Dampf (nach unten: die bei Erregung mit 253,7 nm im Dampf von geringem Druck auftretenden Banden), b fest bei −180° c fest bei 0°, d flüssig bei 0°C, e 30%ige Lösung in Alkohol, f 12%ige Lösung in Alkohol, g 4%ige Lösung in Alkohol

Adsorbaten besonders eingehend untersucht worden. Die Auslöschung kann durch den Lösungen zugesetzte Fremdmoleküle (Fremdauslöschung, die häufig zur photosensibilisierten Aktivierung führt) und durch eigene Moleküle erfolgen (Konzentrationsauslöschung). Bei der Auslöschung spielt die Zähigkeit des Lösungsmitels eine maßgebende Rolle. Zwischen Fluoreszenzhelligkeit, Ausbeute, Polarisationsgrad, Abklingdauer, Zähigkeit des Lösungsmittels und Konzentration bestehen funktionelle Zusammenhänge, die verschiedentlich in recht befriedigender Weise formelmäßig dargestellt worden sind[1].

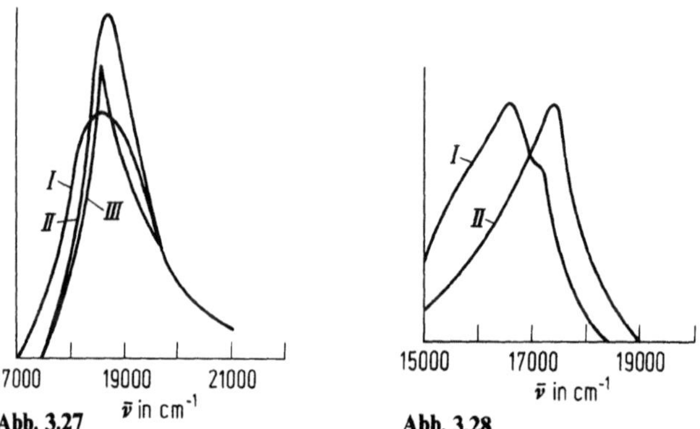

Abb. 3.27. Abhängigkeit der spektralen Absorption von Rhodamin B von Lösungsmittel *I* Wasser, *II* Aceton mit Wasser, *III* Alkohol. (Nach G. BRAUN)

Abb. 3.28. Fluoreszenzspektren von Rhodamin B (*I*) und Rhodamin 6G (*II*). (Nach SCHLEGEL)

[1] Siehe z.B. Francis Perrin: Acta Physic. Polon. 5, 335/346 (1936)

Lage der Maxima der Fluorescenzbanden einiger organischer Stoffe

Stoff	Zustand	λ in nm
Äsculin	feste Lösung	443,0, 490,0, 540,0, 600,0
Anthracen	krist.	402,5, 422,0, 445,0, 457,5, 509,0
Benzoflavin	in Glycerin $+H_2O$	536,0
Chlorophyll a	in Aceton $+O_2$	647,0, 679,0
Chlorophyll a	in Aceton $+CO_2$	646,0, 677,0
Chlorophyll a	in Aceton $+N_2$	648,0, 679,0
Chlorophyll b	in Aceton	654,0
Eosin	feste Lösung	550,0, 578,0
Eosin	in Glycerin $+H_2O$	562,5, 584,5
Erythrosin	feste Lösung	504,0, 540,0, 580,0, 640,0, 670,0
Euchrysin 3 R	in Glycerin $+H_2O$	542,0
Fluoren	krist.	371,0, 390,0, 408,0, 433,0, 465,0
Fluorescein	feste Lösung	527,0, 570,0, 640,0
Hydrochinon	rein	dunkel-veilchenblau
Isochinolinrot	rein	590,0
Phenanthren	krist.	392,0, 413,0, 436,0, 460,0
Rheonin A	in Glycerin $+H_2O$	492,0, 544,0
Rhodamin	in Glycerin $+H_2O$	590,0
Rhodulin	feste Lösung	536,0, 580,0, 640,0, 720,0
Rhodulingelb	krist.	593,0
Rhodulingelb	in H_2O	487,5
Bariumsalicylat	rein	458,0
Trypaflavin	in Glycerin	500,0, 535,0, 540,0
Trypaflavin	krist	588,0
Uranin	in Glycerin $+H_2O$	552,0

Bei organischen Molekülen im adsorbierten Zustand und in fester Lösung kann bei tiefen Temperaturen der Schutz gegen auslöschende Stöße so gut sein, daß Übergänge von metastabilen Termen mit Lebensdauern von der Größenordnung einer Sekunde nach dem Grundzustand möglich sind (rotverschobene Tieftemperaturbanden).
In obiger Tabelle wird aus den nicht sehr zahlreichen Untersuchungen über die Spektren organischer Stoffe eine Auswahl gebracht.
Kurz hingewiesen sei noch auf die Fluorescenz der Pseudoisocyanine (Scheibe u. Mitarb.). Die Pseudoisocyanine polymerisieren eindimensional zu langen, geldrollenähnlich aufgebauten Ketten mit bis zu 10^6 Molekülen. Mit der Polymerisation treten je eine neue schmale Absorptions- und Emissionsbande auf, die beide der Kette zuzuordnen sind. Die Abklingzeit der Fluoreszenz in der Kette ist mit $<10^{-9}$ s äußerst kurz. Die Anregungsenergie wandert mit sehr großer Geschwindigkeit durch die Kette. Zur Auslöschung der Fluoreszenz genügt *ein* auslöschendes Fremdmolekül auf etwa 10^6 Moleküle des Pseudoisocyanins.

3.7.2 Chemilumineszenz

Unter Chemiluminescenz versteht man die beim Ablauf chemischer Reaktionen angeregte Lumineszenz. Bei Beobachtung mit hinreichend empfindlichen Anordnungen (Photomultipliern) kann ein Reaktionsleuchten bei zahlreichen chemischen Reaktionen nachgewiesen werden, z.B. bei der Neutralisation starker Säuren durch starke Basen, bei Oxidationsprozessen und anderen. Die Ausbeuten sind jedoch außerordentlich klein und betragen ungefähr ein Lichtquant auf $10^{14} \cdots 10^{16}$ Umsetzunge. Etwas größer sind sie bei der thermischen Zersetzung der Azide, wo sie Werte von etwa einem Lichtquant auf $10^{10} \cdots 10^{11}$ Umsetzungen annehmen. Auch die Hydratation und Dehydratation des Chininsulfats ist mit einer Lichtemission verbunden, deren energetische, auf die Hydratationswärme bezogene Ausbeute $10^{-14} \cdots 10^{-12}$ beträgt.
Chemilumineszenzen mit wesentlich größeren Ausbeuten werden in verdünnten Flammen beobachtet, bei der CO + O-Flamme z.B. von etwa 10%. Hierzu gehören u.a. die Reaktionen von Natriumdampf mit Halogenen und mit Polyhaliden, die kalten Flammen von $P_4 + O$, $P_2O_3 + O$, die Quecksilber-Halogenreaktionen, die Schwefeldampf-Sauerstoffreaktion und viele andere.
Auch in den gewöhnlichen Flammen beruht das Leuchten außer auf der vorwiegenden thermischen Anregung teilweise auf Chemilumineszenz.

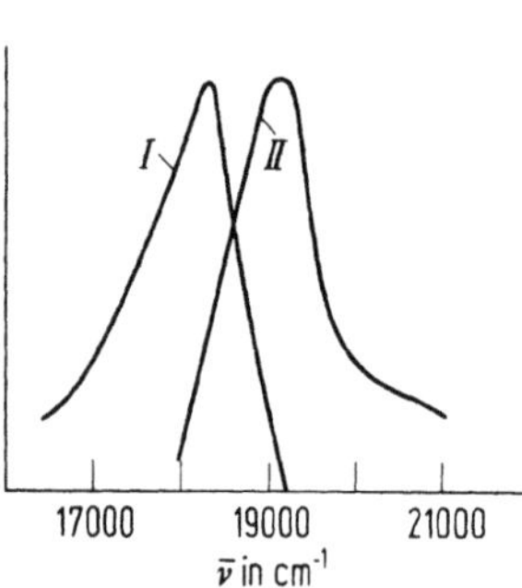

Abb. 3.29

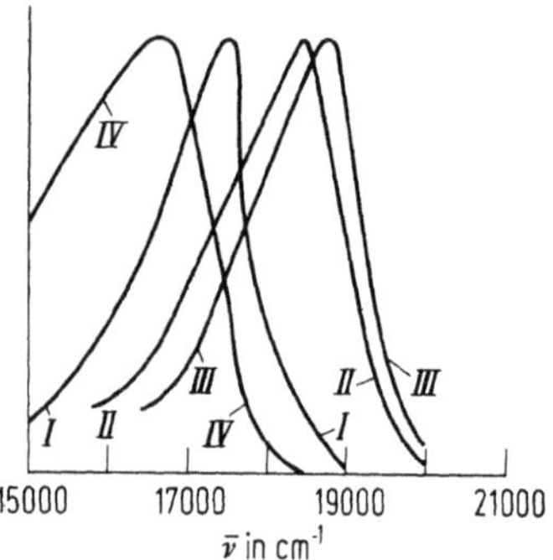

Abb. 3.30

Abb. 3.29. Eosin in Alkohol. (Nach Nichols und Merrit) *I* Fluorescenzspektrum, *II* Absorptionsspektrum

Abb. 3.30. Fluoreszenzspektren von Rhodamin 2G (*I*), Diaminofluoran (*II*), Fluorescein (*III*), Pyronin B (*IV*). (Nach Schlegel)

In kondensierten Phasen sind am bekanntesten und am eingehendsten untersucht die Leuchterscheinungen, die mit der Oxidation des 3-Amino-phthalhydrazids (Luminol) und der Salze des Dimethyldiacridiniums und verwandter Verbindungen in alkalischer Lösung verbunden sind. Auch hier sind die Ausbeuten klein und liegen unter dem Wert von einem Lichtquant auf 100 Umsetzungen.
Den biologischen Leuchterscheinungen liegt, wahrscheinlich allgemein, die Oxidation des Luciferins, katalysiert durch das Enzym Luciferase, zugrunde. Die Ausbeute der Reaktion der reinen Stoffe beträgt etwa ein Lichtquant auf 50 Umsetzungen, während sie z.B. in den Leuchtbakterien um eine Größenordnung kleiner ist. Auf dem durch die Cypridina ausgeschiedenen Luciferin und der Luciferase beruht das Meeresleuchten.

3.7.3 Laser

Laser – ein Akronym für "light amplification by the stimulated emission of radiation" – emittieren im Gegensatz zu herkömmlichen Strahlungsquellen ein Licht mit geringer spektraler Bandbreite ("monochromatisch"), geringer Strahldivergenz ("parallel"), hoher spektraler Energiedichte und großer zeitlicher und räumlicher Kohärenz. Der Laser stellt vom Prinzip her einen rückgekoppelten, optischen Verstärker in Selbsterregung dar, wobei die Rückkopplung über geeignete Spiegelsysteme erreicht wird und die Verstärkung durch das aktive Medium selbst erfolgt: Durch ständige, externe Energiezufuhr (sog. Pumpen) durch z.B. Einstrahlung von Licht, kann man bei geeigneten Stoffen (z.B. 3-Niveau- und 4-Niveausysteme) erreichen, daß sich mehr Moleküle in einem angeregten Zustand als im Grundzustand befinden (sog. Inversion). Der unter Lichtemission verlaufende Übergang aus diesem angeregten in ein energetisch tiefer liegendes Niveau kann zum Einen spontan, d.h. ohne äußeren Anlaß erfolgen und zum Anderen durch ein Strahlungsfeld ausgelöst werden (induzierte Emission), wobei im letzteren Fall das Lichtquant in Richtung des einfallenden Photons emittiert wird. Diese Eigenschaft führt beim Vorliegen eines Inversionszustandes zu einer Verstärkung spontan emittierter Photonen. Wählt man zudem den Durchmesser des Gefäßes sehr viel kleiner als seine Länge, so werden bevorzugt diejenigen spontan emittierten Photonen verstärkt, die das Gefäß in Längsrichtung durchlaufen: Es kommt zur Ausbildung eines Laserstrahls in seiner charakteristischen Form.
Bezüglich der Wellenlänge ist man heute in der Lage einen Bereich vom nahen UV bis in den Mikrowellenbereich abzudecken. Die Entwicklung verschiedenster Lasertypen, wie z.B. Gas-Laser (He-Ne), Festkörper-Laser (Rubin), Halbleiterlaser (GaAs), chemische Laser (HF), Metalldampflaser (Cu) etc., hat dies möglich gemacht.

Gaslaser

Gaslaser werden gewöhnlich in sechs Grundtypen unterteilt, wobei die Funktionsweise bei zwei Typen auf elektronischen Übergängen in einem atomaren aktiven Medium (neutral: z.B. He-Ne; ionisch: z.B. Ar^+) beruhen; bei weiteren drei Typen ein neutrales Molekül aufgrund elektronischer Übergänge (z.B. KrF), Schwingungsübergängen (CO_2) oder Rotationsübergängen (CH_3F) die aktive Spezies bildet und bei einem Typ die Funktionsweise auf der Anregung einer molekularen ionischen Verbindung beruht. Gaslaser werden mit einer Reihe verschiedener Methoden gepumpt, z.B. durch elektrische Entladung, Anregung durch einen Elektronenstrahl, optisches Pumpen mittels eines Lasers etc.

Flüssigkeitslaser

Bei Flüssigkeitslasern werden im allgemeinen drei verschiedene Untertypen genannt:

1) Laser, deren aktives Medium ein gelöster organischer Farbstoff ist. Sie sind für ihre Abstimmbarkeit bezüglich der Emissionswellenlänge bekannt (z.B. Rh6G)
2) Laser, die Chelate der seltenen Erden verwenden (Eu, TTF)
3) Laser, die Ionen der seltenen Erden in anorganischen Lösungsmitteln verwenden (Nd, $POCl_3$)

Flüssigkeitslaser werden meistens mit einer der folgenden Lichtquellen gepumpt: Blitzlicht, Pulslaser, cw-Laser.

Festkörperlaser

Festkörperlaser werden nach der Art des verwendeten Festkörpers unterteilt:

1) Dielektrische Isolatoren
   Sie unterteilen sich in dotierte Kristalle (z.B. Nd: YAG) oder dotierte amorphe Materialien, wie Glas (z.B. Nd: Glas). Neueren Datums sind Entwicklungen, in denen z.B. die aktive Spezies in stöchiometrischen Mengen in den Kristall eingebracht wurde (Nd: $UP(NdP_5O_{14})$). In sogenannten Farbzentrenlasern bedient man sich bestimmter Arten von Gitterfehlstellen als aktive Zentren. Laser, die dielektrische Isolatoren verwenden, werden gewöhnlich optisch über Blitzlampen, cw-Lampen etc. gepumpt.
2) Halbleiter
   Halbleiterlaser werden gewöhnlich aufgrund des Mechanismus unterschieden, nach der die Elektronen-Loch-Paar Inversion erzeugt wird. Sie können z.B. durch Elektronenstrahlen oder optisch gepumpt werden.

Die nachstehende Tabelle enthält die wichtigsten Lasertypen nach Spektralbereichen zusammengestellt.

Tabelle der wichtigsten Lasertypen nach Spektralbereichen zusammengestellt

A. Infraroter Spektralbereich

Lasertyp		Wellenlänge λ in nm	Betriebsart	Energie pro Puls in J	Spitzenleistung in W	Repititionsrate in s^{-1}	Mittlere Leistung in W	Strahldurchmesser in mm	Strahldivergenz in mrad
CO_2		auf etwa 400 Linien zwischen 9.0–11.9 μm	Gasentladung	—		cw	$1–10^3$		
			gepulste Gasententladung	0.1–15		$1–10^4$	$1–10^2$	1–100	0.5
			gepulste Querentladung (TEA)	$1–10^3$	$10^4–10^6$	0.01–0.1	$1–10^2$		–10
CO		auf etwa 800 Linien zwischen 4.7–8.2 μm	Gasentladung (gekühlt)			$1–10^3$			
			Querentladung	00.1–5	10^5	$1–10^3$			
chem. Laser	HF	2.6–3.3 μm	Elektrische Entladung, Chemische Reaktion	—		cw	1–150		
				1–50	$\sim 10^6$	0.5–25	~ 1		
	DF	3.5–4.2 μm		—		cw	1–120	2–3	1.7–2
				1–50		0.5–25	<1		
	I/O_2	1.3 μm							
optisch gepumpte Molekullaser		auf vielen Linien zwischen 15 μ–1 mm	optisch gepumpt mit CO_2, CO u.a. Lasern	10^{-4}	$1–10^3$	wie Pumplaser	0.01–1		
Neodynium-Glas-Laser		1.06 μm	mit gepulsten Blitzlampen gepumpt	$0.1–10^2$	$10^6–10^{12}$	0.01–100	0.01–100	1–10	~ 10
Nd-YAG-Laser		1.065 μm	mit ew- oder Pulsblitzlampen gepumpt	$0.1–10^2$	$10^5–10^9$	10–100			
				cw			0.1–100		
Halbleiterlaser		je nach Material und Dotierung zwischen 0.7 und 30 μm, durchstimmbar über einige cm^{-1}	durch Strom in Vorwärtsrichtung der Diode gepumpt ew oder gepulst	$10^{-5}–10^{-4}$	$1–10^3$	$0–10^6$	$10^{-3}–10^{-1}$		
				cw			$10^{-3}–0.3$		
Raman-Laser		1.4–18 μm mit der Pumpwellenlänge durchstimmbar	optisch gepumpt; stimulierte Raman streuung gepulst	0.1–1	0.1–10 MW	wie Pumpe	$0.1–10^2$		
Farbzentrenlaser		mit verschiedenen Kristallen durchstimmbar 2.2–3.2 μm	optisch gepumpt mit Argon, Krypton oder YAG-Laser	cw			$10^{-2}–10^{-1}$		

B. Sichtbarer Spektralbereich

Lasertyp	Wellenlänge λ in nm	Betriebsart	Energie pro Puls in J	Spitzenleistung in W	Repititionsrate in s^{-1}	Mittlere Leistung in W	Strahldurchmesser in mm	Strahldivergenz in mrad
Helium-Neon He-Ne	543.5	Gas-entladung	—	—	cw	$5 \cdot 10^{-3}$	~0.4	~1.6
	632.8		—	—		10^{-4}–10^{-1}	1	1
	1523.5		—	—		~10^{-3}	1.25	1.55
Argon Ar	auf 14 Linien	Gas-entladung			cw	0.1–100	0.6–2	0.4–1.2
	zwischen 334–529			10^2–10^4	1–10^3	0.1–10		
Krypton Kr	auf 16 Linien	Gas-entladung			cw	0.1–100		
	zwischen 337–793		—	10^2–10^4	1–10^3	0.1–10		
Helium-Cadmium He-Cd	325	Gas-entladung			cw	10^{-3}–10^{-2}	0.135–1.2	0.4–3
	441.6					0.05–0.1	0.2–1.2	0.5–3
Kupfer Cu	510.6 578.2	gepulste Gasentladung in He/Cu oder Ne/Cu	10^{-3}–10^{-2}	10^5	10^3–10^4	10–70	20–80	0.3–5
Farbstoff-laser	Je nach verwendetem Farbstoff kontinuierlich über 50–100 nm abstimmbar gepulst 350–1800 nm	optisch gepumpt mit Blitzlampen	0.1–10	10^4–10^6	1–100	1–50	3–15	1.5–2
		gepumpt mit N_2- oder Eximerlaser	0.01–0.1	10^5–10^7	1–1000	0.01–10	1–5	0.5–3
	cw: 380–950 nm	Ar- oder Kr-Laser	—		cw	0.1–3	0.5–1	1.5–2
		Nd-YAG (frequenzverd.)	0.01–0.1	10^5–10^7	1–30	≤ 2		
Rubin	694.3	optisch gepumpt mit Blitzlichtlampe	$\leq 10^6$		0.1–5	≤ 100	1–25	0.25–7

C. Ultravioletter Spektralbereich

Lasertyp		Wellenlänge λ in nm	Betriebsart	Energie pro Puls in J	Spitzenleistung in W	Repititionsrate in s^{-1}	Mittlere Leistung in W	Strahldurchmesser in mm	Strahldivergenz in mrad
Eximer-laser	F_2	157	gepulste Gas-entladung	~0.015	10^6–10^7	10		100–200	0.2–4
	ArF	193		0.075–0.5		50–140	4–20		
	KrCl	222		~0.045		130	6		
	KrF	249		0.08–1		5–150	0.4–60		
	XeCl	308		0.04–0.5		5–165	0.12–30		
	XeF	350		0.03–0.4		5–150	3–27		
Stickstoff		337.1	gepulste Gasentladung	10^{-5}–$9\cdot10^{-3}$		1–10^3	0.1–10	1–32	1–14
frequenzverdoppelte Farbstofflaser		durchstimmbar, mit verschiedenen Farbstoffen 230–400	cw	—	10^2–10^5	—	10^{-4}–10^{-2}		
			gepulst	1–10% der Energie bei cw		wie Farbstofflaser	10^{-3}–10^{-2}		
Frequenzmischung oder Vervielfachung in Gasen oder Metalldämpfen		je nach verwendeten Lasern zwischen 50–400 nm	Fokussierung gepulster Laser in Metalldampf-Edelgasgemischen	einige % der Pumpenergie	je nach Spektralbereich 1–10^4	wie Pumplaser			

3.8 Elektronenspin-Resonanz (ESR)

O. Thiemann, Experimentalphysik, Universität Osnabrück

3.8.1 Einführung

Die Elektronenspinresonanz ist seit ihrer Entdeckung durch E. Zavoisky im Jahre 1945 zu einer empfindlichen Methode[a] zur Untersuchung paramagnetischer Zentren weiterentwickelt worden. Grundlage für dieses Verfahren ist der Nachweis von Hochfrequenzübergängen (Mikrowellen im GHz-Bereich) zwischen Energieniveaus, die durch den Zeeman-Effekt im statischen Magnetfeld aufgespalten sind. Das Vorhandensein von nicht abgepaarten Elektronenspins (Paramagnetismus) ist hierfür eine notwendige Bedingung. Dies führt zu einer Einschränkung der detektierbaren Ladungsstufen der zu untersuchenden Zentren.
Die ESR ist sowohl an Substanzen im festen Aggregatzustand (Kristalle, amorphe Materialien und Pulver), als auch an Substanzen, die in der flüssigen Phase vorliegen, einsetzbar.
Im Festkörper wird diese Methode im wesentlichen zur Untersuchung von Punktdefekten angewendet:

i) Leerstellen
ii) Lückenzentren (z. B. F-Zentren)
iii) Fremdatome oder -ionen auf Gitter- oder Zwischengitterplatz (z. B. Übergangsmetalle, seltene Erden oder Donatoren und Akzeptoren in Halbleitern)
iv) "getrappte" Elektronen bzw. Löcher
v) aufgebrochene Bindungen (z. B. Strahlenschäden)

Leerstellen sind nicht paramagnetisch, können aber im Zusammenhang mit benachbarten paramagnetischen Zentren nachgewiesen werden. Weiterhin lassen sich auch Leitungsbandelektronen untersuchen.
Für den Bereich der flüssigen Systeme seien hier als Beispiele organische und anorganische Radikale genannt.
Das ESR-Experiment liefert Aussagen über die chemische Natur und die Ladungsstufe des paramagnetischen Zentrums und die Ergebnisse spiegeln die Symmetrie der Umgebung im Kristall wieder. Aus der Kenntnis der Symmetrie und der Wechselwirkung des Zentrums mit den Liganden lassen sich Rückschlüsse auf den Einbauplatz ziehen. Weiterhin können Aussagen über die Grundzustandswellenfunktion der beteiligten Elektronen und deren Delokalisierung getroffen werden. Man erhält also Informationen über die mikroskopische Struktur eines paramagnetischen Zentrums.
Es seien hier noch die aus der konventionellen ESR entwickelten Doppelresonanzmethoden ENDOR (Electron Nuclear Double Resonance) und ODMR (Optically Detected Magnetic Resonance) erwähnt. Sie bieten zusätzliche Informationen durch Verknüpfungen der NMR (Nuclear Magnetic Resonance) bzw. der optischen Absorption und Emission mit der ESR.

3.8.2 Grundlagen der ESR

Die Grundlagen der ESR sollen zunächst an einem freien paramagnetischen Ion mit kleiner Spin-Bahn-Kopplung (reine LS-Kopplung) erläutert werden.
Die Elektronenkonfiguration dieses paramagnetischen Ions besitze einen Gesamtdrehimpuls $\vec{J} = \vec{L} + \vec{S} = \sum_i \vec{l}_i + \sum_i \vec{s}_i$[b] ($\vec{l}_i$ Bahndrehimpuls, $\vec{s}_i$ Spin des i-ten Elektrons) und ein dazugehöriges magnetisches Dipolmoment $\vec{\mu}$. Der Zusammenhang zwischen diesen beiden Größen wird durch das Bohrsche Magneton μ_B und den Landéfaktor g_J bestimmt:

$$\vec{\mu} = -\mu_B g_J \vec{J}/\hbar = -(e\hbar/2m_e) g_J \vec{J}/\hbar$$

e Elementarladung
m_e Elektronenmasse
$\hbar$ Planck'sches Wirkungsquantum

[a] Ein Nachweis von 10^{11} Spins, bezogen auf ein ESR-Spektrum bestehend aus einer 0.1 mT breiten Resonanzlinie, ist möglich.
[b] Addition gemäß den Regeln für Drehimpulsaddition.

Dieser Ausdruck für das magnetische Moment hat Gültigkeit, solange keine Mischung zwischen Zuständen mit unterschiedlichen $\vec{J}$ auftritt. Dies gilt insbesondere für die obige Annahme eines freien Ions mit kleiner Spin-Bahn-Kopplung. Der Landefaktor g_J kann mit Hilfe folgender Formel berechnet werden:

$$g_J = \frac{J(J+1)(g_L + g_S) + [L(L+1) - S(S+1)](g_L - g_S)}{2J(J+1)}$$

J, L, S Drehimpulsquantenzahlen (siehe unten)
g_L Landéfaktor des Elektronenbahndrehimpulses
g_S Landéfaktor des freien Elektronenspins (= 2,0023)

Die Energie E des magnetischen Dipols im Magnetfeld $\vec{B}$ ist durch das Skalarprodukt:

$$E = -\vec{\mu} \cdot \vec{B}$$

gegeben. Beim Übergang von der klassischen zur quantenmechanischen Beschreibung werden die Drehimpulse durch Drehimpulsoperatoren ersetzt. Der elektronische Zeeman-Term des Hamiltonoperators lautet folglich:

$$\hat{H}_{Zee} = (g_J \mu_B \hat{J}/\hbar)\vec{B}$$

Quantenmechanische Betrachtungen zeigen, daß nur das Betragsquadrat sowie eine Komponente eines Drehimpulses meßbare Größen sind. Die Eigenwertgleichungen lauten:

$$\hat{J}^2 |J, m_J\rangle = J(J+1)\hbar^2 |J, m_J\rangle$$
$$\hat{J}_z |J, m_J\rangle = m_J \hbar |J, m_J\rangle$$

wobei J die Drehimpulsquantenzahl, m_J die magnetische Quantenzahl und $|J, m_J\rangle$ die Eigenfunktionen der beiden Operatoren[1] darstellen. Für eine gegebene Drehimpulsquantenzahl J kann die magnetische Quantenzahl m_J nur die Werte $-J, (-J+1), \ldots, +J$ annehmen. In einer geometrischen Interpretation entspricht m_J der Projektion des Drehimpulsvektors $\vec{J}$ auf die Quantisierungsachse (z-Achse). Der Drehimpuls hat folglich (2J + 1) Einstellungsmöglichkeiten (siehe Abb. 3.31). Bezüglich der beiden anderen kartesischen Richtungen sind die Eigenwerte unbestimmt.

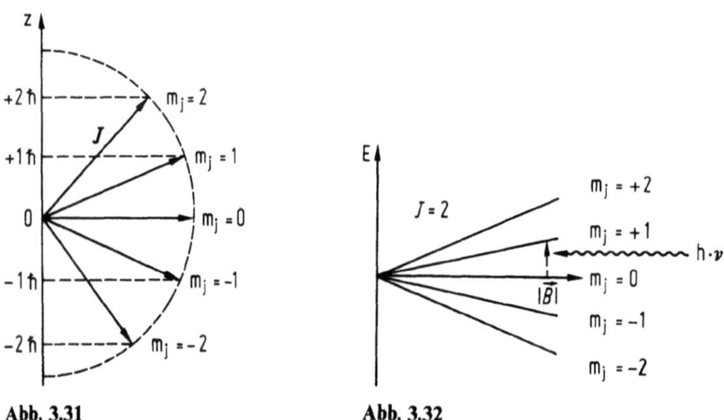

Abb. 3.31 **Abb. 3.32**

Abb. 3.31. Einstellungsmöglichkeiten für einen Drehimpuls mit der Drehimpulsquantenzahl J = 2 bezüglich der Quantisierungsachse (z-Achse)

Abb. 3.32. Mikrowelleninduzierter Übergang zwischen den durch den Zeeman-Effekt im Magnetfeld aufgespaltenen Zuständen $|2, m_J\rangle$

[1] In Dirac-Schreibweise.

Setzen wir das Atom nun einem homogenen äußeren Magnetfeld $\vec{B}$ aus und wählen die Quantisierungsachse (z-Achse) parallel zu $\vec{B}$, so ergeben sich für das paramagnetische Ion die Energieeigenwerte bzgl. der (2J + 1) Eigenzustände $|J, m_J\rangle$ zu:

$$\hat{H}_{Zee}|J, m_J\rangle = E_{m_J}|J, m_J\rangle$$
$$E_{m_J} = g_J \mu_B B m_J$$

Die Energieaufspaltung zwischen benachbarten Ernergieniveaus ($\Delta m_J = \pm 1$) beträgt demnach:

$$|\Delta E| = g_J \mu_B B$$

ist also linear zum angelegten Magnetfeld (Zeeman-Effekt, siehe Abb. 3.32).
Beim ESR Experiment werden Mikrowellenquanten fester Energie $h\nu$ eingestrahlt, während die Magnetfeldstärke erhöht wird. Wenn die Resonanzbedingung $h\nu = g\mu_B\ B_{resonanz}$ erfüllt ist, werden Übergänge zwischen den beteiligten Zuständen $|J, m_J\rangle$ durch Wechselwirkung der Mikrowellenquanten mit den magnetischen Momenten induziert. Dies wird im Experiment nachgewiesen. Die Auswahlregeln für die ESR-Übergänge lauten $\Delta m_J = \pm 1$. Es ergeben sich demzufolge 2J Übergänge zwischen den (2J + 1) Energieniveaus, die allerdings in diesem speziellen Fall bei einer Resonanzmagnetfeldstärke $B_{resonanz}$ liegen.
In der Hochfeldnäherung (äußeres Magnetfeld sehr viel größer als innere Magnetfelder, Paschen-Back Gebiet) entkoppeln die Drehimpulse und die Auswahlregeln lauten $\Delta m_S = \pm 1$.
Im Allgemeinen ist im Hamiltonoperator außer dem elektronischen Zeeman-Term noch eine Reihe anderer Terme zu berücksichtigen. Im Folgenden sind die Terme ihrer energetischen Reihenfolge nach angegeben. (In einzelnen Fällen kann es zu Vertauschungen in der Reihenfolge kommen):

$\hat{H}_{el}$ Kinetische und Coulomb-Energie der Elektronen des freien Ions
$\hat{H}_{CF}$ Kristallfeldpotential
$\hat{H}_{SO}$ Spin-Bahn-Wechselwirkung
$\hat{H}_{SS}$ Spin-Spin-Wechselwirkung
$\hat{H}_{Zee}$ Zeeman-Effekt der Elektronen
$\hat{H}_{HF}$ Hyperfein-Wechselwirkung
$\hat{H}_{LHF}$ Liganden-Hyperfein-Wechselwirkung
$\hat{H}_{Q}$ Kernquadrupol-Wechselwirkung
$\hat{H}_{ZN}$ Kern-Zeeman-Effekt
$\hat{H}_{JJ}$ Nukleare Spin-Spin-Wechselwirkung

Der Gesamthamiltonian setzt sich aus der Addition der einzelnen Terme zusammen:

$$\hat{H} = \sum_i \hat{H}_i$$

Für jedes System muß entschieden werden, welche Terme zu berücksichtigen sind. Die Energieeigenwerte E_I und die zugehörigen Wellenfunktionen $|\psi_i\rangle$ ergeben sich aus der Lösung der Schrödingergleichung:

$$\hat{H}|\psi_i\rangle = E_i|\psi_i\rangle$$

Im Festkörper wird die Symmetrie des freien Ions durch das Kristallfeld erniedrigt, und der skalare g-Wert geht dabei in einen reellen, in der Regel symmetrischen Tensor zweiter Stufe über. Der g-Wert hängt somit von der Orientierung des Kristalls im Magnetfeld ab.
Ist die Energieaufspaltung des ohne Magnetfeld n-fach entarteten Grundzustandes sehr klein im Vergleich zum Energieabstand zu den angeregten Energieniveaus, so wird häufig die Wechselwirkung zwischen dem Grundzustand und den angeregten Zuständen vernachlässigt und nur der Grundzustand betrachtet. Man führt einen effektiven Spin $\vec{S}_{eff}$, der die für $|\vec{B}| = 0$ verbleibende Energieentartung richtig beschreibt ($n = 2S_{eff} + 1$), und einen effektiven g-Tensor g_{eff} ein. Der Zeeman-Term im Hamiltonian lautet somit

$$\hat{H}^{eff}_{Zee} = \mu_B \vec{B} g_{eff} \hat{S}_{eff}/\hbar$$

und ersetzt im Gesamthamiltonian die Terme $\hat{H}_{el}$, $\hat{H}_{CF}$, $\hat{H}_{SO}$, $\hat{H}_{SS}$ und $\hat{H}_{Zee}$. Der g_{eff}-Tensor ergibt sich aus der Anpassung an die experimentell ermittelten Resonanzlagen.

3.8.3 Hyperfeinwechselwirkung

Da die Hyperfeinwechselwirkung wesentlich zur Identifizierung eines paramagnetischen Zentrums beitragen kann, soll sie in diesem Abschnitt kurz erläutert werden.

Der Hamiltonoperator der Hyperfeinwechselwirkung lautet:

$$\hat{H} = \hat{S}A\hat{I}$$

$\hat{S}$ Elektronenspinoperator
$\hat{I}$ Kernspinoperator
A Hyperfeintensor

Die Hyperfeinwechselwirkung tritt für $I \neq O$ auf und beschreibt die Dipol-Dipol-Wechselwirkung zwischen Elektronen- und Kernspin. Sie führt zu einer Aufspaltung in $(2I+1)$ Linien (Kernspineinstellungsmöglichkeiten), die in erster Näherung äquidistant sind. Der Kernspin kann aus der Linienanzahl der Hyperfeinwechselwirkung bestimmt werden, und so kann die Zahl der für das ESR-Spektrum in Frage kommenden Zentren eingeschränkt werden.
Weitere Information bietet die Ligandenhyperfeinwechselwirkung. Sie beruht auf der Wechselwirkung zwischen Ligandenkernspin und Elektronenspin. Für die Analyse sind sowohl die Linienanzahl als auch das Intensitätsverhältnis der Linien von Bedeutung.

3.8.4 Homogene und inhomogene Linienverbreiterung

Zwei grundsätzlich verschiedene Arten von Verbreiterungen der ESR-Linien müssen untersucht werden. Verbreitert irgendein Mechanismus die Resonanz aller Spins (typisch 10^{16} Spins/cm^3) in gleicher Weise, so spricht man von homogener Verbreiterung. Zeigen, bedingt durch einen noch zu nennenden Effekt, die einzelnen Zentren jedoch Resonanz bei verschiedenen Magnetfeldern, so resultiert dies ebenfalls in einer Verbreiterung des ESR-Signals, welche inhomogen genannt wird.
Für die homogene Linienverbreiterung sind im wesentlichen zwei Relaxationsprozesse zu nennen:

i) Die Spin-Gitter Relaxation beschreibt die Prozesse, bei denen das Spinsystem seine Energie an das Gitter, d.h. an Phononen, abgibt. Man spricht auch von longitudinaler Relaxation. Die Relaxationszeit wird mit T_1 bezeichnet.
ii) Die Spin-Spin-Relaxation umfaßt die Dipol-Dipol-Wechselwirkung zwischen benachbarten Spins. Die transversale Relaxationszeit T_2 beschreibt dabei den Verlust der kohärenten Phasenbeziehung der transversalen Magnetisierungskomponenten mit der Zeit.

Die Gesamtrelaxationszeit ergibt sich zu:

$$1/T = 1/T_2 + 1/(2 \cdot T_1)$$

wobei meistens $T_1 \gg T_2$ gilt.
Inhomogene Linienverbreiterungen können nicht nur durch ein inhomogenes Magnetfeld, sondern auch durch anisotrope Wechselwirkungen in zufällig geordneten festen Systemen oder durch nicht aufgelöste Ligandenhyperfeinwechselwirkung hervorgerufen werden. Es gibt noch weitere Mechanismen, die zu Linienverbreiterungen führen können, auf die hier aber nicht weiter eingegangen werden soll. Die Analyse der Linienverbreiterungen kann Informationen über die Struktur und auch über kinetische Abläufe in flüssigen Systemen geben.

3.8.5 Spezielle Systeme

Für die ESR-Analyse sind der g-Tensor, die Linienanzahl, das Intensitätsverhältnis und eventuell auch die Linienverbreiterung wichtig.
Bei den freien Radikalen mißt man meistens nur geringe Abweichungen des g-Wertes vom Wert des freien Elektrons (siehe Tabelle 1). Entscheidend ist hier die Hyperfein- bzw. Ligandenhyperfeinaufspaltung, die eine Analyse und Charakterisierung des Radikals erlaubt.
Für die Übergangsmetalle und die seltenen Erden sind in Tabelle 2 die bereits in speziellen Systemen untersuchten Ladungsstufen zusammengestellt. Für die einzelnen paramagnetischen Zentren können leider keine allgemein gültigen Bereiche der ESR-Parameter angegeben werden, weil diese von der speziellen Umgebung abhängen. Um dennoch einen Eindruck über die ESR-Parameter zu gewinnen, gibt Tabelle 3 die gemessenen Daten einiger paramagnetischer Zentren in MgO wieder.
Eine ausführliche Darstellung der Elektronen-Spin-Resonanz ist z.B. in der folgenden Literatur zu finden:

i) H. Abragam, B. Bleaney, "Electron Paramagnetic Resonance of Transition Ions", Clarendon Press, Oxford 1970
ii) J.E. Wertz, J.R. Bolton, "Electron Spin Resonance", McGraw-Hill Book Company, London 1972.
iii) W. Low, E.L. Offenbacher, "Electron Spin Resonance of Magnetic Ions in Complex Oxides", in Solid State Physics, Advances in Research and Application, Vol. 17, Academic Press, New York and London 1965

Tabelle 1. ESR Daten einiger freier Radikale (Landolt-Börnstein Zahlenwerte und Funktionen aus Naturwissenschaft und Technik Gruppe II: Atom- und Molekularphysik Band 1, 9a Magnetische Eigenschaften freier Radikale Springer-Verlag, Berlin, Heidelberg, New York 1965, 1977)

Radikal	Erzeugung	Matrix	T/K	g-Faktor	A/mT[a]
$H^{\cdot}$	Gasentladung	inertes Gas	—	2,002284	50,6850
$O^{\cdot}$	Gasentladung	—	300	1,5009	—
$H^{\cdot}$		festes Xenon	4,2	2,00170	50,2
$Li^{\cdot}$		festes Xenon	4,2	1,99141	14,2
$Na^{\cdot}$		festes Xenon	4,2	1,99251	31,4
$K^{\cdot}$		festes Xenon	4,2	1,98571	8,4
$Rb^{\cdot}$		festes Xenon	4,2	1,98221	35,9
$HO^{\cdot}$	Co^{60} Bestrahlung von H_2O	einkristallin	77	2,0094	4,13
$HO_2^{\cdot}$	Photolyse einer H_2O-H_2O_2-Mischung	polykristallin	77	2,0166	—
DPPH[b]		fest	300	2,0035	—

[a] $A(MHz) = 28{,}0247\ (g/g_s)\ A(mT)$
[b] DPPH = 1,1-Diphenyl-2-picrylhydrazyl

Tabelle 2. Ladungsstufen der bereits in speziellen Systemen untersuchten

a Übergangsmetalle

Schale \ Elektronenkonfiguration	d^1	d^2	d^3	d^4	d^5	d^6	d^7	d^8	d^9
	V^{4+}	Cr^{4+}	Mn^{4+}						
3	Ti^{3+}	V^{3+}	Cr^{3+}	Mn^{3+}	Fe^{3+}	Co^{3+}	Ni^{3+}	Cu^{3+}	
			V^{2+}	Cr^{2+}	Mn^{2+}	Fe^{2+}	Co^{2+}	Ni^{2+}	Cu^{2+}
					Cr^{+}	Mn^{+}	Fe^{+}	Co^{+}	Ni^{+}
	Mo^{5+}								
4	Nb^{4+}	Mo^{4+}	Tc^{4+}	Ru^{4+}	Rh^{4+}				
	Zr^{3+}	Nb^{3+}	Mo^{3+}	Tc^{3+}	Ru^{3+}	Rh^{3+}	Pd^{3+}	Ag^{3+}	
	Y^{2+}	Zr^{2+}	Nb^{2+}	Mo^{2+}	Tc^{2+}	Ru^{2+}	Rh^{2+}	Pd^{2+}	Ag^{2+}
					Mo^{+}			Rh^{+}	
			Re^{4+}	Os^{4+}	Ir^{4+}	Pt^{4+}			
5						Ir^{3+}	Pt^{3+}		
	La^{2+}								

b seltenen Erden

Schale \ Elektronenkonfiguration	f^1	f^2	f^3	f^4	f^5	f^6	f^7	f^8	f^9	f^{10}	f^{11}	f^{12}	f^{13}
							Tb^{4+}						
4	Ce^{3+}	Pr^{3+}	Nd^{3+}	Pm^{3+}	Sm^{3+}	Eu^{3+}	Gd^{3+}	Tb^{3+}	Dy^{3+}	Ho^{3+}	Er^{3+}	Tm^{3+}	Yb^{3+}
			Pr^{2+}				Eu^{2+}			Dy^{2+}	Ho^{2+}		Tm^{2+}
		U^{4+}											
5			U^{3+}				Cm^{3+}						
				U^{2+}			Am^{2+}						

Tabelle 3. ESR Daten in MgO (Review Artikel von W. Low und E.L. Offenbacher)

Ion	Elektronen-konfiguration	g-Faktor in MgO[a]	Kernspin I	natürliches Vorkommen	$\|A\|/10^{-4}\,cm^{-1}$ [b]
V^{2+}	d^3	1.980	7/2	99.76%	74,7
Cr^{3+}	d^3	1.979	3/2	9.50%	16,0
Mn^{2+}	d^5	2.001	5/2	100.00%	81,2
Fe^{3+}	d^5	2.003	1/2	2.15%	10,8
Fe^{2+}	d^6	3.421	1/2	2.15%	—
Fe^{1+}	d^7	4.15	1/2	2.15%	—
Co^{2+}	d^7	4.279	7/2	100.00%	97,3
Co^{1+}	d^8	2.173	7/2	100.00%	54,0
Ni^{2+}	d^8	2.225	3/2	1.13%	8,3
Ni^{1+}	d^9	2.169	3/2	1.13%	—
Cu^{2+} [a]	d^9	2.190	3/2	69.20%	19,0
			3/2	30.80%	—

[a] zwei Isotope mit Kernspin I = 3/2

[b] bei mehreren Literaturangaben wurde der Mittelwert angegeben

3.9 Spektrallinien der Elemente

Die Elemente sind in dieser Tabelle alphabetisch angeordnet. Die Wellenlängen sind in der Einheit nm angegeben. Die Tabelle geht zurück auf R. Ritschl, Physikalisches Institut, Humboldt Universität Berlin.

Die Abkürzungen in der Tabelle bedeuten:
Tabellenkopf:
Int. = Intensität
B = im Bogen
F = im Funken
G = im Geisslerrohr

Spalte Ion.-Grad = Ionisationsgrad:
I = Linie des neutralen Atoms
II = Linie des einfach ionisierten Atoms
III = Linie des doppelt ionisierten Atoms
IV = Linie des dreifach ionisierten Atoms
usw.

Spalte Bemerkungen:
R = die Linie zeigt leicht Selbstumkehr
u = die Linie ist unscharf
su = die Linie ist sehr unscharf
d = die Linie ist diffus
b = die Linie ist breit
r = die Linie ist nach Rot verbreitert
v = die Linie ist nach Violett verbreitert
LL = letzte Linie oder Restlinie, besonders analytisch empfindlich
(M) = Intensität nach MEGGERS

λ in nm	Int. B	Int. F	Ion.-Grad	Bem.
	Ag Silber			
874,76	—	2	II	
849,25	—	3	II	
827,358	2	2	I	
825,47	—	4	II	
768,778	2	—	I	
580,192	1	—	I	u
566,734	5	3	I	
563,701	1	—	I	u
562,3	—	1		
559,3	—	3		
555,958	1	—	I	u
554,567	2	—	I	u
552,37	1	—		
552,10	—	2		
548,9	—	1		
547,538	4	—	I	
547,155	8	5	I	
546,550	10	7	I	
543,600	2	—	I	u
533,362	1	—	I	
532,975	2	—		
532,37	2	—		
527,636	1	—	I	u
523,835	1	—	I	u
520,908	8	5	I	R
517,28	3	—	I	
513,834	2	—	I	u
512,92	2	—	I	
512,350	3	—	I	u
499,289	5	—	I	u
495,618	1	—	I	
493,575	4	—	I	
493,407	2	—	I	
491,75	4	—	I	su
488,821	5	—	I	
487,410	7	2	I	
487,782	4	—	I	
482,279	2	—	I	su
479,62	3	—	I	u
467,760	4	—	I	u
466,848	8	4	I	
461,569	4	1	I	u
456,38	1	—	I	
455,60	3	1	I	u
447,604	7	5	I	
439,623	3	1	I	
437,92	2	—		
435,47	2	—	I	su
431,107	5	5	I	
429,427	2	—	I	u
424,219	2	—	I	u
422,87	2	—	I	su
421,282	8	5	I	R
421,252	2	—	I	
421,096	10	7	I	R
419,634	2	—	I	su
417,20	1	—	I	
408,343	3	—	I	u
406,271	2	—	I	u
406,208	2	—	I	u
405,548	10	5	I	R
405,520	2	1	I	
399,215	4	—	I	u
398,158	7	2	I	
397,944	2	—	I	u
395,128	2	—	I	u
394,297	4	1	I	u
394,043	4	1	I	u
393,36	—	2		
392,801	3	—	I	u
384,785	3	—	I	
384,075	5	2	I	
381,178	5	—	I	
381,094	8	2	I	
378,41	2	—	I	
376,851	3	—	I	u
375,314	4	—	I	u
372,742	2	—	I	u
370,920	6	3	I	
368,251	5	3	I	
365,462	2	—	I	u
362,468	5	2	I	
362,349	3	—	I	u
358,667	3	—	I	u
355,701	3	—	I	u
354,716	3	—	I	u
354,261	5	5	I	
353,723	2	—	I	
352,112	4	—	I	
351,338	3	—	I	u
350,803	5	2	I	
350,502	2	—	I	u
350,192	4	2	I	
349,967	2	—	I	u
349,954	2	—	I	u
348,779	3	—	I	
346,916	5	2	I	
345,707	2	—	I	
341,078	4	2	I	
340,378	2	—	I	u
338,289	10	10	I	R LL (M 2800)
335,463	2	—	I	u
333,920	2	—	I	u
333,18	—	3		
332,97	—	4	II	
332,770	3	—	I	u
330,567	3	—	I	u
330,15	—	2		
329,95	—	2		
328,068	10	10	I	R LL (M 5500)
326,572	2	—	I	

λ in nm	Int.		Ion.-Grad	Bem.
	B	F		
325,28	—	3		
324,497	—	4		
323,318	3	—	I	
322,515	3	—	I	
322,347	—	4		
321,671	—	2		
321,567	3	1	I	u
317,733	3	—	I	
317,058	4	2	I	u
313,012	5	2	I	
309,910	4	2	I	
293,842	6	6	I	
293,42	—	7	II	
292,895	2	—	I	u
292,94	—	6	II	
292,677	2	—	I	u
292,00	—	4		
291,903	2	—	I	u
290,208	—	5	II	
289,648	—	6	II	
287,354	—	5	II	
282,439	4	4	I	u
281,56	—	5	II	
279,97	—	6	II	
278,65	—	4		
276,75	—	7	II	
275,65	—	6	II	
274,38	—	5	II	
282,177	5	3	I	
271,21	—	6	II	
271,12	—	4		
268,84	—	3		
268,14	—	4		
266,05	—	5	II	
265,66	—	4	II	
262,86	—	4		
262,56	—	5		
261,45	—	5		
260,614	—	5		
259,56	—	2		
258,08	—	6	II	
257,55	4	4		
256,715	—	2		
256,442	—	3		
255,341	—	2		
253,53	—	5	II	
250,65	1	7	II	
250,407	—	4		
248,58	—	3		
248,042	—	4		
247,730	—	4		
247,388	—	6	II	
246,962	—	2	III	
246,227	—	4		
246,127	—	2		
246,032	—	4		
245,337	—	5	II	
244,791	2	7	II	
244,63	—	2		
244,420	—	4		
243,777	4	8	II	R LL
242,965	—	5		
242,012	—	4	II	
241,322	3	6	II	R
241,138	1	5	II	
240,275	—	4	II	
239,569	—	3	III	
239,057	—	4		
238,684	—	4	III	
238,317	—	4	II	u
237,502	5	5	I	u
236,57	—	3	II	
236,399	—	2	II	
236,219	—	3	II	
235,885	—	5	II	
235,792	—	6	II	
233,135	—	6	II	R
232,51	2	5	II	
232,463	4	6	II	R
232,152	—	3		
232,024	3	6	II	R
231,703	2	5	II	R
231,24	4	2		
230,956	5	3		R
227,997	2	6	II	
227,738	—	3		
227,524	—	4		
225,345	—	4	II	
224,873	3	6	II	R
224,638	4	7	II	R
224,34	—	3	II	
222,951	2	5	II	
222,612	—	3	II	
221,970	—	2	II	
221,118	—	2		
220,85	—	3		
220,595	—	4	II	
220,21	—	4	II	
211,38	2	3	II	R
208,104	—	3	III	
206,59	—	4	II	
205,699	—	2	III	
201,149	—	2	III	
200,07	—	2	II	
Al Aluminium				
1125,55	3	—	I	
877,391	5	—	I	
783,615	6	—	I	
783,533	4	—	I	
747,141	—	5	II	
736,231	5	—	I	
669,864	5	—	I	
669,597	5	—	I	
624,336	—	10	II	

λ in nm	Int.		Ion.-Grad	Bem.
	B	F		
623,176	—	8	II	
618,342	—	10	II	v
586,153	—	7	II	
572,265	—	6	III	
569,647	—	8	III	
559,323	—	10	II	
555,759	5	—	I	
555,707	7	—	I	
516,39	—	7	III	
515,08	—	6	III	
470,16	—	6	III	
466,305	—	10	II	
458,975	—	4	II	
458,819	—	5	II	
458,582	—	6	II	
452,918	—	6	III	
451.283	—	6	III	
447,98	—	5		d
422,683	—	6	II	r
396,153	8	8	I	R LL (M 900)
394,02	7	7	I	R LL
390,068	—	5	II	
371,310	—	3	III	
370,322	—	4	II	
370,209	—	2	III	
365,500	—	8	II	
365,498	—	6	II	
365,109	—	4	II	
364,922	—	1	II	
364,918	—	2	II	
361,235	—	7	III	
360,162	—	8	III	
358,655	—	6	II	r
344,365	3	3	I	
343,935	2	2	I	
309,284	6	6	I	R LL (M 650)
309,271	10	10	I	R LL
308,216	8	8	I	R LL
306,616	4	4	I	
306,430	4	4	I	
306,00	1	1	I	
305,907	2	2	I	
305,716	6	6	I, II	
305,469	5	5	I	
305,007	5	5	II	
290,705	—	8	III	
283,795	2	—	I	
281,619	—	7	II	
276,28	—	4	III	
266,917	5	5	II	
266,039	8	5	I	R
265,248	7	4	I	R
263,155	—	5	II	
257,539	3	2	I	R
257,509	10	6	I	R
256,798	8	4	I	R
254,560	—	2	II	
251,921	3	3	I	
251,332	5	5	I	
237,837	6	4	I	
237,355	8	6	I	
237,335	2	1	I	R
237,312	8	6	I	R
237,212	10	8	I	
237,204	3	1	I	
237,021	4	2	I	
236,929	5	3	I	
236,809	3	1	I	
236,760	3	1	I	
236,705	8	3	I	R
232,157	4	1	I	
232,156	—	5	II	
231,907	2	1	I	
231,749	4	4	I, II	
231,353	3	3	I	
231,249	2	2	I	
226,922	4	2	I	R
226,910	8	4	I	R
226,373	7	3	I	R
226,346	5	2	I	R
225,800	2	—	I	
221,005	5	3	I	R
220,466	4	2	I	R
220,459	3	1	I	R
219,915	1	—	I	
217,403	1	—	I	R
216,881	1	—	I	R
209,968	—	5	II	
209,52	—	6	II	
209,48	—	4	II	
209,43	—	2	II	
201,626	—	4	II	

λ in nm	Int.		Ion.-Grad	Bem.
	G	F		
		Ar Argon		
1159,0	8	—		
1064,0	9	—		
978,450	10	—		
966,69	5	—	I	
965,778	10	—	I	
947,84	5	—	I	
947,520	—	3	II	
937,415	—	1	II	
935,422	8	—	I	
929,16	7	—	I	
927,972	—	2	II	
925,263	—	2	III	
922,450	10	—	I	
912,297	9	—	I	
907,967	—	3	III	

λ in nm	Int. G	Int. F	Ion.-Grad	Bem.
903,592	—	2	III	
901,759	—	5	II	
898,662	—	8	III	
896,825	—	3	III	
879,91	7	—	I	
877,188	—	7	II	
876,17	8	—	I	
866,794	9	—	I	
862,05	7	—	I	
860,58	7	—	I	
852,144	5	—	I	
842,465	10	—	I	
840,821	6	—	I	
826,452	4	—	I	
811,531	10	—	I	
810,369	3	—	I	
801,479	8	—	I	
800,616	4	—	I	
794,818	4	—	I	
784,942	—	4	II	
772,421	3	—	I	
772,376	4	—	I	
763,511	4	—	I	
761,803	—	7	II	
758,933	—	7	II	
751,465	3	—	I	
750,513	—	7	II	
750,387	4	—	I	
744,046	—	6	II	
743,53	4	—	I	
738,398	6	—	I	
737,212	4	—	I	
735,332	4	—	I	
731,17	4	—	I	
727,294	5	—	I	
720,699	4	—	I	
710,750	4	—	I	
706,722	5	—	I	
703,026	4	—	I	
696,543	6	—	I	
693,767	3	—	I	
688,817	3	—	I	
687,129	5	—	I	
675,61	3	—	I	
675,283	6	—	I	
671,92	4	—	I	
669,89	4	—	I	
668,436	—	5	II	
667,728	4	—		
666,40	5	—	I	
666,06	4	—	I	
664,379	—	5	II	
663,824	—	4	II	
660,49	3	—		
641,632	5	—	I	
638,472	5	—	I	
621,251	5	—	I	
617,311	5	—	I	
617,22	—	3		
617,018	5	—	I	
614,54	5	—	I	
611,492	—	5	II	
605,937	5	—	I	
604,323	5	—	I	
603,212	8	—	I	
603,13	3	—		
592,85	3	—		
592,109	5	—	I	
588,801	4	—	I	
568,190	5	—	I	
565,913	5	—	I	
565,070	8	—	I	
560,673	5	—	I	
559,75	5	—	I	
558,87	5	—	I	
557,255	5	—	I	
555,871	5	—	I	
549,587	7	—	I	
547,34	5	—	I	
545,165	5	—	I	
544,22	5	—	I	
544,00	5	—	I	
542,135	5	—	I	
541,047	5	—	I	
537,349	5	—	I	
530,58	4	—		
522,127	5	—	I	
518,775	6	—	I	
516,229	5	—	I	
514,54	—	4	II	
506,202	—	4	II	
504,881	5	—	I	
501,72	—	3		
500,925	—	4	II	
497,220	—	3	II	
493,323	—	4	II	
489,469	5	—	I	
488,87	—	3		
488,795	6	—	I	
488,229	—	2	III	
487,98	—	5	II	
487,626	6	—	I	
487,526	—	4	II	
484,778	—	5	II	
483,669	5	—	I	
480,599	—	5	II	
476,867	5	—	I	
476,489	—	5	II	
475,294	5	—	I	
473,589	—	3	II	
472,685	—	5	II	
470,231	10	—	I	
462,844	9	—	I	
465,788	—	5	II	

λ in nm	Int. G	Int. F	Ion.-Grad	Bem.
460,960	—	7	II	
459,610	9	—	I	
458,989	—	5	II	
457,935	—	4	II	
454,506	—	3	II	
454,475	3	—	I	
452,232	7	—	I	
451,073	8	—	I	
448,183	—	4	II	
443,383	—	3	III	
443,100	—	4	II	
443,019	—	2	II	
442,600	—	5	II	
440,100	—	3		
440,009	—	2		
437,966	—	4	II	
437,136	—	4	II	
437,075	—	3	II	
434,806	—	5	II	
434,517	9	—	I	
433,534	7	—	I	
433,356	9	—	I	
433,119	—	3	II	
430,010	10	—	I	
427,76	—	4	II	
427,217	10	—	I	
426,652	—	3	II	
426,629	10	—	I	
425,936	10	—	I	
425,119	7	—	I	
422,82	—	3		
420,068	10	—	I	
419,832	10	—	I	
419,103	10	—	I	
419,071	6	—	I	
418,188	8	—	I	
416,418	8	—	I	
415,859	10	—	I	
413,178	—	4	II	
410,396	—	5	II	
407,670	—	3		
407,201	—	4	II	
404,597	5	—	I	
404,442	10	—	I	
404,289	—	4	II	
401,385	—	4	II	
397,940	—	3		
396,837	—	5	II	
394,898	10	—	I	
394,750	5	—	I	
394,430	—	4	II	
393,256	—	3		
392,860	—	5	II	
391,478	—	4	II	
389,466	5	—	I	
389,198	—	5	II	
387,525	—	3		
386,857	—	5	II	
385,057	—	7	II	
384,152	—	4		
383,468	7	—	I	
379,538	—	3		
378,136	5	—	I	
378,087	—	7	II	
377,037	6	—	I	
376,532	—	4	II	
373,792	—	3		
372,930	—	7	II	
371,825	—	3		
369,090	5	—	I	
367,833	3	—		
367,522	5	—	I	
367,064	5	—	I	
364,983	8	—	I	
363,986	—	5	II	
363,446	5	—	I	
363,268	5	—	I	
360,652	10	—	I	
358,848	—	7	II	
358,239	—	5	II	
358,165	—	3		
357,666	—	7	II	
357,229	5	—	I	
356,766	5	—	I	
356,506	3	—		
356,106	—	4		
355,954	—	4		
355,431	5	—	I	
354,584	—	6	II	
354,564	—	5	II	
354,558	—	8	II	
353,537	—	3		
352,197	—	3		
351,443	—	6	II	
351,41	—	7	III	
351,116	—	9	III	
349,157	—	6	II	
349,124	—	4	II	
348,049	—	6	II	
346,108	5	—	I	
341,749	—	4	III	
341,353	—	3	III	
339,375	5	—	I	
339,177	—	3		
338,854	—	5	II	
337,647	—	5	II	
337,348	5	—	I	
335,86	—	8	III	
334,473	—	9	III	
333,615	—	9	III	
332,359	—	5	III	
331,934	5	—	I	
331,119	—	9	III	
330,181	—	10	III	

λ in nm	Int. G	Int. F	Ion.-Grad	Bem.
329,366	—	4	II	
328,577	—	10	III	
328,171	—	3		
324,983	—	4	II	
324,372	—	4	II	
321,041	—	4	III	
318,790	—	3	III	
318,109	—	4	II	
317,296	5	—	I	
316,974	—	5	II	
316,143	—	3		
315,742	—	3	III	
313,908	—	4	II	
309,340	—	5	II	
307,815	—	5	III	
305,482	—	6	III	
302,405	—	6	III	
297,91	—	3		
296,72	4	—		
295,54	—	3		
294,29	—	4	II	
282,466	—	3	III	
280,62	—	10		
278,523	—	3	III	
278,365	—	3	III	
276,06	—	3		
275,38	—	4		
274,48	—	4		
270,83	—	4		
264,75	6	—		
256,22	—	3		
251,67	—	4		
251,62	2	—		
251,55	—	4		
249,108	—	3		
248,153	—	5		
248,091	—	7		
247,909	—	5		
247,405	—	3		
245,998	—	3		
245,429	—	10		
243,87	—	4		
242,41	—	6	III	
242,276	—	3		
242,272	—	2		
242,048	—	7		
241,517	—	4		
241,097	—	5		
240,438	—	10		
238,500	—	2		
238,350	—	3		
234,423	—	4		
233,780	—	5		
233,146	—	7		
231,631	—	4	II	
231,498	—	4		
231,372	—	5		
230,916	—	3		
230,21	—	5	III	
229,817	—	3		
229,061	—	3	III	
228,982	—	3		
228,78	—	3		
228,404	—	4		
228,263	—	5	III	
228,205	—	3		
228,06	—	3		
224,367		5	III	
223,577	—	3		
223,469	—	5	III	
222,972	—	3		
222,729	—	4	III	
222,293	—	3		
221,30	—	3		
218,735	—	5	III	
217,72	—	5	III	
217,559	—	7		
216,417	—	4	II	
215,90	—	3		d
215,26	—	3		
214,838	—	3	III	
213,859	—	5	III	
213,044	—	7		
212,944	—	3	III	
212,667	—	6	III	
211,998	—	3	III	
210,489	—	3	III	
210,333	—	5	III	
209,278	—	3	III	
209,230	—	3	III	
209,163	—	5	III	
208,036	—	5	III	
207,969	—	4	III	

λ in nm	Int. B	Int. F	Ion.-Grad	Bem.
		As Arsen		
1002,398	1	—	I	
983,376	1	—	I	
982,669	1	—	I	
959,794	1	—	I	
930,062	2	—	I	
926,729	1	—	I	
913,481	1	—	I	
899,308	1	—	I	
893,558	2	—	I	
886,969	4	—	I	
882,176	6	—	I	
865,416	4	—	I	
856,471	4	—	I	
854,165	2	—	I	
842,894	4	—	I	

λ in nm	Int. B	Int. F	Ion.-Grad	Bem.	λ in nm	Int. B	Int. F	Ion.-Grad	Bem.
835,500	1	—	I		446,127	—	2		
830,562	2	—	I		445,874	—	2		
804,295	1	—	I		445,686	—	1		
796,026	1	—	I		443,173	—	8	II	
617,047	—	6	II		442,106	—	1		
611,066	—	6	II		441,364	—	3	II	
611,030	—	6	II		441,225	—	1		
602,281	—	6	II		440,453	—	1	II	
582,550	—	1	II		437,138	—	2	II	
578,351	—	1	II		435,302	—	4	II	
573,196	—	1	II		435,225	—	8	II	
568,574	—	2			433,685	—	4	II	
565,720	—	2	II		432,410	—	2	II	
565,153	—	8	II		431,586	—	2	II	
555,831	—	8	II		429,951	—	1	II	
549,798	—	8	II		429,743	—	1	II	
549,709	—	1			427,882	—	1	II	
547,192	—	1	II		424,326	—	4		
538,552	—	1	II		422,842	—	1		
533,154	—	8	II		422,67	—	6	III	
523,150	—	3	II		419,761	—	2	II	
522,327	—	1	II		411,985	—	2	II	
521,556	—	1			410,14	—	7	III	
520,540	—	1			408,413	—	1	II	
518,232	—	2	II		408,257	—	1	II	
516,125	—	2			406,273	—	1	II	
510,780	—	6	II		406,069	—	6	IV	
510,580	—	6	II		403,72	—	9	III	
498,560	—	2	II		403,10	—	10	III	
488,874	—	2	II		400,634	—	2	II	
480,225	—	1			394,874	—	2	II	
479,968	—	1	II		393,128	—	1	II	
478,729	—	1	II		392,26	—	10	III	
473,092	—	5	II		384,282	—	2	II	
470,782	—	8	II		374,977	—	4	II	
467,270	—	2	II		355,182	—	1	II	
463,014	—	8	II		351,313	—	0		
462,780	—	8			318,994	—	6	IV	
461,963	—	1			311,960	4	2	I	
461,730	—	1	II		311,664	—	6	II	
460,746	—	8			310,881	—	8	IV	
460,273	—	8	II		307,532	3	2	I	
459,102	—	2			305,810	—	1	II	
458,092	—	1			303,285	6	3	I	
455,237	—	2	II		300,393	—	2		
454,923	—	5	II		299,099	3	1	I	
454,376	—	8			298,20	—	10	III	
453,997	—	8	II		295,970	—	4		d
453,236	—	1			292,63	—	10	III	
452,861	—	1	II		289,871	6	3	I	r
451,614	—	1	II		288,451	—	1	II	
450,933	—	1			286,044	8	5	I	R (M 90)
450,792	—	2	II						
449,459	—	8	II		283,126	—	1	II	
447,569	—	2			278,029	9	9	I	R (M 140)
447,460	—	8							
446,660	—	3	II		274,499	7	7	I	R

λ in nm	Int. B	Int. F	Ion.-Grad	Bem.
260,296	—	1		
251,218	—	6	IV	
249,291	4	4	I	
246,143	—	9	IV	
245,653	4	4	I	r
245,403	—	10	IV	
244,606	—	8	IV	
243,723	3	3	I	
241,753	—	10	IV	
240,573	—	6	IV	
238,118	4	4	I	r
237,077	5	5	I	r
236,967	5	5	I	r
236,305	1	—	I	
234,984	10	10	I	R LL
234,403	3	3	I	
228,812	10	10	I	R LL
227,136	2	1	I	
226,670	1	—	I	
226,613	—	5	IV	
224,670	—	5	IV	
222,866	1	0	I	
220,597	1	0	I	
220,516	0	—	I	
219,834	0	—	I	
218,294	1	0	I	
217,626	1	3	I	
216,62	—	5	III	
216,552	6	4	I	
215,62	—	9	III	
215,16	—	8	III	
214,408	4	2	I	
214,75	—	7	III	
213,380	2	1	I	
213,28	—	3	III	
211,299	4	1	I	
208,974	1	0	I	
208,525	1	0	I	
207,45	—	1		
206,978	1	0	I	
206,711	1	0	I	
206,536	2	0	I	
205,34	—	5	III	
204,759	2	0	I	
201,332	4	0	I	R
201,276	0	—	I	
201,04	1	—	I	
200,919	4	—	I	r
200,334	10	1	I	R
200,254	1	—	I	
		Au Gold		
751,075	5	—	I	
665,26	3	—	I	
645,652	2	1	II	
643,62	2	—	I	
627,818	10	5	I	
616,223	1	0		
616,01	1	—	I	
596,272	1	0		
595,698	6	3	I	
586,294	5	2	I	
583,740	10	6	I	d
575,99	—	3		
572,682	3	1	I	
572,126	1	—	I	
565,577	6	3	I	
557,85	—	5		b
526,182	5	2	I	
523,026	10	8	I	
514,739	5	—	I	
514,52	—	4		
506,461	8	5	I	
490,272	—	5		
481,162	8	8	I	
479,260	10	10	I	b
476,020	—	3		b
468,41	—	5		
467,31	—	4		
460,734	5	5		R
458,789	—	3		
448,825	8	10	I	
443,727	5	5	I	
442,063	—	2	II	
431,517	—	3	II	d
431,509	8	8	I	
425,989	—	2	II	
424,177	5	5	I	
417,277	—	3		
408,959	—	3		
408,412	5	5	I	
407,633	—	5	II	
406,508	8	8	I	
405,281	—	5	II	
404,094	4	4	I	
401,605	—	5	II	
397,959	—	3	II	
397,666	—	3		
395,911	—	2		
392,766	4	5	I	
391,472	—	4	I	
390,938	5	3	I	
390,765	1	0	I	
389,789	8	8	I	
388,947	1	2	I	
388,020	—	3	II	
387,467	2	4		
387,135	1	1		
383,648	2	2		
382,938	1	1		
382,565	—	2	II	
382,191	—	1		b, d
381,613	1	2		
380,400	—	5	II	
379,590	5	3	I	d

λ in nm	Int. B	Int. F	Ion.-Grad	Bem.
370,682	—	2		d
368,286	2	1		d
365,075	1	1	I	
364,909	0	1		
364,28	2	1	II	
363,324	0	4	II	
362,023	2	4		
361,400	—	5		
360,754	2	5		
359,808	3	1	I	
359,415	2	1		
359,199	1	0		
358,674	10	10	I	
358,008	2	2		
356,593	3	2	I	
355,357	8	8	I	
352,80	—	3		
352,335	—	2		
346,713	6	3		d
341,77	2	—		
338,200	4	4	II	
336,121	3	0		
335,844	0	3		
335,514	4	3	I	
334,940	1	0		
332,716	5	0		
332,319	1	0	I	
332,015	9	4	I	
330,831	6	4	I	
326,708	1	1		
323,064	6	10	I, II	b
322,189	4	5		
320,474	6	8	I	
319,471	4	6	I	
319,17	3	—		
315,659	—	4	II	
314,758	5	—		
312,278	10	10	I	b, d
311,70	3	5		
310,394	2	2	II	d
306,49	5	—		
303,892	2	—		
303,318	4	4		d
302,921	5	4	I	
302,449	3	2		d
301,583	4	4	II	
299,499	1	5	II	
299,028	2	4	II	
298,211	—	2	II	
297,325	3	—		b
297,04	3	—		
296,374	—	1		
295,45	—	5		
293,219	5	5	I, II	
291,837	—	3	II	
291,354	2	6	II	
290,706	—	2		
290,590	6	6	I, II	
289,342	—	4		
289,196	4	4	I	
288,560	—	2	II	
288,345	6	3	I	
285,691	—	4		
284,709	—	5	II	
283,803	—	6		d
282,545	2	4		
282,271	—	6		d
281,995	—	7		d
280,532	—	3		
280,219	—	9		d
278,083	—	3		
274,826	10	8	I, II	b
273,201	—	3	II	
270,089	5	3	I	
269,437	2	1		
268,871	4	4	I	
268,816	—	3	II	
268,763	—	4		
267,595	10	9	I	R, b (M 340)
266,697	—	1	II	
264,149	8	4	I	
262,703	—	2		
262,550	—	1		
261,741	—	1		
261,657	—	3		
259,209	—	2		
259,004	5	4	I, II	
258,01	3	—		
256,571	—	3		
255,280	—	2		d
255,024	—	2		d
254,419	5	3	I	
253,800	3	2		d
253,369	—	4		d
252,811	3	1		
251,516	—	2	II	
251,049	5	3	I	
250,630	—	2		
250,329	—	5		
249,510	3	—		
249,264	—	1	II	
249,124	3	1	I	
248,028	—	3		d
247,771	—	4	II	
247,604	—	2		d
245,812	—	1		
244,553	—	2	II	d
244,234	—	3		
242,795	10	10	I	R, b (M 200)
241,934	—	4	II	
241,661	—	4	II	
240,481	4	1	I	

λ in nm	Int. B	Int. F	Ion.-Grad	Bem.
240,271	—	2		
238,775	6	4	I	
237,625	5	2	I	
237,160	—	5	II	
236,936	—	4		
236,489	—	5		d
236,456	5	5	I, II	
235,267	7	4	II	
234,019	—	6	II	
232,228	—	3		
231,585	—	6		d
231,464	—	6		d
230,943	—	5		
230,481	—	9		b
229,152	—	7	II	d
228,332	2	5	II	
228,290	—	4		
227,764	—	4		b
226,372	—	3	II	d
226,273	—	4		
224,90	—	3		
224,874	—	2		
224,668	—	6		d
224,271	2	5		
224,028	—	3	II	d
223,370	—	3		
223,131	—	5	II	d
222,903	—	8	II	b
221,922	—	2		d
221,576	—	6		d
221,318	—	3	II	
221,066	—	2	II	
220,135	2	5		
219,712	2	—		
218,898	—	5	II	d
217,633	1	—	I	
217,216	—	2		
215,711	—	3		
212,948	2	2	I	
212,664	3	3	I	
212,534	1	5		
211,358	—	3		
211,080	4	10		b
209,74	—	3		
208,20	1	—	I	
202,138	2	—	I	
201,200	3	3	I	
200,06	—	3	II	
B Bor				
412,195	—	2	II	
387,139	—	2		d
345,141	—	10	II	
336,909	1	2		
332,320	—	1	II	
326,074	1	2	II	
317,935	2	5	II	
278,514	—	4		
277,926	2	5		
256,626	—	1	II	
251,439	—	3		
249,773	10	10	I	R LL (M 480)
249,678	8	8	I	R LL (M 240)
243,495	—	1		
243,229	—	2	II	
235,906	—	1	II	
236,996	—	1		
236,388	—	1		
235,703	—	0		
235,525	—	0		
208,957	7	2	I	
208,884	6	1	I	
206,79	—	2	III	
206,64	—	1	III	
Ba Barium				
1047,426	6	—	I	
1027,404	5	—	I	
1023,322	6	—	I	
1018,823	4	—	I	
1003,212	6	—	I, II	
1000,109	3	—	I	
983,037	7	—	I	
971,375	2	—	I	
964,572	4	—	I	
960,888	10	—	I	
958,937	5	—	I	
952,75	10	—		
945,592	5	—	I	
937,006	3	—	I	
932,458	5	—	I	
930,808	5	—	I	
921,969	2	—	I	
918,94	2	—		
891,499	4	—	I	
886,098	4	—	I	
879,976	2	—	I	b
865,403	4	—		
858,21	4	—		
856,76	3	—		
855,997	10	—	I	
821,030	10	—	I	
814,78	2	—		
812,05	3	—		
791,131	6	—	I	LL
790,577	7	—	I	
783,957	4	—		
775,173	3	—		
770,658	3	—		
767,210	4	—	I	
764,291	2	—	I	
763,690	1	—	I	
761,048	2	—	I	
748,804	6	—	I	

λ in nm	Int. B	Int. F	Ion.-Grad	Bem.
745,978	5	—	I	
741,748	5	—	I	
739,242	7	—	I	
735,929	1	—	I	
728,029	8	—	I	R
722,884	6	—	I	
719,522	7	—	I	
715,364	5	—		
712,027	8	—	I	
705,992	9	—	I	R
686,785	4	—	I	
686,567	7	—	I	
669,382	8	2	I	R
667,526	7	2	I	R
665,411	8	3	I	R
652,731	7	3	I	R
649,876	6	3	I	R
6496,90	10	10	I, II	R (M 1200)
648,291	7	3	I	R
645,085	7	3	I	
634,168	7	3	I	R
623,53	3	—		
614,172	10	10	I, II	R (M 2000)
611,079	7	5	I	R
608,346	2	—		
606,312	6	3	I	R
601,947	6	3	I	R
599,709	6	3	I	R
597,170	6	3	I	
596,479	3	—		
590,76	5	2	I	
585,369	8	5	I, II	R
582,630	7	4	I	
581,893	4	—	I	
580,571	5	2		R
580,03	6	2	I	
578,42	3	6	II	
577,770	9	5	I	R
568,017	5	1		
559,328	2	—		
553,548	10	6	I	R LL (M 650)
551,911	5	3	I	
542,462	4	2	I	
539,16	—	4	II	
536,14	—	3	II	
530,281	1	—		
501,30	—	4	II	
495,72	—	4	II	
494,732	2	—		
493,409	8	10	II	R LL (M 2000)
490,288	4	—	I	
490,00	4	8	II	
489,18	2	4	II	
487,765	5	—	I	
484,35	4	6	II	
472,645	6	4	I	
470,89	—	3	II	
470,045	3	1	I	
469,163	6	3		R
467,361	4	1	I	
462,833	3	1	I	
461,998	2	1	I	
459,975	3	2		R
459,18	2	—	I	
458,97	2	—	I	
457,966	6	6		R
457,388	5	3		R
455,403	10	10	II	R LL (M 6500)
452,50	5	7	II	
452,325	5	2		
450,594	5	3		
449,364	4	1	I	
448,897	4	1	I	
446,714	2	—		
443,191	6	4		
441,369	2	—		
440,686	3	—		
440,255	5	3		
435,956	2	—		
435,038	6	4		
433,29	2	1	I	
432,518	1	—		
432,30	3	1	I	
430,93	4	4	II	
430,49	2	—		
429,117	5	—		
428,312	6	6	I	
426,80	4	4	II	
426,44	2	—		
423,96	4	—	I	
422,40	3	—		
416,602	5	10	II	
413,244	6	3		
413,068	8	10	II	R
399,566	4	4	I	
399,340	6	6	I	
393,788	3	3	I	
393,572	5	5	I	
390,992	4	4	I	
389,265	1	—		
389,178	3	6	II	R
388,932	5	1		
379,475	4	4	II	
368,85	3	2	I	
366,254	2	1		
364,040	1	1		
363,69	2	1		
363,065	3	2		
361,10	2	1		

λ in nm	Int. B	Int. F	Ion.-Grad	Bem.
359,942	3	2	I	
358,815	2	1		
356,852	2	1		
357,97	5	5	I	
357,762	1	1		
357,604	1	—		
356,668	2	—		
356,198	2	—		
354,77	3	3	I	
354,47	5	5	I	
352,50	4	4	I	
350,111	6	6	I	R LL
342,148	4	2	I	
242,101	4	—	I	
342,032	5	—	I	
337,739	4	2	I	
337,698	4	—	I	
335,69	4	1	I	
332,08	3	—		
328,175	3	—	I	b
326,224	2	—	I	b
307,160	6	6	I	R
278,526	7	—	I	
277,141	5	7	II	
273,926	5	—		
270,265	6	—	I	
264,728	5	5	II	
264,65	6	—		
264,14	4	4	II	
263,480	6	6	II	
259,668	10	—	I	
254,32	6	—		
252,851	5	5	II	
234,758	6	6	II	
233,625	8	10	II	R
230,422	7	8	II	
Be Beryllium				
527,27	2	2		
527,084	—	10	II	br
527,032	—	8	II	br
467,346	—	10	II	b
467,22	—	10		b
457,31	—	3		b
457,267	8	10	I	b
440,791	5	—	I	
436,40	—	5		
386,603 386,515	3–6–2 5–8–3	10	I	br
381,342	8	—	I	d
373,628	2	—	I	
351,555	5	7	I	
345,520	7	9	I	
336,762	2	3	I	
332,134 332,101	10–9–8	10	I	
327,464	—	2	II	
322,969	1	—		
321,35	—	8		v
313,107	6	10	II	bb (M 320)
313,042	8	10	II	bb (M 480)
311,084	5	8	I	b
304,668	2	2	II	
301,960 301,934	3–6–8		I	d
298,609	4	7	I	d
297,59	—	4		b?
289,827	5	9	I	d
273,809	3	5	I	
272,883	—	2	II	
265,078 265,047	2–1–2 2–3–10	10	I	b
249,473 249,458	10–8–5	10	I	b, d
245,389	—	3	II	
235,083	3	7	I	br
235,069	3	7	I	
234,861	10	5	I	R LL bdr (M 300)
217,507 217,494	10 3	8	I	bdr
205,652	6	—	I	
Bi Wismut				
982,802	3	—	I	
965,72	10	—	I	d
934,255	5	—		d
905,862	1	—	I	br
890,79	2	—	I	bd
876,153	1	—		bd
875,492	1	—	I	
862,80	2	—		bd
857,981	1	—	I	
854,452	2	—	I	
850,18	1	—		bd
821,081	1	—	I	
797,59	3	—		bd
784,061	2	—	I	d
783,870	8	—	I	d
750,233	2	—	I	d
703,615	2	—	I	
699,112	4	—		d
680,86	—	7	II	
660,02	—	7	II	
649,765	1	2	II	
613,482	5	3	I	
612,812	—	3	II	
574,255	3	1		
555,235	4	2		br
520,929	—	5	II	
520,88	1	3	II	br
514,448	1	6	II	d
512,43	—	2		bd

λ in nm	Int. B	Int. F	Ion.-Grad	Bem.
472,283	2	1	I	
472,255	10	5	I	
472,219	2	1	I	
470,535	—	3	II	
456,115	—	1	III	
437,94	3	2	II	
434,059	—	4	II	d
430,850	2	1		
430,818	6	1	I	
430,214	1	3	II	bd
425,962	—	4	II	bd
412,186	7	3	I	bd
407,921	1	7	II	
388,823	4	5	I	
388,794	2	1	I	
386,42	—	8		d
386,39	—	3	II	
384,603	—	3		
381,617	—	5	II	
379,28	—	10	II	bd
375,638	—	7		d
369,555	—	6	III	
359,611	6	8	I	d
351,085	8	8	I	d
345,528	—	3	II	
345,105	—			d
343,123	—	8	II	d
340,566	3	3	I	
340,533	2	1		
339,721	8	10	I	d
330,255	3	1		
311,542	—	5	III	d
311,120	—	2	II	
307,666	4	4	I	
306,772	10	10	I	abs. LL R, bd (M 3600)
303,518	3	3	I	d
303,487	3	5		d
302,464	7	8	I	R, d
299,334	8	8	I	R, d
298,903	8	8	I	d
293,830	8	10	I	R, bd
289,798	9	9	I	R, d, LL (M 400)
286,375	4	7	I	R, d
285,567	—	8	III	
280,963	4	8	I	R, d
280,365	—	3	II	
280,357	—	2	II	
280,348	—	6	II	
279,869	3	4	I	
278,052	6	8	I	d
273,051	3	6		R
269,676	1	1	I	
269,662	5	6	I	
262,791	6	7	I	

λ in nm	Int. B	Int. F	Ion.-Grad	Bem.
258,215	1	2	I	d
253,257	—	2		bd
252,449	4	5	I	R
251,569	3	3	I	R
249,951	1	2	I	
244,806	1	1	I	
243,345	1	1		
243,045	1	1	I	
241,480	—	5	III	d
240,088	5	6	I	R
236,855 236,820 (zusammen)	2-2-2 3-1 (zusammen)	3	II	
230,973	—	—		bd
227,658	6	8	I	abs. R, d
223,061	6	10	I	abs. R
222,825	5	8	I	abs. R
221,412	1	2	I	d
220,312	1	2		bd
218,959	3	1	I	d
217,662	2	1	I	abs. R
216,410	2	1		
215,695	7	—	I	R
215,353	4	—		bd
215,291	5	—		R
214,346	—	2	II	
214,340	—	2	II	
214,335	—	1	II	
213,431	8	1	I	R, d
213,363	8	4	I	b
211,026	10	5	I	abs. R
206,479	5	1		d
206,170	10	4	I	R
205,768	4	1	I	d
204,969	3	2		
204,196	8	2		
202,399	5	—		
202,121	4	2	I	abs, bd
202,12	—	3	III	
C Kohlenstoff				
940,577	3	2	I	
911,185	2	1	I	
909,489	5	3	I	
908,857	2	1	I	
906,253	1	2	I	
906,148	4	2	I	
833,519	2	1	I	
723,619	—	2	II	
723,112	—	1	II	
711,945	—	1	II	
711,85	—	2	II	
711,513	—	2	II	
678,375	—	3	II	
658,285	—	4	II	
657,803	—	6	II	
579,351	2	—	I	
514,516	—	3	II	
465,268	—	3	III	

λ in nm	Int. B	Int. F	Ion.-Grad	Bem.
465,146	—	1	III	
464,870	—	2	III	
426,727	—	10	II	
426,702	—	7	II	
407,600	—	2	II	
407,453	—	1	II	
392,068	—	4	II	
387,667	—	1	II	
387,641	—	2	II	
387,619	—	3	II	
296,722	2	—	I	
296,485	1	—	I	
283,760	—	8	II	
283,671	—	10	II	
274,731	—	6	II	
274,650	—	5	II	
258,290	5	—	I	
251,203	—	8	II	
251,171	—	2	II	
250,911	—	4	II	
247,857	10	10	I	b, LL (M 10)
229,759	1	5	III	
229,689	—	9	III	
216,360	—	5	II	
	Ca Calcium			
1034,384	8	—	I	LL
969,45	2	—		
968,86	2	—	I	
925,08	3	—	I	
866,216	—	10	II	
854,211	—	12	II	
849,803	—	3	II	
761,00	1	—		
732,611	4	—	I	
720,217	5	—	I	
714,815	6	—	I	
671,775	5	—	I	
657,276	3	—	I	LL
649,965	4	3	I	
649,378	5	4	I	
647,166	4	4	I	
646,257	6	6	I	
645,557	2	1	II	
644,981	4	3	I	
643,907	5	3	I	
616,955	4	2	I	
616,905	2	1	I	
616,649	1	1	I	
616,380	1	1	I	
616,217	5	3	I	R
616,132	2	1	I	
612,222	4	4	I	R
610,272	3	3	I	R
585,745	4	4	I	
560,284	1	1	I	
560,128	1	1	I	
559,826	2	1	I	
559,446	3	2	II	
559,011	4	2	I	
558,875	3	3	I	
558,197	1	1	I	
551,298	2	1	I	
534,947	4	2	I	
527,027	5	5	I	
526,556	4	4	I	
526,414	2	2	I	
526,170	2	2	I	
526,039	1	1	I	
518,884	2	2	I	
504,161	4	3	I	
487,813	5	4	I	
468,526	3	1	I	
458,596	2	—	I	
458,587	4	6	I	
458,147	4	4	I	
457,855	2	2	I	
452,694	4	3	I	
451,53	1	4	II	
445,661	2	1	I	
445,588	8	6	I	
445,477	10	8	I	R
445,567	8	6	I	R
443,495	10	8	I	R
442,543	9	7	I	R
435,510	6	2	I	
431,865	5	5	I	R
430,774	5	5	I	R
430,252	6	6	I	R
429,899	5	5	I	R
428,938	5	5	I	R
428,301	5	5	I	R
424,046	2	1	I	
422,673	10	10	I	R LL (M 1100)
410,855	1	—	I	
409,857	1	1	I	
409,853	3	1	I	
409,496	1	—	I	
409,493	2	1	I	
409,263	2	1	I	
408,174	—	2	III	
397,37	4	2	I	
396,847	10	10	II	R LL (M 2200)
395,707	3	1	I	
394,891	2	1	I	
393,367	10	10	II	R LL (M 4200)
387,578	1	—	I	
373,690	5	10	II	R
370,602	3	8	II	R
364,476	2	2	I	
364,440	4	4	I	

λ in nm	Int. B	Int. F	Ion.-Grad	Bem.
363,096	1	1	I	
363,075	3	3	I	
362,411	3	3	I	
348,761	3	3	I	
347,478	2	—	I	
346,848	2	—	I	
336,191	6	3	I	
335,019	4	2	I	
334,449	2	1	I	
328,608	3	1	I	
322,58	4	2	I	
321,513	2	1	I	
320,99	1	1	I	
318,128	2	4	II	
317,934	4	10	II	R
315,888	3	8	II	R
311,966	—	2	III	
300,921	3	2	I	
300,686	5	3	I	
300,087	3	2	I	
299,965	3	2	I	
299,731	4	3	I	
299,495	3	2	I	
298,861	—	2	III	
292,433	—	2	III	
289,978	—	3	III	
272,165	2	—		
239,858	4	1	I	R
227,55	2	1	I	R
220,861	3	3	II	
219,779	3	3	II	
211,277	2	3	II	
210,324	2	3	II	
204,03	4	—		
203,51	4	—		
		Cd Cadmium		
849,564	3	—		
820,01	1	—	I	
739,67	1	—	I	
738,53	2	—	I	
738,23	2	—	I	
734,60	1	—	I	
677,77	2	—	I	
672,583	—	4	II	
646,498	—	3	II	
643,847	10	10	I	R
635,993	—	3	II	
632,994	5	—	I	
632,51	5	1	I	
612,86	2	—	I	
611,612	3	1	I	
611,15	5	—	I	
609,92	5	—	I	
603,14	4	—	I	
568,80	—	4		
563,73	5	—		
560,47	2	—	I	
559,88	3	—	I	
549,00	3	—		
538,182	—	5	II	
537,812	—	5	II	
533,85	—	5	II	
533,74	—	3	II	
529,77	3	—	I	
508,582	10	10	I	R
488,204	—	5	II	
479,992	10	10	I	R
467,816	10	10	I	
466,235	5	—	I	
461,42	2	—	I	
441,566	5	6	II	
441,463	—	4	II	
441,304	2	—	I	
441,231	—	5	II	
424,51	—	4	III	
421,69	—	4		
410,16	—	3		
413,97	—	5	III	
413,73	—	4	III	
413,478	—	5	II	
412,70	—	2		
411,64	—	4	IV	
409,45	—	5	IV	
405,75	—	3		
404,94	—	3	III	
402,908	—	5	II	
399,38	—	3	IV	
399,17	—	3	IV	
399,08	—	4	IV	
398,80	—	4	IV	
398,18	1	—	I	
397,78	—	4	III	
397,64	—	4	IV	
395,85	—	5	III	
395,740	—	4	II	
393,98	—	3	III	
385,21	—	2		
372,906	3	—	I	R
361,44	4	2	I	LL
361,288	6	6	I	R LL
361,051	8	8	I	R LL (M 360)
353,571	—	5	II	
349,999	4	—	I	
349,533	—	4	II	
346,766	6	6	I	R
346,618	7	7	I	R
346,44	—	2	II	
341,740	—	4	II	
341,248	—	2		
340,360	7	7	I	R
329,897	2	2		
326,105	7	7	I	R LL
325,253	6	6	I	

λ in nm	Int. B	Int. F	Ion.-Grad	Bem.
325,011	—	5	II	
322,16	—	3	III	
321,78	—	4	III	
321,01	—	3	III	
318,553	—	3	III	
316,18	—	2	III	
315,707	—	4		
314,16	—	3	III	
313,317	5	5	I	
312,923	—	2	III	
312,18	—	2	III	
311,89	—	2	III	
309,550	—	3	III	
308,492	—	2	III	
308,083	4	4	I	
307,72	—	3	III	
298,134	4	4	I	R
298,062	6	6	I	R
296,143	2	—	I	
292,93	—	3	II	
291,47	—	3	II	
291,08	—	3	III	
288,12	4	4	I	R
288,078	6	6	I	R
286,83	4	4	I	
286,22	2	—	I	
283,69	5	5	I	R
283,419	—	3	III	
280,56	—	2	III	
277,50	4	4	I	
276,72	—	2	III	
276,41	3	3	I	R
276,39	5	5	I	R
274,867	—	10	II	
273,39	4	2	I	
272,69	—	2	III	
271,26	5	3	I	
270,714	—	3	II	
267,76	6	6	I	
266,04	5	3	I	
263,950	5	4	I	R
261,90	—	3	III	
257,304	2	8	II	
255,36	3	—	I	
255,217	—	2	II	
246,984	—	4	II	
232,927	4	4	I	R LL
232,115	—	6	II	
231,28	2	8	II	R
230,663	4	4	I	R LL
229,470	—	2	II	
228,802	10	10	I	R LL
226,747	3	3	I	R
226,502	6	10	II	R LL
223,986	4	4	I	R
219,462	—	6	II	
214,438	4	6	II	R LL

λ in nm	Int. B	Int. F	Ion.-Grad	Bem.
209,15	—	4		
206,20	—	3		
205,53	—	1		
202,85	—	2		
200,40	—	3	III	
Co Kobalt				
974,602	1	—	I	
959,790	2	—	I	
954,452	3	—	I	
935,698	2	—	I	
909,536	6	—		
903,792	8	—		
892,624	8	—		
890,465	8	—		
887,079	4	—		
885,074	10	—		
883,522	8	—		
881,910	10	—	I	
857,533	5	—		
837,842	7	—	I	
837,285	8	—	I	
829,902	5	—		
826,939	8	—		
820,867	7	—	I	
819,306	8	—	I	
815,303	6	—		
811,643	7	—		
809,440	8	—	I	
806,650	7	—		
805,607	8	—	I	
804,334	8	—		
802,929	7	—		
802,215	7	—		
800,731	8	—	I	
798,736	9	—	I	
792,657	9	—	I	
790,874	9	—	I	
787,143	6	—		
786,992	6	—		
785,588	7	—	I	
784,005	7	—		
783,816	8	—	I	
773,425	8	—	I	
771,271	9	—	I	
761,031	6	—	I	
759,065	6	—	I	
755,401	8	—	I	
745,743	8	—	I	
741,739	8	—	I	
738,866	7	—		
735,467	8	—		
735,457	3	—		
728,529	7	—		
723,433	4	—		
719,360	4	—		
715,976	4	—		
715,471	4	—	I	

λ in nm	Int. B	Int. F	Ion.-Grad	Bem.	λ in nm	Int. B	Int. F	Ion.-Grad	Bem.
713,433	4	—			545,455	5	1	I	
708,497	10	—	I		544,455	5	1	I	
705,405	4	—			536,958	4	1	I	
705,285	10	—	I		536,276	5	1		
702,782	6	—			535,348	4	1		
701,660	8	—	I		535,205	5	2	I	
700,482	3	—	I		534,338	4	1	I	
693,783	4	—			534,268	6	2	I	
687,238	8	2	I		533,145	4	—	I	
681,494	9	2	I		530,104	4	—	I	
677,103	8	2	I		528,063	5	1	I	
676,740	3	—			526,649	6	1	I	
667,881	5	—	I		526,422	4	—	I	
663,244	6	2			523,791	4	—	I	
661,730	5	1			523,020	5	1	I	
659,588	6	3	I		521,270	5	1	I	
656,340	7	3	I		517,607	6	—		
649,475	3	—			513,345	5	1		
649,032	4	1			512,276	4	1	I	
647,789	5	—			497,195	4	—	I	
645,503	8	4	I		486,788	7	5	I	
645,024	10	6	I		484,028	7	5	I	
643,034	4	—	I		481,349	7	7	I	
642,989	5	—			479,287	6	4	I	
641,780	6	1			478,000	6	2	I	
639,519	4	1			474,969	6	3	I	
634,772	7	1	I		469,320	5	1	I	
632,033	6	1			468,236	6	2	I	
628,265	8	4	I		466,341	6	2	I	
627,140	4	—			462,938	7	3	I	
625,759	5	2			459,690	4	1	I	
624,950	6	—	I		459,462	4	1		
623,102	7	3	I		458,162	7	5	I	
621,113	4	—			456,561	6	6		
618,899	8	3	I		454,966	6	4		
612,224	6	2	I		453,097	8	8	I	
611,698	7	—			446,957	7	4	I	
610,793	4	1			433,964	4	1		
609,312	8	2	I		428,578	6	2	I	
608,665	5	2			425,230	6	2		
608,246	8	4	I		419,071	7	4	I	R
604,906	5	2			416,07	2	7		
600,763	4	2			412,133	10	10	I	R LL
600,630	5	2			411,878	10	10	I	R
600,071	6	2			411,054	9	9	I	
599,189	8	4	I		409,240	9	8	I	R
598,419	7	2	I		408,632	8	8	I	
594,651	5	1			406,639	7	5	I	R
593,537	6	—	I		404,540	8	5	I	R
591,553	7	2			402,090	7	5	I	R
589,048	5	1			399,791	8	8	I	R
583,006	4	—			399,531	10	10	I	R LL
564,722	9	2			399,184	—	4		
559,073	5	1	I		397,866	5	2	I	
553,077	5	1	I		397,473	5	2	I	R
552,329	5	—			395,794	6	4	I	R
548,334	7	2	I		395,292	8	2	I	

λ in nm	Int. B	Int. F	Ion.-Grad	Bem.
395,233	4	1	I	
394,174	6	3	I	R
393,597	7	7	I	R
390,630	4	—	I	
389,498	6	—	I	R
389,408	6	6	I	R
				(M 340)
388,188	6	2	I	R
387,684	5	2	I	R
387,396	7	3	I	R
387,318	4	1	I	R
386,117	5	4	I	R
384,547	10	10	I	R
				(M 300)
384,206	8	6	I	R
375,545	5	3	I	R
374,550	5	3	I	R
373,240	5	—	I	
373,048	5	—	I	
368,305	6	6	I	
367,656	5	3		
363,944	7	2		
362,781	5	2	I	R
362,122	—	8	II	
360,208	5	4	I	R
359,487	5	2	I	R
358,719	8	8	I	R
				(M 240)
358,516	3	5	I	R
357,536	7	5	I	R
357,496	5	3	I	R
356,938	7	7	I	R
				(M 550)
356,495	5	3	I	R
356,090	3	2	I	R
355,060	3	2	I	R
354,327	4	2	I	
353,336	6	4	I	R
352,981	7	5	I	R
				(M 460)
352,904	5	3	I	R
352,685	8	5	I	R
				(M 400)
352,344	4	4	I	R
352,157	5	5	I	R
352,009	4	3	I	R
351,835	4	2	I	R
				(M 300)
351,348	5	4	I	R
351,264	6	4	I	R
				(M 300)
351,042	4	3	I	R
350,984	5	4	I	R
350,632	6	5	I	R
				(M 440)
350,263	4	2	I	
350,228	8	6	I	R
				(M 600)
350,17	—	4	II	
349,569	6	4	I	R
348,941	7	5	I	R
				(M 300)
348,535	5	3		
347,402	8	7	I	R
				(M 500)
346,580	6	4	I	R
				(M 320)
346,280	6	4	I	R
				(M 320)
345,524	4	4	I	
345,350	9	8	I	R LL
				(M 1300)
344,944	7	5	I	R
344,917	7	5	I	R
344,64	4	4	II	
344,364	7	7	I	R
				(M 550)
344,292	4	—	I	
343,304	7	7	I	R
				(M 280)
343,158	6	6	I	R
341,716	6	5	I	
341,264	7	5	I	R
341,234	7	5	I	R
				(M 420)
340,918	6	4	I	R
				(M 280)
340,512	8	7	I	R
				(M 700)
339,538	7	6	I	R
338,818	6	5	I	R
338,520	4	3	I	R
337,706	6	1		R
336,711	7	5	I	R
335,438	7	5	I	R
334,694	5	3		
333,415	6	4	I	R
331,948	5	3		
328,345	7	5		
326,525	6	3		R
326,081	7	4		R
325,420	7	5	I	R
324,999	5	2	I	R
324,717	7	5	I	R
324,384	6	5		R
322,699	4	1		R
315,966	6	3	I	R
315,876	7	4	I	R
315,478	6	4	I	
315,467	5	3	I	
314,930	6	2	I	R
314,706	7	5	I	R
313,994	7	5	I	R

λ in nm	Int. B	Int. F	Ion.-Grad	Bem.
313,732	8	6	I	R
312,156	7	5	I	R
312,141	5	3	I	R
308,677	8	6	I	R
308,261	6	4	I	R
307,234	7	5	I	R
306,182	6	4	I	R
304,401	7	5	I	R
298,959	7	5	I	R
298,717	6	4	I	R
295,47	—	5	II	
288,645	5	2		
281,555	4	2		
280,378	6	2	I	
276,622	6	3		
276,418	6	3		
276,137	4	1		
274,510	5	2		
273,111	6	3		
269,585	6	2		
269,468	4	7		
268,534	6	3		
267,599	5	2		
266,353	5	8		
265,37	—	5		
265,027	4	1	I	
264,865	6	5	I	
264,642	5	1	I	
263,24	—	7	II	
262,243	5	—	I	
262,206	5	—	I	
261,413	5	5	I	
258,723	5	7		
258,22	6	6		
258,084	6	—	I	
258,035	7	7	II	
257,488	—	4		
257,437	6	—		
257,347	7	—	I	
256,404	6	8	II	
256,01	—	5		
255,941	5	7	II	
255,337	6	—	I	
255,303	6	—	I	
254,195	2	6		
252,897	5	5	I	
252,498	3	6	II	
252,136	5	—	I	
251,98	2	5		
251,787	5	—		
251,101	6	4		
250,692	5	—		
250,647	6	7	II	
246,421	2	5		
244,77	—	6		
243,25	3	5		
242,494	4	—	I	R
241,766	—	4		
241,530	5	2	I	R
241,162	4	2	I	R
240,726	3	1	I	R
239,74	2	6	II	
238,890	5	7	II	R
238,345	2	5	II	
237,862	5	7	II	
236,38	6	8		
235,34	2	6	II	
231,16	5	7	II	
230,79	6	8	II	R
228,617	6	8	II	R LL
227,66	4	—		
224,513	1	5	II	
221,39	3	—		
220,296	1	4	II	
219,66	5	—		
216,56	3	2		
210,5	4	1		
201,15	—	7		
		Cr Chrom		
994,906	4	—	I	
990,087	3	—	I	
973,452	5	—	I	
967,048	5	—	I	
966,720	3	—	I	
957,425	5	—	I	
957,176	3	—	I	
944,700	5	—	I	
929,417	2	—	I	
929,044	5	—	I	
903,586	2	—	I	
902,169	4	—	I	
901,710	5	—	I	
900,995	6	—	I	
897,688	3	—	I	
894,720	4	—	I	
891,620	5	—	I	
854,883	4	—	I	
845,524	3	—		
845,026	3	—		
834,828	4	—		
832,206	4	—	I	
828,738	5	—	I	
823,829	3	—	I	
823,589	6	—	I	
816,322	6	—	I	
794,202	3	—	I	
791,050	2	—	I	
790,830	3	—	I	
772,29	1	—		
746,236	5	—	I	
740,023	5	—	I	
735,594	5	—	I	
718,552	2	—		
697,981	7	—	I	

λ in nm	Int. B	Int. F	Ion.-Grad	Bem.
697,844	8	—	I	
692,592	2	—	I	
692,522	6	—	I	
692,416	6	—	I	
688,303	7	—	I	
688,240	6	—	I	
688,167	6	—	I	
673,419	3	—		
666,926	4	—		
666,109	4	1		
663,001	3	—		
636,286	5	3	I	
633,011	6	3	I	
579,102	10	8		
578,798	8	6		
578,581	7	5		
578,502	7	5		
578,393	8	3		
578,313	7	3		
578,181	6	2		
578,117	6	2		
571,277	4	2		
570,231	5	3		
569,833	4	2		
569,473	4	2		
566,405	5	3		
540,980	8	6	I	
534,831	7	5	I	
534,580	8	6	I	
532,835	7	5	I	
530,074	4	2	I	
529,828	6	5	I	
529,793	3	1	I	
529,669	5	4	I	
528,030	—	5		
527,603	3	1	I	
527,566	2	—	I	
527,516	4	4	I	
526,573	5	2	I	R
526,415	7	5	I	R
524,756	5	3	I	R
520,844	9	7	I	R (M 900)
502,604	8	5	I	R (M 700)
520,454	7	5	I	R (M 440)
519,645	—	4		
492,226	6	4		
482,413	3	—		
480,104	5	2		
478,935	6	4		
475,613	6	8		
471,845	6	5		
470,804	5	3		
469,849	5	5		
465,217	7	5	I	R
465,130	6	4	I	
464,617	7	7	I	R
463,411	—	4		
462,619	6	4	I	R
461,884	—	5		
461,613	7	6	I	R
461,334	5	3	I	
460,075	6	4	I	R
459,207	—	3		
459,141	5	2	I	
458,006	6	3	I	
456,553	4	2	I	
455,867	—	5		
454,496	6	5	I	R
454,071	4	6		
453,572	5	5		
453,074	5	3		
452,648	6	5		
451,451	4	1	I	
451,192	4	6		
449,686	8	6	I	R
439,176	4	1	I	
438,498	7	6	I	R
437,128	8	6	I	R
435,963	8	7	I	R
435,177	9	7	I	R (M 190)
435,106	6	4	I	R
434,451	8	7	I	R (M 160)
433,972	7	6	I	R
433,945	8	7	I	R
433,756	7	6	I	R
428,972	10	10	I	R LL (M 850)
427,480	10	10	I	R LL (M 1300)
425,435	10	10	I	R LL (M 1700)
416,363	4	4		
415,383	4	2		
412,652	5	3	I	
407,605	—	3		
399,285	3	1		
399,167	4	2		
399,112	5	3	I	R
398,435	3	1		
398,392	5	3		R
397,666	6	5	I	
396,975	6	5		
396,369	7	6	I	(M 160)
394,150	5	3	I	R
392,865	5	3	I	R
392,102	4	2	I	R
391,916	6	4	I	R (M 160)
391,625	3	2	I	R

λ in nm	Int. B	Int. F	Ion.-Grad	Bem.
390,876	5	3	I	R
390,29	3	1	I	
389,405	3	1	I	R
388,680	3	1	I	R
388,522	4	2	I	R
388,329	6	3	I	
380,480	3	1		
374,388	4	3	I	R
374,356	2	1		R
371,295	—	4		
363,980	5	4	I	R
363,659	3	1		R
360,533	8	6	I	R LL (M 1600)
360,374	—	4		
359,349	8	6	I	R (M 2100)
357,869	9	7	I	R (M 2400)
343,360	6	5	I	R
342,274	5	6		
342,121	4	5		
340,876	5	6	II	
340,332	5	6	II	
338,268	3	5		
336,805	5	7	II	
336,032	4	5	II	
335,850	4	5	II	
334,780	1	4	II	
334,258	2	5	II	
333,980	2	5	II	
333,633	1	3	II	
333,530	2	4		
332,43	—	5		
332,41	—	3		
330,706	1	3		
323,876	4	—		
321,740	4	5		
320,918	5	6		
319,708	5	6	II	
318,073	5	7	II	
314,720	2	4	II	
313,205	6	8	II	
312,497	5	7	II	
312,037	5	6	II	
311,865	5	6	II	
305,388	6	2	I	R
305,014	2	6		
304,085	6	5	I	R
303,705	6	1	I	R
303,420	5	1		R
303,025	4	1		R
302,667	2	5		
302,436	4	1		R
302,156	5	2	I	R (M 360)
302,067	4	1		R
301,882	5	1	I	R
301,850	6	2	I	R
301,757	6	2	I	R (M 360)
301,520	5	1	I	R
301,492	7	3	I	R
301,476	5	1	I	R (M 180)
300,507	4	1		R
298,919	2	6		
298,647	6	2	I	R (M 240)
298,600	5	2	I	R (M 170)
298,532	2	6		
297,974	2	6		
297,190	2	6		
297,111	4	4	I	R
292,83	2	7		
292,81	1	5		
289,853	1	5		
287,598	2	7	II	
287,043	1	5	II	
286,765	2	5	II	
286,675	2	6	II	
286,511	3	7	II	
286,258	2	6	II	
286,094	1	5	II	
285,566	6	7	II	
285,136	1	5	II	
284,983	6	8	II	
284,325	7	8	II	(M 190)
284,002	1	5		
283,563	6	8	II	LL (M 280)
283,048	2	6		
282,238	2	6		
282,204	1	5		
281,839	1	4		
281,201	2	5		
280,077	2	6		
279,216	2	5		
278,571	1	4		
278,071	6	2	I	R
276,991	5	1	I	R
276,654	3	6	II	
276,260	2	6	II	
275,772	1	5	II	
275,187	2	6	II	
275,073	2	5	II	
274,899	1	5	II	
274,362	1	5	II	
274,203	1	4	II	
273,190	6	2	I	R
272,651	7	2	I	R
271,835	2	6		
271,231	1	5		

λ in nm	Int. B	Int. F	Ion.-Grad	Bem.
270,356	1	5		
269,791	5	6		
269,353	3	5		
269,105	7	8		
268,84	3	5		
268,708	2	4		
267,879	6	7	II	
267,716	8	8	II	R (M 200)
267,283	4	6	II	
267,182	5	7	II	
266,872	6	7	II	
266,603	7	8		
266,343	8	9		
265,359	3	5	II	
259,186	6	2	I	R
256,071	7	3	I	
265,83	—	4	II	
255,715	6	2	I	
255,306	5	2	I	
254,951	6	3	I	
254,94	2	5	II	
253,98	—	3	II	
253,91	3	6	II	
253,76	—	4	II	
253,18	4	1	I	
253,09	1	6	II	
252,45	—	4	II	
252,04	—	3	II	
251,98	—	4	II	
251,952	7	—		
251,690	6	—		
251,67	—	3	II	
250,431	6	—		
250,256	5	—		
249,631	5	—		
249,253	5	—		
247,861	—	5		
240,867	8	—		
238,329	7	—		
236,685	6	—	I	R
236,596	5	—	I	R
236,520	6	—		
236,474	7	—	I	R
232,49	—	8	III	
231,91	—	7	III	
231,46	—	6	III	
225,80	—	5	III	
225,15	—	6	III	
224,41	—	7	III	
223,76	—	6	III	
223,59	—	8	III	
223,38	—	5	III	
223,18	—	4	III	
222,67	—	10	III	
216,25	6	—		
215,78	6	—		
215,45	4	—		
211,76	—	6	III	
211,38	—	6	III	
206,55	—	7	II	
206,15	—	8	II	
205,56	—	9	II	
203,93	3	—		
		Cs Caesium		
1012,360	6	—	I	R
1012,342	1	—	I	
1002,436	5	—	I	R
920,846	4	—	I	
917,224	10	—	I	R
894,350	10	—	I	R LL (M 800)
876,138	5	—	I	
852,110	10	—	I	R LL (M 1500)
807,902	8	—	I	
807,892	3	—	I	
801,571	8	—	I	
794,41	6	—	I	
760,91	5	—	I	
728,00	5	5	II	
727,07	4	—		
722,86	5	—	I	
721,97	4	—		
698,337	6	1	I	
697,314	10	3	I	R
695,552	—	4	II	
672,33	10	3	I	R
658,70	5	—	I	
658,65	8	2	I	
656,28	5	5		
635,45	4	1	I	
621,76	3	1	I	
621,30	8	2	I	
612,86	—	4	II	
603,42	3	1	I	
601,05	4	2	I	
592,57	—	5		
583,12	—	5	II	
566,39	5	1	I	R
563,50	2	—	I	
556,302	2	7	II	
541,97	—	5	II	
540,28	—	4		
537,098	—	6	II	
527,40	—	4		
524,937	—	6	II	
522,700	—	8	II	
509,66	—	4	II	
504,380	—	6	II	
497,26	—	5	II	
495,284	—	6	II	
487,00	—	6		
483,016	—	6	II	

λ in nm	Int.		Ion.-Grad	Bem.
	B	F		
476,36	—	5		
467,03	—	4		
464,65	—	5		
462,31	—	4		
461,61	—	4		
460,376	10	10	II	
459,320	10	3	I	R LL
455,552	10	4	I	R LL
453,894	—	6	II	
452,673	—	7	II	
450,153	—	7	II	
443,57	—	4	II	
440,525	—	7	II	
439,95	—	4		
438,44	—	5	II	
437,302	—	6	II	
430,064	—	6	II	
428,835	—	7	II	
427,71	—	9	II	
426,468	—	10		
423,44	—	5		
423,219	—	6		
421,313	—	6	II	
415,13	—	4		
406,877	—	6	II	
406,796	—	6	II	
404,72	—	4		
403,98	—	9		
400,65	—	6		
400,17	—	4		
397,80	—	5		
397,42	—	6		
396,519	—	6	II	
395,950	—	5	II	
395,59	—	4		
392,558	—	6	II	
390,69	—	4		
389,698	—	7	II	
388,862	4	2	I	R
387,618	2	1	I	R
380,510	—	6	II	
378,542	—	5	II	
375,14	—	4		
369,95	—	5		
366,14	—	6		
361,85	—	9		
361,145	4	2	I	R
360,83	—	5		
359,74	—	6		
356,41	—	4		
355,98	—	5		
341,13	—	9		
334,94	—	4		
334,40	—	4		
334,05	—	5		
331,55	—	5		
329,99	—	3		
328,63	—	10		
327,163	—	5	II	
326,83	—	5		
326,714	—	7	II	
326,592	—	7	II	
321,1	—	6		
321,0	—	6		
315,25	—	6		
314,94	—	8		
306,67	—	10		
297,69	—	6		
296,3	—	8		
293,8	—	8		
293,10	—	10		
289,4	—	8		
288,7	—	10		
285,94	—	10		
284,619	—	5	II	
283,8	—	8		
281,1	—	6		
277,6	—	10		
270,7	—	10		
270,12	—	10		
270,0	—	8		
263,06	—	10		
260,004	—	8		
259,69	—	10		
257,31	—	8		
254,40	—	10		
253,3	—	5		
252,56	—	10		
249,5	—	8		
245,59	—	10		
227,45	—	10		im Vak.
226,83	—	10		im Vak.
222,13	—	10		im Vak.
220,63	—	10		im Vak.
218,02	—	9		im Vak.
214,75	—	10		im Vak.
214,22	—	10		im Vak.
213,24	—	10		im Vak.
210,24	—	10		im Vak.
208,92	—	8		im Vak.
208,06	—	8		im Vak.
203,57	—	8		im Vak.
Cu Kupfer				
1017,200	2	—	I	
1014,678	5	—	I	
809,263	5	—	I	
793,313	7	—	I	
757,01	6	—	I	
692,02	4	—		
690,594	5	—	I	
689,09	3	—		
674,142	5	—	I	
667,223	4	—	I	
662,163	3	—	I	

λ in nm	Int. B	Int. F	Ion.-Grad	Bem.
626,83	4	—	I	
616,33	3	—		
614,86	4	—	I	
578,213	8	6	I	R
573,234	4	—	I	
570,024	7	4	I	R
555,494	2	—		
553,579	3	—		
529,252	4	4	I	
522,007	5	4	I	
521,820	8	8	I	
515,324	7	7	I	
511,191	3	—	I	
510,554	7	6	I	
501,661	4	4	I	
470,459	5	2	I	
467,478	4	3	I	
465,112	6	5	I	
458,700	5	5	I	
453,97	5	—	I	
453,079	6	2	I	
450,937	5	3	I	
448,036	6	2	I	
441,56	4	—	I	
437,817	5	5	I	
427,511	7	7	I	
425,942	4	—	I	
424,896	5	3	I	
417,770	4	2	I	
406,324	5	2	I	
406,264	10	7	I	
402,263	7	5	I	
386,175	3	1	I	
386,048	1	—	I	
377,18	2	1		
374,125	2	1	I	
365,43	4	—	I	
362,125	3	1	I	
360,203	4	4	I	
359,914	4	4	I	
353,374	2	1		
353,038	5	2	I	
352,747	2	1		
352,000	2	1		
351,211	2	2	I	
348,375	2	2	I	
345,785	2	1	I	
345,472	2	1		
345,034	2	2	I	
340,223	1	1		
338,143	2	1		
336,534	3	2	I	
333,785	5	4	I	R
331,968	2	2	I	
331,722	2	2	I	
330,795	5	5	I	
329,392	3	2		R
329,055	3	3	I	
328,269	4	2	I	
327,982	6	4	I	R
327,396	8	7	I	R LL (M 2500)
324,754	10	10	I	R LL (M 5000)
324,315	3	3	I	
323,570	2	2	I	
323,117	3	1	I	
320,823	5	2	I	
319,410	6	4	I	R
314,682	3	2		
314,243	3	2	I	
314,033	3	1		
312,867	2	1		
312,611	4	4	I	
311,633	2	1		
310,860	4	4	I	
309,992	3	3	I	
309,399	5	2	I	R
307,380	4	2	I	R
306,341	5	4	I	R
303,610	5	4	I	R
301,084	5	4	I	R
299,736	4	3	I	R
299,116	6	6	I	R
288,293	5	4	I	R
282,437	6	5	I	R
276,987	2	5	II	
276,637	6	4	I	R
271,897	—	3	II	
271,370	—	3	II	
270,116	—	3	II	
268,949	—	3	II	
261,837	8	5	I	R
260,045	—	3	II	
254,480	—	5	II	
252,947	—	3	II	
250,644	—	4	II	
249,215	7	3	I	R
248,964	—	3	II	
247,346	—	2	II	
244,164	6	—	I	R
240,666	6	3	I	
240,349	—	3	II	
240,010	—	5	II	
239,263	7	3	I	R
236,989	5	7	I, II	
235,663	—	2	II	
231,956	5	2	I	
230,312	6	3	I	
229,437	3	7	II	
229,384	7	3	I	R
227,625	5	5	II	
226,308	5	3	I	R
226,053	4	2	I	R

λ in nm	Int. B	Int. F	Ion.-Grad	Bem.
224,700	5	7	II	
224,427	3	1	I	R
224,261	4	6	II	
223,844	4	—	I	R
223,008	3	3	I	R
222,886	—	5	II	
222,778	3	3	I	R
222,570	3	—	I	R
221,810	1	5	II	R
221,565	2	1	I	R
221,458	2	1	I	R
221,026	1	5	II	
219,975	4	3	I	R
219,958	5	4	I	R
219,226	—	5	II	
218,172	4	—	I	R
217,940	—	5	II	
217,894	4	—	I	
216,509	5	—	I	
214,897	—	5	II	
213,598	—	7	II	
213,436	—	2	II	
213,076	1	—	I	
212,603	—	5	II	
211,209	—	4	II	
210,478	—	3	II	
		Fe Eisen		
988,908	4	—	I	
986,179	3	—	I	
980,034	2	—	I	
976,391	2	—	I	
976,345	2	—	I	
975,313	1	—	I	
973,862	10	—	I	
965,314	2	—	I	
962,656	3	—	I	
956,996	4	—	I	
941,414	2	—	I	
935,046	2	—	I	
925,905	2	—	I	
925,830	2	—	I	
921,003	2	—		
911,889	4	—	I	
908,941	3	—	I	
908,833	5	—	I	
907,960	4	—		
902,447	2	—	I	
901,210	3	—	I	
899,956	10	—	I	
897,541	2	—	I	
894,520	2	—	I	
886,696	10	—	I	
883,843	3	—	I	
882,423	3	—	I	
879,338	10	—	I	
876,400	10	—	I	
875,719	5	—	I	
871,029	2	—	I	
868,863	2	—	I	
867,475	6	—	I	
866,191	6	—	I	
861,181	6	—	I	
858,227	5	—	I	
851,408	8	—	I	
846,841	4	—	I	
844,642	7	—		
838,778	8	—	I	
833,194	4	—	I	
832,706	8	—	I	
822,041	7	—	I	
808,520	5	—	I	
804,607	6	—	I	
802,834	1	—	I	
799,897	7	—	I	
794,588	6	—	I	
793,717	6	—	I	
783,222	4	—	I	
780,780	5	—	I	
778,059	3	—	I	
777,199	7	—		
774,828	4	—	I	
774,271	9	—	I	
771,039	1	—		
766,430	3	—		
762,054	3	—		
758,6048	8	—	I	
758,380	5	—	I	
756,893	4	—	I	
753,162	4	—		
751,1042	8	—	I	
749,5084	4	—	I	
746,238	—	2	II	
744,5769	9	—	I	
741,1174	6	—	I	
738,9414	6	—	I	
738,640	3	—		
737,646	—	2		
732,070	—	4	II	
731,1101				
730,797	—	5	II	
729,3068	5	—	I	
728,8760	6	—	I	
723,9885	3	—	I	
722,3668				
721,9686				
720,741	10	—	I	
718,7332	10	—	I	
718,120	3	—		
716,4463	8	—	I	
713,2989				
713,0942	9	—	I	
711,2176				
710,7461				
709,5425				

λ in nm	Int. B	Int. F	Ion.-Grad	Bem.
709,0404	5	—	I	
706,8415	4	—		
706,744	—	2	II	
703,8251	3	—	I	
702,298	2	—	I	
699,9902	3	—	I	
698,8530				
697,8855	7	—	I	
695,1261	3	—		
694,5208	7	—	I	
691,6702	3	—		
688,577	3	—		
685,815	2	—		
685,5176	6	—	I	
684,3671	3	—		
684,1349	5	—		
682,8610	3	—		
681,027	3	—		
675,272	2	—		
675,0152	4	—	I	
672,667	2	—		
670,5117				
667,7993	7	—	I	
666,3444	6	—	I	
663,375	5	—	I	
660,9116	3	—		
659,3878	3	—	I	
659,2918	7	—	I	
657,5022	2	—		
656,9231	4	—	I	
654,6242	6	—	I	
651,8376	2	—		
651,605	—	3	II	
649,646	5	—	I	
649,4983	6	3	I	
647,564	2	—		
646,9241	3	—		
646,2731	4	—	I	
645,641	—	2	II	
644,643	—	4	II	
643,0850	5	1	I	
642,1354	4	1	I	
641,995	3	—	I	
641,694	—	2	II	
641,1658	5	1	I	
640,8031	4	—	I	
640,0010	6	2	I	
639,3603	5	2	I	
638,0748	3	—		
635,8692	3	—	I	
635,5038	4	—		
634,4154				
633,6835	5	1	I	
633,5338	5	1	I	
632,2693	3	—	I	
631,8021	4	1	I	
631,532	2	—		
630,249	4	—	I	
630,150	5	1	I	
629,7800	4	—	I	
629,0968	3	—	I	
628,0625				
626,5139	4	1	I	
625,6370	4	—	I	
625,4262	3	—	I	
625,2559	5	2	I	
624,756	—	3	II	
624,632	5	1	I	
624,0656				
623,841	—	2	II	
623,264	3	—	I	
623,0727	5	2	I	
621,9290	3	—	I	
621,3438	4	1	I	
619,1561	6	3	I	
617,334	3	1	I	
617,051	3	—	I	
615,773	3	1	I	
614,927	—	2	II	
614,779	—	4	II	
614,173	2	—	I	
613,7696	4	2	I	
613,701	3	—		
613,6618	5	3	I	
610,319	1	—	I	
610,218	3	—	I	
607,850	1	—	I	
606,5486	5	2	I	
605,600	2	—	I	
602,706	3	1	I	
602,406	5	2	I	
602,017	4	1	I	
600,856	3	—	I	
600,301	4	—	I	
598,707	3	—	I	
598,482	4	—	I	
598,369	3	—	I	
597,678	2	—	I	
595,275	4	1		
593,466	5	1	I	
593,018	5	—	I	
591,416	6	1		
588,342	4	—	I	
586,236	5	—	I	
585,959	5	—	I	
577,508	5	—	I	
576,299	5	1	I	
575,312	4	—	I	
573,177	3	—		
571,785	3	—		
570,938	5	1	I	
570,155	4	—	I	

Kursiv: Interferometrisch gemessen (Normale).

λ in nm	Int. B	Int. F	Ion.-Grad	Bem.
566,2524	3	—	I	
565,8825	5	1	I	
563,8266				
562,4548	5	1	I	
561,5650	7	4	I	
560,294	5	—	I	
559,830	3	1	I	
558,6761	7	4	I	
557,609	5	1	I	
557,2848	7	3	I	
556,9624	6	2	I	
556,5708				
556,3604				
555,4895	2	—		
550,6782	7	2	I	
550,1468	6	2	I	
549,7518	7	2	I	
548,775	4	—		
547,657	5	—	I	
546,327	5	1	I	
545,5613	8	6	I	
545,545	2	—	I	
544,6919	8	6	I	
544,504	6	—	I	
543,4526	7	5	I	
542,9699	8	6	I	
542,4072	8	6	I	
541,5201	7	7	I	
541,0913	5	—	I	
540,5777	8	6	I	
540,4144	6	6		
540,050	3	--	I	
539,7130	8	6	I	
539,3174	3	—	I	
538,948	2	—	I	
538,3374	7	9		
537,1493	8	6	I	
536,9965	5	—		
536,7470	4	—	I	
536,4874	3	—		
536,287	4	8	II	
534,1025	4	2	I	
533,9935	3	—	I	
533,290	2	—	I	
532,853	4	2	I	
532,8042	9	5	I	
532,556	—	3	II	
532,4185	6	5	I	
531,665	—	4	II	
530,2307	5	2	I	
528,3628	6	2	I	
528,1796	5	2	I	
527,601	—	3	II	
527,337	2	—	I	
527,316	3	—	I	
527,0350	8	4	I	
526,954	10	8	I	
526,6562	7	3	I	
526,331	3	—	I	
525,065	2	—	I	
524,250	1	1	I	
523,463	—	3	II	
523,2946	8	4	I	
522,985	2	—	I	
522,7191	8	4	I	
522,687	2	—	I	
521,739	2	—	I	
521,6276	5	1	I	
521,518	3	—	I	
520,859	4	—	I	
520,2339	5	1	I	
519,871	3	1	I	
519,759	—	3	II	
519,547	3	—	I	
519,4943	4	1	I	
519,2350	8	2	I	
519,145	7	2	I	
517,1599	7	2	I	
516,903	2	5	II	
516,8899	2	—	I	
516,7490	8	4	I	
516,628	3	1	I	
516,541	2	—	I	
516,227	4	—	I	
515,191	3	1	I	
515,084	4	1	I	
513,946	7	3	I	
513,925	5	2	I	
513,738	2	—	I	
513,370	6	2	I	
512,736	3	1	I	
512,512	2	—	I	
512,372	3	1	I	
511,0414	5	1	I	
510,764	3	1	I	
510,745	2	—	I	
509,870	5	2	I	
509,700	2	—	I	
509,078	2	—	I	
508,3342	3	1	I	
507,974	2	1	I	
507,923	4	2	I	
507,475	5	—	I	
506,877	5	—	I	
506,502	3	—	I	
505,1637	5	2	I	
504,9824	6	3	I	
504,176	5	2	I	
504,107	4	1	I	
502,813	2	—	I	
502,712	2	—	I	
502,224	3	—	I	
501,844	—	4	II	
501,494	4	—	I	

λ in nm	Int. B	Int. F	Ion.-Grad	Bem.
501,2071	6	3	I	
500,6126	8	4	I	
500,571	4	—	I	
500,279	2	—	I	
500,187	5	2	I	
499,4133	4	1	I	
498,895	2	—	I	
498,554	3	—	I	
498,525	3	—	I	
498,385	2	1	I	
498,325	2	—	I	
498,250	3	—		
496,6094	5	2	I	
495,7603	10	8	I	
495,731	6	3	I	
494,639	2	—	I	
493,969	1	—	I	
493,881	6	2	I	
492,392	—	5	II	
492,0509	10	8	I	
491,8999	8	4	I	
490,3316	6	2	I	
489,1496	9	5	I	
489,076	7	4	I	
487,8217	6	2	I	
487,2144	7	3	I	
487,1323	8	4	I	
485,9747	6	2	I	
478,9652	3	1	I	
478,876	2	—	I	
478,6809	3	1	I	
477,2816	1	—	I	
474,5805				
473,6780	6	3	I	
473,3595	2	1	I	
471,0286	2	1	I	
470,7280	4	2	I	
470,495	2	—	I	
469,1414	4	2	I	
467,8851	4	2	I	
467,316	2	—	I	
466,917	2	—	I	
466,813	3	—	I	
466,7459	3	1	I	
465,462	3	—	I	
465,450	3	—	I	
464,7436	3	1	I	
463,802	3	1		
463,752	2	—	I	
463,292	3	1	I	
462,5052	2	—	I	
461,930	2	—		
461,1285	3	1	I	
460,766	3	1	I	
460,2944	4	2	I	
459,2655	3	1	I	
458,384	—	4	II	

λ in nm	Int. B	Int. F	Ion.-Grad	Bem.
455,590	—	3	II	
454,948	—	4	II	
454,7850				
453,1152	4	2	I	
452,8618	8	5	I	
452,5142	2	—	I	
452,264	—	4	II	
452,024	—	3	II	
451,534	—	3	II	
450,829	—	4	II	
449,4567	5	4	I	
448,9740	2	1	I	
448,4227	2	—	I	
448,225	3	2	I	
448,217	2	—	I	
447,608	3	2	I	
447,6021	6	3	I	
446,9381	4	3	I	
446,6554	6	3	I	
446,1654	4	2	I	
445,9121	5	3	I	
445,4383	3	—	I	
444,7721	5	2	I	
444,3198	3	—	I	
444,2342	5	2	I	
443,0618	4	1	I	
442,7311	5	2	I	
442,257	4	2	I	
441,5125	8	8	I	
440,8418	4	1	I	
440,771	3	—	I	
440,475	8	8	I	
440,129	3	—	I	
439,0956	2	—	I	
438,841	2	—	I	
438,3548	10	10	I	r
437,5932	5	2	I	
436,9774	3	2	I	
436,758	3	—	I	
435,2737	4	2	I	
435,177	—	3	II	
433,7049	5	2	I	
432,5765	9	9	I	
431,5087	5	3	I	
430,890	8	8	I	
430,7906				
430,5455				
429,9242	7	4	I	
429,656	—	3	II	
429,4128	6	4	I	
429,1466	2	—	I	
428,5444				
428,2406	6	3	I	
427,1764	8	8	I	

Kursiv: Interferometrisch gemessen (Normale).

λ in nm	Int. B	Int. F	Ion.-Grad	Bem.
427,115	6	6	I	
426,7829	2	—	I	
426,0480	10	10	I	
425,0790	8	6	I	
425,012	7	4	I	
424,7432	5	2	I	
424,5258	3	—	I	
423,8816	4	2	I	
423,802	2	—	I	
423,5942	8	4	I	
423,3608	6	3	I	
423,316	—	4	II	
422,743	7	4	I	
422,545	4	1	I	
422,417	3	—	I	
422,221	5	2	I	
422,034	2	—	I	
421,936	5	2	I	
421,755	4	—	I	
421,619	4	1	I	
421,365	2	—	I	
421,034	7	3	I	
420,713	2	—	I	
420,3987	2	—	I	
420,2032	7	6	I	
419,910	7	5	I	
419,830	7	3	I	
419,621	2	—	I	
419,533	3	—	I	
419,143	6	3	I	
418,780	7	4	I	
418,704	7	4	I	
418,4895	5	2	I	
418,175	6	4	I	
417,887	—	3	II	
417,759	2	—	I	
417,657	3	—	I	
417,5640	5	2	I	
417,491	3	—	I	
417,348	—	3	II	
417,091	3	—	I	
415,879	3	—	I	
415,778	4	—	I	
415,680	6	2	I	
415,481	4	2	I	
415,450	6	—	I	
415,390	5	—	I	
415,217	2	—	I	
415,025	2	—	I	
414,937	3	—	I	
414,7674	5	2	I	
414,3871	7	5	I	
414,341	5	3	I	
413,700	3	—		
413,4682	5	2		
413,290	4	—	I	
413,2061	7	4	I	
412,761	4	1	I	
412,252	2	—	I	
412,181	3	—	I	
412,021	2	—		
411,8549	7	4		
411,445	3	1	I	
410,980	4	2	I	
410,7492	6	3	I	
409,818	2	—	I	
409,5975	2	—	I	
408,530	2	—	I	
408,449	3	—	I	
407,984	2	—	I	
407,835	2	—	I	
407,663	5	2	I	
407,479	3	1	I	
407,376	2	—	I	
407,1741	8	8	I	
406,798	5	2	I	
406,728	2	1	I	
406,698	4	1	I	
406,3597	10	10	I	R
406,244	5	2	I	
405,822	2	—	I	
404,5814	10	10	I	R (M 300)
402,472	3	—	I	
402,1869	6	2	I	
401,715	3	—	I	
401,4534	5	2		
400,9714	5	2	I	
400,727	3	—	I	
400,5244	8	6	I	
400,166	3	—	I	
399,8054	5	2	I	
399,7394	6	3	I	
399,598	2	—	I	
398,617	2	—		
398,3960	5	2	I	
398,177	3	—	I	
397,7743	5	2	I	
397,662	2	—		
397,1325	4	1	I	
396,9260	8	5	I	
396,7424	4	2	I	
396,663	5	2	I	
396,6064	5	2	I	
396,310	3	—	I	
395,6680	6	3	I	
395,646	3	2	I	
395,315	2	—	I	
395,2606	4	1	I	
395,1164	4	2		
394,9954	5	2	I	
394,8778	5	2	I	
394,810	3	1	I	
394,753	3	—	I	

λ in nm	Int. B	Int. F	Ion.-Grad	Bem.
394,700	2	—	I	
394,2442	3	1	I	
394,0880	4	1	I	
393,5814	4	1	I	
393,263	2	—		
393,0298	7	4	I	R
392,7921	7	4	I	
392,2913	7	4	I	R
392,0259	6	3	I	r
391,865	4	1		
391,7184	5	2	I	
391,6733	3	—		
391,363	2	—	I	
390,7937	3	1	I	
390,6481	5	3	I	
390,390	3	1	I	
390,2948	7	5	I	
389,9708	7	5	I	
389,801	5	2	I	
389,790	4	2		
389,5658	7	4	I	r
389,3391	4	2	I	
389,193	3	1		
388,8516	8	4	I	
388,7050	6	3	I	
388,6284	7	4	I	R
387,866	3	—		
387,8574	10	5	I	r
387,8020	8	4	I	
387,3762	4	2	I	
387,2503	8	4	I	
386,7218	2	1		
386,5525	7	4	I	
385,991	10	6	I	R
				(M 420)
385,9214	8	5	I	
385,6373	9	5	I	
385,2574	3	—	I	
385,0820	6	4	I	
384,9969	8	4	I	
384,6802	4	—		
384,517	2	—	I	
384,3258	5	2		
384,1049	9	5	I	r
384,0439	9	5	I	r
383,9258	4	2		
383,6332				
383,4224	10	6	I	r
383,331	3	1		
382,7824	7	6	I	
382,5884	10	8	I	R
				(M 320)
382,4445	8	5	I	R
382,1181	3	1		
382,0428	10	10	I	R
				(M 500)
381,5842	8	8	I	R
381,2966	7	4	I	
380,7538	4	2	I	
380,6698	5	3		
380,5344	6	3		
379,9549	8	4	I	
379,8513	7	3	I	
379,7517	5	3		
379,5004	8	5	I	
379,0095	5	2	I	
378,7882	8	4	I	
378,595	4	2	I	
377,645	3	—	I	
377,482	3	—	I	
376,7193	9	4	I	r
376,5541	8	4	I	
376,3791	10	6	I	r
376,053	3	—		
376,0050	4	2		
375,8234	10	7	I	R
				(M 300)
375,3612	5	2	I	
374,9487	10	7	I	(M 400)
374,8264	8	4	I	R
374,590	6	3	I	
374,556	10	8	I	R
				(M 240)
374,347	4	6		
374,3364	7	3	I	
373,8306	4	2		
373,7134	10	7	I	R
				(M 3340)
373,487	6	6	I	R
				(M 700)
373,3318	8	4	I	r
373,2398	5	1		
372,7621	8	5	I	R
372,4378	4	2	I	
372,2563	7	4	I	r
371,9937	10	10	I	R
				(M 600)
371,6447	6	—	I	
371,591	2	—	I	
370,9248	8	4	I	r
370,792	5	4	I	
370,7048				
370,5567	10	6	I	r
370,4463	5	2	I	
370,1090	7	3	I	
369,743	3	—	I	
369,5053	4	—		
369,4010	8	3	I	
368,9460	6	2	I	
368,766	2	—	I	
368,7459	7	4	I	

Kursiv: Interferometrisch gemessen (Normale).

λ in nm	Int.		Ion.-Grad	Bem.
	B	F		
368,6000	6	3	I	
368,411	6	3	I	
368,3056	5	2	I	
367,9915	8	4	I	
367,7630	6	2		
367,6313	4	1	I	
366,9524	6	2	I	
365,952	5	1	I	
365,541	4	1		
365,1470	7	3	I	
365,028	2	—		
364,9508	6	3	I	
364,7843	10	6	I	R

λ in nm	Int.		Ion.-Grad	Bem.
	G	F		
364,582	4	2		
264,0391	6	3	I	
363,8301	6	2	I	
363,786	3	1		
363,470	2	—		
363,433	4	1	I	
363,384	2	—		
363,204	5	2		
363,1465	10	6	I	R (M 200)
363,110	2	—		
362,514	3	1	I	
362,319	5	2	I	
362,2005	6	3	I	
362,1464	7	3	I	
361,8769	10	6	I	R (M 200)
361,7788	5	2		
361,658	4	2	I	
361,207	4	1	I	
361,0163	6	2	I	
360,8862	10	6	I	R (M 200)
360,6682	6	4	I	
360,5454	6	3	I	
360,3206	5	3	I	
359,463	4	—	I	
358,946	3	1	I	
358,9108	4	1	I	
358,6986	8	4	I	
358,6114	4	2	I	
358,571	4	2	I	
358,5321	5	3	I	
358,496	6	3		
358,4664	4	2	I	
358,220	3	1		
358,1196	10	10	I	R (M 600)
357,676	2	1		
357,538	3	—		

λ in nm	Int.		Ion.-Grad	Bem.
	G	F		
357,390	3	—		
357,200	5	2	I	
357,024	5	—		
357,010	10	10	I	R (M 400)
356,898	3	1		
356,704	2	—		
356,558	3	—		
356,5381	8	5	I	r
355,8518	6	4	I	
355,688	5	2	I	
355,4929	8	4	I	
355,412	2	—		
355,374	4	2		
354,564	4	1	I	
354,368	2	—		
354,2079	4	2	I	
354,1087	7	3	I	
354,012	2	1	I	
353,789	2	—		
353,773	3	1	I	
353,6558	7	3	I	
353,320	5	2	I	
353,301	3	1		
353,039	3	1	I	
352,982	3	—		
352,779	2	1	I	
352,668	4	1	I	
352,647	3	1		
352,638	2	—		
352,617	4	2	I	
352,424	3	1	I	
352,408	3	1		
352,1264	6	3	I	
351,640	4	2		
351,3819	7	4	I	
350,852	3	—	I	
350,650	4	1	I	
349,7843	8	4	I	
349,711	2	1		
349,529	4	—	I	
349,0575	10	6	I	R
348,967	2	1		
348,5341	5	2	I	
348,301	2	1	I	
347,6704	7	3	I	
347,565	3	—		
347,545	8	4	I	R
346,885	3	1	I	
346,5862	6	4	I	R
345,992	3	1		
345,227	5	2	I	
345,192	5	2	I	
345,033	5	2	I	
344,728	4	1	I	
344,5151	6	3	I	
344,3878	8	4	I	r

λ in nm	Int.		Ion.-Grad	Bem.
	G	F		
344,237	2	1		
344,099	8	4	I	R
344,061	10	5	I	R (M400)
342,819	4	2	I	
342,7120	6	3	I	
342,664	4	1		
342,639	2	1		d
342,501	2	—		

λ in nm	Int.		Ion.-Grad	Bem.
	B	F		
342,428	5	2	I	
342,266	4	2	I	
341,851	5	2	I	
341,785	3	2	I	
341,553	2	—	I	
341,3133	7	3	I	
340,7461	7	4	I	
340,681	2	—	I	
340,436	5	2	I	d
340,226	3	1		
340,152	3	—	I	
339,9336	6	2	I	
339,698	2	—	I	
339,458	4	1	I	
339,265	6	2	I	
339,230	4	1	I	
338,741	2	—		
338,398	4	1	I	
338,369	4	1	I	
338,011	5	1	I	
337,902	3	1	I	
337,868	3	1		
337,0787	5	2	I	
336,955	4	—		
335,523	4	—		
334,793	4	1	I	
334,191	3	1		
334,057	3	—	I	
333,767	4	1		
332,887	3	1		
332,547	2	—		
332,454	2	—		
332,374	4	1		
332,247	3	—		
331,713	2	—		
331,474	5	2		
330,723	3	—		
330,635	7	3	I	
330,597	7	3	I	
329,813	4	1	I	
329,259	5	2	I	
329,202	5	2		
329,099	3	1	I	
329,073	2	—		
328,675	7	3	I	
328,459	2	—	I	
328,290	2	1		
328,026	5	1		
327,100	6	2	I	
326,823	3	—	I	
326,562	6	2	I	
326,505	4	1	I	
326,452	3	1		
325,999	3	—	I	
325,759	4	1	I	
325,436	5	2	I	
325,361	2	—		
325,293	2	—		
325,124	4	1	I	
324,821	5	3	I	
324,696	3	1	I	
324,601	4	—	I	
324,419	7	2	I	
323,943	7	2	I	
323,622	4	1	I	
323,461	3	1	I	
323,397	6	—	I	
323,305	4	2		
323,096	5	2	I	
323,021	2	—		
322,912	2	—		
322,826	2	1		
322,780	4	4	I	
322,775	4	7	II	
322,579	8	3	I	
322,207	6	3	I	
321,981	4	—	I	
321,958	5	—	I	
321,738	4	1	I	
321,694	3	—		
321,594	3	1		
321,405	6	2	I	
321,331	3	5	II	
321,199	5	2	I	
321,170	3	1		
321,149	3	—		
321,083	5	1	I	
321,023	4	1	I	
320,930	3	—	I	
320,847	2	—	I	
320,540	7	2	I	
320,047	6	1	I	
319,953	7	2	I	
319,693	8	4	I	
319,608	—	3	II	
319,442	2	—		
319,380	—	3	II	
319,322	2	—		

Kursiv: Interferometrisch gemessen (Normale).

λ in nm	Int. B	Int. F	Ion.-Grad	Bem.
319,280	5	2	I	
319,166	4	1	I	
318,882	4	1	I	
318,857	2	—	I	
318,674	—	3	I	
318,489	4	1	I	
318,152	3	1	I	
318,076	4	—	I	
318,022	8	3	I	
317,801	6	1	I	
317,545	8	2	I	
317,134	2	2	II	
316,644	3	1	I	
316,195	4	1	I	
316,066	6	2	I	
315,788	4	1	I	
315,704	5	2	I	
315,628	3	—		
315,420	2	2		
315,320	3	—	I	
315,135	6	1		
314,449	2	—		
314,399	3	—		
314,289	2	1		
314,245	3	1		
314,039	2	—		
313,411	5	2	I	
312,934	2	—		
312,618	4	1		
312,565	7	2	I	
312,044	4	1		
311,950	4	1		
311,663	5	2	I	
310,067	7	4	I	
310,030	7	4	I	
309,997	3	3	I	
309,990	3	—	I	
309,158	6	2	I	
308,374	6	2	I	
307,572	8	3	I	
306,818	5	2	I	
306,724	8	4	I	
306,712	3	—		
306,098	2	—	I	
305,909	10	5	I	R
305,745	9	5	I	R
305,526	5	—	I	
305,307	2	1		
304,761	10	5	I	R
304,508	4	—		
304,267	7	3	I	
304,202	6	2	I	
304,175	3	1	I	
304,043	6	3	I	
303,739	10	5	I	R
303,164	7	3	I	
303,121	5	2	I	
303,015	6	3		
302,646	6	2	I	
302,585	9	4	I	R
302,564	3	1		
302,403	6	2	I	r
302,107	10	5	I	R
302,064	10	5	I	R (M 280)
302,050	8	4	I	R
301,898	6	3	I	r
301,763	6	3	I	r
301,619	5	2	I	
301,148	3	1		
300,957	8	4	I	r
300,814	8	4	I	R
300,715	2	1		
300,095	10	5	I	R
300,045	4	1	I	
299,951	7	3	I	R
299,939	2	—		
299,639	2	—		
299,443	10	5	I	R
299,163	3	—		
299,039	3	1		
298,729	5	2	I	
298,555	2	4	I	
298,483	4	6	I	
298,357	8	2	I	R
298,196	2	—		
298,185	3	—		
298,145	6	3	I	r
297,324	2	1	I	
297,314	2	1	I	
297,011	8	4	I	R
296,947	5	2	I	
296,690	8	4	I	R
296,526	7	3	I	
295,999	5	2		
295,737	6	3	I	R
295,394	7	4	I	R
295,378	2	4	II	
295,024	6	1		
294,844	3	1		
294,788	9	5	I	R
294,765	3	5	II	
294,440	3	5	II	
294,134	6	3	I	r
293,781	5	—		
293,690	9	5	I	R
292,912	2	—		
292,901	7	2	I	r
292,658	4	6	II	
292,385	4	—	II	
292,329	4	—		
292,069	2	—	I	
291,802	5	2		
291,216	8	3	I	r

λ in nm	Int. B	Int. F	Ion.-Grad	Bem.
290,191	3	—		
290,138	2	—	I	
289,942	4	1		
289,503	4	1	I	
289,451	5	1		
288,781	3	1		
288,076	2	4	II	
287,730	5	1	I	
287,530	3	—	I	
287,417	6	2	I	
287,233	4	2	I	
286,931	6	2	I	
286,662	3	1	I	
286,386	5	2	I	
286,343	4	1	I	
285,890	3	—	I	
285,180	7	3	I	r
284,871	3	1	I	
284,559	4	2	I	d
284,398	8	3	I	R
284,363	5	1	I	
284,042	3	—	I	
283,812	6	2	I	
283,546	4	1	I	
283,244	6	1	I	R
283,156	3	4	II	
282,881	3	—		
285,789	3	1	I	
282,556	6	2	I	
282,328	7	2	I	
281,751	3	—	I	
281,329	9	4	I	R
280,698	7	2	I	
280,452	7	1	I	
279,778	6	2	I	
279,179	3	1	I	
278,980	3	1		
278,811	7	2	I	
278,794	3	—		
278,369	3	5	II	
278,184	3	1	I	
277,930	3	4	II	
277,884	3	1		
277,822	7	2	I	
277,473	4	2	I, II	
277,211	3	1	I	
277,208	2	—		
276,752	7	5	I, II	
276,691	4	1	I	
276,311	4	1	I	
276,203	5	1	I	
276,181	2	4	II	
276,178	8	2	I	

λ in nm	Int. G	Int. F	Ion.-Grad	Bem.
275,981	4	1	I	
275,732	4	1	I	
275,633	7	2	I	
275,574	8	10	II	
275,403	3	1	I	
275,369	3	1	I	
275,329	5	5	II	
275,087	3	1		
275,014	7	3	I	
274,948	2	4	II	
274,933	7	10	II	
274,918	2	4	II	
274,698	7	8	II	
274,648	7	10	II	
274,453	5	1	I	
274,407	7	2	I	
274,320	4	6	II	
274,241	6	2	I	r
274,226	3	1		
274,202	2	—	I	
273,955	6	8	II	
273,731	7	2	I	r
273,696	3	3	I, II	
273,547	6	2	I	
273,427	3	1	I	
273,400	3	1	I	
273,358	8	3	I	
273,073	4	4	II	
272,802	3	1	I	
272,754	4	6	II	
272,605	4	1	I	
272,495	5	—	I	
272,489	3	3	II	
272,358	6	2	I	
272,099	8	3	I	
271,902	9	4	I	R (M 260)
271,844	4	1	I	
271,622	2	4	II	
271,522	3	—	I	
271,441	3	5	II	
271,165	3	—	I	
270,857	3	1		
270,699	3	—		
270,658	5	2	I	
270,601	2	—		
270,399	3	4	II	
269,911	4	1	I	
269,816	2	—		
269,628	3	—		
269,600	3	—		
269,454	3	—		
269,260	3	4	II	

Kursiv: Interferometrisch gemessen (Normale).

λ in nm	Int. B	Int. F	Ion.-Grad	Bem.
268,983	3	1	I	
268,921	5	2	I	
268,475	5	5	I, II	
268,159	3	—		
267,906	6	2	I	
266,950	2	—		
266,681	4	—	I	
266,640	3	3	I, II	
266,467	3	4		
265,171	3	1	I	
264,400	4	—	I	
264,165	3	1	I	
263,581	4	1	I	
263,224	3	1	I	
263,133	3	4	II	
263,105	3	4	II	
263,008	2	3	II	
262,958	3	3	I, II	
262,908	3	—	I	
262,829	5	6	I, II	
262,567	4	6	II	
262,550	3	2		
262,354	4	1	I	
262,167	3	4	II	
262,070	2	3	II	
262,042	3	4	II	
261,908	2	3	II	
261,802	4	1	I	
261,762	5	5	II	
261,449	3	—	I	
261,382	8	8	II	
261,277	4	—	I	
261,187	8	10	II	
261,107	—	3	II	
260,789	5	7	II	
260,710	4	6	II	
260,683	4	—	I	
260,566	4	—	I	
259,940	6	10	II	(M 200)
259,837	7	8	II	
259,373	4	4	II	
259,278	3	3	II	
259,155	5	5	II	
258,801	3	2		
258,588	7	10	I, II	
258,453	4	1	I	
258,259	4	4	II	
258,231	4	—		
257,792	4	5	II	
257,692	4	5	II	
257,669	4	—	I	
257,574	3	1		
257,437	3	4	I, II	
257,086	3	3	II	
257,054	3	1		
256,975	3	—	I	
256,961	4	—	I	
256,692	3	3	I	
256,39	—	2		
256,348	4	4	II	
256,253	5	5	II	
256,028	4	4	II	
255,109	4	—		
255,068	3	4	II	
255,003	2	3	II	
254,962	6	—	I	r
254,598	6	—	I	r
254,472	3	—		
254,393	4	1		
254,338	4	6	II	
254,211	4	1		
254,183	3	4	II	
254,098	6	—	I	R
254,066	3	—		
253,936	4	—	I	
253,899	3	—		
253,820	1	3	II	
253,745	3	1		
253,718	5	—		
253,561	6	—	I	r
253,442	—	7	II	
253,38	—	4	II	
253,363	4	—		
253,069	3	—		
252,983	4	—	I	
252,955	—	5	II	
252,914	5	1	I	r
252,744	6	2	I	r
252,716	3	—		
252,629	—	7	II	
252,539	—	4		
252,429	6	2	I	r
252,366	4	1		
252,285	8	3	I	R (M 280)
251,963	5	2		
251,904	—	4	II	
251,811	6	2	I	r
251,766	4	1	I	
251,712	4	5	I, II	
251,438	—	4	II	
251,237	3	—		
251,176	—	8	II	
251,084	7	2	I	R
250,790	3	1		
250,609	—	5	II	
250,387	—	4	II	
250,239	—	3	II	
250,114	7	—	I	R
249,890	—	8	II	
249,782	—	7	II	
249,653	3	1		
249,326	—	5	II	
249,198	4	—		

λ in nm	Int. B	Int. F	Ion.-Grad	Bem.
249,116	7	—	I	R
249,064	8	—	I	R
248,976	6	—	I	r
248,815	9	4	I	R (M 260)
248,737	3	1		
248,706	6	2		
248,669	5	1	I	
248,638	2	5	II	
248,599	5	—		
248,419	7	—	I	R
248,354	5	—	I	
248,327	10	4	I	R (M 280)
248,016	—	3	II	
247,978	5	2	I	R
247,945	3	—	I	
247,857	—	4	II	
247,481	5	2		
247,316	2	—		
247,291	6	2	I	R
247,287	4	—	I	
247,234	5	—		
247,066	—	5	II	
246,888	4	1		
246,668	—	4	II	
246,515	4	—	I	
246,400	2	6	II	
246,265	5	1	I	r
246,219	4	1	I	
246,228	3	7	II	
245,878	4	8	II	
245,760	5	1	I	
245,348	3	1		
244,771	8	3	I	
244,647	—	6	II	
244,557	—	8	II	
244,387	7	2	I	
244,257	7	2		
244,011	6	—		
243,974	7	2		
243,930	—	8	II	
243,818	7	—	I	
243,634	5	—		
243,495	8	—		
243,473	7	—		
243,287	—	7	I	
243,196	—	7	II	
243,103	6	—		
243,008	—	6	II	
242,836	—	5	II	
242,414	—	7		
241,787	—	4	II	
241,331	3	6	II	LL
241,107	2	5	II	
241,052	4	7	II	LL
240,466	4	6	II	

λ in nm	Int. B	Int. F	Ion.-Grad	Bem.
240,488	4	7	II	LL
240,443	4	7	II	
240,260	1	4	II	
239,924	3	5	II	
239,562	4	8	II	
239,542	3	4	II	
239,147	2	5	II	
238,997	7	—	I	
238,863	3	8	II	
238,439	3	6	II	
238,324	2	4	II	
238,204	6	9	II	LL
238,076	4	6	II	
237,928	4	7	II	
237,519	2	5	II	
237,452	5	—	I	
237,374	—	6	II	
237,362	8	—	I	
237,143	7	—	I	
237,050	3	6	II	
236,859	3	7	II	
236,659	3	—		
236,483	3	8	II	
236,202	2	5	II	
236,029	4	8	II	
236,000	3	8	II	
235,910	5	9	II	
235,489	3	6	II	
235,447	3	—		
235,120	3	—		
234,830	5	10	II	
234,812	6	10	II	
234,428	4	8	II	
234,396	2	6	II	
234,349	7	10	II	
233,801	5	8	II	
233,280	8	10	II	
233,131	4	7	II	
232,739	4	7	II	
232,036	7	—	I	
231,310	7	—	I	
231,001	3	—	I	
230,900	6	—	I	
230,358	5	—	I	
230,342	4	—		
230,168	6	—	I	
230,117	3	—		
230,014	6	—	I	
229,922	5	—	I	
229,866	3	—		
229,779	7	—	I	
229,692	4	—	I	
229,441	5	—		
229,384	5	—		
229,252	6	—	I	

Kursiv: Interferometrisch gemessen (Normale).

λ in nm	Int. B	Int. F	Ion.-Grad	Bem.
229,112	6	—		
229,055	4	—		
228,903	4	—		
228,763	6	—		
228,725	7	—	I	
228,409	8	—	I	
228,40	—	2	II	
228,365	5	—	I	
228,330	4	—	I	
228,308	4	—		
228,022	3	—		
227,992	2	4	II	
227,766	5	—		
227,710	4	—		
227,602	5	—	I	
227,409	5	—	I	
227,282	3	—		
227,207	7	—	I	
227,178	8	—		
227,086	6	—	I	
226,909	6	—	I	
226,757	3	5	II	
226,747	7	—		
226,708	4	—	I	
226,690	5	—		
226,600	2	4	II	
226,505	6	—	I	
226,439	9	—		
226,086	4	6	II	
226,008	3	5	II	
225,951	6	—		
225,586	9	—		R
225,313	5	7	II	
225,187	6	6	I, II	R
225,093	3	5	II	
225,078	5	—	I	
225,017	3	4	II	
224,918	5	7	II	
224,886	8	—		
224,565	6	—	I	
224,063	4	—		
223,39	2	3	II	
223,121	7	—	I	
222,89	3	5	II	
222,817	5	—	I	
222,13	3	—		
222,04	3	4	II	R
221,36	3	—		
220,62	2	4	II	
220,072	6	—	I	
220,03	4	—		
219,87	2	4	II	
219,604	7	—	I	
219,184	8	—	I	
219,120	5	—	I	
218,719	8	—	I	
218,648	8	—	I	
217,811	8	—	I	
217,808	8	8	I, II	
217,55	2	4	II	
217,321	4	—	I	
217,129	8	—	I	
216,677	10	—	I	
216,586	4	—		
216,337	5	—		
216,158	3	3	II	
215,99	4	—		
215,779	4	—	I	
215,110	4	5	III	
215,018	3	4	II	R
214,44	4	—		
213,970	4	—		
211,517	3	—		
210,723	2	4	III	
210,37	2	4	III	
209,74	3	4	III	
209,36	4	—	I	
209,01	2	4	III	
208,43	2	4	III	
208,21	2	4		
207,81	2	4	III	
206,82	1	3	III	
206,37	3	—		
204,06	3	4	II	
202,06	3	—		

Ga Gallium

λ in nm	Int. B	Int. F	Ion.-Grad	Bem.
641,401	—	2	I	R
639,661	—	3	I	
417,206	10	10	I	bd, R LL (M 200)
403,298	8	8	I	b, R LL (M 1000)
300,406	4	3		
294,418	10	10	I	R
294,364	10	10	I	bd, R
287,424	10	8	I	bd, R
278,015	—	5	II	
271,965	8	5	I	d
270,047	—	2	II	
269,129	2	—	I	
266,505	2	—	I	
265,987	6	4	I	d, R
263,266	2	—	I	
262,482	3	—	I	
260,747	2	—	I	
250,071	3	3	I	bd, R
250,019	7	6	I	bd, R
245,008	10	6	I	bd, R
241,870	6	3	I	d, R
237,133	5	2	I	R
233,860	10	3	I	bd, R
229,787	4	1	I	R

λ in nm	Int. B	Int. F	Ion.-Grad	Bem.
229,420	6	2	I	d, R
225,922	3	1	I	bd, R
225,503	3	—	I	R
223,610	2	1	I	d, R
221,804	2	—	I	bd, R
209,134	—	2	II	
		Ge Germanium		
648,432	—	1	II	
602,114	—	2	II	
589,346	—	3	II	
517,858	—	3	II	
513,17	—	3	II	
481,480	—	4	II	
474,194	—	2	II	
468,584	5	—	I	
426,080	1	2	III	d
422,657	5	5	I	
417,904	—	2	III	
326,949	7	7	I	
325,534	—	1	III	
312,482	7	5	I	
306,701	4	3	I	
303,906	10	8	I	bd (M 750)
284,552	—	9	II	bd
283,185	—	6	II	d
282,901	3	2	I	
279,394	4	2	I	
275,459	8	6	I	bR (M 650)
274,043	5	4	I	
270,963	7	6	I	b (M 850)
269,134	6	5	I	
265,158	4	4	I	
265,118	6	6	I	R (M 1200)
264,419	3	2	I	
259,254	7	6	I	d
258,919	4	3	I	
255,631	3	2	I	
253,323	5	5	I	
249,796	6	5	I	
243,639	3	2	I	
241,737	5	5	I	b
239,789	3	2		
239,410	2	1	I	
238,947	3	2	I	
237,914	4	3	I	
235,921	2	—		
233,867	2	—		
232,790	3	3	I	
231,420	3	3	I	
225,600	2	2		
222,037	1	0		
220,585	—	1	II	
219,870	4	7	I, III	R, d
219,764	—	2	II	
218,646	1	—	I	
212,475	1	2	I	
212,382	1	1	I	
210,580	1	2		
210,226	0	—	I	
209,423	5	5	I	R
206,866	9	7	I	R
206,522	6	—	I	R
205,725	5	—	I	R
205,446	5		I	
204,376	7	5	I	R
204,169	8	6	I	R
201,908	6	—	I	
201,131	4	—	I	R
200,705	—	5	II	

λ in nm	Int. G	Int. F	Ion.-Grad	Bem.
		He Helium		
1083,034	10	—	I	LL
1083,025	8	—	I	LL
1082,908	5	—	I	LL
962,580	3	—	I	
952,927	4	—	I	
952,617	10	—	I	
946,357	7	—	I	
921,028	6	—	I	
906,30	6	—	I	
836,177	4	—	I	
781,616	4	—	I	
728,135	3	—	I	
706,570	1	—	I	
706,519	5	—	I	
667,815	6	—	I	
656,013	—	5	II	
587,596	1	—	I	
587,561	10	—	I	
541,155	3	—	II	
504,773	2	—	I	
501,568	6	—	I	
492,193	4	—	I	
471,337	1	—	I	
471,314	3	—	I	
468,575	—	7	II	
447,169	1	—	I	
447,148	6	—	I	
438,793	3	—	I	
414,376	2	—	I	
412,081	3	—	I	
402,636	1	—	I	
402,619	5	—	I	

Kursiv: Interferometrisch gemessen (Normale).

λ in nm	Int.		Ion.-Grad	Bem.
	G	F		
396,473	4	—	I	
388,865	10	—	I	LL
388,863	2	—	I	
381,975	1	—	I	
381,961	4	—	I	
361,364	3	—	I	
344,759	2	—	I	
320,316	—	4	II	
318,774	8	—	I	
294,511	6	—	I	
282,907	4	—	I	
276,380	2	—	I	
273,332	—	3	II	
273,324	7	—	I	
251,122	—	2	II	
238,539	—	2	II	
230,612	—	1	II	
225,272	—	1	II	

λ in nm	Int.		Ion.-Grad	Bem.
	B	F		
		Hf Hafnium		
974,228	1	—	II	
823,613	0	1	II	
775,789	1	2	II	
766,309	0	3	II	
756,108	0	1	II	
739,896	—	1	II	
732,864	0	3	II	
727,767	1	5	II	
724,087	7	9		
723,710	8	10	I	
713,181	9	10	II	
711,952	2	5		
703,033	3	9	II	
698,091	8	10	II	
693,516	1	5	II	
691,140	2	5		
685,870	2	5		
685,529	1	5	II	
685,007	2	6		
681,894	8	10	I	
678,927	5	8	I	
675,461	6	8	II	
671,940	0	5	II	
664,706	3	8	II	
664,460	8	10	II	
656,739	1	6	II	
655,791	2	8	II	
654,280	1	5	II	
624,895	8	9	II	
613,510	1	3	II	
609,867	3	0		
609,747	—	2	II	
602,757	0	3	II	
584,223	1	4	II	
580,950	0	1	II	
580,171	0	1	II	
576,718	0	2	II	
571,918	4	2		
569,804	3	1		
561,327	5	1	I	
555,212	5	2	I	
555,060	5	2	I	
552,435	2	3		
546,338	0	2		
544,007	1	3		
537,386	4	1	I	
535,473	3	0		
534,630	0	3	II	
532,426	0	2	II	
531,160	5	6	II	
529,806	5	5	II	
529,487	5	1	I	
527,504	3	0		
526,495	3	4	II	
526,044	1	3	II	
524,710	1	6	II	
524,399	5	0		
521,05	4	—		
519,31	4	—		
518,775	0	3	II	
518,186	4	1	I	
517,316	3	—		
516,456	0	3	II	
512,853	1	4	II	
511,061	—	2	II	
507,965	2	5	II	
507,471	4	—		
504,745	3	0		
504,082	7	5	II	
504,021	4	—		
499,968	0	3	II	
497,525	5	1	I	
494,894	4	0	I	
493,445	3	5	II	
490,452	1	4	II	
487,758	5	1		
486,543	0	3	II	
486,327	3	0		
485,924	5	4		
484,846	1	5	II	
484,400	0	3	II	
483,724	4	0	I	
481,884	2	0		
481,721	3	6	II	
480,918	5	1	II	
480,050	6	4	I	
479,073	1	4	II	
478,274	5	3		
477,372	4	1	I	
476,651	4	0		

λ in nm	Int. B	Int. F	Ion.-Grad	Bem.
476,578	0	3	II	
473,567	6	4	II	
473,137	1	5	II	
472,171	5	1		
471,910	1	5	II	
470,361	5	5	II	
469,972	2	6	II	
468,267	0	3	II	
467,546	1	4	II	
466,412	6	6	II	
465,922	0	2	II	
465,565	—	4		
465,519	5	1		
464,009	1	5	II	
462,642	0	3	II	
462,270	0	6	II	
462,086	5	1		
460,809	3	0		
460,577	5	5	II	
460,271	0	3		
459,944	1	4	II	
459,880	5	5	I	
458,625	0	3	II	
457,379	1	4	II	
457,069	1	5	II	
456,594	6	3	I	
456,381	—	3		
454,130	5	5	II	d
454,093	5	0	I	
453,537	1	5	II	
453,315	1	4	II	
452,474	1	5	II	
451,903	0	3		
449,060	0	4	II	
448,665	0	3	II	
448,613	1	3	II	
448,329	—	2	II	
446,640	1	5	II	
446,118	6	4	I	
445,734	5	3		
445,270	—	6	II	
444,307	0	3		
443,804	6	2	I	
442,618	1	4		
442,274	4	8	II	
441,791	4	0	I	
441,735	5	8	II	d
440,881	4	—		
439,501	5	3		
438,552	—	3		
437,097	6	6	II	
436,791	1	5	II	
436,573	—	2		
435,633	5	4		
435,051	2	7	II	
433,666	5	6	II	
433,464	1	5	II	
433,027	3	2		
432,136	1	5	II	
432,067	2	5	II	
429,479	4	3	I	
427,285	3	5		
426,965	0	3	II	
426,339	4	1	I	
426,272	0	3	II	
424,934	2	4		
424,584	0	4	II	
424,193	0	4	II	
423,244	2	5	II	
422,808	3	1		
420,658	2	5	II	
420,176	—	2		
418,766	1	3	II	
417,955	—	5		
417,751	3	6	II	
417,434	4	3		
416,236	2	5	II	
415,888	3	4	II	
412,780	6	6	II	
412,510	1	3		
412,333	0	4	II	
411,353	2	5	II	
410,658	6	2		
409,316	7	6	II	
408,268	3	3	II	
408,044	4	4	II	
407,122	1	2		
406,284	8	2		
405,067	4	5	II	
404,945	5	5	II	
404,846	—	6		
404,796	2	6		
403,388	2	3	II	
402,917	2	3	II	
402,025	4	2	II	
400,846	2	3	II	
400,735	5	4	II	
399,851	—	3	II	d
399,680	1	3	II	d
398,485	2	3	II	
398,403	3	6	II	
397,940	1	6	II	
397,515	2	2	II	
397,005	4	0		
396,801	3	0		
396,495	2	4	II	
395,183	3	3		
394,601	—	4	II	
394,536	0	5	II	
393,565	0	4	II	
393,366	4	6	II	
393,240	0	2	II	
393,138	2	2		
392,391	3	5	II	

λ in nm	Int.		Ion.-Grad	Bem.
	B	F		
391,809	4	6	II	
391,745	0	6	II	
390,065	0	4	II	
389,994	4	3	I	
388,933	3	2		
388,923	2	1		
388,082	3	5	II	
387,710	2	6	II	
387,255	2	6	II	
382,073	5	4	I	(M 130)
381,721	2	5	II	d
380,607	2	6	II	
379,792	2	2	II	
379,337	2	4	II	
378,737	0	2		
378,546	5	3	I	(M 140)
377,764	6	2	I	(M 140)
376,825	4	1		
376,692	4	5	II	
376,251	0	4	II	d
374,749	1	2	II	
374,680	3	0		
374,498	0	3	II	
373,904	2	0		
373,788	1	4	II	
373,379	3	0	I	
372,910	2	—		
372,649	2	0		
371,928	2	4	II	
371,780	2	1	I	
370,541	0	3	II	
370,492	2	—		
370,115	1	4	II	
369,972	0	3		
368,224	4	—	I	(M 220)
363,840	0	2	II	
369,652	2	0		
368,224	4	2	I	
367,574	2	0		
367,227	2	0		
366,335	1	3		
366,105	0	1	II	
365,185	2	0		
364,911	2	0	I	
364,436	3	4	II	
363,759	2	0		
363,087	2	0	II	
362,400	2	3	II	
362,004	3	2	II	
360,006	0	3	II	d
359,914	1	3	II	
359,742	1	3		
356,904	2	5	II	(M 120)
356,166	3	4	II	(M 150)
355,270	2	3	II	
353,555	1	4	II	
351,875	1	3	II	
351,188	1	2	II	
350,523	5	7	II	(M 140)
349,749	3	2	I	d
349,593	2	3	II	
349,575	2	4	II	
348,757	0	3		
347,929	2	2	II	
347,999	4	5	II	
347,241	3	2	I	
346,264	3	3	II	
343,824	4	4	II	
342,837	3	2	II	
341,918	2	0	I	
341,735	2	0		
341,314	—	2		
341,017	3	4	II	
340,776	0	3	II	
339,980	7	7	II	(M 260)
339,498	4	6	II	
339,459	3	5	II	
338,983	4	5	II	
338,470	2	2	II	
338,414	0	3	II	
337,069	0	2	II	
336,668	2	0		
336,006	3	0		
335,891	3	0		
335,206	4	5	II	
334,917	0	2	II	
333,273	4	0	I	
333,189	1	2		
332,821	3	3	II	
332,418	0	2	II	
332,336	0	3	II	
331,799	3	2	II	
331,287	3	1	I	
331,027	2	0	I	
330,612	1	0		
329,468	0	1	II	
329,105	2	0		
327,908	3	4		
327,366	3	3	II	
325,528	4	4	II	
325,370	5	5	II	
324,953	2	0	I	
324,766	2	2		
324,300	0	2	II	
322,061	2	3	II	
321,820	0	2	II	
321,731	2	2	II	
321,098	2	0		
320,677	0	1		
320,611	2	0	I	
320,367	0	2	II	
320,216	0	1	II	
319,999	2	3	II	
319,419	4	4	II	d

λ in nm	Int. B	Int. F	Ion.-Grad	Bem.
319,353				
318,101	2	0	I	
317,686	4	5	II	
317,294	3	2	I	
316,839	3	0		
316,261	3	4	II	
315,982	3	2	I	
315,663	2	0		
315,163	1	0		
314,841	2	0		
314,532	3	3	II	
314,076	2	3	II	
313,965	2	2	II	
313,472	5	6	II	
313,181	3	0	I	
311,998	2	0	I	
311,087	3	4	II	
310,912	5	7	II	
310,140	4	5	II	
309,676	2	0	I	
309,225	2	2	II	
309,179	0	2	II	
308,085	1	0	I	
308,066	3	5	II	
307,288	4	3	I	(M 240)
306,741	3	0	I	
306,468	0	4	II	
305,702	4	3	I	(M 120)
305,544	0	3	II	
305,452	0	3	II	
305,076	3	0	I	
304,608	0	4		
303,116	4	5	II	
302,529	3	4		
302,476	0	2		
302,053	5	—	I	(M 130)
301,831	3	0	I	
301,694	4	3	II	(M 120)
301,678	3	1	I	
301,290	5	6	II	(M 120)
301,124	0	2		
300,556	3	2		
300,010	3	3	II	
298,081	3	2	I	(M 120)
297,760	0	3		
297,588	4	5	II	
296,881	3	4	II	
296,723	0	3		
296,693	3	0	I	
296,488	3	1	I	(M 160)
296,180	0	2		
296,082	0	2		
295,802	2	0	I	
295,420	3	0	I	(M 120)
295,068	3	0	I	(M 140)
294,713	0	2		
294,077	4	2	I	(M 220)
298,780	4	5	II	
292,963	5	3		
291,959	2	3	II	
291,749	2	0		
291,648	4	2	I	(M 220)
290,991	2	0		
290,475	3	3	I	
290,452	1	1		
290,441	3	3	I	(M 140)
289,871	0	3		
289,820	4	3	I	(M 200)
288,547	0	2		
287,911	0	1		
287,633	3	5	II	
286,983	2	3		
286,637	4	3	I	(M 240)
286,170	5	7	II	
286,101	4	6	II	
286,031	0	3		
285,201	3	4		
285,121	3	3		
284,921	2	5		
283,413	1	0		
283,328	2	0		
282,931	0	3		
282,268	3	5	II	
282,022	3	6	II	(M 140)
281,974	2	0		
281,476	0	4		
281,387	3	3		
280,800	3	3		
278,973	3	4		
278,950	2	2		
278,630	0	2		
277,937	2	1	I	
277,527	0	2		
277,402	2	4		
277,336	5	5	II	
277,232	0	2		
277,046	0	2		
277,696	2	0		
276,163	3	0	I, II	
275,691	0	3		
275,361	0	2		
275,181	3	4	II	
273,876	4	6		
273,298	—	1		d
273,268	0	2		
271,851	3	3		
271,243	3	4		
271,214	0	3		
270,673	2	4	II	
270,561	3	1		
268,722	—	2		
268,522	0	3		
268,335	3	5	II	
267,843	0	1		

λ in nm	Int. B	Int. F	Ion.-Grad	Bem.
267,125	0	2		
266,900	1	2		
266,597	1	3		
266,188	2	4		
265,784	2	3		
265,750	1	3		
265,117	0	3		
264,915	0	2		
264,729	4	6	II	
264,141	4	7	II	(M 120)
263,871	4	6	II	(M 120)
263,579	0	3		
262,695	1	2	II	
262,274	3	4	II	
261,361	2	4	II	
260,703	3	5	II	
260,637	3	4		
259,922	0	2		
259,133	2	3	II	
258,254	3	4	II	d
257,814	2	4	II	
257,682	2	4	II	
257,390	2	5	II	
257,167	3	5	II	
257,071	0	2	II	
256,361	3	4	II	
255,919	2	4	II	
255,902	1	—		
255,140	3	5	II	d
254,820	1	3	II	
253,733	2	3	II	
253,119	3	4	II	
252,149	0	3	II	
251,688	3	5	II	
251,548	0	4	II	
251,516	0	5	II	
251,303	4	5	II	
251,269	4	5	II	
250,074	0	3	II	
249,699	3	4	II	
249,517	—	5		
248,333	2	3	II	
248,144	0	4	II	
247,856	5	8	II	bd
247,392	2	5	II	
246,918	3	6	II	
246,506	0	3	II	
246,419	3	6	II	
246,397	1	3	II	
246,172	1	4		d
246,049	3	5	II	
245,334	1	4	II	
244,944	2	4	II	
244,725	3	6	II	
243,776	—	3		
243,356	2	5	II	
242,899	0	4	II	
242,598	2	5	II	
241,769	3	6	II	
241,596	0	2	II	
241,333	0	3	II	
241,014	3	6	II	
240,644	2	5	II	
240,543	3	6	II	
240,456	0	2	II	
240,078	2	4	II	
239,383	5	8	II	
239,336	4	6	II	
239,318	1	3	II	
238,355	—	5		
238,100	0	3	II	
238,030	3	4	II	
237,757	—	4		
237,328	0	4	II	
236,598	—	2		
235,549	—	4		
235,122	3	5	II	
234,744	2	5	II	
234,332	2	4	II	
233,733	2	2	II	
233,647	—	6	II	
233,297	1	3	II	
232,489	2	5	II	
232,450	1	4	II	
232,325	2	4	II	
232,247	3	5	II	
232,114	0	4	II	
231,906	—	4		
231,342	—	6		
231,021	—	4		
229,834	0	2	II	
229,164	0	2	II	
228,460	0	2	II	
228,356	—	2		
227,716	2	5	II	
227,315	1	3	II	
226,683	1	3	II	
226,652	1	2	II	
225,515	1	2	II	
225,401	2	3	II	
223,460	—	4		d
221,484	—	1		
221,353	—	2		
221,245	0	1	II	
219,541	—	3		
219,036	—	2		
219,022	0	1	II	
218,348	—	2		
217,890	0	2	II	
217,849	—	1		
217,536	0	0	II	
217,432	—	1		
215,644	0	0	II	
215,572	—	3		

λ in nm	Int. B	Int. F	Ion.-Grad	Bem.
212,910	1	2	II	
212,459	1	2	II	
210,747	1	1	II	
209,618	2	3	II	
208,877	1	1	II	
208,629	0	—		
208,380	4	3	II	
208,280	2	1	II	
206,884	2	0		d
206,478	1	0	II	
202,818	2	1	II	
201,278	1	0		
Hg Quecksilber				
1013,98	7	—	I	
999,90	4	—	I	
998,09	7	—	I	
996,93	9	—	I	
994,51	4	—		
983,81	6	—	I	
952,62	5	—	I	
949,58	8	—	I	
944,28	7	—	I	
943,83	7	—	I	
943,21	7	—	I	
942,56	8	—	I	
933,84	6	—	I	
929,85	3	—		
925,39	6	—	I	
924,31	7	—	I	
899,14	5	—	I	
898,89	6	—	I	
897,37	6	—	I	d
889,37	5	—	I	d
878,371	3	—	I	
877,85	5	—	I	
877,31	8	—	I	
876,30	7	—	I	
875,81	7	—	I	
875,19	5	—	I	
870,30	3	—		
865,27	6	—	I	
854,82	—	8	II	
850,55	5	—	I	
840,16	6	—	I	
820,08	6	—	I	
819,561	8	—	I	
817,22	3	—		
816,58	5	—	I	
816,33	6	—	I	
807,03	3	—		
802,23	5	—	I	
794,466	—	6	II	
782,12	6	—	I	
772,85	8	—	I	
767,44	5	—	I	
760,25	3	—		d
755,27	3	—		
755,18	4	—	I	
748,587	—	8	II	
736,71	3	—		d
709,199	7	—	I	
708,19	8	—	I	
690,716	8	—	I	
671,617	6	—	I	
623,435	5	—	I	
612,346	4	—		
607,264	4	—	I	
579,066	9	5	I	
576,960	9	5	I	R
567,59	5	—	I	
546,074	10	8	I	R
500,12	—	8	II	
498,057	—	8	II	
497,37	—	6	II	
496,03	4	—		
491,604	8	2	I	
435,834	9	7	I	(M 400)
434,750	6	1	I	
433,923	6	1	I	
418,095	—	7	II	
417,803	—	6	II	
414,038	—	5	II	
410,808	4	—	I	
407,783	5	2	I	R
404,677	8	5	I	
404,656	8	5	I	R
398,396	4	8	II	
390,640	5	—	I	
390,47	—	6	II	
366,328	8	5	I	R
366,288	6	3	I	
365,483	7	4	I	R LL
365,015	9	6	I	R
363,834	3	7	II	
334,148	8	5	I	
333,211	2	7	II	
313,184	7	4	I	R
313,155	6	4	I	R
312,566	8	6	I	R
302,150	10	6	I	R
296,764	8	5	I	R
295,74	2	7	II	
289,360	5	3	I	
286,03	—	7	II	
284,767	—	8	II	
281,493	—	6	II	
280,35	4	—	I	
276,197	—	5	II	
275,278	4	—	I	
270,248	—	6	II	
269,88	4	—	I	
265,513	3	—	I	R
265,368	3	—	I	R
265,204	5	—	I	R

λ in nm	Int. B	Int. F	Ion.-Grad	Bem.
257,215	—	8	II, IV	
253,652	10	10	I	R LL (M 1500)
253,477	4	2	I	R
248,272	3	—	I	
248,201	3	—	I	
241,413	—	6	II	
240,735	—	5	II	
239,976	3	—	I	
237,834	3	—	I	
231,523	—	4	II	
231,439	—	4	II	
230,644	—	6	II, IV	
230,350	—	6	II	
228,969	4	4	I, II	
226,223	—	7	II	
226,026	—	7	II	
225,278	—	5	II	
224,44	—	5	III	
223,00	—	4	II	
222,471	4	8	II	
222,419	3	—	I	
222,447	—	4	III	
219,074	—	4	II	
214,800	—	8	II	
205,293	—	7	II	
202,697	—	6	II	
202,22	—	4	II	
		In Indium		
690,037	5	—	I	
684,777	6	—	I	
570,975	5	—	I	bd
564,486	—	7		
468,200	—	8	II	bd
468,111	—	4	II	
465,579	—	6	II	b
465,566	—	3	II	
465,541	—	3	II	
463,886	1	4		
463,825	—	6	II	
463,810	—	8	II	
463,797	—	2	II	
461,213	—	7		
451,132	10	10	I	bd R LL (M 1800)
410,177	10	10	I	b R LL (M 1700)
407,240	—	6		bd
405,787	—	1		
402,483	—	5		bd
334,327	1	0	I	
325,856	8	6	I	R
325,609	10	8	I	R (M 1300)
318,703	2	1	I	
305,125	4	1	I	
303,936	10	8	I	b, R (M 800)
295,701	3	2	I	
294,105	—	5	II	
293,262	8	4	I	b, R
289,016	—	3	II	
285,874	4	1	I	
283,692	4	0	I	
277,536	3	0	I	
275,388	7	4	I	b, R
271,394	6	2	I	b, R
271,027	10	6	I	bd, R
260,176	8	3	I	b, R
265,023	10	5	I	bd, R
252,299	4	—	I	
252,137	10	—	I	bd, R
247,059	2	3	I	
246,802	7	3	I	b, R
246,008	7	3	I	R
244,790	—	4	II	
243,099	6	—	I	rb, R
242,317	3	—	I	
242,259	3	—	I	
239,918	7	—	I	b, R
238,954	10	—	I	rb, R
235,870	5	—	I	d
234,019	6	—	I	R
230,688	4	5	I	
227,820	3	—	I	d, R
223,070	1	—	I	R
207,926	—	2	II	
206,20	—	1		
		Ir Iridium		
718,371	4	—	I	
692,988	5	—	I	
683,001	5	—	I	
562,555	3	—		
545,451	—	3	II	
544,950	4	4	I	
493,809	—	3		
480,947	—	1		
479,567	—	3		
477,815	4	3		
475,644	2	2		
472,886	5	3		
467,554	3	3		d
465,818	4	—		
461,639	5	3		
460,448	2	2		d
457,002	4	2		
456,809	5	3		
455,078	4	—		
454,849	5	3		
454,568	6	2		
453,287	4	2		
449,535	5	3		

λ in nm	Int. B	Int. F	Ion.-Grad	Bem.
449,136	2	2		d
447,848	6	3		
445,018	3	1		
442,627	3	4		
440,379	4	3		
439,947	4	5		
439,259	2	1		
437,701	5	2		
435,256	3	1		
435,130	3	—		
431,150	4	4		
431,059	3	3		
430,160	3	3		
428,662	6	2		
426,810	5	4	I	
426,531	2	1		
425,911	2	2		
418,247	4	2		
417,256	4	3		
416,604	4	2		
415,570	2	1		
411,760	2	1		
415,579	5	3		
410,015	5	1		d
409,261	3	3		
406,992	4	4		
403,376	2	3		
402,003	3	5		
399,212	3	4		
397,631	4	5		
394,627	2	1		
393,484	2	4		
391,538	3	3		
390,251	5	5		d
386,564	3	2		
383,388	4	—		
380,012	5	5	I	(M 320)
379,053	3	—		
376,868	3	1	I	
374,720	5	2	I	
373,853	3	1		
373,477	2	2		
373,136	1	1		
372,803	3	1		
372,539	2	2	I	
367,498	1	2	I	
366,462	3	3	I	
366,171	3	3		
365,319	1	4	I	
363,620	4	3	I	
362,867	6	5	I	
361,721	4	3	I	
360,978	4	3		
360,583	1	5		
359,439	4	5		
357,372	4	6	I	(M 120)
355,899	1	3	I	
355,717	1	2	I	
352,203	4	4	I	
351,595	1	3	I	
351,364	5	6	I	(M 320)
344,897	6	5	I	
343,750	2	2	I	
343,701	4	5	I	
336,848	6	5	I	
333,837	2	0	I	
333,416	3	2	I	
332,287	1	1	I	
332,260	4	3	I	
331,213	2	1	I	
331,053	3	2	I	
328,756	3	2	I	
328,706	2	1	I	
327,728	3	2	I	
326,644	5	4	I	
326,201	3	3	I	
324,152	5	4	I	
323,200	2	2		
323,076	2	1	I	
322,928	3	3	I	
322,078	5	5	I	(M 500)
321,951	3	2	I	
321,212	4	4	I	
319,892	4	3	I	
318,035	3	2	I	
317,758	3	2	I	
316,888	4	4	I	
316,818	2	2	I	
315,915	5	2	I	d
315,474	4	3	I	
315,061	3	2	I	
314,041	5	0	I	R
313,772	0	3		
313,332	2	2	I	(M 340)
312,178	3	3	I	
312,076	3	3	I	
311,884	1	3		
311,733	0	2		
310,045	7	7	I	d
308,804	4	3	I	
308,644	3	2	I	
308,322	1	4	I	
306,971	3	0		
306,889	5	5	I	(M 160)
304,716	4	1	I	d
304,265	1	4		
303,926	4	3	I	
303,241	5	1		
302,936	4	3	I	
302,582	5	3	I	
300,363	4	4	I	
300,225	—	4		
299,741	1	4	I	
299,719	4	0	I	

λ in nm	Int. B	Int. F	Ion.-Grad	Bem.
299,608	4	2	I	
298,065	5	3	I	
297,139	—	4		d
295,478	—	4		d
295,122	5	3	I	
294,315	5	4	I	(M 200)
293,668	3	1		d
293,464	5	4	I	
292,479	6	5	I	(M 320)
292,112	—	3		
291,636	4	0	I	
290,195	3	2	I	
289,715	5	4	I	
288,264	4	3	I	
287,598	3	2	I	
287,561	2	1	I	
284,972	5	4	I	(M 280)
284,022	4	3	I	
283,916	4	3	I	
283,324	1	5		
283,640	2	1	I	
282,445	5	4	I	
282,318	4	3	I	
280,082	3	4	I	
279,770	1	3	I	(M 120)
279,735	5	4		
278,522	3	0	I	
278,129	4	0	I	
277,497	0	5		
276,319	—	4		
275,385	—	3		
275,288	0	3		
274,033	0	4		
274,018	3	—	I	
273,267	2	0		
273,241	—	4		
271,410	—	4		
271,274	3	1	I	
270,868	—	3		
270,512	0	2	I	
270,493	2	4	I	
270,423	5	4	I	
269,423	5	4	I	(M 220)
268,383	—	4		
267,361	3	2	I	
267,184	4	2	I	
266,479	5	1	I	(M 200)
266,445	—	5		
266,263	4	2	I	
266,198	5	2	I	(M 130)
265,395	4	3	I	
265,377	1	1	I	
263,971	8	5	I	(M 170)
263,425	1	3	I	
261,988	3	1	I	
261,778	4	2	I	
261,707	—	2		
261,130	3	3	I	
260,825	2	0	I	
259,904	5	1	I	
259,206	3	3	I	
258,606	2	5		
257,949	0	3		
257,727	4	3	I	
257,295	—	2		
257,220	3	0	I	
256,418	3	2	I	
255,855	0	3		
254,603	4	0	I	
254,397	4	6	I	(M 380)
253,446	3	0	I	
253,313	1	1	I	
251,258	2	4		
251,210	—	4		
251,194	2	0		
250,298	3	3	I	(M 200)
250,263	3	3	I	
249,308	3	0	I	
248,828	3	0		
248,118	3	2	I	R (M 100)
247,811	3	0	I	
247,512	5	0	I	(M 160)
246,951	0	4		
246,751	—	2		
246,509	2	—	I	
246,490	1	1	I	
245,723	3	3	I	
245,703	3	3	I	
245,587	4	0	I	
245,561	4	0	I	
244,534	3	1	I	
244,509	2	0	I	
243,629	—	3		
243,258	2	1	I	
243,236	2	—	I	
243,194	2	2	I	
243,124	1	3	I	
242,761	2	—		
241,811	3	2	I	
241,790	—	3		
241,073	2	0	I	
241,017	2	3	I	
239,875	1	5		
239,125	—	4		
239,118	4	4		
239,062	4	5		
238,689	3	1		
238,473	0	3		
238,182	0	3		
238,162	3	0		
237,277	5	4	I	
236,833	—	4		
236,804	—	6		

λ in nm	Int. B	Int. F	Ion.-Grad	Bem.
236,304	3	0		
235,312	0	4		
234,361	3	0	I	
234,318	3	0	I	
234,170	—	2		
234,004	0	1		
233,496	—	3		
233,451	3	0	I	
233,384	2	0	I	
233,330	2	0	I	
232,942	0	3		
232,605	0	3		
232,471	0	3		
232,363	0	3		
232,145	2	0		
232,137	1	0		
231,744	0	5		
231,538	2	0		
231,490	1	4		
231,411	0	2		
231,053	0	3		
230,893	2	0		
230,422	3	—	I	
230,091	0	4		
230,050	0	4	I	
229,825	0	3		
229,816	2	—	I	
229,805	1	—	I	
229,714	0	1		
229,080	0	5		
228,102	2	5		
226,516	2	5		
226,065	0	3		
225,886	2	0	I	
225,851	2	3	I	
225,750	0	5		
225,510	2	0	I	
225,349	2	0		
225,338	1	—		
224,690	0	3		
224,576	0	5		
224,268	2	7		
223,930	1	—	I	
223,882	2	0	I	
223,709	0	2		
223,575	2	0		
223,529	2	0		
223,337	0	3	I	
223,225	0	2		
222,107	2	5		
222,037	2	0	I	
221,377	—	2		
221,232	—	3		
221,125	0	2		
220,896	0	3		
220,872	—	4		
220,496	0	6		
219,885	2	0		
219,750	0	5		
219,644	0	4		
219,038	—	4		
217,898	0	3		
217,817	2	0	I	
217,525	2	3	I	
217,501	–	3		
216,942	0	6		
216,074	0	3		
215,805	2	4	I	
215,268	1	6		
215,262	0	5		
214,822	1	3		
213,256	0	3		
213,166	—	2		
213,045	0	4		
212,794	2	1	I	
212,743	1	—	I	
212,681	1	6		
212,364	0	3		
211,852	—	3		
211,196	0	2		
210,938	0	4		
210,387	—	4		
209,755	0	2		
209,730	—	2		
209,620	0	3		
208,882	3	3		
208,064	0	3		
207,051	0	3		
206,303	0	4		
205,116	1	3		
204,483	0	4		
204,419	1	5		
202,283	0	3		
202,151	—	3		
201,741	—	3		
201,271	1	0		
		K Kalium		
1252,10	3	—	I	
1243,77	4	—	I	
1177,305	10	—	I	LL
1169,017	10	—	I	
1102,23	10	—	I	b
995,52	4	—	I	b
995,05	4	—	I	b
959,776	4	—	I	b
959,560	8	—	I	
890,404	2	—	I	
890,220	4	—	I	
850,351	3	—	I	
829,811	6	—	I	
769,898	10	—	I	R (M 900
766,491	10	—	I	R LL (M 1800)

λ in nm	Int.		Ion.-Grad	Bem.
	B	F		
696,469	5	—	I	
696,418	3	—	I	
693,876	8	—	I	
691,108	10	—	I	
583,189	5	—	I	
583,159	6	—	I	R
581,215	3	—	I	
580,174	6	—	I	R
578,237	5	—	I	R
535,966	5	—	I	R
535,958	5	—	I	R
534,308	4	—	I	R
533,979	4	—	I	R
532,338	4	—	I	R
531,021	—	5	II	
511,217	5	—	I	R
509,94	3	—	I	R
509,712	2	—	I	R
508,43	2	—	I	R
500,559	—	8	II	
496,494	1	—	I	R
495,66	1	—	I	R
495,076	1	—	I	R
494,324	—	6	II	
460,843	—	8	II	
459,57	—	7	II	
450,534	—	6	II	
446,666	—	3	II	
438,813	—	7	II	
430,908	—	7	II	
430,494	—	7	II	
428,87	—	4	II	
426,331	—	7	II	
422,561	—	7	II	
422,298	—	7	II	
418,623	—	8	II	
414,917	—	7	II	
413,472	—	7	II	
404,720	6	5	I	R LL
404,414	8	6	I	R LL
400,120	—	7	II	
304,25	—	6	II	
389,787	—	8	II	
381,754	—	7	II	
374,449	—	5	II	
368,153	—	4	II	
361,843	—	3	II	
360,887	—	5	II	
353,071	—	7	II	
344,738	6	2	I	
344,637	8	3	I	R
344,000	—	7	II	
338,53	—	4		
338,10	—	4		
336,42	—	6	III	
336,29	—	7	III	
334,57	—	5		

λ in nm	Int.		Ion.-Grad	Bem.
	B	F		
321,76	4	2	I	R
321,71	6	3	I	R
310,22	2	1	I	R
310,20	4	2	I	R
306,22	—	5	II	
303,48	4	—	I	R
299,22	—	6	III	
296,32	1	—	I	R
294,27	1	—	I	R
255,00	—	6	II, III	
219,00	—	6	II	

λ in nm	Int.		Ion.-Grad	Bem.
	G	F		
	Kr Krypton			
970,422	5	—	I	
961,961	—	8	II	
960,580	—	10	II	
947,093	—	4	II	
940,282	—	4	II	
936,293	3	—	I	
936,195	—	6	II	
935,225	4	—	I	
932,099	—	4	II	
929,382	—	10	II	
923,848	—	10	II	
899,919	6	—	I	
897,799	10	—	I	
892,869	4	—	I	
878,029	3	—	I	
877,675	5	—	I	
877,405	10	—	I	
869,750	8	—	I	
860,575	3	—	I	
856,089	10	—	I	
853,786	4	—	I	
850,887	5	—	I	
849,821	6	—	I	
841,243	5	—	I	
829,807	3	—	I	
828,105	4	—	I	
827,236	5	—	I	
826,324	5	—	I	
821,840	8	—	I	
820,662	6	—	I	
820,272	9	—	I	
819,507	6	—	I	
819,005	4	—	I	
813,298	8	—	I	
811,290	5	—	I	
810,436	8	—	I	
810,402	6	—	I	
805,950	3	—	I	
799,322	—	8	II	
798,241	7	—	I	
798,182	6	—	I	

λ in nm	Int. G	Int. F	Ion.-Grad	Bem.
798,119	4	—	I	
792,860	7	—	I	
792,047	7	—	I	
791,342	8	—	I	
785,482	3	—	I	
780,652	8	—	I	
777,628	7	—	I	
774,683	8	—	I	
774,128	5	—	I	
773,569	—	10	II	
769,454	3	—	I	
768,525	10	—	I	
760,154	5	—	I	
758,741	5	—	I	
752,446	—	9	II	
743,578	—	9	II	
740,702	—	10	II	
728,978	—	10	II	
728,726	8	—	I	
722,410	7	—	I	
721,313	—	9	II	
690,468	7	—	I	
690,422	5	—	I	
669,923	5	—	I	
665,224	5	—	I	
657,642	4	—	I	
645,629	9	—	I	
642,103	7	—	I	
642,018	—	9	II	
626,330	5	—	I	
608,284	5	—	I	
605,613	8	—	I	
603,582	6	—	I	
601,211	9	—	I	
599,222	—	10	II	
587,990	7	—	I	
587,092	8	—	I	
586,675	4	—	I	
583,286	8	—	I	
582,449	4	—	I	
578,389	5	—	I	
569,035	—	9	II	
567,245	7	—	I	
564,956	8	—	I	
563,30	4			
558,039	7	—	I	
557,029	6	—	I	
556,223	4	—	I	
533,341	—	10	II	
530,866	—	4	II	
520,832	—	10	II	
512,573	—	8	II	
508,652	—	6	II	
502,240	—	6	II	
494,559	—	6	II	
484,660	—	4	II	
483,207	—	6	II	
482,518	—	4	II	
481,264	4	—	I	
481,176	—	4	II	
476,574	—	4	II	
476,243	—	3	II	
473,900	—	6	II	
469,444	—	2	II	
469,128	—	2	II	
468,041	—	2	II	
467,161	5	—	I	
465,887	—	6	II	
463,388	—	3	II	
462,429	5	—		
461,915	—	6	II	
461,528	—	6	II	
458,285	—	4	II	
457,720	—	6	II	
455,661	—	2	II	
455,030	8	—	I	
452,314	—	8	II	
450,236	4	—	I	
448,988	—	2	II	
447,500	—	6	II	
446,369	4	—	I	
445,392	10	—	I	
443,681	—	2	II	
443,167	—	2	II	
442,519	5	—	I	
441,876	3	—	I	
441,688	2	—	I	
441,037	3	—	I	
439,997	5	—	I	
438,654	—	6	II	
437,612	7	—	I	
436,969	—	4	II	
436,264	9	—	I	
435,547	—	8	II	
431,958	10	—	I	
431,855	6	—	I	
431,781	—	4	II	
430,049	5	5	I, II	
429,292	—	4	II	
428,649	4	—	I	
428,297	6	—	I	
427,397	5	—	I	
415,446	—	4	III	
414,512	—	6	II	
413,133	—	4	III	
410,923	—	5	II	
409,87	—	4	II	
408,833	—	5	II	
406,737	—	3	III	
406,511	—	5	II	
405,701	—	8	II	
405,05	4	—		
404,46	5	—		
400,56	5	—		

λ in nm	Int. G	Int. F	Ion.-Grad	Bem.
399,795	—	5	II	
399,483	—	5	II	
399,126	3	—		
399,108	4	—	I	
395,47	5	—		
392,014	—	4	II	
391,764	—	4	II	
391,25	—	3	II	
390,625	—	4	II	
389,47	5	—		
387,544	—	7	II	
386,870	—	4	III	b
386,38	5	—		
386,045	5	—		
383,782	5	—	I	
381,222	3	—	I	
380,054	5	—	I	
379,688	4	—	I	
378,313	—	5	II	
377,809	—	8	II	
377,342	5	—	I	
375,42	—	3	II	
374,480	—	8	II	
374,169	—	9	II	
373,58	3	—		
372,135	—	7	II	
371,863	—	3	II	
371,802	—	5	II	
369,06	4	—		
368,614	5	—		
368,037	—	10	II	
367,961	6	—	I	
366,901	—	9	II	
366,533	4	—	I	
365,397	—	5	II	
364,86	4	—		
363,187	—	5	II	
362,816	3	—	I	
360,788	—	3	II	
359,990	—	2	II	
358,965	—	2	II	
356,423	—	5	III	
354,45	3	—		
354,41	3	—		
353,535	—	5	II	
352,267	2	—	I	
350,742	—	7	III	
350,325	—	5	II	
349,599	3	—	I	
348,859	—	8	II, III	
347,465	—	6	III	
347,00	3	—		
346,009	—	2	II	
344,65	3	—		
343,946	—	7	III	
343,172	6	—	I	
342,494	5	—	I	
340,516	—	2	II	
335,193	—	7	III	
334,248	—	4	III	
333,076	—	5	III	
332,575	—	9	III	
332,03	—	5		
331,147	—	4	III	
330,47	3	—		
326,848	—	7	III	
326,481	—	8	III	
324,569	—	10	III	
324,044	—	3	III	
323,952	—	3	III	
320,78	4	—		
320,040	—	5	II	
319,121	—	6	III	
318,911	—	7	III	
315,093	—	8	II	
314,188	—	2	III	
314,135	—	5	III	
312,439	—	7	III	
312,061	—	6	I	
311,225	—	4	III	
306,313	—	4	III	
304,693	—	3	III	
302,445	—	6	III	
302,230	—	4	III	
299,222	—	5	III	
296,725	—	8	II	
295,256	—	5	III	
289,368	—	2	III	
289,218	—	7	III	
287,061	—	3	III	
283,300	—	9	II	
281,65	4	—		
279,591	—	8	II	
271,240	—	8	II	
269,659	—	2	III	
268,119	—	4	III	
263,976	—	5	III	
262,890	—	2	III	
259,248	—	6	II	
250,66	9	—		
246,477	—	10	II	
245,96	7	—		
245,772	—	5	III	
245,61	8	—		
245,33	6	—		
245,229	—	5	III	
244,65	8	—		
244,26	7	—		
244,10	5	—		
243,92	8	—		
242,83	10	—		
242,64	9	—		
242,02	10	—		
241,82	10	—		

λ in nm	Int.		Ion.-Grad	Bem.
	G	F		
241,50	9	—		
241,39	9	—		
240,91	8	—		
240,85	7	—		
240,64	6	—		
239,83	10	—		
239,70	5	—		
239,394	—	4	III	
239,28	7	—		
237,56	10	—		
237,37	6	—		
237,15	8	—		
236,57	5	—		
236,29	8	—		
235,99	10	—		
234,55	6	—		
234,08	5	—		
232,92	8	—		
232,65	5	—		
231,54	9	—		
231,44	9	—		
231,19	8	—		
230,28	6	—		
230,16	8	—		
230,03	8	—		
229,89	6	—		
228,77	10	—		
228,28	10	—		
227,97	5	—		
227,71	7	—		
227,31	6	—		
224,53	6	—		
223,70	5	—		
222,792	—	3	II	
208,816	—	2	II	

λ in nm	Int.		Ion.-Grad	Bem.
	B	F		
	Li Lithium			
812,65	10	—	I	
670,81	10	—		R
670,784	10	10	I	R LL (M 3600)
624,06	3	—	I	
610,364	10	10	I	R LL (M 320)
548,47	—	7	II	
497,193	7	4	I	
478,85	—	4	II	
467,82	2	8	II	
463,60	4	—	I	
460,29	8	5	I	R
460,20	10	6	I	R
427,33	5	2	I	
414,84	3	—	I	
413,23	5	1	I	R

λ in nm	Int.		Ion.-Grad	Bem.
	B	F		
398,55	3	—	I	
391,53	2	—	I	R
386,14	—	2		
379,47	5	2	I	
371,9	2	—		
371,87	3	—		
323,26	8	3	I	R LL
319,94	2	7	II	
279,04	—	2	II	
274,12	10	5	I	R
256,231	5	—	I	R
247,506	4	—	I	R
242,543	3	—	I	R
239,439	1	—	I	R
	Mg Magnesium			
925,79	3	—	I	
892,935	2	—	I	
880,678	4	—	I	
873,604	5	—	I	
789,63	—	4	II	
787,71	—	3	II	
765,660	3	—	I	
634,71	—	3	II	
631,823	3	—	I	
571,108	5	—	I	
552,840	4	—	I	
518,360	8	8	I	R LL
517,268	7	7	I	R LL
516,732	6	6	I	R LL
485,11	—	3	II	
473,96	—	3	II	
473,003	2	—	I	
470,299	6	3	I	
457,110	5	2	I	
448,133	—	10	II	LL
443,40	—	8	II	
442,80	—	7	II	
439,065	—	10	II	
438,46	—	8	II	
435,190	5	2	I	
416,727	4	1	I	
405,751	3	—	I	
398,676	2	—	I	
389,566	3	—	I	
389,338	1	—	I	
389,198	1	—	I	
389,024	1	—	I	
385,04	—	4	II	
384,82	—	7	II	
383,829	8	8	I	R
383,230	7	7	I	R
382,936	6	6	I	R
353,88	—	6	II	
353,50	—	5	II	
333,669	5	5	I	
333,217	4	4	I	
332,993	3	3	I	

λ in nm	Int. B	Int. F	Ion.-Grad	Bem.
310,471	—	5	II	d
309,690	6	6	I	R
309,300	5	5	I	R
309,108	4	4	I	R
294,199	3	—	I	
293,847	2	—	I	
293,674	2	—	I	
293,652	—	8	II	
292,86	—	7	II	
292,550	—	3		
285,213	8	8	I	R LL (M 6000)
285,165	2	—	I	
284,842	3	—	I	
284,834	1	—	I	
284,671	2	—	I	
281,107	1	—	I	
280,979	2	—	I	
280,270	7	7	II	R (M 600)
279,802	3	5	II	
279,553	6	8	II	R LL (M 1000)
279,083	2	7	II	R
278,297	5	5	I	R
278,142	5	5	I	R
277,985	7	7	I	R
277,828	5	5	I	R
277,670	5	5	I	R
273,656	4	1	I	
273,551	2	—	I	
273,455	4	—		
273,351	4	1	I	
273,201	2	—	I	
269,816	3	—	I	
269,519	2	—	I	
269,374	2	—	I	
267,256	3	—	I	
266,963	6	—	I	
266,823	3	—	I	
266,082	—	5	II	
266,076	—	5	II	
202,582	6	6	II	
	Mn Mangan			
968,63	2	—	I	
968,49	2	—	I	
967,650	4	—	I	
960,856	10	—	I	
958,40	1	—	I	
955,08	2	—	I	
954,214	4	—	I	
944,490	4	—	I	
942,958	3	—	I	
941,278	1	—	I	
933,647	4	—	I	
933,490	2	—	I	
924,329	10	—	I	
923,440	1	—	I	
917,209	10	—	I	
911,402	5	—	I	
908,429	3	—	I	
892,972	6	—	I	
892,606	2	—	I	
874,093	10	—	I	
873,732	10	—	I	
873,460	3	—	I	
870,376	5	—	I	
869,913	10	—	I	
867,397	10	—	I	
867,206	10	—	I	
867,092	10	—	I	
865,938	1	—	I	
865,463	4	—	I	
843,120	2	—	I	
840,988	2	—	I	
839,587	1	—	I	
821,243	4	—	I	
794,291	3	—	I	
782,125	2	—	I	
781,661	3	—	I	
779,082	2	—	I	
776,472	5	—	I	
775,515	2	—	I	
771,242	5	—	I	
770,908	4	—	I	
770,652	1	—	I	
768,022	10	—	I	
764,634	3	—		
732,653	6	—	I	
730,290	6	—	I	
728,381	6	—	I	
724,783	5	—		
718,429	5	—	I	
715,133	8	—		
706,986	4	—	I	
698,993	4	—		
694,252	7	—		
660,557	4	—		
649,171	7	—		
644,350	6	—		
644,098	7	—	I	
638,219	3	—		
623,74	3	—		
620,47	3	—		
617,67	3	—		
613,079	—	2	II	
612,902	—	1	II	
612,873	—	2	II	
612,621	—	1	II	
612,586	—	3	II	
612,244	—	4	II	
607,836	5	—		
602,180	10	1	I	
601,664	8	1	I	

λ in nm	Int. B	Int. F	Ion.-Grad	Bem.
601,349	7	1	I	
584,897	3	—		
573,828	4	—	I	
556,777	4	—	I	
555,199	5	1		
553,784	7	2	I	
551,677	8	2	I	
550,588	6	1	I	
548,140	6	1	I	
547,064	8	2	I	
543,256	4	1	I	R
542,037	7	3	I	
541,370	6	2		
540,743	7	2	I	
539,951	8	3		
539,467	7	2	I	R
537,763	8	3		
537,722	3	—		
534,107	10	5	I	
530,232	—	3	II	
529,928	—	3	II	
529,697	—	2	II	
529,529	—	2	II	
529,422	—	1	II	
525,533	5	2		
519,660	3	1		
496,586	5	1		
482,352	8	4	I	
478,343	7	3	I	
476,643	5	3	I	
476,586	4	2	I	
476,237	6	3	I	
476,153	3	1	I	
475,404	7	6	I	
473,900	5	2	I	
472,746	5	2	I	
470,907	5	2	I	
462,654	4	2		
450,222	5	2	I	
449,890	5	2	I	
449,009	5	2	I	
447,280	5	2	I	
447,014	5	2	I	
446,468	6	3	I	
446,203	7	4	I	
445,109	5	2	I	
445,827	5	2	I	
445,755	5	2	I	
445,704	4	1	I	
445,582	4	1	I	
445,532	5	2	I	
445,502	5	2	I	
445,301	4	1	I	
445,158	7	3	I	
443,636	6	3	I	
441,489	7	4	I	
437,494	4	2		
431,255	4	1	I	
428,110	6	4	I	
426,592	6	4	I	
425,766	5	3	I	
423,973	5	3	I	
423,529	8	8	I	
423,514	8	—	I	
418,999	4	2		
417,660	4	2		
413,112	4	4		
408,364	7	5	I	
408,295	7	5	I	
407,943	7	4	I	
407,924	7	4	I	
407,028	5	—		
406,355	6	6		
405,894	6	4	I	
405,555	7	5	I	
404,876	6	6	I	
404,520	4	6		
404,136	7	7	I	R (M 420)
403,573	5	5	I	R
403,449	8	8	I	R LL (M 800)
403,363	3	3		R
403,307	10	10	I	R LL (M 1400)
403,076	10	10	I	R LL (M 2000)
401,811	6	6	I	
398,524	4	3		
384,399	5	3	I	
384,108	6	2	I	
383,977	4	5	I	
383,436	6	6	I	R
383,387	5	3	I	
382,390	5	4	I	
382,351	7	5	I	R (M 240)
380,960	5	3	I	
380,672	7	7	I	(M 360)
362,974	6	—	I	
362,379	7	—	I	
361,940	6	3	I	
361,030	7	3	I	
360,848	7	3	I	
360,753	7	3	I	
358,654	5	4	I	
357,788	7	5	I	
357,003	4	2	I	R
356,980	7	4	I	R
356,949	8	5	I	R (M 340)
354,818	8	4	I	R
354,802	9	4	I	R
354,779	10	5	I	R

λ in nm	Int. B	Int. F	Ion.-Grad	Bem.
353,211	5	4	I	R
353,199	8	5	I	R
353,183	7	4	I	R
349,754	—	5	II	
349,681	—	4	II	
349,583	5	6	II	
348,868	4	8	II	
348,291	4	8	II	
347,412	3	7	II	
347,404	4	8	II	
346,031	4	9	II	
346,004	2	4	II	
344,198	5	10	II	
343,898	1	3	II	
333,068	4	2	I	
332,070	4	2	I	
331,730	4	1	I	R
325,614	4	2	I	
324,852	6	3	I	
324,379	5	3	I	
323,739	5	2	I	
323,679	6	3	I	
322,810	6	3	I	
321,289	6	2	I	
317,853	5	2	I	
314,819	4	1	I	
311,069	5	1		
307,963	5	1	I	
306,213	4	1	I	
305,438	4	2	I	
304,627	2	4	II	
304,457	7	3	I	
303,955	—	4	II	
301,904	—	5	II	
294,920	6	8	II	(M 240)
294,039	6	1	I	
293,931	6	8	II	
293,306	6	8	II	
292,559	7	1	I	
291,461	7	1	I	
290,290	—	4	II	
289,707	—	5	II	
288,952	3	6		
288,668	—	4		
287,949	1	5		
281,633	—	5	II	
280,106	5	5	I	R LL (M 480)
279,827	6	6	I	R LL (M 650)
279,482	10	10	I	R LL (M 800)
272,446	—	4	II	
272,210	—	4	II	
271,974	—	4	II	
271,163	—	5	II	
271,034	—	5	II	
270,845	—	6	II	
270,755	—	3	II	
270,573	2	8	II	
270,556	—	3	II	
270,397	—	4	II	
270,170	3	5	II	
270,117	—	3	II	
270,104	—	3	II	
269,536	1	4	II	
269,319	—	4	II	
267,338	—	3	II	
267,259	1	5	II	
266,703	—	3	II	
265,593	—	3	II	
263,986	—	6	II	
263,818	1	7	II	
263,236	1	7	II	
262,561	—	7	II	
261,814	4	8	II	
261,021	—	8	II	
260,570	6	8	II	R (M 550)
260,373	—	4	II	
259,891	—	4	II	
259,373	6	8	II	R (M 800)
259,295	4	1		
258,973	—	3	II	
257,680	6	3	I	R LL (M 1200)
257,610	—	5	II	
257,551	5	—		
256,522	—	6	II	
256,364	—	5	II	
255,941	—	3	II	
255,861	—	7	II	
255,754	—	4	II	
255,689	—	3	II	
255,657	—	4	II	
254,875	—	4	II	
254,346	—	4	II	
245,313	—	4	II	
245,249	2	8	II	
243,785	—	4	II	
243,737	—	7	II	
237,38	—	5	III	
236,01	—	5	III	
222,180	3	—	I	R
221,380	3	—	I	R
220,873	2	—	I	R
218,19	—	4	III	
217,42	—	4	III	
216,98	—	5	III	
200,34	3	—	I	
Mo Molybdän				
934,801	2	—	I	
869,553	2	—	I	
848,928	6	—	I	

λ in nm	Int. B	Int. F	Ion.-Grad	Bem.
838,028	6	—	I	
832,843	5	—	I	
824,506	3	—	I	
772,074	4	—	I	
765,674	5	—	I	
748,573	4	—	I	
739,136	5	—	I	
724,587	4	—	I	
724,254	7	—	I	
713,409	4	—	I	
710,987	8	—	I	
706,023	4	—	I	
698,901	4	—		
691,405	5	—	I	
688,637	4	—		
683,895	3	—		
674,626	5	1		
673,400	7	1	I	
665,038	7	1		
661,915	9	8	I	
651,984	4	3		
642,437	8	8		
635,721	5	3		
603,066	10	10	I	
592,882	10	10	I	
592,633	8	6	I	
588,832	10	10	I	
585,828	8	8	I	
585,153	7	—		
579,184	10	10	I	
575,142	10	10	I	
572,277	8	7	I	
568,915	8	6	I	
565,013	6	4	I	
563,247	7	5	I	
557,045	10	10	I	R (M 150)
553,305	10	10	I	R (M 320)
550,649	10	10	I	R (M 480)
549,385	5	—		
547,335	5	4		
546,535	5	5		
536,42	6	3	I	
536,059	10	8	I	
524,094	6	3	I	
523,820	7	4	I	
517,415	6	3	I	
517,315	6	3		
517,294	4	2		
497,912	5	2		
486,803	6	3		
483,052	8	4		
481,926	8	4		
481,107	4	2		
476,020	9	9		
473,145	9	7		
471,792	4	—		
470,822	4	—		
470,725	8	4		
462,645	8	4	I	
462,135	5	2		
460,988	7	3	I	
459,515	5	2	I	
457,649	6	3	I	
455,811	4	—	I	
452,434	5	2	I	
449,130	5	2		
448,498	4	—		
447,460	6	2		
446,826	5	2		
445,736	6	2		
444,974	5	2		
444,308	3	—		
444,222	4	—		
443,496	8	4		
443,351	1	6	II	
442,670	4	—		
442,363	5	2		
441,170	8	6	I	(M 240)
438,164	10	8	I	(M 180)
437,776	2	8	II	
436,365	2	8	II	
435,034	6	2		
432,675	4	—	I	
432,614	6	2		
429,389	7	3	I	
429,324	8	4	I	
429,221	8	4	I	
428,865	9	5	I	
427,903	2	8	II	
427,726	10	6	I	
427,692	7	4	I	
425,186	7	3	I	R
425,068	2	8	II	
424,48	2	6		
423,259	8	4	I	(M 140)
419,457	5	2		
418,832	8	4	I	(M 240)
418,582	6	3		
414,356	8	4	I	(M 280)
412,278	2	5		
412,012	6	2		
410,748	6	2	I	
410,216	5	1	I	
408,439	7	3	I	
408,147	6	2		
406,988	8	6	I	(M 220)
406,209	7	3	I	
398,625	1	4	II	
396,149	3	6		
394,150	2	6	II	

λ in nm	Int.		Ion.-Grad	Bem.
	B	F		
390,296	10	8	I	R LL (M 1800)
386,908	4	1	I	
386,411	10	8	I	R LL (M 2800)
383,375	6	3	I	(M 160)
382,887	4	1	I	
382,670	3	1	I	
379,825	10	8	I	R LL (M 3200)
378,637	2	5	II	
378,219	2	5		
370,255	3	7	II	
369,494	5	3	I	(M 160)
369,265	2	6	II	
369,060	2	4		
368,832	1	7	II	
368,067	5	2	I	d, (M 140)
365,936	6	2		
365,230	1	5	II	
365,114	1	6		
363,545	5	—		
363,515	1	9	II	
362,446	5	2	I	(M 170)
361,425	7	3		
358,189	5	2	I	(M 170)
352,465	2	7	II	
350,442	4	1		
345,639	6	2	I	
344,712	8	2	I	(M 400)
344,610	2	5		
344,549	2	6		
343,721	4	1		
343,406	5	2		
341,852	4	1		
340,693	5	2		
340,594	6	2	I	(M 160)
340,435	4	1	I	
340,281	1	7		
338,462	6	2	I	(M 240)
337,997	4	7	I	
336,796	2	6		
336,380	4	1		
335,812	7	2	I	(M 200)
334,726	4	1		
334,640	2	6		
334,475	6	2	I	(M 160)
332,731	5	2	I	
332,568	5	2		
329,232	1	8		
329,032	1	8		
329,080	5	2		
328,902	6	2	I	(M 140)
320,883	8	2	I	(M 380)
319,398	9	3	I	R (M 950)
317,035	9	3	I	R (M 1100)
315,816	8	2	I	(M 750)
315,280	2	7		
313,259	9	5	I	R (M 1800)
312,199	2	9		
311,609	1	6		
311,212	7	2	I	(M 170)
308,761	2	8		
307,765	1	6		
294,484	2	6		
293,050	5	7	II	(M 140)
292,433	2	4		
292,340	5	8	II	(M 160)
291,192	5	8	II	(M 140)
290,911	3	6	II	
290,307	2	8	II	
289,100	5	5	II	(M 160)
287,150	5	9	II	LL (M 220)
286,380	3	7		
285,319	2	8		
284,823	5	10	II	LL (M 220)
281,615	5	7	II	(M 220)
280,773	3	5		
278,500	3	5		
278,004	5	7		
277,540	6	9	II	(M 220)
277,440	2	5		
275,606	3	6		
273,78	3	6		
273,70	2	5		
272,697	2	5		
271,734	3	6		
270,142	5	8	II	
269,52	2	5		
269,419	2	5	II	
268,798	6	9		
268,413	5	8	II	
268,322	4	7		
267,98	5	2		
267,284	3	8	II	
267,18	2	5		
266,058	3	8	II	
265,504	5	2		
265,334	3	7	II	
264,947	6	3		
264,648	3	6	II	
264,433	5	7	II	
263,876	5	8	II	
263,666	5	7	II	
262,985	6	2		
262,874	5	1		
261,310	5	2		
260,738	5	1		
260,282	3	6	II	

λ in nm	Int. B	Int. F	Ion.-Grad	Bem.
258,59	1	5		
258,217	5	2		
257,234	5	2		
256,706	4	1		
254,826	5	2		
254,268	2	5		
253,846	5	8		
252,72	2	4		
252,47	1	4		
248,12	1	4		
241,28	4	8		

λ in nm	Int. G	Int. F	Ion.-Grad	Bem.
		N Stickstoff		
868,035	1	—	I	
862,961	1	—	I	
824,247	1	—	I	
822,328	1	—	I	
821,646	2	—	I	
821,094	1	—	I	
818,816	1	—	I	
818,505	1	—	I	
746,879	6	—	I	
744,256	5	—	I	
742,388	3	—	I	
672,312	10	—	I	
664,496	10	—	I	
661,058	5	—	I	
648,488	10	—	I	
648,375	2	—	I	
648,274	10	—	I	
644,170	4	—	I	
600,848	10	—	I	
599,947	5	—	I	
594,167	6	—	II	
593,179	5	—	II	
568,621	5	—	II	
567,956	10	—	II	
5676,02	5	—	II	
566,664	8	—	II	
554,349	2	—	II	
553,559	4	—	II	
553,027	3	—	II	
549,570	4	—	II	
546,262	2	—	II	
532,870	4	—	I	
517,950	4	—	II	
504,510	6	—	II	
501,639	4	—	II	
501,062	5	—	II	
500,732	6	—	II	
500,514	10	—	II	
500,147	6	—	II	
500,113	5	—	II	
499,436	2	—	II	
498,738	1	—	II	
493,503	7	—	I	
491,490	1	—	I	
486,714	2	—	III	
485,882	2	—	III	
480,327	2	—	II	
478,813	1	—	II	
477,971	1	—	II	
464,311	5	—	II	
464,064	3	—	III	
463,416	3	—	III	
463,055	8	—	II	
462,141	3	—	II	
461,389	2	—	II	
460,717	3	—	II	
460,149	5	—	II	
453,037	2	—	II	
451,49	2	—	III	
451,09	2	—	III	
449,467	1	—	I	
449,240	2	—	I	
333,704	8	—	II	
443,271	2	—	II	d
437,909	4	—	III	
435,827	7	—	I	
430,546	2	—	I	
424,180	5	—	II	d
423,698	2	—	II	d
422,783	1	—	II	d
422,304	2	—	I	
419,670	2	—	III	
417,617	1	—	II	d
415,146	10	—	I	
414,576	1	—	II	
410,998	10	—	I	
410,337	4	—	III	
409,494	6	—	I	
409,731	5	—	III	
404,354	1	—	II	d
404,133	1	—	II	d
403,509	1	—	II	d
402,609	1	—	II	d
399,500	8	—	II	
395,585	2	—	II	
391,900	2	—	II	
386,910	1	—		
385,607	1	—	II	
384,220	1	—	II	
383,839	2		II	
383,039	6	—	I	
382,207	2	—	I	
365,019	4	—	I	
343,716	2	—	II	
332,879	1	—	II	
300,686	3	—	II	

λ in nm	Int. B	Int. F	Ion.-Grad	Bem.
		Na Natrium		
1267,76	5	—	I	
1140,396	10	—	I	LL
1138,162	6	—	I	
819,482	10	—	I	LL
818,326	5	—	I	
616,075	4	3	I	
615,423	3	2	I	
589,592	8	8	I	R LL (M 1000)
588,995	10	10	I	R LL (M 2000)
568,820	7	5	I	R LL
568,263	6	4	I	LL
567,58	3	3	I	
498,281	4	3	I	LL
497,854	3	2	I	
475,182	4	2	I	
474,794	3	2		
466,90	4	3	I	
466,481	3	3	I	
371,107	—	6	II	
363,127	—	8	II	
353,304	—	10	II	
330,294	8	8	I	R LL
330,234	7	7	I	R LL
328,5	—	5		
327,422	—	5	II	
325,897	—	6	II	
321,219	—	6	II	
318,978	—	6	II	
314,927	—	5	II	
313,648	—	5	II	
309,273	—	10	II	
307,832	—	6	II	
307,433	—	6	II	
305,616	—	6	II	
298,418	—	7	II	
297,966	—	6	II	
297,499	—	6	II	
295,123	—	8	II	
289,395	—	6	II	
285,30	5	5	I	R
285,28	4	4	I	R
284,172	—	7	II	
268,04	4	4	I	R
268,03	3	3	I	R
267,809	—	5	II	
267,183	—	6	II	
266,100	—	7	II	
259,39	2	2	I	R
259,38	3	3	I	R
249,315	—	6	II	
		Nb Niob		
1000,385	3	—		
995,729	2	—		
991,226	3	—		
991,035	2	—		
967,675	5	—		
965,097	1	—		
963,111	5	—		
962,688	8	—		
959,506	6	—		
940,860	2	—		
932,354	4	—		
919,760	2	—		
918,696	2	—		
914,131	5	—		
906,143	2	—		
896,776	2	—		
895,975	2	—		
890,578	3	—		
881,556	8	—		
876,796	1	—		
874,096	1	—		
869,755	4	—		
861,445	2	—		
857,587	3	—		
856,054	3	—		
854,725	2	—		
852,699	5	—		
847,598	10	—		
843,977	3	—		
840,623	2	—		
835,004	1	—		d
832,093	10	—		
824,000	5	—		
813,520	8	—		
795,476	1	—		
793,889	3	—		
788,531	6	—		
772,668	6	—		
757,458	8	2		
738,250	10	3	I	
735,316	6	1		
715,943	8	2	I	
709,894	6	1		
704,681	10	4	I	
699,032	8	2	II	
691,832	8	1		
690,289	6	1		
687,636	8	1		
682,811	10	3		
673,988	8	2		
672,362	8	3		
670,121	8	2		
667,733	10	5	II	
666,084	10	8	II	
654,461	8	1		
643,046	8	1		
599,793	5	1		
590,062	10	10	II	
586,647	5	2		
583,864	10	8		

λ in nm	Int. B	Int. F	Ion.-Grad	Bem.
578,754	8	2		
572,919	3	2		
567,102	3	2		
566,563	4	6		
566,470	2	0	I	
564,211	3	3		
557,616	3	1		
536,588	0	4		
535,074	5	5		
534,417	5	6	I	
533,487	5	1		
531,860	4	5		
527,620	3	3		
527,153	4	4		
523,281	3	1		
521,910	5	1		
519,308	4	4		
518,920	4	1		
518,698	3	1		
518,031	5	4		
516,438	5	2		
516,033	4	4		
515,263	4	1		
513,475	6	2		
512,030	3	1		
510,016	4	1		
509,530	5	6		
507,896	4	5		
506,525	3	1		
505,801	2	1		
503,904	5	5		
502,636	3	1		
501,775	4	1		
498,897	4	4		
496,778	9	5		
496,537	8	2		
484,837	9	7		
481,638	7	5		
481,060	8	1		
478,996	3	6		
476,681	3	6		
474,971	5	5		
473,389	6	6		
470,829	5	3		
470,614	5	5		
468,514	5	7		
467,537	6	7		
467,209	6	7	I	
466,722	4	0		
466,624	5	0		
466,383	4	6		
464,895	5	0		
460,676	6	4	I	
459,379	—	4		
458,902	—	5		
458,162	5	7		
457,945	—	5		
457,308	5	6	I	
456,453	5	6		
455,005	0	5		
454,682	6	7		
452,765	1	7		
452,341	6	7	I	
450,304	5	7		
449,296	1	8	II	
443,722	3	6		
440,117	0	7		
437,265	0	5		
436,797	4	9	II	
435,985	5	5		
433,137	4	6		
432,633	3	5		
432,149	0	5		
431,801	0	6		
431,127	3	8		
430,099	5	6		
429,960	5	5		
429,248	3	5		
427,489	0	6		
427,069	3	5		
426,602	4	5		
426,205	5	6		
425,544	3	5		
425,469	0	4		
425,297	3	5		
422,915	0	3		
421,852	—	4		
421,795	4	5		
421,623	0	5		
421,482	4	5		
421,467	—	8		
420,531	4	4		
419,207	4	4		
419,088	5	5		
418,444	2	5		
416,813	6	7	I	(M 360)
416,466	6	7	I	(M 420)
416,366	6	8	I	(M 460)
415,668	0	6		
415,258	5	7	I	(M 460)
415,012	3	4		
413,971	5	7	I	(M 280)
413,710	4	5	I	(M 240)
412,993	3	4		
412,943	3	4		
412,381	5	6	I	(M 550)
411,928	0	7		
410,417	0	5		
410,092	7	6	I	(M 700)
407,973	7	6	I	(M 1200)
405,894	8	7	I	(M 1700)
403,252	5	4		
401,217	—	8		
400,061	0	4		

λ in nm	Int. B	Int. F	Ion.-Grad	Bem.
397,651	—	4		d
396,625	5	5	II	
396,569	3	3		
396,428	0	4		
395,237	1	4	II	
394,946	0	4		d
394,367	2	4		
393,855	0	4		
393,602	1	9		
392,076	0	4		d
392,020	2	8		
391,972	0	8		
391,470	2	8		
389,829	0	6	II	
389,130	4	8		
388,568	3	2		
388,544	6	5		
387,935	1	10		
387,756	4	2		
387,576	1	4		
386,502	—	9		d
385,895	2	4		
385,550	—	4		
383,184	0	6	II	
382,488	3	4	I	
381,886	1	8	II	
381,049	2	4		
380,474	2	4		
380,292	4	4	I	(M 280)
379,812	5	5	I	(M 280)
379,121	6	6	I	(M 360)
379,015	4	4	I	R (M 140)
378,706	4	5	I	(M 180)
378,138	3	6	II	
375,955	4	4	I	
374,691	2	6		
374,239	4	4	I	(M 180)
374,073	3	5		
373,980	5	4	I	(M 280)
372,624	5	4	I	(M 280)
372,257	—	2		d
372,046	0	8		
371,964	—	3		b
371,707	1	7	II	d
371,301	5	6	I	d (M 340)
370,792	0	8	I	b
369,785	4	4	I	d (M 160)
369,668	0	3		
368,797	1	7		d
365,961	1	6	II	d
365,119	0	6	II	d
362,818	0	2		
361,973	0	6		
361,951	1	7	II	
360,256	4	3	I	
359,397	4	3	I	
359,120	0	3		
358,936	5	4	I	
358,911	3	1		
358,497	3	5	I	
358,027	6	5	I	(M 600)
357,585	5	4	I	(M 180)
356,851	1	3		
356,800	0	3		
356,350	5	4	I	
355,960	0	8		
355,466	4	3	I	
354,125	3	0		
354,096	1	7	II	
353,748	5	6	I	(M 150)
353,530	5	5	I	(M 240)
353,422	0	6		
352,848	0	3		
352,236	—	3		b
351,767	0	5		
351,542	1	6	II	
351,404	—	3		
351,116	3	0		
351,026	4	7	II	
349,995	1	3		
349,863	2	3		
349,103	2	3		
348,909	0	6		
348,883	0	4		
348,405	1	8		
348,295	0	8		
347,956	1	9	II	
347,878	0	3		
347,467	8	0		
347,025	0	8		
346,813	—	4		
346,381	2	4		
345,491	0	6		
345,471	0	4		
345,397	—	8		
345,235	0	9		
345,076	1	4		
344,822	1	4		d
344,568	4	7		
344,059	1	7	II	
343,992	1	4		
343,842	0	4		bd
343,696	2	4		R
343,270	1	7	II	
342,657	0	6	II	
342,585	4	2		R
342,542	1	6	II	R
342,116	1	4		b
342,063	0	4		
341,597	4	4		
341,294	0	6	II	

λ in nm	Int. B	Int. F	Ion.-Grad	Bem.
340,919	1	8	II	
340,868	0	4	II	
340,541	7	4		
340,302	2	7		b
340,202	—	4		
339,732	—	4		
339,637	0	8		
339,498	0	4		
339,063	2	4		
338,894	0	7		
338,624	1	8		
338,094	—	9		
337,930	0	8		
337,256	2	10		d
337,016	—	7		
336,916	0	4		
336,558	0	4		
336,217	—	8		
336,090	0	4		
335,842	8	5	I	(M 200)
335,474	5	0		
334,935	1	8		
334,906	5	5	I	(M 200)
334,828	0	4		d
334,675	1	4		
334,371	4	7	I	(M 150)
334,197	8	4	I	R (M 150)
334,160	0	6		
332,466	1	4		
332,389	0	4		
332,081	1	8		
331,958	0	4		
331,260	3	4		
330,561	0	8		
330,149	0	8		
329,705	0	4	II	
329,436	0	8		
329,202	0	8		
329,106	1	8	II	
328,346	—	7	II	
327,389	2	8		b R
326,337	0	5	II	
326,256	4	1		d
326,170	1	3		
326,056	1	6	II	
325,488	0	3		
325,407	1	5	II	
325,027	0	6		
324,894	0	3		
324,747	3	6		b
323,802	2	8		
323,769	0	3		
323,640	3	7	II	
322,956	1	3		
322,548	4	8	II	b, R
322,332	1	6		
321,702	0	7		
321,560	1	7		
320,859	0	6		b
320,634	1	6	II	
320,497	1	7		
320,335	1	6		
319,822	0	3		
319,498	4	8	II	
319,428	0	7		b
319,143	0	5		
319,110	1	5	II	b
318,928	1	8		R
318,422	1	7		
318,029	0	8	II	
317,585	0	6		
317,320	0	6		
316,340	3	9	II	R (M 140)
315,482	0	7		
315,216	0	3		
315,041	0	3		
314,540	1	7	II	R
313,079	4	8	II	R (M 180)
312,753	1	7	II	b
309,712	0	6		
309,418	5	9	II	R (M 220)
308,035	1	6		
307,686	1	3	II	b
307,156	1	3		
307,090	0	3		
306,968	1	4		
306,526	1	8		
306,453	0	8		b
305,552	0	6		
304,953	—	7		
304,820	0	3		
303,982	1	9		
303,495	0	6		
303,277	1	9		
302,844	5	10	II	
302,474	1	7		b
302,274	1	6		b
300,577	0	3		
299,473	6	9	II	
299,396	—	3		
299,195	0	6		
292,026	1	7	II	
298,505	0	3		d
298,210	1	5	II	b
298,072	1	3		
297,894	0	3		
297,768	0	9		
297,409	0	6	II	d
297,257	2	6		
295,088	5	7	II	(M 170)

λ in nm	Int. B	Int. F	Ion.-Grad	Bem.
294,588	0	6		
294,154	2	7	II	
293,266	0	4		d
293,213	—	3		
293,147	1	3		
292,781	5	9	II	R (M 170)
291,705	2	6		b R
291,174	4	6	II	R
291,058	5	7	II	R
290,824	4	8	II	
290,068	—	6		bd
289,923	3	5	II	
289,780	4	5	II	
289,307	—	6		b
288,882	1	6	II	
288,318	5	7	II	R
288,072	1	3		b
287,703	0	1	II	b R
287,695	5	10	II	b R
287,539	4	6	II	R
286,853	1	8		
286,109	1	6		
285,904	0	3		
284,956	1	6	II	
284,629	1	3	II	
284,265	1	6	II	
284,115	1	6	II	
283,512	0	6		
282,975	0	3		
282,712	—	5		
282,708	1	3		
281,668	0	3		
281,081	1	6		
279,769	1	7		
279,305	2	6		b
279,174	1	6		
278,025	2	7	II	
277,320	4	1	I	
276,812	3	6	II	
275,861	4	6	I	b
275,452	2	6		b
275,314	0	7	II	d
275,301	1	3		d
274,610	0	3		d
274,573	0	3		
274,018	0	5		
273,924	—	3		
273,708	1	6	II	
273,435	1	4		
273,374	0	3		
273,326	5	8		b
273,032	1	7		
272,366	1	7		
272,199	4	7	II	
271,663	4	7	II	
271,588	0	6		
271,534	0	6		
270,783	1	5		
270,640	6	6	II	
270,252	2	5	II	
270,220	1	6	II	
269,887	3	7	II	
269,706	4	9	II	R (M 150)
269,177	2	6	II	
268,639	0	7		
268,006	1	4		
267,766	0	3		
267,595	1	6	II	
267,357	1	10	II	
267,193	3	7	II	
266,659	0	3	II	
266,525	1	8		
265,803	—	7	III	
265,608	1	7	II	
265,445	4	2	I	R
265,112	1	7		R
264,750	5	1	I	d
264,626	1	6	II	bd
264,224	0	7		
263,813	1	8		
262,744	6	5	I	d
262,351	3	1		
260,129	4	7	II	
259,888	—	6	III	
259,219	4	0	I	
259,094	3	9	II	
258,398	1	10	II	bd R
254,564	0	7	III	b
254,480	2	8	II	R
250,141	—	7	III	
249,975	—	7		
249,085	—	4		bd
249,011	—	4		
248,875	—	3		
246,941	0	5		
246,874	0	3		
246,205	0	6		
256,040	—	7	III	b
245,809	1	3		
245,700	0	8	III	b
245,337	2	—	I	
245,187	1	6		
244,644	—	3		
244,609	—	4		
244,583	—	6		
244,268	—	3		b
244,214	1	4		
243,742	2	6		
243,595	1	3		
243,380	1	6		
242,191	—	7	II, III	b
241,869	3	9	II	

λ in nm	Int. B	Int. F	Ion.-Grad	Bem.
241,716	—	1	II	d
241,699	1	8	II	
241,449	—	6	II, III	
241,394	—	5	II	
241,246	3	6	II	
240,585	1	3		b
240,534	1	3		b
240,489	1	3		
239,848	2	5		
238,827	1	4		b
238,752	1	5		bd
238,709	0	4		
237,640	3	4	II	
237,273	0	4		
236,249	—	2		
236,205	—	3		
234,921	—	3		
233,809	—	3		b
233,480	3	4	II	
232,424	2	3	II	
232,406	0	3		
231,693	3	1		d
231,332	—	5	II	b
230,924	3	4	II	r
230,209	4	4	II	
229,568	5	5	II	
229,039	—	3	III	b
228,689	2	0		d
228,300	3	3	II	r
228,151	—	3	III	
227,522	—	3	III	
227,420	0	5		
227,357	3	3	II	
226,953	3	3	II	
226,568	0	3	II	
226,559	—	3		b, d
225,221	—	4	III	
224,676	—	3	II	
224,618	5	—		
224,258	1	3		dr
223,750	2	3	II	
223,255	8	—	I	
222,972	2	3	II	
220,363	2	3	II	
219,996	1	3	II	
217,676	1	2		
217,584	1	3		
216,724	0	2		
216,027	2	5	II	
215,673	1	2		
215,562	0	3		
214,954	1	2		
214,719	1	2		
214,636	—	3	III	b
213,495	0	2		
213,471	1	3		
213,449	0	2		
213,118	1	3	II	
212,654	1	3	II	
212,521	1	3	II	
211,309	2	4	I, II	r
210,942	2	5	II	
202,932	1	5		

λ in nm	Int. G	Int. F	Ion.-Grad	Bem.
Ne Neon				
991,51	2	—	I	
990,23	3	—	I	
990,06	4	—	I	
983,75	2	—	I	
966,542	10	—	I	
953,517	5	—	I	
949,52	3	—	I	
948,668	5	—	I	
942,54	5	—	I	
937,328	2	—	I	
932,666	5	—	I	
931,40	3	—	I	
931,06	8	—	I	
930,09	6	—	I	
927,55	1	—	I	
922,67	2	—	I	
922,16	2	—	I	
922,028	4	—	I	
920,188	6	—	I	
914,872	2	—	I	
898,858	3	—	I	
891,950	3	—	I	
886,576	3	—	I	
885,386	3	—	I	
878,376	4	—	I	
878,062	4	—	I	
868,192	3	—	I	
867,949	3	—	I	
845,438	6	—	I	
863,977	5	—		
863,465	5	—	I	
859,126	6	—	I	
849,536	7	—	I	
841,843	7	—	I	
837,761	7	—	I	
830,033	7	—	I	
826,608	5	—	I	
825,938	4	—	I	
823,642	7	—		
821,855	5	—		
813,641	7	—	I	
811,855	5	—	I	
808,246	8	—	I	
794,318	8	—	I	
754,405	6	—	I	
753,577	8	—	I	

λ in nm	Int. G	Int. F	Ion.-Grad	Bem.	λ in nm	Int. G	Int. F	Ion.-Grad	Bem.
748,887	9	—	I		594,483	9	—	I	
747,245	6	—			593,932	5	—		
743,890	8	—	I		593,446	6	—		
724,517	10	—	I		591,891	8	—	I	
717,394	10	—	I		591,483	9	—	I	
705,911	8	—	I		591,363	5	—	I	
705,130	4	—			590,644	5	—		
703,241	10	—	I		590,248	5	—		
702,405	9	—	I		588,190	10	—	I	
692,947	10	—	I		587,283	9	—	I	
671,704	5	—	I		587,215	6	—	I	
667,828	9	—	I		586,839	6	—		
666,689	6	—			585,249	10	—	I	
665,209	7	—			582,891	6	—		
660,290	6	—	I		582,016	9	—	I	
659,895	8	—	I		581,142	7	—		
653,288	5	—	I		580,445	9	—	I	
650,653	10	—	I		580,410	6	—	I	
644,470	5	—			577,031	5	—		
642,169	5	—			576,442	9	—	I	
640,941	4	—	I		576,058	5	—		
640,225	10	—	I		574,865	6	—	I	
640,108	6	—			574,830	9	—	I	
638,299	10	—	I		571,953	6	—	I	
636,497	5	—			571,922	9	—	I	
635,18	5	—			571,890	7	—	I	
633,443	9	—	I		568,982	7	—	I	
633,089	6	—			566,255	6	—		
632,816	7	—			565,666	9	—	I	
631,365	6	—			565,603	6	—	I	
630,479	5	—	I		565,257	5	—		
629,37	5	—			556,305	5	—		
627,601	3	—			556,280	9	—	I	
627,300	4	—			556,244	7	—	I	
626,649	10	—	I		553,864	5	—		
625,878	5	—			553,368	4	—		
624,671	5	—			544,851	7	—	I	
621,728	10	—	I		543,365	8	—	I	
621,388	6	—			542,016	4	—		
620,576	5	—			541,856	6	—		
618,905	4	—			541,266	7	—		
618,215	6	—	I		540,056	10	—	I	
616,359	9	—	I		537,498	4	—		
615,027	5	—			537,231	5	—		
614,306	10	—	I		536,001	7	—	I	
614,251	5	—			535,802	10	—		
612,845	6	—			535,542	7	—	I	
609,616	8	—	I		535,518	7	—	I	
607,434	9	—	I		534,921	5	—		
603,000	8	—	I		534,328	9	—	I	
600,095	5	—			534,109	10	—	I	
599,168	6	—			533,332	4	—		
598,791	8	—	I		533,078	10	—	I	
597,553	10	—	I		532,641	4	—		
597,463	9	—	I		530,177	4	—		
596,547	10	—	I		529,819	7	—	I	
596,163	6	—			528,007	4	—		

λ in nm	Int.		Ion.-Grad	Bem.
	G	F		
523,402	4	—		
522,234	4	—		
521,057	4	—		
520,887	4	—		
520,390	7	—	I	
519,321	7	—	I	
519,313	7	—	I	
518,861	7		I	
515,889	4	—		
515,666	4	—		
515,442	4	—		
515,196	5	—		
514,512	4	—	I	
514,501	9	—	I	
514,494	9	—	I	
512,234	7	—	I	
512,226	7	—	I	
511,650	7	—	I	
511,366	4	—		
508,038	6	—	I	
503,775	9	—	I	
503,135	8	—	I	
500,533	4	—		
500,516	9	—	I	
499,492	4	—		
497,534	4	—		
495,712	6	—	I	
495,703	9	—	I	
495,538	5	—		
494,498	4	—		
493,903	4	—		
489,209	8	—	I	
488,508	4	—		
488,492	9	—	I	
483,731	8	—	I	
482,759	7	—	I	
482,734	9	—	I	
482,317	4	—		
482,192	7	—	I	
481,879	5	—		
481,764	7	—	I	
481,063	4	—		
481,007	5	—		
479,022	9	—	I	
478,960	4	—		
478,893	10	—	I	
478,034	6	—	I	
475,872	5	—		
475,444	4			
475,273	8	—	I	
474,957	7	—	I	
471,534	10	—	I	
471,206	9	—	I	
471,006	9	—	I	
470,885	10	—	I	
470,440	10	—	I	
470,253	4	—		
468,766	4	—		
468,036	4	—		
467,914	6	—	I	
467,822	7	—	I	
466,736	4	—		
466,110	6	—	I	
465,639	7	—	I	
464,542	7	—	I	
463,663	4	—		
463,613	4	—		
462,831	7	—	I	
461,440	4	—		
460,991	7	—	I	
458,245	6	—	I	
458,204	6	—	I	
457,586	10	—		
457,506	7	—	I	
456,90	—	5	II	
454,038	9	—	I	
453,831	6	—		
453,786	5	—		
453,775	10	—	I	
453,631	5	—		
451,774	5	—	I	
449,89	—	5	II	
448,809	7	—	I	
448,319	6	—	I	
447,566	5	—	I	
446,681	5	—	I	
446,018	6	—	I	
442,85	—	6	II	
442,540	6	—	I	
442,480	6	—	I	
442,252	7	—	I	
439,79	—	6	II	
439,19	—	7	II	
436,352	4	—	I	
433,413	4	—	I	
423,16	—	5	II	
421,97	—	6	II	
381,84	—	6	II	
377,716	—	8	II	
375,422	4	—	I	
375,126	—	4	II	
372,71	—	9	II	
371,31	—	10	II	
370,964	—	7	II	
370,123	5	—	I	
369,42	—	10	II	
368,574	6	—	I	
368,224	6			
367,47	—	5	II	
366,85	—	6	II	
366,409	—	8	II	
364,39	—	5	II	
363,366	5	—	I	
360,918	5	—	I	

λ in nm	Int. G	Int. F	Ion.-Grad	Bem.
360,36	—	5	II	
360,017	5	—		
359,364	7	—	I	
359,353	9	—	I	
357,19	6	—		
356,87	8	—		
354,29	—	7	II	
352,047	10	—	I	
351,519	6	—	I	
350,122	6	—	I	
349,806	5	—	I	
347,257	9	—	I	
346,658	6	—	I	
346,434	5	—	I	
346,052	5	—	I	
345,420	6	—	I	
345,077	4	—	I	
344,770	7	—	I	
342,391	4	—	I	
341,801	4	—	I	
341,790	9	—	I	
339,28	—	7	II	
338,85	—	6	II	
337,565	4	—	I	
336,991	10	—	I	
336,981	8	—	I	
336,72	—	6	II	
336,06	—	5	II	
335,79	—	10	II	
335,51	—	7	II	
334,44	—	5	II	
333,484	—	9	II	
331,13	—	4	II	
329,77	—	8	II	
324,41	—	5	II	
321,82	—	8	II	
321,44	—	4	II	
319,86	—	5	II	
316,757	5	—		
315,340	5	—		
311,860	6	—		
312,619	6	—		
307,918	5	—		
307,887	5	—		
307,697	6	—		
306,369	6	—		
305,739	7	—		
305,47	—	5	II	
304,76	—	6	II	
303,031	5	—		
301,735	5	—		
301,213	5	—		
300,17	—	7	II	
299,213	6	—		
298,38	—	5	III	
298,266	7	—		
298,092	5	—		
297,981	5	—		
297,471	7	—		
295,57	—	7	II	
294,730	6	—		
293,272	5	—	II	d
291,91	—	5		
291,317	6	—		
287,266	5	—		
286,66	—	6	III	
279,510	5	—		
279,21	—	5	II	
267,86	—	4	III	
267,79	—	5	III	
267,564	5	—		
267,524	6	—		
265,101	5	—		
264,742	7	—		
264,570	5	—		
264,551	5	—		
261,34	—	3	III	
261,00	—	5	III	
259,57	—	6	III	
259,36	—	9	III	
259,00	—	10	III	
241,27	—	5	III	
226,32	—	4	III	
226,11	—	5	III	
221,38	—	4	III	
216,38	—	5	III	
209,63	—	3	II	
209,24	—	4	III	
205,95	—	6	III	
	Ni Nickel			
989,890	4	—	I	
952,006	10	—	I	
910,640	3	—	I	
896,820	3	—	I	
896,594	5	—	I	
887,707	1	—	I	
886,259	10	—	I	
880,947	3	—	I	
863,704	2	—	I	
791,746	7	—	I	
786,370	5	—	I	
786,110	4	—	I	
779,766	7	—	I	
778,899	10	—	I	
774,896	10	—	I	
772,767	10	—	I	
771,566	7	—	I	
771,436	8	—	I	
761,927	9	—	I	
761,704	10	—	I	
757,412	9	—	I	
755,568	8	—	I	
752,520	8	—	I	
752,285	8	—	I	

λ in nm	Int. G	Int. F	Ion.-Grad	Bem.
748,149	5	—	I	
742,236	8	—	I	
741,459	5	—	I	
740,942	8	—	I	
739,370	8	—	I	
738,624	5	—	I	
738,523	4	—	I	
738,193	3	—		
729,130	5	—	I	
726,193	5	—	I	
719,701	8	—	I	
718,290	9	—	I	
716,704	6	—	I	
712,222	10	—	I	
711,090	5	—	I	
709,547	4	—		
706,305	6	—	I	
703,442	3	—		
703,010	5	—	I	
702,476	5	—	I	
700,155	3	—	I	
696,510	5	—		
695,510	2	—	I	
691,458	8	—	I	
684,204	6	—	I	
677,233	7	—	I	
676,778	10	—	I	
664,364	10	—	I	
663,514	6	—		
659,854	6	—	I	
659,248	5	—	I	
658,633	7	—	I	
653,289	4	—	I	
648,284	7	—	I	
642,147	5	—		
641,463	5	—	I	
640,464	2	—		
638,469	6	—	I	
637,823	7	—	I	
636,643	6	—	I	
636,076	5	—	I	
633,916	8	—	I	
632,760	5	—	I	
631,467	8	—	I	
625,637	8	1	I	
622,397	5	—	I	
620,462	5	—	I	
619,120	8	1	I	
618,677	6	—	I	
617,681	10	2	I	
617,543	8	1	I	
616,336	7	—		
611,616	8	1	I	
611,101	6	—	I	
610,812	8	1	I	
608,634	8	1	I	
605,370	4	—	I	
601,225	3	—	I	
600,732	4	—	I	
599,678	5	—	I	
589,288	10	2	I	
585,776	10	2	I	
583,160	8	—		
580,520	10	—	I	
576,084	6	1	I	
575,466	7	1	I	
571,509	8	1	I	
571,190	6	—	I	
570,956	10	2	I	
569,497	7	1		
568,219	8	1	I	
562,528	7	1		
561,479	6	1	I	
559,374	6	1	I	
559,225	8	2	I	
558,788	5	—	I	
557,871	4	—	I	
550,998	6	—	I	
547,691	10	10	I	
546,248	5	—		
543,587	6	1	I	
542,465	5	—	I	
541,120	6	1		
537,14	6	—		
522,02	5	—	I	
517,655	6	1		
516,866	8	2	I	
515,576	9	2	I	
514,648	9	2	I	
514,277	8	2	I	
513,710	9	1	I	
512,938	7	1	I	
512,520	6	—	I	
511,543	9	2	I	
509,998	10	2	I	
509,936	5	1	I	
508,407	6	1	I	
508,112	9	3		
508,053	8	3	I	
504,882	5	—	I	
504,219	5	—	I	
503,536	10	3	I	
501,830	4	—	I	
501,761	9	2	I	
500,034	6	—	I	
498,412	9	2	I	
498,017	9	2		
493,728	5	—	I	
493,584	5	—	I	
490,440	10	3	I	
487,345	5	—	I	
486,628	7	2	I	
485,542	8	3	I	
483,119	5	2	I	

λ in nm	Int. G	Int. F	Ion.-Grad	Bem.
482,904	8	3	I	
478,654	10	3	I	
475,652	7	2	I	
471,576	8	3	I	
471,442	10	6	I	
470,380	5	—		
470,154	6	—		
468,622	5	—	I	
464,866	10	3	I	
460,499	9	3	I	
460,036	8	1	I	
459,253	9	4	I	
454,694	8	8		
447,049	9	3	I	
446,246	8	3	I	
445,905	9	8	I	
441,049	5	—		
440,155	10	8	I	
435,959	10	8	I	
433,164	5	—	I	
432,561	7	—	I	
425,990	5	—	I	
428,805	4	—	I	
428,801	6	—	I	
428,468	6	—	I	
423,104	6	—		
420,173	6	—		
420,045	5	—		
419,553	6	—		
414,232	7	—		
398,417	8	—	I	
397,468	8	—	I	
397,355	10	—	I	
397,216	8	—	I	
397,049	7	—	I	
394,410	7	—	I	
388,967	8	—	I	
385,828	10	8	I	
383,287	5	—	I	
383,169	7	2	I	
380,714	8	8	I	
379,360	5	—	I	
378,352	8	5	I	
377,556	8	5	I	
374,904	4	—	I	
374,456	3	—	I	
373,921	5	—		
373,681	6	3	I	
372,923	4	—	I	
372,248	7	1	I	
368,841	6	—	I	
367,411	8	3	I	
367,042	6	—		
366,923	5	—	I	
366,409	7	—	I	
363,494	5	—	I	
362,473	6	—	I	
361,939	10	8	I	(M 600)
361,273	5	5	I	R
361,045	7	6	I	R
360,931	4	1	I	
360,228	4	1	I	
359,770	7	5	I	R
358,793	4	—	I	
357,187	6	4	I	R
356,637	8	6	I	R (M 460)
354,819	5	3	I	
352,799	4	1	I	
352,454	10	8	I	R LL (M 750)
351,978	5	2	I	R
351,505	9	7	I	R LL (M 600)
351,395	5	2	I	
351,034	7	4	I	R
350,185	4	—	I	
350,085	5	3	I	R
349,296	10	8	I	R LL (M 500)
348,590	4	1		
348,378	6	4	I	R
347,255	7	5	I	R
346,948	4	1	I	
346,751	4	1	I	
346,165	10	8	I	R (M 460)
345,847	10	8	I	R (M 460)
345,289	8	6	I	R
344,626	10	8	I	R (M 440)
343,728	7	5	I	R
343,357	9	6	I	R
342,371	8	5	I	R
341,476	10	10	I	R LL (M 750)
341,394	3	2	I	R
341,348	5	3	I	R
340,958	3	—	I	
340,73	4	4	II	
339,299	10	8	I	R (M 300)
339,105	7	4	I	R
338,089	7	5	I	R
338,057	8	6	I	R (M 300)
337,464	5	2	I	
337,423	5	2	I	R
337,200	6	3	I	R
336,958	8	5	I	R
336,681	5	2	I	
336,616	6	3	I	R
336,577	5	2	I	R

λ in nm	Int. G	Int. F	Ion.-Grad	Bem.
336,156	5	2	I	R
332,232	6	3	I	
332,026	7	4	I	R
331,567	8	4	I	R
331,232	4	—	I	
328,695	3	—	I	
325,075	4	—	I	
324,306	8	3	I	R
323,466	5	2	I	R
323,295	8	3	I	R
322,503	5	2	I	R
322,166	4	2	I	R
319,712	5	2	I	
314,570	4	—	I	
313,411	7	5	I	R
312,930	3	—	I	
311,413	5	2	I	
310,547	5	2		
310,188	9	3	I	R
310,156	8	3	I	R
309,912	5	2	I	
309,712	6	3	I	
308,076	6	3	I	
306,463	6	3	I	R
305,765	8	5	I	R
305,432	7	4	I	R
305,082	9	6	I	R
				(M 280)
304,501	4	2	I	
303,794	8	6	I	R
303,187	5	2	I	
301,915	5	3	I	R
301,200	8	6	I	R
				(M 300)
300,363	7	5	I	R
300,249	8	6	I	R
				(M 320)
299,446	5	3	I	R
299,260	4	2	I	R
298,413	3	—	I	
298,165	5	3	I	R
294,392	6	4	I	
290,743	5	2		
286,551	5	2	I	
282,130	4	1	I	
280,510	3	1		
280,315	3	—		
280,230	5	—		
279,866	6	2	I	
274,675	8	3	I	
274,30	—	4	II	
269,650	5	2		
261,52	2	5	II	
261,01	2	6	II	
257,846	6	—		
256,145	5	—		
255,977	4	—		
254,592	2	4	II	
253,210	5	—		
252,805	4	—		
252,54	—	4	II	
252,421	5	1		
251,089	8	8	II	
247,318	4	4	II	
247,295	3	—		
247,223	5	—		
247,212	1	—		
244,167	7	2		
243,788	2	5	II	
242,407	5	—		
242,371	5	—		
242,338	5	—		
241,931	6	—	I	
241,614	5	8	II	R
241,265	7	2	I	
240,52	5	5	II	
240,185	5	—	I	
239,48	—	5	II	
239,456	2	10	II	R
239,296	6	2	I	
239,26	—	4	II	
238,659	5	—	II	
237,543	2	7	II	
236,74	—	5	II, III	
236,66	—	4	II	
234,665	5	—	I	
234,555	6	2	I	R
234,544	—	5	II	
234,526	—	5	II	
234,35	3	5	II	
234,12	5	7	II	
233,749	7	2	I	
233,710	4	1	I	R
232,997	7	2	I	R
232,580	7	2	I	R
232,139	7	2	I	R
232,003	8	3	I	R
231,716	6	1	I	R
231,604	5	7	II	R
231,398	8	3	I	R
231,366	6	1	I	R
231,29	2	5	II	
231,234	6	2	I	R
231,096	8	3	I	R
231,003	4	1	I	R
230,949	4	1	I	R
230,297	3	7	II	R
230,077	4	1	I	
229,008	6	2	I	R
228,716	5	1	I	
228,711	2	5	II	R
227,881	6	6	II	R
227,39	4	2		
227,024	5	5	II	R

λ in nm	Int. G	Int. F	Ion.-Grad	Bem.
226,445	4	4	II	R
226,143	4	—	I	
225,387	3	5	II	R
225,368	3	—		
222,63	5	5	II	
222,49	5	5	II	R
222,30	6	6	II	R
222,04	4	4	II	R
221,65	6	7	II	R
220,67	4	4	II	R
220,14	5	5	II	R
219,738	3	—	I	
218,55	—	4	II	R
218,46	—	6	II	R
217,47	—	7	II	R
216,56	—	8	II	R
216,12	—	2	II	
215,834	5	—	I	
215,784	2	—	I	
212,996	2	—	I	
210,79	—	4	II	R
205,99	3	—	I	
205,55	4	—	I	
204,74	3	—	I	
203,51	6	—	I	
203,44	3	—	I	
202,92	—	6	II	
202,66	5	—	I	
202,54	3	—	I	
202,10	—	6	II	
201,90	—	6	II	
201,43	4	—	I	
		O Sauerstoff		
926,261	1	—	I	
844,638	10	—	I	
795,218	3	—	I	
795,082	5	—	I	
794,757	10	—	I	
777,543	5	—	I	
777,414	8	—	I	
777,193	10	—	I	
715,736	4	—	I	
700,222	3	—	I	
665,421	3	—	I	
664,090	4	—	II	
645,607	9	—	I	
645,455	6	—	I	
645,369	5	—	I	
615,820	10	—	I	
615,678	8	—	I	
615,599	6	—	I	
604,634	6	—	I	
595,853	5	—	I	d
595,060	4	—	I	
543,683	6	—	I	
543,576	5	—	I	
543,516	4	—	I	
533,066	9	—	I	
532,959	6	—	I	
532,898	5	—	I	
529,900	4	—	I	
514,606	4	—	I	
502,013	4	—	I	
501,934	3	—	I	
501,878	2	—	I	
496,876	5	—	I	
496,786	4	—	I	
496,740	3	—	I	
494,297	5	—	II	
494,102	3	—	II	
492,450	3	—	II	
490,680	3	—	II	
485,676	1	—	II	
480,300	3	—	I	
477,376	4	—	I	
477,289	3	—	I	
477,254	2	—	I	
475,134	3	—	II	
470,532	8	—	II	
469,921	5	—	II	
467,625	5	—	II	
466,165	5	—	II	
465,536	3	—	I	
465,085	4	—	II	
464,915	8	—	II	
464,183	6	—	II	
463,887	4	—	II	
459,613	6	—	II	
459,094	8	—	II	
444,820	4	—	II	
441,697	6	—	II	
441,489	8	—	II	
436,830	10	—	I	
436,691	5	—	II	
435,128	5	—	II	
434,944	8	—	II	
434,743	4	—	II	
434,557	5	—	II	
431,965	6	—	II	
431,716	6	—	II	
425,398	5	—	II	d
423,332	5	—	I	
422,278	3	—		
421,709	2	—		
418,979	9	—	II	
418,545	6	—	II	
415,331	6	—	II	
413,282	5	—	II	
412,027	3	—	II	
411,922	8	—	II	
410,500	5	—	II	
409,724	4	—	II	
409,294	4	—	II	
408,927	3	—	II	d

λ in nm	Int. G	Int. F	Ion.-Grad	Bem.
408,521	4	—	II	
407,587	10	—	II	
407,216	8	—	II	
406,990	5	—	II	
398,273	1	—	II	
397,327	5	—	II	
395,460	2	—	I	
395,438	2	—	I, II	
394,761	1	—	I	
394,751	3	—	I	
394,733	8		I	
394,504	1	—	II	
391,195	6	—	II	
388,243	1	—	II	
382,525	1	—	I	
382,509	2	—	I	
382,347	5	—	I	
372,730	3	—	II	
371,274	2	—	II	
369,244	3	—	I	
288,382	1	—	I	
288,170	1	—	I	
218,264	1	—	II	

λ in nm	Int. B	Int. F	Ion.-Grad	Bem.
		Os Osmium		
760,295	2	—		
765,349	2	—		
714,891	2	—		
714,554	3	—		
706,067	2	—		
672,956	3	—	I	
640,315	2	—		
622,77	3	—		
599,600	5	—		
585,776	6	—		
580,060	5	—		
578,082	5	—		
572,193	7	—		
558,444	5	—		
552,353	8	5		
544,331	5	—		
541,669	5	—		
541,635	7	4		
537,679	5	—		
520,263	8	2		d
514,974	6	—		
510,350	5	—		
503,912	5	—		
497,932	4	—		
491,261	4	—		
489,922	5	—		
486,560	8	5		
481,595	8	3		
481,380	5	—		
479,399	7	5		
476,310	3	0		
475,216	3	0		
474,389	4	0		
473,835	4	2		
473,804	1	0		
469,206	4	2		
466,382	5	3		
463,183	5	0		
461,678	6	3		
459,716	5	0		
459,504	5	0		
455,130	4	2		
455,041	7	5		
454,866	4	0		
453,992	5	1		
453,762	2	—		
452,967	4	1		
452,487	4	1		
448,860	3	—		
448,476	6	3		
447,981	5	2		
445,953	4	0		
444,735	6	0		
443,964	4	1		
443,709	3	0		
443,632	5	3		
443,241	4	0		
442,047	8	5	I	(M 440)
440,274	4	2		
439,726	4	1		
439,486	5	3		
437,066	3	1		
436,567	5	3		
435,814	4	2		
432,868	6	4		
432,625	5	2		
431,140	6	5		
429,395	5	4	I	
426,961	2	0		
426,936	4	0		
426,085	7	5	I	(M 440)
421,186	6	4		
420,206	5	1		
419,514	5	0		v
418,991	3	0		
417,563	5	2		
417,323	6	3	I	
417,257	3	0		
415,878	2	0		
413,784	5	1		
413,578	6	4	I	(M 220)
412,896	3	0		
411,202	7	3	I	
410,030	3	0		
409,182	5	1		
408,844	5	0		d

λ in nm	Int. B	Int. F	Ion.-Grad	Bem.
407,468	4	1		
407,156	3	—		
407,101	3	—		
407,086	3	—		
406,671	4	4		
404,192	5	1		
403,784	4	1		
401,826	3	1		
400,402	2	0		
400,348	3	0		
399,893	4	1		
399,681	3	1		
398,818	3	1		
397,723	4	5	I	
397,544	3	1		
396,967	2	3		
396,497	3	1		
396,363	5	5	I	
396,102	6	1		
396,051	3	1		
394,978	3	1		
393,957	3	1		
393,859	6	2		
393,000	4	1		
392,854	3	1		
390,171	7	2		
390,039	3	1		
388,186	6	1		
387,857	3	1		
387,677	8	3	I	
386,547	6	7	I	
385,709	7	2	I	
385,344	5	1		
384,994	6	2	I	
384,367	4	1		
384,030	7	2		
383,606	7	2	I	
382,714	3	1		
380,044	3	1		
379,391	6	8	I	
379,073	5	2		
379,014	4	3	I	
378,220	6	6	I	(M 200)
377,699	5	1		
377,625	3	1		
377,462	3	1		
377,440	3	1		
376,814	4	2		
376,630	5	2		
375,252	8	7	I	(M 360)
374,647	5	2		
373,285	8	1		R, d
372,013	4	2	I	
371,952	2	1	I	
371,377	5	2		
371,284	3	1		
370,656	3	1		
370,325	5	3		
369,266	—	3		
368,906	8	3		
367,089	3	2		
365,690	3	1	I	
365,449	5	1		
364,881	5	1		
364,033	3	0		
361,943	3	2		
361,657	7	2		
360,448	0	5		
360,183	3	2		
359,811	8	3		
358,732	3	1		
356,978	5	2		
356,234	3	1		
356,086	7	7	I	R
355,979	7	5	I	
354,271	6	0		
353,280	5	1		
353,006	5	1		
352,860	8	6	I	R
352,604	4	1		
352,364	7	2		
351,873	8	3		
350,466	4	5		
350,116	5	1		
349,854	4	1		
348,746	3	1		
347,853	5	1		
346,544	3	1		
345,902	5	1		
345,839	7	1		
345,503	3	1		
344,920	5	2		
344,555	4	1		
344,446	3	1		
342,767	4	1		
340,251	4	3	I	
340,187	5	5	I	
338,784	4	6	I	
337,868	3	1		
337,060	6	8	I	R
336,412	5	1		
336,115	4	2		
335,797	5	1		
335,174	3	1		
333,615	6	7	I	R
332,743	4	1		
332,433	3	1		d
331,542	3	1		
331,091	4	1		
330,623	4	1		
330,156	9	9	I	R (M 800)
329,026	3	4		
327,797	4	0		

λ in nm	Int. B	Int. F	Ion.-Grad	Bem.
327,520	4	5		
326,921	4	5		
326,794	6	6	I	R (M 320)
326,469	5	1		d
326,275	4	5		
326,229	6	7	I	(M 320)
326,030	4	1		
325,692	4	1		
325,491	3	1		
325,201	3	1		
324,104	4	2		
323,863	5	2		
323,473	5	1		
323,420	7	1		
323,254	7	1		
323,206	6	8	I	(M 200)
323,142	7	1		
322,921	6	0		
322,728	6	1		
322,386	5	0		
321,331	3	2		
319,538	5	1		
319,469	3	1		
319,423	6	2		
318,946	6	1		
318,734	4	1		
318,698	5	1		
318,533	7	1		
318,257	5	1		
318,188	5	1		
317,824	4	1		
317,807	5	6		
317,393	4	2		
317,320	5	1		
316,828	5	1		
316,651	8	2		
316,566	1	4		
316,461	3	1		
316,173	5	1		
316,145	4	1		
315,724	5	0		
315,678	5	0		
315,625	6	8	I	(M 320)
315,361	6	2		
315,267	7	2		
315,207	4	1		
314,596	3	1		
314,094	3	1		
314,031	4	1		
313,112	4	5		
312,923	3	1		
312,994	7	1		d, b
311,833	7	2		
311,812	4	1		
311,648	3	1		
311,481	3	1		
311,109	5	2		
310,938	5	7		
310,898	6	1		
310,599	7	2		
310,498	8	2		d
310,153	6	2		
309,359	6	1		
309,049	4	1		
309,030	5	1		
309,009	5	1		
308,827	3	1		
308,775	3	1		
308,627	3	1		
308,460	3	1		
307,838	6	1		
307,811	6	1		
307,772	5	3		
307,744	6	8		
307,706	5	1		
307,496	6	2		
307,408	6	2		
306,994	6	1		
306,612	3	1		
306,219	5	3		
306,031	5	3		
305,866	6	7	I	(M 900)
305,521	4	1		
305,497	3	1		
305,117	4	1		
305,039	5	3		
304,946	4	1		
304,491	5	1		
304,441	3	1		
304,364	3	1		
304,351	5	1		
304,274	2	3		
304,090	5	5	I	(M 300)
303,281	3	1		
303,070	5	7	I	
301,938	4	2		
301,804	5	5	I	R (M 460)
301,725	3	3		
301,565	3	1		
301,307	7	2		
300,348	3	1		
297,097	4	5		
296,215	4	5		
294,953	6	6		
294,823	6	5		
291,979	5	6	I	(M 200)
291,233	5	5	I	(M 200)
290,906	7	7	I	R (M 900)
287,496	0	3		
287,241	3	0		
286,096	5	5	I	

λ in nm	Int. B	Int. F	Ion.-Grad	Bem.
285,076	4	2	I	
284,440	5	5	I	(M 220)
283,863	8	10	I	(M 480)
281,420	6	1		
280,691	5	5		(M 260)
280,407	4	2		
279,673	5	1		
278,255	3	4		
277,070	0	1		
276,142	3	1		
273,281	3	1	I	
272,186	4	1		
272,004	4	1		
271,536	4	4		
271,464	5	5	I	r (M 280)
270,670	4	0		
269,959	3	1		
268,982	5	5	I	(M 200)
267,489	1	3		
267,457	4	4		
266,118	4	0		
265,860	5	5	I	(M 180)
264,411	5	5	I	(M 180)
263,713	6	5	I	(M 360)
261,306	4	4	I	R
261,263	4	4		
259,076	4	4	I	
258,196	3	0		
258,003	1	3		d
254,251	3	0		
253,800	0	6		
251,325	3	0	I	(M 200)
250,367	1	3		d
249,841	3	1	I	d (M 220)
249,237	2	0		
248,855	5	7	I	b (M 380)
248,624	0	5		d
246,143	3	4		
245,474	0	4		
245,390	2	0		
245,074	3	4		
244,602	4	0		
244,082	0	6		
243,161	3	0		
243,119	3	0		
242,790	0	5		
242,681	0	5		
242,497	4	0	I	
242,457	3	0		
242,307	1	5		
241,452	2	0		d
240,508	0	7		
239,677	4	1		
239,588	4	0	I	
239,540	5	0	I	
239,178	5	1		
238,729	3	3		
237,761	3	1		
237,703	3	3		
237,506	1	6		
237,291	4	0		
237,265	5	0		
237,118	3	1		
236,924	3	1		
236,735	4	8		
236,277	3	1		
235,868	0	5		
235,528	1	5		
235,023	3	5		
234,069	1	3		
233,981	0	3		
233,680	2	7		
232,565	0	5		
232,018	2	0	I	
231,545	0	4		
231,516	1	4		
231,375	1	5	I	
230,831	3	0	I	
230,605	0	5		
230,351	2	0	I	
229,731	1	0	I	
228,932	2	0	I	d
228,367	2	1	I	
228,226	3	7	I	
227,911	4	1	I	
227,844	0	4		
227,254	0	5		
227,017	3	1	I	
226,460	3	0	I	
226,173	1	5		r
226,011	1	4		
225,585	4	8	I	
225,215	3	0	I	
223,461	2	1		
223,116	1	4		
222,798	2	5	I	
222,544	2	0	I	
222,527	0	5	I	
221,830	0	2		
221,476	0	3		
220,627	2	5		
220,574	2	4		
220,485	0	3		
219,439	3	7		
218,897	3	—		
216,775	3	1		
216,485	2	4		
216,100	3	0		
215,998	3	0		
215,952	3	—		
215,853	3	1		

λ in nm	Int. B	Int. F	Ion.-Grad	Bem.
215,804	0	2		
215,688	0	3		
215,631	3	0		
215,042	0	2		
214,736	0	1		
214,727	0	4		
213,711	5	2		
212,797	0	3		
211,979	6	1		
211,796	4	1		
210,291	0	1		
204,536	3	1		

λ in nm	Int. B	Int. F	Int. G	Ion.-Grad	Bem.
			P Phosphor		
604,305	—	—	3	II	
602,414	—	—	1	II	
567,689	—	—	1		
549,971	—	—	3	II	
542,592	—	—	3	II	b
529,609	—	—	6	II	b
525,348	—	—	6	II	b
494,341	—	—	3	II	r
472,726	—	—	2		
460,196	—	—	6	II	b
458,791	—	—	8	II, III	
447,527	—	—	3	II	r
438,533	—	—	2		r
424,688	1	—	3	III	b
422,215	6	3	3	III	
417,836	6	—			b
408,004	—	—	3	III	
405,927	—	2	2	III	
382,744	—	—	3	II	r
370,605	—	—	3	II	b
355,648	—	—	2	II	
342,487	—	—	2	II	
341,924	—	—	2	II	
337,110	—	—	1	IV	
336,443	—	—	1	IV	
334,77	—	1	1	IV	
323,361	—	—	2	III	
321,930	—	—	2	III	b
317,514	—	—	1	V	
289,532	—	—	1	III	b
288,390	—	—	1	III	
273,932	—	—	1	IV	
272,567	—	1	1	IV	
267,73	—	2	2		
264,420	—	—	1		
260,60	—	—	3	II	
255,493	3	—	6	I	
255,328	4	—	8	I	LL (M 38)
253,565	4	—	9	I	LL (M 60)
253,401	3	—	7	I	
215,408	1	—	2	I	
214,911	1	—	2	I	
213,620	1	—	2	I	
203,349	1	—	2	I	
202,455	1	—	1	I	
201,347	1	—	1	I	

λ in nm	Int. B	Int. F	Ion.-Grad	Bem.
		Pb Blei		
1050,00	10	—		
1029,13	10	—	I	
906,93	—	5	II	
906,37	—	4	II	
905,07	—	4	II	
839,56	—	4	II	
763,22	—	4	II	
722,898	6	—	I	
719,36	—	5	II	
666,00	—	3	II	
605,94	5	—	I	
600,20	5	—		
589,568	4	—	I	
560,88	4	8	II	
500,545	5	2	I	
438,66	—	6	II	
427,26	—	3	II	
424,508	—	4	IV	
424,50	—	6	II	
424,25	—	4	II	
416,804	6	5	I	R
406,214	7	5	I	
405,781	10	10	I	R LL (M 3400)
401,964	5	4	I	
396,245	—	5	IV	
395,21	—	3	III	
385,40	—	6	III	
373,994	7	7	I	R
368,348	10	8	I	R LL (M 1400)
367,150	5	4	I	R
365,561	—	3	IV	
363,957	9	7	I	R
357,273	8	8	I	R
322,130	—	4	IV	
322,054	4	4	I	
317,66	—	4	III	
313,79	—	4	III	
305,266	—	5	IV	
304,387	—	4	III	
287,332	8	8	I	R

λ in nm	Int. B	Int. F	Ion.-Grad	Bem.
286,431	—	4	IV	
283,306	10	10	I	R LL
				(M 950)
282,319	7	7	I	R
280,200	10	10	I	R LL
				(M 1000)
266,316	8	8	I	R
262,829	5	5		
261,418	7	5	I	R
261,366	5	4	I	R
257,727	6	5	I	R
256,23	—	4	III	
247,638	7	5	I	R
246,151	—	5	IV	
244,618	5	4	I	
244,386	4	3		R
241,175	3	1		R
240,195	4	3	I	R
239,380	6	5	I	R
233,247	3	1		R
224,690	5	4		R
223,742	3	1		R
·220,353	2	6	II	
217,56	2	—		R
217,00	6	2	I	R LL
215,96	2	—		R
211,50	4	—		R
208,82	4	4		R
206,07	5	5		
205,73	5	7		
	Pd Palladium			
791,580	1	—	I	
776,403	2	—	I	
736,812	2	—	I	
691,655	1	—	I	
683,342	1	—	I	
678,452	1	0	I	
677,454	1	—	I	
613,056	1	—	I	
573,968	5	0	I	
569,509	6	3	I	
567,007	7	4	I	
561,946	5	1	I	
554,702	6	4	I	
554,280	7	5	I	
539,524	8	5	I	
536,266	5	1	I	
534,510	4	0	I	
531,257	5	1	I	
529,563	9	7	I	
525,618	4	0	I	
523,486	5	4	I	
520,891	4	0		
516,384	9	7	I	
512,771	4	0	I	
511,702	5	4	I	
511,081	5	3	I	
506,341	4	0	I	
497,196	4	0		
491,986	4	0	I	
487,543	6	5	I	
481,751	7	6	I	
478,818	6	5	I	d
472,400	4	0	I	
467,746	5	0	I	
455,289	5	0	I	
454,114	6	3	I	
451,618	5	2	I	
448,948	6	3	I	
447,359	7	4	I	
435,101	4	0	I	d
434,467	6	0	I	
426,833	8	0	I	d
421,295	8	0	I	
416,984	7	3	I	
415,696	0	2		
409,890	4	0	I	b
408,734	5	4	I	
402,023	4	0	I	b
395,864	8	6	I	R, b
389,420	8	6	I	R, b
383,229	7	6	I	
379,919	6	5	I	R, b
371,891	6	5	I	R
369,034	7	6	I	R, b
363,470	10	8	I	R, b
				(M 2200)
360,955	10	10	I	R, b
				(M 2200)
359,770	4	5		b
357,116	7	7	I	d, R
356,663	4	4		
355,308	9	9	I	R, b
				(M 1300)
352,872	3	3	I	
351,694	10	8	I	b, R
				(M 1300)
350,795	0	5	II	d
348,977	7	7	I	d
348,115	9	8	I	R, b
				(M 1100)
346,854	—	4	II	d
346,077	9	8	I	R, b
345,135	—	6	II	b
344,140	9	8	I	R, b
343,345	8	7	I	b
342,124	9	8	I	R, b
				(M 1400)
341,965	3	2	I	
340,458	10	10	I	R, b
				(M 2600)
338,257	4	4	II	d
338,067	3	3	I	b, d
337,300	7	7	I	R, b

λ in nm	Int. B	Int. F	Ion.-Grad	Bem.
332,723	0	5	II	d
330,213	7	8	I	R, b
328,725	5	5	I	R
328,068	4	0		d
327,256	—	4	II	d
326,735	—	5	II	d
325,878	7	6	I	R, b
325,164	6	6	I	R
324,313	—	3	II	d
324,270	9	9	I	b, d, R (M 1200)
321,897	4	0	I	
321,045	—	5	II	d
317,941	4	3	I	d
317,877	—	3	II	
317,026	—	4	II	d
316,195	—	5	II	d
315,559	—	4	II	
314,281	6	5	I	
315,251	—	3	II	
311,404	8	7	I	b
310,916	2	3	II	d
307,517	4	0	I	
306,610	6	0	I	
306,531	8	6	I	b, R
305,943	—	5	II	b
305,215	—	5	II	d
305,008	—	4	II	d
303,220	—	6	II	d
302,791	8	5	I	R, b
302,61	—	3	II	
302,070	3	—		
301,850	—	3	II	d
300,978	4	0	I	R
300,265	6	4	I	R, b
299,955	—	5	II	d
298,066	—	6	II	R
295,650	—	3	II	d
295,439	—	4	II	d
293,484	0	6	II	d, b
292,542	0	4	II	d
292,249	5	3	I	R, b
289,309	—	4	II	
287,787	—	7	II	d, b
287,137	—	7	II	d, b
285,773	—	5	II	
285,458	—	9	II	d, b
284,103	—	6	II	
283,989	—	6	II	
283,766	—	6	II	d, b
282,294	—	5	II	d, b
282,185	—	6	II	d
280,733	—	7	II	d
280,04	—	7	II	d
278,792	—	8	II	d
277,684	—	9	II	d, b
276,309	8	7	I	R, b
275,106	—	5	II	d
274,260	—	6	II	
273,181	—	6	II	b
272,789	—	5	II	
272,678	—	4	II	d
271,490	—	5	II	
271,432	—	5		
270,921		5	II	d, b
269,855	—	4	II	
268,855	—	5	II	
268,766	—	5	II	
268,628	4	0	I	
267,958	—	5	II	
267,912	—	4	II	d
267,785	—	5	II	
267,703	—	4	II	d
266,114	—	5	II	
265,872	3	7	II	
265,756	—	6	II	
265,51	4	0		
264,947	—	2	II	
264,217	—	1	II	
263,707	—	1	II	
263,594	2	7	II	
263,033	—	5	II	d
262,825	2	7	II	
261,343	—	6	II	
260,986	—	2	II	
260,506	3	0		
260,276	0	5	II	
259,597	—	5	II	
259,327	1	8	II	
258,413	1	6	II	
258,385	—	2	II	
257,640	0	5	II	
257,549	—	1	II	
256,955	2	6	II	
256,551	3	7	II	
255,185	3	7	II	d
255,066	—	6	II	
254,483	—	5	II	
253,936	—	6	II	b, d
253,797	—	1	II	
253,717	—	1	II	
253,460	2	8	II	
251,448	—	6	II	
251,31	4	—		b
250,911	—	5	II	d
250,574	3	8	II	
249,878	3	9	II	b, d
249,669	—	5	II	
248,961	—	8	II	
248,892	4	8	II	
248,653	3	7	II	
247,880	—	5	II	d
247,701	—	5	II	
247,642	7	0	I	b

λ in nm	Int. B	Int. F	Ion.-Grad	Bem.
247,251	—	2	II	
247,115	—	2	II	
247,001	—	5	II	
246,925	2	6	II	
245,776	—	5	II	
245,726	—	6	II	
245,476	—	4	II	
244,816	—	1	II	
244,791	6	—	I	b
244,671	—	6	II	
244,618	—	7	II	
244,144	6	—		b
243,635	—	4	II	d
243,532	3	6	II	
243,310	3	6	II	
243,093	2	4	II	
242,687	3	6	II	
242,608	—	3	II	
242,580	—	4	II	
242,448	2	5	II	
241,873	3	4	II	
241,561	—	5	II	
241,473	3	6	II	
240,874	0	4	II	
240,674	2	6	II	
240,138	—	6	II	d
240,113	—	4	II	
240,097	—	4	II	
238,833	3	7	II	
238,501	—	0	II	b, d
238,340	—	0	II	b, d
238,257	—	5	II	d
237,792	2	4	II	
237,215	3	7	II	
236,796	4	6		
236,232	3	5	II	
236,131	—	4	II	d
236,053	2	0		
235,763	2	6	II	
235,186	1	6	II	
235,134	3	5	II	
234,776	2	5	II	
234,731	—	2	II	b
233,717	—	4		
233,660	3	5	II	
233,641	3	5	II	
233,141	2	4	II	
232,751	2	0	I	d
232,258	—	3		
232,190	—	3	II	
231,925	3	0		
231,647	2	0		
231,587	—	4	II	
230,860	—	4	II	
230,750	—	6	II	b
230,201	2	6	II	b
229,960	—	3	II	
229,943	—	5	II	
229,651	3	7	II	b, R
228,210	1	4	II	
228,083	2	4	II	
226,695	—	3	II	
226,428	2	4	II	
226,248	1	5	II	
226,214	0	3	II	
225,426	2	0	I	
225,203	0	4	II	
225,150	0	3	II	
223,156	2	6	II	b
222,922	—	4	II	
222,529	2	—	I	
222,373	—	4	II	b
222,229	—	4		b
221,816	—	5	II	
221,754	—	5	II	
221,732	—	3	II	
221,404	—	5	II	
221,214	1	5	II	
220,747	0	4	II	
220,348	—	3	II	
220,236	1	4	II	
219,045	—	3	II	
218,234	—	3	II	
217,827	1	0	I, II	
217,690	—	2	II	
217,238	—	3	II	
216,227	—	4	II	
215,275	—	3	II	
214,913	—	4		
214,425	1	3		
214,026	—	3	II	
213,724	—	3	II	
211,080	—	1		
210,366	—	2	II	
209,238	—	2	II	
209,201	—	2	II	
204,562	—	5	II	
Pt Platin				
822,479	6	—		
721,758	6	—	I	
711,375	8	—		
709,477	6	—	I	
684,260	7	—	I	
676,000	9	—	I	
671,040	8	—	I	
664,831	4	—		
652,346	6	—	I	
632,660	7	1		
628,350	3	—		
621,600	3	—		
584,013	7	1		
576,358	4	—		
552,585	2	—		
547,850	6	2	I	

λ in nm	Int. B	Int. F	Ion.-Grad	Bem.
547,578	7	2	I	
539,079	5	—	I	
536,899	7	1		
530,102	9	5	I	
522,764	9	2		
505,949	7	3	I	
504,404	5	—	I	
503,353	3	—	I	
468,409	4	1		
465,795	5	2		
455,45	3	—		
455,242	8	6	I	
454,788	5	—		
452,090	6	3	I	
451,414	—	3		
451,125	3	—		
449,875	9	7	I	
444,555	3	—		
444,256	9	4		
432,704	4	2		
416,471	—	4		
411,869	9	9		
396,636	4	6		
392,298	8	6	I	
389,873	6	4		
381,868	6	4		
367,405	4	—		
367,200	7	3		
364,316	7	7	I	
362,811	7	6		
348,527	8	7		
340,814	8	7	I	
340,187	5	—	I	
332,378	4	—		
330,185	8	7	I	
329,022	4	—		
328,326	3	—	I	
328,196	3	—	I	
326,842	3	—		
325,591	6	5		
325,198	3	—		
323,342	3	—		
323,029	3	—		
320,405	8	6	I	R
320,072	7	5		
315,910	—	6		
315,656	8	7		
313,937	9	8	I	R
310,000	4	7		
306,471	10	10	I	R LL (M 320)
304,262	7	7	I	R
303,643	7	5		
300,227	6	4	I	R
300,118	3	6		
299,797	7	7	I	R (M 180)
292,979	8	6	I	R (M 170)
291,934	5	—		
291,355	6	2		
291,266	5	1		
289,968	2	5		
289,788	6	6	I	
289,387	7	7	I	R
289,322	4	—		
289,040	2	5		
287,747	5	7		
283,030	8	8	I	R (M 140)
282,250	6	4		
279,421	5	9	II	
277,399	7	7		
277,167	5	5		R
275,490	6	6		
275,385	5	4		
273,396	8	7		R (M 180)
272,990	4	—		
271,904	6	5	I	R (M 130)
270,589	6	5	I	R (M 160)
270,240	7	6	I	R (M 200)
269,841	4	—		
267,713	6	5	I	R
265,945	10	9	I	R LL (M 280)
265,086	6	5		R
264,687	6	5	I	R
262,803	7	5		R (M 110)
262,532	3	5		
261,674	3	5		
257,263	3	5		
251,390	4	6		
248,872	4	5		
248,718	7	6		R
246,744	8	6	I	R
245,096	6	5		
244,26	3	5		
244,008	5	—	I	R
243,669	4	—	I	R
242,820	6	2	I	R
242,803	4	—	I	
242,488	4	7		
242,08	1	4		
240,575	2	5		
240,310	5	2	I	R
240,187	3	—	I	R
239,668	6	5		
237,727	7	6		
236,83	5	2	I	R

λ in nm	Int. B	Int. F	Ion.-Grad	Bem.
235,710	6	3	I	R
234,02	4	1	I	R
231,991	6	5		
231,55	4	—	I	R
231,097	5	7		
229,88	3	—	I	R
229,24	3	—	I	R
228,93	3	—	I	R
228,819	7	5		
227,69	3	—	I	R
227,64	2	—	I	R
227,48	2	—	I	R
227,44	4	—	I	R
226,88	5	—	I	R
225,15	—	5		
224,93	2	—	I	R
224,55	6	5	I	R
223,491	3	—	I	R
222,260	3	—	I	R
221,733	3	—	I	R
220,32	5	—	I	R
220,220	4	—	I	R
220,108	2	—	I	
219,97	2	—	I	
219,02	3	—	I	R
218,28	3	—	I	R
218,05	4	—	I	R
218,03	3	—	I	
217,46	5	—	I	R
216,51	4	—	I	R
215,35	4	—	I	R
214,50	3	—	I	
214,42	5	—	I	R
212,86	4	—	I	R
210,97	4	—	I	
210,95	3	—	I	R
210,33	3	—	I	R
210,16	3	—	I	R
208,46	4	—	I	
208,26	2	—	I	R
207,09	3	—	I	R
206,75	2	—	I	R
206,28	2	—	I	R
206,08	2	—	I	R
204,94	3	—	I	
204,92	3	—	I	
203,65	4	—	I	R
203,24	3	—	I	R
203,06	3	—	I	R

λ in nm	Int. G	Int. F	Ion.-Grad	Bem.
		Ra Radium		
993,221	2	—	I	
869,394	1	—	I	
833,507	2	—		

λ in nm	Int. B	Int. F	Ion.-Grad	Bem.
826,903	1	—		
824,870	1	—		
817,731	3	—	I	
801,970	5	—	II	
801,925	0	—		
800,513	1	—		
789,643	1	—		
787,708	0	—		
783,812	2	—	I	
756,549	0	—		
749,987	4	—		
731,027	6	—	I	
722,516	9	—	I	
714,121	10	—	I	
711,850	8	—	I	
707,802	2	—	II	
698,022	9	—	I	
690,301	3	—	I	
675,82	5	—	I	
671,932	6	—	II	
665,333	1	—		
664,595	1	—		
659,947	3	—	I	
659,334	6	—	II	
658,541	5	—		
654,593	3	—		
653,208	3	—	I	
652,892	1	—	I	
648,732	9	—	I	
644,620	9	—	I	
643,89	3	—	I	
633,690	6	—	I	
624,716	4	—	II	
620,030	9	—	I	
616,703	4	—	I	
615,119	3	4	I	
595,767	3	6		
582,349	1	5	I	
581,363	6	6	II	
581,158	3	5	I	
579,578	3	5	I	
575,545	2	5		
572,883	2	2	II	
569,016	2	5	I	
566,173	5	5	II	
566,081	9	7	I	
562,343	2	2	II	
562,047	2	—	I	
561,666	5	—	I	
560,15	4	4	I	
555,585	6	6	I	
555,357	5	—	I	
554,425	2	—		
550,550	3	4	I	
550,198	4	—	I	
548,832	3	—	I	
548,213	3	3	I	

λ in nm	Int. G	Int. F	Ion.-Grad	Bem.
540,681	6	6	I	
540,023	6	—	I	
539,980	5	—	I	
532,029	5	—	I	
528,328	5	—	I	
526,396	2	—		
520,593	5	—	I	
509,756	5	—	I	
508,103	3	3	I	
506,657	2	2	II	
504,156	3		I	
498,203	1	—		
497,177	2	2		
492,753	4	4	II	
490,324	1	2	I	
485,941	4	3	II	
482,591	8	—	I	
469,928	3	3	I	
468,228	8	7	II	
466,352	1	1	II	
464,129	3	—	I	
453,311	5	4	II	
443,627	4	3	II	
442,635	2	—		
436,630	2	—		
434,064	9	9	II	
430,500	1	—	I	
426,512	2	—	I	
424,472	3	2	II	
419,556	1	1	II	
419,409	3	2	II	
417,798	1	—	I	
389,455	3	2	II	
385,190	3	2	II	
381,442	10	8	II	
377,15	1	—		
368,616	1	1	II	
364,955	9	8	II	
351,48	1	0	II	
342,31	1	0	II	
310,180	3	—	I	
303,344	4	3	II	
283,646	2	2	II	
281,376	5	4	II	
279,521	4	3	II	
270,896	5	4	II	
264,373	4	3	II	
259,515	1	1	II	
258,661	3	2	II	
248,011	1	1	II	
247,550	4	3	II	
246,055	3	2	II	
237,710	1	1	II	
236,973	3	2	II	
222,33	1	0	II	
219,78	1	1	II	
216,99	4	3	II	

λ in nm	Int. G	Int. F	Ion.-Grad	Bem.
213,10	2	1	II	
210,76	1	0	II	
207,06	0	0	II	
201,275	1	0	II	
200,64	0	0	II	

λ in nm	Int. B	Int. F	Ion.-Grad	Bem.
		Rb Rubidium		
1088,86	1	—		
1007,571	2	—	I	
1007,528	3	—	I	
1005,22	3	—	I	
886,15	2	—	I	
794,760	1	—	I	R (M 1500)
780,023	2	—	I	R LL (M 3000)
775,943	2	—	I	
775,765	1	—	I	
761,893	3	—	I	
740,817	6	—	I	
728,000	7	—	I	
677,506	—	9	II	
629,922	8	—	I	
629,833	10	3	I	
620,631	8	2	I	
615,962	6	—	I	
572,495	5	2	I	
572,445	8	3	I	
569,916	—	6		
565,374	5	—	I	
564,810	7	—	I	
563,599	—	6	II	
557,878	3	—	I	
552,279	—	6	II	
543,153	5	—	I	b
542,543	1	—		
536,260	2	—	I	
526,003	1	—	I	
519,527	1	—	I	
515,209	—	6	II	
509,529	1	—		
488,563	—	5		
478,287	—	7		
477,600	—	9	II	
464,856	—	8	II	
462,245	—	5		
457,179	—	10	II	
453,036	1	6		
443,07	—	10		
442,61	—	10		
440,14	—	10		
438,07	—	10		
437,715	—	10		
437,18	—	10		

λ in nm	Int. B	Int. F	Ion.-Grad	Bem.
434,83	—	10		
433,15	—	10		
429,399	—	10	II	
428,800	—	10		
427,318	—	10	II	
426,662	—	5		
424,444	—	10	II	
421,558	7	5	I	R LL
420,181	8	6	I	R LL
419,310	—	9	II	
413,613	—	7		
410,431	—	8	II	
408,393	—	6		
400,629	—	10		
397,821	—	7		
394,057	—	10	II	
380,193	—	5		
372,866	—	8		
369,962	—	10		
366,42	—	10		
366,278	—	7		
360,068	1	5		
359,159	8	6	I	R
358,707	10	7	I	R
353,160	—	9	II	
349,275	—	10	II	
346,160	—	10	II	
343,472	—	7	II	
343,425	—	8	II	
339,312	—	7	II	
335,40	—	8		
335,088	5	5	I	R
334,873	7	7	I	R
334,061	—	8	II	
333,03	—	7		
332,156	—	8	II	
327,10	—	7	II	
322,91	2	—	I	R
322,80	4	—	I	R
319,877	—	8	II	
311,143	—	6	II	
308,69	—	5		
302,366	—	5	II	
295,612	—	6	II	
280,763	—	6	II	
263,180	—	5	II	
256,192	—	4		
247,23	—	1	II	
236,43	—	1	II	
	Re Rhenium			
994,990	8	—	I	
994,545	6	—	I	
994,370	2	—	I	
987,238	1	—	I	d, v
984,263	2	—	I	b
976,265	2	—	I	
971,052	5	—	I	
947,014	3	—	I	
942,344	1	—	I	
938,374	4	—		
938,024	1	—	I	
936,313	2	—	I	
926,846	1	—		b
925,002	1	—	I	
888,658	1	—	I	
888,295	1	—	I	b, v
879,770	3	—	I	b, r
878,677	4	—	I	b, r
869,726	2	—	I	b
867,565	5	—	I	b, r
864,897	3	—	I	b, r
864,361	1	—	I	
857,071	1	—	I	
852,773	9	—	I	b, r
841,714	8	—	I	
835,759	3	—	I	
830,101	2	—	I	b
829,373	2	—		
808,825	1	—		
806,003	3	—	I	
805,211	1	—		b, v
798,075	9	—	I	b, r
791,294	10	—	I	b, r
786,960	7	—	I	b, r
764,093	10	—	I	b, r
762,025	8	—	I	b, r
761,190	7	—	I	
757,822	8	—	I	b
735,203	5	—	I	
729,267	9	—	I	
727,384	7	—	I	
724,667	9	—	I	
702,413	7	—	I	
700,605	7	—	I	
697,153	8	—	I	
682,996	8	—	I	b
681,342	8	—	I	b
675,203	5	—		
675,122	5	—		
665,240	6	—		b
660,519	7	—	I	b
659,254	6	—	I	b
657,715	5	—	I	b
651,148	6	—	I	
635,075	7	—	I	R
632,189	7	—	I	b
630,772	7	—	I	b
624,322	5	—	I	b
614,682	5	—	I	
614,580	5	—		b
594,324	7	—		
583,433	6	6	I	
581,587	2	—		b
577,684	3	4	I	b

λ in nm	Int. B	Int. F	Ion.-Grad	Bem.
575,295	4	5	I	b
574,030	2	—		b
566,790	3	4	I	
556,321	4	—	I	b
553,266	3	—		
543,189	0	3		
537,705	4	5	I	b
536,946	0	3		
533,385	3	—		
533,190	4	—		
532,746	5	—		
527,824	3	3		
527,556	7	7	I	b (M 160)
527,095	6	6	I	b (M 130)
521,003	4	5		
517,891	5	—		b
512,669	3	—		b
510,463	3	—		b
509,650	3	5	I	
505,856	2	3	I	
498,599	4	5	I	b
495,677	3	4		
494,674	4	5	I	
493,374	3	4		b
492,393	5	6	I	
491,503	3	4		
488,914	7	8	I	b, v (M 220)
479,142	5	6	I	b
475,886	2	0		
474,903	1	2		b
474,838	4	5		b
472,762	4	5		b
470,503	4	5		b
470,043	3	0		
469,501	3	0		b
468,233	4	5		b
467,431	0	4		
466,250	2	0		
465,232	4	5		
463,084	4	6	I	
462,138	4	5		
460,573	5	5	I	
458,067	4	5	I	
455,970	4	5		b
455,926	4	5		
454,516	5	5		
452,993	5	6	I	b
452,599	4	5		
452,389	4	6		
452,272	6	7	I	
451,663	6	6	I	
451,331	7	8	I	(M 260)
450,799	4	5	I	b
450,703	5	6	I	b
448,145	0	5		
447,839	5	5		b
447,799	4	5		b
447,508	4	5		
446,794	4	5		
445,467	5	6	I	
445,388	0	4		
444,044	3	0		
441,583	4	5		
440,640	3	5		
439,437	5	6	I	
439,249	3	4	I	
439,133	4	5	I	b
436,758	5	5		
435,869	5	6	I	
435,797	0	5		
433,226	4	5	I	
430,441	4	5	I	
429,165	3	4	I	
429,118	4	5		b
425,759	5	6	I	b
424,681	0	5		
424,116	5	6	I	
422,746	6	8	I	b (M 360)
422,108	5	5	I	
420,453	1	4		
418,298	6	6	I	R
417,039	4	4		
414,436	5	6	I	b
413,645	6	6	I	b (M 180)
413,342	5	5	I	
412,163	3	4	I	
411,090	3	4	I	
410,442	2	3		
408,359	0	2	I	
408,143	4	3	I	
406,913	0	4		b
404,899	4	3	I	
403,331	5	4	I	
402,964	4	0	I	
402,335	4	0	I	b
402,297	4	0	I	d
398,423	2	4		
396,248	5	4	I	
396,103	3	0	I	
394,591	4	3	I	
392,984	5	3	I	
391,728	5	4	I	b
387,689	5	3	I	
387,525	5	3	I	
383,423	5	4	I	
383,370	4	3	I	
379,660	3	0	I	
378,753	6	5	I	
374,227	0	3		

λ in nm	Int. B	Int. F	Ion.-Grad	Bem.
374,043	3	2	I	
374,010	5	4	I	b
373,533	5	4	I	
373,500	5	3	I	b
372,576	6	6	I	b, d (M 400)
371,729	5	3	I	b
370,324	4	3	I	
369,770	5	0		b
369,148	5	4	I	b (M 500)
368,952	4	3	I	b
367,052	3	2	I	
365,197	3	2	I	
365,166	0	1		b
364,299	4	0	I	
363,784	3	2	I	
361,708	4	5	I	
358,302	5	6	I	b
358,097	5	6	I	b
358,013	3	4	I	
357,913	4	5	I	
357,026	3	0		
355,895	2	0	I	b
353,747	4	3	I	b
351,733	4	3		
351,665	4	3		
351,229	2	0		
350,306	5	5	I	
348,085	3	3	I	
348,038	3	3	I	
346,796	5	3	I	b
346,473	7	8	I	(M 4000)
346,046	9	9	I	b (M 5500)
345,350	5	3	I	
345,188	6	7	I	(M 1600)
344,937	4	3	I	R
343,772	4	4	I	b
342,762	4	3	I	
342,462	6	6	I	b (M 800)
341,940	5	3	I	
340,983	3	0	I	
340,868	3	0		
340,589	4	0	I	
340,472	4	0	I	
339,930	6	5	I	b (M 400)
337,972	4	3	I	
337,905	2	5		
335,529	2	0		d
334,620	3	2	I	
334,435	4	3	I	
334,224	5	4	I	(M 160)
333,818	2	0	I	(M 200)
333,537	3	0	I	

λ in nm	Int. B	Int. F	Ion.-Grad	Bem.
333,117	5	5	I	
332,248	5	4	I	
331,867	2	4		
330,848	0	5		
330,321	0	6		
329,699	4	0	I	
326,904	4	0		
326,155	3	—		
325,955	4	3	I	
325,885	4	3	I	
324,631	1	5		
323,594	4	0		
321,295	3	—		
320,425	5	5	I	(M 110)
320,004	3	—	I	b
319,448	3	—	I	b
318,557	5	5	I	(M 110)
318,476	5	5	I	(M 110)
318,287	4	4	I	
317,772	4	—		
317,478	4	0	I	b
316,838	5	4	I	b
315,832	5	3	I	
315,379	4	3	I	
315,163	4	5	I	b
313,402	3	0	I	
312,895	4	0	I	b
312,137	4	3	I	
311,819	4	3	I	
311,086	4	0	I	
310,881	5	5	I	
310,326	0	6		
310,067	4	3	I	
309,365	3	—	I	
308,877	4	1	I	
308,243	5	3	I	b
307,117	3	0		
306,995	6	0		
306,740	6	4	I	(M 160)
305,879	3	—	I	
304,230	0	4	I	
303,045	4	0	I	
301,649	5	3		
301,602	4	2	I	b
299,960	6	5	I	(M 500)
299,236	5	4	I	(M 160)
297,629	3	—	I	b
296,576	5	4	I	b (M 140)
296,513	4	3	I	
294,314	1	3	I	
293,062	3	—		
292,740	5	4		b
290,982	4	2		
290,558	4	2	I	
290,453	0	3		
290,248	4	3	I	b

λ in nm	Int. B	Int. F	Ion.-Grad	Bem.
289,602	5	1	I	b
288,801	0	3		
288,768	5	4	I	(M 260)
288,345	3	—		
287,529	4	—	I	
287,181	3	—	I	
285,098	4	0	I	
283,406	4	0		R
282,388	0	4		
281,996	5	4	I	b
281,468	3			
280,787	3	—		b
280,324	3	3		d
280,284	2	2		
278,357	4	3	I	b
277,042	3	—	I	
276,640	3	—		b
276,380	3	—		
275,800	3	—		b
275,369	0	4		
275,305	3	1	I	
275,062	0	3		
273,304	3	4		b
273,156	0	3		
272,271	3	—	I	
271,547	5	3	I	(M 120)
269,727	3	—	I	
269,026	3	—		d
268,853	0	6		
268,486	0	5		
268,357	3	—		
267,434	5	3	I	
267,184	3	—		
267,080	3	—		
266,363	3	0		
265,412	3	0		
265,190	4	1		
264,958	3	0		
264,905	5	0		
264,712	3	0	I	
264,276	6	—		
263,664	5	4	I	
263,582	0	4		
263,158	0	3		
262,331	3	—		b
262,035	2	—		
262,002	3	—		
261,456	3	—		
261,160	3	0		
260,850	—	4		
260,732	0	3		
260,387	5	—		
259,986	4	—		
259,524	3	—	I	
259,287	3	—	I	
258,855	—	3		
258,802	—	3		
258,679	3	0		
257,377	3	—		
257,182	0	4		b
256,864	4	5		b
256,419	4	0		
255,805	3	—		
255,651	4	0	I	
255,463	0	4		
255,356	0	4		
255,203	4	—		
255,010	0	5		
254,549	3	—		
254,489	4	4		
254,474	3	0		
253,480	5	—		b
252,159	5	—		R
252,001	2	—	I	
251,612	4	0		
250,899	4	3	I	(M 150)
250,460	4	—		
250,238	3	5		
250,172	4	—		
248,723	4	3		
248,678	2	—		b
248,581	2	—		
248,392	4	2		
246,770	3	0		
246,757	0	4		
246,186	3	5		
245,737	0	4		
245,585	2	3		
244,971	3	4		
244,904	0	4		
244,699	3	0		b
244,146	4	0		
243,217	5	0		b
243,153	5	0		
242,858	5	0	I	(M 160)
242,375	0	3		
242,176	5	4		
241,972	4	0		
241,934	3	0		
241,829	0	4		
241,037	4	0		
240,560	4	0		
240,505	5	0		
239,873	0	4		
239,391	0	4		b
238,689	0	3		
238,024	3	0		
237,979	4	0		
237,352	0	3		
237,078	0	4		
236,929	4	0		
236,769	4	0		
235,210	4	0		
234,880	5	0		

λ in nm	Int. B	Int. F	Ion.-Grad	Bem.
233,674	0	4		
233,436	3	0		
232,728	0	4		
232,344	0	4		
232,251	4	0		
230,556	4	0		
229,812	0	4		
229,450	6	3		
228,752	6	4		
228,166	5	3		
227,525	7	8		R
227,465	4	3		
225,622	3	0		
225,575	2	0		
224,858	0	3		
223,579	0	4		
223,546	3	0		
223,231	0	2		
222,692	2	2		
222,645	3	2		
222,606	0	2		
221,427	5	7		b
220,688	0	4		d
219,894	2	0		
219,026	0	3		
218,823	0	2		
218,638	0	3		
218,181	0	3		
217,911	2	0		
217,879	0	2		
217,787	0	4		
217,759	0	2		b, d
217,623	2	0		
216,796	2	1		
215,671	2	1		
214,411	0	3		
213,906	0	4		
211,877	0	3		d
211,391	0	3		
211,228	0	5		
211,190	0	4		
210,925	0	2		
210,655	0	2		
209,249	1	3		
209,150	0	4		d
202,366	1	3		
	Rh Rhodium			
842,551	3	—	I	
819,363	3	—	I	
813,620	5	—	I	
804,540	7	—	I	
803,611	5	—	I	
802,991	7	—	I	
783,005	6	—	I	
782,491	10	—	I	
779,161	9	—	I	
777,290	5	—	I	
749,524	5	—	I	
747,574	5	—	I	
744,239	5	—	I	
727,082	10	—	I	
726,818	6	—	I	
710,164	3	—	I	
696,567	10	—	I	
687,994	2	—	I	
675,235	7	1	I	
663,016	2	—	I	
651,970	2	—	I	
641,472	3	1	I	
610,272	5	1	I	
598,360	10	2	I	
583,158	4	1	I	
580,691	5	1	I	
568,638	5	1	I	
559,942	10	3	I	
554,489	3	1	I	
553,504	4	1	I	
542,407	1	—	I	
540,473	3	3	I	
539,044	6	3	I	
538,148	5	1	I	
537,910	1	1	I	
535,440	10	5	I	
523,716	5	1	I	
519,314	10	3	I	
518,419	5	—	I	
517,597	10	—	I	
515,554	7	—	I	
509,063	7	—	I	
496,371	5	—	I	
485,162	10	3	I	
484,399	5	—	I	
467,503	5	3	I	
456,901	5	—	I	
452,873	10	5	I	
437,992	3	1	I	
437,480	10	10	I	R (M 360)
428,871	10	8	I	R
421,114	10	10	I	R
419,650	5	—	I	
413,527	10	10	I	R
412,887	10	10	I	R
412,168	7	—	I	
411,968	5	—	I	
409,752	1	1	I	
408,278	5	3	I	
395,887	10	10	I	R
393,423	5	4	I	R
385,652	3	3	I	R (M 500)
383,389	2	2	I	R
382,848	5	5	I	R
382,226	5	5	I	R
379,931	2	2	I	R (M 420)

λ in nm	Int. B	Int. F	Ion.-Grad	Bem.
379,322	10	10	I	R
376,508	5	5	I	R
374,822	10	10	I	
371,302	5	—	I	
370,091	7	7	I	R (M 650)
369,236	10	10	I	R LL (M 800)
369,070	7	7	I	R
365,799	10	10	I	R LL (M 700)
363,951	7	—	I	
362,659	7	7	I	R
361,247	10	—	I	
359,715	10	10	I	R (M 500)
359,619	10	10	I	R (M 400)
358,310	10	8	I	R (M 400)
357,018	10	10	I	
354,954	7	—	I	
354,395	7	—	I	
353,814	5	—	I	
352,802	10	10	I	R (M 750)
350,732	10	10	I	
350,252	10	10	I	(M 500)
349,870	10	10	I	
347,891	10	10	I	R
347,478	10	7	I	R (M 400)
347,225	5	—	I	
347,066	10	8	I	R (M 400)
346,962	5	—	I	
346,204	10	10	I	R (M 500)
345,793	6	—	I	
345,707	5	—	I	
345,522	10	—	I	
345,115	1	—	I	
345,029	5	—	I	
343,489	10	10	I	R LL (M 700)
341,227	10	10	I	
339,070	10	10	I	
339,685	10	10	I	R LL (M 480)
337,225	10	—	I	
336,838	10	—	I	
336,218	5	—	I	
335,990	5	—	I	
333,855	10	—	I	
332,309	10	10	I	R LL (M 360)
330,047	5	—	I	
328,914	7	—	I	
328,357	7	5	I	R
328,055	1	1	I	
327,161	10	5	I	
326,314	10	3	I	
319,119	10	5	I	
318,905	5	—	I	
318,559	5	—	I	
315,578	7	3	I	
313,771	5	—	I	
312,370	7	3	I	
312,176	7	3	I	
311,491	5	—	I	
308,397	7	—	I	
301,391	5	—	I	
298,620	7	—	I	
297,768	6	—	I	
296,866	6	1	I	
292,911	5	—	I	
292,402	5	—	I	
290,721	5	—	I	
288,076	5	—	I	
286,294	7	—	I	
282,668	5	—	I	
279,663	5	—	I	
279,116	5	—	I	
278,303	7	—	I	
277,954	5	—	I	
277,806	5	—	I	
277,151	5	—	I	
276,773	5	—	I	
273,676	5	—	I	
272,895	10	5	I	
271,855	7	—	I	
271,751	5	—	I	
271,530	2	10		
271,441	7	—	I	
270,723	5	—	I	
270,562	3	10		
270,373	7	—	I	
265,266	5	—	I	
262,540	2	8		
255,536	5	—	I	
252,053	2	10		
249,230	5	—	I	
249,076	3	10		
248,333	5	—	I	
247,309	3	—	I	
247,147	3	—	I	
247,039	3	—	I	
240,788	3	—	I	
238,289	2	—	I	
236,834	3	—	I	
232,258	3	—	I	
226,414	3	—	I	
	Ru Ruthenium			
826,496	1	—		
792,413	1	—	I	
788,149	5	—		

λ in nm	Int.		Ion.-Grad	Bem.
	B	F		
784,780	5	—	I	
779,186	5	—		
777,541	3	—		
777,414	5	—		
777,188	5	—		
755,961	5	—	I	
749,975	6	—		
748,579	5	—		
747,540	2	—		
746,891	6	—		
739,393	6	—		
723,892	6	—		
702,798	7	—	I	
698,201	6	—		
692,323	8	—		
691,148	5	—		
682,409	6	—		
669,000	8	—		
666,314	5	—		
581,498	3	0	I	
569,905	4	3	I	
563,624	6	5	I	
555,975	3	2	I	
551,071	4	3		
548,432	3	0	I	
545,613	3	4		
545,482	4	3		
540,139	4	4	I	
540,104	5	—		
536,177	4	4		
533,593	3	1		
533,470	2	0		
530,927	5	4	I	
530,486	1	—		
528,408	3	2		
522,355	2	1		
519,502	4	3	I	
517,103	7	5	I	
515,514	5	4	I	
515,106	2	1		
514,724	3	2	I	
514,277	2	1		
513,655	5	4	I	
510,707	4	3	I	
510,139	2	1	I	
509,382	4	3		
505,733	6	5	I	
505,729	4	—		
501,123	4	3		
499,274	3	1	I	
498,035	3	2	I	
497,620	1	3	I	
496,890	3	0	I	
495,526	3	4		
493,843	4	3	I	
492,107	5	4	I	
490,789	2	0	I	
490,304	5	4	I	
489,560	4	4	I	
486,915	7	5	I	b
486,187	3	2		
484,456	4	4	I	
483,300	3	4	I	
481,552	5	5	I	v
479,557	2	0	I	
479,438	2	0	I	
476,930	3	1	I	
475,784	5	4	I	b
475,623	4	3		
473,347	4	3	I	
473,133	4	3	I	
470,948	7	5	I	b
469,010	5	3	I	
468,402	4	2	I	
468,179	4	3	I	
465,432	6	5	I	
464,761	6	5		
464,509	4	3	I	
463,569	4	2		
459,909	4	3	I	
459,251	5	3	I	
459,156	5	3	I	
459,110	3	—	I	
458,445	6	4	I	b
455,908	3	1		
455,451	8	6	I	R (M 500)
454,785	4	3		
454,733	5	4		
453,085	4	3	I	
452,095	3	2	I	
451,782	3	2	I	
451,689	4	3	I	
449,815	5	4	I	
447,393	4	3	I	
446,004	6	5	I	b
444,934	5	4	I	
443,976	6	5	I	
442,846	5	4	I	
442,146	4	3	I	
441,003	6	5	I	
439,780	3	2	I	
439,102	3	2	I	
439,044	5	4	I	R
438,565	3	2	I	
438,539	6	5	I	
437,221	6	5	I	(M 220)
436,121	5	5	I	
435,413	4	3	I	
434,970	4	3	I	
431,988	3	3	I	
431,844	2	2	I	
430,760	4	3	I	
429,771	5	4	I	(M 340)

λ in nm	Int. B	Int. F	Ion.-Grad	Bem.
429,593	4	3	I	
429,479	3	2	I	
428,433	4	3	I	
424,673	4	4		
424,633	4	4		
424,306	3	3	I	
424,107	3	3	I	
423,031	2	2	I	
422,666	4	2	I	
422,068	3	3	I	
421,727	4	4	I	
421,444	5	4	I	R
421,206	6	5	I	(M 500)
420,602	5	4	I	
419,990	5	4	I	R (M 700)
419,888	4	2	I	
419,758	5	5	I	
419,687	3	2		
416,751	5	6	I	
416,166	1	2	I	
414,838	3	1	I	
414,677	5	4	I	
414,574	5	4	I	
414,416	5	5	I	
411,338	2	2		
411,274	5	4	I	
409,779	4	4	I	
408,543	3	2	I	
408,060	6	5	I	(M 550)
407,673	3	3	I	
406,838	2	2	I	
406,446	4	3	I	
405,405	3	3		
405,220	1	2		
405,140	4	3		
403,921	1	2		
402,383	3	3	I	
402,216	3	3	I	
398,780	3	3		
398,486	4	4	I	
397,942	3	3	I	
397,845	3	4	I	
396,846	1	6		
396,490	3	2		
395,021	5	5	I	
394,557	4	4		
393,368	0	6		
393,176	3	3		
392,592	4	3	I	R (M 300)
392,347	3	3		
392,593	4	4	I	R
392,347	4	3		
390,908	4	5		
390,124	1	1	I	
389,221	2	1		
386,784	5	5		
386,265	0	3		
385,755	2	1		
385,646	2	0		
385,043	2	1		
383,970	2	3		
383,505	2	0		
383,180	3	2		
382,209	2	1		
381,903	2	1	I	
381,727	2	3		
380,868	2	1		
379,935	5	5	I	R (M 700
379,890	5	5	I	(M 700)
379,051	4	4	I	R (M 550)
378,606	4	4	I	R (M 360)
378,118	2	2		
377,759	2	2	I	
376,735	2	2		
376,003	5	4	I	
375,593	2	1	I	
375,355	2	1		
374,559	3	4	I	(M 260)
374,440	3	3		
374,422	2	2		
374,278	3	3		
374,228	4	4	I	(M 320)
373,043	5	5	I	R (M 650)
372,803	6	5	I	b, R (M 1000)
372,693	5	5	I	R (M 800)
372,610	0	3		
370,099	2	1		
369,659	2	0	I	
369,003	0	5	II	
366,949	2	3		
366,337	2	2		
366,135	5	6	I	(M 600)
363,493	5	4	I	R (M 300)
362,520	3	2		
359,976	4	3		
359,618	4	4	I	R (M 650)
359,302	4	4	I	R (M 700)
358,922	3	4	I	(M 650)
358,720	2	2		
357,458	2	1		
357,059	3	3		
354,163	3	1		
353,937	4	3	I	
353,795	3	2	I	

λ in nm	Int. B	Int. F	Ion.-Grad	Bem.
353,657	1	0		
353,583	3	1		
353,281	3	1		
353,139	3	1		
352,868	3	1		
352,013	3	2		
351,964	2	2		
351,898	4	2		
351,449	5	3		
350,972	2	2		
350,920	1	3		
349,894	8	7	I	R (M 850)
349,597	3	1		
349,425	2	1	I	
348,329	3	1	I	
348,130	3	2	I	
347,375	2	2	I	
347,223	3	1		
346,705	2	0		
346,314	3	0	I	
345,662	3	1	I	
345,240	4	2		
344,649	2	—		
344,607	2	1		
344,021	3	1	I	
343,837	3	1	I	
343,674	6	6	I	R (M 650)
343,519	3	2	I	
343,274	4	2	I	
343,226	3	2	I	
343,077	4	3	I	
342,954	3	2		
342,831	5	5	I	R (M 500)
342,008	3	1		
341,735	4	4	I	R (M 320)
314,628	2	0		
341,280	2	0	I	
341,164	4	2		
340,928	3	2		
340,659	2	0	I	
340,174	3	2	I	
339,938	3	0		
339,254	3	2		
338,950	3	2	I	
338,871	4	2		
338,571	2	0		
338,514	3	2		
338,018	3	1	I	
337,961	3	1	I	
337,802	3	1		
337,465	4	2	I	
337,398	3	0	I	
337,186	4	2	I	
337,005	0	2		
336,928	0	2		
336,845	3	2	I	R
336,234	2	0		d
336,200	3	1	I	
335,955	3	2		
335,910	4	2	I	
335,365	2	0		
335,193	2	0	I	
334,871	2	0	I	
334,801	2	0	I	
334,761	3	1		
334,532	3	0		
334,453	3	1		I
334,166	3	2		
334,109	2	0		
333,978	1	4		
333,955	3	4	I	
333,782	3	1	I	
333,664	2	0		
333,569	4	1	I	
333,264	3	0		
332,771	2	0		
332,500	3	1	I	
331,882	2	1		
331,789	2	1	I	
331,690	0	2		
331,639	2	2	I	
331,523	3	2	I	
331,505	2	1	I	
330,798	2	—	I	
330,617	3	1	I	
330,483	2	0	I	
330,400	3	1		
330,159	4	2	I	
329,933	2	0	I	
329,841	2	1	I	R
329,796	2	1	I	
329,726	2	0		
329,665	2	0	I	
329,611	2	1	I	
329,411	3	5	II	
327,471	2	1	I	
327,308	3	1	I	
326,879	0	3		
326,8213	1	1		
326,645	2	1	I	
326,466	2	2	I	
326,455	2	2	I	
326,035	3	2	I	
325,967	3	1	I	
325,897	1	3	II	
325,804	3	1	I	
325,633	2	0		
325,471	2	1		
325,454	2	1	I	
324,350	3	1		

λ in nm	Int. B	Int. F	Ion.-Grad	Bem.
324,217	4	—		
324,124	3	1	I	
323,961	2	0	I	
323,878	2	0	I	
323,853	5	1		
323,275	2	0		
322,853	3	5	I	
322,637	2	0	I	
322,327	4	1	I	
320,162	1	1		
319,659	2	0		
319,515	—	2		
318,998	3	1	I	
318,834	2	1	I	
318,604	2	0	I	
317,926	2	2		R
317,705	1	5	II	
317,629	2	0		
317,515	1	4	II	
317,413	2	0		
317,267	0	2		
316,853	4	2		R
316,747	0	4		
316,495	0	3		
316,318	1	4		
315,992	3	2	I	
315,889	3	1	I	
315,682	2	—	I	
315,382	3	1		
315,069	3	3		
314,745	1	4		
314,721	2	0	I	
314,426	3	1		
314,366	2	4	II	
314,097	3	4	I	
314,048	2	—		
313,656	3	1		
313,580	1	4		
313,480	1	5	I	
313,288	3	0		
312,984	3	0	I	
312,960	2	0		
312,661	1	2		
312,596	4	1	I	
312,461	2	0		
312,417	3	1	I	
311,869	2	0		
311,807	2	2	I	
311,340	2	—	I	
311,268	2	0		
311,191	2	1		
311,055	3	1	I	
310,772	3	1	I	
310,758	2	3		
310,684	2	0	I	
310,541	2	0	I	
310,528	2	2		
310,341	0	2		
310,084	3	2	I	
309,928	5	3	I	
309,723	4	0		
309,657	4	1		
309,456	1	2		
309,439	2	0		
309,390	2	4		
309,187	2	1		
309,023	2	1		
308,980	3	1	I	
308,915	3	1	I	
308,607	3	1		
308,315	2	0	I	
308,138	0	2		
308,090	2	1	I	
307,678	2	0	I	
307,352	1	4		
307,334	2	1	I	
306,826	3	1		
306,484	5	3		
306,049	1	2		
306,023	1	2		
305,917	2	—		
305,687	1	4		
305,494	4	1	I	
304,917	0	3		
304,879	3	0	I	
304,850	2	0		
304,571	3	1	I	
304,283	3	1	I	
304,248	4	1		
304,031	3	1	I	
303,818	3	1	I	
303,796	2	1	I	
303,647	2	4		
303,547	3	0	I	
303,406	3	1	I	
303,345	4	1	I	
302,779	1	2		
302,088	4	1	I	
301,781	1	3		
301,724	3	1		
301,541	1	2		
301,336	3	1	I	
301,292	3	0	I	
300,880	2	1		
300,826	2	0		
300,659	4	3		
300,460	2	0		
300,164	3	1		
299,981	1	2	I	
299,889	2	4		
299,835	4	1		
299,690	3	1		
299,599	0	2		
299,496	4	2	I	

λ in nm	Int. B	Int. F	Ion.-Grad	Bem.
299,327	3	1	I	
299,162	2	5		
298,895	5	3	I	R
298,194	3	0		
298,096	1	2		
297,996	2	5		
297,972	0	3		
297,864	2	5		
297,748	1	3		
297,723	2	4		
297,693	3	1		
297,659	5	5		
297,399	2	1		
296,895	3	1	I	
296,555	4	5	II	
296,516	4	1	I	
296,372	3	3	I	
296,340	3	5		
296,169	3	0		
296,153	1	2		
295,800	3	1	I	
295,536	2	0		
295,449	4	2	I	
295,250	3	0	I	
294,950	4	1	I	
294,699	3	1	I	
294,567	3	6	II	
294,510	1	3		
294,392	2	1		
294,225	1	4		
294,036	2	0	I	
293,552	1	4		
293,325	1	5		
292,754	2	6		
291,961	4	1		
291,850	—	3		
291,777	3	0		
291,635	0	3		
291,626	4	1	I	R
291,430	2	—		
291,397	—	2		
291,317	2	0		
290,974	—	5		
290,565	4	1		
290,201	0	3		
290,194	3	0		
290,042	—	2		
289,822	—	3		
289,772	1	3		
288,654	3	2		
288,212	1	6		
287,976	2	1		
287,906	—	3		
287,498	4	2	I	R
287,331	0	3		
287,164	2	1		
287,055	—	2		
286,831	3	0		
286,664	4	1	I	R
286,332	1	4		
286,288	1	3		
286,141	4	1	I	
286,002	3	1	I	
285,778	0	3		
285,655	0	2		
285,472	0	3		
285,407	3	1	I	
284,929	0	4		
284,858	2	0		
284,471	—	5		
284,168	2	5		
284,113	0	2		
284,054	3	1		
282,787	3	0		
282,916	4	3	I	
282,668	—	4		
282,622	—	3		
282,546	—	3		
282,506	—	2		
282,318	1	3		
282,255	1	6		
282,203	2	1		
282,142	1	4		
281,895	2	0	I	
281,836	2	1	I	
281,709	2	0	I	
281,372	2	5	I	
281,330	—	4		
281,055	4	5	I	
281,025	0	2		
281,003	4	1	I	
280,823	2	—		
280,674	2	4		
280,488	—	3		
280,350	2	0		
280,281	2	5		
279,991	—	2		
279,265	—	2		
279,535	1	4		d
279,265	2	0		
279,233	1	4		
278,871	—	2		
278,783	3	5		
278,565	3	6	I	
278,453	3	4		
278,221	2	0	I	
277,899	2	2		
277,838	—	5		
277,750	1	2		
277,739	—	2		
277,591	—	2	I	
277,563	2	5		
277,519	2	—		
277,448	3	0		

λ in nm	Int. B	Int. F	Ion.-Grad	Bem.
277,261	2	—		
277,245	—	5		
277,107	—	4		
277,070	3	—		
277,030	3	0		
276,893	3	6		
276,655	—	4		
276,587		2		
276,544	2	5		
276,513	0	4		
276,473	2	0		
276,342	4	1		
276,231	2	0		
275,781	2	—		
275,461	2	0	I	
275,344	2	2		
275,277	3	6		
275,245	3	0		
275,211	0	5		
275,035	2	—		
274,968	2	1		
274,607	2	1		
274,583	2	3		
274,525	1	5		
274,445	1	2		
274,394	2	4		
274,353	1	4		
274,235	0	2		
273,922	4	1	I	
273,889	3	0		
273,779	—	3		
273,760	—	2		
273,681	1	3		
273,648	1	4		
273,572	4	3		
273,435	4	6		
273,359	4	0		
273,190	2	—		
273,093	4	1	I	
273,033	3	0	I	
272,946	3	—		
272,883	3	—		
272,697	3	1		
272,547	4	7		
272,488	0	6		
272,406	3	0		
272,310	—	2		
272,265	3	0	I	
272,156	3	1	I	
271,972	1	2		
271,952	4	1	I	R
271,786	—	2		
271,740	2	5		
271,658	—	4		
271,612	—	5		
271,578	2	—		
271,374	3	0		d
271,358	—	4		
271,319	3	0		
271,307	—	3		
271,241	4	6		
271,023	2	4		
270,920	3	1		
270,797	2	0		
270,729		3		
270,457	—	4		
270,380	3	0		
270,283	4	1	I	
270,134	3	1		
270,048	2	—		
270,015	—	4		
269,329	4	0		d
269,207	4	7		
268,990	2	—		
268,811	1	5		
268,750	1	5		
268,629	4	1	I	
268,707	0	3		
268,054	1	2		
267,876	4	7		
267,635	2	0		
267,619	1	4		
267,552	—	2		
267,420	—	2		
267,360	2	0		
267,348	2	0		
267,301	1	2		
266,942	—	4		
266,797	2	—		
266,779	—	3		
266,740	1	5		
266,476	2	0	I	
266,186	2	—		
266,161	4	6		
266,117	1	4		
265,962	3	1	I	
265,719	—	2		
265,625	1	4		
265,395	—	3		
265,184	4	1		
265,041	2	—		
264,878	1	4		
264,732	2	0		
264,602	1	5		
264,461	1	3		
264,313	0	3		
264,296	4	—	I	
264,279	—	4		
264,162	—	3		
264,033	2	0		
263,987	2	—		
263,912	2	0		
263,851	2	0		
263,667	2	—		

λ in nm	Int. B	Int. F	Ion.-Grad	Bem.	λ in nm	Int. B	Int. F	Ion.-Grad	Bem.
263,654	1	5			255,854	2	0		
263,586	1	2			255,631	2	—		
263,380	—	1			255,605	0	3		
263,346	2	0		d	255,198	0	4		
263,271	—	1			254,958	5	0		
263,250	2	0			254,979	0	4		
263,157	2	0			254,918	0	4		
263,109	—	2			254,767	0	2		
263,024	1	0		d	254,422	2	0		
263,002	—	2			254,368	3	0		
262,873	—	3			254,325	2	4		
262,765	2	0			254,128	2	—		
262,648	2	—			254,030	1	3		
262,635	1	2			253,972	1	3		
262,621	2	—			253,559	—	3		
262,383	2	—			253,400	0	2		
262,061	2	0			253,324	2	—	I	
261,967	2	0			252,888	2	0		
261,935	—	2			252,804	—	2		
261,707	—	2			252,683	2	1		
261,509	2	4			252,517	2	—		
261,459	2	0			252,486	1	2		
261,407	2	0			252,161	2	0		
261,252	—	2			251,921	1	3		
261,207	4	3			251,840	0	2		
261,151	—	3			251,762	2	—		
261,105	2	0			251,732	2	4		
261,008	—	2			251,529	2	0		
260,906	3	2	I		251,332	2	5		
260,535	2	0			251,281	3	0		
260,412	—	2			250,907	—	2		
260,225	—	3			250,867	—	2		
259,877	0	2			250,827	3	4	I	
259,715	—	2		d	250,701	2	5		
259,580	—	3			250,148	2	0		
259,385	2	0			249,978	2	0		
259,202	2	1			249,857	4	5		
259,124	0	5			249,842	2	1		
259,112	2	—			249,768	2	0		d
259,097	1	3			249,569	3	1		
258,957	2	0			249,448	2	2		
258,941	—	2			249,402	3	—		
258,574	2	—			249,369	1	4		
258,304	1	3			248,991	2	—		
258,414	2	0			249,156	0	3		
258,114	2	0			249,110	0	4		
258,080	2	0			248,111	1	4	I	
257,902	1	2			248,081	1	3		
257,608	—	4			247,893	2	5		
257,355	0	2			247,688	2	0		
257,109	0	3			247,631	2	—		
257,097	2	—			247,541	3	0		
256,877	2	1	I		247,404	2	0		b, d
256,518	2	—			246,470	2	0		
256,458	2	0			245,862	3	0		
256,315	2	0			245,657	2	2		
256,026	2	0			245,644	4	6		

λ in nm	Int. B	Int. F	Ion.-Grad	Bem.
245,553	2	5		R
245,492	2	0		
243,551	0	4		
243,488	2	3		
243,293	2	—		
242,960	2	—		
242,293	2	0		
242,082	3	3		
241,695	0	3		
241,522	0	5		
241,483	3	4		
241,016	0	4		
240,792	3	4		
240,272	4	6		R
239,671	2	4		
239,397	2	—		
239,325	3	—		
239,242	2	0		
238,790	3	—		
238,199	3	5		
237,563	2	5		
237,527	3	0	I	R
237,017	2	0		
235,879	1	4		
235,791	2	5		
235,134	2	5	I	R
235,058	0	2		
234,934	2	0		
234,833	1	0		
234,285	3	6		
234,272	2	1		
234,069	2	0		
233,496	2	4		
233,391	1	3		
233,357	0	2		
233,107	0	3		
232,201	2	0		
232,070	2	—		
231,876	2	0		
231,854	1	0		
231,780	3	1	I	R
230,692	2	0		
230,552	2	4		
230,483	2	5		
230,254	3	0	I	R
230,037	2	—		
229,665	0	4		
228,768	3	0		
228,707	0	4		
228,538	2	0		
228,171	2	5		
227,957				
227,819	3	0	I	R
227,209	3	0	I	R
226,813	2	4		
226,350	1	4		
225,552	2	0	I	R
224,322	1	0		
224,107	2	0		
223,833	1	0		
223,584	2	0		
223,208	1	0		
223,088	0	1		
222,960	0	2		
222,933	0	1		
222,764	2	0		
221,853	1	4		
220,907	2	0		
220,732	0	2		
220,339	0	1		
220,257	0	1		
220,028	1	0		
220,007	0	2		
219,442	1	0		
219,286	0	4		
218,875	1	2		
217,847	0	1		
217,670	0	2		
217,507	0	1		
216,303	0	1		
216,022	0	2		
215,523	0	3		
214,981	0	3		
214,667	0	1		
214,207	0	3		
213,855	0	3		
213,503	0	2		
213,185	0	1		
212,888	0	1		
212,719	0	4		
211,980	0	2		
211,521	0	2		
210,733	0	5		

λ in nm	Int. G	Int. F	Ion.-Grad	Bem.
		S Schwefel		
923,749	6	—	I	
922,811	6	—	I	
921,291	6	—	I	
869,471	6	—	I	
858,560	6	—	I	
769,673	6	—	I	
768,613	5	—	I	
767,960	2	—	I	
724,477	3	—	I	
675,710	5	—	I	
674,879	3	—	I	
674,358	2	—	I	
653,857	2	—	I	
645,536	2	—		
641,371	4	—		
639,805	5	—		

λ in nm	Int. G	Int. F	Ion.-Grad	Bem.
638,489	4	—		
631,268	6	—	II	
630,551	7	—		
628,706	7	—		
605,263	4	—	I	
604,604	1	—	I	
604,193	1	—	I	
570,611	2	—	I	
570,024	1	—	I	
569,663	0	—	I	
566,473	5	—	II	
565,993	5	—	II	
564,698	7	—	II	
564,037	7	—		
563,998	7	—	II	
560,610	6	—	II	
557,886	5	—	II	
556,493	6	—	II	
555,601	4	—	II	
550,967	7	—	II	
550,701	1	—		
547,363	6	—	II	
545,388	7	—	II	
543,283	5	—	II	
542,869	4	—	II	
534,566	5	—	II	
532,070	5	—	II	
527,891	0	—	I	
527,861	0	—	I	
527,81	3	—	I	
520,135	1	—	II	
520,100	3	—	II	
514,189	3	—		
510,340	3	—		
504,774	2	—		
503,239	5	—	II	
502,718	3	—		
501,401	4	—	II	
500,954	4	—		
499,351	1	—	I	
499,197	3	—		
492,532	6	—	II	
492,408	4	—	II	
491,715	3	—	II	
488,563	2	—	II	
481,552	5	—	II	
479,202	2	—	II	
477,911	2	—	II	
471,623	4	—	II	
469,625	2	—	I	
469,545	3	—	I	
469,413	4	—	I	
465,674	4	—	II	
455,238	4	—	II	
454,955	2	—	II	
452,495	4	—	II	
452,468	3	—	II	
448,666	1	—	II	
448,342	2	—	II	
446,443	3	—		
446,358	4	—	II	
445,643	1	—	II	
431,868	3	—	II	
429,443	4	—	II	
428,263	3	—	II	
427,854	2	—	II	
426,976	2	—	II	
426,780	3	—	II	
423,098	1	—	II	
421,723	2	—	II	
418,971	2	—	II	
417,430	3	—		
417,404	1	—	II	
416,841	2	—	II	
416,270	4	—	II	
416,239	1	—	II	
415,770	1	—	I	
415,310	3	—	II	
414,510	2	—	II	
414,229	2	—	II	
403,281	3	—	II	
402,879	4	—	II	
399,879	2	—	II	
399,353	1	—	II	
394,698	3	—	II	
393,325	3	—		
366,898	2	—	II	
359,599	3	—	II	
359,446	2	—	II	
349,734	4	—	III	
309,746	1	—	IV	

λ in nm	Int. B	Int. F	Ion.-Grad	Bem.
		Sb Antimon		
994,914	9	—	I	d
951,868	9	—	I	
796,96	3	—	I	d
792,465	8	—	I	
784,441	5	—	I	
680,635	1	—		b, d
677,875	—	1	II	
661,148	1	—		
612,998	1	5	II	d
607,980	—	4	II	
607,955	1	5		d
600,521	—	7	II	
600,46	—	6	II	d
591,064	—	4		d
589,509	—	3	II	b, d
573,046	1	—		
563,974	—	5	II	b, d
563,197	1	2	II	

λ in nm	Int. B	Int. F	Ion.-Grad	Bem.
556,809	1	8	II	b, d
546,408	—	4		
538,120	—	4		
523,894	—	3	II	d
514,12	—	4		d
511,386	—	5		v
494,852	—	6	II	d
487,724	—	5	II	b
478,403	—	3	II	b
475,782	—	4	II	
473,539	—	4	II	
471,126	—	8	II	bb
469,291	—	3	III	b
465,791	—	2		
462,307	—	2		d
459,909	—	4	II	
450,691	—	5		b
441,150	—	4		d
435,216	—	5	III	b, v
431,432	—	5	II	bb
426,508	—	3	III	d
426,001	—	1		
421,907	—	3	II	b
419,517	—	5	II	b
414,063				
413,363	—	4	II	b, d
410,477	—	2		d
403,354	5	5		
396,055	—	2	II	d
385,023	—	3	II	d
372,279	7	5	II	r
363,783	6	6	I	
359,751	0	10		b
355,924	0	3	II	d
350,407	4	7	III	
349,846	0	9	II	b
347,392	0	8	II	b
338,314	6	6	I	
330,390	0	5	II	b
326,750	8	9	I	R, b
324,128	—	10	II	b
323,254	7	7	I	R, b
304,067	—	7	II	b
302,982	6	6	I	
302,219	—	3	II	
301,107	—	5		d
298,096	—	4	II	b
296,610	—	3	II	
289,151	—	3		b
287,792	7	7	I	R, b (M 140)
285,111	5	5	I	
279,027	—	4	III	b
276,994	5	6	I	R
272,721	3	4	I	
271,889	4	5	I	R
269,225	3	4	I	R
268,276	4	5	I	R
267,064	4	5	I	R
266,939	0	3	III	
265,261	3	6	I	R, b
261,467	4	6		
261,230	3	3	I	
259,806	7	9	I	R, b, LL (M 600)
259,024	0	3	I	
257,411	4	5		
256,774	—	2	II	
256,554	—	3		d
255,465	2	3		
254,384	—	3		d
252,852	6	8	I	R, b, LL (M 320)
251,053	3	3	I	
248,174	1	2		
248,044	2	3	I	
247,831	3	4	I	
247,458	1	2	I	
244,552	4	5	I	R
242,635	3	4	I	
242,214	2	3	I	
239,520	2	2	I	
238,363	3	5	I	b
237,362	3	5	I	b
236,050	2	3	I	
235,220	1	2		
232,908	0	2		d
231,588	2	3	I	
231,147	6	7	I	R, b
230,650	3	5	I	R
229,346	2	3	I	
228,899	2	3	I	
227,008	0	2	I	
226,254	3	5	I	r
222,494	2	4	I	
222,208	1	3	I	
222,080	2	4	I	
220,853	2	6	I	
220,780	1	2		d
220,30	0	2		
220,140	1	6		
219,096	—	2	II	
217,926	2	7	I	R
217,589	3	8	I	R, b
217,023	0	4		
215,926	1	3	I	
215,897	1	2	I	
214,504	1	5	I	d, r
214,176	1	4	II	v
213,976	2	5	I	d
213,711	1	3		
212,746	1	3	I	
211,852	1	2		
209,847	2	4	I	

λ in nm	Int. B	Int. F	Ion.-Grad	Bem.
206,838	8	0	I	R
206,344	2	1	I	
205,404	2	0		
204,946	1	1	I	
203,960	1	1	I	
202,386	1	0	I	
		Sc Scandium		
440,036	6	2	II	
437,446	5	1	II	
435,461	3	1	II	
432,501	2	2	II	
432,075	2	2	II	
431,408	2	6	II	
424,683	4	8	II	(M 1400)
408,240	2	1	I	
404,779	2	1	I	
402,369	5	2	I	(M 1800)
402,322	3	—	I	
402,040	2	1	I	(M 1800)
399,661	2	1	I	
393,338	3	3	I	
391,181	6	2	I	(M 2100)
390,749	6	2	I	(M 1800)
365,180	3	3	II	
364,531	3	3	II	(M 600)
364,279	3	3	II	(M 1200)
363,075	3	4	II	(M 1800)
361,384	2	4	II	(M 2500)
358,094	1	3	II	(M 700)
357,635	1	2	II	(M 900)
357,253	2	3	II	(M 1200)
356,770	1	3	II	
355,855	1	3	II	(M 600)
353,573	1	2		
337,215	1	6	II	(M 600)
336,895	3	2	II	
336,194	2	1	II	
336,127	2	1	II	
335,986	3	2	II	
335,373	3	3	II	(M 900)
327,362	2	1	I	
326,990	2	1	I	
306,511	1	2	II	d
305,293	1	1	II	d, r
304,571	1	2	II	
303,992	0	2	II	d, r
301,935	2	1	I	
298,895	2	0	II,I	d, v
282,213	3	2	II	
269,910	0	2	III	
256,023	1	2	II	
255,236	2	3	II	
227,318	—	1		
780,044	2	—	I	
774,117	2	—	I	
769,773	1	—	I	
683,503	1	—		
682,954	1	—	I	
681,952	1	—	I	
681,708	1	—		
673,787	0	—		
660,460	1	—	II	
641,335	1	2	I	
630,567	3	2	I	
625,896	1	1	I	
621,068	1	1	I	
571,175	4	—	I	
570,023	7	—	I	R
568,683	4		I	
567,181	5	—	I	b
565,787	2	—	I	
552,681	4	5	II	b, d
552,050	3	—		
551,422	2	—	I	
548,462	2	—	I	
548,200	2	—	I	
534,929	1	—	I	
523,982	1	5	II	
509,923	4	3	I	R
508,695	2	1	I	
508,555	4	3	I	
508,371	4	3	I	
508,155	4	4	I	
503,101	2	6	II	d
477,935	4	2	I	
474,381	5	3	I	d
474,102	5	3	I	d
473,764	5	3	I	d
473,409	5	3	I	d
472,923	5	2	I	d
472,877	2	1	I	
467,040	5	7	II	d, b
443,137	2	1	II	
441,556	5	2	II	

λ in nm	Int. G	Int. F	Ion.-Grad	Bem.
		Se Selen		
706,206	10	—	I	
683,127	4	—	I	
674,643	2	—	I	
669,956	1	—	I	
667,943	1	—	I	
649,048	3	—	II	d
644,425	2	—	I	
642,290	3	—	II	
632,687	1	—	I,II	
605,596	6	—	II	
596,201	2	—	I	
586,627	4	—	II	
584,268	1	—	II	

λ in nm	Int. G	Int. F	Ion.-Grad	Bem.
575,332	0	—	I	
574,762	4	—	II	
569,788	3	—	II	
562,313	5	—	II	
561,787	0	—	I	
559,116	4	—	II	
556,693	5	—	II	
552,242	5	—	II	
545,558	0	—	II	
537,414	2	—	I	
536,991	2	—	I	
536,547	1	—	I	
530,535	6	—	II	
527,122	5	—	II	
525,363	4	—	II	
525,307	3	—	II	
522,751	6	—	II	
517,598	6	—	II	
514,214	5	—	II	
513,431	4	—	II	
511,777	4	—	II	
510,959	5	—	II	
509,657	5	—	II	
509,326	4	—	II	
506,865	5	—	II	
503,126	3	—	II	
501,932	3	—	II	
499,275	6	—	II	
499,203	1	—	II	
497,566	4	—	II	
484,496	5	—	II	
484,063	4	—	II	
476,552	2	—	II	
476,365	4	—	II	
474,225	1	—	I	
474,097	3	—	II	
473,903	2	—	I	
473,078	3	—	I	
464,844	5	—	II	
461,877	4	—	II	
460,434	5	—	II	
456,395	4	—	II	
451,625	2	—	II	
446,760	3	—	II	
444,915	2	—	II	
444,602	3	—	II	
443,233	2	—	II	
440,658	1	—	II	
440,102	3	—	II	
438,287	4	—	II	
432,039	0	—	II	
428,036	2	—	II	
424,800	2	—	II	
423,005	1	—	II	
421,502	2	—		
421,258	3	—	II	
421,183	3	—	II	
418,094	4	—	II	
417,532	4	—	II	
416,965	1	—	II	
416,910	1	—	III	
415,234	2	—		
413,628	3	—	II	
413,276	3	—		
412,915	3	—	II	
412,657	2	—	II	
410,883	2	—	II	
408,32	1	—		
404,67	1	—		
400,790	2	—	II	
390,153	1	—	III	
387,728	1	—	II	
384,960	0	—		
380,09	2	—	III	
373,87	2	—	III	
371,16	2	—	III	
363,75	2	—	III	
354,42	2	—		
351,24	—	—		
344,42	1	—		
338,72	3	—	III	
338,498	1	—		
337,98	1	—	III	
332,31	1	—		
322,59	1	—		
318,55	2	—		
309,43	1	—		
306,99	1	—		
306,08	2	—		
304,13	2	—	II	
303,866	3	—	II	
296,40	3	—		
295,17	2	—	III	
291,489	0	—		
288,031	0	—		
283,721	0	—		
277,77	1	—		
276,74	1	—	III	
271,95	2	—		
268,83	1	—		
268,59	2	—		
263,092	3	—		
259,141	3	—		
256,169	1	—		
254,919	1	—		
254,798	2	—	I	
245,95	1	—	III	
241,352	3	—	I	
235,435	0	—		
207,479	2	—	I	
206,279	8	—	I	
203,985	10	—	I	(M 40)

λ in nm	Int. B	Int. F	Ion.-Grad	Bem.
		Si Silicium		
941,359	8	—	I	
894,933	2	—	I	b
889,297	3	—	I	b
875,217	10	—	I	
874,260	8	—	I	
872,902	1	—	I	
872,838	2	—	I	b
864,889	8	—		d, r
855,664	8	—	I	d
850,238	3	—	I	b
850,150	2	—	I	b
844,400	2	—	I	b
823,067	2	—	I	
809,332	3	—	I	d
797,026	1	—	I	d
794,394	10	—	I	b
793,220	9	—	I	b
791,838	8	—	I	
768,035	7	—	I	b
742,463	2	—	I	
742,354	10	—	I	
741,600	8	—	I	
741,537	2	—	I	
740,911	7	—	I	
740,585	9	—	I	
737,302	1	—	I	b
728,925	8	—	I	
727,528	5	—	I	
725,069	4	—	I	
722,620	1	—	I	
716,562	10	—	I	d
703,496	5	—	I	d
701,768	1		I	d
700,584	5	—	I	d
700,358	5	—	I	d
697,653	3	—	I	d
634,701	0	5	II	
625,455	2	—	I	d, r
624,456	1	—	I	
624,386	1	—	I	d
615,532	5	—	I	d
615,522	2	—	I	d
614,522	1	—	I	d
594,858	5	1	I	
579,791	3	—	I	
579,313	2	—	I	
578,045	2	—	I	
577,226	3	—	I	
575,426	4	—	I	
570,844	4	0	I	d
570,114	2	—	I	
569,047	3	—	I	
505,610	—	1	II	
457,466	—	2	III	
456,766	—	3	III	
455,250	—	3	III	
413,096	—	3	II	b
412,811	—	2	II	b
408,888	—	1	IV	
390,553	2	2	I	b
386,251	—	1	II	
385,609	—	1	II	
380,660	—	1	III	
379,618	—	1	III	
379,113	—	0	III	
359,077	—	0	III	
316,578	—	1	IV	
314,967	—	1	IV	
309,361	—	0	III	
309,328	—	1	III	
308,644	—	1	III	
298,765	3	3	I	
297,035	2	2	I	
288,160	8	10	I	R, LL (M 260)
263,131	3	5	I	
257,713	1	—	I	
256,864	1	1	I	
254,191	0	3	III	
253,238	1	1	I	
252,852	5	5	I	R
252,412	5	4	I	R
251,921	4	4	I	R
251,611	5	6	I	R (M 360)
251,433	4	4	I	R
250,690	4	5	I	R
245,214	2	2	I	
244,338	1	1	I	
243,878	3	2	I	
243,516	4	5	I	
230,302	1	1	I	
228,961	1	—	I	
228,706	—	1	IV	
221,808	1	1	I	
221,669	1	2	I	
221,091	0	1	I	
220,798	0	1	I	
212,415	10	5	I	R
212,299	1	—	I	
208,447	2	—	I	
208,201	1	—	I	
205,813	1	—	I	
		Sn Zinn		
985,052	5	—	I	
980,538	3	—	I	
974,60	6	—		
961,640	2	—	I	
941,537	3	—	I	
902,32	4	—		
855,260	7	—	I	
842,272	3	—	I	
835,704	4	—	I	

λ in nm	Int. B	Int. F	Ion.-Grad	Bem.
811,409	7	—	I	
775,497	2	—	I	
684,41	2	2	II	
657,92	—	4		
645,28	3	6	II	
631,078	4	—	I	
617,149	4	—		
615,460	5	—	I	
614,971	6	—	I	
607,346	4	—	I	
606,900	7	—	I	
605,486	5	—	I	
603,770	5	—	I	
597,030	5	—	I	
579,94	—	8	II	
573,170	7	3		
563,171	5	—	I	R
558,94	—	8	II	
558,84	—	3		
556,29	—	8	II	
533,32	—	8	II	
458,56	—	7	III	
458,51	—	3	III	
452,474	10	10	I	LL
386,13	—	7	III	
380,102	10	10	I	R LL
365,578	5	3	I	R
335,24	—	6	II	
333,062	8	5	I	R
328,35	—	5	II	
326,234	10	8	I	R
317,505	10	9	I	R LL
314,184	4	5	I	
307,15	—	3	III	
303,412	8	8	I	R (M 850)
303,281	4	4	I	R
300,914	7	7	I	R (M 700)
291,354	5	4	I	R
288,78	—	3	III	
286,332	8	8	I	R (M 1000)
285,062	5	5	I	R
283,999	10	10	I	R LL (M 1400)
281,358	5	5	I	R
281,259	3	3	I	
278,503	4	4	I	R
277,981	5	5	I	R
270,651	8	8	I	R (M 700)
266,124	4	5	I	R
265,861	—	4	III	
264,36	—	3	III	
263,187	—	3		
259,442	6	5	I	R

λ in nm	Int. B	Int. F	Ion.-Grad	Bem.
257,158	7	5	I	R
254,655	8	6	I	R
249,570	6	6	I	R
248,339	7	6	I	R
244,98	—	3	II	
242,949	8	8	I	R
242,170	7	7	I	R
240,815	4	4	I	R
238,072	4	3	I	R
236,823	—	4	II	
235,484	6	6	I	R
233,480	5	5	I	R
231,723	5	5	I	R
228,668	3	3	I	R
226,891	4	4	I	R
226,719	2	—	I	R
226,606	—	3		
224,605	—	2	II	
224,602	3	3	I	R
223,173	2	2	I	R
222,92	—	1	III	
220,965	3	3	I	
219,934	2	2	I	R
219,449	2	2	I	R
217,132	2	2	I	R
215,143	2	2	I	R
214,873	3	—	I	R
214,846	2	—	I	R
214,143	2	—	I	R
214,073	3	—	I	R
212,127	2	—	I	R
211,838	1	—	I	
211,393	3	—	I	R
210,093	2	—	I	R
209,639	4	—	I	R
209,435	1	—	I	
209,158	2	—	I	R
208,43	—	3	III	
208,062	2	—	I	
207,308	6	—	I	R
207,289	6	—	I	
206,400	2	—	I	
205,831	5	—	I	
204,091	2	—	I	
204,066	5	—	I	
203,95	—	5		
202,698	3	—	I	
202,083	1	—	I	
201,576	3	—	I	
200,805	2	—	I	
	Sr Strontium			
109,148	2	2	II	
103,273	10	10	II	
100,366	3	3	II	
767,306	6	—	I	
762,150	3	—	I	b
730,941	4	—	I	

λ in nm	Int. B	Int. F	Ion.-Grad	Bem.
723,220	1	—	I	
716,720	2	—	I	
707,010	6	1	I	
689,256	4	—	I	LL
687,832	6	—	I	
679,10	5	1	I	
664,353	4	2	I	
661,726	5	3	I	
655,022	5	2	I	
654,677	3	1	I	
650,399	6	3	I	
640,848	6	4	I	
638,827	3	1	I	
638,653	4	1	I	
638,074	4	1	I	
636,998	2	1	I	
636,395	2	1	I	
597,02	2	—	I	
554,329	2	1	I	
554,004	2	1	I	
553,480	2	1	I	
552,175	3	2	I	
550,417	3	2	I	
548,613	2	1	I	
548,084	4	2	I	
545,083	2	—	I	
525,690	3	2	I	
523,854	2	1	I	
522,928	1	1		
522,511	1	1	I	
522,223	1	1		
515,608	2	1	I	
496,792	3	1	I	
496,225	5	2	I	R
489,201	5	2	I	
487,631	6	1	I	
487,607	6	1	I	
487,248	6	2	I	
486,874	4	—	I	
485,507	4	1	I	
483,207	6	3	I	
481,186	5	4	I	R
478,432	4	—	I	
474,191	5	1	I	
472,227	5	2	I	
467,830	4	—	I	
460,733	10	6	I	R LL (M 650)
453,135	4	—		
448,054	3	—		
443,804	5	2	I	
436,171	5	2	I	
433,770	6	—	I	
432,645	3	—	I	
430,546	6	6	II	
421,552	10	10	II	R LL (M 3200)
416,181	4	4	II	
407,771	10	10	II	R LL (M 4600)
403,239	3	—	I	
403,039	5	3	I	
394,080	3	1	I	
370,59	4	1		
365,385	3	1		
365,317	3	1		
362,900	2	1		
362,847	2	1		
354,777	2	1		
349,925	1	1		
347,718	1	—		
347,490	2	5	II	
346,447	4	8	II	
338,072	3	6	II	
336,634	2	2	I	
335,126	4	4	I	
333,001	2	2		
332,223	2	2	I	
330,754	2	2	I	
330,174	2	2	I	
293,186	2	1	I	
256,950	7	1	I	R
247,166	2	5		
242,811	8	1	I	R
242,363	—	4		b
235,43	7	1	I	R
232,243	2	5		
230,75	6	—		R
228,210	1	4		b
227,55	4	—		R
216,60	—	1	II	R
Ta Tantal				
844,762	2	—	I	
828,162	2	—	I	
802,650	2	—		
795,019	2	—	I	
788,237	5	—	I	
784,276	2	—	I	
781,403	2	—	I	
748,590	7	—		
740,789	5	—	I	
736,909	4	—	I	
735,696	4	—	I	
735,286	5	—	I	
734,641	4	—	I	
730,174	6	—	I	
725,027	3	—	I	
717,290	5	—	I	
714,863	5	—	I	
712,572	3	—	I	
708,130	2	—		
702,503	3	—	I	
700,696	4	—	I	
700,507	2	—		

λ in nm	Int. B	Int. F	Ion.-Grad	Bem.
699,539	6	—	I	
696,613	5	—	I	
695,388	2	—		
695,126	4	—	I	
692,854	5	—	I	
692,738	5	—	I	
690,210	5	—	I	
690,055	3	—		
687,527	6	—	I	
686,623	6	—	I	
681,325	6	—	I	
678,900	2	—	I	
677,425	4	—	I	b
677,174	4	—	I	
674,073	3	—	I	
667,553	8	—	I	
667,373	6	—	I	
662,130	6	—	I	
661,195	7	—	I	
657,484	4	—	I	
651,610	4	—	I	
651,439	4	—	I	
650,552	4	—		
648,537	9	—	I	
645,037	6	—	I	
643,079	5	—	I	
638,945	4	—		
637,306	2	—		
636,084	4	—	I	
635,614	4	—	I	
634,117	2	—		
633,291	2	—	I	
632,508	4	—	I	
630,958	4	—	I	
628,133	2	—	I	
626,870	6	—	I	
626,637	2	—		b
625,668	7	—	I	
624,979	4	—	I	
618,966	2	—		
615,884	3	—	I	b
615,450	6	—	I	
615,254	2	—		
614,456	2	—	I	
610,158	5	—		
609,082	2	—		b
605,364	6	—		r
604,725	4	—	I	r
604,539	6	—	I	r
602,027	7	—	I	R
599,723	6	—	I	bb
594,402	3	—	I	d
593,977	3	—	I	r
591,895	3	—	I	v
590,191	3	—	I	
588,230	3	—		
587,736	4	—		
586,661	2	—		
584,995	2	—		b
584,968	3	—	I	b
581,110	4	—	I	
578,071	3	—	I	
578,002	2	—		
577,677	3	—	I	
576,791	4	—	I	b
574,671	2	—		r
570,628	2	—		
569,924	3	—	I	b
568,825	4	—		b
566,490	2	0		
564,591	2	3	I	
564,018	0	3		
562,068	4	—	I	b
559,875	2	—		
558,402	2	—		
554,833	2	—		
551,891	4	—	I	bb
549,944	2	—		v
549,478	2	—	I	
549,011	2	—		
546,129	3	—	I	
543,527	3	—	I	
543,166	2	—		b
541,913	3	—	I	R
540,496	3	—	I	
540,251	2	4	I	b
539,599	3	—		b
538,930	4	—		bb
535,468	3	—	I	R
534,909	3	—	I	
534,225	3	—	I	
534,105	5	—	I	b
531,891	0	3		
527,982	2	—		b
526,043	0	3		
523,539	0	5		
523,080	3	—	I	b
521,845	1	2		
521,274	3	—	I	b
516,181	3	4	I	b
515,656	3	4		bb
513,647	3	4	I	
511,584	3	4	I	
509,071	1	5		
508,737	2	—		
507,637	1	—		
506,787	1	3	I	
505,869	0	4		
504,323	2	—	I	
503,767	1	0		
503,737	3	4	I	
501,252	2	—		
496,853	2	—		bb
493,642	2	3	I	

λ in nm	Int. B	Int. F	Ion.-Grad	Bem.
492,600	1	2		
492,347	2	—		bb
492,127	2	3	I	
492,011	2	3	I	
491,496	1	—		
490,773	1	0		
490,459	2	0		bb
488,395	4	0	I	
487,170	1	0	I	
486,466	1	5		
485,217	3	0	I	
484,645	1	3		
483,219	1	—		
482,543	2	3	I	
481,953	2	3	I	
481,275	3	4	I	
479,407	0	3		d
478,094	2	1	I	R
476,898	2	4	I	R
475,803	0	4		
475,651	3	5	I	
474,016	3	4	I	R
473,012	1	0	I	
472,288	2	—	I	
470,866	0	5		d
470,609	2	0	I	
470,132	2	0		d
469,335	1	3		
469,190	3	4	I	
468,527	2	0	I	
468,487	2	0	I	
468,310	0	3		
468,188	1	3	I	
466,914	2	1	I	
466,112	2	0	I	
463,306	2	0	I	
462,296	1	0	I	
461,951	3	4	I	
460,485	2	—		bb
460,219	1	0		
460,142	1	2	I	b, d
458,317	3	1	I	
458,069	3	1		bb
457,431	3	4	I	
457,329	2	0	I	d
456,686	1	0		d
456,585	2	3		
455,635	2	0	I	
455,369	2	0	I	r
455,195	3	1	I	
454,715	2	0	I	
453,085	3	5	I	
452,999	0	5		
452,750	2	0		
452,109	3	1	I	d
451,150	3	1	I	bb
451,098	4	4	I	
450,929	1	0		
449,650	2	0	I	
449,497	1	0		
448,932	0	5		
448,093	2	1		b, d
444,148	2	0	I	r, d
444,103	1	0	I	d
441,574	1	0	I	
440,372	1	5		
440,250	1	0	I	d
438,607	1	0	I	
437,421	1	5		
435,803	1	4		
435,515	1	0		d
430,680	0	4		
430,298	1	0		bb
429,402	1	6		
428,638	1	0		d
427,906	1	0	I	
427,151	1	4		b, d
426,826	1	0		b
426,730	0	5		
423,083	0	6		bb
421,844	0	4		
420,844	0	3		d
420,640	1	0		
417,699	1	6		
417,521	1	0	I	d
416,26	0	8		
416,100	1	4		d
415,439	2	0		
414,789	2	2		
413,91	0	1		
413,620	2	2	I	
412,938	2	2	I	
412,317	1	0		R, b
410,424	2	1		
409,941	0	2		
409,554	0	2		
408,580	0	1		bb
407,919	2	0		
407,300	0	2		
406,791	2	1	I	
406,463	2	0		
406,140	3	3	I	
404,087	2	1		d
403,307	2	1	I	
402,994	1	0		
402,694	2	1	I	
399,617	2	1		d
397,928	1	0		d
397,318	1	4		bb
397,010	2	1	I	
392,292	2	1		d
392,278	2	1		
392,242	0	3		
391,851	1	0	I	

λ in nm	Int. B	Int. F	Ion.-Grad	Bem.
389,643	1	0		
389,071	0	2		
387,069	0	3		
386,647	0	4		
383,374	1	5		
379,621	—	1		
379,202	1	0	I	
378,715	0	2		
378,425	3	1	I	b
376,344	1	3		
373,102	1	0	I	
369,452	0	2		
366,234	0	2		
364,206	3	3		
363,16	0	6		
362,867	0	4		
362,662	4	3	I	(M 130)
362,524	1	0		R, d
361,060	0	4		
360,993	0	5		
360,741	1	0	I	(M 100)
359,564	1	0		
358,421	1	0		
357,945	0	5		
357,344	0	6		b
356,672	2	0		r
356,563	—	6		r
355,112	0	5		
354,905	2	0		
354,224	—	4		
354,189	—	4		
352,707	1	0	I	d
352,050	—	4		b
351,104	2	1	I	b
350,498	1	0	I	
350,387	1	0	I	d
349,785	3	0	I	
348,052	3	1	I	b, v
347,390	0	3		
347,105	0	3		
346,377	3	0	I	
344,691	3	1		b
344,024	0	1		
343,900	—	1		bb
343,737	0	3	I	b, d
343,600	1	0		b
343,094	1	5		
341,975	1	0	I	d
341,414	1	3		
340,694	3	4	I	
340,742	0	3		
339,833	2	3		
338,505	3	0		
337,952	1	4		R
337,649	0	1	I	d
337,154	3	0	I	
336,666	1	0		b
336,164	2	1	I	bb
335,853	1	0	I	bb
334,922	0	5		
333,991	0	4		
333,780	2	0	I	v
333,281	0	4		
333,241	1	4	I	
333,101	2	6		h
332,574	1	0	I	
331,884	3	3	I	b (M 90)
331,853	1	0		
331,793	2	0	I	bb
331,116	3	4	I	b (M 140)
330,978	1	0	I	
330,438	1	0	I	
330,390	0	3		bb
330,277	1	0	I	d
329,977	1	0		
329,533	2	1	I	b
329,393	1	0		
329,248	1	0	I	
328,726	1	0		
327,929	1	0	I	R
327,594	1	0		
327,568	1	5		
327,495	2	5		bb
327,313	1	5		
327,119	1	0		b, d
326,914	1	0	I	r
326,376	1	0	I	
326,018	2	0	I	b
325,987	1	0	I	
325,677	2	0		
325,036	1	0		
324,852	2	0	I	d
324,528	1	0		
324,283	2	1	I	
324,205	2	1	I	
323,999	2	6	I	b
323,785	1	0	I	d
323,469	1	0		
323,086	2	1	I	b
322,988	0	1		d
322,924	3	1	I	b
322,732	1	0		r
322,383	3	1		bb
322,132	1	0		v
321,692	2	1		b
321,397	0	5		
320,785	1	0	I	
320,639	1	0		
319,923	0	4		r
319,894				r
319,867	2	1		
319,225	1	0	I	b

λ in nm	Int. B	Int. F	Ion.-Grad	Bem.
319,116	1	0	I	
318,455	1	0		
318,257	1	0		R
318,095	3	1		
317,629	1	0	I	
317,359	1	0		
317,287	1	0		d
317,029	3	1		
316,818	—	1		
316,313	1	0	I	R
316,272	1	0	I	
315,796	0	5		R
315,765	0	4		d
315,676	0	5		
315,525	0	3		d
315,085		1	I	b
314,804	1	0	I	
314,737	1	1	I	
314,296	0	3		
314,138	0	4		d, r
313,744	0	1		
313,589	2	5		
313,264	3	1	I	b
313,085	4	0	I	
312,995	1	0		
312,955	1	6		b
312,497	4	1	I	
311,744	1	0		
311,586	1	0	I	b
311,390	1	1		b
311,292	0	5		r
311,082	—	5		b
310,325	4	1	I	
310,103	0	7		bb
309,539	1	0		b
309,387	1	0		
309,244	1	0	I	
308,776	0	2		b, d
308,554	1	0	I	
308,185	1	0	I	
307,996	1	0	I	b, d
307,823	1	0	I	
307,725	3	1	I	b, d
306,924	3	1		
306,388	0	2		
306,356	3	0	I	
306,029	2	1		bb
305,864	1	0	I	
305,712	1	4		b
305,662	0	3		r
305,253	—	1		r
304,956	4	1	I	
304,886	2	0	I	
304,596	2	1	I	b
304,244	0	4		
304,206	0	3		
304,098	1	0		b
303,751	0	3		d
302,878	1	0		
302,751	2	1	I	b
302,516	1	0		
301,254	4	4	I	r (M 240)
301,188	2	0	I	b
301,112	2	0	I	bb
301,084	0	3	I	
299,125	1	0	I	
298,950	3	0		
298,681	0	2		d
297,875	3	1		R
297,818	—	2	I	r
297,677	0	3		
297,626	0	3		b, d
297,556	2	1	I	
296,990	1	0		d
296,947	2	1	I	
296,592	0	1		
296,554	2	3	I	(M 90)
296,513	3	4	II	(M 90)
296,391	1	0		
296,332	4	0	I	(M 180)
295,760	2	1		
295,684	0	2		r
295,299	1	2		d
295,192	4	3	I	b, r
294,691	2	0	I	
294,214	2	1	I	
294,022	3	0	I	(M 140)
294,006	2	1	I	r
293,928	3	1		d
293,843	1	0		
293,355	3	1	I	(M 200)
293,270	3	1	I	b
292,646	2	0	I	
292,566	2	0		
292,527	2	1	I	r
291,896	0	3		
291,549	3	0	I	
291,534	2	0	I	b
291,413	2	1	I	
290,891	2	0		
290,524	1	4		
290,407	4	1	I	b
290,205	10	3	I	b
290,105	2	0		
290,075	0	1		r
290,036	2	1	I	
289,904	2	0		
289,644	0	1		d
289,510	2	0		
289,200	1	0		d
289,184	5	1	I	bb (M 90)
289,104	2	1		bb

λ in nm	Int.		Ion.-Grad	Bem.	λ in nm	Int.		Ion.-Grad	Bem.
	B	F				B	F		
288,233	0	1			278,830	2	0		
288,002	3	0	I		278,769	4	1	I	R
287,974	2	0			278,497	1	2		
287,952	1	0		v, d	278,137	1	0	I	
287,769	0	1		d	277,910	2	0		b, d
287,611	1	0	I	R	277,588	3	1	I	
287,417	2	0	I		277,535	1	0		
287,356	2	1	I	r	277,511	2	1		bb
287,336	3	1	I	bb, d	277,488	2	0		
287,142	3	1	I		277,183	0	2		d
286,865	2	1			277,078	1	0		b, d
286,741	0	4			276,337	0	1		d
286,450	2	0			276,205	0	3		r
285,844	2	4			276,168	3	4		
285,728	1	0			276,155	1	—		(M 120)
285,236	0	2		r	275,831	4	1	I	
285,099	5	1	I		275,249	3	3		
285,049	3	1	I		275,230	1	0		
284,982	0	1		bb, v	275,038	0	3		
284,853	2	1	I		274,983	3	1	I	(M 100)
284,805	2	0			274,878	4	0	I	(M 140)
284,675	2	0		d, v	274,725	1	0		
284,635	2	0	I		274,668	2	3	I	
284,476	2	1			274,021	2	0		d
284,446	2	2		r	273,926	0	1		
284,425	5	4			273,625	3	0	I	v
284,351	0	1			273,292	2	0	I	bb
284,282	2	1			272,778	2	1		
284,039	0	1			272,744	3	5		
283,824	0	2			272,542	0	2		b
283,662	1	0		R	272,183	1	—		
283,364	3	1	I	b	272,076	2	0	I	
282,858	1	3	I	b	271,838	1	—		
282,718	2	0			271,718	2	—		
282,618	1	0	I		271,467	4	3	I	(M 300)
282,481	1	0		bb, d	271,013	3	0	I	(M 140)
281,937	2	0			270,927	1	4		
282,755	0	3			270,669	1	0		
281,750	1	0		r	270,431	1	—		
281,710	1	2		d	270,306	1	3	I	
281,512	3	0	I		270,280	0	3		
281,501	2	0	I		269,830	3	1	I	(M 120)
281,480	1	0			269,681	2	0	I	
281,431	1	1		R	269,476	1	5		
281,172	0	2			269,240	2	0		
281,092	3	1	I	bb	269,131	2	—		
280,658	4	1	I		268,517	4	6	II	(M 180)
280,630	3	1	I		268,428	3	0	I	
280,207	3	1	I		268,187	1	—		
280,057	2	1		bb, d	268,006	0	1		(M 90)
279,840	2	0			267,590	3	5	II	
279,776	2	5		d	266,862	0	2		
279,657	2	—	I		266,807	1	—	I	
279,634	3	1			266,560	1	0		d
279,167	2	0			266,424	0	2		d
279,137	0	2			266,189	1	—	I	
279,071	2	0	I		266,134	4	0	I	(M 180)

λ in nm	Int.		Ion.-Grad	Bem.
	B	F		
265,886	0	1		
265,661	5	0	I	R (M 220)
265,327	5	3	I	(M 300)
265,148	1	—		
265,122	—	1		
264,747	4	0	I	(M 280)
264,677	1	1		d
264,637	2	0	I	
264,622	4	0	I	
264,510	1	0		d
264,460	0	1		bb
264,389	1	—		(M 100)
263,690	4	1	I	
263,667	3	0	I	
263,593	1	—	I	
263,558	3	5	II	(M 140)
263,379	0	1		b, d
263,227	0	1		
262,412	1	—		
261,566	1	0		
261,547	1	0		
261,417	3	—		b, d
261,261	1	1		
261,134	2	—		
260,900	1	0		
260,863	3	0	I	(M 160)
260,784	0	4		
260,357	0	5		
260,106	1	0	I	b, d
260,014	1	—		
259,940	2	1	I	
259,645	1	2		
259,559	1	1		d
259,526	2	0		
259,366	1	5	I	
259,309	2	0	I	
258,469	0	4		
258,403	1	5		b
258,016	2	—	I	
257,962	1	—	I	
257,905	0	2		d
257,778	3	0	I	
257,737	3	4		d
257,547	1	—	I	
257,438	1	—	I	
257,379	2	0	I	
257,354	2	0	I	
256,913	1	1		d
256,370	1	—	I	
256,333	1	—	I	
256,210	2	—		
256,068	1	0	I	(M 120)
255,943	2	0	I	
255,771	1	2		
255,505	1	—		
255,491	2	3		d
255,462	2	4		
255,173	2	0		d
255,119	2	—		
255,107	2	—		
254,938	2	—	I	
254,680	1	—	I	
254,549	0	4		
254,680	1	—	I	
253,623	2	—		bb
253,560	1	—		d
253,213	2	5		
252,666	1	—		
252,645	3	3	I	(M 120)
252,635	2	—	I	
252,602	2	1		
251,978	1	—	I	
251,265	2	—	I	
251,204	0	5		
251,169	0	2		d
250,745	2	0	I	
250,445	3	0		
249,047	3	4		
248,870	2	5		
248,840	1	—		
248,495	3	0		
248,258	1	1		
247,822	1	—	I	
247,462	3	0	I	
247,213	1	—	I	
247,090	3	5		
246,526	1	—		
246,107	0	4		
246,055	1	—		
245,448	1	—	I	
245,421	1	—		
244,944	0	4		
244,467	1	5		
244,413	0	4		
244,394	1	—		
243,270	3	5		R
242,764	3	0		
241,786	0	4		b
241,689	2	2		
240,655	2	0	I	
240,063	3	5	II	
239,630	2	—		
238,837	0	2		
238,706	4	5		
238,152	3	5		
238,113	3	5		
236,424	3	5		
234,364	0	5		
233,219	4	4		
233,198	4	4		
231,907	3	4		
231,546	2	3		
231,260	2	3		

λ in nm	Int. B	Int. F	Ion.-Grad	Bem.
230,349	2	4		
230,293	3	5		r
230,224	2	3		
230,147	2	3		
229,686	0	4		
229,254	2	4		
228,916	3	5		
228,525	0	4		
228,502	0	3		
227,259	2	4		
227,185	2	3		
226,230	3	5		r
226,162	2	4		
226,142	3	5		
225,577	1	3		
225,076	2	4		r
224,979	1	2		r
223,948	2	4		r
223,901	0	2		
222,784	2	4		
221,782	1	3		r
221,560	1	3		r
221,242	1	2		r
221,003	1	2		v
220,714	1	2		
219,967	2	3		
219,603	2	4		r
219,388	1	3		
219,320	1	2		
218,271	1	3		r
217,954	0	2		
217,803	0	2		v
215,840	—	1		
214,687	1	2		
214,316	0	2		
214,013	1	2		
213,288	0	1		v
213,179	0	2		
212,408	0	2		
211,368	0	1		
Te Tellur				
643,706	—	10	II	
597,470	—	6	I	
593,521	—	4		
585,109	—	4		
576,525	—	5		
575,587	—	8		
574,166	—	3		
570,807	—	9	II	b
566,626	—	7		
564,930	—	10	II	b
561,847	—	4		
557,640	—	5	II	
548,807	—	5		
547,913	—	6		
544,982	—	7	II	
541,041	—	5		
536,691	—	6		
531,107	—	5		
530,067	—	4		
517,299	—	6		
516,400	—	4		
508,30	—	3	I	
503,797	—	6		
491,055	—	3		
489,494	—	5		
489,358	—	3		
486,622	—	10		bd
483,129	—	9	II	bd
478,485	—	8		
472,983	—	4		
470,653	—	5		
468,695	—	5		d
466,533	—	5		
465,438	—	6		d
460,237	—	8	II	d
443,496	—	5		
437,710	—	4		
400,650	—	6		
361,755	—	3		
352,107	—	5		
349,63	—	4	III	
348,028	—	2		d
345,684	—	2		
345,507	—	4		d
342,222	—	5		
340,709	—	6		d
336,283	—	7	II	d
332,925	—	8	II	d
328,267	—	3		d
325,681	—	4		d
321,120	—	2		
317,511	5	8	I	
313,258	—	3		
307,353	—	4	II	
304,700	—	8	II	d
301,751	—	5		
296,721	—	6	II	
294,216	—	4		
289,549	—	8	II	
286,886	—	7		
286,103	—	3		
285,829	0	8		
278,641	—	6		
276,965	5	—	I	
271,161	—	4		d
269,767	—	2		
269,555	—	3		
266,211	—	3		d
253,073	5	6	I	
243,178	1	4	I	
242,014	1	4		
238,576	8	10	I	b, d, R (M 70)

λ in nm	Int. B	Int. F	Ion.-Grad	Bem.	λ in nm	Int. B	Int. F	Ion.-Grad	Bem.
238,327	—	2	II		428,107	2	1		
238,325	7	8	I	bd	427,732	2	1	II	
				(M 55)	427,336	2	2		
226,552	4	7			416,547	2	1		b
225,904	5	8			411,671	1	2	II	(M 75)
225,548	4	7	I		409,475	2	2	II	(M 50)
220,883	3	6	I		408,652	1	1	II	(M 50)
220,717	1	—			408,504	2	2	II	(M 50)
216,688	2	—			406,921	4	3	II	(M 65)
215,979	—	5	I		404,121	2	1		
214,719	2	8	I		402,561	2	2		
214,275	3	10	I	R (M 55)	402,209	2	2		
210,763	2	—			401,914	1	1	II	(M 300)
210,720	2	—			400,703	2	2		
208,103	8	—	I		400,555	2	3		b
207,474	1	—			399,455	3	1		
207,09	3	—			398,802	5	3		
203,979	6	—			398,111	2	2		
200,272	1	0	I		395,152	2	2		
200,159	8	—			395,039	3	3		
200,02	1	—	I		394,897	3	3		
	Th Thorium				394,615	2	2		
716,889	2	—	I		394,552	2	2		
698,966	2	—	I		392,967	3	2	II	(M 42)
653,135	2	—	I		390,519	3	3		
646,265	3	—			390,409	2	2		
645,729	2	—	I		390,089	3	3		
634,286	2	—	I		385,943	2	1		
627,917	2	0	II		388,483	2	2		
627,411	3	0	II		387,273	3	2		
626,106	2	0	II		386,339	2	2		
612,055	2	0			385,455	2	2		
598,904	2	1			384,502	2	1		b
570,709	2	1	II		384,196	2	2		
541,543	2	0	II		383,651	5	5		b
524,765	2	0			383,304	2	1		b
504,981	3	1	II		382,941	4	2		b
502,861	4	1			382,476	2	1		d
501,725	5	1	II		382,435	2	2		b
491,981	5	2	II		382,308	2	1		b
487,293	2	—			382,081	2	2		
486,318	2	1	II		381,737	2	1		
475,241	2	1	II		381,138	2	1		
474,052	2	2			380,582	2	2		
465,156	3	2			380,307	2	2	I	(M 42)
453,707	2	1			379,575	2	1		b
451,054	3	2	II		379,539	2	1		
448,868	3	1			379,379	2	1		
448,750	2	1			379,349	2	1		b
448,082	3	1			378,912	2	2		
446,535	3	2		v	378,719	4	2		b
444,087	2	1			378,330	2	2		
443,913	2	2			378,302	2	2		
443,297	3	2			378,169	2	1		
439,111	5	4	II	(M 80)	378,086	2	1		
438,186	3	3	II	(M 90)	378,051	2	1		
428,204	3	3	II	(M 50)	377,981	2	1		

λ in nm	Int. B	Int. F	Ion.-Grad	Bem.
377,712	4	2		
377,594	2	1		
377,532	2	1		
377,376	2	2		
377,138	3	2		b
376,791	2	2		
376,526	2	1		
376,289	2	2		
376,028	2	1		
375,931	2	1		
375,632	5	2		R
375,460	2	1		
375,404	2	1		b
375,257	4	5	II	(M 46)
375,015	2	1		
374,293	2	1		
374,225	2	1		
374,119	8	8	II	(M 90)
374,085	4	2		
373,979	2	1		
373,885	2	2		
372,673	3	2		
372,474	3	2		
372,219	4	3		
372,183	4	3	II	(M 55)
371,944	3	1	I	(M 42)
371,783	2	1		
371,131	3	2		
360,944	1	1	II	(M 70)
349,353	3	2		
346,992	1	2	II	(M 95)
343,400	1	1	II	(M 70)
340,270	1	2	II	(M 70)
339,203	1	2	II	(M 90)
335,123	1	2	II	(M 70)
325,628	1	2	II	(M 65)
318,020	2	2	II	(M 75)
312,296	2	2		
311,183	2	1		d
308,847	2	2		
306,303	3	3		d
304,910	2	2		
302,544	2	1		d
300,092	3	1		d
298,205	5	1		
298,034	2	1		
297,864	0	8		d
297,602	2	1		
293,252	—	3		b, d
291,739	3	1		d
289,972	2	1		
289,893	—	3		b, d
289,671	—	2		b, d
288,782	2	2		
287,040	2	2	II	(M 48)
283,730	2	1	II	(M 110)
283,231	2	3	II	(M 70)
282,686	1	1		
282,468	—	3		d
281,933	1	1		
276,885	2	2		
275,217	2	1		
270,818	1	2		
270,396	2	2		
269,242	2	2	II	(M 42)
268,616	—	4		d
268,429	2	2		
268,097	—	3		
265,867	2	1		
264,149	2	1		
260,089	2	0		
260,064	—	2		
259,705	2	1		
258,906	2	1		
256,783	—	2		
256,659	2	1		d, v
256,560	1	2	II	(M 44)
256,436	—	2		b, d
255,473	—	2		d
254,952	—	2		
254,790	2	1		
254,535	2	0		
254,510	—	2		
251,274	—	2		d
250,112	—	2		d
247,533	—	2		
247,398	—	2		
246,369	—	3		
243,174	0	3		
242,799	0	3		
241,349	1	2		
239,152	—	2		b, d
236,309	—	2		
232,470	—	2		
230,122	—	3		

Ti Titan

λ in nm	Int. B	Int. F	Ion.-Grad	Bem.
999,794	2	—	I	
992,735	2	—	I	
978,767	5	—	I	
974,360	5	—	I	
970,564	7	—	I	
967,555	8	—	I	
964,740	4	—	I	
963,828	8	—	I	
959,953	4	—	I	
954,607	4	—	I	
869,234	6	—	I	
868,299	7	—	I	
867,538	8	—	I	
854,807	5	—	I	
851,837	5	—	I	
846,846	5	—	I	
843,568	9	—	I	
843,498	9	—	I	

λ in nm	Int. B	Int. F	Ion.-Grad	Bem.	λ in nm	Int. B	Int. F	Ion.-Grad	Bem.
842,650	8	—	I		503,591	4	4	I	
841,236	7	—	I		502,558	6	4	I	
838,254	5	—	I		502,485	6	5	I	
837,790	5	—	I		502,287	6	4	I	
725,175	6	—	I		502,003	5	2	I	
724,482	4	—	I		501,617	4	1	I	
720,944	8	—	I		501,425	8	6	I	LL
686,147	5	1	I		499,950	8	6	I	LL (M 380)
674,315	5	3	I						
655,607	6	5	I		499,107	9	7	I	LL (M 440)
654,628	3	—	I						
630,377	6	3	I		498,173	10	8	I	LL (M 550)
626,110	8	6	I						
625,871	10	6	I		488,509	6	4	I	
625,810	8	5	I		487,014	5	2	I	
621,526	5	5	I		484,088	7	4	I	
612,622	6	3	I		482,042	5	2	I	
609,118	5	2	I		475,928	6	3	I	
608,524	6	3	I		475,813	5	2	I	
599,967	5	2	I		473,117	5	2	I	R
597,854	5	2	I		469,877	6	3	I	
596,583	6	5	I		469,134	6	3	I	
595,316	7	5	I		468,191	8	5	I	
594,175	4	1	I		466,759	7	4	I	
592,210	4	1	I		465,646	7	4	I	
591,854	3	1	I		463,995	5	4	I	
589,930	7	5	I		463,967	5	4	I	
586,645	8	6	I		463,937	5	4	I	
576,633	5	2	I		462,311	7	4	I	
576,228	5	2	I		457,198	4	7	II	
571,512	5	2	I		456,377	3	6	II	
570,823	4	1	I		455,549	7	4	I	
570,268	5	2	I		455,245	6	3	I	
568,948	6	3	I		454,962	3	7	II	
567,543	5	2	I		454,876	7	4	I	
566,292	7	4	I		454,469	7	4	I	
566,216	7	4	I		453,605	8	4	I	R
564,414	5	2	I		453,592	6	3	I	R
556,547	5	2	I		453,558	7	4	I	R
551,454	7	5	I		453,478	8	5	I	R
551,436	6	3	I		453,397	2	6	II	
551,253	6	4	I		453,324	9	5	I	R LL (M 500)
548,823	4	—	I						
547,723	5	2	I		452,731	6	3	I	
533,680	—	5	II		452,280	7	4	I	
529,725	4	1	I		451,802	7	4	I	
528,345	4	2	I		451,273	7	4	I	
522,654	2	5	II		450,128	4	8	II	
521,039	7	5	I		449,615	4	1	I	
519,298	6	4	I		448,127	6	2	I	
518,869	4	8	II		446,850	5	7	II	
517,374	6	5	I	R	445,742	7	4	I	
512,915	—	6	II		445,533	6	3	I	
506,465	6	4	I		445,371	3	1	I	
503,996	5	2	I		445,332	6	4	I	
503,841	7	4	I		444,381	4	6	II	
503,647	6	3	I		442,710	7	3	I	

λ in nm	Int. B	Int. F	Ion.-Grad	Bem.
439,504	4	7	II	
433,792	4	7	II	
431,865	5	—		
431,481	7	3	I	
430,789	—	4	II	
430,591	9	6	I	
430,108	8	3	I	
430,058	—	3	II	
430,055	8	2	I	
430,006	6	8	II	
429,964	6	4	I	
429,866	7	4	I	
429,576	6	3	I	
429,411	5	8	II	
429,114	5	—		
429,094	7	2	I	
429,023	3	7	II	
428,908	7	3	I	
428,742	6	3	I	
428,607	5	2	I	
428,271	5	2	I	
427,459	8	4	I	
425,605	7	2		
418,612	6	2	I	
417,192	3	8	II	
416,366	4	8	II	
407,848	6	4	I	
402,458	6	4	I	
400,966	4	—	I	
400,893	5	2	I	
399,864	8	5	I	LL (M 650)
398,976	7	4	I	R (M 480)
398,176	7	4	I	R (M 400)
396,427	5	2	I	
396,286	6	3	I	
395,821	6	3	I	(M 440)
395,634	5	2	I	(M 380)
394,867	6	3	I	(M 380)
394,777	5	2	I	
392,453	5	2	I	
392,142	4	1	I	
391,345	4	7	II	
390,479	6	3		
390,055	4	7	II	
388,288	5	2	I	
388,232	4	—		
388,215	4	—		
376,133	5	7	II	
375,930	5	7	II	
375,769	—	3	II	
375,286	7	4	I	(M 440)
374,163	6	6	II	
374,106	6	3	I	
372,981	7	4	I	R
370,622	2	5	II	
368,519	8	10	II	R
366,224	3	6	II	
365,975	2	5	II	
365,350	8	5	I	R LL (M 600)
364,268	7	5	I	(M 550)
364,134	3	5	II	
363,546	7	5	I	R (M 400)
359,605	3	5	II	
353,541	3	6	II	
352,026	2	5	II	
351,085	3	6	II	
350,489	3	7	II	
347,719	3	6	II	
346,150	3	6	II	
345,639	3	6	II	
345,248	1	4	II	
344,432	2	6	II	
339,458	5	6	II	
338,783	5	6	II	
338,593	6	2	I	
338,376	6	7	II	(M 480)
338,028	4	5	II	
337,758	6	2	I	
337,280	6	7	II	(M 480)
337,145	6	2	I	R (M 360)
337,044	5	1	I	R
336,122	8	8	I, II	R (M 600)
335,463	7	2	I	
334,941	6	8	II	R LL (M 1000)
334,904	6	8	II	R LL (M 360)
334,188	7	7	I, II	R (M 480)
333,519	5	6	II	
333,211	5	7	II	
332,945	5	5	II	R
332,294	5	6	II	R
326,159	4	7	II	
325,425	2	5	II	
325,285	2	5	II	
325,189	2	5	II	
324,860	4	7	II	
324,198	6	7	II	R
323,904	6	7	II	R
323,657	7	7	II	R (M 440)
323,452	7	7	II	R (M 550)
322,918	4	5	II	
322,424	3	5	II	
322,282	5	6	II	

λ in nm	Int. G	Int. F	Ion.-Grad	Bem.
321,706	5	5	II	
320,254	4	5	II	
319,992	6	2	I	R
319,199	5	2	I	
319,088	4	6	II	
318,645	6	2	I	
316,852	5	7	II	
316,257	3	6	II	
316,178	2	5	II	
316,121	2	5	II	
308,803	5	7	II	R
307,865	5	6	II	
307,522	5	6	II	
307,297	4	6	II	
307,210	3	5	II	
306,636	5	7	II	
306,622	5	7	II	
305,808	4	7	II	
304,669	3	6		
302,973	4	7		
301,718	5	7	II	
298,48	—	4	III	
296,722	5	2	I	
295,998	2	6	II	
295,613	8	3	I	R
295,476	2	6	II	
294,825	7	2	I	
294,547	2	6	II	
294,199	8	7	I, II	
293,87	3	5		
293,62	3	5		
291,209	6	3	I	
288,410	3	6	II	
287,742	2	5	II	
286,232	2	5		
285,110	2	4		
284,194	3	6	II	
283,218	2	5		
282,815	3	6	II	
281,784	4	7	II	
281,028	4	7	II	
280,50	2	6	II	
280,250	7	2		
275,807	5	2		
275,170	—	6	II	
274,233	5	—		
269,852	—	6		d
267,993	5	2		
266,960	5	2	I	
266,197	4	—	I	
264,665	7	5	I	
264,608	2	5	II	
264,428	7	2	I	
264,112	6	2	I	
261,994	5	1	I	
261,128	7	2	I	R
260,515	5	—	I	
259,991	5	2	I	
257,104	2	5		
256,75	—	5	III	
256,54	—	6	III	
256,34	—	7	III	
254,00	—	5	III	
253,126	—	5	II	
252,800	2	6	III	
252,562	2	5	II	
251,60	—	6	III	
241,836	4	—		
241,40	—	7		
238,443	3	—		
237,50	—	5		
234,68	—	6	III	
226,914	—	4		
226,123	—	4		
225,326	—	3		
225,005	—	3		
223,091	—	3		
222,710	—	2		
207,46	—	3		
206,83	—	3	III	
206,75	5	—	I	
	Tl Thallium			
951,24	1	—	I	
957,07	1	—	I	
953,61	1	—	I	
671,369	5	2	I	
654,977	8	2	I	d, r
535,046	10	8	I	R
				(M 1800)
377,572	10	8	I	R, LL
				(M 1200)
365,295	5	2	I	r
352,943	8	8	I	R
				(M 500)
351,924	10	10	I	R
				(M 2000)
345,58	0	3		
338,100	0	3	II	
326,161	2	5	II	R
322,975	5	8	I	R
316,26	0	2		
309,166	0	7	II	
294,504	1	0	I	r
292,152	3	5	I	R
291,832	5	9	I	R
282,616	2	5	I	R
276,787	4	10	I	R, b
				(M 440)
271,067	3	9	I	R, b
270,923	5	2	I	R
266,557	3	5	I	d
260,977	2	—	I	R
260,899	4	5	I	R, bb
258,014	5	6	I	R, bb

λ in nm	Int. B	Int. F	Ion.-Grad	Bem.	λ in nm	Int. B	Int. F	Ion.-Grad	Bem.
255,253	3	0	I	R	485,809	0	3		
253,182	—	5	III		484,251	4	0		
253,082	0	5	II	b	481,954	0	3	II	
245,194	—	4	II	d	477,270	0	4	II	
238,034	1	2			476,926	0	3	II	
237,969	2	8	I	R	475,680	3	2		
231,598	1	3	I	R	475,573	0	3	II	
229,895	1	5	II		473,160	1	4	II	
229,816	0	1	II		472,273	2	4	II	
229,808	—	2	II		470,123	2	—		
229,788	—	1	II		468,907	2	3	II	
223,785	1	3	I	R	467,141	1	3	II	
	U Uran				466,686	1	3	II	
778,413	2	—	I		466,376	2	0	I	
753,391	2	—	I		464,660	2	3	II	
712,891	2	—	I		464,167	0	1	II	(M 75)
707,481	3	—	I		463,162	3	0	I	
682,693	3	—	I		462,708	2	3	II	
646,501	2	—	I		462,022	3	2	I	
644,917	5	—	I		461,144	0	3		
639,545	4	—	I		460,515	—	2	II	
637,247	3	—	I		460,367	2	3	II	
635,931	2	—	I		457,964	2	2	II	
617,187	2	—	I		456,769	2	0		
607,730	3	—	I		455,510	1	3	II	
599,733	1	—	I		456,395	2	0		
598,612	1	—	I		455,386	0	2		
597,634	2	—	I		454,558	3	2	II	
597,153	2	—	I		454,363	3	4	II	
591,540	5	3	I		451,673	2	—	I	
583,771	1	1	II		451,528	2	3	II	
579,855	1	0			449,475	2	—		
578,061	2	—	I		449,084	2	3	II	
562,079	4	3	I		447,771	0	3		
558,161	1	4			447,234	3	4	II	
552,785	1	5	II		446,933	2	—		
549,297	2	3	II		446,297	0	3	II	
548,255	1	2	II		445,050	0	3		
548,028	1	3	II		444,074	2	0		
547,573	1	3	II		443,389	0	2	II	
538,621	0	2			442,765	1	2	II	
530,854	2	0			442,694	3	0	I	
528,039	3	0			442,668	0	2	II	
525,704	0	2	II		441,524	0	3	II	
524,775	0	3	II		440,244	0	3		
520,518	0	3			439,359	4	3		
520,432	0	3			438,327	2	2		
518,459	0	4	II		438,234	1	0	I	
516,033	0	1	II		437,341	0	3	II	
511,725	0	3			437,276	3	0	I	
502,740	4	0	I		437,257	3	4	II	
500,822	2	2	II		437,176	2	0	I	
497,212	0	3			436,293	—	4		
489,929	1	4	II		436,226	0	5	II	
488,513	3	—	I		436,205	2	0		
486,102	0	3	II		435,562	—	3		
485,975	0	2			435,574	3	1	I	

λ in nm	Int. B	Int. F	Ion.-Grad	Bem.
434,719	1	3	II	
434,169	3	4	II	
433,574	2	0		
431,388	0	3		
431,315	2	0	I	d
430,678	4	0		R
429,711	0	3		
428,834	2	0	I	
428,787	1	3	I	
428,245	0	3		
428,203	0	3	II	
427,398	0	3	II	
426,961	2	3	II	
426,940	—	1		
426,633	2	—	I	
424,626	3	2	I	
424,437	2	4	II	
424,167	3	4	II	
423,168	1	—	I	
422,238	2	0	I	
421,388	2	0		
421,162	1	—	I	
420,437	0	3	II	
418,928	2	4	II	
418,807	—	3		
417,419	0	3	II	
417,159	3	4	II	(M 100)
416,905	2	0	I	d
416,368	2	2	II	
416,243	2	0	I	d
415,665	3	3	I	
415,541	1	4	II	
415,397	4	3	I	(M 65)
415,348	0	3		
414,123	0	4	II	
413,349	2	—	I	
412,834	0	3		
412,473	0	4	II	
411,610	3	4	II	(M 60)
410,693	0	3	II	
409,927	2	0	I	R
409,803	3	2	II	
409,775	2	—		
409,014	4	3	II	(M 160)
407,111	0	2		
406,312	2	3		
406,255	4	1	II	(M 65)
405,816	3	—		
405,191	1	2	II	
405,004	4	3	II	(M 120)
404,442	1	2		
404,276	3	1	I	(M 75)
402,602	2	2	II	
401,899	0	1	II	
401,772	2	2	II	
399,042	2	1	II	
398,580	3	3	II	(M 85)
396,657	3	3		
395,466	0	2	II	
394,382	4	0	I	(M 90)
393,538	0	2		
393,203	3	3	II	
393,149	0	2		
391,588	0	1	II	
391,427	0	2		
389,268	—	2	II	
389,036	3	3	II	(M 160)
388,146	0	2	II	(M 75)
387,104	3	1	I	
386,592	3	3	I	(M 140)
385,958	4	4	II	(M 360)
385,466	3	3	II	(M 180)
385,422	2	—	I	(M 46)
383,962	3	0	I	(M 90)
383,146	2	3	II	(M 150)
381,200	2	0	I	(M 140)
378,284	2	2	II	(M 140)
374,868	0	2	II	(M 90)
373,145	2	—		
370,152	1	2	II	(M 80)
370,058	1	1	II	
367,007	2	3	II	(M 160)
365,916	2	2	I	(M 55)
364,095	0	4		
363,820	1	0	I	(M 48)
363,073	0	5		
359,175	2	0		
359,050	0	3		
358,966	2	0		
358,488	3	3	I	(M 130)
358,202	0	3		
358,184	0	3	II	
356,660	3	—	I	(M 95)
355,082	0	4	II	(M 48)
354,047	0	4	II	
353,111	0	3	II	
351,461	2	0	I	(M 65)
350,734	2	0		
348,937	3	3	I	(M 65)
347,350	2	0		
347,251	0	4		
346,630	3	0		
345,357	0	3		
343,553	2	0	I	
341,236	0	3		
339,478	0	2		
339,039	3	0		
337,129	0	3		
336,880	0	2		
334,268	1	3		
334,166	1	3	II	
333,779	2	4	II	
330,593	3	4		
329,134	2	4		

λ in nm	Int. B	Int. F	Ion.-Grad	Bem.
328,821	2	3		
328,745	0	3		
328,522	2	0		
327,012	2	3	II	
326,581	2	3		
323,216	3	4	II	
322,950	0	4		
322,426	0	3		
321,834	0	3		
320,623	1	0		
320,605	1	0		
317,733	2	0		
317,621	2	0		
314,921	2	3		
314,709	0	3		
314,556	0	4	II	
313,956	2	0	II	
312,490	2	0		
311,935	3	5	II	
311,593	0	4		
311,162	2	0		
310,239	2	4		
309,504	1	0	II	
309,483	2	0		
309,301	2	0		
304,416	3	3		
302,221	2	2		
302,122	1	1		
295,606	1	2		
295,477	2	2		
294,192	1	3	II	(M 55)
290,828	3	4		
290,691	1	2		
290,680	1	2		
288,274	4	3		
282,112	3	1		
280,256	3	2		
279,394	3	2		
274,440	0	2		
274,427	0	1		
274,340	0	2		
273,397	3	2		
266,917	2	0		
265,283	2	0		
264,907	2	0		
264,547	3	0		
263,553	3	2		
260,673	2	1		
260,652	1	1		
260,154	2	1		
259,769	2	1		
259,125	2	1		
256,541	2	2		
256,294	2	2		
255,619	2	1	II	
250,086	1	1		
248,401	1	0		
247,065	1	0		
245,717	0	2		
244,893	2	0		
244,290	0	1		
242,762	1	0		
242,745	2	0		
242,370	2	0		
241,957	3	0		
239,732	2	2		
237,816	0	3		
235,187	0	2		
234,616	0	2		
233,642	0	1		d
232,480	0	1		
231,847	0	3		
231,818	0	3		
230,691	0	1		
229,837	0	2		
228,278	0	2		
	V Vanadium			
961,160	7	—	I	
891,985	8	—	I	
828,235	8	—	I	
825,590	8	—	I	
825,351	8	—	I	
824,155	8	—		
820,305	8	—	I	
816,106	9	—	I	
811,680	10	—	I	
809,348	7	—	I	
802,736	7	—	I	
733,890	6	—		
675,303	6	—		
662,487	5	—	I	
660,598	5	—	I	
653,143	8	5	I	
650,418	5	4	I	
645,238	6	—	I	
632,657	4	—		
629,672	6	4	I	
629,285	7	5	I	
628,518	7	5	I	
627,465	6	5	I	
626,885	5	4	I	
625,180	8	6	I	
624,310	9	5	I	
624,285	5	5	I	
623,318	8	4	I	
623,077	5	3	I	
622,450	4	2	I	
621,955	8	5		R
621,634	6	5	I	
621,168	3	—		
619,917	8	6		
615,015	7	4	I	
613,536	8	5	I	
611,951	9	6	I	R

λ in nm	Int. B	Int. F	Ion.-Grad	Bem.
611,162	8	6	I	
609,018	10	8	I	R
608,142	8	6	I	
603,969	8	6	I	
583,075	4	—		
574,344	6	3	I	
573,704	8	6	I	
573,128	7	5	I	
572,766	5	2	I	R
572,702	10	10	I	R
572,563	4	—		
570,697	9	8	I	R
570,356	9	8	I	R
569,851	10	9	I	R
567,087	9	8	I	
566,838	7	4	I	
565,746	7	5		
564,612	5	4		
562,766	8	8	I	
562,605	4	2	I	
562,465	8	6	I	
558,454	4	—	I	
550,775	4	7		
548,798	3	6		
541,528	6	4		
519,485	3	7		
519,365	3	6		
513,844	4	8		
512,854	4	7		
490,439	3	7		
488,155	8	8	I	
487,546	8	8	I	
486,471	8	7	I	
485,159	8	8	I	
483,243	6	4	I	
483,164	6	4	I	
482,715	6	4	I	
480,756	5	4	I	
479,992	3	—	I	
479,694	5	5	I	
478,652	5	5	I	
478,148	3	—	I	
477,648	4	6		
477,636	6	4	I	
476,664	5	3	I	
475,750	4	2	I	
475,157	3	—	I	
474,853	4	2	I	
467,050	6	4	I	
461,640	5	3	I	
463,518	6	4	I	
461,977	7	6	I	
460,615	5	3	I	
460,02	3	6		
459,410	9	8	I	R
459,123	3	5		
458,636	8	7	I	

λ in nm	Int. B	Int. F	Ion.-Grad	Bem.
458,039	8	7	I	
457,717	8	7	I	
457,179	4	7		
456,072	6	8		
454,965	5	7		
454,540	7	6		
448,890	7	9		
446,971	7	7		
446,237	7	7		
446,030	8	8	I	
445,978	8	7	I	
445,748	7	5	I	
445,204	8	9		
444,422	8	7	I	
444,169	8	8	I	
443,784	7	5	I	
443,614	7	5	I	
442,980	6	5	I	
442,852	6	5	I	
442,601	7	6	I	
442,159	7	6	I	
441,924	5	3	I	
441,648	6	5	I	
440,851	10	10	I	R LL (M 360)
440,820	10	5	I	R (M 280)
440,764	8	5	I	(M 220)
440,665	8	5	I	
440,059	7	7	I	
439,523	9	8	I	(M 280)
438,997	9	8	I	R (M 380)
438,472	10	10	I	R (M 550)
437,924	10	10	I	R (M 150)
435,596	5	3	I	
435,289	8	6	I	
434,102	7	7	I	
433,283	7	7	I	
433,031	7	7	I	
430,980	6	5	I	
430,622	5	4	I	
429,183	6	6		
428,406	7	9		
427,696	7	9		
427,156	7	9		
426,864	7	9		
423,453	5	2		
423,400	5	2		
423,303	4	2		
423,283	5	2		
423,246	5	2		
420,985	6	6	I	
420,507	2	8		
420,244	1	6		

λ in nm	Int. B	Int. F	Ion.-Grad	Bem.
418,344	2	8		
413,450	8	8	I	
413,202	9	9	I	R (M 240)
412,807	8	8	I	(M 240)
412,356	7	7	I	
411,660	4	2	I	
411,648	7	7	I	
411,518	8	2	I	(M 340)
411,178	9	8	I	R LL (M 700)
410,978	8	6	I	
410,517	7	4	I	(M 220)
410,217	6	3	I	
409,980	8	3	I	(M 220)
409,549	6	3	I	
409,269	8	4	I	
409,058	7	7	I	
406,51	4	—		
403,562	2	7		
402,337	2	8		
400,571	3	8		
399,873	6	3		
399,713	3	6		
399,280	7	4		
399,057	6	4		
397,364	3	7		
395,196	3	7		
391,640	2	6		
391,431	2	7		
390,988	6	—	I	R
390,226	6	2	I	R
387,873	2	7		
387,589	6	2		
387,508	7	2	I	R
386,486	6	2	I	
385,584	7	3	I	(M 320)
385,537	6	2	I	
384,732	3	6		
384,075	7	3	I	(M 280)
382,856	6	2	I	
382,201	5	1	I	
381,824	7	3	I	
381,551	3	6		
381,350	7	3	I	
380,852	5	2	I	
379,496	5	2	I	
379,033	4	1	I	
378,715	2	6		
377,868	4	1	I	
377,097	2	7	II	
376,088	2	7	II	
374,580	3	7		
373,275	3	8		
372,834	2	5	II	
372,746	1	8	II	
371,547	3	8		
370,504	7	4	I	
370,471	6	3	I	
370,357	7	3	I	
370,034	1	6		
369,587	7	3	I	
369,222	5	1	I	
369,028	5	1	I	
368,807	6	2	I	
368,311	3	—	I	
367,570	2	—	I	
366,942	2	6		
366,772	5	2		
361,895	2	6		
359,333	4	8		
359,202	5	9	II	
358,975	5	9	II	
356,617	2	5		
355,680	3	9	II	
354,520	3	8	II	
353,373	6	—		
353,077	2	7		
352,472	1	5		
351,730	3	8	II	
350,444	2	6		
349,694	2	6		
345,713	3	6		
333,79	—	5		
327,984	2	6		
327,612	5	8	II	R
327,164	4	7	II	
327,111	4	7	II	R
326,771	5	8	II	R
325,475	2	5		
323,787	3	6		
321,711	4	7	II	
320,742	5	—	I	
320,238	6	2	I	R
319,801	6	2	I	R
319,067	5	8	II	R
318,851	4	7	II	R
318,770	4	7	II	R
318,540	8	3	I	R (M 500)
318,400	8	3	I	R LL
318,398	7	2	I	(M 700)
318,341	8	3	I	R (M 420)
313,975	2	6	II	
313,652	2	6	II	
313,494	3	7	II	
313,027	2	6	II	
312,621	2	5	II	
312,529	3	7	II	
311,838	5	8	II	R (M 260)
311,071	6	9	II	R (M 340)

λ in nm	Int. B	Int. F	Ion.-Grad	Bem.
310,230	6	9	II	R
				(M 400)
309,311	5	9	II	R LL
				(M 500)
306,711	4	8	II	
306,638	5	2	I	R
				(M 320)
306,325	4	8	II	
306,046	5	2	I	R
305,634	5	2	I	R
304,822	2	5	II	
304,493	4	1		
303,382	3	7	II	
303,345	2	6	II	
301,482	1	5		
300,862	2	6	II	
300,120	2	6	II	R
298,960	1	5	II	
297,755	5	1		
297,653	4	6	II	
297,621	5	1		
297,565	4	1		
297,507	4	1		
297,424	5	2		
296,839	4	8	II	
295,752	3	6	II	
295,580	6	—		
295,208	4	6	II	R
294,459	3	6	II	R
294,320	6	2		
294,235	7	2		R
294,143	3	7	II	R
293,770	6	2		
293,587	6	2		
293,440	2	6	II	
293,081	3	7	II	R
292,464	4	8	II	R
				(M 220)
292,402	4	8	II	R
				(M 320)
292,363	7	—	I	R
291,999	6	2		
291,493	7	2		
291,106	3	6	II	R
291,039	6	2	I	R
291,002	6	2	I	R
290,882	6	8	II	R
				(M 320)
290,747	2	5	II	R
290,645	6	7		R
290,613	5	5		
290,413	6	1		
290,370	6	2		
289,332	6	9		R
289,267	7	10		R
289,246	5	7		
289,165	6	8		R
288,479	5	8	II	
288,251	4	6		
288,004	4	6	II	
286,912	5	8		
285,524	6	8		
285,178	4	6		
281,024	2	8		
276,57	4	7		
275,34	5	8		
273,135	8	2	I	
272,866	8	6		
272,256	6	—	I	
271,569	9	8	II	
270,672	7	7	II	
270,619	8	8	II	
270,221	7	8	II	
270,096	8	9	II	
269,774	6	2	I	
269,700	5	1	I	
269,028	4	7	II	
268,995	3	6	II	
268,799	5	8	II	
268,312	2	5	II	
268,309	8	8	I	
268,291	2	5	II	
267,935	8	8	II	
267,860	8	8	II	
267,783	8	8	II	
267,204	9	8	II	
266,330	2	8		
266,142	8	1	I	R
265,622	7	1	I	R
265,57	—	7		
265,190	8	2	I	R
264,94	4	7		
264,771	7	1	I	R
263,066	4	8		
259,510	3	6		
259,305	3	6		
257,402	7	3	I	R
256,213	7	2	I	R
255,30	2	6		
255,264	6	1		
254,93	2	6		
253,017	7	2	I	R
252,890	6	8		
252,847	6	8		
252,792	6	8		
252,621	6	1	I	R
251,962	6	1	I	R
251,714	5	—	I	R
251,617	7	2		
251,470	2	6		
251,194	5	—	I	R
251,164	4	—	I	
250,778	7	2	I	R
250,690	7	2	I	R

λ in nm	Int. B	Int. F	Ion.-Grad	Bem.
250,623	5	5		
250,303	—	5		
248,311	—	5		
248,240	—	5		
247,957	—	6		
247,909	—	5		
243,910	5	—	I	
243,552	6	—	I	R
243,05	5	—		
242,827	5	—	I	R
242,106	4	—	I	R
242,012	4	—	I	R
241,735	4	—	I	R
241,675	5	—	I	R
241,533	4	—	I	R
241,393	4	—	I	R
241,269	5	—	I	R
240,790	4	4	I, III	R
240,675	4	—	I	R
240,49	—	6	III	
240,190	5	—	I	
240,04	—	3	III	
239,995	4	—	I	R
239,37	—	6		
238,25	—	7		
237,11	—	7		
236,63	—	6		
235,87	—	5		
235,22	—	4		
234,22	—	4		
234,048	4	—	I	
233,18	—	5		
233,04	—	5		
229,28	—	4		
229,27	—	3		
223,29	—	4		
218,222	6	—	I	R
217,700	5	—	I	R
217,074	3	—	I	R
207,52	—	6		
	W Wolfram			
886,550	2	—		
874,659	2	—		
874,464	3	—		
874,044	2	—		
864,156	2	—		
861,449	2	—		
861,322	3	—		
859,438	3	—		
858,507	3	—		
853,899	2	—		
851,637	2	—		
851,536	2	—		
850,695	2	—		
848,681	2	—		
847,092	2	—		
841,708	2	—		

λ in nm	Int. B	Int. F	Ion.-Grad	Bem.
833,802	2	—		
812,378	3	—		
806,035	2	—		
805,561	3	—		
801,717	4	—		
790,919	2	—		
790,525	2	—		
788,645	2	—		
788,034	2	—		
786,701	2	—		
786,345	2	—		
780,895	2	—		
778,411	3	—		
777,667	2	—		
776,113	2	—		
770,096	2	—		
768,893	3	—		
761,407	3	—		
761,213	2	—		
758,285	2	—		
756,987	3	—		
753,742	3	—		
750,407	2	—		
748,334	3	—		
745,137	2	—		
738,508	3	—		
729,657	3	—		
728,582	3	—		
727,821	2	—		
726,957	3	—		
722,602	2	—		
721,631	2	—		
720,016	2	—		
716,264	2	—		
714,051	3	—		
698,429	4	—		
696,414	3	—		
693,428	4	—		
690,832	3	—		
682,027	4	—		
681,493	3	—		
669,312	5	—		
667,842	3	—		
661,163	3	—		
657,396	3	—		
656,322	3	—		
653,816	4	—		
653,241	3	—		
644,515	4	2		
640,422	4	2		
630,325	3	—		
629,205	4	2		
628,590	3	—		
620,352	3	—		
612,829	3	—		
601,280	4	3		
596,588	3	—		

λ in nm	Int.		Ion.-Grad	Bem.
	B	F		
594,758	4	2		
580,486	6	4		
579,652	3	—		
574,922	3	—		
573,510	8	8		
569,783	3	—		
567,443	4	2		
566,073	5	2		
564,839	6	8		
551,471	10	10		
550,349	4	4		
549,234	8	8		
547,781	3	—		
543,507	4	2		
522,468	8	8		
507,174	5	5		
506,916	7	6		
505,462	6	5		
505,330	8	5		
501,533	6	4		
500,617	7	5		
498,261	6	4		
488,692	7	5		
484,303	8	6		
475,756	5	4		
468,054	9	6		
465,987	8	5		
460,993	3	—		
459,997	3	—		
458,873	5	3		
457,066	5	3		
455,185	3	—		
454,649	4	1		
454,352	4	1		
448,420	8	4		
433,691	3	—		
440,828	3	—		
436,478	2	—		
434,812	5	2		
430,211	8	5	I	LL (M 240)
429,461	9	6	I	R LL (M 450)
426,940	7	4	I	(M 150)
424,437	6	3		
424,145	5	2		
421,538	4	6		
413,746	3	—		
410,270	7	3	I	(M 110)
407,436	8	5	I	(M 550)
400,875	9	9	I	LL (M 950)
397,081	3	—		
388,139	6	4		
386,798	7	4	I	(M 200)
385,157	3	—		
384,750	5	3		

λ in nm	Int.		Ion.-Grad	Bem.
	B	F		
384,620	6	3		
383,850	7	5		
381,748	7	5	I	(M 160)
378,077	6	4	I	(M 120)
376,845	6	4	I	(M 120)
371,706	—	5		
370,793	6	3		
365,768	2	5		
364,753	—	4		
364,560	—	4		
364,141	2	5		
361,752	7	4	I	(M 240)
361,379	2	5		
359,242	3	6		
357,247	3	6		
357,066	3	—		
354,905	—	4		
354,523	6	3		
350,874	4	3		
340,187	1	4		
337,614	2	6		
335,861	—	4		
334,340	1	5		
334,246	—	4		
331,139	4	—		
330,083	5	1		
324,336	—	4		
321,557	6	5		
316,002	—	4		
315,247	—	3		
315,129	—	3		
314,985	—	4		
314,577	—	3		
307,751	2	6		
305,130	—	4		
304,968	5	5		R
304,643	4	1	I	
304,377	3	1		
304,186	4	1		R
302,450	2	5		
301,744	5	2		R
301,646	3	—		
300,908	3	—		
299,779	3	—		
299,362	4	—		
297,986	5	1		
296,453	4	—		
295,227	—	4		
294,739	5	1		
294,698	7	3	I	R LL (M 300)
294,440	6	4	I	R LL (M 300)
293,499	5	4		R
289,645	6	4	I	(M 190)
289,601	5	3		
287,940	5	2		

λ in nm	Int. B	Int. F	Ion.-Grad	Bem.
287,911	5	4		
286,605	6	4		
284,805	6	4		
283,138	6	5	I	(M 200)
283,013	—	5		
282,259	—	3		
281,807	3	—		R
280,593	—	4		
279,903	—	5		
279,275	3	—		
277,651	—	5		
277,448	3	3		
277,401	2	—		R
276,428	4	7		R
274,077	—	4		
272,435	7	4	I	(M 320)
271,890	6	3	I	(M 260)
270,35	—	3		
270,21	2	6		
269,77	2	5		
268,141	7	3	I	(M 260)
267,147	5	2		
266,93	—	3		
266,43	3	6		
265,802	3	7		
265,654	6	2	I	(M 200)
263,310	5	1		
262,025	—	4		
261,533	—	3		
261,386	4	—		
261,307	4	—		
260,30	—	3		
259,88	—	3		
258,914	2	5		
258,049	6	2		
257,96	—	5		
257,93	—	4		
257,23	—	4		
257,146	—	5		
256,926	—	3		
256,31	—	3		
255,514	—	4		
255,489	—	4		
255,135	5	2	I	(M 280)
254,714	4	1	I	(M 120)
252,201	2	6		
251,058	2	6		
249,67	—	3		
248,923	2	6		
248,877	2	6		
248,144	5	—	I	(M 160)
247,781	2	6		
246,685	1	5	I	(M 140)
244,64	1	6		
243,596	6	3	I	(M 160)
243,50	—	5		
242,748	2	5		

λ in nm	Int. B	Int. F	Ion.-Grad	Bem.
240,564	5	2		
239,711	2	8		
239,04	—	3		
237,003	2	5		
232,611	—	5		
232,31	—	3		
230,39	1	4		
227,03	—	5		
224,99	—	5		

λ in nm	Int. G	Int. F	Ion.-Grad	Bem.
		X Xenon		
951,338	7	—	I	
916,265	4	—	I	
895,225	6	—	I	
881,941	8	—	I	
873,937	8	—	I	
840,919	5	—	I	
828,012	5	—	I	
826,652	3	—	I	
823,163	6	—	I	
820,634	3	—	I	
806,133	6	—	I	
805,726	7	—	I	
796,734	10	—	I	
780,265	5	—	I	
764,202	5	—	I	
758,468	7	—	I	
739,379	6	—	I	
738,600	5	—	I	
731,627	4	—	I	
728,530	3	—	I	
728,396	2	—	I	
711,960	10	—	I	
697,618	5	—	I	
688,216	8	—	I	
686,684	3	—	I	
684,661	4	—	I	
672,801	7	—	I	
668,104	2	—	I	
667,897	3	—	I	
666,892	6	—	I	
666,670	4	—	I	
663,246	3	—	I	
659,556	5	—	I	
655,420	3	—	I	
653,316	5	—	I	
652,151	2	—	I	
650,418	7	—	I	d
649,872	5	—	I	
648,777	6	—	I	
647,284	6	—	I	
646,971	8	—	I	
643,016	2	—	I	
631,806	10	—	I	

λ in nm	Int. G	Int. F	Ion.-Grad	Bem.
629,265	3	—	I	
628,601	5	—	I	
626,530	3	—	I	
622,417	3	—	I	
620,630	2	—	I	
620,089	4	—	I	
619,826	5	—	I	
618,242	8	—	I	
617,967	6	—	I	
617,830	7	—	I	
616,394	4	—	I	
616,366	5	—	I	
615,207	2	—	I	
611,195	3	—	I	
611,176	3	—	I	
609,76	7	—		
605,12	7	—		
603,62	6	—		
600,791	3	—	I	
599,812	4	—	I	
597,65	7	—		
597,415	4	—	I	
593,117	9	—	I	
593,124	7	—	I	
592,255	2	—	I	
590,446	2	—	I	
589,500	9	—	I	
587,502	9	—	I	
585,651	2	—	I	
582,480	10	—	I	
581,451	6	—	I	
580,731	2	—	I	
575,10	5	—		
571,96	6	—		
571,625	7	—	I	
571,572	5	—	I	
569,575	9	—	I	
566,76	6	—	I	
565,95	5	—		
561,888	8	—	I	
553,11	7	—		
548,856	7	—	I	
547,27	7	—	I	
546,004	2	—	I	
543,992	3	—	I	
541,92	10	—		
540,104	—	5	III	
539,474	2	—	I	
539,280	9	—	I	
537,24	8	—		
536,463	3	—	I	
536,224	2	—	I	
533,94	9	—		
531,40	8	—		
529,22	10	—		
528,395	—	6	III	
516,271	10	—	I	
508,07	7	—		
492,315	8	—	I	
492,15	5	—		
491,651	8	—	I	
489,01	5	—		
488,35	6	—		
487,65	7	—		
486,25	8	—		
484,433	10	—		
484,329	8	—	I	
482,971	8	—	I	
482,33	6			
480,702	9	—	I	
473,415	10	—	I	
469,702	8	—	I	
469,097	7	—	I	
467,123	10	—	I	
465,20	6	—		
462,428	10	—	I	
460,303	10	—		
459,20	6	—		
458,55	8	—		
458,275	5	—		
454,52	8	—		
454,09	8	—		
452,468	9	—	I	
450,098	10	—	I	
448,108	7	—		
446,22	10	—		
444,81	10	—		
443,416	—	5	III	
441,48	7	—		
439,57	10	—		
439,32	10	—		
438,391	10	—	I	
427,229	2	—	I	
433,05	10	—		
424,54	10	—		
423,82	10	—		
420,85	6	—		
420,540	1	—	I	
420,369	5	—	I	
419,353	—	8	II	
419,31	8	—		
418,00	10	—		
413,513	2	—	I	
411,612	8	—	I	
410,971	6	—	I	
410,907	—	10	III	
407,882	10	—	I	
406,043	—	6	III	
405,74	5	—		
405,005	—	10	III	
399,27	7	—		
398,520	3	—	I	
397,442	4	—	I	
396,754	5	—	I	

λ in nm	Int. G	Int. F	Ion.-Grad	Bem.
395,092	5	—	I	
395,056	—	10	III	
394,816	1	—	I	
392,25	—	5	III	
390,79	7	—		
389,50	6	—		
388,05	6	—		
387,780	—	8	III	
384,152	—	7	III	
379,630	4	—	I	
378,098	—	10	III	
377,63	7	—		
369,349	4	—	I	
368,590	4	—	I	
367,663	—	5	III	
362,405	—	8	III	
359,66	5	—		
358,364	—	8	III	
357,969	—	10	III	
355,213	—	5	III	
354,233	—	5	III	
352,283	—	8	III	
346,82	5	—		
346,72	5	—		
345,88	6	—		
345,425	—	7	III	
344,423	—	6	III	
333,17	6	—		
332,22	6	—		
328,58	8	—		
326,896	—	8	III	
324,286	—	8	III	
323,93	6	—		
319,62	5	—		
315,10	6	—		
315,07	6	—		
313,83	6	—		
309,106	—	5	III	
308,36	6	—		
306,52	6	—		
302,380	—	10	III	
299,30	5	—		
297,94	6	—		
295,77	5	—		
293,59	6	—		
287,168	3	—	III	
282,745	—	3	III	
281,60	5	—		
281,45	6	—		
279,49	5	—		
271,74	—	7	II	
267,72	—	8	II	
260,56	—	10	II	
248,92	—	7	II	
247,59	—	10	II	
244,27	—	7	II	
234,45	—	6	II	

λ in nm	Int. G	Int. F	Ion.-Grad	Bem.
231,68	—	6	II	
229,66	—	7	II	
		Zn Zink		
109,794	4	—	I	
109,707	4	—	I	
779,940	5	—	I	
773,250	—	5	II	
769,893	4	—		
762,477	3	—		
761,290	—	4	II	
758,848	—	7	II	
757,875	3	—		
757,879	—	10	II	
726,42	4	—		
694,320	4	—	I	
693,832	6	—	I	
692,833	5	—	I	
648,298	—	7	II	

λ in nm	Int. B	Int. F	Ion.-Grad	Bem.
647,916	7	—	I	
641,707	7	—	I	
643,827	—	5	II	
643,801	—	8	II	
636,235	10	8	I	
623,920	5	—	I	
623,800	6	—	I	
621,458	—	8	II	
611,155	—	7	II	
610,253	1	9	II	
602,125	1	8	II	
589,437	4	8	II	
577,70	5	—	I	
577,52	6	—	I	
577,22	8	—	I	
531,090	4	—	I	
531,018	6	—	I	
530,857	8	—	I	
518,200	8	1	I	
492,40	6	8	II	
491,16	5	7	II	
481,053	10	10	I	R (M 140)
472,216	8	8	I	R
468,014	7	7	I	R
462,981	5	—	I	
429,84	4	—	I	
429,29	4	—	I	
414,857	—	5	II	
411,22	—	4	II	
398,923	—	6	II	
384,06	—	7	II	
380,59	—	5	II	
334,593	6	4	I	LL
334,557	8	5	I	R LL

λ in nm	Int. B	Int. F	Ion.-Grad	Bem.
334,502	10	6	I	R LL (M 140)
330,61	—	5	II	
330,294	8	8	I	R
330,259	10	10	I	R
328,83	4	—	I	
328,233	7	6	I	R
317,22	—	4	II	
307,590	9	6	I	R LL
307,206	8	6	I	R
303,578	7	5	I	R
301,835	6	4	I	
280,20	3	—	I	R
280,087	9	7	I	R
280,00	5	—	I	R
278,131	3	—	I	
277,098	6	6	I	R
277,087	8	6	I	R
275,645	6	6	I	R
272,08	—	5	III	
271,249	5	5	I	
268,419	5	5	I	
267,057	3	—	I	
265,82	—	4	II	
261,88	—	4	IV	
260,864	4	4	I	
260,856	6	6	I	
259,30	—	4	III	
258,25	7	5	I	R
257,58	—	5	III	
257,072	—	2		
256,992	6	4	I	R
256,792	4	—	I	
255,796	5	8	II	
252,70	—	4	III	
252,20	—	4	III	
251,59	5	5	I	
250,92	—	4	III	
250,20	3	10	II	
249,36	3	—	I	
249,15	6	1	I	
248,68	—	5	III	
247,978	3	—	I	
246,70	—	5	III	
246,35	3	—	I	
244,20	—	6	III	
243,99	3	—	I	
242,69	—	6	III	
242,33	—	4	III	
241,87	—	5	III	
240,85	—	4	III	
239,380	4	—		
239,32	—	3		
239,004	—	3	II	
231,38	—	4	III	
213,856	10	5	I	R LL (M 1000)
210,44	4	—	I	
210,22	—	2	II	
209,99	—	5	II, III	
209,69	4	—	I	
208,71	4	—	I	
207,90	4	—	I	
206,42	—	2	II	
206,201	3	5	II	LL
205,69	—	5	II	
203,93	—	4	II	
202,85	3	—		R
202,549	4	6	II	LL
202,40	—	2	II	
201,20	—	5	II	

Zr Zirkonium

λ in nm	Int. B	Int. F	Ion.-Grad	Bem.
716,909	6	—	I	
710,372	3	—	I	
710,291	4	—	I	
709,770	5	—	I	
699,084	3	—	I	
695,384	4	—	I	
676,916	3	—	I	
676,238	3	—	I	
648,965	3	—	I	
647,021	2	—	I	
631,302	6	—	I	
629,966	3	—	I	
614,320	8	—	I	
613,455	8	—	I	
612,744	10	—	I	
612,191	3	—	I	
587,980	3	—	I	
579,774	3	—	I	
568,090	3	—	I	
566,451	3	—	I	
538,514	1	—	I	
515,545	1	—	I	
504,659	2	—	I	
481,563	2	—	I	
477,231	5	—	I	
473,948	5	—	I	
471,008	3	—	I	
468,780	5	—	I	(M 200)
463,399	2	—	I	
457,552	3	—	I	
434,789	2	—	I	
434,113	3	0	I	
430,289	5	0	I	
428,220	2	0	II	
428,203	1	—	I	
425,604	3	—	I	
424,169	5	0	I	
424,120	5	0	I	
424,034	5	0	I	
423,931	5	0	I	(M 180)
422,776	6	1	I	(M 180)
420,146	3	0	I	

λ in nm	Int. B	Int. F	Ion.-Grad	Bem.
416,637	3	0	I	
416,121	2	2	II	
415,624	2	1	II	
414,920	5	5	II	
408,122	6	1	I	(M 180)
407,270	5	0	I	(M 180)
406,416	5	1	I	
405,503	5	0	I	
404,867	2	2	II	
402,721	5	0	I	
399,897	2	2	II	
399,113	5	3	II	
397,529	3	0	I	
396,826	5	0	I	
396,159	10	1		
395,822	10	6	II	
392,179	5	0	I	
391,594	2	1	II	
391,434	4	1	II	
390,052	5	—	I	
389,138	5	0	I	(M 180)
389,032	6	1	I	(M 260)
386,434	3	1	I	
383,596	2	0	I	(M 280)
382,527	2	3		
375,160	2	3	II	
370,926	3	2	II	
369,817	3	4	II	
367,472	5	2	II	
386,365	5	1	I	
363,645	6	2	II	
361,477	2	4	II	
361,189	1	2	II	
360,119	9	1	I	(M 550)
357,685	1	2	II	(M 200)
357,579	5	0	I	
357,247	3	4	II	(M 340)
355,660	1	3	II	(M 340)
355,195	3	4	II	
354,768	6	1	I	(M 280)
354,262	1	2	II	
351,960	5	1	I	(M 320)
350,567	2	2	II	
350,549	2	2	II	
349,621	5	5	II	(M 650)
348,115	3	4	II	(M 200)
347,939	3	4	II	(M 190)
346,302	1	2	II	
344,737	6	0	I	b
343,823	7	6	II	(M 750)
343,053	3	3	II	
341,025	3	3	II	
339,935	5	2	II	
339,198	8	9	II	(M 900)
338,830	3	2	II	
338,787	5	5	II	
335,726	3	2	II	
335,609	3	2	II	
332,680	5	5	II	
330,628	4	4	II	
328,471	2	2	II	
327,926	3	3	II	(M 200)
327,305	3	4	II	
318,286	1	1	II	
302,952	3	0	I	
302,047	3	2	II	
301,175	5	0	I	
298,539	3	0	I	
296,896	1	2	II	
287,598	4	0	I	
284,852	5	—	I	
284,458	3	3	II	
283,723	5	—	I	
281,491	4	0	I	
279,827	5	—	I	
275,221	2	2	II	
273,486	2	2	II	
272,649	3	3	II	
272,261	3	3	II	
270,013	3	3	II	
267,863	4	5	II	(M 200)
257,139	8	9	II	R
256,887	5	6	II	
256,764	5	5	II	
255,074	5	3	II	
255,051	1	—	I	
254,210	5	3	II	
253,965	3	—	I	
244,985	3	1	II	
233,157	—	5		b
230,314	5	—		
229,405	3	1	II	
229,111	4	2	II	
228,523	5	—		

4 Größe und elektronischer Aufbau von Atomen, Ionen und Molekülen

Überarbeitet von M.D. Lechner, Physikalische Chemie, Universität Osnabrück

4.1 Ionisierungsenergien von Atomen und Moleülen

4.1.1 Ionisierungsenergien von Atomen

		I		II	III	IV	V	VI	VII	VIII	IX	X	XI
		kJ/mol	eV	eV									
1.	H	1312,003	13,598										
2.	He	2372,28	24,587	54,416									
3.	Li	520,25	5,392	75,638	122,451								
4.	Be	899,43	9,322	18,211	153,893	217,713							
5.	B	800,63	8,298	25,154	37,93	259,368	340,217						
6.	C	1086,42	11,26	24,383	47,887	64,492	392,077	489,981					
7.	N	1402,31	14,534	29,601	47,448	77,472	97,888	552,057	667,029				
8.	O	1313,93	13,618	35,116	54,934	77,412	113,896	138,116	739,315	871,387			
9.	F	1680,96	17,422	34,970	62,707	87,138	114,240	157,161	185,182	953,886	1103,089		
10.	Ne	2080,60	21,564	40,962	63,45	97,11	126,21	157,93	207,27	239,09	1195,797	1362,164	
11.	Na	495,83	5,139	47,286	71,64	98,91	138,39	172,15	208,47	264,18	299,87	1465,091	1648,659
12.	Mg	737,72	7,646	15,035	80,143	109,24	141,26	186,50	224,94	265,90	327,95	367,53	1761,802
13.	Al	577,56	5,986	18,828	28,447	119,99	153,71	190,47	241,43	284,59	330,21	398,57	442,07
14.	Si	786,45	8,151	16,345	33,492	45,141	166,77	205,05	246,52	303,17	351,10	401,43	476,06
15.	P	1011,74	10,486	19,725	30,18	51,37	65,023	230,43	263,22	309,41	371,73	424,50	479,57
16.	S	999,58	10,36	23,33	34,83	47,30	72,68	88,049	280,93	328,23	379,10	447,09	504,78
17.	Cl	1251,12	12,967	23,81	39,61	53,46	67,8	98,03	114,193	348,28	400,05	455,62	529,26
18.	Ar	1520,51	15,759	27,629	40,74	59,81	75,02	91,007	124,319	143,456	422,44	478,68	538,95
19.	K	418,84	4,341	31,625	45,72	60,91	82,66	100	117,56	154,86	175,814	503,44	564,13
20.	Ca	589,81	6,113	11,871	50,908	67,10	84,41	108,78	127,7	147,24	188,54	211,270	591,25
21.	Sc	631,01	6,54	12,80	24,76	73,47	91,66	111,1	138,0	158,7	180,02	225,32	249,832
22.	Ti	658,03	6,82	13,58	27,491	43,266	99,22	119,36	140,8	168,5	193,2	215,91	265,23
23.	V	650,31	6,74	14,65	29,310	46,707	65,23	128,12	150,17	173,7	205,8	230,5	255,04
24.	Cr	652,82	6,766	16,50	30,96	49,1	69,3	90,56	161,1	184,7	209,3	244,4	270,8
25.	Mn	717,37	7,435	15,640	33,667	51,2	72,4	95	119,27	196,46	221,8	248,3	286,0
26.	Fe	759,34	7,870	16,18	30,651	54,8	75	99	125	151,06	235,04	262,1	290,4
27.	Co	758,37	7,86	17,06	33,50	51,3	79,5	102	129	157	186,13	276	305
28.	Ni	736,66	7,635	18,168	35,17	54,9	75,5	108	133	162	193	224,5	321,2
29.	Cu	745,44	7,726	20,292	36,83	55,2	79,9	103	139	166	199	232	266
30.	Zn	906,38	9,394	17,964	39,722	59,4	82,6	108	134	174	203	238	274
31.	Ga	578,81	5,999	20,51	30,71	64,0	90	118	149	183	231	271	
32.	Ge	762,14	7,899	15,934	34,22	45,71	93,5	123	155	189	226	280	
33.	As	946,52	9,81	18,633	28,351	50,13	62,63	127,6	160	196	234	274	
34.	Se	941,02	9,752	21,19	30,820	42,944	68,3	81,7	155,4	202	241	282	
35.	Br	1139,87	11,814	21,8	36,0	47,3	59,7	88,6	103,0	192,8	248	291	
36.	Kr	1350,69	13,999	24,359	36,95	52,5	64,7	78,5	111,0	126	230,39	300	
37.	Rb	403,02	4,177	27,28	40,0	52,6	71,0	84,4	99,2	136	150	277,1	324,1
38.	Sr	549,48	5,695	11,03	43,6	57,0	71,6	90,8	106	122,3	162	177	206
39.	Y	615,57	6,38	12,24	20,52	61,8	77,0	93	116	129	146,52	191	
40.	Zr	659,96	6,84	13,13	22,99	34,34	81,5	98,9	118	143	163	181	
41.	Nb	663,82	6,88	14,32	25,04	38,3	50,55	102,6	125	145	172	193	
42.	Mo	684,95	7,099	16,15	27,16	46,4	61,2	68	126,8	153	174	204	
43.	Tc	702,41	7,28	15,26	29,54	43	59	76	94	162	184	206	
44.	Ru	711,09	7,37	16,76	28,47	47	63	81	100	119	194	217	
45.	Rh	719,78	7,46	18,08	31,06	46	67	85	105	126	147	228	
46.	Pd	804,68	8,34	19,43	32,93	49	66	90	111	132	155	178	
47.	Ag	730,97	7,576	21,49	34,83	52	70	89	116	139	162	187	
48.	Cd	867,69	8,993	16,908	37,48	55	73	94	115	146	170	195	
49.	In	558,26	5,786	18,869	28,03	54	77	98	121	144	178	204	
50.	Sn	708,59	7,344	14,632	30,502	40,734	72,28	103	126	151	176	213	
51.	Sb	833,73	8,641	16,53	25,3	44,2	56,0	108	132	157	184	211	
52.	Te	869,23	9,009	18,6	27,96	37,41	58,75	70,7	137	164	192	220	
53.	J	1008,36	10,451	19,131	33	42	52	77	90	169,9	200	229	
54.	Xe	1170,36	12,130	21,21	32,1	45	57	68	96	110	204,7	238	
55.	Cs	375,71	3,894	25,1	34	46	62	74	86	117	132	246	
56.	Ba	502,88	5,212	10,004	37	49	62	80	93	106	140	156	
57.	La	538,10	5,577	11,06	19,175	52	66	80	100	114	128	165	
58.	Ce	527,77	5,47	10,85	20,20	36,72	70	85	100	122	137	152	
59.	Pr	522,95	5,42	10,55	21,62	38,95	57,45	89	106	122	146	162	
60.	Nd	529,70	5,49	10,72	—	—	—	—	111	129	147	171	
61.	Pm	535,49	5,55	10,90	—	—	—	—	—	135	154	173	
62.	Sm	543,21	5,63	11,07	—	—	—	—	—	—	161	181	

(*Fortsetzung S. 467*)

4.1.1 Ionisierungsenergien von Atomen (*Fortsetzung*)

	XII	XIII	XIV	XV	XVI	XVII	XVIII	XIX	XX	XXI
	eV									
1. H										
2. He										
3. Li										
4. Be										
5. B										
6. C										
7. N										
8. O										
9. F										
10. Ne										
11. Na										
12. Mg	1962,613									
13. Al	2085,983	2304,080								
14. Si	523,50	2437,676	2673,108							
15. P	560,41	611,85	2816,943	3069,762						
16. S	564,65	651,63	707,14	3223,836	3494,099					
17. Cl	591,97	656,69	749,74	809,39	3658,425	3946,193				
18. Ar	618,24	686,09	755,73	854,75	918	4120,778	4426,114			
19. K	629,09	714,02	787,13	861,77	968	1034	4610,995	4933,931		
20. Ca	656,39	726,03	816,61	895,12	974	1087	1157	5129,045	5469,738	
21. Sc	685,89	755,47	829,79	926,00						
22. Ti	291,497	787,33	861,33	940,36						
23. V	308,25	336,267	895,58	974,02						
24. Cr	298,0	355	384,30	1010,64						
25. Mn	314,4	343,6	404	435,3	1136,2					
26. Fe	330,8	361,0	392,2	457	489,5	1266,1				
27. Co	336	379	411	444	512	546,8	1403,0			
28. Ni	352	384	430	464	499	571	607,2	1547		
29. Cu	368,8	401	435	484	520	557	633	671	1698	
30. Zn	310,8	419,7	454	490	542	579	619	698	738	1856
31. Ga										
32. Ge										
33. As										
34. Se										
35. Br										
36. Kr										
37. Rb										
38. Sr										
39. Y	374,0									

4.1.1 Ionisierungsenergien von Atomen (*Fortsetzung*)

	I		II	III	IV	V	VI	VII	VIII	IX	X
	kJ/mol	eV	eV								
63. Eu	547,07	5,67	11,25	—	—	—	—	—	—	—	187
64. Gd	592,42	6,14	12,1	—	—	—	—	—	—	—	—
65. Tb	564,44	5,85	11,52	—	—	—	—	—	—	—	—
66. Dy	572,16	5,93	11,67	—	—	—	—	—	—	—	—
67. Ho	—	6,02	11,80	—	—	—	—	—	—	—	—
68. Er	—	6,10	11,93	—	—	—	—	—	—	—	—
69. Tm	—	6,18	12,05	23,71	—	—	—	—	—	—	—
70. Yb	603,42	6,25	12,17	25,2	—	—	—	—	—	—	—
71. Lu	523,53	5,426	13,9	19	—	—	—	—	—	—	—
72. Hf	675,40	7,0	14,89	23,3	33,3	—	—	—	—	—	—
73. Ta	761,27	7,89	—	22	33	45	—	—	—	—	—
74. W	769,95	7,98	—	24	35	48	61	—	—	—	—
75. Re	760,30	7,88	13	26	38	51	65	79	—	—	—
76. Os	839,42	8,7	15	25	40	54	68	83	99	—	—
77. Ir	878,01	9,1	16	27	39	57	72	88	104	121	—

(*Fortsetzung S. 468*)

4.1.1 Ionisierungsenergien von Atomen (*Fortsetzung*)

	I		II	III	IV	V	VI	VII	VIII	IX	X
	kJ/mol	eV	eV								
78. Pt	868,37	9,0	18,563	29	41	55	75	92	109	127	146
79. Au	890,07	9,225	20,5	30	44	58	73	96	114	133	153
80. Hg	1007,04	10,437	18,756	34,2	46	61	77	94	120	139	159
81. Tl	589,33	6,108	20,428	29,83	50	64	81	98	117	145	166
82. Pb	715,53	7,416	15,032	31,937	42,32	68,8	84	103	122	142	173
83. Bi	703,28	7,289	16,69	25,56	45,3	56,0	88,3	107	127	148	169
84. Po	812,40	8,42	19	28	38	61	73	112	132	154	176
85. At	926	9,6	18	30	41	51	78	91	138	160	183
86. Rn	1037,02	10,748	20	30	44	55	67	97	111	166	190
87. Fr	—	—	22	32	43	59	71	84	117	133	197
88. Ra	509,34	5,279	10,147	34	46	59	76	89	103	140	156
89. Ac	665,75	6,9	12,1	—	49	62	76	95	109	123	164
90. Th	1109,58	—	11,5	20,0	28,8	65	80	94	115	130	145
91. Pa	—	—	—	—	—	—	84	100	115	138	154
92. U	385	4	—	—	—	—	—	104	121	137	162
93.											
94. Pu	559,61	5,8									
95. Am	578,91	6,0									

4.1.2 Ionisierungsenergien von zweiatomigen Molekülen

Stoff	eV	Prozeß	Stoff	eV	Prozeß
H_2	$15{,}427 \pm 0{,}002$	$H_2 \rightarrow H_2^+ + e$	CO	$14{,}013 \pm 0{,}004$	$CO \rightarrow CO^+ + e$
	18	$H_2 \rightarrow H + H^+ + e$		$22{,}5 \pm 0{,}5$	$CO \rightarrow C^+ + O + e$
C_2	$12 \pm 0{,}6$	$C_2 \rightarrow C_2^+ + e$		$23{,}7 \pm 0{,}5$	$CO \rightarrow C + O^+ + e$
N_2	15,576	$N_2 \rightarrow N_2^+ + e$		$43{,}5 \pm 2$	$CO \rightarrow CO^{++} + 2e$
	23,5	$N_2 \rightarrow N^+ + N + e$		50 ± 3	$CO \rightarrow C^{++} + O + 2e$
	$49{,}5 \pm 0{,}5$	$N_2 \rightarrow N_2^{++} + 2e$		9,5	$CO + e \rightarrow CO^-$
	64 ± 2	$N_2 \rightarrow N^{++} + N + 2e$	CS	$10{,}6 \pm 0{,}3$	$CS \rightarrow CS^+ + e$
O_2	$12{,}063 \pm 0{,}001$	$O_2 \rightarrow O_2^+(^4\Pi_g) + e$	CN	14,3	$CN \rightarrow CN^+ + e$
	16,1	$O_2 \rightarrow O_2^+(^4\Pi_u) + e$	NO	9,25	$NO \rightarrow NO^+ + e$
	$16{,}2 \pm 0{,}1$	$O_2 \rightarrow O_2^+(^2\Pi_u) + e$		$21{,}8 \pm 0{,}2$	$NO \rightarrow N^+ + O + e$
	$18{,}2 \pm 0{,}1$	$O_2 \rightarrow O_2^+(^4\Pi_g) + e$		$21 \pm 0{,}5$	$NO \rightarrow N + O^+ + e$
	$19{,}2 \pm 0{,}2$	$O_2 \rightarrow O^+ + O + e$		$19{,}9 \pm 0{,}2$	$NO \rightarrow N^+ + O^-$
	$18{,}9 \pm 0{,}4$	$O_2 \rightarrow O^+ + O^-$		44 ± 1	$NO \rightarrow NO^{++} + 2e$
	$50{,}0 \pm 0{,}5$	$O_2 \rightarrow O_2^{++} + 2e$		$7{,}0 \pm 0{,}3$	$NO + e \rightarrow N + O^-$
	$3{,}0 \pm 0{,}4$	$O_2 + e \rightarrow O + O^-$	OH	$13{,}17 \pm 0{,}1$	(OH^+)
S_2	$10{,}7 \pm 0{,}3$	$S_2 \rightarrow S_2^+ + e$	SO	10,7	$SO \rightarrow SO^+ + e$
Cl_2	$11{,}48 \pm 0{,}01$	(Cl_2^+)	HF	$15{,}77 \pm 0{,}02$	(HF^+)
Br_2	$10{,}54 \pm 0{,}03$	(Br_2^+)	HCl	12,74	$HCl(^1\Sigma) \rightarrow HCl^+(^2\Pi) + e$
	$13{,}7 \pm 0{,}5$	(Br^+)		$35{,}7 \pm 1{,}0$	$HCl \rightarrow HCl^{++} + 2e$
	$39{,}5 \pm 0{,}5$	(Br_2^{++})	HBr	$11{,}62 \pm 0{,}03$	$HBr(^1\Sigma) \rightarrow HBr^+(^2\Pi) + e$
J_2	$9{,}28 \pm 0{,}02$	$J_2 \rightarrow J_2^+ + e$	HJ	10,39	$HJ(^1\Sigma) \rightarrow HJ^+(^2\Pi) + e$

4.1.3 Ionisierungsenergien von mehratomigen Molekülen

Stoff	eV	Prozeß	Stoff	eV	Prozeß
H_2O	12,56	$H_2O \rightarrow H_2O^+ + e$	NO_2	9,79	$NO_2 \rightarrow NO_2^+ + e$
	$18,9 \pm 0,5$	$H_2O \rightarrow OH^+ + H + e$		17,7	$NO_2 \rightarrow NO + O^+ + e$
	$33,5 \pm 1$	$H_2O \rightarrow H_2^+ + O^+ + 2e$		20,8	$NO_2 \rightarrow N^+ + O_2 + e$
H_2S	$10,45 \pm 0,01$	$H_2S \rightarrow H_2S^+ + e$	N_2O	12,894	$N_2O \rightarrow N_2O^+ + e$
CO_2	$13,769 \pm 0,03$	$CO_2 \rightarrow CO_2^+(^2\Pi_g) + e$		15,3	$N_2O \rightarrow NO^+ + N + e$
	$19,6 \pm 0,4$	$CO_2 \rightarrow CO + O^+ + e$		16,3	$N_2O \rightarrow N_2 + O^+ + e$
	$20,4 \pm 0,7$	$CO_2 \rightarrow CO^+ + O + e$		21,4	$N_2O \rightarrow NO + N^+ + e$
	$28,3 \pm 1,5$	$CO_2 \rightarrow C^+ + 2O + e$	SO_2	$12,34 \pm 0,02$	$SO_2 \rightarrow SO_2^+ + e$
	52 ± 2	$CO_2 \rightarrow CO_2^{++} + 2e$		$16,0 \pm 0,7$	$SO_2 \rightarrow S^+ + O_2 + e$
	55 ± 3	$CO_2 \rightarrow C^{++} + 2O + 2e$		$16,5 \pm 0,5$	$SO_2 \rightarrow SO^+ + O + e$
CS_2	10,080	$CS_2 \rightarrow CS_2^+(^2\Pi_g) + e$	NH_3	10,2	$NH_3 \rightarrow NH_3^+ + e$
	$14,0 \pm 0,5$	$CS_2 \rightarrow CS + S^+ + e$	$(CN)_2$	13,6	$(CN)_2 \rightarrow (CN)_2^+ + e$
	$14,7 \pm 0,5$	$CS_2 \rightarrow CS^+ + S + e$		22,5	$(CN)_2 \rightarrow C^+ + C + N_2 + e$
	$21,5 \pm 1$	$CS_2 \rightarrow C^+ + 2S + e$	HCN	13,8	(HCN^+)

4.1.4 Ionisierungsenergien von organischen Verbindungen

Stoff	Name	eV	Prozeß
CH_4	Methan	12,6	$CH_4 \rightarrow CH_4^+ + e$
		21,6	$CH_4 \rightarrow H^+ + CH_3 + e$
		3,8	$CH_4 + e \rightarrow CH_3 + H^-$
CD_4		12,888	$CD_4 \rightarrow CD_4^+ + e$
C_2H_6	Ethan	11,5	$C_2H_6 \rightarrow C_2H_6^+ + e$
C_3H_8	Propan	11,1	$C_3H_8 \rightarrow C_3H_8^+ + e$
C_4H_{10}	n-Butan	$10,63 \pm 0,03$	n-$C_4H_{10} \rightarrow$ n-$C_4H_{10}^+ + e$
	i-Butan	10,57	i-$C_4H_{10} \rightarrow$ i-$C_4H_{10} + e$
C_2H_4	Ethen	10,5	$C_2H_4 \rightarrow C_2H_4^+ + e$
		14,1	$C_2H_4 \rightarrow C_2H_3^+ + H + e$
C_4H_8	Isobutylen	$9,23 \pm 0,02$	$C_4H_8 \rightarrow C_4H_8^+ + e$
		$11,32 \pm 0,1$	$C_4H_8 \rightarrow C_4H_7^+ + H + e$
		$11,51 \pm 0,1$	$C_4H_8 \rightarrow C_3H_5^+ + CH_3 + e$
		$12,1 \pm 0,5$	$C_4H_8 \rightarrow C_2H_4^+ + C_2H_4 + e$
		$15,2 \pm 0,5$	$C_4H_8 \rightarrow C_2H_3^+ + C_2H_4 + H + e$
C_2H_2	Acetylen	11,4	$C_2H_2 \rightarrow C_2H_2^+ + e$
	Ethin	17,3	$C_2H_2 \rightarrow C_2H^+ + H + e$
		23,8	$C_2H_2 \rightarrow C_2^+ + 2H + e$
		24	$C_2H_2 \rightarrow C^+ + C + 2H + e$
C_6H_6	Benzol	9,24	$C_6H_6 \rightarrow C_6H_6^+ + e$
		14,5	$C_6H_6 \rightarrow C_6H_5^+ + H + e$
C_7H_8	Toluol	8,5	$C_7H_8 \rightarrow C_7H_8^+ + e$
C_8H_{10}	m-Xylol	8,58	$C_8H_{10} \rightarrow C_8H_{10}^+ + e$
CH_3Cl	Chlormethan	11,3	$CH_3Cl \rightarrow CH_3Cl^+ + e$
CH_3Br	Brommethan	10,53	$CH_3Br \rightarrow CH_3Br^+ + e$
CH_3J	Jodmethan	9,54	$CH_3J \rightarrow CH_3J^+ + e$
$CHCl_3$	Chloroform	$11,42 \pm 0,03$	$CHCl_3 \rightarrow CHCl_3^+ + e$

4.1.4 Ionisierungsenergien von organischen Verbindungen (*Fortsetzung*)

Stoff	Name	eV	Prozeß
CCl_4	Tetrachlor-kohlenstoff	11,47 ± 0,01	$CCl_4 \rightarrow CCl_4^+ + e$
C_6H_5Cl	Chlorbenzol	9,07	$C_6H_5Cl \rightarrow C_6H_5Cl^+ + e$
C_6H_5Br	Brombenzol	8,98 ± 0,02	$C_6H_5Br \rightarrow C_6H_5Br^+ + e$
CH_4O	Methanol	10,84	$CH_4O \rightarrow CH_4O^+ + e$
C_2H_6O	Ethanol	10,49	$C_2H_6O \rightarrow C_2H_6O^+ + e$
$C_4H_{10}O$	Diethylether	9,6	$C_4H_{10}O \rightarrow C_4H_{10}O^+ + e$
CH_2O	Formaldehyd	10,88	$CH_2O \rightarrow CH_2O^+ + e$
C_2H_4O	Acetaldelyd	10,2	$C_2H_4O \rightarrow C_2H_4O^+ + e$
C_3H_6O	Aceton	9,69	$C_3H_6O \rightarrow C_3H_6O^+ + e$
CH_2O_2	Ameisensäure	11,05 ± 0,01	$CH_2O_2 \rightarrow CH_2O_2^+ + e$

4.2 Elektronenaffinitäten

Die Elektronenaffinität E_A ist die freiwerdende oder zugeführte Energie bei der Aufnahme eines Elektrons durch ein Atom, Ion oder Molekül. Sie ist der Ionisierungsenergie des um 1 höher geladenen Atoms, Ions oder Moleküls entgegengesetzt gleich:

$$M + e \rightarrow M^-$$
$$M^- + e \rightarrow M^{--}$$

Zur Ermittlung der Elektronenaffinität können folgende Methoden verwendet werden:

1) Theoretische Rechnungen
   a) wellenmechanische Berechnung des Elektronenterms des Anions
   b) halbempirische isoelektronische Extrapolation der Ionisierungsenergien
   c) halbempirische Extrapolation der Ionisierungsenergien in Abhängigkeit von der Kernladungszahl
2) Berechnung der Gitterenergien von Ionenkristallen; Born-Haberscher Kreisprozess
3) Experimentelle Bestimmung der Photoablösung des Elektrons durch
   a) konventionelle Lichtquellen
   b) Laser-Lichtquellen
   c) Photoelektronen-Spektroskopie
   d) Photoabsorbtion und Photoemission im Plasma
4) Massenspektroskopische Untersuchungen über Elektronenanlagerung und Elektronenstoß
5) Untersuchungen über Reaktionen von Ionen mit Molekülen
   a) Gleichgewichtsreaktionen bei verschiedenen Temperaturen
   b) Charge-Transfer-Reaktionen
   c) Oberflächen-Ionisation
6) Untersuchungen über die Kinetik von Elektrodenprozessen

Die folgenden Tabellen enthalten die wahrscheinlichsten Elektronenaffinitäten in eV und kJ/mol.

4.2.1 Elektronenaffinitäten von Atomen

Reaktion	E_A/eV	E_A/(kJ/mol)	Reaktion	E_A/eV	E_A(kJ/mol)
$H \rightarrow H^-$	−0,75	−72	$Al \rightarrow Al^-$	−0,44	−42
$Li \rightarrow Li^-$	−0,62	−60	$Ga \rightarrow Ga^-$	−0,3	−28
$Na \rightarrow Na^-$	−0,55	−53	$In \rightarrow In^-$	−0,3	−28
$K \rightarrow K^-$	−0,50	−48	$Tl \rightarrow Tl^-$	−0,2	−19
$Rb \rightarrow Rb^-$	−0,49	−47	$C \rightarrow C^-$	−1,27	−121
$Cs \rightarrow Cs^-$	−0,47	−45	$Si \rightarrow Si^-$	−1,39	−134
$Ca \rightarrow Ca^-$	−0,043	−4,1	$Ge \rightarrow Ge^-$	−1,23	−119
$B \rightarrow B^-$	−0,28	−27	$Sn \rightarrow Sn^-$	−1,11	−107

4.2.1 Elektronenaffinitäten von Atomen (*Fortsetzung*)

Reaktion	E_A/eV	E_A/(kJ/mol)	Reaktion	E_A/eV	E_A(kJ/mol)
$Pb \rightarrow Pb^-$	−0,36	−35	$Te \rightarrow Te^-$	−1,97	−190
$N \rightarrow N^-$	−0,27	−26	$F \rightarrow F^-$	−3,40	−328
$P \rightarrow P^-$	−0,75	−72	$Cl \rightarrow Cl^-$	−3,62	−349
$O \rightarrow O^-$	−1,46	−141	$Br \rightarrow Br^-$	−3,37	−325
$O^- \rightarrow O^{--}$	+8,75	+844	$J \rightarrow J^-$	−3,06	−295
$S \rightarrow S^-$	−2,08	−201	$He \rightarrow He^-$	−0,19	−18
$S^- \rightarrow S^{--}$	+5,51	+532	$Ar \rightarrow Ar^-$	+0,30	+29
$Se \rightarrow Se^-$	−2,02	−195	$Hg \rightarrow Hg^-$	−1,79	−173

4.2.2 Elektronenaffinitäten von zweiatomigen Molekülen $M + e \rightarrow M$

Molekül	E_A/eV	E_A/(kJ/mol)	Molekül	E_A/eV	E_A/(kJ/mol)
AsH	−1,0	−97	KI	−0,73	−70
BeH	−0,7	−68	LiCl	−0,59	−57
Br_2	−2,55	−246	MgCl	−1,59	−153
C_2	−3,39	−327	MgH	−1,05	−101
CH	−1,24	−120	MgI	−1,90	−183
CN	−3,82	−369	MnH	−0,87	−84
CS	−0,21	−20	NH	−0,37	−36
Cl_2	−2,38	−230	NO	−0,02	−2
ClO	−2,17	−209	NO	−1,19	−114
CsCl	−0,46	−44	NaBr	−0,79	−76
Cu_2	−0,84	−81	NaCl	−0,73	−70
F_2	−3,08	−297	NaF	−0,52	−50
Fe_2	−0,90	−87	NaI	−0,87	−84
FeH	−0,93	−90	NiD	−0,48	−46
FeO	−1,49	−144	NiH	−0,48	−46
I_2	−2,55	−246	O_2	−0,44	−42
IBr	−2,55	−246	OH	−1,83	−177
KBr	−0,64	−62	SH	−2,31	−223
KCl	−0,58	−56			

4.2.3 Elektronenaffinitäten von dreiatomigen Molekülen $M + e \rightarrow M^-$

Molekül	E_A/eV	E_A/(kJ/mol)	Molekül	E_A/eV	E_A/(kJ/mol)
C_3	−1,98	−191	HNO	−0,34	−33
CCl_2	−1,60	−154	HO_2	−1,08	−104
CF_2	−0,18	−17	NH_2	−0,74	−71
CH_2	−0,65	−63	N_2O	−1,47	−142
CHBr	−1,56	−151	NO_2	−2,28	−220
CHCl	−1,21	−117	Ni_3	−1,41	−136
CHF	−0,56	−54	NiCO	−0,80	−77
CHI	−1,68	−162	NiH_2	−1,93	−186
C_2H	−2,94	−284	O_3	−2,10	−203
C_2O	−1,85	−178	PH_2	−1,27	−123
COS	−0,46	−44	S_3	−2,09	−202
CS_2	−0,90	−87	SO_2	−1,11	−107
HS_2	−1,91	−184	S_2O	−1,88	−181
FeCO	−1,26	−122	SeH_2	−1,05	−101
FeO_2	−1,04	−100	SiH_2	−1,12	−108
HCO	−0,31	−30			

4.2.4 Elektronenaffinitäten von mehratomigen Molekülen $M + e \rightarrow M^-$

Molekül	E_A/eV	E_A/(kJ/mol)	Molekül	E_A/eV	E_A/(kJ/mol)
$Fe(CO)_2$	−1,22	−118	C_2H_2 (Vinyliden)	−0,47	−45
$Fe(CO)_3$	−1,80	−174			
$Fe(CO)_4$	−2,40	−232	C_3H	−1,86	−179
HNO_3	−0,57	−55	C_3H_2	−1,80	−174
$Ni(CO)_2$	−0,64	−62	C_3H_5	−0,36	−35
$Ni(CO)_3$	−1,08	−104	C_4H_4N (Pyrrolat)	−2,39	−231
PBr_3	−1,59	−153			
PCl_3	−0,82	−79	C_5H_5 (Cyclopentadienyl)	−1,80	−174
SF_4	−2,35	−227			
SF_6	−1,05	−101	C_5H_7 (Pentadienyl)	−0,91	−88
SO_3	−1,70	−164			
SiO_3	−1,37	−132	$C_6H_4O_2$ (p-Benzochinon)	−1,89	−182
SiF_3	−2,95	−285			
SiH_3	−1,41	−136	C_6H_5 (Phenyl)	−1,10	−106
CH_2S	−0,47	−45			
CH_3	−0,08	−8	$C_6H_5NO_2$ (Nitrobenzol)	−0,70	−68
CO_3	−2,69	−260			
CF_3Br	−0,91	−88	C_7H_9 (Heptatrienyl)	−1,27	−123
CF_3I	−1,57	−151			
CH_3I	−0,20	−19			
CH_3O	−1,57	−151			
CH_3S	−1,86	−179			
C_2HO	−2,35	−227			

4.3 Elektronegativitäten

Die Elektronegativität eines Atoms A, X_A ist eine Bindungseigenschaft. Sie ist definiert als Kraft eines Atoms in einem Molekül Elektronen anzuziehen. Die Bestimmung der Elektronegativität wird im wesentlichen nach 3 Verfahren durchgeführt:

a) Elektronegativität nach Pauling

$E_{A-B} = 1/2(E_{A-A} + E_{B-B}) + 96{,}5(X_A - X_B)^2$
X_A, X_B = Elektronegatiivitäten der Atome A und B
$E_{A-A}, E_{B-B}, E_{A-B}$ = Bindungsenergien der Moleküle A – A, B – B und A – B in kJ/mol
Hierbei müssen für einige Elemente noch Korrekturen angebracht werden, die durch Überlagerung von Atombindung und Ionenstruktur zustande kommt.

b) Elektronegativität nach Mulliken

$X_A = (E_I + E_A)/133$
E_I = Ionisierungsenergie des Atoms A in kJ/mol
E_A = Elektronenaffinität des Atoms A in kJ/mol

c) Elektronegativität nach Allred und Rochow

$X_A = 1{,}282\, Z_e/r_{kov}^2 + 0{,}744$
Z_e = effektive Kernladung des Atoms A
r_{kov} = kovalenter Radius der Elektronenhülle des gebundenen Atoms A in bohr (b)
$(1\,b = 5{,}292 * 10^{-11}\,m)$

Die nach den Verfahren a), b) und c) berechneten Werte stimmen ziemlich gut überein. Die Elektronegativitäten stehen mit zahlreichen anderen Bindungseigenschaften in Zusammenhang (Reaktionskinetik, charge-transfer-Spektren, Abschirmung der Protonen, Kernquadrupol-Kopplung).

Elektronegativität nach Allred und Rochow

Atom	X_A	Atom	X_A	Atom	X_A	Atom	X_A
H	2,2	Ni	1,8	Cs	0,9	Pb	1,6
He	—	Cu	1,8	Ba	1,0	Bi	1,7
Li	1,0	Zn	1,7	La	1,1	Po	1,8
Be	1,5	Ga	1,8	Ce	1,1	At	2,0
B	2,0	Ge	2,0	Pr	1,1	Rn	—
C	2,5	As	2,2	Nd	1,1	Fr	0,9
N	3,1	Se	2,5	Pm	1,1	Ra	1,0
O	3,5	Br	2,7	Sm	1,1	Ac	1,0
F	4,1	Kr	—	Eu	1,0	Th	1,1
Ne	—	Rb	0,9	Gd	1,1	Pa	1,1
Na	1,0	Sr	1,0	Tb	1,1	U	1,2
Mg	1,2	Y	1,1	Dy	1,1	Np	1,2
Al	1,5	Zr	1,2	Ho	1,1	Pu	1,2
Si	1,7	Nb	1,2	Er	1,1	Am	≈1,2
P	2,1	Mo	1,3	Tm	1,1	Cm	≈1,2
S	2,4	Tc	1,4	Yb	1,1	Bk	≈1,2
Cl	2,8	Ru	1,4	Lu	1,1	Cf	≈1,2
Ar	—	Rh	1,5	Hf	1,2	Es	≈1,2
K	0,9	Pd	1,4	Ta	1,3	Fm	≈1,2
Ca	1,0	Ag	1,4	W	1,4	Md	≈1,2
Sc	1,2	Cd	1,5	Re	1,5	No	—
Ti	1,3	In	1,5	Os	1,5	Lr	—
V	1,5	Sn	1,7	Ir	1,6	Rf/Ku	—
Cr	1,6	Sb	1,8	Pt	1,4	Ha/Ns	—
Mn	1,6	Te	2,0	Au	1,4	Unh	—
Fe	1,6	I	2,2	Hg	1,5	Uns	—
Co	1,7	Xe	—	Tl	1,4	Uno	—
						Une	—

4.4 Standard-Elektrodenpotentiale

Das Standard-Elektrodenpotential einer Halbzelle E° ist die elektromotorische Kraft (emf) einer Zelle, deren linke Seite aus der Normalwasserstoffelektrode (NWE) und deren rechte Seite aus dem angegebenen Prozeß besteht. Hierbei hat jeder beteiligte gelöste Stoff die Aktivität 1 und jedes beteiligte gelöste Gas einen Partialdruck von 101325 Pa. Für praktische Messungen müssen unter Umständen noch Korrekturgrößen angebracht werden.
Die folgenden Tabellen enthalten die Standard-Elektrodenpotentiale nach steigenden Potentialen geordnet.

4.4.1 Standard-Elektrodenpotentiale für Prozesse, bei denen eine Ionenart vollständig entladen wird

Prozeß	Potential E° in V	Prozeß	Potential E° in V
$Li^{+}+e^{-}=Li$	−3,040	$Cd^{++}+2e^{-}=Cd$	−0,403
$Rb^{+}+e^{-}=Rb$	−2,98	$In^{+++}+3e^{-}=In$	−0,338
$K^{+}+e^{-}=K$	−2,931	$Tl^{+}+e^{-}=Tl$	−0,336
$Cs^{+}+e^{-}=Cs$	−2,92	$Co^{++}+2e^{-}=Co$	−0,28
$Ba^{++}+2e^{-}=Ba$	−2,90	$Ni^{++}+2e^{-}=Ni$	−0,257
$Sr^{++}+2e^{-}=Sr$	−2,89	$Mo^{+++}+3e^{-}=Mo$	−0,2
$Ca^{++}+2e^{-}=Ca$	−2,868	$Sn^{++}+2e^{-}=Sn$	−0,137
$Na^{+}+e^{-}=Na$	−2,71	$Pb^{++}+2e^{-}=Pb$	−0,126
$La^{+++}+3e^{-}=La$	−2,522	$Fe^{+++}+3e^{-}=Fe$	−0,037
$Mg^{++}+2e^{-}=Mg$	−2,372	$D^{+}+e^{-}=\frac{1}{2}D_2$	−0,0034
$Th^{++++}+4e^{-}=Th$	−1,899	$H^{+}+e^{-}=\frac{1}{2}H_2$	0,000
$Be^{++}+2e^{-}=Be$	−1,847	$HAsO_2+3H^{+}+3e^{-}=As+2H_2O$	+0,248
$HfO^{++}+2H^{+}+4e^{-}=Hf+H_2O$	−1,724	$BiO^{+}+2H^{+}+3e\rightleftarrows Bi+H_2O$	+0,32
$Al^{+++}+3e^{-}=Al$	−1,662	$Cu^{++}+2e^{-}=Cu$	+0,342
$Ti^{++}+2e^{-}=Ti$	−1,630	$2OH^{-}=\frac{1}{2}O_2+H_2O+2e$	+0,401
$ZrO_2+4H^{+}+4e\rightleftarrows Zr+2H_2O$	−1,553	$Cu^{+}+e^{-}=Cu$	+0,521
$UO_2^{++}+4H^{+}+6e^{-}=U+2H_2O$	−1,444	$2J^{-}=J_2+2e$	+0,536
$Mn^{++}+2e^{-}=Mn$	−1,185	$Po^{+++}+3e^{-}=Po$	+0,56
$V^{++}+2e^{-}=V$	−1,175	$Te^{++++}+4e^{-}=Te$	+0,568
$Te^{--}=Te+2e^{-}$	−1,143	$Rh^{++}+2e^{-}=Rh$	+0,6
$WO_4^{--}+4H_2O+6e^{-}=SOH^{-}+W$	−1,1	$Hg_2^{++}+2e^{-}=2Hg$	+0,7973
$Se^{--}=Se+2e^{-}$	−0,924	$Ag^{+}+e^{-}=Ag$	+0,7996
$Cr^{++}+2e^{-}=Cr$	−0,913	$Pd^{++}+2e^{-}=Pd$	+0,951
$H_3BO_3+3H^{+}+3e^{-}=3H_2O+B$	−0,8698	$Pt^{++}+2e^{-}=Pt$	+1,118
$Zn^{++}+2e^{-}=Zn$	−0,7618	$2Br^{-}=Br_2$(flüss.)$+2e$	+1,066
$Cr^{+++}+3e^{-}=Cr$	−0,744	$Ir^{+++}+3e^{-}=Ir$	+1,156
$SbO_2^{-}+2H_2O+3e^{-}=Sb+4OH^{-}$	−0,66	$2Cl^{-}=Cl_2+2e$	+1,358
$Ga^{+++}+3e^{-}=Ga$	−0,560	$Au^{+++}+3e^{-}=Au$	+1,498
$S^{--}=S+2e^{-}$	−0,476	$Au^{+}+e^{-}=Au$	+1,692
$Fe^{++}+2e^{-}=Fe$	−0,447	$2F^{-}=F_2+2e$	+2,866

4.4.2 Standard-Elektrodenpotentiale für Prozesse, bei denen eine Umladung stattfindet

Formaler Elektrodenprozeß	Potential in V
$Co(CN)_6^{--} + e^- = CO(CN)_6^{---}$	−0,83
$Cr^{+++} + e^- = Cr^{++}$	−0,407
$Ti^{+++} + e^- = Ti^{++}$	−0,368
$V^{+++} + e^- = V^{++}$	−0,255
$Ti^{++++} + e^- = Ti^{+++}$	−0,04
$TiO^{++} + 2H^+ + e^- = Ti^{+++} + H_2O$	+0,10
$Sn^{++++} + 2e^- = Sn^{++}$	+0,151
$Cu^{++} + e^- = Cu^+$	+0,153
$VO^{++} + 2H^+ + e^- = V^{+++} + H_2O$	+0,337
$Fe(CN)_6^{---} + e^- = Fe(CN)_6^{----}$	+0,358
$J_3^- + 2e^- = 3J^-$	+0,536
$H_3AsO_4 + 2H^+ + 2e^- \rightleftarrows HAsO_2 + 2H_2O$	+0,56
$PtCl_6^{--} + 2e^- = PtCl_4^{--} + 2Cl^-$	+0,68
$Fe^{+++} + e^- = Fe^{++}$	+0,771
$2Hg^{2+} + 2e^- \rightleftharpoons Hg_2^{2+}$	+0,920
$HJO + H^+ + 2e^- = J^- + H_2O$	+0,987
$V(OH)_4^+ + 2H^+ + e^- = VO^{++} + 3H_2O$	+1,000
$2JO_3^- + 12H^+ + 10e^- = J_2 + 6H_2O$	+1,195
$MnO_2 + 4H^+ + 2e^- = Mn^{++} + 2H_2O$	+1,224
$Cr_2O_7^{--} + 14H^+ + 6e^- = 2Cr^{+++} + 7H_2O$	+1,232
$Tl^{+++} + 2e^- = Tl^+$	+1,252
$PdCl_6^{--} + 2e^- = PdCl_4^{--} + 2Cl^-$	+1,288
$HBrO + H^+ + 2e^- = Br^- + H_2O$	+1,331
$ClO_4^- + 8H^+ + 8e^- = Cl^- + 4H_2O$	+1,389
$Au^{+++} + 2e^- = Au^+$	+1,401

4.4.3 Standard-Elektrodenpotentiale von häufig gebrauchten Elektroden

Diese Tabelle gibt die Potentiale einiger häufig benutzter Hilfselektroden wie z. B. der Kalomelelektrode, bezogen auf die Normal-Wasserstoffelektrode für 25° C an. Die Potentiale beschränken sich dabei nicht auf Potentiale in Lösungen der Aktivität 1 (eigentliche Standardpotentiale), sondern beziehen sich auch auf Lösungen gebräuchlicher Konzentrationen (gesättigte Lösungen; 1 mol/dm^3; 0,1 mol/dm^3)

Elektrode	Potential in V
$Pb(Hg)/PbSO_4, SO_4^{--}$	−0,3505
$Ag/AgJ, J^-$	−0,15224
$Ag/AgBr, Br^-$	+0,07133
$Hg/HgO, OH^-$	+0,0977
$Hg/Hg_2Br_2, Br^-$	+0,13923
$Ag/AgCl, Cl^-$	+0,22233
Hg/Hg_2Cl_2, KCl (gesätt.)	+0,2412
$Hg/Hg_2Cl_2, Cl^-$	+0,26808
Hg/Hg_2Cl_2, KCl (1 mol/dm^3)	+0,2801
Hg/Hg_2Cl_2, KCl (0,1 mol/dm^3)	+0,3337
Chinhydronelektrode	+0,6992

4.5 Leitfähigkeit von Ionen (für $c \to 0$) in wäßriger Lösung bei 25° C

Angabe in $10^{-4} \lambda_\infty/(m^2 \Omega^{-1} mol^{-1})$

Anion	λ_∞	Anion	λ_∞	Kation	λ_∞
$H_2AsO_4^-$	34	N_3^-	69	Ag^+	61,9
Br^-	78,1	NO_2^-	71,8	$\frac{1}{3}Al^{+++}$	61
BrO_3^-	55,7	NO_3^-	71,42	$\frac{1}{2}Ba^{++}$	63,6
CN^-	78	OH^-	10,8	$\frac{1}{2}Ca^{++}$	59,47
CNO^-	64,6	PF_6^-	56,9	$\frac{1}{2}Cd^{++}$	54
$CNS^-(SCN^-)$	66	$H_2PO_4^-$	33	$\frac{1}{2}Co^{++}$	55
$HCOO^-$	54,6	$\frac{1}{2}HPO_4^{--}$	33	$\frac{1}{3}Cr^{+++}$	67
$\frac{1}{2}CO_3^{--}$	69,3	$\frac{1}{3}PO_4^{---}$	69	Cs^+	77,2
HCO_3^-	44,5	$\frac{1}{4}P_2O_7^{4-}$	96	$\frac{1}{2}Cu^{++}$	53,6
Cl^-	76,31	$\frac{1}{2}S^{--}$	0,054	$\frac{1}{3}Fe^{+++}$	68
ClO_3^-	64,6	HS^-	65	H^+	349,65
ClO_4^-	67,3	$\frac{1}{2}SO_3^{--}$	79,9	K^+	73,48
$\frac{1}{2}CrO_4^{--}$	85	HSO_3^-	50	Li^+	38,66
F^-	55,4	$\frac{1}{2}SO_4^{--}$	80	$\frac{1}{2}Mg^{++}$	53
$\frac{1}{4}Fe(CN)_6^{4-}$	110,4	HSO_4^-	50	$\frac{1}{2}Mn^{++}$	53,5
$\frac{1}{3}Fe(CN)_6^{3-}$	100,9	$\frac{1}{2}S_2O_3^{--}$	85	NH_4^+	73,5
J^-	76,8	$\frac{1}{2}WO_4^{--}$	69	Na^+	50,08
JO_3^-	40,5			$\frac{1}{2}Ni^{++}$	50
JO_4^-	54,5			$\frac{1}{2}Pb^{++}$	71
MnO_4^-	61,3			Rb^+	77,8
$\frac{1}{2}MoO_4^{--}$	74,5			Tl^+	74,7
				$\frac{1}{2}Zn^{++}$	—

4.6 Ionenradien

4.6.1 Ionenradien, Elektronenaustrittspotential ψ und langwellige Grenze λ

Element	Ionenradien in pm für Wertigkeit			ψ in eV	λ in pm
Ac	(3+)118				
Ag	(1+)126	(2+) 89		4,26	291105
Al	(3+) 51			4,28	289745
Am	(3+)107	(4+) 92			
As	(3+) 58	(5+) 46	(3−)222	3,75	330696
At	(7+) 62				
Au	(1+)137	(3+) 85		5,1	243158
B	(3+) 23	(1+) 35		4,45	278676
Ba	(2+)134	(1+)153		2,7	459300
Be	(2+) 35	(1+) 44		4,98	249018
Bi	(3+) 96	(5+) 74	(1+) 98	4,22	293864
Br	(1−)196	(5+) 47	(7+) 39		
C	(4+) 16	(4−)260		5,0	248022
Ca	(2+) 99	(1+)118		2,87	432094
Cd	(2+) 97	(1+)114		4,22	293864
Ce	(3+)103,4	(4+) 92	(1+)127	2,9	427624
Cl	(1−)181	(5+) 34	(7+) 27		
Co	(2+) 72	(3+) 63		5,0	248022
Cr	(2+) 89 (1+) 81	(3+) 63	(6+)52	4,5	275580

4.6.1 Ionenradien, Elektronenaustrittspotential ψ und langwellige Grenze λ (*Fortsetzung*)

Element	Ionenradien in pm für Wertigkeit			ψ in eV	λ in pm
Cs	(1+)167			2,14	579490
Cu	(1+) 96	(2+) 72		4,65	266690
Dy	(3+) 90,8				
Er	(3+) 88,1				
Eu	(2+)109	(3+) 95		2,5	496044
F	(1−)133	(7+) 8			
Fe	(2+) 74	(3+) 64		4,5	275580
Fr	(1+)180				
Ga	(3+) 62	(1+) 81		4,2	295264
Gd	(3+) 93,8			3,1	400035
Ge	(2+) 73	(4+) 53	(4−)272	5,0	248022
H	(1−) 54				
Hf	(4+) 78			3,9	317976
Hg	(1+)127	(2+)110		4,49	276193
Ho	(3+) 89,4				
In	(3+) 81			4,12	300997
Ir	(4+) 68			5,27	235315
J	(1−)220	(5+) 62	(7+) 50		
K	(1+)133			2,30	539178
La	(3+)106,1	(1+)139		3,5	354317
Li	(1+) 68			2,9	427624
Lu	(3+) 85			3,3	375790
Mg	(2+) 66	(1+) 82		3,66	338827
Mn	(2+) 80	(3+) 66		4,1	302465
	(4+) 60	(7+) 46			
Mo	(3+) 92	(4+) 70	(6+) 62	4,6	269589
	(1+) 93				
N	(3+) 16	(5+) 13	(3−)171		
	(1+) 25				
Na	(1+) 97			2,75	450949
Nb	(4+) 74	(5+) 69	(1+)100	4,3	288397
Nd	(3+) 99,5			3,2	387534
NH_4	(1+)143				
Ni	(2+) 69			5,15	240798
Np	(3+)110	(4+) 95			
	(7+) 71				
O	(2−)132	(6+) 9	(1−)176		
	(1+) 22				
Os	(4+) 88	(6+) 69		4,83	256751
P	(3+) 44	(5+) 35	(3−)212		
Pa	(3+)113	(4+) 98	(5+) 89		
Pb	(2+)120	(4+) 84		4,25	291790
Pd	(2+) 80	(4+) 65		5,12	242208
Pm	(3+) 97,9				
Po	(6+) 67				
Pr	(3+)101,3	(4+) 90		2,7	459300
Pt	(2+) 80	(4+) 65		5,65	219488
Pu	(3+)108	(4+) 93			
Ra	(2+)143				
Rb	(1+)147			2,16	574125
Re	(4+) 72	(7+) 56		4,96	250022
Rh	(3+) 68			4,98	249018
Ru	(4+) 67			4,71	263293
S	(2−)184	(4+) 37	(6+) 30		
	(2+)219				
Sb	(3+) 76	(5+) 62	(3−)245	4,55	272551
Sc	(3+) 73,2			3,5	354317
Se	(2−)191	(3+) 83	(4+) 50	5,9	210188
	(6+) 42	(1−)232	(1+) 66		

4.6.1 Ionenradien, Elektronenaustrittspotential ψ und langwellige Grenze λ (*Fortsetzung*)

Element	Ionenradien in pm für Wertigkeit			ψ in eV	λ in pm
Si	(4+) 42	(4−)271	(1−)384	4,85	255692
	(1+) 65				
Sm	(3+) 96,4			2,7	459300
Sn	(2+) 93	(4+) 71	(4−)294	4,42	280567
	(1−)370				
Sr	(2+)112			2,59	478806
Ta	(5+) 68			4,25	291790
Tb	(3+) 92,3	(4+) 84		3,0	413370
Tc	(7+) 97,9				
Te	(2−)211	(4+) 70	(6+) 56	4,95	250527
	(1−)250	(1+) 82			
Th	(4+)102			3,4	364738
Ti	(2+) 94	(3+) 76	(4+) 68	4,33	286399
	(1+) 96				
Tl	(1+)147	(3+) 95		3,84	322945
Tm	(3+) 87				
U	(4+) 97	(6+) 80		3,63	341628
V	(2+) 88	(3+) 74		4,3	288397
	(4+) 63	(5+) 59			
W	(4+) 70	(6+) 62		4,55	272551
Y	(3+) 89,3			3,1	400035
Yb	(3+) 85,8	(2+) 93			
Zn	(2+) 74	(1+) 88		4,33	286399
Zr	(4+) 79	(1+)109		4,05	306200

Die vorliegenden Ionenradien beziehen sich auf den NaCl-Gittertyp.

4.6.2 Bandabstand und ΔE Beweglichkeit von Halbleitern

Element	Bandabstand in eV		$10^4 \cdot \left(\frac{d\Delta E}{dT}\right)$ bei 300 K in eV K^{-1}	Elektronenbeweglichkeit u_n in cm^2/Vs	Löcherbeweglichkeit u_p in cm^2/Vs
	0 K	300 K			
B	1,5	1,55	−4	1	55
C		5,4	−3	1800	1400
Ge	0,744	0,67	−3,7	3800	1820
P weiß oder gelb	>2,1				
P schwarz	0,33	0,57	8	220	350
P violett	1,55	1,45	−3		
Se metallisch		1,5	−9	—	5
Se rot, mkl.	1,7	1,6	−3	<1	
Se rot, amorph	2,31	2,1	−7	0,005	0,13
Si	1,153	1,107	−2,3	1900	500
Sn	0,094	0,08	−0,5	2500	2400
Legierungen					
AlSb	1,7	1,6	−3,5	200–400	550
CdTe	1,56	1,44	−4,1	1,200	50
GaAs	1,53	1,35	−5	8800	400
GaP	2,40	2,24	−5,4	300	150
GaSb	0,78	0,67	−3,5	4000	1,400
HgSe		0,30		20,000	
HgTe		0,15	−1	25,000	350
InAs	0,425	0,036	−2,8	33000	460
InP	1,41	1,27	−4,6	4600	150
InSb	0,2357	0,165	−2,8	78000	750
ZnSe	2,80	2,58	−7,2	540	28
ZnTe	—	2,26	—	340	100

4.7 Atomfaktoren und Wirkungsquerschnitte in Gasen

4.7.1 Atomfaktoren

Hilfstabelle zur Berechnung von Atomfaktoren

Der Atomfaktor für schwere Elemente (Z > 17) ist auf Grund der Ladungsverteilung nach Thomas-Fermi mit nachfolgender Tabelle berechenbar als

$$F = Z \cdot f(u), \text{ wobei } u = \frac{4\pi \cdot 0{,}468}{\lambda \cdot Z^{1/3}} \cdot \sin \vartheta.$$

(F = Atomfaktor, Z = Ordnungszahl, λ = Wellenlänge in kX, 2ϑ = Streuwinkel.)

u	0	0,15	0,31	0,46	0,62	0,77	0,93
f(u)	1,000	0,922	0,796	0,684	0,589	0,522	0,469
u	1,08	1,24	1,39	1,55	1,70	1,86	2,02
f(u)	0,422	0,378	0,342	0,309	0,284	0,264	0,240
u	2,17	2,32	2,48	2,64	2,79	2,94	3,10
f(u)	0,244	0,205	0,189	0,175	0,167	0,156	0,147

4.7.2 Wirkungsquerschnitte in Gasen

4.7.2.1 Atome als gestoßene Teilchen

Gaskinetische Durchmesser

Aus Viskositätskoeffizienten und kritischen Daten
Für die druckunabhängige Viskosität η eines einheitlichen Gases gilt nach Maxwell und Chapman:

$$\eta = 0{,}499 \frac{m \cdot \bar{w}}{\sqrt{2} \cdot \pi \cdot \sigma_T^2} = 0{,}499 \frac{2(m \cdot k \cdot T)^{1/2}}{\pi^{3/2} \cdot \sigma_T^2}.$$

η = Viskosität des Gases bei ~ 1 bar Druck und der Temperatur T.
$\bar{w}$ = mittlere Geschwindigkeit der Gasmoleküle bei der Temperatur T

$\bar{w} = \sqrt{\frac{8kT}{\pi m}}$ m = Masse eines Gasmoleküls.
k = Boltzmann-Konstante
T = Temperatur in K

σ_T = Atom- oder Moleküldurchmesser bei der Temperatur T berechnet aus η-Werten nach obiger Gleichung.

Atome und Moleküle üben auf andere Korpuskeln mit der Entfernung abnehmende Anziehungs- und Abstoßungskräfte aus. Wirkungsdurchmesser können daher nicht streng geometrisch definiert werden. Ihr Wert ist abhängig von der Art der zugrunde gelegten Meßgröße (Viskosität, Diffusion usw.) und von der Temperatur. Die Temperaturabhängigkeit von σ_T läßt sich annähernd wiedergeben durch die Gleichung:

$$\sigma_T^2 = \sigma_\infty^2 (1 + C/T).$$

σ_∞ = Wirkungsdurchmesser bei sehr hoher Temperatur.
C = "Sutherland-Konstante". Wo die Größe C über weitere Temperaturbereiche variiert, wurde nur der für das höchstliegende Temperaturgebiet gültige Wert zur Berechnung von σ_∞ verwendet und angegeben, vergl. auch Kap. 6.2.
σ_0 = die endliche Entfernung der Teilchen voneinander, in der ihre gegenseitige potentielle Energie nach dem Durchlaufen der Potentialmulde gleich Null wird.

Die mit einem Stern versehenen σ_0-Werte sind unsicher, weil bei den betreffenden Stoffen der Gültigkeitsbereich der Methode schon überschritten wird.

Gaskinetische Durchmesser σ_T, σ_∞ und σ_0 von Atomen aus Viskositäten und kritischen Daten

Stoff	T/K	σ_T/pm	T/K	σ_T/pm	T/K	σ_T/pm	T/K	σ_T/pm	σ_∞/pm	C/K	σ_0/pm
Ar	900	470	273,0	366	575	334	987	320	299	142	342
H	273	252	373	248					239	31	
D	273	252	373	248					239	31	
He	20,4	264	273	219	555	207	949	198	182	173	270
Hg	491	425	573,7	409	694	385	883	360	251	942	283*
Kr	273	418	373	395					322	188	361
Ne	194,8	268	293	259	558	247	959	239	225	128	280
Xe	273	493	373,3	461	450	443	550	429	355	252	405

4.7.2.2 Moleküle als gestoßene Teilchen

4.7.2.2.1 Gaskinetische Durchmesser aus Viskositätskoeffizienten

Gaskinetische Durchmesser σ_T, σ_∞ und σ_0 von Molekülen aus Viskositäten und kritischen Daten

Stoff	T/K	σ_T/pm	T/K	σ_T/pm	T/K	σ_T/pm	T/K	σ_T/pm	σ_∞/pm	C/K	σ_0/pm
a) Elemente, molekular											
Br_2	293	617	441	576	584	527	861	484	380	533	447
Cl_2	288,8	547	373	513	498,7	483	747,5	446	368	351	412
F_2	118,9	456	192,3	410	248,9	391			318	129	363
H_2[a]	90,3	306	273,2	275	572	258	986	247	222	234	297
J_2	379,3	687	505,3	648	602,0	622	795,8	583	445	568	498
N_2	902	465	273,2	378	572	351	986	339	322	105	368
Luft	902	464	273,3	374	681	342	1075	332	316	111	362

[a]Bei 14,1 K $\sigma_T = 4{,}41$ pm

Stoff	T/K	σ_T/pm	T/K	σ_T/pm	T/K	σ_T/pm	T/K	σ_T/pm	σ_∞/pm	C/K	σ_0/pm
b) Anorganische Verbindungen											
AsH_3	273	520	373	482					359	300	406
$(CN)_2$	273	588	290	579					396	330	438
HCN	294,1	572	379,0	522	503,8	474	607,5	447	284	901	
CO	816	480	273	377	399,9	363	550,1	352	323	101	359
CO_2	190,0	507	280	464	572	404	985	381	345	213	400
COS	273	553	373	512					373	330	413
CS_2	273	651	387,5	598	501,4	560	583,0	539	395	500	444*

Stoff	T/K	σ_T/pm	T/K	σ_T/pm	T/K	σ_T/pm	T/K	σ_T/pm	σ_∞/pm	C/K	σ_0/pm
b) Anorganische Verbindungen (*Fortsetzung*)											
HBr	273	486	373	447					316	375	
HCl	273	451	326	431	371	416	475	393	296	362	331
HJ	293	564	373	506	473	479	523	469	355	390	
H_2O	293,2	459	390,5	428	586,1	361	679,6	352	227	961	
H_2S	273	473	373	437					318	331	
H_2Se	293	499							333	365	
$HgCl_2$	528,0	642	633,7	607	741,9	581	860,5	554	382	947	
$HgBr_2$	492,2	702	582,1	674	747,6	630	854,7	611	459	657	541*
HgJ_2	556,0	755	666,5	723	785,3	695			503	717	563*
NH_3	196,1	479	273	447	405,3	408	667,0	344	247	626	
NOCl	288	573	373	531	473	499	576	465	(349)	(500)	
N_2O	185,2	515	273,3	468	497,6	414	686,8	392	325	314	388
NO	120,0	440	273,2	371	373	355	523	344	309	128	347
PH_3	273	495	373	459					345	290	
SO_2	198,1	597	273,2	557	586	463	952	426	371	306	429
SiH_4	273	486	373	455					358	229	415
$SnCl_4$	380,6	800	483,9	758	674,7	705	864,9	672	549	432	454*
$SnBr_4$	492,9	836	579,1	807	687,3	777	850,9	735	578	525	667*
c) Organische Verbindungen											
CH_4 Methan	904	531	273,2	418	523,2	380	772	366	333	162	382
C_2H_2 Acetylen	293	483	393	456					372	198	422
C_2H_4 Ethylen	193,9	529	293	494	373	470	523	445	372	225	423
C_2H_6 Ethan	290,4	531	373,6	503	473,5	480	523,2	473	388	252	442
C_3H_4 Methylacetylen	293	582	373	552					418	277	
C_3H_6 Cyclopropan	293	587	393	544					390	372	
C_3H_6 Propylen	289,9	600	373,3	562	521,7	525			413	322	
C_3H_8 Propan	273	629	333,4	603	423,0	573	523,8	551	446	278	506
C_4H_8 Buten-(1)	313	663	393	628					463	329	
C_4H_8 Buten-(2)	313	673	393	634	423,1	624	523	599	461	362	

Die mit *bezeichneten σ_T-Werte sind aus unmittelbar gemessenen Selbstdiffusionskoeffizienten berechnet (Diffusion von Isotopen) und sind daher genauer als die übrigen, die durch Kombination binärer Diffusionskoeffizienten nach obiger Beziehung gefunden wurden.

Stoff	T/K	σ_T/pm	T/K	σ_T/pm	T/K	σ_T/pm	T/K	σ_T/pm	σ_∞/pm	C/K	σ_0/pm
c) Organische Verbindungen (*Fortsetzung*)											
C_4H_8 Isobuten	313	653	393	618					453	339	
C_4H_{10} n-Butan	293	692	333	671	393	641			458	377	500
C_4H_{10} Isobutan	293	690	333	669	393	642			472	336	534
C_5H_{12} n-Pentan	298	767	373	728	491,3	674	579,1	652	506	383	577
C_5H_{12} Isopentan	298	757	373	720					(545)	(277)	
C_6H_6 Benzol	288,7	745	373,7	702	525,7	640	586,0	625	471	448	527
C_6H_{12} Cyclohexan	319,4	763	394,9	737	491,3	701	579,6	678	535	351	609*
C_6H_{14} n-Hexan	393,9	760	493,3	717	579,8	693			523	436	591
C_7H_8 Toluol	334,0	789	425,0	740	523,8	707			542	370	
C_7H_{16} n-Heptan	373,6	856	423,7	831	524,8	759			559	445	
C_7H_{16} 2,2,3 Trimethyl-butan	343,5	828	449,3	800	535,3	774			637	257	
C_8H_{18} n-Oktan	373,6	911	423,8	796	524,1	716			558	337	745*
C_9H_{12} 1,3,5 Mesitylen	373,6	877	423,6	856	473,2	844			744	136	
$C_{13}H_{12}$ Diphenylmethan	439,0	944	491,7	921	633,9	873			688	387	
$CHCl_3$ Chloroform	293,3	712	394,5	659	491,9	627	580,7	607	474	373	543
CH_2Cl_2 Methylenchlorid	295,2	659	373,2	617	492,2	577	582,6	556	423	425	476
CH_2N_2 Azomethan	296	633									
CH_3Br Methylbromid	283	591	333	564	393	541			386	379	
CH_3Cl Methylchlorid	273	571	380,1	526	492,5	492	573,5	475	357	441	338*
CH_4O Methanol	384,5	489	490,7	459	584,7	440			325	487	359*
CCl_4 Tetrachlor-kohlenstoff	323	748	423	710	523	672	588	655	515	365	588*
$C_2H_4O_2$ Essigsäure	366,4	724	423,5	608	522,7	566			(330)	(1030)	
$C_2H_4O_2$ Ameisensäure-methylester	293	625	373	548							
C_2H_6O Ethanol	403,4	562	490,7	536	581,9	516			395	407	446*
C_2H_6O Dimethylether	292,7	589	393	545					398	345	
C_3H_3SN Thiazol	372,6	646	525,7	612					(522)	(200)	
C_3H_6O Aceton	392,2	643	490,5	606	579,6	581			417	542	
$C_3H_6O_2$	416,5	647	491,7	620	579,8	597			437	502	

Stoff	T/K	σ_T/pm	T/K	σ_T/pm	T/K	σ_T/pm	T/K	σ_T/pm	σ_∞/pm	C/K	σ_0/pm
c) Organische Verbindungen (*Fortsetzung*)											
Essigsäure-methylester											
C_3H_8O	394,9	639	482,9	605	546,2	586			420	516	
Propanol											
C_3H_8O	393,5	637	491,5	600	581,1	579			433	460	
Isopropanol											
C_4H_4S	293,1	783	369,4	683	518,6	623			467	407	
Thiophen											
$C_4H_8O_2$	401,3	707	491,5	672	586,9	642			471	504	
Essigsäure-ethylester											
$C_4H_{10}O$	287,4	744	395,0	638	490,9	604	582,1	584	448	404	
Diethyleäther											
C_5H_5N	371,4	697	472,3	655	538	645			511	320	
Pyridin											
C_5H_6S	323,7	760	423,2	722	522,8	674			508	400	
Methylthiophen											
$C_5H_{10}O_2$	290,9	750	336,8	719	373,1	681			(33)	(1200)	
Ameisensäureiso-butylester											
$C_6H_{12}O_2$	289,3	807	373,0	708							
Essigsäureiso-butylester											
$C_{12}H_{10}O$	449,2	945	528,4	904	636,4	875			686	400	
Diphenylether											

4.7.2.2.2 Gaskinetische Durchmesser aus Selbstdiffusionskoeffizienten

Nach Stefan-Maxwell gilt:

$$D_{1,1} = \frac{4(k \cdot T)^{1/2}}{3\pi(\pi m)^{1/2} \cdot {}^1N \cdot \sigma_T^2}$$

für die Selbstdiffusion eines Gases und

$$D_{1,2} = \frac{2(2kT)^{1/2}}{3\pi({}^1N_1 + {}^1N_2)\pi^{1/2}\sigma_{T1,2}^2}\left(\frac{m_1 + m_2}{m_1 \cdot m_2}\right)^{1/2}$$

für die Diffusion eines Gases "1" in ein Gas "2".

$D_{1,2}$ und $D_{1,1}$ = Diffusions-und. Selbstdiffusionskoeffizient in cm^2/s
T = Temperatur in K.
k = Boltzmannsche Konstante.
${}^1N$ = Anzahl der Gasmoleküle einer Sorte pro Volumeneinheit.
m = Masse eines Gasmoleküls.
σ_T = Durchmesser eines Gasmoleküls bei der Temperatur T.
$\sigma_{T_{1,2}}$ = mittlerer Durchmesser zweier ineinander diffundierender Sorten von Gasmolekülen Es gilt annähernd: $\sigma_{T_{1,2}} = \frac{1}{2}(\sigma_{T_1} + \sigma_{T_2})$.

Für die Übereinstimmung der hier angeführten σ_T-Werte mit den nach anderen Methoden gefundenen gilt die in der Erläuterung 4.7.2.1 angegebene Einschränkung.

Durchmesser σ_T von Atomen aus Selbstdiffusionskoeffizienten

Stoff	T/K	σ_T/pm	Stoff	T/K	σ_T/pm
Ar	295	330*	Na	291	370
Cd	273	300	Ne	293	283*
He	288	250	Rn	288	520
Hg	292,6	440	Xe	292,6	541*
Kr	294,0	424*			

Durchmesser σ_T von Molekülen aus Selbstdiffusionskoeffizienten

Stoff	T/K	σ_T/pm	Stoff	T/K	σ_T/pm
Br_2	273	46	J_2	287	650
H_2	20,4	459*	N_2	293	357*
	85	309*	Luft	273	370
	273,2	271*	NH_3	273	390
HBr	295,3	459*	N_2O	273	450
HCl	295,0	446*	O_2	273	360
H_2O	273	39	UF_6	303	711*

Stoff		T/K	σ_T/pm
Name	Formel		
Chlorcyan	CNCl	273	460
Phosgen	$COCl_2$	273	480
Tetrachlorkohlenstoff	CCl_4	296	670
Chloroform	$CHCl_3$	273	550
Cyanwasserstoffsäure	HCN	273	410
Methan	CH_4	293	412[b]
Methanol	CH_4O	282,7	460
Kohlenmonoxid	CO	273	370
Ethen	C_2H_4	273	550
Ethanol	C_2H_6O	282,7	560
Aceton	C_3H_6O	273	520
Propanol	C_3H_8O	282,7	650
Diethylether	$C_4H_{10}O$	273	580
Benzol	C_6H_6	296	640
Cyclohexan	C_6H_{12}	318	690

4.8 Kernabstände und Valenzwinkel in Molekülen[a]

4.8.1 Elemente

Name	Formel	Struktur und Valenzwinkel	Abstände in 10^{-10} m	
Arsen	As_4	Tetraeder	As–As	2,44 ± 0,03
Brom	Br_2		Br–Br	2,290
Chlor	Cl_2		Cl–Cl	1,988
Fluor	F_2		F–F	1,417 ± 0,001
Wasserstoff	H_2		H–H	0,74611
Jod	J_2		J–J	2,662
Stickstoff	N_2		N–N	1,0975 ± 0,0001
Sauerstoff	O_2		O–O	1,208
Ozon	O_3	gleichschenkliges Dreieck O–O–O 116,8° ± 0,5°	O–O	1,278 ± 0,003

[a] Landolt–Börnstein NSII/15

4.8.1 Elemente (*Fortsetzung*)

Name	Formel	Struktur und Valenzwinkel	Abstände in 10^{-10} m	
Phosphor	P_4	Tetraeder	P–P	2,21 ± 0,02
Schwefel	S_2		S–S	1,887
	$S_2 + n$	S–S–S etwa 100°	S–S	(benachbart) 2,10?
	S_8	Treppenring	S–S	2,07 ± 0,02
Selen	Se_2		Se–Se	2,152 ± 0,003
Tellur	Te_2		Te–Te	2,864

4.8.2 Anorganische Verbindungen

Name	Formel	Struktur und Valenzwinkel		Abstände in 10^{-10} m	
Aluminiumbromid, dimer	Al_2Br_6	2 Tetraeder mit einer gemeinsamen Kante, jedes ein Metallatom enthaltend		Al...Al	3,39 ± 0,1
				Al–Br	2,21 ± 0,04 Ring-Br
				Al–Br	2,33 ± 0,04 Außen-Br
Aluminiumchlorid, dimer	Al_2Cl_6	2 Tetraeder mit einer gemeinsamen Kante, jedes ein Metallatom enthaltend		Al...Al	3,41 ± 0,2
				Al–Cl	2,06 ± 0,04 Ring-Cl
				Al–Cl	2,21 ± 0,04 Außen-Cl
Aluminiumjodid, dimer	Al_2J_6	2 Tetraeder mit einer gemeinsamen Kante, jedes ein Metallatom enthaltend		Al...Al	3,24 ± 0,15
				Al–J	2,53 ± 0,04 Ring-J
				Al–J	2,58 ± 0,04 Außen-J
Arsentribromid	$AsBr_3$	Br–As–Br	100,5° ± 1,5°	As–Br	2,33 ± 0,02
Arsentrichlorid	$AsCl_3$	Pyramide		As–Cl	2,161 ± 0,004
		Cl–As–Cl	98,4° ± 0,5°	Cl–Cl	3,39 ± 0,04
Arsentrifluorid	AsF_3	F–As–F Pyramide	102,0° ± 2°	As–F	1,712 ± 0,005
Arsentrijodid	AsJ_3	J–As–J	101° ± 1,5°	As–J	2,55 ± 0,03
Arsentrioxid	As_4O_6	sym. Tetraeder		As–As	3,20 ± 0,03
		As–O–As	128,0° ± 2°	As–O	1,78 ± 0,02
		O–As–O	99,0° ± 2°		
Bortribromid	BBr_3	eben		B–Br	1,87 ± 0,02
		Br–B–Br	120° ± 6°	Br–Br	3,25 ± 0,03
Bortrichlorid	BCl_3	eben		B–Cl	1,72 ± 0,01
		Cl–B–Cl	120° ± 3°	Cl...Cl	2,99 ± 0,03
Bortrifluorid	BF_3	eben		B–F	1,29 ± 0,01
		F–B–F	120°	F–F	2,25 ± 0,03
Borwasserstoff	B_2H_6	H–B–H	121,5° ± 7,5°	B–B	1,770 ± 0,013
				B–H	1,21 ± 0,02
Borwasserstoff	B_4H_{10}	Aufbau wie Butan		B–B	1,84 ± 0,04
				B–H	1,28 ± 0,03
Triborintriamin	$B_3N_3H_6$	ringförmig		B–N	1,44 ± 0,02
Wismutbromid	$BiBr_3$	Pyramide		Bi–Br	2,63 ± 0,02
		Br–Bi–Br	100° ± 4°		
Wismutchlorid	$BiCl_3$	Pyramide			
		Cl–Bi–Cl	100° ± 6°	Bi–Cl	2,48 ± 0,02
Bromwasserstoff	HBr			Br–H	1,414
Cyanwasserstoff	HCN	gestreckt		C–H	1,056 ± 0,003
				C–N	1,158 ± 0,002
Dicyan	C_2N_2	linear		C–C	1,373 ± 0,004
				C–N	1,158 ± 0,002
Kohlenmonoxid	CO			C–O	1,1282
Kohlendioxid	CO_2	linear		O–O	2,26 ± 0,05
				C–O	1,15 ± 0,02
Kohlenstoffsuboxid	C_3O_2	linear		C=C	1,27 ± 0,04
				C=O	1,18 ± 0,04
Kohlenoxidsulfid	COS	linear		C–O	1,16 ± 0,02
				C–S	1,56 ± 0,03

4.8.2 Anorganische Verbindungen (*Fortsetzung*)

Name	Formel	Struktur und Valenzwinkel		Abstände in 10^{-10} m	
Schwefelkohlenstoff	CS_2	linear		C–S	1,56 ± 0,02
Cadmiumbromid	$CdBr_2$	wahrscheinlich linear		Cd–Br	2,39
Cadmiumchlorid	$CdCl_2$	wahrscheinlich linear		Cd–Cl	2,23
Cadmiumjodid	CdJ_2	wahrscheinlich linear		Cd–J	2,60 ± 0,02
Chlorwasserstoff	HCl			Cl–H	1,275
Chlormonoxid	Cl_2O	Cl–O–Cl	115° ± 4°	Cl–O	1,68 ± 0,03
				Cl–Cl	2,84 ± 0,03
Chlordioxid	ClO_2	O–Cl–O	118,5°	Cl–O	1,53 ± 0,02
				O–O	2,85 ± 0,15
Chromylchlorid	CrO_2Cl_2	verzerrtes Tetraeder		Cr–Cl	2,12 ± 0,02
		Cl–Cr–Cl	113° ± 3°	Cr–O	1,57 ± 0,03
		O–Cr–O	105° ± 4°	Cl–O	3,03 ± 0,03
		Cl–Cr–O	109° ± 3°	Cl–Cl	3,54 ± 0,05
				O–O	2,49 ± 0,10
Caesiumbromid	CsBr			Cs–Br	3,14 ± 0,03
Caesiumchlorid	CsCl			Cs–Cl	3,06 ± 0,03
Caesiumjodid	CsJ			Cs–J	3,41 ± 0,03
Kupfer(1)bromid	Cu_2Br_2			Cu–Br	2,25
Kupfer(1)chlorid	Cu_2Cl_2			Cu–Cl	2,13
Kupfer(1)jodid	Cu_2J_2			Cu–J	2,40
Fluorwasserstoff	HF			F–H	0,918
Fluorwasserstoff	(FH)n	Zick-Zack-Kette		F–H	1,00 ± 0,06
		F–F–F	140° ± 5°	F–H′	1,55 ± 0,06
				F–F	2,55 ± 0,03
Fluornitrat	FNO_3	NO_3 eben		N–O	1,29 ± 0,05
		O–N–O	125° ± 5°	N–O′	1,39 ± 0,05
		N–O′–F	105° ± 5°	F–O′	1,42 ± 0,05
Fluoroxid	F_2O	F–O–F	105° ± 5°	O–F	1,40 ± 0,10
Germaniumtetrabromid	$GeBr_4$	Tetraeder		Ge–Br	2,32
Germaniumtetrachlorid	$GeCl_4$	Tetraeder		Ge–Cl	2,08 ± 0,02
Germaniumtetrajodid	GeJ_4	Tetraeder		Ge–J	2,48
Digerman	Ge_2H_6			Ge–Ge	2,41 ± 0,02
Trigerman	Ge_3H_8			Ge–Ge	2,41 ± 0,02
Wasser	H_2O	H–O–H	104,45°	O–H	0,958
Wasserstoffperoxid	H_2O_2			O–O	1,48 ± 0,02
				O–H	1,01 ± 0,03
Schwefelwasserstoff	H_2S	H–S–H	93,3°	S–H	1,3455
Wasserstoffdisulfid	H_2S_2	S–S–H	95°	H–S	1,33
				S–S	2,05 ± 0,02
Quecksilberbromid	$HgBr_2$	linear		Br–Hg	2,44 ± 0,01
Quecksilbermonochlorid	HgCl			Hg–Cl	2,23 ± 0,03
Quecksilberchlorid	$HgCl_2$	linear		Cl–Hg	2,27 ± 0,03
Quecksilberjodid	HgJ_2	linear		J–Hg	2,61 ± 0,01
Jodmonochlorid	JCl			J–Cl	2,30 ± 0,03
Jodpentafluorid	JF_5	Bipyramide (?)		J–F	2,57
Jodwasserstoff	HJ			J–H	1,604
Kaliumbromid	KBr			K–Br	2,94 ± 0,03
Kaliumchlorid	KCl			K–Cl	2,79 ± 0,02
Kaliumjodid	KJ			K–J	3,23 ± 0,04
Molybdänpentachlorid	$MoCl_5$	trigonale Doppelpyramide		Mo–Cl	2,27 ± 0,02
Molybdänhexafluorid	MoF_6	rhombische Doppelpyramide?		Mo–F	etwa 1,6 – 1,7
Stickstofftrifluorid	NF_3	(Pyramide) F–N–F	102,5° ± 1,5°	N–F	1,36 ± 0,02
Stickstoffdifluorid	N_2F_2	F–N=N–F cis und trans		N–F	1,44 ± 0,04
		F–N–N	115° ± 5°	N=N	1,25 ± 0,04
Ammoniak	NH_3	H–N–H	109°	N–H	1,01
				H–H	1,61
Distickstoffoxid	N_2O	linear		N=O	1,186 ± 0,002
Stickstoffmonoxid	NO			N–O	1,146
Stickstoffdioxid	NO_2	O–N–O	134,1° ± 0,25°	N–O	1,188 ± 0,005
Stickstofftetroxid	N_2O_4	wenn O_2NNO_2		N–N	1,6 – 1,7
Stickstoffpentoxid	N_2O_5	wenn $O_2NO'NO_2$		N–O	1,18
				N–O′	1,3 – 1,4
Salpetersäure	HNO_3	O–N–O	130° ± 2°	N–O	1,21 ± 0,02
				N–O′	1,41

4.8.2 Anorganische Verbindungen (*Fortsetzung*)

Name	Formel	Struktur und Valenzwinkel		Abstände in 10^{-10} m	
Nitrosylbromid	ONBr	Br–N–O	117° ± 3°	N–Br	2,14 ± 0,02
				N=O	1,15 ± 0,04
				(Br–O)	2,85 ± 0,02
Nitrosylchlorid	ONCl	Cl–N–O	113,0 ± 2	N–Cl	1,97 ± 0,01
				(O–Cl)	2,65 ± 0,01
				N=O	1,14 ± 0,02
Natriumbromid	NaBr			Na–Br	2,64 ± 0,01
Natriumchlorid	NaCl			Na–Cl	2,51 ± 0,03
Natriumjodid	NaJ			Na–J	2,90 ± 0,02
Niobiumpentabromid	$NbBr_5$	trig. Doppelpyramide, Nb im Zentrum		Nb–Br	2,46 ± 0,03
Niobiumpentachlorid	$NbCl_5$	trig. Doppelpyramide, Nb im Zentrum		Nb–Cl	2,29 ± 0,03
Osmiumfluorid	OsF_8	entweder Kubus oder		Os–F	2,47
		Antiprisma		Os–F	2,52
Osmiumoxid	OsO_4			Os–O	1,79, 2,81
Phosphortribromid	PBr_3	Pyramide Br–P–Br	101,5° ± 1,5°	P–Br	2,18 ± 0,03
Phosphortrichlorid	PCl_3	Cl–P–Cl Pyramide	100,1° ± 0,3°	P–Cl	2,043 ± 0,003
				(Cl–Cl)	3,09 ± 0,02
Phosphorpentachlorid	PCl_5	trigonale Doppelpyramide		P–Cl	2,10 und 2,25
				Cl–Cl	3,08 (min. Entf.)
Phosphorfluordichlorid	PCl_2F	Pyramide,		P–F	1,55 ± 0,05
		Cl–P–Cl	102° ± 3°	P–Cl	2,02 ± 0,03
Phosphortrifluordichlorid	PCl_2F_3	trigonale Doppelpyramide		P–F	1,59 ± 0,03
		F–P–F	120°	P–Cl	2,05 ± 0,03
		Cl–P–Cl	180°		
Phosphortrifluorid	PF_3	Pyramide		P–F	1,535
		F–P–F	100,0°	F–F	2,39 ± 0,03
Phosphorpentafluorid	PF_5	trigonale Doppelpyramide		P–F	1,57 ± 0,02
		F–P–F	90°, 120°, 180°		
Phosphortrijodid	PJ_3	Pyramide	102° ± 2°	P–J	2,49 ± 0,04
Phosphornitrilchlorid	$P_3N_3Cl_6$	Benzolartig		P–Cl	1,97 ± 0,03
				P–N	1,65 ± 0,03
Phosphortrioxid	P_4O_6	sym. Tetraeder		P–P	2,95 ± 0,03
		P–O–P	127,5° ± 1°	P–O	1,65 ± 0,02
		O–P–O	99° ± 1°		
Phosphorpentoxid	P_4O_{10}	sym. Tetraeder		P–P	2,84 ± 0,03
		P–O–P	123,5° ± 1°	P–O	1,62 ± 0,02
		O–P–O	101,5° ± 1°	P–O′	1,38 ± 0,02
		O–P–O′	116,5° ± 1°		
Phosphoroxidtribromid	$POBr_3$	Br–P–Br	108° ± 3°	P–Br	2,06 ± 0,03
				P–O	1,41 ± 0,07
Phosphoroxidtrichlorid	$POCl_3$	Cl–P–Cl	103,5° ± 1°	P–Cl	1,99 ± 0,02
				P–O	1,58
Phosphoroxidfluordichlorid	$POCl_2F$	F–P–Cl	106° ± 3°	P–F	1,50 ± 0,03
		Cl–P–Cl	106° ± 3°	P–Cl	1,99 ± 0,04
				P–O	1,54 ± 0,03
Phosphoroxiddifluorchlorid	$POClF_2$	F–P–F	106° ± 3°	P–F	1,51 ± 0,03
		F–P–Cl	106° ± 3°	P–Cl	2,01 ± 0,04
				P–O	1,55 ± 0,03
Phosphoroxidtrifluorid	POF_3	F–P–F	107° ± 2°	P–F	1,52 ± 0,02
				P–O	1,56 ± 0,03
Bleibromid	$PbBr_2$	gewinkelt		Pb–Br	2,60
Bleichlorid	$PbCl_2$	gewinkelt		Pb–Cl	2,46
Bleitetrachlorid	$PbCl_4$	reg. Tetraeder		Pb–Cl	2,43
Bleijodid	PbJ_2	gewinkelt		Pb–J	2,79
Rubidiumbromid	RbBr			Rb–Br	3,06 ± 0,02
Rubidiumchlorid	RbCl			Rb–Cl	2,89 ± 0,01
Rubidiumjodid	RbJ			Rb–J	3,26 ± 0,02
Rutheniumoxid	RuO_4	wahrsch. rhombisch		Ru–O	1,66, 2,74
Schwefeldichlorid	SCl_2	Cl–S–Cl	101,0° ± 4°	S–Cl	1,99 ± 0,03
Dischwefeldichlorid	S_2Cl_2	Cl–S–S	103° ± 2°	S–S	2,05 ± 0,03
				S–Cl	1,99 ± 0,03
Schwefelhexafluorid	SF_6	reg. Oktaeder		S–F	1,58 ± 0,03
Schwefeldioxid	SO_2	O–S–O	119,536°	S–O	1,4321
Schwefeltrioxid	SO_3	eben O–S–O	120° ± 2°	S–O	1,43 ± 0,02
				O–O	2,48 ± 0,03

4.8.2 Anorganische Verbindungen (*Fortsetzung*)

Name	Formel	Struktur und Valenzwinkel		Abstände in 10^{-10} m	
Thionylbromid	$SOBr_2$	Pyramide		S–O	1,45
		Br–S–Br	96° ± 2°	S–Br	2,27 ± 0,02
		Br–S–O	108° ± 3°	Br–O	3,05 ± 0,03
Thionylchlorid	$SOCl_2$	Pyramide		S–O	1,45 ± 0,02
		Cl–S–Cl	97,5° ± 3°	S–Cl	2,07 ± 0,03
		Cl–S–O	107,5° ± 3°	Cl–O	2,84 ± 0,03
				Cl–Cl	3,47 ± 0,03
Sulfurylchlorid	SO_2Cl_2	verzerrtes Tetraeder		S–Cl	1,99 ± 0,02
		Cl–S–Cl	111,20° ± 2°	S–O	1,43 ± 0,02
		O–S–O	119,75° ± 5°	Cl–O	2,76 ± 0,03
		Cl–S–O	106,5° ± 2°	Cl–Cl	3,28 ± 0,1
Sulfurylfluorid	SO_2F_2	verzerrtes Tetraeder		F–O	2,37 ± 0,2
		F–S–O	105° ± 2°	S–F	1,56 ± 0,02
		F–S–F	100° ± 8°	S–O	1,43 ± 0,02
		O–S–O	130° ± 2°		
Antimontribromid	$SbBr_3$	Pyramide		Sb–Br	2,49 ± 0,03
		Br–Sb–Br	97° ± 2°		
Antimontrichlorid	$SbCl_3$	Pyramide		Sb–Cl	2,37 ± 0,02
		Cl–Sb–Cl	96° ± 4°		
Antimontrijodid	SbJ_3	Pyramide		Sb–J	2,72 ± 0,03
		J–Sb–J	99° ± 1°		
Selentetrachlorid	$SeCl_4$	Tetraeder		Se–Cl	2,13
Selenhexafluorid	SeF_6	reg. Oktaeder		Se–F	1,67
Selendioxid	SeO_2			Se–O	1,61 ± 0,03
Siliciumtetrabromid	$SiBr_4$	reg. Tetraeder		Si–Br	2,17 ± 0,01
				Br–Br	3,51 ± 0,03
Siliciumtetrachlorid	$SiCl_4$	reg. Tetraeder		Si–Cl	2,03 ± 0,01
Siliciumhexachlorid	Si_2Cl_6	trans-Stellung		Si–Si	2,30 ± 0,02
				Si–Cl	2,00 ± 0,05
Siliciumbromtrichlorid	$SiBrCl_3$			Si–Cl	2,05 ± 0,05
				Si–Br	2,19 ± 0,05
				Cl–Cl	3,39 ± 0,01
				Br–Cl	3,41 ± 0,03
Siliciumtetrafluorid	SiF_4	reg. Tetraeder		Si–F	1,561 ± 0,003
Difluordibromsilicium (Dibromdifluorsilan)	SiF_2Br_2	Br–Si–Br	110°50′ ± 3°	Si–Br	2,16 ± 0,03
		Br–Si–F	111°20′ ± 3°	Br–Br	3,56 ± 0,05
		F–Si–F	99° ± 10°	F–Br	3,08 ± 0,04
				F–F	2,35 ± 0,15
Siliciumchlortrifluorid	$SiClF_3$	F–Si–F	108,5° ± 1°	Si–F	1,560 ± 0,005
				Si–Cl	1,989 ± 0,018
				Cl–F	2,94 ± 0,03
Siliciumwasserstoff	Si_2H_6	H–Si–Si	109,5°	Si–Si	2,32 ± 0,03
				Si–H	1,47 ± 0,03
Siliciumnromoform	$SiHBr_3$	Br–Si–Br	110,5° ± 1,5°	Si–Br	2,16 ± 0,03
				Br–Br	3,55
Monochlorsilan	SiH_3Cl	H–Si–H	110° ± 0,03°	Si–Cl	2,0479 ± 0,007
				Si–H	1,483 ± 0,001
Dichlorsilan	SiH_2Cl_2	Cl–Si–Cl	110° ± 1°	Si–Cl	2,02 ± 0,03
				Si–H	1,46
Siliciumchloroform	$SiHCl_3$	Pyramide Cl–Si–Cl	109,4° ± 0,3°	Si–Cl	2,01 ± 0,03
				Si–H	1,47
Siliciumtetrajodid	SiJ_4	reg. Tetraeder		Si–J	2,43
Tantalbromid	$TaBr_5$	trigonale Doppelpyramide		Ta–Br	2,45 ± 0,03
Tantalchlorid	$TaCl_5$	trigonale Doppelpyramide		Ta–Cl	2,30 ± 0,02
Tellurdibromid	$TeBr_2$	Br–Te–Br	98° ± 3°	Te–Br	2,51 ± 0,02
Tellurdichlorid	$TeCl_2$	Cl–Te–Cl	< 150°	Te–Cl	2,36 ± 0,03
Tellurtetrachlorid	$TeCl_4$			Te–Cl	2,33 ± 0,02
				Cl–Cl	3,37 ± 0,06
Tellurhexafluorid	TeF_6	Oktaeder		Te–F	1,82
Tetantetrabromid	$TiBr_4$	reg. Tetraeder		Ti–Br	2,31
Titantetrachlorid	$TiCl_4$	reg. Tetraeder		Ti–Cl	2,21 ± 0,04
				Cl–Cl	3,61 ± 0,08
Thalliumbromid	TlBr			Tl–Br	2,68 ± 0,03
Thalliumchlorid	TlCl			Tl–Cl	2,55 ± 0,03
Thalliumjodid	TlJ			Tl–J	2,87 ± 0,03

4.8.2 Anorganische Verbindungen (*Fortsetzung*)

Name	Formel	Struktur und Valenzwinkel		Abstände in 10^{-10} m	
Uranhexafluorid	UF_6	rhomb. Doppelpyramide?		U–F	1,78, 1,99, 2,17
Vanadiumtetrachlorid	VCl_4	reg. Tetraeder		V–Cl	2,03 ± 0,02
				Cl–Cl	3,22 ± 0,03
Vanadiumoxidtrichlorid	$VOCl_3$	verzerrtes Tetraeder		V–Cl	2,12 ± 0,03
		Cl–V–Cl	111,2° ± 2°	V–O	1,56 ± 0,04
		Cl–V–O	108,2° ± 2°	Cl–O	3,00 ± 0,04
				Cl–Cl	3,50 ± 0,03
Wolframhexachlorid	WCl_6	reg. Oktaeder		W–Cl	2,28 ± 0,02
Wolframhexafluorid	WF_6	rhomb. Doppelpyramide?		W–F	1,64, 1,84, 2,00
Zinkjodid	ZnJ_2	linear		Zn–J	2,42 ± 0,02
Zirkoniumtetrachlorid	$ZrCl_4$	Tetraeder		Zr–Cl	2,33

4.8.3 Organische Verbindungen

Name	Formel	Struktur und Valenzwinkel		Abstände in 10^{-10} m	
Acetylen	C_2H_2			C≡C	1,204 ± 0,002
				C–H	1,056 ± 0,003
Ethylen	C_2H_4	H–C–H	110° ± 5°	C=C	1,337 ± 0,006
				C–H	1,07 ± 0,01
Ethan	C_2H_6	H–C–H	109,3°	C–C	1,536
				C–H	1,107
Allen	C_3H_4	C–C–C	linear	C=C	1,309 ± 0,005
		H–C–H	109°28′	C–H	1,07 ± 0,01
Methylacetylen	C_3H_4	C–C–C	linear	C≡C	1,204 ± 0,002
		H–C–C	109°28′	C–CH_3	1,46
				C–H	1,091
				C–H	1,056 ± 0,003
Cyclopropan	C_3H_6	C–C–H	116,4° ± 2°	C–C	1,541 ± 0,003
		H–C–H	118,2° ± 2°	C–H	1,081 ± 0,007
Propan	C_3H_8	C–C–C	111°30′ ± 3°	C–C	1,541 ± 0,003
		H–C–C	109°28′	C–H	1,091
Diacetylen	C_4H_2		linear	C≡C	1,204 ± 0,002
				C–C	1,373 ± 0,004
Butadien (1,3)	C_4H_6		eben, trans	C–C	1,47 ± 0,03
		C–C=C	122°	C=C	1,37 ± 0,02
		C=C–H	125°	C–H	1,07 ± 0,01
Dimethylacetylen	C_4H_6		C-Atome linear	C≡C	1,204 ± 0,002
		H–C–C	109°28′	C–C	1,460 ± 0,003
Buten-(2), cis	C_4H_8	H_3C–C–H	110°	C=C	1,38 ± 0,03
		H_3C–C–C	125°	C–C	1,54 ± 0,03
Buten-(2), trans	C_4H_8	H_3C–C–H	110°	C=C	1,40 ± 0,04
		H_3C–C–C	125°	C–C	1,56 ± 0,04
Isobuten	C_4H_8	C–C–C	111°30′	C=C	1,34
				C–C	1,54 ± 0,02
Butan	C_4H_{10}			C–C	1,51 ± 0,05
Isobutan	C_4H_{10}	C–C–C	111°30′ ± 2°	C–C	1,54 ± 0,02
Cyclopentadien	C_5H_6	C–C–C	101° ± 4°	C=C	1,35
		C–C=C	110° ± 2°	C–C	1,46 ± 0,04
			und 109° ± 3°	C–H	1,09

4.8.3 Organische Verbindungen (*Fortsetzung*)

Name	Formel	Struktur und Valenzwinkel		Abstände in 10^{-10} m	
1-Methyl-2-vinyl-acetylen (Pirylen)	C_5H_6	$CH_3{-}C{\equiv}C{-}CH{=}CH_2$		beste Übereinstimmung	
				$H_3C{-}C$	1,47
				$\equiv C{-}C{=}$	1,42
		$C{-}C{=}C$	125°	$C{=}C$	1,35
				$C{\equiv}C$	1,20
Methylencyclobutan $C_4H_{10}\cdot CH_2$	C_5H_8			C–C	1,55 ± 0,02
				$C{=}C$	1,34 ± 0,03
Spiropentan	C_5H_8	C-Atome bilden zwei Dreiecke mit gemeinsamer Spitze in C_3		$C_1{-}C_3$	1,48 ± 0,03
				$C_1{-}C_2$	1,51 ± 0,04
		$C_2{-}C_3{-}C_1$	61,5° ± 2°		
		H–C–H	120° ± 8°		
Cyclopentan	C_5H_{10}	ebenes oder schwach geknicktes Fünfeck		C–C	1,54 ± 0,03
				C–H	1,09
Pentan	C_5H_{12}			C–C	1,53 ± 0,05
Neopentan	$C(CH_3)_4$		reg. Tetraeder	C–C	1,54 ± 0,02
				C–H	1,09
Benzol	C_6H_6		eben	C–C	1,40 ± 0,01
				C–H	1,04 ± 0,05
Dimethyldiacetylen	C_6H_6		C-Atome linear	$C{=}C$	1,20 ± 0,02
				C–C	1,38 ± 0,03
				$C{-}CH_3$	1,47 ± 0,02
Cyclohexan	C_6H_{12}	C–C–C	110°	C–C	1,54 ± 0,03
			vorwiegend Sesselform	C–H	1,09
Tetramethylethylen	C_6H_{12}	C–C–C	111°30′ ± 2°	C–C	1,54 ± 0,02
Hexan	C_6H_{14}			C–C	1,54 ± 0,05
Xylol (1,4)	C_8H_{10}	eben		$C_{ar}{-}C_{ar}$	1,40 ± 0,01
				$C_{ar}{-}C_{al}$	1,50 ± 0,01
Mesitylen (1,3,5)	C_9H_{12}	eben		$C_{ar}{-}C_{ar}$	1,39
				$C_{ar}{-}C_{al}$	1,54 ± 0,01
				C–H	1,09
Adamantan	$C_{10}H_{16}$	reg. Oktaeder mit eingebautem Tetraeder entspricht Hexamethylentetramin		C–C	1,54 ± 0,01
		C–C–C	109,5° ± 1,5°		

4.8.3 Organische Verbindungen (*Fortsetzung*)

Name	Formel	Struktur und Valenzwinkel		Abstände in 10^{-10} m	
Diphenyl	$C_{12}H_{10}$	Ringebenen senkrecht zueinander mit		C–C	Im Ring: 1,39 ± 0,02
		großen Drehschwingungen?		C–C	Ringabstand: 1,54 ± 0,04
Hexamethylbenzol	$C_{12}H_{18}$		eben	C_{ar}–C_{ar}	1,39
				C_{ar}–C_{al}	1,54 ± 0,01
				C–H	1,09
Trichlorbromkohlenstoff	$CBrCl_3$	Cl–C–Cl	111,2° ± 1°	C–Br	1,936
				C–Cl	1,764
				Br–Cl	3,00
				Cl–Cl	2,95
Bromcyan	CBrN		linear	C–N	1,13 ± 0,04
				C–Br	1,79 ± 0,01
Fluortribrommethan	$CFBr_3$			C–F	1,44 ± 0,06
				C–Br	1,91 ± 0,04
				Br–Br	3,20 ± 0,03
				Br–F	2,70 ± 0,02
Tetrabromkohlenstoff	CBr_4		reg. Tetraeder	C–Br	1,942 ± 0,003
				Br–Br	3,12 ± 0,03
Fluordichlormethan	$CHCl_2F$	Cl–C–Cl	112° ± 2°	C–F	1,41 ± 0,03
				C–Cl	1,73 ± 0,04
				Cl–Cl	2,87 ± 0,03
				Cl–F	2,56 ± 0,03
Chloroform	$CHCl_3$	Cl–C–Cl	112° ± 2°	C–Cl	1,77 ± 0,02
				Cl–Cl	2,93 ± 0,02
Jodoform	CHJ_3	J–C–J	113° ± 1°	C–J	2,12 ± 0,04
Methylenbromid	CH_2Br_2	Br–C–Br	112° ± 2°	C–Br	1,91 ± 0,02
				Br–Br	3,17 ± 0,03
Chlorfluormethan	CH_2ClF	F–C–Cl	100,0° ± 1°	C–F	1,378 ± 0,006
				C–Cl	1,759 ± 0,003
				C–H	1,078 ± 0,005
				Cl–F	2,59 ± 0,03
Methylenchlorid	CH_2Cl_2	Cl–C–Cl	112° ± 0,3°	C–Cl	1,7724 ± 0,0005
				C–H	1,068 ± 0,005
				Cl–Cl	2,93 ± 0,02
Methylenfluorid	CH_2F_2	F–C–F	108,2° ± 0,8°	C–F	1,360 ± 0,005
		H–C–H	112,5° ± 6°	C–H	1,09 ± 0,03
				F–F	2,23 ± 0,03

Methylenjodid	CH_2J_2	J–C–J	114,7°	C–J	2,12 ± 0,04
				J–J	4,06 ± 0,10
Diazomethan	CH_2N_2	C=N≡N	linear	C=N	1,34 ± 0,05
				N≡N	1,13 ± 0,04
Formaldehyd	CH_2O	H–C–H	125,8° ± 7°	C=O	1,230 ± 0,017
				C–H	1,060 ± 0,038
Ameisensäure, monomer	CH_2O_2		eben	C–O	1,42 ± 0,03
		C–O–H	107,8°	O–H	0,95
		O–C=O	124,3°	C=O	1,245
		H–C=O	117,8°	C–H	1,085
Ameisenäure, dimer	$(CH_2O_2)_2$		eben	C–O	1,312
		O–C=O	121° ± 2°	C=O	1,25 ± 0,03
				OH–O	2,73 ± 0,05
Borcarbonylhydrid	$B(CH_3)O$	B–C–O	linear	B–C	1,56 ± 0,01
		B in Tetraeder		B–H	1,21 ± 0,02
				C–O	1,13 ± 0,03
Chlorcyan	CClN		linear	C–N	1,13 ± 0,03
				C–Cl	1,67 ± 0,02
Difluordichlormethan	CF_2Cl_2	F–C–F	109° ± 2°	C–F	1,35 ± 0,03
		Cl–C–Cl	113° ± 2°	C–Cl	1,74 ± 0,03
		F–C–Cl	110° ± 2°	F–F	2,21 ± 0,03
				Cl–Cl	2,90 ± 0,03
				Cl–F	2,52 ± 0,02
Phosgen	$COCl_2$	Cl–C–Cl	111,3° ± 0,1°	C–O	1,166 ± 0,002
		Cl–C=O	124,3° ± 0,1°	C–Cl	1,745 ± 0,004
Thiophosgen	$CSCl_2$	Cl–C–Cl	116° ± 2°	C–S	1,63
				C–Cl	1,70 ± 0,02
				Cl–Cl	2,88 ± 0,04
				S–Cl	2,90 ± 0,04
Fluortrichlormethan	$CFCl_3$	Cl–C–Cl	113° ± 3°	Cl–Cl	2,94 ± 0,03
				Cl–F	2,56 ± 0,04
				C–F	1,44 ± 0,04
				C–Cl	1,76 ± 0,02
Tetrachlorkohlenstoff	CCl_4	Cl–C–Cl	reg. Tetraeder 109,5°	C–Cl	1,766 ± 0,003
				Cl–Cl	2,887 ± 0,004
				C–Cl	1,770 ± 0,01
				Cl–Cl	2,877 ± 0,04

4.8.3 Organische Verbindungen (*Fortsetzung*)

Name	Formel	Struktur und Valenzwinkel		Abstände in 10^{-10} m	
Tetrafluorkohlenstoff	CF_4		reg. Tetraeder	C–F	1,36 ± 0,02
Tetranitromethan	$C(NO_2)_4$	O–N–O	127°	C–C	1,54 ± 0,02
			reg. Tetraeder	C–N	1,47 ± 0,02
				N–O	1,22 ± 0,02
Bromoform	$CHBr_3$	Br–C–Br	111° ± 2°	Br–Br	3,15 ± 0,03
				C–Br	1,91 (geschätzt)
Difluorchlormethan	$CHClF_2$	F–C–F	110,5° ± 1°	C–F	1,36 ± 0,03
		F–C–Cl	110,5° ± 1°	C–Cl	1,73 ± 0,03
				F–F	2,24 ± 0,04
				Cl–F	2,56 ± 0,03
				C–H	1,06
Methylbromid	CH_3Br	H–C–H	111,2° ± 0,5° Tetraeder	C–Br	1,929
				C–H	1,11 ± 0,01
Methylchlorid	CH_3Cl	H–C–H	110° ± 2°	C–Cl	1,784 ± 0,003
				C–H	1,11 ± 0,01
Methylfluorid	CH_3F			C–F	1,42 ± 0,02
Methyljodid	CH_3J	H–C–H	111,4° ± 0,1°	C–J	2,139
				C–H	1,11 ± 0,01
Nitromethan	CH_3NO_2	O–N=O	127 ± 4°	C–N	1,49 ± 0,02
				N–O	1,22 ± 0,1
				C–H	1,00
Methylnitrit	CH_3ONO'	C–O–N u. O–N–O′		C–O	1,44 ± 0,02
		ungefähr Tetraederwinkel cis-Form		O–N	1,37 ± 0,02
				N–O′	1,22 ± 0,02
Methylnitrat	CH_3NO_3	O–N–O	125°	N–O	1,22 ± 0,04
CH_3–O′–NO_2		N–O′–C	105° ± 5°	N–O′CH_3	1,37 ± 0,03
				C–O′	1,44 ± 0,03
Methylazid	CH_3N_3	N–N′–N″	180°	N–C	1,47 ± 0,02
		C–N–N′	120° ± 5°	N–N′	1,24 ± 0,02
				N′–N″	1,10 ± 0,02
Dibromethylen (cis)	$C_2H_2Br_2$			C–C	1,32 ± 0,08
				C–Br	2,05 ± 0,08
				Br–Br	3,67 ± 0,08
Dibromethylen (trans)	$C_2H_2Br_2$	Br–C–C	121° ± 3°	C–C	1,34
				C–Br	1,86 ± 0,04
				Br–Br	4,56 ± 0,02

Dichlorethylen (1,1)	$C_2H_2Cl_2$	Cl–C–Cl	116° ± 2°	C–C	1,38
		Cl–C–C	122° ± 1°	C–Cl	1,69 ± 0,02
				Cl–Cl	2,86 ± 0,02
Dichlorethylen (cis)	$C_2H_2Cl_2$	Cl–C–C	123,5° ± 1°	C–C	1,38
				C–Cl	1,67 ± 0,03
				Cl–Cl	3,22 ± 0,02
Dichlorethylen (trans)	$C_2H_2Cl_2$	Cl–C–C	122,5° ± 1°	C–C	1,38
				C–Cl	1,69 ± 0,02
				Cl–Cl	4,27 ± 0,02
Difluorethylen (1,1)	$C_2H_2F_2$	F–C–F	~110°	C–F	1,321 ± 0,015
		H–C–H	117° ± 7°	C–C	1,311 ± 0,035
		F–C=C	125,2° ± 0,2°	C–H	1,07 ± 0,02
Dijodethylen (cis)	$C_2H_2J_2$	J–C–C	125° ± 2°	C–C	1,34
				C–J	2,03 ± 0,04
				J–J	3,69 ± 0,02
Dijodethylen (trans)	$C_2H_2J_2$	J–C–C	122° ± 2°	C–C	1,34
				C–J	2,03 ± 0,04
				J–J	4,90 ± 0,02
Keten	C_2H_2O		linear	C=C	1,35 ± 0,02
				C=O	1,17 ± 0,02
Glyoxal	$C_2H_2O_2$	C–C=O	123° ± 2°	C–C	1,47 ± 0,02
		Wahrsch. eben und in trans-Stellung		C=O	1,207 ± 0,006
Vinylbromid	C_2H_3Br	C–C–Br	121° ± 3°	C–C	1,337 ± 0,006
				C–Br	1,89 ± ± 0,01
α-Methylhydroxylamin	CH_5ON	C–O–N	111° ± 3°	C–O	1,44 ± 0,02
				N–O	1,37 ± 0,02
				C–N	2,31 ± 0,03
Tetrajodkohlenstoff	CJ_4		reg. Tetraeder	C–J	2,13 ± 0,1
Dibromacetylen	C_2Br_2		linear	C≡C	1,204 ± 0,002
				C–Br	1,80 ± 0,03
Tetrabromethylen	C_2Br_4			C–Br	1,91
Dichloracetylen	C_2Cl_2		linear	C≡C	1,195
				C–Cl	1,64
Tetrachlorethylen	C_2Cl_4	Cl–C–C	122° ± 1°	C–C	1,38
				C–Cl	1,71 ± 0,02

4.8.3 Organische Verbindungen (*Fortsetzung*)

Name	Formel	Struktur und Valenzwinkel		Abstände in 10^{-10} m	
Bromacetylen	C_2HBr			C–Br	1,80 ± 0,03
				C≡C	1,20 ± 0,04
Tribromethylen	C_2HBr_3			C–C	1,32 ± 0,08
				C–Br	2,05 ± 0,08
				Br–Br	3,67 ± 0,08
					4,97 ± 0,08
Chloracetylen	C_2HCl			C≡C	1,21 ± 0,04
				C–Cl	1,68 ± 0,04
Trichlorethylen	C_2HCl_3	Cl–C–C	123° ± 2°	C–C	1,36 ± 0,04
				C–Cl	1,72 ± 0,02
Chloral	C_2HOCl_3	$-CCl_3$ reg. Pyramide		C–C	1,52 ± 0,02
		–CHO eben und in Sym.		C–Cl	1,76 ± 0,02
		Ebene der Pyramide		C–O	1,15 ± 0,02
				Cl–Cl	2,95 ± 0,03
Trifluoressigsäure, monomer	$C_2HF_3O_2$	F–C–F	110° ± 4°	C–F	1,36 ± 0,05
Trifluoressigsäure, dimer	$(C_2HF_3O_2)_2$	F–C–F	109° ± 2°	C–F	1,36 ± 0,03
		O–C=O	130° ± 3°	C–F	1,47 ± 0,03
				OH–O	2,76 ± 0,06
				Mittel von C–O und C=O	1,30 ± 0,03
Acetylbromid	C_2H_3OBr	C–C–Br	110° ± 10°	C–C	1,54 ± 0,08
		O–C–Br	125° ± 10°	C–O	1,13 ± 0,05
				C–Br	2,06 ± 0,01
Vinylchlorid	C_2H_3Cl	C–C–Cl	122° ± 2°	C–C	1,38
				C–Cl	1,69 ± 0,02
Acetylchlorid	C_2H_3OCl	C–C–Cl	110° ± 10°	C–C	1,54 ± 0,08
		O–C–Cl	125° ± 10°	C–O	1,14 ± 0,05
				C–Cl	1,82 ± 0,10
Vinyljodid	C_2H_3J	C–C–J	122° ± 2°	C–C	1,34
				C–J	2,03 ± 0,04
Methylcyanid	CH_3CN	C–C–N	linear	C–C	1,49 ± 0,03
				C–N	1,16 ± 0,03
Methylisocyanid	CH_3NC	C–N–C	linear	H_3C–N	1,44 ± 0,02
				N–C	1,18 ± 0,02
Dibromethan (1,1)	$C_2H_4Br_2$			Br–Br	3,56 ± 0,15

Dibromethan (1,2)	$C_2H_4Br_2$	trans-Form wahrscheinlich im Gleichgewicht mit 2 unebenen Formen in der Nähe der cis-Stellung		C–C	1,54
				C–Br	1,94
				Br–Br	4,59
Dichlorethan (1,2)	$C_2H_4Cl_2$			C–Cl	1,770
				Cl–Cl	4,275
Dichlorethan (1,1)	$C_2H_4Cl_2$	Cl–C–Cl	112°	Cl–Cl	2,9 ± 0,3
Acetaldehyd	C_2H_4O	C–C–O	121° ± 2°	C–C	1,50 ± 0,02
				C–O	1,22 ± 0,02
Ethylenoxid	C_2H_4O		Dreierring	C–C	1,56 ± 0,05
				C–O	1,45 ± 0,05
Essigsäure, monomer	$C_2H_4O_2$	O–C=O	122–138°	C–O	1,43 ± 0,03
		C–C=O	113–128°	C=O	1,24 ± 0,03
				C–C	1,54 ± 0,04
Essigsäure, dimer	$(C_2H_4O_2)_2$	O–C=O	130° ± 3°	C–O	1,36 ± 0,04
				C=O	1,25 ± 0,03
				C–C	1,54 ± 0,04
Ethylbromid	C_2H_5Br	C–C–Br	109° ± 2°	C–Br	1,91 ± 0,02
Ethylchlorid	C_2H_5Cl	C–C–Cl	110° ± 2°	C–C	1,54 ± 0,02
				C–Cl	1,77 ± 0,01
Ethyljodid	C_2H_5J			C–J	2,32 ± 0,04
Dimethylborfluorid	$B(CH_3)_2F$		eben	B–F	1,29 ± 0,02
				B–C	1,55 ± 0,02
				C–F	2,48 ± 0,03
Azomethan	$(CH_3)_2N_2$	C–N–N	110° ± 10°	N=N	1,24 ± 0,05
				C–N	1,47 ± 0,06
Dimethylether	C_2H_6O	C–O–C	110° ± 3°	C–O	1,43 ± 0,03
				C–C	2,35 ± 0,05
Dimethylsulfid	$(CH_3)_2S$	C–S–C	105° ± 3°	S–C	1,82 ± 0,01
		H–C–H	109,5°	C–H	1,06
Dimethylsulfoxid	$SO(CH_3)_2$		Pyramide	S–O	1,46 ± 0,02
		C–S–O	106° ± 3°		
Dimethylsulfon	$SO_2(CH_3)_2$	C–S–O	105° ± 3°	C–S	1,80 ± 0,02
		C–S–C	115° ± 15°	S–O	1,43 ± 0,02
		O–S–O	115° ± 15°	C–O	2,58 ± 0,02
Dimethylamin	C_2H_7N	C–N–C	110° ± 3°	C–N	1,47 ± 0,02
				C–H	1,08 ± 0,03
N,N-Dimethylhydrazin	$(CH_3)_2N \cdot NH_2$	C–N–N	110° ± 4°	C–N	1,47 ∓ 0,03
		C–N–C	110° ± 4°	N–N	1,45 ∓ 0,03
N,N′-Dimethylhydrazin	$CH_3NH \cdot HN'CH_3$	C–N–N	110° ± 4°	C–N	1,47 ∓ 0,03
				N–N	1,45 ∓ 0,03

4.8.3 Organische Verbindungen (*Fortsetzung*)

Name	Formel	Struktur und Valenzwinkel		Abstände in 10^{-10} m	
Dijodacetylen	C_2J_2		linear	C≡C	1,18
				C–J	2,03
Aceton	C_3H_6O		eben	C–C	1,56
		O–C–C	123°	C=O	1,14
				C–H	1,09
Trimethylarsin	$As(CH_3)_3$	Pyramide	96° ± 5°	As–C	1,98 ± 0,02
				C–H	1,09
Bortrimethyl	$B(CH_3)_3$		eben	B–C	1,56 ± 0,02
		C–B–C	120° ± 3°	C–C	2,70 ± 0,03
Trimethylamin	$N(CH_3)_3$		Pyramide	N–C	1,47 ± 0,01
		C–N–C	108° ± 4°	C–H	1,06
		H–C–H	109,5	C–H	1,09
Trimethylphosphin	$P(CH_3)_3$	Pyramide	100° ± 4°	P–C	1,87 ± 0,02
				C–H	1,09
Trimethylaminborwasserstoff	$H_3BN(CH_3)_3$			B–N	1,62 ± 0,15
				N–C	1,53 ± 0,06
Pyrazin	$C_4H_4N_2$		eben	C–C	1,39
				C–N	1,35 ± 0,02
				C–H	1,09
Furan	C_4H_4O	C–C=C	107° ± 2°	C=C	1,35
		C–O–C	107° ± 4°	C–C	1,46
		O–C=C	109° ± 3°	C–O	1,41 ± 0,02
				C–H	1,09
Thiophen	C_4H_4S	C–S–C	91° ± 4°	C=C	1,35
		S–C=C	112° ± 3°	C–C	1,44
		C–C=C	113° ± 3°	C–S	1,74 ± 0,03
Pyrrol	C_4H_5N	C–C=C	108° ± 2°	C=C	1,35
		C–N–C	105° ± 4°	C–C	1,44
		N–C=C	110° ± 3°	C–N	1,42 ± 0,02
				C–H	1,09
Epoxybutan (cis, 2,3)	C_4H_8O			C–C	1,54 ± 0,03
				C–O	1,38 ± 0,03
Epoxybutan (trans, 2,3)	C_4H_8O			C–C	1,54 ± 0,03
				C–O	1,38 ± 0,03

Tetrahydrofuran	C_4H_8O	ebenes oder schwach geknicktes Fünfeck		C–O	1,43 ± 0,03
				C–C	1,54 ± 0,03
		C–O–C	111° ± 2°		
Dioxan (1,4)	$C_4H_8O_2$	C–O–C	108° ± 5°	C–C	1,54
		C–C–O	106° Sessel	C–O	1,42
Butylbromid (tert.)	$(CH_3)_3CBr$	C–C–C	111°30′ ± 2°	C–Br	1,92 ± 0,03
				C–C	1,54 ± 0,02
Butylchlorid (tert.)	$(CH_3)_3CCl$	C–C–C	111°30′ ± 2°	C–Cl	1,78 ± 0,03
				C–C	1,54 ± 0,02
Diethylether	$C_4H_{10}O$	C–C–O	110° ± 3°	C–C	1,50 ± 0,02
		C–O–C	108° ± 3°	C–O	1,43 ± 0,02
Diethylthioether	$C_4H_{10}S$	C–C–S	112° ± 2°	C–C	1,55 ± 0,02
				C–S	1,81 ± 0,01
Siliciumtetramethyl	$Si(CH_3)_4$		reg. Tetraeder	Si–C	1,93 ± 0,03
Pyridin	C_5H_5N		Sechseck	C–C	1,39
				C–N	1,37 ± 0,03
				C–H	1,09
Hexabrombenzol	C_6Br_6	Br-Bindungen um 12° aus der Ringebene gebogen		C_1–Br_2	2,81
				C_1–Br_3	4,12
				C_1–Br_4	4,64
				Br_1–Br_2	3,30
				Br_1–Br_3	5,62
				Br_1–Br_4	6,50
Hexachlorbenzol	C_6Cl_6	Cl-Bindungen um etwa 6° aus der Ringebene herausgebogen		C_1–Cl_2	2,68
				C_1–Cl_3	3,99
				C_1–Cl_4	4,51
				Cl_1–Cl_2	3,51
				Cl_1–Cl_3	5,35
				Cl_1–Cl_4	6,19
Dibrombenzol (1,2)	$C_6H_4Br_2$	Br-Bindung um 18° aus der Ringebene gebogen		C–C	1,405
				C_1–Br_1	1,89
				C_1–Br_2	2,85
				C_1–Br_3	4,13
				Br_1–Br_2	3,43
Dibrombenzol (1,4)	$C_6H_4Br_2$		eben	C–C	1,41
				C–Br	1,88 ± 0,01

4.8.3 Organische Verbindungen (*Fortsetzung*)

Name	Formel	Struktur und Valenzwinkel		Abstände in 10^{-10} m	
Dichlorbenzol (1,2)	$C_6H_4Cl_2$	Cl-Bindungen aus der Ringebene um etwa 18° herausgebogen		C_1–Cl_1	1,77 ± 0,03
				C_1–Cl_2	2,70
				C_1–Cl_3	3,97
				Cl_2–Cl_3	3,28
Dichlorbenzol (1,3)	$C_6H_4Cl_2$		eben	C–Cl	1,69 ± 0,03
				Cl–Cl	5,35 ± 0,05
Dichlorbenzol (1,4)	$C_6H_4Cl_2$		eben	C–Cl	1,69 ± 0,03
				Cl–Cl	6,18 ± 0,06
Dijodbenzol (1,2)	$C_6H_4J_2$		eben	C–J	2,00 ± 0,10
		C–C–J	verzerrt	J–J	4,00 ± 0,10
Dijodbenzol (1,3)	$C_6H_4J_2$		eben	C–J	2,03 ± 0,05
				J–J	5,97 ± 0,10
Dijodbenzol (1,4)	$C_6H_4J_2$		eben	C–C	1,41
				C–J	2,05 ± 0,01
Chlorbenzol	C_6H_5Cl		eben	C–C	1,39
				C–Cl	1,69 ± 0,03
Fluorbenzol	C_6H_5F		eben	C–C	1,39
				C–F	1,31 ± 0,03
				C–H	1,06
Hexamethylentetramin	$(CH_2)_6N_4$	C–N–C	109,5° ± 1°	C–N	1,48 ± 0,01
		N–C–N	109,5° ± 1°	N–N	2,42
Paraldehyd	$C_6H_{12}O_3$		unregelmäßiger Ring,	C–C	1,54 ± 0,02
			Valenzwinkel tetr.	C–O	1,43 ± 0,02
Hexamethyldisilian	$Si_2(CH_3)_6$		Ethanstruktur	Si–Si	2,34 ± 0,10
(Siliciumhexamethyl)		C–Si–Si	109° ± 4°	Si–C	1,90 ± 0,02
				Si–C	3,47 ± 0,04

4.8.4 Metallorganische Verbindungen

Name	Formel	Struktur und Valenzwinkel		Abstände in 10^{-10} m	
Aluminiumdimethylchlorid,	$AL_2(CH_3)_4Cl_2$		Ethanstruktur	Al–Cl	2,31 ± 0,03
dimer		C–Al–C	120°–135°	C–Cl	3,43 ± 0,05
		Cl–Al–Cl	89° ± 4°	Al–C	1,85 ± 2,00
Aluminiumdimethylbromid,	$Al_2(CH_3)_4Br_2$		Ethanstruktur	Al–Br	2,42 ± 0,03
dimer		C–Al–C	115°–130°	C–Br	3,59 ± 0,05
		Br–Al–Br	90° ∓ 3°	Al–C	1,90 – 2,05
Trimethylaluminium, monomer	$Al(CH_3)_3$		wahrscheinlich eben		
Trimethylaluminium, dimer	$Al_2(CH_3)_6$		Ethanstruktur	Al–Al	2,20 ± 0,04
		C–Al–Al	100° ± 5°	Al–C	2,01 ± 0,04
				Al–C	3,24 ± 0,06
Kobaltcarbonylhydrid	$Co(CO)_4H$		CO-Gruppen tetr. um CO;	Co–COH	1,75 ± 0,08
			H an einer CO-Gruppe	Co–C	1,83 ± 0,02
				C–O	1,15 ± 0,05
Kobaltnitrosocarbonyl	$Co(NO)(CO)_3$		Tetraeder	Co–C	1,83 ± 0,02
		Co–N–O	linear	Co–N	1,76 ± 0,03
		Co–C–O	linear	C–O	1,14 ± 0,03
				N–O	1,10 ± 0,04
Chromhexacarbonyl	$Cr(CO)_6$		Oktaeder	Cr–C	1,92 ± 0,04
		Cr–C–O	linear	C–O	1,16 ± 0,05
				Cr–O	3,08 ± 0,05
Eisencarbonyl	$Fe(CO)_5$		trigon. Bipyramide	Fe–C	1,84 ± 0,03
				C–O	1,15 ± 0,04
Eisencarbonylhydrid	$Fe(CO)_4H_2$		CO-Gruppen tetr. um Fe	Fe–C	(in Fe–CO) 1,84 ± 0,03
		Fe–C–O	linear	Fe–C	(in Fe–COH) 1,79 ± 0,04
				C–O	1,15 ± 0,05
Eisennitrosocarbonyl	$Fe(NO)_2(CO)_2$		Tetraeder	Fe–C	1,84 ± 0,02
		Fe–C–O	linear	Fe–N	1,77 ± 0,02
		Fe–N–O	linear	N–O	1,12 ± 0,03
				C–O	1,15 ± 0,03
Germaniumtetramethyl	$Ge(CH_3)_4$			Ge–C	1,98 ± 0,03
Quecksilberdimethyl	$(CH_3)_2Hg$	C–Hg–C	linear?	C–Hg	2,33 ± 0,04

4.8.4 Metallorganische Verbindungen (*Fortsetzung*)

Name	Formel	Struktur und Valenzwinkel		Abstände in 10^{-10} m	
Dibromdiphenylquecksilber (4,4′)	$C_{12}H_8Br_2Hg$	Br–Hg–Br	30°	C–Br	1,88
		Abweichung von linearer Stellung		C–Hg	2,10
Molybdänhexacarbonyl	$Mo(CO)_6$		Oktaeder	Mo–C	2,08 ± 0,04
		Mo–C–O	linear	C–O	1,15 ± 0,05
				Mo–O	3,23 ± 0,05
Nickelcarbonyl	$Ni(CO)_4$		Tetraeder	Ni–C	1,82 ± 0,03
		Ni–C–O	linear	C–O	1,15 ± 0,02
Bleitetramethyl	$Pb(CH_3)_4$		reg. Tetraeder	Pb–C	2,29 ± 0,05
Trimethylzinnmonobromid	$(CH_3)_3SnBr$	Br–Sn–C	~ 109,5°	Sn–Br	2,49 ± 0,03
Dimethylzinndibromid	$(CH_3)SnBr_2$	Br–Sn–Br	109° ± 3°	Sn–Br	2,48 ± 0,03
Methylzinntribomid	CH_3SnBr_3	Br–Sn–Br	109,5° ± 2°	Sn–Br	2,45 ± 0,03
Zinntetramethyl	$Sn(CH_3)_4$		reg. Tetraeder	Sn–C	2,18 ∓ 0,03
Trimethylzinnmonochlorid	$(CH_3)_3SnCl$	Cl–Sn–C	108° ± 4°	Sn–Cl	2,37 ± 0,03
Dimethylzinndichlorid	$(CH_3)_3SnCl_2$	Cl–Sn–Cl	110° ± 5°	Sn–Cl	2,34 ± 0,03
Methylzinntrichlorid	CH_3SnCl_3	Cl–Sn–Cl	108° ± 4°	Sn–Cl	2,32 ± 0,03
Trimethylzinnmonojodid	$(CH_3)_3SnJ$	J–Sn–C	~ 109,5°	Sn–J	2,72 ± 0,03
Dimethylzinndijodid	$(CH_3)_2SnJ_2$	J–Sn–J	109,5° ± 3°	Sn–J	2,69 ± 0,03
Methylzinntrijodid	CH_3SnJ_3	J–Sn–J	109,5° ± 2°	Sn–J	2,68 ± 0,02
Wolframhexacarbonyl	$W(CO)_6$		reg. Oktaeder	W–C	2,06 ± 0,04
		W–C–O	linear	W–O	3,19 ± 0,05
				C–O	1,13 ± 0,05

5 Magnetische, elektrische und optische Konstanten

Überarbeitet von M.D. Lechner, Physikalische Chemie, Universität Osnabrück

5.1 Polarisierbarkeiten

Bringt man ein Molekül in ein elektrisches Feld, so erhält es ein induziertes elektrisches Dipolmoment $\vec{p}_i$

$$\vec{p}_i = \alpha\vec{E},$$

wobei α das vom elektrischen Einheitsfeld induzierte elektrische Moment oder die Polarisierbarkeit des Moleküls bedeutet. Wird das Molekül von dem hochfrequenten Felde einer einfallenden Lichtwelle im Sichtbaren polarisiert, so spricht man von der optischen Polarisierbarkeit α, auch Elektronenpolarisierbarkeit genannt, da nur die Elektronen den schnellen Schwingungen des sichtbaren Lichtes zu folgen vermögen. α ist mit dem Brechungsindex n bzw. der Molrefraktion R durch die Lorentz-Lorenzsche Beziehung

$$\frac{1}{3}\frac{N_A}{\varepsilon_0}\alpha = \frac{n^2-1}{n^2+2}\frac{M}{\varrho} = R$$

verknüpft. Die Molrefraktion ist also ein Maß für die optische Polarisierbarkeit, genauer für die Deformierbarkeit der Elektronenwolke (Bindungsfestigkeit der Dispersionselektronen) im elektrischen Wechselfeld. Erst wenn wir zu Frequenzen übergehen, die unterhalb der Eigenfrequenzen der schweren Atomkerne liegen, kommt noch ein von der gegenseitigen Verschiebung der geladenen Atome und Atomgruppen herrührender Beitrag zur Polarisierbarkeit hinzu, der durch die Atompolarisation P_A gemessen wird. Im Grenzfall unendlich langer Wellen spricht man von der elektrischen Polarisierbarkeit des Moleküls α, die sich aus der Gleichung berechnet

$$\frac{1}{3}\frac{N_A}{\varepsilon_0}\alpha = P_E + P_A = P_V,$$

wobei P_E die Elektronenpolarisation (Maß für die Deformierbarkeit der Elektronenwolke im statischen Felde) und P_V die Verschiebungspolarisation bedeutet. Dabei gelten die Beziehungen

$$P_V = P_E + P_A = \frac{n_\infty^2-1}{n_\infty^2+2}\frac{M}{\varrho} = R_\infty \quad \text{und} \quad P_E = \frac{n_\infty'^2-1}{n_\infty'^2+2}\frac{M}{\varrho} = R'_\infty,$$

wo n_∞ und R_∞ die unter Berücksichtigung der ultraroten Eigenschwingungen auf unendlich lange Wellen extrapolierten Werte für den Brechungsindex und die Molrefraktion bedeuten, während n'_∞ und R'_∞ die aus Messungen von n im Sichtbaren extrapolierten Werte von n und R sind.
Bei dipollosen Stoffen, für die $\varepsilon = n_\infty^2$ ist, können wir R_∞ durch die Molpolarisation P ersetzen und erhalten dann mittels

$$P_V = P = \frac{\varepsilon-1}{\varepsilon+2}\frac{M}{\varrho} = \frac{1}{3}\frac{N_A}{\varepsilon_0}\alpha$$

direkt die Verschiebungspolarisation und mittels $P_A = P_V - P_E$ die Atompolarisation. Bei Dipolstoffen enthält die Gesamtpolarisation noch die Orientierungspolarisation P_O, $P = P_E + P_A + P_O$, so daß erst eine Messung der Temperaturabhängigkeit den Betrag P_V ergibt (siehe 5.2)
Die Atompolarisation erhält man auch direkt aus Messungen der Dispersion oder der Absorption im Ultraroten. So folgt aus der allgemeinen Dispersionsformel für den Beitrag P_{Ai} einer im Ultraroten aktiven Kernschwingung der Frequenz ν_i zur Atompolarisation

$$P_{Ai} = \frac{N_A e^2}{3\pi \bar{m}_i}\cdot\frac{f_i}{\nu_i^2-\nu^2}$$

wo f_i die Oszillatorenstärke (s. Kap. 3.2.4) und $\bar{m}_i$ die reduzierte Masse für die betreffende Kernschwingung ist. Die Oszillatorenstärke erhält man am genauesten aus Messungen der Dispersion mittels der Gleichung

$$\Delta n_i = \frac{{}^1Ne^2}{2\pi \bar{m}_i} \cdot \frac{f_i}{\nu_i^2 - \nu^2}$$

wo Δn_i den Beitrag der Kernschwingung ν_i zum Brechungsindex des Gases bedeutet. ${}^1N$ ist die Zahl der Moleküle pro Volumeneinheit. Auch aus der Gesamtabsorption A_ν einer Bande läßt sich die Oszillatorenstärke, wenn auch weniger genau, bestimmen, und zwar mit Hilfe der Beziehung

$$A_\nu = \int k\, d\nu = \frac{\pi e^2 f_i}{\bar{m}_i c}\, {}^1N,$$

wo k den Absorptionskoeffizienten, gemessen aus dem Intensitätsabfall $J = J_0 e^{-kx}$ in einer hinreichend dünnen Schicht bedeutet.

Die oben definierten Polarisierbarkeiten sind im allgemeinen nur Mittelwerte, da die Polarisierbarkeit der Moleküle in den einzelnen Richtungen meist verschieden ist, die Moleküle also optisch anisotrop sind. Die Polarisierbarkeit besitzt die Eigenschaften eines Tensors. Ihre Richtungsabhängigkeit läßt sich bei optisch inaktiven Molekülen durch das sog. Polarisierbarkeitsellipsoid, d.h. durch Angabe der drei Hauptpolarisierbarkeiten α_1, α_2, α_3, das sind die Polarisierbarkeiten in den drei aufeinander senkrechten optischen Hauptachsen des Moleküls, beschreiben. Als Maß der optischen Anisotropie benutzt man die Größe

$$\delta^2 = \frac{(\alpha_1 - \alpha_2)^2 + (\alpha_2 - \alpha_3)^2 + (\alpha_3 - \alpha_1)^2}{(\alpha_1 + \alpha_2 + \alpha_3)^2}; \quad \alpha = \frac{\alpha_1 + \alpha_2 + \alpha_3}{3}.$$

Sie läßt sich quantitativ und unmittelbar aus Messungen des Depolarisationsgrades Δ_u des molekularen Streulichtes mittels der Beziehung

$$\delta^2 = \frac{10\Delta_u}{6 - 7\Delta_u}$$

bzw. bei dipollosen Molekülen auch aus der Kerr-Konstante bestimmen. Δ_u bezieht sich auf unpolarisiertes erregendes Licht. Die optischen Hauptpolarisierbarkeiten erhält man bei dipollosen Molekülen mit einer Symmetrieachse aus dem Depolarisationsgrade oder der Kerr-Konstante K des Gases und der Molrefraktion. Bei Dipolmolekeln kann man in vielen Fällen durch Kombination von Messungen von n, Δ_u und K an Gasen alle drei optischen Hauptpolarisierbarkeiten einzeln bestimmen. Die elektrischen Hauptpolarisierbarkeiten sind gegenüber den optischen, von Ausnahmen abgesehen, etwa im Verhältnis $\frac{\bar{\alpha}_1}{\alpha} = \frac{\bar{\alpha}_2}{\alpha} = \frac{\bar{\alpha}_3}{\alpha} = \frac{R_\infty}{R}$ vergrößert. Ihre Richtungen fallen im allgemeinen mit denen der optischen Hauptpolarisierbarkeiten zusammen. Aus der optischen Anisotropie lassen sich weitgehende Schlüsse auf die geometrische Form und den Bau eines Moleküls ziehen (s. nachfolgende Tabelle)

5.1.1 Polarisierbarkeit und Refraktion von Atomen

Elektrische Polarisierbarkeit von Atomen

Atom	$10^{31} \cdot \alpha$ in $N^{-1} C^2 m$	Atom	$10^{31} \cdot \alpha$ in $N^{-1} C^2 m$
Helium	2,40	Lithium	134 ± 11
	2,29		300
Neon	4,43	Natrium	300
Argon	18,1	Kalium	378 ± 22
Krypton	27,6		512
Xenon	44,6	Rubidium	556
Wasserstoff	7 ± 2	Caesium	467 ± 22
	7,3		679
	5,97	Quecksilber	56,0 – 57,5
Sauerstoff (Grundzustand, P-Term)	$1,7 \pm 0,6$	Beryllium	103,3

Molrefraktionen

Atom	$R_{\lambda \to \infty}$ in $cm^3 mol^{-1}$	Atom	R_D[a] in $cm^3 mol^{-1}$
He	0,518	Zn	15,39
Ne	0,997	Cd	19,98
Ar	4,14	Hg	13,94
Kr	6,27		
Xe	10,13		

[a] Na-D-Linien

5.1.2 Polarisierbarkeiten und Refraktionen von freien Ionen

Polarisierbarkeit von freien Ionen. $10^{31} \cdot \alpha$ in $N^{-1} c^2 m$

Ion		Ion		Ion	
H_2^+	4,17	Al^{3+}	0,58	Rb^+	15,6
Li^+	0.348	Si^{++}	22,9	Sr^{++}	9,6
Be^{++}	0,09	Si^{4+}	0,184	Y^{3+}	6,1
B^{3+}	0,03	S^{--}	113	Zr^{4+}	4,1
C^{++}	6,5	Cl^-	40,7	Te^{--}	156
C^{4+}	0,014	K^+	9,2	J^-	79,0
O^{--}	43,2	Ca^{++}	5,2	Cs^+	26,9
F^-	11,6	Sc^{3+}	3,18	Ba^{++}	17,2
Na^+	1,99	Ti^{4+}	2,06	La^{3+}	11,6
Mg^{++}	1,05	Se^{--}	117	Ce^{4+}	8,1
Al^+	45,8	Br^-	53,1		

5.1.3 Bindungspolarisierbarkeiten

Da die Polarisierbarkeit eines Moleküls die Eigenschaften eines Tensors besitzt, kann sie rein formal in für die einzelnen Bindungen charakteristische Beträge zerlegt werden. Aus den Bindungspolarisierbarkeiten parallel und senkrecht zur Valenzrichtung lassen sich dann umgekehrt durch eine Tensoraddition die Hauptpolarisierbarkeiten eines Moleküls berechnen. Es muß aber betont werden, daß diese Werte nur formale Bedeutung haben und nicht die den einzelnen Bindungen wirklich zugehörigen Werte darstellen, weil infolge der sehr starken Wechselwirkung die resultierenden Hauptpolarisierbarkeiten auch nicht ungefähr als die Summe der Polarisierbarkeiten einzelner Bindungen dargestellt werden können. Nur die mittlere Polarisierbarkeit läßt sich einigermaßen als die Summe der wahren mittleren Polarisierbarkeiten der einzelnen Bindungen darstellen.

Bindung	Polarisierbarkeiten		
	parallel zur Valenzrichtung $10^{31} \cdot \alpha \parallel$ in $N^{-1} C^2 m$	senkrecht zur Valenzrichtung $10^{31} \cdot \alpha \perp$ in $N^{-1} C^2 m$	Mittlere Polarisierbarkeit $10^{31} \cdot \alpha$ in $N^{-1} C^2 m$
$C—H_{al}$	8,8	6,5	7,2
$C_{al}—C_{al}$	20,9	0,2	7,1
$C_{ar}—C_{ar}$	25,0	5,3	11,9
C=C	31,8	11,8	18,5
C≡C	39,4	14,1	22,6
C—Cl	40,8	23,1	29,0
C—Br	56,1	32,0	40,1
>C=O (Carbonyl)	22,1	8,3	12,9
C=O (CO_2)	22,8	10,7	14,8
C=S (CS_2)	84,2	30,8	—
C≡N (HCN)	34,5	16	—
H—S (H_2S)	25,6	19,1	—
H—N (NH_3)	6,5	9,3	8,3

5.1.4 Mittlere optische Polarisierbarkeit von gebundenen Atomen und Atomgruppen

Atom	$10^{31} \cdot \alpha$ in $N^{-1} C^2 m$	Atom	$10^{31} \cdot \alpha$ in $N^{-1} C^2 m$
aliphatische Verbindungen		aromatische Verbindungen	
H	4,8	CH (Mittelwert)	19,1
C	10,7	CH (in der Ringebene)	22,8
CH	15,5	CH (senkrecht zur Ringebene)	11,8
CH_2	20,3		
CH_3	25,1		

5.1.5 Mittlere optische Polarisierbarkeit und Hauptpolarisierbarkeiten von Molekülen siehe S. 509

5.1.6 Atom- und Elektronenpolarisationen in $N^{-1} C^2 m$

Formel	Stoff	$P_E + P_A$	P_E	P_A
Elemente				
He	Helium	0,60	0,58	(0,02)
Ne	Neon	1,11	1,15	(−0,03)
Ar	Argon	4,604	4,604	0
Kr	Krypton	6,97	6,98	(−0,01)
Xe	Xenon	11,23	11,28	(−0,06)
H_2	Wasserstoff	2,2	2,2	0
O_2	Sauerstoff	4,41	4,41	0
N_2	Stickstoff	4,87	4,87	0
Anorganische Verbindungen				
H_2O	Wasser	4,18	4,08	0,1
HCl	Chlorwasserstoff	8,7	7,2	1,4
HBr	Bromwasserstoff	10,1	9,8	0,3
HJ	Jodwasserstoff	15,5	14,7	0,8
SO_2	Schwefeldioxid	11,9	10,9	1,0
SF_6	Schwefelhexafluorid	17,5	12,7	4,8
NH_3	Ammoniak	6,6	6,1	0,4
NO	Stickstoffmonoxid	5,2	4,8	0,4
N_2O	Distickstoffmonoxid	8,69	8,18	0,51
CO	Kohlenmonoxid	5,6	5,5	0,1
CO_2	Kohlendioxid	8,18	7,28	0,90
CS_2	Schwefelkohlenstoff	25,3	22,6	2,7
Organische Verbindungen				
CCl_4	Tetrachlorkohlenstoff	31,4	28,7	2,7
$CHCl_3$	Chloroform	29,6	22,8	5,7
CH_3Br	Methylbromid	17,1	15,8	1,3
CH_3Cl	Methylchlorid	15,4	12,7	2,7
CH_3F	Methylfluorid	10	7,3	2,7
CH_3J	Methyljodid	22,5	20,6	1,9
CH_4	Methan	7,3	7,1	0,2
CH_4O	Methanol	10,6	9,0	1,6
CH_5N	Methylamin	14,9	11,1	3,8
C_2H_2	Acetylen	11,1	9,7	1,4
C_2H_4	Ethylen	11,9	11,5	0,4
C_2H_6	Ethan	12,5	12,4	0,1
C_2H_6O	Ethanol	15,8	13,8	2,0
C_2H_7N	Dimethylamin	18,7	16,5	2,2
C_3H_6O	Aceton	18,6	17,6	1,0
C_3H_8	Propan	17,8	17,5	0,3
C_4H_{10}	Butan	22,98	22,5	0,50

5.1.6 Atom- und Elektronenpolarisationen in $N^{-1}C^2m$ (*Fortsetzung*)

Formel	Stoff	$P_E + P_A$	P_E	P_A
C_4H_{10}	Isobutan	23,23	22,45	0,8
$C_4H_{10}O$	Diethylether	28,2	24,5	3,7
C_6H_6	Benzol	29,2	27,9	1,2
C_7H_8	Toluol	35,9	33,2	2,8
C_7H_{16}	n-Heptan	38,1	37,5	0,6
C_8H_{10}	p-Xylol	40,7	38,5	2,2
C_8H_{18}	n-Octan	43,8	42,7	1,1

5.1.7 Depolarisationsgrad

Durchstrahlt man eine Substanz mit natürlichem Licht, so wird senkrecht zur Ausbreitungsrichtung des Primärlichtes ein im Idealfall polarisierter Streustrahl beobachtet. Oft bemerkt man jedoch, daß die Intensität des Streulichts, dessen elektrischer Vektor parallel zur Ausbreitungsrichtung des Primärstrahls schwingt, nicht verschwindet. Nennt man diese Intensität I_p und bezeichnet dementsprechend die Intensität des Streulichts, dessen elektrischer Vektor senkrecht dazu schwingt, mit I_s, so nennt man in diesen Fällen das Verhältnis I_p/I_s den Depolarisationsgrad der streuenden Teilchen. Die Abhängigkeit des Depolarisationsgrades von der Wellenlänge des benutzten Lichtes ist gering, so daß experimentell mit weißem Licht gearbeitet werden kann.

Das Auftreten einer solchen Depolarisation weist auf unterschiedliche Polarisierbarkeiten der durchstrahlten Moleküle in den verschiedenen Achsenrichtungen hin, d.h. auf eine Anisotropie der Polarisierbarkeit. Als Maß der optischen Anisotropie der Polarisierbarkeit benutzt man den Ausdruck

$$\delta^2 = \frac{(\alpha_1-\alpha_2)^2+(\alpha_2-\alpha_3)^2+(\alpha_3-\alpha_1)^2}{(\alpha_1+\alpha_2+\alpha_3)^2}$$

in dem die α_i die Hauptpolarisierbarkeiten des Moleküls sind. Bei Gasen und Dämpfen besteht zwischen dem Depolarisationsgrad Δ und der ebengenannten Anisotropie δ die quantitative Beziehung

$$\frac{10\Delta}{6-7\Delta} = \delta^2$$

Die folgende Tabelle enthält Werte des Depolarisationsgrades (in Prozenten) einiger ausgewählter anisotroper Moleküle. Die Tabelle gibt nach der Nennung von Formel und Name des Stoffes in den ersten beiden Spalten dann die Versuchstemperatur (falls bekannt) und den beobachteten Depolarisationsgrad 100Δ, also in % an.

Einzelwerte anorg. Verbindungen und Elemente

Formel	Name	T in °C	$100\cdot\Delta$
CO	Kohlenmonoxid		2,1
CO_2	Kohlendioxid		9,8
CS_2	Schwefelkohlenstoff gasförmig		11,5
	Schwefelkohlenstoff flüssig		64
Cl_2	Chlor gasförmig		4,33
	Chlor flüssig		24,0
H_2	Wasserstoff		1,7
H_2O	Wasserdampf		1,99
	Wasser		8,5
H_2S	Schwefelwasserstoff		1,0
N_2	Stickstoff		3,6
N_2O	Distickstoffoxid		12,5
NH_3	Ammoniak		1,31
	Luft		4,15
O_2	Sauerstoff		6,4
SO_2	Schwefeldioxid gasförmig		4,5
	Schwefeldioxid flüssig		22,0
$SiCl_4$	Siliciumtetrachlorid		5,8
CCl_4	Tetrachlorkohlenstoff		5,6

Einzelwerte anorg. Verbindungen und Elemente (*Fortsetzung*)

Formel	Name	T in °C	100·Δ
$CHCl_3$	Chloroform	20	20,3
CH_2O_2	Ameisensäure		53,0
CH_4O	Methanol		6,0
C_2H_4	Ethen		2,9
C_2H_4O	Acetaldehyd		18,9[a]
$C_2H_4O_2$	Essigsäure		47
C_2H_6	Ethan		1,3
C_2H_6O	Ethanol		6,5
C_2H_6S	Dimethylsulfid		12,9
C_3H_6O	Aceton		23,1
$C_3H_6O_2$	Propionsäure		41,0
$C_3H_6O_2$	Essigsäuremethylester	30	29,0
C_3H_8O	Propanol		7,1
C_4H_4S	Thiophen		38,5
C_4H_5NS	Allylsenföl		50,1
$C_4H_6O_2$	Essigsäureanhydrid		43,0
$C_4H_8O_2$	Dioxan	20	13,4
$C_4H_8O_2$	Buttersäure		36
$C_4H_8O_2$	Essigsäureethylester		23,0
$C_4H_{10}O$	Butanol		9,3[a]
$C_4H_{10}O$	Isobutanol		7,3[a]
$C_4H_{10}O$	tert. Butanol		4,1[a]
$C_4H_{10}O$	Diethylether	20	8,6
$C_4H_{10}S$	Diethylsulfid		18,2
C_5H_5N	Pyridin		46
C_5H_8	Cyclopenten		22,2
C_5H_{10}	Cyclopentan		11,3
C_5H_{10}	β-Isoamylen		25,8
$C_5H_{10}N$	Piperidin		6,9
C_5H_{12}	n-Pentan		7,8
C_5H_{12}	2-Methylbutan		5,6
$C_5H_{12}O$	Amylalkohol		12,5
$C_5H_{12}O$	Isoamylalkohol		9,0
C_6H_5Cl	Chlorbenzol		57,9
$C_6H_5NO_2$	Nitrobenzol		65,2
C_6H_6	Benzol	20	43,2
C_6H_7N	Anilin		60,0
C_6H_{10}	Cyclohexen		22,5
C_6H_{12}	Cyclohexan	20	6,3
C_7H_6O	Benzaldehyd		69
C_7H_8	Toluol		47,2
C_7H_8O	Benzylalkohol		63
C_7H_8O	Anisol		50
C_8H_8O	Acetophenon	18	68,3
C_8H_{10}	o-Xylol	20	56,5
C_8H_{10}	m-Xylol		58,6
C_8H_{10}	p-Xylol		63,3
$C_8H_{10}O$	Phenetol		49,6
$C_{10}H_8$	Naphthalin	80	71,0
$C_{10}H_{18}$	Dekalin	20	17,6
$C_{13}H_{10}O$	Benzophenon	18	61,9
$C_{16}H_{32}O_2$	Palmitinsäure	65	29,4
$C_{18}H_{36}O_2$	Stearinsäure	70	31,1

[a] Orange filter

5.1.5 Mittlere optische Polarisierbarkeit and Hauptpolarisierbarkeiten von Molekülen

Molekül	Formel	$10^{31}\cdot\alpha = (\alpha_1+\alpha_2+\alpha_3)/3\cdot10^{31}$ in $N^{-1}C^2m$	$10^{31}\cdot\alpha_1$ in $N^{-1}C^2m$	$10^{31}\cdot\alpha_2$ in $N^{-1}C^2m$	$10^{31}\cdot\alpha_3$ in $N^{-1}C^2m$	Lage der optischen Achsen und des elektrischen Momentes; Struktur des Moleküls
Anorganische Verbindungen						
Wasserstoff	H_2	8,8	10,3	7,9	7,9	α_1 Symmetrieachse
Stickstoff	N_2	19,6	26,5	16,1	16,1	α_1 Symmetrieachse
Sauerstoff	O_2	17,8	26,1	13,5	13,5	α_1 Symmetrieachse
Chlor	Cl_2	51,3	73,4	40,3	40,3	α_1 Symmetrieachse
Fluorwasserstoff	HF	27,4	(10,7)	(8,0)	(8,0)	α_1 Symmetrieachse
Chlorwasserstoff	HCl	29,3	34,8	26,6	26,6	α_1 Symmetrieachse
			$\alpha_1 = 49,2$	$\alpha_2 = \alpha_3 = 26,6$		
Bromwasserstoff	HBr	40,2	47,0	36,8	36,8	α_1 Symmetrieachse
Jodwasserstoff	HJ	60,6	73,2	54,4	54,4	α_1 Symmetrieachse
Distickstoffmonoxid	N_2O	33,4	54,1	23,0	23,0	α_1 Symmetrieachse; Molekül unsymmetrisch gestreckt $N\equiv N=O$
Kohlenmonoxid	CO	21,7	28,9	18,08	18,08	α_1 Symmetrieachse
Kohlendioxid	CO_2	29,5	44,6 – 45,6	21,9 – 21,5	21,9 – 21,5	α_1 Symmetrieachse
			$\alpha_1 =$ 49,4 – 50,4	$\alpha_2 =$ 24,0 – 23,6	$\alpha_3 =$ 24,0 – 23,6	Molekül gestreckt
Schwefeldioxid	SO_2	41,4	61,1	30,3	38,8	$\alpha_3 \parallel$ zur Symmetrieachse; $\alpha_2 \perp$ Ebene OSO gewinkelt
Schwefelwasserstoff	H_2S	42,1	45,0	38,3	44,6	$\alpha_3 \parallel$ zur Symmetrieachse; $\alpha_2 \perp$ Ebene HSH; gewinkelt
Schwefelkohlenstoff	CS_2	97,2	168,5	61,6	61,6	α_1 Symmetrieachse; Molekül gestreckt
Ammoniak	NH_3	25,1	26,9	24,3	24,3	α_1 Symmetrieachse; $p = p_1$; Pyramide
Cyan	$(CN)_2$	55,7	86,3	40,5	40,5	α_1 Symmetrieachse; Molekül gestreckt
Cyanwasserstoff	HCN	28,8	43,6	21,4	21,4	α_1 Symmetrieachse; Molekül gestreckt

Organische Verbindungen						
Tetrachlorkohlenstoff	CCl_4	117	117	117	117	Reguläres Tetraeder
Chloroform	$CHCl_3$	91,6	74,3	100,2	100,2	$\alpha_1 \parallel$ Symmetrieachse; $p = p_1$
Methylenchlorid	CH_2Cl_2	72,1	55,9	94,2	66,3	$p = p_3$; $\alpha_1 \perp$ Ebene ClCCl
Methylbromid	CH_3Br	61,8	76,2	55	55	$\alpha_1 \parallel$ Symmetrieachse; $p = p_1$
Methylchlorid	CH_3Cl	50,7	60,3	46,1	46,1	$p = p_1$; $\alpha_1 \parallel$ Symmetrieachse
Methan	CH_4	28,9	28,9	28,9	28,9	Reguläres Tetraeder
Methanol	CH_4O	35,9	45	28,5	34,9	
Acetylen	C_2H_2	37,1	57,0	27,0	27,0	$\alpha_1 \parallel$ Symmetrieachse; Molekül gestreckt
Ethylen	C_2H_4	47,4	62,4	39,9	39,9	$\alpha_1 \parallel$ Symmetrieachse;
Ethylchlorid	C_2H_5Cl	71	73,4	55,7	84,5	Gewinkelte Molekül
Ethan	C_2H_6	49,7	61,0	44,2	44,2	$\alpha_1 \parallel$ Symmetrieachse
Dimethylether	C_2H_6O	57,4	70,1	48,0	54,1	$\alpha_3 \parallel$ zur Symmetrieachse: $\alpha_2 \perp$ Ebene COC Molekül gewinkelt
Aceton	CH_3COCH_3	70,4	79,0	53,6	78,8	$\alpha_3 \parallel$ zur Symmetrieachse; $\alpha_2 \perp$ Ebene COC; Molekül gewinkelt
Propan	C_3H_8	70,0	55,7	77,1	77,1	$\alpha_1 \perp$ Ebene CCC;
Diethylether	$C_2H_5OC_2H_5$	97,1	125,3	78,7	87,6	$\alpha_3 \parallel$ zur Symmetrieachse; $\alpha_2 \perp$ Ebene COC; Molekül gewinkelt
Pyridin	C_5H_5N	106	132,2	64,3	120,6	Ebene Moleküle
Chlorbenzol	C_6H_5Cl	125,2	147,3	84,3	177,2	$\alpha_3 \parallel$ zur Richtung des Dipolmoments
Nitrobenzol	$C_6H_5NO_2$	144,1	147,4	86,2	197,6	$\alpha_2 \perp$ zur Molekülebene
Benzol	C_6H_6	114,8	137	70,7	137,0	$\alpha_2 \perp$ zur Molekülebene
Toluol	$C_6H_5CH_3$	136,1	152,0	83,2	174,0	Ebene Moleküle;
o-Xylol	$C_6H_4(CH_3)_2$	157	(179,5)	(92)	(199,8)	$\alpha_3 \parallel$ zur Richtung des Dipolmoments
m-Xylol	$C_6H_4(CH_3)_2$	157,8	198,4	95,1	179,8	$\alpha_2 \perp$ zur Molekülebene
p-Xylol	$C_6H_4(CH_3)_2$	158	(174)	(98)	(203)	
Cyclohexan	C_6H_{12}	120,9	102,9	130,0	130,0	$\alpha_1 \perp$ zur Ringebene

5.2 Dipolmomente

Die Grundlage der am häufigsten benutzten Methoden (I bis III) zur Bestimmung des elektrischen Dipolmoments $\vec{p}$ einer Moleküls ist die Debyesche Beziehung für die Molpolarisation P_M.

$$P_M = \frac{\varepsilon - 1}{\varepsilon + 2} \frac{M}{\varrho} = \frac{1}{3} \frac{N_A}{\varepsilon_0} \left(\alpha + \frac{p^2}{3kT} \right).$$

Dabei bedeuten ε die Dielektrizitätskonstante, M die Molmasse, ϱ die Dichte, N_A die Avogadrosche Konstante, k die Boltzmannsche Konstante, T die absolute Temperatur, α die mittlere elektrische Polarisierbarkeit, d.h. das vom statischen elektrischen Felde je Feldstärkeeinheit induzierte Moment. Die Molpolarisation setzt sich aus zwei Teilchen zusammen: 1. Einem temperaturunabhängigen, von der Verschiebung der Elektronen und geladenen Atome herrührenden Beitrag, dem optischen Glied oder der Verschiebungspolarisation $P_V = \frac{1}{3} \frac{N_A}{\varepsilon_0} \alpha = P_E + P_A$, wobei P_E die Elektronenpolarisation und P_A die Atompolarisation oder das Ultrarotglied bedeuten; 2. einem temperaturabhängigen, von der Orientierung der festen elektrischen Momente herrührenden Beitrag, dem Dipolgliede oder der Orientierungspolarisation $P_O = \frac{1}{3} \frac{N_A}{\varepsilon_0} \frac{p^2}{3kT}$. Die Gesamtpolarisation läßt sich also darstellen als

$$P = P_V + P_O = P_E + P_A + P_O.$$

Durch Messungen der Temperaturabhängigkeit von ε erhält man P_O und P_V getrennt. P_E folgt aus der Beziehung

$$P_E = \frac{n_\infty'^2 - 1}{n_\infty'^2 + 2} \frac{M}{\varrho} = R_\infty',$$

wo n_∞' und R_∞' die aus Messungen von n im Sichtbaren, also ohne Berücksichtigung der ultraroten Eigenschwingungen auf unendlich große Wellenlängen extrapolierten Werte von n und R sind. P_A folgt schließlich aus der Beziehung $P_A = P_V - R_\infty'$. Vgl. dazu Tabelle 5.1.5.

Aus diesen Zusammenhängen und aus praktischen Grüden haben sich vor allem folgende Methoden zur Bestimmung von Momenten ergeben:

I. Messungen an Gasen. a) Messungen der Temperaturabhängigkeit der Dielektrizitätskonstante (DK). Diese ergeben direkt die Orientierungspolarisation P_O und damit das Moment. b) Messungen der DK bei einer einzigen Temperatur. Da das Ultrarotglied im allgemeinen unbekannt ist, wird die Orientierungspolarisation entweder einfach durch Subtraktion der aus Messungen des Brechungsindex im Sichtbaren auf unendlich lange Wellen extrapolierten Molrefraktion R_∞', also aus $P_O = P - R_\infty'$, bestimmt oder aus $P_O = P - R_\infty' - P_A$, indem man für P_A einen aus sonstigen Erfahrungen abgeschätzten Betrag einsetzt.

II. Messungen an Flüssigkeiten. Bei nicht assoziierenden Stoffen genügen mitunter Messungen der Temperaturabhängigkeit von ε an der homogenen Flüssigkeit. Liegen nur Messungen bei einer einzigen Temperatur vor, so wird die Orientierungspolarisation wie bei I b durch Subtraktion von R_∞' berechnet.

III. Messungen an verdünnten Lösungen. Das ist die am häufigsten benutzte Methode. Es wird die Molpolarisation P_2 der Dipolkomponente 2 in einem dipolfreien indifferenten Lösungsmittel mit der Molpolarisation P_1 mittels der Mischungsformel

$$P_{12} = \frac{\varepsilon - 1}{\varepsilon + 2} \frac{x_1 M_1 + x_2 M_2}{\varrho} = x_1 P_1 + x_2 P_2$$

bestimmt. Dabei bedeuten x_1 und x_2 die Molenbrüche, M_1 und M_2 die Molmassen der Komponenten 1 und 2. Durch Extrapolation auf unendliche Verdünnung wird die Molpolarisation der Dipol-komponente für das „freie" Molekül $P_{2\infty}$ ermittelt. Mißt man nur bei einer einzigen Temperatur, so wird die Orientierungspolarisation wieder, wie oben, meist durch Subtraktion von R_∞' erhalten. Häufig versucht man, die Momentberechnung dadurch zu verbessern, daß man für die Atompolarisation einen bestimmten Anteil zwischen 5 und 15% der Elektronenpolarisation ansetzt. Mitunter setzt man auch für $P_E + P_A$ die Polarisation der festen Substanz P fest ein. Am sichersten sind natürlich Messungen der Temperaturabhängigkeit von $P_{2\infty}$, die dann direkt P_{2O} ergeben.

Durch Messungen in verdünnten Lösungen kann man die Wechselwirkung der Dipolmoleküle untereinander ausschließen, aber nicht die zwischen Dipolmolekül und den umgebenden Lösungsmittelmolekulen. Infolge dieser Wechselwirkung zeigen die in verschiedenen Lösungsmitteln gemessenen Molpolarisationen $P_{2\infty}$ und Momente kleine Abweichungen von den im Gase gemessenen Werten.

Bei Molekülen mit beweglichen (drehbaren) polaren Gruppen kann das Moment sich mit der Temperatur sehr stark ändern. Die Momentwerte der Tabelle gelten dann nur für die angegebene Temperatur.
Eine weitere genaue Methode zur Ermittlung der Dipolmomente ist die Analyse des Stark-Effektes auf die Rotationslinien bei der Mikrowellenspektroskopie. Das Verfahren ergibt die Absolutbeträge der Komponenten des permanenten elektrischen Dipols (siehe Kapitel 3.7). Hieraus läßt sich häufig die Orientierung und damit der Winkel des Dipolmoments im Molekül bestimmen. Daten für eine Reihe von Molekülen finden sich in Landolt-Börnstein Ns II/4 (S. 136–151), NS II/6 (S. 260–304), NS II/14a (S. 584–643), NS II/14b (S. 301–302); C.J.F. Böttcher, P. Bordewijk, Theory of electric polarization, Elsevier, Amsterdam 1978.
Die Zahlenangaben der Dipolmomente in den folgenden Tabellen beziehen sich sämtlich auf die Einheit C m.

Formel	Name	Dipolmoment $10^{30} \cdot p$ in C m	Zustand	Temperatur °C
$CBrCl_3$	Trichlorbrommethan	0	Bzl.	—
CBr_2Cl_2	Dichlordibrommethan	0	Bzl.	25
CBr_3F	Fluortribrommethan	0	Bzl.	25
CCl_2F_2	Difluordichlormethan	1,70	Gas	32...197
CCl_2O	Phosgen	3,93	Gas	30...152
CCl_2S	Thiophosgen	0,93	Gas	30...141
CCl_3F	Fluortrichlormethan	1,50	Gas	26...103
CCl_3NO_2	Chlorpikrin	3,93	Gas	30...152
CCl_4	Tetrachlormethan	0	Gas	—
CF_4	Tetrafluormethan	0	Gas	—
$CHBr_3$	Tribrommethan	3,3	Gas	25
$CHClF_2$	Difluorchlormethan	4,67	Gas	30,9... 205,7
$CHCl_2F$	Fluordichlormethan	4,30	Gas	31,7... 151,3
$CHCl_3$	Trichlormethan	3,93	Bzl.	—
CHF_3	Trifluormethan	5,30	Gas	25...95
CHJ_3	Trijodmethan	3,17	Bzl.	25
CHN	Cyanwasserstoff	9,77	Gas	28...197
CHN_3O_6	Trinitromethan	9,03	CCl_4	25
CH_2Br_2	Dibrommethan	6,30	Bzl.	25
CH_2ClNO_2	Monochlornitromethan	9,70	Gas	139...211
CH_2Cl_2	Dichlormethan	5,27	Gas	—
CH_2J_2	Dijodmethan	3,60	Bzl.	10...70
CH_2N_2	Cyanamid	12,67	Bzl.	20
CH_2N_4	1,2,3,4-Tetrazol	17,03	Diox.	25
CH_2O	Formaldehyd	7,57	Gas	147...247
CH_2O_2	Ameisensäure	5,03	Gas	72...150
$(CH_2O_2)_2$	Ameisensäure	3,30	Gas	72...150
CH_3Br	Brommethan	6.07	Bzl. oder CCl_4	25
CH_3Cl	Chlormethan	6,20	Gas	17...183
CH_3F	Fluormethan	6,03	Gas	100...150
CH_3J	Jodmethan	5,47	Gas	15...120
CH_3NO	Formamid	10,73	Gas	152...176
CH_3NO_2	Nitromethan	10,03	Bzl.	25
CH_3NO_3	Methylnitrat	9,50	Bzl.	20
CH_3N_5	5-Amino-1,2,3,4-tetrazol	19,03	Diox.	25
CH_4	Methan	0,0	Gas	−80...100
CH_4N_2O	Harnstoff	15,20	Diox.	25
CH_4N_2S	Thioharnstoff	16,30	Diox.	25
CH_4O	Methanol	5,63	Gas	25...206
CH_5N	Methylamin	4,10	Gas	65...185
CH_6N_2	Methylhydrazin	5,60	Bzl.	15
CN_4O_8	Tetranitromethan	1,60	Bzl.	25
$C_2Cl_2O_2$	Oxalylchlorid	3,07	Bzl.	20
C_2Cl_3N	Trichloracetonitril	6,67	Hex.	—
C_2Cl_4	Tetrachlorethen	0	Bzl.	25
C_2Cl_4O	Trichloracetylchlorid	3,97	Bzl.	20
C_2Cl_6	Hexachlorethan	0	Gas	—
C_2HBr	Bromethin	0	Gas	16...81
C_2HBr_3O	Bromal	5,63	Bzl.	20
C_2HCl	Chlorethin	1,47	Gas	14...90
C_2HCl_2N	Dichloracetonitril	6,67	Bzl.	25
C_2HCl_3	Trichlorethen	3,13	Bzl.	30
C_2HCl_3O	Chloral	5,27	Bzl.	20
$C_2HCl_3O_2$	Trichloressigsäure	2,75	Bzl.	25
C_2HCl_5	Pentachlorethan	9,31	Gas	127...240

Formel	Name	Dipolmoment $10^{30} \cdot p$ in C m	Zustand	Temperatur °C
C_2H_2	Ethin	0	Gas	−80...25
C_2H_2BrCl	1-Brom-2-chlor-ethen-(cis)	5,17	Bzl.	—
C_2H_2BrCl	1-Brom-2-chlor-ethen-(trans)	0	Bzl.	—
$C_2H_2Br_2$	1,2-Dibrom-ethen-(cis)	4,50	Bzl.	—
$C_2H_2Br_2$	1,2-Dibrom-ethen-(trans)	0	Bzl.	—
$C_2H_2Br_4$	1,1,2,2-Tetrabrom-ethan	4,37	Hex.	25
C_2H_2ClJ	1-Chlor-2-jod-ethen-(cis)	1,90	Bzl.	—
C_2H_2ClJ	1-Chlor-2-jod-ethen-(trans)	4,23	Bzl.	—
C_2H_2ClN	Chloracetonitril	10,00	Bzl.	25
$C_2H_2Cl_2$	1,1-Dichlor-ethen	4,33	Bzl.	25
$C_2H_2Cl_2$	1,2-Dichlor-ethen-(cis)	5,80	Bzl.	25
$C_2H_2Cl_2$	1,2-Dichlor-ethen-(trans)	0	Bzl.	—
$C_2H_2Cl_2O$	Chloressigsäurechlorid	7,40	Bzl.	20
$C_2H_2Cl_2O_2$	Dichloressigsäure	3,63	Bzl.	25
$C_2H_2Cl_4$	1,1,1,2-Tetrachlor-ethan	4,00	Bzl.	—
$C_2H_2Cl_4$	1,1,2,2-Tetrachlor-ethan	4,33	Gas	90...228
$C_2H_2F_2$	1,1-Difluor-ethen	4,57	—	—
$C_2H_2J_2$	1,2-Dijod-ethen-(cis)	2,50	Bzl.	—
$C_2H_2J_2$	1,2-Dijod-ethen-(trans)	0	Bzl.	—
C_2H_2O	Keten	4,83	Gas	—
C_2H_3Br	Bromethen	4,69	Gas	22...140
C_2H_3BrO	Essigsäurebromid	8,10	Bzl.	20
$C_2H_3Br_3O$	Tribromethylalkohol	5,77	Bzl.	25
C_2H_3Cl	Chlorethen	4,81	Gas	14...140
C_2H_3ClO	Essigsäurechlorid	8,17	Bzl.	20
$C_2H_3ClO_2$	Chlorameisensäuremethylester	7,40	Bzl.	—
$C_2H_3ClO_2$	Chloressigsäure	7,63	Bzl.	30
$(C_2H_3ClO_2)_2$	Chloressigsäure	5,97	Bzl.	30
$C_2H_3Cl_3$	1,1,1-Trichlor-ethan	5,93	Gas	—
$C_2H_3Cl_3$	1,1,2-Trichlor-ethan	5,17	Bzl.	—
$C_2H_3F_3$	1,1,1-Trifluor-ethan	7,73	—	—
C_2H_3J	Jodethen	4,20	Gas	17...140
C_2H_3JO	Essigsäurejodid	7,33	Bzl.	20
C_2H_3N	Acetonitril	11,47	Bzl.	20
C_2H_3NO	Isoxazol	9,37	Bzl.	25
C_2H_3NS	Methylisothiocyanat	10,60	Bzl.	20
C_2H_3NS	Methylthiocyanat	10,53	Bzl.	20
$C_2H_3N_3$	1,2,3-Triazol	5,90	Bzl.	25
$C_2H_3N_3$	1,2,4-Triazol	10,57	Diox.	25
C_2H_4	Ethen	0	Gas	−80...25
C_2H_4BrCl	2-Chlor-1-brom-ethan	3,97	n-Hept.	30
$C_2H_4Br_2$	1,1-Dibrom-ethan	7,07	Bzl.	25
$C_2H_4Br_2$	1,2-Dibrom-ethan	4,87	Bzl.	10...70
		5,17		
$C_2H_4Cl_2$	1,1-Dichlor-ethan	6,83	Gas	37...140
$C_2H_4Cl_2$	1,2-Dichlor-ethan	5,83	Bzl.	25
$C_2H_4J_2$	1,1-Dijod-ethan	7,67	Bzl.	25
$C_2H_4J_2$	1,2-Dijod-ethan	4,33	Bzl.	25
$C_2H_4N_2O_2$	Glyoxim	4,07	Diox.	20
$C_2H_4N_4$	1-Methyl-1,2,3,4-tetrazol	17,93	Bzl.	25
C_2H_4O	Acetaldehyd	8,93	Gas	27...182
C_2H_4O	Ethylenoxid	6,27	Gas	20...180
$C_2H_4O_2$	Essigsäure	5,60	Bzl.	30
$(C_2H_4O_2)_2$	Essigsäure	3,13	Bzl.	30
$C_2H_3DO_2$	Schwere Essigsäure	5,47	Bzl.	30
$(C_2H_3DO_2)_2$	Schwere Essigsäure	3,10	Bzl.	30
$C_2H_5AsCl_2$	Ethylarsindichlorid	8,37	Bzl.	20
C_2H_5Br	Bromethan	6,70	Gas	15...120

Formel	Name	Dipolmoment $10^{30} \cdot p$ in C m	Zustand	Temperatur °C
C_2H_5Cl	Chlorethan	6,67	Gas	30…130
C_2H_5ClO	2-Chlorethanol-(1)	6,27	Bzl.	25
C_2H_5ClO	Chlormethylether	6,10	CCl_4	10…40
$C_2H_5ClO_2S$	Ethansulfosäurechlorid	16,20	Bzl.	25
C_2H_5F	Fluorethan	6,40	Gas	100…150
C_2H_5J	Jodethan	6,33	Gas	15…150
C_2H_5NO	Acetamid	12,00	Bzl.	20
$C_2H_5NO_2$	Ethylnitrit	7,33	Bzl.	20
$C_2H_5NO_2$	Aminoessigsäure	69,33	Wasser	1…30
$C_2H_5NO_2$	Nitroethan	10,63	Bzl.	20
$C_2H_5NO_3$	Ethylnitrat	9,70	Bzl.	20
C_2H_6	Ethan	0	Gas	−80…25
$C_2H_6J_2Te$	Dimethyl-tellurdijodid	7,53	Bzl.	25
$C_2H_6N_2$	Azomethan	0	Hept.	25
$C_2H_6N_2S$	Methylthioharnstoff	14,00	Diox.	25
C_2H_6O	Ethanol	5,65	Gas	25…206
C_2H_6O	Dimethylether	4,30	Gas	17…155
$C_2H_6O_2$	Ethandiol-(1,2)	7,53	Gas	193,5
$C_2H_6O_2S$	Dimethylsulfon	14,70	Gas	151…253
$C_2H_6O_2S_2$	Dimethylthiosulfit	6,30	Bzl.	—
$C_2H_6O_3S$	s-Dimethyl-sulfit	9,67	Bzl.	20
$C_2H_6O_4S$	Dimethylsulfat	10,90	—	—
C_2H_6S	Ethylmercaptan	4,63	Bzl.	20
C_2H_6S	Dimethylsulfid	4,67	Bzl.	20
C_2H_7N	Ethylamin	3,30	Gas	21,5… 71,5
C_2H_7N	Dimethylamin	3,40	Gas	15…154
C_2H_7NO	Ethanolamin	7,57	Diox.	25
$C_2H_7NO_2S$	Ethansulfonamid	13,43	Bzl.	25
$C_2H_8N_2$	Ethylendiamin	6,33	Bzl.	25
C_2J_2	Dijodethin	1,00	CCl_4	0
C_3Cl_6	Hexachlorpropen	1,50	CCl_4	—
C_3Cl_8	Octachlorpropan	0	CCl_4	—
C_3HCl_7	1,1,1,2,2,3,3-Heptachlorpropan	2,67	CCl_4	—
$C_3H_2Cl_2O_2$	Malonylchlorid	9,33	Bzl.	20
$C_3H_2N_2$	Propandinitril	11,87	Bzl.	25
$C_3H_2O_2$	Propiolsäure	6,93	Diox.	25
$C_3H_3F_3$	3,3,3-Trichlorpropen-(1)	8,10	Gas	56…103
C_3H_3N	Acrylsäurenitril	11,70	Bzl.	25
C_3H_3NS	Thiazol	5,47	Bzl.	25
$C_3H_3N_2O$	1,2,4-Triazol-5-on	11,00	Diox.	25
C_3H_4	Propadien	1,17	Gas	−27…213
$C_3H_4Cl_2$	1,1-Dichlor-cyclo-propan	6,80	Bzl.	25
$C_3H_4Cl_2$	1,2-Dichlor-cyclo-propan	3,93	Bzl.	25
$C_3H_4Cl_2$	1,1-Dichlor-propen-(1)	5,63	Bzl.	25
$C_3H_4Cl_2$	1,2-Dichlor-propen-(1)	2,80	Bzl.	30
$C_3H_4Cl_2$	1,3-Dichlor-propen-(1)	5,93	—	—
$C_3H_4N_2$	Imidazol	20,67	Bzl.	25
$C_3H_4N_2$	Pyrazol	4,90	Bzl.	25
$C_3H_4N_2S$	2-Aminothiazol	5,83	Bzl.	25
C_3H_4O	Acrolein	10,13	Gas	—
$C_3H_4O_3$	Kohlensäureglykolester	16,00	Bzl.	—
C_3H_5Br	1-Brom-propen-(1)	5,23	Bzl.	25
C_3H_5Br	1-Brom-propen-(2)	5,97	Bzl.	20
C_3H_5Br	2-Brom-propen-(1)	5,03	Bzl.	25
C_3H_5BrO	Bromaceton	7,93	Hex.	20
$C_3H_5BrO_2$	Bromessigsäuremethylester	7,53	Bzl.	25
$C_3H_5Br_3$	1,2,3-Tribrom-propan	5,23	Bzl.	25

Formel	Name	Dipolmoment $10^{30} \cdot p$ in C m	Zustand	Temperatur °C
C_3H_5Cl	Chlorcyclopropan	5,87	Bzl.	25
C_3H_5Cl	1-Chlor-propen-(1)	5,53	Gas	—
C_3H_5Cl	2-Chlor-propen-(1)	5,10	Bzl.	25
C_3H_5Cl	3-Chlor-propen-(1)	6,73	Gas	30...130
C_3H_5ClO	Chloraceton	7,83	Hex.	20
C_3H_5ClO	Epichlorhydrin	6,00	CCl_4	—
C_3H_5ClO	Propionsäurechlorid	8,70	Bzl.	20
C_3H_5N	Ethylcyanid (Propionitril)	11,87	Bzl.	25
C_3H_5N	Ethylisocyanid	11,57	Bzl.	25
C_3H_5NO	Ethylisocyanat	9,37	Bzl.	—
C_3H_6	Propen	1,17	Gas	−27...203
$C_3H_6Br_2$	1,3-Dibrom-propan	6,87	Bzl.	25
$C_3H_6Cl_2$	1,1-Dichlor-propan	6,87	Bzl.	25
$C_3H_6Cl_2$	1,2-Dichlor-propan	6,17	Bzl.	25
$C_3H_6Cl_2$	1,3-Dichlor-propan	7,47	Bzl.	25
$C_3H_6Cl_2$	2,2-Dichlor-propan	7,27	Bzl.	25
$C_3H_6N_2O_2$	Methylglyoxim	2,94	Diox.	20
C_3H_6O	Aceton	9,37	Gas	20...180
		9,43	Bzl.	—
C_3H_6O	Allylalkohol	5,43	Gas	50...204
C_3H_6O	Propenoxid	6,60	Bzl.	25
C_3H_6O	Propionaldehyd	8,47	Bzl.	20
C_3H_6O	Trimethylenoxid	6,70	—	—
$C_3H_6O_2$	Ethylformiat	6,47	Bzl.	25
$C_3H_6O_2$	Methylacetat	5,80	Bzl.	22
$C_3H_6O_2$	Propionsäure	5,60	Bzl.	30
$(C_3H_6O_2)_2$	Propionsäure	2,93	Bzl.	30
$C_3H_6O_3$	Dimethylcarbonat	3,53	Bzl.	25
$C_3H_6O_3$	Trioxan	7,27	Bzl.	—
C_3H_7Br	1-Brom-propan	6,70	Gas	—
C_3H_7Br	2-Brom-propan	6,80	Bzl.	20
		7,30	Gas	
C_3H_7Cl	1-Chlor-propan	6,80	Gas	30...185
C_3H_7Cl	2-Chlor-propan	7,17	Gas	15...120
C_3H_7ClO	Trimethylenchlorhydrin	7,30	Bzl.	25
$C_3H_7ClO_2S$	Isopropyl-chlorsulfit	8,87	Bzl.	25
$C_3H_7ClO_2S$	Propyl-chlorsulfit	9,03	Bzl.	25
C_3H_7J	1-Jod-propan	6,43	Gas	—
C_3H_7J	2-Jod-propan	6,63	Bzl.	20
C_3H_7N	Allylamin	4,00	Gas	—
$C_3H_7NO_2$	α-Alanin	51,67		—
$C_3H_7NO_2$	β-Alanin	65,00		—
$C_3H_7NO_2$	Isonitro-propan	12,43	Gas	—
$C_3H_7NO_2$	1-Nitro-propan	12,40	Gas	109...184
$C_3H_7NO_2$	Propyl-nitrit	7,60	Bzl.	20
$C_3H_7NO_3$	Propyl-nitrat	14,90	Bzl.	20
C_3H_8	Propan	0	Gas	−80...213
$C_3H_8N_2O$	N,N-Dimethylharnstoff	17,00	Bzl.	20
C_3H_8O	Methylethylether	4,07	Gas	—
C_3H_8O	Propanol-(1)	5,53	Bzl.	22
C_3H_8O	Propanol-(2)	5,47	Bzl.	30
$C_3H_8O_2$	2-Methoxy-ethanol-(1)	6,80	Bzl.	25
$C_3H_8O_2$	dl-Propylenglykol-(1,2)	7,60	Diox.	50
$C_3H_8O_2$	Trimethylenglykol	8,37	Diox.	50
$C_3H_8O_3$	Glycerin	8,90	Diox.	15
C_3H_8S	Propanthiol-(1)	4,43	Bzl.	20
C_3H_9Al	Trimethylaluminium	5,33	Gas	—
C_3H_9N	Propyl-amin	4,63	Gas	—

Formel	Name	Dipolmoment $10^{30} \cdot p$ in C m	Zustand	Temperatur °C
C_3H_9N	Trimethylamin	2,07	Gas	16...154
C_3H_9NO	Trimethylaminoxid	16,73	Bzl.	45
$C_3H_{10}N_2$	Trimethylendiamin	6,47	Bzl.	25
C_4Br_4S	Tetrabromthiophen	2,43	Bzl.	30
$C_4H_2Br_2O$	2,3-Dibrom-furan	5,10	—	—
$C_4H_2Br_2O$	2,5-Dibrom-furan	5,43	—	—
$C_4H_2Cl_2N_2$	2,5-Dichlor-pyrimidin	7,57	Diox.	35
$C_4H_2Cl_2S$	2,5-Dichlor-thiophen	3,73	Bzl.	30
$C_4H_2Cl_6O_2$	2,2,3,5,5,6-Hexachlor-1,4-dioxan	0	—	—
$C_4H_2N_2$	Fumarsäuredinitril	0	Bzl.	25
$C_4H_2N_2O_5$	2,5-Dinitro-furan	13,10	—	—
C_4H_3BrO	2-Brom-furan	4,87	—	—
C_4H_3BrO	3-Brom-furan	3,03	—	—
$C_4H_3BrO_3$	α-Brom-tetronsäure	20,00	Diox.	25
C_4H_3BrS	2-Brom-thiophen	4,57	Bzl.	30
$C_4H_3ClO_3$	α-Chlor-tetronsäure	18,97	Diox.	25
C_4H_3ClS	2-Chlor-thiophen	5,33	Bzl.	30
C_4H_3JO	2-Jod-furan	3,43	—	—
$C_4H_3JO_3$	α-Jod-tetronsäure	18,63	Diox.	25
C_4H_3JS	2-Jod-thiophen	4,77	Bzl.	30
$C_4H_3NO_2$	Fumarsäurenitril	0	Bzl.	25
$C_4H_3NO_2S$	2-Nitrothiophen	14,10	Bzl.	25
$C_4H_3NO_3$	2-Nitro-furan	14,70	—	-
$C_4H_3NO_5$	α-Nitro-tetronsäure	20,33	Diox.	25
$C_4H_4Cl_2O_2$	Bernsteinsäuredichlorid	10,00	Bzl.	—
$C_4H_4Cl_2O_4$	α, β-Dichlor-bernsteinsäure	9,77	Bzl.	—
$C_4H_4N_2$	Bernsteinsäuredinitril	12,67	Bzl.	25
$C_4H_4N_2$	Pyrazin	2,20	Diox.	35
$C_4H_4N_2$	Pyridazin	13,13	Diox.	35
$C_4H_4N_2$	Pyrimidin	8,09	Diox.	35
$C_4H_4N_2O$	4-Hydroxy-pyrimidin	9,00	Diox.	35
C_4H_4O	Furan	2,23	Bzl.	20
$C_4H_4O_2$	Diketen	11,03	Bzl.	25
$C_4H_4O_2$	Dimeres Keten	10,5	Bzl.	25
$C_4H_4O_3$	Bernsteinsäureanhydrid	13,87 14,13	Diox.	
$C_4H_4O_3$	Tetronsäure	15,73	Diox.	25
C_4H_4S	Thiophen	1,80	Bzl.	20
C_4H_4Se	Selenophen	1,37	Bzl.	20
C_4H_5Cl	4-Chlor-butadien-(1,2)	6,73	Gas	21...118
C_4H_5Cl	2-Chlor-butadien-(1,3) (Chloropren)	4,73	—	—
C_4H_5ClO	Isocrotylchlorid	6,63	Gas	85...250
$C_4H_5Cl_3O_2$	Trichloressigsäureethylester	8,50	Bzl.	25
C_4H_5N	(trans)-Croton-nitril	15,00	Gas	136...243
C_4H_5N	Cyclopropylcyanid	12,50	Bzl.	25
C_4H_5N	Methacrylsäurenitril	12,30	Gas	122...200
C_4H_5N	Pyrrol	6,10	Bzl.	20
C_4H_5NO	α-Methyl-isoxazol	10,43		—
C_4H_5NO	γ-Methyl-isoxazol	9,50		—
$C_4H_5NO_2$	Bernsteinsäureimid	4,90	Diox.	30
$C_4H_5NO_2$	Bernsteinsäurenitril	13,00	Bzl.	25
C_4H_6	Butadien-(1,3)	0	Gas	26...188
C_4H_6	Butin-(1)	2,67	Gas	25...125
$C_4H_6Br_2$	1,4-Dibrom-buten-(2)-trans	5,43	Bzl.	25
$C_4H_6Cl_2$	2,3-Dichlor-buten-(1)-cis	8,03	Bzl.	21...30
$C_4H_6Cl_2$	2,3-Dichlor-buten-(1)-trans	0	Bzl.	20...26
$C_4H_6Cl_2$	1,1-Dichlor-2-methyl-propen	5,77	Bzl.	25

Formel	Name	Dipolmoment $10^{30} \cdot p$ in C m	Zustand	Temperatur °C
$C_4H_6Cl_2O_2$	2,3-Dichlor-1,4-dioxan	5,33	—	—
$C_4H_6Cl_2O_2$	Dichloressigsäureethylester	8,70	Bzl.	25
$C_4H_6N_2$	1-Methyl-imidazol	12,10	Bzl.	20
$C_4H_6N_2$	4-Methyl-imidazol	21,00	Bzl.	
$C_4H_6N_2$	1-Methyl-pyrazol	7,60	Bzl.	25
$C_4H_6N_2$	3-Methyl-pyrazol	4,77	Bzl.	25
$C_4H_6N_2O$	Dimethylfurazan	13,36	—	—
$C_4H_6N_2O$	3-Methyl-5-pyrazolon	8,47	Diox.	25
$C_4H_6N_2O_2$	Diazoessigsäureethylester	6,90	Bzl.	22
$C_4H_6N_2O_2$	Dimethylfurazanperoxid	15,9	Bzl.	25
$C_4H_6N_2O_2$	Dimethylfuroxan	14,67	Bzl.	25
C_4H_5O	Ethoxyacetylen	6,60	Bzl.	25
C_4H_6O	Crotonaldehyd	12,23	Gas	134...242
C_4H_6O	2,5-Dihydrofuran	5,10	Bzl.	20
C_4H_6O	Divinylether	3,53	Bzl.	20
C_4H_6O	3,4-Epoxy-buten-(1)	6,13	Bzl.	25
C_4H_6O	Methylacrolein	8,93	Gas	93...140
C_4H_6O	Methylvinylketon	9,93	Bzl.	25
$C_4H_6O_2$	Butin-(2)-diol-(1,4)	8,70	Diox.	—
$C_4H_6O_2$	γ-Butyrolacton	13,73	Bzl.	25
$C_4H_6O_2$	Diacetyl	4,17	Gas	66
$C_4H_6O_2$	Essigsäurevinylester	5,83	—	—
$C_4H_6O_3$	Essigsäureanhydrid	9,33	Gas	50...270
$C_4H_6O_3$	Kohlensäurepropandiolester	17,37	Bzl.	—
C_4H_6S	Divinylsulfid	4,00	Gas	—
C_4H_7BrO	1-Brom-butanon-(2)	7,77	Hex.	—
$C_4H_7BrO_2$	2-Brom-methyl-1,3-dioxolan	7,60	Bzl.	25
$C_4H_7BrO_2$	α-Brom-propionsäuremethylester	7,27	Bzl.	25
C_4H_7Cl	3-Chlor-2-methyl-propen	6,17	Gas	—
C_4H_7ClO	Buttersäurechlorid	8,70	Bzl.	20
$C_4H_7ClO_2$	Chloressigsäureethylester	8,80	Bzl.	25
$C_4H_7ClO_3$	Glykolmonochloracetat	13,13	Bzl.	25
C_4H_7N	Buttersäurenitril	11,53	Bzl.	20
C_4H_7N	Isobuttersäurenitril	12,03	Bzl.	25
C_4H_7N	Pyrrolin	4,73	Bzl.	20
C_4H_7NO	Acetoncyanhydrin	10,57	Bzl.	25
C_4H_7NO	Pyrrolidon-(2)	7,67	Bzl.	20
C_4H_8	Buten-(1)	1,00	Gas	20...95
C_4H_8	Buten-(2)-trans	0	Gas	20...95
C_4H_8	2-Methyl-propen-(2)	1,63	Gas	20...95
$C_4H_8Br_2$	1,4-Dibrom-butan	6,90	Bzl.	25
$C_4H_8Cl_2O$	α,β-Dichlor-ethylether	5,87	Hex.	20
$C_4H_8Cl_2O$	β,β'-Dichlor-ethylether	8,60	Bzl.	25
$C_4H_8Cl_2S$	β,β'-Dichlor-diethylsulfid	5,87	Hex.	20
$C_4H_8J_2O$	β,β'-Dijod-diethylether	7,43	Bzl.	25
$C_4H_8N_2$	Acetaldazin	3,67	Hept.	25
$C_4H_8N_2O_2$	Dimethylglyoxim	4,60	Diox.	20
C_4H_8O	Butyraldehyd	8,57	Bzl.	20
C_4H_8O	Isobutyraldehyd	8,60	Bzl.	20
C_4H_8O	Methylethylketon	9,17	Bzl.	22
C_4H_8O	Tetrahydrofuran	5,70	Bzl.	25 u. 50
C_4H_8OS	1,4-Thioxan	1,57	—	—
C_4H_8OSe	1,4-Selenoxan	1,00	—	—
$C_4H_8O_2$	Ethylacetat	6,07	Bzl.	22
$C_4H_8O_2$	2-Buten-diol-(1,4)-cis	8,27	Diox.	—
$C_4H_8O_2$	2-Buten-diol-(1,4)-trans	8,17	Diox.	—
$C_4H_8O_2$	Buttersäure	5,50	Bzl.	30

Formel	Name	Dipolmoment $10^{30}\cdot p$ in C m	Zustand	Temperatur °C
$(C_4H_8O_2)_2$	Buttersäure	3,10	Bzl.	30
$C_4H_8O_2$	1,4-Dioxan	1,50	Bzl.	25
$C_4H_8O_2$	Isobuttersäure	3,92	Bzl. Hex.	0 = ··· 40
		5,97	oder Diox.	
$C_4H_8O_2$	2-Methyl-1,3-dioxolan	4,03	Bzl.	25
$C_4H_8O_2$	Methylpropionat	5,63	Bzl.	22
$C_4H_8O_2$	Propylformiat	6,30	Bzl.	22
$C_4H_8O_3$	Glykolmonoacetat	7,77	Bzl.	30
C_4H_8S	Tetrahydrothiophen	6,23	Bzl.	20
C_4H_8Se	Tetrahydroselenophen	5,97	Bzl.	20
C_4H_9Br	1-Brom-butan	7,17	Gas	15...120
C_4H_9Br	2-Brom-butan	7,33	Gas	15...120
C_4H_9Br	1-Brom-2-methyl-propan	6,57	Bzl.	20
C_4H_9Br	2-Brom-2-methyl-propan	7,37	Bzl.	10...50
C_4H_9Cl	1-Chlor-butan	6,80	Gas	40...207
C_4H_9Cl	2-Chlor-2-methyl-propan	7,10	Gas	—
C_4H_9ClO	α-Chlor-diethylether	6,03	Hex.	20
C_4H_9ClO	β-Chlor-diethylether	7,27	Hex.	20
$C_4H_9ClO_2S$	Butyl-chlorsulfit	9,00	Bzl.	25
$C_4H_9ClO_2S$	Isobutylchlorsulfit	9,43	Bzl.	25
C_4H_9J	1-Jod-butan	6,43	Gas	—
C_4H_9J	1-Jod-2-methyl-propan	6,23	Bzl.	20
C_4H_9J	2-Jod-2-methyl-propan	7,10	Bzl.	20
C_4H_9N	Pyrrolidin	5,23	Bzl.	20
C_4H_9NO	N,N-Dimethylacetamid	12,63	Bzl.	30
C_4H_9NO	Monoethylacetamid	12,90	Diox.	30
C_4H_9NO	Morpholin	5,27	Bzl.	25
$C_4H_9NO_2$	Aminoessigsäureethylester	7,03	Bzl.	5...75
$C_4H_9NO_2$	2-Methyl-2-nitro-propan	12,37	Gas	—
$C_4H_9NO_2$	Nitrobutan	10,97	Bzl.	20
$C_4H_9NO_3$	Butylnitrat	9,87	Bzl.	20
C_4H_{10}	Butan	0	Gas	20...95
C_4H_{10}	2-Methyl-propan	0	Gas	20...95
$C_4H_{10}N_2O$	Propylharnstoff	13,67	Diox.	20
$C_4H_{10}O$	Butanol-(1)	5,53	Bzl.	22
$C_4H_{10}O$	tert. Butanol	5,53	Bzl.	22
$C_4H_{10}O$	Diethylether	3,83	Bzl.	7...44
$C_4H_{10}O$	Isobutanol	5,67	Bzl.	20
$C_4H_{10}O_2$	Butan-diol-(1,4)	8,00	Diox.	15
$C_4H_{10}O_2S$	Diethylsulfon	14,7	Bzl.	25
$C_4H_{10}O_2S$	Diethylsulfoxylat	6,33	Bzl.	—
$C_4H_{10}O_2S_2$	Diethylthiosulfit	6,70	Bzl.	—
$C_4H_{10}O_3$	2,2'-Dihydroxy-ethylether	7,70	Bzl.	20
$C_4H_{10}O_3S$	Diethylsulfit	9,87	Bzl.	24
$C_4H_{10}S$	Butylmercaptan	4,93	Bzl.	25
$C_4H_{10}S$	Diethylthioether	5,27	Bzl.	25 u. 50
$C_4H_{11}BO_2$	Butylborsäure	5,73	Bzl.	—
$C_4H_{11}N$	Butylamin	4,67	Bzl.	25
$C_4H_{11}N$	tert.-Butyl-amin	4,30	Bzl.	25
$C_4H_{11}N$	Diethylamin	3,77	Bzl.	25
$C_4H_{11}N$	Methyl-propylamin	4,27	Bzl.	25
$C_4H_{11}NO_2$	Diethanolamin	9,37	Diox.	25
$C_4H_{12}N_2$	Tetramethylendiamin	6,43	Bzl.	25
$C_4H_{12}O_4Si$	Kieselsäuretetramethylester	3,87	Bzl.	20
$C_4H_{12}Si$	Tetramethylsilan	0	flüssig	25
$C_5H_2Br_3N$	2,4,6-Tribrom-pyridin	6,83	Bzl.	17...67
$C_5H_3BrO_3$	4-Brom-brenzschleimsäure	3,43	—	—
$C_5H_3BrO_3$	5-Brom-brenzschleimsäure	7,30	—	—

Formel	Name	Dipolmoment $10^{30} \cdot p$ in C m	Zustand	Temperatur °C
$C_5H_3Br_2N$	2,6-Dibrom-pyridin	11,43	Bzl.	17...67
$C_5H_3Br_2N$	3,5-Dibrom-pyridin	3,27	Bzl.	17...67
C_5H_3ClJN	Pyridinjodchlorid	27,33	Bzl.	25
$C_5H_3NO_5$	5-Nitro-brenzschleimsäure	13,63	—	—
C_5H_4BrN	2-Brom-pyridin	9,93	Bzl.	20...67
C_5H_4BrN	3-Brom-pyridin	6,43	Bzl.	17...67
C_5H_4ClN	4-Chlor-pyridin	2,80	Bzl.	25
C_5H_4OS	Thiophen-aldehyd-(2)	11,83	Bzl.	30
$C_5H_4O_2$	Furfurol	11,90	Bzl.	—
$C_5H_4O_3$	Brenzschleimsäure	4,60	—	—
$C_5H_5BrO_3$	Methyl-α-brom-tetronat	20,63	Diox.	—
$C_5H_5JO_3$	Methyl-α-jod-tetronat	18,63	Diox.	—
C_5H_5N	4-Cyano-butadien-1,3	13,00	Gas	153...190
C_5H_5N	Pyridin	7,53	Bzl.	20
C_5H_6	Cyclopentadien-(1,3)	1,77	Gas	—
$C_5H_6N_2$	2-Amino-pyridin	7,23	Bzl.	17...67
$C_5H_6N_2$	3-Amino-pyridin	10,63	Bzl.	17...67
$C_5H_6N_2$	4-Amino-pyridin	12,63	Bzl.	17
$C_5H_6N_2$	Glutardinitril	13,03	Bzl.	25
C_5H_6O	Silvan	2,47	—	—
$C_5H_6O_2$	Furfurylalkohol	6,40	—	—
C_5H_6S	2-Methyl-thiophen	2,23	Bzl.	—
C_5H_6S	3-Methyl-thiophen	2,73	Bzl.	30
C_5H_7N	2-Methyl-cyclopropancarbonitril	12,60	Bzl.	25
C_5H_7N	N-Methyl-pyrrol	6,47	—	—
C_5H_7NO	α, γ-Dimethyl-isoxazol	10,60	Bzl.	—
C_5H_8	Cyclopenten	3,23	Hex.	25
C_5H_8	2-Methyl-butadien-(1,3)	~0	Hept.	25
C_5H_8	Pentin-(1)	2,83	Gas	25...125
$C_5H_8Br_4$	Tetrabrompentaerythrit	0	Gas	
$C_5H_8Cl_4$	Tetrachlorpentaerythrit	0	Bzl.	
$C_5H_8J_4$	Tetrajodpentaerythrit	6,40	CCl_4	
$C_5H_8N_2O$	Methylethylfurazan	13,54	—	—
$C_5H_8N_2O_2$	Methylethylfurazanperoxid	15,83	Bzl.	25
$C_5H_8N_4O_{12}$	Pentaerythrittetranitrat	6,67	Bzl.	—
C_5H_8O	Cyclopentanon	10,00	Bzl.	22
C_5H_8O	Methyl-cyclopropylketon	9,47	Bzl.	25
C_5H_8O	Tiglinaldehyd	11,3	Bzl.	25
$C_5H_8O_2$	Acetylaceton	9,50	Bzl.	22
$C_5H_8O_3$	Butandiol-(1,3)-kohlensäureester	17,60	Bzl.	—
$C_5H_8S_2$	2,6-Dithio-4-spiroheptan	3,37	—	—
C_5H_9Br	Bromcyclopentan	7,33	Bzl.	25
$C_5H_9BrO_2$	α-Bromisobuttersäuremethyl-ester	7,73	Bzl.	25
$C_5H_9BrO_2$	2-Bromomethyl-1,3-dioxan	9,63	Bzl.	25
C_5H_9Cl	Chlorcyclopentan	6,93	Bzl.	25
C_5H_9ClO	Isovaleriansäurechlorid	8,77	Bzl.	20
C_5H_9ClO	Valeriansäurechlorid	8,70	Bzl.	20
$C_5H_9ClO_2$	α-Chlorpropionsäureethylester	8,13	Bzl.	25
C_5H_9F	Fluorcyclopentan	6,20	Bzl.	25
C_5H_9J	Jodcyclopentan	6,87	Bzl.	25
C_5H_9N	tert. Butyl-cyanid	12,17	Bzl.	25
C_5H_9N	Valero-nitril	11,90	Bzl.	20
C_5H_9NO	γ-Amino-valeriansäureanhydrid	8,73	Bzl.	25
C_5H_{10}	Ethylcyclopropan	1,57	Gas	—
C_5H_{10}	Cyclopentan	0	flüssig	20
C_5H_{10}	2-Methyl-buten-(1)	1,80	flüssig	20
C_5H_{10}	2-Methyl-buten-(2)	1,57	flüssig	—

Formel	Name	Dipolmoment $10^{30}\cdot p$ in C m	Zustand	Temperatur °C
C_5H_{10}	Penten-(1)	1,70	Gas	—
$C_5H_{10}Br_2$	1,2-Dibrom-pentan	5,83	Bzl.	25
$C_5H_{10}Br_2$	1,5-Dibrom-pentan	7,60	Bzl.	25
$C_5H_{10}Br_2$	2,3-Dibrom-pentan	7,07	Bzl.	25
$C_5H_{10}N_2O_2$	Methylethylglyoxim	3,69	Diox.	20
$C_5H_{10}O$	Diethylketon	9,00	Bzl.	20...60
$C_5H_{10}O$	Isovaleraldehyd	8,67	Bzl.	20
$C_5H_{10}O$	Methylpropyl-keton	9,00	Bzl.	22
$C_5H_{10}O$	Pentamethylenoxid	6,23	—	—
$C_5H_{10}O$	Valeraldehyd	8,57	Bzl.	20
$C_5H_{10}O_2$	Ameisensäureisobutylester	6,43	Bzl.	22
$C_5H_{10}O_2$	Buttersäuremethylester	5,70	Bzl.	22
$C_5H_{10}O_2$	2,2-Dimethyl-1,3-dioxolan	3,73	Bzl.	25
$C_5H_{10}O_2$	2,4-Dimethyl-1,3-dioxolan	4,40	Bzl.	25
$C_5H_{10}O_2$	Essigsäureisopropylester	6,17	Bzl.	22
$C_5H_{10}O_2$	Essigsäurepropylester	6,13	Bzl.	22
$C_5H_{10}O_2$	Isovaleriansäure	2,10	Bzl.	25
$C_5H_{10}O_2$	2-Methyl-1,3-dioxan	6,30	Bzl.	25
$C_5H_{10}O_2$	Propionsäurethylester	5,80	Bzl.	22
$C_5H_{10}O_2$	Trimethylessigsäure	5,67	Bzl.	30
$(C_5H_{10}O_2)_2$	Trimethylessigsäure	3,07	Bzl.	30
$C_5H_{10}O_3$	Diethylcarbonat	3,53	Bzl.	25
		3,53	Gas	80...204
$C_5H_{10}O_3$	2-Methoxy-ethanolacetat	7,10	Bzl.	30
$C_5H_{10}S$	3,3-Dimethyl-1-thiocyclo-butan	5,87	—	—
$C_5H_{11}Br$	2-Brom-2-methyl-butan	7,50	Bzl.	20
$C_5H_{11}Br$	4-Brom-2-methyl-butan	6,43	Bzl.	20
$C_5H_{11}Br$	1-Brom-pentan	6,50	Bzl.	20
$C_5H_{11}Cl$	2-Chlor-2-methyl-butan	7,13	Bzl.	20
$C_5H_{11}Cl$	4-Chlor-2-methyl-butan	6,40	Bzl.	20
$C_5H_{11}Cl$	1-Chlor-pentan	7,07	Gas	15...120
$C_5H_{11}F$	2-Fluor-2-methyl-butan	6,40	Bzl.	25
$C_5H_{11}F$	1-Fluor-pentan	6,17	Bzl.	25
$C_5H_{11}J$	2-Jod-2-methyl-butan	7,27	Bzl.	20
$C_5H_{11}J$	4-Jod-2-methyl-butan	6,10	Bzl.	20
$C_5H_{11}J$	1-Jod-pentan	6,27	Bzl.	20
$C_5H_{11}J$	2-Jod-pentan	6,97	CCl_4	—
$C_5H_{11}J$	3-Jod-pentan	6,97	CCl_4	—
$C_5H_{11}N$	Piperidin	3,90	Bzl.	10...40
$C_5H_{11}N$	Propylidenethylamin	5,03	Bzl.	10...40
$C_5H_{11}NO$	Valeriansäureamid	12,33	Bzl.	—
$C_5H_{11}NO_2$	α-Amino-propionsäureethylester	6,97	Bzl.	25
$C_5H_{11}NO_2$	β-Amino-propionsäureethylester	7,13	Bzl.	5...75
$C_5H_{11}NO_2$	Amylnitrit	7,57	Bzl.	25
C_5H_{12}	Pentan	0	Gas	—
$C_5H_{12}N_2O$	Tetramethylharnstoff	11,00	Bzl.	20
$C_5H_{12}O$	2-Methyl-butanol-(2)	5,53	Bzl.	18
$C_5H_{12}O$	3-Methyl-butanol-(1)	5,47	Bzl.	30
$C_5H_{12}O$	Pentanol-(1)	5,20	Bzl.	30
$C_5H_{12}O$	Pentanol-(2)	5,53	Bzl.	—
$C_5H_{12}O$	Pentanol-(3)	5,47	Bzl.	—
$C_5H_{12}O_2$	Diethoxymethan	4,07	Gas	56
$C_5H_{12}O_3$	asym. Trimethylolethan	9,20	Diox.	15
$C_5H_{12}O_4$	Orthokohlensäuretetramethylester	2,67	Bzl.	—
$C_5H_{12}O_4$	Pentaerythrit	~6,67	Gas	—
$C_5H_{12}S$	Pentanthiol-(1)	5,00	Bzl.	25
$C_5H_{12}S_4$	Tetramethyl-orthothiocarbonat	1,67	flüssig	70

Formel	Name	Dipolmoment $10^{30} \cdot p$ in C m	Zustand	Temperatur °C
$C_5H_{14}N_2$	Pentamethylendiamin	6,37	Bzl.	25
$C_6Cl_4O_2$	Chloranil	2,00	Bzl.	—
C_6Cl_6	Hexachlorbenzol	0,0	Bzl.	50
C_6HCl_5	Pentachlorbenzol	2,93	Bzl.	25
$C_6H_2Br_2O_2$	2,5-Dibrom-1,4-benzochinon	2,33	Bzl.	25
$C_6H_2Br_4$	1,2,3,5-Tetrabrombenzol	2,33	Bzl.	—
$C_6H_2Cl_2O_2$	2,5-Dichlor-chinon	2,13	Bzl.	25
$C_6H_2Cl_4$	1,2,3,4-Tetrachlorbenzol	6,33	Bzl.	25
$C_6H_2Cl_4$	1,2,3,5-Tetrachlorbenzol	2,17	Bzl.	—
$C_6H_2N_4O_6$	1,3-Dinitro-o-benzo-chinondioxim-peroxid	9,93	Diox.	25
$C_6H_2N_4O_6$	2,3-Dinitro-o-benzo-chinondioxim-perioxid	9,13	Diox.	25
$C_6H_2N_4O_6$	2,3-Dinitro-o-benzo-chinonfuroxan	9,13	Diox.	25
$C_6H_3BrN_2O_4$	1,3-Dinitro-4-brombenzol	10,33	Bzl.	
$C_6H_3BrN_2O_4$	1,3-Dinitro-5-brombenzol	8,00	Bzl.	
$C_6H_3Br_3$	1,3,5-Tribrom-benzol	1,03	Bzl.	20
$C_6H_3Br_3O$	2,4,6-Tribrom-phenol	5,20	Bzl.	—
$C_6H_3Cl_2NO_2$	2,3-Dichlor-nitrobenzol	12,87	Bzl.	25
$C_6H_3Cl_2NO_2$	2,4-Dichlor-nitrobenzol	8,87	Bzl.	25
$C_6H_3Cl_2NO_2$	2,5-Dichlor-nitrobenzol	11,50	Bzl.	25
$C_6H_3Cl_2NO_2$	2,6-Dichlor-nitrobenzol	13,93	Bzl.	25
$C_6H_3Cl_2NO_2$	3,4-Dichlor-nitrobenzol	7,23	Bzl.	25
$C_6H_3Cl_2NO_2$	3,5-Dichlor-nitrobenzol	8,87	Bzl.	25
$C_6H_3Cl_3$	1,2,3-Trichlor-benzol	7,70	—	20
$C_6H_3Cl_3$	1,2,4-Trichlor-benzol	4,17	Bzl.	—
$C_6H_3Cl_3$	1,3,5-Trichlor-benzol	0	Bzl.	20
$C_6H_3Cl_3O$	2,4,6-Trichlor-phenol	5,40	Bzl.	—
$C_6H_3JO_4N_2$	1,3-Dinitro-4-jod-benzol	11,33	Bzl.	
$C_6H_3J_3$	1,3,5-Trijod-benzol	0,90	Bzl.	20
$C_6H_3N_3O_3$	1-Nitro-o-benzochinonfurazan	19,2	Diox.	25
$C_6H_3N_3O_4$	1-Nitro-o-chinon-dioxim-peroxid	18,23	Diox.	25
$C_6H_3N_3O_4$	3-Nitro-o-chinon-dioxim peroxid	8,33	Diox.	25
$C_6H_3N_3O_6$	1,3,5-Trinitro-benzol	$<1,67$	Bzl.	25
$C_6H_3N_3O_7$	Pikrinsäure	5,83	Bzl.	—
C_6H_4BrCl	1-Chlor-2-brom-benzol	7,37	Bzl.	—
C_6H_4BrCl	1-Chlor-3-brom-benzol	5,03	Bzl.	—
C_6H_4BrCl	1-Chlor-4-brom-benzol	0,13	Bzl.	—
$C_6H_4BrClO_2S$	p-Brombenzol-sulfochlorid	10,77	Bzl.	20
C_6H_4BrF	1-Brom-2-fluor-benzol	7,57	Bzl.	22,3
C_6H_4BrF	1-Fluor-4-brom-benzol	0,00	Bzl.	25
C_6H_4BrJ	1-Brom-2-jod-benzol	5,77	Bzl.	20
C_6H_4BrJ	1-Brom-3-jod-benzol	3,80	Bzl.	20
C_6H_4BrJ	1-Brom-4-Jod-benzol	1,63	Bzl.	20
C_6H_4BrNO	p-Nitrosobrombenzol	6,40	—	—
$C_6H_4BrN_3$	p-Brom-phenylazid	2,13	Bzl.	23,3
$C_6H_4Br_2$	1,2-Dibrom-benzol	6,23	Bzl.	20
$C_6H_4Br_2$	1,3-Dibrom-benzol	5,17	Bzl.	20
$C_6H_4Br_2$	1,4-Dibrom-benzol	0	Bzl.	20
$C_6H_4Br_3N$	2,4,6-Tribromanilin	6,00	Bzl.	—
C_6H_4ClF	1-Fluor-2-chlor-benzol	7,77	Bzl.	18,2
C_6H_4ClJ	1-Chlor-2-jod-benzol	6,43	Bzl.	19,4
C_6H_4ClJ	1-Chlor-3-jod-benzol	4,63	Bzl.	25
C_6H_4ClJ	1-Chlor-4-jod-benzol	1,53	Bzl.	25
$C_6H_4ClJO_2S$	p-Jodbenzol-sulfochlorid	11,77	Bzl.	25

Formel	Name	Dipolmoment $10^{30}\cdot p$ in C m	Zustand	Temperatur °C
$C_6H_4ClNO_2$	2-Chlor-1-nitro-benzol	14,43	Bzl.	20
$C_6H_4ClNO_2$	3-Chlor-1-nitro-benzol	11,33	Bzl.	20
$C_6H_4ClNO_2$	4-Chlor-1-nitro-benzol	8,57	Bzl.	20
$C_6H_4Cl_2$	1,2-Dichlor-benzol	7,20	Gas	147…175
$C_6H_4Cl_2$	1,3-Dichlor-benzol	5,57	Gas	140…185
$C_6H_4Cl_2$	1,4-Dichlor-benzol	0	Gas	161
$C_6H_4Cl_2O$	2,4-Dichlor-phenol	5,30	Bzl.	25
$C_6H_4Cl_2O_2$	Phthalylchlorid (Fp 13° C)	17,17	Bzl.	20
$C_6H_4Cl_2O_2S$	p-Chlorbenzol-sulfochlorid	10,67	Bzl.	25
$C_6H_4Cl_3N$	2,4,6-Trichlor-anilin	6,47	Bzl.	—
C_6H_4FJ	1-Fluor-2-jod-benzol	6,67	Bzl.	22,3
C_6H_4FJ	1-Fluor-4-jod-benzol	3,00	Gas	200
$C_6H_4FNO_2$	4-Fluor-1-nitro-benzol	8,77	Bzl.	21
$C_6H_4F_2$	1,2-Difluor-benzol	7,93	Bzl.	22
$C_6H_4F_2$	1,3-Difluor-benzol	5,27	Gas	79…150
C_6H_4JNO	2-Jod-1-nitro-benzol	12,20	Bzl.	25
C_6H_4JNO	3-Jod-1-nitro-benzol	10,73	Bzl.	25
C_6H_4JNO	4-Jod-1-nitro-benzol	8,77	Bzl.	25
$C_6H_4J_2$	1,2-Dijod-benzol	5,43	Bzl.	—
$C_6H_4J_2$	1,3-Dijod-benzol	3,37	Bzl.	—
$C_6H_4J_2$	1,4-Dijod-benzol	0,63	Bzl.	20
$C_6H_4N_2$	Isonicotinsäurenitril	5,37	Bzl.	25
$C_6H_4N_2O$	Furazan des o-Chinon-dioxims	14,57	Diox.	25
$C_6H_4N_2O_2$	o-Chinon-dioximperoxid	17,63	Diox.	25
$C_6H_4N_2O_3$	4-Nitro-1-nitrosobenzol	2,80	Bzl.	—
$C_6H_4N_2O_4$	1,2-Dinitro-benzol	19,93	Bzl.	20
$C_6H_4N_2O_4$	1,3-Dinitro-benzol	12,60	Bzl.	20
$C_6H_4N_2O_4$	1,4-Dinitro-benzol	1,93	Bzl.	20
$C_6H_4N_4O_2$	p-Nitro-phenyl-azid	9,87	Bzl.	18
$C_6H_4N_4O_6$	2,4,6-Trinitro-anilin	10,83	Diox.	—
$C_6H_4O_2$	p-Benzochinon	0	Gas	119…246
		2,17	Bzl.	25
$C_6H_4S_2$	Thiophthen	0	Hept.	—
$C_6H_4Se_2$	Isoselenophthen	ca. 0	Bzl.	25
$C_6H_4Se_2$	Selenophthen trans	3,57	Bzl.	25
C_6H_5Br	Brombenzol	5,10	Bzl.	20
C_6H_5BrO	2-Brom-phenol	4,53	Bzl.	25
C_6H_5BrO	4-Brom-phenol	7,07	Bzl.	—
C_6H_5Cl	Chlorbenzol	5,27	Bzl.	30
		5,87	Gas	90…151
C_6H_5ClO	2-Chlor-phenol	4,33	Bzl.	25
C_6H_5ClO	3-Chlor-phenol	7,17	Bzl.	25
C_6H_5ClO	4-Chlor-phenol	7,23	Bzl.	25
$C_6H_5ClO_2S$	Benzolsulfochlorid	14,90	Bzl.	20
$C_6H_5ClO_2S$	p-Chlorbenzol-sulfinsäure	7,27	Bzl.	25
$C_6H_5Cl_2J$	Phenyljodiddichlorid	8,70	Bzl.	25
$C_6H_5Cl_2N$	2,5-Dichlor-anilin	5,60	Bzl.	—
C_6H_5F	Fluorbenzol	4,90	Bzl.	25
C_6H_5FO	2-Fluor-phenol	6,13	Diox.	25
C_6H_5FO	4-Fluor-phenol	6,93	Bzl.	25
C_6H_5J	Jodbenzol	4,50	Bzl.	20
C_6H_5NO	Nitrosobenzol	10,47	Bzl.	25
C_6H_5NOS	Thionylanilin	8,67	Bzl.	20
$C_6H_5NO_2$	Isonicotinsäure	9,00	Diox.	25
$C_6H_5NO_2$	Nitrobenzol	13,37	Bzl.	25
$C_6H_5NO_2$	4-Nitroso-phenol	15,73	Diox.	20

Formel	Name	Dipolmoment $10^{30} \cdot p$ in C m	Zustand	Temperatur °C
$C_6H_5NO_3$	1-Furyl-2-nitroethylen	16,9	—	—
$C_6H_5NO_3$	2-Nitro-phenol	10,33	Bzl.	25
$C_6H_5NO_3$	3-Nitro-phenol	13,00	Bzl.	25
$C_6H_5NO_3$	4-Nitro-phenol	16,83	Bzl.	25
$C_6H_5N_3$	1,2,3-Benztriazol	13,57	Diox.	25
$C_6H_5N_3$	Phenylazid	5,17	Bzl.	25
$C_6H_5N_3O_4$	2,3-Dinitro-anilin	24,33	Diox.	25
$C_6H_5N_3O_4$	2,4-Dinitro-anilin	21,60	Diox.	25
$C_6H_5N_3O_4$	2,5-Dinitro-anilin	8,90	Diox.	25
$C_6H_5N_3O_4$	2,6-Dinitro-anilin	6,27	Bzl.	25
$C_6H_5N_3O_4$	3,4-Dinitro-anilin	29,67	Diox.	25
$C_6H_5N_3O_4$	3,5-Dinitro-anilin	17,00	Diox.	25
C_6H_6	Benzol	0	Gas	53...207
C_6H_6BrN	2-Brom-anilin	5,90	Bzl.	20
C_6H_6BrN	3-Brom-anilin	8,83	Bzl.	20
C_6H_6BrN	4-Brom-anilin	9,97	Bzl.	20
C_6H_6ClN	2-Chlor-anilin	6,13	Bzl.	25
C_6H_6ClN	3-Chlor-anilin	9,70	Bzl.	25
C_6H_6ClN	4-Chlor-anilin	10,00	Bzl.	25
$C_6H_6Cl_6$	α-Hexachlorcyclohexan	7,07	Bzl.	20
$C_6H_6Cl_6$	β-Hexachlorcyclohexan	7,17	Bzl.	25
$C_6H_6Cl_6$	γ-Hexachlorcyclohexan	9,47	Bzl.	20
$C_6H_6Cl_6$	δ-Hexachlorcyclohexan	8,60	Diox.	—
C_6H_6FN	4-Fluor-anilin	9,17	Bzl.	24
C_6H_6JN	4-Jod-anilin	9,40	Bzl.	25
$C_6H_6N_2O$	Isonicotinsäureamid	12,93	Diox.	25
$C_6H_6N_2O_2$	o-Chinon-dioxim	12,80	Diox.	25
$C_6H_6N_2O_2$	p-Chinon-dioxim	7,90	Diox.	25
$C_6H_6N_2O_2$	2-Nitroanilin	14,17	Bzl.	20
$C_6H_6N_2O_2$	3-Nitroanilin	16,47	Bzl.	40
$C_6H_6N_2O_2$	4-Nitroanilin	21,33	Bzl.	70
$C_6H_6N_4O_4$	2,4-Dinitro-phenylhydrazin	19,33	Bzl.	17
C_6H_6O	Phenol	5,07	Bzl.	20
C_6H_6OS	2-Acetyl-thiophen	11,23	Bzl.	30
$C_6H_6O_2$	Brenzcatechin	8,73	Bzl.	27
$C_6H_6O_2$	Hydrochinon	4,67	Bzl.	44
$C_6H_6O_2$	Resorcin	6,90	Bzl.	44
$C_6H_6O_2S$	Phenyl-sulfinsäure	9,90	Bzl.	25
$C_6H_6O_3S$	Benzolsulfonsäure	12,57	Bzl.	—
C_6H_6S	Thiophenol	4,43	Bzl.	20
$C_6H_7BO_2$	Bor-dihydroxy-phenyl	6,17	Bzl.	—
$C_6H_7BrN_2$	p-Brom-phenylhydrazin	9,63	Bzl.	16
C_6H_7N	Anilin	5,03	Bzl.	25
C_6H_7N	α-Picolin	6,53	Bzl.	25
C_6H_7N	β-Picolin	7,67	Bzl.	10...40
C_6H_7N	γ-Picolin	8,57	Bzl.	25
C_6H_7NO	3-Amino-phenol	6,10	Bzl.	25
C_6H_7NO	4-Methoxy-pyridin	9,80	Bzl.	25
$C_6H_7N_3O_2$	1,3-Diamino-4-nitrobenzol	23,7	Diox.	25
$C_6H_7N_3O_2$	1,3-Diamino-5-nitrobenzol	19,53	Diox.	25
$C_6H_7N_3O_2$	4-Nitro-phenylhydrazin	24,00	Bzl.	16
C_6H_8	Cyclohexadien-(1,4)	4,00	—	—
C_6H_8	Hexatrien-(1,3,5)	0	Hept.	—
$C_6H_8Br_4$	1,2,4,5-Tetrabromcyclohexan	7,40	Bzl.	—
$C_6H_8Cl_2O_4$	d,l-1,2-Dichlorbernsteinsäure-dimethylester(rac)	9,77	Bzl.	18
$C_6H_8Cl_2O_4$	meso-1,2-Dichlorbern-steinsäure-dimethylester	8,23	Bzl.	18

Formel	Name	Dipolmoment $10^{30}\cdot p$ in C m	Zustand	Temperatur °C
$C_6H_8N_2$	2,5-Dimethyl-pyrazin	0	Bzl.	20...50
$C_6H_8N_2$	2,6-Dimethyl-pyrazin	1,77	Bzl.	20...50
$C_6H_8N_2$	o-Phenylendiamin	4,83	Bzl.	25
$C_6H_8N_2$	m-Phenylendiamin	6,00	Bzl.	25
$C_6H_8N_2$	p-Phenylendiamin	5,00	Bzl.	25
$C_6H_8N_2$	Phenylhydrazin	5,50	Bzl.	18...19
		5,77		
$C_6H_8N_2$	Tetramethylendicyanid	13,10	Bzl.	25
$C_6H_8O_2$	Cyclohexandion-1,4	4,30	Bzl.	25
$C_6H_8O_6$	l-Ascorbinsäure	13,10	Diox.	25
C_6H_9Br	1-Brom-hexin-(1)	3,53	Bzl.	25
C_6H_9Cl	1-Chlor-hexin-(1)	4,10	Bzl.	25
C_6H_9J	1-Jod-hexin-(1)	2,50	Bzl.	25
C_6H_9N	Cyclopentylcyanid	12,37	Bzl.	25
C_6H_9NO	α,β,γ-Trimethylisoxazol	11,40	Bzl.	—
$C_6H_9S_3$	Trithioacetaldehyd, α-Form,	7,13	—	—
	β-Form	7,13	—	—
C_6H_{10}	2-Ethyl-butadien-(1,3)	1,50	Gas	—
C_6H_{10}	Cyclohexen	<2,03	Gas	35...203
C_6H_{10}	2,3-Dimethyl-butadien-(1,3)	0	Hex.	−75...50
C_6H_{10}	Hexadien-(2,4)	1,2	Bzl.	25
C_6H_{10}	Hexin-(1)	2,90	Gas	25...125
C_6H_{10}	2-Methyl-pentadien-(1,3)	2,10	Gas	—
C_6H_{10}	3-Methyl-pentadien-(1,3)	2,17	Gas	—
C_6H_{10}	2-Methyl-pentadien-(2,4)	1,73	Hex.	−75...50
$C_6H_{10}Br_2$	1,4-Dibrom-cyclohexan, trans	0	Bzl.	18
$C_6H_{10}Br_2$	1,4-Dibrom-2,3-dimethyl-buten-(2), cis	8,30	Bzl.	25
$C_6H_{10}Br_2$	1,4-Dibrom-2,3-dimethyl-buten-(2), trans	5,73	Bzl.	25
$C_6H_{10}Cl_2$	1,4-Dichlor-cyclohexan, trans	0	Bzl.	18
$C_6H_{10}O$	Butoxyacetylen	6,77	flüssig	25
$C_6H_{10}O$	Cyclohexanon	9,33	Bzl.	25
$C_6H_{10}O$	Mesityloxid	9,33	Bzl.	25
$C_6H_{10}O_2S$	Thioacetessigsäureethylester	7,93	Bzl.	25
$C_6H_{10}O_3$	Acetessigsäureethylester	9,77	Gas	121...158
$C_6H_{10}O_4$	Adipinsäure	13,47	Diox.	—
$C_6H_{10}O_4$	Naphthodioxan, cis	6,33	Bzl.	20
$C_6H_{10}O_4$	Naphthodioxan, trans	2,63	Bzl.	20
$C_6H_{10}O_4$	Oxalsäurediethylester	8,3	Bzl.	25
$C_6H_{10}O_6$	dl-Weinsäure-dimethyl-ester, rac.	9,67	Bzl.	25
$C_6H_{11}Br$	Bromcyclohexan	7,67	Bzl.	25
		7,03	Bzl.	—
$C_6H_{11}BrO_2$	2-Acetoxy-3-brombutan, dl-threo	7,53	flüssig	25
$C_6H_{11}Bro_2$	2-Acetoxy-3-brombutan, dl-erythro	7,43	flüssig	25
$C_6H_{11}Cl$	Chlorcyclohexan	7,67	Bzl.	25
$C_6H_{11}J$	Jodcyclohexan	6,60	Bzl.	—
$C_6H_{11}N$	Isoamylcyanid	11,70	Bzl.	25
C_6H_{12}	Ethylcyclobutan	0,17	flüssig	20
C_6H_{12}	Cyclohexan	0	Bzl.	25
C_6H_{12}	Methylcyclopentan	0,0	flüssig	—
C_6H_{12}	Propylcyclopropan	2,50	Bzl.	20
$C_6H_{12}Br_2$	1,6-Dibrom-hexan	7,77	Bzl.	25
$C_6H_{12}Br_2$	3,4-Dibrom-hexan dl-Form	6,67	flüssig	25

Formel	Name	Dipolmoment $10^{30}\cdot p$ in C m	Zustand	Temperatur °C
$C_6H_{12}Cl_2$	2,3-Dichlor-2,3-dimethyl-butan	4,5	Bzl.	—
$C_6H_{12}N_2$	Dimethylketazin	5,03	Gas	76...232
$C_6H_{12}N_2O_2$	Methyl-propyl-glyoxim	4,17	Diox.	20
$C_6H_{12}N_2O_3$	Glycylglycinethylester	10,67	Bzl.	50
$C_6H_{12}N_4$	Hexamethylentetramin (Urotropin)	0	$CHCl_3$	25...45
$C_6H_{12}O$	Cyclohexanol	5,63	Bzl.	18
$C_6H_{12}O$	Methyl-butyl-keton	8,87	Bzl.	22
$C_6H_{12}O$	Methyl-tert. butyl-keton (Pinakolin)	9,30	Bzl.	15
$C_6H_{12}O$	Vinyl-butyl-ether	4,17	Bzl.	25
$C_6H_{12}O$	Vinyl-isobutyl-ether	4,00	Bzl.	25
$C_6H_{12}O_2$	Ameisensäureamylester	6,33	Gas	103...243
$C_6H_{12}O_2$	Buttersäureethylester	5,80	Bzl.	22
$C_6H_{12}O_2$	Essigsäurebutylester	6,13	Bzl.	22
$C_6H_{12}O_2$	Essigsäure-tert. butylester	6,37	Bzl.	22
$C_6H_{12}O_2$	Essigsäureisobutylester	6,23	Bzl.	25
$C_6H_{12}O_2$	Propionsäurepropylester	5,87	Bzl.	22
$C_6H_{12}O_2$	Valeriansäuremethylester	5,33	Bzl.	22
$C_6H_{12}O_3$	Glykol-monoethyletheracetat	7,73	flüssig	30...50
$C_6H_{12}O_3$	Paraldehyd	6,40	Bzl.	18
$C_6H_{13}Br$	1-Brom-hexan	6,57	Bzl.	18
$C_6H_{13}ClO_2S$	Hexyl-chlorsulfit	9,00	Bzl.	25
$C_6H_{13}J$	1-Jod-hexan	6,40	CCl_4	20
$C_6H_{13}N$	Cyclohexylamin	4,40	Bzl.	25
$C_6H_{13}N$	N-Methyl-piperidin	3,03	Bzl.	10...40
$C_6H_{13}NO$	Capronsäureamid	13,00	Bzl.	—
$C_6H_{13}NO$	Diethylacetamid	12,40	Diox.	30
$C_6H_{13}NO_2$	α-Aminobuttersäureethylester	7,10	Bzl.	25
$C_6H_{13}NO_2$	β-Aminobuttersäureethylester	7,03	Bzl.	25
$C_6H_{13}NO_2$	ε-Amino-capronsäure	96,33	Wasser	—
$C_6H_{13}NO_2$	α-Aminovaleriansäure-methylester	5,33	Bzl.	—
$C_6H_{13}NO_2$	δ-Aminovaleriansäure-methylester	9,00	Bzl.	20...50
C_6H_{14}	Hexan	0	flüssig	−90...Kp.
$C_6H_{14}O$	Dipropylether	4,00	Gas	58...200
$C_6H_{14}O$	Hexanol	5,47	Bzl.	25
$C_6H_{14}O_2$	1,2-Diethoxy-ethan	3,57	Gas	55...203
$C_6H_{14}O_2$	Glykolmonobutylether	6,93	Bzl.	24
$C_6H_{14}O_2$	Hexamethylenglykol	8,27	Diox.	25 u. 50
$C_6H_{14}O_2$	2-Methyl-pentandiol-(2,4)	7,00	Hept.	—
$C_6H_{14}S$	Dipropylsulfid	5,17	Bzl.	20
$C_6H_{15}BO_3$	Borsäuretriethylester	2,50	Bzl.	20
$C_6H_{15}N$	Triethylamin	2,63	Bzl.	25
$C_6H_{15}NO_3$	Triethanolamin	11,90	Diox.	25
$C_6H_{15}O_4P$	Triethylphosphat	10,23	Bzl.	25
$C_6H_{16}N_2$	Hexamethylendiamin	6,37	Bzl.	25
$C_7H_2Br_3N_3$	2,4,6-Tribrom-benzoldiazo-cyanid, cis	8,33	Bzl.	25
$C_7H_2Br_3N_3$	2,4,6-Tribrom-benzoldiazo-cyanid, trans	13,33	Bzl.	25
$C_7H_2Cl_3N$	2,4,6-Trichlor-phenylcyanid	12,93	Bzl.	—
$C_7H_3Cl_2N$	2,5-Dichlor-phenylcyanid	12,63	Bzl.	—
$C_7H_3Cl_5$	2,3,4,5,6-Pentachlor-1-methyl-benzol	5,17	Bzl.	25
C_7H_4BrClO	p-Brom-benzoylchlorid	6,77	Bzl.	20
C_7H_4BrN	p-Brom-phenylcyanid	8,80	Bzl.	20,8

Formel	Name	Dipolmoment $10^{30} \cdot p$ in C m	Zustand	Temperatur °C
$C_7H_4BrN_3$	o-Brom-benzol-diazocyanid, cis	12,63	Bzl.	25
$C_7H_4BrN_3$	o-Brom-benzol-diazocyanid, trans	17,73	Bzl.	25
$C_7H_4BrN_3$	p-Brom-benzol-diazocyanid, cis	9,70	Bzl.	25
$C_7H_4BrN_3$	p-Brom-benzol-diazocyanid, trans	12,60	Bzl.	25
$C_7H_4ClF_3$	m-Chlor-benzo-trifluorid	7,40	Bzl.	30
$C_7H_4ClF_3$	p-Chlor-benzo-trifluorid	3,83	Bzl.	30
C_7H_4ClN	p-Chlor-benzo-isonitril	8,33	Bzl.	22
C_7H_4ClN	o-Chlor-benzo-nitril	15,77	Bzl.	—
C_7H_4ClN	m-Chlor-benzo-nitril	11,27	Bzl.	22
C_7H_4ClN	p-Chlor-benzo-nitril	6,93	Bzl.	22
$C_7H_4ClN_3$	p-Chlor-benzol-diazocyanid, cis	9,77	Bzl.	25
$C_7H_4ClN_3$	p-Chlor-benzol-diazocyanid, trans	12,43	Bzl.	25
$C_7H_4Cl_2O$	p-Chlor-benzoylchlorid	6,67	Bzl.	20
$C_7H_4Cl_3F$	3-Fluor-benzo-trichlorid	5,93	Bzl.	30
$C_7H_4Cl_3F$	4-Fluor-benzo-trichlorid	2,27	Bzl.	30
$C_7H_4Cl_4$	p-Chlor-benzotrichlorid	2,60	Bzl.	30
$C_7H_4F_4$	m-Fluor-benzotrifluorid	7,30	Bzl.	30
C_7H_4JN	p-Jod-phenyl-cyanid	9,37	Bzl.	23,3
$C_7H_4N_2O_2$	o-Nitrophenylcyanid	20,63	Bzl.	25
$C_7H_4N_2O_2$	m-Nitrophenylcyanid	12,60	Bzl.	25
$C_7H_4N_2O_2$	p-Nitrophenylcyanid	2,20	Bzl.	25
$C_7H_4N_4O_2$	p-Nitrobenzoldiazocyanid, cis	6,80	Bzl.	25
$C_7H_4N_4O_2$	p-Nitrobenzoldiazocyanid, trans	4,90	Bzl.	25
C_7H_5BrO	Benzoylbromid	11,23	Bzl.	20
C_7H_5BrO	4-Brom-benzaldehyd	7,33	Diox.	25
$C_7H_5BrO_2$	2-Brom-benzoesäure	8,33	Diox.	30
$C_7H_5BrO_2$	3-Brom-benzoesäure	7,17	Diox.	30
$C_7H_5BrO_2$	4-Brom-benzoesäure	6,93	Diox.	30
$C_7H_5Br_3$	3,5-Dibrom-benzylbromid	5,53	Bzl.	30
C_7H_5ClO	Benzoylchlorid	11,10	Bzl.	20
C_7H_5ClO	4-Chlor-benzaldehyd	6,77	Bzl.	20
$C_7H_5ClO_2$	2-Chlor-benzoesäure	8,10	Diox.	30
$C_7H_5ClO_2$	3-Chlor-benzoesäure	7,33	Diox.	30
$C_7H_5ClO_2$	4-Chlor-benzoesäure	6,67	Diox.	30
$C_7H_5ClO_4S$	Benzoesäure-m-sulfonyl-chlorid	12,80	Bzl.	25
$C_7H_5Cl_3$	Benzotrichlorid	6,91	Bzl.	25
C_7H_5FO	p-Fluor-benzaldehyd	6,53	Bzl.	25
$C_7H_5FO_2$	2-Fluor-benzoesäure	8,27	Bzl.	30
$(C_7H_5FO_2)_2$	2-Fluor-benzoesäure	7,00	Bzl.	30
$C_7H_5FO_2$	3-Fluor-benzoesäure	7,47	Bzl.	30
$(C_7H_5FO_2)_2$	3-Fluor-benzoesäure	6,83	Bzl.	30
$C_7H_5FO_2$	4-Fluor-benzoesäure	6,33	Bzl.	30
$(C_7H_5FO_2)_2$	4-Fluor-benzoesäure	3,33	Bzl.	30
$C_7H_5F_3$	Benzotrifluorid	8,53	Bzl.	30
C_7H_5N	Benzoisonitril	11,77	Bzl.	22
C_7H_5N	Benzonitril	13,40	Bzl.	20
C_7H_5NO	Anthranil	10,20	Bzl.	25
C_7H_5NO	4,5-Benz-isoxazol	10,13	Bzl.	25
C_7H_5NO	Benzoxazol	4,90	Bzl.	25
C_7H_5NO	Phenylisocyanat	7,60	Bzl.	20
C_7H_5NO	Salicylsäurenitril	14,60	Bzl.	25
$C_7H_5NO_3$	3-Nitro-benzaldehyd	10,93	Bzl.	—

Formel	Name	Dipolmoment $10^{30} \cdot p$ in C m	Zustand	Temperatur °C
$C_7H_5NO_3$	4-Nitro-benzaldehyd	8,00	Bzl.	25
$C_7H_5NO_4$	Nitrobenzoesäure	11,66	Bzl.	25
$C_7H_5NO_4$	4-Nitro-benzoesäure	13,40	Diox.	25
C_7H_6BrCl	4-Chlor-benzyl-bromid	5,73	Hept.	25
C_7H_6BrCl	4-Brom-benzyl-chlorid	5,70	Hept.	25
$C_7H_6Br_2$	3,5-Dibrom-1-methyl-benzol	6,13	Bzl.	30
$C_7H_6Cl_2$	Benzalchlorid	6,77	Bzl.	25
$C_7H_6Cl_2$	2-Chlor-benzyl-chlorid	7,97	Bzl.	30
$C_7H_6Cl_2$	3-Chlor-benzyl-chlorid	6,83	Bzl.	30
$C_7H_6Cl_2$	4-Chlor-benzyl-chlorid	5,80	Bzl.	25
$C_7H_6Cl_2$	3,5-Dichlor-toluol	6,27	Bzl.	30
$C_7H_6N_2$	Benzimidazol	13,10	Diox.	25
$C_7H_6N_2$	Benzpyrazol	6,10	Bzl.	25
$C_7H_6N_2O$	Furazan des 1-Methyl-o-chinon-dioxims	15,00	Diox.	25
$C_7H_6N_2O$	3-Methyl-o-benzo-chinonfurazan	13,37	Diox.	25
$C_7H_6N_2O_2$	1-Methyl-o-benzo-chinonfuroxan	16,43	Diox.	25
$C_7H_6N_2O_2$	3-Methyl-o-benzo-chinonfuroxan	17,93	Diox.	25
$C_7H_6N_2O_3$	p-Nitrobenzamid	16,33	Diox.	20
$C_7H_6N_2O_4$	2,3-Dinitrotoluol	19,23	Bzl.	—
$C_7H_6N_2O_4$	2,4-Dinitrotoluol	12,50	Bzl.	—
$C_7H_6N_2O_4$	2,5-Dinitrotoluol	3,13	Bzl.	—
$C_7H_6N_2O_4$	2,6-Dinitrotoluol	9,83	Bzl.	—
$C_7H_6N_2O_4$	3,4-Dinitrotoluol	21,07	Bzl.	—
$C_7H_6N_2O_4$	3,5-Dinitrotoluol	13,50	Bzl.	—
C_7H_6O	Benzaldehyd	9,17	Bzl.	25
$C_7H_6O_2$	Benzoesäure	5,47	Bzl.	30
$(C_7H_6O_2)_2$	Benzoesäure	3,77	Bzl.	30
$C_7H_6O_2$	4-Hydroxy-benzaldehyd	13,97	Diox.	25
$C_7H_6O_2$	o-Phenylen-methylen-dioxid	3,33	—	—
$C_7H_6O_3$	2-Hydroxy-benzoesäure (Salizylsäure)	8,77	Diox.	25
$C_7H_6O_3$	3-Hydroxy-benzoesäure	7,90	Diox.	25
$C_7H_6O_3$	4-Hydroxy-benzoesäure	7,90	Diox.	25
C_7H_7Br	Benzylbromid	6,17	Bzl.	25
C_7H_7Br	2-Brom-1-methyl-benzol	4,80	Bzl.	20
C_7H_7Br	3-Brom-1-methyl-benzol	5,83	Bzl.	20
C_7H_7Br	4-Brom-1-methyl-benzol	6,53	Bzl.	25
C_7H_7BrO	o-Brom-anisol	8,23	Bzl.	25
C_7H_7BrO	p-Brom-anisol	7,43	Bzl.	25
C_7H_7Cl	Benzylchlorid	6,07	Bzl.	25
C_7H_7Cl	2-Chlor-1-methyl-benzol	4,77	Bzl.	20
C_7H_7Cl	3-Chlor-1-methyl-benzol	5,90	Bzl.	20
C_7H_7Cl	4-Chlor-1-methyl-benzol	6,47	Bzl.	20
C_7H_7ClO	2-Chlor-anisol	8,33	Bzl.	25
C_7H_7ClO	4-Chlor-anisol	7,47	Bzl.	22
$C_7H_7ClO_2S$	Benzylsulfonylchlorid	12,83	Bzl.	25
$C_7H_7ClO_2S$	p-Toluol-sulfochlorid	16,70	Bzl.	20
$C_7H_7Cl_2J$	o-Tolyl-joddichlorid	8,55	Bzl.	25
$C_7H_7Cl_2J$	m-Tolyl-joddichlorid	9,40	Bzl.	25
$C_7H_7Cl_2J$	p-Tolyl-joddichlorid	10,07	Bzl.	25
C_7H_7F	Benzylfluorid	5,90	Bzl.	25
C_7H_7F	2-Fluor-1-methyl-benzol	4,50	Gas	77...150
C_7H_7F	3-Fluor-1-methyl-benzol	6,17	Gas	89...150
C_7H_7F	4-Fluor-1-methyl-benzol	6,70	Gas	78...150

Formel	Name	Dipolmoment $10^{30} \cdot p$ in C m	Zustand	Temperatur °C
C_7H_7FO	2-Fluor-anisol	7,70	Bzl.	25
C_7H_7FO	4-Fluor-anisol	6,97	Bzl.	19,9
C_7H_7J	2-Jod-1-methyl-benzol	4,03	Bzl.	22
C_7H_7J	3-Jod-1-methyl-benzol	5,27	Bzl.	22
C_7H_7J	4-Jod-1-methyl-benzol	5,70	Bzl.	22
C_7H_7JO	4-Jod-anisol	7,07	Bzl.	20,2
C_7H_7NO	Benzamid	12,00	Diox.	20
C_7H_7NO	4-Nitroso-toluol	12,63	—	—
$C_7H_7NO_2$	2-Amino-benzoesäure	5,03	Diox.	—
$C_7H_7NO_2$	3-Amino-benzoesäure	9,00	Diox.	—
$C_7H_7NO_2$	4-Amino-benzoesäure	11,70	Diox.	—
$C_7H_7NO_2$	2-Nitro-toluol	12,30	Bzl.	20
$C_7H_7NO_2$	3-Nitro-toluol	13,90	Bzl.	20
$C_7H_7NO_2$	4-Nitro-toluol	14,80	Bzl.	25
$C_7H_7NO_3$	2-Nitro-anisol	16,10	Bzl.	20
$C_7H_7NO_3$	3-Nitro-anisol	12,87	Bzl.	20
$C_7H_7NO_3$	4-Nitro-anisol	15,80	Bzl.	20
$C_7H_7N_3$	4-Azido-toluol	6,53	Bzl.	25
$C_7H_7N_3O_2$	Nitroformaldehyd-phenylhydrazon, α-oder cis-Form	11,13	Bzl.	20
C_7H_8	Methylbenzol, Toluol	1,13	Bzl.	25
$C_7H_8Br_2O$	1,1-Dimethyl-2,3-dibrom-cyclopenten-(2)-on-(4)	12,17	Bzl.	20
$C_7H_8N_2O$	p-Aminobenzamid	15,67	Diox.	20
$C_7H_8N_2O$	Benzhydrazid	9,00	Bzl.	25
$C_7H_8N_2O$	N-Nitrosomethylanilin	12,07	Bzl.	20
$C_7H_8N_2O$	4-Nitrosomonomethylanilin	24,60	Bzl.	25
$C_7H_8N_2O$	Phenylharnstoff	12,00	Diox.	17
$C_7H_8N_2O_2$	3-Nitro-4-amino-toluol	14,57	Bzl.	—
C_7H_8O	Anisol	4,10	Bzl.	22
C_7H_8O	Benzylakohol	5,63	Bzl. od. Hex.	—
C_7H_8O	o-Kresol	4,80	Bzl.	25
C_7H_8O	m-Kresol	5,33	Bzl.	25
C_7H_8O	p-Kresol	5,47	Bzl.	25
C_7H_8OS	Dimethylthio-γ-pyron	16,83	Bzl.	20
$C_7H_8O_2$	2,6-Dimethyl-pyron-(4)	15,40	Bzl.	15...65
$C_7H_8O_2S$	Thiophen-carbonsäure-(2)-ethylester	6,37	Bzl.	30
$C_7H_8O_2S$	o-Tolyl-sulfinsäure	10,07	Bzl.	40
$C_7H_8O_2S$	p-Tolyl-sufinsäure	11,07	Bzl.	25
C_7H_8S	Thioanisol	4,23	Bzl.	21
C_7H_9ClO	Butylpropiolyl-chlorid	10,20	Bzl.	25
C_7H_9N	Butylpropiolnitril	14,03	Bzl.	25
C_7H_9N	2,3-Dimethyl-pyridin	6,83	—	30
C_7H_9N	2,5-Dimethylpyridin	7,13	—	30
C_7H_9N	2,6-Dimethylpyridin	6,23	Bzl.	25
C_7HgN	3,4-Dimethylpyridin	6,17	—	30
C_7H_9N	N-Methylanilin	5,47	Bzl.	25
C_7H_9N	o-Toluidin	5,30	Bzl.	25
C_7H_9N	m-Toluidin	4,83	Bzl.	25
C_7H_9N	p-Toluidin	4,40	Bzl.	25
C_7H_9NO	o-Anisidin	4,83	Bzl.	—
C_7H_9NO	p-Anisidin	6,23	Bzl.	—
$C_7H_{10}Cl_2O_4$	Dichlormalonsäureethylester	11,23	Bzl.	25
$C_7H_{10}N_2$	as. Methyl-phenyl-hydrazin	5,97	Bzl.	19
$C_7H_{10}N_2$	o-Tolyl-hydrazin	5,13	Bzl.	18

Formel	Name	Dipolmoment $10^{30} \cdot p$ in C m	Zustand	Temperatur °C
$C_7H_{10}N_2$	m-Tolyl-hydrazin	5,47	Bzl.	15
$C_7H_{10}N_2$	p-Tolyl-hydrazin	6,80	Bzl.	18
$C_7H_{10}O$	Butylpropiolaldehyd	10,57	Bzl.	25
$C_7H_{10}O_4$	Citraconsäuredimethylester (cis)	8,93	Bzl.	20
$C_7H_{10}O_4$	Mesaconsäuredimethylester (trans)	6,87	Bzl.	20
$C_7H_{10}O_7$	Dimethylmesaconsäureesterozonid (cis)	9,33	Bzl.	20
$C_7H_{10}O_7$	Dimethylmesaconsäureesterozonid (trans)	8,33	Bzl.	20
$C_7H_{11}Br$	1-Brom-heptin-(1)	3,50	Bzl.	25
$C_7H_{11}Cl$	1-Chlor-heptin-(1)	4,23	Bzl.	25
$C_7H_{11}ClO_4$	Chlormalonsäureethylester	10,77	Bzl.	25
$C_7H_{11}J$	1-Jod-heptin-(1)	2,67	Bzl.	25
$C_7H_{12}O_2$	Cyclohexancarbonsäure	3,00	Bzl.	25
$C_7H_{12}O_4$	Malonsäurediethylester	8,47	Bzl.	25
$C_7H_{13}BrO_2$	α-Brom-valeriansäureethylester	8,37	Bzl.	25
C_7H_{14}	Methylcyclohexan	0	Gas	70...200
$C_7H_{14}Br_2$	1,2-Dibrom-heptan	5,87	Bzl.	25
$C_7H_{14}Br_2$	1,7-Dibrom-heptan	8,13	Bzl.	25
$C_7H_{14}Br_2$	2,3-Dibrom-heptan	7,10	Bzl.	25
$C_7H_{14}Br_2$	3,4-Dibrom-heptan	7,10	Bzl.	25
$C_7H_{14}O$	Ethylbutylketon	9,27	Bzl.	22
$C_7H_{14}O$	Cyclohexylmethylether	4,30	Gas	150...210
$C_7H_{14}O$	Di-isopropyl-keton	9,13	Bzl.	25
$C_7H_{14}O$	Dipropyl-keton	9,13	Bzl.	22
$C_7H_{14}O$	Heptylaldehyd	8,53	Bzl.	22
$C_7H_{14}O$	Methyl-amyl-keton	8,63	Bzl.	22
$C_7H_{14}O$	2-Methyl-cyclo-hexanol	6,50	Bzl.	25
$C_7H_{14}O$	3-Methyl-cyclo-hexanol	6,33	Bzl.	25
$C_7H_{14}O$	4-Methyl-cyclo-hexanol	6,33	Bzl.	25
$C_7H_{14}O_2$	Amylacetat (Mischung)	6,37	Bzl.	25
$C_7H_{14}O_2$	Butyl-propionat	6,17	Bzl.	—
$C_7H_{14}O_2$	Isomylacetat	6,30	Bzl.	22
$C_7H_{15}Br$	1-Brom-heptan	6,17	Bzl.	22
$C_7H_{15}Br$	2-Brom-heptan	6,67	Bzl.	22
$C_7H_{15}Br$	3-Brom-heptan	6,80	Bzl.	22
$C_7H_{15}Br$	4-Brom-heptan	6,80	Bzl.	22
$C_7H_{15}BrO$	2-Brom-3-ethoxypentan	6,83	Bzl.	25
$C_7H_{15}BrO$	3-Brom-2-ethoxypentan	7,10	Bzl.	25
$C_7H_{15}BrO$	1-Brom-2-ethoxypentan	7,67	Bzl.	25
$C_7H_{15}Cl$	1-Chlor-heptan	6,17	Bzl.	22
$C_7H_{15}Cl$	2-Chlor-heptan	6,77	Bzl.	22
$C_7H_{15}Cl$	3-Chlor-heptan	6,80	Bzl.	22
$C_7H_{15}Cl$	4-Chlor-heptan	6,80	Bzl.	22
$C_7H_{15}J$	1-Jod-heptan	6,13	Bzl.	22
$C_7H_{15}J$	3-Jod-heptan	6,43	Bzl.	22
$C_7H_{15}NO_2$	α-Aminoisovaleriansäureethylester	7,03	Bzl.	25
$C_7H_{15}NO_2$	α-Amino-valeriansäureethylester	7,10	Bzl.	25
C_7H_{16}	3-Ethyl-pentan	0	flüssig	120...100
C_7H_{16}	2,2-Dimethyl-pentan	0	flüssig	−120...100
C_7H_{16}	2,3-Dimethyl-pentan	0	flüssig	−120...100
C_7H_{16}	2,4-Dimethyl-pentan	0	flüssig	−120...100
C_7H_{16}	3,3-Dimethyl-pentan	0	flüssig	−120...100
C_7H_{16}	Heptan	0	Gas	—

Formel	Name	Dipolmoment $10^{30} \cdot p$ in C m	Zustand	Temperatur °C
C_7H_{16}	2-Methyl-hexan	0	flüssig	−120...100
C_7H_{16}	3-Methyl-hexan	0	flüssig	−120...100
C_7H_{16}	2,2,3-Trimethyl-butan	0	flüssig	−120...100
$C_7H_{16}O$	Ethyl-isoamyl-ether	3,83	flüssig	20...50
$C_7H_{16}O$	Heptanol-(1)	5,70	Bzl.	22
$C_7H_{16}O$	Heptanol-(2)	5,70	Bzl.	22
$C_7H_{16}O$	Heptanol-(3)	5,70	Bzl.	22
$C_7H_{16}O$	Heptanol-(4)	5,67	Bzl.	22
$C_8H_2Cl_2F_6$	4,5-Dichlor-1,3-bis-(tri-fluormethyl)-benzol	5,03	Bzl.	30
$C_8H_3ClF_6$	2-Chlor-1,4-bis-(tri-fluor-methyl)-benzol	3,80	Bzl.	30
$C_8H_3ClF_6$	5-Chlor-1,3-bis-(trifluor-methyl)-benzol	4,30	Bzl.	30
$C_8H_3Cl_6F$	4-Fluor-1,3-bis-(tri-chlormethyl)-benzol	6,37	Bzl.	30
C_8H_4ClJ	o-Chlorphenyl-jod-ethin	4,73	Bzl.	25
C_8H_4ClJ	p-Chlorphenyl-jod-ethin	3,53	Bzl.	25
$C_8H_4Cl_2N_2$	2,3-Dichlor-chinoxalin	10,67	Bzl.	—
$C_8H_4Cl_2O_2$	sym. Phthalyldichlorid	17,07	Bzl.	20
$C_8H_4Cl_6$	1,3-Bis-(trichlormethyl)-benzol	6,63	Bzl.	30
$C_8H_4F_6$	1,3-Bis-(trifluormethyl)-benzol	8,10	Bzl.	30
$C_8H_4N_2$	p-Dicyanobenzol	0	Bzl.	25
$C_8H_4N_2$	p-Diisocyanobenzol	0	Bzl.	25
$C_8H_4O_3$	Phthalsäureanhydrid	17,37	Bzl.	10
C_8H_5Br	o-Bromphenyl-ethin	5,97	—	—
C_8H_5Br	m-Bromphenyl-ethin	4,50	—	—
C_8H_5Br	p-Bromphenyl-ethin	3,17	—	—
C_8H_5Br	Phenylbromethin	2,83	Bzl.	25
C_8H_5Cl	o-Chlorphenyl-ethin	5,63	Bzl.	25
C_8H_5Cl	m-Chlorphenyl-ethin	4,60	—	—
C_8H_5Cl	p-Chlorphenyl-ethin	3,20	Bzl.	25
C_8H_5Cl	Phenylchlorethin	3,67	Bzl.	25
$C_8H_5Cl_5$	Ethylpentachlorbenzol	2,93	Bzl.	25
C_8H_5J	Phenyljodethin	1,83	Bzl.	25
$C_8H_5NO_2$	Isatin	19,07	Diox.	20
$C_8H_5NO_2$	p-Nitrophenylacetylen	12,10	Bzl.	13
C_8H_6	Ethinylbenzol	2,60	flüssig	25
C_8H_6BrN	Brombenzylcyanid	11,23	Bzl.	20
$C_8H_6Cl_2O_4$	2,3-Dichlor-5,6-dimethoxy-benzochinon	9,97	Bzl.	30
$C_8H_6Cl_2O_4$	3,6-Dichlor-2,5-dimethoxy-benzochinon	6,97	Bzl.	30
$C_8H_6Cl_4$	Tetrachlor-o-xylol	8,83	Bzl.	25
$C_8H_6N_2$	Cinnolin	13,80	Bzl.	25
$C_8H_6N_2O$	Phenylfurazan	13,33	—	—
$C_8H_6N_2O_2$	2-Nitrobenzylcyanid	12,80	Bzl.	25
C_8H_6O	2,3-Benzo-furan (Cumaron)	2,63	—	—
C_8H_6O	Phenoxyacetylen	4,70	flüssig	25
$C_8H_6O_2$	2-Phthalaldehyd	15,00	Bzl.	—
$C_8H_6O_2$	3-Phthalaldehyd	9,53	Bzl.	—
$C_8H_6O_2$	4-Phthalaldehyd	7,83	Bzl.	—
C_8H_7Br	p-Bromphenyl-ethen	4,50	Bzl.	25
C_8H_7Br	ω-Brom-stryrol	5,13	Bzl.	30
C_8H_7BrO	4-Brom-acetophenon	7,63	Bzl.	—
C_8H_7BrO	ω-Brom-acetophenon	10,37	Bzl.	20
$C_8H_7BrO_2$	Methyl-p-brom-benzoat	6,07	Bzl.	14
C_8H_7Cl	4-Chlorphenyl-ethen	4,27	Bzl.	25

Formel	Name	Dipolmoment $10^{30} \cdot p$ in C m	Zustand	Temperatur °C
C_8H_7Cl	ω-Chlor-styrol	4,67	Bzl.	19
C_8H_7ClO	ω-Chlor-acetophenon	10,87	Bzl.	20
C_8H_7ClO	4-Chlor-acetophenon	7,63	Bzl.	—
C_8H_7ClO	Phenylacetylchlorid	8,47	Bzl.	20
C_8H_7ClO	4-Toluyl-chlorid	17,70	Bzl.	20
$C_8H_7Cl_3$	3,4,5-Trichlor-1,2-dimethyl-benzol	8,20	Bzl.	25
C_8H_7JO	4-Jod-acetophenon	7,43	Bzl.	—
C_8H_7N	Benzylcyanid	11,57	Bzl.	25
C_8H_7N	Indol	7,03	Bzl.	25
C_8H_7N	o-Tolylcyanid	12,57	Bzl.	20
C_8H_7N	m-Tolylcyanid	13,93	Bzl.	22
C_8H_7N	p-Tolylcyanid	14,57	Bzl.	22
C_8H_7N	o-Tolylisocyanid	11,17	Bzl.	22
C_8H_7N	p-Tolylisocyanid	13,20	Bzl.	22
C_8H_7NO	o-Methoxy-benzonitril	16,57	Bzl.	25
$C_8H_7NO_2$	ω-Nitrostyrol	14,23	Diox.	25
$C_8H_7N_3$	1-Phenyl-1,2,3-triazol	13,60	Bzl.	25
$C_8H_7N_3$	1-Phenyl-1,2,4-triazol	9,60	Bzl.	25
$C_8H_7N_3$	2-Phenyl-1,2,3-triazol	3,23	Bzl.	25
$C_8H_7N_3$	4-Phenyl-1,2,4-triazol	18,77	Bzl.	25
C_8H_8	Ethenylbenzol, Styrol	1,23	Bzl.	30
C_8H_8BrNO	p-Bromacetanilid	14,40	Bzl.	25
$C_8H_8Br_2$	4,5-Dibrom-o-xylol	9,53	Bzl.	25
$C_8H_8Br_2$	p-Xylylendibromid	6,80	Bzl.	22
C_8H_8ClNO	p-Chloracetanilid	14,40	Bzl.	25
$C_8H_8Cl_2$	4,5-Dichlor-o-xylol	10,03	Bzl.	25
$C_8H_8Cl_2$	p-Xylylendichlorid	7,43	Bzl.	25
$C_8H_8NO_2$	Phthalimid	7,00	Diox.	20
$C_8H_8N_2O$	1,3-Dimethyl-o-benzo-chinonfurazan	16,07	Diox.	25
$C_8H_8N_2O_2$	1,3-Dimethyl-o-chinon-dioximperoxid	18,00	Diox.	25
$C_8H_8N_2O_2$	Phenylglyoxim, α-Form	4,65	Diox.	20
$C_8H_8N_2O_2$	Phenylglyoxim, β-Form	5,67	Diox.	20
$C_8H_8N_2O_3$	p-Nitrobenzaldehyd-α-oxim-o-methylether	11,33	Bzl.	25
$C_8H_8N_2O_3$	p-Nitrobenzaldehyd-β-oxim-o-methylether	12,97	Bzl.	25
$C_8H_8N_2O_3$	p-Nitrobenzaldoxim-N-methylether	21,33	Bzl.	25
C_8H_8O	Acetophenon	9,90	Bzl.	18
C_8H_8O	Phenylacetaldehyd	8,27	Bzl.	20
C_8H_8O	Styroloxid	5,47	Bzl.	12
C_8H_8O	p-Tolyl-aldehyd	11,00	Bzl. u. Diox.	25
$C_8H_8O_2$	Anisaldehyd	12,83	Bzl.	25
$C_8H_8O_2$	Benzoesäuremethylester	6,37	Bzl.	22
$C_8H_8O_2$	2,5-Dimethyl-1,4-benzochinon	2,27	Bzl.	25
$C_8H_8O_2$	2-Hydroxy-acetophenon	10,53	Bzl.	25
$C_8H_8O_2$	3-Hydroxy-acetophenon	9,77	Bzl.	25
$C_8H_8O_2$	4-Hydroxy-aceto-phenon	13,07	Bzl.	25
$C_8H_8O_2$	o-Methoxy-benzaldehyd	14,03	Bzl.	25
$C_8H_8O_2$	Phenylacetat (Essigsäurephenylester)	5,07	Bzl.	22
$C_8H_8O_2$	Phenylessigsäure, monomer	5,53	Bzl.	—
$C_8H_8O_2$	Phenylessigsäure	5,83	Diox.	25
$C_8H_8O_2$	o-Tolylsäure, monomer	5,67	Bzl.	—

Formel	Name	Dipolmoment $10^{30} \cdot p$ in C m	Zustand	Temperatur °C
$C_8H_8O_2$	m-Tolylsäure, monomer	6,83	Bzl.	—
$C_8H_8O_3$	Salicylsäuremethyl	7,80	flüssig	30...40
$C_8H_8O_4$	Dehydracetsäure	9,43	Bzl.	25
C_8H_9Br	4-Brom-1,2-dimethyl-benzol	6,90	Bzl.	25
C_8H_9BrO	4-Brom-phenetol	7,93	Bzl.	25
C_8H_9ClO	2-Chlor-phenetol	8,47	Bzl.	25
C_8H_9NO	Acetanilid	13,37	Bzl.	25
		12,17	Bzl.	25
C_8H_9NO	3-Aminoacetophenon	18,00	Bzl.	18
C_8H_9NO	4-Aminoacetophenon	14,30	Bzl.	—
$C_8H_9NO_2$	o-Aminobenzoesäure-methylester	3,33	Bzl.	20...50
$C_8H_9NO_2$	m-Aminobenzoesäure methylester	8,00	Bzl.	20...50
$C_8H_9NO_2$	p-Aminobenzoesäure-methylester	11,00	Bzl.	20...50
$C_8H_9NO_2$	Isonicotinsäureethylester	8,30	Bzl.	25
$C_8H_9NO_4$	Nitrohydrochinondi-methylether	15,2	Bzl.	18
C_8H_{10}	Ethylbenzol	1,93	Gas	70...200
C_8H_{10}	1,2-Dimethyl-benzol	1,47	flüssig	−20...130
C_8H_{10}	1,3-Dimethyl-benzol	1,13	flüssig	−40...120
C_8H_{10}	1,4-Dimethyl-benzol	0	flüssig	20...130
C_8H_{10}	6,6-Dimethyl-fulven	4,93	Bzl.	24
$C_8H_{10}BrN$	4-Brom-N-dimethyl-anilin	11,23	Bzl.	25
$C_8H_{10}ClN$	4-Chlor-N-dimethyl-anilin	10,97	Bzl.	25
$C_8H_{10}JN$	p-Jod-N-dimethyl-anilin	10,80	Bzl.	25
$C_8H_{10}N_2$	Acetaldehydphenyl-hydrazon, α- od. cis-	8,70	Bzl.	20
$C_8H_{10}N_2$	Acetaldehydphenyl-hydrazon, β od. anti-	8,60	Bzl.	20
$C_8H_{10}N_2O$	N-Nitroso-N-ethylanilin	12,03	Bzl.	20
$C_8H_{10}N_2O$	p-Nitroso-N-dimethyl-anilin	22,97	Bzl.	25
$C_8H_{10}N_2O_2$	4-Nitro-N-dimethyl-anilin	22,90	Bzl.	25
$C_8H_{10}N_2O_2$	2-Nitro-m-xylidin	16,80	Bzl.	25
$C_8H_{10}O$	o-Kresol-methyl-ether	3,33	Bzl.	25
C_8H_{10}	m-Kresol-methyl-ether	3,90	Bzl.	25
$C_8H_{10}O$	p-Kresol-methyl-ether	4,00	Bzl.	25
$C_8H_{10}O$	Phenetol	4,67	Gas	142
$C_8H_{10}O$	2-Phenyl-ethanol	5,47	Bzl.	25
$C_8H_{10}O$	Phenylmethylcarbinol	5,33	Bzl.	—
$C_8H_{10}O_2$	1,2-Dimethoxy-benzol	4,37	Bzl.	25
$C_8H_{10}O_2$	1,3-Dimethoxy-benzol	5,30	Bzl.	25
$C_8H_{10}O_2$	1,4-Dimethoxy-benzol	5,57	Bzl.	18
$C_8H_{10}O_3S$	o-Ethoxy-benzolsulfin-säure	13,30	Bzl.	25
$C_8H_{10}O_3S$	p-Toluol-sulfonsäure-methylester	17,27	Bzl.	25
$C_8H_{10}O_4$	Butin-diol-1,4-diacetat	8,10	Bzl.	—
$C_8H_{11}ClO$	Amylpropiolyl-chlorid	10,27	Bzl.	25
$C_8H_{11}N$	N-Ethyl-anilin	5,60	Bzl.	20
$C_8H_{11}N$	n-Amylpropiolnitril	14,07	Bzl.	25
$C_8H_{11}N$	N-Dimethylanilin	5,17	Bzl.	25
$C_8H_{11}N$	2,3,4-Trimethyl-pyridin	7,03	—	30

Formel	Name	Dipolmoment $10^{30} \cdot p$ in C m	Zustand	Temperatur °C
$C_8H_{11}N$	2,3,6-Trimethyl-pyridin	6,97	—	30
$C_8H_{11}N$	2,4,6-Trimethyl-pyridin	6,43	Bzl.	10...40
$C_8H_{11}NO$	Nitrosomesitylen	4,57	Bzl.	8
$C_8H_{12}N_2$	p-Amino-N-dimethyl-anilin	4,73	Bzl.	25
$C_8H_{12}N_2$	Hexamethylendicyanid	11,80	Bzl.	25
$C_8H_{12}N_2$	Tetramethylpyrazin	< 1,50	Bzl.	—
$C_8H_{12}O$	Amylpropiolaldehyd	10,60	Bzl.	25
$C^8H_{12}O$	Butylacetylacetylen	10,67	Bzl.	25
$C_8H_{12}O$	3,5-Dimethyl-cyclo-hexen-(2)-on-(1)	12,63	Bzl.	18
$C_8H_{12}O_2$	Ethylsorbat	6,90	Gas	227
$C_8H_{12}O_2$	2,2,4,4-Tetramethyl-cyclobutan-dion-(1,3)	0	Gas	90...203,5
$C_8H_{12}O_2$	1,1,3,3-Tetramethyl-cyclobutan-dion	0	Bzl.	25
$C_8H_{12}O_4$	cis-Buten-(2)-diol-(1,4)-diacetat	8,13	Bzl.	—
$C_8H_{12}O_4$	trans-Buten-(2)-diol-(1,4)-diacetat	7,73	Bzl.	—
$C_8H_{12}O_4$	Fumarsäurediethyl-ester	7,93	Bzl.	25
$C_8H_{12}O_4$	Maleinsäurediethyl-ester	8,47	Bzl.	25
$C_8H_{12}O_7$	Diethylmalonsäureester-ozonid (cis)	8,43	CCl_4	23
$C_8H_{12}O_7$	Diethylmalonsäure-esterozonid (trans)	7,63	CCl_4	23
$C_8H_{13}BrO_4$	Monobrombernstein-säureethylester	8,57	Bzl.	25
C_8H_{14}	3,4-Dimethyl-hexadien-(2,4)	1,33	CCl_4	—
$C_8H_{14}O$	3,3-Dimethyl-cyclo-hexanon-(1)	9,73	Bzl.	18
$C_8H_{14}O$	3,4-Dimethyl-cyclo-hexanon-(1)	9,43	Bzl.	18
$C_8H_{14}O$	3,5-Dimethyl-cyclo-hexanon-(1)	9,63	Bzl.	18
$C_8H_{14}O_2$	Cyclohexylacetat	6,33	Bzl.	18
$C_8H_{14}O_4$	Bernsteinsäurediethyl-ester	7,60	Gas	156,5
$C_8H_{14}O_4$	1,4-Diacetoxy-butan	8,17	Bzl.	—
$C_8H_{14}O_4$	d,l-2,3-Diacetoxy-butan	6,50	flüssig	25
$C_8H_{14}O_4$	meso-2,3-Diacetoxy-butan	7,83	flüssig	25
$C_8H_{14}O_6$	rac. 1,2-Dimethoxybern-steinsäure-dimethyl-ester	10,67	Bzl.	25
$C_8H_{14}O_6$	meso-1,2-Dimethoxy-bernsteinsäure-dimethylester	9,67	Bzl.	25
$C_8H_{14}O_6$	D,L-Weinsäure-diethyl-ester rac.	10,40	Bzl.	22
$C_8H_{14}O_6$	meso-Weinsäure-diethylester	12,20	Bzl.	12 u. 22
C_8H_{16}	Ethylcyclohexan	0	Gas	70...200
C_8H_{16}	2,5-Dimethyl-hexen-(2)	2,57	flüssig	20
C_8H_{16}	3,5-Dimethyl-hexen-(2)	3,03	flüssig	20
C_8H_{16}	3-Methyl-hepten-(2)	2,40	flüssig	20

Formel	Name	Dipolmoment $10^{30} \cdot p$ in C m	Zustand	Temperatur °C
$C_8H_{16}Br_2$	1,8-Dibrom-octan	8,47	Bzl.	25
$C_8H_{16}O$	α-Ethyl-hexanal-(1)	8,80	Bzl. u. Diox.	25
$C_8H_{16}O$	3,5-Dimethyl-cyclohexanol			
	3-cis, 5-cis, 1-cis	4,37	—	20
	3-cis, 5-cis, 1-trans	6,07	—	20
	3-cis, 5-trans, 1-cis	6,17	—	20
$C_8H_{16}O$	Methylhexylketon	9,00	Bzl.	15
$C_8H_{17}Br$	1-Brom-octan	6,53	Bzl.	14
$C_8H_{17}J$	1-Jod-octan	6,30	CCl_4	—
$C_8H_{17}J$	2-Jod-octan	6,87	CCl_4	—
$C_8H_{17}NO$	2-Nitroso-2,5-dimethyl-hexan	3,33	Bzl.	25
$(C_8H_{17}NO)_2$	2-Nitroso-2,5-dimethyl-hexan	3,33	Bzl.	25
$C_8H_{17}NO_2$	Leucinethylester	6,77	Bzl.	25
C_8H_{18}	Octan	0	flüssig	−50... Kp.
C_8H_{18}	2,2,4-Trimethyl-pentan	0	flüssig	−120... 100
$C_8H_{18}O$	2-Ethyl-hexanol-(1)	5,80	Bzl. od. Diox.	25
$C_8H_{18}O$	Dibutylether	3,87	Gas	112...182
$C_8H_{18}O$	2-Methyl-heptanol-(3)	5,40	Bzl.	20...70
$C_8H_{18}O$	Octanol-(1)	5,67	Bzl.	20...70
$C_8H_{18}S$	Dibutylsulfid	5,23	Bzl.	20
$C_8H_{18}S$	Diisobutylsulfid	5,27	Bzl.	24,9
$C_8H_{20}N_2$	Octamethylendiamin	6,60	Bzl.	25
$C_8H_{20}O_4Si$	Kieselsäuretetraethylester	5,67	Bzl.	32
$C_8H_{20}Si$	Tetraethylsilan	0	CCl_4	20
$C_9H_5ClO_2$	o-Chlorphenylpropiolsäure	8,77	Diox.	25
$C_9H_5ClO_2$	p-Chlorphenylpropiolsäure	6,50	Diox.	25
C_9H_5N	Phenylpropiolnitril	15,00	Bzl.	25
$C_9H_5NO_4$	2-Nitrophenyl-propiolsäure	13,40	Diox.	25
C_9H_6ClN	2-Chlorchinolin	10,87	Bzl.	25
C_9H_6ClN	1-Chlor-isochinolin	11,10	Bzl.	25
$C_9H_6N_2O_2$	5-Nitrochinolin	8,50	Bzl.	25
$C_9H_6N_2O_2$	6-Nitrochinolin	13,73	Bzl.	25
$C_9H_6N_2O_2$	8-Nitrochinolin	18,90	Bzl.	25
$C_9H_6N_2O_2$	5-Nitro-isochinolin (Fp 110°C)	12,40	Bzl.	25
C_9H_6O	Phenylpropinal	11,20	Bzl.	25
$C_9H_6O_2$	Cumarin	15,03	Bzl.	20
$C_9H_6O_2$	Phenylpropiolsäure	7,63	Diox.	25
C_9H_7Br	p-Tolyl-brom-ethin	4,23	Bzl.	25
C_9H_7Cl	p-Tolyl-chlor-ethin	6,33	Bzl.	25
C_9H_7ClO	Zimtsäurechlorid	12,10	Bzl.	25
C_9H_7J	p-Tolyl-jod-ethin	3,23	Bzl.	25
C_9H_7N	Chinolin	7,30	Bzl.	25
C_9H_7N	β-Cyan-styrol	13,80	Diox.	25
C_9H_7N	Isochinolin	8,50	Bzl.	25
C_9H_7NO	8-Hydroxychinolin	9,00	Bzl.	—
C_9H_7NO	α-Phenylisoxazol	11,13	Bzl.	—
C_9H_7NO	γ-Phenylisoxazol	10,23		—
C_9H_8	Inden	2,23	Bzl.	—
C_9H_8	4-Methyl-phenyl-ethin	3,37	Bzl.	25
$C_9H_8Br_2$	5,6-Dibrom-hydrinden	8,27	Bzl.	25
$C_9H_8Br_2O_2$	2,2-Dimethyl-5,6-dibrom-o-phenylen-methylendioxid	10,93	—	—
$C_9H_8Cl_2O_2$	2,2-Dimethyl-5,6-dichlor-o-phenylen-methylendioxid	11,30	—	—

Formel	Name	Dipolmoment $10^{30}\cdot p$ in C m	Zustand	Temperatur °C
$C_9H_8N_2$	2-Methyl-chinazolin	7,33	Bzl.	25
$C_9H_8N_2O$	Methylphenylfurazan	13,80	—	—
$C_9H_8N_2O$	Methylphenyloxydiazol	14,43	—	—
$C_9H_8N_2O$	p-Tolylfurazan	13,90	—	—
$C_9H_8N_2O_2$	N-Benzylsydnon	20,30	Bzl.	25
$C_9H_8N_2O_2$	Methylphenylfurazanperoxid	15,87	Bzl.	25
$C_9H_8N_2O_2$	Methylphenylfuroxan	16,40	Bzl.	25
$C_9H_8N_2O_2$	N-Phenyl-C-methylsydnon	22,00	Bzl.	25
$C_9H_8N_2O_2$	N-p-Tolylsydnon	22,97	Bzl.	25
C_9H_8O	Hydrindon-(1)	11,23	Bzl. od. Cyclohex.	20
C_9H_8O	Zimtaldehyd	12,37	Bzl.	18
$C_9H_8O_2$	Zimtsäure (trans)	5,93	Diox.	25
C_9H_9Br	o-Brom-α-methylstyrol	6,23	Bzl.	27
C_9H_9Br	p-Brom-α-methylstyrol	4,83	Bzl.	22
$C_9H_9BrO_2$	p-Brombenzoesäure-ethylester	7,70	—	30
$C_9H_9BrO_2$	2,2-Dimethyl-6-brom-o-phenylen-methylen-dioxid	9,00	—	—
$C_9H_9Br_3$	2,4,6-Tribrommesitylen	0	CCl_4	20...54
C_9H_9Cl	m-Chlor-α-methyl-styrol	6,30	Bzl.	27
C_9H_9Cl	Zimtsäurechlorid	6,33	Diox.	25
$C_9H_9ClO_2$	p-Chlorbenzoesäure-ethylester	7,47	—	30
$C_9H_9ClO_2$	2,2-Dimethyl-6-chlor-o-phenylen-methylen-dioxid	9,13	—	—
$C_9H_9Cl_3$	2,4,6-Trichlormesitylen	~0,33	Bzl.	25
$C_9H_9Cl_3$	Trichlorpseudocumol	6,10	Bzl.	25
C_9H_9F	o-Fluor-α-methyl-styrol	5,13	Bzl.	26
C_9H_9J	o-Jod-α-methyl-styrol	4,93	Bzl.	26
C_9H_9N	1-Methyl-indol	7,20	Bzl.	25
C_9H_9N	2-Methyl-indol	8,23	Bzl.	25
C_9H_9N	Skatol	6,93	Bzl.	—
C_9H_9NO	Zimtsäureamid	12,03	Diox.	25
$C_9H_9NO_2$	p-Methyl-β-nistrostyrol	15,90	Diox.	25
$C_9H_9NO_4$	p-Nitrobenzoesäureethylester	13,50	—	30
$C_9H_9N_3O_6$	2,4,6-Trinitromesitylen	< 1,67	Bzl.	—
C_9H_{10}	Hydrinden	1,77	Bzl.	25
C_9H_{10}	1-Methyl-3-ethenyl-benzol	1,20	Bzl.	25
C_9H_{10}	1-Methyl-4-ethenyl-benzol	2,10	Bzl.	25
C_9H_{10}	Phenylcyclopropan	1,63	Bzl.	25
C_9H_{10}	1-Phenyl-propen-(1)	2,37	Bzl.	20
C_9H_{10}	3-Phenyl-propen-(1)	1,67	Bzl.	20
$C_9H_{10}N_2$	p-Dimethyl-amino-benzonitril	19,67	Bzl.	25
$C_9H_{10}N_2O_2$	Methylphenylglyoxim	3,87	Diox.	20
$C_9H_{10}N_2O_2$	p-Tolylglyoxim	5,53	Diox.	20
$C_9H_{10}O$	Methylacetophenon	9,60	Bzl.	—
$C_9H_{10}O$	α-Phenyl-propionaldehyd	9,30	Bzl.	20
$C_9H_{10}O$	β-Phenyl-propionaldehyd	7,70	Bzl.	20
$C_9H_{10}O$	Zimtalkohol	5,97	Diox.	25
$C_9H_{10}O_2$	Benzoesäureethylester	6,07	Bzl.	22
$C_9H_{10}O_2$	Benzylacetat	6,00	Bzl.	25
$C_9H_{10}O_2$	o-Kresol-acetat	5,57	Bzl.	22
$C_9H_{10}O_2$	m-Kresol-acetat	5,30	Bzl.	22
$C_9H_{10}O_2$	p-Kresol-acetat	5,07	Bzl.	22
$C_9H_{10}O_2$	2-Methoxy-acetophenon	13,30	Bzl.	25
$C_9H_{10}O_2$	3-Methoxy-acetophenon	9,50	Bzl.	25
$C_9H_{10}O_2$	4-Methoxy-acetophenon	11,77	Bzl.	25
$C_9H_{10}O_2$	2-Methyl-benzolcarbonsäure-(1)-methylester	5,30	Bzl.	22

Formel	Name	Dipolmoment $10^{30} \cdot p$ in C m	Zustand	Temperatur °C
$C_9H_{10}O_2$	3-Methyl-benzolcarbonsäure-(1)-methylester	6,40	Bzl.	22
$C_9H_{10}O_2$	4-Methyl-benzolcarbonsäure-(1)-methylester	6,80	Bzl.	22
$C_9H_{10}O_2$	Phenylpropionat	5,10	Bzl.	22
$C_9H_{10}O_2$	β-Phenyl-propionsäure	5,50	Bzl.	—
$C_9H_{10}O_3$	Allylbenzolozonid	3,93	Bzl.	20
$C_9H_{10}O_3$	rac. Mandelsäuremethylester	8,23	Bzl.	25
$C_9H_{10}O_3$	Salicylsäureethylester	9,43	flüssig	30...40
$C_9H_{11}Br$	Brommesitylen	5,07	Bzl.	30
$C_9H_{11}Br$	γ-Phenyl-propylbromid	5,93	Diox.	25
$C_9H_{11}Cl$	Chlormesitylen	5,17	Bzl.	30
$C_9H_{11}Cl$	γ-Phenyl-propylchlorid	5,87	Diox.	25
$C_9H_{11}F$	Fluormesitylen	4,53	Bzl.	30
$C_9H_{11}J$	Jodmesitylen	4,73	Bzl.	30
$C_9H_{11}NO$	Acetyl-p-toluidin	12,47	Bzl.	25
	Acetyl-m-toluidin	12,30	Bzl.	25
$C_9H_{11}NO$	Acetyl-o-toluidin	12,37	Bzl.	25
$C_9H_{11}NO$	4-Dimethylaminobenzaldehyd	18,67	Bzl.	18
$C_9H_{11}NO_2$	p-Aminobenzylacetat	9,33	—	—
$C_9H_{11}NO_2$	N,N-Dimethylanthranilsäure	21,03	Bzl.	25
$C_9H_{11}NO_2$	Nitromesitylen	12,23	Bzl.	25
C_9H_{12}	Cumol, Isopropylbenzol	2,17	Gas	70...200
C_9H_{12}	1-Methyl-4-ethyl-benzol	0	Bzl.	25
C_9H_{12}	1,3,5-Trimethyl-benzol	0	Bzl.	20
$C_9H_{12}N_2$	Acetonphenylhydrazon	8,93	Bzl.	20
$C_9H_{12}O$	Mesitol	4,53	Bzl.	30
$C_9H_{12}O$	3-Phenyl-propanol-(1)	5,43	Bzl.	25
$C_9H_{12}O_3$	Phloroglucintrimethylether	6,00	Bzl.	25
$C_9H_{12}O_8$	Methantetracarbonsäuretetramethylester	9,33	Bzl.	—
$C_9H_{13}N$	N-Dimethyl-p-toluidin	4,30	Bzl.	25
$C_9H_{13}N$	Mesidin	4,67	Bzl.	25
$C_9H_{13}NO$	p-Aminophenylpropylether	5,67	—	—
$C_9H_{13}NO$	N-Dimethyl-p-anisidin	5,67	Bzl.	25
$C_9H_{14}N_2$	Heptamethylendicyanid	13,67	Bzl.	25
$C_9H_{14}O$	Amylacetylacetylen	10,67	Bzl.	25
$C_9H_{14}O$	Isophoron	13,20	Diox. CCl_4	25
$C_9H_{14}O$	Phoron	7,93	Diox.	25
$C_9H_{14}O_4$	Cyclopropan-dicarbonsäure-1,1-ethylester	8,00	Bzl.	25
$C_9H_{16}O$	2,4,5-Trimethyl-cyclohexanon-(1)	9,30	Bzl.	18
$C_9H_{16}O_4$	2,3-Diacetoxypentan,			
	dl-threo	6,90	flüssig	25
	dl-erythro	8,27	flüssig	25
$C_9H_{16}O_4$	Dimethylmalonsäurediethylester	7,73	Bzl.	—
$C_9H_{16}O_4$	Glutarsäurediethylester	8,03	Bzl.	25
$C_9H_{17}NO_4$	Glutaminsäurediethylester	8,53	Bzl.	25
C_9H_{18}	4-Ethyl-hepten-(3)	2,33	flüssig	20
C_9H_{18}	2,6-Dimethyl-hepten-(2)	2,70	flüssig	20
C_9H_{18}	3,6-Dimethyl-hepten-(3)	2,30	flüssig	20
C_9H_{18}	Isopropylcyclohexan	0	Gas	70...200
$C_9H_{18}Br_2$	1,9-Dibrom-nonan	8,50	Hept.	25
$C_9H_{18}O$	Hexamethylaceton	9,20	Bzl.	—
$C_9H_{18}O$	1,3,5-Trimethyl-cyclohexanol	6,20	Bzl.	18

Formel	Name	Dipolmoment $10^{30} \cdot p$ in C m	Zustand	Temperatur °C
$C_9H_{19}Br$	1-Brom-nonan	6,30	Bzl.	21
$C_9H_{19}BrO$	1-Brom-2-ethoxy-heptan	7,57	Bzl.	20
$C_9H_{19}BrO$	2-Brom-3-ethoxy-heptan	6,93	Bzl.	25
$C_9H_{19}BrO$	3-Brom-4-ethoxy-heptan	7,03	Bzl.	25
C_9H_{20}	Nonan	0	flüssig	−50... Kp.
$C_9H_{20}N_2O$	Tetraethylharnstoff	11,00	Bzl.	20
$C_9H_{20}O$	Nonanol-(1)	5,33	Bzl.	25
$C_9H_{20}O_2$	2,2-Dimethoxy-heptan	3,00	Bzl.	25
$C_9H_{20}O_2$	Propiondipropylacetal	4,50	Bzl.	—
$C_9H_{20}O_4$	ortho-Kohlensäureethylester	3,67	Bzl.	—
$C_9H_{20}O_4$	Pentaerythrittetramethylether	2,67	Bzl.	—
		< 1,00	Gas	—
$C_{10}H_4Cl_6O_4$	Hydrochinon-bis-trichloracetat	7,33	Bzl.	25
$C_{10}H_6BrCl$	1-Chlor-8-brom-naphthalin	8,80	Bzl.	14
$C_{10}H_6BrF$	1-Brom-2-fluor-naphthalin	7,80	Bzl.	20
$C_{10}H_6BrF$	1-Fluor-7-brom-naphthalin	7,80	Bzl.	—
$C_{10}H_6BrJ$	1-Brom-2-jod-naphthalin	6,00	Bzl.	20
$C_{10}H_6ClF$	1-Chlor-8-fluor-naphthalin	9,53	Bzl.	19
$C_{10}H_6ClJ$	1-Chlor-8-jod-naphthalin	8,50	Bzl.	14
$C_{10}H_6ClN$	8-Chlor-1-naphto-nitril	19,00	Bzl.	—
$C_{10}H_6Cl_2$	1,2-Dichlor-naphthalin	8,23	Bzl.	25
$C_{10}H_6Cl_2$	1,3-Dichlor-naphthalin	5,93	Bzl.	25
$C_{10}H_6Cl_2$	1,4-Dichlor-naphthalin	0	Bzl.	20
$C_{10}H_6Cl_2$	1,5-Dichlor-naphthalin	0,0	Bzl.	25
$C_{10}H_6Cl_2$	1,2-Dichlor-naphthalin	4,80	Bzl.	25
$C_{10}H_6Cl_2$	1,7-Dichlor-naphthalin	8,50	Bzl.	25
$C_{10}H_6Cl_2$	1,8-Dichlor-naphthalin	9,40	Bzl.	25
$C_{10}H_6Cl_2$	2,3-Dichlor-naphthalin	8,50	Bzl.	25
$C_{10}H_6Cl_2$	2,6-Dichlor-naphthalin	0	Bzl.	25
$C_{10}H_6Cl_2$	2,7-Dichlor-naphthalin	5,10	Bzl.	25
$C_{10}H_6Cl_2O_4S_2$	1,5-Naphthalindi-sulfonylchlorid	5,17	Bzl.	25
$C_{10}H_6F_2$	1,5-Difluor-naphthalin	0	Bzl.	22
$C_{10}H_6N_2O$	Furazan des β-Naphto-chinondioxims	16,13	Diox.	25
$C_{10}H_6N_2O_2$	β-Naphtochinon-dioximperoxid	17,77	Diox.	25
$C_{10}H_6N_2O_4$	1,5-Dinitronaphthalin	2,00	Bzl.	—
$C_{10}H_6N_2O_4$	1,8-Dinitronaphthalin	23,67	Bzl.	—
$C_{10}H_6O_4$	Furil	10,50	—	—
$C_{10}H_7Br$	1-Brom-naphthalin	5,27	Bzl.	20
$C_{10}H_7Br$	2-Brom-naphthalin	5,70	Bzl.	20
$C_{10}H_7BrN_2O_2$	4-Brom-2-nitro-1-naphthylamin	18,67	Diox.	25
$C_{10}H_7BrN_2O_2$	5-Brom-2-nitro-1-naphthylamin	16,83	Diox.	25
$C_{10}H_7BrN_2O_2$	6-Brom-2-nitro-1-naphthylamin	17,10	Diox.	25
$C_{10}H_7Cl$	1-Chlor-naphthalin	5,03	Bzl.	25
$C_{10}H_7Cl$	2-Chlor-naphthalin	5,50	Bzl.	25
$C_{10}H_7ClO_2S$	α-Naphthalin-sulfon-säurechlorid	15,87	Bzl.	25
$C_{10}H_7ClO_2S$	β-Naphthalin-sulfon-säurechlorid	16,60	Bzl.	25
$C_{10}H_7F$	1-Fluor-naphthalin	4,70	Bzl.	20
$C_{10}H_7F$	2-Fluor-naphthalin	5,20	Bzl.	20
$C_{10}H_7J$	1-Jod-naphthalin	4,77	Bzl.	20
$C_{10}H_7J$	2-Jod-naphthalin	5,20	Bzl.	20

Formel	Name	Dipolmoment $10^{30} \cdot p$ in C m	Zustand	Temperatur °C
$C_{10}H_7N$	p-Tolyl-propiol-nitril	16,33	Bzl.	25
$C_{10}H_7NO_2$	1-Nitronaphthalin	12,93	Bzl.	20
$C_{10}H_7NO_2$	2-Nitronaphthalin	14,67	Bzl.	25
$C_{10}H_7NO_2$	2-Nitroso-naphthol-(1)	14,63	Bzl.	—
$C_{10}H_7NO_2$	1-Nitroso-naphthol-(2)	14,53	Bzl.	—
$C_{10}H_8$	Azulen	17,50	—	—
$C_{10}H_8$	Naphthalin	0	Bzl.	20
$C_{10}H_8BrN$	2-Brom-6-naphthylamin	11,03	Bzl.	25
$C_{10}H_8N_2$	2,2'-Dipyridyl	< 2,27	Bzl.	17...67
$C_{10}H_8N_2$	4,4'-Dipyridyl	< 1,83	Bzl.	17...67
$C_{10}H_8N_2O_2$	β-Naphthochinondioxim	12,67	Diox.	25
$C_{10}H_8N_2O_2$	1-Nitro-naphthylamin-(2)	15,43	Bzl.	25
$C_{10}H_8N_2O_2$	1-Nitro-naphthylamin-(4)	21,27	Bzl.	25
$C_{10}H_8N_2O_2$	1-Nitro-naphthylamin-(5)	16,53	Bzl.	25
$C_{10}H_8N_2O_2$	2-Nitro-naphthylamin-(1)	16,40	Bzl.	25
$C_{10}H_8N_2O_2$	2-Nitro-naphthylamin-(6)	17,13	Bzl.	25
$C_{10}H_8N_2O_2$	3-Nitronaphthylamin-(1)	17,13	Bzl.	—
$C_{10}H_8N_2O_2$	4-Nitronaphthylamin-(1)	23,23	Diox.	—
$C_{10}H_8N_2O_2$	4-Nitronaphthylamin-(2)	15,40	Bzl.	—
$C_{10}H_8N_2O_2$	5-Nitronaphthylamin-(1)	17,40	Bzl.	—
$C_{10}H_8N_2O_2$	5-Nitronaphthylamin-(2)	16,77	Bzl.	—
$C_{10}H_8N_2O_2$	6-Nitronaphthylamin-(2)	23,67	Diox.	—
$C_{10}H_8N_2O_2$	8-Nitronaphthylamin-(1)	10,40	Bzl.	—
$C_{10}H_8N_2O_2$	8-Nitronaphthylamin-(2)	14,90	Bzl.	—
$C_{10}H_8O$	α-Naphthol	4,67	Bzl.	20
$C_{10}H_8O$	β-Naphthol	5,10	Bzl.	25
$C_{10}H_8O$	Phenylacetylacetylen	10,77	Bzl.	25
$C_{10}H_9BrO_2$	β-Bromzimtsäuremethylester	8,77	Bzl.	22
$C_{10}H_9N$	2-Methyl-chinolin	6,20	Bzl.	25
$C_{10}H_9N$	6-Methyl-chinolin	7,70	Bzl.	25
$C_{10}H_9N$	α-Naphthylamin	5,00	Bzl.	25
$C_{10}H_9N$	β-Naphthyl-amin	5,90	Bzl.	25
$C_{10}H_9NO$	α-Methyl-γ-phenylisoxazol	10,60	Bzl.	—
$C_{10}H_9NO_2S$	α-Naphthylsulfonamid	17,07	Diox.	25
$C_{10}H_9NO_2S$	β-Naphthylsulfonamid	17,07	Diox.	25
$C_{10}H_{10}$	1,2-Dihydro-naphthalin	4,67	Bzl.	25
$C_{10}H_{10}$	1,4-Dihydro-naphthalin	4,67	Hex.	25
$C_{10}H_{10}Br_2$	6,7-Dibrom-tetralin	9,37	Bzl.	25
$C_{10}H_{10}N_2$	2,3-Dimethyl-chinoxalin	< 1,00	Bzl.	—
$C_{10}H_{10}N_2O$	6-Methoxy-8-aminochinolin	6,30	Bzl.	—
$C_{10}H_{10}N_2O_2$	Methyl-p-anisyl-furazan	15,60	Bzl.	25
$C_{10}H_{10}N_2O_3$	Methyl-p-anisylfurazanperoxid	15,60	Bzl.	25
$C_{10}H_{10}N_2O_3$	Methyl-p-anisylfuroxan	18,50	Bzl.	25
$C_{10}H_{10}O$	Benzalaceton	11,03	Bzl.	—
$C_{10}H_{10}O_2$	p-Diacetyl-benzol	9,03	Bzl.	—
$C_{10}H_{10}O_2$	Zimtsäuremethylester	6,43	Diox.	25
$C_{10}H_{10}O_4$	Hydrochinondiessigsäureester	7,33	Bzl.	25
$C_{10}H_{10}O_4$	Phthalsäuredimethylester	9,33	Bzl.	25
$C_{10}H_{10}O_4$	Terephthalsäuredimethylester	7,33	Bzl.	25
$C_{10}H_{11}Br$	7-Brom-tetralin	7,43	Bzl.	25
$C_{10}H_{11}BrO_2$	p-Brom-β-phenylpropionsäure-methylester	7,97	Bzl.	20
$C_{10}H_{11}N$	1,2-Dimethyl-indol	8,40	Bzl.	25
$C_{10}H_{11}N$	1,3-Dimethyl-indol	6,80	Bzl.	25
$C_{10}H_{11}N$	2,3-Dimethyl-indol	7,97	Bzl.	25
$C_{10}H_{11}NO_2$	1-Nitro-tetralin	13,27	Bzl.	25
$C_{10}H_{11}NO_2$	2-Nitro-tetralin	16,03	Bzl.	25
$C_{10}H_{12}$	1-Ethyl-4-ethenyl-benzol	2,03	Bzl.	25

Formel	Name	Dipolmoment $10^{30}\cdot p$ in C m	Zustand	Temperatur °C
$C_{10}H_{12}$	o-α-Dimethyl-styrol	2,67	Bzl.	26
$C_{10}H_{12}$	1,2,3,4-Tetrahydro-naphthalin	1,37	flüssig	10...50
$C_{10}H_{12}Cl_2$	Dichlordurol	~83,33	Bzl.	25
$C_{10}H_{12}Cl_2$	Dichlorprehnitol	9,77	Bzl.	25
$C_{10}H_{12}N_2O_4$	Dinitrodurol	2,00	Bzl.	25
$C_{10}H_{12}N_2O_4$	Dinitroprehnitol	22,87	Bzl.	25
$C_{10}H_{12}O$	ω-Ethoxy-styrol	5,60	Bzl.	18
$C_{10}H_{12}O$	Ethylacetophenon	9,43	Bzl.	—
$C_{10}H_{12}O$	Dimethylacetophenon	9,63	Bzl.	—
$C_{10}H_{12}O$	o-Methoxy-α-methyl-styrol	4,93	Bzl.	27
$C_{10}H_{12}O$	p-Methoxy-α-methyl-styrol	4,63	Bzl.	26
$C_{10}H_{12}O_2$	Phenylessigsäureethylester	6,07	—	30
$C_{10}H_{12}S$	Diamylsulfid	5,27	Bzl.	25
$C_{10}H_{13}Br$	2-Brom-p-cymol	5,87	Bzl.	25
$C_{10}H_{13}Br$	3-Brom-p-cymol	5,70	Bzl.	25
$C_{10}H_{13}Br$	Bromdurol	5,17	Bzl.	25
$C_{10}H_{13}Cl$	2-Chlor-p-cymol	5,47	Bzl.	25
$C_{10}H_{13}Cl$	3-Chlor-p-cymol	5,63	Bzl.	25
$C_{10}H_{13}NO_2$	p-tert-Butylnitrobenzol	15,37	Bzl.	25
$C_{10}H_{13}NO_2$	Methyl-N-dimethylanthranilat	6,83	Bzl.	25
$C_{10}H_{13}NO_2$	Nitrodurol	11,30	Bzl.	25
$C_{10}H_{13}NO_3$	Nitrodurenol	13,60	Bzl.	25
$C_{10}H_{14}$	tert.-Butyl-benzol	2,33	Gas	70...200
$C_{10}H_{14}$	p-Cymol	0	Bzl.	25
$C_{10}H_{14}$	1,4-Diethyl-benzol	0,80	Bzl.	25
$C_{10}H_{14}$	6,6-Diethyl-fulven	4,80	Bzl.	24
$C_{10}H_{14}BrN$	Bromaminodurol	9,17	Bzl.	25
$C_{10}H_{14}Br_2$	Dihydro-dicyclopentadien-dibromid (1,2), cis	10,47	Bzl.	—
$C_{10}H_{14}N_2O$	p-Nitrosodiethylanilin	23,93	Bzl.	25
$C_{10}H_{14}N_2O_2$	p-Benzoylhydroxyazobenzol	6,43	Bzl.	—
$C_{10}H_{14}N_2O_2$	Nitroaminodurol	16,60	Bzl.	25
$C_{10}H_{14}O$	Carvacrol	5,13	Bzl.	25
$C_{10}H_{14}O$	Carvon	10,57	Bzl.	—
$C_{10}H_{14}O$	Durenol	5,60	Bzl.	25
$C_{10}H_{14}O$	Thymol	5,33	Bzl.	18
$C_{10}H_{14}O_2$	Brenzcatechindiethylether	4,57	Bzl.	25
$C_{10}H_{14}O_2$	Hydrochinondiethylether	5,83	Bzl.	40
$C_{10}H_{14}O_2$	Resorcindiethylether	5,67	Bzl.	25
$C_{10}H_{15}N$	Aminodurol	4,63	Bzl.	25
$C_{10}H_{15}N$	N,N-Diethyl-anilin	5,50	Bzl.	18
$C_{10}H_{16}$	d,l-Limonen	< 1,67	Bzl.	15
$C_{10}H_{16}$	d-Limonen	5,20	Bzl.	25
$C_{10}H_{16}N_2$	Tetramethyl-p-phenylendiamin	4,10	Bzl.	25
$C_{10}H_{16}O$	Campher	9,80	Bzl.	22
$C_{10}H_{16}O$	Fenchon	9,83	Bzl.	22
$C_{10}H_{16}O$	Pulegon	9,83	Bzl.	25
$C_{10}H_{16}O_4$	Cyclobutan-1,1-dicarbonsäure-diethylester	7,40	Bzl.	25
$C_{10}H_{16}O_4$	1,4-Diacetoxy-2,3-dimethyl-buten-(2) (cis)	8,60	Bzl.	25
$C_{10}H_{16}O_4$	1,4-Diacetoxy-2,3-dimethyl-buten-2 (trans)	6,33	Bzl.	25
$C_{10}H_{16}O_4$	1,4-Diacetyl-cyclohexan	4,87	Bzl.	18
$C_{10}H_{16}O_4$	Hexahydroisophthal-säuredimethylester (cis)	7,67	—	20
$C_{10}H_{16}O_4$	Hexahydroisophthal-säuredimethylester (trans)	6,97	—	20

Formel	Name	Dipolmoment $10^{30} \cdot p$ in C m	Zustand	Temperatur °C
$C_{10}H_{18}$	Dekahydronaphthalin (cis)	0	flüssig	20...160
$C_{10}H_{18}$	Dekahydronaphthalin (trans)	0	flüssig	20...160
$C_{10}H_{18}$	Decin-(5)	0	flüssig	25...125
$C_{10}H_{18}N_2O_4$	Methyl-1-nitrosoiso-propylketon, dimer	11,07	Bzl.	25
$C_{10}H_{18}O$	1-Borneol	5,20	Bzl.	22
$C_{10}H_{18}O$	Isoborneol	5,50	Bzl.	—
$C_{10}H_{18}O$	Menthon	9,40	Bzl.	22
$C_{10}H_{18}O_4$	Adipinsäurediethylester	8,00	Bzl.	25
$C_{10}H_{18}O_4$	dl-1,2-Diethyl-bernsteinsäure-dimethylester	7,57	Bzl.	—
$C_{10}H_{18}O_4$	meso-1,2-Diethyl-bern-steinsäure-dimethylester	6,67	Bzl.	—
$C_{10}H_{18}O_4$	Isopropylmalonsäure-diethylester	8,00	Bzl.	—
$C_{10}H_{18}O_6$	rac. 1,2-Dimethoxy-bernsteinsäure-diethylester	12,47	Bzl.	25
$C_{10}H_{18}O_6$	meso-1,2-Dimethoxy-bernsteinsäure-diethylester	11,13	Bzl.	25
$C_{10}H_{20}$	2-Methyl-2-cyclohexyl-propan	0	Gas	70...200
$C_{10}H_{20}$	5-Methyl-nonen-(4)	1,60	flüssig	20
$C_{10}H_{20}$	2,4,6-Trimethyl-hepten-(3)	2,33	flüssig	20
$C_{10}H_{20}Br_2$	Dibromdecamethylen	2,33	Bzl.	25
$C_{10}H_{20}O$	1-Menthol	5,40	Bzl.	7
$C_{10}H_{20}O$	1,2,4,5-Tetramethyl-cyclohexanol	6,47	Bzl.	18
$C_{10}H_{20}O_2$	2-Methyl-2-amyl-1,3-dioxan	6,33	Bzl.	25
$C_{10}H_{21}Br$	Bromdecan	~1,23	Bzl.	40
$C_{10}H_{22}$	Decan	0	flüssig	−30...170
$C_{10}H_{22}O$	Decylalkohol	5,37	Bzl.	25
$C_{10}H_{22}O$	Diamylether	3,47	flüssig	30...50
$C_{10}H_{22}O$	Diisoamylether	4,10	Bzl.	25
$C_{10}H_{22}O$	Tripropylcarbinol	5,50	Bzl.	18
$C_{10}H_{22}O_2$	Decamethylenglykol	8,40	Diox.	25
$C_{11}H_6ClN$	8-Chlor-1-naphtho-nitril	19,00	Bzl.	19
$C_{11}H_7NO$	α-Naphthalinisocyanat	7,67	Bzl.	20
$C_{11}H_7NO$	β-Naphthalinisocyanat	7,80	Bzl.	20
$C_{11}H_8O_2$	Cyclopentadien-p-benzochinon	2,30	Bzl. od. CCl_4	25 u. 45
$C_{11}H_9NO_4$	p-Nitrophenylpropiol-säureethylester	11,80	Bzl.	22
$C_{11}H_{10}N_2O$	8-Amino-6-methoxychinolin	6,30	Bzl.	—
$C_{11}H_{10}O_2$	Phenylpropiolsäureethylester	7,30	Bzl.	21
$C_{11}H_{11}N$	2,4-Dimethyl-chinolin	7,67	Bzl.	25
$C_{11}H_{11}N$	2,6-Dimethyl-chinolin	6,67	Bzl.	25
$C_{11}H_{11}NO_4$	p-Nitrozimtsäureethylester	11,67	Bzl.	21
$C_{11}H_{12}$	p-Isopropyl-phenyl-ethin	3,73	—	—
$C_{11}H_{12}N_2O$	1-Phenyl-2,3-dimethyl-pyrazolon-(5) (Antipyrin)	18,27	Bzl.	25
$C_{11}H_{12}O_2$	Zimtsäureethylester	7,13	Bzl.	—
$C_{11}H_{12}O_4$	3,5-Diacetyl-2,6-dimethyl-γ-pyron	13,33	Bzl.	—
$C_{11}H_{12}O_9$	Zimtsäureethyl-esterozonid (trans)	6,67	Bzl.	23
$C_{11}H_{13}N$	2-Methyl-3-ethyl-indol	8,03	Bzl.	—
$C_{11}H_{13}N$	3-Methyl-2-ethyl-indol	7,87	Bzl.	25

Formel	Name	Dipolmoment $10^{30} \cdot p$ in C m	Zustand	Temperatur °C
$C_{11}H_{13}NO$	p-Dimethylamino-zimtsäurealdehyd	18,00	Bzl.	21
$C_{11}H_{13}NO_4$	p-Nitro-β-phenyl-propionsäureethylester	15,27	Bzl.	20
$C_{11}H_{14}$	1-Ethenyl-2,4,5-trimethyl-benzol	1,50	Bzl.	25
$C_{11}H_{14}$	1-Ethenyl-2,4,6-trimethylbenzol	1,40	Bzl.	25
$C_{11}H_{14}O_2$	Phenylmethylessig-säureethylester	6,06	—	30
$C_{11}H_{14}O_2$	3-Phenyl-propionsäure-ethylester	5,83	Bzl.	21
$C_{11}H_{15}Cl$	Pentamethylchlor-benzol	6,17	Bzl.	25
$C_{11}H_{16}$	1-Methyl-4-tert-butyl-benzol	1,30	Gas	70...200
$C_{11}H_{16}N_2O$	N,N-Diethyl-N'-phenyl-harnstoff	10,67	Diox.	17
$C_{11}H_{17}N$	N,N-Dimethylmesidin	3,43	Bzl.	25
$C_{11}H_{17}N$	Pentamethylanilin	3,67	Bzl.	25
$C_{11}H_{18}N_2$	Enneamethylendicyanid	14,63	Bzl.	25
$C_{11}H_{18}O_2$	Bornylformiat	6,80	Bzl.	22
$C_{11}H_{18}O_4$	Cyclopentan-1,1-dicar-bonsäure-ethylester	7,13	Bzl.	25
$C_{11}H_{20}BrN$	11-Brom-undecan-nitril	13,07	Bzl.	25
$C_{11}H_{20}O_2$	Menthylformiat	6,87	Bzl.	22
$C_{11}H_{20}O_4$	3,4-Diacetoxy-heptan, dl-threo	7,27	flüssig	25
$C_{11}H_{20}O_4$	3,4-Diacetoxy-heptan, dl-erythro	8,93	flüssig	25
$C_{11}H_{20}O_4$	Diethylmalonsäurediethylester	7,00	Bzl.	—
$C_{11}H_{20}O_4$	Pentaerythritdiacetonal	7,53	Bzl.	22
$C_{11}H_{22}N_2O_2$	Methyloctylglyoxim	4,93	Diox.	20
$C_{11}H_{22}O$	Methylnonylketon	8,97	Bzl.	15
$C_{11}H_{24}$	Undecan	0	flüssig	−10... Kp
$C_{11}H_{24}O$	Undecylalkohol	5,53	Bzl.	25
$C_{11}H_{24}O_2$	Bis(2,2-dimethyl-propyloxy)-methan	2,93	Bzl.	25
$C_{12}H_6Br_4$	2,2-Bis-(bromomethyl)-diphenyl	9,37	Bzl.	—
$C_{12}H_6Cl_2N_2O_4$	4,4'-Dichlor-2,2-dinitro-diphenyl	16,33	Bzl.	25
$C_{12}H_6Cl_2O_2$	2,6-Dichlor-o-phenylendioxid	2,07	Bzl.	25
$C_{12}H_6Cl_2S_2$	2,6-Dichlor-o-phenylen-disulfid	4,57	Bzl.	25
$C_{12}H_6N_4O_8$	2,2', 4,4'-Tetranitrodiphenyl	14,60	Bzl.	25
$C_{12}H_6O_2$	Acenaphthenchinon	20,27	Bzl.	25
$C_{12}H_8Br_2$	4,4'-Dibrom-diphenyl	0	Bzl.	25
$C_{12}H_8Br_2N_2$	4,4'-Dibrom-azobenzol	3,30	CS_2	20
$C_{12}H_8Br_2O$	4,4'-Dibromdiphenylether	2,00	Bzl.	25
$C_{12}H_8Br_2S$	4,4'-Dibrom-diphenyl-sulfid	2,17	Bzl.	25
$C_{12}H_8Br_2Se_2$	Bis[4-bromphenyl]-diselenid	2,33	Bzl.	25
$C_{12}H_8Cl_2$	2,2'-Dichlor-diphenyl	6,37	Bzl.	—
$C_{12}H_8Cl_2$	3,3'-Dichlor-diphenyl	6,00	Bzl.	25
$C_{12}H_8Cl_2$	4,4'-Dichlor-diphenyl	0	Bzl.	25
$C_{12}H_8Cl_2OS$	4,4'-Dichlor-diphenylsulfoxid	8,57	Bzl.	25
$C_{12}H_8Cl_2O_4S_4$	Diphenyl-disulfid-4,4'-disulfonyl-chlorid	15,47	Bzl.	25
$C_{12}H_8Cl_2S$	4,4'-Dichlor-diphenyl-sulfid	1,93	Bzl.	25
$C_{12}H_8Cl_2Se$	Bis-[4-chlorphenyl]-selenid	2,57	Bzl.	25
$C_{12}H_8F_2$	4,4'-Difluor-diphenyl	1,17	Bzl.	25
$C_{12}H_8F_2O$	4,4'-Difluordiphenylether	1,70	Bzl.	25
$C_{12}H_8F_2OS$	4,4'-Difluor-diphenylsulfoxid	8,80	Bzl.	25
$C_{12}H_8F_2O_2S$	4,4'-Difluor-diphenylsulfon	10,93	Bzl.	25

Formel	Name	Dipolmoment $10^{30} \cdot p$ in C m	Zustand	Temperatur °C
$C_{12}H_8F_2S$	4,4'-Difluor-diphenyl-sulfid	1,60	Bzl.	25
$C_{12}H_8N_2$	Phenazin	0	Bzl.	14,9
$C_{12}H_8N_2O_4$	2,2'-Dinitrodiphenyl	17,30	Bzl.	25
$C_{12}H_8N_2O_4$	2,4'-Dinitro-diphenyl	20,39	Bzl.	—
$C_{12}H_8N_2O_4$	4,4'-Dinitrodiphenyl	3,40	Bzl.	25
$C_{12}H_8N_2O_5$	4,4'-Dinitrodiphenylether	8,70	Bzl.	25
$C_{12}H_8N_3O_5$	4,4'-Dinitrodiphenylnitroxid	9,00	—	—
$C_{12}H_8O$	Diphenylenoxid	2,93	Bzl.	25
$C_{12}H_8O_2S_2$	Thianthren-disulfoxid (Fp 246°)	14,00	Bzl.	19
$C_{12}H_8O_2S_2$	Thianthren-disulfoxid (Fp 279°)	5,67	Bzl.	19
$C_{12}H_8S$	Diphenylensulfid	0	Bzl.	23,7
$C_{12}H_8S_2$	Thianthren	4,70	Bzl.	25
$C_{12}H_8Se_2$	cis-Selen-anthren	4,70	Bzl.	25
$C_{12}H_9Br$	4-Brom-diphenyl	5,47	Bzl.	25
$C_{12}H_9BrN_2$	4-Brom-azobenzol	4,73	Bzl.	20,1
$C_{12}H_9BrO$	4-Bromdiphenylether	5,20	Bzl.	25
$C_{12}H_9Br_2N_3$	4,4'-Dibrom-diazo-amino-benzol	6,27	Bzl.	25
$C_{12}H_9Cl$	2-Chlor-diphenyl	4,83	Bzl.	25
$C_{12}H_9Cl$	3-Chlor-diphenyl	5,46	Bzl.	25
$C_{12}H_9Cl$	4-Chlor-diphenyl	5,43	Bzl.	—
$C_{12}H_9ClN_2$	4-Chlor-azobenzol	5,17	Bzl.	21,0
$C_{12}H_9ClOS$	4-Chlor-diphenylsulfoxid	11,57	Bzl.	25
$C_{12}H_9ClO_2S$	4-Chlor-diphenylsulfon	14,73	Bzl.	23,4
$C_{12}H_9ClS$	4-Chlor-diphenyl-sulfid	5,67	Bzl.	21
$C_{12}H_9Cl_2S_3$	4,4'-Dichlor-diazo-amino-benzol	6,47	Bzl.	25
$C_{12}H_9F$	4-Fluor-diphenyl	5,00	Bzl.	25
$C_{12}H_9FO$	4-Fluor-diphenylether	4,50	Bzl.	25
$C_{12}H_9FO_2S$	4-Fluor-diphenylsulfon	14,20	Bzl.	25
$C_{12}H_9FS$	4-Fluor-diphenyl-sulfid	4,57	Bzl.	25
$C_{12}H_9F_2N$	4,4'-Difluor-diphenylamin	6,97	Bzl.	25
$C_{12}H_9N$	Carbazol	6,97	Diox.	20
$C_{12}H_9NO_2$	2-Nitro-diphenyl	12,67	Bzl.	25
$C_{12}H_9NO_2$	3-Nitro-diphenyl	13,00	Bzl.	25
$C_{12}H_9NO_2$	4-Nitro-diphenyl	13,90	Bzl.	25
$C_{12}H_9NO_3$	4-Nitrodiphenylether	14,27	Bzl.	25
$C_{12}H_9NS$	Phenthiazin	7,10	Bzl.	25
$C_{12}H_{10}$	Acenaphthen	3,23	Bzl.	20
		5,33	Bzl.	80
$C_{12}H_{10}$	Diphenyl	0	flüssig	—
$C_{12}H_{10}AsCl$	Diphenylarsinchlorid	9,00	Hex.	—
$C_{12}H_{10}As_2$	Arsenobenzol	~0	Hex.	25
$C_{12}H_{10}BrN$	4-Brom-4'-amino-diphenyl	11,00	Bzl.	25
$C_{12}H_{10}BrN_3$	4-Brom-diazo-amino-benzol	6,67	Bzl.	25
$C_{12}H_{10}Br_2Se$	Diphenylselendibromid	11,33	Bzl.	25
$C_{12}H_{10}Cl_2Se$	Diphenylselendichlorid	10,70	Bzl.	25
$C_{12}H_{10}FN$	p-Fluor-diphenylamin	6,20	Bzl.	25
$C_{12}H_{10}NO$	Diphenylnitroxid	7,67	—	—
$C_{12}H_{10}N_2$	Azobenzol	0	Bzl.	24
$C_{12}H_{10}N_2O$	Azoxybenzol			
	cis	15,60	Bzl.	—
	trans	5,70	Bzl.	—
$C_{12}H_{10}N_2O$	Isoazoxybenzol	15,57	Bzl.	—
$C_{12}H_{10}N_2O$	Diphenylnitrosamin	11,17	Bzl.	25
$C_{12}H_{10}N_2O$	2-Hydroxyazobenzol	3,77	Bzl.	15

Formel	Name	Dipolmoment $10^{30}\cdot p$ in C m	Zustand	Temperatur °C
$C_{12}H_{10}N_2O$	4-Hydroxyazobenzol	5,40	Bzl.	15
$C_{12}H_{10}N_2O$	N-Nitrosodiphenylamin	11,30	Bzl.	20
$C_{12}H_{10}N_2O_2$	4,4'-Dihydroxyazobenzol			
	α-Form	8,67	Diox.	25
	β-Form	8,97	Diox.	25
$C_{12}H_{10}N_2O_2$	4-Nitro-4'-amino-diphenyl	21,53	Bzl.	25
$C_{12}H_{10}N_2O_2$	2-Nitro-diphenylamin	13,77	Bzl.	20
$C_{12}H_{10}N_2O_2$	4-Nitro-diphenylamin	19,40	Bzl.	20
$C_{12}H_{10}N_4O_2$	4-Nitro-diazoaminobenzol	4,97	Bzl.	—
$C_{12}H_{10}O$	Diphenylether	3,90	Bzl.	25
$C_{12}H_{10}OS$	Diphenylsulfoxid	13,33	Bzl.	25
$C_{12}H_{10}OSe$	Diphenylselenoxid	14,80	Bzl.	25
$C_{12}H_{10}O_2S$	Diphenylsulfon	16,83	Bzl.	25
$C_{12}H_{10}O_4S_2$	Diphenyldisulfon	13,37	Bzl.	25
$C_{12}H_{10}S$	Diphenylsulfid	5,23	Bzl.	25
$C_{12}H_{10}S_2$	Diphenyldisulfid	6,03	Bzl.	24
$C_{12}H_{10}Se$	Diphenylselenid	4,60	Bzl.	20
$C_{12}H_{10}Se_2$	Diphenyldiselenid	5,57	Bzl.	25
$C_{12}H_{10}Te$	Diphenyltellurid	3,77	Bzl.	20,8
$C_{12}H_{11}N$	2-Amino-diphenyl	4,73	Bzl.	—
$C_{12}H_{11}N$	4-Amino-diphenyl	5,80	Bzl.	25
$C_{12}H_{11}N$	Diphenylamin	3,30	Bzl.	25
$C_{12}H_{11}N_3$	4-Amino-azo-benzol	9,03	Bzl.	25
$C_{12}H_{11}N_3$	Diazoaminobenzol	0,30	Bzl.	25
$C_{12}H_{12}N_2$	2,2'-Diaminodiphenyl	6,67	Bzl.	25
$C_{12}H_{12}N_2$	1,1-Diphenyl-hydrazin	6,23	Bzl.	20
$C_{12}H_{12}N_2$	Hydrazobenzol	5,53	Bzl.	20
$C_{12}H_{12}O_2$	1,5-Dimethoxy-naphthalin	1,20	—	—
$C_{12}H_{12}O_6$	Phloroglucintriacetat	8,00	Bzl.	25
$C_{12}H_{14}O_4$	Phthalsäurediethylester	9,00	Bzl.	25
$C_{12}H_{14}O_4$	Terephthalsäurediethylester	7,67	Bzl.	20...50
$C_{12}H_{15}N$	2-tert-Butyl-indol	8,13	Bzl.	25
$C_{12}H_{15}N$	1,2-Dimethyl-3-ethyl-indol	8,03	Bzl.	25
$C_{12}H_{15}N$	1,3-Dimethyl-2-ethyl-indol	8,07	Bzl.	25
$C_{12}H_{15}NO$	N-Dimethyl-p-amino-benzylidenaceton	17,67	Bzl.	24
$C_{12}H_{15}N_3O_6$	1,3,5-Triethyl-2,4,6-trinitrobenzol	2,67	Bzl.	25
$C_{12}H_{15}N_3O_6$	Trinitro-5-tert.-butyl-m-xylol	3,80	Bzl.	25
$C_{12}H_{16}O_2$	Benzoesäureisoamylester	7,33	CCl_4	—
$C_{12}H_{17}NO_3$	Nitroethoxydurol	12,30	Bzl.	25
$C_{12}H_{18}$	5-tert-Butyl-m-xylol	0,83	Bzl.	25
$C_{12}H_{18}$	Hexamethylbenzol	0	Bzl.	20
$C_{12}H_{18}$	1,3,5-Triethyl-benzol	0,33	Bzl.	25
$C_{12}H_{18}N_2O_2$	Nitrodimethylaminodurol	13,70	Bzl.	25
$C_{12}H_{18}N_4O_7$	Dipropylammoniumpikrat	38,33	Bzl.	—
$C_{12}H_{18}N_4O_7$	Triethylammoniumpikrat	39,00	Bzl.	—
$C_{12}H_{20}N_2$	Dodecandinitril	16,50	Bzl.	25
$C_{12}H_{20}O_2$	1-Bornyl-acetat	6,23	Bzl.	22
$C_{12}H_{20}O_4$	Cyclohexan-1,1-dicarbonsäure-ethylester	7,43	Bzl.	25
$C_{12}H_{20}O_4$	Hexahydroisophthal-säurediethylester (cis)	7,83	—	20
$C_{12}H_{20}O_4$	Hexahydroisophthal-säurediethylester (trans)	7,10	—	20
$C_{12}H_{22}$	Dodecin	0	flüssig	25...125
$C_{12}H_{22}O_2$	Essigsäure-l-menthyl-ester	6,10	Bzl.	22
$C_{12}H_{22}O_{11}$	Saccharose	9,33	Pyridin	20

Formel	Name	Dipolmoment $10^{30} \cdot p$ in C m	Zustand	Temperatur °C
$C_{12}H_{24}O_2$	Laurinsäure	2,50	Bzl.	25
$C_{12}H_{29}J$	Lauryljodid	6,17	CCl_4	20
$C_{12}H_{26}$	Dodecan	0	flüssig	−10−.. Kp.
$C_{12}H_{26}O$	Dodecanol-(1)	5,40	Bzl.	25
$C_{12}H_{27}BO_3$	Borsäuretributylester	2,57	Bzl.	—
$C_{12}H_{28}BrN$	Tri-n-butyl-ammonium-bromid	25,37	Bzl.	25
$C_{12}H_{28}ClN$	Tri-n-butyl-ammonium-chlorid	23,90	Bzl.	25
$C_{12}H_{28}JN$	Tri-n-butyl-ammonium-jodid	26,97	Bzl.	25
$C_{13}H_6Br_2O$	2,7-Dibrom-fluorenon-(9)	14,80	Bzl.	25
$C_{13}H_6Br_2O_2$	2,7-Dibrom-xanthon	13,67	Bzl.	25
$C_{13}H_6N_2O_4$	2,5-Dinitrofluorenon	20,00	Bzl.	25
$C_{13}H_6N_2O_4$	2,7-Dinitrofluorenon	16,00	Bzl.	25
$C_{13}H_6N_2O_6$	α-Dinitroxanthon	9,93	Bzl.	25
$C_{13}H_9N_2O_6$	β-Dinitroxanthon	19,07	Bzl.	25
$C_{13}H_7NO_3$	2-Nitro-fluorenon	20,13	Bzl.	25
$C_{13}H_8Br_2$	2,7-Dibrom-fluoren	0,73	Bzl.	25
$C_{13}H_8Br_2O$	p,p′-Dibrom-benzophenon	5,63	Bzl.	22
$C_{13}H_8Cl_2$	9,9-Dichlor-fluoren	6,17	Bzl.	20
$C_{13}H_8Cl_2N_2$	Di-p-chlorphenyl-diazomethan	2,07	CCl_4	0
$C_{13}H_8Cl_2O$	p,p′-Dichlor-benzophenon	5,47	Bzl.	13
$C_{13}H_8Cl_4$	Di-p-Chlorphenyl-dichlormethan	1,60	Bzl.	17
$C_{13}H_8F_2O$	p,p′-Diflor-benzophenon	5,80	Bzl.	25
$C_{13}H_8N_2O_4$	2,5-Dinitrofluoren	23,53	Bzl.	25
$C_{13}H_8N_2O_4$	2,7-Dinitrofluoren	5,67	Bzl.	—
$C_{13}H_8O$	Fluorenon	10,97	Bzl.	18
$C_{13}H_8O$	Xanthon	9,77	Bzl.	20
$C_{13}H_8OS$	Thioxanthon	18,00	Diox.	17
$C_{13}H_8OS$	Xanthion	18,00	Bzl.	28
$C_{13}H_8S_2$	Thioxanthion	17,33	Diox.	31
$C_{13}H_9BrO$	p-Brom-benzophenon	9,17	Bzl.	20
$C_{13}H_9Cl$	9-Chlor-fluoren	5,87	Bzl.	14
$C_{13}H_9ClO$	p-Chlor-benzophenon	9,03	Hex.	25
$C_{13}H_9Cl_2N$	p-Chlor-benzophenon-chlorimin			
	syn-oder β	8,90	Bzl.	25
	anti-oder α	8,23	Bzl.	25
$C_{13}H_9Cl_2N$	p-Chlor-benzyliden-p-chlor-anilin	5,20	Bzl.	25
$C_{13}H_9FO$	p-Fluor-benzophenon	8,77	Bzl.	25
$C_{13}H_9N$	Acridin	6,50	Bzl.	14
$C_{13}H_9NO_2$	2-Nitro-fluoren	13,67	Diox.	25
$C_{13}H_9N_3O_4$	p-Nitrobenzyliden-p-nitroanilin	11,87	Bzl.	25
$C_{13}H_{10}$	Fluoren	1,93	Bzl.	20
$C_{13}H_{10}BrN$	Benzophenonbromimin	9,43	Bzl.	25
$C_{13}H_{10}Br_2$	p,p′-Dibrom-diphenylmethan	6,23	Bzl.	25
$C_{13}H_{10}ClN$	Benzophenonchlorimin	9,87	Bzl.	25
$C_{13}H_{10}ClN$	p-Chlorbenzyliden-anilin	5,90	Bzl.	25
$C_{13}H_{10}Cl_2$	p-Chlor-diphenyl-chlormethan	6,30	Bzl.	25
$C_{13}H_{10}Cl_2$	Diphenyldichlormethan	7,97	Bzl.	17
$C_{13}H_{10}N_2$	Diphenylcarbodiimid	6,30	Bzl.	18
$C_{13}H_{10}N_2$	Diphenyldiazomethan	4,73	CCl_4	0
$C_{13}H_{10}N_2O$	Di-p-nitrophenylmethan	14,30	Bzl.	24
$C_{13}H_{10}N_2O_2$	2,7-Nitroaminofluoren	22,67	Diox.	25
$C_{13}H_{10}N_2O_2$	4-Nitrobenzalanilin	13,83	Bzl.	—
$C_{13}H_{10}N_2O_4$	p,p′-Dinitrodiphenylmethan	14,30	Bzl.	23,9
$C_{13}H_{10}O$	Benzophenon	9,77	Bzl.	25

Formel	Name	Dipolmoment $10^{30}\cdot p$ in C m	Zustand	Temperatur °C
$C_{13}H_{10}O$	Xanthen	4,27	Bzl.	28
$C_{13}H_{10}O_2$	Benzoesäure-phenylester	6,03	Bzl.	22
$C_{13}H_{10}O_2$	4-Hydroxy-benzoephenon	13,20	Diox.	32
$C_{13}H_{10}O_3$	4,4'-Dihydroxy-benzophenon	14,97	Diox.	32
$C_{13}H_{10}O_3$	Salicylsäurephenylester	10,50	Bzl.	40
$C_{13}H_{10}S$	Thiobenzophenon	12,23	Bzl.	20
$C_{13}H_{11}BrO$	p-Bromphenyl-p-tolylether	6,60	Hex.	25
$C_{13}H_{11}Br_2N_3$	4,4'-Dibrom-N-methyl-diazoaminobenzol	8,40	Bzl.	25
$C_{13}H_{11}Cl$	3-α-Naphthyl-1-chlor-propen-(1)			
	feste Form	4,23	Bzl.	32
	fl. Form	4,90	Bzl.	32
$C_{13}H_{11}N$	Benzalanilin	5,23	Bzl.	25
$C_{13}H_{11}N_3O_3$	4-Nitro-4'-methoxyazobenzol	21,67	Bzl.	17
$C_{13}H_{12}$	Diphenylmethan	1,23	flüssig	20...50
$C_{13}H_{12}$	α-Naphthyl-methylethen	~0	Bzl.	27
$C_{13}H_{12}N_2$	Benzalphenylhydrazin	6,30	Bzl.	20
$C_{13}H_{12}N_2$	Benzophenonhydrazon	6,73	Bzl.	16
$C_{13}H_{12}N_2$	2,9-Diamino-fluoren	6,53	Bzl.	18
$C_{13}H_{12}N_2O$	N,N-Diphenylharnstoff	9,00	Diox.	17
$C_{13}H_{12}N_2O$	N,N'-Diphenylharnstoff	15,33	Diox.	20
$C_{13}H_{12}N_2O$	p-Methoxy-azobenzol	4,30	Bzl.	23
$C_{13}H_{12}N_2S$	N,N'-Diphenyl-thioharnstoff	16,33	Diox.	20
$C_{13}H_{12}O$	2,7-Dimethyl-benzo-cycloheptadienon	12,02	Bzl.	25
$C_{13}H_{12}O$	Phenyl-p-tolyl-ether	4,37	Bzl.	20
$C_{13}H_{13}N$	Phenyl-p-tolyl-amin	3,37	Bzl.	25
$C_{13}H_{13}N_3$	N-Methyl-diazoaminobenzol	4,97	Bzl.	25
$C_{13}H_{13}S$	Phenyl-p-tolyl-sulfid	5,83	Bzl.	25
$C_{13}H_{14}O$	2-Monobenzal-cyclohexanon	10,40	Bzl.	25
$C_{13}H_{16}O$	Allylethylacetophenon	9,33	Bzl.	—
$C_{13}H_{16}O$	Allyldimethylacetophenon	8,93	Bzl.	—
$C_{13}H_{16}O_4$	Phenylmalonsäurediethylester	8,48	—	30
$C_{13}H_{17}N$	1-Methyl-3-tert.-butyl-indol	6,77	Bzl.	25
$C_{13}H_{17}NO_2$	N-Dimethyl-p-amino-zimtsäureethylester	15,33	Bzl.	19
$C_{13}H_{20}O_8$	Methantetracarbon-säuretetraethylester	10,00	Bzl.	—
$C_{13}H_{20}O_8$	Pentaerythrittetraessigsäurester		Bzl.	22
$C_{13}H_{22}O_2$	Propionsäure-l-bornylester	6,13	Bzl.	22
$C_{13}H_{24}O_2$	Propionsäurementhylester	6,30	Bzl.	22
$C_{13}H_{24}O_4$	Azelainsäurediethylester	7,87	flüssig	30...40
$C_{13}H_{24}O_4$	Propylmalonsäurediethylester	7,17	Bzl.	—
$C_{13}H_{26}O_2$	Undecansäureethylester	6,30	Hept.	25
$C_{13}H_{28}O_2$	2,2-Di-propyloxy-n-heptan	3,07	Bzl.	25
$C_{13}H_{28}O_4$	Pentaerythrittetraethylether	3,67	Bzl.	—
$C_{14}H_6Cl_2O_2$	1,8-Dichlor-anthrachinon	9,40	Bzl.	22
$C_{14}H_6Cl_2O_2$	2,3-Dichlor-anthrachinon	8,40	Bzl.	22
$C_{14}H_6N_4O_{12}$	2,2', 4,4'-Tetranitro-6,6'-dicarboxy-biphenyl	19,53	Diox.	—
$C_{14}H_7ClO_2$	1-Chlor-anthrachinon	5,10	Bzl.	22
$C_{14}H_7ClO_2$	2-Chlor-anthrachinon	5,67	Bzl.	22
$C_{14}H_8Cl_2$	1,8-Dichlor-anthracen	10,67	Diox.	23
$C_{14}H_8Cl_2$	2,2-Dichlor-diphenyl-acetylen	6,40	Bzl.	25
$C_{14}H_8Cl_2$	3,3-Dichlor-diphenyl-acetylen	6,37	Bzl.	25
$C_{14}H_8Cl_4$	1,5,9,10-Tetrachlor-9,10-dihydro-anthracen	12,33	α-Methyl-naphthalin	25

Formel	Name	Dipolmoment $10^{30} \cdot p$ in C m	Zustand	Temperatur °C
$C_{14}H_8N$	p,p'-Dicyan-diphenyl	3,80	Bzl.	25
$C_{14}H_8N_2O$	Benzoylbenzimidazol	6,57	Bzl.	25
$C_{14}H_8O_2$	Anthrachinon	2,00	Bzl.	—
$C_{14}H_8O_2$	Phenanthrenchinon	18,67	Bzl.	—
$C_{14}H_9Br$	9-Brom-anthracen	5,00	Bzl.	25
$C_{14}H_9Br_2Cl_3$	2,2-Bis (p-brom-phenyl)-1,1,1-trichlor-ethan	3,97	Bzl.	20
$C_{14}H_9Cl_5$	1,1-Bis (p-chlor-phenyl)-2,2,2-trichlor-ethan „DDT“	3,73	Bzl.	20
$C_{14}H_9Cl_5$	2-p-Chlor-phenyl-2-o-chlor-phenyl-1,1,1-trichlor-ethan	7,47	Bzl.	20
$C_{14}H_9Cl_5$	2-p-Chlor-phenyl-2-m-chlor-phenyl-1,1,1-trichlor-ethan	5,90	Bzl.	20
$C_{14}H_{10}$	Anthracen	0	Bzl.	25
$C_{14}H_{10}$	Diphenylacetylen	0	Bzl.	18
$C_{14}H_{10}$	Phenanthren	0	Hept.	20
$C_{14}H_{10}BrCl$	1-p-Chlorphenyl-1-phenyl-2-brom-ethen, hochschmelzend	7,57	Bzl.	17,3
	tiefschmelzend	4,27	Bzl.	17,9
$C_{14}H_{10}Br_2$	1-p-Bromphenyl-1-phenyl-2-brom-ethen, hochschmelzend	8,10	Bzl.	21
	tiefschmelzend	4,07	Bzl.	20
$C_{14}H_{10}Br_2$	1,1-Di-p-brom-phenyl-ethen	4,77	Bzl.	25
$C_{14}H_{10}Br_2$	1,1-Diphenyl-2,2-dibrom-ethen	5,40	Bzl.	15
$C_{14}H_{10}Cl_2$	1,1-Di-p-chlor-phenyl-ethen	4,77	Bzl.	25
$C_{14}H_{10}Cl_2$	1,1-Diphenyl-2,2-dichlor-ethen	5,97	Bzl.	12,9
$C_{14}H_{10}Cl_2$	α-Stilben-dichlorid	4,83	Bzl.	—
$C_{14}H_{10}Cl_2O_2$	1,5-Dichlor-9,10-dihydroxy-9,10-dihydroanthracen	9,83	Diox.	25,4
$C_{14}H_{10}F_2$	1,1-Di-p-fluor-phenyl-ethen	5,07	Bzl.	25
$C_{14}H_{10}N_2O$	Diphenylfurazan (3,4-Diphenyl-1,2,5-oxdiazol)	14,63	—	—
$C_{14}H_{10}N_2O$	2,5-Diphenyl-1,3,4-oxdiazol	11,50	Bzl.	25
$C_{14}H_{10}N_2O_2$	Azodibenzoyl	9,50	Bzl.	25
$C_{14}H_{10}N_2O_2$	Diphenylfurazanperoxid	17,30	Bzl.	25
$C_{14}H_{10}N_2O_2$	N-Phenyl-C-phenyl-sydnon	22,00	—	—
$C_{14}H_{10}N_2O_4$	1,1-Diphenyl-2,2-dinitro-ethen	18,30	Bzl.	14,5
$C_{14}H_{10}N_2O_4$	α, β-Dinitro-stilben	0	Bzl.	16
$C_{14}H_{10}N_2O_4$	4,4'-Dinitro-stilben	ca. 0	α-Methyl-naphthalin	16
$C_{14}H_{10}N_2O_5$	2,4'-Dinitro-stilbenoxid	16,53	Bzl.	15,3
$C_{14}H_{10}N_2O_5$	4,4'-Dinitro-stilbenoxid niedrigschmelzend	7,00	α-Methyl-naphthalin	16,2
$C_{14}H_{10}N_2O_5$	hochschmelzend	19,75	Diox.	16,7
$C_{14}H_{10}O$	Anthron	12,20	Bzl.	20
$C_{14}H_{10}O$	Anthrol-(1)	4,80	Bzl.	20
$C_{14}H_{10}O$	Anthrol-(2)	5,10	Bzl.	20
$C_{14}H_{10}O_2$	Benzil	12,07	Bzl.	25
$C_{14}H_{10}O_2S_2$	Benzylpersulfid	3,67	Bzl.	25
$C_{14}H_{10}O_3$	Benzoesäureanhydrid	13,83	Bzl.	25
$C_{14}H_{10}O_4$	Benzoylperoxid	5,27	Bzl.	45
$C_{14}H_{11}Br$	1-Phenyl-1-(p-bromphenyl)-ethen	5,00	Bzl.	25
$C_{14}H_{11}Br$	1,1-Diphenyl-2-brom-ethen	5,03	Bzl.	22,2
$C_{14}H_{11}Cl$	1-Phenyl-1-(p-chlor-phenyl)-ethen	4,97	Bzl.	25

Formel	Name	Dipolmoment $10^{30}\cdot p$ in C m	Zustand	Temperatur °C
$C_{14}H_{11}Cl_3$	2,2-Diphenyl-1,1,1-trichlor-ethan	6,47	Bzl.	20
$C_{14}H_{11}N$	2-Phenyl-indol	6,70	Bzl.	25
$C_{14}H_{11}N$	3-Phenyl-indol	7,37	Bzl.	25
$C_{14}H_{11}NO$	N-Methylacridon	11,67	Bzl.	30
$C_{14}H_{11}N_3O_2$	1,4-Diphenyl-3,5-dioxo-1,2,4-triazolidin	6,60	Bzl.	25
$C_{14}H_{11}N_3O_4$	α-Benzoyl-β-(p-nitrobenzoyl)-hydrazid	18,57	Bzl.	25
$C_{14}H_{12}$	1,1-Diphenyl-ethen	1,67	Bzl.	10...70
$C_{14}H_{12}$	1,2-Diphenyl-ethen cis (cis-Stilben)	0	Bzl.	18
$C_{14}H_{12}$	1,2-Diphenyl-ethen, trans (trans-Stilben)	0	Bzl.	10...70
$C_{14}H_{12}$	9,10-Dihydroanthracen	~1,33	Bzl.	25
$C_{14}H_{12}ClN$	p-Chlor-benzyliden-p-toluidin	6,87	Bzl.	25
$C_{14}H_{12}ClN$	o-Methoxy-benzyliden-p-chlor-anilin	12,83	Bzl.	25
$C_{14}H_{12}Cl_2$	α-Dichlor-stilben	4,23	Bzl.	25
$C_{14}H_{12}Cl_2$	β-Dichlor-stilben	9,17	Bzl.	25
$C_{14}H_{12}N_2$	Benzalazin	3,33	Bzl.	18
$C_{14}H_{12}N_2O$	Benzoylformaldehyd-phenylhydrazon, α- oder cis-Form	5,67	Bzl.	20
	β- oder trans-Form	9,07	Bzl.	20
$C_{14}H_{12}N_2O_2$	α, β-Dibenzoyl-hydrazid	8,77	Diox.	25
$C_{14}H_{12}N_2O_2$	α-Benzildioxim	4,97	Diox.	20
	β-Benzildioxim	7,07	Diox.	20
	γ-Benzildioxim	5,17	Diox.	20
$C_{14}H_{12}N_2O_3$	p-Nitrobenzo-phenon-α-oxim-N-methylether	22,00	Bzl.	25
$C_{14}H_{12}N_2O_3$	p-Nitrobenzo-phenon-β-oxim-N-methylether	3,63	Bzl.	25
$C_{14}H_{12}N_2O_3$	p-Nitrobenzophenon-α-oxim-o-methylether	12,50	Bzl.	25
$C_{14}H_{12}N_2O_3$	p-Nitrobenzo-phenon-β-oxim-o-methylether	14,20	Bzl.	25
$C_{14}H_{12}N_2O_4$	4,4'-Dinitro-2,2'-di-methylbiphenyl	4,33	Bzl.	25
$C_{14}H_{12}O$	Stilbenoxid	5,77	Bzl.	14
$C_{14}H_{12}O_2$	Benzoesäurebenzylester	6,93	Dekalin	25...90
$C_{14}H_{12}O_2$	Benzoin	11,90	Bzl.	18
$C_{14}H_{12}O_2$	2,6-Dimethyl-di-o-phenylendioxid	2,03	Bzl.	20
$C_{14}H_{12}O_2$	2-Methyl-2-phenyl-o-phenylen-methylen-dioxid	3,50	—	—
$C_{14}H_{13}NO$	Acetamidodiphenyl	12,77	Bzl.	25
$C_{14}H_{13}NO$	o-Methoxybenzylidenanilin	10,07	Bzl.	25
$C_{14}H_{13}NO$	Salicylal-m-toluidin	8,63	Bzl.	25
$C_{14}H_{13}NO$	Salicylal-p-toluidin	8,77	Bzl.	25
$C_{14}H_{14}$	Dibenzyl	0	flüssig	—
$C_{14}H_{14}$	2,2'-Dimethyl-diphenyl	2,20	Bzl.	25
$C_{14}H_{14}$	4,4'-Dimethyl-diphenyl	0	Bzl.	—
$C_{14}H_{14}Br_2S$	Benzylsulfiddibromid	ca. 18,00	Bzl.	25
$C_{14}H_{14}J_2S$	Benzylsulfiddijodid	14,67	Bzl.	10
$C_{14}H_{14}NO_3$	p,p'-Dianisylnitroxid	11,00	—	—
$C_{14}H_{14}N_2$	9,10-Dimethyl-9,10-dihydrophenazin	1,33	Bzl.	25

Formel	Name	Dipolmoment $10^{30}\cdot p$ in C m	Zustand	Temperatur °C
$C_{14}H_{14}N_2$	4,4'-Azotoluol, trans	ca. 0	Bzl.	25
$C_{14}H_{14}N_2O$	o,o'-Azoxytoluol, cis	14,53	Bzl.	—
$C_{14}H_{14}N_2O$	o,o'-Azoxytoluol, trans	5,77	Bzl.	—
$C_{14}H_{14}N_2O$	p,p'-Azoxytoluol, cis	16,87	Bzl.	—
$C_{14}H_{14}N_2O$	p,p'-Azoxytoluol, trans	5,77	Bzl.	—
$C_{14}H_{14}N_2O$	α-Benzoyl-β-p-tolyl-hydrazid	11,27	Bzl.	25
$C_{14}H_{14}N_2O$	Di-p-tolyl-nitrosamin	12,63	Bzl.	25
$C_{14}H_{14}N_2O_2$	Dibenzylhyponitrit	1,33	Bzl.	20
$C_{14}H_{14}N_2O_3$	o,o'-Azoxyanisol, cis	20,53	Bzl.	—
$C_{14}H_{14}N_2O_3$	o,o'-Azoxyanisol, trans	8,00	Bzl.	—
$C_{14}H_{14}N_2O_3$	p,p'-Azoxyanisol	8,27	Bzl.	—
$C_{14}H_{14}N_4O_2$	4-Nitro-4'-dimethyl-aminoazobenzol	27,00	Diox.	18
$C_{14}H_{14}O$	Dibenzylether	4,60	Bzl.	21,0
$C_{14}H_{14}O$	3,3-Dimethyl-diphenylether	4,67	Bzl.	30
$C_{14}H_{14}O$	3,4'-Dimethyl-diphenylether	4,73	Bzl.	30
$C_{14}H_{14}O$	Di-p-tolyl-ether	4,73	Bzl.	25
$C_{14}H_{14}OS$	Di-p-tolyl-sulfoxid	14,67	Bzl.	25
$C_{14}H_{14}OS$	Dibenzylsulfoxid	12,93	Bzl.	23
$C_{14}H_{14}O_2$	o,o'-Dimethoxy-diphenyl	5,07	Bzl.	25
$C_{14}H_{14}O_2$	p,p'-Dimethoxy-diphenyl	5,07	Bzl.	25
$C_{14}H_{14}O_2$	d,l Hydrobenzoin	8,90	Bzl.	25
$C_{14}H_{14}O_2$	Hydrobenzoin	7,70	Bzl.	60
$C_{14}H_{14}S$	Di-p-tolyl-sulfid	6,43	Bzl.	25
$C_{14}H_{14}S$	Dibenzylsulfid	4,60	Bzl.	21
$C_{14}H_{15}N$	Di-p-tolyl-amin	3,10	Bzl.	25
$C_{14}H_{15}N_3$	4,4'-Diazoaminotoluol	3,00	Bzl.	25
$C_{14}H_{15}N_3$	p-Dimethylamino-azobenzol	12,27	Bzl.	27
$C_{14}H_{16}N_2$	6,6'-Diamino-2,2'-dimethyl-diphenyl	5,53	Bzl.	20
$C_{14}H_{17}NO$	p-Dimethylaminozinna-mylidenaceton	22,33	Bzl.	25
$C_{14}H_{18}O_4$	Phenylmethylmalon-säurediethylester	8,40	—	30
$C_{14}H_{22}N_4O_7$	Dibutylammoniumpikrat	38,33	Bzl.	—
$C_{14}H_{22}N_4O_7$	Octylammoniumpikrat	40,33	Diox.	—
$C_{14}H_{22}O_2$	2,5-Di-tert.-butyl-1,4-dihydroxy-benzol	5,60	Bzl.	125 ± 15
$C_{14}H_{22}O_2$	Hydrochinondibutylether	5,97	Bzl.	25
$C_{14}H_{22}O_9$	Tetraacetyl-α-methyl-glucosid	7,93	Bzl.	—
$C_{14}H_{22}O_9$	Tetraacetyl-β-methyl-glucosid	10,27	Bzl.	—
$C_{14}H_{24}O_2$	Buttersäure-1-bornylester	6,40	Bzl.	22
$C_{14}H_{26}O_2$	Buttersäure-l-methylester	6,03	Bzl.	22
$C_{14}H_{26}O_4$	Sebacinsäurediethylester	8,30	Bzl.	25
$C_{14}H_{28}O_2$	Laurinsäureethylester	4,33	flüssig	20...143
$C_{14}H_{28}O_2$	Myristinsäure	2,57	Bzl.	25
$C_{15}H_{10}$	Phenanthridin	5,00	Bzl.	25
$C_{15}H_{10}Br_2O$	α, β-Dibrom-benzyliden-acetophenon	10,57	Bzl.	22
$C_{15}H_{10}Br_2O$	p,p'-Dibrom-benzyliden-acetophenon	6,77	Diox.	17
$C_{15}H_{10}O_2$	3-Phenyl-cumarin	14,33	Bzl.	25
$C_{15}H_{11}BrO$	α-Brombenzyliden-acetophenon	12,90	Bzl.	20
$C_{15}H_{11}BrO$	β-Brom-benzyliden-acetophenon	11,97	Bzl.	21
$C_{15}H_{11}BrO$	p-Brom-benzyliden-acetophenon	8,23	Bzl.	22
$C_{15}H_{11}BrO$	Benzyliden-p-brom-acetophenon	9,77	Bzl.	18

Formel	Name	Dipolmoment $10^{30}\cdot p$ in C m	Zustand	Temperatur °C
$C_{15}H_{11}ClO_5$	2-Phenyl-benzopyrylium-perchlorat	ca. 26,67	Dimethyl-anilin	25
$C_{15}H_{11}NO$	α, γ-Diphenyl-isoxazol	11,10	Bzl.	—
$C_{15}H_{12}Cl_2$	1,1-Bis(p-chlor-phenyl)-cyclopropan	6,73	Bzl.	—
$C_{15}H_{12}O$	Benzalacetophenon	10,07	Bzl.	20
$C_{15}H_{12}O_2$	Benzalacetophenonoxid	12,87	Bzl.	15
$C_{15}H_{13}NO_3$	4-Nitro-4'-methoxystilben	26,00	Bzl.	17
$C_{15}H_{14}$	1,1-Diphenyl-cyclo-propan	0,67	p-Xyl.	—
$C_{15}H_{14}N_2$	Di-p-tolyl-diazo-methan	6,53	CCl_4	0
$C_{15}H_{14}N_2$	p,p'-Carbo-ditolylimid	6,53	Bzl.	17
$C_{15}H_{14}O$	Dibenzylketon	8,83	Bzl.	18
$C_{15}H_{14}O_2$	p-Phenyl-benzoesäure-ethylester	6,70	Bzl.	15
$C_{15}H_{14}O_2S$	Dianisylthioketon	14,80	Bzl.	25
$C_{15}H_{14}O_3$	p,p'-Dianisyl-keton	12,80	Bzl.	22
$C_{15}H_{14}S$	Dimethylsulfonium-9-fluorenylid	20,67	Bzl.	25
$C_{15}H_{15}N_3O_2$	p-Dimethylamino-benzal-p'-nitroanilin	28,67	Bzl.	—
$C_{15}H_{16}$	1,3-Diphenyl-propan	1,83	Bzl.	25
$C_{15}H_{15}N_2$	Benzal-p-dimethylamino-anilin	8,83	Bzl.	—
$C_{15}H_{16}N_2$	sym. Diphenyl-dimethyl-harnstoff	12,00	Diox.	24
$C_{15}H_{16}N_2$	p-Dimethylamino-benzal-anilin	12,00	Bzl.	—
$C_{15}H_{16}O_2$	p,p'-Dianisyl-methan	5,83	Bzl.	22
$C_{15}H_{20}Br_2$	Dibrom-dihydro-α-tricyclo-pentadien (1,2), cis	10,67	Bzl.	—
$C_{15}H_{20}Br_2$	Dibrom-dihydro-β-tri-cyclo-pentadien-(1,2), trans	6,40	Bzl.	—
$C_{15}H_{20}Br_2$	Dibrom-dihydro-β-tricyclo-pentadin (1,2), cis	10,87	Bzl.	—
$C_{15}H_{20}O$	2,5-Dicyclo-pentyliden-cyclo-pentanon	9,27	Bzl.	25
$C_{15}H_{20}O_4$	β-Phenyl-glutarsäure-diethylester	8,35	—	30
$C_{15}H_{22}O_2$	Benzalacetophenonoxid	12,87	Bzl.	15,3
$C_{15}H_{22}O_{10}$	Tetraacetylmethyl-glucosid			
	α-Form	7,93	—	—
	β-Form	10,27	—	—
$C_{15}H_{24}$	Cedren	1,27	flüssig	15...35
$C_{15}H_{28}$	Vetivon (cis)	3,10	Bzl.	23
$C_{15}H_{28}$	Vetivon (trans)	2,43	Bzl.	23
$C_{15}H_{30}O_2$	Myristinsäuremethylester	5,80	Bzl.	25
$C_{15}H_{12}Br_2O_4$	Dimethyl-4,4'-dibrom-diphenat	7,23	Bzl.	25
$C_{16}H_{12}NO$	Benzol-azo-β-naphthol	5,33	Bzl.	25
$C_{16}H_{12}N_2O$	2-Benzolazo-naphthol-(1)	6,00	Bzl.	28
$C_{16}H_{12}N_2O$	4-Benzolazo-naphthol-(1)	7,00	Diox.	28
$C_{16}H_{12}N_2O_8$	Dimethyl-4,4'-dinitrodiphenat	6,77	Bzl.	25
$C_{16}H_{13}ClO_5$	2-Phenyl-3-methyl-benzopyrylium-perchlorat	ca. 23,33	Dimethyl-anilin	25
$C_{16}H_{13}NO$	2-Methyl-4,5-diphenyloxazol	5,67	Bzl.	25
$C_{16}H_{13}NO_4$	p-Nitro-α-phenylzimt-säuremethylester	12,60	Bzl.	17
$C_{16}H_{13}N_3$	4-Benzol-azo-naphthylamin-(1)	8,53	Bzl.	16
$C_{16}H_{13}N_3$	1-Benzol-azo-naphthylamin-(2)	7,13	Bzl.	16
$C_{16}H_{14}O_2$	4,4'-Diacetyl-biphenyl	6,33	Bzl.	25
$C_{16}H_{14}O_2$	α-Phenyl-zimtsäure-methylester	12,6	Bzl.	17
$C_{16}H_{14}O_4$	o,o'-Diphensäure-dimethylester	7,67	Bzl.	25

Formel	Name	Dipolmoment $10^{30} \cdot p$ in C m	Zustand	Temperatur °C
$C_{16}H_{14}O_4$	p,p'-Diphensäure-dimethylester	7,33	Bzl.	25
$C_{16}H_{14}O_4$	2,2'-Dihydroxy-diphenyl-diessigsäureester	7,27	Bzl.	25
$C_{16}H_{14}O_4$	4,4'-Dihydroxy-diphenyl-diessigsäureester	6,33	Bzl.	25
$C_{16}H_{15}Cl_3$	2,2-Di-p-tolyl-1,1,1-trichlor-ethan	7,30	Bzl.	20
$C_{16}H_{15}Cl_3O_2$	1,1,1-Trichlor-2,2-bis-(p-methoxyphenyl)-ethan	9,57	Bzl.	20
$C_{19}H_{15}N$	1,2-Dimethyl-3-phenyl-indol	8,70	Bzl.	25
$C_{16}H_{15}N$	1,3-Dimethyl-2-phenyl-indol	7,27	Bzl.	25
$C_{16}H_{15}N$	2-Methyl-3-benzyl-indol	8,30	Bzl.	25
$C_{16}H_{15}N$	3-Methyl-2-benzyl-indol	7,03	Bzl.	25
$C_{16}H_{15}NO_3$	Salicyliden-p-aminobenzoesäure-ethylester			
	rot	8,97	Bzl.	25
	gelb	8,97	Bzl.	25
$C_{16}H_{16}$	1,1-Diphenyl-2,2-dimethyl-ethen	1,70	Bzl.	30
$C_{16}H_{16}N_2O_2$	Anisaldazin	6,13	Bzl.	—
$C_{16}H_{16}N_2O_2$	4-Nitro-4'-dimethyl-aminostilben	27,67	α-Methyl-naphthalin	17
$C_{16}H_{16}O_2$	Diphenylessigsäureethylester	5,87	—	30
$C_{16}H_{18}$	1,4-Diphenyl-butan	1,73	Bzl.	25
$C_{16}H_{18}N_2O_3$	p-Azoxy-phenetol	8,50	Bzl.	—
$C_{16}H_{18}O_2$	p,p'-Diethoxy-diphenyl	6,33	Bzl.	25
$C_{16}H_{20}N_2$	Tetramethyl-p,p'-benzidin	4,17	Bzl.	25
$C_{16}H_{20}N_2O_2$	2,2'-Diamino-4,4'-diethoxy-biphenyl	10,37	Bzl.	—
$C_{16}H_{22}O_{11}$	Pentaacetyl-α-glucose	11,57	Bzl.	—
$C_{16}H_{22}O_{11}$	Pentaacetyl-β-glucose	8,47	Bzl.	—
$C_{16}H_{26}O_2$	2,5-Di-t-butyl-1,4-dimethoxy-benzol	4,90	Bzl.	25
$C_{16}H_{32}O$	Palmitinsäure	2,40	Bzl.	25
$C_{16}H_{33}J$	Cetyljodid	6,03	CCl_4	20
$C_{16}H_{34}$	Hexadecan	0		
$C_{16}H_{34}O$	Cetylalkohol	5,67	Bzl.	20
$C_{16}H_{36}BrN$	Tetrabutyl-ammonium-bromid	38,67	Bzl.	25
$C_{17}H_{10}O$	Benzanthron	11,63	Bzl.	25
$C_{17}H_{12}OS$	2,6-Diphenyl-thio-γ-pyron	14,63	Bzl.	20
$C_{17}H_{12}O_2$	Diphenyl-γ-pyron	12,73	Bzl.	20
$C_{17}H_{12}O_3S$	2,6-Diphenyl-thio-γ-pyron-1-dioxid	3,10	Bzl.	20
$C_{17}H_{14}NO$	Toluol-azo-γ-naphthol	5,53	Bzl.	25
$C_{17}H_{14}N_2O$	4-Benzolazo-1-methoxy-naphthalin	3,10	Bzl.	25
$C_{17}H_{14}O$	Dibenzalaceton	10,93	Bzl.	—
$C_{17}H_{16}OS$	2,6-Diphenyl-thio-γ-pyran-on-(4),			
	cis-Form	5,47	Bzl.	20
	trans-Form	5,40	Bzl.	20
$C_{17}H_{16}O_2$	β-Phenyl-zimtsäure-ethylester	6,60	Bzl.	19
$C_{17}H_{16}O_2$	β-Ethoxy-benzalacetophenon	11,00	Bzl.	20
$C_{17}H_{18}O_2$	Thymolphenylketon	11,13	Bzl.	32
$C_{17}H_{20}$	1,5-Diphenyl-pentan		Bzl.	25
$C_{17}H_{20}N_2O$	4,4'-Bis-dimethylamino-benzophenon (Michlers Keton)		Bzl.	25
$C_{17}H_{20}N_4O_7$	Diethylbenzyl-ammoniumpikrat	1,60	Bzl.	—

Formel	Name	Dipolmoment $10^{30} \cdot p$ in C m	Zustand	Temperatur °C
$C_{17}H_{25}N_3O$	6-Methoxy-8-(3-diethylamino)-propylaminochinolin (Plasmocid)	5,37	Bzl.	—
$C_{17}H_{34}O$	Dioctylketon	7,93	flüssig	51
$C_{17}H_{34}O_5$	8,9,15-Trihydroxy-palmitinsäure-methyl-ester	14,23	Diox.	25
$C_{18}H_{10}Cl_2$	9,11-Dichlor-naph-thacen	8,33	Bzl.	20
$C_{18}H_{10}O_2$	Naphthacen-6,11-chinon	7,67	Bzl.	25
$C_{18}H_{12}$	Naphthacen	0	Bzl.	27
$C_{18}H_{12}Br_2O_2$	Hydrochinon-di-p-bromphenylether	2,97	Bzl.	25
$C_{18}H_{12}Cl_2$	6,6-Bis(p-chlorphenyl)-fulven	2,27	—	—
$C_{18}H_{14}$	ω,ω-Diphenyl-fulven	4,47	Bzl.	24
$C_{18}H_{14}FN$	p-Fluor-triphenylamin	4.67	Bzl.	25
$C_{18}H_{14}N_4O_{12}$	2,2′, 4,4′-Tetranitro-5,6′-dicarbethoxy-biphenyl	17,00	Bzl.	—
$C_{18}H_{14}O_2$	Hydrochinondiphenyl-ether	4,73	Bzl.	10...40
$C_{18}H_{14}O_4$	Butin-diol-(1,4)-dibenzoat	10,73	Bzl.	—
$C_{18}H_{15}As$	Triphenylarsin	3,57	Bzl.	17,7
$C_{18}H_{15}Bi$	Wismut-triphenyl	0	Bzl.	16
$C_{18}H_{15}N$	Triphenylamin	1,83	Bzl.	25
$C_{18}H_{15}OP$	Triphenylphosphinoxid	14,37	Bzl.	25
$C_{18}H_{15}O_4P$	Phosphorsäure-tri-phenylester	9,30	Bzl.	25
$C_{18}H_{15}P$	Triphenylphosphin	4,83	Bzl.	17
$C_{18}H_{15}PS$	Triphenylphosphinsulfid	15,77	Bzl.	25
$C_{18}H_{15}Sb$	Antimontriphenyl	0	Bzl.	25
$C_{18}H_{16}O_4$	9,10-Dihydroanthracen-9,10-dicarbonsäure-dimethylester,			
	cis	8,67	Bzl.	24
	trans	5,67	Bzl.	24
$C_{18}H_{16}Si$	Silicium-triphenyl-hydrid	3,40	CCl_4	20
$C_{18}H_{18}N_2O_5$	p-Azoxybenzoesäure-diethylester	10,37	Bzl.	—
$C_{18}H_{18}O_4$	p,p′-Dihydroxy-benzil-diethylether	18,00	Bzl.	25
$C_{18}H_{19}Cl_3$	2,2-Bis-(p-ethylphenyl) 1,1,1-trichlor-ethan	7,30	Bzl.	20
$C_{18}H_{19}Cl_3$	2,2-Bis-(2,4-dimethyl-phenyl)-1,1,1-trichlor-ethan	8,33	Bzl.	20
$C_{18}H_{19}Cl_3$	2,2-Bis-(2,5-dimethyl-phenyl)-1,1,1-trichlor-ethan	6,47	Bzl.	20
$C_{18}H_{19}Cl_3$	2,2-Bis-(3,4-dimethyl-phenyl)-1,1,1-trichlor-ethan	8,30	Bzl.	20
$C_{18}H_{19}Cl_3O_2$	2,2-Di-p-phenetyl-1,1,1-trichlor-ethan	9,90	Bzl.	20
$C_{18}H_{22}$	1,6-Diphenyl-hexan	1,73	Bzl.	25

Formel	Name	Dipolmoment $10^{30}\cdot p$ in C m	Zustand	Temperatur °C
$C_{18}H_{27}N_3$	8-(1-Methyl-4-diethyl-amino)-butyl-amino-chinolin (Neoplasmochin)	2,33	Bzl.	—
$C_{18}H_{30}N_4O_7$	Tributylammonium-pikrat	43,67	Bzl.	25
$C_{18}H_{32}O_2$	Linolsäure	4,03	Bzl.	30
$C_{18}H_{34}O_2$	Ölsäure	3,33	Bzl.	30
$C_{18}H_{36}O$	Oleinalkohol	5,73	Bzl.	20
$C_{18}H_{36}O$	Elaidinalkohol	5,67	Bzl.	20
$C_{18}H_{36}O_2$	Palmitinsäureethylester	4,00	flüssig	30...182
		6,23	Hept.	25
$C_{18}H_{36}O_2$	Stearinsäure	5,80	Diox.	25
$C_{18}H_{39}NO_2$	Tetrabutylammonium-acetat	37,33	Bzl.	25
$C_{19}H_{13}Cl_2N$	p,p'Dichlor-benzo-phenon-phenylimid	3,23	Bzl.	25
$C_{19}H_{13}Cl_2N$	p-Chlor-benzo-phenon-p-chlor-phenylimid	8,30	Bzl.	25
$C_{19}H_{14}ClN$	p-Chlor-benzo-phenon-phenylimid	6,50	Bzl.	25
$C_{19}H_{14}ClN$	Benzophenon-p-chlor-phenylimid	9,70	Bzl.	12,4
$C_{19}H_{14}Cl_2$	p-Chlor-triphenyl-chlor-methan	6,50	Bzl.	17
$C_{19}H_{14}N_2$	9-Fluorenon-phenyl-hydrazon	7,07	Bzl.	16
$C_{19}H_{14}O$	4-Benzoyl-biphenyl	10,60	Bzl.	—
$C_{19}H_{14}O$	Fuchson	19,33	Bzl.	32
$C_{19}H_{14}O_2$	Benzaurin	22,83	Diox.	32
$C_{19}H_{14}O_3$	Aurin	26,53	Diox.	32
$C_{19}H_{15}Br$	Triphenylmethylbromid	7,00	Bzl.	25
$C_{19}H_{15}Cl$	Triphenylmethylchlorid	6,50	Bzl.	10...70
$C_{19}H_{15}N$	Diphenyl-methylen-anilin (Benzophenon-anil)	6,77	Bzl.	25
$C_{19}H_{15}N$	Benzophenonphenyl-imid	6,57	Bzl.	12,7
$C_{19}H_{16}$	Triphenylmethan	0	flüssig	94...175
$C_{19}H_{16}N_2$	Benzophenon-phenyl-hydrazon	7,40	Bzl.	15
$C_{19}H_{16}O$	2,5-Dibenzal-cyclo-pentanon	11,10	Bzl.	25
$C_{19}H_{16}O$	Triphenylcarbinol	7,03	Bzl.	10...70
$C_{19}H_{20}O_2$	2,6-Diphenyl-3,5-di-methyl-tetrahydro-γ-pyron	6,00	Bzl.	25
$C_{19}H_{20}O_4$	Diphenylmalonsäure-diethylester	14,78	—	30
$C_{19}H_{26}O_2$	Androsten-(4)-dion-(3,17)	11,07	Diox.	25
$C_{19}H_{28}O_2$	Testosteron, cis	17,23	Diox.	25
$C_{19}H_{28}O_2$	Testosteron	14,40	Diox.	25
$C_{19}H_{28}O_2$	Androstandion-(3,17)	10,83	Diox.	25
$C_{19}H_{28}O_2$	Δ^5-Androsten-3-cis-ol-17-on	8,20	Diox.	25
$C_{19}H_{30}O_2$	Androsteron	12,33	Diox.	25

Formel	Name	Dipolmoment $10^{30} \cdot p$ in C m	Zustand	Temperatur °C
$C_{19}H_{30}O_2$	Androstanol-(3β)-on-(17)	9,83	Diox.	25
$C_{19}H_{30}O_2$	Δ^5-Androsten-3cis, 17-cis-diol	8,97	Diox.	25
$C_{19}H_{30}O_2$	Δ^5-Androsten-3 cis, 17-trans-diol	9,63	Diox.	25
$C_{19}H_{32}O_2$	Androstan-3 cis, 17-trans-diol	9,97	Diox.	25
$C_{19}H_{32}O_2$	Androstan-3 trans, 17-trans-diol	7,63	Diox.	25
$C_{20}H_{12}$	Perylen	6,33	Bzl.	30
$C_{20}H_{13}ClO$	p-Chlorbenzal-fluoren-oxid	6,27	Bzl.	14,7
$C_{20}H_{15}Br_2Cl$	α,β-Diphenyl-p-chlor-styryl-dibromid	5,27	Bzl.	16
$C_{20}H_{16}$	Triphenylethylen	2,00	Bzl.	10...70
$C_{20}H_{16}Cl_2$	p-Bis-(α-chlorbenzyl)-benzol(meso)	7,60	Bzl.	25
$C_{20}H_{16}Cl_2$	p-Bis(α-chlorbenzyl)-benzol(d,l)	8,27	Bzl.	25
$C_{20}H_{16}Cl_2$	α,β-Diphenyl-styryl-dichlorid	5,07	Bzl.	18
$C_{20}H_{16}N_4$	Nitron(4,5-Dihydro-1,4-diphenyl-3,5-phenyl-imino-1,2,4-triazol)	24,00	Bzl.	30
$C_{20}H_{18}$	1,1,1-Triphenyl-ethan	1,33	Bzl.	10...70
$C_{20}H_{18}O$	2,6-Dibenzal-cyclo-hexanon	10,10	Bzl.	25
$C_{20}H_{18}O_2$	Hydrochinon di-p-tolyl-ether	6,00	Bzl.	10...40
$C_{20}H_{26}$	1,8-Diphenyl-octan	1,67	Bzl.	25
$C_{20}H_{30}N_4$	2,3-Bis-dimethylamino-biphenyl	5,17	Bzl.	—
$C_{20}H_{32}O_2$	17-Methyl-Δ^5-androsten-3 cis, 17-trans-diol	9,27	Diox.	25
$C_{20}H_{38}O_2$	Ölsäureethylester	4,50	flüssig	28...150
$C_{20}H_{40}O_2$	Stearinsäureethylester	6,27	Hept.	25
$C_{20}H_{44}BrN$	Tetraisoamylammo-niumbromid	49,00	Bzl.	25
$C_{21}H_{24}O_4$	β,β-Diphenyl-glutar-säure-diethylester	8,10	—	30
$C_{21}H_{30}O$	$\Delta^{4,6}$-3,17-Dimethyl-andro-stadien-17 trans-ol	6,03	Diox.	25
$C_{21}H_{34}O$	3,17-Dimethyl-andro-stan-17 trans-ol	7,13	Diox.	25
$C_{21}H_{34}O_2$	3,17-Dimethyl-andro-stan-3 trans, 17-trans-diol	7,13	Diox.	25
$C_{21}H_{34}O_2$	3,17-Dimethyl-andro-stan-3 cis, 17-trans-diol	7,97	Diox.	25
$C_{21}H_{42}O_3$	2-Methoxy-ethanol-stearat	6,93	flüssig	50
$C_{21}H_{42}O_4$	Glycerin-1-mono-stearat	10,13	Bzl.	30
$C_{22}H_{16}O_2$	6,12-Diaceto-naphtha-cen	11,10	Bzl.	25
$C_{22}H_{38}O_2$	Hydrochinondioctyl-ether	5,43	Bzl.	25

Formel	Name	Dipolmoment $10^{30} \cdot p$ in C m	Zustand	Temperatur °C
$C_{22}H_{42}O_4$	Octadecandisäure-(1,18)diethylester	8,30	Bzl.	25
$C_{23}H_{24}$	1,3,5-Triphenyl-pentan	3,27	Bzl.	25
$C_{23}H_{26}N_2$	4,4'-Bis-dimethyl-amino-triphenyl-methan(Leukomalachit-grün)	5,23	Bzl.	25
$C_{23}H_{44}O_2$	Trikosandion-(8,16)	12,00	Bzl.	—
$C_{23}H_{46}O$	Di-n-undecylketon	8,27	flüssig	69
$C_{24}H_{25}N_3$	4,4'-Bis-dimethyl-amino-triphenyl-methyl-cyanid (Malachitgrünleuko-cyanid)	3,77	Bzl.	25
$C_{24}H_{34}O_5$	3,7,12-Triketo-cholan-säure	18,77	Diox.	25
$C_{24}H_{36}O_4$	3,12-Diketo-cholansäure	16,07	Diox.	25
$C_{24}H_{36}O_5$	3-Hydroxy-7,2-diketo-cholansäure	17,20	Diox.	25
$C_{24}H_{38}N_4$	2,2-Bis-diethylamino-biphenyl	6,07	Bzl.	—
$C_{24}H_{38}O_3$	3-Keto-cholansäure	12,40	Diox.	25
$C_{24}H_{38}O_4$	3-Hydroxy-12-keto-cholansäure	14,20	Diox.	25
$C_{24}H_{40}O_3$	3-Hydroxy-cholansäure	8,33	Diox.	25
$C_{24}H_{40}O_4$	3,12-Dihydroxy-cholan-säure	10,77	Diox.	25
$C_{24}H_{40}O_5$	Cholsäure	12,80	Diox.	25
$C_{26}H_{14}F_2$	2,2'-Difluor-bis-di-phenyl-ethylen	8,37	Bzl.	—
$C_{26}H_{16}$	Bis-diphenylen-ethen	0	Bzl.	16
$C_{26}H_{18}Cl_2$	9,10-Dichlor-9,10-di-phenyl-anthracen	10,00	Bzl.	38
$C_{26}H_{20}$	Tetraphenylethylen	4,67	Bzl.	10 u. 70
$C_{26}H_{20}N_2$	Dibenzalbenzidin	4,67	Bzl.	—
$C_{26}H_{20}N_4$	1,4,5-Triphenyl-3,5-end-anilo-1,2,4-triazolin	30,33	Bzl.	25
$C_{26}H_{42}O_4$	Gitogenin	8,80	Diox.	25
$C_{27}H_{18}Br_2$	α,γ-Di-p-bromphenyl-α,γ-diphenyl-allen	6,40	Bzl.	19
$C_{27}H_{18}Cl_2$	α,α-Di-p-chlorphenyl-γ,γ-diphenyl-allen	5,23	Bzl.	25
$C_{27}H_{19}Cl$	p-Chlortetraphenyl-allen	5,17	Bzl.	22
$C_{27}H_{20}$	Tetraphenylpropadien	0	Bzl.	19
$C_{27}H_{20}N_2$	2,3-Diphenyl-indon-phenylhydrazon	6,43	Diox.	14
$C_{27}H_{32}$	1,5,9-Triphenyl-nonan	2,83	Bzl.	25
$C_{27}H_{44}O_3$	Tigogenin	7,87	Diox.	25
$C_{27}H_{44}O_4$	Chlorogenin	8,90	Diox.	25
$C_{27}H_{46}O$	Cholesterol	6,63	Diox.	25
$C_{27}H_{46}O_2$	Cholestan-3-cis-ol-7-on	9,93	Diox.	25
$C_{27}H_{46}O_2$	Δ^5-Cholesten- 3 cis ol-7-on	12,63	Diox.	25
$C_{27}H_{48}O$	Dihydrochloresterol	6,03	Diox.	25
$C_{27}H_{48}O_2$	Cholestan-3 cis, 7-cis-diol	8,50	Diox.	25
$C_{27}H_{48}O_2$	Cholestan-3 cis, 7-trans-diol	7,70	Diox.	25

Formel	Name	Dipolmoment $10^{30} \cdot p$ in C m	Zustand	Temperatur °C
$C_{28}H_{33}N_3$	4,4'-Bis-diethyl-amino-triphenyl-methyl-cyanid (Brillantgrün-leukocyanin)	5,73	Bzl.	25
$C_{28}H_{38}O_{19}$	α-Cellobiose-octaacetat	9,33	$CHCl_3$	20
$C_{29}H_{58}O$	Di-n-tetradecyl-keton (Palmiton)	7,07	Bzl.	25
$C_{30}H_{50}O_2$	Cerin	7,97	Bzl.	50
$C_{31}H_{32}$	1,3,5,7-Tetraphenyl-heptan	5,03	Bzl.	25
$C_{39}H_{74}O_6$	Glycerintrilaurinat (Trilaurin)	8,63	Bzl.	30
$C_{44}H_{32}N_4$	α,β,γ,δ-Tetraphenyl-porphin	ca. 0	Bzl.	25
$C_{51}H_{98}O_6$	Glycerintripalmitat (Tripalmitin)	9,23	Bzl.	23
$C_{57}H_{104}O_6$	Glycerin-trioleat	10,53	Bzl.	30
$C_{57}H_{104}O_9$	Glycerin-triricinolat	13,73	Bzl.	29
$C_{57}H_{110}O_6$	Glycerin-tristearat	9,47	Bzl.	29

5.2.1 Relaxationszeit von Dipolmolekülen in Flüssigkeiten

Auch ein vollkommen frei drehbares Dipolmolekül könnte sich nur bei der Temperatur $T = 0\,K$ genau in die Richtung eines äußeren elektrischen Feldes einstellen bzw. den Schwingungen dieses Feldes bei beliebiger Frequenz ungehindert folgen. Bei höherer Temperatur ist es dem Einfluß der Wärmebewegung, d.h. den Stößen der Nachbarmoleküle, ausgesetzt, durch die es mit gleicher Wahrscheinlichkeit in jeden beliebigen Raumwinkel gedreht wird; die Feldrichtung ist dann nur noch die Vorzugsrichtung für die Orientierung der Dipolachse. Die Orientierungspolarisation ($\sim 1/T$) mißt den Mittelwert dieser bevorzugten Einstellung in die Feldrichtung; sie behält jedoch nur bei genügend kleiner Frequenz der Feldschwingungen den für statische Felder charakteristischen Wert; raschen Feldwechseln vermag die Orientierung der Dipolachsen nicht mehr trägheitsfrei zu folgen, so daß bei hohen Frequenzen „anomale Dispersion" der Polarisation und Dielektrizitätskonstanten und Absorptionserscheinungen auftreten (Debye). Die absorbierte Energie wird dabei dem äußeren elektrischen Wechselfeld entzogen und in Reibungswärme umgesetzt. Die ganze Erscheinung läßt sich durch eine Absorptionsfrequenz kennzeichnen bzw. durch Einfürung einer Relaxationszeit τ beschreiben, die – nach der einfachen Debyeschen Theorie – der mittleren Reibungskraft der umgebenden Flüssigkeitsmoleküle (Viskosität η) und dem Volumen des schematisch als Kugel vom Radius a betrachteten Dipolmoleküls direkt und der Temperatur umgekehrt proportional ist:

$$\tau = \frac{\eta a^3}{\varepsilon_0 k T}. \tag{1}$$

Die Relaxationszeit ist zugleich diejenige Zeit, innerhalb der die z.B. von einem statischen Feld herrührende Ordnung der Dipolmoleküle nach Abschalten dieses Feldes auf den e-ten Teil abgedämpft ist.

Die mittlere Polarisierbarkeit bei der Frequenz ω des äußeren Felds ist:

$$\gamma = \gamma' + \frac{1}{1 + i\omega\tau}\frac{p^2}{3kT} \tag{2}$$

(γ' = Anteil der Deformations-Polarisation, p = Dipolmoment).

Darin, daß dieser Wert komplex ist, kommt zum Ausdruck, daß außer Dispersion auch Absorption auftritt, da man nun an Stelle eines reellen Brechungsindexes $n = \sqrt{\varepsilon}$ die komplexe Größe $n \equiv n'(1 - i\varkappa)$ mit der „Absorptionskonstante" $\varkappa$ einführen muß (Abb. 5.1).

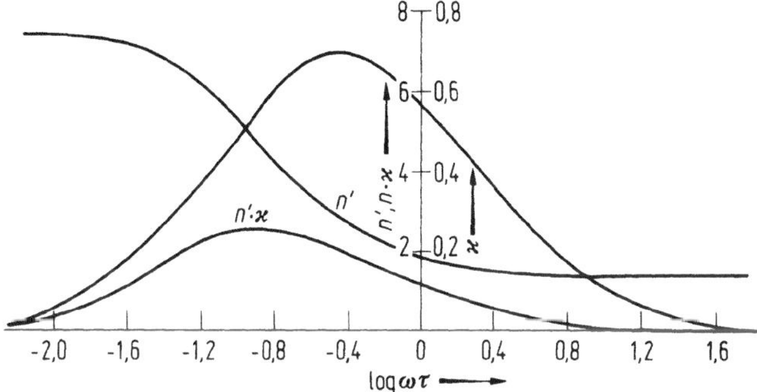

Abb. 5.1. Anomale Dispersion und Absorption in einer Dipolflüssigkeit (Relaxationszeit τ); theoretischer Verlauf

Definieren wir, indem wir an der Clausius-Mosottischen Form des inneren Feldes festhalten, an Stelle von ε außer der „statischen Dielektrizitätskonstante" ε_s, – für Frequenzen des äußeren elektrischen (Wechsel-) Feldes, denen die molekularen Dipole in ihrer Einstellung nicht mehr zu folgen vermögen, bei denen sich aber doch noch keine ultraroten oder optischen Eigenschwingungen der Moleküle bemerkbar machen – eine „Hochfrequenz-Dielektrizitäskonstante" ε_∞, so ergibt sich für die Frequenzabhängigkeit der Molpolarisation folgender Ausdruck:

$$P = \frac{1}{3}\frac{N_A}{\varepsilon_0}\gamma = \frac{1}{3}\frac{N_A}{\varepsilon_0}\left(\gamma' + \frac{1}{1+i\omega\tau}\frac{p^2}{3kT}\right) = \frac{M}{\varrho}\frac{\varepsilon - 1}{\varepsilon + 2}$$
$$= \frac{M}{\varrho}\left[\frac{\varepsilon_\infty - 1}{\varepsilon_\infty + 2} + \frac{1}{1+i\omega\tau}\left(\frac{\varepsilon_s - 1}{\varepsilon_s + 2} - \frac{\varepsilon_\infty - 1}{\varepsilon_\infty + 2}\right)\right] = \frac{M}{\varrho}\frac{n^2 - 1}{n^2 + 2} \tag{3}$$

(M = Molmasse; N_A = Avogadrosche Zahl; ϱ = Dichte).

Abb. 5.1 stellt den hieraus für $\varepsilon_s = 57$ und $\varepsilon_\infty = 2$ berechneten Verlauf von $n' = \sqrt{\varepsilon}/(1 - i\varkappa)$, $n'\varkappa$ und $\varkappa$ dar. $\varkappa$ erreicht bei der Frequenz

$$\omega_{max} = \frac{\varepsilon_\infty + 2}{\varepsilon_s + 2}\sqrt{\frac{\varepsilon_s}{\varepsilon_\infty}}\cdot\frac{1}{\tau} \tag{4}$$

ein Maximum von Betrage

$$\varkappa_{max} = \frac{\sqrt{\varepsilon_s} - \sqrt{\varepsilon_\infty}}{\sqrt{\varepsilon_s} + \sqrt{\varepsilon_\infty}}. \tag{5}$$

An dieser Stelle der Frequenzskala hat der Realteil des Brechungsindex n den Wert

$$n' = \sqrt{\frac{1}{2}\frac{\sqrt{\varepsilon_s \cdot \varepsilon_\infty}}{\varepsilon_s + \varepsilon_\infty}(\sqrt{\varepsilon_s} + \sqrt{\varepsilon_\infty})^2}. \tag{6}$$

Man kann jedoch, statt einen komplexen Brechungsindex einzuführen, auch die komplexe Dielektrizitätskonstante ε in Real- und Imaginärteil zerlegen:

$$\varepsilon \equiv \varepsilon' + i\varepsilon''. \tag{7}$$

ε' ist dann die eigentliche, experimentell beobachtbare Dielektrizitätskonstante:

$$\varepsilon' = n'^2(1 - \varkappa^2). \tag{8}$$

Die „Absorption" in einem äußeren elektrischen Wechselfelde mißt man durch den Phasenwinkel zwischen Spannungs- und Strommaximum der elektrischen Schwingungen (Verlustwinkel) $\operatorname{tg}\varphi = \frac{\varepsilon''}{\varepsilon'}$.

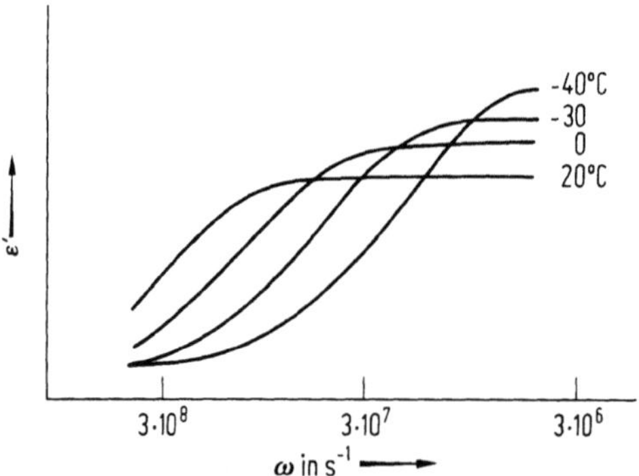

Abb. 5.2. Anomale Dispersion von Propanol (−1) bei −40 bis +20 °C (D.K. in Abhängigkeit von der Frequenz gemessen)

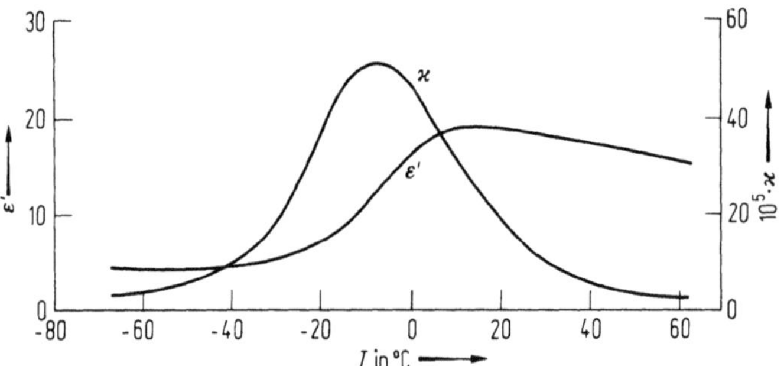

Abb. 5.3. Temperaturabhängigkeit der Dielektrizitätskonstanten (ε') und Absorption elektrischer Wellen ($\varkappa$) bei bestimmter Frequenz (Propanol(−2))

Wie aus (1) hervorgeht, ist die Relaxationszeit der Viskosität proportional. Mit zunehmender Temperatur, d.h. abnehmender Viskosität, verschiebt sich daher die Absorptionsstelle ($\sim 1/\tau$) nach höheren Frequenzen (Abb. 5.2). Abb. 5.3 zeigt hierzu die Ergebnisse einer Messung von Dispersion und Absorption in Abhängigkeit von der Temperatur bei konstanter Frequenz.

Man bestimmt die Relaxationszeit von Dipolmolekülen gewöhnlich durch Absorption elektrischer Wellen von merklich kleinerer Frequenz, als der Absorptionsstelle $1/\tau$ entspricht, an verdünnten Lösungen dieser Moleküle in unpolaren Lösungsmitteln und findet dabei im allgemeinen Werte, die der normalen Viskosität des Lösungsmittels proportional sind; um die Absolutwerte der Relaxationszeit durch Formel (1) richtig darzustellen, hat man diese „makroskopische Viskosität" mit einem angenähert konstanten Reduktionsfaktor ($\sim 1/2$) zu multiplizieren.

Die Annahme von kugelförmigen Molekülen mit festem Dipol ist aber im allgemeinen eine zu grobe Vereinfachung, und man bekommt bessere Übereinstimmung mit den experimentell gefundenen Werten, wenn man die Moleküle statt dessen als Ellipsoide mit Hauptachsen a, b, c betrachtet und die Relaxationszeit, mit Hilfe eines aus der Orientierung der Dipolachse zu diesen Hauptachsenrichtungen theoretisch zu berechnenden Falktors f (Perrin), zu

$$\tau = \frac{\eta' \cdot f \cdot abc}{\varepsilon_0 kT} \tag{9}$$

annimmt. Strenggenommen hätte man dann zwar mit drei verschiedenen, den 3 Komponenten des Dipolmomentes entsprechenden Relaxationszeiten zu rechnen, jedoch spielt dieser Effekt bei ausreichendem Frequenzabstand von der Absorptionsstelle keine Rolle mehr. Die nachfolgende Tabelle gibt einen Vergleich der in diesem Frequenzgebiet gemessenen und der nach (9) berechneten Werte der Relaxationszeit verschiedener Dipolmoleküle (nach Fischer).

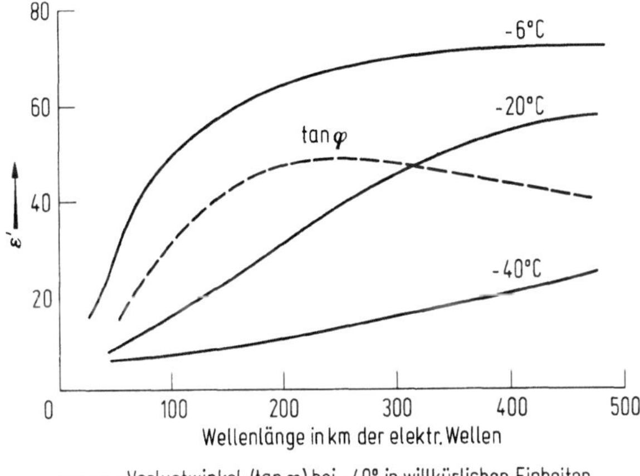

Abb. 5.4. Anomale Dispersion elektrischer Wellen im Eis

In konzentrierten Lösungen und reinen Dipolflüssigketen wird die Relaxationszeit ebenso wie die Orientierungspolarisation durch Dipol-Dipol-Wechselwirkungen und andere durch die quasikristalline Struktur der Flüssigkeiten bedingte Richtkräfte (Debyesche Rotationsbehinderung) beträchtlich herabgesetzt.

Auch in festen Körpern sind Dipolrotationen und dementsprechend kritische Frequenzen bzw. Relaxationseffekte beobachtet worden, so z.B. an festen Lösungen polarer Kettenmoleküle in Paraffinwachs und vor allem an Eis (Abb. 5.4). Für Eis ergab sich die Relaxationszeit zu $\tau \sim 2 \cdot 10^{-6}$ s bei -2°C. Besonders interessante Erscheinungen beobachtet man an Seignettesalzkristallen ($NaKC_4H_4O_6 + 4H_2O$), deren in Richtung der Kristallachse ungewöhnliche hohe Dielektrizitätskonstante ($\varepsilon \sim 1000$) sich wie die Permeabilität von ferromagnetischen Stoffen verhält, indem sie schon bei einigen 100 V/cm dielektrische Sättigung und Remanenz (Hysteresisschleife) zeigen und bei 24°C einen Curie Punkt haben. An Mischkristallen mit K-Tartrat sind bei -190°C Relaxationszeiten der Größenordnung 1 min beobachtet worden („Umklappen", entsprechend den Barkhausen-Sprüngen beim Ferromagnetismus).

Relaxationserscheinungen spielen außerdem unter anderem bei der magnetischen Hysteresis, bei Nachladungserscheinungen von festen Dielektriken und bei der Leitfähigkeit starker Elektrolyte („Relaxationseffekt" in der Neubildung einer entgegengesetzt geladenen Ionenatmosphäre um ein in Feldrichtung wanderndes Ion) eine Rolle.

Relaxationszeit

	$10^{30} \cdot p$ in C m	$10^{11} \cdot \tau$ in s gemessen	$10^{11} \cdot \tau$ in s berechnet nach (1) und auf o-Dichlorbenzol bezogen
Monochlorbenzol	5,63	1,26	1,78
o-Dichlorbenzol	7,53	1,65	1,65
Nitrochlorbenzol	13,17	1,20	1,57
1-Chlornaphthalin	5,50	2,60	2,56
1-Chloranthrachinon	5,10	3,04	3,64
2-Chloranthrachinon	5,67	3,98	4,90
2,3-Dichlor-anthrachinon	9,40	7,59	5,32
1,8-Dichlor-anthrachinon	8,40	5,20	3,64

Relaxationszeit (*Fortsetzung*)

	$10^{30} \cdot p$ in C m	$10^{11} \cdot \tau$ in s gemessen	$10^{11} \cdot \tau$ in s berechnet nach (1) und auf o-Dichlorbenzol bezogen
p-Chlordiphenyl	5,10	9,00	
m-Chlordiphenyl	5,73	3,96	
o-Chlordiphenyl	4,47	4,25	
mm'-Dichlordiphenyl	5,60	3,94	
oo'-Dichlordiphenyl	5,83	4,68	
Aceton	9,33	0,52	0,62
Diethylketon		0,74	0,88
Di-n-Propylketon	9,13	0,99	1,29
Di-n-Butylketon		1,27	1,61
n-Propylchlorid		0,86	0,91
n-Oktylchlorid		3,70	2,90
n-Decylchlorid		4,66	4,25
Laurylchlorid	6,17...	5,89	5,48
Cetylchlorid	6,83	6,95	10,5
n-Propylbromid		1,12	1,08
n-Heptylbromid		3,83	2,60
Cetylbromid		8,84	11,7
Methanol		0,21	0,30
Ethanol		0,25	0,49
n-Propanol	5,47...	0,29	0,60
n-Hexanol	5,63	0,48	1,09
n-Octanol		0,73	1,41
Cetylalkohol		1,64	2,71

5.3 Kerr-Effekt, Cotton-Mouton-Effekt, Faraday-Effekt

5.3.1 Kerr-Effekt

Unter dem Einfluß eines äußeren elektrischen Feldes werden viele Stoffe – sowohl im gasförmigen als auch im kondensierten (flüssigen) Zustand – doppelbrechend, eine als Kerr-Effekt bezeichnete Erscheinung.

Die Brechungsindizes für einen linear polarisierten Lichtstrahl, der sich senkrecht zum angelegten Felde der Feldstärke $\mathfrak{E}$ durch die zu untersuchende Substanz fortpflanzt, sind verschieden, je nachdem der elektrische Vektor des Lichtstrahls parallel oder senkrecht zum äußeren Felde schwingt. Die Differenz dieser Brechungsindizes ist proportional zum Quadrat der Feldstärke $\mathfrak{E}$, da der Effekt nur vom Absolutbetrag derselben abhängt.

Unter der Kerr-Konstante B versteht man den Proportionalitätsfaktor in der Gl. (1)

$$\Delta\lambda = B \cdot l \cdot \mathfrak{E}^2, \tag{1}$$

welche den Gangunterschied – gemessen in Vielfachen der Wellenlänge λ – beschreibt, der sich im Felde der Stärke $\mathfrak{E}$ nach Durchlaufen einer Wegstrecke l herausbildet. Der Zusammenhang mit den Brechungsindizes n_p und n_s für die parallel und senkrecht zu $\mathfrak{E}$ schwingende linear polarisierte Welle wird durch

$$B = \frac{n_p - n_s}{\cdot \lambda_0} \cdot \frac{1}{\mathfrak{E}^2} \tag{2}$$

gegeben, wo λ_0 die Lichtwellenlänge im Vakuum bedeutet; vielfach wird auch die Größe

$$K = \frac{B\lambda_0}{n} = \frac{n_p - n_s}{n} \cdot \frac{1}{E^2}$$

als Kerr-Konstante bezeichnet.

Die elektrische Doppelbrechung hängt sehr stark von der Anisotropie des inneren Feldes sowie von der Rotationsbehinderung, also vom Ordnungszustande der umgebenden Moleküle ab. Daher ist die Orientierungstheorie in der bisherigen Form nur für Gase gültig. Bei hochverdichteten Gasen und Flüssigkeiten ist die im wesentlichen von der Dichte abhängige Nahordnung schon so ausgeprägt, daß erhebliche Abweichungen von der einfachen Theorie auftreten. Zur Darstellung der Verhältnisse muß man sowohl die durch die Nahordnung bestimmte Anisotropie des inneren Feldes wie auch das Behinderungspotential berücksichtigen.

Für die Temperaturabhängigkeit der Kerr-Konstante läßt sich nur bei Gasen ein quantitativ und theoretisch begründetes Gesetz angeben. Dagegen läßt sich die Abhängigkeit von der Wellenlänge oder die *Dispersion* der Kerr-Konstante auch bei vielen Flüssigkeiten im sichtbaren Spektralgebiet mit guter Näherung durch eine einfache Beziehung, die sog. Havelocksche Formel

$$B = \frac{h(n^2 - 1)^2}{n\lambda_0}$$

darstellen. Die von der Wellenlänge unabhängige, mit der Temperatur jedoch veränderliche Konstante h heißt die Havelocksche Konstante des Stoffes. Bei Gasen ist $B \cdot \lambda_0$ oder K von der Wellenlänge praktisch unabhängig.

Bei der Untersuchung von Flüssigkeiten und Lösungen ist es oft zweckmäßig, die sog. molare Kerr-Konstante MK zu verwenden, die durch

$$MK = K\left(\frac{n}{n^2+2}\right)^2\left(\frac{1}{\varepsilon+2}\right)^2 \cdot \frac{M}{\rho}$$

(M = Molmasse, ρ = Dichte, ε = relative Dielektrizitätskonstante) definiert ist. Für eine binäre Mischung gilt die Beziehung

$$MK_{12} = K_{12}\left(\frac{n_{12}}{n_{12}^2+2}\right)^2\left(\frac{1}{\varepsilon_{12}+2}\right)^2 \frac{M_1x_1 + M_2x_2}{\rho_{12}}$$

$$= K_1\left(\frac{n_1}{n_1^2+2}\right)^2\left(\frac{1}{\varepsilon_1+2}\right)^2 \frac{M_1x_1}{\rho_1} + K_2\left(\frac{n_2}{n_2^2+2}\right)^2\left(\frac{1}{\varepsilon_2+2}\right)^2 \frac{M_2x_2}{\rho_2}$$

oder wenn MK_1 und MK_2 die molaren Kerr-Konstanten der Komponenten sind, also

$$MK_1 = K_1\left(\frac{n_1}{n_1^2+2}\right)^2\left(\frac{1}{\varepsilon_1+2}\right)^2 \frac{M_1}{\rho_1}$$

$$MK_{12} = MK_1x_1 + MK_2x_2.$$

(x_i = Molenbrüche)

Dabei beziehen sich die Indizes 12 auf die Mischung und die Indizes 1 und 2 auf die einzelnen Komponenten.

Vielfach werden in der Literatur an Stelle der Absolutwerte von B Relativwerte angegeben, die auf eine Standardsubstanz (meist bei 20°C) bei der vorliegenden Wellenlänge bezogen sind. Als Bezugsubstanz dient oft Schwefelkohlenstoff.

Die folgende Tabelle enthält die Werte der Kerr-Konstante B, wobei jeweils nach der Stoffangabe in der (meist) dritten Spalte die Temperatur und in der vierten die Wellenlängen angegeben sind, auf die sich die in der letzten Spalte aufgeführte Kerr-Konstante B bezieht.

Formel	Name	Temperatur	λ in nm	$10^{16}\cdot B$ in $V^{-2}m$
		Elemente		
H_2	Wasserstoff	19,91 K	546	3,84 ± 0,07
N_2	Stickstoff	77,4 K	546	90
O_2	Sauerstoff	−183°C	520	22
		Anorganische Flüssigkeiten		
CO_2	Kohlensäure (beim Sättigungsdruck, Dichte 0,76 g cm^{-3})	20,9°C	546	16
CS_2	Schwefelkohlenstoff	20°C	546	395
		20°C	590	358,9
		Organische Verbindungen		
CCl_4	Tetrachlorkohlenstoff	20°C	546	9,3
		20°C	589,3	8,0
$CHCl_3$	Chloroform	20°C	546	−343
CH_4	Methan	111,95 K	546	2,18
C_2H_4	Ethylen	169,1 K	546	19,9
$C_2H_4Cl_2$	1,2-Dichlorethan	18,6°C	540	559
C_3H_6O	Aceton	18°C	weiß	2025
$C_4H_8O_2$	Dioxan	23,5°C	546	7,73
$C_4H_{10}O$	Diethylether	20°C	546	−73
C_5H_5N	Pyridin	18°C	rot	2560
C_5H_{12}	n-Pentan	20°C	546	6,1
$C_6H_4Cl_2$	1,2-Dichlorbenzol	21°C	546	etwa 4900
$C_6H_4Cl_2$	1,3-Dichlorbenzol	19°C	546	994
$C_6H_4Cl_2$	1,4-Dichlorbenzol	75°C	546	293
C_6H_5Br	Brombenzol	24,9°C	560	1102
C_6H_5Cl	Chlorbenzol	20°C	546	1168
$C_6H_5NO_2$	Nitrobenzol	20°C	546	44600
C_6H_6	Benzol	20°C	589,3	47,2
C_6H_{12}	Cyclohexan	19°C	546	6,6
C_6H_{14}	n-Hexan	20°C	546	7,3
$C_7H_7NO_2$	o-Nitrotoluol	20°C	546	22000
$C_7H_7NO_2$	m-Nitrotoluol	20°C	546	25300
C_7H_8	Touol	20°C	546	79,4
		20°C	589	86,2
C_7H_8O	Anisol	20°C	586	125,0
C_7H_{16}	n-Heptan	20°C	546	8,5
C_8H_{10}	o-Xylol	20°C	589	149
C_8H_{10}	m-Xylol	20°C	589	83
C_8H_{10}	p-Xylol	20°C	589	83
$C_8H_{10}O$	Phenetol	16,4°C	586	132
C_8H_{18}	2,2,4-Trimethyl-pentan, Isooctan	20°C	546	6,9
$C_{10}H_8$	Naphthalin	80°C	546	238
$C_{12}H_{10}O$	Diphenylether	72°C	546	16,4

5.3.2 Cotton-Mouton-Effekt

(Magnetische Doppelbrechung)
Ein optisch isotroper Stoff wird in einem Magnetfeld mehr oder weniger stark doppelbrechend; die Größe dieses als Cotton-Mouton-Effekt bezeichneten Phänomens ist proportional dem Quadrat der magnetischen Flußdichte. Es gilt mit einer für den betrachteten Stoff charakteristischen Konstanten C, die als Cotton-Mouton-Konstante bezeichnet wird, für den bei dieser Doppelbrechung auftretenden Gangunterschied – gemessen in Vielfachen der Wellenlänge λ_0 –

$$\Delta\lambda = C\cdot l\cdot B_0^2. \quad (1)$$

Dabei ist l die Länge des Lichtwegs in dem homogen magnetisierten Stoff und B_0 die magnetische Flußdichte am Ort des zu untersuchenden Stoffes (gemessen ohne Substanz). An Stelle von Gl. (1) kann auch

$$n_p - n_s = C \cdot \lambda_0 \cdot l \cdot B_0^2 \qquad (2)$$

gesetzt werden, wobei n_p der Brechungsindex der magnetisierten Substanz für einen linear polarisierten Lichtstrahl ist, dessen Vektor parallel zum Felde schwingt, und n_s der Brechungsindex für den Fall, daß der Lichtvektor senkrecht zum magnetischen Felde schwingt.
Gelegentlich wird die Cotton-Mouton-Konstante relativ zum Werte einer Vergleichsubstanz (v) gemessen; es wird dann meist die Größe

$$b = 100 C/C_v$$

angegeben, das ist die Größe des Effektes in Prozenten des Effektes bei dem Vergleichstoff.
Die Konstante des Cotton-Mouton-Effektes hängt von der Temperatur des untersuchten Stoffes und von der Wellenlänge des benutzten Lichtes ab.
Die folgende Tabelle gibt nach der Angabe von Formel und Name des untersuchten Stoffes in den ersten beiden Spalten in der dritten, vierten und fünften Spalte den Zustand (l = flüssig, gel. = gelöst, g = gasförmig) die Untersuchungstemperatur (RT = Zimmertemperatur, Smp. = Temperatur in der Nähe des Schmelzpunktes) und die benutzte Wellenlänge (w = weißes Licht) an; es folgt dann in der letzten Spalte die Cotton-Mouton-Konstante in Einheiten von $T^{-2} m^{-1} = JA^{-1} m^{-2}$.

Cotton-Mouton-Konstante
Elemente

Formel	Name	Zustand	Druck kg/cm²	T/°C	λ in nm	$10^4 C/(T^{-2} m^{-1})$
H_2	Wasserstoff	g	100	20	546	nicht meßbar
				−80	546	nicht meßbar
N_2	Stickstoff	g	100	RT	weiß	−0,33
		l		−194,5	546	−12
		l		−161,4	436	−60,9
O_2	Sauerstoff	g	100	RT	weiß	−4,05
		l		−174,4	546	−53,3

Anorganische Stoffe

Formel	Name	Zustand	Dichte g/cm³	T/°C	λ in nm	$10^4 C/(T^{-2} m^{-1})$
CO_2	Kohlendioxid	l	[a]	0	546	−5,3
CS_2	Schwefelkohlenstoff	l		RT	578	−56
H_2O	Wasser	l		16,6	546	−0,39
HNO_3	Salpetersäure	l	1,49	RT	578	6,3
SO_2	Schwefeldioxid	l	[a]	19	546	2,5

[a] Unter dem jeweiligen Dampfdruck.

Organische Stoffe

Formel	Name	Zustand	T in °C	λ in nm	$10^3 C/(T^{-2} m^{-1})$
CCl_4	Tetrachlorkohlenstoff	l	20	546	±0,03
$CHCl_3$	Chloroform	l	20	546	−0,77
CH_2O_2	Ameisensäure	l	RT	weiß	0,65
CH_4O	Methanol	l	~20	~578	−0,03
$C_2H_4O_2$	Essigsäure	l	RT	578	0,4
C_2H_6O	Ethanol	l	15	546	−0,10
C_3H_6O	Aceton	l	18,8	546	0,5
$C_3H_6O_2$	Propionsäure	l	RT	weiß	0,27
$C_3H_8O_3$	Glycerin	l	RT	weiß	−0,5
C_4H_5N	Pyrrol	l	16	578	(1,8)

Organische Stoffe (*Fortsetzung*)

Formel	Name	Zustand	T in °C	λ in nm	10^3 C/(T^{-2} m^{-1})
$C_4H_8O_2$	Buttersäure	l	RT	578	0,4
$C_4H_{10}O$	Butanol	l	~20	~578	−0,09
C_5H_5N	Pyridin	l	18,5	578	(7)
C_5H_{10}	2-Methyl-buten-(3)(β-Isoamylen)	l	RT	weiß	0,7
C_5H_{12}	Pentan	l	RT	weiß	−0,2
$C_6H_4Cl_2$	1,2-Dichlorbenzol	l	20	~546	10,0
C_6H_5Br	Brombenzol	l	20	550	8,0
C_6H_5Cl	Chlorbenzol	l	25	546	7,26
$C_6H_5NO_2$	Nitrobenzol	l	16,3	578	25,3
C_6H_6	Benzol	l	20	546	6,80
C_6H_6O	Phenol	l	47	578	5,78
C_6H_7N	Anilin	l	13,4	578	4,0
C_7H_8	Toluol	l	20	546	7,3
C_7H_8O	Benzylalkohol	l	20	589	5,9
C_7H_{16}	Heptan	l	~20	~578	−0,116
C_8H_{10}	o-Xylol	l	20	~546	7,6
	m-Xylol	l	20	589	6,3
	p-Xylol	l	20	589	6,5
C_8H_{18}	Octan	l	RT	weiß	−0,3
$C_9H_{11}N$	Tetrahydrochinolin	l	16,8	578	9,2
C_9H_{12}	Mesitylen	l	20	546	7,1
$C_{10}H_8$	Napthalin	l	88,5	578	19,3
$C_{12}H_{10}$	Diphenyl	l	~70	578	17,9

5.3.3 Faraday-Effekt

Durchquert ein linear polarisierter Lichtstrahl eine homogen magnetisierte Substanz in Richtung des magnetischen Feldes, so wird die Ebene des polarisierten Lichtes um einen Winkel α gedreht, ein Phänomen, das als Faraday-Effekt bezeichnet wird. Es gilt

$$\alpha = V \cdot l \cdot B_0, \tag{1}$$

wo l die Länge des vom Licht durchsetzten Stoffes und B_0 die magnetische Flußdichte am Ort des Stoffes ist (gemessen ohne Substanz). V ist ein für den untersuchten Stoff charakteristischer Proportionalitätsfaktor, der als Verdetsche Konstante bezeichnet wird. Gelegentlich wird an Stelle der Verdet-Konstante V die „Magnetische Molekulardrehung" Ω oder auch die „Molekulare magnetische Drehungskonstante" D angegeben. Es gilt mit dem Molvolumen M/ϱ und dem Brechungsindex n

$$\Omega = \frac{V}{\varrho} \cdot M \tag{2}$$

und

$$D = \frac{q\,n\,M}{(n^2+2)^2} \frac{V}{\varrho} \tag{3}$$

(M = Molmasse, ϱ = Dichte).

Erfahrungsgemäß läßt sich D aus den für einzelne Bestandteile einer Verbindung gültigen Drehungsinkrementen D_i additiv zusammensetzen. Die Konstanten V, Ω und D hängen von der Untersuchungstemperatur und der Wellenlänge des benutzten Lichtes ab.

Die folgende Tabelle enthält nach dem Namen und der Formel der ersten beiden Spalten in den dann folgenden Spalten 3 bis 5 die Angabe des Aggregatzustandes, der Versuchstemperatur und der Wellenlänge des benutzten Lichtes. Es folgt dann in den letzten beiden Spalten die Verdet-Konstante V in Einheiten min T^{-1} m^{-1} und die molekulare magnetische Drehungskonstante D in Einheiten min T^{-1} m^2 mol^{-1}.

Verdet-Konstante

Elemente

Formel	Name	Zustand	T in °C	λ in nm	10^{-4} V / min T^{-1} m^{-1}	10^2 D / min T^{-1} m^{-2} mol^{-1}
Ar	Argon	g		578		20,6
Br_2	Brom	l	0	700	5,3	
Cl_2	Chlor	g		578		71,0
H_2	Wasserstoff	g		546		15,0
				578		13,5
He	Helium	g		546		1,0
N_2	Stickstoff	g		578		13,3
		l	−195	589	0,415	
Ne	Neon	g		546		2,4
O_2	Sauerstoff	g		578		13,1
		l	−182	589	0,782	

Anorganische Verbindungen

Formel	Name	Zustand	T in °C	λ in nm	10^{-4} V / min T^{-1} m^{-1}	10^2 D / min T^{-1} m^{-2} mol^{-1}
AsH_3	Arsenwasserstoff	g		578		151
$(CN)_2$	Dicyan	g		578		50,0
CO	Kohlenmonoxid	g		578		24,5
CO_2	Kohlendioxid	g		578		21,0
CS_2	Schwefelkohlenstoff	g		578		171
		l	18	578	4,33	176
			25	589	4,19	
HBr	Bromwasserstoff	g		578		71,5
		l	20	589	3,43	129
HCl	Chlorwasserstoff	g		578		48,0
		l	20	589	2,24	55,5
HF	Fluorwasserstoff				0	
HJ	Jodwasserstoff	l	20	589	5,13	276
H_2O	Wasser	l	20	578	1,37	
				589	1,307	
D_2O		l	20	589	1,255	
H_2S	Schwefelwasserstoff	g		578		93,0
H_2Se	Selenwasserstoff	g		578		137,3
NH_3	Ammoniak	g		578		43,0
		l	−40	578	1,73	
NO	Stickstoffoxid	l	−104	546	−3,88	
N_2O	Distickstoffoxid	g		578		17,4
		l	−92	589	5,54	
$Ni(CO)_4$	Nickeltetracarbonyl	l	17	578	7,35	
PBr_3	Phosphortribromid	l	20	578	6,03	357
PCl_3	Phosphortrichlorid	g		578		200
		l	26	578	3,05	197
PH_3	Phosphorwasserstoff	g		578		125,3
S_2Cl_2	Dischwefeldichlorid	l	26	578	5,68	226
$SOCl_2$	Sulfurylchlorid	l	0	546	3,39	
SO_2Cl_2	Thionylchlorid	l	0	546	2,09	
SO_2	Schwefeldioxid	g		578		66,5
		l	−10	578	1,87	67,9
$SbCl_5$	Antimonpenta-chlorid	l	18	546	1,11	
				578	9,45	
$SiCl_4$	Siliciumtetrachlorid	l	16	589	1,89	
$SnCl_4$	Zinntrachlorid	g		578		378
		l	28	578	4,43	385
$TiCl_2$	Titandichlorid	l		589	−1,52	
$TiCl_4$	Titantetrachlorid	l	17,9	578	−1,62	

Verdet-Konstante (*Fortsetzung*)
Kristalle

Formel	Name	Zustand	T in °C	λ in nm	$\frac{10^{-4}\,V}{\min T^{-1} m^{-1}}$	$\frac{10^{2}\,D}{\min T^{-1} m^{-2} mol^{-1}}$
CaF_2	Flußspat, Calciumfluorid	kr		589	0,897	
KCl	Sylvin, Kaliumchlorid	kr		589	2,67	
NaCl	Steinsalz, Natriumchlorid	kr		589	3,287	
SiO_2	Quarz, Siliciumdioxid	kr	20	578	1,714	
		glas	20	436	2,61	
				546	1,65	
				578	1,479	
ZnS	Zinkblende Zinksulfid	kr	18	436	65,5	
				546	32,7	
				578	28,2	

Verdet-Konstante von wäßrigen Lösungen anorganischer Stoffe bei 0°C und λ = 546 nm
Konzentration in Massen % der angegebenen Formel

Stoff	Massen %	$\frac{10^{-4}\,V}{\min T^{-1} m^{-1}}$	Stoff	Massen %	$\frac{10^{-4}\,V}{\min T^{-1} m^{-1}}$
CsCl	14,06	1,68	NH_4Br	20,05	2,06
HBr	20,60	2,16	NH_4CNS	21,32	2,02
HCl	16,22	2,01	NH_4Cl	19,54	2,00
H_2O_2	15,67	1,54	NH_4J	35,13	3,02
H_2S	0,23	1,56	NH_4OH	10,25	1,60
H_2SO_4	3,87	1,56	$(NH_4)_2SO_4$	5,146	1,58
			$(NH_4)_2S_2O_3$	5,875	1,63
KBr	24,30	2,06			
KCN	18,66	1,70	NaBr	25,58	2,22
KCNO	3,905	1,56	$NaBrO_3$	19,86	1,75
KCNS	25,99	2,01	NaCl	12,80	1,84
K_2CO_3	47,79	1,73	$NaClO_3$	23,91	1,64
$KHCO_3$	17,22	1,58	NaJ	34,88	3,05
KCl	15,34	1,81	NaOH	12,98	1,82
KF	21,46	1,59	Na_2SO_3	8,565	1,70
KJ	39,75	3,07			
KOH	14,78	1,75	RbBr	30,94	2,08
K_2S	19,23	2,26	RbCl	21,24	1,90
LiBr	23,70	2,24	$SOCl_2$	100	3,39
LiCl	13,05	1,89	SO_2Cl_2	100	2,09
$LiJO_3$	28,03	2,03			

Verdet-Konstante
Organische Verbindungen

Formel	Name	Zustand	T in °C	λ in nm	$\frac{10^{-4}\,V}{\min T^{-1} m^{-1}}$	$\frac{10^{2}\,D}{\min T^{-1} m^{-2} mol^{-1}}$
CCl_4	Tetrachlorkohlenstoff	g		578		131,0
		l	20	578	1,68	126
				589	1,60	
$CHBr_3$	Bromoform	l	20	589	3,14	191
$CHCl_3$	Chloroform	g		578		111
		l	18	578	1,67	105
				589	1,64	102
CH_3Br	Methylbromid	g		578		90
CH_3Cl	Methylchlorid	g		578		60,5

Verdet-Konstante
Organische Verbindungen (*Fortsetzung*)

Formel	Name	Zustand	T in °C	λ in nm	10^{-4} V min T^{-1} m^{-1}	10^2 D min T^{-1} m^{-2} mol^{-1}
CH_3J	Methyljodid	g		578		161
		l	18	578	3,53	159
CH_4	Methan	g		578		32,5
CH_4O	Methanol	l	20	589	0,96	32,4
C_2H_2	Acetylen	g		578		73,0
C_2H_4	Ethen	g		578		70,0
C_2H_5Br	Ethylbromid	g		578		116,5
		l		578	1,92	112
C_2H_5Cl	Ethylchlorid	g		578		81,0
		l		578	1,40	78,1
C_2H_5J	Ethyljodid	g		578		188,5
		l	20	578	3,03	180
				589	2,94	
C_2H_6	Ethan	g		578		52,5
C_2H_6O	Ethanol	l	20	589	1,1206	53,78
C_3H_6O	Aceton	l	15,2	589	1,13	68,5
			20	578	1,16	
			20	546	1,33	
			20	436	2,19	
C_3H_6O	Allylalkohol	l	20	589	1,62	87,5
$C_3H_6O_2$	Propionsäure	l	20	589	1,0941	66,23
$C_3H_6O_2$	Essigsäuremethylester	l	11,6	589	1,09	
$C_3H_6O_2$	Ameisensäureethylester	l	14,8	589	1,065	
C_3H_7Br	1-Brom-propan	g		578		134
		l	20	578	1,83	129
				589	1,78	126
C_3H_7Cl	1-Chlor-propan	g		578		102
		l	19	578	1,38	98
				589	1,33	95
C_3H_7Cl	2-Chlor-propan	g		578		107,5
		l	20	578	1,38	102
C_3H_8	Propan	g		578		73,5
C_3H_8O	Propanol-(1)	l	20	589	1,1823	72,26
C_3H_8O	Propanol-(2)	l	13	589	1,252	
$C_3H_8O_3$	Glycerin	l	20	589	1,3304	74,14
C_4H_4O	Furan	l	20	589	1,78	
C_4H_4S	Thiophen	l	20	589	2,80	
C_4H_5N	Pyrrol	l		589	2,44	
$C_4H_6O_3$	Essigsäureanhydrid	l	16	442,9	1,98	
$C_4H_8O_2$	Buttersäure	l	20	589	1,1490	84,86
$C_4H_8O_2$	Essigsäureethylester	l	11,7	589	1,092	
C_4H_{10}	Butan	g		578		94,5
		l	−10	578	1,179	
	Butanol	l	13	589	1,224	
	Isobutanol	l	20	589	1,2640	93,77
	tert. Butanol	l	27	589	1,280	
$C_4H_{10}O$	Diethylether	g		578		103
		l	20	578	1,18	99
				589	1,08	92,5
C_5H_{12}	n-Pentan	l	20	589	1,149	109,5
C_5H_{12}	2-Methyl-butan	l	20	589	1,1739	113,3
$C_5H_{12}O$	Isoamylalkohol	l	15	589	1,290	

Verdet-Konstante
Organische Verbindungen (*Fortsetzung*)

Formel	Name	Zustand	T in °C	λ in nm	$\frac{10^{-4} V}{\min T^{-1} m^{-1}}$	$\frac{10^{2} D}{\min T^{-1} m^{-2} mol^{-1}}$
$C_6H_5NO_2$	Nitrobenzol	l	20	578	2,26	
			15	589	2,16	159
C_6H_6	Benzol	g		578		208
		l	20	578	3,10	206
			15	589	3,05	198
$C_6H_{10}O_3$	Acetessigsäureethylester	l	10,4	589	1,230	
$C_6H_{10}O_4$	Oxalsäurediethylester	l	9,5	589	1,179	
C_6H_{14}	n-Hexan	g		578		133,5
		l	20	589	1,1971	127,9
C_7H_6O	Benzaldehyd	l	15	578	2,76	202
C_7H_7Cl	Benzylchlorid	l	15	589	2,88	231
C_7H_8	Toluol	l	15	589	2,71	214
C_7H_8O	Benzylalkohol	l	15	578	2,82	211
C_7H_{16}	n-Heptan	l	20	589	1,2310	
C_8H_{10}	m-Xylol	l	20	589	2,479	
C_9H_8O	Zimtaldehyd	l	20	589	3,40	
$C_{10}H_7Br$	1-Brom-naphthalin	l	20	589	8,192	
$C_{10}H_7Cl$	1-Chlor-naphthalin	l	150	578	4,34	
$C_{10}H_8$	Naphthalin	l	83,5	578	4,696	
$C_{10}H_{14}O$	d-Carvon	l	122	578	1,714	
$C_{10}H_{16}$	Limonen	l	16	578	1,64	200
$C_{10}H_{16}O$	d-Campher	l	180	578	1,22	
$C_{10}H_{20}O$	1-Menthol	l	150	578	1,297	
$C_{11}H_{10}$	1-Methylnaphthalin	l	150	578	4,19	
$C_{11}H_{10}$	2-Methylnaphthalin	l	150	578	4,03	
$C_{12}H_{22}$	Dicyclohexyl	l	20	589	1,3971	198,5
$C_{12}H_{24}O_2$	Laurinsäure	l	50	578	1,343	
			155	578	1,217	
$C_{14}H_{10}$	Phenanthren	l	150	578	5,506	
$C_{14}H_{20}O_2$	Myristinsäure	l	64	578	1,343	
			164	578	1,225	

Verdet-Konstante
Flüssigkeitsgemische

Mischkomponente A	Mischkomponente B	Konzentration von A in Vol. %	T in °C	λ in nm	$\frac{10^{-4} V}{\min T^{-1} m^{-1}}$
Ethanol	Wasser	0	16	589,3	1,309
C_2H_6O	H_2O	29,81	16	589,3	1,294
		59,57	16	589,3	1,251
		99,21	16	589,3	1,139
Ethanol	Benzol	0	16	589,3	2,981
C_2H_6O	C_6H_6	30	16	589,3	2,402
		60	16	589,3	1,854
		90	16	589,3	1,314
Aceton	Wasser	0	16	589,3	1,309
C_3H_6O	H_2O	28,16	16	589,3	1,296
		55,17	16	589,3	1,260
		77,73	16	589,3	1,202

Verdet-Konstante
Flüssigkeitsgemische (*Fortsetzung*)

Mischkomponente A	Mischkomponente B	Konzentration von A in Vol. %	T in °C	λ in nm	$\frac{10^{-4}\,V}{\min T^{-1}\,m^{-1}}$
Aceton	Wasser	0	16	546,1	1,549
C_3H_6O	H_2O	28,16	16	546,1	1,534
		55,17	16	546,1	1,490
		77,73	16	546,1	1,424
Aceton	Wasser	0	16	436	2,508
C_3H_6O	H_2O	28,16	16	436	2,498
		55,17	16	436	2,439
		77,73	16	436	2,336
Isobutanol	Schwefelkohlenstoff	0	16	589,3	4,235
$C_4H_{10}O$	CS_2	22,79	16	589,3	3,399
		82,78	16	589,3	1,694
Isobutanol	Schwefelkohlenstoff	0	16	546,1	5,070
$C_4H_{10}O$	CS_2	22,79	16	546,1	4,050
		82,78	16	546,1	1,996
Nitrobenzol	Ethanol	0	20	589,3	1,148
$C_6H_5NO_2$	C_2H_6O	29,79	20	589,3	1,439
		60,35	20	589,3	1,753
		89,98	20	589,3	2,055
Nitrobenzol	Benzol	0	20	589,3	2,949
$C_6H_5NO_2$	C_6H_6	35,1	20	589,3	2,677
		65,13	20	589,3	2,423
		90,03	20	589,3	2,231

6 Zusammenhang der molekularen Eigenschaften mit makroskopischen Phänomenen

Überarbeitet von M.D. Lechner, Physikalische Chemie, Universität Osnabrück

6.1 Mechanik molekularer Teilchen und Quantenstatistik

Sind die Energiezustände bekannt, in denen ein freies Atom oder ein freies Molekul existieren kann, so vermag man, auch ohne den Mechanismus zu kennen, mit Hilfe dessen ein atomares oder molekulares Teilchen (Partikel) von einem Zustand in einen anderen übergeht, die Verteilung eines größeren Systems freier Teilchen auf die verschiedenen Zustände nach rein statistischen Prinzipien zu ermitteln. Es stellt sich nämlich in praxi stets diejenige Verteilung (Makrozustand) ein, welche die meisten Realisierungen durch verschiedene Einzelverteilungen (Mikrozustände) zuläßt. Zur Illustration sei die Verteilung von zwei Teilchen a und b auf drei verschiedene Quantenzustände I, II und III betrachtet, die in dem folgenden Schema durch drei Kästchen symbolisiert seien.

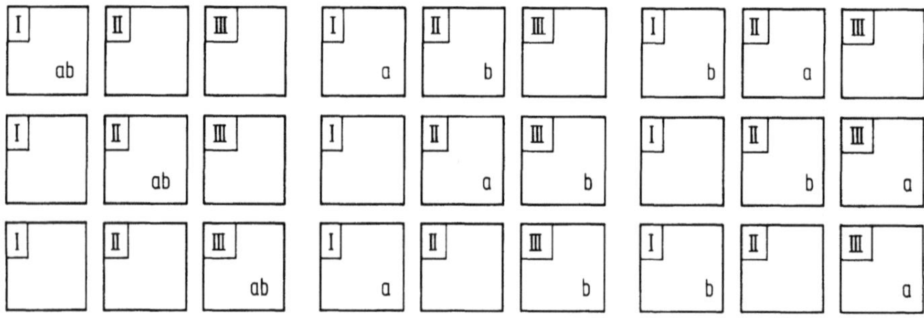

Wir haben so zunächst neun verschiedene Realisierungen durch Einzelverteilungen. Dabei ist vorerst angenommen, daß die beiden Partikel (a und b) voneinander unterschieden werden können; die modernere Atomistik zeigt aber, daß sich zwei Teilchen der gleichen Art prinzipiell nicht voneinander unterscheiden lassen, so daß bei Berücksichtigung dieses Umstandes nur die ersten sechs Verteilungen als verschiedene Realisierungen des Makrozustandes angesehen werden, bei dem zwei gleichartige Partikel auf die drei Zustände I, II und III entfallen. Man spricht bei der Anwendung dieser Prinzipien zur Unterscheidung *verschiedener* Realisierungen von Verteilungen in der Statistik von der klassischen oder Boltzmann-Statistik (erster Fall) und von der Quantenstatistik oder Bose–Einstein-Statistik (zweiter Fall). In vielen Fällen, wenn nämlich die Teilchen dem Pauli–Verbot unterliegen, sind Verteilungen, bei denen mehrere Teilchen sich im gleichen Quantenzustand befinden, als Realisierungen eines Makrozustandes überhaupt auszuschließen. Im obigen Falle entfielen dann die ersten drei Verteilungen, so daß wegen der allgemeinen Gültigkeit der Ununterscheidbarkeit gleichartiger Teilchen nur die mittleren drei Verteilungen als verscheidene Realisierungen übrigbleiben. Man spricht dann von der Fermi–Dirac Statistik. Wir können unser obiges Ergebnis über die verschiedenen Realisierungen dahin zusammenfassen, daß im Falle

der Bose–Einstein-Statistik	$3 + 3$ Realisierungen
der Fermi Dirac-Statistik	$0 + 3$ Realisierungen
der Boltzmann-Statistik	$3 + 3 + 3 = 2(\frac{1}{2}3 + 3)$ Realisierungen

möglich sind, wobei wir zum Schluß die Zahl 2 ($= 2!$) als Anzahl der Vertauschungsmöglichkeiten zwischen 2 Elementen a und b als konstanten Faktor vorgezogen haben.
Die sich tatsächlich einstellende Verteilung eines molekularen Systems, die also die meisten Realisierungen besitzt, muß noch Nebenbedingungen wie etwa die vorgegebene Gesamtzahl der Teilchen und ihre Gesamtenergie berücksichtigen. Da aber ein Extremum verschiedener Verteilungen nicht davon

beeinflußt wird, ob man *alle* Verteilungen mehrfach zählt, erkennt man schon am obigen einfachen Beispiel, daß die klassische Boltzmann-Statistik in ihrem Ergebnis zwischen dem Ergebnis der beiden anderen Statistiken liegen wird. Bei hohen Temperaturen, wo sehr viele Quantenzustände praktisch besetzt werden können, ist nun die mehrfache Besetzung eines einzigen Quantenzustandes unwahrscheinlich, so daß das Pauli–Verbot dann praktisch kaum eine Einschränkung bedeutet, und somit die Ergebnisse der Bose–Einstein-Statistik mit denen der Fermi–Dirac-Statistik und dann auch mit denen der dazwischengelegenen Boltzmann-Statistik praktisch identisch werden.
Das Ergebnis der Betrachtungen über die wahrscheinlichste Verteilung besteht schließlich darin, daß die Zahl N_i der Partikeln, welche sich bei der Temperatur T in einem g_i-fach zu zählenden Quantenzustand, also in einem i.a. entarteten Zustand, wenn $g_i > 1$ ist, – der Energie ε_i befinden, gegeben wird durch:

$$N_i = C_{BE} \cdot \frac{g_i}{e^{\varepsilon_i/kT} - 1} = \frac{g_i}{e^{(\varepsilon_i - \zeta_{BE})/kT} - 1} \quad \text{(Bose–Einstein-Statistik)} \tag{1a}$$

$$N_i = C_B \cdot \frac{g_i}{e^{\varepsilon_i/kT}} = \frac{g_i}{e^{(\varepsilon_i - \zeta_B)/kT}} \quad \text{(Boltzmann-Statistik)} \tag{1b}$$

$$N_i = C_{FD} \cdot \frac{g_i}{e^{\varepsilon_i/kT} + 1} = \frac{g_i}{e^{(\varepsilon_i - \zeta_{FD})/kT} + 1} \quad \text{(Fermi–Dirac-Statistik)} \tag{1c}$$

k = Boltzmann-Konstante ($= 1{,}380658 \cdot 10^{-23}\,\mathrm{JK}^{-1}$)

Dabei sind die „Konstanten" C_{BE}, C_B und C_{FD} oder die Werte ζ_{BE} usw., die noch von der Temperatur abhängen, so zu bestimmen, daß die Gesamtzahl aller Teilchen $N_{ges} = \sum_i N_i$ mit der gegebenen Gesamtzahl übereinstimmt. Die nähere Diskussion zeigt, daß die ζ-Werte mit der freien Enthalpie pro Teilchen identisch sind. Man erkennt an den Gln. (1a) bis (1c) wieder die Mittelstellung der klassischen oder Boltzmann-Statistik zwischen den beiden eigentlichen Quantenstatistiken.
Die Gesamtenergie folgt in jeder Statistik durch Aufsummierung von $\varepsilon_i N_i$ über alle i-Werte oder durch Integration nach i, wenn die einzelnen Energiewerte „unendlich dicht" aufeinander folgen.
Im Falle der Translationsbewegung freier Gaspartikel (z.B. einatomige Gase) ergibt sich ein jeweils verschiedener Verlauf der inneren Energie U_m als Funktion der Temperatur. Im klassischen Falle ist dies durchweg eine Proportionalität mit der Temperatur $U_m = 3/2\ RT$ (R = Gaskonstante), für die Bose–Einstein-Statistik erhält man bei $T = 0$ ebenfalls die Energie $U_m = 0$, weil sämtliche Teilchen den energetisch tiefsten Zustand $\varepsilon_0 = 0$ besetzen, wohingegen dann die innere Energie wie bei jedem quantisierten Zustand langsamer ansteigt als im klassischen Falle, um sich dann von unten her asymptotisch der klassischen Kurve $U_m = 3/2\ RT$ anzunähern. Im Falle der Fermi–Dirac-Statistik besitzt das Gas bereits eine erhebliche innere Energie $U_{m,0}$ bei $T = 0$, weil die Teilchen die tiefsten Energiezustände jeweils nur einfach besetzen, so daß schon bei $T = 0$ Energiezustände mit $\varepsilon_i > 0$ besetzt werden müssen. Mit steigender Temperatur nähert sich dann die innere Energie des Fermi–Dirac-Gases von oben her asymptotisch der klassischen Kurve an.
Die Molwärme $C_{v,m}$ als Differentialquotient der inneren Energie nach der Temperatur besitzt im klassischen Fall den konstanten Wert 3/2 R, während die Molwärme des Bose–Einstein-Gases vom Werte Null ansteigend ein Maximum durchläuft und sich von oben her dem klassischen Wert annähert, denn die $U_m(T)$-Kurve muß mindestens in der Umgebung einer Stelle steiler verlaufen als die klassische Kurve, wenn sie sich von unten her der klassischen $U_m(T)$-Kurve asymptotisch annähern soll. Die Molwärme des Fermi-Dirac-Gases steigt von Null bei $T = 0$ zunächst linear mit T an und nähert sich dem klassischen Werte $C_{v,m} = 3/2R$ von unten her an. Die Lage des Maximums der Molwärme des Bose–Einstein-Gases und die Temperatur, bei der das Fermi–Dirac-Gas den klassischen Wert von $C_{v,m}$ „praktisch" erreicht hat, hängt noch von der Gas- bzw. Teilchendichte ab.
Um die Ergebnisse der verschiedenen Statistiken für die thermodynamischen Funktionen darzustellen, empfiehlt sich die Einführung einer Entartungstemperatur T_e, welche bei einem Gase, dessen elektronischer Grundzustand durch einen inneren Freiheitsgrad g-fach aufgespalten ist (z.B. zweifach beim Elektronengase wegen der zweifachen Spineinstellung) den Wert

$$T_e = \left(\frac{3}{g \cdot 4\pi}\right)^{2/3} \left(\frac{N_A}{V_m}\right)^{2/3} \frac{h^2}{2mk} \tag{2}$$

besitzt, wo N_A = Avogadrosche Zahl; V_m = Molvolumen, m = Partikelmasse, h = Plancksche Konstante und k = Boltzmannsche Konstante ist. Es gilt dann mit guter Näherung bei tiefen Temperaturen für die Molwärme $C_{v,m}$:

Bose–Einstein-Statistik:

$$C_{v,m} = 6{,}69\ R\ (T/T_e)^{3/2} \quad \text{für } T \leqq 0{,}437 T_e, \tag{3}$$

womit $C_{v,m} \approx 1{,}92_5 R$ resultiert für $T = 0{,}437 T_e$, d. i. die Temperatur, bei welcher der Maximalwert der Molwärme nach der Bose–Einstein-Statistik erreicht wird.

Fermi–Dirac-Statistik:

$$C_{v,m} = R\left[\frac{\pi^2}{2}\frac{T}{T_e} - \frac{3\pi^4}{20}\left(\frac{T}{T_e}\right)^3\right] \quad \text{für} \quad T < 1/3 T_e \tag{3a}$$

Boltzmann-Statistik:

$C_{v,m} = 3/2\,R$ für alle Temperaturen.

Dagegen gilt für hohe Temperaturen, d.h. oberhalb der eben für die beiden Statistiken angegebenen Grenzen:

Bose–Einstein-Statistik:

$$C_{v,m} = 3/2\,R\left[1 + 0{,}0664\left(\frac{T_e}{T}\right)^{3/2} + 0{,}0037\left(\frac{T_e}{T}\right)^3 + \cdots\right] \quad \text{für} \quad T > 0{,}437\,T_e \tag{3b}$$

womit $C_{v,m} = 1{,}913\,R$ für $T = 0{,}437\,T_e$

in guter Übereinstimmung mit dem eben erhaltenen Grenzwert im Maximum der BE-Kurve für die Molwärme folgt.

Fermi–Dirac-Statistik:

$$C_{v,m} = 3/2\,R\left[1 - 0{,}0664\left(\frac{T_e}{T}\right)^{3/2} + 0{,}0037\left(\frac{T_e}{T}\right)^3 + \cdots\right| \quad \text{für} \quad T > 1/3\,T_e. \tag{3c}$$

Die entsprechenden Beziehungen für die innere Energie lauten bei tiefen Temperaturen:

Bose–Einstein-Statistik:

$$U_m = 2{,}67 \cdot RT_e(T/T_e)^{5/2} \quad \text{für} \quad T < 0{,}437\,T_e \tag{4}$$

Fermi–Dirac-Statistik:

$$U_m = 3/5\,RT_e + RT\left|\frac{\pi^2}{4}\left(\frac{T}{T_e}\right) - \frac{3\pi^4}{80}\left(\frac{T}{T_e}\right)^3\right| \quad \text{für} \quad T < 1/3\,T_e \tag{4a}$$

und bei höheren Temperaturen:

Bose–Einstein-Statistik:

$$U_m = 3/2\,RT\left[1 - 0{,}1328\left(\frac{T_e}{T}\right)^{3/2} - 0{,}0019\left(\frac{T_e}{T}\right)^3 \cdots\right] \quad \text{für} \quad T > 0{,}437\,T_e \tag{4b}$$

Fermi–Dirac-Statistik:

$$U_m = 3/2\,RT\left[1 + 0{,}1328\left(\frac{T_e}{T}\right)^{3/2} - 0{,}0019\left(\frac{T_e}{T}\right)^3 \cdots\right] \quad \text{für} \quad T > 1/3\,T_e \tag{4c}$$

Es ist bemerkenswert, daß in dem sogenannten Entartungsgebiet $T < 0{,}437\,T_e$ der Bose–Einstein-Statistik die innere Energie wegen der Definition von T_e proportional mit dem Molvolumen anwächst und die räumliche Dichte der inneren Energie (U_m/V_m) nur von der Temperatur, nicht aber von der Teilchendichte abhängt. Wegen des Zusammenhangs zwischen dem Impuls eines Moleküls und ihrer kinetischen Energie gilt bei allen Statistiken, solange keine relativistischen Effekte zu berücksichtigen sind: $U_m = 3/2 \cdot pV_m$, wo p der Druck ist, so daß im Entartungsgebiet der Bose–Einstein-Statistik auch der Gasdruck p unabhängig von der Teilchendichte wird. Auch bei den übrigen Temperaturen gibt es keine durch zwischenmolekulare Kräfte bewirkte Abweichungen vom idealen Gasgesetz, die mit steigendem T/T_e verschwinden. Der Druck des Bose–Einstein-Gases verhält sich im Entartungsgebiet

ähnlich wie der Dampfdruck über einem Kondensat, der ja gleichfalls nur von der Temperatur abhängt. Man spricht im Gebiet unterhalb $0{,}437\,T_e$ deshalb auch von der Kondensation des Bose–Einstein-Gases. Hier wirkt der Energiezustand $\varepsilon_0 = 0$ als Kondensationszustand. Verringert man das Volumen des Gases, so wird der zu $\varepsilon_0 = 0$ gehörige Energiezustand stärker besetzt und es entfallen dementsprechend weniger Teilchen auf die Quantenzustände mit $\varepsilon > 0$, die allein zur Energie und zum thermischen Druck Beiträge liefern, so daß der Druck jetzt sogar wie bei einem kondensierenden realen Gase unabhängig vom Volumen wird.
Für die Entropie nach der Bose–Einstein-Statistik und der Fermi–Dirac-Statistik gilt das Nernstsche Theorem, insofern die Entropie in beiden Statistiken für $T = 0$ verschwindet. Es ergeben sich bei tiefen Temperaturen die Entropiewerte

Bose–Einstein-Statistik:

$$S_m = 4{,}46\,R\left(\frac{T}{T_e}\right)^{3/2} \quad \text{für} \quad T \leqq 0{,}437\,T_e \tag{5}$$

Fermi–Dirac-Statistik:

$$S_m = R\left[\frac{\pi^2}{2}\frac{T}{T_e} - \frac{\pi^4}{20}\left(\frac{T}{T_e}\right)^3 \cdots\right] \quad \text{für} \quad T < 1/3\,T_e. \tag{5a}$$

Bei höheren Temperaturen gilt:

Bose–Einstein-Statistik:

$$S_m = -R\ln\frac{4}{3\sqrt{\pi}}T_e^{3/2} + \frac{3}{2}R\ln T + \frac{5}{2}R - R\left[0{,}0664\left(\frac{T_e}{T}\right)^{3/2} + 0{,}0019\left(\frac{T_e}{T}\right)^3 \cdots\right] \tag{5b}$$

Fermi–Dirac-Statistik:

$$S_m = -R\ln\frac{4}{3\sqrt{\pi}}T_e^{3/2} + \frac{3}{2}R\ln T + \frac{5}{2}R + R\left[0{,}0664\left(\frac{T_e}{T}\right)^{3/2} - 0{,}0019\left(\frac{T_e}{T}\right)^3 \cdots\right]. \tag{5c}$$

Beide Statistiken liefern für Temperaturen, bei denen T_e/T vernachlässigbar klein geworden ist, den klassischen Entropiewert

$$S_{m,tr} = R\ln\left[\left(\frac{2\pi k}{N_A h^2}\right)^{3/2}\frac{e}{N_A}\right] + \frac{3}{2}R\ln M + R\ln g + \frac{3}{2}R + \frac{3}{2}R\ln T + R\ln V_m$$

$$= R\ln\left[\left(\frac{2\pi k}{N_A h^2}\right)^{3/2}\frac{1}{N_A}\right] + \frac{3}{2}R\ln M + R\ln g + \frac{5}{2}R + \frac{5}{2}R\ln T + R\ln R - R\ln p \tag{6}$$

wenn man den Wert für T_e aus Gl. (2) benutzt und einmal das Molvolumen nach dem Gasgesetz durch den Druck ersetzt. Die ersten drei Summanden der Gl. (6) werden als „Chemische Konstante“ des einatomigen idealen Gases bezeichnet.
Die freie Energie und die freie Enthalpie läßt sich jetzt in üblicher Weise aus den inneren Energien, Enthalpien und der Entropie zusammensetzen. Interessant ist, daß die freie Enthalpie des Bose–Einstein-Gases unterhalb $T = 0{,}437\,T_e$ verschwindet. Durch diese Eigenschaft läßt sich das Entartungsgebiet des Bose–Einstein-Gases gleichfalls charakterisieren.
In der Praxis hat die Bose–Einstein-Statistik ebenso wie die Fermi–Dirac-Statistik nur für extrem leichte Teilchen Bedeutung, weil sonst die aus Gl. (2) folgende Entartungstemperatur T_e zu klein wird, um noch bei Temperaturen zu Abweichungen von der klassischen Statistik zu führen, bei denen das Gas noch nicht kondensiert ist. Für die freien Elektronen in Metallen, das sogenannte Elektronengas, für welches die Fermi–Dirac-Statistik gilt, ergibt sich mit $g = 2$, $M_{\text{Elektr.}} = 0{,}000549$ und $V_{\text{mol}} \approx 10–15\,\text{cm}^3$ (identisch mit dem Atomvolumen von Metallen) aus Gl. (2) eine Entartungstemperatur von 50–60000 K. In diesem Falle beträgt die Molwärme des Elektronengases bei Zimmertemperatur nach Gl. (3a) nur $0{,}025\,R = 0{,}21$ J/(K mol). Für Helium erhält man bei einem Molvolumen von $27\,\text{cm}^3$, das bereits der Dichte des flüssigen Heliums zwischen 2 und 3 K entspricht, mit $g = 1$ eine Temperatur $T_e \approx 7{,}3$ K, so daß man daraus auf ein Maximum der Molwärme bei $0{,}437 \cdot 7{,}3\,\text{K} = 3{,}2$ K schließen würde, weil für Helium (^{4}He) das Paulische Ausschließungsprinzip nicht gilt und mithin die Bose–Einstein-Statistik Anwendung finden sollte. Der bei 2,2 K gelegene λ-Punkt des ^{4}He – der beim ^{3}He, für das die Fermi–Dirac-Statistik gilt, nicht auftritt – wird mit diesem Extremum der Molwärme des

Bose–Einstein-Gases in Verbindung gebracht. Bei allen anderen echten Gasen liegt das Temperaturgebiet $T \sim \frac{1}{2}T_e$ unterhalb des Schmelz- oder Tripelpunktes.
Für die Photonen als Teilchen mit der Ruhmasse Null ist T_e unendlich groß, so daß hier bei allen Temperaturen Entartung vorliegt. Die obigen Beziehungen für die Energie usw. sind jedoch hier nicht verwendbar, weil für die Photonen die relativistischen Beziehungen zwischen Impuls und Energie verwendet werden müssen, während für die oben angegebenen Beziehungen mit den klassischen für Geschwindigkeiten $v \ll c$ gültigen Relationen zwischen Impuls und Energie gerechnet worden war.
Beim Photonengas gilt wieder – weil hier die Bose–Einstein-Statistik zu verwenden ist –, daß die freie Enthalpie im Entartungsgebiet, d.h. bei allen Temperaturen, verschwindet. Für den bei den Photonen gültigen Zusammenhang $U_m = 1/3\,pV$ (nicht wie im klassischen Falle $U_m = 2/3\,pV$) folgt dann sofort, daß $U_m = \text{const}\cdot T^4$ (Stefan–Boltzmannsches Gesetz) gelten muß, wenn die freie Enthalpie $U_m + 1/3\,U_m - TS_m$ verschwindet. Auch hier ist die Energiedichte der Lichtquanten und der Lichtdruck unabhängig von der etwa gegebenen Gesamtzahl der Lichtquanten, weil nur diejenigen Lichtquanten physikalisch in Erscheinung treten, die nicht zum Energiezustand $\varepsilon_0 = 0$ oder $\nu = 0$ gehören. Die Lichtquanten sind also bei allen Temperaturen teilweise „kondensiert" und nur die auf höhere Energiestufen gehobenen Lichtquanten werden im Endeffekt als existierend registriert.
Ähnlich wie die Lichtquanten ließen sich auch die Gitterschwingungen eines Kristalls als ein „Phononengas" behandeln. Damit hängt die große Ähnlichkeit der Ausdrücke für die innere Energie eines Gitters und die Energie des Spektrums eines schwarzen Strahlers zusammen.
Die Zahl der Lichtquanten, die sich in einem bestimmten Energiezustand in der Umgebung von $\varepsilon_i = h\nu$ befinden, ergibt sich mit $\zeta_{BE} \equiv 0$ (Entartung) aus Gl. (1a) mit $g_i = \frac{8\pi}{c^3} V_m \nu^2 \, d\nu$ zu

$$N_i = \frac{g_i}{e^{h\nu/kT} - 1} = \frac{8\pi}{c^3} V \frac{\nu^2\, d\nu}{e^{h\nu/kT} - 1}. \tag{7}$$

Und mithin gilt für die Energiedichte $u = N_i h\nu/V$ der schwarzen Strahlung

$$u(\nu)\, d\nu = \frac{8\pi}{c^3} \frac{h\nu^3\, d\nu}{e^{h\nu/kT} - 1} \tag{7a}$$

woraus

$$U_m = \int_0^\infty u(\nu)\, d\nu = \frac{8\pi}{c^3}\left(\frac{kT}{h}\right)^3 kT \int_0^\infty \frac{x^3\, dx}{e^x - 1} = \frac{8\pi}{c^3}\left(\frac{kT}{h}\right)^3 kT \frac{\pi^4}{15} = \text{const}\cdot T^4. \tag{7b}$$

Nach der Strahlungstheorie ist die Strahlungsdichte u mit der von einer Oberflächeneinheit ausgehenden Strahlungsintensität K durch $u = \frac{4K}{c}$ verknüpft, so daß die Bose–Einstein-Statistik für die Stefan–Boltzmannsche Strahlungskonstante σ gemäß $K = \sigma\cdot T^4$ den Wert

$$\sigma = \frac{2\pi^5}{15c^2} \frac{k^4}{h^3} \tag{8}$$

liefert.
Die Einführung der Wellenlänge anstelle der Frequenz führt zur üblichen Form für die spektrale Energieverteilung

$$u(\lambda) = \frac{8\pi h \lambda^{-5}\, d\lambda}{e^{hc/k\lambda T} - 1} \tag{9}$$

die an den Stellen mit

$$\lambda\cdot T = \frac{hc}{k\cdot 4{,}97} = 0{,}29\,\text{cm K} \tag{9a}$$

Maxima besitzt.

Die Relation

$$U_m = \int_0^\infty U(\nu)\,d\nu = u(\nu)V_m\,d\nu = \frac{8\pi}{c^3}V_m \int \frac{h\nu^3\,d\nu}{e^{h\nu/kT}-1} \tag{10}$$

kann man durch formale Einführung eines Molvolumens V_m und einer charakteristischen Frequenz des Lichtquantengases gemäß $\frac{4\pi V_m}{3c^3}\cdot\nu_g^3 = N_A$ (d.h. bis zur Frequenz $\nu = \nu_g$ gibt es nach den Ausführungen zu Gl. (7) N_A-Schwingungsquanten einer Polarisationsrichtung) umschreiben in

$$U_m = 2\,RT\cdot 3\left(\frac{kT}{h\nu_g}\right)^3 \int_0^\infty \frac{x^3\,dx}{e^x-1} = 2\,RT\cdot\frac{\pi^4}{5}\left(\frac{kT}{h\nu_g}\right)^3 \tag{11}$$

R = Gaskonstante.

Diese Relation kann mit geringfügigen Abänderungen für das „Phononengas" der Gitterschwingungen eines Kristalls verwendet werden. Es liegt dies daran, daß die Gitterschwingungen wegen des Vorhandenseins einer potentiellen Energie einerseits den gleichen formalen Zusammenhang zwischen Impuls und Gesamtenergie: $E = p\cdot$Geschwindigkeit besitzen wie die Lichtquanten (Phononen) $E = p\cdot c$ und zum anderen als „Teilchen" (Phononen) angesehen werden können, die der Bose–Einstein-Statistik genügen. Es gibt jedoch neben den beiden zur Fortpflanzungsrichtung einer Welle transversalen Gitterschwingungen auch noch eine longitudionale Gitterschwingung, so daß der Faktor in der letzten Beziehung 3 RT statt 2 RT heißen muß. Außerdem gibt es bei den Phononen eine Grenzfrequenz ν_g von endlicher Größe, deren zugehörige Wellenlänge von der Größe des Gitterabstandes ist; deshalb ist das letzte Integral nur bis zu dieser Grenze zu erstrecken, so daß für die Energie der Kristallgitterschwingungen (Phononen)

$$U_m = 3\,RT\,3\left(\frac{kT}{h\nu_g}\right) \int_0^{3h\nu_g/kT} \frac{x^3dx}{e^x-1} \tag{12}$$

und nur für kleine T

$$U_m = 3\,RT\frac{\pi^4}{5}\left(\frac{kT}{h\nu_g}\right)^3 \tag{12a}$$

gilt. Daß hier im Gegensatz zu den Lichtquanten (Photonen) zwischen tiefer und höherer Temperatur unterschieden werden muß, liegt vornehmlich daran, daß die Phononengrenzfrequenz ν_g ins Ultrarot-Gebiet fällt, während die Grenzfrequenz der Photonen zumindest praktisch „unendlich groß" ist.

Bei den Kristallgitterschwingungen ist die Ausbreitungsgeschwindigkeit (Schallgeschwindigkeit) der transversalen Wellen von denen der longitudinalen Wellen verschieden, so daß die Grenzfrequenz gewöhnlich aus

$$\frac{4\pi V_m}{3}\left(\frac{2}{c_t^3}+\frac{1}{c_l^3}\right)\nu_g^3 = 3N_A \tag{13}$$

(c_l, c_t = Phasengeschwindigkeit der longitudionalen und transversalen Gitterwellen) entnommen wird. Mit dieser Grenzfrequenz wird die Debye-Temperatur $\Theta_D = h\nu_g/k$ ermittelt, mit der dann die innere Energie eines Kristalls geschrieben wird:

$$U_m = 3\,RT\cdot D(\Theta_D/T), \quad \text{wo} \quad D(\zeta) - \frac{3}{\xi^3}\int_0^\xi \frac{x^3dx}{e^x-1} \tag{14}$$

die sogenannte Debyesche Funktion ist. Hier ist bei der inneren Energie U_m des Kristalls die Nullpunktsenergie $U_{m,0}$ der Gitterschwingungen, für die sich übrigens der Wert $U_{m,0} = \frac{9}{8}R\Theta_D$ ergibt, nicht mitgezählt. Für die Molwärme bei konstantem Volumen des Kristalls gilt:

$$C_{v,m} = 3\,R\left[4\,D\left(\frac{\Theta_D}{T}\right) - 3\,P\left(\frac{\Theta_D}{T}\right)\right] \quad \text{mit} \quad P(\xi) = \frac{\xi}{e^\xi-1} \tag{14a}$$

was in Einklang mit der Erfahrung bei hohen Temperaturen zu $C_{v,m} = 3\,R$ (Dulong-Petitsche Regel) und bei tiefen Temperaturen ($\Theta_D/T \gg 15$) zu

$$C_{v,m} = \frac{12\pi^4}{5} R \left(\frac{T}{\Theta_D}\right)^3 \tag{14b}$$

(Debyesches T^3-Gesetz) führt.
Das Operieren mit einer Grenzfrequenz bei der statistischen Erfassung der Molwärme eines Festkörpers, dessen Energie im wesentlichen durch die Schwingungen seines Gitters geliefert wird, kann natürlich die mit den Feinheiten des Gesamtspektrums zusammenhängenden Einzelheiten wie z.B. die durch die Aufteilung in longitudionale und transversale Schwingungen und die sogenannte Dispersion der Phasen-(Schall-)Geschwindigkeit bedingten Phänomene nicht erfassen. Deshalb erweist sich die nach Gl. (14a) aus den Molwärmen berechnete charakteristische Temperatur Θ_D häufig als mehr oder weniger stark temperaturabhängig.
Bei der statistischen Behandlung der anderen Freiheitsgrade, wie der Rotation oder Schwingung eines freien Moleküls genügt es, i.a. die für die Boltzmann-Statistik gültigen Verteilungsansätze (1b) zu verwenden, denn die Temperaturen, bei denen diese Freiheitsgrade angeregt sind, liegen i.a. so hoch, daß dort die Unterschiede in den Ergebnissen der verschiedenen Statistiken praktisch verschwunden sind. Die Rotationsenergie eines zweiatomigen oder gestreckten Moleküls besitzt die Quantenzustände

$$\varepsilon_{rot} = \frac{l(l+1)h^2}{8\pi^2 I} \qquad (l = 0, 1, 2, \ldots) \qquad (I = \text{Trägheitsmoment}), \tag{15}$$

wobei der l-te Quantenzustand $(2l + 1)$-fach zu zählen ist, so daß die Zahl der Moleküle, die in diesem Rotationszustand vorkommen, gemäß Gl. (1b)

$$N_A \frac{(2l+1)\,e^{-\{(l(l+1)h^2)/(8\pi^2 IkT)\}}}{\sum\limits_{l=0}^{\infty} (2l+1)\,e^{-\{(l(l+1)h^2)/(8\pi^2 IkT)\}}} \tag{16}$$

gegeben ist, wenn insgesamt N_A Moleküle vorhanden sind. Die Rotationsenergie von N_A rotierenden Molekülen wird dann:

$$N_A \frac{\sum\limits_{l=0}^{\infty} \frac{l(l+1)h^2}{8\pi^2 I}(2l+1)\,e^{-\{(l(l+1)h^2)/(8\pi^2 IkT)\}}}{\sum\limits_{l=0}^{\infty} (2l+1)\,e^{-\{(l(l+1)h^2)/(8\pi^2 IkT)\}}} = \overline{E_{rot}}, \tag{17}$$

was bei hohen Temperaturen zur thermischen Gesamtenergie der Rotation

$$E_{rot} = RT - \frac{R\Theta_{rot}}{3} - \frac{RT}{45}\left(\frac{\Theta_{rot}}{T}\right)^2 \tag{17a}$$

mit $\Theta_{rot} = h^2(8\pi^2 Ik)$ führt, während bei tiefen Temperaturen

$$E_{rot} = RT[6\Theta_{rot}/T]\cdot e^{-2\,\Theta_{rot}/T} \tag{17b}$$

erhalten wird. Diese Energieanteile, die sich einfach zu den entsprechenden Anteilen für die Energie der Translation addieren, liefern die Molwärmeanteile

$$C_{v,m,rot} = R + \frac{R}{45}\left(\frac{\Theta_{rot}}{T}\right)^2$$

für hohe Temperaturen und (18)

$$C_{v,m,rot} = 3R\left(\frac{2\Theta_{rot}}{T}\right)^2 e^{-2\,\Theta_{rot}/T}$$

bei tiefen Temperaturen.
Der Entropieanteil der Rotation folgt durch Bildung von

$$S_{m,rot} = \int\limits_0^T \frac{C_{v,m,rot}}{T}\,dT \text{ zu:} \tag{19}$$

$$S_{m,rot} = R\ln T - R\ln\Theta_{rot} + R \text{ für hohe Temperaturen } (\Theta_{rot} = h^2/(8\pi^2 Ik) \tag{19a}$$

Die Zusammenfassung mit Gl. (6) liefert für die Gesamtentropieanteile der Translation und Rotation eines zweiatomigen oder gestreckten Moleküls

$$S_m = R \ln\left[\left(\frac{2\pi k}{N_A h^2}\right)^{3/2} \frac{1}{N_A}\right] + \frac{3}{2} R \ln M + R \ln g - R \ln \Theta_{rot} + \frac{7}{2} R + \frac{7}{2} R \ln T + R \ln R - R \ln p \tag{20a}$$

Diese Beziehung ändert sich durch die moderne Quantenstatistik insofern, als bei symmetrischen Molekülen wie N_2, H_2 oder CO_2 noch der Betrag $R \ln 2$ in Abzug zu bringen ist, weil die beiden durch Rotation entstehenden um 180° verdrehten Lagen bei solchen Molekülen nicht zu unterscheiden sind, womit schließlich entsteht:

$$S_m = R \ln\left[\left(\frac{2\pi k}{N_A h^2}\right)^{3/2} \frac{1}{N_A}\right] + \frac{3}{2} R \ln M + R \ln(g/\sigma) - R \ln \Theta_{rot} + \frac{7}{2} R + \frac{7}{2} R \ln T + R \ln R - R \ln p \tag{20b}$$

wobei die sogenannte Symmetriezahl σ für symmetrische Moleküle den Wert 2 besitzt und sonst den Wert 1.

Bei gewinkelten mehratomigen Molekeln folgt in ähnlicher Weise $C_{v,m,rot} = \frac{3}{2}R$ und $E_{rot} = \frac{3}{2}RT$ gültig für alle Temperaturen, bei denen das Molekül noch praktisch als Gas vorliegt, d.h. hier gilt für alle Temperaturen der klassische Gleichverteilungssatz, daß auf jeden Freiheitsgrad im Mittel bei der Temperatur T die Energie $\frac{1}{2}kT$ entfällt. Für die Entropie gilt dann

$$S_m = R \ln\left[\left(\frac{2\pi k}{N_A h^2}\right)^{3/2} \frac{1}{N_A}\right] + \frac{3}{2} R \ln M + R \ln(g/\sigma) - \frac{3}{2} R \ln \Theta_{rot} + \frac{8}{2} R + \frac{8}{2} R \ln T + R \ln R - R \ln p \tag{20c}$$

Die Symmetriezahl σ besitzt hier bei symmetrischen Molekeln auch Werte, die größer als 2 sind (z.B. bei Ammoniak $\sigma = 3$; bei Methan $\sigma = 12$). Die Größe I ist ein aus den Hauptträgheitsmomenten I_1, I_2 und I_3 des Moleküls gemäß $I^3 = I_1 \cdot I_2 \cdot I_3$ gemitteltes Trägheitsmoment des Moleküls.

Beim Vorliegen von innermolekularen Schwingungen entfällt bei hohen Temperaturen entsprechend dem klassischen Gleichverteilungsgesetz auf jeden Schwingungsfreiheitsgrad, weil dieser kinetische *und* potentielle Energie enthält, die mittlere Energie kT, so daß dann jede innermolekulare Schwingung pro Mol den Betrag R zur Molwärme liefert. Im allgemeinen liegt die Temperatur, bei der dieser klassische Grenzwert erreicht wird, sehr hoch und es gilt sonst für den Molwärmeanteil $C_{m,vib}$ einer Schwingung:

$$C_{m,vib} = R\left(\frac{h\nu}{kT}\right)^2 \frac{e^{h\nu/kT}}{(e^{h\nu/kT} - 1)^2} \tag{21}$$

wenn ν die Frequenz der fraglichen Schwingung ist. Der Energieanteil der Schwingung folgt zu

$$U_{m,vib} = RT \frac{h\nu}{kT} \frac{1}{e^{h\nu/kT} - 1} + \frac{1}{2} RT\left(\frac{h\nu}{kT}\right) \tag{22}$$

wenn die Nullpunktsenergie mitgezählt wird. Der Entropieanteil der Schwingung wird durch

$$\int_0^T (C_{m,vib}/T)\, dT = R\left(\frac{h\nu}{kT}\right) \frac{e^{-h\nu/kT}}{1 - e^{-h\nu/kT}} - R \ln(1 - e^{-h\nu/kT}) \tag{23}$$

gegeben. Diese Funktionen für die Anteile der thermodynamischen Größen pro Schwingungsfreiheitsgrad hängen nur von $h\nu/kT$ ab und werden vielfach direkt als Funktionen dieses Arguments tabelliert, wobei freilich meist zur Abkürzung für $h\nu/k$ die charakteristische Temperatur Θ_s der Schwingung eingeführt wird, so daß als Argument der Funktionen der Ausdruck Θ_s/T zur Anwendung kommt (s. Bd. II).

6.1.1 Zwischenmolekulare Kräfte und Abweichung vom idealen Gasgesetz

Bei mäßigen Drücken ($p < 3$ bar) kann die Zustandsgleichung eines realen Gases durch die Gleichung

$$pV_m = RT + B(T)p \tag{1}$$

bzw.

$$pV_m = RT\left(1 + \frac{B(T)}{V_m}\right) \tag{1a}$$

(p = Druck; V_m = Molvolumen; T = Temperatur und R = Gaskonstante) mit dem nur von der Temperatur abhängigen *zweiten Virialkoeffizienten* $B(T)$ geschrieben werden (s. Bd. II) für den sich aus der Statistik (Boltzmann-Statistik) die Beziehung

$$B(T) = 2\pi N_A \int_0^\infty (1 - e^{-E_{pot}(r)/kT}) r^2 \, dr \tag{2}$$

(N_A = Avogadrosche Zahl, k = Boltzmannsche Konstante) ergibt, in der $E_{pot}(r)$ das Wechselwirkungspotential der zwischenmolekularen Kräfte zweier Teilchen aufeinander ist, das als nur vom Abstand r der Teilchen abhängig angesehen werde (s. Abb. 6.3, S. 588). Macht man für dieses Potential den Ansatz

$$E_{pot}(r) = \frac{\alpha}{r^n} - \frac{\beta}{r^m} \quad n > m \tag{3}$$

in dem α und β geeignete Konstante sind, welche den Abstoßungsast α/r^n und den Anziehungsast β/r^m mit ausreichender Genauigkeit wiedergeben, einen Ansatz, den man auch mit den physikalisch sinnvolleren Größen r_{min} und $E_{pot,min}$ (s. Abb. 6.3) auf die Form

$$E_{pot}(r) = -\frac{E_{pot,min}}{\left(1 - \frac{m}{n}\right)} \left(1 - \frac{m}{n} \cdot \frac{r_{min}^{n-m}}{r^{n-m}}\right) \frac{r_{min}^m}{r^m} \tag{3a}$$

bringen kann, so führt die Integration der Gl. (2) bei konstanter Temperatur auf eine Relation

$$B(T) = \frac{2\pi}{3} N_A r_{min}^3 f_{n,m}\left(\frac{kT}{E_{pot,min}}\right), \tag{4}$$

in der eine noch von den Exponenten n und m, aber sonst nur von dem Argument $kT/E_{pot,min}$ abhängige Funktion auftritt.
Der temperaturunabhängige Teil $B_0 = 2\pi/3 \cdot N_A r_{min}^3$ hat den Wert

$$B_0/(m^3/mol) = \frac{2\pi}{3} N_A r_{min}^3 = 1{,}2613 \cdot 10^{24} r_{min}^3 \tag{4a}$$

Die Funktionen $f_{n,m}$ für verschiedene n-Werte und konstantes $m = 6$ bzw. $m = 7$ sind in den Tabellen 6.1.1.1) als Funktionen von $kT/E_{pot,min}$ wiedergegeben, denn es hat sich gezeigt, daß entsprechend den Untersuchungen von London bei kleinen Molekülen die Anziehungskräfte der van der Waalsschen Potentiale mit β/r^6 variieren, während dagegen bei größeren Molekeln nach neueren Untersuchungen besser mit einem β/r^7-Potential der Anziehungskräfte gerechnet wird.
So entnimmt man z.B. bei einer Temperatur von 240 K und einem Wert $E_{pot,min} = 1{,}66 \cdot 10^{-21}\,J = k \cdot 120\,K$ ($k = 1{,}380\,66 \cdot 10^{-23}\,JK^{-1}$) aus Tabelle 6.1.1.1) für $n = 12$ und $m = 6$ den Wert $f_{12,6}\left(\frac{k \cdot 240\,K}{k \cdot 120\,K}\right) = f_{12,6}(2{,}0) = -0{,}4438$, der bei einem r_{min} von $3{,}82 \cdot 10^{-10}\,m$, also einem $B_0 = 1{,}2613 \cdot 10^{24} \cdot (3{,}82 \cdot 10^{-10})^3 = 70{,}3 \cdot 10^{-6}\,m^3/mol$, einen zweiten Virialkoeffizienten von $-31{,}2 \cdot 10^{-6}\,m^3/mol$ liefert. Umgekehrt kann man versuchen, aus gemessenen Virialkoeffizienten auf r_{min} und $E_{pot,min}$ zu schließen.
Gelegentlich wird anstelle des Arguments $kT/E_{pot,min}$ ein Argument T/θ benützt, in dem θ mit $E_{pot,min}/k$ über

$$\theta = \frac{E_{pot,min}}{k} \left(\frac{n}{m}\right)^{m/(n-m)} \cdot \frac{n}{n-m} \tag{5}$$

zusammenhängt. Mit diesem Argument kann man den zweiten Virialkoeffizienten ebenfalls auf die Form bringen

$$B(T) = \frac{2\pi}{3} N_A r_{min}^3 \cdot F_{n,m}\left(\frac{T}{\theta}\right) \tag{6}$$

mit einer Funktion $F_{n,m}$, die ebenso wie $f_{n,m}$ außer von den Parametern n und m nur von der „reduzierten" Temperatur T/θ abhängt. Die Tabellen 6.1.1.3) und 6.1.1.4) enthalten diese $F_{n,m}$-Werte wieder für $m = 6$ bzw. $m = 7$ bei verschiedenen n-Werten. Der Gebrauch dieser Tabellen geschieht prinzipiell in der gleichen Weise wie oben. Bei $E_{pot,min}/k = 120\,K$ findet man aus Gl. (5) für $n = 12$ und

m = 6 den Wert $\theta = 4 \cdot 120\,K = 480\,K$, so daß bei $T = 240\,K$ wieder der Argumentwert $F_{12,6}\left(\frac{240}{480}\right) = F_{12,6}(0{,}5) = -0{,}444$ aus Tabelle 6.1.1.3) entnommen wird, welcher naturgemäß den gleichen Virialkoeffizienten für $r_{min} = 3{,}82 \cdot 10^{-10}\,m$ liefert, der oben bereits erhalten wurde.
Beim Vorliegen richtungsabhängiger zwischenmolekularer Kräfte, wie sie z.B. bei Molekülen mit Dipolmoment auftreten, kann mit guter Näherung zur Berechnung der zweiten Virialkoeffizienten Tabelle 6.1.1.3) herangezogen werden; es ist dann nur mit einem temperaturabhängigen θ-Wert zu rechnen, der allgemein die Gestalt

$$\theta(T) = \left[\text{Const.} + \frac{\text{Konst}}{T}\right]^{n/(n-6)} \tag{6}$$

besitzt, wo

$$\text{Const} = \theta^{(n-6)/n} + 2\theta_{\bar{\alpha}}^{(n-6)/n} \quad \text{und} \quad \text{Konst} = 2\theta_{\mu}^{(n-6)/n} \tag{7}$$

ist mit

$$\theta_{\bar{\alpha}} = \left(\frac{\vartheta_{\bar{\alpha}}}{\theta}\right)^{6/(n-6)} \left(\frac{n}{m}\right)^{6n/((n-m)(n-6))} \vartheta_{\bar{\alpha}} \tag{7a}$$

und

$$\theta_{\mu} = \left(\frac{\vartheta_{\mu}(1)}{\theta}\right)^{6/(n-6)} \left(\frac{n}{m}\right)^{6n((n-m)(n-6))} \vartheta_{\mu}(1) \tag{7b}$$

we wiederum

$$\vartheta_{\bar{\alpha}} = \frac{\bar{\alpha}\mu^2}{k\,r_{min}^6} \quad \text{und} \quad \vartheta_{\mu}(1) = \frac{\mu^4}{6k^2 r_{min}^6 \cdot 1(K)} \tag{7c}$$

mit einer mittleren Polarisierbarkeit $\bar{\alpha}$ des Moleküls und dem Dipolmoment μ. Bei länger gestreckten Molekülen rechnet man in Gl. (7c) zweckmäßig mit einem effektiven Dipolmoment μ_{eff} anstelle von μ, das sich aus einem Ersatzdipolmoment μ_e und dem normalen elektrischen Dipolmoment μ gemäß

$$\mu_{eff}^2 = \mu^2 + \mu_e^2 \tag{8}$$

zusammensetzt. Das Ersatzmoment μ_e wird dabei aus

$$\mu_e^2 = E_{pot,min} \frac{3n}{n-6} \left(\frac{r_{min}}{r}\right)^5 l^2 r_{min} \tag{8a}$$

erhalten mit dem Zentrenabstand l und einem Mittelwert von r (etwa $r_{min}/r = 6/7$).
Der Zentrenabstand l ist vielfach von der Größenordnung der größten Kernabstände in dem Molekül. Gl. (8) hat angenähert gleiche Richtung von Zentralachse und Dipolmomentachse zur Voraussetzung. Betreffs weiterer Anwendung der Tabellen 6.1.1.1) bis 6.1.1.4) im Falle der Virialkoeffizienten von Gasmischungen usw. vgl. K. Schäfer: Statistische Theorie der Materie, Verlag Vandenhoeck u. Ruprecht, Göttingen, 1960.
Die Zahlenangaben oder Funktionen $f_{n,m}$ und $F_{n,m}$ schließen die typischen Quanteneffekte, die bei tiefen Temperaturen in Erscheinung treten und von der Masse der stoßenden Teilchen explizit abhängen, aus. Ein solcher Quanteneffekt beruht übrigens schon auf der bloßen Anwendung der von der Boltzmann-Statistik abweichenden Bose–Einstein-bzw. Fermi-Dirac-Statistik. Man findet bei tiefen Temperaturen (aber nicht zu tiefen Temperaturen) bereits *ohne* das Vorhandensein von zwischenmolekularen Kräften eine Abweichung vom idealen Gasgesetz, die formal durch einen zweiten Virialkoeffizienten beschrieben werden kann, dessen Wert im Falle der Bose–Einstein-Statistik durch

$$B_{00} = -\frac{N_A}{2}\left(\frac{h^2}{2\pi m k T}\right)^{3/2} \frac{1}{2^{3/2}} \approx -\frac{560}{M^{3/2} T^{3/2}}\,\text{cm}^3/\text{mol} \tag{9}$$

(m = Molekülmasse, M = Molmasse, h = Plancksche Konstante, k = Boltzmann–Konstante, T = Temperatur)
gegeben ist. Im Fall der Fermi-Dirac-Statistik ändert sich lediglich das Vorzeichen von Gl. (9).

Man errechnet aus Gl. (9) im Fall des Heliums und des Wasserstoffs (H_2) an ihren jeweiligen Siedepunkten Werte von

$$\text{He: } B_{00}^{(4,2\,K)} = -8{,}1\,\text{cm}^3/\text{mol} \quad \text{bzw.} \quad H_2\text{: } B_{00}^{(20,4\,K)} = -2{,}1\,\text{cm}^3/\text{mol}.$$

Dies bedeutet beim He bereits eine Abweichung vom idealen Gasgesetz von fast $2\frac{1}{2}\%$ bei Atmosphärendruck am Siedepunkt[1], während beim H_2 nur noch $1\frac{1}{4}$‰ Abweichung durch diesen Effekt bedingt sind. Dieser Effekt geht sehr rasch gegen Null und spielt bei allen anderen realen Gasen praktisch keine Rolle, weil bei diesen bereits die in Betracht zu ziehenden Temperaturen weit höher liegen als beim Helium oder Wasserstoff.

[1] Beim Helium beträgt die gesamte Abweichung vom idealen Gasgesetz am Siedepunkt ca. 16% bei Atmosphärendruck, so daß weit über 10% dieser Abweichung durch die hier maßgebende Bose–Einstein-Statistik bedingt sind.

6.1.1.1 Funktion $f_{n,m}(m = 6)$

Die Zahlen am Fuß der Tabelle kennzeichnen die Lage der Boyle–Temperatur, für die $f_{n,m}$ verschwindet.

$kT/E_{pot,min}$	m = 6 n = 10	6 12	6 15	6 18	6 24	6 36
0,25	−37,7075	−34,0844	−30,4221	−27,9168	−24,6502	−21,1246
0,50	−6,9297	−6,1661	−5,4322	−4,9501	−4,3438	−3,7151
0,75	−3,3752	−2,9528	−2,5511	−2,2892	−1,9616	−1,6229
1,00	−2,0921	−1,7947	−1,5119	−1,3272	−1,0954	−0,8543
1,25	−1,4378	−1,2048	−0,9823	−0,8363	−0,6520	−0,4584
1,50	−1,0431	−0,8492	−0,6630	−0,5401	−0,3838	−0,2180
1,75	−0,7800	−0,6123	−0,4503	−0,3427	−0,2047	−0,0569
2,00	−0,5927	−0,4438	−0,2990	−0,2021	−0,0770	+0,0582
2,50	−0,3449	−0,2211	−0,0990	−0,0162	+0,0921	+0,2113
3,00	−0,1895	−0,0815	+0,0263	+0,1003	+0,1983	+0,3078
3,50	−0,0836	+0,0134	+0,1114	+0,1795	+0,2706	+0,3738
4,00	−0,0075	+0,0816	+0,1726	+0,2364	+0,3227	+0,4215
4,50	+0,0496	+0,1327	+0,2184	+0,2790	+0,3618	+0,4575
5,00	+0,0938	+0,1721	+0,2536	+0,3118	+0,3919	+0,4853
6,00	+0,1570	+0,2283	+0,3039	+0,3587	+0,4351	+0,5254
7,00	+0,1994	+0,2659	+0,3375	+0,3900	+0,4640	+0,5525
8,00	+0,2293	+0,2923	+0,3610	+0,4119	+0,4843	+0,5717
9,00	+0,2512	+0,3115	+0,3781	+0,4278	+0,4991	+0,5858
10,00	+0,2676	+0,3259	+0,3907	+0,4396	+0,5101	+0,5965
20,00	+0,3219	+0,3715	+0,4300	+0,4762	+0,5452	+0,6330
30,00	+0,3255	+0,3726	+0,4297	+0,4757	+0,5458	+0,6362
40,00	+0,3208	+0,3667	+0,4234	+0,4696	+0,5408	+0,6335
50,00	+0,3142	+0,3595	+0,4161	+0,4626	+0,5348	+0,6295
60,00	+0,3075	+0,3523	+0,4089	+0,4557	+0,5288	+0,6251
70,00	+0,3011	+0,3455	+0,4021	+0,4492	+0,5231	+0,6209
80,00	+0,2951	+0,3393	+0,3959	+0,4433	+0,5178	+0,6168
90,00	+0,2895	+0,3335	+0,3901	+0,4377	+0,5129	+0,6130
100,00	+0,2843	+0,3281	+0,3848	+0,4326	+0,5083	+0,6095
200,00	+0,2482	+0,2909	+0,3478	+0,3968	+0,4758	+0,5833
300,00	+0,2268	+0,2688	+0,3256	+0,3751	+0,4558	+0,5668
400,00	+0,2120	+0,2534	+0,3100	+0,3598	+0,4415	+0,5548
500,00	+0,2008	+0,2417	+0,2982	+0,3481	+0,4305	+0,5455
600,00	+0,1919	+0,2324	+0,2887	+0,3387	+0,4216	+0,5379
$kT_B/E_{pot,min}$	4,058	3,418	2,877	2,558	2,196	1,864

6.1.2.2 Funktion $f_{n,m}(m = 7)$

Die Zahlen am Fuß der Tabelle kennzeichnen die Lage der Boyle-Temperatur, für die $f_{n,m}$ verschwindet.

$kT/E_{pot,min}$	m = 7 n = 10	7 12	7 15	7 18	7 24	7 36
0,25	−33,3576	−30,0663	−26,7217	−24,4260	−21,4216	−18,1613
0,50	−5,8203	−5,1352	−4,4741	−4,0383	−3,4878	−2,9135
0,75	−2,7323	−2,3549	−1,9945	−1,7588	−1,4625	−1,1543
1,00	−1,6344	−1,3690	−1,1156	−0,9495	−0,7400	−0,5207
1,25	−1,0799	−0,8719	−0,6725	−0,5411	−0,3744	−0,1983
1,50	−0,7477	−0,5745	−0,4075	−0,2967	−0,1552	−0,0040
1,75	−0,5274	−0,3775	−0,2320	−0,1348	−0,0097	+0,1252
2,00	−0,3713	−0,2380	−0,1078	−0,0202	+0,0934	+0,2172
2,50	−0,1659	−0,0547	+0,0554	+0,1304	+0,2291	+0,3386
3,00	−0,0379	+0,0593	+0,1568	+0,2240	+0,3136	+0,4145
3,50	+0,0487	+0,1362	+0,2251	+0,2872	+0,3708	+0,4661
4,00	+0,1107	+0,1912	+0,2739	+0,3322	+0,4116	+0,5031
4,50	+0,1569	+0,2320	+0,3101	+0,3657	+0,4419	+0,5308
5,00	+0,1923	+0,2634	+0,3378	+0,3913	+0,4652	+0,5521
6,00	+0,2426	+0,3076	+0,3769	+0,4273	+0,4981	+0,5825
7,00	+0,2759	+0,3367	+0,4024	+0,4510	+0,5197	+0,6026
8,00	+0,2990	+0,3567	+0,4200	+0,4672	+0,5346	+0,6167
9,00	+0,3156	+0,3710	+0,4325	+0,4786	+0,5452	+0,6269
10,00	+0,3278	+0,3814	+0,4415	+0,4869	+0,5529	+0,6344
20,00	+0,3632	+0,4094	+0,4643	+0,5077	+0,5731	+0,6566
30,00	+0,3604	+0,4045	+0,4584	+0,5020	+0,5686	+0,6551
40,00	+0,3523	+0,3955	+0,4492	+0,4931	+0,5611	+0,6500
50,00	+0,3437	+0,3864	+0,4400	+0,4844	+0,5535	+0,6445
60,00	+0,3355	+0,3778	+0,4316	+0,4763	+0,5464	+0,6392
70,00	+0,3279	+0,3701	+0,4239	+0,4690	+0,5399	+0,6342
80,00	+0,3211	+0,3630	+0,4170	+0,4623	+0,5340	+0,6296
90,00	+0,3148	+0,3566	+0,4106	+0,4563	+0,5286	+0,6254
100,00	+0,3090	+0,3507	+0,4049	+0,4507	+0,5236	+0,6215
200,00	+0,2696	+0,3105	+0,3652	+0,4125	+0,4890	+0,5936
300,00	+0,2467	+0,2870	+0,3418	+0,3898	+0,4682	+0,5764
400,00	+0,2308	+0,2707	+0,3255	+0,3738	+0,4534	+0,5641
500,00	+0,2189	+0,2584	+0,3131	+0,3617	+0,4420	+0,5545
600,00	+0,2094	+0,2486	+0,3031	+0,3519	+0,4328	+0,5467
$kT_B/E_{pot,min}$	3,197	2,714	2,300	2,053	1,771	1,506

6.1.1.3 Funktion $F_{n,m}(m = 6)$

T/θ	m = 6 n = 10	6 12	6 15	6 18	6 24	6 36	6 48	6 unendlich
0,150	−2,986	−4,383	−6,409	−8,392	−12,226	−19,196		
0,175	−2,312	−3,330	−4,723	−6,008	−8,334	−12,198		
0,200	−1,853	−2,640	−3,673	−4,586	−6,162	−8,615		
0,225	−1,519	−2,155	−2,960	−3,651	−4,800	−6,505		
0,250	−1,267	−1,795	−2,447	−2,993	−3,875	−5,137		
0,275	−1,070	−1,518	−2,061	−2,505	−3,210	−4,187		
0,300	−0,911	−1,298	−1,759	−2,131	−2,709	−3,493		
0,350	−0,673	−0,973	−1,321	−1,595	−2,009	−2,551		
0,400	−0,503	−0,744	−1,018	−1,230	−1,545	−1,946		
0,450	−0,376	−0,574	−0,797	−0,966	−1,214	−1,525	−1,715	−2,627
0,500	−0,278	−0,444	−0,628	−0,767	−0,968	−1,216	−1,366	−2,069
0,550	−0,200	−0,341	−0,496	−0,612	−0,778	−0,979	−1,101	−1,659
0,600	−0,137	−0,257	−0,389	−0,487	−0,626	−0,793	−0,893	−1,345

6.1.1.3 Funktion $F_{n,m}(m = 6)$ (*Fortsetzung*)

T/θ	m = 6 n = 10	6 12	6 15	6 18	6 24	6 36	6 48	6 unendlich
0,650	−0,084	−0,188	−0,301	−0,385	−0,502	−0,643	−0,726	−1,098
0,700	−0,040	−0,130	−0,228	−0,300	−0,400	−0,519	−0,589	−0,897
0,750	−0,003	−0,081	−0,166	−0,228	−0,314	−0,415	−0,474	−0,732
0,800	+0,029	−0,039	−0,113	−0,166	−0,240	−0,326	−0,377	−0,593
0,850	+0,057	−0,003	−0,067	−0,113	−0,176	−0,250	−0,293	−0,475
0,900	+0,081	+0,029	−0,027	−0,066	−0,121	−0,184	−0,220	−0,374
0,950	+0,102	+0,057	+0,009	−0,026	−0,072	−0,126	−0,157	−0,285
1,000	+0,121	+0,082	+0,040	+0,011	−0,029	−0,075	−0,101	−0,207
1,100	+0,153	+0,124	+0,093	+0,072	+0,043	+0,011	−0,007	−0,077
1,200	+0,178	+0,157	+0,136	+0,122	+0,102	+0,081	+0,070	+0,028
1,300	+0,199	+0,185	+0,172	+0,163	+0,151	+0,139	+0,133	+0,115
1,400	+0,216	+0,209	+0,201	+0,197	+0,192	+0,187	+0,186	+0,187
1,500	+0,231	+0,228	+0,227	+0,226	+0,227	+0,229	+0,231	+0,248
1,600	+0,243	+0,245	+0,248	+0,251	+0,256	+0,264	+0,269	+0,301
1,700	+0,254	+0,259	+0,267	+0,273	+0,282	+0,295	+0,303	+0,347
1,800	+0,263	+0,272	+0,283	+0,292	+0,305	+0,322	+0,332	+0,387
1,900	+0,271	+0,283	+0,297	+0,308	+0,325	+0,345	+0,358	+0,422
2,000	+0,277	+0,292	+0,309	+0,323	+0,342	+0,366	+0,381	+0,454
4,000	+0,324	+0,364	+0,409	+0,443	+0,492	+0,549	+0,583	+0,739
6,000	+0,325	+0,374	+0,428	+0,470	+0,529	+0,599	+0,641	+0,829
8,000	+0,319	+0,372	+0,431	+0,477	+0,542	+0,619	+0,665	+0,872
10,000	+0,312	+0,367	+0,429	+0,477	+0,546	+0,629	+0,678	+0,898

6.1.1.4 Funktion $F_{n,m}(m = 7)$

T/θ	m = 7 n = 10	7 12	7 15	7 18	7 24	7 36
0,150	−1,266	−2,266	−3,709	−5,127	−7,913	−13,147
0,175	−0,942	−1,698	−2,728	−3,684	−5,436	−8,432
0,200	−0,714	−1,315	−2,100	−2,797	−4,014	−5,958
0,225	−0,547	−1,040	−1,665	−2,202	−3,106	−4,477
0,250	−0,419	−0,834	−1,347	−1,777	−2,480	−3,505
0,275	−0,318	−0,674	−1,105	−1,460	−2,026	−2,825
0,300	−0,236	−0,546	−0,915	−1,213	−1,681	−2,326
0,350	−0,113	−0,354	−0,636	−0,858	−1,196	−1,644
0,400	−0,025	−0,219	−0,441	−0,614	−0,872	−1,203
0,450	+0,041	−0,118	−0,299	−0,437	−0,640	−0,896
0,500	+0,092	−0,040	−0,190	−0,303	−0,467	−0,670
0,550	+0,132	+0,021	−0,104	−0,198	−0,333	−0,498
0,600	+0,164	+0,071	−0,035	−0,114	−0,226	−0,361
0,650	+0,191	+0,111	+0,022	−0,045	−0,139	−0,251
0,700	+0,213	+0,145	+0,069	+0,013	−0,066	−0,161
0,750	+0,232	+0,174	+0,109	+0,061	−0,006	−0,085
0,800	+0,248	+0,199	+0,144	+0,103	+0,046	−0,020
0,850	+0,261	+0,220	+0,173	+0,139	+0,091	+0,035
0,900	+0,273	+0,239	+0,199	+0,170	+0,130	+0,083
0,950	+0,283	+0,255	+0,222	+0,197	+0,164	+0,126
1,000	+0,292	+0,269	+0,242	+0,222	+0,194	+0,163
1,100	+0,307	+0,293	+0,275	+0,263	+0,245	+0,226
1,200	+0,318	+0,312	+0,303	+0,296	+0,286	+0,276
1,300	+0,327	+0,327	+0,325	+0,323	+0,320	+0,318
1,400	+0,335	+0,340	+0,343	+0,345	+0,348	+0,353
1,500	+0,341	+0,351	+0,359	+0,364	+0,372	+0,383
1,600	+0,345	+0,359	+0,372	+0,381	+0,393	+0,408

6.1.1.4 Funktion $F_{n,m}(m = 7)$ (*Fortsetzung*)

T/θ	m = 7 n = 10	7 12	7 15	7 18	7 24	7 36
1,700	+0,349	+0,367	+0,383	+0,395	+0,411	+0,430
1,800	+0,352	+0,373	+0,393	+0,407	+0,426	+0,449
1,900	+0,355	+0,379	+0,401	+0,417	+0,440	+0,466
2,000	+0,357	+0,383	+0,408	+0,426	+0,451	+0,481
4,000	+0,360	+0,409	+0,460	+0,497	+0,548	+0,608
6,000	+0,347	+0,404	+0,464	+0,507	+0,568	+0,640
8,000	+0,334	+0,395	+0,459	+0,506	+0,573	+0,652
10,000	+0,323	+0,385	+0,452	+0,502	+0,572	+0,656

6.2 Kinetische Gastheorie

Das einfachste Modell eines Gases ist eine Gesamtheit (d.i. eine sehr große Anzahl) von völlig gleichartigen, sehr kleinen elastischen Kugeln, die mit großer Geschwindigkeit aneinander vorbeifliegen oder bei den außerordentlich häufigen gegenseitigen Zusammenstößen nach den bekannten Gesetzen des elastischen Stoßes Energie und Impuls austauschen und beim Aufprall auf die starren Wände des Gasbehälters ebenfalls elastisch, also unter Umkehrung der senkrecht zur Wand weisenden Impulskomponente, aber ohne Energieverlust „reflektiert" werden. Die „Molekülkugeln" von Luft z.B. fliegen bei Normaldruck und Zimmertemperatur schon mit fast 500 m/s Geschwindigkeit durch den Raum, kommen zwischen zwei Zusammenstößen jedoch im Mittel nur etwa 0,0001 mm weit, d.h. jedes einzelne Molekül erfährt im Mittel $5 \cdot 10^9$ Zusammenstöße je Sekunde.

Dieses Modell erklärt die beiden Haupteigenschaften der Gase – die unbegrenzte Raumerfüllung und den durch die außerordentlich häufigen Stöße gegen die Wände erzeugten, scheinbar kontinuierlichen Gasdruck. Da es keine Annahmen über Fernkräfte zwischen den Einzelmolekülen enthält, führt es nicht auf Kondensations- und ähnliche Erscheinungen. Die durch Anwendung der Mechanik und Statistik auf dieses Modell gefundenen Gesetzmäßigkeiten faßt man als „kinetische Gastheorie" zusammen:

1. *Zustandsgleichung idealer Gase und Molekulargeschwindigkeiten.* Für den vereinfachten Fall von unendlich kleinen, ausdehnungslosen Molekülkugeln –, wenn man also von den Zusammenstößen der Moleküle untereinander absieht –, ergibt sich das Boyle–Matiottesche Gesetz, die Zustandsgleichung der idealen Gase:

$$p \cdot V_m = \frac{N_A \cdot m \cdot \bar{v}^2}{3} = RT \tag{1}$$

(p Druck, V_m Molvolumen, m Masse der Gasmoleküle, $\bar{v}^2$ Mittelwert der Quadrate der Molekülgeschwindigkeiten, N_A Avogadrosche Zahl, d.h. Zahl der in 1 Mol des Gases enthaltenen Moleküle).

In Gl. (1) tritt die quadratisch gemittelte Molekulargeschwindigkeit auf, die sich durch eine Mittelwertbildung über die statistisch verteilten Geschwindigkeiten der Einzelteilchen ergibt. In einem Gas gibt es nämlich bei gegebener Temperatur Moleküle, die sich zufällig schneller, und andere, die sich langsamer als der Durchschnitt bewegen. Nach Boltzmann–Maxwell ist die Zahl der Teilchen, deren Geschwindigkeit bei der Temperatur T zwischen v und v + dv gelegen ist, in einem Gase von insgesamt N_A Molekülen (1 Mol) gegeben durch (s. Abb. 6.1)

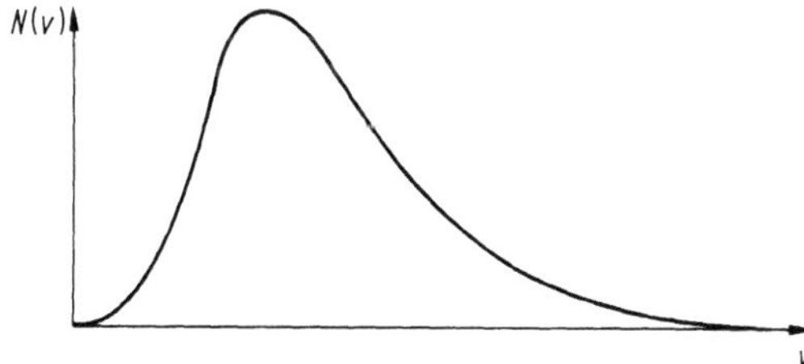

Abb. 6.1. Geschwindigkeitsverteilung nach MAXWELL

$$N(v)\,dv = 4\pi N_A \left(\frac{m}{2\pi kT}\right)^{3/2} v^2 e^{-(mv^2/2kT)} dv \tag{2}$$

(m Molekülmasse, k Boltzmannsche Konstante, N_A Avogadrosche Zahl). Der quadratische Mittelwert der Molekulargeschwindigkeit ergibt sich dann zu:

$$\begin{aligned}\bar{v}^2 &= \int_0^\infty \frac{N(v)v^2\,dv}{N_A} = 4\pi\left(\frac{m}{2\pi kT}\right)^{3/2} \int_0^\infty v^4 e^{-(mv^2/2kT)} dv \\ &= 3\frac{kT}{m} = 3\frac{RT}{M}\end{aligned} \tag{3}$$

(R Gaskonstante, M Molmasse).
Beim Einsetzen von Gl. (3) in den ersten Teil von Gl. (1) resultiert sofort wegen $N_A \cdot k = R$ das ideale Gasgesetz.
Man entnimmt weiter aus Gl. (3) die mittlere kinetische Energie eines Teilchens:

$$\frac{m}{2}v^2 = \frac{3}{2}kT = 3\cdot\frac{1}{2}kT. \tag{4}$$

Es ist Gl. (4) ein Spezialfall des bekannten Gleichverteilungssatzes der Energie (hier für 3 Freiheitsgrade, nämlich die Bewegung in den 3 Raumrichtungen).
Neben der quadratisch gemittelten Molekulargeschwindigkeit benötigt man häufig die Kenntnis der linear gemittelten Molekulargeschwindigkeit, die sich analog Gl. (3) zu:

$$\begin{aligned}v &= \int_0^\infty \frac{N(v)v\,dv}{N_A} = 4\pi\left(\frac{m}{2\pi kT}\right)^{3/2} \int_0^\infty v^3 e^{-(mv^2/2kT)} dv \\ &= \sqrt{\frac{8}{\pi}\frac{kT}{m}} = \sqrt{\frac{8}{\pi}\frac{RT}{M}}\end{aligned} \tag{5}$$

ergibt.
Das Maximum der Boltzmann-Maxwellschen Verteilungskurve, das durch Differentiation nach v aus Gl. (2) entnommen werden kann, liegt bei

$$v_{max} = \sqrt{\frac{2kT}{m}} = \sqrt{\frac{2RT}{M}} \tag{6}$$

Tabelle 6.2.1 gibt die Zahlenwerte der verschiedenen Mittelwerte der Molekulargeschwindigkeiten der wichtigsten Gase in m/s für Temperaturen zwischen 0 und 1000°C an.

6.2.1 Molekulargeschwindigkeiten in m/s nach den Gln. (3), (5), (6)

Element	Geschw.	Temperatur in K							
		273,15	298,15	373,15	473,15	573,15	673,15	773,15	1273,15
Ar	$\sqrt{\bar{v}^2}$	413,2	431,6	482,9	543,8	598,5	648,6	695,1	892,0
	$\bar{v}$	380,7	397,8	445,0	501,1	551,5	597,7	640,5	822,0
	v_{max}	337,1	352,1	394,0	443,6	488,3	529,1	567,1	727,7
Br_2	$\sqrt{\bar{v}^2}$	206,6	215,8	241,4	271,9	299,2	324,3	339,3	446,0
	$\bar{v}$	190,4	198,9	222,5	250,5	275,7	298,8	312,7	410,9
	v_{max}	168,5	176,1	197,0	221,8	244,1	264,5	276,8	363,8
Cl_2	$\sqrt{\bar{v}^2}$	310,1	324,0	362,5	408,2	449,2	486,8	521,7	669,5
	$\bar{v}$	285,8	298,6	334,0	376,1	413,9	448,6	480,8	617,0
	v_{max}	253,0	264,3	295,7	333,0	366,5	397,2	425,6	546,2
F_2	$\sqrt{\bar{v}_2}$	423,6	442,6	495,1	557,6	613,7	665,0	712,7	914,6
	$\bar{v}$	390,4	407,9	456,3	513,8	565,5	612,8	656,8	842,8
	v_{max}	345,6	361,1	404,0	454,9	500,6	542,6	581,5	746,2

6.2.1 Molekulargeschwindigkeiten in m/s nach den Gln. (3), (5), (6) (*Fortsetzung*)

Element	Geschw.	Temperatur in K							
		273,15	298,15	373,15	473,15	573,15	673,15	773,15	1273,15
H_2	$\sqrt{\overline{v}^2}$	1839	1922	2150	2421	2664	2887	3094	3971
	$\bar{v}$	1695	1771	1981	2231	2455	2661	2851	3659
	v_{max}	1500	1568	1754	1975	2174	2356	2524	3239
D_2	$\sqrt{\overline{v}^2}$	1301	1359	1521	1712	1885	2042	2189	2809
	$\bar{v}$	1199	1253	1401	1578	1737	1882	2017	2589
	v_{max}	1061	1109	1241	1397	1538	1666	1786	2292
He	$\sqrt{\overline{v}^2}$	1305	1364	1526	1718	1891	2049	2196	2818
	$\bar{v}$	1203	1257	1406	1583	1742	1888	2024	2597
	v_{max}	1065	1113	1245	1402	1543	1672	1792	2299
J_2	$\sqrt{\overline{v}^2}$	163,9	171,2	191,6	215,7	237,4	257,3	275,8	353,9
	$\bar{v}$	151,1	157,8	176,5	198,8	218,8	237,1	254,1	326,1
	v_{max}	133,7	139,7	156,3	176,0	193,7	209,9	225,0	288,7
Kr	$\sqrt{\overline{v}^2}$	285,3	298,0	333,4	375,4	413,2	447,8	479,9	615,8
	$\bar{v}$	262,9	274,6	307,2	346,0	380,8	412,6	442,3	567,5
	v_{max}	232,7	243,1	272,0	306,3	337,1	365,3	391,5	502,4
N_2	$\sqrt{\overline{v}^2}$	493,4	515,5	576,7	649,3	714,7	774,5	815,6	1065,2
	$\bar{v}$	454,7	475,0	531,4	598,4	658,6	713,7	751,6	981,6
	v_{max}	402,5	420,5	470,5	529,8	583,1	631,9	665,4	869,0
Ne	$\sqrt{\overline{v}^2}$	581,3	607,3	679,4	765,0	842,0	912,5	977,9	1254,9
	$\bar{v}$	535,6	559,6	626,1	705,0	775,9	840,9	901,2	1156,4
	v_{max}	474,2	495,4	554,2	624,1	686,9	744,4	797,8	1023,8
O_2	$\sqrt{\overline{v}^2}$	461,6	482,3	539,6	607,6	668,7	724,7	776,7	996,6
	$\bar{v}$	425,4	444,4	497,2	559,9	616,2	667,8	715,7	918,4
	v_{max}	376,6	393,5	440,2	495,7	545,5	591,2	633,6	813,1
Rn	$\sqrt{\overline{v}^2}$	175	183	205	231	254	275	295	378
	$\bar{v}$	162	169	189	213	234	254	272	349
	v_{max}	143	149	167	188	207	224	241	309
Xe	$\sqrt{\overline{v}^2}$	227,9	238,1	266,4	299,9	330,1	357,8	383,4	492,0
	$\bar{v}$	210,0	219,4	245,5	276,4	304,2	329,7	353,3	453,4
	v_{max}	185,9	194,2	217,3	244,7	269,3	291,9	312,8	401,4
CO	$\sqrt{\overline{v}^2}$	493,4	515,5	576,7	649,4	714,7	774,6	830,1	1065
	$\bar{v}$	454,7	475,0	531,4	598,4	658,6	713,8	765,0	982
	v_{max}	402,5	420,5	470,5	529,8	583,1	631,9	677,2	869
CO_2	$\sqrt{\overline{v}^2}$	235,6	411,2	460,1	518,1	570,2	617,9	662,2	849,8
	$\bar{v}$	217,1	379,0	424,0	477,4	525,4	569,4	610,3	783,1
	v_{max}	192,2	335,5	375,3	422,6	465,2	504,1	540,3	693,3
CH_4	$\sqrt{\overline{v}^2}$	652,0	681,2	762,1	858,1	944,5	1023,6	1097	1407,7
	$\bar{v}$	600,8	627,7	702,3	790,8	870,3	943,2	1011	1297
	v_{max}	531,9	555,7	621,7	700,1	770,5	835,0	894,9	1148
C_2H_6	$\sqrt{\bar{v}_2}$	476,2	497,5	556,6	626,7	689,8	747,6	801,2	1028
	$\bar{v}$	438,8	458,5	512,9	577,6	635,7	688,9	738,3	947,4
	v_{max}	388,5	405,9	454,1	511,3	562,8	609,9	653,6	838,7
C_3H_8	$\sqrt{\bar{v}_2}$	393,2	410,8	459,6	517,3	569,6	617,3	661,6	848,9
	$\bar{v}$	362,4	378,6	423,5	476,7	524,9	568,9	609,6	782,3
	v_{max}	320,8	335,2	374,9	422,0	464,7	503,6	539,7	692,6
HCN	$\sqrt{\overline{v}^2}$	502,3	524,8	587,1	661,1	727,6	788,5	845,0	1084,4
	$\bar{v}$	462,8	483,6	541,0	609,2	670,5	726,6	778,7	999,3
	v_{max}	409,8	428,1	478,9	539,3	593,6	643,3	689,4	884,6

6.2.1 Molekulargeschwindigkeiten in m/s nach den Gln. (3), (5), (6) (*Fortsetzung*)

Element	Geschw.	Temperatur in K							
		273,15	298,15	373,15	473,15	573,15	673,15	773,15	1273,15
H_2O	$\sqrt{\bar{v}^2}$	615,3	642,9	719,2	809,8	891,3	965,9	1035,2	1328,4
	$\bar{v}$	567,0	592,4	662,7	746,3	821,4	890,1	954,0	1224,2
	v_{max}	502,0	524,5	586,7	660,7	727,2	788,0	844,6	1083,8
HF	$\sqrt{\bar{v}^2}$	583,8	609,9	682,3	768,3	845,6	916,4	982,1	1260,3
	$\bar{v}$	537,9	562,0	628,8	708,0	779,2	844,5	905,0	1161,4
	v_{max}	476,2	497,6	556,6	626,8	689,9	747,6	801,2	1028,2
HCl	$\sqrt{\bar{v}^2}$	432,5	451,8	505,5	569,2	626,4	678,9	727,6	933,7
	$\bar{v}$	398,5	416,4	465,8	524,5	577,3	625,6	670,5	860,4
	v_{max}	352,8	368,6	412,4	464,4	511,1	553,9	593,6	761,7
HBr	$\sqrt{\bar{v}^2}$	290,3	303,3	339,3	382,1	420,5	455,7	488,4	626,7
	$\bar{v}$	267,5	279,5	312,7	352,1	387,5	419,9	450,1	577,5
	v_{max}	236,8	247,4	276,8	311,7	343,1	371,8	398,4	511,3
HJ	$\sqrt{\bar{v}^2}$	230,9	241,2	269,9	303,9	334,5	362,5	388,5	498,5
	$\bar{v}$	212,8	222,3	248,7	280,0	308,2	334,0	358,0	459,4
	v_{max}	188,4	196,8	220,2	247,9	272,9	295,7	316,9	406,7
NO	$\sqrt{\bar{v}^2}$	476,7	498,0	557,2	627,4	690,5	748,4	802,0	1029
	$\bar{v}$	439,3	459,0	513,5	578,2	636,3	689,6	739,1	948,4
	v_{max}	388,9	406,3	454,6	511,9	563,4	610,5	654,3	839,6
N_2O	$\sqrt{\bar{v}^2}$	393,6	411,2	460,1	518,1	570,2	617,9	662,2	849,8
	$\bar{v}$	362,7	379,0	424,0	477,4	525,4	569,4	610,3	783,1
	v_{max}	321,1	335,5	375,3	422,7	465,2	504,1	540,3	693,3
NH_3	$\sqrt{\bar{v}^2}$	632,8	661,1	739,6	832,8	916,6	993,4	1064,6	1366
	$\bar{v}$	583,1	609,2	681,5	767,5	844,7	915,4	981,0	1259
	v_{max}	516,2	539,3	603,4	679,4	747,8	810,4	868,5	1114,5
SO_2	$\sqrt{\bar{v}^2}$	326,3	340,9	381,3	429,4	472,6	512,2	548,9	704,4
	$\bar{v}$	300,7	314,1	351,4	395,7	435,5	472,0	505,8	649,1
	v_{max}	266,2	278,1	311,1	350,3	385,6	417,8	447,8	574,6
SO_3	$\sqrt{\bar{v}^2}$	291,8	304,9	341,1	384,1	422,8	458,2	491,0	630,1
	$\bar{v}$	269,0	281,0	314,3	354,0	389,6	422,2	452,5	580,6
	v_{max}	238,1	248,8	278,3	313,4	344,9	373,8	400,6	514,0

6.2.2 Prozentsatz der Gasmoleküle mit Molekulargeschwindigkeiten > W_{min}

[$\xi = W_{min}/W_{max}$, mit W_{max} nach Gl. (6)]

Bei kinetischen Problemen ist die Kenntnis des Prozentsatzes bzw. Bruchteils von Teilchen eines Gases, deren Molekulargeschwindigkeit größer ist als eine gewisse Mindestgeschwindigkeit v_{min} von Bedeutung, weil nur die schnellen Teilchen für die chemische Reaktion ins Gewicht fallen. Dieser Bruchteil wird gemäß Gl. (2) gegeben durch

$$\frac{\int_{v_{min}}^{\infty} N(v)\,dv}{N_A} = 4\pi\left(\frac{m}{2\pi kT}\right)^{3/2} \int_{v_{min}}^{\infty} v^2 e^{-(mv^2/2kT)}\,dv. \tag{7}$$

Durch Einführung der Größe $\xi = \frac{v_{min}}{v_{max}}$ kann dieser Bruchteil auf die Form gebracht werden

$$p = \frac{2}{\sqrt{\pi}}\left[\xi e^{-\xi^2} + \int_{\xi}^{\infty} e^{-x^2}\,dx\right] \tag{8}$$

für den sich Näherungsformeln ergeben:

$$p = \frac{2}{\sqrt{\pi}}\xi e^{-\xi^2}\left[1 + \frac{1}{2\xi^2} - \frac{1}{4\xi^4} + \frac{3}{8\xi^6} - \frac{15}{16\xi^8} \pm \cdots\right] \tag{8a}$$

gültig für große ξ bzw.

$$p = 1 - \frac{4}{\sqrt{\pi}}\left[\frac{\xi^3}{3} - \frac{\xi^5}{5} + \frac{\xi^7}{14} - \frac{\xi^9}{54} + \frac{\xi^{11}}{264} - \frac{\xi^{13}}{1560} \pm \cdots\right] \tag{8b}$$

gültig für kleine ξ.
Tabelle 6.2.2 gibt diese Bruchteile in % als Funktion von ξ an. Unter Zuhilfenahme von Tabelle 6.2.1 kann der jeweilige ξ-Wert direkt in Molekulargeschwindigkeiten (m/s) umgerechnet werden.

ξ	%	ξ	%	ξ	%	ξ	%
0,1	99,93	1,1	48,99	2,1	3,17	3,1	$0{,}02_5$
0,2	99,41	1,2	41,05	2,2	2,20	3,2	$0{,}01_4$
0,3	98,07	1,3	33,67	2,3	1,42	3,3	$0{,}00_7$
0,4	95,62	1,4	27,02	2,4	0,92	große ξ	$\frac{2}{\sqrt{\pi}}\xi e^{-\xi^2}\cdot 100$
0,5	91,89	1,5	21,23	2,5	0,59		
0,6	86,85	1,6	16,32	2,6	0,36		
0,7	80,61	1,7	12,28	2,7	0,22		
0,8	73,39	1,8	9,04	2,8	0,13		
0,9	65,49	1,9	6,52	2,9	$0{,}07_7$		
1,0	57,24	2,0	4,60	3,0	$0{,}04_4$		

6.2.3 Transportphänomene

Die elementare kinetische Gastheorie liefert für den Koeffizienten D der Selbstdiffusion und den Koeffizienten η der Viskosität die Relationen

$$D = \tfrac{1}{3}\bar{v}\cdot l \quad \text{bzw.} \quad = \tfrac{1}{3}\,{}^1N\cdot\bar{v}\cdot l\cdot m \tag{1}$$

($\bar{v}$ = linear gemittelte Molekulargeschwindigkeit, l = mittlere freie Weglänge, ${}^1N$ = Zahl der Teilchen pro Volumeneinheit, m = Masse der Moleküle).
Für die mittlere freie Weglänge l ergibt die elementare Gastheorie die Beziehung:

$$l = \frac{1}{{}^1N\sqrt{2}\pi\sigma^2} \tag{1a}$$

in der mit σ der Durchmesser der starr gedachten Moleküle bezeichnet wird.
Eine systematischere Theorie ergibt zunächst an Stelle der Faktoren $\frac{1}{3}$ in Gl. (1) etwas abweichende Werte, vor allem aber erweist sich der Moleküldurchmesser σ in Gl. (1a) als temperaturabhängig. Diese Temperaturabhängigkeit rührt von der Wirkung der zwischenmolekularen Kräfte her. Dabei wird der Molekülquerschnitt $\pi\sigma^2$ durch eine Integration über die beim Stoß zwischen zwei Teilchen auftretenden Ablenkungswinkel ϑ gegeben, wobei die Integrale über diese Winkel für Diffusion und Viskosität (und Wärmeleitfähigkeit) verschiedene Gestalt besitzen. Denkt man sich von zwei Teilchen das eine Teilchen festgehalten und läßt ein zweites Teilchen mit definierter Geschwindigkeit dagegen fliegen, so wird es – je langsamer es anfliegt – um so stärker durch die zwischenmolekularen Kräfte aus seiner Bahn agelenkt; außerdem ist der Ablenkungswinkel noch vom sogenannten Stoßparameter abhängig (s. Abb. 6.2).
Bezeichnet man den Ablenkungswinkel aus der geraden Bahn mit ϑ (s. Abb. 6.2) und wird mit $I(\vartheta)$ die

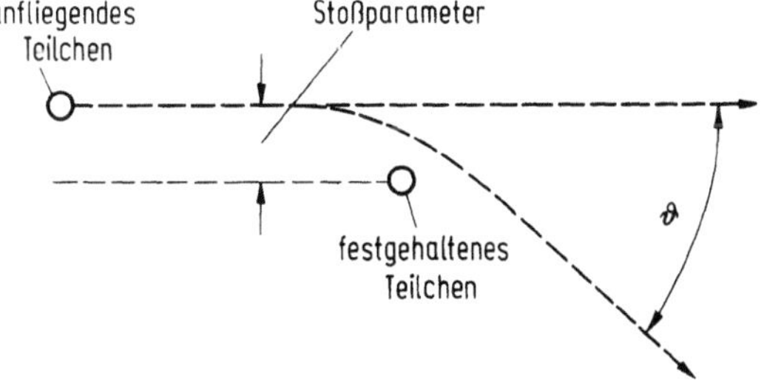

Abb. 6.2

Intensität bzw. Wahrscheinlichkeit für das Auftreten eines bestimmten Ablenkungswinkels ϑ bezeichnet, so gilt für den bei der Diffusion maßgebenden Querschnitt:

$$\pi \sigma_D^2(v) = \pi \cdot 4 \int_0^{\pi} I(\vartheta) \sin^2 \frac{\vartheta}{2} \sin \vartheta \, d\vartheta \tag{2}$$

und für den der Viskosität:

$$\pi \sigma_\eta^2(v) = \pi \cdot 3 \int_0^{\pi} I(\vartheta) \sin^3 \vartheta \, d\vartheta \tag{2a}$$

Wünscht man aus diesen noch von der Geschwindigkeit abhängigen Querschnitten $\pi\sigma^2(v)$ die nur von der Temperatur abhängigen Querschnitte zu erhalten, so muß man die aus Gl. (2) bzw. (2a) folgenden Querschnitte noch entsprechend der Maxwellschen Geschwindigkeitsverteilung mitteln.
Diese Querschnitte kann man mit den für die zwischenmolekularen Kraftpotentiale charakteristischen Parametern r_{min} und $E_{pot,min}$ (s. Abb. 6.3) auf die Form bringen

$$\begin{aligned} \pi \sigma_D^2(T) &= \pi \cdot r_{min}^2 \, \Omega_{n,m}^{(1,1)}(kT/E_{pot,min}) \\ \pi \sigma_\mu^2(T) &= \pi \cdot r_{min}^2 \, \Omega_{n,m}^{(2,2)}(kT/E_{pot,min}), \end{aligned} \tag{3}$$

wo die nur vom Argument $(kT/E_{pot,min})$ und den Exponenten des zwischenmolekularen Kraftpotentials abhängigen Funktionen $\Omega^{(1,1)}$ und $\Omega^{(2,2)}$ als die für die Diffusion und Viskosität maßgebenden Stoßintegrale bezeichnet werden. Mit diesen temperaturabhängigen Querschnitten und den gegenüber $\frac{1}{3}$ geänderten Faktoren gewinnen die Gln. (1), wenn noch $\bar{v}$ durch T und M (Molmasse) und ^1N durch den Druck p und die Temperatur T ausgedrückt werden, die Gestalt:

$$D = \frac{T^{3/2}}{p \cdot M^{1/2} r_{min}^2 \, \Omega_{n,m}^{(1,1)}\left(\frac{kT}{E_{pot,min}}\right)} \tag{4}$$

$$\eta = \frac{M^{1/2} T^{1/2}}{r_{min}^2 \, \Omega_{n,m}^{(2,2)}\left(\frac{kT}{E_{pot,min}}\right)} \tag{4a}$$

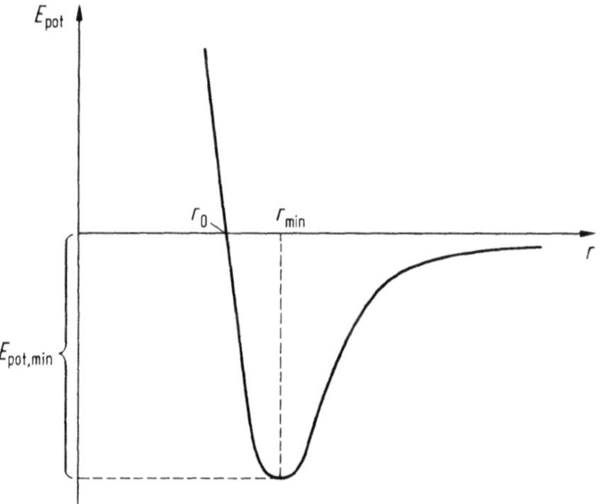

Abb. 6.3

Die folgenden Tabellen geben für jeweils konstantes m, nämlich m = 6 und m = 7 für verschiedene Abstoßungsexponenten n die Werte der Stoßintegrale $\Omega^{(1,1)}$ und $\Omega^{(2,2)}$ als Funktionen des Arguments $kT/E_{pot,min}$ an. So entnimmt man z.B. für n = 12 und m = 6 für ein $E_{pot,min} = 1{,}66 \cdot 10^{-21}\,J = k \cdot 120\,K$ für T = 240 K die Werte

$$\Omega^{(1,1)}_{12,6}\left(\frac{k\cdot 240}{k\cdot 120}\right) = \Omega^{(1,1)}_{12,6}(2{,}0) = 0{,}859 \quad \text{und} \quad \Omega^{(2,2)}_{12,6}(2{,}0) = 0{,}944^{1}, \tag{5}$$

mit denen man mit $M = 40{,}0\,\mathrm{g/mol}$ (Argon) und $r_{min} = 3{,}82\cdot 10^{-10}\,\mathrm{m}$ aus den Gln. (4) und (4a) die Werte erhält:

$$D\cdot p = 0{,}124\,\mathrm{cm^2/s} \quad \text{und} \quad \eta = 19{,}0\,\mu\mathrm{Pa\,s} \tag{6}$$

Im Einklang mit der Erfahrung erweist sich bei gegebener Temperatur η als unabhängig vom Druck, D aber als umgekehrt proportional zum Druck p.
Man kann auch jetzt wieder versuchen, aus gemessenen Werten von η oder D auf r_{min} und $E_{pot,min}$ zu schließen (vgl. S. 581).
Die Wärmeleitfähigkeit λ eines Gases berechnet sich aus der Viskosität η nach

$$\frac{\lambda\cdot M}{C_{v,m}\cdot\eta} = \mathrm{const} - f \tag{7}$$

($C_{v,m}$ = Molwärme bei konstantem Volumen)
mit

$$f \approx \left(2{,}5C_{m,tr} + C_{m,rot} + \frac{D\cdot\varrho}{\eta}\cdot C_{m,vib}\right)\Big/ C_{v,m} \tag{7a}$$

wenn man sich mit einer einfachen Näherung begnügt. Es ist in Gl. (7a) $D\cdot\varrho/\eta$ der dimensionslose Quotient aus D multipliziert mit der Gasdichte dividiert durch die Viskosität gemäß den Gln. (4) und (4a); $C_{m,tr}$, $C_{m,rot}$, und $C_{m,vib}$ sind die auf die Freiheitsgrade von Translation, Rotation und Vibration entfallenden Anteile der Molwärme des Gases. Gl. (7) ist insofern eine Annäherung, als noch der verschiedenartige Transport der Wärme über die genannten Freiheitsgrade genauer berücksichtigt werden muß, als dies in dieser vereinfachten Gleichung geschehen kann.
Die temperaturabhängigen Wirkungsquerschnitte, insbesondere der für die Viskosität maßgebende Querschnitt $\pi\sigma_D^2$ läßt sich bei höheren Temperaturen angenähert auf die Form bringen

$$\pi\sigma_D^2(T) = \pi r_{min}^2\,\Omega^{(2,2)}_{n,m} \approx \pi\sigma_\infty^2\left(1 + \frac{C}{T}\right) \tag{8}$$

wo C die sogenannte Sutherlandkonstante von der Dimension einer Temperatur ist und σ_∞ der formal für $T\to\infty$ maßgebende Moleküldurchmesser. Mit dieser Annäherung ergibt die Kombination der zweiten Gl. (1) mit Gl. (1a), wenn noch 1/3 durch 0,491 ersetzt wird (s. die Bemerkung zu Gl. (1a)]

$$\eta = \frac{0{,}491\,v\cdot m}{\sqrt{2}\pi\sigma_\infty^2\left(1 + \frac{C}{T}\right)} \tag{8a}$$

Setzt man für den Diffusionsquerschnitt $\pi\sigma_D^2$ eine Sutherlandformel an, so ist offensichtlich mit anderen Werten von C zu rechnen als bei der Viskosität, weil die Stoßintegrale $\Omega^{(1,1)}$ und $\Omega^{(2,2)}$ sich voneinander unterscheiden; üblicherweise beziehen sich die Zahlenangaben der Sutherlandkonstante (s. Kap. 9.1) auf die Viskositätsquerschnitte.
Es sei schließlich noch hervorgehoben, daß die hier angegebenen Formeln nur für kugelsymmetrische Kraftpotentiale exakt gültig sind. Bei Molekülen von länglicher Gestalt und mit Dipolmomenten könnte man wieder mit temperaturabhängigen $E_{pot,min}$ bzw. θ-Werten rechnen, eine Komplikation, auf die hier nur hingewiesen werden kann (vgl. die analogen Ausführungen zum Virialkoeffizienten, S. 382).
Typische Quanteneffekte, die nur bei sehr tiefen Temperaturen in Erscheinung treten, sind bei der Angabe der Stoßintegrale $\Omega^{(1,1)}$ und $\Omega^{(2,2)}$ vernachlässigt.

[1] Die Stoßintegrale $\Omega^{(1,1)}$ und $\Omega^{(2,2)}$ der Tabellen unterscheiden sich von den Zahlenangaben im Landolt–Börnstein, Bd. II, 5a, S. 726f. ein wenig, insofern hier auf den Wert r_{min} im Nenner von Gl. (4) und (4a) bezogen ist, während im Landolt–Börnstein auf r_0 (s. Abb. 6.3) bezogen ist. Auf diesen Unterschied der Zahlenangaben sei besonders hingewiesen.

6.2.4 Stoßintegrale $\Omega_{n,6}^{(1,1)}$; $\Omega_{n,6}^{(2,2)}$

n↔m	12–6		18–6		24–6		36–6	
$\frac{kT}{E_{pot,min}}$	$\Omega^{(1,1)}$	$\Omega^{(2,2)}$	$\Omega^{(1,1)}$	$\Omega^{(2,2)}$	$\Omega^{(1,1)}$	$\Omega^{(2,2)}$	$\Omega^{(1,1)}$	$\Omega^{(2,2)}$
0,3	2,103	2,301	1,947	2,121	1,880	2,043	1,827	1,981
0,4	1,848	2,056	1,739	1,921	1,693	1,860	1,656	1,807
0,5	1,653	1,855	1,583	1,762	1,555	1,718	1,530	1,676
0,6	1,504	1,691	1,461	1,630	1,445	1,600	1,433	1,569
0,7	1,386	1,557	1,365	1,520	1,358	1,502	1,355	1,482
0,8	1,292	1,449	1,286	1,429	1,288	1,420	1,292	1,409
0,9	1,217	1,360	1,222	1,354	1,229	1,351	1,240	1,348
1,0	1,154	1,288	1,169	1,290	1,181	1,293	1,197	1,296
1,1	1,102	1,227	1,124	1,236	1,140	1,244	1,160	1,252
1,2	1,058	1,174	1,086	1,191	1,105	1,202	1,129	1,214
1,3	1,020	1,129	1,053	1,152	1,074	1,165	1,102	1,182
1,4	0,988	1,091	1,025	1,118	1,048	1,134	1,078	1,154
1,5	0,959	1,058	1,000	1,088	1,025	1,107	1,058	1,129
1,6	0,934	1,029	0,978	1,063	1,005	1,082	1,039	1,107
1,7	0,912	1,004	0,959	1,040	0,987	1,061	1,023	1,088
1,8	0,893	0,982	0,941	1,020	0,971	1,042	1,009	1,071
1,9	0,875	0,962	0,926	1,001	0,956	1,026	0,996	1,056
2,0	0,859	0,944	0,912	0,985	0,943	1,010	0,984	1,042
2,2	0,832	0,913	0,888	0,957	0,920	0,984	0,964	1,019
2,4	0,809	0,888	0,867	0,934	0,901	0,963	0,947	0,999
2,6	0,789	0,866	0,850	0,915	0,885	0,945	0,932	0,983
2,8	0,772	0,848	0,835	0,898	0,871	0,929	0,920	0,969
3,0	0,757	0,832	0,822	0,884	0,859	0,916	0,909	0,957
3,2	0,744	0,818	0,810	0,871	0,848	0,904	0,899	0,946
3,4	0,733	0,806	0,800	0,860	0,839	0,894	0,891	0,937
3,6	0,723	0,795	0,790	0,850	0,830	0,885	0,883	0,929
3,8	0,713	0,785	0,782	0,841	0,822	0,877	0,876	0,921
4,0	0,705	0,776	0,774	0,833	0,815	0,869	0,870	0,915
4,5	0,686	0,757	0,757	0,816	0,800	0,854	0,857	0,901
5,0	0,671	0,741	0,744	0,802	0,788	0,841	0,846	0,889
6,0	0,647	0,716	0,722	0,780	0,769	0,821	0,830	0,872
7,0	0,628	0,697	0,705	0,764	0,754	0,806	0,817	0,859
8,0	0,613	0,682	0,692	0,750	0,742	0,794	0,807	0,848
9,0	0,601	0,669	0,681	0,739	0,733	0,784	0,799	0,840
10,0	0,590	0,658	0,672	0,730	0,725	0,775	0,792	0,833
20,0	0,528	0,593	0,617	0,674	0,677	0,727	0,753	0,793
30,0	0,495	0,559	0,589	0,645	0,653	0,702	0,733	0,773
40,0	0,474	0,536	0,570	0,625	0,636	0,685	0,721	0,760
50,0	0,458	0,519	0,556	0,611	0,624	0,672	0,711	0,750

6.2.5 Stoßintegrale $\Omega_{n,7}^{(1,1)}$; $\Omega_{n,7}^{(2,2)}$

n↔m	12–7		18–7		24–7		36–7	
$\frac{kT}{E_{pot,min}}$	$\Omega^{(1,1)}$	$\Omega^{(2,2)}$	$\Omega^{(1,1)}$	$\Omega^{(2,2)}$	$\Omega^{(1,1)}$	$\Omega^{(2,2)}$	$\Omega^{(1,1)}$	$\Omega^{(2,2)}$
0,3	1,939	2,108	1,781	1,946	1,718	1,873	1,669	1,816
0,4	1,735	1,916	1,622	1,788	1,575	1,727	1,540	1,679
0,5	1,575	1,757	1,498	1,661	1,466	1,613	1,443	1,576
0,6	1,449	1,622	1,399	1,552	1,378	1,518	1,366	1,492
0,7	1,348	1,509	1,318	1,462	1,307	1,438	1,303	1,421
0,8	1,266	1,415	1,251	1,385	1,248	1,371	1,251	1,361
0,9	1,198	1,336	1,195	1,320	1,198	1,313	1,208	1,310
1,0	1,142	1,270	1,148	1,265	1,156	1,263	1,171	1,267
1,1	1,094	1,214	1,109	1,217	1,120	1,221	1,139	1,229
1,2	1,054	1,167	1,074	1,177	1,089	1,184	1,112	1,196
1,3	1,019	1,126	1,045	1,141	1,063	1,152	1,088	1,167
1,4	0,989	1,091	1,019	1,110	1,039	1,124	1,067	1,142
1,5	0,962	1,060	0,998	1,083	1,018	1,099	1,049	1,120
1,6	0,939	1,033	0,978	1,058	1,000	1,078	1,032	1,100
1,7	0,918	1,010	0,957	1,036	0,984	1,058	1,017	1,083
1,8	0,900	0,989	0,941	1,015	0,969	1,041	1,004	1,067
1,9	0,883	0,971	0,927	0,995	0,957	1,025	0,992	1,053
2,0	0,868	0,953	0,913	0,978	0,944	1,011	0,982	1,040
2,2	0,842	0,923	0,890	0,943	0,922	0,986	0,963	1,018
2,4	0,820	0,899	0,871	0,912	0,904	0,966	0,947	1,000
2,6	0,802	0,879	0,854	0,883	0,889	0,948	0,933	0,984
2,8	0,786	0,861	0,840	0,855	0,876	0,933	0,921	0,971
3,0	0,771	0,846	0,827	0,830	0,865	0,920	0,911	0,960
3,2	0,759	0,832	0,816	0,808	0,854	0,909	0,902	0,949
3,4	0,748	0,820	0,806	0,788	0,845	0,899	0,894	0,940
3,6	0,738	0,810	0,798	0,771	0,837	0,890	0,887	0,932
3,8	0,729	0,800	0,789	0,755	0,830	0,882	0,880	0,925
4,0	0,720	0,791	0,782	0,742	0,823	0,875	0,874	0,919
4,5	0,702	0,773	0,766	0,714	0,808	0,860	0,862	0,905
5,0	0,687	0,757	0,753	0,705	0,796	0,847	0,851	0,894
6,0	0,664	0,733	0,732	0,694	0,778	0,828	0,835	0,877
7,0	0,646	0,714	0,716	0,695	0,763	0,814	0,823	0,864
8,0	0,631	0,699	0,704	0,698	0,752	0,802	0,813	0,854
9,0	0,619	0,687	0,693	0,701	0,742	0,793	0,805	0,846
10,0	0,608	0,676	0,684	0,703	0,734	0,785	0,798	0,839
20,0	0,546	0,612	0,630	0,683	0,687	0,738	0,760	0,801
30,0	0,514	0,579	0,602	0,658	0,663	0,714	0,741	0,782
40,0	0,492	0,556	0,583	0,639	0,647	0,698	0,728	0,769
50,0	0,476	0,538	0,569	0,624	0,635	0,686	0,718	0,759

7 Physikalisch-Chemische Daten von Wasser

E. Nordmeier, Physikalische Chemie, Universität Osnabrück

7.1 Einleitung

Wasser hat eine herausragende Bedeutung in Physik, Chemie und Biologie und dient bei vielen experimentellen Messungen als Eichflüssigkeit. Die physikalisch-chemischen Daten von Wasser sind daher ausführlicher als bei den anderen Substanzen verzeichnet.

7.1.1 Erläuterungen

Die Literatur liefert eine Fülle chemisch-physikalischer Daten zum Themenkreis Wasser. Im Rahmen eines Tafelwerkes, das diese Daten nur in einem begrenzten Umfang erfassen kann, ist eine Auswahl unerläßlich. Diese Auswahl erfolgt hier in Anlehnung an die Ausgabe des D'Ans-Lax, dritte Auflage, 1967.
Die dort aufgeführten Daten wurden überprüft, falls notwendig, korrigiert und auf größere Bereiche von Druck und Temperatur erweitert. Außerdem wurden einige Meßgrößen, wie die Dielektrizitätskonstante oder der Fugazitätskoeffizient, neu aufgenommen.
Die Daten sind in erster Linie der Sekundärliteratur, u.a. der neuesten Auflage des Landolt–Börnstein, entnommen. Soweit es jedoch möglich war, ist statt des benutzten Tafelwerkes die dort zitierte Originalliteratur angegeben.
Die Tafelwerte kann man in zwei Gruppen einteilen. Der größere Teil der Werte ist direkt gemessen und von dem jeweiligen Experimentator selbst geglättet. Der andere Teil der Daten ist mit Hilfe international anerkannter standardisierter Ausgleichsfunktionen berechnet. Die Ausgleichsfunktionen, ihre Anwendungsbereiche und die jeweilige Genauigkeit, mit der sie Meßwerte erfassen, sind direkt angegeben, bzw. durch Literaturzitate berücksichtigt, soweit es der zur Verfügung stehende Platz zuläßt.
In einigen Fällen lagen zu der gleichen Meßgröße mehrere stark voneinander abweichende Meßwerte verschiedener Autoren vor. Es wurde dann der Datensatz ausgewählt, der als zuverlässiger erschien.
Einige Datensätze, wie das spez. Volumen oder die Wärmeleitfähigkeit, sind der Konvention entsprechend genauer angegeben, als es der Meßgenauigkeit entspricht. Eine gezielte Interpolation wird dadurch erleichtert.

7.1.2 Einheiten und verwendete Bezeichnungen

Es werden im allgemeinen die Einheiten des Internationalen Einheitensystems und deren dezimale Vielfache und Teile verwendet. Eine Ausnahme stellt die Temperatur dar, wo weitgehend die Einheit Grad Celsius, °C, benutzt wird. Ebenso wird für den Druck das im industriellen Bereich bewährte bar beibehalten. Zur SI-Einheit Pascal besteht die einfache Beziehung $1\,\text{bar} = 1 \cdot 10^5\,\text{Pa}$.
Die spezifische Entropie und die spezifische freie Energie von flüssigem Wasser am Tripelpunkt sind auf Beschluß der 5. Internationalen Konferenz über die Eigenschaften des Wasserdampfes (London 1956) gleich Null gesetzt.

Symbol	Bezeichnung	Einheit
T	absolute Temperatur	1 K
T	Temperatur	1 °C
p	Druck	1 bar
V_m	molares Volumen	1 cm^3/mol
v	spezifisches Volumen	1 cm^3/g
ρ	Dichte	1 g/cm^3
H_m	molare Enthalpie	1 kJ/mol
h	spezifische Enthalpie	1 J/g
Δh	spezifische Verdampfungsenthalpie	1 J/g

Symbol	Bezeichnung	Einheit
S_m	molare Entropie	1 J/(mol·K)
s	spezifische Entropie	1 J/(g·K)
G_m	molare Gibbsenergie	1 kJ/mol
C_p	spezifische isobare Wärmekapazität	1 J/(g·K)
α	Wärmeausdehnungskoeffizient	10^{-6}/K
β	isotherme Kompressibilität	10^{-6}/bar
λ	Wärmeleitfähigkeit	1 mW/(m·K)
a	Temperaturleitfähigkeit	10^{-6} m^2/s
η	dynamische Viskosität	10^{-6} kg/(m·s)
ν	kinematische Viskosität	10^{-6} m^2/s
D	Selbstdiffusionskoeffizient	10^{-5} cm^2/s
Pr	Prandtl-Zahl	
σ	Oberflächenspannung	10^{-3} N/m
b	Laplace-Koeffizient	1 mm
μ	Joule-Thomson-Koeffizient	1 °C/atm
τ	Proton-Spin-Gitter-Relaxationszeit	1 s
v_s	Schallgeschwindigkeit	1 m/s
κ	elektrische Leitfähigkeit	10^{-8}/(Ω·cm)
ε	statische Dielektrizitätskonstante	
ε'	Realteil von ε	
ε''	Imaginärteil von ε	
ν	Frequenz	1 Hz
λ	Wellenlänge	1 nm
n_λ	Brechungsindex bei der Wällenlänge λ	

7.1.3 Wichtige Definitionen

absolute Temperatur	$T/K = 273{,}15 + (T'/°C)$
Dichte	$\rho = 1/v$
spez. Verdampfungsenthalpie	$\Delta h = h'' - h'$
Temperaturleitfähigkeit	$a = \lambda/(\rho \cdot C_p)$
kinematische Viskosität	$\nu = \eta \cdot v$
Prandtl-Zahl	$Pr = \nu/a = \eta \cdot C_p/\lambda$
Laplace-Koeffizient	$b = [\sigma/(g \cdot (\rho' - \rho''))]^{0.5}$
	mit $g = 9.80665\ m/s^2$
gesättigtes Wasser	(Größe)'
gesättigter Dampf	(Größe)''

7.2 Übersicht allgemeiner Daten

	H_2O	D_2O
Molmasse in g/mol	18,01534	20,03128
Dichte bei 25 °C in g cm^{-3}	0,99705	1,1043
Molwärme bei konstantem Druck bei 25 °C in J/(mol K)	75,15	84,35
Standardentropie bei 25 °C in J/(mol K)	66,36	72,36
Bildungsenthalpie bei 25 °C in kJ/(mol K)	−285,9	−294,6
freie Bildungsenthalpie bei 25 °C in kJ/mol	−792,2	−819,4
Schmelzpunkt in °C	0,00	3,76
Schmelzenthalpie in kJ/mol	6,007	6,28
Siedetemperatur bei 1,013 bar in °C	100	101,4
Verdampfungsenthalpie am Siedepunkt in kJ/mol	40,66	41,69
Kritische Temperatur in °C	374,15	371,5
Kritischer Druck in bar	224,13	221,50
Kritische Dichte in g/cm^3	0,315	
Dipolmoment in 10^{-30} C m	6,14	6,13
Molekül: Abstand H...O in pm	101,3	
H...H in pm	153	
<HOH	105,05°	

7.3 Allotrope und polymorphe Umwandlungen unter Druck

7.3.1 H_2O Wasser

7.3.1.1 Tripelpunkte Wasser-Eisphasen [1]

Phasen	p/bar	T/°C	Volumenänderung in cm^3 mol^{-1}	Latente Wärme in J/mol
L–I–III				
L–I			2,434	−4226
III–L	2115	−22,0	0,839	3833
III–I			3,273	−393
L–III–V				
III–L			0,434	4615
V–III	3530	−17,0	0,985	71
V–L			1,419	4686
L–IV–VI				
IV–L				
VI–IV				
VI–L				
L–V–VI				
V–L			0,949	5272
VI–V	6380	+0,16	0,700	17
VI–L			1,649	5289
I–II–III				
III–I			3,532	−167
II–III	2170	−34,7	0,387	920
II–I			3,919	753
II–III–V				
II–III			0,261	1272
V–II	3510	−24,3	0,721	−1205
V–III			0,982	67

L = flüssige Phase; I, II, III, IV, V, VI = Eisphasen

7.3.1.2 Dielektrische Parameter von Eis [2]

Eis-phase	T/°C	p/kbar	ε_0	ε_∞	$\tau_\varepsilon/\mu s$	ΔE_ε kJ mol^{-1}	ΔV_ε cm^3 mol^{-1}
I	−23,4	6×10^{-6}	97,5	3,1	168	58,6	3
	−23,4	1,6	101	—	213	—	—
	−30	6×10^{-6}	99	3,2	—	—	—
II	−30	2,3	3,66	3,66	—	—	—
III	−30	2,3	117	4,1	2,75	48,6	4,5
	−100	2,3	—	3,96	—	—	—
V	−30	5	144	4,6	7,2	48,1	4,8
VI	−30	8	193	5,1	6	46,1	4,4
	22	21	—	—	48	56,9	—
VII	22	21,4	—	—	0,23	48,6	2,5
IX	−100	2,3	3,74	3,74	—	—	—

τ_ε = dielektrische Relaxationszeit
ΔE_ε = dielektrische Aktivierungsenergie
ΔV_ε = dielektrisches Aktivierungsvolumen

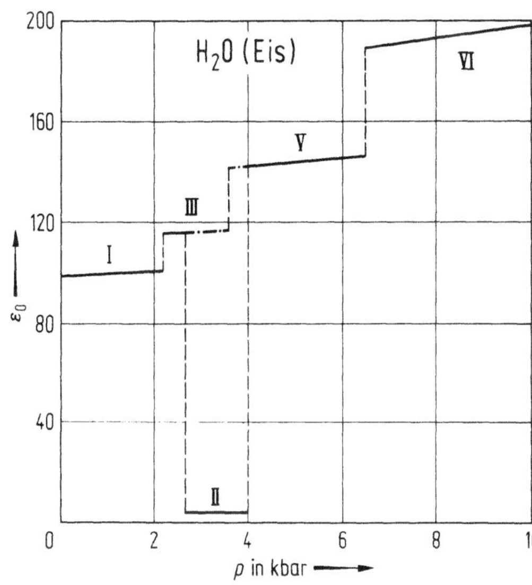

Abb. 7.1. Dielektrizitätskonstante von Eis bei −30°C als Funktion des Druckes bis 10 kbar. (Die Modifikation Eis III existiert möglicherweise für längere Zeit im Stabilitätsgebiet von Eis II.) [3]; s. a. [4]

7.3.1.3 Eis und Dampf im Gleichgewicht [5]

Temperatur T in °C	Druck p in mbar	spez.Volumen in cm^3/g		spez.Enthalpie in J/g		spez.Entropie in J/(g K)	
		Eis	Dampf	Eis	Dampf	Eis	Dampf
−40	0,129	1,084	83,54	−411,70	2427,2	−1,532	10,644
−30	0,381	1,086	29,43	−393,23	2445,8	−1,455	10,221
−20	1,035	1,087	11,29	−374,03	2464,3	−1,377	9,835
−10	2,602	1,089	4,67	−354,09	2482,9	−1,299	9,481
0	6,108	1,091	2,06	−333,43	2501,3	−1,221	9,157
0,01	6,113	1,091	2,06	−333,40	2501,4	−1,221	9,156

7.3.1.4 Eis unter hohen Drücken [6]

Eigenschaften	Eisphase							
	I	II	III	IV	V	VI	VII	VIII
Schmelzpunktkurve minimaler Druck (in bar)	—	—	2100	—	3450	6250	22000	keine —
korrespondierende Temperatur (in °C)	—	—	−23	—	−18	0	82	—
maximaler Druck (in bar)	—	—	3450	—	6250	22000	200000	—
korrespondierende Temperatur (in °C)	—	—	−18	—	0	82	437	—
Kristallform	hexagonal	orthogonal	tetragonal	—	monoklin	tetragonal	kubisch	kubisch
typ.Dichte (in g/cm³)	0,92	—	1,14	—	1,23	1,31	1,5	1,5
Dielektrizitätskonstante	—	—	117	—	144	193	150	5

7.3.1.5 Gleichgewichtsdrücke zwischen Eis I und Eis III [7]

T/°C	p/bar	T/°C	p/bar
−25	2098	−40	2138
−30	2112	−45	2150
−35	2125	−50	2161

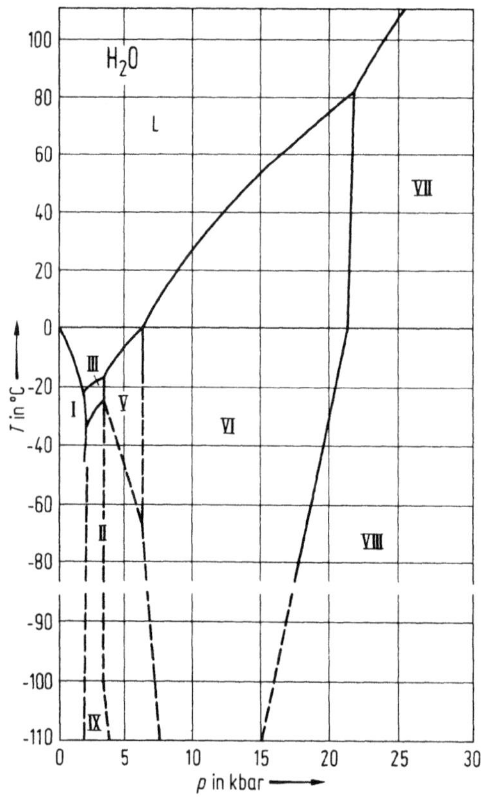

Abb. 7.2. Phasendiagramm von Eis bis 30 kbar und von −110 ··· +100 °C. Stark ausgezeichnete Linien sind die Grenzen stabiler Modifikationen, schwach ausgezogene Linien bilden die Grenzen metastabiler Phasen und die gestrichelten Linien sind durch Extrapolation erhaltene Phasengrenzen. Eis IV ist nicht eingezeichnet [9]; s. a. [10]

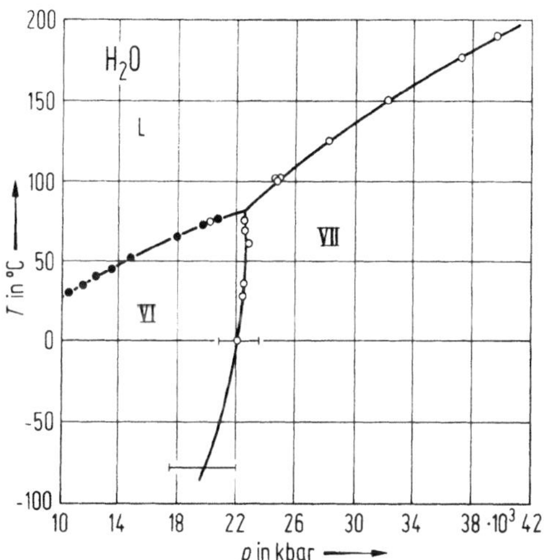

Abb. 7.3. Phasendiagramm von Wasser in der Umgebung der Hochdruckphase Eis VII. ● ältere Messungen [11]

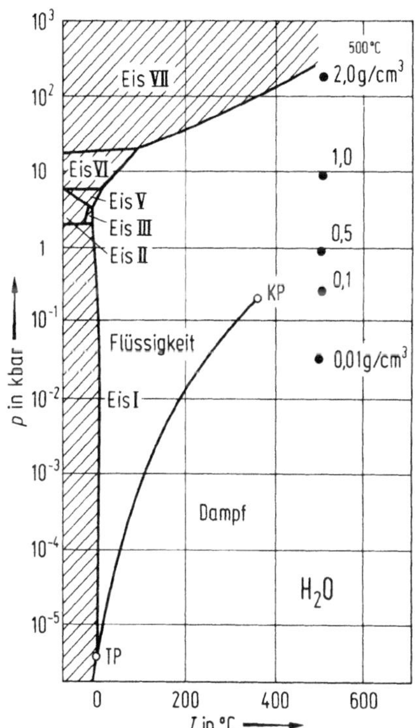

Abb. 7.4. p-T-Projektion des Phasendiagramms von Wasser. Die Dichte des Wassers bei 500 °C ist für einige Drücke eingetragen [12]

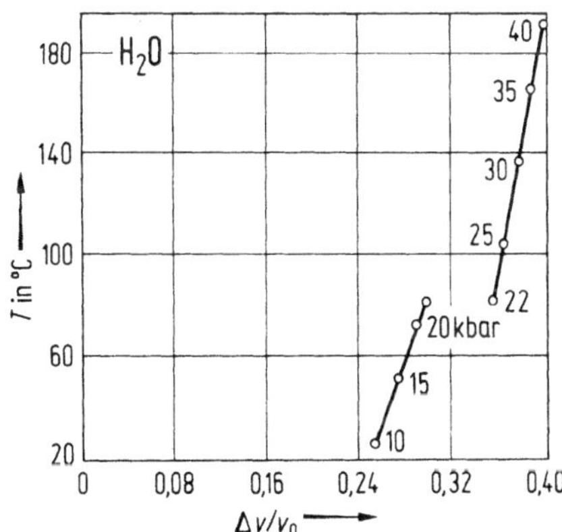

Abb. 7.5. Schmelzkurven von Eis VI und VII als Funktion der Kompression $\Delta v/v_0$ bzw. des Druckes vor und nach der Umwandlung [13]; s. a. [14]

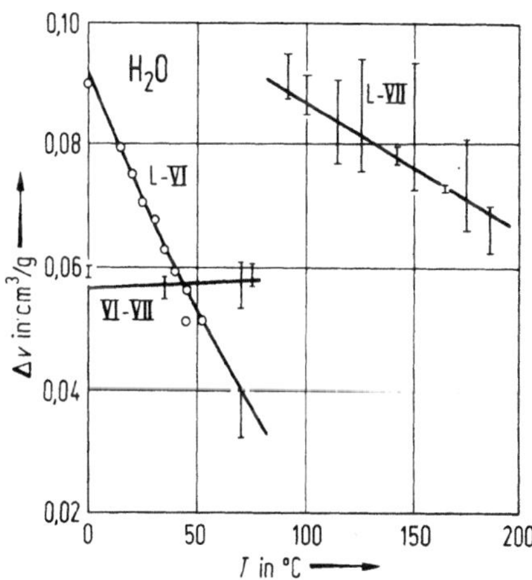

Abb. 7.6. Volumenänderungen verschiedener Eismodifikationen [11]; ○ Messungen von [12]

7.3.1.6 Kompression von Eis VII und die daraus abgeleiteten Drücke [8]

v cm^3/g	p kbar	v cm^3/g	p kbar
0,6164	26,0 ± 0,3	0,5593	60,7 ± 0,2
0,6042	32,2 ± 1,3	0,5547	64,6 ± 0,1
0,5963	35,6 ± 1,6	0,5518	67,8 ± 0,7
0,5889	40,4 ± 0,8	0,5440	76,7 ± 0,7
0,5815	44,5 ± 0,3	0,5402	79,2 ± 0,8
0,5748	50,5 ± 0,5	0,5405	79,3 ± 0,6
0,5695	52,7 ± 0,7	0,5395	79,8 ± 0,9
0,5610	60,0 ± 0,8	0,5385	81,5 ± 1,8

Wärmeeffekte bei der Umwandlung von Eis III in Eis IX bei Temperaturen von −120···−60 °C und Drücken bis 3,4 kbar [15].

Phasen von H_2O-Eis bei 0···−17,5 °C und Drücken von 3,5···6,3 kbar, unter besonderer Berücksichtigung von Eis IV [16].

Struktur und Eigenschaften von Eis VII bei Drücken von 1 bar···200 kbar [17]; S.a. [18].

Phasengrenze zwischen Eis VI und Eis VII bei −60···+80 °C und Drücken von 18,0 ··22,5 kbar [19]; S.a. [20].

Tieftemperatur-Übergang in Eis I bei Temperaturen von 77···260 K und Drücken bis 1,2 kbar [21].

Druckeinfluß auf die dielektrischen Eigenschaften von Eis I bei −23,4 °C und Drücken bis 2 kbar [4].

Dielektrische Eigenschaften von Eis VI bei Temperaturen von 301···128 K und Drücken bis 9 kbar [22].

Dielektrische Eigenschaften von Eis VII bei Drücken bis 107 kbar. Neue Phase von Eis: Eis VIII [23].

Dielektrische Eigenschaften von Eis VII bei 23,3 kbar und −2,3···+21,9 °C. Übergang in Eis VIII bei 24,3 kbar und +0,5···+1,4 °C [19].

7.3.2 D_2O Schweres Wasser

7.3.2.1 Tripelpunkte Wasser-Eisphasen [1]

Phasen	p/bar	T/°C	Volumen-änderung in $cm^3 mol^{-1}$	Latente Wärme in J/mol
L–I–III				
L–I			2,713	−5548
III–L	2245	−18,75	0,847	5226
III–I			3,560	−322
L–III–V				
III–L			0,498	4987
V–III	3555	−14,5	0,985	50
V–L			1,483	5038
L–IV–VI				
IV–L			1,492	5243
VI–IV	5410	−6,2	0,352	9,6
VI–L			1,844	5251
L–V–VI				
V–L			0,978	5301
VI–V	6405	+2,6	0,696	−9,6
VI–L			1,674	5293
I–II–III				
III–I			3,498	−305
II–III	2290	−31,0	0,449	824
II–I			3,947	519

7.3.2.1 Tripelpunkte Wasser-Eisphasen [1] (*Fortsetzung*)

Phasen	p/bar	T/°C	Volumenänderung in $cm^3\,mol^{-1}$	Latente Wärme in J/mol
II–III–V				
II–III			0,317	1477
V–II	3540	−21,5	0,712	−1431
V–III			1,029	46

L = flüssige Phase; I, II, III, IV, V, VI = Eisphasen

7.3.2.2 Phasenübergangsparameter

p/bar	T/°C	dT/dp K/bar	Volumenänderung $cm^3\,mol^{-1}$	Latente Wärme in J/mol
L–I				
0	+3,82	−0,00665	1,56	−6372
400	+0,82	−0,00823	1,79	−5841
800	−2,74	−0,00950	2,01	−5586
1600	−11,14	−0,01135	2,45	−5548
2400	−20,70	−0,01238	$2{,}77_4$	−5548
III–L				
2200	−18,90	+0,00409	0,860	+5243
3000	−16,04	+0,00310	0,620	+5038
3800	−13,96	+0,00230	0,460	+5079
IV–L				
4000	−17,90	0,00946	1,710	4519
5000	−9,30	0,00790	1,556	5096
5500	−5,50	0,00736	1,478	5263
V–L				
3000	−18,90	0,00812	1,647	5046
4000	−11,34	0,00698	1,372	5046
5000	−4,91	0,00590	1,173	5226
6000	+0,57	0,00514	1,026	5351
VI–L				
5000	−10,01	0,00936	1,920	5293
6000	−0,91	0,00880	1,738	5272
7000	+7,57	0,00812	1,589	5381
8000	+15,26	0,00721	1,475	5782
I–III				
2250	−20,0	−0,270	−3,553	326
2360	−50,0	−0,270	−3,403	276
I–II				
2295	−30,0	0,1815	−3,950	−519
2185	−50,0	0,1815	−3,900	−469
II–III				
2400	−29,69	0,01137	0,431	904
3600	−21,20	0,01520	0,313	1490
II–V				
3540	−21,5	−0,0124	−0,712	1423
3800	−24,7	−0,0124	−0,712	1402
III–V				
3555	−14,5	0,468	−0,985	−53,1
3540	−21,5	0,468	−1,029	−54,8

7.3.2.2 Phasenübergangsparameter (*Fortsetzung*)

p/bar	T/°C	dT/dp K/bar	Volumenänderung $cm^3 mol^{-1}$	Latente Wärme in J/mol
IV–VI				
5410	−6,2	0,94	−0,352	−9,6
5402	−14,0	0,94	−0,310	−9,6
V–VI				
6405	+2,6	1,90	0,696	9,6
6401	−5,0	1,90	0,670	9,2

L = flüssige Phase; I, II, III, IV, V, VI = Eisphasen [1].

7.3.2.3 Volumenänderung Δv von Eis I beim Schmelzen [24]

p/bar	T/°C	$\Delta v/(cm^3/g)$	p/bar	T/°C	$\Delta v/(cm^3/g)$
1	3,82	−1,56	1600	−11,14	−2,45
400	0,84	−1,79	2000	−15,82	−2,64
800	−2,74	−2,01	2400	−20,70	−2,77
1200	−6,76	−2,23			

7.3.2.4 Infrarot-Absorptionsfrequenzen in cm^{-1} [25]

	ν_1	ν_2
Eis I		
O—H in HDO	3277	1490
O—D in HDO	2421	—
O—H in H_2O	3220	1650
O—D in D_2O	2425	1210
Eis II		
O—H in HDO	3373, 3357, 3323	—
O—D in HDO	2493, 2481, 2460	—
O—H in H_2O	3225	1690
O—D in D_2O	2380	1220
Eis III		
O—H in HDO	3318	—
O—D in HDO	2461, 2450	—
O—H in H_2O	3250	—
O—D in D_2O	2450	1240
Eis V		
O—H in HDO	3350	—
O—D in HDO	2461	—
O—H in H_2O	3250	1680
O—D in D_2O	2390	1225
Eis VI R		
H_2O	3204	—
D_2O	2370	—
Eis VII R		
H_2O	3348, 3440, 3470	—
D_2O	2462, 2563, 2546	—

ν_1: Valenz-Streckschwingungsfrequenz
ν_2: Deformationsschwingungsfrequenz
R: Raman-Spektroskopie

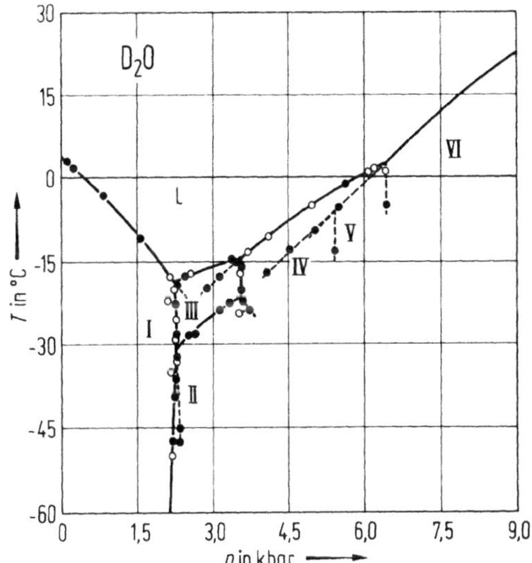

Abb. 7.7. Phasenübergangslinien von D_2O: --- nicht stabil; ● Meßpunkte; ○ Tripelpunkte im Wasser-System [1]

Phasen von D_2O-Eis bei 3,5···6,3 kbar und +2,4··· −14,8°C [16].

Strukturbestimmung der D_2O-Eisphasen mit Neutronenstreuung bei −23°C und Drücken bis 2,8 kbar unter Heliumdruck von 3,5 kbar [26].

Druckeinfluß auf das Volumen der Hochdruckphase (VII) von schwerem Wasser D_2O bei Drücken bis 220 kbar [18].

7.3.3 T_2O

Tripelpunkt: T = 4,49°C; p = 1 bar

7.4 Spezifisches Volumen und Dichte

7.4.1 H_2O Wasser

7.4.1.1 Spezifisches Volumen v in cm^3/g [27]

T/°C	p/bar									
	0,01	0,05	0,10	0,25	0,50	0,75	1,00	2,50	5,00	7,50
0	1,0002	0,0000	0,0000	0,0000	0,0000	0,0000	0,0000	0,0000	0,0000	0,0000
5	1,0000	1,0000	1,0000	1,0000	1,0000	1,0000	1,0000	1,9999	0,9998	0,9998
10	130604	1,0003	1,0002	1,0002	1,0002	1,0002	1,0002	1,0001	1,0000	0,9999
15	132917	1,0008	1,0008	1,0008	1,0008	1,0008	1,0008	1,0007	1,0006	1,0005
20	135229	1,0017	1,0017	1,0017	1,0017	1,0017	1,0017	1,0016	1,0015	1,0014
25	137541	1,0029	1,0029	1,0029	1,0029	1,0029	1,0028	1,0028	1,0027	1,0026
30	139852	1,0043	1,0043	1,0043	1,0043	1,0043	1,0043	1,0042	1,0041	1,0040
35	142163	28391	1,0060	1,0060	1,0059	1,0059	1,0059	1,0058	1,0057	1,0056
40	144474	28856	1,0078	1,0078	1,0078	1,0078	1,0078	1,0077	1,0076	1,0075
50	149095	29785	14871	—	1,0121	1,0121	1,0121	1,0120	1,0119	1,0118
60	153715	30713	15337	—	1,0171	1,0171	1,0171	1,0170	1,0169	1,0168
70	158334	31640	15803	—	1,0228	1,0228	1,0228	1,0227	1,0226	1,0225
80	162952	32566	16268	—	1,0292	1,0292	1,0292	1,0291	1,0290	1,0289
90	167570	33492	16733	6668,2	3324,1	1,0361	1,0361	1,0361	1,0359	1,0358
100	172188	34418	17197	6856,3	3419,1	2270,7	1696,4	1,0436	1,0435	1,0434
125	183731	36731	18355	7316,9	3655,2	2430,0	1817,4	—	1,0651	1,0650
150	195272	39042	19513	7784,8	3889,7	2587,7	1936,6	764,1	1,0908	1,0906
175	206812	41352	20669	8250,8	4123,2	2744,3	2054,9	813,6	399,4	—
200	218352	43662	21825	8715,9	4356,1	2900,3	2172,4	862,0	425,0	279,1
225	229892	45971	22981	9155,9	4588,5	3055,8	2289,4	909,8	449,9	302,3
250	241431	48280	24136	9643,8	4820,5	3210,9	2406,1	957,4	474,4	313,4
275	252969	50588	25290	10089	5052,3	3365,8	2522,5	1004,6	498,6	334,2
300	264508	52897	26445	10570	5283,9	3520,5	2638,8	1051,6	522,6	346,2
325	276047	55205	27600	11019	5515,4	3675,0	2754,9	1098,5	546,4	365,6
350	287585	57513	28754	11495	5746,8	3829,5	2870,9	1145,2	570,1	378,3
375	299123	59821	29908	11946	5978,0	3983,0	2986,8	1191,9	593,7	396,9
400	310661	62129	31062	12420	6209,3	4138,1	3102,6	1238,5	617,3	410,0
450	333738	66745	33371	13344	6671,5	4446,6	3334,1	1331,5	664,1	441,6
500	356814	71361	35679	14268	7133,6	4754,8	3565,4	1424,4	710,9	472,9
550	379890	75976	37987	15192	7595,5	5062,9	3796,6	1517,2	757,5	504,1
600	402965	80592	40295	16116	8057,4	5371,0	4027,7	1609,9	804,0	535,3
650	426041	85207	42603	17039	8519,2	5678,9	4258,8	1702,5	850,5	566,4
700	449117	89822	44910	17962	8981,0	5986,9	4489,8	1795,1	896,9	597,4
750	472193	94438	47218	18886	9442,7	6294,8	4720,8	1887,6	943,3	628,4
800	495268	99053	49526	19809	9904,4	6602,6	4951,8	1980,1	989,6	659,4

7.4.1.1 Spezifisches Volumen (*Fortsetzung*)

T/°C	p/bar 125	150	175	200	225	250	275	300	325	350	375	400
0	0,9941	0,9928	0,9916	0,9904	0,9893	0,9881	0,9869	0,9857	0,9846	0,9834	0,9823	0,9811
5	0,9941	0,9929	0,9918	0,9906	0,9895	0,9883	0,9871	0,9860	0,9849	0,9838	0,9827	0,9816
10	0,9945	0,9933	0,9922	0,9910	0,9899	0,9888	0,9877	0,9866	0,9855	0,9844	0,9834	0,9823
15	0,9952	0,9940	0,9929	0,9918	0,9907	0,9896	0,9886	0,9875	0,9864	0,9854	0,9843	0,9833
20	0,9961	0,9950	0,9940	0,9929	0,9918	0,9907	0,9897	0,9886	0,9876	0,9865	0,9855	0,9845
25	0,9974	0,9963	0,9952	0,9941	0,9931	0,9920	0,9910	0,9899	0,9889	0,9879	0,9869	0,9859
30	0,9988	0,9977	0,9967	0,9956	0,9946	0,9935	0,9925	0,9915	0,9904	0,9894	0,9884	0,9874
35	1,0005	0,9994	0,9984	0,9973	0,9963	0,9952	0,9942	0,9932	0,9922	0,9912	0,9902	0,9892
40	1,0024	1,0013	1,0003	0,9992	0,9982	0,9971	0,9961	0,9951	0,9940	0,9930	0,9920	0,9910
50	1,0066	1,0055	1,0045	1,0034	1,0024	1,0013	1,0003	0,9993	0,9983	0,9973	0,9963	0,9953
60	1,0116	1,0105	1,0094	1,0083	1,0073	1,0062	1,0052	1,0041	1,0031	1,0021	1,0011	1,0001
70	1,0172	1,0160	1,0149	1,0138	1,0127	1,0116	1,0106	1,0095	1,0085	1,0074	1,0064	1,0054
80	1,0233	1,0221	1,0210	1,0199	1,0188	1,0177	1,0166	1,0155	1,0144	1,0133	1,0123	1,0112
90	1,0301	1,0289	1,0277	1,0265	1,0254	1,0242	1,0231	1,0219	1,0208	1,0197	1,0186	1,0175
100	1,0374	1,0361	1,0349	1,0337	1,0325	1,0313	1,0301	1,0289	1,0278	1,0266	1,0255	1,0244
125	1,0582	1,0567	1,0554	1,0540	1,0527	1,0513	1,0500	1,0487	1,0474	1,0461	1,0449	1,0436
150	1,0827	1,0811	1,0795	1,0779	1,0764	1,0748	1,0733	1,0718	1,0703	1,0689	1,0674	1,0660
175	1,1116	1,1096	1,1078	1,1059	1,1041	1,1022	1,1005	1,0987	1,0970	1,0953	1,0936	1,0920
200	1,1457	1,1433	1,1410	1,1387	1,1365	1,1343	1,1322	1,1301	1,1280	1,1260	1,1240	1,1220
225	1,1865	1,1834	1,1805	1,1776	1,1749	1,1721	1,1695	1,1669	1,1643	1,1618	1,1593	1,1569
250	1,2365	1,2324	1,2286	1,2247	1,2211	1,2175	1,2141	1,2107	1,2074	1,2042	1,2011	1,1981
275	1,3004	1,2944	1,2890	1,2835	1,2785	1,2734	1,2687	1,2641	1,2597	1,2554	1,2513	1,2473
300	1,3879	1,3779	1,3693	1,3606	1,3530	1,3453	1,3383	1,3316	1,3252	1,3191	1,3133	1,3077
325	—	1,5047	1,4880	1,4713	1,4579	1,4444	1,4326	1,4217	1,4116	1,4021	1,3933	1,3849
350	15,433	11,485	—	1,6658	1,6330	1,6001	1,5755	1,5542	1,5355	1,5186	1,5024	1,4895
375	17,476	13,895	10,010	7,6947	—	1,9763	1,8609	1,7914	1,7414	1,7023	1,6701	1,6427
400	19,730	16,055	12,500	9,9516	7,6500	6,0093	—	2,8060	2,3100	2,1072	1,9903	1,9107
450	22,792	18,449	15,050	12,706	10,800	9,1681	7,8485	6,7304	5,7731	4,9536	4,2619	3,6952
500	25,461	20,795	17,150	14,772	12,636	11,129	9,7950	8,6795	7,7333	6,9223	6,2220	5,6149
550	27,926	22,911	19,027	16,548	14,285	12,721	11,327	10,165	9,1812	8,3390	7,6108	6,9762
600	30,197	24,890	20,893	18,165	15,868	14,128	12,660	11,437	10,403	9,5180	8,7526	8,0847
650	32,412	26,774	22,579	19,675	17,236	15,418	13,872	12,584	11,495	10,563	9,7574	9,0536
700	34,472	28,592	24,188	21,115	18,564	16,632	15,004	13,649	12,503	11,523	10,674	9,9329
750	36,572	30,364	25,769	22,504	19,840	17,793	16,082	14,658	13,454	12,423	11,531	10,751
800	38,633	32,099	27,320	23,855	21,091	18,914	17,119	15,625	14,362	13,280	12,344	11,526

7.4.1.1 Spezifisches Volumen (*Fortsetzung*)

T/°C	p/bar											
	425	450	475	500	550	600	650	700	750	800	900	1000
0	0,9800	0,9789	0,9778	0,9767	0,9745	0,9723	0,9702	0,9682	0,9661	0,9641	0,9602	0,9565
5	0,9805	0,9794	0,9783	0,9772	0,9751	0,9730	0,9710	0,9689	0,9669	0,9650	0,9611	0,9574
10	0,9812	0,9802	0,9791	0,9781	0,9760	0,9740	0,9720	0,9700	0,9680	0,9661	0,9623	0,9586
15	0,9822	0,9812	0,9802	0,9792	0,9771	0,9751	0,9732	0,9712	0,9693	0,9674	0,9636	0,9599
20	0,9834	0,9824	0,9814	0,9804	0,9785	0,9765	0,9746	0,9726	0,9708	0,9689	0,9652	0,9616
25	0,9849	0,9839	0,9829	0,9819	0,9799	0,9780	0,9761	0,9742	0,9723	0,9705	0,9669	0,9633
30	0,9864	0,9854	0,9845	0,9835	0,9816	0,9796	0,9778	0,9759	0,9741	0,9722	0,9687	0,9651
35	0,9882	0,9872	0,9862	0,9852	0,9833	0,9814	0,9796	0,9777	0,9759	0,9741	0,9705	0,9670
40	0,9901	0,9891	0,9881	0,9872	0,9852	0,9834	0,9815	0,9797	0,9778	0,9760	0,9725	0,9690
50	0,9943	0,9933	0,9923	0,9914	0,9895	0,9876	0,9857	0,9839	0,9821	0,9803	0,9767	0,9733
60	0,9991	0,9981	0,9971	0,9961	0,9942	0,9923	0,9904	0,9885	0,9867	0,9849	0,9814	0,9779
70	1,0044	1,0033	1,0023	1,0014	0,9994	0,9975	0,9955	0,9937	0,9918	0,9900	0,9864	0,9828
80	1,0102	1,0091	1,0081	1,0071	1,0051	1,0031	1,0011	0,9992	0,9973	0,9954	0,9918	0,9882
90	1,0165	1,0154	1,0143	1,0133	1,0112	1,0092	1,0072	1,0052	1,0032	1,0013	0,9975	0,9939
100	1,0233	1,0222	1,0211	1,0200	1,0178	1,0157	1,0136	1,0116	1,0096	1,0076	1,0037	0,9999
125	1,0424	1,0411	1,0399	1,0387	1,0364	1,0340	1,0317	1,0295	1,0273	1,0251	1,0208	1,0166
150	1,0646	1,0632	1,0619	1,0605	1,0578	1,0552	1,0526	1,0501	1,0476	1,0452	1,0405	1,0359
175	1,0903	1,0887	1,0871	1,0856	1,0825	1,0795	1,0765	1,0737	1,0709	1,0681	1,0627	1,0575
200	1,1201	1,1182	1,1163	1,1144	1,1108	1,1073	1,1039	1,1005	1,0973	1,0941	1,0880	1,0821
225	1,1546	1,1523	1,1500	1,1478	1,1434	1,1392	1,1351	1,1312	1,1274	1,1236	1,1160	1,1056
250	1,1951	1,1922	1,1894	1,1866	1,1812	1,1761	1,1711	1,1663	1,1617	1,1573	1,1488	1,1408
275	1,2434	1,2396	1,2360	1,2324	1,2255	1,2190	1,2128	1,2069	1,2012	1,1957	1,1851	1,1752
300	1,3024	1,2972	1,2922	1,2874	1,2783	1,2698	1,2617	1,2541	1,2469	1,2401	1,2273	1,2155
325	1,3770	1,3695	1,3624	1,3556	1,3429	1,3312	1,3204	1,3103	1,3009	1,2920	1,2770	1,2618
350	1,4766	1,4647	1,4536	1,4432	1,4242	1,4072	1,3917	1,3776	1,3646	1,3525	1,3335	1,3148
375	1,6189	1,5977	1,5787	1,5615	1,5312	1,5051	1,4823	1,4619	1,4436	1,4270	1,3993	1,3754
400	1,8511	1,8040	1,7651	1,7320	1,6781	1,6351	1,5993	1,5687	1,5421	1,5184	1,4790	1,4460
450	3,2501	2,9155	2,6694	2,4873	2,2422	2,0856	1,9757	1,8933	1,8285	1,7756	1,6910	1,6290
500	5,0875	4,6296	4,2330	3,8907	3,3459	2,9520	2,6690	2,4625	2,3077	2,1879	2,0130	1,8930
550	6,4198	5,9296	5,4960	5,1116	4,4658	3,9533	3,5461	3,2224	2,9647	2,7585	2,4580	2,2460
600	7,4977	6,9784	6,5166	6,1041	5,4014	4,8296	4,3602	3,9722	3,6498	3,3808	2,9670	2,6680
650	8,4343	7,8857	7,3967	6,9587	6,2083	5,5917	5,0789	4,6485	4,2844	3,9744	3,4760	3,1060
700	9,2805	8,7020	8,1859	7,7230	6,9279	6,2715	5,7224	5,2579	4,8615	4,5207	3,9640	3,5360
750	10,065	9,4561	8,9127	8,4248	7,5858	6,8914	6,3086	5,8137	5,3894	5,0226	4,4190	3,9520
800	10,805	10,166	9,5945	9,0816	8,1988	7,4671	6,8518	6,3282	5,8780	5,4876	4,8410	4,3410

7.4.1.1 Spezifisches Volumen [28] (*Fortsetzung*)

T/°C	p/bar											
	1200	1500	1800	2000	2200	2500	2800	3000	3200	3500	3800	4000
20	0,9549	0,9454	0,9366	0,9310	0,9257	0,9181	0,9109	0,9064	0,9019	0,8956	0,8896	0,8857
25	0,9566	0,9472	0,9384	0,9329	0,9276	0,9200	0,9128	0,9083	0,9039	0,8975	0,8915	0,8876
50	0,9664	0,9571	0,9484	0,9429	0,9376	0,9301	0,9229	0,9184	0,9140	0,9077	0,9017	0,8978
100	0,9929	0,9827	0,9733	0,9674	0,9617	0,9536	0,9460	0,9412	0,9365	0,9298	0,9234	0,9193
150	1,0276	1,0156	1,0046	0,9978	0,9913	0,9821	0,9735	0,9681	0,9629	0,9554	0,9484	0,9439
200	1,0711	1,0561	1,0426	1,0343	1,0265	1,0156	1,0055	0,9992	0,9932	0,9846	0,9766	0,9715
250	1,1256	1,1058	1,0885	1,0780	1,0683	1,0548	1,0426	1,0349	1,0277	1,0175	1,0080	1,0020
300	1,1933	1,1661	1,1431	1,1295	1,1171	1,1002	1,0851	1,0758	1,0670	1,0548	1,0435	1,0364
350	1,2792	1,2402	1,2087	1,1906	1,1744	1,1527	1,1335	1,1219	1,1110	1,0959	1,0822	1,0736
400	1,3897	1,3310	1,2868	1,2624	1,2409	1,2128	1,1885	1,1740	1,1605	1,1421	1,1253	1,1150
450	1,5370	1,4448	1,3804	1,3467	1,3178	1,2812	1,2503	1,2321	1,2155	1,1929	1,1726	1,1601
500	1,7314	1,5872	1,4940	1,4468	1,4076	1,3594	1,3200	1,2971	1,2764	1,2486	1,2239	1,2083
550	1,9835	1,7610	1,6270	1,5623	1,5096	1,4468	1,3969	1,3686	1,3433	1,3096	1,2801	1,2622
600	2,2857	1,9660	1,7810	1,6946	1,6259	1,5447	1,4810	1,4457	1,4146	1,3741	1,3391	1,3182

7.4.1.1 Spezifisches Volumen [29] (*Fortsetzung*)

T/°C	p/bar											
	4500	5000	5500	6000	6500	7000	7500	8000	8500	9000	9500	10000
25	0,879	0,870	0,862	0,854	0,847	0,840	0,834	0,828	0,822	0,817	0,811	—
50	0,889	0,880	0,872	0,864	0,856	0,850	0,843	0,837	0,831	0,826	0,820	0,815
100	0,909	0,899	0,891	0,883	0,875	0,868	0,861	0,855	0,849	0,843	0,837	0,831
150	0,932	0,922	0,912	0,903	0,895	0,887	0,880	0,873	0,866	0,860	0,854	0,848
200	0,958	0,946	0,935	0,925	0,915	0,906	0,898	0,891	0,884	0,877	0,871	0,864
250	0,986	0,972	0,960	0,948	0,938	0,928	0,919	0,911	0,903	0,895	0,888	0,881
300	1,018	1,000	0,986	0,973	0,962	0,951	0,940	0,931	0,922	0,914	0,906	0,898
350	1,052	1,031	1,014	1,000	0,987	0,974	0,963	0,952	0,943	0,933	0,925	0,916
400	1,088	1,064	1,045	1,028	1,013	1,000	0,987	0,976	0,965	0,954	0,945	0,935
450	1,129	1,099	1,078	1,059	1,042	1,027	1,012	1,000	0,987	0,976	0,965	0,955
500	1,170	1,139	1,113	1,092	1,072	1,055	1,039	1,025	1,011	0,999	0,988	0,977
550	1,219	1,182	1,152	1,127	1,105	1,085	1,067	1,051	1,037	1,023	1,011	0,999
600	1,269	1,227	1,192	1,164	1,139	1,116	1,097	1,078	1,062	1,048	1,034	1,021
700	1,385	1,337	1,296	1,262	1,232	1,205	1,180	1,158	1,137	1,117	1,099	1,081
800	1,504	1,442	1,392	1,349	1,311	1,278	1,248	1,221	1,196	1,172	1,150	1,130
900	1,627	1,551	1,489	1,438	1,394	1,355	1,320	1,288	1,259	1,231	1,205	1,180
1000	1,727	1,638	1,570	1,517	1,473	1,436	1,402	1,371	1,341	1,312	1,283	1,253

7.4.1.1 Spezifisches Volumen [30] (*Fortsetzung*)

p/kbar	T/°C				
	175	250	500	750	1000
10	0,864	0,882	0,975	1,077	1,189
15	0,814	0,830	0,896	0,966	1,040
20	0,777	0,794	0,848	0,903	0,959
25	0,749	0,764	0,814	0,864	0,914
30	0,727	0,741	0,789	0,838	0,886
40	—	0,704	0,749	0,794	0,839
50	—	0,673	0,715	0,757	0,799
60	—	—	0,686	0,725	0,764
70	—	—	0,660	0,697	0,733
80	—	—	0,638	0,672	0,706
90	—	—	0,617	0,649	0,681
100	—	—	0,599	0,628	0,658
110	—	—	0,583	0,610	0,638
120	—	—	0,568	0,594	0,619
130	—	—	0,554	0,578	0,602
140	—	—	0,542	0,565	0,587
150	—	—	0,531	0,552	0,573
170	—	—	0,512	0,530	0,549
190	—	—	0,496	0,512	0,528
210	—	—	0,483	0,497	0,511
230	—	—	0,472	0,484	0,496
250	—	—	0,463	0,473	0,484

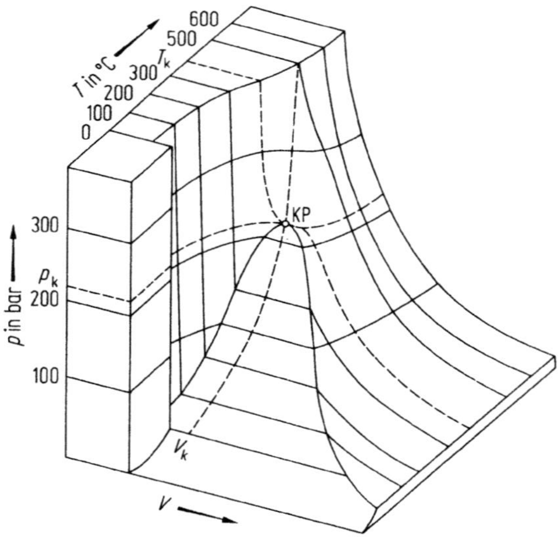

Abb. 7.8. p, v, T-Zustandsfläche [27]

7.4.1.2 Dichte ρ in g/cm³ [28]

p/bar	T/°C							
	200	300	400	500	600	700	800	850
1000	0,923	0,824	0,691	0,529	0,375	0,283	0,231	0,214
1200	0,934	0,842	0,720	0,573	0,431	0,337	0,279	0,256
1400	0,945	0,856	0,745	0,611	0,480	0,386	0,322	0,296
1600	0,954	0,869	0,765	0,643	0,521	0,428	0,360	0,332
1800	0,962	0,879	0,783	0,671	0,557	0,466	0,395	0,365
2000	0,970	0,889	0,798	0,694	0,588	0,499	0,427	0,396
2500	0,990	0,911	0,829	0,742	0,651	0,568	0,495	0,464
3000	1,009	0,933	0,856	0,778	0,697	0,620	0,551	0,523
3500	1,023	0,955	0,880	0,807	0,734	0,662	0,597	0,573
4000	1,028	0,975	0,903	0,832	0,764	0,697	0,637	0,616
4500	—	0,991	0,924	0,855	0,791	0,728	0,672	0,654
5000	—	1,000	0,943	0,876	0,815	0,757	0,704	—
5500	—	—	0,959	0,896	0,839	0,786	0,735	—
6000	—	—	0,971	0,915	0,863	0,815	0,764	—

7.4.2 D_2O Schweres Wasser

7.4.2.1 Dichte ρ in g/cm³ [31]

T/°C	p/bar									
	1	1000	1500	2000	2500	3000	3500	4000	5000	6000
−15	—	—	—	1,203	1,222	1,239	—	—	—	—
−10	—	—	1,181	1,201	1,219	1,237	1,252	1,266	—	—
−5	—	1,158	1,179	1,199	1,217	1,234	1,249	1,263	1,288	—
±0	—	1,156	1,177	1,197	1,215	1,231	1,246	1,260	1,286	1,306
5	1,106	1,155	1,176	1,195	1,213	1,229	1,244	1,258	1,283	1,304
10	1,106	1,154	1,174	1,193	1,211	1,226	1,241	1,255	1,280	1,302
15	1,106	1,152	1,172	1,191	1,207	1,224	1,238	1,252	1,277	1,299
20	1,105	1,150	1,170	1,189	1,205	1,221	1,236	1,249	1,274	1,296
25	1,104	1,149	1,168	1,187	1,203	1,219	1,233	1,246	1,272	1,293
30	1,103	1,147	1,166	1,184	1,200	1,217	1,231	1,243	1,269	1,290
35	1,101	1,145	1,164	1,182	1,198	1,214	1,228	1,240	1,267	1,287
40	1,100	1,143	1,162	1,180	1,196	1,212	1,226	1,238	1,264	1,285
45	1,097	1,141	1,160	1,178	1,193	1,209	1,223	1,235	1,261	1,282
50	1,095	1,139	1,158	1,175	1,191	1,206	1,220	1,232	1,259	1,279
55	1,093	1,137	1,156	1,173	1,188	1,203	1,217	1,229	1,256	1,277
60	1,091	1,135	1,155	1,171	1,186	1,200	1,214	1,227	1,253	1,275

7.4.2.2 Parameter der Ausgleichsfunktion zur Bestimmung der Dichte ρ

Koeffizient, kg/m³	H_2O	D_2O	H_2O^{18}	D_2O^{18}	T_2O
a_0	999,8396	1104,690	1112,333	1215,371	1212,93
a_1	18,224944	20,09315	13,92547	18,61961	11,7499
$10^3 \cdot a_2$	−7,922210	−9,24227	−8,81358	−10,70052	−11,612
$10^6 \cdot a_3$	−55,44846	−55,9509	−22,8730	−35,1257	—
$10^9 \cdot a_4$	149,7562	79,9512	—	—	—
$10^{12} \cdot a_5$	−393,2952	—	—	—	—
$10^3 \cdot b$	18,15973	17,96190	12,44953	15,08867	9,4144
Temperaturintervall in °C	0–150	3,5–100	1–80	3,5–72	5–54
Genauigkeit in ppm	0,4–20	10	50	100	200
Temperatur der max. Dichte in °C	3,984	11,185	4,211	11,438	13,403
max. Dichte in kg/m³	999,972	1106,00	1112,49	1216,88	1215,01

$s = (a_0 + a_1 \cdot T + a_2 \cdot T^2 + a_3 \cdot T^3 + a_4 \cdot T^4 + a_5 \cdot T^5)/(1 + b \cdot T)$; T in °C; p = 1 bar; [32]; s.a. [33].

7.5 Expansionskoeffizient und Kompressibilität

7.5.1 H_2O Wasser

7.5.1.1 Expansionskoeffizient α in 10^{-6}/K [34]

p/bar	T/°C											
	0	10	20	25	30	40	50	60	70	80	90	100
1	−67,9	88,0	207,3	257,2	303,4	385,3	457,6	523,1	583,7	641,1	696,2	750,3
100	−30,6	111,6	221,4	268,2	312,5	388,2	456,4	518,4	575,9	630,3	682,5	733,7
200	4,6	134,0	236,0	278,8	320,0	391,2	455,6	514,2	568,8	620,4	669,9	718,4
500	98,0	194,6	275,0	308,2	342,0	400,5	454,6	504,5	551,1	595,4	637,8	679,5
1000	214,7	273,5	326,0	349,0	372,0	415,2	455,7	493,8	529,9	564,5	598,0	631,4

7.5.1.2 Kompressibilität β in 10^{-6}/bar [34]

p/bar	T/°C											
	0	10	20	25	30	40	50	60	70	80	90	100
1	50,89	47,81	45,89	45,25	44,74	44,24	44,17	44,50	45,16	46,14	47,43	49,02
100	49,48	46,56	44,73	44,11	43,61	43,11	43,02	43,30	43,89	44,78	45,96	47,41
200	48,12	45,36	43,61	43,01	42,53	42,04	41,93	42,16	42,69	43,51	44,58	45,92
500	44,31	42,01	40,51	39,99	39,57	39,09	38,94	39,08	39,48	40,10	40,94	41,99
1000	38,75	37,17	36,02	35,68	35,27	34,67	34,82	34,89	35,16	35,60	36,20	36,94

7.5.2 D_2O Schweres Wasser

7.5.2.1 Expansionskoeffizient α in 10^{-6}/K [31]

p/bar	T/°C			
	5	25	50	75
1	−114,1	191,7	428,7	602,5
100	−76,1	206,3	428,7	593,7
300	−6,3	234,2	429,8	578,2
500	55,9	260,1	431,7	565,2
1000	181,1	314,8	438,0	541,2

7.5.2.2 Kompressibilität β in 10^{-6}/bar [31]

p/bar	T/°C			
	5	25	50	75
1	51,55	46,48	44,86	46,12
100	50,18	45,33	43,69	44,79
300	47,55	43,14	41,51	42,35
500	45,08	41,10	39,53	40,18
1000	39,47	36,55	35,30	35,70

7.6 Dampfdruck

7.6.1 Dampfdruck von H_2O, D_2O und 50 Mol-%iger Mischung [35]

T/°C	p/bar			T/°C	p/bar		
	H_2O	D_2O	50%		H_2O	D_2O	50%
0	0,0061	0,0049	0,0054	110	1,461	1,353	1,393
1	0,0066	0,0052	0,0059	120	2,025	1,888	1,950
5	0,0083	0,0070	0,0077	130	2,754	2,584	2,714
10	0,012	0,010	0,011	140	3,685	3,474	3,637
20	0,023	0,020	0,022	150	4,854	4,596	4,801
30	0,042	0,037	0,040	160	6,302	5,993	6,246
40	0,074	0,066	0,070	170	8,076	7,707	8,020
50	0,123	0,111	0,117	180	10,23	9,788	10,17
60	0,199	0,182	0,190	190	12,80	12,29	12,75
70	0,312	0,288	0,300	200	15,86	15,26	15,82
80	0,474	0,442	0,458	210	19,46	18,77	19,44
90	0,701	0,661	0,681	220	23,66	22,87	23,66
100	1,034	0,963	0,988	230	28,53	27,63	28,54
				240	34,14	33,17	34,26

7.7 Spezifische Wärmekapazität

7.7.1 H_2O Wasser

7.7.1.1 Spezifische Wärmekapazität C_p bei konstantem Druck in J/(g·K) [27]

T/°C	p/bar										
	1	10	20	30	40	50	60	70	80	90	100
0	4,217	4,212	4,207	4,201	4,196	4,191	4,186	4,181	4,175	4,170	4,165
5	4,202	4,198	4,194	4,189	4,185	4,180	4,176	4,171	4,167	4,163	4,158
10	4,192	4,189	4,185	4,181	4,177	4,173	4,169	4,165	4,162	4,158	4,154
15	4,186	4,183	4,179	4,176	4,172	4,169	4,165	4,162	4,159	4,155	4,152
20	4,182	4,179	4,176	4,173	4,169	4,166	4,163	4,160	4,157	4,154	4,151
25	4,180	4,177	4,174	4,171	4,168	4,165	4,162	4,160	4,157	4,154	4,151
30	4,178	4,176	4,173	4,171	4,168	4,165	4,162	4,160	4,157	4,155	4,152
35	4,178	4,176	4,173	4,171	4,168	4,166	4,163	4,161	4,158	4,156	4,153
40	4,179	4,176	4,174	4,171	4,169	4,167	4,164	4,162	4,159	4,157	4,155
50	4,181	4,179	4,177	4,174	4,172	4,170	4,167	4,165	4,163	4,161	4,158
60	4,185	4,183	4,180	4,178	4,176	4,174	4,172	4,169	4,167	4,165	4,163
70	4,190	4,188	4,186	4,183	4,181	4,179	4,177	4,175	4,173	4,171	4,169
80	4,196	4,194	4,192	4,190	4,188	4,186	4,184	4,182	4,180	4,177	4,175
90	4,205	4,203	4,201	4,199	4,196	4,194	4,192	4,190	4,188	4,186	4,184
100	2,032	4,214	4,211	4,209	4,207	4,205	4,203	4,200	4,198	4,196	4,194
125	1,996	4,252	4,249	4,246	4,244	4,241	4,239	4,236	4,234	4,232	4,229
150	1,979	4,308	4,305	4,302	4,299	4,296	4,293	4,290	4,287	4,284	4,281
175	1,973	4,388	4,384	4,380	4,375	4,372	4,368	4,364	4,360	4,356	4,352
200	1,974	2,431	4,494	4,489	4,483	4,477	4,472	4,466	4,461	4,456	4,450
225	1,980	2,295	2,860	4,645	4,636	4,628	4,620	4,612	4,604	4,596	4,588
250	1,988	2,215	2,580	3,115	4,869	4,855	4,842	4,829	4,816	4,803	4,791
275	1,999	2,168	2,419	2,754	3,210	3,855	5,205	5,181	5,158	5,135	5,114
300	2,011	2,141	2,321	2,548	2,834	3,199	3,680	4,338	5,306	5,752	5,703
325	2,024	2,125	2,259	2,420	2,614	2,848	3,133	3,486	3,933	4,518	5,324
350	2,037	2,121	2,231	2,357	2,503	2,669	2,862	3,085	3,348	3,661	4,041
375	2,055	2,131	2,221	2,320	2,430	2,552	2,690	2,845	3,021	3,220	3,448
400	2,068	2,126	2,197	2,274	2,359	2,451	2,553	2,666	2,789	2,926	3,078
450	2,099	2,141	2,191	2,244	2,300	2,360	2,424	2,492	2,565	2,643	2,726
500	2,132	2,164	2,201	2,240	2,281	2,324	2,369	2,415	2,464	2,515	2,569
550	2,166	2,191	2,220	2,250	2,281	2,313	2,346	2,381	2,416	2,453	2,490
600	2,200	2,219	2,241	2,264	2,287	2,311	2,337	2,363	2,389	2,417	2,445
650	2,234	2,250	2,267	2,285	2,303	2,321	2,341	2,360	2,380	2,400	2,421
700	2,270	2,283	2,299	2,315	2,331	2,347	2,363	2,379	2,396	2,413	2,429
750	2,305	2,318	2,332	2,346	2,360	2,374	2,389	2,403	2,417	2,432	2,447
800	2,341	2,352	2,364	2,377	2,389	2,402	2,414	2,427	2,440	2,453	2,465

7.7.1.1 Spezifische Wärmekapazität C_p (*Fortsetzung*)

T/°C	p/bar											
	125	150	175	200	225	250	275	300	325	350	375	400
0	4,153	4,141	4,129	4,117	4,106	4,095	4,084	4,073	4,063	4,052	4,042	4,032
5	4,148	4,137	4,127	4,117	4,108	4,098	4,089	4,080	4,071	4,063	4,054	4,046
10	4,145	4,136	4,127	4,119	4,110	4,102	4,094	4,086	4,079	4,071	4,064	4,057
15	4,143	4,136	4,128	4,120	4,113	4,106	4,099	4,092	4,085	4,078	4,072	4,066
20	4,144	4,137	4,130	4,123	4,116	4,109	4,103	4,097	4,090	4,084	4,078	4,073
25	4,144	4,138	4,131	4,125	4,119	4,113	4,107	4,101	4,095	4,090	4,084	4,079
30	4,145	4,139	4,133	4,127	4,121	4,116	4,110	4,104	4,099	4,094	4,089	4,084
35	4,147	4,141	4,136	4,130	4,124	4,119	4,113	4,108	4,103	4,098	4,093	4,088
40	4,149	4,143	4,138	4,132	4,126	4,121	4,116	4,111	4,106	4,101	4,096	4,092
50	4,153	4,148	4,143	4,137	4,132	4,127	4,122	4,117	4,112	4,107	4,103	4,098
60	4,158	4,153	4,147	4,142	4,137	4,132	4,128	4,123	4,118	4,113	4,109	4,104
70	4,163	4,158	4,153	4,148	4,143	4,139	4,134	4,129	4,124	4,120	4,115	4,111
80	4,170	4,165	4,160	4,155	4,150	4,146	4,141	4,136	4,132	4,127	4,122	4,118
90	4,178	4,173	4,168	4,163	4,158	4,154	4,149	4,144	4,140	4,135	4,130	4,126

7.7.1.1 Spezifische Wärmekapazität C_p (*Fortsetzung*)

T/°C	p/bar											
	125	150	175	200	225	250	275	300	325	350	375	400
100	4,188	4,183	4,178	4,173	4,168	4,163	4,158	4,153	4,149	4,144	4,139	4,135
125	4,223	4,217	4,211	4,206	4,200	4,194	4,189	4,183	4,178	4,173	4,168	4,163
150	4,273	4,266	4,259	4,252	4,246	4,239	4,233	4,226	4,220	4,214	4,208	4,202
175	4,343	4,334	4,325	4,316	4,307	4,299	4,291	4,283	4,275	4,268	4,260	4,253
200	4,437	4,425	4,413	4,402	4,390	4,379	4,369	4,358	4,348	4,338	4,329	4,319
225	4,570	4,552	4,535	4,519	4,503	4,488	4,473	4,459	4,446	4,432	4,420	4,407
250	4,763	4,735	4,709	4,685	4,661	4,639	4,618	4,598	4,579	4,560	4,542	4,525
275	5,063	5,015	4,972	4,932	4,894	4,859	4,826	4,795	4,766	4,738	4,712	4,687
300	5,593	5,495	5,409	5,332	5,263	5,201	5,144	5,091	5,043	4,999	4,957	4,918
325	—	6,517	6,270	6,092	5,936	5,800	5,685	5,583	5,493	5,413	5,340	5,274
350	5,501	8,863	9,301	8,103	7,461	7,017	6,698	6,451	6,251	6,084	5,943	5,820
375	4,190	5,335	7,412	12,713	—	13,758	10,221	8,756	7,925	7,380	6,989	6,692
400	3,529	4,155	5,019	6,327	8,546	13,018	24,026	25,708	15,750	11,794	9,902	8,784
450	2,959	3,235	3,564	3,959	4,437	5,020	5,739	6,624	7,685	8,875	10,035	10,887
500	2,713	2,875	3,055	3,257	3,481	3,731	4,009	4,317	4,654	5,019	5,407	5,807
550	2,590	2,698	2,815	2,940	3,075	3,220	3,374	3,538	3,712	3,895	4,086	4,282
600	2,519	2,597	2,680	2,767	2,859	2,956	3,056	3,161	3,269	3,381	3,495	3,612
650	2,475	2,532	2,591	2,654	2,720	2,787	2,858	2,931	3,006	3,083	3,163	3,243
700	2,473	2,517	2,563	2,610	2,659	2,709	2,761	2,814	2,869	2,925	2,982	3,040
750	2,485	2,522	2,560	2,600	2,640	2,680	2,722	2,764	2,806	2,850	2,893	2,938
800	2,498	2,531	2,564	2,598	2,631	2,666	2,701	2,736	2,771	2,807	2,842	2,878

7.7.1.1 Spezifische Wärmekapazität C_p (*Fortsetzung*)

T/°C	p/bar											
	425	450	475	500	550	600	650	700	750	800	900	1000
0	4,022	4,013	4,003	3,994	3,975	3,957	3,938	3,920	3,902	3,883	3,844	3,801
5	4,038	4,030	4,022	4,014	3,999	3,984	3,970	3,956	3,942	3,928	3,898	3,868
10	4,050	4,043	4,036	4,030	4,017	4,005	3,993	3,981	3,970	3,959	3,933	3,909
15	4,059	4,053	4,047	4,042	4,031	4,020	4,010	4,000	3,991	3,981	3,959	3,938
20	4,067	4,062	4,056	4,051	4,041	4,032	4,023	4,014	4,005	3,997	3,977	3,958
25	4,074	4,069	4,064	4,059	4,049	4,041	4,032	4,024	4,016	4,009	3,990	3,972
30	4,079	4,074	4,069	4,065	4,056	4,047	4,039	4,032	4,024	4,017	3,999	3,983
35	4,083	4,079	4,074	4,070	4,061	4,053	4,045	4,037	4,030	4,024	4,006	3,990
40	4,087	4,083	4,078	4,074	4,065	4,057	4,049	4,042	4,035	4,028	4,012	3,996
50	4,094	4,089	4,085	4,081	4,072	4,064	4,056	4,049	4,042	4,035	4,022	4,010
60	4,100	4,096	4,091	4,087	4,079	4,071	4,063	4,055	4,048	4,041	4,025	4,010
70	4,107	4,102	4,098	4,094	4,085	4,077	4,070	4,062	4,055	4,047	4,031	4,016
80	4,114	4,109	4,105	4,101	4,093	4,084	4,077	4,069	4,061	4,054	4,038	4,022
90	4,121	4,117	4,113	4,108	4,100	4,092	4,084	4,076	4,068	4,061	4,044	4,028
100	4,130	4,126	4,121	4,117	4,108	4,100	4,092	4,084	4,076	4,068	4,054	4,039
125	4,158	4,153	4,148	4,143	4,134	4,124	4,115	4,107	4,098	4,090	4,071	4,053
150	4,196	4,190	4,184	4,179	4,168	4,157	4,147	4,137	4,127	4,117	4,099	4,081
175	4,246	4,238	4,232	4,225	4,212	4,199	4,186	4,174	4,163	4,152	4,126	4,102
200	4,310	4,301	4,293	4,284	4,268	4,252	4,237	4,222	4,208	4,195	4,168	4,144
225	4,395	4,384	4,372	4,361	4,340	4,320	4,301	4,283	4,266	4,249	4,209	4,171
250	4,509	4,493	4,478	4,463	4,436	4,410	4,385	4,362	4,341	4,320	4,278	4,244
275	4,664	4,642	4,620	4,600	4,562	4,527	4,494	4,465	4,437	4,411	4,347	4,287
300	4,882	4,848	4,816	4,786	4,731	4,681	4,636	4,596	4,556	4,516	4,442	4,385
325	5,213	5,157	5,106	5,058	4,971	4,894	4,826	4,765	4,710	4,660	4,537	4,483
350	5,715	5,616	5,526	5,448	5,315	5,204	5,108	5,018	4,931	4,845	4,692	4,612
375	6,456	6,263	6,101	5,963	5,736	5,556	5,408	5,283	5,176	5,083	4,864	4,740
400	8,044	7,517	7,122	6,814	6,364	6,047	5,808	5,621	5,468	5,335	5,094	4,921
450	11,155	10,827	10,183	9,483	8,295	7,466	6,877	6,440	6,100	5,858	5,604	5,298
500	6,205	6,584	6,922	7,200	7,509	7,480	7,234	6,913	6,593	6,294	5,814	5,593
550	4,483	4,683	4,881	5,072	5,421	5,704	5,898	5,992	6,017	5,976	5,769	5,567
600	3,730	3,849	3,968	4,086	4,312	4,521	4,704	4,853	4,980	5,078	5,186	5,172

7.7.1.1 Spezifische Wärmekapazität C_p (*Fortsetzung*)

T/°C	p/bar											
	425	450	475	500	550	600	650	700	750	800	900	1000
650	3,325	3,408	3,490	3,573	3,735	3,890	4,035	4,162	4,291	4,410	4,583	4,602
700	3,098	3,158	3,218	3,278	3,397	3,515	3,628	3,736	3,836	3,928	4,090	4,193
750	2,982	3,027	3,073	3,118	3,209	3,299	3,387	3,473	3,555	3,633	3,758	3,887
800	2,915	2,951	2,987	3,024	3,096	3,168	3,239	3,309	3,376	3,441	3,549	3,656

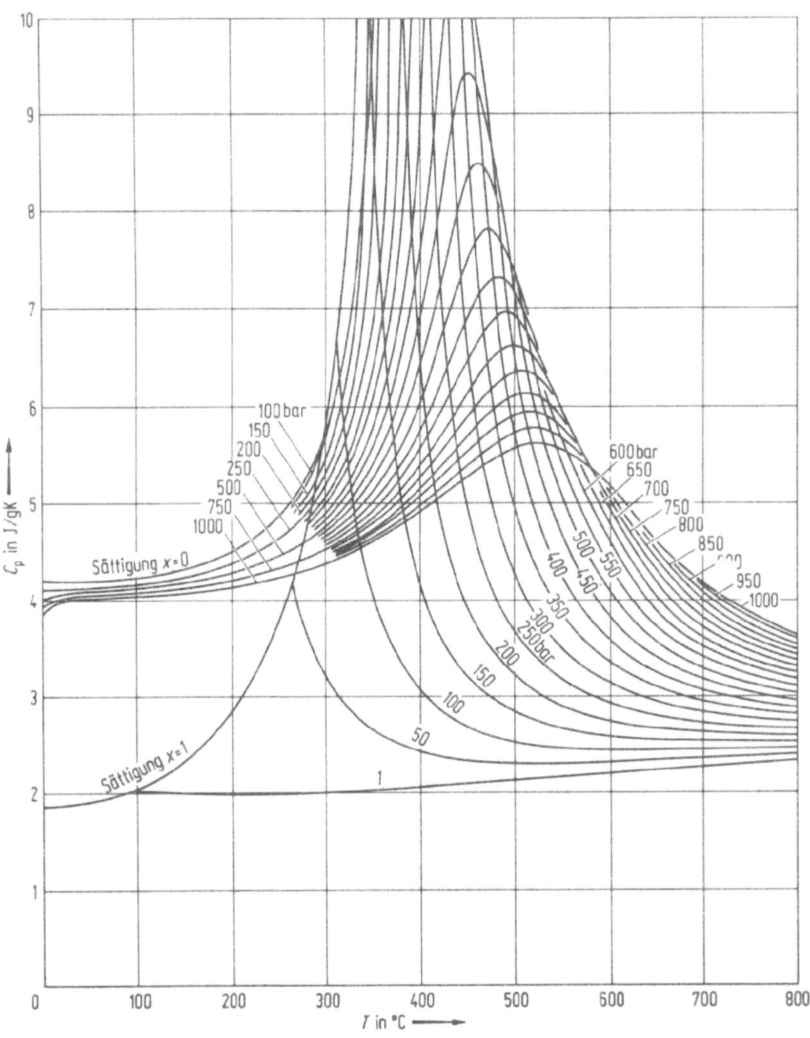

Abb. 7.9. Spezifische Wärmekapazität C_p [53]

7.8 Spezifische Enthalpie

7.8.1 H_2O Wasser

7.8.1.1 Spezifische Enthalpie h in J/g [27]

T/°C	p/bar 1	10	20	30	40	50	60	70	80	90	100
0	0,1	1,0	2,0	3,0	4,0	5,1	6,1	7,1	8,1	9,1	10,1
5	21,1	22,0	23,0	24,0	25,0	26,0	27,0	28,0	29,0	29,9	30,9
10	42,1	43,0	43,9	44,9	45,9	46,9	47,8	48,8	49,8	50,7	51,7
15	63,0	63,9	64,9	65,8	66,8	67,7	68,7	69,6	70,6	71,5	72,5
20	84,0	84,8	85,7	86,7	87,6	88,6	89,5	90,4	91,4	92,3	93,2
25	104,9	105,7	106,6	107,5	108,5	109,4	110,3	111,2	112,1	113,1	114,0
30	125,8	126,6	127,5	128,4	129,3	130,2	131,1	132,0	132,9	133,8	134,7
35	146,6	147,5	148,3	149,2	150,1	151,0	151,9	152,8	153,7	154,6	155,5
40	167,5	168,3	169,2	170,1	171,0	171,9	172,7	173,6	174,5	175,4	176,3
50	209,3	210,1	211,0	211,8	212,7	213,5	214,4	215,3	216,1	217,0	217,3
60	251,2	251,9	252,7	253,6	254,4	255,3	256,1	256,9	257,8	258,6	259,4
70	293,0	293,8	294,6	295,4	296,2	297,0	297,8	298,7	299,5	300,3	301,1
80	335,0	335,7	336,5	337,3	338,1	338,8	339,6	340,4	341,2	342,0	342,8
90	377,0	377,7	378,4	379,2	380,0	380,7	381,5	382,3	383,1	383,8	384,6
100	2676	419,7	420,5	421,2	422,0	422,7	423,5	424,2	425,0	425,8	426,5
125	2727	525,5	526,2	526,9	527,6	528,3	529,0	529,7	530,4	531,1	531,8
150	2776	632,5	633,1	633,7	634,3	635,0	635,6	636,2	636,8	637,5	638,1
175	2826	741,1	741,7	742,2	742,7	743,3	743,8	744,3	744,9	745,4	746,0
200	2875	2828	852,6	853,0	853,4	853,8	854,2	854,6	855,1	855,5	855,9
225	2925	2886	2835	967,0	967,2	967,5	967,7	968,0	968,2	968,5	968,8
250	2974	2943	2903	2855	1086	1086	1086	1086	1086	1086	1086
275	3024	2998	2965	2928	2886	2838	1211	1210	1210	1210	1209
300	3074	3051	3024	2994	2961	2925	2885	2839	2785	1345	1343
325	3125	3105	3081	3056	3029	3001	2969	2935	2898	2857	2810
350	3175	3158	3137	3116	3093	3069	3044	3017	2988	2957	2924
375	3226	3211	3193	3174	3155	3134	3113	3091	3068	3043	3017
400	3278	3264	3248	3232	3215	3197	3179	3160	3140	3120	3098
450	3382	3371	3358	3344	3331	3317	3303	3288	3273	3258	3242
500	3488	3478	3467	3456	3445	3434	3422	3410	3399	3386	3374
550	3595	3587	3578	3569	3559	3550	3540	3530	3520	3510	3500
600	3705	3697	3689	3681	3673	3665	3657	3649	3641	3632	3624
650	3815	3809	3802	3795	3788	3781	3774	3767	3760	3753	3745
700	3928	3922	3916	3910	3904	3898	3892	3885	3879	3873	3867
750	4042	4037	4032	4027	4021	4016	4010	4005	3999	3994	3989
800	4158	4154	4149	4145	4140	4135	4130	4126	4121	4116	4111

7.8.1.1 Spezifische Enthalpie (*Fortsetzung*)

T/°C	p/bar 125	150	175	200	225	250	275	300	325	350	375	400
0	12,6	15,1	17,6	20,1	22,6	25,1	27,6	30,0	32,5	34,9	37,3	39,7
5	33,3	35,8	38,2	40,7	43,1	45,6	48,0	50,4	52,8	55,2	57,6	59,9
10	54,1	56,5	58,9	61,3	63,7	66,1	68,4	70,8	73,2	75,5	77,9	80,2
15	74,8	77,2	79,5	81,9	84,2	86,6	88,9	91,3	93,6	95,9	98,2	100,5
20	95,5	97,9	100,2	102,5	104,8	107,1	109,4	111,7	114,0	116,3	118,6	120,8
25	116,3	118,6	120,9	123,1	125,4	127,7	130,0	132,2	134,5	136,7	139,0	141,2
30	137,0	139,3	141,5	143,8	146,0	148,3	150,5	152,7	155,0	157,2	159,4	161,6
35	157,7	160,0	162,2	164,4	166,6	168,8	171,1	173,3	175,5	177,7	179,9	182,1
40	178,5	180,7	182,9	185,1	187,2	189,4	191,6	193,8	196,0	198,2	200,3	202,5
50	219,8	222,1	224,2	226,4	228,5	230,7	232,8	235,0	237,1	239,2	241,3	243,5
60	261,5	263,6	265,7	267,8	269,9	272,0	274,1	276,1	278,2	280,3	282,4	284,5
70	303,2	305,2	307,2	309,3	311,3	313,3	315,4	317,4	319,4	321,5	323,5	325,6
80	344,8	346,8	348,8	350,8	352,8	354,8	356,7	358,7	360,7	362,7	364,7	366,7
90	386,5	388,5	390,4	392,4	394,3	396,2	398,2	400,1	402,1	404,0	406,0	407,9
100	428,4	430,3	432,2	434,0	435,9	437,8	439,7	441,6	443,5	445,4	447,3	449,2
125	533,6	535,3	537,0	538,8	540,5	542,3	544,0	545,8	547,6	549,4	551,1	552,9
150	639,7	641,3	642,9	644,4	646,1	647,7	649,3	650,9	652,5	654,2	655,8	657,4
175	747,4	748,7	750,2	751,5	753,0	754,4	755,8	757,2	758,7	760,1	761,6	763,1
200	857,0	858,1	859,3	860,4	861,6	862,8	864,0	865,2	866,4	867,7	868,9	870,2
225	969,6	970,3	971,1	971,8	972,7	973,5	974,4	975,3	976,3	977,2	978,2	979,2

7.8.1.1 Spezifische Enthalpie (*Fortsetzung*)

T/°C	p/bar											
	125	150	175	200	225	250	275	300	325	350	375	400
250	1086	1086	1087	1087	1087	1087	1088	1088	1089	1090	1090	1091
275	1209	1208	1208	1207	1207	1206	1206	1206	1206	1206	1206	1206
300	1340	1338	1336	1334	1333	1331	1330	1329	1328	1327	1326	1325
325	—	1486	1480	1475	1471	1467	1464	1461	1458	1456	1454	1452
350	2820	2694	—	1648	1636	1626	1618	1611	1605	1600	1595	1591
375	2950	2861	2744	2607	—	1852	1817	1795	1779	1766	1755	1746
400	3039	2978	2907	2820	2716	2583	2388	2159	2047	1994	1960	1936
450	3201	3158	3112	3062	3009	2952	2890	2823	2751	2674	2594	2516
500	3343	3310	3276	3240	3203	3165	3125	3084	3041	2997	2952	2906
550	3475	3449	3422	3394	3366	3337	3308	3278	3247	3216	3184	3152
600	3603	3581	3559	3537	3514	3491	3468	3444	3420	3396	3372	3347
650	3727	3709	3691	3672	3653	3634	3615	3596	3577	3557	3537	3518
700	3851	3835	3819	3804	3788	3772	3755	3739	3723	3707	3691	3674
750	3975	3961	3947	3934	3920	3906	3892	3879	3865	3851	3837	3823
800	4099	4087	4076	4064	4052	4040	4028	4016	4004	3992	3980	3969

7.8.1.1 Spezifische Enthalpie (*Fortsetzung*)

T/°C	p/bar											
	425	450	475	500	550	600	650	700	750	800	900	1000
0	42,2	44,6	47,0	49,3	54,1	58,8	63,5	68,2	72,9	77,5	86,5	95,7
5	62,3	64,7	67,0	69,4	74,0	78,7	83,3	87,9	92,5	97,0	106,2	115,4
10	82,5	84,8	87,2	89,5	94,1	98,7	103,2	107,8	112,3	116,8	125,9	134,9
15	102,8	105,1	107,4	109,7	114,2	118,7	123,2	127,7	132,2	136,6	145,6	154,6
20	123,1	125,4	127,6	129,9	134,4	138,9	143,3	147,7	152,2	156,6	165,5	174,3
25	143,5	145,7	147,9	150,2	154,6	159,0	163,4	167,8	172,2	176,6	185,4	194,2
30	163,8	166,1	168,3	170,5	174,9	179,3	183,6	188,0	192,3	196,6	205,3	213,9
35	184,3	186,4	188,6	190,8	195,2	199,5	203,8	208,2	212,5	216,8	225,5	234,1
40	204,7	206,8	209,0	211,2	215,5	219,8	224,1	228,4	232,6	236,9	245,4	254,0
50	245,6	247,7	249,8	251,9	256,2	260,4	264,6	268,8	273,0	277,2	285,4	293,7
60	286,6	288,6	290,7	292,8	296,9	301,1	305,2	309,3	313,5	317,6	325,9	334,1
70	327,6	329,6	331,7	333,7	337,7	341,8	345,9	349,9	354,0	358,0	366,1	374,2
80	368,7	370,7	372,7	374,7	378,6	382,6	386,6	390,6	394,5	398,5	406,4	414,4
90	409,9	411,8	413,8	415,7	419,6	423,5	427,4	431,3	435,2	439,1	446,9	454,7
100	451,1	453,0	454,9	456,8	460,6	464,5	468,3	472,1	475,9	479,7	487,3	495,0
125	554,7	556,0	558,3	560,1	563,6	567,2	570,8	574,5	578,1	581,7	589,0	596,2
150	659,1	660,7	662,4	664,1	667,4	670,7	674,1	677,5	680,9	684,3	690,8	697,6
175	764,6	766,1	767,6	769,1	772,1	775,2	778,2	781,3	784,5	787,6	793,8	800,0
200	871,5	872,8	874,1	875,4	878,1	880,8	883,5	886,3	889,1	891,9	898,0	903,8
225	980,2	981,3	982,3	983,4	985,6	987,9	990,2	992,5	994,9	997,4	1002	1007
250	1091	1092	1093	1094	1095	1097	1099	1101	1102	1104	1109	1114
275	1206	1206	1206	1207	1207	1208	1209	1211	1212	1213	1216	1218
300	1325	1324	1324	1324	1323	1323	1323	1324	1324	1325	1326	1328
325	1450	1449	1447	1446	1444	1442	1441	1440	1439	1439	1437	1435
350	1587	1584	1581	1578	1573	1569	1566	1563	1561	1559	1557	1555
375	1738	1732	1726	1720	1711	1703	1697	1692	1687	1683	1678	1674
400	1917	1902	1890	1879	1862	1848	1837	1828	1820	1814	1804	1796
450	2443	2381	2330	2288	2227	2184	2152	2128	2108	2092	2065	2047
500	2859	2812	2767	2723	2642	2571	2513	2467	2429	2398	2351	2318
550	3120	3087	3055	3023	2960	2900	2844	2794	2748	2709	2644	2595
600	3322	3298	3273	3248	3200	3152	3106	3062	3021	2983	2916	2861
650	3498	3478	3458	3439	3399	3361	3323	3287	3251	3218	3157	3103
700	3658	3642	3625	3609	3577	3545	3514	3483	3454	3425	3373	3324
750	3810	3796	3782	3769	3742	3715	3689	3663	3638	3613	3570	3527
800	3957	3945	3934	3922	3899	3876	3854	3832	3811	3790	3753	3715

7.9 Spezifische Entropie

7.9.1 H_2O Wasser

7.9.1.1 Spezifische Entropie s in J/(g·K) [27]

T/°C	p/bar										
	1	10	20	30	40	50	60	70	80	90	100
0	0,000	0,000	0,000	0,000	0,000	0,000	0,000	0,000	0,000	0,000	0,001
5	0,076	0,076	0,076	0,076	0,076	0,076	0,076	0,076	0,076	0,076	0,076
10	0,151	0,151	0,151	0,151	0,151	0,151	0,150	0,150	0,150	0,150	0,150
15	0,224	0,224	0,224	0,224	0,224	0,224	0,223	0,223	0,223	0,223	0,223
20	0,296	0,296	0,296	0,296	0,295	0,295	0,295	0,295	0,295	0,294	0,294
25	0,367	0,367	0,366	0,366	0,366	0,366	0,365	0,365	0,365	0,365	0,364
30	0,436	0,436	0,436	0,436	0,435	0,435	0,435	0,434	0,434	0,434	0,433
35	0,505	0,505	0,504	0,504	0,503	0,503	0,503	0,502	0,502	0,502	0,501
40	0,572	0,572	0,571	0,571	0,571	0,570	0,570	0,569	0,569	0,569	0,568
50	0,703	0,703	0,703	0,702	0,702	0,701	0,701	0,700	0,700	0,699	0,699
60	0,831	0,830	0,830	0,829	0,829	0,828	0,828	0,827	0,827	0,826	0,826
70	0,955	0,954	0,954	0,953	0,952	0,952	0,951	0,951	0,950	0,949	0,949
80	1,075	1,075	1,074	1,073	1,073	1,072	1,071	1,071	1,070	1,069	1,069
90	1,193	1,192	1,191	1,190	1,190	1,189	1,188	1,188	1,187	1,186	1,185
100	7,363	1,306	1,305	1,305	1,304	1,303	1,302	1,301	1,301	1,300	1,299
125	7,493	1,581	1,580	1,579	1,578	1,577	1,576	1,575	1,574	1,573	1,572
150	7,614	1,841	1,840	1,839	1,838	1,837	1,836	1,834	1,833	1,832	1,831
175	7,728	2,091	2,089	2,088	2,087	2,085	2,084	2,083	2,081	2,080	2,079
200	7,835	6,694	2,330	2,328	2,327	2,325	2,324	2,322	2,321	2,319	2,318
225	7,937	6,815	6,413	2,563	2,561	2,559	2,557	2,556	2,554	2,552	2,550
250	8,034	6,926	6,546	6,287	2,793	2,791	2,789	2,786	2,784	2,782	2,779
275	8,127	7,028	6,662	6,423	6,229	6,055	3,022	3,019	3,016	3,013	3,010
300	8,216	7,124	6,768	6,541	6,363	6,210	6,069	5,932	5,792	3,253	3,249
325	8,302	7,215	6,866	6,647	6,479	6,339	6,214	6,097	5,985	5,873	5,759
350	8,385	7,302	6,957	6,744	6,584	6,451	6,336	6,231	6,132	6,038	5,945
375	8,466	7,386	7,045	6,836	6,681	6,554	6,445	6,347	6,257	6,173	6,093
400	8,544	7,466	7,129	6,923	6,771	6,649	6,544	6,451	6,367	6,289	6,216
450	8,693	7,619	7,286	7,085	6,938	6,820	6,721	6,635	6,558	6,487	6,422
500	8,835	7,763	7,432	7,235	7,091	6,977	6,881	6,799	6,725	6,659	6,598
550	8,969	7,899	7,571	7,375	7,234	7,122	7,029	6,949	6,878	6,815	6,757
600	9,098	8,029	7,702	7,508	7,369	7,259	7,167	7,089	7,020	6,958	6,903
650	9,221	8,154	7,828	7,635	7,496	7,387	7,297	7,220	7,153	7,092	7,038
700	9,340	8,273	7,948	7,756	7,618	7,511	7,421	7,345	7,279	7,219	7,166
750	9,455	8,388	8,064	7,873	7,735	7,629	7,540	7,465	7,399	7,341	7,288
800	9,566	8,500	8,176	7,986	7,849	7,743	7,655	7,580	7,515	7,457	7,405

7.9.1.1 Spezifische Entropie (*Fortsetzung*)

T/°C	p/bar											
	125	150	175	200	225	250	275	300	325	350	375	400
0	0,001	0,001	0,001	0,001	0,001	0,001	0,001	0,001	0,001	0,001	0,001	0,000
5	0,076	0,076	0,076	0,076	0,076	0,075	0,075	0,075	0,075	0,074	0,074	0,074
10	0,150	0,150	0,150	0,149	0,149	0,148	0,148	0,148	0,147	0,147	0,146	0,146
15	0,223	0,222	0,222	0,221	0,221	0,220	0,220	0,219	0,219	0,218	0,218	0,217
20	0,294	0,293	0,293	0,292	0,292	0,291	0,290	0,290	0,289	0,288	0,288	0,287
25	0,364	0,363	0,363	0,362	0,361	0,360	0,360	0,359	0,358	0,357	0,357	0,356
30	0,433	0,432	0,431	0,430	0,430	0,429	0,428	0,427	0,426	0,425	0,425	0,424
35	0,501	0,500	0,499	0,498	0,497	0,496	0,495	0,494	0,493	0,492	0,492	0,491
40	0,567	0,566	0,565	0,564	0,563	0,562	0,561	0,560	0,559	0,558	0,557	0,556
50	0,698	0,697	0,696	0,694	0,693	0,692	0,691	0,690	0,689	0,687	0,686	0,685

7.9.1.1 **Spezifische Entropie** (*Fortsetzung*)

T/°C	p/bar 125	150	175	200	225	250	275	300	325	350	375	400
60	0,824	0,823	0,822	0,820	0,819	0,818	0,817	0,815	0,814	0,813	0,811	0,810
70	0,947	0,946	0,945	0,943	0,942	0,940	0,939	0,937	0,936	0,934	0,933	0,932
80	1,067	1,065	1,064	1,062	1,061	1,059	1,058	1,056	1,054	1,053	1,051	1,050
90	1,184	1,182	1,180	1,178	1,177	1,175	1,173	1,172	1,170	1,168	1,167	1,165
100	1,297	1,295	1,294	1,292	1,290	1,288	1,286	1,284	1,282	1,281	1,279	1,277
125	1,570	1,568	1,566	1,563	1,561	1,559	1,557	1,555	1,552	1,550	1,548	1,546
150	1,829	1,826	1,823	1,821	1,819	1,816	1,813	1,811	1,808	1,806	1,803	1,801
175	2,076	2,073	2,070	2,066	2,064	2,061	2,058	2,055	2,052	2,049	2,046	2,043
200	2,314	2,310	2,307	2,303	2,300	2,296	2,292	2,289	2,286	2,282	2,279	2,276
225	2,546	2,541	2,537	2,532	2,528	2,524	2,520	2,516	2,512	2,508	2,504	2,500
250	2,774	2,768	2,763	2,757	2,752	2,747	2,742	2,737	2,733	2,728	2,723	2,719
275	3,003	2,995	2,988	2,981	2,975	2,968	2,962	2,956	2,950	2,944	2,939	2,933
300	3,238	3,228	3,218	3,209	3,201	3,192	3,183	3,176	3,168	3,161	3,154	3,147
325	—	3,480	3,465	3,450	3,437	3,424	3,413	3,402	3,391	3,381	3,372	3,363
350	5,695	5,445	—	3,733	3,709	3,684	3,665	3,648	3,632	3,617	3,603	3,591
375	5,901	5,708	5,471	5,234	—	4,039	3,977	3,936	3,904	3,878	3,855	3,835
400	6,051	5,885	5,727	5,558	5,353	5,147	—	4,485	4,310	4,222	4,164	4,121
450	6,200	6,110	6,012	5,906	5,793	5,679	5,564	5,446	5,324	5,199	5,073	4,951
500	6,465	6,353	6,244	6,144	6,054	5,964	5,879	5,795	5,714	5,633	5,553	5,474
550	6,630	6,521	6,426	6,337	6,259	6,180	6,108	6,038	5,972	5,907	5,845	5,784
600	6,780	6,678	6,594	6,506	6,430	6,362	6,297	6,235	6,176	6,120	6,066	6,014
650	6,919	6,820	6,735	6,656	6,589	6,521	6,461	6,404	6,351	6,300	6,251	6,204
700	7,050	6,953	6,867	6,795	6,731	6,666	6,609	6,555	6,505	6,458	6,412	6,369
750	7,175	7,079	6,996	6,925	6,863	6,801	6,746	6,695	6,647	6,602	6,559	6,519
800	7,294	7,200	7,124	7,049	6,989	6,928	6,875	6,826	6,780	6,737	6,696	6,657

7.9.1.1 **Spezifische Entropie** (*Fortsetzung*)

T/°C	p/bar 425	450	475	500	550	600	650	700	750	800	900	1000
0	0,000	0,000	0,000	0,000	0,000	−0,001	−0,002	−0,002	−0,003	−0,004	−0,005	−0,007
5	0,073	0,073	0,073	0,072	0,072	0,071	0,070	0,069	0,068	0,067	0,065	0,063
10	0,145	0,145	0,145	0,144	0,143	0,142	0,141	0,140	0,139	0,137	0,135	0,132
15	0,216	0,216	0,215	0,215	0,214	0,212	0,211	0,210	0,208	0,207	0,204	0,202
20	0,286	0,286	0,285	0,284	0,283	0,282	0,280	0,279	0,277	0,276	0,272	0,269
25	0,355	0,354	0,354	0,353	0,351	0,350	0,348	0,347	0,345	0,343	0,340	0,336
30	0,423	0,422	0,421	0,420	0,419	0,417	0,415	0,414	0,412	0,410	0,406	0,403
35	0,490	0,489	0,488	0,487	0,485	0,483	0,481	0,480	0,478	0,476	0,473	0,469
40	0,555	0,554	0,554	0,553	0,551	0,549	0,547	0,545	0,543	0,541	0,537	0,533
50	0,684	0,683	0,682	0,681	0,678	0,676	0,674	0,672	0,670	0,667	0,663	0,659
60	0,809	0,808	0,806	0,805	0,803	0,800	0,798	0,795	0,793	0,790	0,786	0,781
70	0,930	0,929	0,927	0,926	0,923	0,921	0,918	0,915	0,913	0,910	0,905	0,899
80	1,048	1,047	1,045	1,044	1,041	1,038	1,035	1,032	1,029	1,026	1,021	1,015
90	1,163	1,162	1,160	1,158	1,155	1,152	1,149	1,146	1,143	1,140	1,134	1,128
100	1,275	1,274	1,272	1,270	1,267	1,263	1,260	1,257	1,253	1,250	1,244	1,237
125	1,544	1,542	1,540	1,538	1,534	1,530	1,526	1,522	1,518	1,515	1,507	1,499
150	1,798	1,796	1,794	1,791	1,787	1,782	1,778	1,773	1,759	1,764	1,756	1,748
175	2,041	2,038	2,035	2,032	2,027	2,022	2,017	2,012	2,007	2,002	1,992	1,982
200	2,273	2,269	2,266	2,263	2,257	2,251	2,245	2,239	2,234	2,228	2,217	2,207
225	2,497	2,493	2,489	2,486	2,479	2,472	2,465	2,458	2,452	2,445	2,432	2,418
250	2,714	2,710	2,706	2,701	2,693	2,685	2,677	2,670	2,662	2,655	2,641	2,628
275	2,928	2,923	2,918	2,913	2,903	2,893	2,884	2,875	2,867	2,858	2,841	2,823
300	3,140	3,134	3,127	3,121	3,109	3,098	3,087	3,077	3,067	3,057	3,038	3,021
325	3,354	3,346	3,338	3,330	3,315	3,301	3,288	3,275	3,263	3,252	3,227	3,202
350	3,579	3,567	3,556	3,546	3,527	3,509	3,492	3,477	3,462	3,448	3,417	3,392
375	3,816	3,800	3,784	3,770	3,744	3,720	3,699	3,679	3,661	3,644	3,605	3,567
400	4,087	4,058	4,033	4,010	3,972	3,940	3,911	3,886	3,863	3,841	3,806	3,774
450	4,839	4,742	4,662	4,595	4,494	4,420	4,362	4,315	4,275	4,240	4,185	4,137
500	5,397	5,322	5,248	5,178	5,049	4,937	4,845	4,768	4,704	4,649	4,560	4,491

7.9.1.1 Spezifische Entropie (*Fortsetzung*)

T/°C	p/bar											
	425	450	475	500	550	600	650	700	750	800	900	1000
550	5,724	5,666	5,609	5,554	5,449	5,350	5,260	5,178	5,104	5,039	4,928	4,839
600	5,963	5,914	5,867	5,820	5,732	5,648	5,569	5,495	5,426	5,362	5,257	5,151
650	6,159	6,115	6,073	6,033	5,954	5,881	5,811	5,745	5,683	5,624	5,520	5,427
700	6,328	6,288	6,250	6,212	6,142	6,075	6,012	5,953	5,896	5,842	5,748	5,657
750	6,480	6,443	6,407	6,372	6,307	6,245	6,188	6,133	6,081	6,031	5,944	5,860
800	6,620	6,585	6,551	6,519	6,457	6,400	6,345	6,294	6,246	6,200	6,118	6,040

7.10 Molvolumen

7.10.1 H_2O Wasser

7.10.1.1 Molvolumen V_m in cm^3/mol [1]

T/°C	p/bar								
	1	500	1000	1500	2000	2500	3000	3500	4000
−20	—	—	—	—	16,579	16,324	—	—	—
−15	—	—	—	16,880	16,600	16,357	16,140	15,948	—
−10	—	—	—	16,898	16,624	16,389	16,173	15,982	15,802
−5	—	—	17,234	16,924	16,658	16,423	16,213	16,019	15,843
±0	18,018	17,601	17,251	16,951	16,684	16,452	16,241	16,050	15,875
20	18,048	17,690	17,352	17,072	16,805	16,573	16,366	16,185	16,012
40	18,157	17,800	17,485	17,204	16,949	16,722	16,514	16,326	16,152
50	18,233	17,865	17,554	17,275	17,025	16,796	16,587	16,397	16,224
60	18,323	17,941	17,630	17,352	17,100	16,871	16,661	16,469	16,294
80	18,539	18,129	17,805	17,518	17,262	17,030	16,816	16,620	16,440
100	18,800	18,345	18,002	17,701	17,437	17,195	16,977	16,776	16,589

7.10.1.1 Molvolumen (*Fortsetzung*)

T/°C	p/bar							
	5000	6000	7000	8000	9000	10000	11000	12000
−20	—	—	—	—	—	—	—	—
−15	—	—	—	—	—	—	—	—
−10	15,486	—	—	—	—	—	—	—
−5	15,532	—	—	—	—	—	—	—
±0	15,564	15,293	—	—	—	—	—	—
20	15,698	15,430	—	—	—	—	—	—
40	15,847	15,575	15,340	15,125	14,930	14,748	14,575	14,422
50	15,918	15,645	15,405	15,188	14,990	14,807	14,636	14,480
60	15,986	15,712	15,469	15,249	15,050	14,866	14,695	14,538
80	16,122	15,842	15,599	15,374	15,172	14,985	14,812	14,653
100	16,265	15,982	15,730	15,501	15,295	15,106	14,930	14,771

7.10.2 D_2O Schweres Wasser

7.10.2.1 Molvolumen V_m in cm^3/mol [1]

T/°C	p/bar								
	1	500	1000	1500	2000	2500	3000	3500	4000
−20	—	—	—	—	—	16,380	16,155	—	—
−15	—	—	—	—	16,600	16,410	16,188	15,987	15,807
−10	—	—	—	16,974	16,685	16,440	16,221	16,025	15,843
−5	—	—	17,308	16,994	16,712	16,468	16,255	16,061	15,879
±0	18,122	17,692	17,328	17,014	16,741	16,501	16,287	16,094	15,915
20	18,125	17,739	17,404	17,110	16,854	16,620	16,411	16,215	16,040
40	18,200	17,835	17,512	17,235	16,982	16,751	16,543	16,353	16,178
50	18,270	17,904	17,585	17,306	17,054	16,827	16,617	16,428	16,252
60	18,363	17,985	17,665	17,385	17,130	16,905	16,693	16,503	16,330
80	18,570	18,174	17,850	17,562	17,302	17,067	16,850	16,657	16,477
100	—	18,400	18,048	17,753	17,486	17,250	17,028	16,824	16,634

7.10.2.1 Molvolumen (*Fortsetzung*)

T/°C	p/bar							
	5000	6000	7000	8000	9000	10000	11000	12000
−20	—	—	—	—	—	—	—	—
−15	—	—	—	—	—	—	—	—
−10	—	—	—	—	—	—	—	—
−5	15,567	—	—	—	—	—	—	—
±0	15,600	15,352	—	—	—	—	—	—
20	15,730	15,465	15,215	15,001	14,803	—	—	—
40	15,870	15,597	15,358	15,140	14,944	14,767	14,606	14,452
50	15,949	15,671	15,427	15,207	15,010	14,827	14,663	14,508
60	16,015	15,740	15,494	15,272	15,074	14,885	14,718	14,563
80	16,150	15,875	15,625	15,402	15,198	15,007	14,835	14,677
100	16,310	16,023	15,763	15,533	15,328	15,137	14,961	14,807

7.11 Molare Gibbsenergie

7.11.1 H_2O Wasser

7.11.1.1 Molare Gibbsenergie G_m^a in kJ/mol [29]

p/kbar	T/°C									
	100	200	300	400	500	600	700	800	900	1000
1,0	1,18	−1,29	−5,36	−10,8	−17,6	−26,6	−34,7	−44,6	−55,1	−66,2
1,5	2,07	−0,33	−4,28	−9,56	−16,0	−23,6	−32,1	−41,4	−51,4	−62,0
2,0	2,95	0,62	−3,25	−8,39	−14,7	−22,0	−30,1	−39,1	−48,7	−58,9
2,5	3,82	1,54	−2,24	−7,27	−13,4	−20,5	−28,5	−37,1	−46,5	−56,4
3,0	4,67	2,45	−1,26	−6,19	−12,2	−19,2	−26,9	−35,4	−44,5	−54,3
3,5	5,52	3,34	−0,29	−5,15	−11,1	−17,9	−25,5	−33,8	−42,8	−52,4
4,0	6,35	4,22	0,65	−4,13	−9,95	−16,7	−24,2	−32,3	−41,2	−50,6
4,5	7,18	5,10	1,58	−3,14	−8,88	−15,5	−22,9	−31,0	−39,7	−49,0
5,0	8,00	5,96	2,49	−2,16	−7,83	−14,3	−21,7	−29,6	−38,2	−47,5
6,0	9,61	7,65	4,28	−0,26	−5,80	−12,2	−19,4	−27,1	−35,5	−44,7
7,0	11,2	9,31	6,03	1,59	−3,83	−10,1	−17,1	−24,8	−33,0	−42,0
8,0	12,8	11,0	7,74	3,39	−1,93	−8,14	−15,0	−22,5	−30,6	−39,5
9,0	14,3	12,6	9,43	5,16	−0,08	−6,19	−13,0	−20,4	−28,4	−37,1

7.11.1.1 Molare Gibbsenergie G_m[a] in kJ/mol [29] (*Fortsetzung*)

p/kbar	T/°C									
	100	200	300	400	500	600	700	800	900	1000
10	15,8	14,1	11,1	6,89	1,73	−4,30	−11,0	−18,3	−26,2	−34,8
15	23,1	21,6	18,7	14,8	9,92	4,26	−2,10	−9,13	−16,7	−24,8
20	30,1	28,8	26,1	22,4	17,8	12,3	6,23	−0,54	−7,76	−15,6
30	—	42,4	40,1	36,7	32,4	27,3	21,4	15,2	8,22	0,89
40	—	55,2	53,1	50,0	46,0	41,1	35,8	29,7	22,6	15,8
50	—	—	65,6	62,7	59,0	54,3	49,1	43,5	36,5	30,0
60	—	—	77,7	75,0	71,2	67,0	62,2	56,9	50,0	43,7
70	—	—	—	86,9	83,7	78,7	74,2	69,0	63,4	56,2
80	—	—	—	97,9	94,9	91,3	85,9	81,0	75,6	68,6
90	—	—	—	109	106	103	97,5	92,8	87,6	80,8
100	—	—	—	120	117	114	109,0	104,0	98,5	93,0

[a] Standardzustand $G_m = 0$ bei $T = 25\,°C$ und $p = 1$ bar

7.12 Molare Enthalpie

7.12.1 H_2O Wasser

7.12.1.1 Molare Enthalpie H_m[a] in kJ/mol [29], [36]

p/kbar	T/°C									
	100	200	300	400	500	600	700	800	900	1000
1,0	7,03	14,4	22,0	30,5	39,9	49,6	58,0	65,0	71,4	77,0
1,5	7,72	14,9	22,4	30,2	38,4	46,8	54,9	62,3	69,4	75,2
2,0	8,42	15,5	22,8	30,3	37,9	45,7	53,3	60,7	68,0	73,7
2,5	9,11	16,1	23,3	30,6	38,0	45,5	52,3	59,4	67,0	72,8
3,0	9,80	16,7	23,8	30,9	38,1	45,4	52,0	58,9	66,4	72,5
3,5	10,5	17,3	24,3	31,4	38,4	45,5	51,9	58,7	66,2	72,6
4,0	11,2	17,9	24,9	31,8	38,7	45,7	52,0	58,7	66,2	73,1
4,5	11,8	18,6	25,4	32,3	39,1	46,0	52,2	58,8	66,3	73,8
5,0	12,5	19,2	26,0	32,8	39,6	46,4	52,5	59,0	66,5	74,6
6,0	13,8	20,5	27,2	33,9	40,6	47,2	53,2	59,6	67,2	76,1
7,0	15,2	21,8	28,4	35,1	41,6	48,2	54,1	60,3	68,0	77,0
8,0	16,5	23,0	29,7	36,2	42,7	49,2	55,1	61,2	68,8	77,4
9,0	17,8	24,3	30,9	37,4	43,8	50,3	56,1	62,2	69,6	77,4
10,0	19,0	25,6	32,1	38,7	45,0	51,4	57,2	63,3	70,5	77,2
15,0	25,5	32,1	38,4	44,7	50,9	57,0	63,1	69,1	75,0	81,0
20,0	31,7	38,3	44,6	50,8	56,9	62,9	68,9	74,8	80,7	86,6
30,0	—	50,4	56,7	62,8	68,8	74,7	80,5	86,3	92,1	97,9
40,0	—	62,0	68,2	74,3	80,3	86,1	92,0	97,7	103	109
50,0	—	—	79,4	85,4	91,4	97,2	103	109	114	120
60,0	—	—	90,3	96,3	102	108	114	120	125	131
70,0	—	—	—	107	113	118	124	130	136	141
80,0	—	—	—	117	123	129	134	140	146	151
90,0	—	—	—	127	133	139	144	150	156	161
100,0	—	—	—	137	143	149	154	160	165	171

[a] Standardzustand $H_m = 0$ bei $T = 25\,°C$ und $p = 1$ bar

7.13 Molare Entropie

7.13.1 H_2O Wasser

7.13.1.1 Molare Entropie S_m[a] in J/(mol K) [29]

p/kbar	T/°C									
	100	200	300	400	500	600	700	800	900	1000
1,0	15,7	33,1	47,8	61,4	74,3	86,2	95,3	102	108	112
1,5	15,1	32,3	46,5	59,1	70,4	80,7	89,4	96,7	103	108
2,0	14,6	31,5	45,4	57,5	68,0	77,5	85,7	93,0	99,5	104
2,5	14,2	30,8	44,5	56,2	66,5	75,6	83,0	90,0	96,7	101
3,0	13,7	30,1	43,7	55,2	65,1	73,9	81,1	87,9	94,6	99,5
3,5	13,3	29,5	42,9	54,3	64,0	72,6	79,6	86,2	92,9	98,2
4,0	12,9	29,0	42,2	53,4	63,0	71,5	78,3	84,8	91,5	97,2
4,5	12,5	28,5	41,6	52,7	62,1	70,5	77,2	83,6	90,3	96,5
5,0	12,1	28,0	41,1	52,0	61,3	69,6	76,2	82,6	89,3	95,9
6,0	11,4	27,1	40,0	50,8	60,0	68,1	74,6	80,8	87,6	94,8
7,0	10,6	26,3	39,1	49,8	58,7	66,8	73,2	79,3	86,1	93,5
8,0	9,94	25,5	38,2	48,8	57,7	65,7	72,0	78,1	84,7	91,8
9,0	9,28	24,8	37,5	48,0	56,8	64,7	71,0	77,0	83,5	89,9
10,0	8,65	24,1	36,7	47,2	56,0	63,8	70,0	76,0	82,5	87,9
15,0	6,41	22,1	34,4	44,4	53,0	60,4	67,0	72,9	78,2	83,1
20,0	4,28	20,1	32,3	42,2	50,6	58,0	64,4	70,2	75,4	80,3
30,0	—	16,9	29,0	38,8	47,1	54,3	60,7	66,3	71,5	76,2
40,0	—	14,4	26,3	36,1	44,3	51,5	57,8	63,4	68,5	73,2
50,0	—	—	24,0	33,7	41,9	49,1	55,4	61,0	66,1	70,7
60,0	—	—	22,0	31,7	39,8	46,9	53,2	58,8	63,9	68,6
70,0	—	—	—	29,8	37,9	45,0	51,2	56,8	61,9	66,6
80,0	—	—	—	28,3	36,3	43,2	49,4	55,0	60,0	64,7
90,0	—	—	—	27,0	34,8	41,7	47,8	53,3	58,3	63,0
100,0	—	—	—	25,9	33,6	40,3	46,4	51,8	56,7	61,3

[a] Standardzustand $S_m = 0$ bei T = 25°C und p = 1 bar

7.14 Fugazitätskoeffizient

7.14.1 H_2O Wasser

7.14.1.1 Fugazitätskoeffizient φ[a] [29]

p/kbar	T/°C									
	100	200	300	400	500	600	700	800	900	1000
1,0	0,002	0,024	0,105	0,263	0,459	0,632	0,762	0,848	0,905	0,940
1,5	0,002	0,020	0,088	0,219	0,389	0,557	0,700	0,807	0,883	0,930
2,0	0,002	0,019	0,082	0,202	0,361	0,523	0,671	0,788	0,875	0,932
2,5	0,002	0,020	0,081	0,197	0,351	0,510	0,660	0,786	0,880	0,945
3,0	0,002	0,020	0,083	0,199	0,353	0,512	0,664	0,795	0,895	0,964
3,5	0,002	0,022	0,087	0,206	0,361	0,523	0,678	0,813	0,917	0,990
4,0	0,003	0,024	0,092	0,216	0,376	0,540	0,700	0,838	0,947	1,020
4,5	0,003	0,027	0,100	0,229	0,395	0,564	0,728	0,871	0,982	1,055
5,0	0,003	0,030	0,109	0,245	0,418	0,594	0,762	0,909	1,024	1,096
6,0	0,005	0,038	0,132	0,287	0,478	0,668	0,848	1,004	1,124	1,193
7,0	0,007	0,050	0,163	0,343	0,556	0,763	0,956	1,121	1,246	1,315
8,0	0,009	0,066	0,205	0,414	0,654	0,881	1,088	1,262	1,391	1,460
9,0	0,014	0,088	0,259	0,504	0,776	1,024	1,246	1,428	1,561	1,631
10,0	0,020	0,119	0,330	0,618	0,925	1,195	1,432	1,621	1,755	1,826

[a] $\varphi = f/p$

7.15 Wärmeleitfähigkeit

7.15.1 H_2O Wasser

7.15.1.1 Wärmeleitfähigkeit $\bar{\lambda}$ in mW/(K·m) [27]

T/°C	p/bar										
	1	10	20	30	40	50	60	70	80	90	100
0	562,0	562,5	563,1	563,7	564,2	564,8	565,4	566,0	566,6	567,2	567,7
10	582,0	582,5	583,1	583,7	584,2	584,8	585,3	585,9	586,4	587,0	587,5
20	599,6	600,1	600,7	601,2	601,7	602,3	602,8	603,3	603,8	604,1	604,9
30	615,1	615,6	616,1	616,6	617,1	617,7	618,2	618,7	619,2	619,7	620,3
40	628,7	629,1	629,6	630,2	630,7	631,2	631,7	632,2	632,7	633,8	633,8
50	640,5	641,0	641,5	642,0	642,5	643,0	643,6	644,1	644,6	645,1	645,6
60	650,7	651,2	651,7	652,3	652,8	653,3	653,8	654,3	654,9	655,4	655,9
70	659,5	660,0	660,5	661,0	661,5	662,1	662,6	663,1	663,7	664,2	664,7
80	666,8	667,3	667,8	668,4	668,9	669,4	670,0	670,5	671,1	671,6	672,1
90	672,8	673,3	673,8	674,4	674,9	675,5	676,0	676,6	677,1	677,7	678,2
100	24,8	678,0	678,5	679,1	679,7	680,2	680,8	681,4	681,9	682,5	683,1
125	26,7	684,5	685,1	685,7	686,3	686,9	687,6	688,2	688,8	689,4	690,0
150	28,8	683,9	684,6	685,3	686,0	686,7	687,3	688,0	688,7	689,4	690,0
175	31,0	676,7	677,5	678,2	679,0	679,8	680,6	681,3	682,1	682,8	683,6
200	33,4	36,1	663,8	664,7	665,6	666,5	667,3	668,2	669,1	670,0	670,8
225	35,8	37,6	41,5	644,4	645,5	646,5	647,6	648,6	649,7	650,7	651,7
250	38,3	39,7	42,2	45,9	618,1	619,5	620,8	622,0	623,3	624,6	625,8
275	40,9	42,0	43,9	46,4	49,7	54,1	585,5	587,2	588,9	590,5	592,1
300	43,5	44,5	45,9	47,8	50,1	53,0	56,7	61,3	67,3	546,0	548,2
325	46,2	47,1	48,3	49,8	51,6	53,7	56,2	59,3	62,9	67,4	73,1
350	49,0	49,8	50,9	52,1	53,6	55,2	57,1	59,4	62,0	65,0	68,6
375	51,8	52,6	53,5	54,6	55,8	57,1	58,6	60,2	62,0	64,1	66,9
400	54,7	55,4	56,3	57,3	58,4	59,5	60,8	62,2	63,7	65,4	67,3
450	60,7	61,4	62,1	63,0	63,9	64,8	65,8	66,9	68,1	69,3	70,6
500	66,9	67,5	68,2	68,9	69,8	70,6	71,4	72,4	73,3	74,3	75,4
550	73,3	73,9	74,5	75,2	75,9	76,7	77,4	78,2	79,1	79,9	80,8
600	79,9	80,4	81,0	81,7	82,3	83,0	83,7	84,4	85,2	86,0	86,8
650	86,7	87,2	87,7	88,3	88,9	89,6	90,2	90,9	91,6	92,3	93,0
700	93,6	94,0	94,6	95,1	95,7	96,3	96,9	97,5	98,2	98,8	99,5
750	100,6	101,0	101,6	102,1	102,6	103,2	103,7	104,3	104,9	105,5	106,1
800	107,7	108,1	108,6	109,1	109,6	110,2	110,7	111,2	111,8	112,4	112,9

7.15.1.1 Wärmeleitfähigkeit (*Fortsetzung*)

T/°C	p/bar											
	125	150	175	200	225	250	275	300	325	350	375	400
0	569,2	570,6	572,1	573,5	574,9	576,4	577,8	579,2	580,6	582,0	583,4	584,8
10	588,9	590,3	591,6	593,0	594,3	595,7	597,0	598,4	599,7	601,0	602,3	603,7
20	606,3	607,5	608,8	610,2	611,5	612,7	614,0	615,3	616,6	617,9	619,1	620,4
30	621,6	622,8	624,1	625,4	626,7	627,9	629,2	630,4	631,6	632,9	634,1	635,3
40	635,1	636,3	637,6	638,8	640,1	641,3	642,6	643,8	645,0	646,2	647,5	648,7
50	646,9	648,2	649,5	650,7	652,0	653,2	654,4	655,6	656,8	658,0	659,3	660,5
60	657,2	658,5	659,8	661,0	662,3	663,5	664,7	665,9	667,2	668,4	669,6	670,8
70	666,0	667,3	668,6	669,9	671,2	672,4	673,6	674,9	676,1	677,3	678,6	679,8
80	673,5	674,8	676,1	677,4	678,7	679,9	681,2	682,5	683,7	685,0	686,2	687,4
90	679,6	680,9	682,2	683,6	684,9	686,2	687,5	688,8	690,1	691,3	692,6	693,9
100	684,6	685,8	687,2	688,5	689,9	691,2	692,6	693,9	695,2	696,5	697,8	699,1
125	691,5	693,0	694,5	695,9	697,4	698,8	700,2	701,7	703,1	704,5	705,8	707,2
150	691,7	693,3	695,0	696,5	698,1	699,7	701,3	702,8	704,3	705,9	707,4	708,9
175	685,5	687,3	689,1	690,9	692,7	694,4	696,1	697,8	699,5	701,2	702,9	704,5
200	672,9	675,0	677,1	679,2	681,2	683,1	685,1	687,0	688,9	690,8	692,7	694,5

7.15.1.1 Wärmeleitfähigkeit (*Fortsetzung*)

T/°C	p/bar											
	125	150	175	200	225	250	275	300	325	350	375	400
225	654,2	656,7	659,1	661,5	663,8	666,1	668,4	670,6	672,8	674,9	677,1	679,2
250	628,9	631,9	634,8	637,7	640,5	643,2	645,9	648,5	651,1	653,6	656,1	658,5
275	596,1	599,9	603,6	607,1	610,6	614,0	617,3	620,5	623,6	626,7	629,6	632,6
300	553,7	558,9	563,8	568,6	573,1	577,5	581,8	585,8	589,8	593,6	597,3	600,9
325	—	505,2	512,5	519,4	525,8	532,0	537,7	543,2	548,4	553,3	558,1	562,7
350	82,4	104,0	441,8	453,9	464,7	473,7	482,2	490,1	497,4	504,2	510,7	516,8
375	74,1	84,5	104,4	144,7	—	387,0	406,0	420,7	433,0	443,7	453,2	461,9
400	72,8	80,0	89,6	103,3	124,1	159,9	232,5	327,6	357,3	372,9	386,4	398,5
450	74,3	78,5	83,7	89,8	97,3	106,3	117,6	131,7	149,3	171,0	196,6	224,9
500	78,2	81,4	85,1	89,1	93,9	99,1	105,1	111,9	119,7	128,6	138,7	149,9
550	83,2	85,9	88,8	91,9	95,5	99,3	103,5	108,1	113,1	118,7	124,7	131,3
600	88,9	91,1	93,6	96,2	99,1	102,2	105,5	109,0	112,8	116,9	121,3	126,0
650	94,9	96,9	99,1	101,4	103,8	106,4	109,2	112,1	115,2	118,5	122,0	125,7
700	101,2	103,0	105,0	107,0	109,2	111,5	113,9	116,4	119,0	121,8	124,7	127,8
750	107,7	109,4	111,2	113,0	115,0	117,0	119,2	121,4	123,7	126,2	128,7	131,3
800	114,4	116,0	117,7	119,3	121,1	123,0	124,9	126,9	129,0	131,2	133,4	135,8

7.15.1.1 Wärmeleitfähigkeit (*Fortsetzung*)

T/°C	p/bar							
	450	500	550	600	650	700	750	800
0	587,6	590,4	593,1	595,8	598,5	601,1	603,8	606,3
10	606,3	608,9	611,5	614,0	616,6	619,1	621,6	624,1
20	622,9	625,4	627,9	630,3	632,8	635,2	637,6	640,0
30	637,8	640,2	642,6	645,0	647,4	649,7	652,0	654,4
40	651,1	653,4	655,8	658,1	660,5	662,8	665,1	667,3
50	662,8	665,2	667,6	669,9	672,2	674,5	676,7	679,0
60	673,2	675,6	677,9	680,2	682,5	684,8	687,1	689,3
70	682,2	684,6	686,9	689,3	691,6	693,9	696,2	698,4
80	689,9	692,3	694,7	697,1	699,4	701,7	704,0	706,3
90	696,3	698,8	701,2	703,6	706,0	708,4	710,7	713,0
100	701,6	704,1	706,6	709,1	711,5	713,9	716,3	718,6
125	709,9	712,6	715,3	717,9	720,4	723,0	725,5	728,0
150	711,8	714,7	717,6	720,4	723,1	725,9	728,6	731,2
175	707,7	710,9	714,1	717,1	720,1	723,1	726,0	728,9
200	698,1	701,7	705,1	708,5	711,9	715,1	718,3	721,5
225	683,3	687,3	691,2	695,0	698,7	702,3	705,9	709,4
250	663,3	667,9	672,4	676,7	680,9	685,0	689,0	692,9
275	638,2	643,6	648,8	653,8	658,7	663,4	668,0	672,4
300	607,8	614,3	620,5	626,5	632,2	637,7	642,9	648,0
325	571,4	579,5	587,2	594,4	601,2	607,7	613,9	619,9
350	528,3	538,7	548,2	557,4	565,9	573,8	581,4	588,6
375	477,5	491,3	503,7	515,0	525,5	535,2	544,3	552,9
400	419,8	437,9	453,8	468,1	480,9	492,8	503,8	514,0
450	277,9	315,8	343,0	365,1	384,1	401,1	416,4	430,4
500	175,9	205,4	235,9	264,6	289,9	311,7	330,9	348,2
550	146,1	163,0	181,8	201,8	222,4	242,7	262,1	280,4
600	136,2	147,7	160,4	174,2	188,8	203,9	219,3	234,7
650	133,6	142,3	151,8	162,1	173,0	184,4	196,3	208,5
700	134,3	141,4	149,0	157,2	165,8	174,9	184,4	194,2
750	136,9	142,9	149,3	156,1	163,3	170,8	178,6	186,7
800	140,7	145,9	151,4	157,3	163,4	169,8	176,5	183,5

7.15.1.1 Wärmeleitfähigkeit (*Fortsetzung*) [37]

T/°C	p/bar				
	1000	2500	4000	6000	8000
30	649	707	753	808	854
50	678	737	787	841	887
70	699	762	812	866	921
90	720	783	833	891	946
110	732	799	858	912	967
130	745	816	879	933	988

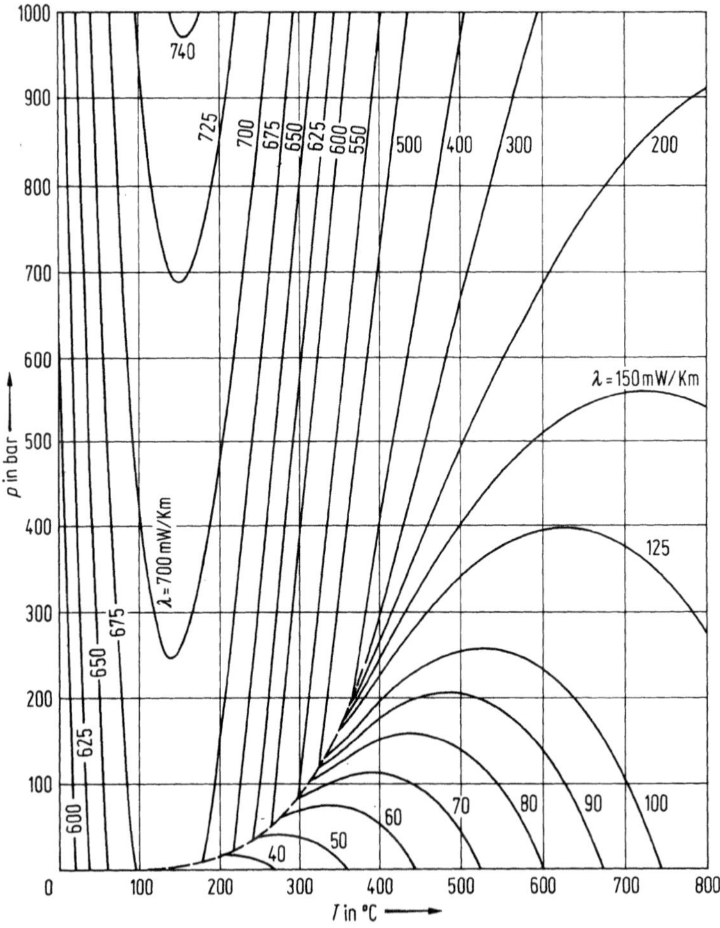

Abb. 7.10. Wärmeleitfähigkeit $\bar{\lambda}$ in der p, T-Ebene [53]

7.15.2 D_2O Schweres Wasser

7.15.2.1 Wärmeleitfähigkeit $\bar{\lambda}$ in mW/(K·m) [38]

T/°C	p/bar				T/°C	p/bar			
	Sätt.	100	500	1000		Sätt.	100	500	1000
10	568	—	—	—	160	623	630	656	687
20	582	—	—	—	180	610	617	646	679
30	595	—	—	—	200	594	602	632	667
40	620	626	650	676	220	577	584	616	651
50	627	633	656	682	240	556	564	599	634
60	633	639	660	686	260	534	541	581	618
70	637	643	664	690	280	512	516	561	600
80	639	645	667	693	300	486	488	539	582
100	641	647	669	696	320	458	—	517	564
120	637	644	667	695	340	421	—	491	545
140	632	638	663	692	360	—	—	461	525

7.15.2.1 Wärmeleitfähigkeit (*Fortsetzung*)

T/°C	p/bar							
	1	10	20	50	100	150	200	250
350	50,9	51,1	52,0	56,5	68,2	—	—	—
400	57,7	58,2	59,2	62,0	68,8	81,2	107,0	162
450	64,9	65,3	65,9	67,9	72,7	81,2	93,9	110
500	72,6	73,1	73,6	75,5	79,6	86,0	94,5	105

7.16 Dynamische Viskosität

7.16.1 H_2O Wasser

7.16.1.1 Dynamische Viskosität η in μPa s [27]

T/°C	p/bar										
	1	10	20	30	40	50	60	70	80	90	100
0	1792,0	1790,0	1787,0	1785,0	1783,0	1780,0	1778,0	1776,0	1774,0	1772,0	1769,0
5	1520,0	1518,0	1517,0	1515,0	1514,0	1512,0	1511,0	1509,0	1508,0	1507,0	1505,0
10	1308,0	1307,0	1306,0	1305,0	1304,0	1303,0	1302,0	1301,0	1300,0	1299,0	1298,0
15	1139,0	1138,0	1138,0	1137,0	1137,0	1136,0	1135,0	1135,0	1134,0	1134,0	1133,0
20	1003,0	1002,0	1002,0	1002,0	1001,0	1001,0	1000,0	1000,0	999,8	999,4	999,1
25	890,8	890,6	890,4	890,2	890,0	889,8	889,6	889,4	889,2	889,0	888,9
30	797,7	797,7	797,6	797,5	797,4	797,3	797,3	797,2	797,1	797,1	797,0
35	719,5	719,6	719,6	719,6	719,6	719,6	719,6	719,6	719,6	719,7	719,7
40	653,1	653,2	653,3	653,4	653,4	653,5	653,6	653,7	653,8	653,8	653,9
50	547,1	547,2	547,4	547,6	547,7	547,9	548,0	548,2	548,4	548,5	548,7
60	466,8	467,0	467,2	467,4	467,6	467,9	468,1	468,3	468,5	468,7	468,9
70	404,5	404,7	404,9	405,2	405,4	405,6	405,9	406,1	406,4	406,6	406,8
80	355,0	355,2	355,5	355,7	356,0	356,2	356,5	356,7	357,0	357,3	357,5
90	315,0	315,2	315,5	315,7	316,0	316,3	316,5	316,8	317,1	317,3	317,6
100	12,3	282,4	282,7	283,0	283,2	283,5	283,8	284,0	284,3	284,6	284,8
125	13,2	222,2	222,5	222,7	223,0	223,3	223,5	223,8	224,1	224,3	224,6
150	14,2	182,0	182,3	182,5	182,3	183,1	183,3	183,6	183,8	184,1	184,4
175	15,2	153,9	154,2	154,5	154,7	155,0	155,2	155,5	155,7	156,0	156,2

7.16.1.1 Dynamische Viskosität η in μPa s [27] (*Fortsetzung*)

T/°C	p/bar										
	1	10	20	30	40	50	60	70	80	90	100
200	16,2	15,9	133,7	134,0	134,2	134,5	134,7	135,0	135,2	135,5	135,7
225	17,2	17,0	16,8	118,3	118,5	118,8	119,1	119,3	119,6	119,8	120,1
250	18,2	18,1	17,9	17,8	105,8	106,1	106,4	106,7	107,0	107,3	107,5
275	19,2	19,1	19,0	18,9	18,8	18,7	96,4	95,7	96,0	96,4	96,7
300	20,3	20,2	20,1	20,0	19,9	19,9	19,8	19,8	19,7	86,0	86,4
325	21,3	21,3	21,2	21,1	21,1	21,0	21,0	20,9	20,9	20,9	21,0
350	22,4	22,3	22,3	22,2	22,2	22,2	22,1	22,1	22,1	22,1	22,2
375	23,4	23,4	23,3	23,3	23,3	23,3	23,3	23,3	23,3	23,3	23,3
400	24,4	24,4	24,4	24,4	24,4	24,4	24,4	24,4	24,4	24,4	24,5
450	26,5	26,5	26,5	26,5	26,5	26,5	26,6	26,6	26,6	26,7	26,7
500	28,6	28,6	28,6	28,6	28,6	28,7	28,7	28,7	28,8	28,8	28,9
550	30,6	30,6	30,6	30,7	30,7	30,8	30,8	30,8	30,9	30,9	31,0
600	32,6	32,6	32,7	32,7	32,8	32,8	32,9	32,9	33,0	33,0	33,1
650	34,6	34,6	34,7	34,7	34,8	34,8	34,9	34,9	35,0	35,0	35,1
700	36,6	36,6	36,6	36,7	36,7	36,8	36,8	36,9	37,0	37,0	37,1
750	38,5	38,5	38,6	38,6	38,7	38,7	38,8	38,8	38,9	39,0	39,0
800	40,4	40,4	40,5	40,5	40,6	40,6	40,7	40,7	40,8	40,9	40,9

7.16.1.1 Dynamische Viskosität (*Fortsetzung*)

T/°C	p/bar											
	125	150	175	200	225	250	275	300	325	350	375	400
0	1765,0	1759,0	1755,0	1749,0	1745,0	1740,0	1735,0	1731,0	1726,0	1722,0	1718,0	1714,0
5	1502,0	1499,0	1496,0	1492,0	1489,0	1486,0	1483,0	1480,0	1478,0	1475,0	1473,0	1470,0
10	1296,0	1294,0	1292,0	1290,0	1288,0	1286,0	1284,0	1283,0	1281,0	1279,0	1278,0	1276,0
15	1132,0	1130,0	1129,0	1128,0	1127,0	1126,0	1125,0	1124,0	1123,0	1122,0	1121,0	1120,0
20	998,4	997,5	997,0	996,1	995,6	994,9	994,3	993,7	993,2	992,7	992,3	991,9
25	888,5	888,1	887,9	887,4	887,2	886,8	886,6	886,4	886,2	886,0	885,9	885,8
30	796,9	796,8	796,8	796,7	796,7	796,6	796,6	796,6	796,6	796,7	796,8	796,9
35	719,8	719,9	720,1	720,1	720,3	720,4	720,6	720,8	721,0	721,2	721,4	721,7
40	654,2	654,4	654,7	654,9	655,2	655,5	655,8	656,1	656,4	656,8	657,1	657,5
50	549,2	549,6	550,0	550,5	550,9	551,4	551,8	552,3	552,8	553,3	553,8	554,3
60	469,5	470,0	470,6	471,1	471,7	472,2	472,8	473,4	473,9	474,5	475,1	475,7
70	407,5	408,1	408,7	409,3	409,9	410,5	411,1	411,8	412,4	413,0	413,7	414,3
80	358,2	358,8	359,5	360,1	360,8	361,4	362,1	362,7	363,4	364,0	364,7	365,3
90	318,3	318,9	319,6	320,3	320,9	321,6	322,3	322,9	323,6	324,3	324,9	325,6
100	285,5	286,2	286,8	287,5	288,2	288,9	289,5	290,2	290,6	291,6	292,2	292,9
125	225,3	225,9	226,6	227,3	227,9	228,6	229,2	229,9	230,5	231,2	231,8	232,5
150	185,0	185,7	186,3	186,9	187,6	188,2	188,8	189,5	190,1	190,7	191,3	191,9
175	156,8	157,5	158,1	158,7	159,3	159,9	160,5	161,1	161,7	162,3	162,9	163,5
200	136,3	137,0	137,6	138,2	138,8	139,4	140,0	140,5	141,1	141,7	142,3	142,8
225	120,7	121,4	121,9	122,6	123,2	123,8	124,4	125,0	125,5	126,1	126,7	127,3
250	108,2	108,9	109,5	110,2	110,7	111,4	112,0	112,6	113,2	113,8	114,4	115,0
275	97,4	98,2	98,9	99,7	100,3	101,0	101,7	102,4	103,0	103,6	104,3	104,9
300	87,3	88,3	89,0	90,1	90,8	91,7	92,4	93,2	93,9	94,6	95,3	96,0
325	—	78,0	79,3	80,4	81,3	82,5	83,5	84,4	85,3	86,2	87,0	87,8
350	22,5	22,9	—	69,2	70,9	72,6	74,0	75,3	76,5	77,6	78,6	79,6
375	23,4	23,8	24,7	25,8	—	58,2	61,9	64,5	66,5	68,2	69,7	71,1
400	24,6	24,9	25,4	26,0	27,5	29,0	33,6	43,7	51,3	55,7	58,9	61,3
450	26,8	27,1	27,3	27,8	28,3	28,9	29,7	30,8	32,2	34,0	36,3	39,0
500	29,1	29,3	29,6	29,8	30,2	30,6	31,1	31,7	32,4	33,2	34,1	35,2
550	31,2	31,4	31,6	31,9	32,2	32,5	32,9	33,4	33,9	34,4	35,0	35,7
600	33,3	33,5	33,7	33,9	34,2	34,5	34,8	35,2	35,6	36,0	36,5	37,0
650	35,3	35,5	35,7	35,9	36,2	36,5	36,8	37,1	37,4	37,8	38,2	38,6
700	37,3	37,5	37,7	37,9	38,2	38,4	38,7	38,9	39,2	39,6	39,9	40,2
750	39,2	39,4	39,6	39,8	40,1	40,3	40,5	40,8	41,1	41,3	41,6	41,9
800	41,1	41,3	41,5	41,7	41,9	42,1	42,4	42,6	42,8	43,1	43,4	43,7

7.16.1.1 Dynamische Viskosität (*Fortsetzung*)

T/°C	p/bar											
	425	450	475	500	550	600	650	700	750	800	900	1000
0	1711,0	1707,0	1703,0	1700,0	1693,0	1687,0	1681,0	1676,0	1671,0	1667,0	1656,0	1651,0
5	1468,0	1466,0	1463,0	1461,0	1457,0	1454,0	1450,0	1447,0	1444,0	1442,0	1435,0	1429,0
10	1275,0	1274,0	1272,0	1271,0	1269,0	1267,0	1265,0	1263,0	1261,0	1260,0	1256,0	1252,0
15	1119,0	1118,0	1118,0	1117,0	1116,0	1115,0	1114,0	1113,0	1112,0	1112,0	1110,0	1108,0
20	991,5	991,1	990,8	990,5	990,0	989,7	989,4	989,3	989,3	989,4	989,6	—
25	885,7	885,6	885,6	885,5	885,6	885,7	885,9	886,2	886,6	887,1	889,5	891,1
30	797,0	797,1	797,3	797,4	797,8	798,3	798,9	799,5	800,2	800,9	802,1	803,3
35	721,9	722,2	722,5	722,8	723,5	724,2	725,0	725,8	726,7	727,6	729,2	730,8
40	657,9	658,2	658,6	659,0	659,9	660,8	661,7	662,7	663,7	664,8	666,7	668,6
50	554,8	555,3	555,9	556,4	557,5	558,6	559,7	560,9	562,1	563,3	565,8	568,4
60	476,3	476,9	477,5	478,1	479,3	480,5	481,8	483,0	484,3	485,6	488,1	490,6
70	414,9	415,6	416,2	416,8	418,1	419,4	420,7	422,1	423,4	424,7	427,4	430,0
80	366,0	366,6	367,3	368,0	369,3	370,6	372,0	373,3	374,7	376,0	378,8	381,5
90	326,3	326,9	327,6	328,3	329,6	331,0	332,3	333,6	335,0	336,3	339,0	341,7
100	293,6	294,2	294,9	295,6	296,9	298,2	299,6	300,9	302,2	303,6	305,9	308,6
125	233,1	233,8	234,4	235,1	236,4	237,7	238,9	240,2	241,5	242,8	245,3	247,9
150	192,6	193,2	193,8	194,4	195,6	196,8	198,1	199,3	200,5	201,7	204,2	206,5
175	164,1	164,7	165,3	165,9	167,0	168,2	169,3	170,4	171,6	172,7	175,0	177,3
200	143,4	144,0	144,5	145,1	146,2	147,3	148,4	149,5	150,6	151,6	154,3	156,4
225	127,8	128,4	128,9	129,5	130,6	131,6	132,7	133,7	134,8	135,8	137,9	140,0
250	115,6	116,1	116,7	117,2	118,3	119,4	120,5	121,5	122,5	123,5	125,9	127,9
275	105,5	106,1	106,6	107,2	108,4	109,5	110,5	111,6	112,6	113,6	115,7	117,8
300	96,7	97,3	97,9	98,6	99,8	100,9	102,1	103,2	104,3	105,3	107,6	109,6
325	88,5	89,3	90,0	90,7	92,0	93,3	94,5	95,7	96,9	98,0	100,5	102,9
350	80,5	81,4	82,3	83,1	84,7	86,1	87,5	88,9	90,1	91,4	93,7	95,8
375	72,3	73,5	74,6	75,6	77,4	79,2	80,8	82,3	83,7	85,0	88,2	91,2
400	63,2	65,0	66,5	67,8	70,2	72,3	74,2	75,9	77,5	78,9	82,7	85,0
450	42,1	45,2	48,1	50,7	55,0	58,5	61,3	63,7	65,9	67,8	72,3	74,6
500	36,4	37,7	39,1	40,7	44,0	47,4	50,6	53,4	56,0	58,2	62,8	66,1
550	36,4	37,2	38,0	38,9	40,8	43,0	45,2	47,5	49,7	51,8	55,5	59,3
600	37,5	38,1	38,7	39,3	40,6	42,1	43,7	45,3	46,9	48,6	51,4	55,1
650	39,0	39,4	39,9	40,4	41,4	42,6	43,7	45,0	46,2	47,5	49,8	52,2
700	40,6	41,0	41,4	41,8	42,6	43,6	44,5	45,5	46,5	47,5	49,1	50,8
750	42,3	42,6	42,9	43,3	44,0	44,8	45,6	46,4	47,3	48,1	49,6	51,1
800	43,9	44,2	44,5	44,9	45,5	46,2	46,9	47,6	48,3	49,0	50,4	51,8

7.16.1.1 Dynamische Viskosität (*Fortsetzung*) [39]

T/°C	p/bar						
	1000	1500	2000	2500	3000	3500	4000
0	1640	1650	1650	1670	1760	—	—
10	1290	1310	1330	1350	1440	—	—
20	1030	1050	1090	1130	1180	—	—
30	840	862	892	930	976	—	—
40	689	714	742	775	811	—	—
50	584	603	625	649	675	—	—
100	308	320	333	346	359	372	385
150	205	216	227	238	249	260	—
200	162	175	184	192	199	206	—
250	132	145	155	163	171	178	—
300	113	124	133	141	148	155	—
350	98,6	109	117	124	130	135	—
400	86,7	98,0	105	111	116	121	—
450	76,0	87,0	95,0	100	105	109	—
500	66,9	79,0	86,0	92,0	96,0	100	—
550	60,4	72,5	81,0	87,0	91,0	95,0	—
600	56,1	—	—	—	—	—	—

Die dynamische Viskosität läßt sich durch die Interpolationsgleichung von Alexandrov [40] berechnen. Das spezifische Volumen v ist dabei mit Hilfe der IFC 1968 Formulation for General and Scientific Use [41] zu berechnen.
Die Interpolationsgleichung für η ist für den Zustandsbereich von 0–800 °C und bis 1000 bar abgestimmt. Sie lautet:

$$\eta = \eta_0 \exp\left[v^*/v \sum_{i=0}^{5} \sum_{j=0}^{4} b_{ij}(T^*/T - 1)^i (v^*/v - 1)^j \right],$$

mit

$$\eta_0 = (T/T^*)^{1/2} \left[\sum_{k=0}^{3} a_k (T^*/T)^k \right]^{-1} \cdot 10^{-6} \, \mathrm{Pa\,s}. \qquad (7.16.1)$$

T* und v* sind Konstanten, die angenähert mit den kritischen Werten übereinstimmen.

$$T^* = 647{,}27\,\mathrm{K}; \quad v^* = 3{,}147 \cdot 10^{-3}\,\mathrm{m^3/kg}.$$

Die Koeffizienten a_k und b_{ij} gibt Tabelle 7.16.1.2 wieder.

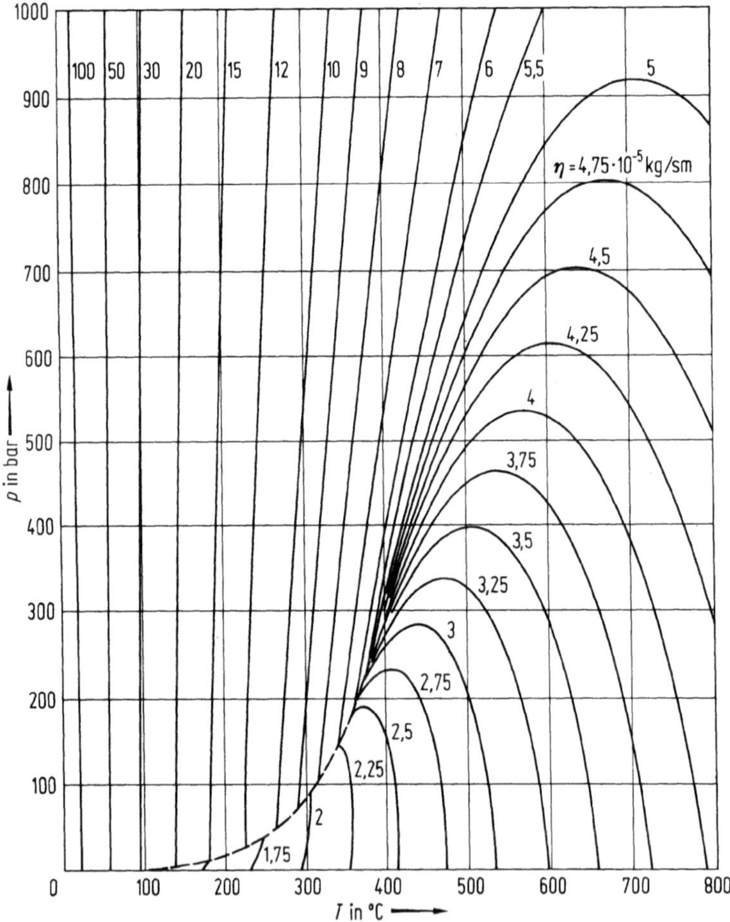

Abb. 7.11. Dynamische Viskosität in der p, T-Ebene [53]

7.16.1.2 Parameter zu Gleichung (7.16.1)

k	0	1	2	3
a_k	0,0181583	0,0177624	0,0105287	−0,0036744

b_{ij}						
i→ ↓j	0	1	2	3	4	5
0	0,501938	0,162888	−0,130356	0,907919	−0,551119	0,146543
1	0,235622	0,789393	0,673665	1,207552	0,0670665	−0,084337
2	−0,274637	−0,743539	−0,959456	−0,687343	−0,497089	0,195286
3	0,145831	0,263129	0,347247	0,213486	0,100754	−0,032932
4	−0,0270448	−0,0253093	−0,0267758	−0,0822904	0,0602253	−0,0202595

Gleichung (7.16.1) kann über den genannten Bereich hinaus bis 10000 bar für Temperaturen unter 100 °C und bis 3500 bar für Temperaturen zwischen 100 und 560 °C angewandt werden.

7.16.2 D_2O Schweres Wasser

7.16.2.1 Dynamische Viskosität η in μPa s [31]

T/°C	p/bar									
	1	1000	1500	2000	2500	3000	3500	4000	5000	6000
−15	—	—	—	3560	3600	3720	3990	—	—	—
−10	—	—	2890	2930	2960	3050	3190	3330	—	—
−5	—	2440	2420	2430	2480	2560	2650	2760	3050	—
±0	—	2070	2070	2080	2140	2220	2280	2380	2620	2910
5	1930	1780	1760	1770	1810	1870	1940	2030	2220	2410
10	1670	1600	1600	1610	1640	1680	1740	1810	1970	2160
15	1440	1380	1390	1410	1460	—	—	—	—	—
25	1100	1080	1090	1120	1160	—	—	—	—	—
40	790	800	810	840	840	—	—	—	—	—
55	600	620	640	670	690	—	—	—	—	—

7.17 Selbstdiffusionskoeffizient

7.17.1 H_2O Wasser

7.17.1.1 Selbstdiffusionskoeffizient D in 10^{-5} cm^2/s [42]

T/°C	p/bar									
	1	100	250	500	750	1000	1250	1500	1750	2000
5	1,23	1,26	1,27	1,29	1,31	1,33	1,34	1,35	1,35	1,34
10	1,48	1,50	1,52	1,55	1,57	1,58	1,58	1,58	1,58	1,57
15	1,73	1,75	1,77	1,80	1,83	1,82	1,82	1,81	1,81	1,80
20	1,99	2,01	2,03	2,06	2,08	2,07	2,07	2,06	2,05	2,04
25	2,26	2,27	2,29	2,32	2,33	2,32	2,32	2,31	2,29	2,28
30	2,54	2,55	2,56	2,59	2,58	2,58	2,57	2,56	2,54	2,53
35	2,83	2,84	2,85	2,86	2,85	2,85	2,84	2,82	2,81	2,79
40	3,14	3,15	3,16	3,15	3,14	3,14	3,12	3,10	3,08	3,05
45	3,47	3,48	3,48	3,46	3,45	3,43	3,42	3,39	3,37	3,33

7.17.2 D_2O Schweres Wasser

7.17.2.1 Selbstdiffusionskoeffizient D in $10^{-5} cm^2/s$ [43]

T/°C	p/bar									
	1	1000	1500	2000	2500	3000	3500	4000	5000	6000
−15	—	—	—	0,60	0,61	0,60	—	—	—	—
−10	—	—	0,70	0,72	0,72	0,71	0,68	0,63	—	—
−5	—	0,81	0,85	0,87	0,87	0,85	0,81	0,77	0,67	—
±0	—	0,98	1,01	1,02	1,01	0,98	0,94	0,90	0,80	0,71
5	1,04	1,16	1,18	1,18	1,16	1,12	1,09	1,04	0,94	0,84
10	1,22	1,33	1,34	1,34	1,31	1,27	1,23	1,18	1,08	0,98
15	1,35	1,50	1,51	1,50	1,49	—	—	—	—	—
25	1,84	1,90	1,91	1,88	1,82	—	—	—	—	—
40	2,63	2,67	2,62	2,61	—	—	—	—	—	—
55	3,54	3,48	3,48	3,41	—	—	—	—	—	—

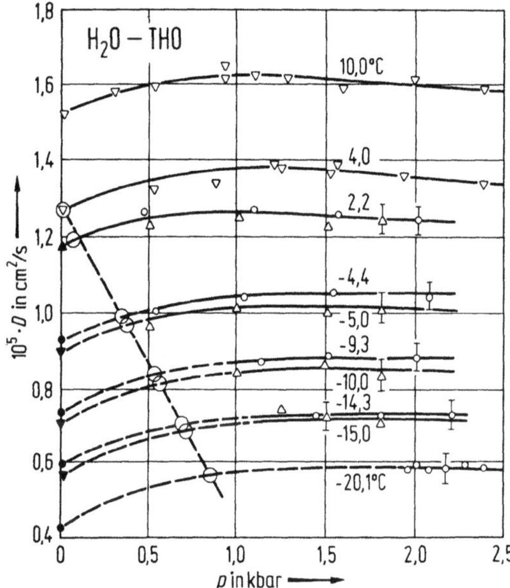

Abb. 7.12. Selbstdiffusionskoeffizient von THO in Wasser als Funktion des Druckes bis 2,5 kbar in der Nähe des Dichtemaximums von H_2O. ▽ [42], [44]; ○, △ [45]; ●, ▼ [46]; s. a. [48]

7.17.2.2 Selbstdiffusionskoeffizient D in $10^{-5} cm^2/s$ in einer Mischung von H_2O und D_2O

T/°C	Konzentration von D_2O in mol %											
	0	5	10	20	30	40	50	60	70	80	90	100
5	1,29	1,27	1,26	1,24	1,21	1,18	1,16	1,13	1,10	1,08	1,05	1,03
25	2,26	2,24	2,23	2,19	2,15	2,11	2,08	2,04	2,00	1,96	1,93	1,89
45	3,52	3,49	3,47	3,42	3,37	3,32	3,27	3,21	3,16	3,11	3,06	3,01

Die Werte sind nach der Spin-Echo-Methode bestimmt worden. [38]

7.18 Proton-Spin-Gitter-Relaxationszeit

7.18.1 H_2O Wasser

7.18.1.1 Proton-Spin-Gitter-Relaxationszeit τ in s [49]

T/°C	p/bar					
	1	1000	2000	3000	4000	5000
−15	—	1,08	1,18	1,14	—	—
−10	—	1,36	1,45	1,40	1,29	—
−5	—	1,61	1,68	1,64	1,55	1,44
0	1,69	1,92	1,96	1,92	1,84	1,74
5	2,00	2,21	2,27	2,22	2,13	2,04
10	2,35	2,52	2,59	2,57	2,48	2,38

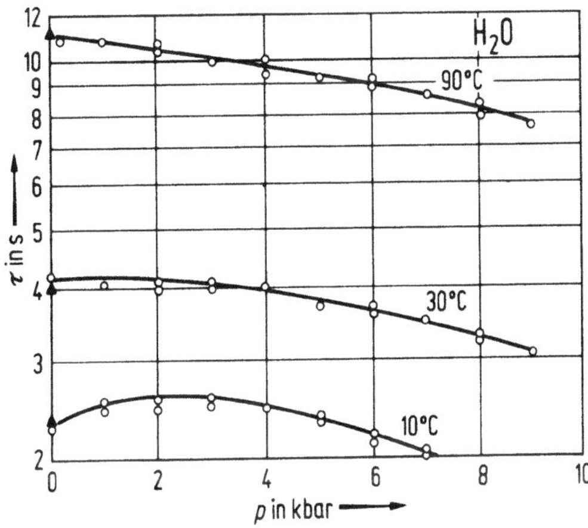

Abb. 7.13. Proton-Spin-Gitter-Relaxationszeit τ in H_2O in Abhängigkeit vom Druck bis 9 kbar bei verschiedenen Temperaturen ○ [50]. ▲ [51]

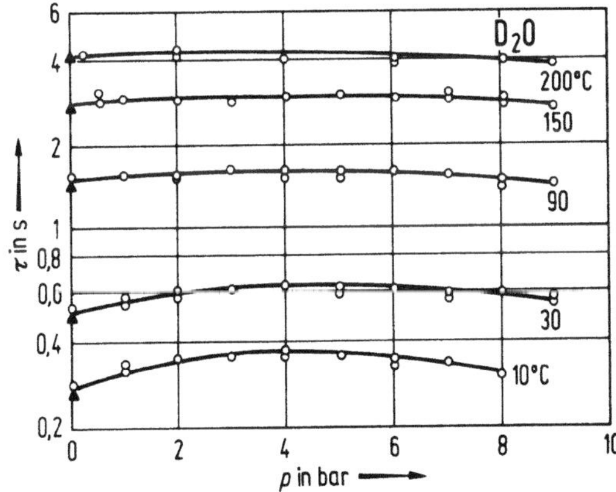

Abb. 7.14. Proton-Spin-Gitter-Relaxationszeit τ in D_2O in Abhängigkeit vom Druck bis 9 kbar bei verschiedenen Temperaturen ○ [50]. ▲ [52]

7.18.2 D_2O Schweres Wasser

7.18.2.1 Proton-Spin-Gitter-Relaxationszeit τ in s [49]

T/°C	p/bar						
	1	1000	2000	3000	4000	5000	6000
0	—	0,229	0,257	0,265	0,263	0,257	0,248
5	0,229	0,273	0,298	0,305	0,303	0,297	0,287
10	0,273	0,320	0,342	0,347	0,344	0,338	0,329

7.19 Prandtl-Zahl

7.19.1 H_2O Wasser

7.19.1.1 Prandtl-Zahl Pr als Funktion von Druck p und Temperatur T [53]

T/°C	p/bar									
	1	10	50	100	150	200	250	300	350	400
0	13,42	13,37	13,16	12,90	12,70	12,51	12,31	12,14	11,97	11,80
25	6,106	6,094	6,053	6,005	5,965	5,918	5,877	5,836	5,803	5,772
50	3,556	3,552	3,540	3,519	3,504	3,488	3,473	3,457	3,442	3,429
75	2,383	2,382	2,376	2,371	2,360	2,352	2,344	2,339	2,331	2,325
100	1,007	1,745	1,742	1,740	1,736	1,734	1,731	1,728	1,725	1,725
150	0,982	1,142	1,140	1,138	1,134	1,133	1,130	1,129	1,128	1,126
200	0,966	1,085	0,902	0,899	0,895	0,894	0,889	0,889	0,886	0,885
250	0,955	1,023	0,827	0,818	0,809	0,807	0,799	0,795	0,789	0,785
300	0,945	0,979	1,220	0,889	0,863	0,840	0,816	0,820	0,790	0,778
350	0,932	0,954	1,100	1,320	1,730	1,210	1,060	0,982	0,929	0,884
400	0,920	0,925	1,020	1,130	1,300	1,610	2,360	3,200	1,790	1,390
450	0,911	0,919	0,974	1,050	1,120	1,210	1,340	1,540	1,720	1,830
500	0,906	0,911	0,945	0,975	1,020	1,060	1,120	1,190	1,270	1,330
550	0,903	0,905	0,920	0,932	0,962	0,983	1,020	1,070	1,110	1,140
600	0,897	0,901	0,902	0,903	0,927	0,948	0,963	0,989	1,020	1,050
650	0,892	0,894	0,894	0,895	0,904	0,911	0,926	0,945	0,959	0,976
700	0,889	0,891	0,892	0,893	0,903	0,910	0,920	0,923	0,941	0,942
750	0,880	0,880	0,881	0,885	0,887	0,890	0,893	0,901	0,913	0,916
800	0,870	0,872	0,873	0,877	0,884	0,889	0,892	0,896	0,900	0,907

7.19.1.1 Prandtl-Zahl (*Fortsetzung*)

T/°C	p/bar									
	450	500	550	600	650	700	750	800	900	1000
0	11,67	11,51	11,37	11,26	11,13	10,97	10,86	10,77	10,53	10,30
25	5,735	5,706	5,668	5,645	5,603	5,585	5,563	5,524	5,482	5,460
50	3,419	3,409	3,405	3,386	3,374	3,369	3,364	3,356	3,344	3,325
75	2,318	2,313	2,310	2,304	2,298	2,291	2,288	2,284	2,283	2,273
100	1,721	1,718	1,715	1,715	1,713	1,712	1,711	1,706	1,703	1,695
150	1,124	1,123	1,123	1,123	1,122	1,121	1,122	1,124	1,124	1,124
200	0,883	0,882	0,880	0,879	0,879	0,878	0,877	0,876	0,875	0,874
250	0,780	0,779	0,776	0,773	0,770	0,769	0,766	0,766	0,762	0,759
300	0,769	0,760	0,750	0,746	0,742	0,735	0,733	0,728	0,719	0,715
350	0,854	0,827	0,802	0,783	0,768	0,755	0,744	0,732	0,720	0,716
400	1,180	1,060	0,989	0,928	0,886	0,857	0,829	0,806	0,770	0,730
450	1,650	1,470	1,300	1,210	1,120	1,040	0,975	0,922	0,869	0,812

7.19.1.1 Prandtl-Zahl (*Fortsetzung*)

T/°C	p/bar									
	450	500	550	600	650	700	750	800	900	1000
500	1,370	1,380	1,330	1,260	1,220	1,150	1,140	1,080	0,964	0,894
550	1,180	1,220	1,210	1,190	1,160	1,120	1,100	1,040	1,000	0,975
600	1,070	1,090	1,110	1,090	1,090	1,080	1,060	1,030	1,010	0,991
650	1,000	1,010	1,020	1,020	1,020	1,000	0,997	0,990	0,964	0,940
700	0,954	0,962	0,957	0,955	0,953	0,934	0,933	0,932	0,923	0,899
750	0,933	0,940	0,944	0,935	0,930	0,930	0,922	0,910	0,898	0,890
800	0,912	0,923	0,924	0,924	0,914	0,911	0,910	0,902	0,878	0,867

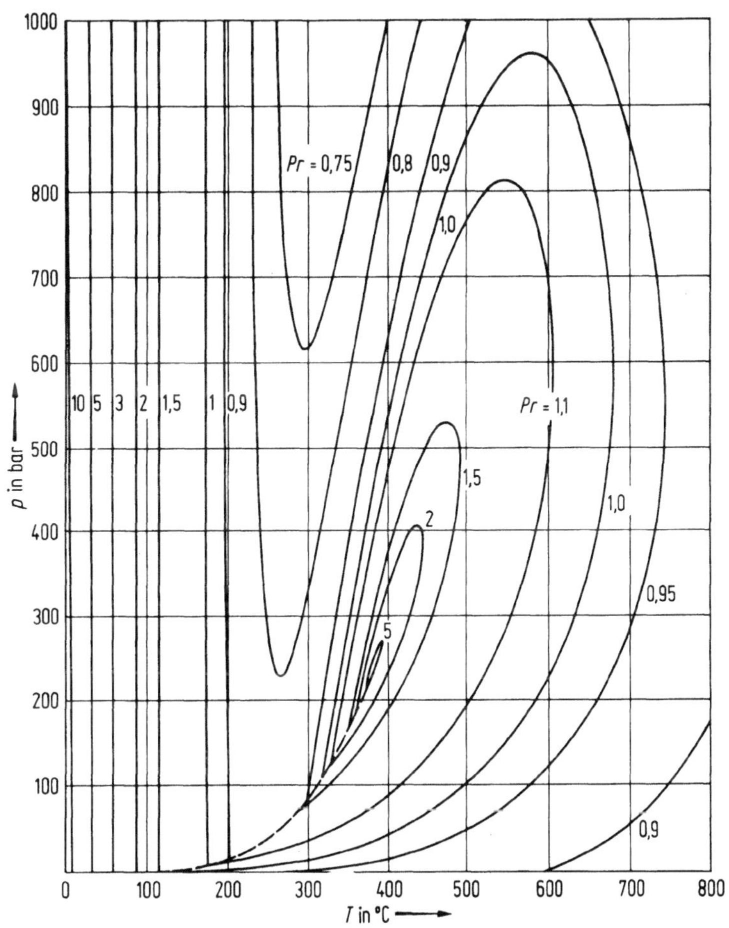

Abb. 7.15. Prandtl-Zahl in der p, T-Ebene [53]

7.20 Oberflächenspannung

7.20.1 H_2O Wasser

7.20.1.1 Rahmentafel der Oberflächenspannung σ [53]

T/°C	$\frac{10^{+3}\cdot\sigma}{(N/m)}$	T/°C	$\frac{10^{+3}\cdot\sigma}{(N/m)}$	T/°C	$\frac{10^{+3}\cdot\sigma}{(N/m)}$	T/°C	$\frac{10^{+3}\cdot\sigma}{(N/m)}$
0,01	75,64	90	60,82	190	39,95	290	16,61
10	74,23	100	58,91	200	37,69	300	14,30
20	72,75	110	56,96	210	35,41	310	12,04
25	71,96	120	54,96	220	33,10	320	9,81
30	71,20	130	52,93	230	30,77	330	7,66
40	69,60	140	50,85	240	28,42	340	5,59
50	67,94	150	48,74	250	26,06	350	3,65
60	66,24	160	46,58	260	23,67	360	1,90
70	64,47	170	44,40	270	21,30	370	0,45
80	62,67	180	42,19	280	18,94	374,15	0,00

Die Rahmentafel der Oberflächenspannung wurde 1975 in Form einer Empfehlung zum internationalen Standard erhoben [54]. Die Gleichung

$$\sigma = B\cdot\left(\frac{T_c - T}{T_c}\right)^{\mu}\cdot\left(1 + b\cdot\left(\frac{T_c - T}{T_c}\right)\right)$$

mit den Konstanten $B = 235{,}8\cdot 10^{-3}$ N/m, $b = -0{,}625$ und $\mu = 1{,}256$ gibt die Oberflächenspannung in N/m vom Tripelpunkt bis zum kritischen Punkt wieder. Die kritische Temperatur ist dabei zu $T_c = 647{,}15$ K einzusetzen. Die Toleranzen der Tafelwerte betragen 0.5% von 0.01 bis 180°C und steigen bis 360°C stetig auf 3% an.

7.20.2 D_2O Schweres Wasser

7.20.2.1 Oberflächenspannung σ gegen Luft in 10^{-3} N/m [35]

T/°C	$\frac{10^{+3}\cdot\sigma}{(N/m)}$
15	73,35
20	72,60
25	71,85
30	71,10
35	70,30

7.21 Laplacekoeffizient

7.21.1 H_2O Wasser

7.21.1.1 Rahmentafel des Laplacekoeffizienten b [53]

T/°C	$10^3 \cdot b/m$	T/°C	$10^3 \cdot b/m$	T/°C	$10^3 \cdot b/m$	T/°C	$10^3 \cdot b/m$
0,01	2,778	90	2,535	190	2,164	290	1,566
10	2,752	100	2,505	200	2,118	300	1,482
20	2,726	110	2,473	210	2,068	310	1,392
25	2,713	120	2,439	220	2,017	320	1,292
30	2,700	130	2,405	230	1,963	330	1,181
40	2,675	140	2,369	240	1,906	340	1,053
50	2,648	150	2,332	250	1,846	350	0,900
60	2,621	160	2,292	260	1,782	360	0,705
70	2,594	170	2,252	270	1,715	370	0,399
80	2,565	180	2,209	280	1,643	374,15	0,000

Der Laplacekoeffizient b ist durch die Gleichung

$$b = \sqrt{\frac{\sigma}{g \cdot (\varrho' - \varrho'')}}$$

mit g als örtlicher Schwerebeschleunigung, σ als Oberflächenspannung und ρ' und ρ'' als Sättigungsdichten von Flüssigkeit und Dampf definiert.
Die Näherungsgleichung

$$b = \left\{ C \cdot \left(\frac{T_c - T}{T_c} \right)^{\zeta} \cdot \left(1 + c \cdot \left(\frac{T_c - T}{T_c} \right) \right) \right\}^{0,5}$$

mit den Konstanten $C = 1{,}66 \cdot 10^{-5}\,m^2$, $c = -0{,}4083$, $\zeta = 0{,}91$ und $T_c = 647{,}16\,K$ gibt den Laplacekoeffizienten mit einer Genauigkeit höher als 0,5% wieder [53].

7.22 Flüssigkeit und Dampf im Sättigungszustand

7.22.1 H_2O Wasser

7.22.1.1 Temperaturtafel des Sättigungszustandes [27]

T/°C	p/bar	ρ' in kg/m³	ρ''	h' in J/g	h''	s' in J/(g·K)	s''	C_p' in J/(g·K)	C_p''
0,0	0,0061	999,8	0,0048	0,000	2501,0	0,000	9,157	4,22	1,86
2,0	0,0071	999,9	0,0056	8,387	2504,7	0,031	9,103	4,21	1,86
4,0	0,0081	1000,0	0,0064	16,803	2508,3	0,061	9,051	4,21	1,87
6,0	0,0093	1000,0	0,0073	25,208	2512,0	0,091	9,000	4,20	1,87
8,0	0,0107	999,9	0,0083	33,605	2515,7	0,121	8,950	4,20	1,87
10,0	0,0123	999,7	0,0094	41,994	2519,4	0,151	8,901	4,19	1,87
20,0	0,0234	998,3	0,0173	83,862	2537,7	0,296	8,667	4,18	1,87
30,0	0,0424	995,7	0,0304	125,66	2555,9	0,437	8,454	4,18	1,88
40,0	0,0737	992,2	0,0512	167,45	2574,0	0,572	8,258	4,18	1,89
50,0	0,1233	988,0	0,0830	209,26	2591,8	0,704	8,077	4,18	1,91
60,0	0,1992	983,1	0,1302	251,09	2609,5	0,831	7,911	4,18	1,92
70,0	0,3116	977,7	0,1981	292,97	2626,8	0,955	7,756	4,19	1,94
80,0	0,4736	971,6	0,2932	334,92	2643,7	1,075	7,614	4,20	1,97
90,0	0,7011	965,1	0,4233	376,94	2660,3	1,193	7,481	4,20	2,00
100,0	1,0132	958,1	0,5974	419,06	2676,3	1,307	7,356	4,22	2,03
110,0	1,4326	950,7	0,8260	461,32	2691,8	1,418	7,240	4,23	2,08
120,0	1,9854	942,8	1,1210	503,72	2706,6	1,528	7,131	4,24	2,12
130,0	2,7012	934,6	1,4959	546,31	2720,7	1,634	7,028	4,26	2,18
140,0	3,6136	925,9	1,9656	589,10	2734,0	1,739	6,931	4,29	2,25
150,0	4,7597	916,8	2,5470	632,15	2746,3	1,842	6,838	4,31	2,32
160,0	6,1804	907,3	3,2590	675,47	2757,7	1,942	6,750	4,34	2,41
170,0	7,9202	897,3	4,1221	719,12	2768,0	2,042	6,665	4,37	2,50
180,0	10,027	886,9	5,1598	763,12	2777,1	2,139	6,584	4,41	2,62
190,0	12,552	876,0	6,3979	807,52	2784,9	2,236	6,505	4,45	2,74
200,0	15,551	864,7	7,8655	852,37	2791,4	2,331	6,429	4,50	2,88
210,0	19,080	852,8	9,5956	897,73	2796,4	2,425	6,355	4,55	3,04
220,0	23,201	840,4	11,626	943,67	2799,9	2,518	6,282	4,61	3,22
230,0	27,979	827,3	13,999	990,27	2801,7	2,610	6,210	4,69	3,43
240,0	33,480	813,6	16,767	1037,6	2801,6	2,702	6,140	4,77	3,66
250,0	39,776	799,2	19,990	1085,8	2799,5	2,793	6,069	4,87	3,92
260,0	46,940	783,9	23,742	1134,9	2795,2	2,885	5,999	4,99	4,22
270,0	55,051	767,8	28,112	1185,2	2788,3	2,976	5,928	5,13	4,57
280,0	64,191	750,5	33,215	1236,8	2778,6	3,068	5,856	5,30	5,00
290,0	74,448	732,1	39,198	1290,0	2765,5	3,161	5,781	5,51	5,51
300,0	85,917	712,2	46,255	1345,1	2748,5	3,255	5,704	5,77	6,14
310,0	98,697	690,6	54,648	1402,4	2726,9	3,351	5,623	6,12	6,96
320,0	112,90	666,9	64,754	1462,6	2699,7	3,450	5,536	6,59	8,05
330,0	128,65	640,4	77,144	1526,5	2665,6	3,553	5,441	7,25	9,59
340,0	146,08	610,2	92,755	1595,5	2622,3	3,662	5,336	8,27	11,9
350,0	165,37	574,5	113,35	1672,9	2566,1	3,782	5,215	10,1	16,0
360,0	186,74	528,3	143,47	1763,1	2485,7	3,919	5,060	15,0	26,8
370,0	210,53	448,3	201,69	1896,2	2335,7	4,120	4,803	53,9	113,0
371,0	213,06	435,2	212,29	1916,5	2310,7	4,150	4,762	72,5	151,0
372,0	215,62	418,0	225,66	1942,0	2280,0	4,189	4,713	126,0	228,0
373,0	218,21	396,1	244,51	1974,5	2238,3	4,238	4,647	240,0	457,0
374,15	221,20	313,4	313,40	2102,9	2102,9	4,436	4,436	∞	∞

gesättigtes Wasser (Größe)′
gesättigter Dampf (Größe)″

7.22.1.1 Temperaturtafel (*Fortsetzung*) [27]

T/°C	p/bar	$\bar{\lambda}'$	$\bar{\lambda}''$	a'	a''	η'	η''	$10^3 \cdot \sigma$	b
		in mW/(K·m)		in m²/s		in μPa s		in N/m	in mm
0,0	0,0061	561,9	16,49	0,1333	1826	1792	9,22	75,7	2,77
2,0	0,0071	566,2	16,63	0,1345	1605	1675	9,26	75,4	2,77
4,0	0,0081	570,3	16,78	0,1356	1415	1569	9,31	75,1	2,77
6,0	0,0093	574,3	16,92	0,1367	1249	1473	9,36	74,8	2,76
8,0	0,0107	578,2	17,07	0,1378	1106	1387	9,41	74,5	2,76
10,0	0,0123	582,0	17,21	0,1388	980,5	1308	9,46	74,2	2,75
20,0	0,0234	599,6	17,95	0,1436	553,8	1003	9,73	72,7	2,73
30,0	0,0424	615,0	18,70	0,1478	327,1	797,7	10,0	71,2	2,70
40,0	0,0737	628,6	19,48	0,1516	201,1	653,1	10,3	69,6	2,68
50,0	0,1233	640,5	20,28	0,1550	128,1	547,1	10,6	67,9	2,65
60,0	0,1992	650,7	21,10	0,1582	84,24	466,8	10,9	66,2	2,63
70,0	0,3116	659,4	21,96	0,1610	57,01	404,4	11,3	64,5	2,60
80,0	0,4736	666,8	22,86	0,1635	39,58	355,0	11,6	62,7	2,57
90,0	0,7011	672,7	23,80	0,1658	28,13	315,0	11,9	60,8	2,54
100,0	1,0132	677,5	24,79	0,1677	20,40	282,2	12,3	58,9	2,51
110,0	1,4326	680,9	25,84	0,1694	15,07	254,9	12,6	57,0	2,47
120,0	1,9854	683,3	26,96	0,1707	11,32	232,1	13,0	55,0	2,44
130,0	2,7012	684,4	28,15	0,1718	8,632	212,7	13,3	52,9	2,40
140,0	3,6136	684,5	29,42	0,1725	6,666	196,1	13,7	50,9	2,37
150,0	4,7597	683,6	30,77	0,1730	5,207	181,9	14,0	48,7	2,33
160,0	6,1804	681,5	32,22	0,1732	4,109	169,5	14,4	46,6	2,29
170,0	7,9202	678,5	33,77	0,1730	3,271	158,8	14,7	44,4	2,25
180,0	10,027	674,5	35,42	0,1725	2,625	149,3	15,1	42,2	2,21
190,0	12,552	669,4	37,20	0,1717	2,121	141,0	15,4	40,0	2,16
200,0	15,551	663,4	39,10	0,1706	1,724	133,6	15,8	37,7	2,11
210,0	19,080	656,3	41,15	0,1691	1,409	126,9	16,1	35,4	2,07
220,0	23,201	648,3	43,35	0,1672	1,157	121,0	16,5	33,1	2,01
230,0	27,979	639,3	45,74	0,1649	0,954	115,5	16,9	30,7	1,96
240,0	33,480	629,2	48,34	0,1621	0,789	110,5	17,2	28,4	1,90
250,0	39,776	618,1	51,19	0,1589	0,654	105,8	17,6	26,1	1,84
260,0	46,940	605,9	54,34	0,1550	0,542	101,5	18,0	23,7	1,78
270,0	55,051	592,6	57,85	0,1506	0,450	97,4	18,4	21,3	1,71
280,0	64,191	578,0	61,84	0,1454	0,373	93,4	18,8	19,0	1,64
290,0	74,448	562,2	66,44	0,1395	0,308	89,6	19,3	16,7	1,57
300,0	85,917	545,0	71,84	0,1326	0,253	85,8	19,7	14,4	1,48
310,0	98,697	526,4	78,36	0,1246	0,206	82,1	20,3	12,1	1,39
320,0	112,90	506,3	86,50	0,1153	0,166	78,3	20,9	9,90	1,29
330,0	128,65	484,5	97,09	0,1044	0,131	74,4	21,6	7,70	1,18
340,0	146,08	461,1	111,8	0,0914	0,101	70,2	22,5	5,60	1,05
350,0	165,37	436,3	134,2	0,0754	0,074	65,7	23,7	3,70	0,90
360,0	186,74	412,1	175,8	0,0521	0,046	60,2	25,5	1,90	0,71
370,0	210,53	420,1	308,0	0,0174	0,014	51,4	29,4	0,40	0,40
371,0	213,06	435,1	344,1	0,0138	0,011	50,1	30,1	0,30	0,35
372,0	215,62	466,6	397,3	0,0089	0,008	48,3	31,1	0,20	0,29
373,0	218,21	533,6	488,8	0,0056	0,004	46,1	32,5	0,10	0,22
374,15	221,20	829,6	829,6	0,0000	0,000	38,2	38,2	0,00	0,00

7.22.1.2 Drucktafel des Sättigungszustandes [27]

p/bar	T/°C	v'	v''	h'	h''	s'	s''
		in cm³/g		in J/g		in J/(g·K)	
0,01	6,98	1,0001	129208	29,3	2514	0,106	8,976
0,05	32,90	1,0052	28196	137,8	2561	0,476	8,395
0,1	45,83	1,0102	14676	191,8	2584	0,649	8,151
0,5	81,35	1,0301	3241,5	340,6	2646	1,091	7,595
1,0	99,63	1,0434	1694,6	417,5	2676	1,303	7,361

7.22.1.2 Drucktafel des Sättigungszustandes [27] (*Fortsetzung*)

p/bar	T/°C	v′	v″	h′	h″	s′	s″
		in cm^3/g		in J/g		in J/(g·K)	
5,0	151,85	1,0928	374,81	640,1	2748	1,860	6,821
10	179,88	1,1274	194,31	762,6	2777	2,138	6,585
20	212,37	1,1766	99,526	908,6	2797	2,447	6,337
30	233,84	1,2163	66,616	1008	2802	2,645	6,183
40	250,33	1,2521	49,736	1087	2799	2,797	6,067
50	263,92	1,2858	39,410	1154	2793	2,921	5,971
60	275,56	1,3187	32,415	1214	2783	3,027	5,888
70	285,80	1,3514	27,346	1267	2771	3,122	5,813
80	294,98	1,3843	23,495	1317	2758	3,208	5,743
90	303,31	1,4179	20,462	1364	2742	3,287	5,677
100	310,96	1,4526	18,005	1403	2725	3,361	5,615
110	318,04	1,4887	15,970	1451	2706	3,430	5,553
120	324,64	1,5267	14,251	1492	2685	3,497	5,493
130	330,81	1,5671	12,775	1532	2662	3,561	5,433
140	336,63	1,6105	11,488	1572	2638	3,624	5,373
150	342,12	1,6581	10,351	1612	2612	3,688	5,312
160	347,32	1,7101	9,3305	1652	2583	3,749	5,250
170	352,26	1,7690	8,4011	1692	2551	3,810	5,184
180	356,96	1,8380	7,5346	1733	2514	3,874	5,113
190	361,44	1,9231	6,6996	1778	2470	3,942	5,032
200	365,71	2,0376	5,8726	1829	2414	4,018	4,934
210	369,79	2,2179	5,0076	1892	2340	4,114	4,811
221,2	374,15	3,1700	3,1700	2103	2103	4,436	4,436

7.22.1.2 Drucktafel [27] (*Fortsetzung*)

p/bar	T/°C	C_p'	C_p''	$\bar{\lambda}'$	$\bar{\lambda}''$	η'	η''
		in J/(g·K)		in mW/(K·m)		in μPa s	
0,01	6,98	4,198	1,867	582,2	17,21	1307	9,46
0,05	32,90	4,178	1,886	622,9	19,08	719,6	10,16
0,1	45,83	4,180	1,901	642,6	20,26	547,8	10,62
0,5	81,35	4,198	1,973	679,5	23,65	318,2	11,95
1,0	99,63	4,215	2,033	677,8	24,78	282,3	12,28
5,0	151,85	4,315	2,335	703,6	32,47	163,2	15,03
10	179,88	4,407	2,614	689,5	36,31	141,3	15,92
20	212,37	4,565	3,084	662,4	41,82	122,8	16,77
30	233,84	4,717	3,510	644,1	46,64	111,6	17,72
40	250,33	4,872	3,927	629,1	50,98	104,1	18,74
50	263,92	5,038	4,352	605,6	55,14	99,33	18,66
60	275,56	5,216	4,799	593,8	58,94	94,68	19,78
70	285,80	5,413	5,279	574,0	63,35	91,02	19,75
80	294,98	5,631	5,806	555,4	68,46	87,67	19,73
90	303,31	5,878	6,392	545,1	71,86	84,75	20,99
100	310,96	6,158	7,053	528,0	77,35	81,87	21,04
110	318,04	6,482	7,811	511,8	83,67	79,13	21,12
120	324,64	6,862	8,695	496,4	89,68	76,49	21,23
130	330,81	7,314	9,742	485,3	95,32	74,52	22,69
140	336,63	7,867	11,01	470,3	104,0	72,03	22,91
150	342,12	8,497	12,58	456,0	114,3	69,53	23,17
160	347,32	9,427	14,59	442,9	123,6	67,04	23,51
170	352,26	10,75	17,36	426,1	135,2	65,33	25,31
180	356,96	12,81	21,70	410,6	151,1	62,73	25,89
190	361,44	16,45	30,54	394,9	177,0	59,82	26,66
200	365,71	24,53	51,60	380,3	220,9	56,42	27,77
210	369,79	51,29	107,2	385,5	301,5	51,96	29,52
221,2	374,15	∞	∞	∞	∞	38,20	38,20

7.23 Joule–Thomson-Koeffizient

7.23.1 H_2O Wasser

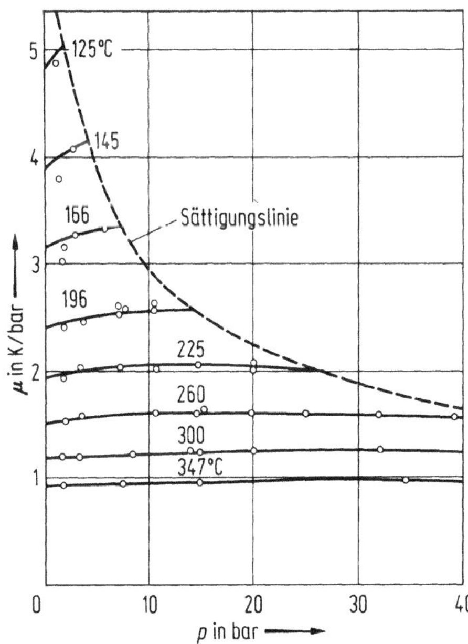

Abb. 7.16. Joule–Thomson-Koeffizient μ (Isothermen) [35]

7.24 Schallgeschwindigkeit

7.24.1 H_2O Wasser

7.24.1.1 Schallgeschwindigkeit v_s in m/s bei 750 kHz [35]

T/°C	v_s/(m/s)	T/°C	v_s/(m/s)	T/°C	v_s/(m/s)
0	1402,74	35	1520,09	70	1555,12
5	1426,50	40	1529,18	75	1555,44
10	1447,59	45	1536,70	80	1554,81
15	1466,25	50	1542,87	85	1553,23
20	1482,66	55	1547,67	90	1550,79
25	1497,00	60	1551,30	95	1547,49
30	1509,47	65	1553,73	100	1543,41

7.25 Elektrische Leitfähigkeit

7.25.1 H_2O Wasser

7.25.1.1 Elektrische Leitfähigkeit $\varkappa$ in 10^{-8} $(\Omega\,cm)^{-1}$ [35]

T/°C	−2	0	1	5	10	15	20	25	30	35	40	45	50
$\frac{10^8 \cdot \varkappa}{\Omega^{-1}\,cm^{-1}}$	1,46	1,62	1,72	2,16	2,88	3,79	4,93	6,33	8,03	10,1	12,5	15,5	18,9

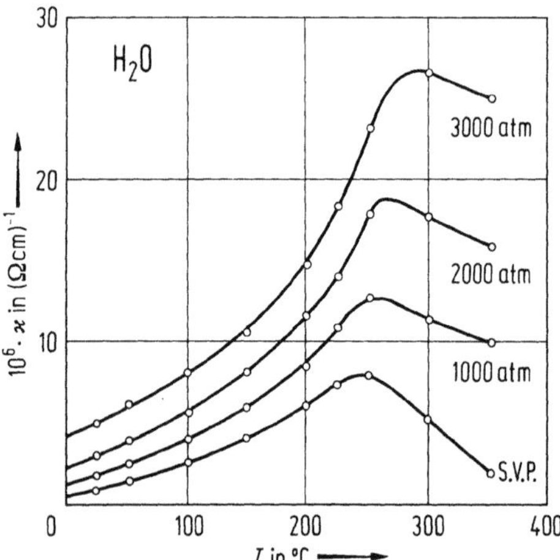

Abb. 7.17. Elektrische Leitfähigkeit von Wasser bei erhöhten Temperaturen und Drücken bis 3000 atm [55]. Meßwerte von [56], [57], [58] S.V.P unter dem eigenen Dampfdruck s. a. [59]

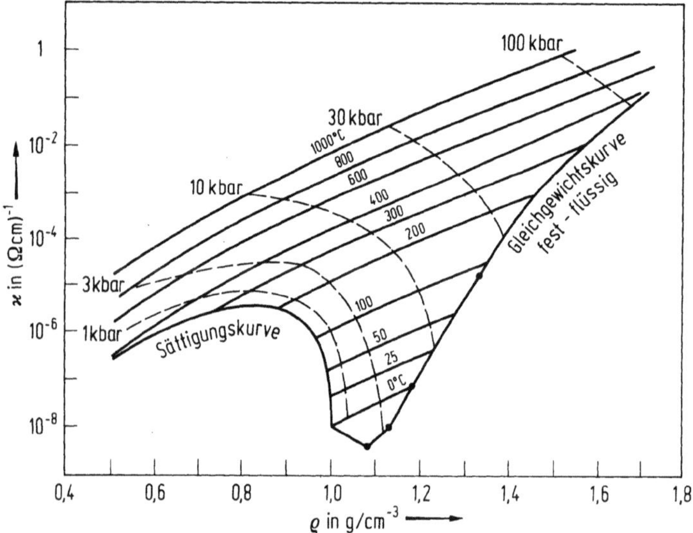

Abb. 7.18. Elektrische Leitfähigkeit von Wasser als Funktion der Dichte bei verschiedenen Temperaturen und Drücken [60]

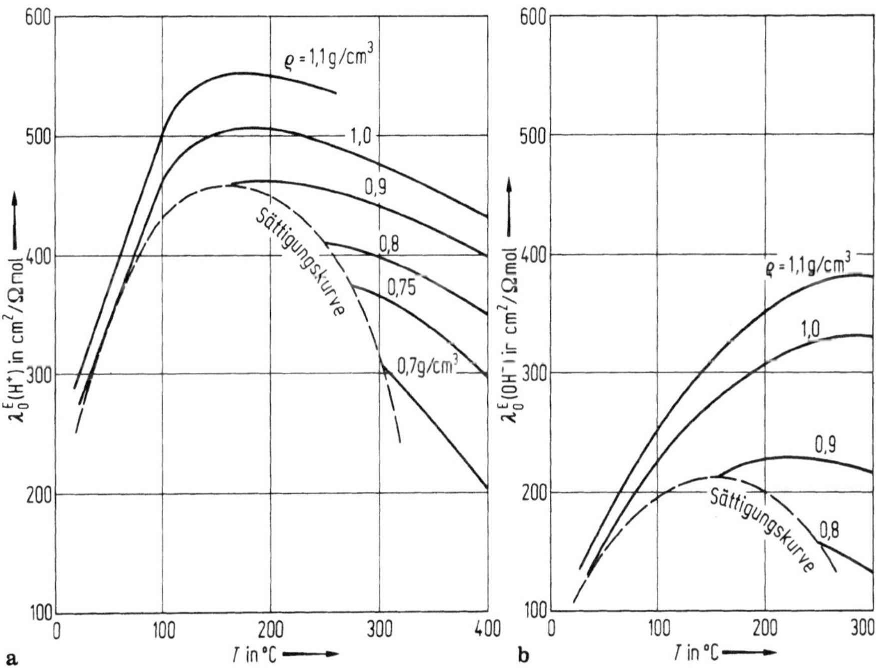

Abb. 7.19. Excess Leitfähigkeit eines (a) Protons und (b) Hydroxylions als Funktion der Temperatur und der Dichte [39]

7.26 Ionenprodukt K_W

7.26.1 H_2O Wasser

7.26.1.1 Ionisationskonstante pK_W als Funktion der Temperatur [35]

T/°C	pK_W	T/°C	pK_W	T/°C	pK_W
0	14,944	25	13,997	50	13,262
5	14,734	30	13,833	55	13,137
10	14,535	35	13,680	60	13,017
15	14,346	40	13,535		
20	14,167	45	13,396		

7.26.1.2 Ionisationskonstante pK_W als Funktion der Temperatur und des Druckes [61]

T/°C	p/kbar								
	0,001	0,25	0,50	0,75	1,00	1,50	2,00	50,0	80,0
25	14,0	13,9	13,8	13,7	13,7	13,5	13,4	—	—
100	12,3	—	—	—	—	—	—	—	—
500	—	—	—	—	—	—	—	3,4	2,2
750	—	—	—	—	—	—	—	2,9	1,7
1000	—	—	—	—	—	—	—	2,5	1,3

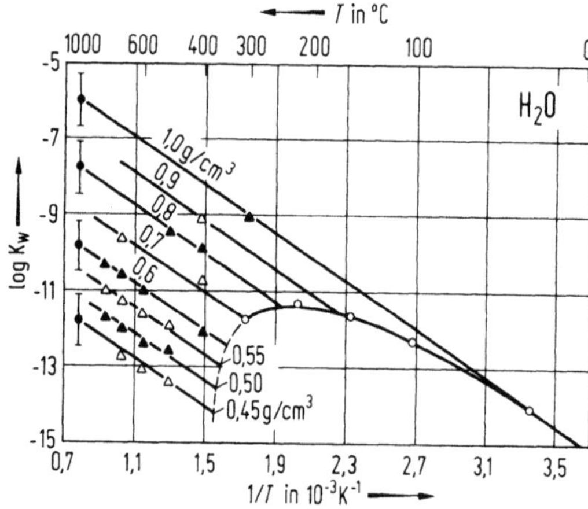

Abb. 7.20. log K_W für das Ionenprodukt von Wasser als Funktion der Temperatur 1/T bei Wasserdichten von 0,45 ··· 1,0 g/cm³ [62]. ● Werte aus Holzapfel's Gleichung [60]:

$$\log K_W(T) = -33{,}05 - \frac{3050}{T} \div 16{,}8 \log C_{H_2O}$$

C = Molkonzentration des Wassers
K_W = Ionenprodukt
△, ▲ [62]; ○ [63]

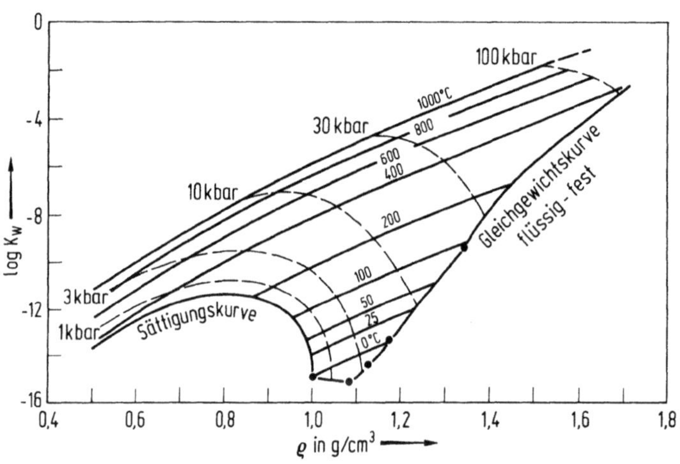

Abb. 7.21. Logarithmus des Ionenprodukts K_W als Funktion der Dichte bei verschiedenen Temperaturen [60]

7.26.2 D_2O Schweres Wasser

7.26.2.1 Ionisationskonstante pK_W [61]

T/°C	10	20	25	30	40	50
pK_W	15,439	15,049	14,869	14,699	14,385	14,103

7.27 Dielektrizitätskonstante

7.27.1 H_2O Wasser

7.27.1.1 Statische Dielektrizitätskonstante ε bei Normaldruck [35]

T/°C	ε	T/°C	ε	T/°C	ε
0	87,74	35	74,83	70	63,86
5	85,76	40	73,15	75	62,42
10	83,83	45	71,51	80	61,02
15	81,95	50	69,92	85	59,66
20	80,10	55	68,35	90	58,31
25	78,30	60	66,82	95	57,01
30	76,54	65	65,32	100	55,72

7.27.1.2 Statische Dielektrizitätskonstante ε beim Sättigungsdruck [35]

T/°C	p/bar	ε	T/°C	p/bar	ε	T/°C	p/bar	ε
100	1,013	55,39	200	15,55	34,59	300	85,92	19,66
110	1,433	52,89	210	19,08	32,93	310	98,70	18,27
120	1,985	50,48	220	23,20	31,32	320	112,9	16,88
130	2,701	48,19	230	27,98	29,75	330	128,7	15,51
140	3,614	46,00	240	33,48	28,24	340	146,1	14,10
150	4,760	43,89	250	39,78	26,75	350	165,4	12,61
160	6,180	41,87	260	46,94	25,29	360	186,7	11,22
170	7,920	39,96	270	55,05	23,86	370	210,5	9,74
180	10,04	38,10	280	64,19	22,45	372	215,6	9,44
190	12,55	36,32	290	74,45	21,05	374,15	221,2	9,11

7.27.1.3 Statische Dielektrizitätskonstante ε als Funktion von T und p [39]

p/kbar	T/°C								
	100	200	250	300	350	400	450	500	550
0,1	55,7	34,8	27,1	20,2	—	—	—	—	—
0,25	56,2	35,4	28,1	21,5	14,8	2,7	1,9	1,7	1,5
0,5	57,0	36,4	29,4	23,0	17,7	12,5	6,5	3,7	2,7
0,75	57,8	37,3	30,5	24,2	19,3	14,9	10,2	7,0	4,9
1,0	58,4	38,0	31,4	25,3	20,5	16,5	12,5	9,3	7,0
1,5	59,6	39,5	32,8	27,0	22,4	18,7	15,0	12,0	9,9
2,0	60,8	40,8	34,1	28,4	23,8	20,0	16,6	13,0	11,6
2,5	61,9	41,9	35,1	29,5	24,9	21,1	17,7	15,1	12,9
3,0	62,9	42,8	36,0	30,5	25,9	22,1	18,7	16,1	13,9
3,5	63,8	43,7	36,8	31,3	26,7	22,9	19,5	17,0	14,8
4,0	64,7	44,5	37,5	32,0	27,4	23,5	20,3	17,7	15,5
4,5	65,5	45,2	38,2	32,7	28,0	24,1	20,9	18,3	16,1
5,0	66,3	45,8	38,7	33,2	28,5	24,6	21,5	18,8	16,6

7.27.1.4 Druckkoeffizient $(d\ln\varepsilon/dp)_T$ in 10^{-6}/bar [64]

T/°C	p/bar						
	1	500	1000	1500	2000	2500	3000
10	46,4	42,3	39,0	36,2	33,8	31,8	30,0
25	47,1	43,4	40,4	37,8	35,5	33,6	31,9
40	49,7	44,7	40,8	37,6	34,9	32,6	30,7

Näherungsgleichung [65]: $\varepsilon - 0{,}5(1+\varepsilon^{-1}) = V_m^{-1}\left[17{,}0 + \frac{9{,}32\cdot 10^4\left(1+\frac{153}{V_m\cdot T^{1/4}}\right)}{\left(1-\frac{3{,}0}{V_m}\right)^2 T}\right]$

T in K; V_m = Molvolumen in cm^3/mol

7.27.1.5 Frequenzabhängigkeit von ε bei verschiedenen Temperaturen [39]

ν/GHz	T/°C							
	0		10		20		30	
	ε′	ε″	ε′	ε″	ε′	ε″	ε′	ε″
0,577	88,1	5,9	84,0	3,9	80,3	2,8	76,6	2,1
1,744	85,3	16,5	82,4	11,0	79,2	7,9	76,1	5,9
3,000	80,2	24,0	79,4	17,5	77,7	13,0	75,3	9,9
4,630	71,4	33,4	74,3	25,2	74,0	18,8	73,1	14,6
9,346	44,8	41,6	53,9	37,6	61,4	31,8	63,3	25,5
23,62	16,2	28,3	22,3	32,3	30,9	35,8	38,4	36,1
34,88	11,2	21,7	14,3	26,5	19,2	30,3	24,6	32,8
890,0	—	—	—	—	4,3	2,3	4,3	2,8

ε′ bezeichnet den Real- und ε″ den Imaginärteil der Dielektrizitätskonstanten

7.27.1.5 Frequenzabhängigkeit (*Fortsetzung*) [39]

ν/GHz	T/°C							
	40		50		60		70	
	ε′	ε″	ε′	ε″	ε′	ε″	ε′	ε″
0,577	73,3	1,6	69,9	1,3	66,8	1,0	—	—
1,744	72,9	4,4	69,7	3,6	66,7	2,9	—	—
3,000	72,6	7,5	68,4	5,8	65,4	4,6	60,5	3,3
4,630	70,7	12,0	68,5	9,4	66,3	7,4	—	—
9,346	65,6	21,2	65,3	17,1	63,1	13,8	60,7	10,5
23,62	43,2	33,6	48,3	30,6	49,8	27,3	51,7	22,3
34,88	30,4	33,7	35,4	33,1	39,7	31,6	—	—
890,0	4,3	3,2	4,3	3,5	4,4	3,8	4,6	4,3

7.27.2 D_2O Schweres Wasser

7.27.2.1 Statische Dielektrizitätskonstante ε bei Normaldruck

T/°C	5	10	20	30	40	50	60	70	80
ε	85,8	83,8	80,1	76,5	73,1	69,8	66,7	63,7	60,9

7.27.2.2 Druckkoeffizient $(\mathrm{dln}\varepsilon/\mathrm{dp})_T$ der Dielektrizitätskonstanten ε in 10^{-6}/bar (61)

T/°C	p/bar						
	1	500	1000	1500	2000	2500	3000
10	46,8	43,0	39,9	37,2	34,9	33,0	31,2
25	47,7	43,4	39,9	37,0	34,5	32,4	30,6
40	47,4	43,2	39,8	37,0	34,6	32,5	30,7

7.28 Brechungsindex

7.28.1 H_2O Wasser

7.28.1.1 Brechungsindex n_λ gegen gleichtemperierte Luft bei Normaldruck [66]

λ/nm	T/°C								
	15	20	25	30	35	40	45	50	55
589,3	1,33334	1,33296	1,33252	1,33195	1,33131	1,33058	1,32988	1,32909	1,32815
579,1	1,33367	1,33329	1,33284	1,33229	1,33164	1,33090	1,33021	1,32942	1,32847
546,1	1,33484	1,33445	1,33396	1,33340	1,33273	1,33199	1,33123	1,33041	1,32950
491,6	—	1,33682	1,33648	1,33605	1,33546	1,33461	1,33374	1,33278	1,33158
435,8	1,34055	1,34014	1,33966	1,33907	1,33837	1,33757	1,33674	1,33588	1,33466
407,8	1,34252	1,34216	1,34172	1,34115	1,34050	1,33960	1,33873	1,33776	1,33649
404,7	1,34303	1,34269	1,34223	1,34166	1,34099	1,34017	1,33936	1,33847	1,33708
390,6	1,34421	1,34380	1,34327	1,34264	1,34190	1,34091	1,33995	—	—
366,3	1,34731	1,34677	1,34616	1,34543	1,34461	1,34379	1,34294	1,34207	1,34061
365,5	—	1,34697	1,34643	1,34583	1,34510	1,34419	1,34327	1,34229	—
334,1	1,35207	1,35152	1,35090	1,35015	1,34930	1,34844	1,34755	1,34661	1,34509
313,2	1,35610	1,35559	1,35500	1,35430	1,35350	1,35252	1,35153	1,35048	1,34890
312,6	—	1,35573	—	—	—	—	—	—	—
302,3	1,35865	1,35818	1,35763	1,35696	1,35620	1,35525	1,35429	1,35328	1,35181
296,8	1,36014	1,35957	1,35872	1,35816	1,35731	1,35643	1,35552	1,35456	1,35298
292,5	—	1,36092	1,36029	1,35944	1,35871	1,35783	1,35692	1,35597	1,35441
289,4	1,36218	1,36160	1,36094	1,36017	1,35931	1,35836	1,35739	1,35636	1,35485
285,7	—	1,36257	1,36187	—	—	1,35944	1,35862	1,35778	1,35619
280,4	1,36495	1,36443	1,36383	1,36311	1,36231	1,36138	1,36043	1,35952	1,35791
275,3	—	1,36597	1,36536	1,36463	1,36381	1,36279	1,36176	1,36069	1,35913
269,9	—	1,36817	1,36755	1,36682	1,36601	1,36521	1,36434	1,36345	—
265,5	1,37046	1,36984	1,36914	1,36832	1,36741	1,36643	1,36542	1,36437	1,36285
264,0	—	1,37036	1,36969	—	1,36801	1,36710	1,36616	1,36512	—
259,3	—	1,37213	1,37143	1,37062	1,36973	1,36871	1,36768	1,36654	—
257,6	—	1,37319	1,37261	1,37191	1,37102	1,36999	1,36890	1,36766	—
253,7	1,37552	1,37504	1,37447	1,37378	1,37300	1,37187	1,37072	1,36948	1,36785
248,2	1,37835	1,37795	1,37719	1,37619	1,37529	1,37425	1,37318	1,37205	1,37043
246,4	—	1,37885	—	—	1,37679	1,37568	1,37456	1,37335	1,37173
244,7	1,38018	1,37956	1,37865	1,37803	1,37713	1,37613	1,37513	1,37410	—
240,0	1,38323	1,38268	—	1,38128	1,38044	1,37916	1,37795	1,37639	1,37502
237,8	—	1,38405	—	1,38272	1,38192	1,38084	1,37974	1,37859	—
235,3	—	1,38537	—	1,38384	1,38292	—	—	1,37952	—

7.28.1.1 Brechungsindex (*Fortsetzung*)

λ/nm	T/°C							
	60	65	70	75	80	85	90	95
589,3	1,32721	1,32622	1,32520	1,32413	1,32303	1,32187	—	—
579,1	1,32753	1,32653	1,32550	1,32443	1,32332	1,32217	—	—
546,1	1,32860	1,32765	1,32665	1,32556	1,32442	1,32325	1,32213	1,32089
491,6	1,33043	—	1,32796	1,32674	1,32548	1,32419	—	—
435,8	1,33343	1,33214	1,33081	1,32946	1,32807	1,32663	1,32527	1,32366
407,8	1,33522	1,33390	1,33255	1,33116	1,32973	1,32827	1,32687	1,32533
404,7	1,33578	1,33443	—	1,33164	1,33018	1,32868	—	—
390,6	1,33634	—	1,33365	1,33214	—	—	—	—
366,3	1,33915	1,33761	1,33605	1,33472	1,33332	1,33192	1,33056	1,32907
365,5	1,33944	—	1,33645	1,33504	—	1,33208	—	—
334,1	1,34357	1,34197	1,34035	1,33894	1,33748	1,33599	1,33457	1,33310
313,2	1,34735	1,34571	1,34405	1,34264	1,34117	1,33969	1,33827	1,33670
312,6	—	—	—	1,34305	—	—	—	—

7.28.1.1 Brechungsindex (*Fortsetzung*)

λ/nm	T/°C							
	60	65	70	75	80	85	90	95
302,3	1,35024	1,34866	1,34705	1,34557	1,34403	1,34247	1,34097	1,33933
296,8	1,35139	1,34973	1,34805	1,34647	1,34483	1,34317	1,34152	1,33983
292,5	1,35285	1,35122	1,34958	1,34800	1,34639	1,34475	—	—
289,4	1,35331	1,35172	1,35011	1,34855	1,34695	1,34533	1,34377	1,34207
285,7	1,35459	1,35293	—	—	—	1,34622	1,34457	—
280,4	1,35637	1,35478	1,35315	1,35146	1,34973	1,34797	1,34625	1,34444
275,3	1,35756	1,35594	1,35429	1,35259	1,35086	1,34908	1,34737	1,34553
269,9	1,36015	1,35842	1,35668	1,35501	1,35330	1,35155	—	—
265,5	1,36131	1,35972	1,35810	1,35634	1,35455	1,35271	—	—
264,0	—	1,36033	1,35865	—	—	—	—	—
259,3	—	1,36172	—	—	—	—	—	—
257,6	—	1,36299	1,36135	—	—	—	—	—
253,7	1,36622	1,36454	1,36282	1,36114	1,35941	1,35766	1,35597	1,35414
248,2	1,36879	1,36711	1,36539	1,36367	1,36190	1,36010	1,35838	1,35650
246,4	1,37010	1,36843	1,36671	1,36491	1,36306	1,36118	1,35937	—
244,7	1,37073	1,36900	1,36722	1,36539	1,36352	1,36161	1,35977	1,35780
240,0	—	1,37182	1,37015	—	1,36614	1,36406	—	—
237,8	1,37522	1,37348	—	1,36984	—	—	1,36418	—
235,3	1,37616	—	—	—	—	—	—	—

7.28.1.2 Brechungsindex im nahen Infrarot bei 20°C gegen Luft [61]

λ/μm	0,589	0,768	0,871	0,943	1,028	1,256	1,500	2,000
n_λ	1,333	1,329	1,327	1,326	1,325	1,321	1,316	1,300

7.28.1.3 Brechungsindex als Funktion der Wellenlänge und des Druckes bei 25°C [67]

λ/nm	p/bar			
	1	500	1000	1500
406,0	1,3422	1,3496	1,3558	1,3613
436,0	1,3398	1,3472	1,3531	1,3588
546,0	1,3340	1,3413	1,3474	1,3530
579,0	1,3330	1,3401	1,3462	1,3516

7.28.1.4 Brechungsindex für H_2O und D_2O gegen Luft bei 20°C [68]

	λ/nm	n_λ	
		H_2O	D_2O
Hg	404,66	1,34274	1,33749
H	434,05	1,34034	1,33521
Hg	435,84	1,34021	1,33509
Cd	479,99	1,33745	1,33250
H	486,14	1,33712	1,33221
Hg	546,08	1,33447	1,32976
He	587,57	1,33304	1,32848
Na	589,30	1,33299	1,32844
Cd	643,85	1,33146	1,32709
H	656,28	1,33115	1,32683
K	768,20	1,32889	1,32495

7.29 Literatur

1. Bridgman PW (1935) J Chem Phys 3: 597
2. Whalley E, Davidson DW, Heath JBR (1966) J Chem Phys 45: 3976
3. Wilson GJ, Chan RK, Davidson DW, Whalley E (1965) J Chem Phys 43 (7): 2384
4. Chan RK, Davidson DW, Whalley E (1966) J Chem Phys 44 (5): 2221
5. Bjerrum N (1952) Properties and Structure of Ice. Science 115: 385
6. Fletcher NH (1970) The Chemical Physics of Ice. Cambridge University Press
7. Kell GS, Whalley E (1968) J Chem Phys 48 (5): 2359
8. Olinger B, Halleck PM (1975) J Chem Phys 62 (1): 94
9. Whalley E, Heath JBR, Davidson DW (1968) J Chem Phys 48 (5): 2362
10. Bridgman PW (1911) Proc Amer Acad Arts Sci 47: 441
11. Bridgman PW (1937) J Chem Phys 5: 964
12. Tödheide K (1966) Ber Bunsenges Phys Chem 70 (9/10): 1022
13. Kennedy GC, Kraut EA (1966) Ber Bunsenges Phys Chem 70: 993
14. Bridgman PW (1942) Proc Amer Acad Arts Sci 74: 399
15. Nishibata K, Whalley E (1974) J Chem Phys 60 (8): 3189
16. Engelhardt H, Whalley E (1972) J Chem Phys 56 (6): 2678
17. Kamb B (1965) J Chem Phys 43 (11): 3917
18. Holzapfel W, Drickamer HG (1968) J Chem Phys 48 (10): 4798
19. Johari GP, Lavergne A, Whalley E (1974) J Chem Phys 61 (10): 3292
20. Brown AJ, Whalley E (1966) J Chem Phys 45 (11): 4360
21. Johari GP, Jones SJ (1975) J Chem Phys 62 (10): 4213
22. Johari GP, Whalley E (1976) J Chem Phys 64 (11): 4484
23. Whalley E, Davidson DW, Heath JBR (1966) J Chem Phys 45 (11): 3976
24. Bolz RE, Tuve GL (1977) CRC Handbook of tables for applied engineering Science. CRC Press
25. Eisenberg D, Kauzmann W (1969) The Structure and Properties of Water. Oxford University Press
26. Arnold GP, Wenzel RG, Rabideau SW, Nereson NG, Bowman AL (1971) J Chem Phys 55 (2): 589
27. Scheffler K, Straub J, Grigull U (1981) Wasserdampftafeln. Springer Verlag
28. Maier S, Franck EU (1966) Ber Bunsenges Phys Chem 70 (6): 639
29. Burnham CW, Holloway JR, Davis NF (1968) Thermodynamic Properties of Water to 1000°C and 10000 bars. Pennsylvania State University
30. Rice MH, Walsh JM (1957) J Chem Phys 26: 824
31. De Fries T, Jonas J (1977) J Chem Phys 66 (12): 5393
32. Kell GS (1967) J Chem Eng Data 12: 66
33. Kell GS (1971) Water and Aqueous Solutions. John Wiley and Sons, New York
34. Chen CT, Fine RA, Millero FJ (1977) J Chem Phys 66 (5): 2142
35. Lax E, Synowietz C (1967) D'Ans Lax, Taschenbuch für Chemiker und Physiker, Band I. Springer Verlag
36. Juza J, Kmonicek V, Sifner O (1966) An Equation of State for Water and Steam. Academia, Nakladatelstvi Ceskoslovenske Akademie VED, Praha
37. Le Neindre B, Johannin P, Vodar B (1964) Compt Rend 258: 3277
38. Andrussow L, Schramm B (1969) LANDOLT-BÖRNSTEIN, Transportphänomene I. Springer Verlag
39. Franks F (1972) Water, Volume 1, The Physics and Physical Chemistry of Water. Plenum Press, New York-London
40. Alexandrov AA, Ivanov AI, Natveev AB (1974) Draft of the Skelteon Tables of the Dynamic Viscosity of Water and Steam (II). Sov Nat Com Prop Steam Moskau
41. The IFC-1968 Formulation for General and Scientific USE. New York, ASME (1968)
42. Woolf LA (1975) J Chem Soc Faraday Trans 171: 784
43. Wilbur DJ, De Fries T, Jonas J (1976) J Chem Phys 65 (5): 1783
44. Woolf LA (1976) J Chem Soc Faraday Trans 172: 1267
45. Angell CA, Finch ED, Woolf LA, Bach P (1976) J Chem Phys 65 (8): 3063
46. Gillen KT, Douglass DC, Hoch MJR (1972) J Chem Phys 57: 5117
47. Mills R (1973) J Phys Chem 77: 685
48. Mc Call DW, Douglass DC, Anderson EW (1959) J Chem Phys 31 (6): 1555
49. De Fries T, Jonas J (1977) J Chem Phys 66 (12): 5393
50. Jonas J, De Fries T, Wilbur DJ (1976) J Chem Phys 65 (2): 582
51. Hindman JC, Svirmickas A, Wood M (1973) J Chem Phys 59: 1517
52. Hindman JC, Svirmickas A, Zielen AJ, Wood M (1971) J Chem Phys 54: 621

53. Grigull U (1981) Properties of Water and Steam in SI-Units. Springer Verlag Berlin
54. Release on Surface Tension of Water Substances. Issued by the Intern Assoc Prop Steam, Sept 1975
55. Lown DA, Thirsk HR, Lord Wynne-Jones (1970) Trans Faraday Soc 66, 51
56. Ellis AJ (1963) J Chem Soc 2299
57. Fisher FH (1962) J Phys Chem 66 (9): 1607
58. Gier TE, Young HS (1963) High Pressure Physics and Chemistry, ed. Bradley RW, London: Academic Press (1), 261
59. Lown DA, Thirsk HR, Lord Wynne-Jones (1968) Trans Faraday Soc 64: 2073
60. Holzapfel W (1969) J Chem Phys 50: 4424
61. LANDOLT-BÖRNSTEIN, High-Pressure Properties of Matter, Volume 4, Springer-Verlag, Berlin-Heidelberg-New York (1980)
62. Quist AS (1970) J Phys Chem 74 (18): 3396
63. Noyes AA, Yogoro K, Sosman RB (1910) Z Phys Chem 73: 1
64. Srinivasan KR, Kay RL (1974) J Chem Phys 60 (9): 3645
65. Jacobs IS, Lawson AW (1952) J Chem Phys 20 (7): 1161
66. Schulz D (1955) Wiss Z d Päd Hochsch Potsdam, Math Nat Reihe 2: 45
67. Rosen JS (1947) J Opt Soc Am 37: 932
68. Kohlrausch F (1956) Praktische Physik. Band 2, Stuttgart

8 Grenzflächen[1]

S. Jovanović, Fakultät für Technologie und Metallurgie, Universität Beograd, Jugoslawien

In den Tabellen 8.1 ist die Grenzflächenspannung in mN/m von Flüssigkeiten gegen den eigenen Dampf oder Luft bzw. Stickstoff angegeben (Oberflächenspannung). Für organische Verbindungen ist meist auch der Parachor, P (s. auch Tabelle 8.3), aufgeführt.
Tabelle 8.2 enthält Grenzflächenspannungen zweier nicht mischbarer Flüssigkeiten gegeneinander.
Tabelle 8.3 gibt die Werte für den Parachor an.
Tabelle 8.4 enthält Angaben über Grenzflächenfilme auf Wasser.

8.1 Grenzflächenspannung γ von Flüssigkeiten gegen den eigenen Dampf oder Luft (Oberflächenspannung)

8.1.1 Reine Verbindungen[2]

8.1.1.1 Anorganische Verbindungen (L = Luft, D = eigener Dampf)

Formel	Gemessen gegen	T/°C	γ/(mN/m)	Formel	Gemessen gegen	T/°C	γ/(mN/m)
AgCl	L	450,2	125	CO_2	D	−52,2	16,54
		501,3	119		unter	0,0	4,62
		550,0	113		Druck	20	1,37
$AsBr_3$	N_2	49,6	49,6	CS_2	L	−30	40,0
		121,0	41,0			−20	38,45
		179,7	36,1			0	35,45
$AsCl_3$	N_2	−21,0	43,8			20	32,4
		50,2	36,6			30	30,85
		110,0	31,0			50	27,8
BCl_3	D	20,0	16,7	Cl_2		−72	33,0
B_2H_6		−120	17,9			19,9	18,4
		−110	16,25			49,9	13,4
		−100	14,6	HCl		−110,0	27,874
$BiCl_3$	—	271,0	66,2			−80,5	22,409
		331,0	58,1	$Cr_2K_2O_7$	N_2	420	170,1
		382,0	52,0			504	137,0
HBr	—	−91,3	2,748			535	135,0
		−69,2	2,397	CsCl	N_2	663,7	89,2
$(CN)_2$	D	−20	21,9			979	66,4
		0	18,5			1080	56,3
		20	15,1	$CsNO_3$	N_2	425,5	91,8
HCN	D	0	20,5			511	83,7
		10	19,3			686,4	72,5
		20	18,1	HF		−81,8	17,6
		30	16,9			−16,3	11,19
CO	—	−203,1	12,11			19,2	8,92
		−193,1	9,83	HJ		−47,8	29,06
		−188,1	8,74			−36,6	26,96

[1] Die Daten wurden aus Landolt–Börnstein, 6. Aufl., Bd. II/3 entnommen. 8.1.1 dem Beitrag E. Beger. 8.1.2 dem Beitrag J. Stauff, und 8.1.4 dem Beitrag G. Weitzel. (Literaturangaben sind im Landolt–Börnstein zu finden.)

[2] Elemente s. Bd. Anorganische Verbindungen.

8.1.1.1 Anorganische Verbindungen (*Fortsetzung*)

Formel	Gemessen gegen	T/°C	γ/(mN/m)
KBr	N_2	775	85,7
		886,5	77,8
		920	75,4
KCl	N_2	799,5	95,8
		1087,5	75,2
		1167	69,6
KJ	N_2	737	75,2
		812	69,2
		873	66,5
KNO_3	N_2	380,0	110,4
		578,0	95,2
		771,6	80,2
K_2SO_4	N_2	1070,2	143,7
		1400,0	122,4
		1656,0	106,8
$LiBO_2$	N_2	879,2	261,8
		1309,3	225,8
		1520	192,4
LiCl	N_2	614,0	137,8
		860,1	119,9
		1074,6	104,8
$LiNO_3$	N_2	358,5	111,5
		445,3	106,0
		609,4	96,2
NH_3	L	−50	37,95
	D	−20	31,0
	unter	0	26,55
	Druck	10	24,25
		20	22,0
		50	15,05
N_2H_4	—	25	66,7
		30	64,5
		40	60,1
NO	—	−163,0	27,79
		−156,0	24,12
		−153,6	22,11
H_2O[1]	L	−8	77,0
		−5	76,4
		0	75,6
		5	74,9
		10	74,22
		15	73,49
		20	72,75
		25	71,97
		30	71,18
		40	69,56
		50	67,91
		60	66,18
		70	64,4
		80	62,6
		100	58,9
NO_2	—	−50	14,39
		20	2,015
		30	0,552
NaBr	—	760,9	105,8
		941,5	92,9
		1165,7	78,0
Na_2CO_3	L	851	179,0
NaCl		802,6	113,8
		960,5	102,7
		1171,8	88,0
NaF		1010	199,5
		1263	173,1
		1546	143,5
$NaNO_3$	N_2	321,5	119,7
		601,6	103,4
		738,2	93,7
$NaBO_2$	N_2	1015,6	193,7
		1192,3	166,1
		1441	126,2
$Na_2B_4O_7$	L	1000	211,9
$Ni(CO)_4$		−10	18,5
		0	17,4
		10	16,2
		20	15,1
		30	13,9
		50	11,6
PH_3		−106,0	22,783
		−94,2	20,798
RbCl	N_2	750	95,7
		922,7	81,1
		1150	61,4
SO_2	L	−20	30,35
		0	26,45
		20	22,6
		30	20,6

[1] CRC Handbook of Chemistry and Physics, 66th Edition, F32, CRC Press, Boca Raton, Florida 1985–1986

8.1.1.2 Organische Verbindungen (L = Luft, D = eigener Dampf)

Formel	Name	Gemessen gegen	T/°C	γ/(mN/m)	P
CCl_4	Tetrachlormethan	L	20	26,8	219,6
			40	24,2	
$CHCl_3$	Chloroform	L	20	27,2	183,2
			40	24,6	
CH_2Cl_2	Dichlormethan	L	20	28,0	147,2
			30	26,5	
CH_3NO_2	Nitromethan	L	20	37,0	132,6
		D	30	35,5	
CH_4O	Methanol	L	20	22,5	
		D	50	20,0	
$C_2H_2Cl_4$	1,1,2,2-Tetrachlor-ethan	L	20	35,6	256,9
			25	34,9	
C_2H_3N	Essigsäurenitril	L	20	29,2	122,1
			50	25,3	
$C_2H_4Br_2$	1,2-Dibrom-ethan	L	20	38,9	215,2
			40	36,25	
$C_2H_4Cl_2$	1,2-Dichlor-ethan	L	20	32,3	188,6
			30	30,9	
$C_2H_4O_2$	Essigsäure	L	20	27,7	131,4
			30	26,75	
C_2H_5Br	Bromethan	L	20	24,0	
			30	22,8	
C_2H_5J	Jodethan	L	20	28,8	
			30	27,6	
C_2H_6O	Ethanol	L	20	22,55	126,8
		D	30	21,7	
		N_2	50	19,9	
			70	18,1	
C_3H_6O	Propanon-(2)		20	23,3	161,5
			30	22,1	
$C_3H_6O_2$	Ameisensäure-ethylester	L	20	23,8	177,1
			30	22,35	
$C_3H_6O_2$	Propansäure	L	20	26,7	169,4
			30	25,7	
C_3H_8O	Propanol-(1)	L	20	23,7	165,1
			30	22,9	
C_3H_8O	Propanol-(2)	L	20	21,4	164,4
			30	20,6	
$C_4H_6O_3$	Acetanhydrid	L	20	32,6	225,9
		D	30	31,2	
$C_4H_8O_2$	Butansäure	L	20	26,75	209,4
			30	25,6	
$C_4H_8O_2$	1,4-Dioxan	D	20	33,55	205,7
			30	32,15	
$C_4H_8O_2$	Essigsäure-ethylester	L	20	23,8	216,2
			30	22,6	
$C_4H_8O_2$	Methylpropionsäure	L	20	25,1	207,8
			30	24,2	
$C_4H_{10}O$	Butanol-(1)	L	20	24,7	204,7
			40	23,05	
$C_4H_{10}O$	Diethylether	L	20	17,0	211,9
			30	15,9	
$C_4H_{10}O$	2-Methyl-propanol-(1)	L	20	23,0	202,0
			30	22,1	
$C_4H_{11}N$	Diethylamin	L	20	20,1	218,6
			40	17,7	
C_5H_5N	Pyridin		20	37,2	199,2
			30	35,7	

8.1.1.2 Organische Verbindungen (*Fortsetzung*)

Formel	Name	Gemessen gegen	T/°C	γ/(mN/m)	P
$C_5H_{11}N$	Piperidin		20	30,0	
			30	28,8	
$C_5H_{12}O$	2-Methyl-butanol-(4)	L	20	24,3	240,8
			30	23,3	
$C_5H_{12}O$	Pentanol-(1)	L	20	25,6	243,3
			30	24,7	
C_6H_5Br	Brombenzol	L	20	36,2	257,1
			30	35,0	
C_6H_5Cl	Chlorbenzol	L	20	33,3	244,1
			30	32,1	
$C_6H_5NO_2$	Nitrobenzol	L	20	43,55	263,0
			30	42,4	
$C_6H_5NO_3$	4-Nitro-phenol	L	120	46,15	284
			150	43,65	
C_6H_6	Benzol	L	10	30,2	
			20	28,9	
			40	26,25	
			60	23,75	
C_6H_7N	Anilin	L	20	42,9	234
			50	39,4	
			100	33,7	
C_6H_{10}	Cyclohexen	L	20	26,55	230
		N_2	30	25,3	
C_6H_{12}	Cyclohexan	L	20	25,0	242
		N_2	30	23,8	
$C_6H_{12}O$	Cyclohexanol	D	20	34,4	
			30	33,4	
		N_2	19,1	33,52	
			34,7	31,96	
$C_6H_{12}O_2$	Capronsäure	L	20	28,0	288,1
			50	25,25	
C_6H_{14}	Hexan	L	20	18,4	270,8
			40	16,3	
$C_6H_{15}N$	Triethylamin	L	20	20,8	296,6
		D	30	19,75	
C_7H_5N	Benzoesäurenitril		20	39,2	257,3
			30	38,1	
C_7H_7Cl	Benzylchlorid	L	20	37,7	285
			30	36,5	
C_7H_8	Methylbenzol	L	20	28,4	245,5
		D	30	27,3	
		N_2	50	25,0	
C_8H_8O	Acetophenon	L	20	39,5	293,3
			40	37,2	
C_8H_{10}	Ethylbenzol	L	20	29,1	284,4
			40	27,0	
C_8H_{10}	1,3-Dimethyl-benzol		20	28,6	284,2
			40	26,4	
C_8H_{10}	1,4-Dimethyl-benzol		20	28,3	284,5
			40	26,1	
$C_8H_{11}N$	Dimethylanilin	L	20	36,5	ca. 314
			30	35,4	
C_8H_{18}	Octan	L	20	21,7	350,5
		D	30	20,7	
C_9H_7N	Chinolin		20	45,0	303,6
			30	43,85	
$C_9H_{10}O_2$	Benzoesäure-äthylester	L	20	35,3	349,6
			40	32,9	

8.1.1.2 Organische Verbindungen (*Fortsetzung*)

Formel	Name	Gemessen gegen	T/°C	γ/(mN/m)	P
C_9H_{12}	Isopropylbenzol	L	20	28,1	321,3
			40	26,95	
$C_{10}H_8$	Naphthalin	L	80,5	32,29	312,3
			111,0	29,07	
$C_{10}H_{12}$	1,2,3,4-Tetrahydronaphthalin	N_2	3,0	35,23	
			33,0	32,44	
	Öle:				
	Olivenöl $\varrho_{18} = 0{,}9151$	L	18	33,06	
	Petroleum $\varrho - 0{,}8467$	L	0	28,9	
		L	25	26,4	
		L	50	24,2	
	$\varrho = 0{,}773$	L	20	23,96	
	Ricinusöl $\varrho_{18} = 0{,}9612$	L	18	36,40	
	Sesamöl DAB $\varrho_{18} = 0{,}9212$	L	18	31,78	
	Terpentinöl $\varrho_{18} = 0{,}8533$	L	18	26,79	

8.1.2 Grenzflächenspannung von Lösungen

8.1.2.1 Metalle in Metallen

Metall 1	Metall 2	T/°C	Konzentrations-Maß	Obere Reihe: Konzentration untere Reihe: γ in mN/m			
Hg	Ag	20	Mol % Ag	0,0129	0,0295		
			γ	*409*	*406*		
Al	Mg	700	Mol % Mg	10,7	27	60	70
			γ	*778*	*632*	*536*	*532*
Al	Zn	700	Massen % Al	12,1	29,3	40,2	78,8
			γ	*767*	*746*	*797*	*866*
Fe	C	1300...1420	Massen % C		3,9		
			γ		*1500*		
Zn	Mg	700	Mol % Zn	20	30	50	83,3
			γ	*527*	*514*	*488*	*660*
Zn	Sn	500	Mol % Zn	25	50	75	90
			γ	*580*	*600*	*669*	*737*

8.1.2.2 Grenzflächenspannung γ in wäßrigen Lösungen

8.1.2.2.1 Anorganische Substanzen in Wasser

Formel	Name	T/°C	Konzentrations Maß	Obere Reihe: Konzentration untere Reihe: γ in mN/m						
$Al_2(SO_4)_3$	Aluminiumsulfat	25	b/(mol/kg)	0,1	0,2	0,3	0,5	0,7	0,9	1,0
			γ	*72,32*	*72,92*	*73,51*	*74,71*	*76,06*	*78,30*	*79,73*
$BaCl_2$	Bariumchlorid	25	b/(mol/kg)	0,49	0,965	1,42				
			γ	*73,50*	*74,93*	*76,38*				
$CaCl_2$	Calciumchlorid	25	$C/(mol/dm^3)$	0,200	0,400	0,600	0,750	0,100	0,120	0,140
			γ	*72,50*	*73,13*	*73,60*	*74,25*	*75,05*	*75,70*	*76,40*
$HClO_4$	Perchlorsäure	25	Massen %	4,86	10,01	20,38	30,36	53,74	63,47	72,25
			γ	*71,18*	*70,34*	*69,21*	*68,57*	*69,02*	*69,73*	*69,01*
HJO_3	Jodsäure	25	$C/(mol/dm^3)$	0,01	0,06	0,1	0,60	1,00	2,00	4,00
			γ	*71,33*	*71,26*	*71,06*	*71,99*	*72,60*	*72,27*	*73,20*
LiCl	Lithiumchlorid	25	b/(mol/kg)	1,36	1,88	2,67	3,67			
			γ	*74,23*	*75,10*	*76,30*	*78,10*			
RbCl	Rubidiumchlorid	20	b/(mol/kg)	2,00	3,30	5,00				
			γ	*75,2*	*76,8*	*79,2*				
H_2SO_4	Schwefelsäure	25	Massen %	4,11	8,26	12,18	17,66	21,88	29,07	33,63
			γ	*72,21*	*72,55*	*72,80*	*73,36*	*73,91*	*74,80*	*75,29*
$(UO_2)(NO_3)_2 \cdot 6H_2O$	Uranylnitrat	25	$C/(mol/dm^3)$	0,4107	0,6210	0,8260				
			γ	*72,7*	*73,0*	*73,9*				

8.1.2.2.2 Organische Substanzen in Wasser

Bruttoformel	Substanz	T/°C	Konzentrations Maß	Obere Reihe: Konzentration untere Reihe: γ in mN/m						
CH_4O	Methanol	25	Mol %	2,74	7,73	10,13	21,73	30,67	58,97	72,42
			γ	*61,41*	*52,45*	*49,12*	*39,34*	*35,16*	*28,14*	*25,93*
C_2H_3N	Acetonitril	20	Mol %	1,0	2,1	4,4	10,0	20,9	31,3	65,5
			γ	*65,45*	*59,46*	*49,32*	*39,06*	*31,84*	*30,61*	*29,02*
$C_2H_5NO_2$	Glycin	25	b/(mol/kg)	0,502	1,005	1,507	2,009			
			γ	*72,54*	*73,11*	*73,74*	*74,18*			
$C_3H_5KO_3$	Milchsäure K-Salz	29	Massen %	40	50	60	70			
			γ	*66,4*	*66,4*	*65,4*	*63,4*			
$C_3H_5NaO_3$	Milchsäure Na-Salz	29	Massen %	1	10	30	40	50	60	70
			γ	*70,4*	*69,6*	*68,5*	*64,8*	*45,4*	*56,7*	*60,7*
$C_3H_5NH_4O_3$	Milchsäure NH_4-Salz	29	Massen %	30	50	60	70	80	90	
			γ	*35,4*	*34,4*	*35,4*	*35,6*	*38,2*	*44,5*	
$C_3H_6O_2$	Methylacetat	25	Mol %	0,161	0,321	0,567	0,904			
			γ	*66,33*	*62,92*	*58,22*	*55,08*			
$C_3H_7NO_2$	α-Alanin	25	b/(mol/kg)	0,502	1,005	1,338				
			γ	*72,41*	*72,72*	*73,11*				
$C_4H_8O_2$	Dioxan	26	Mol %	0,1	1	5	10	30	50	90
			γ	*69,83*	*62,45*	*51,57*	*45,30*	*36,95*	*35,00*	*33,1*
$C_4H_{10}O$	Butanol-(1)	25	Massen %	0,25	0,87	1,59	2,78	3,96	5,29	6,99
			γ	*64,7*	*53,0*	*45,8*	*38,6*	*33,3*	*29,4*	*25,8*
$C_4H_{10}O$	2-Methyl-propanol-(1)	25	Massen %	0,25	1,00	2,55	4,22	5,03	6,01	8,18
			γ	*64,4*	*51,0*	*40,1*	*33,8*	*31,1*	*28,7*	*25,2*
$C_4H_{10}O$	2-Methyl-propanol-(2)	25	Massen %	0,25	1,66	3,00	4,12	6,48	15,65	54,94
			γ	*65,7*	*51,6*	*45,9*	*42,8*	*37,8*	*27,3*	*22,1*
C_6H_7N	Anilin	20	C/(mol/dm³)	0,045	0,080	0,111	0,138	0,190	0,290	0,356
			γ	*70,5*	*67,0*	*62,7*	*60,6*	*56,7*	*51,0*	*48,3*

8.1.2.3 Organische Substanzen in organischen Lösungsmitteln

Bruttoformel	Substanz	Lösungsmittel	T/°C	Konzen-trations-maß	Obere Reihe: Konzentration untere Reihe γ in mN/m				
CCl_4	Tetrachlor-methan	Benzol	50	Molenbruch X	0,1815	0,3515	0,4712	0,6468	0,7981
				γ	*24,39*	*24,09*	*23,78*	*23,47*	*23,21*
CH_4O	Methanol	Benzol	27	$C/(mol/dm^3)$	0,94	1,88	2,82	3,63	
				γ	*27,30*	*26,80*	*26,35*	*26,04*	
	Methanol	Mesitylen	15	Molenbruch X	0,1	0,2			
				γ	*28,75*	*26,24*			
C_2H_3N	Acetonitril	Äthanol	20	Molenbruch X	0,12	0,35	0,53	0,72	0,90
				γ	*22,92*	*23,92*	*24,36*	*25,08*	*26,51*
$C_2H_4O_2$	Essigsäure	Benzol	20	Molenbruch X	0,1381	0,3085	0,4034	0,5047	0,7415
				γ	*26,95*	*26,90*	*27,02*	*27,21*	*27,79*
			35	γ	*25,40*	*25,21*	*25,32*	*25,43*	*25,99*
	Essigsäure	Aceton	25	Molenbruch X	0,25	0,50	0,75		
				γ	*27,50*	*26,61*	*24,90*		
C_2H_6O	Ethanol	Benzol	27	$C/(mol/dm^3)$	0,81	1,62	2,43	3,24	
				γ	*27,40*	*27,02*	*26,65*	*26,35*	
	Ethanol	Nitrobenzol	5,5	Molenbruch X	0,1	0,3	0,5	0,7	0,9
				$\Delta\gamma$	*9,9*	*15,9*	*17,0*	*18,2*	*20,1*
C_3H_6O	Aceton	Diäthyläther	25	Molenbruch X	0,263	0,470	0,669	0,799	0,912
				γ	*18,78*	*19,30*	*20,76*	*21,57*	*22,60*
$C_3H_6O_2$	Propionsäure	Benzol	27	$C/(mol/dm^3)$	0,98	1,96	2,94	3,94	
				γ	*27,53*	*27,28*	*27,08*	*26,96*	
	Propionsäure	Nitrobenzol	5,5	Molenbruch X	0,1	0,3	0,5	0,7	0,9
				$\Delta\gamma$	*4,3*	*8,7*	*11,4*	*14,4*	*15,9*
$C_4H_{10}O$	Butanol-(1)	Benzol	27	$C/(mol/dm^3)$	0,85	1,69	2,54	3,39	
				γ	*27,95*	*27,05*	*26,80*	*26,62*	
	2-Methyl-propanol-(1)	Nitrobenzol	5,5	Molenbruch X	0,1	0,3	0,5	0,7	0,9
				$\Delta\gamma$	*11,4*	*17,5*	*19,1*	*19,7*	*21,6*
C_6H_{12}	Cyclohexan	Nitrobenzol	15	Massen %	5	10			
				γ	*37,59*	*33,03*			
C_6H_7N	Anilin	Cyclohexan	32	Molenbruch X	0,1316	0,3531	0,4786	0,7021	0,9609
				γ	*24,21*	*24,51*	*24,50*	*25,61*	*37,45*

8.2 Grenzenflächenspannung von Flüssigkeiten gegeneinander

8.2.1 Grenzflächenspannung γ von Wasser gegen nichtwäßrige Flüssigkeiten

Bruttoformel	Substanz	Temperatur T/°C	Grenzfläcenspannung γ/(mN/m)
Hg	Quecksilber	18	385,1
Hg	Quecksilber	20	426,7
C_6H_6	Benzol	25	34,10
C_6H_{12}	Cyclohexan	20	51,01
		40	50,15
		70	49,09
$C_6H_{12}O$	Cyclohexanol	20	3,1
C_7H_8	Toluol	25	35,7
C_7H_{14}	Heptan	25	50,85
$C_7H_{14}O$	Methylcyclohexanol	20	4,3
C_8H_{18}	Octan	20	50,98
$C_{10}H_{18}$	cis-Decahydronaphthalin	20	51,74
		40	51,12
		70	50,40
$C_{10}H_{18}$	trans-Decahydronaphthalin	20	51,40
		40	50,44
		70	49,48
$C_{10}H_{22}$	Decan	20	51,24
		40	50,24
		50	49,86
$C_{11}H_{24}O$	Undecylalkohol	25	8,61 $\pm$ 0,05
$C_{18}H_{34}$	Octadecadien	20	14,7
$C_{18}H_{36}$	Octadecen	20	19
$C_{18}H_{36}O$	Octadecen-(9)-ol-(1)	20	15,6

8.2.2 Grenzflächenspannung γ organischer Flüssigkeiten gegen Quecksilber bei 18°C

Bruttoformel	Substanz	γ/(mN/m)	Bruttoformel	Substanz	γ/(mN/m)
CH_4O	Methanol	384,0	C_6H_{14}	n-Hexan	380,0
C_2H_6O	Ethanol	379,1	$C_6H_{14}O$	n-Hexanol	368,5
C_3H_8O	n-Propanol	379,1	C_6H_5Cl	Chlorbenzol	354,2
C_3H_8O	i-Propanol	384,0	C_6H_5Br	Brombenzol	376,0
$C_4H_{10}O$	n-Butanol	377,6	C_7H_{16}	n-Heptan	376,2
$C_4H_{10}O$	tert. Butanol	384,0	C_9H_{20}	n-Nonan	372,5
$C_5H_{10}O$	Cyclopentanol	364,8			

8.3 Parachore

Vorbemerkungen

Die empirische Größe Parachor P wurde von Sugden eingeführt.

$$P = \frac{M}{\rho_{fl} - \rho_D} \cdot \gamma^{1/4}$$

M = Molmasse ρ = Dichte von Flüssigkeit und Dampf
γ = Oberflächenspannung.
Da ρ_D gegenüber ρ_{fl} meist vernachlässigt werden darf, ergibt sich dann

$$P = \frac{M}{\rho_{fl}} \cdot \gamma^{1/4}$$

Nach Eucken hängt der Parachor eng mit dem Nullpunktsvolumen zusammen, weshalb – wie schon Sugden bemerkte – der Parachor von organischen Verbindungen sich praktisch additiv aus Inkrementen zusammensetzen läßt.
Gibling nahm an, daß der Parachorwert eines Atoms von seiner Stellung innerhalb des Moleküls abhängig ist und setzte an Stelle von Atom- und Bindungsparachoren die Gruppenparachore. Außerdem berücksichtigte er die Kettenlängen durch Zufügen eines sog. Expansionsfaktors f^n ($f = 1{,}0004165$). P ergibt sich dann als Produkt eines aus den Gruppenparachoren additiv zusammengesetzten Standardwertes (SV) und des Faktors f^n, also $P = SV\, f^n$, oder, unter Einführung der sog. Expansionskorrektur ($EC = P - SV$), zu $P = SV + EC$, wo $EC = (f^n - 1)\cdot SV$ ist.
Für n-Octan berechnet sich der Parachor nach Gibling wie folgt:

$$
\begin{array}{ll}
2CH_3\text{—(C)} & 2\cdot 55{,}2 = 110{,}4 \\
6\text{(C)—}CH_2\text{—(C)} & 6\cdot 39{,}8 = 238{,}8 \\
\hline
 & SV = 349{,}2
\end{array}
$$

$$EC = (1{,}0004165^8 - 1)\cdot 349{,}2 \cong 1{,}2$$
$$P = 349{,}2 + 1{,}2 = 350{,}4.$$

Der aus γ berechnete Wert ist 350,5 (S. 650)

8.3.1 Atom-Parachore nach Sugden

Element	Parachor	Element	Parachor	Element	Parachor
Ag	63	Cu	(46)	O	20,0
Al	38,6	F	25,7	Os	80,4
Ar	54,0	Ga	50	P	37,7
As	50,3	Ge	(36)	Pb	76,2
Au	61	H	17,1	Rb	(130)
B	16,4	He	20,5	S	48,2
Ba	(106)	Hg	68,7	Sb	66,0
Be	37,8	J	91,0	Se	62,5
Bi	(80)	K	110	Si	27,8
Br	68,0	Li	(50)	Sn	56,7
C	4,8	Mo	(80)	Te	79,4
Ca	(68)	N	12,5	Ti	45,3
Cd	(70)	Na	(80)	Tl	64
Cl	54,3	Ne	25,0	W	(90)
Cr	53,7	Ni	(50)	Zn	50,7
Cs	(150)				

8.3.2 Bindungs-Parachore für organische Verbindungen

	Nach Sugden	Nach Mumford und Phillips
Kovalente Dreifachbindung	46,6	38
Kovalente Doppelbindung	23,2	19
Einfache Kovalenz	0	0
Semipolare Doppelbindung	−1,6	0
Dreiring	16,7	12,5
Vierring	11,6	6
Fünfring	8,5	3
Sechsring	6,1	0,8
Siebenring	4,6	−4
Achtring	2,4	
CH_2	39	40

8.3.3 Gruppen-Parachore nach Gibling

Gruppe	Parachor	Gruppe	Parachor
CH_3—(C)	55,2	H—CO—(C)	67,3
(C)—CH_2—(C)	39,8	(C)—CO—(C)	50,9
C_2>CH—(C)	22,2	(C)—O—(C)	21,5
$(C)_2$>C<$(C)_2$	2,4	(C)—COO—(C)	66,4
CH_2=(C)	49,7	(C)—S—(C)	52,0
(C)—CH=(C)	34,3	(C)—NH_2	47,9
C_2>C=(C)	16,7	(C)—N=N—(C)	51,8
(C)—CH_2—(O)	39,4	(C)—CH_2Cl	96,1
C_2>CH—(O)	21,4	(C)—CH_2Br	110,3
		(C)—CH_2J	131,6
		(C)—NO_2	76,8

8.4 Grenzflächenfilme auf Wasser

Bringt man mit Hilfe eines leicht verdampfenden Lösungsmittels eine geringe Menge einer in Wasser unlöslichen langkettigen oder cyclopolaren Verbindung auf die Oberfläche des Wassers, so bildet sich eine monomolekulare mehr oder minder zusammenhängende Schicht.

Zur Untersuchung des Flächenbedarfs jeder Molekel dieser Schichten werden mittels eines in das Wasser tauchenden Barrens auf der einen Seite die einzelnen Teilschichten zusammengeschoben, während auf der anderen Seite mittels eines beweglichen Schwimmers, der ein Meßgerät steuert, die auftretenden Schubkräfte (mN/m) gemessen werden. Die Abbildung zeigt grob schematisch, wie sich die Schubkraft mit dem Flächenbedarf ändert. Von A bis B bleibt die Schubkraft beim Zusammenschieben, Verkleinerung der Schichtfläche, konstant; die einzelnen Filmteile rücken aneinander. Von BD nimmt die Schubkraft zu, oft in mehreren Stufen (Knickpunkt C), erreicht bei D den höchsten Wert, um dann wieder abzusinken. Im Punkte D erfolgt ein Zusammenbruch (Kollaps) der monomolukaren Schicht, es schieben sich Teile der Schicht übereinander. Das Verhalten der Moleküle wird durch die chemische Konstitution bestimmt. Anordnung, Zahl und Art polarer Gruppen, Doppelbindungen, Alkyl- und Aryl-Substituenten beeinflussen die Filmeigenschaften.

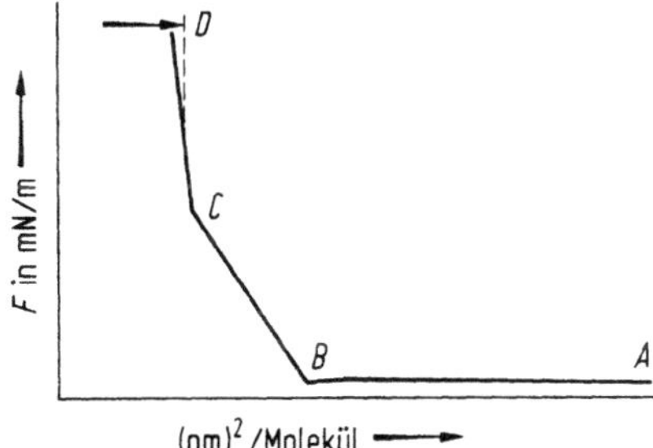

Abb. 8.1. Schubkraft-Fläche-Diagramm von Grenzflächenfilmen

Monomolekulare Filme auf H_2O. Flächenbedarf und Schubspannung beim Kollaps

Zahl der C-Atome	Stoff	T/°C	Flächenbedarf in $10^{20} \cdot m^2$/Molekül bei: Kondensationsbeginn	Kollaps	Schubspannung beim Kollaps mN/m
17	2-Methyl-hexadecansäure	10	51,1	26,3	28,6
		30	55,9	32,5	22,6
	3-Methyl-hexadecansäure	10	48,1	24,8	31,2
		30	53,1	30,6	24,0
	4-Methyl-hexadecansäure	10	48,9	27,0	30,8
		30	54,3	33,0	21,6
	5-Methyl-hexadecansäure	10	49,3	27,0	32,6
		30	53,4	32,0	21,8
	6-Methyl-hexadecansäure	10	50,2	27,7	31,9
		30	53,6	33,5	23,3
	7-Methyl-hexadecansäure	10	49,2	28,2	32,5
		30	52,8	33,1	23,3
	8-Methyl-hexadecansäure	10	49,3	28,6	31,9
		30	53,1	33,1	22,2
	9-Methyl-hexadecansäure	10	46,6	28,2	33,3
		30	52,5	33,3	23,7
	10-Methyl-hexadecansäure	10	45,9	28,2	33,9
		30	52,0	33,0	23,7
	11-Methyl-hexadecansäure	10	43,7	27,9	35,1
		30	51,0	32,8	23,3
	12-Methyl-hexadecansäure	10	41,7	27,0	36,3
		30	49,9	32,5	21,9
	13-Methyl-hexadecansäure	10	41,8	26,5	37,2
		30	49,1	31,0	25,4
	14-Methyl-hexadecansäure	10	38,2	26,1	28,0
		30	48,7	29,0	27,7
	15-Methyl-hexadecansäure	10	29,7	25,4	22,9
		30	46,4	29,1	22,5
18	2-Methyl-heptadecansäure	20	51,0	25,5	—
19	2-Methyl-octadecansäure	10	30,5	25	32,4
20	2-Äthyl-octadecansäure	21	55,4	34,4	12,6
21	2-Propyl-octadecansäure	21	64,0	42,3	9,5
22	2-Butyl-octadecansäure	21	69,9	50,7	8,3
23	2-Pentyl-octadecansäure	21	73,3	55,8	8,4
21	3-Hydroxy-3-octyl-tridecansäure	18	77,8	50,3	33,5
21	3-Hydroxy-3-hexyl-pentadecansäure	18	80,7	46,2	31,6
21	3-Hydroxy-3-propyl-octadecansäure	18,5	76,5	34,5	36,5
17	3-Methyl-hexadecanol	—	45,3	25,2	32,4
17	10-Methyl-hexadecanol	—	43,3	27,8	34,4
18	4-Hydroxy-octadecan	18,5	84,1	66,4	3,8
18	8-Hydroxy-octadecan	19	92,1	67,5	8,1
18	9-Hydroxy-octadecan	20	90,3	67,7	8,6
22	8-Hydroxy-dokosan	18	87,5	80,6	1,3
22	9-Hydroxy-dokosan	19	84,5	76,8	1,8

8.5 Adsorption[1]

8.5.1 Adsorption aus der Gasphase

8.5.1.1 Anorganische Dämpfe an Adsorptionsmitteln, Abbildungen

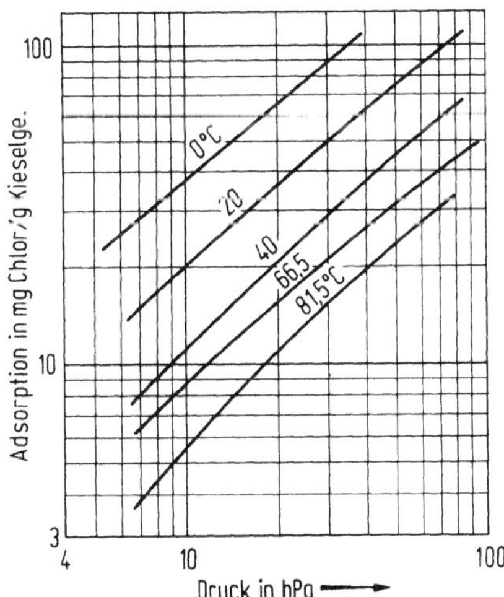

Abb. 8.2. Adsorptions-Isothermen von Chlor an Kieselgel

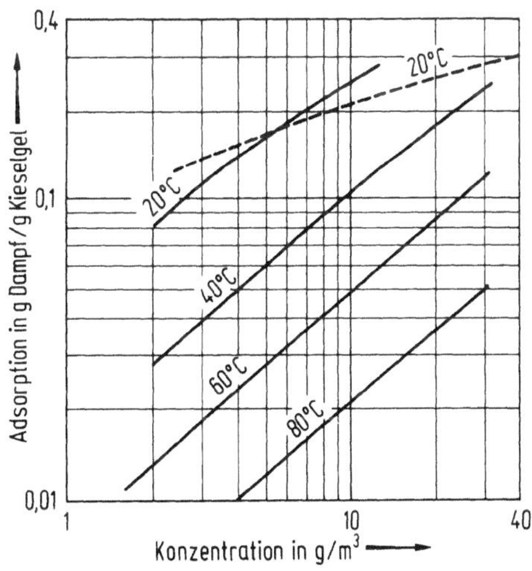

Abb. 8.3. Adsorptions-Isothermen von Wasserdampf——und Benzoldampf------an Kieselgel A der BASF, Ludwigshaten

[1] Nach Landolt–Börnstein, 6. Aufl., Bd. II/3, Beitrag BRATZLER.

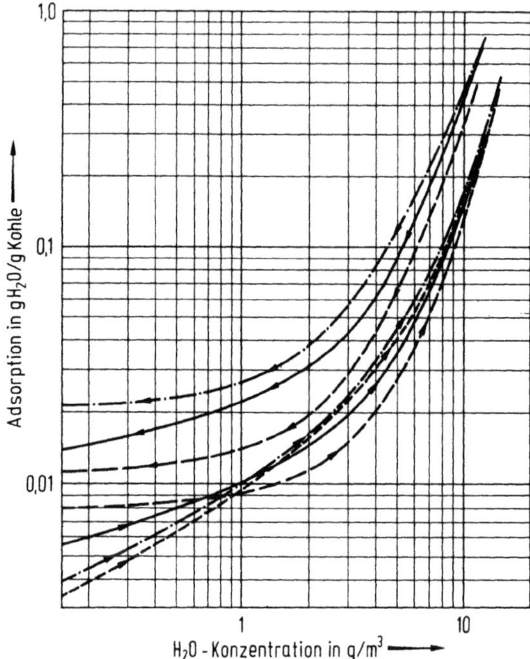

Abb. 8.4. Adsorptions-Isothermen von Wasserdampf an Aktivkohlen bei 20°C. —·—·— Norit, ——— Cocosnußschalenkohle, — — — Aktivkohle AKT II, - - - - - - Aktivkohle G 1000. ←—←— Adsorptionskurve, —→—→ Desorptionskurve

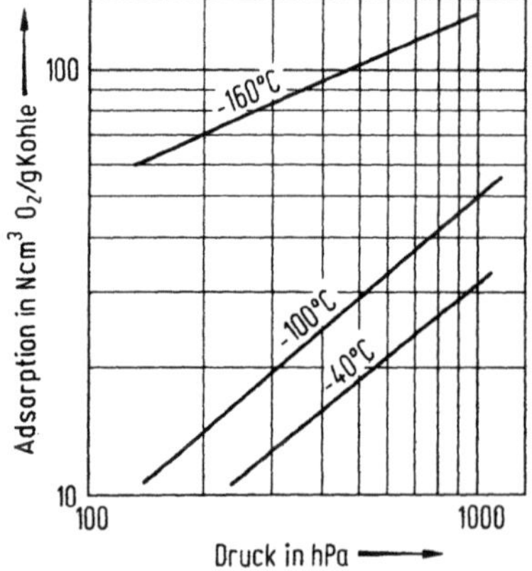

Abb. 8.5. Adsorptions-Isothermen von Sauerstoff an Cocosnußschalenkohle

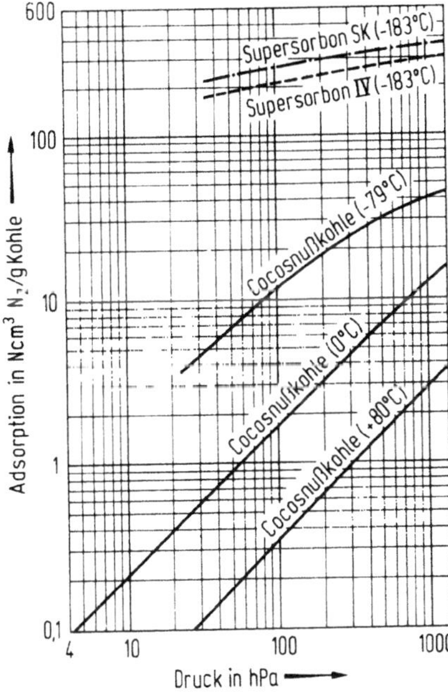

Abb. 8.6. Adsorptions-Isothermen von Stickstoff an Aktivkohlen. Supersorbon SK —·—·—, Supersorbon IV — — —, Cocosnußkohle ———,

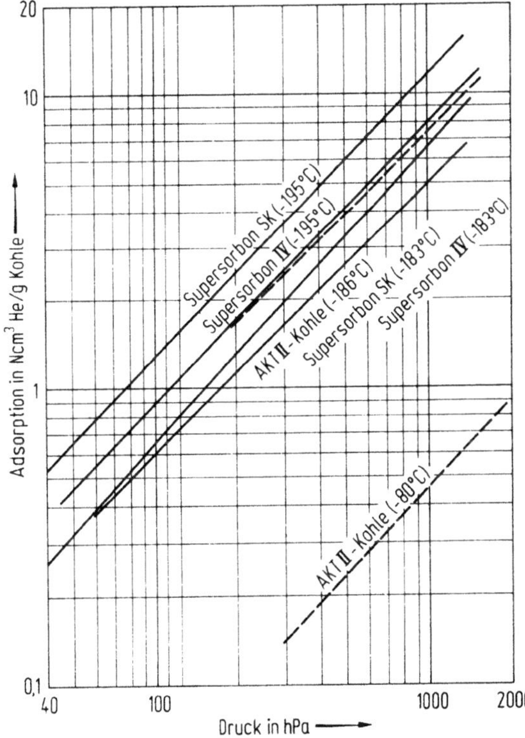

Abb. 8.7. Adsorptions-Isothermen von Helium an Aktivkohlen. Supersorbon IV ——— Supersorbon SK ———, AKT II-Kohle - - -

8.5.1.2 Adsorption an Aktivkohle bei 20°C

Organische Dämpfe

Partialdruck des Gases in hPa	Adsorption in g/g Aktivkohle			
	AKT	G 1000	Norit	Cocosnußkohle
CCl_4 Tetrachlorkohlenstoff				
0,598	0,288	0,364	0,423	0,457
5,98	0,590	0,678	0,610	0,524
59,8	0,862	0,872	0,724	0,601
107,7	0,934	0,923	0,904	0,645
CH_4O Methanol				
0,153	0,031	0,017	0,023	0,03
10,64	0,125	0,13	0,18	0,20
38,2	0,25	0,30	0,34	0,31
106,7	0,42	0,46	0,40	0,35
C_2H_6O Ethanol				
0,53	0,08	0,075	0,11	0,12
5,85	0,23	0,26	0,26	0,26
47,8	0,47	0,47	0,37	0,33
C_3H_6O Aceton				
0,43	0,085	0,085	0,12	0,14
1,73	0,13	0,14	0,19	0,20
16,9	0,31	0,31	0,32	0,29
16,9	0,45	0,45	0,40	0,33
$C_4H_{10}O$ Diethylether				
0,033	0,09	0,10	0,15	0,16
1,32	0,13	0,15	0,18	0,19
13,2	0,24	0,26	0,25	0,25
132	0,37	0,39	0,30	0,29
C_6H_6 Benzol[a]				
0,099	0,094	0,106	0,190	0,214
0,99	0,207	0,224	0,254	0,260
9,9	0,347	0,372	0,335	0,316
89,7	0,485	0,502	0,437	0,376
C_7H_8 Toluol				
0,29	0,27	0,32	0,29	0,26
2,9	0,42	0,43	0,33	0,29
26,1	0,50	0,51	0,42	0,37
C_8H_{10} Xylol				
0,13	0,30	0,34	0,32	0,275
1,3	0,43	0,44	0,35	0,29
11,9	0,51	0,52	0,44	0,36

[a] AKT ist zu AKT 4 angegeben.

8.5.2 Adsorption aus flüssiger Phase an pulverförmigen Adsorptionsmitteln

Vorbemerkung: Die Tabelle gibt Werte der Konstanten K und 1/n für die Gleichung der Adsorptionsisotherme nach Freundlich:

$$\frac{x}{m} = K \cdot C^{1/n}.$$

Es bedeuten:

C Gleichgewichtskonzentration in mol/dm³
x Adsorbierter Stoff auf m Gramm Adsorptionsmittel in mmol/dm³
m Masse des Adsorptionsmittels in g
K Konstante
1/n Konstante
% Fehler: Mittlerer Fehler in %, der sich ergeben kann, wenn man bei einer beliebigen Gleichgewichtskonzentration x/m ermittelt
C_{max} Größte Gleichgewichtskonzentration, für die Messungen vorliegen
C_{min} Kleinste Gleichgewichtskonzentration, für die Messungen vorliegen.

Der Geltungsbereich der in der nachstehenden Tabelle aufgeführten Konstanten K und 1/n beschränkt sich streng genommen nur auf den angegebenen Konzentrationsbereich. Doch ist im allgemeinen eine Erweiterung über diesen Bereich hinaus ohne zu große Fehler möglich. Die Messungen wurden alle bei Zimmertemperatur durchgeführt und erstreckten sich über eine Zeitdauer, die praktisch eine Einstellung des Adsorptionsgleichgewichts gewährleistet.

Adsorption aus wäßriger Lösung

Adsorbierter Stoff	Adsorptionsmittel	C_{max} (mol/dm³)	C_{min} (mol/dm³)	K	1/n	Fehler %
Anorganische Stoffe						
Jod	Carboraffin	0,05	0,001	38,9	0,43	—
Jod	Holzkohle unaktiviert	0,05	0,001	3,7	0,45	—
Organische Stoffe						
Äpfelsäure	Norit	0,25	0,01	1,28	0,252	2,2
Adipinsäure	Norit	0,25	0,01	1,79	0,163	4,5
β-Alanin	Darco G 60	0,394	$5{,}7 \cdot 10^{-6}$	0,5	0,64	7
dl-Alanin	Darco G 60	0,225	0,015	0,8	0,86	2
Ameisensäure	Norit	0,25	0,01	2,47	0,435	2,6
o-Aminobenzoesäure	Darco G 60	0,011	0,0009	7,1	0,16	0,5
m-Aminobenzoesäure	Darco G 60	0,013	0,001	5,7	0,16	0,3
p-Aminobenzoesäure	Darco G 60	0,012	0,001	4,5	0,12	0,3
dl-α-Aminobuttersäure	Darco G 60	0,280	0,017	1,5	0,75	1,7
Anilin	Darco G 60	0,164	0,004	10	0,26	0,2
l-Asparaginsäure	Darco G 60	0,041	0,003	5,9	0,70	0,8
l-Asparagin	Darco G 60	0,164	0,004	2,2	0,64	0,3
Benzoesäure	Darco G 60	0,008	0,0004	13	0,24	0,6
Bernsteinsäure	Norit	0,25	0,01	2,83	0,303	4,3
Biotin	Darco G 60	$3{,}7 \cdot 10^{-8}$	$9{,}2 \cdot 10^{-11}$	530	0,69	10
Brenzcatechin	Charbon animal (Merck)	0,1	0,001	3,3	0,10	—
Brenztraubensäure	Norit	0,25	0,01	2,44	0,273	3,5
Buttersäure	Norit	0,25	0,01	2,46	0,177	2,3
Calcium-pantothenat (dextro)	Darco G 60	0,024	$1{,}9 \cdot 10^{-7}$	390	0,69	10

Adsorption aus wäßriger Lösung (*Fortsetzung*)

Adsorbierter Stoff	Adsorptionsmittel	C_{max} (mol/dm³)	C_{min} (mol/dm³)	K	1/n	Fehler %
Capronsäure	Norit	0,25	0,01	3,03	0,175	1,8
Chinin-hydrochlorid	Carboraffin	0,05	0,001	1,07	0,10	—
Chinin-hydrochlorid	Norit	0,05	0,001	2,05	0,27	—
Citraconsäure	Norit	0,25	0,01	1,69	0,167	1,8
Citronensäure	Norit	0,25	0,01	0,73	0,203	3,3
Calciumpantothenat (aus Leberextrakt)	Darco G 60	0,003	$2{,}3 \cdot 10^{-7}$	26	0,56	10
Erythrit	Charbon animal (Merck)	0,05	0,002	2,2	0,57	—
Essigsäure	Carboraffin	0,1	0,01	7,22	0,55	—
Essigsäure	Norit	0,1	0,01	4,23	0,50	—
Essigsäure	Holzkohle unaktiviert	0,1	0,01	1,51	0,32	—
Essigsäure	Darco G 60	1,69	0,007	3,2	0,34	±0,8
Fumarsäure	Norit	0,25	0,01	1,90	0,203	2,9
d-Glucose	Darco G 60	0,093	0,004	3,3	0,54	0,4
Glutarsäure	Norit	0,25	0,01	1,96	0,201	5,1
Glycerin	Charbon animal (Merck)	0,1	0,003	1,96	0,57	—
Glycerinsäure	Norit	0,25	0,01	1,29	0,267	6,7
Glykokoll	Darco G 60	0,659	0,082	0,2	0,76	5
Glykolsäure	Norit	0,25	0,01	1,54	0,390	4,1
Glyoxylsäure	Norit	0,25	0,01	3,89	0,455	2,3
Guajakol	Charbon animal (Merck)	0,1	0,001	4,9	0,15	—
Harnstoff	Darco G 60	0,762	0,041	2,1	0,66	1
l-Hydroxyprolin	Darco G 60	0,050	0,002	3,2	0,79	1
l-Inosit	Darco G 60	0,057	0,005	4,2	0,86	1
Isobuttersäure	Norit	0,25	0,01	2,36	0,273	12,3
dl-Isoleucin	Darco G 60	0,137	0,0009	5,4	0,50	0,5
Isovaleriansäure	Norit	0,25	0,01	2,51	0,227	2,6
Koffein	Darco G 60	0,014	0,001	3,3	0,10	1
Kreatin	Darco G 60	0,037	0,001	2,3	0,15	4
Kreatinin	Darco G 60	0,086	0,004	4,4	0,26	0
o-Kresol	Charbon animal (Merck)	0,03	0,001	4,7	0,14	—
m-Kresol	Charbon animal (Merck)	0,01	0,0005	4,6	0,13	—
p-Kresol	Charbon animal (Merck)	0,04	0,0005	4,1	0,11	—
Lävulinsäure	Norit	0,25	0,01	1,83	0,183	2,9
dl-Leucin	Darco G 60	0,012	0,0005	5,4	0,50	0,3
l-Lysin	Darco G 60	0,045	0,005	5,1	0,68	2
Maleinsäure	Norit	0,25	0,01	2,81	0,248	4,6
Mannit	Charbon animal (Merck)	0,1	0,001	2,3	0,48	—
Malonsäure	Norit	0,25	0,01	3,88	0,410	3,3
Mesaconsäure	Norit	0,25	0,01	1,80	0,133	2,4
dl-Methionin	Darco G 60	0,016	0,0005	11	0,61	0,4
Methylbernsteinsäure	Norit	0,25	0,01	1,30	0,172	1,6
Methylenblau	Carboraffin	0,01	0,0001	2,45	0,14	—
Methylenblau	Norit	0,01	0,0001	1,42	0,16	—
Milchsäure	Norit	0,25	0,01	1,66	0,335	3,6
Nicotinsäure	Darco G 60	0,006	0,0007	6,9	0,22	3

Adsorption aus wäßriger Lösung (*Fortsetzung*)

Adsorbierter Stoff	Adsorptionsmittel	C_{max} (mol/dm³)	C_{min} (mol/dm³)	K	1/n	Fehler %
dl-Norleucin	Darco G 60	0,040	$7{,}9 \cdot 10^{-4}$	4,8	0,45	0,4
Orcin	Charbon animal (Merck)	0,1	0,001	3,7	0,10	—
Oxalsäure	Norit	0,25	0,01	3,62	0,551	4,9
Phenol	Charbon animal (Merck)	0,1	0,0005	4,8	0,16	—
Propionsäure	Norit	0,25	0,01	2,46	0,236	1,8
Phenol	Carboraffin	0,01	0,0001	15,0	0,43	—
Phenol	Norit	0,01	0,0001	8,7	0,38	—
Phenol	Holzkohle unaktiviert	0,01	0,0001	0,4	0,30	—
dl-Phenylalanin	Darco G 60	0,049	0,0008	2,3	0,10	1,3
Propionsäure	Darco G 60	1,26	0,020	4,4	0,31	0,5
Pyridinhydro-chlorid	Darco G 60	0,003	$9{,}7 \cdot 10^{-7}$	6,2	0,38	15
Resorcin	Charbon animal (Merck)	0,1	0,001	2,8	0,10	—
Saccharose	Charbon animal (Merck)	0,02	0,0005	0,81	0,13	—
dl-Serin	Darco G 60	0,125	0,008	0,5	0,63	8
dl-Threonin	Darco G 60	0,125	0,010	1,4	0,83	2
Thiaminhydro-chlorid	Darco G 60	0,001	$1{,}3 \cdot 10^{-7}$	300	0,66	10
dl-Tryptophan	Darco G 60	0,003	0,002	3,2	0,10	0,3
l-Tyrosin	Darco G 60	0,0001	$3{,}1 \cdot 10^{-5}$	11	0,30	10
Valeriansäure	Norit	0,25	0,01	2,84	0,182	2,8
dl-Valin	Darco G 60	0,028	0,001	5,6	0,82	1
Weinsäure	Norit	0,25	0,01	0,94	0,275	3,3

8.5.3 Trockenmittel für wasserhaltige Substanzen[1]

Trockenmittel	besonders geeignet für	nicht anwendbar bzw. wenig geeignet für	Wirksamkeit[a] (mg H_2O/dm³ Gas)
$CaCl_2$	H_2, N_2, O_2, CO, CO_2, Cl_2, H_2S, C_2H_2, HCN, COS...	NH_3, HF, Alkohole, Amine, Essigester	1,4 bis 0,36
Silicagel	Exsikkatorfüllung	HF, Cl_2, NH_3, Br_2	2×10^{-2}
$CaSO_4$	viele Flüssigkeiten	—	4×10^{-3}
$Mg(ClO_4)_2$	fast alle Gase	organische Substanzen u. Gase mit organischen Beimengungen	5×10^{-4}
P_2O_5	O_2, NO_2, NO, CO C_2H_2, PH_3, AsH_3, CS_2, CCl_4, $CHCl_3$..	NH_3, HF, HCl, HBr, H_2S, Cl_2, Br_2, Äther, Aceton	2×10^{-5}
KOH	NH_3, PH_3, N_2O, Pyridin, Anilin u.a. Basen, Alkohole	F_2, NO, Säuren, Aldehyde, Ketone	2×10^{-3}
NaOH			$1{,}6 \times 10^{-1}$
BaO			1×10^{-4}
CaO			2×10^{-1}
H_2SO_4	Luft, N_2, HCl, Cl_2, Br_2, CO, N_2O, SO_2, CH_4	NH_3, HF, HBr, HJ, H_2S, PH_3, C_2H_2, HCN, NO_2...	3×10^{-3}

[1] ANORGANIKUM, Teil 2, VEB Deutscher Verlag der Wissenschaften, Berlin.
[a] mg Wasser, die nach der Trocknung in 1 dm³ Gas bei 25 °C verbleiben.

9 Dynamische Konstanten

Überarbeitet von M.D. Lechner, Physikalische Chemie, Universität Osnabrück

9.1 Viskosität[1]

Die Viskosität ist definiert über das Newtonsche Gesetz

$$d(mv)/dt = m\dot{v} = -\eta A \nabla v; \quad J = -\eta \nabla v$$

$$F = -\eta A \nabla v; \quad F/A = \tau = -\eta \nabla v$$

mit

$$\nabla = (\delta/\delta x)i + (\delta/\delta y)j + (\delta/\delta z)k.$$

Die Gleichungen besagen, daß zwischen zwei benachbarten strömenden Schichten der Impulsstrom J und die Schubspannung τ proportional dem Geschwindigkeitsgradienten senkrecht zur Strömungsrichtung ∇v ist. Der Proportionalitätsfaktor η heißt dynamischer Viskositätskoeffizient. $1/\eta$ heißt Fluidität. Für den eindimensionalen Fall vereinfachen sich die Gleichungen zu

$$m\dot{v} = -\eta A\, dv/dx; \quad J = -\eta\, dv/dx$$

$$F = -\eta A\, dv/dx; \quad F/A = \tau = -\eta\, dv/dx; \quad \tau = -\eta G$$

Der dynamische Viskositätskoeffizient wird üblicherweise in den Einheiten Poise (P), wobei $1\,P = 1\,g/(cm\,s)$ ist, oder in $kg/(m\,s) = Pa\,s$ mit $1\,Pa\,s = 10\,P$ und $1\,mPa\,s = 1\,cP$, angegeben.
Bei Strömungsvorgängen wird häufig als kennzeichnender Stoffwert der Quotient aus dynamischer Viskosität und Dichte, die kinematische Viskosität, verwendet. Die Einheit ist Stokes (St), wobei $1\,St = 1\,cm^2/s$ oder m^2/s mit $1\,m^2/s = 10^4\,St$.
Statt in den absoluten Einheiten wird die Viskosität gelegentlich in Einheiten, die mit konventionellen Apparaten bestimmt werden, angegeben (Engler-Grade °E, Redwood-Sekunden R und Sayboldt-Sekunden S).
Die nachstehende Tabelle gibt die Umrechnung in centi-Stokes (cSt) an.

Umrechnung von Englergraden °E, Redwoodsekunden R und Sayboldtsekunden S in kinematische Viskosität (cSt) nach Erk

v/cSt	°E	R/s	S/s	v/cSt	°E	R/s	S/s
1,0	1,00	29,2	31,1	13,8	2,20	64,5	73,6
1,8	1,10	30,5	32,9	14,8	2,30	67,8	77,2
2,8	1,20	32,8	35,6	15,7	2,40	70,8	81,2
3,9	1,30	35,4	38,8	16,6	2,50	73,7	85,2
5,0	1,40	38,2	42,1	21,1	3,00	89,0	104
6,25	1,50	41,4	46,0	25,4	3,50	105	122
7,45	1,60	44,9	49,6	29,3	4,00	119	140
8,5	1,70	48,2	53,8	33,3	4,50	133	157
9,6	1,80	51,0	57,8	37,3	5,00	149	174
10,7	1,90	54,5	62,1	41,2	5,50	163	192
11,8	2,00	57,9	66,3	45,1	6,00	178	209
12,8	2,10	61,1	70,0	52,9	7,00	206	242

Die Viskosität ist stark temperaturabhängig und wird durch verschiedene Formeln wiedergegeben. Für Flüssigkeiten wird oft die Gleichung

$$1/\eta = 1/\eta_0 \exp(-E/RT),$$

[1] Die Daten sind zum Teil dem Landolt–Börnstein, 6. Aufl., Bd. IV/1 entnommen.

mit E = Energie für einen Platzwechselprozeß (etwa 4–20 kJ/mol), verwendet.
Für die Temperaturabhängigkeit der Viskosität von Gasen wird häufig die Gleichung von Sutherland verwendet

$$\eta = \eta_0 \sqrt{\frac{T}{T_0}} \frac{1+\frac{C}{T_0}}{1+\frac{C}{T}} = B\frac{\sqrt{T}}{1+\frac{C}{T}}; \quad \nu = \nu_0 \sqrt{\left(\frac{T}{T_0}\right)^3} \frac{1+\frac{C}{T_0}}{1+\frac{C}{T}} = A\frac{\sqrt{T^3}}{1+\frac{C}{T}}.$$

Die Konstanten C (Sutherlandsche Konstante), A und B sind mit dem Temperaturbereich, in dem sie gültig sind, in nachstehender Tabelle angegeben.

Dichte, Viskosität und Sutherlandsche Konstanten einiger Gase und Dämpfe (p = 1013 hPa) nach Erk

	T/°C	ρ_0 / kg/m³	$\eta_0 \cdot 10^8$ / Pa s	$B \cdot 10^8$ / Pa s K⁻¹	C/K	$\nu_0 \cdot 10^4$ / m² s⁻¹	$A \cdot 10^{11}$ / m² s⁻¹ K⁻³ᐟ²	Temperatur-Bereich in °C[a]
Acetylen	20	1,091	1020	99,8	198,2	0,0935	312	20···120
Ammoniak	20	0,718	982	180,1	626	0,137	856	20···450
Argon	16	1,683	2204	193,5	142	0,131	398	0···100
Chlor	15,6	3,04	1294	168,2	351	0,0426	143	20···500
Chlorwasserstoff	0	1,639	1332	186,5	360	0,0813	417	0···250
Kohlendioxid	0	1,977	1366	165,5	274	0,0692	307	0···100
Kohlenmonoxid	0	1,250	1665	137,7	101	0,1332	403	−78···+250
Luft	0	1,293	1710	150,3	123,6	0,132	426	0···400
Methan	17	0,675	1094	108,2	198	0,162	553	0···100
Sauerstoff	0	1,429	1920	174,7	138	0,134	448	0···80
Schwefeldioxid	0	2,927	1168	178,4	416	0,0399	223	0···100
Schwefelwasserstoff	17	1,448	1251	157,3	331	0,0864	374	0···100
Stickstoffoxid	0	1,340	1797	218	162	0,134	596	—
Distickstoffoxid	0	1,978	1366	165,5	274	0,0692	307	0···100
Stickstoff	0	1,251	1665	137,8	103	0,1332	403	−78···+250
Wasserdampf p = 1 daN/cm²	99	0,579	1255	182,3	673	0,217	841	100···350
Wasserstoff	0	0,0899	850	67,1	83	0,945	2730	−40···+250

[a] Innerhalb des angegebenen Temperaturbereiches wurden die Versuche ausgeführt, die der Berechnung der Konstanten zugrunde liegen.

Die Viskosität der Gase ist, wie auch aus der kinetischen Gastheorie folgt, unabhängig vom Druck, so lange die Abweichungen von den Gasgesetzen gering sind. Für hohe Drücke steigt die Viskosität, wie Tabelle 9.1.2 zeigt, an.
Die Angaben über Viskositäten von folgenden Stoffen sind an anderer Stelle gebracht:

—Elemente in flüssigem Zustand in Bd. II, Anorganische Verbindungen
—Wasser in Kapitel 7.16
—Gläser in Bd. II, Anorganische Verbindungen

Die hier zusammengestellten Daten sind in 2 Gruppen geteilt:

1. Viskositäten unter Atmosphärendruck.
2. Viskositäten bei hohen Drücken.

Stoffordnung: Elemente und anorganische Verbindung alphabetisch nach den Formeln; organische Verbindung im allgemeinen nach dem Hillschen System, in einigen Fällen wurde, um Platz zu sparen, von dieser Ordnung abgewichen und Verbindungen, die unter gleichen Bedingungen gemessen wurden, in einer Tabelle zusammengefaßt.

9.1.1 Viskosität von Stoffen unter dem Druck von 1013 hPa oder dem Sättigungsdruck

9.1.1.1 Flüssigkeiten

9.1.1.1.1 Anorganische Verbindungen

$B_3H_6N_3$	T/°C	−40	−20	−10	0	10	20	
	η/mPa s	0,594	0,460	0,408	0,365	0,328	0,301	
HCl	T/°C	−115	−110	−100	−90	−85		
	η/mPa s	0,581	0,555	0,511	0,474	0,458		
NH_3	T/°C	−20	−10	0	10	20		
	$p_{sätt}$/hPa	1900	2909	4294	6150	8572		
	η_{fl}/mPa s	0,262	0,256	0,248	0,239	0,227		
	$10^2 \cdot \eta_g$/mPa s	113	117	122	129	135		
SO_2	T/°C	−20	−10	0	10	20	30	40
	$p_{sätt}$/hPa	635	1013	1549	2295	3285	4580	6227
	η_{fl}/mPa s	0,504	0,465	0,400	0,344	0,283		
	$10^2 \cdot \eta_g$/mPa s	110	117	127,5	141	157	175	187

9.1.1.1.2 Organische Verbindungen

Formel	Name	η in mPa s bei				
		−40°C	−20°C	−10°C	0°C	10°C
CCl_2F_2	Dichlordifluormethan					
CCl_4	Tetrachlorkohlenstoff	—	—	—	1,369	1,152
$CHCl_3$	Chloroform	—	—	—	0,70	0,63
CH_2Br_2	Dibrommethan				1,340	
CH_2Cl_2	Dichlormethan	—	0,68	0,602	0,537	0,481
CH_2O_2	Ameisensäure	—	—	—	—	2,25
CH_3Cl	Monochlormethan					0,202
CH_3NO	Formamid	—	—	—	7,3	5,0
CH_3NO_2	Nitromethan	—	—	—	0,844	0,742
CH_4O	Methanol	1,75	1,16	0,970	0,817	0,686
$C_2Cl_2F_4$	1,1,1,2-Tetrafluor-2,2-dichlor-ethan	—	—	—	—	—
	1,1,2,2-Tetrafluor-1,2-dichlor-ethan	—	—	—	—	—
$C_2Cl_3F_3$	1,1,2-Trifluor-1,2,2-trichlor-ethan	—	—	—	—	—
C_2Cl_4	Tetrachlorethen	—	—	—	1,14	1,00
$C_2Cl_4F_2$	Tetrachlordifluorethan				0,925	0,805
C_2HCl_3	Trichlorethylen	—	—	—	—	—
$C_2H_2Cl_3F$	1-Fluor-1,2,2-trichlorethan	—	—	—	—	—
$C_2H_2Cl_4$	Tetrachlorethan				2,66	2,15
$C_2H_3BrF_2$	1-Brom-2,2-difluorethan					
$C_2H_3ClF_2$	1,1-Difluor-1-chlorethan					
$C_2H_4Br_2$	1,2-Dibrom-ethan	—	—	—	2,422	2,028
$C_2H_4Cl_2$	1,2-Dichlor-ethan	—	—	—	1,123	0,962
$C_2H_4F_2$	1,1-Difluor-ethan	—	—	—	0,289	—
$C_2H_4O_2$	Essigsäure	—	—	—	—	1,45
	Ameisensäuremethylester	—	—	—	0,43	0,38
C_2H_5Cl	Chlorethan	—	0,392	0,354	0,320	0,291
C_2H_6O	Ethanol	4,79	2,38	2,23	1,78	1,46
$C_2H_6O_2$	Ethandiol-(1,2)					
C_3H_6O	Dimethylketon (Aceton)	0,713	0,513	0,447	0,389	0,358
$C_3H_6O_2$	Ameisensäureethylester	—	—	—	0,507	0,449
	Essigsäuremethylester	—	—	—	0,479	0,425
	Propansäure	—	—	—	1,52	1,29
$C_3H_6O_3$	Dimethylcarbonat					
	Glycerin	—	—	—	12070	3950
C_3H_7Cl	1-Chlor-propan	—	—	—	0,436	0,390
C_3H_8	Propan[1]					
C_3H_8O	Propanol-(1)	13,5	6,9	5,1	3,85	2,89
C_4H_4S	Thiophen	—	—	—	0,874	0,756
$C_4H_6O_3$	Essigsäureanhydrid	—	—	—	1,24	1,05
C_4H_8O	Tetrahydrofuran					
$C_4H_8O_2$	Buttersäure	—	—	—	2,260	1,875
	1,4-Dioxan	—	—	—	—	—
	Essigsäureethylester	—	—	—	0,578	0,507

[1] η4,4°C = 0,133 mPa s; η15,6°C = 0,121 mPa s; η26,7°C = 0,111 mPa s.

20°C	30°C	40°C	50°C	60°C	80°C	100°C	120°C	140°C	180°C
0,713	0,626	0,554	0,494						
0,986	0,856	0,751	0,665	0,593	0,483	0,404	—	—	—
0,57	0,51	0,466	0,426	0,390	—	—	—	—	—
	0,941	0,887	0,787	0,722	0,626				
0,435	0,396	0,363	—	—	—	—	—	—	—
1,78	1,46	1,22	1,03	0,89	0,68	0,54	—	—	—
0,183	0,166	0,152	0,140	0,129	0,108	0,090	0,072		
3,75	2,94	2,43	2,04	1,71	1,17	0,83	0,63		
0,657	0,587	0,528	0,478	0,433	0,357	—	—	—	—
0,584	0,510	0,450	0,396	0,351	—	—	—	—	—
—	0,440	0,409	0,374	—	—	—	—	—	—
—	0,356	—	—	—	—	—	—	—	—
0,698	0,614	0,546	—	—	—	—	—	—	—
0,88	0,80	0,72	0,66	0,60	0,51	0,441	0,383	—	—
0,711	0,627	0,559							
—	—	—	0,446	—	—	—	—	—	—
1,07	0,929	0,819	0,727	0,651	—	—	—	—	—
		1,13							
0,784	0,697	0,621	0,556						
0,334	—	0,281	—	0,238	—	—	—	—	—
1,714	1,469	1,279	1,122	0,995	0,804	0,667	0,562	—	—
0,832	0,728	0,644	0,568	0,519	0,469	0,417	—	—	—
0,251	0,227	0,207	0,193	0,180	—	—	—	—	—
1,21	1,04	0,90	0,79	0,70	0,56	0,46	—	—	—
0,345	0,315	—	—	—	—	—	—	—	—
0,266	0,244	0,224	—	—	—	—	—	—	—
1,19	1,00	0,825	0,701	0,591	0,435	—	—	—	—
19,9	13,2	9,13		4,95	3,02	1,99	1,40	1,04	
0,324	0,292	0,269	0,246	0,226	—	—	—	—	—
0,402	0,362	0,329	0,301	—	—	—	—	—	—
0,381	0,344	0,311	0,284	0,258	0,217	0,182	0,154	0,130	—
1,10	0,96	0,84	0,75	0,67	0,545	0,452	0,380	0,322	—
0,625	0,549	0,487	0,435	0,392	0,355	0,323			
1412	612	284	142	81,3	31,9	14,8	—	—	—
0,352	0,319	0,291	—	—	—	—	—	—	—
2,20	1,72	1,38	—	0,92	0,63	—	—	—	—
0,664	0,582	0,526	0,474	0,431	0,354	—	—	—	—
0,9	0,79	0,69	0,62	0,55	0,453	0,377	0,320	—	—
0,486	0,428	0,389	0,358	0,328	0,280				
1,560	1,303	1,114	0,972	0,851	0,675	0,545	0,449	0,373	—
1,26	1,06	0,917	0,778	0,685	0,539	—	—	—	—
0,449	0,400	0,360	0,326	0,297	0,248	0,210	0,178	0,152	0,109

9.1.1.1.2 Organische Verbindungen (*Fortsetzung*)

Formel	Name	η in mPa s bei				
		−40°C	−20°C	−10°C	0°C	10°C
C_4H_9Cl	1-Chlor-butan	—	—	—	—	—
	2-Chlor-butan	—	—	—	—	—
	3-Chlor-2-methyl-propan	—	—	—	—	—
	2-Chlor-2-methyl-propan	—	—	—	—	—
C_4H_{10}	Butan	0,315				
$C_4H_{10}O$	Butanol-(1)	22,4	10,3	7,4	5,19	3,87
	Butanol-(2)					
	2-Methyl-propanol-(1)	51,3	18,4	12,3	8,3	5,65
	2-Methyl-propanol-(2)					
	Diethylether	0,47	0,364	0,328	0,296	0,268
C_5H_5N	Pyridin	—	—	—	1,33	1,12
$C_5H_6O_2$	Furfurylalkohol					
C_5H_8	2-Methyl-butadien-(1,3)	—	—	—	0,260	0,236
C_5H_8O	Cyclopentanon					
	Tetrahydropyran					
C_5H_{10}	Cyclopentan				0,572	
$C_5H_{10}O$	Cyclopentanol					
$C_5H_{10}O_2$	Essigsäurepropyl-ester	—	—	—	0,769	0,664
$C_5H_{10}O_3$	Diethylcarbonat					
C_5H_{12}	Pentan	0,432	0,345	0,309	0,274	0,250
	2-Methyl-butan	—	—	—	0,272	0,246
$C_5H_{12}O$	3-Methyl-butanol-(1) opt. inakt.	—	—	—	8,79	6,12
C_6H_5Br	Brombenzol	—	—	—	1,52	1,31
C_6H_5Cl	Chlorbenzol	—	—	—	1,06	0,91
C_6H_5F	Fluorbenzol	—	—	—	0,752	0,657
$C_6H_5N_2O$	Nitrobenzol	—	—	—	—	2,483
C_6H_6	Benzol	—	—	—	0,91	0,758
C_6H_6O	Phenol	—	—	—	—	—
C_6H_7N	Anilin	—	—	—	10,2	6,5
C_6H_{10}	Hexin-(1)					
C_6H_{12}	Cyclohexan					
	Hexen-(1)					
	2-Methyl-penten-(1)					
	4-Methyl-penten-(2)					
$C_6H_{12}O$	Cyclohexanol					
$C_6H_{12}O_2$	Butansäureethyl-ester	—	—	—	—	—
	Essigsäurebutylester	—	—	—	1,004	0,851
C_6H_{14}	Hexan	0,611	0,486	0,432	0,383	0,342
	2-Methyl-pentan	—	—	—	0,372	0,332
$C_7H_5F_3$	Trifluortoluol	—	—	—	—	—
C_7H_5N	Benzonitril					1,62
C_7H_7Br	o-Bromtoluol	—	—	—	2,21	1,81
	m-Bromtoluol	—	—	—	1,73	1,45
$C_7H_7NO_2$	2-Nitrotoluol	—	—	—	3,96	2,96
	3-Nitrotoluol	—	—	—	—	—
	4-Nitrotoluol	—	—	—	—	—
C_7H_8	Methylbenzol (Toluol)	—	—	—	0,772	0,669

20°C	30°C	40°C	50°C	60°C	80°C	100°C	120°C	140°C	180°C
0,440	0,399	0,361	0,328	0,299	—	—	—	—	—
0,408	0,366	0,331	0,302	0,276	—	—	—	—	—
0,442	0,398	0,360	0,325	0,295	—	—	—	—	—
0,508	0,438	0,387	0,342	—	—	—	—	—	—
0,164	—	0,136	—	0,113	0,0950	0,0778			
2,95	2,28	1,78	1,41	1,14	0,76	0,54	—	—	—
3,68	2,53	1,80	1,31	1,01	0,610				
3,95	2,85	2,12	1,61	1,24	0,78	0,52	—	—	—
	3,35	2,08	1,40	0,997	0,580				
0,243	0,220	0,199	—	0,166	0,140	0,118	—	—	—
0,974	0,835	0,735	0,651	0,580	0,482	—	—	—	—
	4,40	3,24	2,57	2,01	1,35	0,95	0,708	—	—
0,216	0,198	—	—	—	—	—	—	—	—
1,149	0,989	0,859	0,758	0,603	0,543				
0,875	0,761	0,663	6,583	0,515	0,416				
0,456	0,406								
11,80	7,93	5,55	4,00	2,94	1,74				
0,580	0,511	0,455	0,408	0,368	0,303	0,253	—	—	—
0,813	0,707	0,623	0,553	0,495	0,445	0,403	0,334		
0,226	0,205	0,187	—	—	—	—	—	—	—
0,223	0,202	—	—	—	—	—	—	—	—
4,40	3,24	2,43	1,862	1,452	0,927	0,627	0,449	—	—
1,13	1,00	0,89	0,79	0,72	0,60	0,52	—	—	—
0,80	0,71	0,64	0,57	0,52	0,435	0,370	0,320	0,275	0,210
0,581	0,521	0,470	0,423	0,389	0,356	—	—	—	—
2,034	—	—	—	0,982	0,842	0,718	—	—	—
0,647	0,559	0,489	0,433	0,386	0,314	0,262	0,219	0,184	0,132
—	—	—	3,020	2,175	1,230	0,783	—	—	—
4,40	3,12	2,30	1,80	1,50	1,10	0,80	0,59	—	—
0,373	0,333	0,298	0,268	0,242					
0,979	0,825	0,702	0,602	0,527	0,419				
0,283	0,254	0,231	0,210	0,193					
0,290	0,263	0,237	0,212						
0,265	0,238	0,213	0,193						
fest	41,5	22,7	13,36	8,35	3,73				
—	—	—	0,466	—	—	—	—	—	—
0,732	0,637	0,563	—	0,448	0,366	0,304	—	—	—
0,308	0,278	0,252	0,230	0,210	—	—	—	—	—
0,300	0,272	0,247	0,226	0,207	—	—	—	—	—
0,573	0,512	0,462	0,420	0,387	—	—	—	—	—
1,33	1,13	0,984	0,864	0,767		0,515			
1,51	1,29	1,12	—	0,87	0,71	0,59	—	—	—
1,25	1,08	0,96	—	0,76	0,63	0,59	—	—	—
2,37	1,91	1,63	—	1,21	0,94	0,76	—	—	—
2,33	1,91	1,60	—	1,18	0,92	0,75	—	—	—
—	—	—	—	1,20	0,94	0,76	—	—	—
0,588	0,523	0,469	0,423	0,384	0,320	0,272	0,232	0,201	0,151

9.1.1.1.2 Organische Verbindungen (*Fortsetzung*)

Formel	Name	η in mPa s bei				
		−40°C	−20°C	−10°C	0°C	10°C
C_7H_8O	Anisol	—	—	—	1,78	1,51
	o-Kresol					
	m-Kresol					43,9
	p-Kresol					
C_7H_9N	2-Toluidin	—	—	—	10,2	6,4
	3-Toluidin	—	—	—	8,7	5,5
	4-Toluidin	—	—	—	—	—
C_7H_{16}	Heptan	0,865	0,682	0,600	0,525	0,464
	2-Methyl-hexan	—	—	—	0,476	0,424
$C_7H_{16}O$	Heptanol				10,0	7,62
C_8H_7N	o-Tolunitril					
	m-Tolunitril					
	p-Tolunitril					
C_8H_8	Cyclooctatetraen					
C_8H_{10}	1,2-Dimethyl-benzol	—	—	—	1,102	0,935
	1,3-Dimethyl-benzol	—	—	—	0,802	0,698
	1,4-Dimethyl-benzol	—	—	—	0,840	0,733
$C_8H_{11}N$	Ethylanilin	—	—	—	—	2,98
	Dimethylanilin	—	—	—	—	1,69
	Ethylbenzol				0,895	0,775
C_8H_{16}	Ethylcyclohexan				1,142	
	1-Ethyl-hexen-(1)					
	Cyclooctan					
	1,2-Dimethylcyclohexan (cis)				1,615	
	1,2-Dimethylcyclohexan (trans)				1,111	
	1,3-Dimethylcyclohexan (cis)				1,203	
	1,3-Dimethylcyclohexan (trans)				0,831	
	1,4-Dimethylcyclohexan (cis)				1,224	
	1,4-Dimethylcyclohexan (trans)				0,951	
	Octen-(1)					
	Octen-(2)					
	Propylcyclopentan				0,889	
C_8H_{18}	Octan	1,22	0,955	0,828	0,714	0,621
C_9H_{20}	Nonan	1,73	1,332	1,138	0,964	0,823
$C_{10}H_8$	Naphthalin	—	—	—	—	—
$C_{10}H_{12}$	Tetralin	—	—	—	—	—
$C_{10}H_{15}N$	Diethylanilin	—	—	—	—	2,85
$C_{10}H_{22}$	Decan				1,298	
$C_{11}H_{24}$	Hendekan	—	—	2,167	—	—
$C_{12}H_{10}$	Diphenyl	—	—	—	—	—

20°C	30°C	40°C	50°C	60°C	80°C	100°C	120°C	140°C	180°C
1,32	1,21	1,12	1,04	0,97	—	—	—	—	—
		4,49	3,24	2,22					
20,8	10,0	6,18	4,38	3,97					
		7,00	4,95	3,66					
4,35	3,20	2,44	1,94	1,57	1,11	0,83	—	—	—
3,81	2,79	2,14	—	1,40	1,00	0,77	—	—	—
—	—	—	—	1,45	1,00	0,75	—	—	—
0,413	0,370	0,334	0,302	0,274	0,230	0,195	—	—	—
0,379	0,341	0,309	0,281	0,257	0,216	—	—	—	—
5,42	3,97	2,99	—	1,82	—	0,82	0,60	0,45	
1,755	1,456	1,235	1,063	0,928	0,727	0,594	0,497	0,421	
1,653	1,370	1,160	0,999	0,873	0,691	0,564	0,468	0,399	
	1,437	1,200	1,050	0,916	0,722	0,588	0,491	0,415	—
1,367	1,147	0,978	0,833	0,722	0,568				
0,806	0,704	0,622	0,555	0,499	0,412	0,345	0,294	0,254	—
0,615	0,548	0,492	0,446	0,404	0,340	0,289	0,250	0,219	—
0,643	0,570	0,508	0,458	0,415	0,345	0,293	0,250	0,217	—
2,25	—	1,43	—	1,01	0,76	0,60	—	—	—
1,41	1,18	1,02	—	0,79	0,64	—	—	—	—
0,678	0,600	0,535	0,481	0,436	0,364	0,308			
0,842		0,651							
0,472	0,423	0,381	0,345	0,313	0,263	0,225			
2,560	2,050	1,675	1,385	1,169		0,866			
1,114		0,818							
0,817		0,627							
0,866		0,654							
0,631		0,500							
0,875		0,659							
0,706		0,547							
0,506	0,450	0,406	0,365	0,333	0,276	0,233			
0,506	0,451	0,408	0,366	0,333	0,277	0,234			
0,681	0,612	0,540		0,443	0,366	0,336			
0,546	0,485	0,433	0,389	0,351	0,291	0,245	0,208	—	—
0,713	0,625	0,553	0,493	0,441	0,361	0,301	0,254	0,215	—
—	—	—	—	—	0,967	0,776	—	—	—
2,02	—	—	1,3	—	—	—	—	—	—
2,18	1,75	1,42	1,2	1,02	0,777	—	—	—	—
0,907			0,601		0,452	0,357			
1,186	—	—	0,761	—	—	0,438	—	—	—
—	—	—	—	—	—	—	0,760	0,615	0,431

9.1.1.1.3 Viskosität von Brennstoffen und Ölen

	η in mPa s bei T in °C					
	20°C	30°C	40°C	50°C	60°C	70°C
Benzin	0,650	0,563	0,493	0,436	0,389	
Brennöl Burma, dkl.braun, $\rho_{20} = 889\ kg/m^3$	16,8	11,1	7,85	5,90	4,53	3,50
Brennöl Rumänien, schwarz, $\rho_{20} = 949\ kg/m^3$		365	197	100		

	Gasolin Nr.	$\rho_{15,6}^{15,6}$	η in mPa s bei T in °C					
		kg/m³	5°C	15°C	25°C	35°C	45°C	55°C
Gasolin, Motoren-benzin	1	737	0,690	0,603	0,518	0,472	0,426	0,382
	3	743	0,775	0,641	0,541	0,493	0,441	—
	5	722	0,529	0,457	0,410	0,360	0,325	0,293
	6	717	0,568	0,481	0,418	0,361	0,339	—
	8	708	0,493	0,435	0,389	0,336	0,301	0,278
	10	701	0,435	0,382	0,349	0,300	0,268	0,251
	13	680	0,347	0,310	0,274	0,242	0,227	0,211
Petroleum		813	2,57	2,13	1,64	1,41	1,19	—

		η in mPa s bei T in °C						
		0°C	20°C	30°C	40°C	50°C	60°C	70°C
Öle, pflanzliche und tierische	Erdnußöl	—	83	54	36	25	18	
	Leinöl	78	52	35	25	18	13,5	
	Olivenöl, $\rho_{20} = 913\ kg/m^3$		84,0	54	36,3	25,8	18,7	12,4
	Rapsöl	257	78	53	39	29	21	
	Ricinusöl	—	977	447	226	129	—	
	Walöl, Tran	204	72	51	38	29	22	

9.1.1.1.4 Viskosität in mPa s von Schmelzen[1]

a) Anorganische Salze

	T/°C	η/mPa s	T/°C	η/mPa s	T/°C	η/mPa s	T/°C	η/mPa s	T/°C	η/mPa s	T/°C	η/mPa s	T/°C	η/mPa s	T/°C	η/mPa s
AgBr	609	1,863	649	1,66	688	1,49	770	1,22	803	1,19	—	—	—	—	—	—
AgCl	603	1,61	669	1,37	734	1,80	—	—	—	—	—	—	—	—	—	—
AgJ	605	3,03	730	2,12	827	1,56	—	—	—	—	—	—	—	—	—	—
$AgNO_3$	244	3,77	275	3,05	342	2,30	—	—	—	—	—	—	—	—	—	—
$K_2Cr_2O_7$	400	13,16	410	12,41	420	11,71	440	10,42	460	9,2	480	8,06	490	7,52	500	6,99
KNO_3	350	2,728	360	2,578	380	2,312	400	2,094	450	1,663	500	1,380	550	1,211	—	—
KOH	400	2,3	450	1,7	500	1,3	550	1	600	0,8	—	—	—	—	—	—
$LiNO_3$	259	5,59	284	4,50	344	2,94	—	—	—	—	—	—	—	—	—	—
$Na_2B_4O_7$	621	1040000	653	208000	683	47400	714	15700	752	4900	888	500	—	—	—	—
NaBr	762	1,42	766	1,35	780	1,28	—	—	—	—	—	—	—	—	—	—
NaCl	825	1,432	850	1,275	875	1,138	900	1,017	925	0,912	950	0,820	975	0,752	1000	0,704
$NaNO_3$	308	2,92	328	2,66	368	2,24	388	2,06	418	1,83	—	—	—	—		—
NaOH	350	4	400	2,8	450	2,2	500	1,8	550	1,5	—	—	—	—		—

[1] Viskosität von Gläsern s. Bd.II, Anorganische Verbindungen.

b) Mineralien

Minerale	Zusammensetzung in Massen %				η/mPa s bei						
	CaO	MgO	Al_2O_3	SiO_2	1300 °C	1350 °C	1400 °C	1450 °C	1500 °C	1550 °C	1600 °C
Akermanit	41,14	14,79		44,07	2800	682	453	318	230	177	140
Anorthit	20,16		36,65	43,19	—	—	—	11100	6050	3800	2500
Monticellit	35,84	25,77		38,39	—	—	—	—	174	120	113
Diopsid	25,90	18,62		55,48	—	—	2600	380	185	140	120
Calciumbisilicat	48,28			51,72	—	—	—	—	—	273	240

c) Schlacken

Zusammensetzung der Schlacke				η/mPa s bei T in °C						
CaO	MgO	Al_2O_3	SiO_2	1300	1350	1400	1450	1500	1550	1600
32,03[a]	5,17	15,88	36,37	1650	975	635	430	319	240	195
41,05[b]	8,87	14,87	35,21	1575	955	615	440	335	260	215
38,80[c]	7,39	12,30	41,51	3020	1915	1271	840	602	468	380
24,75[d]	14,90	7,33	53,02	2400	1200	690	440	303	228	185
29,98[e]	2,96	21,99	45,07	14000	7825	4100	2440	1635	1000	630
41,08[f]	10,94	9,67	38,31	1600	585	405	226	215	152	106
32,75[g]	8,87	14,66	43,72	3525	2120	1395	905	635	470	370
42,52[h]	8,87	7,44	41,18	3200	783	530	380	277	200	154
46,85	2,96	—	50,19	—	—	553	400	295	213	160
46,07	—	11,15	42,78	2530	1578	1017	638	442	357	320
25,78	—	29,32	44,90	—	—	7180	4050	2700	2300	2250
31,96	17,10	16,03	44,91	—	625	424	300	200	120	060
33,42	14,13	—	52,45	2600	780	560	432	345	281	241

[a] Bessemer-Roheisenschlacke.
[b] Hämatit-Roheisenschlacke.
[c–e] Gießereieisen-Schlacke.
[f] Pendeleisen-Schlacke.
[g] Thomaseisen-Schlacke.
[h] Spiegeleisen-Schlacke.

9.1.1.2 Lösungen

9.1.1.2.1 Seewasser

Temperatur in °C	η^a in mPa s bei einem Gesamtsalzgehalt in Promille								
	0	5	10	15	20	25	30	35	40
0	1,80	1,82	1,83	1,85	1,86	1,87	1,88	1,89	1,91
1	1,73	1,74	1,76	1,77	1,78	1,80	1,81	1,82	1,83
2	1,67	1,68	1,70	1,71	1,73	1,74	1,75	1,76	1,78
3	1,62	1,63	1,65	1,66	1,67	1,69	1,70	1,71	1,72
5	1,53	1,54	1,55	1,57	1,58	1,59	1,60	1,62	1,63
10	1,31	1,33	1,34	1,35	1,37	1,38	1,39	1,40	1,41
15	1,15	1,16	1,17	1,19	1,19	1,20	1,22	1,23	1,24
20	1,01	1,02	1,03	1,04	1,06	1,07	1,08	1,09	1,10
25	0,90	0,91	0,92	0,93	0,94	0,95	0,96	0,97	0,98
30	0,81	0,82	0,83	0,84	0,85	0,86	0,87	0,88	0,88

[a] η wurde errechnet aus den Relativwerten gegen reines Wasser von 0 °C mit 1,80 m Pa s. Dieser Wert wurde durch Vergleich der Relativzahlen mit den absoluten Werten bei 35‰ gefunden.

9.1.1.2.2 Viskosität von Säure-Wassergemischen

T/°C	Meß-größe	Massen % Säure 5	10	20	30	40	50	60	70	80	90	95	100	Einheit
		HCl												
0	η	1,84	1,89											mPa s
10	η	1,38	1,45											mPa s
20	η	1,08	1,16	1,36	1,70									mPa s
		HNO_3												
10	η		1,306	1,413	1,607	1,908	2,331	2,618	2,621	2,363	1,667	—	1,026	mPa s
	$10^{-3}\cdot\varrho$		1,0560	1,1220	1,1880	1,2540	1,3200	1,3780	1,4280	1,4685	1,5025	—	1,5130	kg/m³
	$10^{6}\cdot\nu$		1,237	1,258	1,352	1,522	1,767	1,898	1,836	1,625	1,110	—	0,695	m²/s
20	η		1,038	1,136	1,306	1,551	1,834	2,021	2,083	1,837	1,361		0,881	mPa s
	$10^{-3}\cdot\varrho$		1,0515	1,1160	1,1805	1,2450	1,3085	1,3650	1,4135	1,4535	1,4860		1,5140	kg/m³
	$10^{6}\cdot\nu$		0,986	1,018	1,106	1,245	1,402	1,482	1,475	1,264	0,915		0,582	m²/s
40	η		0,703	0,789	0,912	1,063	1,224	1,360	1,363	1,253	0,966		0,682	mPa s
	$10^{-3}\cdot\varrho$		1,0440	1,1040	1,1640	1,2240	1,2840	1,3380	1,3830	1,4195	1,4520		1,4825	kg/m³
	$10^{6}\cdot\nu$		0,674	0,715	0,784	0,868	0,969	1,017	0,985	0,882	0,666		0,458	m²/s
		H_2SO_4												
0	η	1,970	2,138	2,576	3,408	4,571	6,478	10,233	19,952	fest	47,588	44,926	fest	mPa s
	$10^{-3}\cdot\varrho$	1,038	1,073	1,152	1,232	1,321	1,0501	1,539	1,630	fest	1,836	1,855	fest	kg/m³
	$10^{6}\cdot\nu$	1,90	1,99	2,24	2,76	3,46	4,31	6,64	12,25	fest	25,90	24,22	fest	m²/s
25	η	1,010	1,122	1,398	1,901	2,510	3,547	5,370	9,016	17,378	18,197	17,681	*24,20*[1]	mPa s
	$10^{-3}\cdot\varrho$	1,033	1,065	1,137	1,215	1,305	1,483	1,518	1,608	1,723	1,811	1,831	*1,832*	kg/m³
	$10^{6}\cdot\nu$	0,98	1,05	1,23	1,57	1,92	2,39	3,54	5,60	10,08	10,04	9,64	*13,20*	m²/s
50	η	0,620	0,686	0,835	1,127	1,583	2,275	3,361	5,192	8,091	9,089	9,099	*10,80*	mPa s
	$10^{-3}\cdot\varrho$	1,028	1,058	1,122	1,198	1,285	1,465	1,498	1,586	1,699	1,786	1,807	*1,808*	kg/m³
	$10^{6}\cdot\nu$	0,60	0,65	0,74	0,94	1,23	1,55	2,24	3,23	4,76	5,09	5,03	*6,00*	m²/s
75	η	0,440	0,480	0,590	0,777	1,084	1,596	2,323	3,311	4,677	5,356	5,368	*6,06*	mPa s
	$10^{-3}\cdot\varrho$	1,023	1,048	1,108	1,180	1,267	1,446	1,478	1,564	1,674	1,762	1,782	*1,785*	kg/m³
	$10^{6}\cdot\nu$	0,43	0,46	0,53	0,66	0,86	1,10	1,57	2,12	2,79	3,08	3,02	*3,40*	mPa s

[1] 99,6% ige H_2SO_4.

9.1.1.2.3 Relative Viskosität von wäßrigen Lösungen anorganischer Salze in Abhängigkeit von der Konzentration

Quotient aus der Viskosität der Lösung und der des Wassers bei 25°C

Gelöster Stoff	Konzentration $C\left(\frac{1}{Z}X\right)$ in mol/dm³*			
	1	0,5	0,25	0,125
$AgNO_3$	1,1150	1,0491	1,0240	1,0114
$Al_2(SO_4)_3$	1,4064	1,1782	1,0825	1,0381
H_3AsO_4	1,2707	1,1291	1,0595	1,0309
$BaCl_2$	1,1228	1,0572	1,0263	1,0128
$Ba(NO_3)_2$	1,0893	1,0437	1,0214	1,0084
HBr	1,0320	1,0164	1,0095	1,0068
HCOOH	1,0312	1,0169	1,0092	1,0049
$CaCl_2$	1,1563	1,0764	1,0362	1,0172
$Ca(NO_3)_2$	1,1172	1,0553	1,0218	1,0076
$CdCl_2$	1,1342	1,0631	1,0310	1,0202
$Cd(NO_3)_2$	1,1648	1,0742	1,0385	1,0177
$CdSO_4$	1,3476	1,1574	1,0780	1,0335
HCl	1,0671	1,0338	1,0166	1,0095
$HClO_3$	1,0520	1,0255	1,0145	1,0059
$HClO_4$	1,0118	1,0032	0,9998	0,9992
$CoCl_2$	1,2041	1,0975	1,0482	1,0232
$Co(NO_3)_2$	1,1657	1,0754	1,0318	0,0180
$CoSO_4$	1,3543	1,1598	1,0766	1,0402
$CuCl_2$	1,2050	1,0977	1,0470	1,0268
$Cu(NO_3)_2$	1,1792	1,0802	1,0400	1,0179
$CuSO_4$	1,3580	1,1603	1,0802	1,0384
$FeCl_3$	1,2816	1,1334	1,0602	1,0302
$Fe(CN)_6K_3$	1,0610	1,0211	1,0108	1,0082
$Fe(CN)_6K_4$	1,1124	1,0516	1,0228	1,0116
$HgCl_2$	1,0460	—	1,0116	1,0042
K_2CO_3	1,1667	1,0784	1,0391	1,0192
K_2CrO_4	1,1133	1,0528	1,0224	1,0116
$K_2Cr_2O_7$	—	1,0061	1,0034	0,9999
KCl	0,9872	0,9874	0,9903	0,9928
KNO_3	0,9753	0,9822	0,9870	0,9921
KOH	1,1294	1,0637	1,0313	1,0130
K_2SO_4	1,1051	1,0486	1,0206	1,0078
$MgCl_2$	1,2015	1,0940	1,0445	1,0206
$Mg(NO_3)_2$	1,1706	1,0824	1,0396	1,0198
$MgSO_4$	1,3672	1,1639	1,0784	1,0320
$MnCl_2$	1,2089	1,0982	1,0481	1,0230
$Mn(NO_3)_2$	1,1831	1,0867	1,0426	1,0235
$MnSO_4$	1,3640	1,1690	1,0761	1,0366
HNO_3	1,0266	1,0115	1,0052	1,0027
NH_4Cl	0,9884	0,9976	0,9990	0,9999
NH_4NO_3	0,9722	0,9862	0,9908	0,9958
NH_4OH	1,0245	1,0105	1,0058	1,0030
$(NH_4)_2SO_4$	1,1114	1,0552	1,0302	1,0148
Na_2CO_3	1,2847	1,1367	1,0610	1,0310
NaCl	1,0973	1,0471	1,0239	1,0126
$NaNO_3$	1,0655	1,0259	1,0122	1,0069
NaOH	1,2355	1,1087	1,0560	1,0302
Na_2SO_4	1,2291	1,1058	1,0522	1,0235
$NiCl_2$	1,2055	1,0968	1,0443	1,0210
$Ni(NO_3)_2$	1,1800	1,0840	1,0422	1,0195
$NiSO_4$	1,3615	1,1615	1,0751	1,0323
H_3PO_4	1,2871	1,1331	1,0656	1,0312

Quotient aus der Viskosität der Lösung und der des Wassers bei 25 °C

Gelöster Stoff	Konzentration $C\left(\frac{1}{Z}X\right)$ in mol/dm³*			
	1	0,5	0,25	0,125
$Pb(NO_3)_2$	1,1010	1,0418	1,0174	1,0066
H_2SO_4	1,0898	1,0433	1,0216	1,0082
$SrCl_2$	1,1411	1,0674	1,0338	1,0141
$Sr(NO_3)_2$	1,1150	1,0491	1,0240	1,0114
$ZnCl_2$	1,1890	1,0959	1,0526	1,0238
$Zn(NO_3)_2$	1,1642	1,0875	1,0390	1,0186
$ZnSO_4$	1,3671	1,1726	1,0824	1,0358

* Z = Aqnivalentzahb; X = Teilchensorte

$C\left(\frac{1}{Z}X\right)$ = Stoffmengenkonzentration von Äquivalenten

9.1.1.2.4 Viskosität von wäßrigen Lösungen organischer Stoffe in Abhängigkeit von Temperatur und Konzentration

Massen %	η in mPa s bei T in °C								
	0	10	20	30	40	50	60	70	80
	CH_4O Methanol								
10	2,59	1,78	1,32	1,03	—	—	—	—	—
20	3,23	2,17	1,58	1,21	—	—	—	—	—
30	3,61	2,46	1,76	1,32	—	—	—	—	—
40	3,65	2,54	1,84	1,37	—	—	—	—	—
50	3,35	2,89	1,76	1,34	—	—	—	—	—
60	2,89	2,11	1,60	1,24	—	—	—	—	—
70	2,37	1,79	1,39	1,09	—	—	—	—	—
80	1,76	1,42	1,14	0,92	—	—	—	—	—
90	1,19	1,00	0,86	0,72	—	—	—	—	—
100	0,82	0,68	0,58	0,51	0,45	0,40	0,35	—	—
	C_2H_6O Ethanol								
10	3,31	2,18	1,54	1,16	0,91	0,73	0,61	0,51	0,43
20	5,32	3,17	2,18	1,55	1,16	0,91	0,74	0,61	0,51
30	6,94	4,05	2,71	1,87	1,37	1,05	0,83	0,68	0,57
40	7,14	4,39	2,91	2,02	1,48	1,13	0,89	0,73	0,60
50	6,58	4,18	2,87	2,02	1,50	1,16	0,91	0,74	0,61
60	5,75	3,77	2,67	1,93	1,45	1,13	0,90	0,73	0,60
70	4,76	3,27	2,37	1,77	1,34	1,06	0,86	0,70	—
80	3,69	2,71	2,01	1,53	1,20	0,97	0,79	0,65	—
90	2,73	2,10	1,61	1,28	1,04	0,85	0,70	0,59	—
100	1,77	1,47	1,20	1,00	0,83	0,70	0,59	0,50	—

$C_2H_4O_2$ Essigsäure

Massen %	η in mPa s bei					Massen %	η in mPa s bei				
	13°C	20°C	30°C	40°C	50°C		13°C	20°C	30°C	40°C	50°C
2,1	1,906	1,640	1,353	1,128	0,967	19,6	3,354	2,726	2,093	1,635	1,327
5,7	2,671	2,222	1,752	1,421	—	21,4	3,360	2,727	2,079	1,640	1,327
10,8	3,106	2,549	1,981	1,575	1,287	23,3	3,388	2,739	2,091	1,643	1,316
13,0	3,187	2,601	2,009	1,595	1,304	23,9	3,322	2,701	2,052	1,618	1,314
15,3	3,303	2,682	2,069	1,626	1,327	24,4	3,355	2,708	2,073	1,623	1,287
17,2	3,330	2,694	2,070	1,643	1,324	27,7	3,314	2,644	2,038	1,603	1,297

$C_3H_8O_3$ Glycerin

Massen %	$\frac{\varrho_{25}^{25}}{g\,cm^{-3}}$	η in mPa s bei		
		20°C	25°C	30°C
0,00	0,99705	1,005	0,893	0,800
5,00	1,00886	1,143	1,010	0,900
10,00	1,02068	1,311	1,153	1,024
15,00	1,03299	1,517	1,331	1,174
20,00	1,04530	1,769	1,542	1,360
25,00	1,05802	2,095	1,810	1,590
30,00	1,07078	2,501	2,157	1,876
35,00	1,08394	3,040	2,600	2,249
40,00	1,09715	3,750	3,181	2,731
45,00	1,11051	4,715	3,967	3,380
50,00	1,12387	6,050	5,041	4,247
55,00	1,13753	7,997	6,582	5,494
60,00	1,15119	10,96	8,823	7,312
65,00	1,16490	15,54	12,36	10,02
70,00	1,17861	22,94	17,96	14,32
75,00	1,19212	36,46	27,73	21,68
80,00	1,20568	62,0	45,86	34,92
85,00	1,21894	112,9	81,5	60,05
90,00	1,23220	234,6	163,6	115,3
95,00	1,24541	545	366,0	248,8
100,00	1,25828	1499	945	624

C_3H_8O Propanol

Massen %	η/mPa s bei 20°C	η/mPa s bei 30°C
10	1,59	1,17
20	2,14	1,54
30	2,62	1,85
60	3,14	2,30
80	2,79	2,09
90	2,53	1,93
100	2,20	1,72

C_5H_5N Pyridin

Massen %	η/mPa s bei 0°C	η/mPa s bei 25,08°C
10	2,46	1,11
20	3,18	1,35
30	3,89	1,59
60	5,53	2,19
80	4,08	1,91
90	2,43	1,33
100	1,32	0,89

$C_{12}H_{22}O_{11}$ Rohrzucker

Massen %	η in mPa s bei T in °C										
	0	5	10	20	30	40	50	60	70	80	90
1	1,82	1,55	1,32	1,02	0,82	0,67	0,56	0,48	0,41	0,36	0,32
5	2,04	1,72	1,47	1,13	0,90	0,74	0,61	0,52	0,45	0,39	0,35
10	2,44	2,04	1,73	1,32	1,04	0,85	0,70	0,59	0,51	0,44	0,39
20	3,72	3,09	2,60	1,92	1,47	1,18	0,96	0,80	0,68	0,59	0,51
40	14,79	11,42	9,03	5,98	4,24	3,15	2,41	1,91	1,55	1,29	1,09

9.1.1.3 Viskosität von Gasen

9.1.1.3.1 Anorganische Gase

9.1.1.3.1.1 Bei tiefen Temperaturen

Formel	$10^7 \cdot \eta$ in Pa s bei T in K						
	20	30	40	50	60	70	80
H_2	10,4	15,8	20,5	24,8	28,7	32,4	35,9
D_2	13,4	20,8	27,4	33,5	39,2	44,6	49,7
He	34,9	45,4	54,7	63,1	71,0	78,5	85,6
Ne	33,0	50,0	66,3	81,8	96,6	110,8	124,5

Formel	$10^7 \cdot \eta$ in Pa s bei T in °C					
	−200	−150	−100	−80	−50	−20
Ar	—	100	142	—	179	—
CO			112		142	157
CO_2			85,6	96,5	113	127
H_2	33	48	61	—	78	—
D_2	46,8	—	86,1	93,1	—	112,0
He	80	113	140		165	
O_2	—	97	132		163	

9.1.1.3.1.2 Bei Temperaturen ≧0°C

Formel	$10^7 \cdot \eta$ in Pa s bei T in °C								
	0	20	50	100	200	300	400	600	800
Ar	212	222	242	271	321	367	410	487	554
Br_2	—	157,8	—	194,2	244,0	293,5	341,7	—	—
CO	166	177	189	210	247	279	—	—	—
CO_2	137,0	146,3	160,2	182,8	225,0	264,5	298,8	360,2	413,5
CS_2	—	—	—	125,4	159,5	193,6	—	—	—
Cl_2	123,0	132,7	146,9	167,9	208,5	249,2	287,0	—	—
H_2	83,5	88,6	93,7	103,4	121,4	138,1	153,5	182,5	210,2
D_2	118	124	—	—	—	—	—	—	—
HCl	131	143	—	183	230	253	—	—	—
HJ	—	165,5	201,8	231,6	292,4	—	—	—	—
H_2S	117	124	—	159	—	—	—	—	—
He	187,5	196	206,1	228,8	269,0	306,9	342,3	407,0	466,1
J_2	—	—	—	174,7	219,8	263,9	307,7	—	—
Kr	233,4	249,6	—	306,3					
N_2	165	174	187	208	246	280	311	366	413
NH_3	90,0	98,0	112,0	131,0	169	207	251	—	—
NO	179	188	204	227	268	—	—	—	—
N_2O	137	146	160	183	225	265	—	—	—
Ne	297,2	310	—	361,7	422,0	478,2	530,6	625,3	710,0
O_2	192	203	218	244	290	—	369	435	493
SO_2	—	125,0	—	163,0	207,0	246,1	282,4	346,1	403,9
Xe	210,7	226,0	—	282,7					

9.1.1.3.2 Organische Gase

Formel	Name	$10^7 \cdot \eta$ in Pa s bei T in °C								
		0	20	50	100	120	160	200	250	300
CCl_2F_2	Dichlordifluor-methan		—	122,7	135	—	—	—		
CCl_4	Tetrachlor-kohlenstoff	90	—	108	120	—	—	152	170	—
$CHClF_2$	Chlor-difluor-methan			136	154					
$CHCl_3$	Chloroform	—	100,0	109,5	125,0	—	—	158,5	175	191
CH_2Cl_2	Dichlormethan	—	98,5	109,0	126,5	—	—	160,0	176,5	192,5
CH_3Br	Methylbromid	—	133	146	—	180	—	—	—	—
CH_3Cl	Methylchlorid	—	106,1	117,5	135,7	144,0	—	—	—	—
CH_4	Methan	102	108	118	133	—	—	161	174	186
CH_4O	Methanol	—	—	—	—	129,0	142,8	156,3	188,3	—
C_2F_4	Tetrafluorethen		144	160	—					
C_2F_6	Hexafluoräthan		143	155	174					
C_2H_2	Ethin	96	102	111	126	132	—	—	—	—
C_2H_4	Ethen	94	101	110	126	—	—	154	166	—
C_2H_5Cl	Ethylchlorid				120	127				
C_2H_6	Ethan	86	92	101	115	—	—	142	154	—
C_2H_6O	Ethanol	75	—	—	109	—	—	137,4	151,2	164,6
C_2H_6O	Dimethylether	85	91	—	117	123	—	—	—	—
C_3H_6	Propen	78	84	96	107	112	—	—	—	—
C_3H_6O	Aceton	66	—	—	—	99	110	—	133	—
C_3H_8	Propan	75	80	88	101	—	—	125	136	144
C_3H_8O	Propanol	68	—	—	—	103	—	—	—	—
C_3H_8O	Isopropyl-alkohol	70	—	—	—	103	—	125	138	—
C_4H_{10}	Butan	69	74	—	95	100	—	—	—	—
$C_4H_{10}O$	Diethylether	68	—	—	96	—	108	—	130	—
C_5H_{12}	Pentan	62	—	—	—	91	100	—	119	—
C_6H_6	Benzol	68	74	92	—	—	111	121	134	147
C_6H_{12}	Cyclohexan	76,4	—	—	87,3	—	—	108,6	119,0	129,2
C_6H_{14}	Hexan	59	—	—	—	87	96	—	114	—
C_7H_8	Toluol	—	—	—	89,1	—	—	112,1	122,7	—

9.1.1.3.3 Viskosität von reinen Gasen I und II und Gasgemischen I und II in Abhängigkeit von der Temperatur

I — II	T/°C	reines II	Gasgemisch I und II								reines I
		$10^7 \cdot \eta$ in Pa s	Vol.-% I	$10^7 \cdot \eta$ in Pa s	Vol.-% I	$10^7 \cdot \eta$ in Pa s	Vol.-% I	$10^7 \cdot \eta$ in Pa s	Vol.-% I	$10^7 \cdot \eta$ in Pa s	$10^7 \cdot \eta$ in Pa s
Ar—H_2	20	87,5	34,85	185,7	37,38	189,5	55,43	205,6	70,58	214,0	221,1
	100	102,9		223,8		227,5		248,8		258,6	268,4
	200	121,1		263,6		269,7		294,8		307,0	320,8
	250	129,6		282,6		289,4		316,4		331,0	344,6
Ar—He	20	197,3	50,94	229,6	61,80	229,1	65,95	227,8	—	—	221,1
	100	232,0		275,0		274,5		273,6		—	268,4
	200	271,5		—		325,0		—		—	320,8
	250	290,3		—		348,8		—		—	344,8
Ar—Ne	20	309,2	26,80	280,8	60,91	250,4	74,20	240,1	—	—	221,3
	100	362,3		331,3		299,0		288,5		—	269,3
	200	422,0		389,0		352,9		341,3		—	322,2
	250	450,1		415,0		379,3		365,8		—	346,0
CH_4—C_2H_6	20	90,9	19,03	93,75	48,74	98,6	56,70	99,9	81,16	104,55	108,7
	100	114,2		117,4		122,6		123,9		128,8	133,1
	200	140,85		144,2		149,6		151,1		156,2	160,3
	250	152,6		155,95		161,4		163,0		168,2	172,4
CH_4—C_3H_8	20	80,1	16,59	83,1	36,17	87,8	63,16	94,8			108,7
	100	100,8		104,2		110,05		118,2	—		133,1
	200	125,3		129,1		135,5		144,05	—		160,3
	250	136,3		140,3		146,5		155,3	—		172,5
CH_4—H_2	20	87,6	7,77	9,55	39,78	108,6	51,45	109,8	71,72	109,9	108,7
	100	103,25		113,2		130,6		132,8		133,7	133,1
	200	121,25		133,75		155,1		158,65		160,2	160,3
	250	129,6		142,3		166,2		169,9		171,8	172,5
CH_4NH_3	14,5	96,6	20	102,5	40	106,3	60	108,5	80	109,1	107,7
CO—N_2	26,9	177,6	22,20	177,8	60,30	178,1	77,11	178,1	81,54	178,2	178,1
	126,9	218,3		218,4		218,3		219,3		218,6	219,0
	226,9	254,8		255,1		255,8		255,5		256,0	256,0
	276,9	271,4		272,1		271,9		272,2		272,1	272,7

9.1.1.3.3 Viskosität von reinen Gasen I und II und Gasgemischen I und II in Abhängigkeit von der Temperatur (*Fortsetzung*)

I — II	T/°C	reines II	Gasgemisch I und II								reines I
		$10^7 \cdot \eta$ in Pa s	Vol.-% I	$10^7 \cdot \eta$ in Pa s	Vol.-% I	$10^7 \cdot \eta$ in Pa s	Vol.-% I	$10^7 \cdot \eta$ in Pa s	Vol.-% I	$10^7 \cdot \eta$ in Pa s	$10^7 \cdot \eta$ in Pa s
$CO—O_2$	26,9	205,7	18,06	201,2	22,67	199,8	40,73	194,8	57,99	190,0	
			76,63	184,1	82,28	182,4					177,6
	126,9	256,8	18,06	250,1	22,67	248,2		240,7		243,3	
			76,63	226,8	82,28	225,0					218,3
	226,9	301,7	18,06	292,8	22,67	290,8		282,2		274,1	
			76,63	265,0	82,28	262,6					254,8
$CO_2—H_2$	26,9	89,1	11,12	123,2	21,50	137,0	40,54	147,8	58,71	150,6	
			80,07	150,1	88,21	150,2					149,3
	126,9	108,1	11,12	152,6	21,50	171,3		187,8		193,3	
			80,07	194,5	88,21	195,1					194,4
	226,9	125,6	11,12	178,3	21,50	202,6		223,9		232,1	
			80,07	235,8	88,21	236,0					235,3
	276,9	134,1	11,12	190,4	21,50	217,3		247,1		250,6	
			80,07	254,2	88,21	255,4					555,6
$CO_2—HCl$	18,0	142,6	20	145,3	40	147,3	60	148,3	80	148,1	146,4
$CO_2—NO$	26,9	148,8	19,97	—	40,24	149,4	60,33	149,5	80,97	149,0	
			89,13	149,5							149,3
	126,9	149,3	19,97	194,2		195,0		195,0		194,1	
			89,13	194,5							194,4
	226,9	235,5	19,97	235,7		236,5		236,5		235,8	
			89,13	235,8							235,3
	276,9	255,5	19,97	255,5		256,2		256,4		255,1	
			89,13	235,5							255,6
$CO_2—SO_2$	15,8	124,3	20	129,9	40	134,6	60	138,8			145,8
$C_2H_4—N_2$	26,9	178,1	8,00	171,5	24,05	157,4	56,95	130,08	76,21	116,9	103,3
	126,9	219,0		210,8		195,6		165,5		149,1	134,8
	226,9	256,0		246,4		229,2		196,3		178,6	162,2
	276,9	272,7		263,6		245,3		210,8		192,1	175,3
$C_2H_4—NH_3$	20	98,2	11,33	100,1	19,29	101,3	30,39	102,2	48,28	103,0	100,8
			70,07	102,7	89,04	101,5					
	100	127,9	11,33	129,4	19,29	130,1		130,4		130,3	125,7
			70,07	129,1	89,04	126,9					

	200	164,6	11,33	164,7	19,29	164,8		163,9		162,2	154,1
			70,07	159,5	89,04	156,1					
	250	181,3	11,33	180,9	19,29	180,5		179,1		176,4	166,6
			70,07	172,9	89,04	168,9					
C_2H_4—O_2	20	201,9	13,06	185,4	41,45	152,9	60,81	134,1	77,03	119,8	101,0
	50	218,1		200,4		165,8		145,6		130,8	110,7
	100	243,3		224,3		186,5		164,5		147,9	126,2
C_2H_6—C_3H_8	20	80,1	15,26	81,45	25,63	82,8	43,27	84,1			90,9
	100	100,8		102,5		103,9		105,8			114,2
	200	125,3		127,2		129,8		131,3			140,9
	250	136,25		138,2		140,1		142,5			152,6
C_2H_6—H_2	20	87,6	14,32	99,5	14,85	99,3	49,10	98,8	55,00	97,75	90,9
	100	103,25		119,4		118,9		121,6		120,8	114,2
	200	121,25		141,75		141,2		146,9		146,65	140,85
	250	129,6		151,7		151,1		158,6		158,3	152,6
C_3H_8—H_2	26,9	89,1	7,75	97,0	12,50	98,7	21,18	98,5	41,82	92,4	81,7
			62,96	87,36	81,79	83,6					
	126,9	108,1	7,75	119,4	12,50	122,1		123,3		117,2	107,0
			62,96	113,0	81,79	109,1					
	226,9	125,6	7,75	139,2	12,50	143,3		145,9		141,7	130,8
			62,90	136,6	81,79	132,4					
	276,9	134,7	7,75	148,5	12,50	153,6		156,6		152,9	142,2
			62,96	147,8	81,79	143,8					
H_2—He	20	197,4	55,20	131,7	60,69	125,2	69,18	116,6			87,5
	100	232,0		155,1		147,8		138,3	—		102,9
	200	271,5		181,7		172,8		161,9	—		121,1
	250	290,3		193,9		185,2		173,2	—		129,6
H_2—NH_3	20	98,2	9,95	100,4	29,13	104,7	48,23	108,0	70,25	108,7	87,7
			77,61	107,2	89,18	101,1					
	100	127,9	9,95	129,9	29,13	133,3		135,4		132,9	103,0
			77,61	129,9	89,18	120,4					
	200	164,6	9,95	166,0	29,13	168,0		167,6		161,0	121,1
			77,61	156,0	89,18	143,2					
	250	181,3	9,95	182,5	29,13	183,7		182,3		173,7	129,6
			77,61	167,8	89,18	—					

9.1.1.3.3 Viskosität von reinen Gasen I und II und Gasgemischen I und II in Abhängigkeit von der Temperatur (*Fortsetzung*)

I II	T/°C	reines II	Gasgemisch I und II								reines I
		$10^7 \cdot \eta$ in Pa s	Vol.-% I	$10^7 \cdot \eta$ in Pa s	Vol.-% I	$10^7 \cdot \eta$ in Pa s	Vol.-% I	$10^7 \cdot \eta$ in Pa s	Vol.-% I	$10^7 \cdot \eta$ in Pa s	$10^7 \cdot \eta$ in Pa s
H_2—NO	26,9	148,8	39,89	148,1	59,61	145,1	78,57	134,8	91,10	120,1	89,1
	126,9	194,3		190,7		184,9		168,4		148,4	108,1
	226,9	235,5		229,2		220,6		199,0		170,4	125,6
	276,9	255,5		247,7		237,6		213,7		186,3	134,1
H_2—Ne	20	309,2	25,20	287,2	46,09	242,7	77,15	168,4	88,95	130,1	87,5
	100	362,3		326,9		284,5		198,1		152,9	102,9
	200	422,0		380,7		332,7		231,9		179,5	121,1
	250	450,1		405,4		354,0		247,6		191,7	129,6
H_2—O_2	26,9	205,7	18,35	201,9	39,45	192,5	60,30	178,4	86,33	131,4	88,9
	126,9	256,8		250,7		238,1		219,2		160,2	108,7
	226,9	301,7		295,0		279,0		255,6		186,7	125,9
	276,9	322,0		314,7		297,8		273,3		199,1	138,1
He—Ne	20	309,2	26,59	297,1	56,24	270,2	76,21	242,9			194,1
	100	362,3		347,9		317,1		284,6			228,1
	200	422,0		405,6		370,2		332,7			267,2
	250	450,1		431,0		—		355,5			285,3
N_2—NH_3	20	98,2	11,17	109,2	28,53	125,4	43,62	138,3	88,89	169,0	174,5
	100	127,9		139,8		156,9		171,0		203,1	208,5
	200	164,6		176,8		194,6		208,5		240,8	246,2
	250	181,3		193,9		211,2		225,2		257,2	262,7
N_2—NO	20	188,2	30,52	183,3	41,63	182,7	73,26	177,8			174,7
	100	227,2		222,2		220,9		213,2			208,4
N_2—O_2	26,9	205,7	18,64	200,8	24,08	199,5	58,93	189,4	78,22	184,3	178,1
	126,9	256,8		248,9		148,0		234,5		227,5	219,0
	226,9	301,7		292,0		290,9		274,1		265,8	256,0
	276,9	322,0		—		310,9		293,2		284,0	272,7
NH_3—O_2	20	202,3	13,51	192,4	47,86	160,4	70,79	135,0	87,55	114,3	98,2
	100	244,0		232,6		197,2		168,9		145,9	127,9
	200	290,2		277,3		239,0		208,5		184,0	164,6

9.1.2 Viskosität bei hohen Drücken

9.1.2.1 Elemente

Ar[a]	$10^{-5}\cdot p$	1,02	5,11	10,15	20,46	30,51	40,87	51,55	Pa
	$10^{7}\cdot\eta(20°)$	223,0	223,8	224,9	227,1	229,7	232,6	236,1	Pa s
H_2[b]	$10^{-5}\cdot p$	12,1	32,9	61,6	81,1	112,9	140,0		Pa
	$10^{7}\cdot\eta(50°)$	72,8	73,3	73,9	74,4	75,4	76,2		Pa s
	$10^{-5}\cdot p$	10,2	29,3	50,5	90,1	112,4	136,5		Pa
	$10^{7}\cdot\eta(0°)$	83,8	84,0	84,4	85,0	85,5	86,2	86,9	Pa s
	$10^{-5}\cdot p$	26,5	55,2	84,2	115,4	147,5	177,8		Pa
	$10^{7}\cdot\eta(25°)$	89,0	89,5	90,0	90,5	91,3	92,5		Pa s
	$10^{-5}\cdot p$	13,6	30,1	53,4	85,5	119,6	140,4		Pa
	$10^{7}\cdot\eta(150°)$	115,1	114,5	114,4	114,6	114,8	115,0		Pa s
D_2[b]	$10^{-5}\cdot p$	14,5	29,8	52,2	79,8	106,6	124,0		Pa
	$10^{7}\cdot\eta(50°)$	103,9	104,2	105,1	105,8	107,2	107,6		Pa s
	$10^{-5}\cdot p$	17,4	36,1	66,9	92,0	117,7	140,3		Pa
	$10^{7}\cdot\eta(0°)$	119,9	120,3	121,2	121,8	122,5	123,3	162,5	Pa s
	$10^{-5}\cdot p$	18,1	37,8	54,8	73,2	100,6	127,1		Pa
	$10^{7}\cdot\eta(25°)$	127,6	128,0	128,3	128,8	129,5	130,2	130,9	Pa s
	$10^{-5}\cdot p$	14,8	38,0	69,3	92,5	117,9	159,4		Pa
	$10^{7}\cdot\eta(150°)$	163,5	163,5	163,8	164,0	164,3	165,0		Pa s
He[a]	$10^{-5}\cdot p$	1,06	6,09	13,01	21,84	32,45	43,00	64,24	Pa
	$10^{7}\cdot\eta(20°)$	196,0	196,2	196,0	196,1	196,0	196,0	196,1	Pa s
N_2	$10^{-5}\cdot p$	101	203	304	405	507	811		Pa
	$10^{7}\cdot\eta(25°)$	199	230	265	303	341	451		Pa s
	$10^{7}\cdot\eta(50°)$	209	233	262	297	331	430		Pa s
	$10^{7}\cdot\eta(100°)$	228	248	270	293	319	344		Pa s
Ne[b]	$10^{-5}\cdot p$	1,03	10,28	20,01	30,59	40,59	49,96		Pa
	$10^{7}\cdot\eta(20°)$	314,1	314,8	315,0	315,4	315,7	316,0		Pa s
O_2	$10^{-5}\cdot p$	1,01	101	203	304	405	507	811	Pa
	$10^{7}\cdot\eta(25°)$	208	248	289	333	381	430	583	Pa s
	$10^{7}\cdot\eta(50°)$	221	259	297	334	378	420		Pa s
	$10^{7}\cdot\eta(100°)$	244	279	309	340	—			Pa s

[a] Nach Kestin, J., u. A. Nagashima: J. Chem. Phys. 40, 3649 (1964).
[b] Nach Barna, A. K., M. Afzal, G. P. Flynn u. J. Ross: J. Chem. Phys. 41, 374 (1964).

9.1.2.2 Mischungen von Elementen bei 20°C[1]

Ar—Ne											
Mol % Ar 66,8	$10^{-5}\cdot p$	1,04	5,11	10,25	15,22	20,38	45,49	45,48			Pa
	$10^{7}\cdot\eta$	247,9	248,5	248,9	249,9	250,6	251,3	253,1			Pa s
Mol % Ar 40,2	$10^{-5}\cdot p$	1,03	7,97	14,95	21,84	29,01	35,90				Pa
	$10^{7}\cdot\eta$	271,6	272,2	273,0	273,6	274,3	275,3				Pa s
He—Ne											
Mol % He 94,9	$10^{-5}\cdot p$	1,08	7,91	16,60	25,21	32,60					Pa
	$10^{7}\cdot\eta$	208,8	208,9	208,8	208,7	208,6					Pa s
Mol % He 84,6	$10^{-5}\cdot p$	1,07	8,19	15,22	23,42	31,77					Pa
	$10^{7}\cdot\eta$	230,3	230,5	230,5	230,4	230,5					Pa s
Mol % He 65,0	$10^{-5}\cdot p$	1,05	8,14	16,18	25,35	31,90					Pa
	$10^{7}\cdot\eta$	261,8	262,3	262,2	262,2	262,0					Pa s
Mol % He 43,3	$10^{-5}\cdot p$	1,04	5,15	9,77	14,95	20,11	25,21	30,30	34,38	37,10	Pa
	$10^{7}\cdot\eta$	285,5	285,7	285,8	285,9	285,9	286,1	286,1	286,2	286,3	Pa s
Mol % He 25,9	$10^{-5}\cdot p$	1,04	5,10	10,25	15,22	20,32	24,98	30,52	35,55	39,24	Pa
	$10^{7}\cdot\eta$	299,5	299,6	299,7	299,7	299,9	300,0	300,2	300,4	300,4	Pa s

[1] Nach Kestin, J., u. A. Nagashima: J. Chem. Phys. 40, 3649 (1964).

9.1.2.3 Anorganische Verbindungen

Viskosität des flüssigen und dampfförmigen CO_2 beim Sättigungsdruck p_s

T	−15	−10	0	10	20	30	31	°C
$10^{-5}\cdot p_s$	22,89	26,47	34,85	45,06	57,27	71,92	73,51	Pa
$10^7\cdot\eta_{fl}$	1202	1156	1047	903	729	494	328	Pa s
$10^7\cdot\eta_d$	172	174	180	191	211	245	328	Pa s

CO_2 Viskosität bei 25°C

$10^{-5}\cdot p$	10,96	29,12	45,58	54,75	62,87	65,92		Pa
$10^7\cdot\eta$	150,7	155,1	163,8	175,4	201,3	613		Pa s
$10^{-5}\cdot p$	75,58	111,1	182,9	311,4	529,8	875,8	1341	Pa
$10^7\cdot\eta$	648	760,6	920,6	1121	1386	1739	2188	Pa s

NH_3 (zum Teil im fl. Zustand)

T/°C	$10^7\cdot\eta$ in Pa s bei $10^{-5}\cdot p$ in Pa						
	1,0	13,8	27,6	55,1	69	138	207
37,8	106,53	104,62	1171,98	1199,61	1211,05	1259,79	1301,35
71,1	119,60	117,69	116,82	865,56	876,95	924,06	971,08
104,4	132,72	130,81	130,14	133,58	597,53	678,11	736,14
137,8	145,70	143,83	143,49	146,37	149,53	390,69	528,58
204,4	171,65	169,68	169,73	171,65	173,56	189,12	224,65

SO_2[a] (zum Teil im fl. Zustand)

T/°C	$10^7\cdot\eta$ in Pa s bei $10^{-5}\cdot p$ in Pa								
	0,49	0,98	1,96	2,94	3,92	4,90	5,88	6,86	7,85
−20	105	4900	5020	5100	5150	5200	5230	5260	5280
−10	109	112	4500	4600	4670	4720	4770	4810	4850
0	113	117	3920	4020	4100	4160	4210	4250	4280
10	118	122	130,5	3380	3470	3530	3580	3620	3660
20	124	126	132,5	145	2790	2870	2930	2980	3020
30	129	131	134	139	152	—	—	—	—
40	136	137	140	144	151	162	176,5	—	—

[a] Bei $p_{sätt}$ s. Bd. II Anorganische Verbindungen.

CO[a]

$10^{-5}\cdot p$	13,66	25,3	50,7	76,0	90,39	101,3	Pa
$10^7\cdot\eta$(50°C)	142,5	144,6	152,8	164,2	172,6	178,3	Pa s
$10^{-5}\cdot p$	17,61	33,27	53,84	84,30	104,60		Pa
$10^7\cdot\eta$(0°C)	167,9	170,7	175,1	184,2	191,6		Pa s
$10^{-5}\cdot p$	25,77	55,04	88,46	117,25	152,32	176,37	Pa
$10^7\cdot\eta$(25°C)	181,0	186,8	194,6	202,5	214,3	223,3	Pa s
$10^{-5}\cdot p$	30,37	61,34	91,25	124,40	154,98	176,31	Pa
$10^7\cdot\eta$(75°C)	203,9	208,6	216,1	224,2	230,8	236,4	Pa s

[a] Nach Barua, A. K., M. Afzal, G. P. Flynn u. J. Ross: J. Chem. Phys. 41, 374 (1964) (Auszug).

9.1.2.4 Organische Verbindungen

CCl_2F_2[a]

$10^{-5} \cdot p$	1,01	3,7	5,4		Pa
$10^{7} \cdot \eta(25°C)$	125,2	131,1	139,0		Pa s
$10^{-5} \cdot p$	1,01	5,4	11,1		Pa
$10^{7} \cdot \eta(50°C)$	130,1	140,4	157,1		Pa s
$10^{-5} \cdot p$	1,01	5,7	10,2	16,1	Pa
$10^{7} \cdot \eta(100°C)$	143,8	148,0	157,6	172,8	Pa s
$10^{-5} \cdot p$	1,01	5,8	10,1	14,7	Pa
$10^{7} \cdot \eta(200°C)$	172,3	176,2	179,4	185,3	Pa s

[a] Siehe auch S. 692, letzte Tabelle.

$CHClF_2$

$10^{-5} \cdot p$	1,01	3,4	6,0	8,8		Pa
$10^{7} \cdot \eta(25°C)$	129,3	135,5	146,1	159,3		Pa s
$10^{-5} \cdot p$	1,01	5,4	9,3	15,7		Pa
$10^{7} \cdot \eta(50°C)$	136,3	145,0	154,5	171,0		Pa s
$10^{-5} \cdot p$	1,01	4,7	9,3	13,8	18,3	Pa
$10^{7} \cdot \eta(100°C)$	153,8	157,6	162,3	170,8	181,8	Pa s
$10^{-5} \cdot p$	1,01	5,4	9,3	14,0	19,0	Pa
$10^{7} \cdot \eta(200°C)$	186,1	188,3	191,0	195,0	201,5	Pa s

$CHCl_2F$

10^{-5}	1,01			Pa
$10^{7} \cdot \eta(25°C)$	114,3			Pa s
$10^{-5} \cdot p$	1,01	1,76	3,5	Pa
$10^{7} \cdot \eta(50°C)$	122,7	125,3	132,2	Pa s
$10^{-5} \cdot p$	1,01	3,4	6,3	Pa
$10^{7} \cdot \eta(100°C)$	135,0	139,9	146,3	Pa s
$10^{-5} \cdot p$	1,01	3,7	6,3	Pa
$10^{7} \cdot \eta(150°C)$	148,6	151,2	156,4	Pa s

CH_3Cl. Die Werte oberhalb der Trennungslinie beziehen sich auf flüssiges CH_3Cl

T/°C	$10^{7} \cdot \eta$ in Pa s bei $10^{-5} \cdot p$ in Pa							
	0,49	0,98	1,96	2,94	3,92	4,90	5,89	6,86
−20	87	93	3155	3215	3255	3285	3310	3325
−10	94	97	3030	3090	3140	3180	3205	3220
0	97	100	107	2960	3010	3050	3080	3095
10	102	103	106	113	2835	2880	2915	2935
20	107	108	109	113	119,5	2700	2735	2750
30	111	111	112	114	118,5	126,5	140	2540

CH_4[1]

$10^{-5} \cdot p$	20,3	60,8	81,1	121,6	141,9	162,1		Pa
$10^{7} \cdot \eta(-50°C)$	88,2	108,8	135,3	216,4	250,1	273,1		Pa s
$10^{-5} \cdot p$	14,2	26,2	49,4	70,1	98,9	133,5	168,9	Pa
$10^{7} \cdot \eta(0°C)$	104,1	106,4	112,6	120,1	134,5	158,0	184,9	Pa s
$10^{-5} \cdot p$	29,0	55,4	79,8	115,0	159,3	177,5		Pa
$10^{7} \cdot \eta(25°C)$	114,8	121,2	129,2	143,8	167,3	177,1		Pa s
$10^{-5} \cdot p$	11,8	28,5	56,8	85,0	127,2	157,9	172,3	Pa
$10^{7} \cdot \eta(150°C)$	150,6	152,3	156,2	160,6	168,3	175,0	178,3	Pa s

[1] Nach Barna, A. K., M. Afzal; G. P. Flynn und J. Ross: J. Chem. Phys. 41, 374 (1964) (Auszug).

Verbindung	T/°C	η in μPa s bei 10^{-5}·p in Pa						
		1	500	1000	1500	2000	2500	3000
C_2H_6O Ethanol	0	1,780	2,395	3,100	3,800	4,660	5,550	—
	15	1,340	1,828	2,293	2,755	3,228	3,710	—
	30	1,020	1,317	1,608	1,840	2,250	2,610	2,910
$C_4H_{10}O$	0	—	0,400	0,535	0,674	0,858	1,061	1,345
Diethylether	17	—	0,382	0,472	0,585	0,760	0,935	1,172
	34	—	0,325	0,415	0,495	0,643	0,800	0,996

C_3H_8 Propan[a]

10^{-5}·p in Pa	10^7·η in Pa s bei T in °C							
	21,1	37,8	54,4	71,1	87,8	104,4	137,0	237,8
1,01	80	85	89	93	98	102	110	133
6,90	81	86	91	96	100	105	114	135
13,9	1010	849	93	98	102	107	116	137
27,8	1040	877	725	562	112	116	123	141
34,50	1055	891	741	588	127	125	129	143
69,4	1125	956	814	682	560	432	208	162
103	1189	1017	877	753	643	543	362	197
138	1247	1074	935	815	705	615	453	240
207	1351	1176	1037	922	815	725	575	327

[a] Siehe auch die letzte Tabelle dieses Abschnitts 9.1.2.4.

C_4H_{10} Butan und 2-Methyl-propan[a]

T/°C	10^7·η in Pa s bei 10^{-5}·p in Pa								
	1,01	1,38	2,76	4,13	6,9	13,8	27,6	69	138
Butan									
37,8	78,4	78,7	82,1	—	—	1486	1506	1565	1637
54,4	82,6	83,1	85,3	88,2	—	1248	1272	1332	1398
71,1	86,9	87,4	89,1	91,7	98,3	1034	1058	1120	1190
87,8	91,0	91,4	93,3	95,8	101	836	862	930	1009
104,4	94,7	95,3	97,8	99,8	104	125	—	—	—
2-Methylpropan									
37,8	76,5	77,5	79,2	82,1	—	1334	1376	1456	1554
54,4	79,5	80,2	81,8	84,2	89,8	1071	1102	1186	1297
71,1	82,6	83,1	85,2	87,3	92,5	896	928	1011	1006
87,8	85,7	86,6	88,7	91,1	95,7	117	780	862	954
104,4	88,7	89,8	92,1	94,2	99,5	114	—	—	—

[a] Siehe auch die nächste Tabelle.

Verbindung		T/°C	10^7·η in Pa s bei 10^{-5}·p in Pa						
			0[a]	2000	4000	6000	8000	10000	12000
CCl_2F_2		30	0,3	0,76	1,43				
C_3H_6	Propen	30	0,1	0,31	0,53	0,79	1,12	1,55	2,08
C_3H_8	Propan	30	0,1	0,38	0,70	1,08	1,57	2,21	—
C_4H_{10}	Butan	30	0,1	0,56	1,06	1,85	2,93	4,55	—
	2-Methyl-propan	30	0,1	0,64	1,29	2,28	3,85	—	—
C_5H_{12}	Pentan	30	0,2	0,73	1,54	2,82	4,77	—	—

[a] Extrapoliert.

In den folgenden Abbildungen ist $\lg \eta + 1$ (η in $10^7 \cdot$ Pa s) in Abhängigkeit von p in kbar für Temperaturen zwischen 25° und 80°C angegeben. (Nach E. Kuss, Z. Angew. Phys. 7 (1955), 372.)

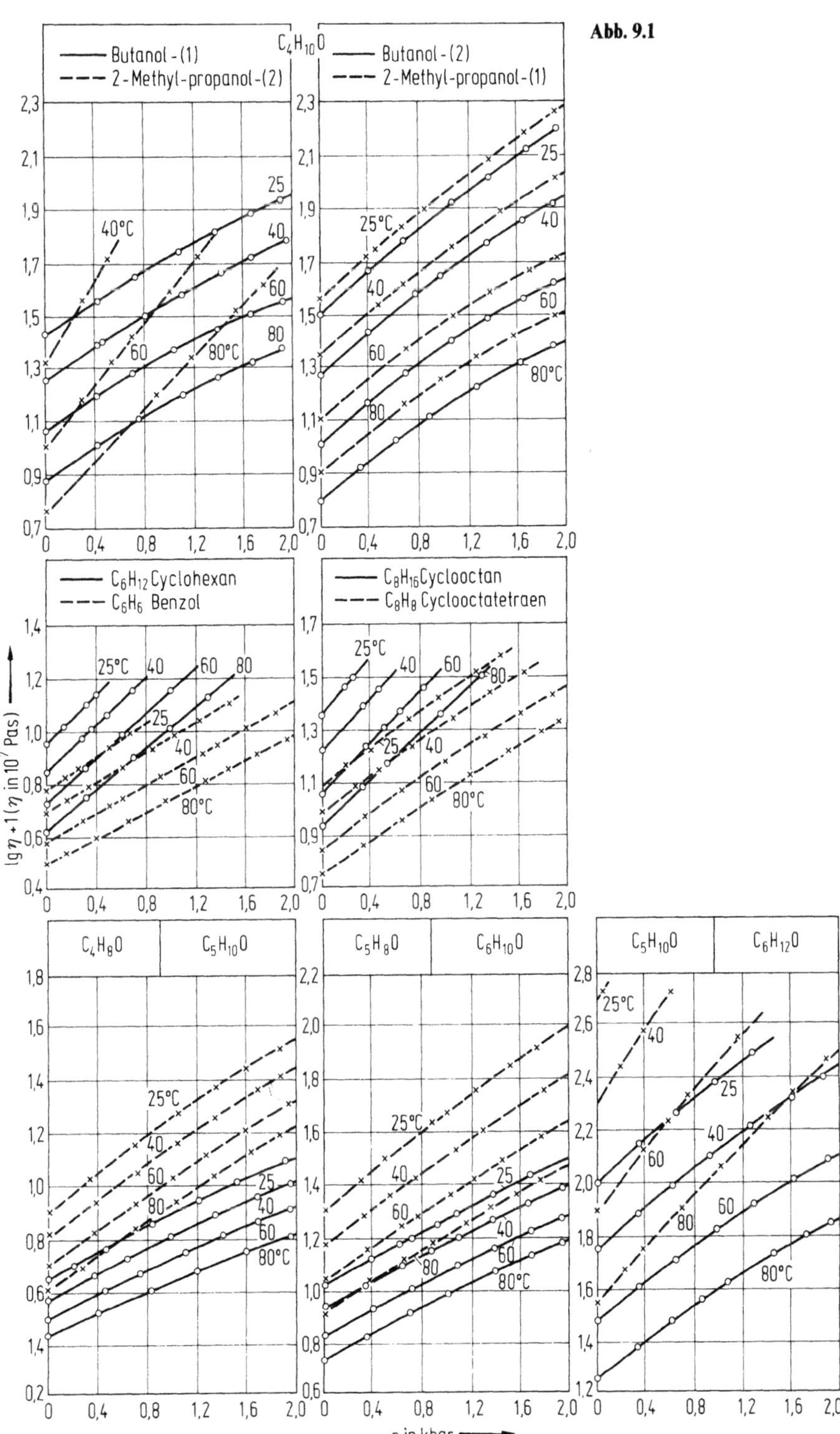

Abb. 9.1

9.2 Diffusion

Die Diffusion ist definiert über das erste Ficksche Gesetz

$$dn/dt = \dot{n} = -DA\nabla C; \quad J = -D\nabla C$$

$$\text{mit } \nabla = (\partial/\partial x)i + (\partial/\partial y)j + (\partial/\partial z)k.$$

J ist der Materiestrom (Zahl der Teilchen, die in der Zeiteinheit durch die Einheitsfläche transportiert werden) und ∇C der Konzentrationsgradient. D ist der Diffusionskoeffizient. Für die eindimensionale Diffusion vereinfachen sich die Gleichungen zu

$$dn/dt = \dot{n} = -DA\,dC/dx; \quad J = -D\,dC/dx.$$

Die Änderungsgeschwindigkeit der Konzentration C an einer Stelle, an der der Konzentrationsgradient ∇C (oder dC/dx im eindimensionalen Fall) beträgt, ist durch das zweite Ficksche Gesetz gegeben:

$$(\partial C/\partial t) = D\nabla^2 C$$

$$\text{mit } \nabla^2 = (\partial^2/\partial x^2) + (\partial^2/\partial y^2) + (\partial^2/\partial z^2).$$

Für den eindimensionalen Fall ergibt sich

$$(\partial C/\partial t) = D(\partial^2 C/\partial x^2)$$

Diese Gleichungen erlauben die Bestimmung des Diffusionskoeffizienten bei bestimmten Anfangs- und Grenzbedingungen.
Der Diffusionskoeffizient wird üblicherweise angegeben in den Einheiten m^2/s oder cm^2/s.
Die Temperaturabhängigkeit des Diffusionskoeffizienten wird oft durch die Exponentialgleichung

$$D = D_0 \exp(-E/RT)$$

wiedergegeben, wobei E die scheinbare Aktivierungsenergie der Diffusion und D_0 der Diffusionskoeffizient für $T = \infty$ ist.

9.2.1 Diffusion zwischen zwei kondensierten Phasen

In homogenen festen Phasen erfolgt der Konzentrationsausgleich (Diffusion) durch Platzwechsel der Gitterbausteine unter Benutzen von Fehlstellen im Gitter oder Zwischengitterplätzen. In polykristallinen Stoffen findet die Diffusion sowohl entlang der Korngrenze als auch im Volumen statt. Die Werte dafür sind verschieden.
Bei älteren Arbeiten ist angenommen, daß der Diffusionskoeffizient (D) unabhängig von der Konzentration ist. Man hat also einen integralen Diffusionskoeffizienten bestimmt. Die neueren Methoden liefern einen differentiellen Diffusionskoeffizienten, der nur in engeren Bereichen gültig ist. Der integrale Diffusionskoeffizient gibt etwa das Mittel aus den differentiellen Diffusionskoeffizienten in demselben Gebiet.
Die Tabelle ist wie folgt angeordnet: Spalte 1 gibt die Komponenten des untersuchten Systems (flüssiger Aggregatzustand durch l gekennzeichnet). Spalte 2 gibt das bei der Diffusion wandernde experimentell bestimmte Element an. Bei der Verwendung radioaktiver Isotopen sind diese durch Fettdruck hervorgehoben, und soweit bekannt die Massenzahl angegeben. ch in dieser Spalte bezeichnet, daß Interdiffusion chemisch bestimmt ist. Spalte 3 gibt die Konzentration der diffundierenden Komponente in Mol-% an. $1/\infty$ bedeutet eine Konzentration kleiner als 0,1 Mol-%. Außerdem ist die 1. Komponente eventuell noch weiter gekennzeichnet, z.B. EK Einkristall oder Richtung der Wanderung usw. (s. Abkürzungen). In Spalte 4 ist der Temperaturbereich angegeben, in dem die in Spalte 5 und 6 gebrachten Zahlenwerte der Konstanten der Gleichung $D = D_0 e^{-E/RT}$ Gültigkeit haben.

Abkürzungen

Dg Korngrenzendiffusion
Dv Volumdiffusion
EK Einkristall
Fs Fehlstellen
gst. gesättigt
PD Packungsdichte
PK Polykristallin

9.2.1.1 Metallische Lösungen[a]

System	Nachweis	X_2 in Mol %	$T_1 \ldots T_2$ in °C	$\frac{D_0}{cm^2 s^{-1}}$	$\frac{E}{kJ/mol}$
Ag—Au	^{198}Au	EK 1/∞	650...960	0,32	192
	ch	0...20	620...940	$1{,}25 \cdot 10^{-3}$	134
	^{198}Au	25	656...910	$6{,}4 \cdot 10^{-2}$	179
		49,2	760...970	0,12	184,5
	ch	46...55	720...970	0,14	174,5
	^{198}Au	75	717...992	$4{,}1 \cdot 10^{-2}$	170,5
Ag—Cu	^{64}Cu	EK 1/∞	710...950	1,23	193
	ch	0...2	760...900	$(6 \cdot 10^{-5})$	(104)
	^{110}Ag	1,75	750...850	0,66	188
		6,55	700...850	0,51	182
Ag—Ge	^{71}Ge	1/∞	675...850	$8{,}4 \cdot 10^{-2}$	153
	^{110}Ag	1,5 Ge	700...850	0,55	184,5
		3,0 Ge	700...850	1,6	190
		5,5 Ge	700...775	2,18	185
Ag—Pb	^{200}Pb	1/∞	700...800	0,22	159,7
		0,25 Pb	700...800	0,22	158,4
	^{110}Ag	0,21 Pb	700...800	0,22	178
		1,3 Pb	700...800	0,70	182
	^{200}Pb	1,3 Pb	705...775	0,46	161,2
Ag—Sb	^{124}Sb	1/∞	460...950	0,17	160,5
Ag—Tl	^{204}Tl	1/∞	645...800	0,15	158,5
Al—Co	^{60}Co	1/∞	359...629	$1{,}1 \cdot 10^{-6}$	83,5
Al—Cr	Cr	1/∞	250...605	$3{,}0 \cdot 10^{-7}$	64,5
Al—Cu	ch	0...0,2[b]	505...635	0,29	130,5
Al—Fe	^{59}Fe	1/∞	359...630	$4{,}1 \cdot 10^{-9}$	58,3
Al—Mg	ch	0,1	395...535	$8{,}3 \cdot 10^{-2}$	111
	ch	2,2	395...535	13,8	146
Al—Mg, l	ch	0...100	700...800	0,175	71
Al—Mn	^{54}Mn	1/∞	450...650	0,22	121
Al—Ni	^{63}Ni	1/∞	359...626	$2{,}9 \cdot 10^{-8}$	65,7
Al—Ni, l	ch	0...11	800...1000	$1{,}7 \cdot 10^{-3}$	33,5
Al—Si	ch	0,05	450...600	0,48	125
		0,4	450...600	20,5	158
Al—Zn	^{65}Zn	1/∞	405...654	1,1	129,5
		4,3	360...610	0,35	118,5
		9,2	360...575	0,20	113
		16,7	360...525	0,10	105
		36,9	360...450	0,16	101
		49,4	360...440	$4{,}8 \cdot 10^{-2}$	92
		62,9	360...405	$1{,}2 \cdot 10^{-2}$	84
Al—Zn, l	ch	0...66	700...800	$1{,}9 \cdot 10^{-2}$	46
Au—Ag	ch	0...8,8	800...1020	$4{,}7 \cdot 10^{-2}$	161
Au—Cu	ch	0...25	440...750	$1{,}2 \cdot 10^{-3}$	119
Au—Fe	^{59}Fe	1/∞	701...948	$8{,}2 \cdot 10^{-2}$	174
Au—Pd	ch	0...17	725...970	$1{,}4 \cdot 10^{-3}$	158
Bi—Pb, l	^{210}Pb	0,26	280...415	$1{,}2 \cdot 10^{-1}$	40,5
Cd—Au	^{198}Au	50	300...590	0,17	117
	^{115}Cd	50	300...590	0,23	118
Co—Fe	^{55}Fe	1/∞	1104...1406	0,21	262
α	Co	50	840...925	$2{,}6 \cdot 10^{-6}$	115
γ	Co	50	1000...1250	$1{,}1 \cdot 10^{-4}$	175
Co—Ni	^{63}Ni	1/∞	772...1048	0,34	269,5
		1/∞	1190...1300	0,17	260

[a] Nach Landolt-Börnstein, 6. Aufl., Bd. II/5, Beitrag Kubaschewski.
[b] Unabhängig von C.

9.2.1.1 Metallische Lösungen (*Fortsetzung*)

System	Nachweis	X_2 in Mol %	$T_1 \ldots T_2$ in °C	$\frac{D_0}{cm^2 s^{-1}}$	$\frac{E}{kJ/mol}$
Cr—Fe	^{59}Fe	16 Fe	1040...1400	$1{,}45 \cdot 10$	343
	^{51}Cr	16 Fe	1040...1400	$3{,}75 \cdot 10$	269
		31 Fe	950...1250	24,6	316
	^{59}Fe	49 Fe	1040...1400	$2{,}5 \cdot 10^2$	313
	^{51}Cr	49 Fe	950...1250	$4{,}0 \cdot 10^1$	294
	^{59}Fe	73 Fe	1040...1400	$1{,}95 \cdot 10^{-1}$	211
	^{51}Cr	74 Fe	950...1250	$1{,}55 \cdot 10^{-1}$	203
Cu—Ag	Ag	1/∞ Dg	250...450	$3{,}1 \cdot 10^{-6}$	72
		1/∞ Dv	700...900	$4{,}6 \cdot 10^{-2}$	170
Cu—Al	ch	2	700...905	$2{,}3 \cdot 10^{-2}$	160
Cu—Au	^{198}Au	1/∞	750...1000	0,17	194
Cu—Be	ch	1	700...850	$2{,}4 \cdot 10^{-4}$	118
Cu—Mn	^{54}Mn	1/∞	754...1069	10^7	383
Cu—Ni	^{63}Ni	1/∞	700...1075	3,0	237
Cu—Si	ch	1 Si	700...805	0,19	175
Cu—Sn	ch	1 Si	700—805	0,59	181,5
Cu—Zn	^{65}Zn	EK 1/∞	605...1050	0,34	191
	ch	25,3 Zn	770...920	$3{,}2 \cdot 10^{-2}$	136
	Zn	25,3 Zn	770...920	$3{,}8 \cdot 10^{-2}$	136
	Cu	25,3 Zn	770...920	$6{,}7 \cdot 10^{-2}$	150
Cu—Zn	^{65}Zn	26,5 Zn	795...890	0,62	172
	^{64}Cu	26,5 Zn	795...890	0,85	186,5
(β-Ms.)	^{65}Zn	44 Zn	640...870	$3{,}1 \cdot 10^{-2}$	97,7
	Cu	44 Zn	640...870	$3{,}8 \cdot 10^{-2}$	105
(γ-Ms.)	ch	58,3 Zn	375...650	$2{,}45 \cdot 10^{-2}$	98
α-Fe—Co	^{60}Co	1/∞	800...1500	6,6	259
γ-Fe—Co		1/∞	1100...1200	$3{,}0 \cdot 10^2$	365
γ-Fe—Cr	ch		950...1150	$7{,}1 \cdot 10^{-5}$	170
α-Fe—Mo	ch	1,1...1,2	930...1260	3,47	241
γ-Fe—Mo	ch	0...0,83 unabh. X	1150...1265	$6{,}8 \cdot 10^{-2}$	247
γ-Fe—Ni	^{63}Ni	1/∞	950...1400	$1{,}6 \cdot 10^{-2}$	244
		5,5	1152...1400	2,1	308
		14,3	1152...1400	5,0	317
	^{59}Fe	20	—	$7{,}1 \cdot 10^1$	331
γ-Fe—S	^{35}S	1/∞	1200...1350	2,42	223
Ge—Ag	$^{110+111}$Ag	1/∞	710...900	$4{,}4 \cdot 10^{-2}$	96
Ge—Be	Be	1/∞	720...920	0,5	241
Ge—Cd	^{115}Cd	1/∞	760...915	$1{,}75 \cdot 10^9$	426
Ge—Cu	Cu	1/∞	700...900	$1{,}9 \cdot 10^{-4}$	17,2
Ge—Fe	^{59}Fe	1/∞	775...930	0,13	105
Ge—Ni	Ni	1/∞	700...875	0,8	88
Ge—Te	^{128}Te	1/∞	770...900	5,6	234
In—Tl	Tl	PK 1/∞	50...155	0,05	65,0
Mo—Cr	^{51}Cr	17	1200...1350	4,3	305
Ni—Al	ch	0...0,17	800...970	1,1	250
Ni—Fe	Fe	1/∞	950...1125	$8{,}4 \cdot 10^{-3}$	214
Ni—Mo	ch	0...0,93	1150...1400	3,0	288
Pb—Cu, l	ch	0...3,5	478...750	$2{,}7 \cdot 10^{-4}$	12,4
γ-U—Cr	^{51}Cr	1/∞	γ-Bereich	$2{,}0 \cdot 10^{-3}$	91
U—Mo	^{234}U	10	800...1040	$2{,}5 \cdot 10^{-3}$	138
U—Nb	ch	0,5	800...996	$3{,}4 \cdot 10^{-6}$	108
		10	800...996	$2{,}4 \cdot 10^{-7}$	91
U—Ti	ch	10	950...1075	$1{,}1 \cdot 10^{-2}$	153
U—Zr	U	10	800...1040	$1{,}25 \cdot 10^{-4}$	92
W—Mo	ch	0...40	1530...2060	$6{,}3 \cdot 10^{-4}$	335
W—Th	ch	gering D_v	1720...2250	1,0	500
		D_g	1720...2250	1,1	392

9.2.1.2 Ionendiffusion in Metallverbindungen[a]

Die Angaben sind wie Tabelle 9.2.1.1 gemacht. In Spalte 2 sind die diffundierenden Atome bzw. Ionen zum Teil mit Ladungen angegeben, Art und Ausmaß dieser Ladungen sind nur selten experimentell bestimmt.

Metallverbindung	Typ	Konzentration X_2 in Mol % u. Bemerkung	$T_1 \ldots T_2$ in °C	$\frac{D_0}{cm^2 s^{-1}}$	$\frac{E}{kJ/mol}$
AgCl	$^{110}Ag^+$		130...400	6,5	95
	$^{36}Cl^-$	Preßk.	350...450	$8{,}6 \cdot 10^{-2}$	172
		EK	350...450	$1{,}25 \cdot 10^3$	172
Al_2O_3	$^{18}O^{--}$	EK	1200...1600	$6{,}3 \cdot 10^{-8}$	241
		EK	1500...1780	$1{,}9 \cdot 10^3$	637
Bi_2Te_3	^{64}Cu	∥ c-Achse	200...500	$7{,}1 \cdot 10^{-2}$	77,2
		⊥ c-Achse	25...450	$3{,}4 \cdot 10^{-3}$	20,3
	^{110}Ag	∥ c-Achse	270...540	$5{,}4 \cdot 10^{-3}$	43,5
		⊥ c-Achse	270...540	$1{,}0 \cdot 10^{-2}$	93
CdS	Cu^+	∥ u. ⊥ c-Achse	450...750	$1{,}5 \cdot 10^{-3}$	73,7
Cu_2O	$^{65}Cu^+$	$pO_2 = 0{,}1$ Torr	800...1050	0,12	151
	$^{18}O^{--}$	$pO_2 = 0{,}1$ Torr	1050...1120	$6{,}5 \cdot 10^{-3}$	165
FeO	Fe^{++}	52,5	700...1100	$1{,}4 \cdot 10^{-2}$	127
		53,0	800...1110	$3{,}1 \cdot 10^{-2}$	135
Fe_2O_3	$^{55}Fe^{+++}$	PD 98%	940...1270	$4 \cdot 10^4$	469
	$^{18}O^{--}$	Pulver	1150...1250	10^{11}	611
GaAs	^{64}Cu		100...600	$3{,}0 \cdot 10^{-2}$	50,3
	^{110}Ag		600...1000	$3{,}9 \cdot 10^{-11}$	31,8
GaSb	^{72}Ga		650...700	$3{,}2 \cdot 10^3$	304
	^{124}Sb		650...700	$3{,}4 \cdot 10^4$	332
	^{114}In		320...650	$1{,}2 \cdot 10^{-7}$	51
	^{113}Sn		320...650	$2{,}4 \cdot 10^{-5}$	77,5
	^{124}Sb		320...650	$8{,}7 \cdot 10^{-3}$	110
InAs	Cd		600...900	$4{,}35 \cdot 10^{-9}$	113
	Ge		600...900	$3{,}75 \cdot 10^{-6}$	113
	Sn		600...900	$1{,}5 \cdot 10^{-6}$	113
	S		600...900	6,78	212
KBr	$^{42}K^+$	EK	460...710	10^{-2}	121,5
	$^{82}Br^-$	EK	480...720	$2 \cdot 10^{-2}$	138,5
	Tl^+	1/∞ EK	350...510	$5{,}0 \cdot 10$	194
	Tl	1/∞ EK	520...700	$4{,}1 \cdot 10^{-5}$	99,5
NaCl	$^{24}Na^+$	EK	560...780	0,6	158
	Cl^-	EK	630...800	$1{,}1 \cdot 10^2$	215
PbSe	$^{210}Pb^{++}$	10^{18} Fs/cm³	400...800	$5{,}0 \cdot 10^{-6}$	80
		10^{19} Fs/cm³	400...800	$4{,}4 \cdot 10^{-7}$	53
		$5 \cdot 10^{19}\, e^-/cm^3$	400...800	$4{,}3 \cdot 10^2$	155
PbTe	Pb^{++}	$2 \cdot 10^{18}$ Fs/cm³	260...500	$2{,}9 \cdot 10^{-5}$	58
	$^{127}Te^-$	$2 \cdot 10^{18}$ Fs/cm³	500...800	$2{,}7 \cdot 10^{-6}$	72,5
	$^{124}Sb^-$	$2 \cdot 10^{18}$ Fs/cm³	530...800	$4{,}9 \cdot 10^{-2}$	148,5
$TaC_{0,975}$	^{185}W		2130...2300	19,2	395
$TiC_{0,925}$			2130...2300	7,7	482
$WC_{0,98}$			2130...2300	7,33	579

[a] Nach Landolt-Börnstein, 6. Aufl., Bd. II/5, Beitrag Kubaschewski.

9.2.2 Diffusion von Flüssigkeiten eineinander

9.2.2.1 Diffusionskoeffizienten D in Lösungen von anorganischen Verbindungen in Wasser gegen reines Wasser

Gelöste Verbindung	T/°C	Diffundierender Stoff	1. Zeile Konzentration des gelösten Stoffes in mol/dm^3 2. Zeile Diffusionskoeffizient						
$AlCl_3$	23		0,0	0,39	0,66	1,16	1,54	2,31	mol/dm^3
		H_2O	2,45	2,04	1,79	1,35	0,94	0,57	$10^{-5}\,cm^2\,s^{-1}$
$BaCl_2$	23		0,0	0,50	1,00	1,46			mol/dm^3
		H_2O	2,50	2,32	2,07	1,82			$10^{-5}\,cm^2\,s^{-1}$
$CaCl_2$	25		0,010	0,282	0,803	2,68	4,02	5,36	mol/dm^3
		Ca^{++}	0,78	0,76	0,65	0,41	0,23	0,10	$10^{-5}\,cm^2\,s^{-1}$
		Cl^-	1,89	1,72	1,60	0,91	0,45	0,16	$10^{-5}\,cm^2\,s^{-1}$
			0,25	0,50	0,1				mol/dm^3
		H_2O	2,14	2,03	1,79				$10^{-5}\,cm^2\,s^{-1}$
$CdCl_2$	25		0,00015	0,0008	0,00219	0,0050	0,01		mol/dm^3
		$CdCl_2$	1,28	1,23	1,23	1,13	1,09		$10^{-5}\,cm^2\,s^{-1}$
		Cd^{++}	0,71	0,69	0,68	0,63	0,60		$10^{-5}\,cm^2\,s^{-1}$
		Cl^-	1,99	1,95	1,94	1,84	1,76		$10^{-5}\,cm^2\,s^{-1}$
HCl			0,0	0,75	1,50	3,00	6,00	12,0	mol/dm^3
		H_2O	2,47	2,44	2,45	2,21	1,89	1,21	$10^{-5}\,cm^2\,s^{-1}$
CsJ	25		0,04765	0,1136	0,5126	0,690	1,195		mol/dm^3
		Cs^+	2,06	2,05	2,08	2,07	2,09		$10^{-5}\,cm^2\,s^{-1}$
		J^-	2,00	1,96	1,96	1,98	1,98		$10^{-5}\,cm^2\,s^{-1}$
	23		0,0	0,20	0,40	0,80	1,60		mol/dm^3
		H_2O	2,47	2,43	2,46	2,61	2,71		$10^{-5}\,cm^2\,s^{-1}$
KBr	25		0,10	0,50	1,00	2,00	3,00	4,00	mol/dm^3
		Br^-	1,95	1,96	1,93	1,92	1,86	1,77	$10^{-5}\,cm^2\,s^{-1}$
	23		0,0	0,43	0,87	1,73	3,46		mol/dm^3
		H_2O	2,45	2,55	2,70	2,68	2,71		$10^{-5}\,cm^2\,s^{-1}$
K_2CO_3	23		0,0	0,47	0,85	1,46	2,55	5,10	mol/dm^3
		H_2O	2,47	2,23	2,07	1,77	1,31	0,52	$10^{-5}\,cm^2\,s^{-1}$
KCl	25		0,1	0,25	0,5	1,0	2,0	4,0	mol/dm^3
		Cl^-	1,96	1,97	1,96	1,95	1,91	1,77	$10^{-5}\,cm^2\,s^{-1}$
	23		0,0	0,22	0,43	0,86	1,73	3,45	mol/dm^3
			2,47	2,48	2,49	2,40	2,44	2,38	$10^{-5}\,cm^2\,s^{-1}$
KF	23		0,0	0,5	1,01	3,15	5,55	11,10	mol/dm^3
			0,45	2,30	2,14	1,72	1,23	0,63	$10^{-5}\,cm^2\,s^{-1}$
KOH	23		0,0	0,19	0,39	0,74	1,49	2,97	mol/dm^3
		H_2O	2,41	2,42	2,36	2,25	2,10	1,72	$10^{-5}\,cm^2\,s^{-1}$
KJ	25		0,010	0,10	0,20	0,50	1,0	3,0	mol/dm^3
		J^-	2,02	1,98	1,97	1,93	1,94	1,84	$10^{-5}\,cm^2\,s^{-1}$
			0	1	2	3	4	5	mol/dm^3
		H_2O	2,57	2,76	2,86	2,90	2,92	2,85	$10^{-5}\,cm^2\,s^{-1}$
KNO_3	23		0,0	0,42	0,71	1,25	2,50		mol/dm^3
		H_2O	2,38	2,51	2,53	2,58	2,58		$10^{-5}\,cm^2\,s^{-1}$
LiBr	23		0,0	0,46	0,92	2,36	4,60	9,21	mol/dm^3
		H_2O	2,46	2,45	2,30	1,92	1,50	0,58	$10^{-5}\,cm^2\,s^{-1}$
LiCl	23		0,0	0,56	1,12	2,80	5,60	11,2	mol/dm^3
		H_2O	2,46	2,27	2,18	1,78	1,13	0,31	$10^{-5}\,cm^2\,s^{-1}$
LiOH	23		0,0	0,43	0,85	1,70	3,41		mol/dm^3
		H_2O	2,44	2,28	2,03	1,76	1,14		$10^{-5}\,cm^2\,s^{-1}$
$MgCl_2$	23		0,0	0,19	0,38	0,75	1,50	3,00	mol/dm^3
		H_2O	2,42	2,32	2,19	1,96	1,48	0,80	$10^{-5}\,cm^2\,s^{-1}$
$MgSO_4$	25		0,078	0,36	0,72				mol/dm^3
			2,29	1,96	1,68				$10^{-5}\,cm^2\,s^{-1}$
HNO_3	23		0,0	1,02	2,72	4,05	8,15	16,3	mol/dm^3
		H_2O	2,47	2,44	2,29	2,05	1,64	1,04	$10^{-5}\,cm^2\,s^{-1}$
NaBr	25		0,05	0,50	1,00	1,50	2,00	2,50	mol/dm^3
		Br^-	1,94	1,94	1,78	1,75	1,67	1,58	$10^{-5}\,cm^2\,s^{-1}$
			0,0	0,62	1,68	3,35	6,71		mol/dm^3
			2,44	2,39	2,26	1,93	1,24		$10^{-5}\,cm^2\,s^{-1}$
NaCl	25		0,05	0,5	1	2	3	4	mol/dm^3
		Na^+	1,30	1,32	1,25	1,13	1,02	0,9	$10^{-5}\,cm^2\,s^{-1}$
		Cl^-	1,46	1,85	1,78	1,61	1,94	1,26	$10^{-5}\,cm^2\,s^{-1}$
		H_2O			2,45	2,20	2,0	1,85	$10^{-5}\,cm^2\,s^{-1}$

9.2.2.1 Diffusionskoeffizienten D in Lösungen von anorganischen Verbindungen in Wasser gegen reines Wasser (*Fortsetzung*)

Gelöste Verbindung	T/°C	Diffundierender Stoff	1. Zeile Konzentration des gelösten Stoffes in mol/dm³ 2. Zeile Diffusionskoeffizient						
NaJ	25		0,01	0,05	0,1	0,2	1,0	1,5	mol/dm^3
		Na^+	1,31	1,28	1,274	1,27	1,264	1,25	$10^{-5}\,cm^2\,s^{-1}$
		J^-	1,96	1,88	1,87	1,85	1,75	1,67	$10^{-5}\,cm^2\,s^{-1}$
NaOH	23		0,0	0,68	1,13	1,70	3,40		mol/dm^3
		H_2O	2,44	2,12	2,02	1,82	1,20		$10^{-5}\,cm^2\,s^{-1}$
Na_2HPO_4			0,025	0,05	0,10	0,15	0,2		mol/dm^3
		HPO_4^{--}	1,13	1,03	0,93	0,90	0,87		$10^{-5}\,cm^2\,s^{-1}$
Na_2SO_4	25		0,00	0,005	0,025	0,1	0,6	1,0	mol/dm^3
		Na^+	1,33	1,30	1,27	1,22	1,08	0,89	$10^{-5}\,cm^2\,s^{-1}$
		SO_4^{--}	1,06	1,06	0,83	0,71	0,61	0,61	$10^{-5}\,cm^2\,s^{-1}$
H_2SO_4	23		0,0	0,78	1,34	4,68	10,1	18,2	mol/dm^3
		H_2O	2,44	2,22	2,03	1,16	0,47	0,1	$10^{-5}\,cm^2\,s^{-1}$
$SrCl_2$	25		0,25	0,50	1,0				mol/dm^3
		H_2O	2,12	2,03	1,78				$10^{-5}\,cm^2\,s^{-1}$
$ThClO_4$	23		0,0	0,27	0,54	0,82	1,32		mol/dm^3
		H_2O	2,20	1,92	1,53	1,22	0,64		$10^{-5}\,cm^2\,s^{-1}$
$ZnCl_2$	23		0,0	0,79	1,44	2,47	4,31	8,64	
			2,40	2,04	1,87	1,66	1,12	0,24	$10^{-5}\,cm^2\,s^{-1}$

9.2.2.2 Diffusionskoeffizienten D von Gasen in Wasser

	T/°C	$\frac{10^5 \cdot D}{cm^2\,s^{-1}}$		T/°C	$\frac{10^5 \cdot D}{cm^2\,s^{-1}}$
Ar	21,7	2,0	N_2	25	2,34
CH_3Cl	20,1	1,39	NH_3	20	1,46
CO_2	20	1,60	NO_2	20	1,23
HC:CH	17,5	1,69	N_2O	20	2,11
$H_2C{:}CH_2$	25,4	1,085	Ne	22,1	2,8
$CH_3CH_2{:}CH_2$	25	0,895	O_2	21	2,33
Cl_2 [a]	20	1,22	H_2S	25	1,36
H_2	21	3,81	SO_2 [a]	20	1,62
	37	5,07		40	2,59
He	22,1	5,8			

[a] Chemische Reaktion.

9.2.2.3 Diffusionskoeffizienten flüssiger anorganischer Stoffe in flüssigen anorganischen Stoffen

Stoffpaar	T/°C	Diffundierendes Ion	$\frac{10^5 D}{cm^2\,s^{-1}}$
CsCl—NaCl	831	Cs^+	6,9
	965		11,4
KCl—NaCl	831	K^+	8,8
	967		12,4
KCl—NaJ	791	Na^+	7,9
	914		10,0
NaCl—RbCl	831	Rb^+	8,1
	940		10,3

9.2.2.4 Diffusionskoeffizient D organischer Verbindungen in Wasser und Lösungen der Verbindung in Wasser in Abhängigkeit von der Konzentration der Lösung und der Temperatur

Organische Verbindung	Temperatur oder Konzentration des Stoffes in H_2O	Diffundierender Stoff	1. Zeile: Konzentration (C) des Stoffes in H_2O oder Temperatur (T) 2. Zeile: Diffusionskonstante					
CH_4NO_2 Harnstoff	25°C		C	0,1250	0,500	0,7500	1,000	mol/dm³
		CH_4NO_2	D	1,38	1,39	1,4	1,4	10^{-5} cm² s⁻¹
	25°C		C	2,000	3,0002	3,9999		mol/dm³
		CH_4NO_2	D	1,42	1,43	1,44		10^{-5} cm² s⁻¹
	C = 0,38 Massen %		T	1	13	25	37	°C
	25°C	CH_4NO_2	D	0,68	1,00	1,38	1,81	10^{-5} cm² s⁻¹
CH_4NS Thioharnstoff	25°C		C	0	0,07887	0,15775	0,23662	mol/dm³
		CH_4NS	D	1,37	1,31	1,29	1,28	10^{-5} cm² s⁻¹
CH_4O Methanol	20°C		C	0,78	6,25	9,38	12,49	mol/dm³
		CH_4O	D	1,20	1,06	0,89	0,82	10^{-5} cm² s⁻¹
$C_2H_2O_4$ Oxalsäure	C = 0,25 Massen %	$C_2H_2O_4$		14,0				°C
			D	1,09				10^{-5} cm² s⁻¹
$C_2H_4O_2$ Essigsäure	25°C	$C_2H_2O_4$	C	0,04283	0,2374	0,4214	1,5187	mol/dm³
			D	1,21	1,18	1,15	1,02	10^{-5} cm² s⁻¹
	25°C	$C_2H_2O_4$	C	3,0446	6,0430	8,9161	12,4050	mol/dm³
			D	0,88	0,67	0,59	0,57	10^{-5} cm² s⁻¹
	C = 0,05 mol/dm³	$C_2H_2O_4$	T	9,7	14	20	25	°C
			D	0,77	0,90	1,01	1,21	10^{-5} cm² s⁻¹
C_2H_5NO Acetamid	25°C	C_2H_5NO	C	0,2583	10,3532	20,4347	63,827	Massen %
			D	1,24	1,06	0,95	0,56	10^{-5} cm² s⁻¹
$C_2H_5NO_2$ Glycolamid	25°C	$C_2H_5NO_2$	C	0,0600	0,1250	0,9998	4,0000	Massen %
			D	1,14	1,13	1,05	0,82	10^{-5} cm² s⁻¹
$C_2H_5NO_2$ Glycin	25°C	$C_2H_5NO_2$	C	0,01	0,1	1		mol/dm³
			D	0,91	0,89	0,75		10^{-5} cm² s⁻¹
C_2H_6O Ethanol	25°C	C_2H_6O	C	0	50	100	200	g/dm³
			D	1,24	1,08	0,93	0,69	10^{-5} cm² s⁻¹
			C	400	500	700	185,1	g/dm³
			D	0,38	0,37	0,77	1,13	10^{-5} cm² s⁻¹
$C_3H_8O_3$ Glycerin	25°C	$C_3H_8O_3$	C	10	40	60	80	Massen %
			D	0,9	0,42	0,23	0,09	10^{-5} cm² s⁻¹

$C_4H_{11}N$	$C \approx 0$	$C_4H_{11}N$	T	20				°C
Diethylamin			D	0,97				$10^{-5}\ cm^2\ s^{-1}$
$C_4H_{11}NO_2$	25°C	$C_4H_{11}NO_2$	C	0,42	2,10	4,19	5,24	mol/dm^3
Diethanolamin			D	0,57	0,38	0,28	0,23	$10^{-5}\ cm^2\ s^{-1}$
$C_5H_4O_2$	$C = 40\ g/dm^3$		T	20	30			°C
Furfurol		$C_5H_4O_2$	D	$1,04 \pm 0,08$	$1,28 \pm 0,08$			$10^{-5}\ cm^2\ s^{-1}$
	$C = 30\ g/dm^3$		T	20	30			°C
		H_2O	D	$0,9 \pm 0,10$	$1,69 \pm 0,04$			$10^{-5}\ cm^2\ s^{-1}$
C_5H_5N	25°C		C	0	30	50	60	Massen %
Pyridin		C_5H_5N	D	1,09	0,60	0,53	0,50	$10^{-5}\ cm^2\ s^{-1}$
	25°C	H_2O	D	2,30	1,36	1,00	0,86	$10^{-5}\ cm^2\ s^{-1}$
			C	75	80	90	100	Massen %
	25°C	C_5H_5N	D	0,60	0,71	1,03	1,50	$10^{-5}\ cm^2\ s^{-1}$
		H_2O	D	0,78	0,80	0,99	1,52	$10^{-5}\ cm^2\ s^{-1}$
$C_6H_6O_3$	$C = 0,25$ Massen %		T	18				°C
Pyrogallol		$C_6H_6O_3$	D	0,764				$10^{-5}\ cm^2\ s^{-1}$
C_6H_6O			C	1,019	4,81	9,95	14,72	g/dm^3
Phenol	20°C	C_6H_6O	D	0,88	0,86	0,83	0,82	$10^{-5}\ cm^2\ s^{-1}$
			T	20	30	40	50	°C
	$C \approx 0$	C_6H_6O	D	0,89	1,12	1,41	1,74	$10^{-5}\ cm^2\ s^{-1}$
C_6H_7N			T	20				°C
Anilin	$C = 2 \ldots 3$ Massen %	C_6H_7N	D	$0,92 \pm 0,4$				$10^{-5}\ cm^2\ s^{-1}$
			T	20				°C
	$C = 2 \ldots 3$ Massen %	H_2O	D	$0,70 \pm 0,1$				$10^{-5}\ cm^2\ s^{-1}$
$C_6H_8O_2$			T	18				°C
Resorcin	$C = 0,25$ Massen %	$C_6H_8O_2$	D	0,87				$10^{-5}\ cm^2\ s^{-1}$
$C_6H_{12}O_6$	25°C		C	0,75	29,90	60,42	80,61	Massen %
Glucose		$C_6H_{12}O_6$	D	0,67	0,40	0,13	0,01	$10^{-5}\ cm^2\ s^{-1}$
$C_6H_{14}O_6$			T	0	20	50	70	°C
Mannit	$C = 0,3\ g/dm^3$	$C_6H_{14}O_6$	D	0,26	0,56	1,10	1,56	$10^{-5}\ cm^2\ s^{-1}$
$C_6H_{15}NO_3$			C	0,03	0,15	1,52	3,04	mol/dm^3
Triethanolamin	25°C	$C_6H_{15}NO_3$	D	0,71	0,66	0,42	0,17	$10^{-5}\ cm^2\ s^{-1}$
C_7H_8O			T	20	30	40	50	°C
o-Kresol	—	C_7H_8O	D	0,78	1,03	1,33	1,68	$10^{-5}\ cm^2\ s^{-1}$
m-Kresol	—	C_7H_8O	D	0,79	1,02	1,31	1,66	$10^{-5}\ cm^2\ s^{-1}$

9.2.2.4 Diffusionskoeffizient D organischer Verbindungen in Wasser und Lösungen der Verbindung in Wasser in Abhängigkeit von der Konzentration der Lösung und der Temperatur (*Fortsetzung*)

Organische Verbindung	Temperatur oder Konzentration des Stoffes in H_2O	Diffundierender Stoff	1. Zeile: Konzentration (C) des Stoffes in H_2O oder Temperatur (T) 2. Zeile: Diffusionskonstante					
p-Kresol	—	C_7H_8O	D	0,83	1,07	1,35	1,68	$10^{-5}\,cm^2\,s^{-1}$
$C_{10}H_{14}N_2$			C	0,1	0,5	1,0	—	mol/dm³
Nicotin	20°C	$C_{10}H_{14}N_2$	D	0,56	0,43	0,31		$10^{-5}\,cm^2\,s^{-1}$
$C_{12}H_{22}O_{11}$			C	0,729	61,48	70,82	74,84	Massen %
Saccharose	25°C	$C_{12}H_{22}O_{11}$	D	0,52	0,11	0,05	0,03	$10^{-5}\,cm^2\,s^{-1}$
$C_{12}H_{22}O_{11}$			C	0,1	0,25	0,5	—	mol/dm³
Maltose	19,5°C	$C_{12}H_{22}O_{11}$	D	0,36	0,34	0,33		$10^{-5}\,cm^2\,s^{-1}$
$C_{12}H_{23}O_2K$			C	20	25	35	45	mol/dm³
Kaliumlaurat	25°C	$C_{12}H_{23}O_2K$	D	0,83	0,82	0,67	0,51	$10^{-5}\,cm^2\,s^{-1}$
$C_{18}H_{32}O_{16}\cdot 5H_2O$			C	0,05	0,10	0,25		mol/dm³
Raffinose	19,3°C	$C_{18}H_{32}O_{16}\cdot 5H_2O$	D	0,29	0,30	0,27	—	$10^{-5}\,cm^2\,s^{-1}$

9.2.2.5 Diffusionskoeffizient D organischer Verbindungen in organischen Verbindungen in Abhängigkeit von der Temperatur und der Konzentration

Stoff-paar 1	Stoff-paar 2	Temperatur oder Konzentration	Diffun-dierender Stoff	1. Zeile: Konzentration (C_1, C_2, X_1, X_2) oder Temperatur (T) 2. Zeile: Diffusionskoeffizient					
CCl_4—	C_2H_6O			X_2	0,23	0,50	0,89	1,60	Mol %
	Ethan	25°C	2	D	1,90	1,75	1,49	1,17	10^{-5} cm² s⁻¹
	—C_3H_6O	25°C	1	X_1	5,9	29,4	61,5	80,4	Mol %
	Aceton			D	3,29	2,61	1,73	1,50	10^{-5} cm² s⁻¹
		25°C	2	X_2	6,0	34,3	71,0	86,5	Mol %
				D	1,75	2,00	3,07	3,74	10^{-5} cm² s⁻¹
	—$C_6H_5NO_2$			X_1	1,0	5,0	9,0	13,0	Mol %
	Nitrobenzol	20°C	1	D	0,65	0,80	0,83	0,77	10^{-5} cm² s⁻¹
				X_2	1,028	2,230	8,042	13,695	Mol %
		20°C	2	D	0,90	0,91	0,92	0,93	10^{-5} cm² s⁻¹
	—C_6H_{12}			X_1	0	20	60	100	Mol %
	Cyclohexan	25°C	—	D	1,49	1,46	1,38	1,26	10^{-5} cm² s⁻¹
	—C_6H_{14}			X_1	0,42	14,89	54,54	98,93	Mol %
	n-Hexan	25°C	—	D	3,86	3,39	2,37	1,49	10^{-5} cm² s⁻¹
$CHCl_3$—	C_3H_6O			X_1	0,034	0,126	0,563	0,809	Mol %
	Aceton	25°C	1	D	3,64	3,24	2,64	2,45	10^{-5} cm² s⁻¹
				X_2	0,071	0,187	0,531	0,833	Mol %
		25°C	2	D	2,55	2,47	3,05	3,52	10^{-5} cm² s⁻¹
	—$C_4H_{10}O$			X_2	0,435	20,44	60,1	99,7	Mol %
	Diethylether	25°C	—	D	2,15	2,91	4,21	4,51	10^{-5} cm² s⁻¹
CH_4—	C_6H_{14}			T	25	40	50	60	°C
	n-Hexan	—	1	D	0,089	0,095	0,100	0,106	10^{-5} cm² s⁻¹
CH_4—	C_6H_{14}			T	25	40	50	60	°C
	3-Methylpropan	—	1	D	0,087	0,096	0,102	0,107	10^{-5} cm² s⁻¹
CH_4O—	C_3H_8O			X_1	4,64	9,26	25,39	38,51	Mol %
Methanol	n-Propanol	30°C	—	D	0,80	0,87	1,05	1,14	10^{-5} cm² s⁻¹
				X_1	50,27	60,53	84,78	97,34	Mol %
		30°C	—	D	1,13	1,27	1,73	1,95	10^{-5} cm² s⁻¹
	—C_6H_6O			T	6,2	11	15,8	18,8	°C
	Phenol	$w_1 < 2$ Massen %	1	D	1,26	1,38	1,40	1,63	10^{-5} cm² s⁻¹

9.2.2.5 Diffusionskoeffizient D organischer Verbindungen in organischen Verbindungen in Abhängigkeit von der Temperatur und der Konzentration (*Fortsetzung*)

Stoffpaar 1	Stoffpaar 2	Temperatur oder Konzentration	Diffundierender Stoff	1. Zeile: Konzentration (C_1, C_2, X_1, X_2) oder Temperatur (T) 2. Zeile: Diffusionskoeffizient					
C_2H_6O— Ethanol	C_6H_6O Phenol	$w_1 < 2$ Massen %	1	T	10,0	14,6	18,8	21,8	°C
				D	0,64	0,70	0,75	0,85	10^{-5} cm^2 s^{-1}
$C_4H_{10}O_3$— Diglykol	C_6H_6 Benzol	25°C	—	C_2	1	5	25	50	g/dm^3
				D	0,10	0,07	0,05	0,04	10^{-5} cm^2 s^{-1}
	—C_7H_8 Toluol	25°C	—	C_2	1	5	10	25	g/dm^3
				D	0,15	0,12	0,09	0,05	10^{-5} cm^2 s^{-1}
C_6H_5Br— Brombenzol	C_6H_5Cl Chlorbenzol	27°C	2	X_2	3,32	51,22	76,17	96,52	Mol %
				D	1,34	1,51	1,60	1,71	10^{-5} cm^2 s^{-1}
C_6H_5Cl— Chlorbenzol	C_7H_8 Toluol	27°C	—	X_2	1,337	25,01	49,92	98,62	Mol %
				D	1,76	1,85	1,98	2,26	10^{-5} cm^2 s^{-1}
C_6H_6— Benzol	$C_{12}H_{10}$ Diphenyl			C_2	0,4552	0,9501	2,931	2,996	mol/dm^3
		25°C	1	D	2,06	1,91	1,31	—	10^{-5} cm^2 s^{-1}
		25°C	2	D	1,44	1,31	—	0,89	10^{-5} cm^2 s^{-1}
C_6H_{14}— Hexan	$C_{16}H_{34}$ n-Hexadecan	25°C	—	X_2	0,417	9,53	39,24	98,54	Mol %
				D	2,19	1,93	1,49	1,87	10^{-5} cm^2 s^{-1}
C_7H_{16}— n-Heptan	$C_{16}H_{34}$ n-Hexadecan	25°C	—	X_2	0,56	10,64	39,34	97,61	Mol %
				D	1,77	1,59	1,24	0,76	10^{-5} cm^2 s^{-1}
C_8H_{10}— o-Xylol	C_8H_{10} p-Xylol	—	1	T	20	30	50	70	°C
				D	1,12	1,40	2,03	2,85	10^{-5} cm^2 s^{-1}
C_8H_{18}— n-Octan	$C_{12}H_{26}$ n-Dodecan	25°C	—	X_2	6,98	22,37	61,08	85,88	Mol %
				D	1,67	1,57	1,32	1,21	10^{-5} cm^2 s^{-1}

9.2.2.6 Diffusionskoeffizient D organischer Verbindungen in organischen Lösungsmitteln

Stoffpaar 1	Stoffpaar 2	$\frac{T}{°C}$	Diffundierender Stoff	Diffusionskonstante $10^5 \cdot D/(cm^2 s^{-1})$
C_5H_{12} Pentan—C_6H_{12}	Benzol	22	2	2,33
C_6H_{14}	Hexan	20	1	2,15
$C_{10}H_{12}$	Tetrahydronaphthalin	22	2	0,95
$C_{10}H_{18}$	Decahydronaphthalin	22	2	0,83
C_6H_6 Benzol—$CHBr_3$	Bromoform	20	2	1,69
CH_4O	Methanol	20	2	3,04
C_2H_6O	Ethanol	20	2	2,57
C_3H_8O	n-Propanol	20	2	2,38
$C_4H_{10}O$	n-Butanol	20	2	2,11
C_6Cl_6	Hexachlorbenzol	7,6	2	1,02
$C_6H_2Cl_4$	1,2,4,5-Tetrachlorbenzol	7,6	2	1,24
$C_6H_3Cl_3$	1,2,4-Trichlorbenzol	7,6	2	1,34
$C_6H_4Cl_2$	o-Dichlorbenzol	7,6	2	1,62
	m-Dichlorbenzol	7,6	2	1,58
	p-Dichlorbenzol	7,6	2	1,42
C_6H_{14}	n-Hexan	22	2	2,13
C_7H_{16}	Heptan	22	2	2,06
C_8H_{18}	Octan	22	2	1,82
C_9H_{20}	Nonan	22	2	1,71
$C_{10}H_{22}$	Decan	22	2	1,53
$C_{12}H_{26}$	Dodecan	22	2	1,40
C_6H_{14} Hexan—CH_4O	Methanol	20	2	3,04
$C_2H_4O_2$	Methylformiat	20	2	2,72
C_3H_8O	Propanol	20	2	2,38
$C_4H_{10}O$	n-Butanol	20	2	2,11
C_6H_5Br	Brombenzol	7,4	2	2,59
$C_6H_{14}O$	n-Hexanol	20	2	1,79
$C_7H_{16}O$	n-Heptanol	20	2	1,63
$C_8H_{18}O$	n-Octanol	20	2	1,50
$C_{10}H_{12}$	Tetrahydronaphthalin	22	2	0,86
$C_{10}H_{18}$	Decahydronaphthalin	22	2	0,76
$C_{10}H_{22}$	Decan	20	2	1,42
$C_{14}H_{30}$	Tetradecan	20	2	1,16
$C_{18}H_{38}$	Octadecan	20	2	0,97
$C_{20}H_{42}$	Eikosan	20	2	0,91
C_7H_8 Toluol—$C_2H_4O_2$	Essigsäure	20	2	2,0
$C_4H_{11}N$	Diethylamin	20	2	2,36
C_6H_5Br	Brombenzol	7,4	2	1,59
$C_7H_6O_2$	Benzoesäure	20	1	1,74
CCl_4 Tetrachlorkohlenstoff—$C_4H_{10}O$	n-Butanol	21,5	2	1,31
C_5H_{12}	n-Pentan	25	2	1,57
$C_7H_6O_2$	Benzoesäure	20	2	1,45
C_8H_{18}	Octan	20	2	1,26
$C_{10}H_{22}$	Decan	25	2	1,08
$C_{10}H_{22}O$	n-Decylalkohol	21,5	2	1,0
$C_{12}H_{26}O$	n-Dodecylalkohol	21,5	2	0,91
$C_{14}H_{30}O$	n-Tetradecylalkohol	21,5	2	0,85
$C_{16}H_{34}O$	n-Cetylalkohol	21,5	2	0,77
$C_{16}H_{32}O_2$	Palmitinsäure	21,5	2	0,65
$C_{18}H_{36}O_2$	Stearinsäure	21,5	2	0,73
C_2H_6O Ethanol—$CHBr_3$	Bromoform	20	2	0,97
C_4H_9BrO	Bromdiethylether	7,3	2	3,47
$C_5H_{11}Br$	Isoamylbromid	7,3	2	3,59
$C_6H_5NO_2$	Nitrobenzol	7,3	2	3,24

9.2.2.6 Diffusionskoeffizient D organischer Verbindungen in organischen Lösungsmitteln (*Fortsetzung*)

Stoffpaar 1		Stoffpaar 2	T/°C	Diffundierender Stoff	Diffusionskonstante $10^5 \cdot D/(cm^2 s^{-1})$
	C_6H_6	Benzol	20	1	2,57
	C_6H_6O	Phenol	22	1	0,85
	C_6H_{14}	Hexan	20	1	2,57
	$C_7H_6O_2$	Benzoesäure	25	2	1,65
	$C_9H_8O_2$	Zimtsäure	25	2	1,60

9.2.3 Diffusion in Gasen

(Vgl. zur Diffusion auch 9.2 Einleitung)

Wegen der Unabhängigkeit des idealen Gasgesetzes von der Natur des Gases muß die Zahl der Teilchen, die vom Gase A ins Gas B diffundiert gleich der Zahl der Teilchen sein, die aus B nach A diffundieren. Darum braucht bei Gasen nur ein vom Gaspaar abhängiger gemeinsamer Diffusionskoeffizient angegeben zu werden, eine Unterscheidung einer Diffusion A → B gegen Diffusion B → A entfällt somit. Bei Gasen ist die Diffusion im allgemeinen nur wenig von der Konzentration abhängig (Diffusion einer Mischung A—B gegen eine zweite Mischung A—B anderer Konzentration usw.); deshalb finden sich nur gelegentlich Angaben über die Konzentrationsabhängigkeit. Dagegen ist der Diffusionskoeffizient bei Gasen relativ stark vom Druck abhängig; im Gültigkeitsgebiet des idealen Gasgesetzes ist der jeweilig gemessene Diffusionskoeffizient umgekehrt proportional der Dichte oder dem Druck. Es bezieht sich in diesen Fällen die Angabe der Tabelle jeweils auf 1013 hPa Druck (Gesamtdruck). In einigen Fällen sind Angaben bei höheren Drücken gemacht, dann ist der Diffusionskoeffizient der Tabelle nicht auf 1013 hPa umgerechnet. Die Temperaturabhängigkeit des Diffusionskoeffizienten bei Gasen läßt sich durch einen Ausdruck $D = D_0(T/T_0)^n$ mit einem geeigneten Exponenten $n(\approx 1{,}5 - 2)$ beschreiben. Diese Gesetzmäßigkeit läßt sich bei Inter- und Extrapolationen verwenden.
Messungen mit Isotopen oder radioaktiven Isotopen gestatten die Ermittlung von Selbstdiffusionskoeffizienten. Weil die Diffusion in Gasen wesentlich durch die relative Molekulargeschwindigkeit bestimmt wird und die Molekulargeschwindigkeit des Isotops sich ein wenig von der des primären Gases unterscheidet, wird die im Isotopengemisch ermittelte Diffusion vielfach durch Multiplikation mit $\sqrt{2M_{iso}/(M + M_{iso})}$ auf die wahre Selbstdiffusion umgerechnet; es bedeutet hier M_{iso} die Molmasse des Isotops und M die des normalen Moleküls.
Die folgenden Tabellen enthalten in der ersten Spalte das Diffusions-Gaspaar, bei Angabe von Selbstdiffusion nur das eine Gas. Es folgen dann in der zweiten Spalte die Temperatur (oder der Druck) und der Diffusionskoeffizient jeweils ihrer Zugehörigkeit entsprechend untereinander oder nebeneinander. Aus den Diffusionskoeffizienten der Gase läßt sich die Größe des Molekülquerschnitts bzw. des Moleküldurchmessers entnehmen (s. Kapitel 6.2.3).
Anordnung:

9.2.3.1 Selbstdiffusion
- **9.2.3.1.1 Elemente**
- **9.2.3.1.2 Anorganische Verbindungen**
- **9.2.3.1.3 Organische Verbindungen**

9.2.3.2 Diffusion von Gasen in Luft

9.2.3.3 Diffusion weiterer Gase ineinander

Abkürzungen:
- D Diffusionskoeffizient
- D(T) Diffusionskoeffizient bei der Temperatur T
- p Druck
- T Temperatur in K oder °C

9.2.3.1.1 Elemente

	Temperatur T in K oder °C Diffusionskoeffizient D in $cm^2 s^{-1}$							
Ar	T	−1950	−183,0	−78,5	0,0	22,0	80,0	°C
	D	0,0134	0,0180	0,083	0,156	0,178	0,249	$cm^2 s^{-1}$
	$p \cdot 10^5$	69	90,0	119,3	196,6	294,9		Pa
	D(49,9°C)	0,00272	0,00194	0,00161	0,00095	0,00066		$cm^2 s^{-1}$
H in H_2	T	349	372	422	498	66		K
	D	2,26	2,92	3,08	3,75	5,42		$cm^2 s^{-1}$
H_2	T	65,1	76,6	192	296			K
	D_{H_2}	0,1006	0,134	0,673	1,647			$cm^2 s^{-1}$
D_2	D_{D_2}	0,0871	0,116	0,583	1,27			$cm^2 s^{-1}$
^4He	T	0	20	30	45			°C
	D	1,403	1,582	1,617	1,811			$cm^2 s^{-1}$
Kr	$p \cdot 10^5$	3,70	15,69	68,30	111,6	190,4		Pa
	D(35°C)	0,0276	0,00671	0,00139	0,000815	0,000418		$cm^2 s^{-1}$
	T	199	273	373	474			K
	D	0,045	0,0795	0,140	0,214			$cm^2 s^{-1}$
N_2	T	−195,5	−78,5	0,0	25	80		°C
	D	0,0168	0,104	0,185	0,212	0,287		$cm^2 s^{-1}$
Ne	T	0	20	30	40			°C
	D	0,452	0,504	0,504	0,579			$cm^2 s^{-1}$
O_2	T	−195,5	−78,5	0,0	25	80		°C
	D	0,0153	0,104	0,187	0,232	0,301		$cm^2 s^{-1}$
Xe	T	194,4	273,2	324,5	378,0			K
	D	0,0257	0,0480	0,0684	0,090			$cm^2 s^{-1}$

9.2.3.1.2 Anorganische Verbindungen

BF_3	T 25°C	D 0,080 $cm^2\,s^{-1}$	T 43°C	D 0,087 $cm^2\,s^{-1}$			
HBr—DBr	T 22,1°C	D 0,0792 $cm^2\,s^{-1}$					
CO	T	194,7	273,2	319,6	373,0		K
	D	0,1095	0,1904	0,2473	0,323		$cm^2\,s^{-1}$
CO_2	T	−78,5	0,0	25	80		°C
	D	0,050	0,0974	0,113	0,153		$cm^2\,s^{-1}$
	T	24,9	24,9	25,2	25,1	25,0	°C
	$p\cdot 10^5$	9,6	16,9	34,8	48,2	62,0	Pa
	D	0,0110	0,00577	0,00271	0,00131	0,00106	$cm^2\,s^{-1}$
	$p\cdot 10^5$	104	407	762	1037		Pa
	D(25°C)	9,34	4,34	3,18	2,53 10^{-5}		$cm^2\,s^{-1}$
HCl—DCl	T 21,8°C	D 0,1246 $cm^2\,s^{-1}$					

9.2.3.1.3 Organische Verbindungen

CH_4	T	−183,0	−78,5	0,0	25	80	°C
	D	0,0266	0,0992	0,206	0,240	0,318	$cm^2\,s^{-1}$
$C_4H_{10}O$							
Butanol-(1)	T 25°C	D 0,81 $cm^2\,s^{-1}$					
Butanol-(2)	T 25°C	D 0,76 $cm^2\,s^{-1}$					
2-Methyl-propanol-(1)	T 25°C	D 0,80 $cm^2\,s^{-1}$					
2-Methyl-propanol-(2)	T 25°C	D 0,73 $cm^2\,s^{-1}$					

9.2.3.2 Diffusion von Gasen in Luft

Diffundierendes Gas	Temperatur T in K oder in °C Diffusionskoeffizient D in $cm^2\,s^{-1}$								
Elemente									
H_2	T	27,9°C	D 0,070 $cm^2\,s^{-1}$						
D_2	T	27,7°C	D 0,565 $cm^2\,s^{-1}$						
He	T	3	44	73					°C
	D	0,624	0,765	0,902					$cm^2\,s^{-}$
Hg	T	140°C	D 0,18 $cm^2\,s^{-1}$		T 200°C	D 0,32 $cm^2\,s^{-1}$			
J_2	T	14,0	20,0	25,0	30				°C
	D	0,077	0,081	0,084	0,085				$cm^2\,s^{-}$
Anorganische Verbindungen									
HCN	T	0°C	D 0,173 $cm^2\,s^{-1}$						
CNCl	T	0°C	D 0,111 $cm^2\,s^{-1}$						
$COCl_2$	T	0°C	D 0,173						
CO_2	T	0°C	D 0,1420 $cm^2\,s^{-1}$		T 40°C	D 0,1772 $cm^2\,s^{-1}$			
CS_2	T	0	19,9	32,8					°C
	D	0,088	0,101	0,112					$cm^2\,s^{-}$
NH_3	T	0°C	D 202 $cm^2\,s^{-1}$		T 22°C	D 0,247 $cm^2\,s^{-1}$			
H_2O	T	0	15,6	49,4	92,3	120	175	236	°C
	D	0,219	0,240	0,283	0,335	0,429	0,547	0,680	$cm^2\,s^{-}$
D_2O	T	24,8	40,0	45	60				°C
		0,247	0,277	0,288	0,314				$cm^2\,s^{-}$
H_2O_2	T	60°C	D 0,188 $cm^2\,s^{-1}$						

Organische Verbindungen

Diffundierendes Gas	Name	Temperatur T in °C, Diffusionskoeffizient D in $cm^2 s^{-1}$
CCl_4	Tetrachlorkohlenstoff	T 0°C, D 0,1236 $cm^2 s^{-1}$; T 20°C, D 0,1424 $cm^2 s^{-1}$
$CHCl_3$	Chloroform	T 0°C, D 0,091 $cm^2 s^{-1}$
CH_2O_2	Ameisensäure	T 0°C, D 0,131 $cm^2 s^{-1}$; T 65,4°C, D 0,203 $cm^2 s^{-1}$
CH_4	Methan	T 15,8°C, D 0,216 $cm^2 s^{-1}$; T 21,6°C, D 0,230 $cm^2 s^{-1}$
CH_4O	Methanol	T 0°C, D 0,132 $cm^2 s^{-1}$; T 49,6°C, D 0,181 $cm^2 s^{-1}$
$C_2H_4O_2$	Essigsäure	T 0°C, D 0,106 $cm^2 s^{-1}$; T 62,5°C, D 0,164 $cm^2 s^{-1}$; T 99°C, D 0,199 $cm^2 s^{-1}$
C_2H_6O	Ethanol	T 25°C, D 0,135 $cm^2 s^{-1}$; T 42°C, D 0,145 $cm^2 s^{-1}$; T 67°C, D 0,153 $cm^2 s^{-1}$
$C_3H_6O_2$	Propionsäure	T 0°C, D0,0838 $cm^2 s^{-1}$; T 50,8°C, D 0,117 $cm^2 s^{-1}$
	Essigsäuremethylester	T 0°C, D 0,084 $cm^2 s^{-1}$; T 50,8°C, D 0,118 $cm^2 s^{-1}$
	Ameisensäureethylester	T 0°C, D 0,084 $cm^2 s^{-1}$; T 50,0°C, D 0,118 $cm^2 s^{-1}$
C_3H_7Br	Propanbromid	T 21°C, D 0,101 $cm^2 s^{-1}$; T 62,5°C, D 0,127 $cm^2 s^{-1}$
C_3H_7J	Propanjodid	T 31°C, D 0,049 $cm^2 s^{-1}$; T 74,1°C, D 0,130 $cm^2 s^{-1}$
C_3H_8O	Propanol-(1)	T 0°C, D 0,080 $cm^2 s^{-1}$; T 66,9°C, D 0,1237 $cm^2 s^{-1}$
$C_4H_8O_2$	Ameisensäurepropylester	T 0°C, D 0,071 $cm^2 s^{-1}$; T 46,1°C, D 0,101 $cm^2 s^{-1}$
	Buttersäure	T 0°C, D 0,068 $cm^2 s^{-1}$; T 18,6°C, D 0,126 $cm^2 s^{-1}$
	2-Methyl-propionsäure	T 0°C, D 0,070 $cm^2 s^{-1}$; T 98,1°C, D 0,130 $cm^2 s^{-1}$
	Essigsäureethylester	T 0°C, D 0,071 $cm^2 s^{-1}$; T 46,1°C, D 0,097 $cm^2 s^{-1}$
	Propionsäuremethylester	T 0°C, D 0,074 $cm^2 s^{-1}$; T 46,2°C, D 0,103 $cm^2 s^{-1}$
$C_4H_{10}O$	Butanol-(1)	T 0°C, D 0,068 $cm^2 s^{-1}$; T 99,1°C, D 0,126 $cm^2 s^{-1}$
	Butanol-(2)	T 25°C, D 0,089 $cm^2 s^{-1}$; T 59°C, D 1,08 $cm^2 s^{-1}$
	2-Methyl-propanol-(1)	T 0°C, D0,069 $cm^2 s^{-1}$; T 83,1°C, D 0,118 $cm^2 s^{-1}$
	2-Methyl-propanol-(2)	T 21,2°C, D 0,102 $cm^2 s^{-1}$; T 67,3°C, D 0,133 $cm^2 s^{-1}$
	Diethylether	T 10°C, D 0,093 $cm^2 s^{-1}$; T 30,2°C, D 1,06 $cm^2 s^{-1}$
$C_4H_{11}N$	Butylamin	T 63°C, D 0,126 $cm^2 s^{-1}$
$C_5H_{10}O_2$	Valeriansäure	T 82°C, D 0,087 $cm^2 s^{-1}$; T 99,8°C, D 0,096 $cm^2 s^{-1}$
	2-Methyl-valeriansäure	T 70,8°C, D 0,087 $cm^2 s^{-1}$; T 99,8°C, D 0,102 $cm^2 s^{-1}$
$C_5H_{12}O$	Pentanol-(1)	T 0°C, D 0,059 $cm^2 s^{-1}$; T 99,1°C, D 0,109 $cm^2 s^{-1}$
C_6H_5Cl	Chlorbenzol	T 42°C, D 0,094 $cm^2 s^{-1}$; T 67°C, D 0,100 $cm^2 s^{-1}$
$C_6H_5NO_2$	Nitrobenzol	T 25°C, D 0,085 $cm^2 s^{-1}$
C_6H_6	Benzol	T 26,9°C, D 0,102 $cm^2 s^{-1}$; T 67°C, D 0,124 $cm^2 s^{-1}$
C_6H_{12}	Hexen	T 20°C, D 0,079 $cm^2 s^{-1}$; T 30°C, D 0,083 $cm^2 s^{-1}$
	Cyclohexan	T 45°C, D 0,086 $cm^2 s^{-1}$
C_6H_{14}	Hexan	T 25°C, D 0,080 $cm^2 s^{-1}$; T 50,2°C, D 0,090 $cm^2 s^{-1}$
$C_6H_{14}O$	Hexanol-(1)	T 0°C, D 0,050 $cm^2 s^{-1}$; T 99°C, D 0,093 $cm^2 s^{-1}$
C_7H_8	Toluol	T 25°C, D 0,086 $cm^2 s^{-1}$; T 59°C, D 0,104 $cm^2 s^{-1}$
C_8H_{10}		T 50 75 99,8°C
	ortho-Xylol	D 0,085 0,099 0,113 $cm^2 s^{-1}$
	meta-Xylol	D 0,080 0,094 0,108 $cm^2 s^{-1}$
	para-Xylol	D 0,067 0,092 0,106 $cm^2 s^{-1}$
C_8H_{16}	Octen	T 40°C, D 0,079 $cm^2 s^{-1}$; T 97°C, D 0,093 $cm^2 s^{-1}$
C_8H_{18}	Octan	T 0°C, D 0,054 $cm^2 s^{-1}$; T 25°C, D 0,060 $cm^2 s^{-1}$
C_9H_{12}	Mesitylen	T 60,5°C, D 0,085 $cm^2 s^{-1}$; T 99,8°C, D 0,106 $cm^2 s^{-1}$
$C_{10}H_8$	Naphthalin	T 25°C, D 0,061 $cm^2 s^{-1}$
$C_{10}H_{22}$	Decan	T 39,9°C, D 0,61 $cm^2 s^{-1}$; T86,4°C, D 0,078 $cm^2 s^{-1}$

9.2.3.3 Diffusion weiterer Gase ineinander

1. Gas	2. Gas	Temperatur T in K oder in °C und Diffusionskoeffizient D in $cm^2 s^{-1}$						
Ar	H_2	T	29,10	313,0	344,8	373,0	473,0	K
		D	0,764	0,874	1,05	1,26	1,96	$cm^2 s^{-1}$
	He	T	20	59	82	99	109	°C
		D	0,72	0,89	1,02	1,125	1,15	$cm^2 s^{-1}$
	Kr	T	199,5	273	353	373	473	K
		D	0,072	0,126	0,197	0,216	0,327	$cm^2 s^{-1}$
	N_2	T	244,2	274,6	303,5	347,7		K
		D	0,135	0,169	0,200	0,243		$cm^2 s^{-1}$
	Ne	T	0,0	15	30	45		°C
		D	0,276	0,300	0,327	0,357		$cm^2 s^{-1}$
	O_2	T	243	274,7	304,5	334,0		K
		D	0,135	0,168	0,202	0,239		$cm^2 s^{-1}$
	Xe	T	194,7	273,2	329,9	378,0		K
		D	0,051	0,094	0,137	0,176		$cm^2 s^{-1}$
	CO		T 22,6°C	D 0,188 $cm^2 s^{-1}$				
	CO_2	T	228,6	328,0	373,0	410,0	473,0	K
		D	0,135	0,185	0,235	0,280	0,365	$cm^2 s^{-1}$
	NH_3		T 22°C	D 0,232 $cm^2 s^{-1}$				
H_2	He		T 15°C	D 1,24 $cm^2 s^{-1}$				
	Hg		T 50°C	D 0,54 $cm^2 s^{-1}$	pHg = 3,2 Torr			
	Kr[a]		T 22,4°C	D 0,687 $cm^2 s^{-1}$				
	N_2	T	195	292	373	473	523	K
		D	0,406	0,834	1,259	1,862	2,192	$cm^2 s^{-1}$
	Ne	T	242,2	274,2	303,2	341,2		K
		D	0,792	0,974	1,150	1,405		$cm^2 s^{-1}$
	O_2	T	300	400	500			K
		D	0,887	1,420	2,04			$cm^2 s^{-1}$
	CO	T	295,6	345,0	374,5	436,0	471,0	K
		D	0,743	0,979	1,14	1,49	1,68	$cm^2 s^{-1}$
	CO_2	T	300	400		500	550	K
		D	0,806	1,272		1,807	2,09	$cm^2 s^{-1}$
	HCl	T	294	327	372	473	523	K
		D	0,795	0,954	1,187	1,798	2,10	$cm^2 s^{-1}$
	NH_3[b]		T 23,7°C	D 0,856 $cm^2 s^{-1}$				
	NO_2		T 0°C	D 0,535 $cm^2 s^{-1}$				

	H_2O	T	34,1	55,4	79,5			°C
		D	0,91	0,09	1,10			$cm^2\,s^{-1}$
	CH_4	T	293	373	473	523		K
		D	0,770	1,208	1,790	2,11		$cm^2\,s^{-1}$
	CH_4O		T 25,6°C	D 0,6015 $cm^2\,s^{-1}$				
	C_2H_4	T	195	272	373	473	1165	K
		D	0,236	0,418	0,471	1,131	5,19	$cm^2\,s^{-1}$
	C_2H_6	T	293	373	473	573		K
		D	0,507	0,782	1,157	1,367		$cm^2\,s^{-1}$
	CH_3CH_2OH	T	0	40,4	63,6			°C
		D	0,38	0,50	0,56			$cm^2\,s^{-1}$
	n-C_3H_8	T	300	400	500	550		K
		D	0,450	0,732	1,059	1,236		$cm^2\,s^{-1}$
	C_6H_6	T	0	19,9	45			°C
		D	0,294	0,341	0,399			$cm^2\,s^{-1}$
He	Kr	T	0	15	30	45		°C
		D	0,556	0,605	0,659	0,720		$cm^2\,s^{-1}$
	N_2	T	25	50	110	170	225	°C
		D	0,687	0,766	1,077	1,289	1,650	$cm^2\,s^{-1}$
	Ne	T	0	15	30	45		°C
		D	0,906	0,986	1,065	1,153		$cm^2\,s^{-1}$
	O_2	T	25	50	110	170	225	°C
		D	0,729	0,809	1,120	1,420	1,683	$cm^2\,s^{-1}$
	Xe	T	273,2	315,0	354,2	394,0		K
		D	0,473	0,572	0,721	0,882		$cm^2\,s^{-1}$
	CO	T	295,6	345,0	400,0	470,0		K
		D	0,702	0,914	1,17	1,54		$cm^2\,s^{-1}$
	CO_2	T	287,0	318,0	344,8	400	454,6	K
		D	0,592	0,684	0,782	1,02	1,28	$cm^2\,s^{-1}$
	NH_3	T	274,8	308,2	333,1			K
		D	0,668	0,783	0,881			$cm^2\,s^{-1}$
	H_2O	T	34,0	55,3	79,3			°C
		D	0,902	1,011	1,121			$cm^2\,s^{-1}$
	CH_4O		T 150°C	D 1,032 $cm^2\,s^{-1}$				

[a] Kr in D_2 T = 22,6°C, D = 0,488 $cm^2\,s^{-1}$.
[b] NH_3 in D_2 T = 23,7°C, D = 0,630 $cm^2\,s^{-1}$.

9.2.3.3 Diffusion weiterer Gase ineinander (*Fortsetzung*)

1. Gas	2. Gas		Temperatur T in K oder in °C und Diffusionskoeffizient D in $cm^2 s^{-1}$					
	CH_3CH_2OH		T 150°C	D 0,862 $cm^2 s^{-1}$				
	C_6H_6		T 150°C	D 0,610 $cm^2 s^{-1}$				
N_2	Br_2		T 13°C	D 0,105 $cm^2 s^{-1}$				
	O_2	T	300	400	500	550		K
		D	0,243	0,400	0,586	0,685		$cm^2 s^{-1}$
	CO	T	194,7	273,2	319,6	373,0		K
		D	0,105	0,186	0,242	0,318		$cm^2 s^{-1}$
	CO_2	T	290,4	315,4	373,0	410,0	473,0	K
		D	0,135	0,184	0,258	0,307	0,386	$cm^2 s^{-1}$
	NH_3	T	20	100	200	250		°C
		D	0,241	0,407	0,612	0,741		$cm^2 s^{-1}$
	H_2O	T	34,4	55,4	79,0			°C
		D	0,256	0,303	0,359			$cm^2 s^{-1}$
	SF_6	T	289,8	348,0	410,0	473		K
		D	0,104	0,130	0,179	0,231		$cm^2 s^{-1}$
	CH_4	p	6,90	34,50	69,0	103,5	172,51	$10^5 \cdot Pa$
		D(60°C)	0,0364	0,0068	0,0033	0,0021	0,0012	$cm^2 s^{-1}$
	C_2H_4	T	300	400	500	550		K
		D	0,188	0,311	0,461	0,547		$cm^2 s^{-1}$
	C_2H_6	p	6,90	34,50	69,0	103,5	172,51	$10^5 \cdot Pa$
		D(60°C)	0,0208	0,0037	0,0017	0,00098	0,00052	$cm^2 s^{-1}$
	C_6H_6		T 38,7°C	D 0,1022 $cm^2 s^{-1}$				
O_2	Br_2		T 13°C	D 0,118 $cm^2 s^{-1}$				
	CO	T	300	400	500			K
		D	0,245	0,401	0,585			$cm^2 s^{-1}$
	CO_2		T 20°C	D 0,139 $cm^2 s^{-1}$				
	NH_3	T	20	100	200			°C
		D	0,253	0,410	0,652			$cm^2 s^{-1}$
	H_2O	T	308,1	352,4	500	700	1000	K
		D	0,282	0,352	0,68	1,20	2,39	$cm^2 s^{-1}$
	C_2H_4		T 20°C	D 0,182 $cm^2 s^{-1}$				
	C_6C_6		T 23°C	D 0,092 $cm^2 s^{-1}$				

CO	CO_2	T	296,7	348,0	410,0	473,0	K
		D	0,152	0,227	0,295	0,381	$cm^2\,s^{-1}$
	NH_3		T 22°	D 0,240 $cm^2\,s^{-1}$			
	SF_6	T	296,8	348,0	410,0	473,0	K
		D	0,0887	0,125	0,174	0,222	$cm^2\,s^{-1}$
CO_2	CS_2	T	0	19,9	32,8		°C
		D	0,063	0,0726	0,0789		$cm^2\,s^{-1}$
	N_2O	T	273,1	300	400	500	K
		D	0,1073	0,1293	0,225	0,340	$cm^2\,s^{-1}$
	H_2O	T	0	49,5	92,4		°C
		D	0,132	0,181	0,238		$cm^2\,s^{-1}$
	SF_6	T	298,8	328,0	373,0	472,0	K
		D	0,0647	0,0774	0,0980	0,151	$cm^2\,s^{-1}$
	SO_2	T	263	343	473		K
		D	0,064	0,108	0,194		$cm^2\,s^{-1}$
H_2O	SO_2		T 24,8°C	D 0,124 $cm^2\,s^{-1}$			
	CCl_2F_2		T 25°C	D 0,105 $cm^2\,s^{-1}$			
	CH_4	T	24,8	40,0	50,0	60,0	°C
		D	0,251	0,278	0,297	0,313	$cm^2\,s^{-1}$
	C_2H_4	T	34,6	55,3	79,4		°C
		D	0,204	0,233	0,247		$cm^2\,s^{-1}$
	C_2H_6		T 24,8°C	D 0,177 $cm^2\,s^{-1}$			
	C_3H_8		T 28,8°C	D 0,156 $cm^2\,s^{-1}$			

9.3 Wärmeleitfähigkeit

Die Wärmeleitfähigkeit ist definiert über das Fouriersche Gesetz

$$dQ/dt = \dot{Q} = -\lambda A \nabla T; \quad J = -\lambda \nabla T$$

$$\text{mit } \nabla = (\partial/\partial x)i + (\partial/\partial y)j + (\partial/\partial z)h$$

Q ist die Wärmemenge, J der Wärmestrom, λ der Wärmeleitfähigkeitskoeffizient und ∇T der Temperaturgradient. Für den eindimensionalen Fall vereinfachen sich die Gleichungen zu

$$dQ/dt = \dot{Q} = -\lambda A\, dT/dx; \quad J = -\lambda\, dT/dx$$

Der Wärmeleitfähigkeitskoeffizient wird üblicherweise in der Einheit $Wm^{-1}K^{-1}$ angegeben.

9.3.1 Wärmeleitfähigkeit λ von Flüssigkeiten[a]

9.3.1.1 Wärmeleitfähigkeit λ von reinen Flüssigkeiten

9.3.1.1.1 Elemente

Substanz	T/K	λ in $\mu Wm^{-1}K^{-1}$ bei p in bar					
		p = 25	101	203	304	405	507
Argon	91,1	121,3	126,5	133,0			
Ar	105,4	104,0	110,9	118,7	125,8	131,9	137,4
	120,4	85,0	93,5	102,8	111,3	118,1	124,4
	135,8	62,7	76,0	87,2	96,4	103,8	110,7
	149,6	—	61,7	74,5	84,6	92,7	100,2

Substanz	λ in $\mu Wm^{-1}K^{-1}$ in Abhängigkeit von Temperatur T und Druck p
Wasserstoff H_2	$15 \leqq T \leqq 27$ K: 71,2 + 2,333 T für Normal- und Para-H_2 übereinstimmend
Deuterium D_2	$19 \leqq T \leqq 26$ K: 84,5 + 2,078 T für Normal- und Ortho-D_2 übereinstimmend
Helium He	^{4}He-I: $2,24 \leqq T \leqq 4,18$ K: 9,6 + 4,2 T (± 10%) ^{4}He-II: unterhalb 2,18 K (λ-Punkt) anomales Verhalten ^{3}He (Isotop): 0,3 K: 7; 2,7 K: 19
Quecksilber Hg	T/°C: 20, 200 λ: 8720, 12200

Substanz	T/K	λ in $\mu Wm^{-1}K^{-1}$ bei p in bar					
		25	101	203	304	405	507
Krypton	125,5	87,9	91,2	95,2	98,8		
Kr	150,3	71,2	75,8	81,1	85,7	89,9	93,6
	175,3	54,2	60,4	67,2	72,7	77,6	82,0
	200,3	41,2	46,2	54,4	60,9	66,3	71,0
	235,5	—	27,5	39,6	47,1	52,9	58,2

[a] Nach Landolt-Börnstein, Bd. II/5, Beitrag Riedel.

Substanz	T/K	λ in $\mu W m^{-1} K^{-1}$ bei p in bar			
		33,9	67,9	101,8	135,8
Stickstoff	85	126,0	128,9	131,8	135,4
N_2	90	117,6	121,0	124,5	128,5
	100	100,4	105,9	110,3	115,1
	110	83,3	90,4	96,1	101,3
	120	66,1	75,1	82,2	87,9
	124	59,2	69,2	77,0	83,7
	$65 \leqq T \leqq 90$ K: 244,3 − 1,354 T				

Substanz	T/K	λ in $\mu W m^{-1} K^{-1}$ bei p in bar				
		25	51	76	101	127
Sauerstoff	80	164,5	166,2	167,8	169,5	171,2
O_2	90	151,5	153,6	155,7	157,8	159,9
	100	138,5	141,0	143,6	146,1	148,6
	110	125,1	127,9	130,6	133,5	136,4
	120	110,9	114,3	117,4	120,6	123,9
	130	96,3	100,4	104,0	107,6	111,2
	140	—	85,8	90,0	94,2	98,4
	150	—	67,8	75,4	80,8	85,8
Ozon	T/°C	−196	−183	−165	−128	
O_3	λ	218	222	227	231	

Substanz	T/K	λ in $\mu W m^{-1} K^{-1}$ bei p in bar					
		25	101	203	304	405	507
Xenon	170,3	68,9	72,0	74,8			
Xe	190,4	62,0	64,9	68,3	71,5	74,2	76,8
	210,2	54,4	57,7	61,8	65,4	68,5	71,2
	235,0	44,7	49,0	54,1	57,7	61,2	64,5

9.3.1.1.2 Anorganische Verbindungen (p_s = Sättigungsdruck)

Flüssigkeit	Wärmeleitfähigkeit				
BF_3	$\lambda = 203\,\mu W m^{-1} K^{-1}$ ($-124° \leqq T \leqq 105$°C)				
B_5H_9	$\lambda = 147{,}5\,\mu W m^{-1} K^{-1}$ ($18° \leqq T \leqq 40$°C)				
CO	T/°C	−195	−183	−170	−161
	λ	148,6	120,5	99,6	87,9 $\mu W m^{-1} K^{-1}$

Flüssigkeit	T/°C	λ in $\mu W m^{-1} K^{-1}$ bei p in bar				
		p_s	49	59	69	88
CO_2	10	97,2	98,6	101,2	103,3	107,5
	15	92,5	—	94,7	96,8	100,9
	20	87,2	—	87,6	90,2	94,6
	25	81,4	—	—	83,0	88,2
	30	70,4	—	—	—	81,6
CS_2	$\lambda = 143{,}7\,\mu W m^{-1} K^{-1}$ (12°C); $\lambda = 149{,}6\,\mu W m^{-1} K^{-1}$ (20°C)					

Flüssigkeit	T/°C	λ in $\mu W m^{-1} K^{-1}$ bei p in bar			
		p_s	101	203	304
NH_3	0	516	526	536	547
	20	480	492	505	520
	40	442	455	472	490
	60	395	412	436	459
	80	341	361	392	425
	100	279	300	343	386
	120	—	—	299	348

Flüssigkeit	T/°C	λ in $\mu W m^{-1} K^{-1}$ bei p in bar			
		p_s	101	203	304
N_2O	4,4	101,2	108,4	117,4	125,6
	37,8	—	—	92,0	99,3
NO_2	4,4	140,0	143,4	146,8	—
	37,8	123,7	127,3	131,0	134,7
	71,1	96,9	101,0	105,2	109,6
HNO_3	weiße rauchende Salpetersäure $\lambda = (269 + 0{,}52\,T)\ \mu W m^{-1} K^{-1}$ $(40° \leqq T \leqq 50°C)$ HNO_3 mit 2% H_2O $\lambda = (265 + 0{,}22\,T)\ \mu W m^{-1} K^{-1}$ $(28° \leqq T \leqq 80°C)$				
SO_2	$\lambda = (211 - 0{,}63\,T)\ \mu W m^{-1} K^{-1}$ $(-13° \leqq T \leqq 25°C)$ bei p = 515 bar				
H_2SO_4	$\lambda = (308 + 1{,}08\,T)\ \mu W m^{-1} K^{-1}$ $(10 \leqq T \leqq 80°C)$				
$SiCl_4$	$\lambda = 138\ \mu W m^{-1} K^{-1}$ (32°C)				
UF_6	$\lambda \approx 160\ \mu W m^{-1} K^{-1}$ (72°C)				

9.3.1.1.3 Organische Verbindungen

9.3.1.1.3.1 Bei normalem Druck

Formel	Name	λ in $\mu W m^{-1} K^{-1}$ T in °C	T in °C
CCl_2F_2	Dichlor-difluor-methan	81,4 – 0,465 T	$-53 \leqq T \leqq 20$
CCl_3F	Fluor-trichlor-methan	100,9 – 0,29 T	$-58 \leqq T \leqq 15$
CCl_4	Tetrachlor-methan	106,8 – 0,17 T	$15 \leqq T \leqq 90$
		115,1	–20
$CHClF_2$	Chlor-difluor-methan	95,3 – 0,42 T	$-75 \leqq T \leqq 18$
CH_2Cl_2	Dichlor-methan	157,5 – 0,17 T	$-12 \leqq T \leqq 25$
CH_2O_2	Ameisensäure	275,0 – 0,08 T	$15 \leqq T \leqq 90$
CH_3Cl	Chlor-methan	179 – 0,85 T	$-13 \leqq T \leqq 25$
CH_3Cl_3Si	Methyl-trichlor-silan	142	32
CH_3NO_2	Nitromethan	225,7 – 0,614 T	$43 \leqq T \leqq 76$
CH_4	Methan	unter Druck s. Tabelle 9.3.1.1.3.2	
CH_4Cl_2Si	Methyl-dichlor-silan	121	32°

CH_4O	Methanol	T	0	100	160	200	220	°C $(p = p_s)$
		λ	218	178	156	127	111	$\mu W m^{-1} K^{-1}$

$C_2H_3ClF_2$	1,1-Difluor-1-chlor-ethan	94,2	20
$C_2Cl_2F_4$	1,2-Dichlor-1,1,2,2-tetra-fluorethan	68,4 – 0,246 T	$-91 \leqq T \leqq -27$
		71,5 – 0,25 T	$-20 \leqq T \leqq 20$

9.3.1.1.3.1 Bei normalem Druck (*Fortsetzung*)

Formel	Name	λ in $\mu Wm^{-1}K^{-1}$ T in °C	T in °C
C_2H_4	Ethen	T: −160, −129, −100, −74, −29, 0 °C λ: 253, 222, 184, 155, 126, 80 $\mu Wm^{-1}K^{-1}$	
$C_2H_4Br_2$	1,2-Dibrom-ethan	103,8 − 0,106 T	15 ≦ T ≦ 90
$C_2H_4Cl_2$	1,2-Dichlor-ethan	140,2 − 0,25 T	−20 ≦ T ≦ 80
$C_2H_4O_2$	Essigsäure	166,3 − 0,193 T	15 ≦ T ≦ 90
		158,61	20
C_2H_5Br	Brom-ethan	101,2	20
		101,8	30
C_2H_5Cl	Chlor-ethan	123,9	5
		106,7	25
C_2H_5NO	Acetamid	262	80
$C_2H_5NO_2$	Nitroethan	184,8 − 0,483 T	42 ≦ T ≦ 76
C_2H_6	Ethan	unter Druck s. Tabelle 9.3.1.1.3.2	
C_2H_6O	Ethanol	T: 0, 100, 160, 200, 230 °C ($p = p_s$) λ: 190, 159, 146, 128, 95 $\mu Wm^{-1}K^{-1}$	
$C_2H_6O_2$	Ethandiol-(1,2) (Ethylenglykol)	250 + 0,20 T	20 ≦ T ≦ 70
C_3H_6O	Aceton	170,0 − 0,30 T	20 ≦ T ≦ 50
		163	100
C_3H_7NO	Dimethyl-formamid	190,4 − 0,35 T	23 ≦ T ≦ 92
C_3H_8	Propan	unter Druck s. Tabelle 9.3.1.1.3.2	
C_3H_8O	Propanol-(1)	156,9 − 0,21 T	15 ≦ T ≦ 70
C_3H_8O	Propanol-(2)	142,5 − 0,18 T	−50 ≦ T ≦ 60
$C_3H_8O_3$	Propantriol-(1,2,3) (Glycerin)	283 + 0,14 T	0 ≦ T ≦ 132
$C_4H_8O_2$	Ethansäure-ethylester Ethylacetat	150 + 0,30 T	0 ≦ T ≦ 150
$C_4H_8O_2$	Buttersäure	153 − 0,17 T	0 ≦ T ≦ 168
$C_4H_8O_2$	Dioxan-(1,4)	163,3 bzw. 154,0	20
$C_4H_8O_2$	Isobuttersäure	142,3	12
C_4H_{10}	Butan	116 − 0,44 T (extrapoliert)	−100 ≦ T ≦ 0
		unter Druck s. Tabelle 9.3.1.1.3.2	
$C_4H_{10}O$	Butanol-(1)	156,5 − 0,18 T	−60 ≦ T ≦ 80
$C_4H_{10}O$	Diethylether	138,5 − 0,42 T	−80 ≦ T ≦ 30
$C_4H_{10}O$	2-Methyl-propanol-(1)	137,7 − 0,134 T	15 ≦ T ≦ 90
		110	100
$C_4H_{10}O$	2-Methyl-propanol-(2)	124,8 − 0,23 T	34 ≦ T ≦ 77
$C_4H_{10}O_2$	Butandiol-(1,3)	193	19
		224	69
$C_4H_{10}O_2$	Butandiol-(1,4)	213	20
		220	62
$C_4H_{10}O_3$	Diethylenglykol	207,3 + 0,062 T	30 ≦ T ≦ 90
C_5H_5N	Pyridin	162,6 − 0,02 T	24 ≦ T ≦ 60
$C_5H_6O_2$	Furfuryl-alkohol	179,7	30
$C_5H_8O_2$	Acetyl-aceton	152,9	30
$C_5H_{11}N$	Piperidin	180	22
C_6H_5Br	Brombenzol	116,2 − 0,195 T	−20 ≦ T ≦ 80
C_6H_5Cl	Chlorbenzol	132,8 − 0,20 T	−40 ≦ T ≦ 90

9.3.1.1.3.1 Bei normalem Druck (*Fortsetzung*)

Formel	Name	λ in $\mu W m^{-1} K^{-1}$ T in °C	T in °C
C_6H_5J	Jodbenzol	104,3 − 0,13 T	$-20 \leqq T \leqq 80$
$C_6H_5NO_2$	Nitrobenzol	154,5 − 0,16 T	$16 \leqq T \leqq 150$
C_6H_6	Benzol	151,0 − 0,26 T	$15 \leqq T \leqq 71$
		unter Druck s. Tabelle 9.3.1.1.3.2	
C_6D_6	Perdeutero-benzol	143,7 − 0,29 T	$23 \leqq T \leqq 74$
C_6H_6O	Phenol	160,5	50
C_6H_7N	Anilin	174,4 − 0,08 T	$15 \leqq T \leqq 90$
C_7H_9N	2-Methyl-anilin	156,8	20
		162,8	30
C_7H_9N	3-Methyl-anilin	160,5	20
C_7H_9N	4-Methyl-anilin	164,0	50
C_7H_9N	N-Methyl-anilin	185	22
C_7H_{14}	Methyl-cyclohexan	110,4 − 0,08 T	$30 \leqq T \leqq 70$
C_8H_8O	Acetophenon	142,1	$20 \leqq T \leqq 30$
C_8H_{10}	Ethyl-benzol	133,0	20
		117,5	80
C_8H_{10}	o-Xylol	137,2 − 0,17 T	$16 \leqq T \leqq 91$
		123,1	63
C_8H_{10}	m-Xylol	132,5 − 0,075 T	$30 \leqq T \leqq 90$
		unter Druck s. Tabelle 9.3.1.1.3.2	
C_8H_{10}	p-Xylol	137,7 − 0,08 T	$30 \leqq T \leqq 90$
		133,4	20
C_8H_{18}	Octan	135,0 − 0,26 T	$30 \leqq T \leqq 110$
		unter Druck s. Tabelle 9.3.1.1.3.2	
C_8H_{18}	2,2,4-Trimethyl-pentan	104,2 − 0,18 T	$16 \leqq T \leqq 90$
C_9H_7N	Chinolin	154,9 − 0,28 T	$15 \leqq T \leqq 90$
C_9H_{12}	2-Phenyl-propan	128,7 − 0,197 T	$0 \leqq T \leqq 100$
C_9H_{12}	1,3,5-Trimethyl-benzol	136,4	20
	(Mesitylen)	122,1	80
$C_{10}H_8$	Naphthalin	142,2 − 0,10 T	$100 \leqq T \leqq 140$
C_6H_{10}	Cyclohexen	143,4 − 0,37 T	$37 \leqq T \leqq 74$
		134,1	20
$C_6H_{10}O$	Cyclohexanon	157,0 − 0,41 T	$37 \leqq T \leqq 76$
C_6H_{12}	Cyclohexan	125,9 − 0,255 T	$21 \leqq T \leqq 72$
$C_6H_{12}O$	Cyclohexanol	136,4	20
		137,8	30
C_6H_{14}	Hexan	130,7 − 0,25 T	$16 \leqq T \leqq 60$
		unter Druck s. Tabelle 9.3.1.1.3.2	
$C_6H_{15}N$	Triethyl-amin	125,0 − 0,27 T	$-80 \leqq T \leqq 50$
C_7H_6O	Benzaldehyd	151,8	30
C_7H_7Cl	Chlor-phenyl-methan (Benzylchlorid)	198,0	20
C_7H_8	Methyl-benzol (Toluol)	140,3 − 0,286 T	$-15 \leqq T \leqq 112$
C_7H_8O	Anisol (Methoxybenzol)	144,8	30
C_7H_8O	Benzyl-alkohol	159,7	20
C_7H_8O	o-Kresol	153,5	30
C_7H_8O	m-Kresol	149,5	20
C_7H_8O	p-Kresol	144,4	20
$C_{10}H_{12}$	1,2,3,4-Tetrahydro-naphthalin (Tetralin)	131,7 − 0,054 T	$20 \leqq T \leqq 90$
$C_{10}H_{14}$	1-Methyl-4-isopropyl-benzol (p-Cymol)	123,5	20
$C_{10}H_{14}$	1,2,4,5-Tetramethyl-benzol (Durol)	132,8 − 0,113 T	$80 \leqq T \leqq 150$
$C_{12}H_{10}$	Diphenyl	148,3 − 0,145 T	$81 \leqq T \leqq 308$
$C_{12}H_{10}O$	Diphenylether	147,7 − 0,155 T	$57 \leqq T \leqq 238$

9.3.1.1.3.2 Bei höheren Drücken

CH_4	Methan	T/°C	λ in μWm⁻¹K⁻¹ bei p in bar				
			p_s	51	101	203	507
		−174,2	212	217	226	—	
		−122,9	137	146	159	192	
		−98,0	103	114	131	167	

C_2H_6	Ethan	T/°C	λ in μWm⁻¹K⁻¹ bei p in bar				
			p_s	51	101	203	304
		4,4	84,5	89,1	98,0	112,2	120,6

C_3H_8	Propan	T/°C	λ in μWm⁻¹K⁻¹ bei p in bar				
			p_s	101	152	203	253
		50,0	78	90	97	102	107
		87,2	68	77	84	90	96

C_4H_{10}	Butan	T/°C	λ in μWm⁻¹K⁻¹ bei p in bar				
			p_s	41	101	203	405
		75,3		97	102	110	122
		105,6		87	94	102	115
		140,8		82	89	97	111

C_6H_{14}	Hexan	T/°C	λ in μWm⁻¹K⁻¹ bei p in bar				
			p_s	20	101	203	507
		20		130	134	139	151
		100		108	113	118	133
		200		80	91	99	116

C_6H_6	Benzol	T	20	100	200	260	280	288,5	°C
		p	1	3	49	49	49	49	bar
		λ	139	127	108	81	64	49	μWm⁻¹K⁻¹

C_8H_{18}	Octan	T/°C	λ in μWm⁻¹K⁻¹ bei p in bar				
			p_s	20	101	203	507
		20		139	143	147	157
		100		120	124	129	141
		200		98	106	113	128

C_8H_{10}	1,3-Dimethyl-benzol (m-Xylol)	T	0	100	200	300	340	°C
		p	1	1	39	39	39	bar
		λ	145	128	113	83	57	μWm⁻¹K⁻¹

9.3.1.2 Wärmeleitfähigkeit von wäßrigen Lösungen

9.3.1.2.1 Anorganische Verbindungen

9.3.1.2.1.1 Säuren

Gelöster Stoff	T/°C	λ in $\mu W m^{-1} K^{-1}$								
		Konzentration des gelösten Stoffes in Massen %								
		0	10	20	30	40	60	80	90	98
HCl	29	610	570	522	470					
	30	618	566	512	457					
HNO_3	0	551	533	514	492	469	412	343	303	265
	20	599	573	546	518	489	421	340	297	260
	40	634	602	571	538	504	427	338	293	256
	60	659	627	593	557	520	432	336	289	251
	80	674	640	605	567	526	434	335	286	248
	100	682	646	609	572	532	436	334	283	243
H_3PO_4	29	610	588	565	541	518	474	453	445	—
H_2SO_4	0	551	527	503	479	458	414	368	339	317[a]
	20	599	572	546	520	494	442	384	350	326[a]
	40	634	605	576	548	520	463	402	362	333[a]
	60	659	630	601	572	542	483	420	373	339[a]
	80	674	648	622	592	560	498	432	385	346[a]
	100	682	659	635	607	574	508	442	397	352[a]

[a] bei 96 Massen %.

9.3.1.2.1.2 Basen und Salzlösungen

Gelöster Stoff	T/°C	λ in $\mu W m^{-1} K^{-1}$									
		Konzentration des gelösten Stoffes in Massen %									
		0	5	10	15	20	25	30	35	40	45
$AgNO_3$	29	610	605	599	592	585	578	569	560	549	537
$AlCl_3$	25	608	592	574	555	534	512	489			
$Al_2(SO_4)_3$	29	610	602	593	581	567	550				
$BaBr_2$	20	599	590	581	572	563	553	542	531	518	
$BaCl_2$	20	599	594	589	583	576					
$Ba(OH)_2$	29	610									
$BeSO_4$	25	608	597	585	572	558	544				
$CaBr_2$	20	599	590	579	567	555	542	528	511		
$CaCl_2$	−30						497	491			
	−20						512	505	498		
	1,5	563	561	558	553	547	540	533	526		
	20	596	590	584	578	572	565	558	551	544	
$Co(NO_3)_2$	29	610	601	592	582	572	562	551	541	531	
H_2CrO_4	29	610	599	588	577	565	552	539	526	511	
$Na_2Cr_2O_7$	20	599	596	593	590	586	582	577	573	568	
$CuSO_4$[a]	32	616									
$K_4Fe(CN)_6$	29	610	602	594	588						
KBr	20	599	588	576	563	549	534	519	503		
KCl	1,5	563	557	550	542	532					
	20	599	589	578	568	558	547				
K_2CO_3	20	599	597	593	588	581	572	563	552	539	
KF	20	599	595	589	581	572					
KOH	1,5	563	573	574	572	568	562	555	547	539	
	20	597	602	604	603	599	592	584	575	565	
	50	640	644	645	643	638	632	624	616	605	
	80	669	674	675	673	668	661	653	643	633	

9.3.1.2.1.2 Basen und Salzlösungen (*Fortsetzung*)

Gelöster Stoff	T/°C	λ in μWm⁻¹K⁻¹									
		Konzentration des gelösten Stoffes in Massen %									
		0	5	10	15	20	25	30	35	40	45
KJ	20	599	587	575	562	547	531	514	495	477	
KNO_2	29	610	603	595	587	578	569	560	550	539	
KNO_3	20	599	592	585	577	567					
K_2SO_4	20	599	595	591							
LiBr	20	599	585	571	556	540	523	507	490	474	
LiCl	20	599	587	576	565	555	546	537			
LiJ	20	599	584	568	552	535	518	502	486	469	
LiOH	29	610	636								
Li_2SO_4	20	599	597	595	592	588					
$MgBr_2$	20	599	585	570	555	537	517	498	478	458	439
$MgCl_2$	−20					480	470				
	1,5	563	554	544	531	516	501	486			
	20	599	588	576	563	548	531	514			
$MgSO_4$	20	599	595	591	587	582					
NaBr	20	599	590	581	571	559	547	534	520		
$NaBrO_3$	20	599	594	588	583	577	572				
Na_2CO_3	20	599	603	608							
NaCl	1,5	563	559	556	552	549	545				
	20	599	595	590	585	579	572				
	25	608	605	600	594	588	582				
	30	618	611	604	597	590	583				
$NaClO_3$	20	599	592	584	576	568	559	549	539	529	
$NaClO_4$	20	599	591	583	575	567	558	547	535		
NaF	20	599	601								
NaOH	1,5	563	585	599	606	612	618	624			
	20	599	616	629	636	640	642	643	644	644	
	50	640	656	667	676	683	686	687	687	687	
	80	669	690	703	713	719	720	721	721	721	
NaJ	20	599	589	578	567	554	541	526	510	493	
$NaNO_2$	20	599	596	592	588	584	579	573	566	558	
$NaNO_3$	20	599	596	592	587	581	574	567	560		
Na_3PO_4	20	599	606	613							
Na_2SO_3	20	599	599	598	597	593					
Na_2SO_4	20	599	600	600	601						
$Na_2S_2O_3$	20	599	596	593	589	584	577	568	557	544	
$ZnCl_2$	32	616				564[b]			516		
$ZnSO_4$	30	618	611	604	598	592	584	575			

[a] Bei 18 Massen % 586.
[b] Bei 17,5 Massen %.

9.3.1.2.2 Organische Verbindungen

Gelöster Stoff	T/°C	λ in $\mu Wm^{-1}K^{-1}$						
		Konzentration des gelösten Stoffes in Massen %						
		0	20	40	60	80	90	100
CH_4O Methanol	−70	—	—	—	299	261	—	232
	−30	—	—	362	303	252	—	217
	20	599	484	385	308	244	—	202
	50	641	513	401	314	242	—	192
CH_4NO_2 Harnstoff	25	608	594	581	567	553	—	540
$C_2H_4O_2$ Essigsäure	11	624	518	415	326	249	—	180
C_2H_6O Ethanol	−70	—	—	—	—	227	—	197
	−30	—	—	340	274	221	—	183
	20	599	466	361	277	213	—	167
	60	652	504	377	284	209	—	157
$C_2H_6O_2$ Ethylenglykol	−50	—	—	—	322	284	—	—
	−20	—	—	394	338	290	—	—
	20	599	511	422	358	297	—	262[a]
	80	670	566	469	387	311	—	270[a]
C_3H_6O Aceton	−20	—	—	—	262	212	—	178
	20	599	463	351	264	202	—	160
	40	628	480	358	266	195	—	152
C_3H_8O Propanol	−20	—	—	—	—	201	—	163
	20	599	463	351	261	194	—	155
	60	652	497	364	275	191	—	150
$C_3H_8O_3$ Glycerin	−20	—	—	—	365	319	—	—
	10	583	506	440	381	326	297	—
	20	599	523	453	388	328	302	—
	50	641	566	492	416	342	305	—
	80	670	585	501	423	350	319	—

[a] bei 97,5 Massen %.

$C_6H_{12}O_6$ bzw. $C_{12}H_{22}O_{11}$ Glucose oder Saccharose	T/°C	λ in $\mu Wm^{-1}K^{-1}$						
		Konzentration des gelösten Stoffes in Massen %						
		0	10	20	30	40	50	60
	1,5	565	540	509	478	448	419	391
	20	599	569	537	505	471	439	409
	50	641	604	573	538	502	466	429
	80	672	640	602	565	529	490	449
	25	608	583	559	532	506	479	452

$CH_4, C_2H_4, C_2H_6, C_3H_8$

T/°C	λ in μW/(cm K) bei p in bar							
	1	10	20	50	100	200	300	400
	CH_4 Methan							
−75	215	226	234	392	844	1090	1220	1360
−25	274	276	283	333	439	772	912	1020
0	303	306	313	356	440	693	818	901
25	337	339	346	383	455	653	750	811
50	371	374	382	411	472	628	718	780
100	442	454	460	472	511	612	701	749
200	605	634	640	652	664	702	737	776

$CH_4, C_2H_4, C_2H_6, C_3H_8$ (*Fortsetzung*)

T/°C	λ in μW/(cm K) bei p in bar							
	1	10	20	50	100	200	300	400
	C_2H_4 Ethen							
50	240	244	257	307	—	—		
67,2	261	265	278	309	474	790		
75	272	276	288	311	—	—		
100	310	312	321	—	—	—		
150	370	377	389	—	—	—		
	C_2H_6 Ethan							
50	245	254	264	359	690	867	965	
75	281	286	296	346	563	772	886	
100	316	318	328	362	497	694	819	
150	385	388	394	414	471	630	746	
	C_3H_8 Propan							
50	210	232	—	—	—	—	—	
75	241	251	271	—	—	—	—	
100	272	279	294	647	718	834	941	
150	340	347	355	378	620	770	868	

9.3.2 Wärmeleitfähigkeit von Gasen

9.3.2.1 Temperaturabhängigkeit der Wärmeleitfähigkeit

9.3.2.1.1 Elemente und anorganische Verbindungen

9.3.2.1.1.1 Temperaturen zwischen 0 und 200°C, $p \approx 1$ bar (Kursivdruck zeigt an, daß $p < 1$ bar)

Formel	λ in μW/(cm K) bei T in °C					
	0	25	50	100	150	200
Ar	164	177	189	213	235	255
BCl_3	*101*	*110*	*124*	80°C *139*	—	—
BF_3	*173*	*191*	*204*	80°C *222*	—	—
Br_2	*43,3*	*46,7*	*50,4*	*57,8*	*65,6*	*73,8*
HBr	*79,2*	*87,0*	*94,8*	*111*	*126*	*142*
HCN	*110*	*122*	*135*	*163*	*194*	*230*
CO	231	249	267	304	335	368
CO_2	145	164	184	223	262	302
Cl_2	*79,9*	*88,4*	*96,8*	*114*	*131*	*149*
HCl	*127*	*139*	*151*	*176*	*201*	*225*
F_2	*243*	*264*	*286*	*327*	*368*	*406*
H_2	1710	1810	1910	2110	2300	2490
H_2O	—	—	*(199)*	246	296	332
D_2O	—	—	—	*243*	286	335
He	1430	1500	1580	1740	1900	2050
Kr	87,8	95,1	102	116	129	142
Luft	241	260	276	314	354	385
N_2	240	259	277	308	338	367
NH_3	216	242	270	332	400	472
NO	239	257	275	310	346	380
N_2O	153	173	193	236	280	322
Ne	461	489	516	571	626	675
O_2	245	264	283	318	353	386
Rn[a]	21,4	23,8	26,0	30,1	34,1	37,7
SO_2	86,2	99,4	113	138	165	191
Xe	51,0	55,5	60,0	69,0	77,7	81,5

[a] Berechnete Werte.

9.3.2.1.1.2 Anorganische Gase

Temperatur von 80...1400 K, $p \approx 1$ bar. Kursivdruck zeigt an, daß $p < 1$ bar

T/K	λ in μW/(cm K)						
	Ar	Br_2	HBr	CO	CO_2	Cl_2	HCl
80	—	—	—	*69,2*	—	—	
100	65,8	—	—	87,3	—	—	
150	96,4	—	—	132	—	—	
200	125	—	*56,4*	174	95	*55,3*	*91,7*
250	152	—	*71,9*	214	128	*72,2*	*116*
273	164	*43,3*	*79,2*	231	145	*79,9*	*127*
400	224	*61,8*	*119*	320	244	*124*	*189*
500	266	*78,2*	*150*	385	322	*158*	*238*
600	305	*95,7*	*182*	446	397	*192*	
700	341	*114*	—	505	469		
800	373	—	—	560	539		
900	402	—	—	613	607		
1000	429	—	—	661	671		
1100	455	—	—	719	731		
1200	479	—	—	—	788		
1400	524	—	—	—	—		

T/K	λ in μW/(cm K)							
	F_2	H_2	D_2	He	Hg	Kr	N_2	Luft
80	—	550	480	637	—	—	76,4	*73,5*
100	*90,5*	674	(587)	735	—	—	95,4	92,0
150	*135*	985	(826)	950	—	50,5	146	139
200	*179*	1280	(1040)	1150	—	66,1	190	182
250	*223*	1570	(1230)	1340	—	81,0	226	221
273	*245*	1710	(1310)	1430	*45,4*	87,8	240	241
400	*349*	2220	—	1820	*62,7*	125	325	336
500	*426*	2590	—	2140	*80,2*	148	382	402
600	*495*	2950	—	2460	*91,5*	172	436	460
700	—	3310	—	2790	*113*	195	487	516
800	—	3660	—	3110	—	217	534	570
900	—	3990	—	—	—	236	580	624
1000	—	4300	—	—	—	254	621	672
1100	—	4640	—	—	—	278	660	724
1200	—	4960	—	—	—	289	696	768
1400	—	5580	—	—	—	321	760	830

T/K	λ in μW/(cm K)							
	NH_3	N_2O	NO	Ne	O_2	H_2O	D_2O	Xe
80	—	—	—	*71,2*	—	—	—	—
100	—	—	—	90,3	—	—	222	—
150	—	—	135	138	—	—	302	—
200	—	97,6	173	183	—	—	372	38,4
250	194	134	219	225	—	—	434	47,1
273	216	153	239	245	—	—	461	51,0
400	368	260	330	337	266	266	602	73,8
500	509	348	398	404	364	367	702	91,1
600	659	437	466	469	469	480	801	108
700	815	526	—	533	570	616	891	124
800	—	614	—	596	673	—	996	138
900	—	(703)	—	656	776	—	—	—
1000	—	—	—	713	882	—	—	—
1100	—	—	—	769	994	—	—	—
1200	—	—	—	823	1102	—	—	—
1400	—	—	—	929	(1320)	—	—	—

9.3.2.1.2 Organische Gase

$T = 0 \ldots 200\,°C$, $p \approx 1$ bar. Kursivdruck zeigt an, daß $p < 1$ bar

Formel	Substanz	λ in μW/(cm K) bei T in °C					
		0	25	50	100	150	200
$CBrF_3$	Bromtrifluormethan	82	93	105	130	153	—
CBr_2F_2	Dibromdifluormethan	*55*	63	72	88	105	—
CBr_3F	Tribromfluormethan	—	—	52	63	75	—
$CClF_3$	Chlortrifluormethan	—	—	—	178	205	235
CCl_2F_2	Dichlordifluormethan	—	99	111	135	160	—
CCl_3F	Trichlorfluormethan	—	88	100	123	—	—
CCl_4	Tetrachlormethan	*60*	*67*	*75*	90	105	—
$CHClF_2$	Chlordifluormethan	—	115	127	153	—	—
$CHCl_2F$	Dichlorfluormethan	—	97	101	110	—	—
$CHCl_3$	Trichlormethan	*62*	*70*	*82*	101	123	(143)
CH_2Cl_2	Dichlormethan	*66*	*80*	93	118	143	(169)
CH_3Br	Brommethan	*70*	80	91	114	136	(160)
CH_3Cl	Chlormethan	91	107	124	157	195	(230)
CH_3J	Jodmethan	*46*	*55*	63	82	(100)	—
CH_3NO_2	Nitromethan	—	—	—	*135*	167	—
CH_4	Methan	303	337	371	442	520	605
CH_4O	Methanol	*(136)*	*(164)*	*195*	236	276	—
$C_2Cl_2F_4$	1,2-Dichlor-1,1,2,2-tetrafluor-ethan	—	105	119	146	175	—
$C_2Cl_3F_3$	1,1,2-Trichlor-1,2,2-trifluor-ethan	—	*75*	90	120	—	—
C_2H_2	Ethin	186	215	246	303	—	—
C_2H_3N	Ethannitril	—	—	—	152	180	—
C_2H_4	Ethen	175	208	240	310	370	440
$C_2H_4Cl_2$	1,1-Dichlorethan	—	*91*	*107*	136	165	196
C_2H_4O	Acetaldehyd	*110*	124	140	179	—	—
C_2H_4O	Ethylenoxid	*93*	118	143	193	249	—
$C_2H_4O_2$	Essigsäure	—	*122*	*140*	*176*	—	—
C_2H_5Cl	Chlorethan	*92*	109	131	176	220	—
C_2H_6	Ethan	183	212	245	316	385	465
C_2H_6O	Ethanol	*130*	*154*	*180*	220	273	—
C_2H_7N	Dimethylamin	*106*	160	210	305	404	—
C_3H_6	Propen	140	170	200	—	—	—
C_3H_6	Cyclopropan	—	—	(175)	243	312	—
C_3H_6O	Aceton	*98*	*130*	*146*	176	227	—
$C_3H_6O_2$	Ameisensäureethylester	*80*	*105*	*137*	187	230	—
$C_3H_6O_2$	Essigsäuremethylester	*101*	*119*	*137*	180	230	—
C_3H_7Cl	1-Chlorpropan	*97*	*115*	135	180	—	—
C_3H_7Cl	2-Chlorpropan	*103*	*122*	140	(186)	—	—
C_3H_8	Propan	151	180	210	272	340	425
C_3H_8O	Propanol-(1)	*119*	*136*	*156*	206	—	—
C_3H_8O	Propanol-(2)	—	*148*	*170*	218	—	—
C_3H_8O	Methylethylether	—	—	193	243	—	—
C_4H_6	Butadien-(1,3)	*122*	158	184	—	—	—
C_4H_8	Buten-(1)	123	160	185	—	—	—
C_4H_8	Buten-(2), cis	*116*	152	170	—	—	—
C_4H_8	Buten-(2), trans	*119*	153	176	—	—	—
C_4H_8	2-Methyl-propen-(1)	129	163	—	—	—	—
C_4H_8O	Butanon-(2)	*110*	*130*	*150*	—	—	—
$C_4H_8O_2$	Essigsäurethylester	*69*	*101*	*125*	173	225	—
$C_4H_8O_2$	Dioxan-(1,4)	—	—	—	*170*	220	—
C_4H_9Cl	1-Chlorbutan	—	*119*	*136*	183	—	—
C_4H_9Cl	2-Chlorbutan	—	*111*	*135*	(187)	—	—
C_4H_{10}	Butan	135	163	185	245	310	—
$C_4H_{10}O$	Butanol-(1)	—	*(135)*	*150*	*197*	(250)	—

9.3.2.1.2 Organische Gase (*Fortsetzung*)

T = 0...200°C, p ≈ 1 bar. Kursivdruck zeigt an, daß p < 1 bar

Formel	Substanz	λ in μW/(cm K) bei T in °C					
		0	25	50	100	150	200
$C_4H_{10}O$	Butanol-(2)	—	*135*	*157*	200	—	—
$C_4H_{10}O$	Diethylether	*130*	*150*	172	221	276	335
$C_4H_{10}O$	Methylpropylether	—	—	172	225	—	—
$C_4H_{11}N$	Diethylamin	*108*	*136*	*163*	222	283	—
C_5H_6	3-Methyl-butin-(1)	*116*	*138*	162	—	—	—
C_5H_8	Pentadien-(1,3)	*116*	*136*	157	—	—	—
C_5H_8	2-Methyl-butadien-(1,3)	*112*	*148*	175	—	—	—
C_5H_{10}	Penten-(1)	*119*	*139*	159	—	—	—
C_5H_{12}	Pentan	*130*	*150*	173	228	294	—
C_5H_{12}	2-Methyl-butan	*124*	*145*	169	220	275	—
$C_5H_{12}O$	Pentanol-(1)	—	*135*	*148*	*190*	—	—
$C_5H_{12}O$	Pentanol-(2)	—	*140*	*159*	*200*	—	—
C_6H_6	Benzol	*89*	*107*	*125*	165	214	(260)
C_6H_{12}	Hexen-(1)	*104*	*124*	*145*	186	—	—
C_6H_{12}	Cyclohexan	*78*	*(105)*	*132*	185	243	—
C_6H_{14}	Hexan	*120*	*130*	*150*	202	260	—
$C_6H_{14}O$	Dipropylether	—	—	*146*	194	—	—
$C_6H_{14}O$	Dipropyl-(2)-ether	—	—	*152*	204	—	—
$C_6H_{14}O$	Ethylbutylether	—	—	*148*	198	—	—
$C_6H_{15}N$	Triethylamin	*112*	*127*	*150*	194	253	—
C_7H_{16}	Heptan	—	—	66°C 153	176	—	—
$C_7H_{16}O$	Propylbutylether	—	—	*136*	*178*	—	—
$C_8H_{18}O$	Dibutylether	—	—	*125*	*167*	—	—

9.3.2.1.3 Gasmischungen, Abweichung von der Linearität für p ≈ 1 bar

Es ist angegeben $r = \dfrac{\lambda_M}{X_1\lambda_1 + X_2\lambda_2}$, λ_M Wärmeleitfähigkeit der Mischung, λ_i Wärmeleitfähigkeit der i-Komponente, X_i Molenbruch der i-Komponente

Mischung	T/°C	r für Stoff 1				
		0,1	0,25	0,50	0,75	0,90
Ar—CH_3OH	78	1,01	1,02	1,04	1,04	1,02
Ar—$CH_3 \cdot CH_3$	1,8	1,00	0,99	0,99	0,98	0,99
	200,8	1,01	1,01	1,02	1,01	1,00
Ar—CH_4	2,8	0,98	0,97	0,96	0,96	0,98
	101,5	0,99	0,97	0,97	0,96	0,98
	688,4	1,00	1,00	1,00	1,00	1,00
Ar—C_6H_6	78	0,97	0,95	0,91	0,93	0,97
	125	0,99	0,97	0,95	0,96	0,98
Ar—H_2	0	0,78	0,67	0,67	0,77	0,89
	38	0,77	0,67	0,68	0,76	0,88
Ar—He	0	0,84	0,75	0,65	0,63	0,73
	29	0,88	0,75	0,65	0,62	0,71
	520	0,88	0,78	0,67	0,65	0,74
Ar—N_2	0	1,00	0,99	0,98	0,99	0,99
	38	0,98	0,97	0,98	0,99	1,00
Ar—Ne	18	0,96	0,93	0,90	0,91	0,93
	520	0,96	0,92	0,89	0,89	0,93

9.3.2.1.3 Gasmischungen, Abweichung von der Linearität für p ≈ 1 bar (*Fortsetzung*)

Mischung	T/°C	r für Stoff 1				
		0,1	0,25	0,50	0,75	0,90
$Ar—O_2$	38	0,96	0,93	0,94	0,96	0,98
$CHCl_3—C_2H_5OC_2H_5$	59,3	1,00	1,00	1,00	1,00	1,00
	104,6	1,00	1,00	1,00	1,00	1,00
$CH_4—CH_3{\cdot}CH_2{\cdot}CH_3$	50	0,98	0,96	0,94	0,95	0,97
	100	0,99	0,98	0,97	0,98	0,99
	150	0,99	0,99	0,99	0,99	0,99
$CH_2{:}CH_2—H_2$	25	0,88	0,78	0,69	0,67	0,76
$CH_2{:}CH_2—N_2$	42	1,00	1,00	1,00	1,00	1,00
$CH_2{:}CH_2—NH_3$	25	1,02	1,04	1,05	1,09	1,02
$CH_3{\cdot}CO{\cdot}CH_3—C_6H_6$	76,7	1,01	1,02	1,04	1,03	1,01
	125,1	1,00	1,02	1,03	1,03	1,01
$C_6H_6—CH_3{\cdot}(CH_2)_4{\cdot}CH_3$	87,6	1,00	1,00	1,00	1,00	1,00
	125	1,00	1,00	1,00	1,00	1,00
$CO—CO_2$	1	—	1,00	1,00	1,00	—
	101	—	1,00	1,00	1,00	—
	311	—	1,00	1,00	1,00	—
	502	—	1,02	1,03	1,02	—
$CO—N_2$	1	1,00	1,00	1,00	1,00	1,00
	101	1,00	1,00	1,00	1,00	1,00
	498	1,00	1,00	1,00	1,00	1,00
CO—Luft	18	1,00	1,00	1,00	1,00	1,00
$CO_2—H_2$	0	0,84	0,78	0,60	0,59	0,69
	25	0,87	0,77	0,63	0,60	0,71
$CO_2—N_2$	50	0,99	0,97	0,96	0,96	0,98
	250	1,00	1,01	1,01	1,01	1,00
CO_2—Luft	40	—	0,98	0,98	0,99	—
$CO_2—O_2$	97	0,99	0,97	0,96	0,97	0,99
$H_2—D_2$	0	0,99	0,98	0,97	0,98	0,99
$H_2—He$	0	0,98	0,96	0,96	0,97	0,98
	45	0,99	0,98	0,97	0,99	0,99
$H_2—N_2$	0	0,76	0,67	0,66	0,74	0,86
	25,3	0,81	0,72	0,75	0,83	0,91
	99,1	0,81	0,73	0,75	0,84	0,93
$H_2—NH_3$	25,3	0,86	0,77	0,79	0,85	0,94
	99,1	0,85	0,78	0,83	0,89	0,95
$H_2—Ne$	30	0,96	0,92	0,85	0,81	0,89
	45	0,95	0,91	0,85	0,83	0,91
$H_2—O_2$	22	0,81	0,71	0,77	0,87	0,94
	31			0,70	0,79	0,86
He—Kr	18	0,60	0,52	0,55	0,70	0,85
	520	0,64	0,56	0,58	0,70	0,85
He—Ne	18	0,93	0,89	0,91	0,94	0,98
	520	0,92	0,88	0,86	0,92	0,97
$He—O_2$	30	0,81	0,69	0,67	0,75	0,86
	45	0,81	0,69	0,66	0,76	0,86
$Kr—N_2$	30	0,96	0,93	0,88	0,87	0,92
	45	0,96	0,93	0,88	0,88	0,93
Kr—He	18	0,98	0,97	0,96	0,97	0,98

9.3.2.1.3 Gasmischungen, Abweichung von der Linearität für p ≈ 1 bar (*Fortsetzung*)

Mischung	T/°C	r für Stoff 1				
		0,1	0,25	0,50	0,75	0,90
N_2—Ne	30	0,96	0,93	0,92	0,93	0,96
N_2—H_2O	65	1,04	1,07	1,09	1,08	1,04
	330	1,03	1,07	1,11	1,12	1,07
N_2—NH_3	25,3	1,02	1,04	1,06	1,06	1,03
	74,8	1,05	1,11	1,14	1,12	1,08
	351	—	1,02	1,03	1,03	—
Luft—H_2O	80	—	1,06	1,10	1,12	—
O_2—H_2O	227			1,07	1,08	
	527			1,09	1,09	

9.3.2.2 Druckabhängigkeit der Wärmeleitfähigkeit

9.3.2.2.1 Elemente und anorganische Verbindungen

Substanz	T/°C	λ in μW/(cm K) bei p in bar								
		1	10	20	50	100	200	500	1000	2000
Ar	−100	110	115	123	164	350	545			
	0	164	167	173	183	216	294	492		
	25	177	179	185	195	220	284	460	708	1080
	100	213	216	220	226	245	290	420		
	500	365	370	374	380	391	409	464		
CO_2	25	164	170	178	243					
	100	223	227	230	248	327	610			
	200	302	303	305	308	332	451			
H_2	25	1810	1810	1820	1820	1850	1900	1970		
	100	2110	2120	2120	2130	2140	2180	2230		
	300	2850	2870	2880	2910	2940	2980	3016		
He	25	1500	1520	1530	1550	1580	1610			
	100	1740	1750	1770	1790	1820	1850			
	300	2380	2400	2410	2440	2470	2490			
N_2	−100	167	173	180	222	342				
	0	240	247	254	272	302				
	25	259	265	271	287	316	409	643	930	1360
	100	308	312	317	328	350				
	500	521	(524)	(526)	(533)	542	561	621	726	
NO	25	257	264	273	298	341				
	100	310	317	324	347	384				
NH_3	25	242	306							
	75	301	333	367						
	100	332	355	378	497					
	200	472	482	494	529	599	1126			
NO_2	25	173	178	184						
	100	236	236	241	262	325	532	688		

9.3.2.2.1 Elemente und anorganische Verbindungen (*Fortsetzung*)

Substanz	T/°C	λ in μW/(cm K) bei p in bar								
		1	10	20	50	100	200	500	1000	2000
Luft s. Bd. Anorganische Verbindungen										
N_2O	25	173	178	184						
	50	193	196	203	252					
	100	236	236	241	262	325	532			
Ne	25	489	490	494	503	517	545	634	786	1080
	75	543	545	548	554	566	590	668	804	1070
O_2	−100	158	163	176	240	476				
	0	245	249	254	273	318				
	50	283	289	294	310	341				
H_2O und D_2O s. Tabelle 7.15										

9.3.2.2.2 Organische Verbindungen (CH_4, C_2H_4, C_2H_6, C_3H_8)

Substanz		T/°C	λ in μW/(cm K) bei p in bar						
Formel	Name		1	10	20	50	100	200	500
CH_4	Methan	−50	245	250	256	315	558	896	1270
		0	303	306	313	356	440	693	966
		25	337	339	346	383	455	653	875
		100	442	454	460	472	511	612	769
C_2H_4	Ethen	50	240	244	257	307			
		100	310	312	321				
C_2H_6	Ethan	50	245	254	264	359	690	867	965[a]
		100	316	318	328	362	497	694	819[a]
C_3H_8	Propan	50	210	232					
		100	272	279	294	647	718	834	941[a]

[a] bei 300 bar.

9.3.2.2.3 Weitere organische Verbindungen

Substanz			T in °C					
Formel	Name		0	25	50	100	150	200
CH_4O	Methanol	p/bar	0,04	0,16	0,60	3,56	13,9	40,5
		λ/(μW/(cm K))	136	164	195	256	349	445
C_2H_6O	Ethanol	p/bar	0,02	0,08	0,31	2,21	9,67	29,2
		λ/(μW/(cm K))	130	154	180	230	285	387
C_3H_6O	Aceton	p/bar	0,09	0,30	0,82	3,67	11,5	28,1
		λ/(μW/(cm K))	98	130	146	184	244	390
C_3H_8O	Propanol-(1)	p/bar	0,01	0,02	0,14	1,31	5,40	16,5
		λ/(μW/(cm K))	119	136	156	209	263	332
$C_4H_8O_2$	Essigsäure-ethylester	p/bar	0,03	0,12	0,36	2,14	8,23	25,3
		λ/(μW/(cm K))	69	101	125	179	233	305
$C_4H_{10}O$	Diethylether	p/bar	0,24	0,71	1,75	6,56	18,1	—
		λ/(μW/(cm K))	130	150	187	254	325	—
C_6H_6	Benzol	p/bar	0,03	0,18	0,77	1,83	5,88	13,5
		λ/(μW/(cm K))	106	129	154	205	255	304
C_7H_8	Methylbenzol (Toluol)	p/bar	0,01	0,04	0,12	0,75	2,79	7,83
		λ/(μW/(cm K))	129	146	167	212	266	318
C_8H_{10}	1,3-Dimethyl-benzol	p/bar	0,002	0,01	0,04	0,33	1,35	4,25
		λ/(μW/(cm K))	133	144	164	180	202	224

9.4 Thermodiffusion

Abkürzungen

C_i Konzentration der Komponente i in mol/dm^3
M_i Molmasse der Komponente i
p Druck in bar
R_T Reduktionsfaktor
s Soret-Koeffizient s. S. 732
T Temperatur in K
X_i Molenbruch der Komponente i
α Thermodiffusionskoeffizient
ν Abstoßungsexponent.

9.4.1 Thermodiffusion in Gasen

Befindet sich ein Gasgemisch in einem Gefäß, dessen Wände verschiedene Temperaturen (T_1 und T_2) haben, so findet eine Entmischung statt, deren Größe von den bei den Stoßprozessen wirksamen Abstoßungskräften abhängt.
In der Tabelle ist der Thermodiffusionskoeffizient α gemäß der Gleichung

$$\Delta X = \alpha X(1 - X)\frac{\Delta T}{T_m}$$

angegeben.

X = Molenbruch der leichteren Komponente
ΔX = Unterschied im Molenbruch an der heißen und kalten Wand
ΔT = Temperaturdifferenz zwischen den Wänden
T_m = mittlere Temperatur in K.

Bei starr elastischen Kugeln mit einem Abstoßungsgesetz $r^{-\nu} = r^{-\infty}$ gilt für Isotope bei relativ kleiner Massendifferenz

$$\alpha = \frac{105}{118}\frac{M_B - M_A}{M_A + M_B}$$

M_A = Molmasse des leichteren Isotops
M_B = Molmasse des schwereren Isotops.

Bei nicht starrelastischem Zusammenstoß ($\nu \neq \infty$) multipliziert man rechts mit einem Reduktionsfaktor R_T (letzte Spalte der Tabelle).
α ist hier als positiv angegeben, wenn sich die leichtere Komponente auf der heißeren Seite anreichert.

Ordnung 1. und 2. Komponente nach steigender Molmasse

Komponenten der Mischung A B	M_B/M_A	X_A	T_1 und T_2 bzw. T_m in K	α	R_T
H_2—D_2	2,00	0,21	300	0,168	—
		0,44	300	0,157	—
		0,60	300	0,153	—
		0,80	300	0,148	—
		0,503	18,5	−0,119	−0,43
			29,3	0,0655	0,018
			46,5	0,063	0,23
			73,6	0,102	0,37
			116,7	0,133	0,48
			293	0,152	0,55
H_2—H^3H*	2,00	1,00	293 und 503	0,11	—

[1] Nach Landolt–Börnstein, 6. Aufl., Bd. II/5, Beitrag Dickel.

Ordnung 1. und 2. Komponente nach steigender Molmasse (*Fortsetzung*)

Komponenten der Mischung A B	M_B/M_A	X_A	T_1 und T_2 bzw. T_m in K	α	R_T
H_2—He	2,00	0,2	90 und 291	0,142	—
		0,50	90 und 291	0,144	—
		0,50	228 und 375	0,192	0,80
		0,60	228 und 375	0,184	0,77
		0,80	228 und 375	0,177	0,66
		0,90	228 und 375	0,147	0,63
D_2—H^3H*	1,00	1,00	293 und 503	−0,028	—
D_2—He	1,01	0,787	194 und 293	0,024	—
He—N_2	7,00	0,345	81 und 284	0,29	0,57
		0,345	170 und 284	0,349	0,69
		0,345	240 und 284	0,369	0,71
He—Ar	9,98	0,10	200 und 373	0,278	0,68
		0,20	200 und 373	0,298	0,67
		0,40	200 und 373	0,338	0,63
		0,50	200 und 373	0,372	0,63
NH_3—^{20}Ne	1,18	0,108	285 und 452	0,0119	—
		0,415	285 und 452	−0,0097	—
		0,702	285 und 452	−0,0201	—
		0,900	285 und 452	−0,0239	—
ND_3—^{20}Ne	1,00	0,111	285 und 452	−0,0314	—
		0,418	285 und 452	−0,0456	—
		0,702	285 und 452	−0,0512	—
		0,896	285 und 452	−0,0531	—
$^{14}NH_3$—$^{15}NH_3$	1,06	0,85	197 und 298	−0,010	−0,39
		0,85	197 und 373	−0,004	−0,15
		0,85	298 und 457	+0,10	+0,41
^{20}Ne—^{22}Ne	1,10	0,90	90 und 195	0,0162	0,39
		0,90	90 und 296	0,0187	0,44
		0,90	195 und 490	0,0254	0,66
		0,90	460 und 638	0,0318	0,75
Ne—Ar	1,98	0,2	288 und 375	0,146	0,52
		0,5	288 und 375	0,183	0,55
Ne—Kr	4,15	0,2	288 und 373	0,203	0,50
		0,5	288 und 373	0,267	0,52
		0,53	117	0,159	0,30
		0,53	233	0,249	0,47
		0,53	585	0,339	0,64
$^{14}N_2$—$^{14}N^{15}N$	1,035	0,915	294 und 678	0,0091	0,58
		0,917	195 und 428	0,0078	0,50
$^{16}O_2$—$^{16}O^{18}O$	1,06	0,997	195 und 375	0,0099	0,37
			296 und 703	0,0145	0,54
^{36}Ar—^{40}Ar	1,11	0,003	90 und 296	0,0071	0,15
			195 und 495	0,0146	0,31
			638 und 835	0,0256	0,53
CO_2—C_3H_8	1,00	—	290 und 470	0,0078[a]	

* ^3H als Tracer.

[a] Zwischen 0,3 und 1,8 bar keine Druckabhängigkeit.

9.4.2 Thermodiffusion in Flüssigkeitsgemischen (Ludwig-Soret-Effekt)

Die „thermische Entmischung" in flüssigen Mischungen bzw. Lösungen wird durch den Soret-Koeffizienten s beschrieben, der durch die Gleichung

$$\Delta X = sX(1 - X)\Delta T$$

definiert ist (X = Molenbruch).
In Tabelle 9.4.2.1 ist der Soret-Koeffizient für Mischungen aus zwei organischen Verbindungen in Abhängigkeit von der Konzentration und den mittleren Temperaturen bzw. den Temperaturen der heißen und kalten Wand angegeben.
Tabelle 9.4.2.2 gibt den Soret-Koeffizienten für wäßrige Elektrolytlösung in Abhängigkeit von der Konzentration und Wandtemperatur an.
Hier wird s positiv angegeben, wenn sich die 1. Komponente an der wärmeren Wand anreichert, negativ, wenn sich die Komponente 2 dort anreichert.

9.4.2.1 Thermodiffusion in Flüssigkeitsgemischen

Komponente 1	Komponente 2	X_1	T_m bzw. T_1 und T_2 in K	s
CBr_4 Tetrabromkohlenstoff	CCl_4 Tetrachlorkohlenstoff	0,9	282	−6,22
			298	−5,30
			328	−4,33
CCl_4 Tetrachlorkohlenstoff	C_6H_5Cl Chlorbenzol	0,1	292 und 306	19,3
		0,4		11,2
		0,8		8,6
CH_4O Methanol	CCl_4 Tetrachlorkohlenstoff	0,17	$T_m = 308$	9,4
		0,49		17,1
		0,70		11,9
		0,90		8,55
CH_4O Methanol	C_6H_6 Benzol	0,39	$T_m = 308$	0,0
		0,52		1,49
		0,84		2,98
$C_2H_4Cl_2$ 1,1-Dichlorethan	CS_2 Schwefelkohlenstoff	0,2	$T_m = 279$	−2,36
		0,5		−3,00
		0,8		−2,70
$C_2H_4Cl_2$ 1,2-Dichlorethan	CS_2 Schwefelkohlenstoff	0,2	$T_m = 279$	−3,45
		0,5		−6,25
		0,8		−4,85
C_2H_6O Ethanol	$C_4H_{11}N$ Diäthylamin	0,43	$T_m = 323$	−3,44
		0,683		−1,49
		0,971		−3,46
C_2H_6O Ethanol	C_6H_{12} Cyclohexan	0,064	$T_m = 313$	−11
		0,17		−7
		0,38		6
		0,85		9
C_6H_6 Benzol	C_6H_5Cl Chlorbenzol	0,1	292 und 306	1,40
		0,4		1,10
		0,8		1,42
C_6H_6 Benzol	$C_6H_5NO_2$ Nitrobenzol	0,075	313 und 333	13
		0,34		12
		0,84		11
C_6H_6 Benzol	C_6H_{12} Cyclohexan	0,20	$T_m = 313$	1,85
		0,50		1,28
		0,80		0,32
C_6H_6 Benzol	$C_{14}H_{10}$ Phenanthren	0,954	$T_m = 800$	7,4

9.4.2.1 Thermodiffusion in Flüssigkeitsgemischen (*Fortsetzung*)

Komponente 1	Komponente 2	X_1	T_m bzw. T_1 und T_2 in K	s
C_6H_{12} Cyclohexan	$C_6H_{12}O$ Cyclohexanol	0,61	313, 333	30
		0,96		40
C_6H_{14} Hexan	CCl_4 Tetrachlorkohlenstoff	0,50	$\Delta T = 40$	50
C_6H_{14} Hexan	C_6H_{12} Cyclohexan	0,05	228, 328	0,1
		0,25		5,6
		0,75		4,9
C_8H_{10} Ethylbenzol	CS_2 Schwefelkohlenstoff	0,2	$T_m = 282$	0,285
		0,5		0,43
		0,8		0,43
C_8H_{10} o-Xylol	CS_2 Schwefelkohlenstoff	0,2	$T_m = 281$	−1,35
		0,5		−0,67
		0,8		0
C_8H_{10} m-Xylol	CS_2 Schwefelkohlenstoff	0,2	$T_m = 281$	−0,21
		0,5		+0,50
		0,8		0,0
C_8H_{10} p-Xylol	CS_2 Schwefelkohlenstoff	0,2	$T_m = 280$	0,75
		0,5		0,57
		0,65		0,50

9.4.2.2 Thermodiffusion in wäßrigen Elektrolytlösungen. Komponente 1: H_2O, Wasser

Komponente 2 (gelöster Stoff)	$C_2/(mol/dm^3)$	T_m oder $T_1; T_2$ in K	$s \cdot 10^3$
$AgNO_3$	0,1	298	3,17
	1,0	297	4,45
		317,5	4,91
	2,0	297	7,5
		317	7,3
	4,0	297	10,2
		317,5	9,0
	8,0	297	13,1
		317,5	11,3
HBr	0,01		
	0,1	295; 303	1,13
		296; 306	3,3
HCl	0,25	297,9; 311,8	5,43
	0,50	299,3; 313,5	6,71
	0,75	299,3; 313,7	6,37
	1,00	299,4; 313,0	5,57
	1,60	297,8; 311,7	4,68
	2,00	299,3; 313,6	4,17
	3,20	297,7; 311,3	2,88
	4,00	299,4; 313,7	2,27
	6,00	299,1; 313,5	1,19
	8,00	299; 313,6	0,62
HJ	0,1	296; 306	2,66

9.4.2.2 Thermodiffusion in wäßrigen Elektrolytlösungen Komponente 1: H_2O, Wasser (*Fortsetzung*)

Komponente 2 (gelöster Stoff)	C_2/(mol/dm^3)	T_m oder T_1; T_2 in K	$s \cdot 10^3$
KCl	1,0	293; 303	0,35
	2,0		0,76
	4,0		0,86
	1,0	313; 323	1,78
	2,0		1,92
	4,0		2,10
KBr	0,5	298,2; 332,1	1,88
	0,99	298,2; 322,1	2,06
	1,99	298,0; 321,9	2,10
	3,00	299,8; 314,0	2,13
	3,97	298,2; 322,0	2,60
KOH	0,277	299,6; 313,4	14,20
	1,11	299,6; 313,3	11,83
	3,66	299,7; 313,3	5,53
	7,33	299,5; 313,3	2,38
LiBr	0,05	293; 313	−0,24
		313; 333	0,95
LiCl	0,1	283; 363	0,54
	1,0	283; 363	0,43
	2,0	283; 363	0,40
	4,0	283; 363	0,31
LiJ	0,05	293; 313	−1,35
		313; 333	−0,14
LiOH	4,473	298; 308	3,8
NH_4Cl	0,00994	293; 303	1,05
	0,0994	293; 303	0,39
NaBr	1,00	300,2; 314,2	2,06
	2,00	297,9; 311,8	2,14
	6,00	299,6; 313,7	2,36
NaCl	1,00	299,4; 313,4	1,46
	2,00	298,0; 311,8	1,77
	4,00	297,0; 310,9	2,03
NaJ	1,00	299,9; 314	0,79
	2,00	300,0; 314,2	1,20
	6,00	299,4; 313,7	1,50
NaOH	0,2	299,6; 313,5	12,6
	1,98	299,4; 313,4	10,80
	3,97	299,3; 313,2	8,80
	7,93	299,4; 313,5	4,86
$NiSO_4$	1,09	296,7; 310,5	7,50
	4,35	296,6; 311,2	3,32
$Pb(NO_3)_2$	1,00	299,8; 313,6	6,55
	2,00	299,6; 313	8,60

9.5 Reaktionsgeschwindigkeiten

9.5.1 Oxidationsgeschwindigkeit von Metallen an Oberflächen[1]

Als Geschwindigkeitskonstanten für die Oxydation sind im folgenden entweder die praktische Zunderkonstante

$$k'' = \left(\frac{\Delta m}{q}\right)^2 \cdot \frac{1}{t},$$

oder die Phasenreaktionskonstante

$$l'' = \frac{\Delta m}{q} \cdot \frac{1}{t}$$

mit Δm = umgesetzte Masse,
q = Oberfläche und
t = Zeit angegeben.

9.5.2 Zunderkonstante k″ von Metallen

Element	Nähere Angabe über das Metall oder die Oxydation	Gas und Gasdruck	Temperatur in °C	Zunder-Konstante k″ in $g^2 \cdot cm^{-4} \cdot s^{-1}$
Al		Luft, p = 1 bar	600	$0{,}85 \cdot 10^{-15}$
Be	3,0 Massen % BeO 0,7 Massen % andere Metalle	Sauerstoff, p = 0,13 bar	840...970	0,22
Cd		Luft, p = 1 bar	300	$3{,}2 \cdot 10^{-11}$
	flüssig	Luft, p = 1 bar	500	$2 \cdot 10^{-10}$
Co		Sauerstoff, p = 0,1 bar	200	$4{,}2 \cdot 10^{-16}$
			300	$4{,}0 \cdot 10^{-14}$
			400	$1{,}2 \cdot 10^{-12}$
			500	$2{,}8 \cdot 10^{-12}$
			600	$0{,}8 \cdot 10^{-11}$
			700	$1{,}3 \cdot 10^{-11}$
Cr		Sauerstoff, p = 0,1 bar	700	$0{,}81 \cdot 10^{-13}$
			800	$0{,}45 \cdot 10^{-12}$
			800	$2{,}0 \cdot 10^{-12}$
		p_{ges} = 1 bar	900	$4{,}1 \cdot 10^{-11}$
Cu	raffiniert, O_2 frei NTB (0,0005% Ag)	Luft, p = 1 bar	615	$0{,}28 \cdot 10^{-9}$
			705	$1{,}3 \cdot 10^{-9}$
			806	$0{,}61 \cdot 10^{-8}$
			908	$2{,}4 \cdot 10^{-8}$
	raffiniert mit Phosphor NTF (0,0005% Ag)	Luft, p = 1 bar	615	$0{,}26 \cdot 10^{-9}$
			705	$1{,}5 \cdot 10^{-9}$
			806	$4{,}7 \cdot 10^{-9}$
			908	$2{,}7 \cdot 10^{-8}$
Cu	Handelskupfer, NPE (Garkupfer)	Luft, p = 1 bar	615	$0{,}39 \cdot 10^{-9}$
			705	$1{,}35 \cdot 10^{-9}$
			806	$0{,}64 \cdot 10^{-8}$
			908	$2{,}4 \cdot 10^{-8}$
Fe		p_{ges} = 1 bar		
	→ FeO	60...70 Vol.-% H_2O, Rest H_2	800	$5{,}3 \cdot 10^{-8}$
		50...80 Vol.-% H_2O, Rest H_2	897	$2{,}5 \cdot 10^{-7}$
		60...85 Vol.-% H_2O, Rest H_2	983	$6{,}7 \cdot 10^{-7}$

[1] Nach Landolt–Börnstein, 6. Aufl., Bd. II/5, Beitrag Hauffe.

9.5.2 Zunderkonstante k″ von Metallen (*Fortsetzung*)

Element	Nähere Angabe über das Metall oder die Oxydation	Gas und Gasdruck	Temperatur in °C	Zunder-Konstante k″ in $g^2 \cdot cm^{-4} \cdot s^{-1}$
Fe	$\rightarrow Fe_3O_4$	90 Vol.-% H_2O + 10 Vol.-% Ar	1000	$8{,}1 \cdot 10^{-9}$
			1050	$1{,}7 \cdot 10^{-8}$
			1100	$3{,}2 \cdot 10^{-8}$
	$\rightarrow Fe_2O_3$	100 Vol.-% O_2	1000	$2{,}3 \cdot 10^{-9}$
			1100	$1{,}0 \cdot 10^{-8}$
Mn	elektrolytisch	Luft, p = 1 bar	400...1000	$1{,}95 \cdot 10^{-3}$
	—	Luft, p = 1 bar	400	$1{,}4 \cdot 10^{-12}$
			500	$2{,}8 \cdot 10^{-11}$
			700	$1{,}3 \cdot 10^{-9}$
			1000	$3{,}3 \cdot 10^{-8}$
Mo	0,1 Massen % Beimengungen	Sauerstoff, p = 0,1 bar	350...450	$3{,}55 \cdot 10^{-2}$
Nb		Sauerstoff, p = 1 bar	350	$2{,}8 \cdot 10^{-13}$
Ni		Sauerstoff, p = 1 bar	1000	$2{,}4 \cdot 10^{-10}$
		Luft, p = 1 bar	900	$0{,}5 \cdot 10^{-10}$
	Cr 0,1 Mol-%	Sauerstoff, p = 1 bar	1000	$8{,}4 \cdot 10^{-10}$
	0,3 Mol-%	Sauerstoff, p = 1 bar	1000	$10{,}7 \cdot 10^{-10}$
	3,0 Mol-%	Sauerstoff, p = 1 bar	1000	$30 \cdot 10^{-10}$
	10,0 Mol-%	Sauerstoff, p = 1 bar	1000	$2 \cdot 10^{-10}$
	Ag 0,3 Mol-%	Sauerstoff, p = 1 bar	1000	$2{,}4 \cdot 10^{-10}$
	1,0 Mol-%	Sauerstoff, p = 1 bar	1000	$3 \cdot 10^{-10}$
	Mn 0,3 Mol-%	Sauerstoff, p = 1 bar	1000	$9 \cdot 10^{-10}$
	3,0 Mol-%	Sauerstoff, p = 1 bar	1000	$16 \cdot 10^{-10}$
	10,0 Mol-%	Sauerstoff, p = 1 bar	1000	$35 \cdot 10^{-10}$
	Th 0,25 Mol-%	Luft, p = 1 bar	900	$3 \cdot 10^{-10}$
Ni	Ta 3,4 Mol-%	Luft, p = 1 bar	900	$4 \cdot 10^{-10}$
	Mo 4,6 Mol-%	Luft, p = 1 bar	900	$4 \cdot 10^{-10}$
	Cu 1,8 Mol-%	Luft, p = 1 bar	900	$1{,}9 \cdot 10^{-10}$
	Ce 0,2 Mol-%	Luft, p = 1 bar	900	$1{,}7 \cdot 10^{-10}$
	W 0,75 Mol-%	Luft, p = 1 bar	900	$1{,}8 \cdot 10^{-10}$
Pb	0,42 Massen % Beimengungen	Luft, p = 1 bar	100...300	$0{,}9 \cdot 10^{-2}$
	flüssig	Luft, p = 1 bar	350	$1{,}7 \cdot 10^{-11}$
			450	$1{,}5 \cdot 10^{-10}$
			500	$0{,}8 \cdot 10^{-10}$
U		Luft, p = 0,269 bar	112	$5{,}2 \cdot 10^{-15}$
			133	$1{,}7 \cdot 10^{-14}$
			150	$4{,}8 \cdot 10^{-14}$
			167	$1{,}4 \cdot 10^{-13}$
V	0,1 Massen % N; 0,060 Massen % Ca	Sauerstoff, p = 0,1 bar	400...600	$1{,}3 \cdot 10^{-3}$
W		Luft, p = 1 bar	700	$4{,}5 \cdot 10^{-9}$
			800	$5{,}5 \cdot 10^{-8}$
			1000	$1{,}3 \cdot 10^{-7}$
Zn		Sauerstoff, p = 1 bar	400	$2{,}0 \cdot 10^{-14}$
			390	$2{,}2 \cdot 10^{-13}$
	Al 1,0 Mol-%	Luft, p = 1 bar	390	$< 2{,}8 \cdot 10^{-15}$
	Li 0,4 Mol-%	Luft, p = 1 bar	390	$5{,}6 \cdot 10^{-11}$
	Tl 0,1 Mol-%	Luft, p = 1 bar	390	$5{,}6 \cdot 10^{-13}$
	Tl 0,5 Mol-%	Luft, p = 1 bar	390	$5{,}6 \cdot 10^{-13}$
	Tl 1,0 Mol-%	Luft, p = 1 bar	390	$3{,}6 \cdot 10^{-14}$
	flüssig	Luft, p = 1 bar	430	$1{,}9 \cdot 10^{-11}$

9.5.3 Phasenreaktionskonstante von Metallen

Element	Angaben uber das Metall oder das Oxydationsergebnis	Gas und Gasdruck p	T/°C	Phasenreaktions-konstante l″ in $g \cdot cm^{-2} \cdot s^{-1}$
Ba		Luft, p = 1 bar	17	$3{,}2 \cdot 10^{-8}$
Ca	1,25 Massen % $CaCl_2$; 1,62 Massen % Mg	Luft, p = 1 bar	300	$8{,}7 \cdot 10^{-8}$
Ce		Luft, p = 1 bar	300	$1{,}95 \cdot 10^{-6}$
La		Luft, p = 1 bar	300	$3{,}0 \cdot 10^{-7}$
Mg	0,1 Massen % Al, Cd, Cu, Mn, Si, Zn	Sauerstoff, p = 1 bar	475...575	$1{,}7 \cdot 10^{6}$
Ti		Sauerstoff, p = 1 bar	650	$0{,}33 \cdot 10^{-8}$
			725	$1{,}1 \cdot 10^{-8}$
			800	$3{,}9 \cdot 10^{-8}$
			900	$38 \cdot 10^{-8}$
			950	$82 \cdot 10^{-8}$
U		Luft, p = 0,269 bar	192	$1{,}03 \cdot 10^{-8}$
			215	$3{,}0 \cdot 10^{-8}$

9.5.4 Zündgrenzen in Luft und Sauerstoff[a]

Gas oder Dampf		Zündgrenze in Luft				Zündgrenze in O_2			
		untere %		obere %		untere %		obere %	
H_2	Wasserstoff	4,1	4,0	74	—	—	4,0	94	—
H_2S	Schwefelwasserstoff	—	4,3	—	45,5	—	79	—	—
NH_3	Ammoniak	—	16,0	—	27	—	15	—	79
CO	Kohlenmonoxid	12,5	—	74	—	—	—	—	—
CS_2	Schwefelkohlenstoff	1,25	—	44	50	—	—	—	—
HCN	Cyanwasserstoff	—	5,6	—	40	—	—	—	—
CH_3Br	Methylbromid	—	13,5	—	14,5	—	—	—	—
CH_3Cl	Methylchlorid	10,7	8,0	17,4	19	—	8,0	—	66
CH_4	Methan	5,3	(5,0)	14	15	—	5,4	—	59
CH_4O	Methanol	7,3	6,7	—	36	—	—	—	—
C_2H_2	Acetylen	2,5	(2,3)	—	80	—	—	—	—
$C_2H_2Cl_2$	Dichlorethylen	9,7	—	12,8	—	—	—	—	—
C_2H_3Cl	Vinylchlorid	4,0	—	22,0	—	—	—	—	—
C_2H_4	Ethylen	3,0	2,75	29	—	3,1	2,9	80	—
$C_2H_4Cl_2$	1,2-Dichlorethan	6,2	—	15,9	—	—	—	—	—
C_2H_4O	Acetaldehyd	—	4,0	—	57	—	—	—	—
C_2H_4O	Ethylenoxid	3,0	—	80	—	—	—	—	—
$C_2H_4O_2$	Methyl-formiat	5,9	5,0	20	23	—	—	—	—
C_2H_5Br	Ethylbromid	—	6,7	—	11,2	—	—	—	—
C_2H_5Cl	Ethylchlorid	4,2	4,0	14,3	14,8	—	—	—	—
C_2H_6	Ethan	3,2	—	12,5	—	—	4,1	—	50
C_2H_6O	Ethanol	4,3	3,3	—	19	—	—	—	—
C_3H_6	Cyclopropan	—	2,4	—	10,3	—	2,45	63	—
C_3H_6	Propen	—	2,0	—	11,1	2,1	—	53	—
$C_3H_6Cl_2$	Dichlorpropan	—	3,4	—	14,5	—	—	—	—
C_3H_6O	Aceton	3,0	2,55	11	13	—	—	—	—
C_3H_6O	1,2-Propylenoxid	2,1	—	21,5	—	—	—	—	—
$C_3H_6O_2$	Ethyl-formiat	2,7	2,7	13,5	16,5	—	—	—	—
$C_3H_6O_2$	Methylacetat	—	3,1	—	15,5	—	—	—	—
C_3H_8	Propan	2,4	—	9,5	—	—	—	—	—
C_3H_8O	Methyl-ethylether	—	2,0	—	10,1	—	—	—	—
C_3H_8O	Propanol	—	2,5	—	—	—	—	—	—

[a] Nach Riedinger: Brennstoffe und Schmierstoffe 1949.

9.5.4 Zündgrenzen in Luft und Sauerstoff (*Fortsetzung*)

Gas oder Dampf		Zündgrenze in Luft				Zündgrenze in O_2			
		untere %		obere %		untere %		obere %	
C_3H_8O	Isopropanol	—	2,6	—	—	—	—	—	—
C_4H_6O	Crotonaldehyd	—	2,1	—	15,5	—	—	—	—
C_4H_6O	Divinylether	—	1,7	—	27	—	1,8	—	85
C_4H_8	Buten	—	1,7	—	9,0	—	—	—	—
C_4H_8O	Methyl-ethyl-keton	—	1,8	—	10	—	—	—	—
$C_4H_8O_2$	Dioxan	—	2,0	—	22	—	—	—	—
C_4H_{10}	Butan	1,85	—	8,4	—	—	—	—	—
C_4H_{10}	Isobutan	1,8	—	8,4	—	—	—	—	—
$C_4H_{10}O$	Butanol	—	1,7	—	—	—	—	—	—
$C_4H_{10}O$	Isobutanol	—	1,8	—	—	—	—	—	—
$C_4H_{10}O$	Diethylether	1,9	1,85	48	—	2,1	—	—	82
$C_4H_{10}Se$	Diethylselenid	—	2,5	—	—	—	—	—	—
$C_4H_{12}Pb$	Bleitetramethyl	—	1,8	—	—	—	—	—	—
$C_4H_{12}Sn$	Zinntetramethyl	—	1,9	—	—	—	—	—	—
$C_5H_4O_2$	Furfurol	2,1	—	—	—	—	—	—	—
C_5H_5N	Pyridin	—	1,8	—	12,4	—	—	—	—
$C_5H_{10}O$	Methyl-propyl-keton	—	1,5	—	8,5	—	—	—	—
$C_5H_{10}O_2$	Propylacetat	2,0	2,2	8,5	11,5	—	—	—	—
$C_5H_{10}O_2$	Isopropylacetat	—	1,8	—	7,8	—	—	—	—
C_5H_{12}	Pentan	1,4	—	7,8	—	—	—	—	—
$C_5H_{12}O$	Amylalkohol	—	1,2	—	—	—	—	—	—
$C_5H_{12}O$	Isoamylalkohol	—	1,2	—	—	—	—	—	—
C_6H_6	Benzol	1,4	—	6,7	—	—	—	—	—
C_6H_{12}	Cyclohexan	1,3	1,2	8,3	—	—	—	—	—
C_6H_{12}	Methylcyclohexan	1,2	—	—	—	—	—	—	—
$C_6H_{12}O$	Methyl-butyl-keton	—	1,2	—	8	—	—	—	—
$C_6H_{12}O_2$	Butylacetat	1,7	—	—	—	—	—	—	—
$C_6H_{12}O_3$	Paraldehyd	—	1,3	—	—	—	—	—	—
C_6H_{14}	Hexan	1,2	—	6,9	—	—	—	—	—
C_7H_8	Toluol	1,4	1,3	6,7	—	—	—	—	—
C_7H_{16}	Heptan	—	1,0	—	6,0	—	—	—	—
C_8H_{10}	o-Xylol	—	1,0	—	6,0	—	—	—	—
C_8H_{18}	Octan	0,95	—	—	—	—	—	—	—
C_9H_{20}	Nonan	—	0,8	—	—	—	—	—	—
$C_{10}H_{22}$	Decan	—	0,7	—	—	—	—	—	—

9.6 Photoreaktionen

Regt man eine Reaktion durch Lichteinstrahlung an, so bezeichnet man das Verhältnis der Anzahl der an der Reaktion teilnehmenden Moleküle zu der Anzahl der absorbierten Lichtquanten als Quantenausbeute. Die Quantenausbeute ist bei Gasreaktionen von Temperatur und Druck abhängig; in vielen Fällen wird sie wesentlich durch geringe Beimengungen fremder Gase beeinflußt. Zur Einleitung mancher Reaktion ist das Hinzufügen eines Gases, das die Strahlung absorbiert und die aufgenommene Energie an die reagierenden Gase überträgt, selbst jedoch nach der Reaktion unverändert ist, nötig ("sensibilisierte Reaktion").

9.6.1 Reaktionen in der Gasphase

Absorbierende Substanz	Bruttoreaktion	Wellenlänge λ in nm	Temperatur in °C	Quantenausbeute
Br_2	$Br_2 + C_2H_2 \rightarrow C_2H_2Br_2$	546,0	90	$4{,}2...10^4$
Br_2	$Br_2 + C_6H_{12} \rightarrow C_6H_{11}Br + HBr$	470,0		~1
Br_2	$Br_2 + H_2 \rightarrow HBr$	500,0...578,0		0...2
CO	$CO \rightarrow CO_2, C_3O_2$	129,5	~25	~1
CO_2	$CO_2 \rightarrow CO, O_2, O_3$	129,5; 147,0	~25	0,98
CH_2O	$HCHO \rightarrow H_2, CO$	250,0...360,0		≦1
CH_3Br	$CH_3Br \rightarrow CH_4, Br_2$	253,7	~20	$4 \cdot 10^{-3}$
CH_3Br	$CH_3Br + NO \rightarrow CH_3NO, Br_2$	253,7	~20	~1
CH_3J	$CH_3J \rightarrow CH_4, C_2H_6, J_2$	202,6...210,0	25	<0,01
CH_3J	$CH_3J + NO \rightarrow CH_3NO, J_2$			0,9...1,2
CH_4	$CH_4 \rightarrow H_2, C_nH_{2n+2}$	129,5; 147,0	~25	0,35...0,5
$(COBr)_2$	$(COBr)_2 \rightarrow CO, Br_2$	435,8...253,7	~20	0,9...1
C_2H_2	$C_2H_2 \rightarrow (C_2H_2)_n$	215,0	25	10
C_2H_4O	$CH_3CHO \rightarrow CH_4, C_2H_6,$	253,7; 280,4	30	~0,9
	CO, H_2	313,0	300	410
C_2H_6	$C_2H_6 \rightarrow H_2, C_2H_2, C_2H_4,$ C_nH_{2n+2}	129,5; 147,0	~25	0,8...0,97
C_2H_6Hg	$Hg(CH_3)_2 \rightarrow Hg, C_2H_6, CH_4$	253,7	20	1
		253,7	190	2,2
$C_2H_6N_2$	$(CH_3)_2N_2 \rightarrow C_2H_6, N_2$	313,0	20...225	2
		253,7		≦1
C_3H_6O	$(CH_3)_2CO \rightarrow C_2H_6, CO, CH_4$	313,0	60	0,2
C_4H_6	$(CH_2{=}CH)_2 \rightarrow$ Polymerisat	253,7		0,25
$C_4H_{12}Pb$	$Pb(CH_3)_4 \rightarrow Pb, C_2H_6$	253,7	25...29	1,1
Cl_2	$Cl_2 + CHCl_3 \rightarrow CCl_4, HCl$	435,8	60	~300
Cl_2	$Cl_2 + CH_4 \rightarrow CH_xCl_{4-x}$	253,7; 436,0		$\sim 10^5$
Cl_2	$Cl_2 + C_6H_6 \rightarrow C_6H_6Cl_6$	366,0; 310,3	25	12...46
Cl_2	$Cl_2 + SO_2 \rightarrow SO_2Cl_2$	420,0		~1
Cl_2O	$Cl_2O \rightarrow Cl_2, O_2$	235,0...275,0	20	2...4,5
Cl_2O	$Cl_2O \rightarrow Cl_2, O_2, Cl_2O_6$	365,0...436,0	17...31	2,7...3,1
HBr	$HBr \rightarrow H_2, Br_2$	207,0; 253,7		2
HJ	$HJ \rightarrow H_2, J_2$	207,0; 282,0	27	1,98...2,08
NH_3	$NH_3 \rightarrow N_2, H_2$	200,0...220,0	20	0,14...0,2
			500	>0,5
N_2H_4	$N_2H_4 \rightarrow NH_3, N_2, H_2$	199,0	25	1...1,7
N_2O	$N_2O \rightarrow N_2, O_2, NO$	Al-Funke		~1
NO	$NO \rightarrow N_2, O_2$	Al-Funke	~40	0,75
NO_2	$NO_2 \rightarrow NO, O_2$	313,0...405,0	25	<2
N_2O_4	$N_2O_4 \rightarrow NO, O_2$	280,0; 265,0	0	0,2 bzw. 0,4
N_2O_5	$N_2O_5 \rightarrow NO, O_2, N_2$	280,0; 265,0	0	0,6
$NOCl$	$NOCl \rightarrow NO, Cl_2$	365,0...630,0	22	2,1
O_2	$O_2 + H_2 \rightarrow H_2O_2, O_3$	171,9...172,5		<1
O_2	$O_2 \rightarrow O_3$	207,0...253,7		<2
O_3	$O_3 \rightarrow O_2$	208,0...313,0	0...60	1,8...6,2
H_2S	$H_2S \rightarrow H_2, S$	205,0		2

9.6.2 Reaktionen in flüssiger Phase

Absorbierende Substanz	Lösungsmittel	Bruttoreaktion	Wellenlänge λ in nm	Temperatur in °C	Quantenausbeute
Br_2	C_6H_6	$C_6H_6 + Br_2 \rightarrow C_6H_6Br_6$	300,0...550,0		0,4...0,9
Cl_2	C_7H_8	$C_7H_8 + Cl_2 \rightarrow C_6H_5CH_2Cl$	405,0	17...50	~27
Cl_2	CCl_4	$Cl_2 + CCl_3Br \rightarrow CCl_4 + Br_2$	410,0; 449,0		0,9
Cl_2O	CCl_4	$Cl_2O \rightarrow Cl_2, O_2$	445,0		~1
ClO_2	CCl_4	$ClO_2 \rightarrow Cl_2, O_2$	410,0		~2
HClO	H_2O	$HClO \rightarrow HCl, HClO_3, O_2$	366,0; 436,0		~2
HJ	HJ	$HJ \rightarrow H_2, J_2$	300,0		1,84
HJ	C_6H_{14}	$HJ \rightarrow H_2, J_2$	222,0; 282,0		1,52 1,78
HJ	H_2O	$HJ \rightarrow H_2, J_2$	222,0; 282,0		0,078 0,114
H_2O_2	H_2O	$H_2O_2 \rightarrow H_2O, O_2$	275,0...366,0	2...26	20...500
J_3^-	H_2O	$J_2 + 2Fe^{++} \rightarrow J^-, Fe^{+++}$	366,0...579,0		~1
J_3^-	H_2O	$J_2 + HCOO^- \rightarrow J^-, CO$	345,0...350,0	15...25	~26...64

9.7 Reaktionsgeschwindigkeiten in Gasen

Einleitung

Einteilung der Reaktionen

Die Aufteilung der Reaktionen auf die verschiedenen Tabellen erfolgt nicht nach der Reaktionsordnung oder nach anderen formal-reaktionskinetischen Gesichtspunkten, sondern:

1. nach den Reaktionspartnern in die drei Hauptgruppen Molekül-, Atom- und Radikal- sowie Ionenreaktionen. Dabei sind Atome und Radikale vor Molekülen, Ionen vor Atomen, Radikalen und Molekülen bestimmend für die Einordnung; d.h. wenn z.B. an einer Reaktion Moleküle und Radikale (als Reaktionspartner oder -produkte) beteiligt sind, ist die Reaktion unter „Atom- und Radikal-Reaktionen" eingeordnet.

2. nach der stöchiometrischen Reaktionsgleichung in Umlagerung, Zerfall, Austausch und Anlagerung, die folgendermaßen definiert werden:

Umlagerung: $A \rightarrow B$, Reaktion einer Molekülart unter Erhaltung der Bruttoformel des Moleküls;

Zerfall: $A(+M) \rightarrow \nu B + \mu C + (+M)$, Reaktion einer Molekül- (bzw. Radikal-) Art unter Vergrößerung der Molzahl oder Bildung von mehr als einer Art von Molekülen usw.

Austausch: $A + \nu B \rightarrow \mu C + \lambda D$, Reaktion von zwei verschiedenen Molekül- (bzw. Radikal- usw.) Arten unter Bildung von zwei oder mehreren Molekülen usw.

Anlagerung: $A + B + (+M) \rightarrow C + (+M)$, Reaktion von zwei oder mehr Molekülen usw. unter Verringerung der Molzahl.

Reaktionen, die nicht ohne weiteres in diese vier Gruppen eingeordnet werden können, sind in den Tabellen „Sonstige Reaktionen" enthalten; dort sind auch, abgesehen von Zerfallsreaktionen, die Reaktionen untergebracht, bei denen die Reaktionsprodukte bzw. ihre Stöchiometrie nicht bekannt sind. Die Molekülreaktionen werden grundsätzlich als Bruttoreaktionen behandelt. Die Tabellen „Reaktionen mit Molekülen" enthalten sowohl kompliziert zusammengesetzte, über Radikale verlaufende Reaktionen, als auch einfache Reaktionen. Über die Mechanismen werden keine Angaben gemacht. Die in den Tabellen „Reaktionen mit Atomen bzw. Radikalen" angegebenen Reaktionen werden dagegen, von der Tabelle 9.7.2.4 „Sonstige Reaktionen" abgesehen, als einfache Reaktionen, die in einem Schritt ablaufen, angesehen.

Da die Tabellen nur chemische Reaktionen enthalten sollen, werden reine Photoreaktionen (z.B. Photorekombinationen $A + B \rightarrow AB + h\nu$), Ladungsübertragungsreaktionen, thermische Ionisationsreaktionen usw. nicht berücksichtigt. In die Tabelle 9.7.3 „Reaktionen mit Ionen" sind nur Ionen-Molekül-Austauschreaktionen aufgenommen.

Reihenfolge und Bezeichnung der Verbindungen

Für die Reihenfolge der Verbindungen in den einzelnen Tabellen gilt die alphabetische Anordnung (anorganisch) oder das Hillsche System (organisch). Bei mehreren Reaktionspartnern bestimmt derjenige

die Einordnung, der nach der Anordnung zuerst kommt. Bei Atom- und Radikalreaktionen sind die Atome bzw. Radikale, bei Ionenreaktionen die Ionen für die Einordnung bestimmend. Katalysatoren oder Dreierstoßpartner sind für die Einordnung nicht berücksichtigt.
Die anorganischen Verbindungen erscheinen in den Tabellen vor den organischen. Bei anorganischen Halogenverbindungen wurden ebenso wie bei den organischen die Halogene für die Einordnung als eine einzige elementar behandelt. Bei organischen Verbindungen von gleicher Bruttoformel stehen aliphatische vor cyclischen, geradkettige vor verzweigten, größere vor kleineren Ringen.
Anorganische Verbindungen und organische Verbindungen bis C_3 werden meist nur durch ihre chemische Bruttoformel bezeichnet. Bei organischen Verbindungen mit mehr als drei Kohlenstoffatomen ist die Eindeutigkeit durch Angabe des Namens der Verbindung oder der Strukturformel gewährleistet; für die Namen wird, soweit vorhanden, die IUPAC-Nomenklatur, sonst die im Beilstein verwendete benutzt.

Aufbau der Tabellen, Tabellierte Größen und ihre Maßeinheiten
Die einzelnen Spalten der Tabellen enthalten:
1. die Reaktionsgleichung,
1a) in den Tabellen 9.7.2.1 und 9.7.2.2 (Zerfall und Anlagerung mit Atomen bzw. Radikalen) den Stoßpartner M,
2. die Methode, mit der die Reaktionsgeschwindigkeit gemessen wurde, gekennzeichnet durch einen großen Buchstaben für die Versuchsanordnung und einen kleinen für die Analysenmethode (vgl. unten Verzeichnis der Abkürzungen),
3. die zu der gemessenen Reaktionsgeschwindigkeit gehörende Temperatur bzw. den Temperaturbereich in °C. Bei Ionenreaktionen ist, da die Ionen ihre kinetische Energie durch Beschleunigung im elektrischen Feld und nicht durch thermische Bewegung erhalten, stattdessen die maximale kinetische Energie der Ionen in eV angegeben (vgl. unten Bemerkungen zu Tabelle 9.7.3).
4. den Druck in hPa zu Anfang der Reaktion bzw. den Bereich, in dem der Anfangsdruck bei den Messungen variiert wurde. Wenn die Konzentration einzelner Reaktionspartner oder irgendwelcher Zusätze bekannt ist, sind die Partialdrucke angegeben. Dabei ist dann die laufende Nummer des betreffenden Reaktionspartners (in der Reaktionsgleichung von links nach rechts durchnumeriert) oder die chemische Bezeichnung des Zusatzes in Klammern hinter die Partialdruckangabe gestellt.
5. die Gleichung für die Reaktionsgeschwindigkeit. $d\xi/dt$ ist die Reaktionsgeschwindigkeit (in $dm^3\,mol^{-1}\,s^{-1}$) für einen Formelumsatz (d.h. ξ ist die Konzentration eines Reaktionspartners, dividiert durch seinen stöchiometrischen Faktor in der Reaktionsgleichung). Der in dieser Spalte angegebene Ausdruck gibt an, wie $d\xi/dt$ aus den Konzentrationen (1), (2) usw. der in der Reaktionsgleichung von links nach rechts durchnumerierten Reaktionspartner und -produkte berechnet wird. Diese Geschwindigkeitsgleichung, z.B. $d\xi/dt = k\ (1)\ (2)$ für eine Reaktion 2. Ordnung, ist im allgemeinen als Definition für die Geschwindigkeitskonstante k (d.h. als Grundlage für die Auswertung der Messungen durch die Autoren) und nicht als ein exakt gültiges Geschwindigkeitsgesetz anzusehen.
6. den dekadischen Logarithmus der Geschwindigkeitskonstanten k. k ist durch die Formel für $d\xi/dt$ definiert und in seiner Dimension festgelegt. k ist in den Einheiten dm^3, mol, s angegeben, d.h. für eine Reaktion n-ter Ordnung (n = Summe der Exponenten in der Formel für $d\xi/dt$) ist die Maßeinheit $dm^{3(n-1)}\,mol^{1-n}\,s^{-1}$. In komplizierteren Geschwindigkeitsgleichungen treten z.T. auch zwei Konstanten auf, die dann mit k und k′ bezeichnet sind, worauf in der Spalte „Bemerkung“ hingewiesen wird.
In Tabelle 9.7.3 (Ionen-Reaktionen) sind zum Teil neben k oder statt k die Wirkungsquerschnitte $\pi\sigma^2$, als die primären Versuchsergebnisse in nm^2 angegeben.
7. den dekadischen Logarithmus des „Häufigkeitsfaktors“ H und die scheinbare Aktivierungsenergie E_a, wenn in dem betreffenden Temperaturintervall $d(\ln k)\,d(1/T)$ konstant ist. k läßt sich dann durch die Arrheniussche Formel

$$k = H \cdot \exp\left(-\frac{E_a}{RT}\right) \quad (R = \text{Gaskonstante})$$

bzw.

$$\log k = \log H - \frac{E_a}{RT}$$

darstellen. Die Dimension von H ist ebenso wie die von k mit den Einheiten dm^3, mol und s ausgedrückt; E_a in kJ/mol[1].

[1] Die exakle Arrheniussche Formel lautet in logarithmierter Form: $\log(k/k_0) = \log(H/H_0) - E_a/RT$ wobei k_0 und H_0 die jeweiligen Einheitsgrößen sind.

Bemerkungen zu den einzelnen Tabellen

Zu Tabelle 9.7.1.1, 9.7.1.2 und 9.7.2.1: Bei Reaktionen 1. Ordnung mit druckabhängiger Geschwindigkeitskonstante ist zum Teil nur k_∞, d.h. die Geschwindigkeitskonstante bei „unendlich hohem" Druck, angegeben. Dann ist entweder k im ganzen Druckbereich der Messung druckabhängig, und k_∞ ist durch Extrapolation gewonnen, oder k bereits im untersuchten Druckbereich konstant, d.h. k_∞ ist direkt gemessen als die Geschwindigkeitskonstante am oberen Ende des Druckintervalls. Die Angabe des Druckbereichs ist in diesen Fällen eingeklammert, da der Druckbereich wohl zur Messung, aber nicht zur Geschwindigkeitskonstanten gehört. Bei Reaktionen, die unterhalb des angegebenen Druckbereichs druckabhängig werden, ist dies in der Spalte „Bemerkungen" angegeben.

Zu Tabelle 9.7.2.3 und 9.7.3: Diese Tabellen enthalten nur Reaktionen 2. Ordnung, die nach der Geschwindigkeitsgleichung $d\xi/dt = k\ (1)\ (2)$ ablaufen. Die Spalte „$d\xi/dt$" ist daher in diesen Tabellen weggelassen worden.

Zu Tabelle 9.7.2.2 und 9.7.2.3: Einen großen Teil dieser Tabellen nehmen die Reaktionen mit CH_3- und CD_3-Radikalen ein. Diese Reaktionen sind zum überwiegenden Teil als Parallel-Reaktionen zur CH_3-bzw. CD_3- Rekombination untersucht worden. Die Geschwindigkeitskonstanten k_R dieser Rekombinationen, die selbst nicht sehr genau bekannt sind, gehen in die Auswertung mit $k_R^{1/2}$ ein. Die k_R-Werte aus der Literatur sind (vgl. Tabelle 9.7.2.2)
für CH_3 $10^{10.55}$ und auch $10^{10.34}$ und $10^{10.36}$
für CD_3 $10^{10.58}\,dm^3\,mol^{-1}\,s^{-1}$.
Da keinem Wert ohne weiteres der Vorzug gegeben werden kann, und da der Wert für CD_3 vielleicht nur durch Zufall höher liegt als der für CH_3, wurde, soweit nicht von den Autoren selbst ausgewertete k angegeben werden, einheitlich $k_R = 10^{10.50}\,dm^3\,mol^{-1}\,s^{-1}$ verwendet (in der Tabelle durch * gekennzeichnet). k_R ist als Temperatur- und druckabhängig angenommen worden.

Zu Tabelle 9.7.2.3: Reaktionen, die mit der Diffusionsflammenmethode (Polanyi) untersucht worden sind, sind nicht in die Tabelle aufgenommen, wenn ihre Geschwindigkeitskonstanten nur mit Hilfe von gewissen Annahmen (z.B. über Wirkungsquerschnitte) abgeschätzt worden sind.

Zu Tabelle 9.7.3: Aus den angegebenen maximalen Ionenenergien E_{max} kann man die zeitlich gemittelten Ionenenergien $\bar{E}$ nach $\bar{E} = \frac{1}{3}E_{max}$ berechnen. Für einzelne Reaktionen, bei denen mit definierter Ionenenergie E gearbeitet wurde (ohne Feld-Beschleunigung im Reaktionsraum, wird E statt E_{max} angegeben. Zwischen k und dem Wirkungsquerschnitt σ besteht die angenäherte Beziehung

$$k = N_A \cdot \sigma \cdot v \qquad (v = \text{Ionengeschwindigkeit},\ N_A = \text{Loschmidt-Zahl},$$
$$\tfrac{1}{2}Mv^2 = E \text{ bzw. } \bar{E} \qquad M = \text{Molmasse})$$

Abkürzungen: Die experimentelle Methode ist durch einen großen Buchstaben, die Art der Analyse durch einen kleinen Buchstaben charakterisiert:

Methode:
- B Blitzlichtphotolyse
- D Diffusionsflammenmethode
- E Explosionen und Flammen
- F Strömungsmethode
- G Gasentladung
- K Kombination mehrerer Arbeiten, Auswertung fremder Experimente
- M Massenspektrometer
- S statisch
- T Tandem-Massenspektrometer
- W Stoßwellenrohr
- Φ photochemisch
- R Berechnung aus Rückreaktion und Gleichgewichtskonstante

Analyse:
- a chemische Analyse
- e Lichtemission
- g Gaschromatographie
- k kalorimetrische Messung
- i Bestimmung des Auftritts-potentials von Ionen
- m Massenspektrometrie
- l Lichtabsorption (einschl. UV und IR)
- p Druckmessung
- r Messung der Radioaktivität
- t destillative Trennung, Partialdruckmessung
- λ Messung der Wärmeleitfähigkeit
- s intermittierende Belichtung

Bei K und R werden die zugrunde liegenden experimentellen Methoden in Klammern vermerkt; z.B.
R(S): aus der Rückreaktion berechnet, diese wurden statisch untersucht;
K(W, B): kombiniert aus Stoßwellen- und Blitzlichtphotolyseuntersuchungen.
In der Spalte Bemerkungen bedeutet:
Z mit Zusatz von...; Φ Photolyse von...

9.7.1 Reaktionen mit Molekülen

9.7.1.1 Umlagerungen

Reaktion	Methode	Temperatur in °C	Druck in hPa	$d\xi/dt$	log k	log H	E_a in kJ/mol	Bemerkung
CHD = CHD (1,2-Dideuteroethen), trans → cis	Sl	450...550	12...413	k(1)		12,51	256,7	
C_3H_6 (Cyclopropan) → $CH_2{=}CHCH_3$	Sg	420...535	400	k(1)		15,296	272,494	
	Sg	470...560	2,0	k(1)		13,50	254,52	
			13			14,04	258,7	
		420...560	67			14,84	268,67	
$CH_3H_4D_2$ (Dideuterocyclopropan), trans → cis	Sl	415...475	0,4	k(1)		14,0	249,1	
			20,0			14,6	249,5	
			3066 (H_2)			16,41	272,6	H_2-Überschuß
$CH_3H_4D_2$ (trans-Dideutero-cyclopropan) → Dideuteropropen	Sg	415...475	0,4	k(1)		13,3	257,1	
			20,0			14,3	263,8	
			3066 (H_2)			15,12	273,8	H_2-Überschuß
CF_2—CFCl / | | / CF_2—CFCl cis → trans	Sg	425...470	80	k(1)		15,10	252,0	
trans → cis	Sg	425...470	80	k(1)		14,88	252,0	
C_4H_6 (Cyclobuten) → Butadien-1,3	Sl	130...175	11...19	k(1)		13,08	136,1	
$C_4H_4D_2$ (1-Methyl, 2,3-dideutero-cyclopropan), cis → trans	Sgl	380...420	15	k(1)		15,35	253,3	
→ Dideuterobuten	Sgl	380...420	15	k(1)		14,43	260,8	
C_4H_8 (Buten-(2)), cis → trans	Sg	410...470	0,0063	k(1)		13,23	261,3	< 13 hPa druckabhängig
			2,35			13,75	262,9	
			21,5			13,48	259,2	> 13 hPa komplizierter Mechanismus

9.7.1.1 Umlagerungen (*Fortsetzung*)

Reaktion	Methode	Temperatur in °C	Druck in hPa	dξ/dt	log k	log H	E_a in kJ/mol	Bemerkung
C_5H_8 (Vinylcyclopropan) → Isomerisierung	Sg	325...390	13...15,3	k(1)		13,72	209	Bruttoreaktion
→ Cyclopenten ≈ 97%		325...390	13...15,3	k(1)		13,61	208,1	Parallelreaktionen
→ Pentadien-1,4 ≈ 1%		325...390	13...15,3	k(1)		14,43	239,9	
→ cis-Pentadien-1,3 ≈ 1%		325...390	13...15,3	k(1)		13,9	235,3	
→ trans-Pentadien-1,3 ≈ 1%		325...390	13...15,3	k(1)		13,0	224,4	
C_5H_{10} (cis-1,2-Dimethylcyclopropan)								
→ cis-Penten-(2)	Sg	435...475	33	k(1)		13,92	257,1	Parallelreaktionen
→ trans-Penten-(2)	Sg	435...475	33	k(1)		13,96	256,2	
C_5H_{10} (trans-1,2-Dimethylcyclopropan)								
→ cis-Penten-(2)	Sg	435...475	33	k(1)		14,40	266,3	Parallelreaktionen
→ trans-Penten-(2)	Sg	435...475	33	k(1)		14,30	263,3	
C_5H_{10} (1,2-Dimethylcyclopropan (cis oder trans))								
→ 2-Methylbuten-1	Sg	435...475	33	k(1)		13,93	259,2	Parallelreaktionen
→ 2-Methylbuten-2	Sg	435...475	33	k(1)		14,08	260,8	
1,1-Dimethyl-cyclopropan → 2-Methylbuten-2	Sg	440...480	5,31	k(1)		15,23	264,6	
	Sg	440...480	5,31	k(1)		15,37	266,3	k extrapoliert auf p = ∞; < 47 hPa k druckabhängig
$C_6H_{10}O$ (Isopropenylallylether) → Hexen-1-on-5	Sl	140...190	27...1013	k(1)		11,27	122,7	
(Bicyclo-[2,2,1]-heptadien-2,5) [Strukturformel mit CH_2]								
→ Cycloheptatrien-1,3,5	Fg	345...430	—	k(1)		14,68	211,89	N_2 Trägergas Parallelreaktionen
→ Toluol	Fg	345...430	—	k(1)		14,23	222,49	
C_9H_7N (Zimtsäurenitril), cis → trans	Sa	310...380	200...600	k(1)		11,78	193	
trans → cis	Sa	310...380	200...600	k(1)		11,6	193	
$C_{10}H_{10}O_2$ (Zimtsäuremethylester), cis → trans	Sa	290...390	8...760	k(1)		10,54	174,2	< 7 hPa druckabhängig

9.7.1.2 Zerfallsreaktionen

Reaktion	Methode	Temperatur in °C	Druck in hPa	dξ/dt	log K	log H	E_a in kJ/mol	Bemerkungen
CCl_2O (Phosgen) → $CO + Cl_2$	Sr	375...450	173...973	$k(1)(3)^{1/2}$		13,38	221,1	
$(CClO)_2$ (Oxalylchlorid) → $CO + COCl_2$	Sp	260...300	27...80	k(1)		12,55	162,78	
CCl_4 → Cl_2, C_2Cl_4, C_2Cl_6	Fa	555...690	11...40	k(1)		12,33	230,7	mit u. ohne Toluol als Trägergas
CH_2N_2 (Diazomethan) → Zerfall	Ft	330...420	27	k(1)		10,90	132,93	N_2 Trägergas
			0,20...0,40					
CH_2O_2 (Ameisensäure) → $CO_2 + H_2$	Spm	440...530	4...866	k(1)		4,8	128,1	
CH_2O_2 (Ameisensäure) → $CO + H_2O$	Spm	440...530	267...800	$k(1)^2$		7,46	119,3	
CH_3Cl → HCl, CH_4, C_2H_2	Fa	790...875	32	k(1)		15,0	358,0	k druckabhängig
CH_5N → $HCN + 2H_2$	Spa	590...670	40...333	k(1)		13,34	243	k_∞
CH_6N_2 (Methylhydrazin) → NH_3 usw.	Fg	470...590	13...40	k(1)		13,19	217,3	Toluol als Trägergas
			0,1...1,6					
C_2HCl_3O (Trichloracetaldehyd) → Zerfall	Sp	445	133	k(1)		−2,41	—	
			300			−2,34		
$C_2H_2O_4$ (Oxalsäure) → $HCOOH + CO_2$	Sa	127...157	1,2	k(1)		11,9	125,6	
C_2H_4 (Ethen) → $C_2H_2 + H_2$	Wg	1030...1530	5065	k(1)		8,87	194,3	Ar-Überschuß (99,5%) Parallelreaktion → Butadien
C_2H_4O (Ethanal) → CH_4, CO, C_2H_6, H_2	Spa	450...580	67...600	$k(1)^{3/2}$		10,87	193	
C_2H_4O (Epoxyethan) → Pyrolyse	Sa	370...430	400	k(1)		14,13	250,8	Z: C_3H_6
	Fk	600...900	1013	k(1)		11,0	176	Trägergas: N_2; Ar; CO_2
C_2H_5Cl (Chlorethan) → $C_2H_4 + HCl$	Spa	400...490	27...267	k(1)		14,2	249,1	
C_2H_6 (Ethan) → $C_2H_4 + H_2$	Sp	550...665	133...667	k(1)		15,72	319,9	k_∞; < 133 hPa; k druckabhängig
$C_2H_6N_2$ (Azomethan) → N_2, C_2H_6 usw.	St	230...320	0,3	k(1)		13,12	193,4	
			6,7			15,23	209,3	
			210,6			16,38	217,7	
			1058,8			16,82	221,5	
C_2H_6O (Ethanol) → H_2, CO, CH_4, CH_3CHO usw.	Sag	580...620	27...467	k(1)		10,0	193,4	Z: NO als Inhibitor
C_2H_6O (Dimethylether) → Zerfall (CH_4, H_2, CO)	Sp	480...530	7...667	$k(1)^{3/2}$		12,53	222,7	Z: H_2S
$C_2H_6O_2$ (Ethylperoxid) → Zerfall	Fag	280...380	13...27	k(1)		13,4	157.8	Benzol Trägergas
			≈0,3(1)					

9.7.1.2 Zerfallsreaktionen (*Fortsetzung*)

Reaktion	Methode	Temperatur in °C	Druck in hPa	dξ/dt	log K	log H	E_a in kJ/mol	Bemerkungen
$C_2H_6O_2$ (Dimethylperoxid) → CH_3OH, CO usw.	Spa	167	31	k(1)		15,7	151,1	
C_2H_7N (Dimethylamin) → Zerfall	Sp	480...510	5...826	k(1)		9,56	181,7	k_∞; < 400 hPa; k druckabhängig
C_3H_6O (Propanon) → Zerfall	Sp	540...580	7...173	k(1)		14,99	285,1	k_∞
C_3H_6O (Trimethylenoxid) → $C_2H_4 + CH_2O$	Spa	420...460	133	k(1)		14,78	251	
C_3H_9N (Trimethylamin) → Zerfall	Sa	380	667...1333	k(1)	−5,40		247	
		440			−3,77			
C_4H_8 (Cyclobutan) → $2C_2H_4$	Spm	420...470	133...1333	k(1)		15,6	261,7	< 133 hPa; k druckabhängig
C_6H_{12} (Cyclohexan) → H_2, C_2H_4, Butadien usw.	Sp	485...565	13...267	$k(1)^{3/2}$		14,05	249,1	
C_7H_8 (Toluol) → Benzol usw.	Fam	935...1180	—	k(1)		14,53	335	
C_7H_{12} (Isopropenylcyclobutan) → C_2H_4 + Isopren	Sg	300...350	1...53	k(1)		14,64	213,65	Parallelreaktion (Isomerisierung) beachten
C_8H_{10} (o-Xylol) → Zerfall	Fa	730...840	4...5	k(1)		13,70	313,2	
C_8H_{10} (p-Xylol) → Zerfall	Fam	935...1180		k(1)		12,64	282,6	
$C_{13}H_{16}$ (Triphenylmethan) → Benzol, H_2 usw.	Fm	645...745	3...16	k(1)		16,45	347,5	
$Cl_2O_7 \rightarrow Cl_2 + \frac{7}{2}O_2$	Sp	100...120	(2,0...107)	k(1)		15,65	137,7	k extrapoliert auf p → ∞, < 67 hPa; k druckabhängig Z: F_2, Cl_2, O_2
$HJ \rightarrow \frac{1}{2}H_2 + \frac{1}{2}J_2$	St	360...465	67...2666	$k(1)^2$		$9{,}27 + \frac{1}{2}\lg T$	183,0	
	Fa	600...775	47...280	$k(1)^2$		12,55	206,0	
$DJ \rightarrow \frac{1}{2}D_2 + \frac{1}{2}J_2$	Sa	390...450	≈ 1066	$k(1)^2$		$8{,}80 + \frac{1}{2}\lg T$	178,8	
	Sl	420...510	80...413	$k(1)^2$		$9{,}91 + \frac{1}{2}\lg T$	194,3	
$NH_3 + M \rightarrow$ Zerfall	We	1700...2700	1026...1440	$k(1)^{3/2}(2)^{1/2}$		13,40	325,3	M = Ar (92...97%)
$N_2H_4 \rightarrow$ Zerfall	Wl	1000...1300	3066	k(1)		12,0	201	Ar-Überschuß
			9064			12,8	218	
	F	530...730	—	k(1)		10,33	151,44	
$NO \rightarrow \frac{1}{2}N_2 + \frac{1}{2}O_2$	F	950...1650	—	$k(1)^2$ +		9,41	267,1	k
	Sl	900...1250	67...667	$+ k'(1)(3)^{1/2}$		12,6	423	k′
$HNO_3 + M \rightarrow H_2O$, NO_2, O_2, + M	Sl	375...425	0,7...27	k(1)(2)		14,75	160,4	M = HNO_3 + Reakt. prod.
$N_2O \rightarrow N_2 + \frac{1}{2}O_2$	Sp	560...670	(107...10664)	k(1)		9,62	222	k extrapol. auf p → ∞
$N_2O + M \rightarrow N_2$, O_2, NO, + M	Wl	1200...2200	$2{,}0 \cdot 10^3 \cdots 2{,}7 \cdot 10^4$	k(1)(2)		12,3	255	M = Ar (97...99,5%); NO-Bildung ≈ 25% der Gesamtreaktion
$N_2O_4 + M \rightarrow 2NO_2 + M$	Wl	−20...+28	1013	k(1)(2)		14,3	46	M = N_2;
$N_2O_5 \rightarrow 2NO_2 + \frac{1}{2}O_2$	F, Sp	0...120	0,07...1013	k(1)		13,61	103,20	(0,07 hPa; k druckabhängig
$Ni(CO)_4 \rightarrow$ Zerfall	Sp	35...80	20...107	k(1)		13,6	80,0	
$H_2O_2 \rightarrow H_2O + \frac{1}{2}O_2$	Fa	570...660	2,1...9; 1013	$k(1)^2$		15,7	201	
$O_3 \rightarrow \frac{3}{2}O_2$	Sp	115...130	15...69	$k(1)^2$		13,2	101,7	
$SO_2 + M \rightarrow \frac{1}{2}SO_3 + \frac{1}{2}SO + M$	Wl	2700...3700	227...1133	k(1)(2)		9,81	234,46	

9.7.1.3 Anlagerungsreaktionen

Reaktion	Methode	Temperatur in °C	Druck in hPa	$d\xi/dt$	log k	log H	E_a in kJ/mol	Bemerkung
$Br_2 + 2NO \rightarrow 2NOBr$	Sp	−8…+15	7…45	$k(1)(2)^2$		4,57	6,3	
$HBr + (CH_3)_2C{=}CH_2 \rightarrow (CH_3)_3CBr$	R(S)	90…260	≈133	$k(1)(2)$		7,2	94,2	
$2CF_2{=}CF_2 \rightarrow$ $CF_2{-}CF_2$ / $CF_2{-}CF_2$	Spl	290…470	40…826	$k(1)^2$		8,22	110,1	
$2C_2H_4 \rightarrow C_4H_8$	Sa	450 600	≈933	$k(1)^2$	−3,21 −1,34		151	$Z{:}C_2H_6$
$2C_4H_6$ (Butadien-1,3) 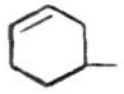 → $CH{=}CH_2$ Vinylcyclohexen-(3)	Sp	170…390	440…3866	$k(1)^2$		6,95	99,2	
$C_2H_4 + C_4H$ (Butadien-1,3) → Cyclohexen	Fta	490…650	1013 267…920 93…147	$k(1)(2)$		7,48	115,1	
$CH_2{=}CHCH{=}CH_2 + CH_2{=}CHCHO$ C_4H_6 (Butadien-(1,3)) + C_3H_4O Propenal 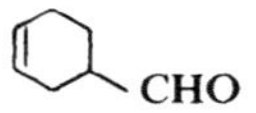 → CHO	Sp	155…330	53…480 133…627	$k(1)(2)$	6,17	19,7		
C_4H_6 (Butadien-1,3) + C_4H_6O Buten-(2)-al 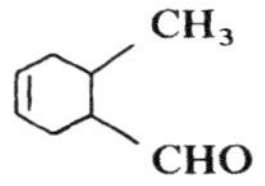 → CH_3 CHO	Sp	240…300	120…293 520…587	$k(1)(2)$		5,95	92,1 92,1	
$Cl_2 + CO \rightarrow CCl_2O$	Sp	350…450	587…1053	$k(1)^{3/2}(2)$		8,023	109,90	
$Cl_2 + 2NO \rightarrow 2NOCl$	Sp	30…200	11…200	$k(1)(2)^2$		4,36	18,8	
	Sp	250…300	—	$k(1)(2)^2$		5,4	25,1	

9.7.1.3 Anlagerungsreaktionen (*Fortsetzung*)

Reaktion	Methode	Temperatur in °C	Druck in hPa	dξ/dt	log k	log H	E_a in kJ/mol	Bemerkung
$HCl + C_2H_4 \rightarrow C_2H_5Cl$	R(S)	400...490	—	k(1)(2)		9,0	176	Rückreaktion und Gleichgewichtskonstante sind nicht im gleichen Temperaturbereich untersucht
$HCl + CH_2{=}CH{-}CH_3 \rightarrow CH_3{-}CHCl{-}CH_3$	R(S)	370...410		k(1)(2)		7,56	138	
$HCl + (CH_3)_2C{=}CH_2 \rightarrow (CH_3)_3CCl$	R(S)	90...260	≈133	k(1)(2)		8,0	120,6	
$H_2 + C_2H_2 \rightarrow C_2H_4$	Sp	495...535	27...93	k(1)(2)		11,04	175,8	
$H_2 + C_2H_4 \rightarrow C_2H_6$	Sp	475...550	1000	k(1)(2)		9,80	180,66	
$2NO_2 + M \rightarrow N_2O_4 + M$	R(W)	−20...+25	1013	$k(1)^2(2)$		6,5	−9,6	
$O_2 + 2NO \rightarrow 2NO_2$	Sp	−130	0,7...160	$k(1)(2)^2$	5,17			
		0	0,7...160		4,02			
		141	13...40		3,60			

9.7.1.4 Austauschreaktionen

Reaktion	Methode	Temperatur in °C	Druck in hPa	$d\xi/dt$	log k	log H	E_a in kJ/mol	Bemerkung
$H_2 + Br_2 \rightarrow 2HBr$	K(W, S)	200…1430	—	$\frac{k(1)(2)^{1/2}}{1 + k'\frac{(3)}{(2)}}$		$11{,}58 + \frac{1}{2}\lg T$	171,2	k
						−0,92	0	k′
$^{82}Br_2 + CBrCl_3 \rightarrow Br^{82}Br + C^{82}BrCl_3$	Sr	155…180	533…1600	$k(1)^{1/2}(2)$		12,75	138,6	
$4HBr + O_2 \rightarrow 2H_2O + 2Br_2$	Sl	430…530	360…480	k(1)(2)		9,5	157,8	
$^{14}CO + COCl_2 + Cl_2 \rightarrow CO + {}^{14}COCl_2 + Cl_2$	Sr	375…450	173…973	$k(1)(3)^{1/2}$		13,38	221,1	
$2C_2H_4 \rightarrow$ 1,3-Butadien $+ H_2$	Wg	1030…1530	507	$k(1)^2$		8,51	123,5	
$C_2H_6 + C_2H_4 \rightarrow C_4H_8 + H_2$	Sa	600	40…393 107…(800)	k(1)(2)	−2,155			
$H_2 + J_2 \rightarrow 2HJ$	Sa	280…510	—	k(1)(2)		$9{,}22 + \frac{1}{2}\lg T$	162,9	
	Fa	600…775		k(1)(2)		12,09	171,7	
$D_2 + J_2 \rightarrow 2DJ$	St	360…530	67…2666	k(1)(2)		$9{,}50 + \frac{1}{2}\lg T$	170,78	Reaktion über Atome nicht enthalten
$H_2 + NO \rightarrow H_2O + \frac{1}{2}N_2$	Fa	850…1066	1026…1066	$\frac{k(1)^{1/2}(2)^2}{1 - k'(1)^{1/2}}$		9,34	172,5	k
						0,48	0	k′
$HJ + CH_3J \rightarrow J_2 + CH_4$	Sl	250…320	4…533	$k(1)(2) +$		$10{,}94 - \frac{1}{2}\lg T$	139,8	k
				$k'\frac{(1)(2)}{(1)+(3)}$		12,59	180,0	k′
$J^{131}J + CH_3J \rightarrow J_2 + CH_3{}^{131}J$	Sr	60…140	≈533	k(1)(2)		3,4	38	heterogen beeinflußt
$HBr + CBrCl_3 \rightarrow Br_2 + CHCl_3$	Sa	150…180	733…1333(1) 400…933(2) 20…53(3)	$\frac{k(2)(3)^{1/2}}{1 + k'\frac{(3)}{(1)}}$		12,7	137,87	k
						1,4	0	k′
$2HJ + C_2H_4 \rightarrow J_2 + C_2H_6$	Spg	290…330	40…293	k(1)(2)		8,52	121,0	
$NO + N_2O \rightarrow NO_2 + N_2$	Sl	650…750	133(1) 33…267(2)	k(1)(2)		14,4	209	

9.7.1.4 Austauschreaktionen (*Fortsetzung*)

Reaktion	Methode	Temperatur in °C	Druck in hPa	dξ/dt	log k	log H	E_a in kJ/mol	Bemerkung
$^{15}NO_2 + N_2O_5 \rightarrow NO_2 + N^{15}NO_5$	Sam	−9…+10	4…173	k(1)		12,78	79,5	
$O_3 + NO \rightarrow NO_2 + O_2$	Fl	−75…−43	0,04…0,4(1) 0,03…0,33(2)	k(1)(2)		8,90	10,5	
$NO_2 + CO \rightarrow NO + CO_2$	St	270…455	1…27	k(1)(2)		10,08	132,3	
$2HCl + NO_2 \rightarrow NO + H_2O + Cl_2$	Sl	100…420	—	k(1)(2)		8,6	98,0	
$O_2 + N_2 \rightarrow 2NO$	Wl	4000…6000	13…1333	k(1)(2)		$24{,}96 - \frac{5}{2}\lg T$	538,0	

9.7.1.5 Sonstige Reaktionen

Reaktion	Methode	Temperatur in °C	Druck in hPa	dξ/dt	log k	log H	E_α in kJ/mol	Bemerkung
$NH_3 + NO \rightarrow H_2O, N_2, H_2$	Fa	85…1050	1066	$\frac{k(1)^{1/2}(2)}{1 - k'(1)^{1/2}(2)}$	2,84	10,50	244,5	k k
$NH_3 + NO_2 \rightarrow N_2, NO, H_2O$	Sl	330…530	53…533	k(1)(2)		9,7	115,1	
$N_2O + C_2H_4 \rightarrow N_2, CO, CH_4, C_2H_6$ usw.	Sa	550…600	27…133	k(1)(2)		10,1	163	
$NO_2 + C_2H_4 \rightarrow CO_2, CO, NO$ usw.	Sp	110…180	67…533	k(1)(2)		8,28	63,6	
$NO_2 + CH_3CHO \rightarrow CO_2, NO$ usw.	Slp	110…180	67…533	k(1)(2)		8,28	63,6	
$NO_2 + C_3H_6 \rightarrow$ Oxydationsprodukte	Spl	160…260	160(1)	$k(1)^2(2)$		9,7	56,9	
$O_3 + CH_4 \rightarrow CO_2, CO, HCOOH, H_2O$ usw.	Sl	3…70	1013	k(1)(2)		7,15 8,20	58,2 64,1	 mit O_2-Überschuß
$O_3 + C_3H_8 \rightarrow CO_2, CO, HCOOH, CH_3COCH_3$ usw.	Sl	25…50	1013	k(1)(2)		6,49	50,7	
$O_3 + Cl_2 \rightarrow O_2, Cl_2O_7, ClO_3$	Sp	35…60	133…667	$k(1)^{3/2}(2)^{1/2}$		8,8	78,3	

9.7.2 Reaktionen mit Atomen bzw. Radikalen

9.7.2.1 Zerfallsreaktionen

Reaktion	M	Methode	Temperatur in °C	Druck in hPa	dξ/dt	log k	log H	E_a in kJ/mol	Bemerkung
$Br_2 + M \rightarrow 2Br + M$	Ar	Wl	1050...1950	$\approx 10^3$	k(1)(2)		$8{,}40 + \frac{1}{2} \lg T$	128,49	
	Br_2	Wl	750...1950	$\approx 10^3$	k(1)(2)		$8{,}43 + \frac{1}{2} \lg T$	122,30	
CH_2N_2 (Diazomethan) $\rightarrow CH_2 + N_2$		Sg	225...450	67...133	k(1)		12,08	142,4	Z:Olefine
$CO_2 + M \rightarrow CO + O + M$	Ar	Wa, e	2280...2740	$10^4 \ldots 2{,}1 \cdot 10^4$	k(1)(2)		$8{,}48 + \frac{1}{2} \lg T$	360	
$C_2Cl_5 \rightarrow C_2Cl_4 + Cl$		Φlp	85...250		k(1)		12,8	70,3	
$C_2HCl_4 \rightarrow C_2HCl_3 + Cl$		Φm	160...220	133...187	k(1)		13,7	85,4	
$CH_2Cl—CH_2Cl \rightarrow CH_2Cl—CH_2 + Cl$		Sp	380...470	27...267	k(1)		13,0	293	
$C_2H_5 \rightarrow C_2H_4 + H$		Φtg	360...505	≈ 40	k(1)		11,45	134	Φ Propionaldehyd
$C_2H_6 \rightarrow 2CH_3$		Sg	565...610	80...267	k(1)		17,45	384,0	
$CH_3OCH_3 \rightarrow CH_3 + CH_3O$		Sg	450...480	8...733	k(1)		17,5	339	Z:HCl
$CH_3COCH_3 \rightarrow CH_3CO + CH_3$		Fa	720...830	7...28 0,1...0,5(1)	k(1)		14,38	301	Toluol als Trägergas
$F_2C—CF_2$, $F_2C—CF_2$ (Ring) $\rightarrow C_3F_6 + CF_2$		Sg	460...565	27...800	k(1)		17,2	364,3	Parallelreaktion
C_6H_5Br (Brombenzol) $\rightarrow C_6H_5 + Br$		Fa	760...870	13...20 0,16...1,6	k(1)		13,3	296,8	Toluol als Trägergas
C_6H_5COCl (Benzoylchlorid) $\rightarrow C_6H_5CO + Cl$		Fa	700...810	9...28 0,04...0,4(1)	k(1)		15,38	308,1	Toluol als Trägergas
$C_6H_5CH_3$ (Toluol) $\rightarrow C_6H_5CH_2 + H$		Fta	680...850	3...20	k(1)		12,3	324,5	
$C_6H_5CH_2NH_2$ (Benzylamin) $\rightarrow C_6H_5CH_2 + NH_2$		Fa	650...800	9...21	k(1)		12,78	247	Toluol als Trägergas
$C_8H_{10} \rightarrow CH_3—C_6H_4—CH_2 + H$		Fa, m	935...1180	—	k(1)		14,38	327	
$C_6H_5CH_2COOH$ (Phenylessigsäure) $\rightarrow C_6H_5CH_2 + COOH$		Fa	590...720	7...16	k(1)		12,90	230,3	Toluol als Trägergas

9.7.2.1 Zerfallsreaktionen (*Fortsetzung*)

Reaktion	M	Methode	Temperatur in °C	Druck in hPa	$d\xi/dt$	log k	log H	E_a in kJ/mol	Bemerkung
$C_6H_5\text{-}C_4H_9 \rightarrow C_6H_5\text{-}CH_2 + n\text{-}C_3H_7$		Ftg	590...735	12...19	k(1)		14,5	281,4	Anilin als Trägergas
$Ga(CH_3)_3 \rightarrow Ga(CH_3) + CH_3$		Fg	460...370	17	k(1)		15,54	249,1	Toluol als Trägergas
$H_2 + M \rightarrow 2H + M$	Xe	W	2900...4600	493...627	k(1)(2)		$14{,}25 - \frac{1}{2} \lg T$	432,1[a]	Z:Xe } Dichtemessung mit Röntgen-Strahlen
	H_2		2900...4600				$17{,}25 - \frac{3}{2} \lg T$	432,1[a]	Z:Xe
	H		2900...4600				$15{,}08 - \frac{1}{2} \lg T$	432,1[a]	Z:Xe
$J_2 + M \rightarrow 2J + M$	Ar	K(W, R)	20...1300		k(1)(2)		$17{,}5 - 1{,}8 \lg T$	148,8	
$NO_2 + M \rightarrow NO + O + M$	Ar	Wl	1100...2000	667...4000	k(1)(2)		13,18	273,8	
$N_2O_5 + M \rightarrow NO_3 + NO_2 + M$	$NO + N_2O_5$	Sl	27...71	—	k(1)(2)		16,11	80,68	k extrapoliert auf p = 0
$O_2 + M \rightarrow 2O + M$	Ar	Wl	5000...11000	—	k(1)(2)		11,46	494[a]	
$O_3 + M \rightarrow O_2 + O + M$	O_3	SpK	70...110	20...800	k(1)(2)		12,66	100	
$N_2H_4 \rightarrow 2NH_2$		Fa	630...780	—	k(1)		12,6	251	Toluol als Trägergas
$NO_2 + M \rightarrow NO + O + M$	Ar	Wl	1100...2000	667...4000	k(1)(2)		13,18	273,8	
$NOCl + M \rightarrow NO + Cl + M$	CO_2	Sp	250...300	11...67(1)	k(1)(2)		14,3	155	
$N_2O + M \rightarrow N_2 + O + M$	Ar (97...99,5%)	Wl	1200...2200	$2{,}0 \cdot 10^3 \ldots 3 \cdot 10^4$	k(1)(2)		12,0	255	
$H_2O_2 + M \rightarrow 2OH + M$	N_2	F	440...560	16...1013	k(1)(2)		14,15	193,8	
$ZnCH_3 + M \rightarrow Zn + CH_3 + M$	Toluol usw.	Fa	570...830	21	k(1)(2)		16,36	147	Toluol als Trägergas

[a] Dissoziationsenergie bei 0 K.

9.7.2.2 Anlagerungsreaktionen

Reaktion	M	Methode	Temperatur in °C	Druck in hPa	$d\xi/dt$	log k	log H	E_a in kJ/mol	Bemerkung
$2Br + M \rightarrow Br_2 + M$	He	Φl	25	40...933	$k(1)^2(2)$	9,13			Meth. Photo-
	Ar			0,3...1,2		9,34			stationärer
	O_2					9,84			Zustand
$2CF_3 \rightarrow C_2F_6$		Ds	127	53	$k(1)$	10,37			Φ CF_3COCF_3
$2CH_3 \rightarrow C_2H_6$		Φs	135	40 (Aceton)	$k(1)^2$	10,52			Φ Aceton (< 13 hPa) k druckabhängig
$2CD_3 \rightarrow C_2D_6$		Φs	165	40	$k(1)^2$	10,58			Φ CD_3COCD_3
$CH_3 + C_2H_4 \rightarrow C_3H_7$		Φam	145...285	—	$k(1)(2)$		8,4	29,3	Φ Aceton[a]
$CH_3 + C_2H_5 \rightarrow C_3H_8$		Φg	100	—	$k(1)(2)$	10,62			
$CO + O \rightarrow CO_2$		Ge	65...260	0,3...1,9	$k(1)(2)$		7,0	16,7	
$C_2H_2 + H \rightarrow C_2H_3$		Fk	2...100	4,7...5(H_2)	$k(1)(2)$	8,0	1,5		
				0,0021...0,009					
$C_2H_5 + O_2 \rightarrow C_2H_5O_2$		Be	22	5,7...137	$k(1)(2)$	9,65			Φ Azoethan
$2C_2H_5 \rightarrow C_4H_{10}$		Φs	50	61	$k(1)^2$	10,18			Φ Diethylketon
			100	48	$k(1)$	10,3			
			150	11	$k(1)$	10,62			
$2Cl + M \rightarrow Cl_2 + M$	Cl_2	Gk	40	0,5...2,1	$k(1)^2(2)$	10,46			
	He					9,48			
$Cl + NO + M \rightarrow NOCl + M$	Cl_2	Sp	197,5	—	$k(1)(2)(3)$	10,20			
	NO_2	Sp	197,5	—	$k(1)(2)(3)$	9,57			
$2H + M \rightarrow H_2 + M$	H_2	Ge	20	0,47...0,9	$k(1)(2)$	10,04			
	H_2	RW	2500...4800	133...933	$k(1)^2(2)$		12,48 − lg T	0	
	Xe	RW	2500...4800	133...933	$k(1)^2(2)$		12,18 − lg T	0	
	Ar	RW	2700...5050	—	$k(1)^2(2)$		11,87 − lg T	0	
$2D + M \rightarrow D_2 + M$	Ar	RW	2700...4000	200...933	$k(1)^2(2)$		11,85 − lg T	0	
	$^2H_2$						12,0 − lg T		
$H + OH + M \rightarrow H_2O + M$	H_2O	Ee	1380	1013	$k(1)(2)(3)$	11,73			
$H + O_2 + M \rightarrow HO_2 + M$	H_2O	Ee	1380	1013	$k(1)(2)(3)$	11,73			
$2J + M \rightarrow J_2 + M$	He	Φl	25	—	$k(1)^2(2)$	9,50			Methode: Photo-
	O_2					10,15			stationärer Zustand

[a] Auswertung unter Benutzung von $k = 10^{10,5}\,dm^3\,mol^{-1}\,s^{-1}$ für $2CH_3 \rightarrow C_2H_6$ bzw. $2CD_3 \rightarrow C_2D_6$.

9.7.2.2 Anlagerungsreaktionen (*Fortsetzung*)

Reaktion	M	Methode	Temperatur in °C	Druck in hPa	dξ/dt	log k	log H	E_a in kJ/mol	Bemerkung
$2N + M \rightarrow N_2 + M$	N_2	Gk	20	0,7…1	$k(1)^2(2)$	9,78			
	N_2	Ge	20	6,7		9,65			
			100	6,7		9,72			
			300	6,7		9,74			
$2NH_2 \rightarrow N_2H_4$	—	Ge	20	0,5…1,13	k(1)(2)	9,37			
$O + N + M \rightarrow NO + M$	N_2	Ge	77	0,8…3,1	k(1)(2)(3)	9,52			
$O + NO + M \rightarrow NO_2 + M$	N_2	Φa	20	1013 $8\cdot10^{-5}…3{,}3\cdot10^{-3}$(4)	k(1)(2)(3)	10,25			
	CO_2	Ge	23	0,3…2,1		10,65			
$O + NO_2 \rightarrow NO_3 + M$	N_2	Φa	20	1013 $8\cdot10^{-5}…3{,}3\cdot10^{-3}$(2)	k(1)(2)(3)	11,0			Φ NO_2
$2O + M \rightarrow O_2 + M$	O_2	Gl	27	0,4…1,7	$k(1)^2(2)$	9,00			
	He	Ge	20	8,3…9,3	$k(1)^2(2)$	8,51			
	CO_2			7,3…8,5		9,48			
$O + O_2 + M \rightarrow O_3 + M$	O_3	SpK	70…110	20…800 20…467	k(1)(2)(3)		7,78	−2,5	
	O_2						7,42	−2,5	
	He						7,31	−2,5	

9.7.2.3 Austauschreaktionen

$$\frac{d\xi}{dt} = k(1)(2) \quad \text{(vgl. 9.7)}$$

Reaktion	Methode	Temperatur in °C	Druck in hPa	log k	log H	E_a in kJ/mol	Bemerkung
$Br + HBr \rightarrow Br_2 + H$	R(S, W)	200...1200	—		$9{,}86 + \frac{1}{2}\lg T$	184	
$Br + BrCl \rightarrow Br_2 + Cl$	Φl	20	13...20 (Cl_2)	3,53			
			5...27 (Br_2)				
$Br + CH_4 \rightarrow HBr + CH_3$	Φl	150...230	280...853 (2)				
			21...71 (Br_2)	}	9,17	74,5	
	Sl	300					
$Br + C_2H_6 \rightarrow HBr + C_2H_6$	Φg	58...200	133...333		10,90	56,1	Gemessen als Parallelreaktion zu $Br + CH_3Br$
$Br + Cl_2 \rightarrow BrCl + Cl$	Φl	20...60	13...20				
			5...27		9,65	28,9	
$Br + H_2 \rightarrow HBr + H$	Wl	1030...1430			$9{,}55 + \frac{1}{2}\lg T$	76,6	
	K(W, S)	200...1430			$9{,}53 + \frac{1}{2}\lg T$	76,6	
$Br + D_2 \rightarrow DBr + D$	Wl	1030...1430			$9{,}28 + \frac{1}{2}\lg T$	82,9	
	K(W, S)	200...1430			$9{,}26 + \frac{1}{2}\lg T$	82,5	
CClO s. unter COCl							
$CF_3 + CH_4 \rightarrow CF_3H + CH_3$	Φm	126...250	87...160		8,7	43,1	Φ CF_3COCF_3
$CF_3 + H_2 \rightarrow CF_3H + H$	Φtm	60...180	≈67		11,84	39,8	ΦCF_3COCF_3
$CH_3 + HCHO \rightarrow CH_4 + HCO$	Φl	360...460	1...40(2)		8,1	26,0	*Φ Azomethan
			67...77 (Azomethan)				
	Φgm	120...150			8,3	27,6	*Φ Di-tert.-butyl-peroxid
$CH_3 + CH_3Cl \rightarrow CH_4 + CH_2Cl$	Φa	130...210	133 (Aceton)		8,6	39,8	*Φ Aceton
			133(2)				
$CH_3 + CD_4 \rightarrow CH_3D + CD_3$	Φm	150...430	27...53 (Aceton)		8,2	54	*Φ Aceton
			33...120(2)				
$CD_3 + {}^{14}CD_4 \rightarrow CD_4 + {}^{14}CD_3$	Φr	200...350	87...387(2)		9,61	74,5	Φ $CD_3COC^2H_3$
			≈67 (CD_3COCD_3)				
$CH_3 + CH_3NH_2 \rightarrow CH_4 + CH_3NH$	Smg	120...175	40...67		6,63	23,9	*
$CH_3 + CH_3ND_2 \rightarrow CH_3D + CH_3ND$	Smg	120...175	40...67		6,69	29,3	*

9.7.2.3 Austauschreaktionen (*Fortsetzung*)

Reaktion	Methode	Temperatur in °C	Druck in hPa	log k	log H	E_a in kJ/mol	Bemerkung
$CH_3 + CH_3ND_2 \rightarrow CH_4 + CH_2ND_2$	Smg	120...175	40...67		8,23	37,7	*
$CD_3 + CH_3NH_2 \rightarrow CD_3H$ + Radikal	Φa	180...340	—		8,05	33	*Φ CD_3COCD_3
$CH_3 + C_2H_6 \rightarrow CH_4 + C_2H_5$	Φa	115...295	53...80 (Aceton) 53...80(2)		8,3	44,0	Φ Aceton*
$CD_3 + C_2H_6 \rightarrow CD_3H + C_2H_5$	Φm	280...420	—		$7{,}63 + \frac{1}{2}\lg T$	48,1	Φ CD_3COCD_3
$CD_3 + CH_3CD_3 \rightarrow CD_4 + CH_3CD_2$	Φm	280...420	—		$7{,}48 + \frac{1}{2}\lg T$	56,5	Φ CD_3COCD_3
$CD_3 + C_2D_6 \rightarrow CD_4 + C_2D_5$	Φm	280...420	—		$7{,}63 + \frac{1}{2}\lg T$	54,4	Φ CD_3COCD_3
$CD_3 + C_2H_5OH \rightarrow CD_3H$ + Radikal	Φa	190...340	—		8,55	38	Φ CD_3COCD_3
$CD_3 + CH_3NHCH_3 \rightarrow CD_3H$ + Radikal	Φa	180...340	—		8,2	29	Φ CD_3COCD_3
$CH_3 + C_2H_5CHO \rightarrow CH_4 + C_2H_5CO$	Sa	120...160	11...187(2) 19...21 (Peroxid)		9,0	31,4	CH_3 aus Di-tert.-butylperoxid
$CH_3 + C_7H_8$(Toluol) $\rightarrow CH_4$ + Benzyl	Φt	50...250	≈53 17...24(2)		8,0	33	*
	Fa	400...600	≈21(2)		10,0	54	*
CH_3 + o-C_8H_{10}(o-Xylol) $\rightarrow CH_4$ + Radikal	Φta	100...200	93...133		8,2	32,7	*
CH_3 + m-C_8H_{10}(m-Xylol) $\rightarrow CH_4$ + Radikal	Φta	100...200	≈133		8,5	35,6	*
CH_3 + p-C_8H_{10}(p-Xylol) $\rightarrow CH_4$ + Radikal	Φta	100...200	≈133		7,9	31,0	*
$CH_3 + H_2 \rightarrow CH_4 + H$	Φm	130...290	200...400		8,5	42	*Φ Aceton
$CD_3 + H_2 \rightarrow CD_3H + H$	Φm	130...290	200...400		9,04	46	*
$CD_3 + D_2 \rightarrow CD_4 + D$	Φm	130...290	73...400		8,56	46	*
$CH_3 + D_2 \rightarrow CH_3D + D$	Φm	130...290	200...400		9	50	*Φ Aceton
$CH_3 + HJ \rightarrow CH_4 + J$	Sl	260...320	13...200		9,5	9,6	
$CH_3 + J_2 \rightarrow CH_3J + J$	Sl	260...320	13...200		10,0	6,3	
$CH_3 + NH_3 \rightarrow CH_4 + NH_2$	Φm	125...175	—		7,88	41,0	*Φ Azomethan
$CH_3 + ND_3 \rightarrow CH_3D + ND_2$	Φm	110...180	—		8,08	45,6	*Φ Azomethan
$CD_3 + NH_3 \rightarrow CD_3H + NH_2$	Φa	180...340	—		7,85	42	*Φ CD_3COCD_3
$COCl + Cl_2 \rightarrow COCl_2 + Cl$	Φsl	25...55	67...467(2) 133...667(CO)		9,40	12,39	
$COCl + NOCl \rightarrow COCl_2 + NO$ (oder $\rightarrow Cl_2 + CO + NO$)	Φsl	25...55	0,0037(2) 400(Cl_2) 133...400(CO)		10,68	4,77	
$C_2H_3Cl_2 + Cl_2 \rightarrow C_2H_3Cl_3 + Cl$	Φsl	25...55	67(2) 3...200(CH_3Cl)		8,75	3,85	

9.7.2.3 Austauschreaktionen (*Fortsetzung*)

Reaktion	Methode	Temperatur in °C	Druck in hPa	log k	log H	E_a in kJ/mol	Bemerkung
$C_2H_5 + C_2H_5 \rightarrow C_2H_6 + C_2H_4$	Φsl, K	150	0...107		9,8		
$C_2H_5 + HJ \rightarrow C_2H_6 + J$	Sg	263...303	17...76		8,92	4,6	
$C_2H_5 + N_2O \rightarrow C_2H_5O + N_2$	Sa, K	553...588	≈267		11,75	94,2	
$Cl + Br_2 \rightarrow BrCl + Br$	Φl	20	13...20(Cl_2)	8,36			
			5...27(Br_2)				
$Cl + BrCl \rightarrow Cl_2 + Br$	Φl	20...60	13...20(Cl_2)		9,3	4,6	
			5...27(Br_2)				
$Cl + CHCl_3 \rightarrow HCl + CCl_3$	Φg	0...300	1...7(Cl_2)		9,84	14,03	N_2-Überschuß
$Cl + CH_2Cl_2 \rightarrow HCl + CHCl_2$	Φg	0...300	1...7(Cl_2)		10,43	12,6	N_2-Überschuß
$Cl + CH_3Cl \rightarrow HCl + CH_2Cl$	Φg	0...300	1...7(Cl_2)		10,53	13,8	
$Cl + CH_4 \rightarrow HCl + CH_3$	Φg	−80...300	667	10,38	3,85		
			0,33...3,3(2)				
			0,033...0,33(Cl_2)				
$Cl + H_2 \rightarrow HCl + H$	K	20...900	—		10,9	23,0	
$H + Br_2 \rightarrow HBr + Br$	K(S, W)	170...1400			$10{,}02 + \frac{1}{2}\lg T$	6,3	
$H + CH_4 \rightarrow H_2 + CH_3$	F	99...163	≈400		7,01	18,8	E wahrscheinlich zu niedrig
	E	930...1530	40...187		11,30	48,1	
$H + CO_2 \rightarrow CO + OH$	Em	930...1080			12,48	139,4	
$H + C_2H_6 \rightarrow H_2 + C_2H_5$	K(G, E)	80...1200	—		11,117	40,7	
$H + ClH \rightarrow H_2 + Cl$	R	20...800			10,67	18,8	
$H + Cl_2 \rightarrow HCl + Cl$	K	30...200			11,3	8,4	Gemessen als Parallelreaktion zu $H + HCl = H_2 + Cl$
	K	0...65			11,5	12,6	
$H + H_2 \rightarrow H_2 + H$	Gλ	10...100	0,75		10,4	30,35	
$p\text{-}H_2 \rightarrow o\text{-}H_2$	Sλ	580...730	4...99		} 10,4	23,0	
$H + HD \rightarrow H_2 + D$	Sλ, K	450...600	133...533			29,7	
		580...730	4...40				
$D + H_2 \rightarrow HD + H$	Sλ, K	450...600	133...533		} 10,6	26,0	
		580...730	4...40				
$D + HD \rightarrow D_2 + H$	Sλ, K	450...600	133...533		} 10,3	27,2	
		580...730	4...40				
$H + D_2 \rightarrow HD + D$	Sλ	580...730	4...40		} 10,8	27,6	
$D + D_2 \rightarrow D_2 + D$	Sλ	630...710	11...39		10,4	25,1	
$o\text{-}D_2 \rightarrow p\text{-}D_2$							

9.7.2.3 Austauschreaktionen (*Fortsetzung*)

Reaktion	Methode	Temperatur in °C	Druck in hPa	log k	log H	E_a in kJ/mol	Bemerkung
$H + H_2O \rightarrow H_2 + OH$	Em	987…1507	80…547		12,0	106,8	
$H + N_2O \rightarrow N_2 + OH$	Em	990…1510	80…547		11,60	68,2	
$H + NO_2 \rightarrow OH + NO$	Gm	25	0,5 $\approx 10^{-3}$(1) 1…33·10^{-3}(2)	10,46			Überschuß von Ar bzw. He
$H + O_2 \rightarrow OH + O$	K(W, E)	520…1372			11,48	73,3	
	Em	987…1507	80…547		11,75	75	
$H + O_3 \rightarrow OH + O_2$	Gm	25	0,5…0,7	10,20			
$N + NO \rightarrow N_2 + O$	Em	1910…2130	—		10,48	29,3	
	Gm	25	0,03…0,08	10,1			
$N + O_2 \rightarrow NO + O$	Gm	120…140	3		9,4	26,0	
	Ge	140…480	2,0…8,7		9,92	29,7	
$N + O_3 \rightarrow NO + O_2$	Gm	20	0,3…0,9	8,5			
$NH_2 + NH_2 \rightarrow NH_3 + NH$	Wm	1727	40…253	10,40			Ar-Überschuß
$O + H_2 \rightarrow OH + H$	G	136…460	3		$8{,}56 + \frac{1}{2}\lg T$	37,3	
	E	560…660	33…120		10,96	50,7	Aus der unteren Explosionsgrenze von H_2/O_2
$O + OH \rightarrow H + O_2$	GF	20	0,7…5	9,8…10,1			He Trägergas
$O + N_2 \rightarrow NO + N$	Wl	4000…6000	13…1333		10,85	316,1	
$O + NO \rightarrow O_2 + N$	Sl, K	900…1250	67…667		10,15	174,6	
	Wl, K	200…4700	13…1333		$6{,}50 + \lg T$	163,7	
$O + N_2O \rightarrow 2NO$	E	1200…1700	80…133		11,3	117	
$O + NO_2 \rightarrow NO + O_2$	Φa	20	1013	9,32			
$O + O_3 \rightarrow 2O_2$	Sl	70…100	$8 \cdot 10^{-5}$…3,3·10^{-3}(2) 6…227(1) 0…320(2)		9,36	20,9	
	Fa	100…150	1013				
$O_3 + NO_2 \rightarrow NO_3 + O_2$	Sl	13…29	4…47		9,77	29,3	
$OH + CH_4 \rightarrow CH_3 + H_2O$	E	930…1530	40…187		11,54	38	
$OH + CO \rightarrow CO_2 + H$	Em	1030…1680	40…187		10,36	43,1	E_a noch sehr unsicher
$OH + H_2 \rightarrow H + H_2O$	Em	990…1510	80…547		11,4	42	
$OH + OH \rightarrow H_2O + O$	G	20	0,7…5	9,18			

* Auswertung unter Benutzung von $k = 10^{10,5}\,dm^3\,mol^{-1}\,s^{-1}$ für $2CH_3 \rightarrow C_2H_6$ bzw. $2CD_3 \rightarrow C_2D_6$.

9.7.2.4 Sonstige Reaktionen

Reaktion	Methode	Temperatur in °C	Druck in hPa	$-d\xi/dt$	log k	log H	E_a in kJ/mol	Bemerkung
$H + N + M \rightarrow NH_3, N_2, H_2 + M$	Ga	25	3,3...6,0	k(1)(2)(3)	8,69			$M = N, N_2, H, H_2$
$N_2O + Br \rightarrow N_2 + \frac{1}{2}O_2 + Br$	Sp	600...700	27...53	k(1)(2)		11,3	155	
$N_2O + Cl \rightarrow N_2 + \frac{1}{2}O_2 + Cl$	Sp	650...760	27...53	k(1)(2)		11,11	140,3	
$O + CCl_4 \rightarrow \cdots$	Fl	4...100	3...5	k(1)(2)		7,30	18,8	
$O + CH_3 \rightarrow CO + \cdots$	E	940...1630	53...107	k(1)(2)	10,28			
$O + CH_3OH \rightarrow \cdots$	G	75...230	3...19	k(1)(2)		8,71	13,0	
$O + C_2H_4 \rightarrow \cdots$	Ggm	−50...340	2,0...3,2	k(1)(2)		9,92	6,7	
$O + NH_3 \rightarrow \cdots$	G	75...185	5...21	k(1)(2)		6,95	0	

9.7.3 Reaktionen mit Ionen

Reaktion	Methode	Druck in hPa	E_{max} in eV	$\pi\sigma^2$ in nm^2	log k
$Ar^+ + CH_4 \rightarrow ArH^+ + CH_3$	Mi	$6{,}0 \cdot 10^{-2}$	2,5		8,68
$Ar^+ + H_2 \rightarrow ArH^+ + H$	Mi	$10^{-5} \ldots 10^{-4}$	0,7	1,82	
			2,8	1,00	
			11,1	0,58	
		$5 \cdot 10^{-5} \ldots 2{,}5 \cdot 10^{-4}$	0,75	1,50	11,98
$Ar^+ + HD \rightarrow ArH^+ + D$	Mi	$10^{-5} \ldots 10^{-4}$	0,7	1,43	
			2,8	0,71	
			11,1	0,31	
$Ar^+ + HD \rightarrow ArD^+ + H$	Mi	$10^{-5} \ldots 10^{-4}$	0,7	1,68	
			2,8	0,84	
			11,1	0,37	
$CH_3^+ + CH_4 \rightarrow C_2H_5^+ + H_2$	M	$10^{-5} \ldots 10^{-4}$	0,3	1,65	
	Mi	$10^{-4} \ldots 10^{-2}$	≈0,5	0,58	11,70
			≈5	0,084	11,31
$CH_4^+ + HCl \rightarrow CH_5^+ + Cl$	Mi	$10^{-4} \ldots 10^{-2}$	≈0,5	0,33	11,44
$CH_4^+ + D_2 \rightarrow CH_3D + HD$	M	≦0,4	2,5		9,76
$CO^+ + D_2 \rightarrow CDO^+ + D$	M		≈1		11,95
$C_2^+ + C_2H_2 \rightarrow C_4H^+ + H$	Mi	$10^{-4} \ldots 10^{-2}$	≈0,5	0,68	11,71
			≈5	0,18	11,52
$C_2^+ + C_2H_4 \rightarrow C_4H_2^+ + H_2$	Mi	$10^{-4} \ldots 10^{-2}$	≈0,5	0,89	11,78
			≈5	0,18	11,54
$C_2H^+ + C_2H_4 \rightarrow C_4H_3^+ + H_2$	Mi	$10^{-4} \ldots 10^{-2}$	≈0,5	0,34	11,36
			≈5	0,051	10,98
$H_2^+ + H_2 \rightarrow H_3^+ + H$	M	$5 \cdot 10^{-5} \ldots 3 \cdot 10^{-4}$	0,75	0,60	12,24
$D_2^+ + D_2 \rightarrow D_3^+ + D$	M	$10^{-5} \ldots 10^{-4}$	0,7	0,50	
			2,8	0,23	
	M		0,66		11,94
			1,64		11,92
			6,6		11,84

Sachverzeichnis

MIX
Papier aus verantwortungsvollen Quellen
Paper from responsible sources
FSC® C105338

If you have any concerns about our products,
you can contact us on
ProductSafety@springernature.com

In case Publisher is established outside the EU,
the EU authorized representative is:
Springer Nature Customer Service Center GmbH
Europaplatz 3, 69115 Heidelberg, Germany

Printed by Libri Plureos GmbH
in Hamburg, Germany